2025 필기

Engineer of Forestry

산림기사 하

산림보호학·임도공학·사방공학

김정호 엮음

BM (주)도서출판 **성안당**

■ 도서 A/S 안내

저자 문의 e-mail : domagim@gmail.com(김정호)

본서 기획자 e-mail : coh@cyber.co.kr(최옥현)

홈페이지 : http://www.cyber.co.kr 전화 : 031) 950-6300

환영합니다.

국가기술 자격시험을 공부하는 것은 새로운 세상을 향해 떠나는 여행과 같습니다. 여러분의 행복한 여행길에 동반자로 선택받은 저는 행복한 사람입니다. 제가 공부하는 과정이 행복했던 것과 마찬가지로 여러분의 여행도 행복한 과정이 되시길 바랍니다.

자격증을 취득한다는 것은 새로운 눈과 귀를 얻는 것과 같습니다. 공부를 해서 자격증을 취득할 수준의 지식을 습득하면 들리지 않던 것이 들리고, 보이지 않던 것이 보입니다. 이미 보이던 것은 더 선명하게 보이고, 작은 소리는 더 크게 들릴 것입니다. 산림기사 자격증을 취득하게 되면 숲의 소리에 귀 기울이게 되고, 숲을 볼 수 있는 새로운 눈이 생길 것입니다.

하지만 이 과정이 마냥 행복하지는 않습니다. 학원이나 대학에서 열매만 생각하며 고통스럽게 공부하시는 분들을 많이 뵙게 됩니다. 책을 처음부터 시작해서 바로 암기하며, 끝까지 읽으면 마지막 책장을 덮을 때 완전한 공부가 끝날 것이라고 착각을 하는 분도 봤습니다. 자격증을 취득한 뒤에 오는 결과만을 생각하며 원대한 희망에 부풀어서, 또는 독한 결심을 하고 책장을 여시는 분들도 뵈었습니다. 이런 분들이 공부를 용두사미로 마치거나 힘들게 하는 것을 보면 참으로 안타깝습니다.

새로운 지식을 습득하는 것은 암기에서 시작합니다. 이해가 우선이라고 생각하시는 분들도 많이 계시지만 암기가 선행되어야 이해도 있습니다. 첫 단추는 암기입니다. 인도인들이 "위대한 영혼"이라고 찬양하는 간디의 자서전을 보면 매일 힌두교 성전인 "베다"를 조금씩 암기하는 장면이 나옵니다. 이해를 하는 것이 아니라, 외우고 받아들입니다. 외우면 내가 외운 내용에 포함된 단어들을 이해하고 있지 못하다는 것을 알게 됩니다. 그러면 그 단어들을 다시 찾아 외우면서 그 단어가 문맥에서 가진 뜻을 알게 됩니다.

매일 조금씩 암기하다 보면 어느 사이 두꺼운 책을 거의 다 암기하게 됩니다. 하루에 두어 시간 정도 투자를 하신다면 두세 달이면 70%의 내용을 이해하고 암기하게 됩니다. 그러면 시험은 통과하게 되는 겁니다. 참 쉽죠? 조금씩 암기하면서 낯선 내용을 암기하고 있는 자신을 칭찬해 주세요. 그러면 낯선 내용을 공부하고 있는 내가 행복하게 됩니다. 행복한 공부는 어렵지 않습니다. 하나 둘씩 암기해 가면서 자신을 칭찬하는 것이 행복한 공부 방법이며, 새로운 세상에 들어서는 여행 방법입니다. 여러분의 행복한 여행에 동반하게 되어 영광입니다.

"산림하는 남자" 김정호 드림

이 책의 특징

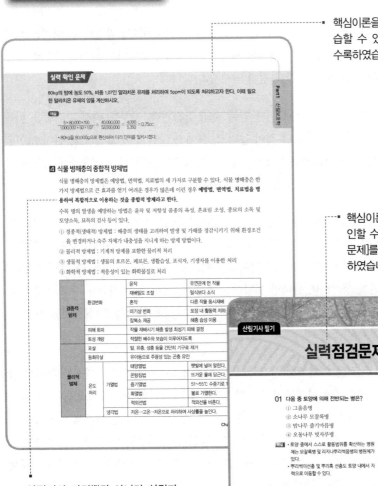

핵심이론을 문제로 바로 확인하고 복습할 수 있도록 [실력 확인 문제]를 수록하였습니다.

핵심이론을 학습한 후 실력을 확인할 수 있도록 과목별 [실력점검문제]를 자세한 해설과 함께 수록하였습니다.

산림기사 자격뿐만 아니라 산림자원직 공무원 시험도 대비할 수 있도록 핵심적인 내용과 문제로 구성하였습니다. 굵게 표시한 중요 내용은 꼭 암기하시기 바랍니다.

산림기사 필기

2024년 제3회 기출문제

2016년~2024년 기출문제를 자세한 해설과 함께 수록하였기에, 문제를 풀면서 다시 한번 실력을 점검하고 복습할 수 있도록 하였습니다.

제2과목 산림보호학

01 오염원으로부터 직접 배출되는 1차 대기오염 물질이 아닌 것은?

① 분진
② 오존
③ 황산화물
④ 질소산화물

해설 오존과 PAN은 대기 중의 질소산화물이 환원되는 과정에서 발생하는 2차 대기오염물질이다.

02 저온으로 인한 수목 피해에 대한 설명으로 옳은 것은?

① 겨울철 생육 휴면기에 내린 서리로 인한 피해를 만상이라 한다.
② 분지 등 저습지에 한기가 밑으로 내려와 머물게 되어 피해를 입는 것을 상렬이라 한다.
③ 이른 봄에 수목이 발육을 시작한 후 급격한 온도 저하가 일어나 어린 잎이 손상되는 것을 조상이라 한다.
④ 휴면기 동안에는 피해가 적지만 가을 늦게까지 웃자란 도장지나 연약한 맹아지가 주로 피해를 받는다.

해설 ① 겨울철 생육 휴면기에 내린 서리로 인한 피해를 상해라고 한다. 만상은 봄에 늦게 내린 서리에 의한 피해를 말한다.

② 분지 등 저습지에 한기가 밑으로 내려와 머물게 되어 피해를 입는 것을 상해라고 한다. 상렬은 겨울에 남쪽으로 노출된 얇은 수피가 햇빛에 녹았다가, 추위에 어는 것이 반복되어 수간에 나타나는 피해다.

③ 이른 봄에 수목이 발육을 시작한 후 급격한 온도 저하가 일어나 어린잎이 손상되는 것을 냉해라고 한다. 만상에 의해 발생할 수 있고, 호르몬 생육이 왕성한 시기라서 조상보다 피해가 덜하다.

03 참나무 시들음병 방제 방법으로 가장 효과가 약한 것은?

① 유인목 설치
② 끈끈이롤트랩
③ 예방 나무주사
④ 피해목 벌채 훈증

해설 • 참나무 시들음병은 매개충에 대해 직접 방제를 하는 것이 효과적이다.
• 예방 나무주사는 현재 참나무시들음병의 발생량과 피해 수준에 비하여 방제 비용이 너무 많이 들어 비효율적이다.

04 상주로 인한 묘목의 피해를 예방하는 방법으로 옳지 않은 것은?

① 토양에 모래를 섞는다.
② 배수가 잘되도록 한다.
③ 낙엽이나 볏짚 등을 제거한다.
④ 이른 봄에 뿌리 부위를 밟아준다.

해설 상주(서릿발)는 흙 속의 수분이 얼어서 발생하는 피해이므로 낙엽과 볏짚 등을 깔아서 예방할 수 있다.

정답 01. ② 02. ④ 03. ③ 04. ③

과목별 중요 내용 무료 동영상 강의 제공

과목별 내용 중 저자가 강조하는 핵심 내용과 학습법을 무료 동영상 강의로 제공하여 시험 공부를 시작할 때 참고할 수 있는 중요한 내용을 안내하였다(유튜브에서 **"산림하는 남자"**로 검색하거나 성안당 도서몰(https://www.cyber.co.kr)의 [자료실]에서 URL을 제공).

시험안내

1. 시행처 : 한국산업인력공단

2. 관련 학과 : 대학의 임학과, 산림자원학과 등 산림관련 학과

3. 시험과목
- 필기 : 5개 과목(조림학, 산림보호학, 임업경영학, 임도공학, 사방공학)
- 실기 : 산림경영 계획 편성 및 산림토목 실무

4. 검정방법
- 필기 : 객관식 4지 택일형, 과목당 20문항(과목당 30분)
- 실기 : 복합형[필답형(1시간 30분, 50점)+작업형(2시간30분, 50점)]

5. 합격기준
- 필기 : 100점을 만점으로 하여 과목당 40점 이상, 전과목 평균 60점 이상
- 실기 : 100점을 만점으로 하여 60점 이상

6. 진로 및 전망

산림청, 임업연구원, 각 시·도 산림부서, 임업관련 기관이나 산림경영업체, 임업연구원 등에 진출 가능하고, 「산림법」에 따라 임업지도사 자격을 취득하여 산림조합중앙회, 산림조합에 임업기술지도원으로 진출할 수 있다. 인구의 증가와 생활 수준의 향상으로 인해 공익재 또는 소비재로서의 산림의 역할에 많은 관심이 고조되고 있을 뿐 아니라, 정보화 시대에 따른 종이 소비의 증가와 주거환경에서의 목재 자원의 이용 또한 다양화되고 있다. 최근에는 환경오염에 관한 유력한 대안으로 산림이 인간의 중요한 자연환경으로서 인식되고 있으며, 고도산업 사회에서의 유용한 자원으로 새롭게 각광을 받고 있다. 산림공학은 산림과학의 한 주요 분야로서, 산림에 필요한 공학적 기술 분야를 담당한다. 산림자원을 효율적이고 합리적으로 개발하기 위해서는 임도의 개설, 사방, 수문, 벌출이 필요하며, 산림이 종합적으로 개발되어야 인간의 생활환경에 알맞은 산림의 공익적 기능이 발휘될 수 있다. 우리나라는 산림이 국토의 약 64%를 점유하는 산림 국가라 볼 수 있다. 앞으로는 산림자원의 효율적 이용 및 개발에 관심이 증대될 것이며, 관련 자격 취득자가 증가될 것으로 보인다.

PART
2

임도공학

CHAPTER 4 임도 설계

CHAPTER 8 　**임업 기계**

PART 3

사방공학

CHAPTER 8 **산림 복원**

PART 4 기출문제

part
1

산림보호학

1 일반 피해

section 1 ## 인위적인 피해

1 산림 화재

산림 화재에 의한 피해는 유령림에서 크며, 유령림의 경우 치사온도 55~65℃ 정도이다. 산림 화재는 대부분 사람의 부주의 때문에 발생한다.

▲ 산림 화재

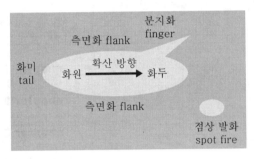

▲ 산불의 형태

1) 산림 화재의 이점

① 조부식층 제거 : 천연하종 갱신에 유리

② 임내 경쟁의 해소 : 대왕송의 경우 내화력이 강한 수종은 살아남고 잡수종은 제거된다.

③ 병해의 제거 : 병의 전염 및 중간기주 제거

④ 야생목초의 질 개량 : 양과 질이 동시에 개량되는 효과

> **참고**
> • 통제화입 : 산불의 유리한 점을 이용하기 위해 면적과 강도를 정해 산에 불을 놓는 것
> • 처방화입 : 불을 놓을 일자와 시간, 일기, 토양온도 등을 정해 산에 불을 놓는 것
> • 산불이 발생한 지역에서 특히 많이 발생하는 수병 : 리지나 뿌리썩음병

2) 산림 화재의 종류

① 지중화 : 낙엽층 밑 유기층과 이탄(피트, peat) 층이 타는 것으로 연기 및 불꽃은 없으나 강한 열로 오래 탄다. 우리나라에서 극히 드물게 일어난다.

② 지표화 : 지표에 쌓여 있는 낙엽과 지피물, 지상관목층, 갱신치수 등이 타며 가장 흔한 불

③ 수간화 : 나무의 줄기가 타는 것. 지표화에서 옮겨 붙는다.

④ 수관화 : 수관이 타는 불로, 비화되기 쉽고 한 번 일어나면 진화가 힘들어 큰 손실을 가져오는 가장 무서운 불이다. 우리나라에서 발생하는 대부분의 산불이 수관화다.

[수종별 내화성]

구분	강한 수종	약한 수종
침엽수	**은행나무, 낙엽송, 분비나무,** 가문비나무, **개비자나무,** 대왕송	소나무, 해송, 삼나무, 편백
상록활엽수	아왜나무, 굴거리나무, 후피향나무, 붓순, 황벽나무, 동백나무, 사철나무, 회양목	**녹나무, 구실잣밤나무**
낙엽활엽수	피나무, 고로쇠나무, 고광나무, 가중나무, 난티나무, 참나무, 사시나무, 음나무	**아까시나무, 벚나무,** 능수버들, 벽오동나무, 참중나무, 조릿대

3) 산림 화재의 위험도를 좌우하는 요인

산림 화재는 수종, 수령, 기후와 계절에 따라 위험도가 다르다.

① 수종

   – 침엽수가 활엽수보다 산림 화재에 약하다.

   – 침엽수는 수지 성분 때문에 불에 잘 탄다.

② 기후와 계절

   – 관계습도 30% 이하일 때 발생하기 쉽고, 진화가 어렵다.

   – 수관화는 습도가 25% 이하일 때 주로 발생한다.

③ 수령

   – 어린 나무일수록 피해가 크다.

4) 산림 화재의 예방

① 교육과 계몽

   – 입산자의 실화에 의한 산불 발생 비율이 가장 높다.

② 방화선

   – 구획면적은 50ha 이상으로 한다.

   – 산의 능선(8~9부 능선), 산림구획선, 임도, 경계선, 도로, 하천, 암석지 등을 이용한다.

- 10~20m 폭으로 임목, 관목, 잡초를 제거하고 내화성 수종을 식재하여 방화수대를 형성한다.
- 피나무, 고로쇠, 음나무, 마가목 등이 내화수림대에 적합하다.
- 잎갈나무와 일본잎갈나무(낙엽송)는 내화력이 강한 수종이다.
- 은행나무, 분비나무 등의 침엽수도 상대적으로 내화력이 강하다.

③ 산림경영상 예방
- 동령림을 피하고 이령림으로 구성한다.
- 단순림을 피하고 혼효림과 택벌림을 조성한다.

> **참고**
>
> ① 혼효림
> - 침엽수와 활엽수가 섞여서 자라는 숲
> ② 택벌림
> - 모든 수령의 임목이 각 영급별로 비교적 동일한 면적을 차지하여 자라고 있는 숲
> - 택벌작업을 하고 있거나 택벌작업을 통하여 만들어진 각 영급의 나무들이 고르게 섞여 자라고 있는 숲
> ③ 택벌
> - 대소노유의 수목이 혼생하고 있는 산림을 택벌임형이라고 한다.
> - 택벌이란 택벌임형을 영구히 유지해 나가면서 성숙목을 벌채 이용하고 동시에 불량한 유목도 제거해서 산림의 건전한 조화를 유지시키는 벌채 방법을 말한다. 택벌작업림에 있어서는 주벌과 간벌의 구별이 없다. 또한 택벌림은 개벌과는 달리 임지가 노출되는 일이 없어서 지력의 쇠퇴가 적다.

5) 산불위험지수

가) 산불위험지수 지도

① 위험(81~100)　　② 경계(61~80)　　③ 주의(41~60)　　④ 위험 없음(40 이하)

나) 산불위험등급 산출과정

다) 산불경보의 발령 및 조치기준

산림보호법 시행령 별표 1의 8, 별표 2(2019년 7월 2일 개정)

구분	발령기준	조치기준
관심	• 산불 발생 시기 • 주의 및 경보 발령기준에 미달	• 산불 취약지 감시인력 배치
주의	• 산불위험지수 51 이상 지역 70% 이상 • 산불발생 위험이 높아질 것이 예상되는 경우	• 산불전문 예방 진화대 고정 배치 • 공무원 담당 구역 지정
경계	• 산불위험지수 66 이상 지역 70% 이상 • 발생한 산불이 대형으로 확산 우려가 있는 경우	• 취약지 감시인력 증원 • 담당 공무원 주 2회 이상 순찰, 단속활동 • 불 놓기 허가 중지
심각	• 산불위험지수 86 이상 지역 70% 이상 • 산불이 동시다발적으로 발생하고 대형 산불로 확산될 개연성이 높은 경우	• 민간·사회단체 및 유관기관의 산불 예방 활동 참여 • 담당 공무원 주 4회 이상 순찰, 단속활동 • 군부대 사격훈련 자제 • 입산통제구역 입산허가 중지

6) 산불의 영향

가) 생태학적인 측면

① 탈산림화, 생물 다양성 감소
② 야생동물 서식지 파괴
③ 토양 영양물질 소실
④ 홍수 피해 증가
⑤ 국지기상의 변화
⑥ 산성비와 대기오염 증가
⑦ 이산화탄소 배출량 증가로 기후변화 초래

나) 경제적인 측면

① 목재, 가축, 임산물 소득 손실
② 산림의 환경기능 손실
③ 국립공원의 파괴
④ 식품생산과 물 공급으로 비용 증가
⑤ 산업 교란, 수송 교란으로 인한 경제적 손실

다) 사회적인 측면

① 관광객 감소 등

② 산업의 교란

③ 대기 중 연무 농도에 따라 피부 및 호흡기 계통의 영향(암, 만성질환의 증가)

※ 산불이 발생한 지역에서는 높은 온도에서 포자가 발아하는 **리지나뿌리썩음병**이 많이 발생하고, 이로 인해 소나무가 집단적으로 말라죽은 자리에서 **파상땅해파리버섯(*Rhizina undulata*)**이 발견된다.

7) 산림 화재의 진화

① 산불 진화를 위한 맞불을 놓는 위치는 산불 진행 방향이다. 거의 사용하지 않는다.

② 제1, 제2 인산암모늄 또는 Forexpan을 인력으로 살포한다.

③ 인화물을 제거하고, 잔불을 정리한다.

8) 생엽의 발화온도

발화는 열과 빛을 내는 산화현상인 연소가 연쇄반응을 일으켜 불이 타기 시작하는 것이고, 착화라고도 한다.

발화온도	수종
490℃	네군도단풍나무
480℃	수수꽃다리
460℃	밤나무, 주목(마가목, 가중나무 458℃)
450℃	졸참나무, 가문비나무, 분비나무, 회양목, 개비자
440℃	상수리나무, 소나무, 일본전나무, 유럽적송
430℃	은행나무, 팥배나무
410℃	일본가래나무
380℃	아까시나무, 일본목련
370℃	뽕나무, 페르시아호두나무
360℃	피나무

9) 생엽의 발염온도

발염은 연소의 과정에서 가연성 물질이 불꽃을 만드는 현상이다.

발염온도	수종
650℃	일본잎갈나무
620℃	가중나무

610℃	피나무, 아까시나무, 은행나무, 일본가래나무
550℃	뽕나무, 페르시아호두나무, 마가목, 일본목련, 밤나무, 네군도단풍나무
540℃	은행나무, 상수리나무
530℃	졸참나무
500℃	분비나무, 가문비나무, 회양목, 개비자나무
460℃	주목
440℃	소나무, 유럽적송

2 인위적인 가해와 대책 등 기타

① 산림경계의 침입
- 경계석을 세워 방지

② 도벌
- 산림에서 그 산물(조림된 묘목 포함)을 절취한 자 → 7년 이하의 징역 또는 2천만 원 이하의 벌금
- 다른 규정은 대개 1년 이상 10년 이하의 징역

③ 낙엽 채취
- 생태계 균형 파괴, 토양의 양료 박탈 등 임지의 황폐화를 초래한다.

section 2 기상 및 기후에 의한 피해

1 저온에 의한 피해

① 식물은 보통 5℃ 이상에서 성장할 수 있다. 이 온도를 생리적 한계온도라고 한다.

② 식물이 생장할 수 있는 온도의 범위를 임계온도라고 하며, 식물이 자랄 수 있는 최저온도와 최고온도 사이의 범위가 된다.

③ 알프스 산맥의 진달래 종류는 임계온도가 낮아서 영하 8℃에서도 광합성을 할 수 있다.

④ 열대 식물은 18~20℃에서도 성장에 장해가 생긴다.

⑤ 겨울철 저온에 의한 피해를 총칭하여 한해(寒害, cold injury)라고 한다.

⑥ 동해와 상해에 대한 식물의 저항성을 내동성(耐凍性)이라 한다.

⑦ 추위에 견디는 성질을 내한성(耐寒性)이라고 하여 내동성과 같은 의미로 사용해 왔다.

[수종별 내동성(현신규 등 1975)]

학명	수종	내동성 한계온도(℃)
Pinus sylvestris	구주소나무	−30∼−40
Abies spp.	전나무속	−30∼−40
Larix spp.	잎갈나무속	−30∼−35
Malus spp.	사과나무속	−25∼−27
Castanea spp.	밤나무속	−20
Salix spp.	버드나무속	−20
Morus spp.	뽕나무속	−2∼−25
Thea spp.	차나무류	−12∼−14
Citrus spp.	감귤류	−7∼−8

⑧ 내동성은 저온조건을 부여하여 순응시키면 높아질 수도 있다. 이렇게 **일정한 환경에 적응시켜 저항성을 높이는 것을 경화처리(硬化處理, hardening)**라고 한다.

1) 냉해(한상, chilling injury)

① 얼어서 생기는 동해와 구분하여야 한다.

② 주로 성장을 시작하는 봄철이나 성장이 끝나는 가을철에 발생한다.

③ 성장 휴지기에는 발생하지 않는다.

④ **0℃ 이상의 온도에서 피해를 입는 것을 한상 또는 냉해라고 부른다.**

⑤ 성장기에 생장량이 저해되거나 나무의 일부 또는 전부가 말라죽는다.

⑥ 관상용이나 가로수의 경우는 찬물로 관수하는 경우에도 발생할 수 있다.

⑦ 냉해의 방지는 찬물로 임상을 피복하고 있는 물질을 제거하지 않는 것과 우드칩 등을 포설하여 주는 방법이 있다.

⑧ 냉해가 우려될 경우 8월 말 이후에는 풀베기를 하지 않는다.

2) 동해(freezing injury)

① 겨울철에 **얼음이 어는 온도인 0℃ 이하에서 발생한다.**

② 온대지방 나무의 생장 정지기인 11월에서 이듬해 3월 사이에 나타난다.

③ 나무가 겨울을 나기 위해 월동을 준비하는 과정을 저온순화라고 한다.

④ 저온 순화된 버드나무와 침엽수는 영하 40℃에서도 동해를 입지 않는다.

⑤ 저온 순화되기 전에 영하의 온도에 노출될 때 세포 안의 수분이 얼어서 세포의 구성 성분을 파괴하기 때문에 피해가 발생한다.

⑥ 세포 밖의 얼음 결정 또한 세포를 탈수시켜 영구위조점 이하로 수분을 감소시키기 때문에 피해가 발생한다.

⑦ 활엽수의 잎이 피해 초기에 탈색되고, 진행되면 괴사한다.

⑧ 침엽수의 잎은 끝부분부터 갈색으로 변한다.

⑨ 삼나무, 주목, 회양목은 일시적으로 붉은 색으로 변했다가 다시 회복되는 경우도 있다.

⑩ 동해에 대한 대책은 동절기에 북풍으로부터 조림목을 보호한다.

⑪ 토양에 유기물로 멀칭을 실시하고, 작은 수목은 짚으로 밑동과 수간을 싸 준다.

⑫ 근본적인 대책은 내한성을 고려하여 조림 수종을 선택하는 것이다.

> **참고**
>
> • 식물의 생장기에 발생하는 동해를 상해(霜害, frost injury)라고 한다.
> • 상해 중에서 생장휴지기에 들어가는 가을 무렵 내리는 서리에 의한 피해를 조상이라고 한다.
> • 상해 중에서 봄에 생장을 개시한 후 내리는 서리에 의한 피해를 만상이라고 한다.
> • 동상은 겨울의 생장휴지기에 생긴 피해를 말한다.

3) 조상

① 생육기간 동안, 특히 **가을에 일찍 내린 서리에 의해 나무에 피해가 발생**한다.

② 찬 공기가 정체되는 분지형 산악지대에서 가끔 나타난다.

③ **3m 이하인 작은 나무에 큰 피해를 주며**, 새순과 잎에 주로 피해가 나타난다.

④ 소나무의 경우 잎의 기부가 피해를 입어 잎이 밑으로 처진다.

⑤ 조상은 새순이 피해를 입기 때문에 그 후유증이 만상보다 심각하다.

⑥ 나무가 작아지거나 관목모양으로 변하게 된다.

⑦ 여름철 비료를 주지 않고 가을 생장을 일찍 정지시킨다.

⑧ 서리가 오기 전에 스프링클러로 안개비를 만들거나 연기를 발생시키면 조림목의 피해를 방지할 수 있다.

4) 만상

① **봄에 늦게 내린 서리에 의해 생육이 시작된 수목이 입는 피해이다.**

② 봄에 새로 난 잎과 꽃이 시들어 마른다.

③ 남쪽과 남서쪽의 잎과 가지가 더 피해를 입는다.

④ 활엽수의 잎은 검게 변하고, 침엽수의 경우 붉게 변하였다가 말라죽는다.

⑤ 조림목의 경우 반드시 경화를 시킨 후에 심는다.

⑥ 만상의 경우는 호르몬 활동이 왕성한 시기여서 피해를 받은 새순이 죽어도 다른 새순이 생기기 때문에 조상보다 피해가 덜하다.

⑦ 활엽수 중 단풍나무, 철쭉, 쥐똥나무에서, 침엽수 중에는 주목과 낙엽송에서 자주 발생한다.

※ **만상의 피해로 나타나는 상륜은 일종의 위연륜(가짜 나이테)이다.**

5) 상주

① 초겨울 또는 이른 봄에 습기가 많은 묘포에서 **흙의 수분이 얼어 표면의 흙이 위로 뜨게 되어 얼음 기둥이 생길 수 있다.**

② 키가 작은 1~2년생 묘목은 뿌리가 말라죽는다.

③ 묘상의 배수를 철저히 하고, 노출된 묘포는 볏짚, 톱밥, 우드칩 등으로 덮는다.

④ 아주 추운 지방보다는 중부 이남의 따뜻한 지방에서 더 자주 발생한다.

6) 상열

① 나무가 겨울을 준비하는 동계순화과정에서 **단단한 심재 부위보다 변재 부위가 더 많이 수축하여 변재가 위에서 아래로 길게 갈라지는 현상이다.**

② 낮과 밤의 온도 차이가 더 심한 남서쪽 수간에서 더 자주 나타난다.

③ 침엽수보다는 활엽수에서 더 자주 나타난다.

④ 직경 15~30cm의 나무에서 주로 나타난다.

⑤ 수간을 마대로 싸거나, 흰 페인트를 바른다.

7) 동계피소

① 겨울철에 나무의 껍질이 어는 현상이다.

② 일시적으로 껍질의 수분이 녹았다가 껍질의 수분이 얼게 되어 발생한다.

③ 껍질 부분이 변재 부위에서 떨어진다.

④ **상처를 가지고 있는 나무나 수피가 얇은 나무에서 주로 나타난다.**

⑤ 수간을 마대로 싸거나, 흰 페인트를 바른다.

8) 동계건조

① 이른 봄에 땅은 얼어 수분이 공급되지 않는데, 잎은 따뜻해서 증산작용을 하게 되어 잎과 가지가 마르게 되어 발생한다.

② **고산지의 북향에 있는 상록수에서 주로 발생한다.**

③ 토양이 녹은 후 침엽수의 수관 전체가 적갈색으로 변하거나 잎이 아래로 처지면서 고사하게 된다.

④ 방풍림 또는 방풍책을 설치하여 증산작용을 최소화하고, 토양의 배수상태를 양호하게 유지한다.

⑤ 지표면을 덮고 있는 지피물을 제거하여 땅이 녹는 것을 촉진시킨다.

② 고온에 의한 피해

온대지방에 서식하고 있는 수목의 임계온도는 0℃~35℃ 정도이며, 온대지방의 수목은 임계온도를 벗어난 35℃가 넘게 되면 고온 피해를 입기 시작한다. 고산지대의 식물은 25℃에서도 고온에 의해 피해가 발생할 수 있고, 열대지방의 식물은 보통 40℃ 이상에서 고온 피해가 나타난다.

식물세포의 세포막은 인과 지방질의 이중 막으로 만들어져 있는데, 고온에서는 세포막의 지방이 액화되어 세포막이 제 역할을 못하게 되어 피해가 발생한다. 생물의 세포에는 단백질이 포함되어 효소, 핵산 등을 구성하고 있는데 화재 등으로 고온에 노출되면 단백질이 응고, 경화되어 세포가 죽게 된다. 잎에 주로 분포하는 엽록체 또한 막 안에 스트로마가 있고 스트로마 안에 그라나가 입자 형태로 흩어져 있는데, 막이 기능을 상실하게 되면 광합성을 하지 못하게 되어 고온에 의한 피해가 발생한다.

1) 볕데기

① 강한 복사광선에 의해 **줄기의 나무껍질이 건조하여 떨어져 나가는 현상**이다.

② 나무껍질의 일부에서 급격한 수분 증발로 인해 조직이 건조해져서 발생한다.

③ 호동나무, 호두나무, 가문비나무 등과 같이 코르크층이 발달하지 않고 평활한 수피를 지닌 나무에서 자주 발생한다.

④ 직사광선에 직접 노출되는 남서 방향의 임연부의 성목이나 고립목에서 피해가 나타난다.

⑤ 울폐된 숲은 강하게 솎아베지 않아 강한 직사광선이 임내에 들어가는 것을 방지한다.

⑥ 나무의 줄기를 짚으로 둘러주거나 석회유 등을 발라 직사광선을 막아주는 것이 효과적이다.

2) 치묘의 열해(열사)

① 묘포장, 조림지의 직사광선이 강한 남사면의 치묘가 말라죽는 현상이다.

② 강한 태양 복사열로 인해 지표의 온도가 급격이 올라 뿌리 부위의 형성층이 손상된다.

③ **전나무, 가문비, 편백 등 내음성 수종에서 주로 발생한다.**

④ 광도가 높고, 토양이 건조한 7~8월에 자주 발생하는 열해이다.

⑤ 토양온도를 낮추는 관수, 해가림, 토양피복 등으로 예방할 수 있다.

3) 엽소(leaf scorch)

① 여름철 토양의 온도가 60℃ 이상 올라가는 건조기에 주로 나타난다.

② 남서향의 양엽이 과다한 증산작용으로 인하여 보이는 탈수상태의 피해이다.

③ 여름철 건조가 지속되는 고온기에 남향의 숲에서 주로 발생한다.

④ 수분을 공급받는 엽맥에서 가장 멀리 떨어져 있는 **잎의 가장자리에서부터 수분 부족 현상**이 나타난다.

⑤ 장마기간이 끝나고 건조하고 더운 날씨가 지속될 때 우리나라에서도 자주 나타난다.

⑥ 단풍, 층층, 물푸레, 느릅, 칠엽수와 주목, 잣나무, 전나무, 자작나무 등 한대성 수종에서 자주 볼 수 있다.

⑦ 남서향에는 건조에 강한 나무를 심는다.

4) 볕데기(sun scorch)

① 노출된 **지표면에서 가까운 수간의 남서쪽 부분 껍질**이 햇빛과 열에 의해 형성층 조직이 죽어서 벗겨지는 현상이다.

② 죽은 껍질이 벗겨지고 목부조직이 노출되기 때문에 피소(sun scald) 현상이라고 부른다.

③ 더운 여름 검은 색에 가까운 남향의 토양이 햇빛을 받아 온도가 60℃를 넘어갈 때 발생한다.

④ 수분 부족 현상과 함께 발생할 경우 증산작용이 제대로 이루어지지 못해 수간의 온도가 올라가므로 피해가 더 커진다.

⑤ 남서쪽의 수간에 수직 방향으로 불규칙하게 수피가 갈라져 괴사한 부분이 지저분하게 변한다.

⑥ 수피가 얇은 벗나무, 단풍나무, 목련, 매화, 물푸레에서 자주 나타난다.

⑦ 지상 2m 이하 부분을 마대로 둥글게 싼다.

⑧ 토양을 유기물로 멀칭하여 토양의 온도를 낮춘다.

⑨ 상처 부위는 수피 외과수술을 통해 타원형으로 도려내어 새로운 형성층 조직의 발생을 유도한다.

3 물에 의한 피해

수목은 60% 이상의 물로 구성되어 있고, 물은 생장과 발육에 중요한 영향을 미친다. 수목은 잎을 통한 증산과 뿌리를 통한 흡수를 통해 물의 균형을 유지하여야 건강하게 자란다. 뿌리로부터 물의 흡수가 극단적으로 저해되거나, 잎으로부터 증산이 과도하게 되면 수목은 말라죽게 되는데, 수분 부족으로 나무가 말라죽는 현상을 한해 또는 건조해라고 한다.

1) 건조 피해

① 나무가 수분 부족으로 인하여 잎과 가지가 영구적으로 마르거나 나무 전체가 말라죽는 현상이다.

② 동계건조가 생육 정지기간에 과도한 증산작용으로 인해 발생한다면, 건조현상은 생육기간 중의 수분 부족으로 인하여 나타난다.

③ 건조 피해인 한해(旱害)와 추위로 인한 피해인 한해(寒害)는 한글 표기가 같으므로 주의해야 한다.

한발 피해	수종	비고
약한 수종	버드나무, 포플러, 오리나무, 들메나무 등 습생식물	1~2년생 묘목에 피해가 가장 많이 나타난다.
강한 수종	**소나무, 해송, 리기다소나무, 자작나무, 서어나무** 등 건생식물	

가) 원인

① 수분 부족 : 건조 피해는 생육기간 중에 식물이 증산작용으로 필요한 수분보다 토양에서 흡수하는 수분의 양이 부족하여 생기는 현상이다.

② 토양의 수분 함량이 영구위조점 이하로 떨어질 때 건조 피해가 발생한다.

③ 지구 온난화(global warming)로 인해 기온이 높은 여름철에 과도하게 증산작용을 하거나, 기온이 평년보다 10~15℃ 이상 높은 겨울에 비가 오지 않는 상황에서 상록수가 증산 작용을 계속함으로써 수분 부족 현상을 일으켜 건조 피해가 나타난다.

나) 증상

① 잣나무와 거의 모든 침엽수 나무에서 가끔 발생한다.

② 초기에는 잎이 황화현상을 보이거나 왜소해진다.

③ 진행되면 잎이나 가지가 영구적으로 마르면서 가지가 죽는다.

④ 후기에는 수관의 상부에서부터 가지가 말라 죽기 시작하여 가지 고사가 위에서 아래로 진행되어 수관이 작아진다.

다) 방제 방법

① 건조에 약한 수종, 천근성 수종, 수분을 다량으로 요구하는 수종을 경사도가 심한 남향에 식재하지 않는다.

② 가을철 이식을 자제한다.

③ 부득이하게 가을 이식을 할 경우 건조한 겨울철에 온도가 상승하면 관수를 한다.

2) 습해

① 오목한 지형, 호소 근처, 지하수위가 높고, 배수가 나쁜 장소에서 발생한다.

② 토양 중의 산소가 결핍되어 뿌리의 호흡장해, 뿌리조직의 괴사, 생장 지체가 나타나고 심해지면 고사한다.

③ 평지나 산기슭의 숲을 중심으로 임내를 솎아베기한다.

④ 임내에 크고 작은 배수구를 파서 배수를 좋게 한다.

⑤ 배수구를 파서 높게 형성된 토양 위에 나무를 심는다.

⑥ 묘포지는 배수가 잘 이루어질 수 있게 약간의 경사를 둔다.

3) 강우에 의한 침식 피해

① 단시간에 집중호우, 장시간에 많은 비가 내리면 숲의 토양이 씻겨나간다.

② 산림의 난벌 등으로 훼손된 숲에서 훨씬 심각하게 나타난다.

③ 산림 화재 발생지, 벌채지, 임도 개설지 등은 침식 피해 방지 대책을 세워야 한다.

참고

① 강우는 토양체로부터 토양입단을 분리시킨다.
② 강우에 의한 충격은 토양의 입단구조를 파괴한다.
③ 강우에 의한 물과 토양이 함께 날아가서 토양을 멀리까지 이동시킨다.
　－ 빗방울의 충격에 의하여 토양은 느슨해지거나 토양체에서 분리되고, 빗방울의 두드리는 작용에 의하여 토양의 입단화는 깨진다.

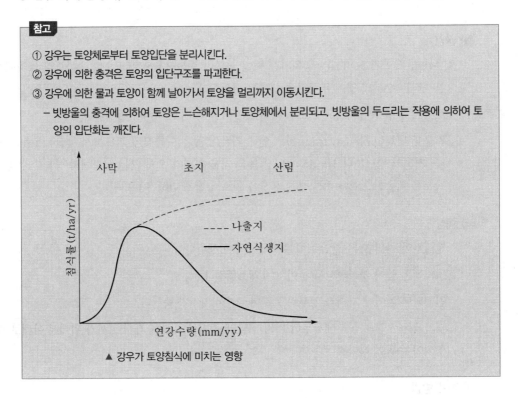

▲ 강우가 토양침식에 미치는 영향

---

④ 눈에 의한 피해

눈의 결정 사이 공극에 물을 함유한 것을 습설이라고 한다. 이제 막 내려 결정의 모양이 남아있는 눈입자를 신설이라고 하고, 굳어진 습설과 눈이 얼은 빙설을 합쳐 오래된 눈이라는 뜻으로 구설이라고 한다.

1) 관설해

강설이 가지나 잎에 부착한 것을 머리에 쓰는 관 같다고 하여 관설이라고 하기도 하고 눈이 붙었다고 착설체라고도 한다. 대설로 착설체가 비대하여 줄기가 부러지거나 뿌리가 뽑히는 피해를 관설해라고 하고, 가늘고 길게 자란 수목은 적설량이 20cm 정도의 신설에도 피해를 입는다.

가) 관설해를 받기 쉬운 나무의 조건

① 가늘고 긴 수관

② 경사선을 따라 고밀도, 직선으로 식재된 나무

③ 복층림의 하층목

나) 관설해에 대한 대책

　① 삼각식재, 장방형 식재를 하고 임목 간 경사거리를 넓게 둔다.

　② 솎아베기 때에는 경사 방향의 간극을 벌리는 형식으로 대상목을 선발한다.

　③ 가치치기도 계곡쪽의 가지를 높게 실시하여 수간의 균형을 높은 쪽으로 수간의 균형을 개량한다.

2) 설압해

　① 나무의 일부 또는 전체가 눈에 묻혀서 쌓인 눈의 이동 및 변형에 따라 나무의 모양이 무리한 자세가 되어 손상을 입는 것을 설압해라고 한다.

　② 밑둥치 부분의 굽음(basal sweep)으로 인한 목재 이용상의 손실은 약 20%에 달한다.

　③ 설압에도 묻히거나 쓰러지지 않는 크기의 나무를 설상목이라고 한다.

　④ 설상목이 되려면 최고 적설 깊이의 2~2.5배의 수고를 가져야 한다.

　⑤ 넘어진 나무 일으키기, 풀베기, 시비로 설상목을 신속하게 완성시킬 수 있다.

5 바람에 의한 피해 등 기타

대기 중의 에너지의 양과 분포의 차이를 만들고, 공기는 에너지가 많은 압력이 높은 곳에서 낮은 곳으로 이동한다. 이러한 공기의 이동이 바람이다. 바람은 태양의 빛에너지가 열에너지로 전환되고, 열에너지가 운동에너지로 변환된 것이다.

1) 주풍에 의한 피해

　① 주풍(主風, prevailing wind)이란 풍속 10~15m/s 정도의 속도로 장기간 같은 풍향으로 부는 바람을 말한다.

　② 폭풍에 비해 풍속은 느리나 계속적이고 규칙적으로 부는 바람이다.

　③ 잎이나 줄기의 일부가 탈락하게 되고 임목의 생장이 저하되며, 수형을 불량하게 하는 등의 피해를 받게 된다.

　④ 수목은 일반적으로 주풍 방향으로 굽게 되고, 수간 하부가 편심생장(偏心生長)을 하게 되어 횡단면이 타원형(楕圓形)으로 된다.

　⑤ 침엽수는 상방편심(上方偏心, hypotrophy)을, 활엽수는 하방편심(下方偏心, epitrophy)을 한다.

　⑥ 주풍의 피해를 예방하기 위해서는 주풍을 받게 되는 임연에 저항성이 큰 수종으로 임의를 조성하는 것이 효과적이다.

2) 폭풍에 의한 피해

　① 풍속 29m/s 이상의 속도로 부는 바람, 보통 강우를 동반하는 경우가 많다.

② 나무에 발생하는 피해는 처음에는 나무 끝, 가지, 잎 등의 약한 부분에서 발생하여 휨, 부러짐, 탈락 등을 초래한다.

③ 나무의 피해가 더욱 진행되면 줄기에까지 이르러 할렬(割裂), 연륜박리(年輪剝離) 등의 파괴가 일어난다.

④ 성장은 하지만 목재 내부의 부분 압축 파괴, 연륜을 따라 발생하는 할렬인 윤할, 수피의 일부가 목질부 내부에 파묻히는 입피 등의 목재 결함이 남는다.

⑤ 노령의 수목은 피해를 입기 쉽고, 어린 수목은 수피에 상처는 나지만 큰 피해는 입지 않는다.

⑥ 침엽수의 피해가 활엽수보다 높고, 천연림이 인공림보다 피해에 강하다.

⑦ 침엽수 단순림보다는 활엽수림이나 침활엽 혼효림이 내풍력이 강한 것으로 알려져 있다.

⑧ 산등성이의 산림을 방풍림으로 이용하거나 임분의 가장자리에 임목의 띠를 두르는 것도 풍하(風下) 방향 산림을 보호하는 효과가 있다.

⑨ 화산회토나 사질토양에서는 빗물의 침투가 쉬워서 토양과 뿌리의 결합이 약하므로 뿌리 뒤집힘이 발생하기 쉽다.

3) 방풍림

① 방풍림의 개념

- 방풍림(防風林, windbreak, shelter belt) : 바람의 속도를 줄여서 농작물, 가축, 토양, 혹은 시설물을 보호하기 위하여 조성된 숲이다.
- 임분대의 폭은 용도에 따라 다양하지만 최소 10~20m 이상으로 하며, 100~150m가 적당하다.

② 방풍림의 기능

- 주풍, 폭풍, 염풍, 한풍 등에 의해 입는 피해를 경감 또는 방지한다.
- 바람의 속도를 줄인다.
- **풍상에서 수고의 8배 거리, 풍하에서 30배 거리까지 바람의 속도를 줄인다.**
- **풍상측은 수고의 배, 풍하측은 10~25배의 거리까지 그 효과가 미친다.**
- 토양의 증발량과 농작물의 증산량을 감소시키고, 봄철 토양 온도를 높여 농작물의 수확량이 늘어난다.
- 바람에 의한 토양의 침식, 이동, 유실을 방지하며, 쌓여 있는 눈의 이동을 막는다.
- 바닷가에서 조풍(潮風)을 막아준다.
- 겨울철 북풍을 막아 한풍(寒風)으로부터 묘목을 보호한다.

③ 방풍림 조성 방법

- **방풍림은 주풍에 직각 방향으로 띠 모양으로 배치한다.** 비스듬히 설치할 경우 풍속 감소의 범위가 작아진다.

- 주풍이 심하게 부는 곳은 식물이 주풍의 영향을 받은 식물의 방향을 보고 방풍림을 그 방향과 직각으로 배치한다.
- 방풍림과 함께 방풍책을 이용하면 초기에 방풍림의 성장이 좋아진다.
- 겨울 계절풍의 영향으로 풍향은 북서에 가깝지만 지형에 따라 풍향도 달라진다.
- 해안선의 경우는 풍향이 해안선과 직각이므로 해안선에 평행하게 설치한다.

④ 방풍림 조성 수종
- 방풍림에는 염풍에 강한 해송 또는 그 지방에 적응한 큰키 나무를 심는다.
- 큰키 나무 아래에는 염풍에 강하고, 비염이 잘 부착될 수 있는 작은 키의 활엽수를 심어서 방풍림의 효과를 높인다.
- 내륙의 방풍림은 침활엽수 혼효림이 바람직하다.
- 상록성으로서 심근성이며, 지하고가 낮고, 잎과 가지가 밀생하며, 생장이 빠른 수종이 좋다.
- **가시나무류**, 독일가문비나무, 미송, **사철나무**, **삼나무**, 서양측백, 스트로브잣나무, 연필향나무, **측백나무, 편백, 향나무, 화백이 방풍림 조성에 많이 쓰인다.**
- **해안 방풍림 조성 수종으로는 곰솔, 팽나무, 후박나무, 향나무가 있다.** 염적응식물을 사용하는 것이 좋다.

⑤ 나무의 내풍성

강한 나무	소나무, 해송, 참나무, 느티나무류
약한 나무	삼나무, 편백, 포플러, 사시나무, 자작나무, 수양버들

4) 수목의 내염성

나무가 염분에 견디는 힘을 내염성이라고 한다. 내염성은 성장환경에 따라 달라진다.

강한 나무	**해송, 향나무, 사철나무**, 자귀나무, 팽나무, 돈나무, 후박나무
약한 나무	**소나무, 삼나무**, 전나무, 사과나무, **벚나무**, 편백, 화백

---

section 3 동·식물에 의한 피해

1 식물에 의한 피해

식물에 의한 피해는 주로 기생성 종자식물에 의해 발생한다. 기생성 종자식물은 세계적으로 약 2,500여 종이 알려져 있다. 기주식물의 가지에 기생하면서 그 속에 흡기와 기생근을 형성하여 영양을 흡수해서 생활한다.

1) 겨우살이

① 겨우살이과(loranthaceae)에 속하는 식물들을 총칭하여 일컫는 말이다.

② 우리나라에는 겨우살이, 붉은겨우살이, 꼬리겨우살이, 참나무겨우살이 등 참겨우살이류와 동백나무겨우살이 총 4종이 분포한다.

③ 겨우살이(viscum album)가 우리나라에 가장 널리 분포하고 참나무류에 가장 큰 피해를 준다.

　㉠ 발병 특징

　　- 가지와 잎이 무성해서 빗자루병처럼 보여 쉽게 알아볼 수 있다.

　　- 겨우살이는 상록 관목이어서 겨울에도 푸른 잎이 무성하게 자라고 있는 것처럼 보인다.

　　- 병든 부위는 국부적으로 이상비대하고, 병든 부위의 윗부분은 위축되면서 말라죽는다.

　㉡ 생활사

　　- 상록 기생관목, 겨우살이과의 겨우살이

　　- 잎은 가죽질이고 장타원형이며 가장자리는 매끈하고 Y자 형으로 마주난다.

　　- 이른 봄에 1~2개의 꽃이 줄기 끝에서 피며, 옅은 노란색의 자웅이화다.

　　- 과육의 점질물에 의해 새부리나 다리에 부착되거나 배설물에 섞여 종자가 다른 나무로 전파된다.

　㉢ 방제법

　　- **기생 부위로부터 적어도 30cm 아래쪽의 가지까지 제거한다.**

　　- 절단면에 지오판도포제 또는 발코트도포제 같은 상처 소독제를 발라 목재부후균의 침입을 방지한다.

　　- 매년 겨우살이의 줄기를 바짝 잘라내면 종자의 확산을 크게 줄일 수 있고, 수세의 회복에도 도움이 된다.

2) 새삼

① 콩, 알팔파 등 콩과식물 재배지와 조경식물에 주는 기생식물이다.

② 나무에 피해는 큰 문제가 되지 않지만 묘포지에서는 주의를 기울여야 한다.

③ 새삼은 바이러스를 매개하는 수단이 되기도 한다.

④ 때때로 아까시나무, 싸리나무, 버드나무, 포플러, 오동나무 등에 기생을 한다.

⑤ 어린 오동나무의 줄기에 기생하면 혹을 만들기도 한다.

　㉠ 발병 특징

　　- 기주식물의 줄기를 새삼의 줄기가 감고 자라면서 덮고, 곧 주변 식물들도 감염을 확산시켜 주변 3m 정도의 둥근 감염지역을 형성한다.

　　- 감염된 기주식물은 활력을 잃고, 때로 죽는다.

ⓛ 생활사

- *Cuscuta japonica*는 1년생 초본식물로 줄기는 비교적 강하고 잘 말리는 실 모양으로 주황색 또는 누런색이다.
- 줄기에 잎이 없이 길이가 2mm 내외의 비늘과 같은 것이 있다.
- 6월의 흰색 꽃이 피고, 가을에 성숙하는 열매는 벌어지게 되면 많은 종자가 나온다.
- 종자는 지상발아하여 기주식물을 감고 기주식물의 조직 속으로 흡기를 침투시켜 양분을 섭취하며 자란다.

ⓒ 방제법

- 1년생이므로 결실기 이전에 제거하는 것이 가장 좋다.
- 피해 부분에 제초제를 살포하거나 잡초용 소각기를 이용하여 소각시킨다.
- 묘포에서는 토양소독을 하고, 비감수성 작물과 윤작하면 효과적이다.

3) 덩굴식물에 의한 피해

① 피해 식물

- 다른 식물이나 물체에 의지하여 자라는 식물을 덩굴식물이라고 한다.
- 덩굴과 넝쿨은 맞춤법에 맞는 표기지만, 덩쿨이나 넝굴은 맞지 않는다.
- Climbing plant는 제 줄기로 수간이나 물체를 감아서 올라가는 형태를 bine이라고 한다.
- 줄기가 아닌 잎자루나 덩굴손, 가시나 뿌리, 고리 등을 이용하여 다른 것에 부착하여 올라가는 것을 vine으로 구분한다.
- **vine은 등반부착형, bine은 등반감기형으로 부르기도 한다.**
- vine은 풀과 나무로 구분할 수 있는데 나무, 즉 목본성인 것을 lianas라고 부른다. 주로 수간을 감아서 올라가는 **등반감기형이 나무에 피해를 준다.**
- 등반감기형에 속하는 식물은 등나무와 칡, 으름덩굴과 하수오, 나팔꽃 등이 있다.
- 등반부착형에 속하는 식물은 부착에 사용하는 기관과 방법에 따라 구분할 수 있다.
- 포도와 오이는 덩굴손(tendrill)을 이용하고, 담쟁이덩굴과 능소화는 흡반(adhesive pad)을 이용한다.
- 송악은 달라붙는 뿌리(cliging root)를 이용하며, 그 이외에 가시(thorn)나 고리(hook)를 이용하는 식물과 잎자루(twining petiole)를 이용하는 종류가 있다.

② 방제법

- 디캄바와 글라신 같은 약제를 사용하는 화학적 방제
- 인력과 기계를 이용하여 제거하는 기계적 방제

② 동물에 의한 피해 등 기타

야생동물은 생물 다양성과 생태계의 건전성 유지라는 측면에서 긍정적인 가치도 있지만, 환경 수용력 이상으로 개체 수가 증가하면 사람들에게 피해를 줄 수 있다. 야생동물은 산림 및 농작물 피해, 항공기 및 전력시설 피해, 로드킬로 인한 피해 등을 발생시킨다.

1) 야생동물에 의한 피해

농작물에 대한 피해는 벼 〉 채소류 〉 배 〉 사과 〉 호두 〉 포도 순으로 많이 발생한다.

2) 조류에 의한 피해

① 꿩
 – 파종한 종자를 먹기 때문에 밭의 콩 또는 옥수수에 피해를 준다.
 – 수렵을 통한 개체 수를 조절한다.

② 참새
 – 벼가 익는 동안 벼의 즙을 빨아먹는다.
 – 해충을 잡거나 잡초종자를 먹는 등 이로운 역할을 하기도 한다.
 – 허수아비나 빛을 반사하는 테이프를 사용하여 바람에 흔들리게 한다.
 – 총소리를 이용할 수 있지만 대규모 집단에는 소용없는 경우가 많다.

③ 멧비둘기
 – 밀, 옥수수, 콩 등에 피해를 주고, 항공기 사고의 원인이 된다.
 – 겁이 많아 폭발음이나 허수아비가 효과적이다.
 – 조망을 설치하여 막을 수 있다.

④ 까치
 – 잡식성, 머리가 좋아 포획하기 힘들다.
 – 과수원의 과실과 잡곡, 벼 등 모든 작물에 피해를 준다.
 – 조망을 설치하는 방법 외엔 별 방법이 없다.
 – 전신주에 둥지를 트는 것은 플라스틱 판을 구부려서 설치하면 효과가 있다.

3) 포유류에 의한 피해방지 대책

① 멧돼지
 – 전기울타리 설치, 수렵 등으로 개체 수를 조절한다.

② 들고양이
 – 포획 후 불임수술

③ 고라니

  – 소나무 등 어린 나무의 초두부를 먹어서 조림지에 피해를 준다.

  – 수렵을 통해 개체 수를 조절한다.

  – 호랑이의 분변 등 기피물질 이용(정선국유림관리소의 사용 사례)

  – 식해방지용 시설 설치(양양국유림관리소의 사용 사례)

4) 야생동물 피해방지 방법

  ① 포획 및 살해

    – 수렵 : 매년 일정 개체 수 수렵 허용

    – 덫 설치 : 침입 루트에 덫을 설치

    – 그물로 포획

  ② 침입방지 대책

    – 울타리, 전기울타리를 이용

  ③ 천적이용

    – 개, 고양이 등을 이용하여 직접 야생동물 침입을 막는다.

  ④ 기피제 이용

    – 쥐, 다람쥐 등이 싫어하는 약제를 뿌려서 접근을 막는다.

  ⑤ 소음 사용

    – 새, 두더지 등이 싫어하는 초음파를 이용한다.

    – 확성기 등으로 총소리를 내서 새 등을 쫓는다.

section 4 환경오염 피해

1 산성비

산성비는 pH 5.6 이하의 강수(비, 안개, 눈, 이슬 등 포함)를 말한다. 산성비는 화석연료의 사용으로 배출되는 황산화물(SO_2)과 자동차의 내연기관에서 배출된 질소산화물(NO_x) 그리고 이산화탄소(CO_2)가 빗물에 섞여 만들어지는데, 영국의 화학자 R. H. Smith가 "Air and Rain− 화학적 기상학"이라는 책에서 처음으로 산성비라는 말을 사용하였다. 탄소 배출량의 증가로 스칸디나비아 호수의 물고기가 서서히 감소되다가, 스웨덴에서는 물고기가 없는 죽음의 호수가 나타났다.

1) 산성비가 생태계에 미치는 영향

① 직접적 영향

- 산성 물질이 엽록소 파괴, 호흡작용 방해 → 나무의 성장 억제
- 산성비나 산성안개가 식물체에 직접 접촉되어 피해가 발생한다.
- 잎의 표피 왁스층의 파괴, 잎에서의 염기 용탈 등 가시적인 피해가 발생한다.
- 백색 및 갈색의 괴사반점이 잎에 발생한다.
- 잎의 괴사반점은 초본식물은 pH 3.5 이하, 목본식물 pH 3.0에서 발생한다.
- 꽃에는 표백반점이 생긴다.

② 간접적 영향

- 토양이 산성화 되어 균근, 근류균 활동 억제, 아질산균, 질산균 활동 억제
- 각종 무기물이 용탈, 불용화 → 산림생태계 파괴

2) 근본적인 대책

① 우선적으로 화석연료의 사용을 줄이며 환경오염이 없는 재생 가능한 에너지 개발 및 사용(태양에너지, 지열, 조력, 풍력 등)

② 대기오염은 한국 내에서만은 해결할 수 없는 지구 환경적 문제이므로 세계 각국과의 긴밀한 협조 체제를 구성해 나가야만 한다.

3) 현실적 대책

① **산성토양의 개량**

② **석회 사용에 의한 반응 교정** : 산성토양을 개량하기 위해서는 염기성 물질을 첨가하여 중화시켜야 하는데, 흔히 석회석 분말과 백운모 분말을 사용한다. 입경이 작은 물질을 사용할 경우 산도 교정작용은 신속하나 유실 및 용탈도 빠르므로 소량씩 자주 사용하는 것이 좋다.

③ **유기물의 사용** : 유기물은 간접적인 면에서 토양을 개량하는 데 도움을 주며 유기물에 포함된 질소, 인, 칼리, 철, 망간, 붕소 등 특수 성분 공급으로 효과가 커진다.

④ **산성에 강한 나무 식재** : **가문비나무, 잣나무** 등을 식재하고, 근류균을 이용하는 방법도 있다.

2 지구온난화

① 지구온난화(global warming)는 온실효과(green effect)에 이은 추가적인 기온상승 효과를 말한다.

② 온실효과는 지구가 온실가스에 의해 연평균 15도를 유지하는 현상이다.

③ 온실효과 때문에 지구에서 현재 존재하는 생태계가 만들어지고 유지되고 있다.

④ 지구온난화는 지구에서 발생한 적외선이 화석연료의 사용으로 인해 발생한 추가적인 온실가스 때문에 대기권 밖으로 빠져나가지 못하면서 발생하게 된다.

⑤ 지구온난화로 인해 지구의 평균기온이 올라가면서 북방계 식물의 서식지, 남방한계선으로부터 서식지가 축소되는 등 지구온난화에 적응하지 못한 식물군, 특히 서식 한계선 부근의 식물군이 대규모로 피해를 입게 된다. 이러한 피해는 고도에 따라, 위도에 따라 일정한 띠 모양으로 나타난다.

❸ 오존층 파괴 등에 의한 피해

① 오존층은 성층권 아래 오존(O_3)의 농도가 높은 대기층이다.

② 지표에서 10~50km 높이에 분포하며, 25km 지점에서 오존의 농도가 가장 높다.

③ 오존층은 가시광선을 통과시켜 식물의 광합성을 돕고, 생명체에 해로운 강한 자외선은 차단시켜 생물을 보호한다.

④ 자외선은 파장이 짧을수록 투과, 침투율이 높아 생명체에 피해를 주는데, 피해를 주는 UV-B, UV-C 등은 대부분 오존층에 흡수되며, 오존층이 파괴되면 강력한 자외선 UV-C가 지상에 도달하여 생명체에 치명적인 위협을 주게 된다.

⑤ 우리가 에어컨의 냉매로 사용하는 프레온가스 등에 포함되어 있는 염소(Cl_2) 하나가 오존층에 있는 오존(O_3) 20만 개 정도를 산소(O_2)와 유리산소(O)로 분해하기 때문에 오존층이 파괴된다.

⑥ **오존이 식물에 주는 피해는 주로 대기권에서 발생한다.**

⑦ 자동차의 디젤엔진에서 발생한 질소산화물(NO_x)이 강한 여름철 햇빛에 노출되면 대기에 포함된 산소를 유리산소로 분해하고, 이 유리산소가 산소와 결합하여 오존을 만든다. **오존은 나뭇잎의 큐티클 층 아래의 책상조직에 포함된 엽록소와 엽록체를 산화시켜 파괴하게 된다.**

⑧ 자외선은 생명 활동을 저하시키는 작용을 하기 때문에 식물의 광합성 대사 능력이 떨어지게 되어 성장이 둔화된다. 특히 대부분의 식물들은 태양빛을 많이 받기 위해 입사 면적이 크고 일조량도 많기 때문에 UV-B에 의한 영향을 동물에 비해 더 현저하게 받을 수 있다.(광합성 대사 능력, 회복 능력, 효소 활성 둔화)

⑨ 각종 식물들은 모든 동물들의 1차 에너지원으로서 이들의 감소는 필연적으로 인간과 동물들의 생존에도 위협이 될 수 있다.

⑩ 오존층이 16% 감소하는 경우 플랑크톤은 5% 정도 감소하며 전체적으로 해양에 살고 있는 모든 생물의 7%가 감소하게 된다.

④ 대기오염물질의 종류 및 피해 형태

1) 대기오염의 영향

① 산림생태계의 임목은 대기오염에 직·간접적으로 영향을 받는다.

② 직접적인 영향을 받는 부분은 줄기와 수관이며, 간접적인 영향은 토양층이 변화하면서 발생한다.

③ 강우 시 오염물질이 빗물의 산도를 증가시켜 토양의 산성화를 가중시키는 등 수목에 간접적으로 영향을 준다.

④ 토양이 산성화되면 인 등 미량요소가 수목이 사용할 수 없는 상태가 되어 양분의 불균형이 발생한다.

⑤ 대기오염은 임목의 생리적인 특성과 함께 탄소수지, 수분수지, 물수지, 양분수지 등을 변화시킨다.

⑥ 토양 산성화로 수목에서 양분의 불균형이 발생하게 되면 수목의 내한성과 내건성이 감소한다.

⑦ 대기오염으로 쇠약해진 수목은 곤충과 다른 병해충의 공격에 대한 저항성이 감소되며, 서리나 가뭄에 대한 민감성이 높아진다.

2) 대기오염물질의 종류와 피해 형태

[대기오염에 의한 수목의 병징]

오염물질	병징	
	활엽수	침엽수
아황산가스(SO_2)	**잎의 끝부분과 잎맥 사이 조직 괴사**(엽육조직 피해)	물에 젖은 듯한 모양, 적갈색 변색
질소산화물(NO_x)	초기 : 흩어진 회녹색 반점. 잎의 가장자리 괴사, **엽맥 사이 조직 괴사**(엽육 조직 피해)	초기에는 잎끝이 자홍색 또는 적갈색으로 변색, 잎의 기부까지 확대된다. 고사 부위와 건강 부위의 경계선이 뚜렷하다.
오존(O_3)	잎 표면에 **주근깨같은 반점 형성**, 책상조직이 먼저 붕괴. 반점이 합쳐져서 표면이 백색화	잎 끝의 괴사, 황화현상과 괴사성 반점, 왜성화
peroxyacetyl nitrate(PAN)	잎 뒷면에 광택이 나면서 후에 청동색으로 변한다. 고농도에서 잎 표면도 피해(엽육조직 피해)	잘 알려져 있지 않다.
불소(F)	초기. 잎끝의 황화, 잎 가장자리로 확대, 중륵을 따라 안으로 확대, 황화조직의 고사	잎끝의 고사, 고사 부위와 건강 부위의 경계선 뚜렷
중금속(heavy metals)	**엽맥 사이 조직의 황화현상**, 잎끝과 가장자리의 고사, 조기 낙엽, 잎의 왜성화, 어린잎에서 먼저 발병	잎의 신장억제, 유엽 끝의 황화현상, 잎기부로 고사 확대

① 오존과 PAN(peroxyacetyl nitrate)은 화석연료의 연소에 의한 2차 대기오염물질로 식물에 피해를 일으킨다.

② 대기오염에 의한 산성비는 토양생물의 활동을 방해하므로 수목의 뿌리가 약해진다.

③ 산성비는 토양의 산도를 감소시키고, 토양생물의 활동을 방해한다.

④ 약간의 산성비는 비료의 역할을 할 수도 있지만, 지속적인 산성비는 피해를 발생시킨다.

3) 대기오염에 대한 나무의 저항성

구분	저항성	수종
침엽수	강함	**은행나무, 비자나무, 향나무, 노간주나무**
	보통	해송, 삼나무, 편백
	약함	**소나무, 전나무, 낙엽송**
활엽수	강함	**벚나무, 사철나무, 동백나무,** 떡갈나무, 아까시나무
	보통	개나리, 후박나무, 플라타너스, 능수버들
	약함	밤나무, **느티나무,** 오리나무, **단풍나무**

4) 아황산가스에 대한 수목의 저항성

SO_2 저항성	상록수	낙엽수
강한 수종	식나무, 가시나무, 편백, 돈나무, 동백나무, 삼나무, 사철나무 등	은행나무, 무궁화, 단풍나무, 산벚나무, 졸참나무, 중국단풍나무 등
약한 수종	소나무, 히말라야 시다, 녹나무, 산호수, 주목 등	백양나무, 느티나무, 낙엽송, 개나리, 일본목련 등

5) 연해의 감정

① 육안적 감정법

– 연해를 받은 수목은 반드시 **나무의 끝부분부터 피해를 받아 피해가 수관의 하부로 내려온다.**

– 연해를 받은 수목은 묵은 잎부터 순차적으로 떨어진다.

– 수종과 시기에 따라서 다르나, 대개 회녹색 연반으로 시작하여 갈색 또는 적갈색으로 변한다.

– 병충해 또는 기상적 피해와 식별하기 어려울 때가 있으므로 주의 있게 관찰한다.

– 급성해와 만성해의 증상을 잘 비교하여 관찰한다.

② 현미경적 감정법

– **기공의 공변세포에 적갈색의 변화가 생긴다.**

– 나무의 피목이 갈색으로 변한다.

- 도관부 주변에 수간석회의 결정을 형성한다
- 엽록체가 회색 또는 회백색으로 표백된다.

③ 화학적 분석법

- 연해를 받은 잎과 연해를 전혀 받지 않은 잎의 황의 함량을 분석하여 비교한다.

④ 이학적 감정법(양광시험법)

- 침엽수의 만성피해를 입은 가지를 건강한 가지와 함께 절단하여 강렬한 햇볕에 쬐면 피해 지는 하루 만에 적갈색으로 변색되어 떨어진다.

⑤ 대기분석법

- 아황산가스를 흡수하는 검지지를 임내 또는 임외에 설치하여 아황산가스의 양을 조사한다.

⑥ 지표식물법(검지식물법)

- 연해에 감수성이 높은 지표식물을 연해가 있는 곳에 심어 놓고 이들의 반응을 관찰한다.
- 연해에 민감한 수종

침엽수	낙엽송, 소나무, 리기다소나무, 전나무 등
활엽수	밤나무, 느티나무, 사과나무, 배나무 등
농작물 및 초본	메밀, 참깨, 담배, 개여꾸, 나팔꽃, 이끼류 등

5 열대림 파괴 및 영향 등 기타

열대림은 지구 전체 생체량의 $\frac{2}{3}$, 종수의 $\frac{1}{2}$, 산소의 40%를 생산하고, 생물 다양성의 보고이기도 하다. 현재 지구의 열대림은 산업화가 진행되면서 지구에서 점유면적이 14%에서 7%로 감소하였고 현재에도 감소되고 있는 추세다.

우리가 먹는 과일은 200종에 불과하지만, 아마존의 인디언은 무려 2,000여 종의 과일을 먹는다고 한다. 우리가 현재 먹는 과일이 멸종되면 새로운 품종은 열대우림에서 생산해야 한다. 우리는 빨리 자라는 닭 때문에 싼 가격에 고기를 먹을 수 있다. 현재 우리가 사육하는 닭이 멸종하게되면 열대 우림에 서식하는 야생 닭에서 품종 개량을 통해 새로운 닭 품종을 만들어 사육할 수있지만 열대우림이 사라지면 야생 닭도 사라지고, 우리가 현재 사육하는 닭이 바이러스 등의 질병으로 갑자기 멸종하게 되면 우리는 더 이상 저렴한 가격에 닭고기를 공급받을 수 없게 된다. 열대림의 파괴는 종 다양성의 파괴로 이어지고, 인류의 지속 가능한 생존을 위협하게 된다.

1) 열대림 파괴의 원인

① 기후변화 : 산성비의 영향으로 열대림 감소

② 토지이용의 변화 : 숲의 황폐화, 산림 개발 행위 등

③ 토양수분의 변화 : 한계지역에서 사막화로 산림 소실 가속화

2) 열대림 파괴의 영향

① 생물종 다양성의 손실 : 서식지의 파편화 및 파괴

② 열대지역의 사막화 : 토양수분 한계지역의 산림 소실은 회복 불가능한 훼손

③ 기후변화 가속화 : 흡수원인 산림의 파괴

3) 산림 쇠퇴

① 유럽에서 시작된 산림 쇠퇴 현상은 산성비와 대기오염에 의해 발생되었다.

② 초기에 활력의 감소 현상이 일어나지만, 결국 병해충에 의해서 나무가 죽게 된다.

③ 산림 쇠퇴 현상의 원인은 다음과 같다.

　㉠ 오염가스의 피해 : 아황산가스, 질소산화물과 오존에 의한 피해가 만성적으로 엽육조직에 영향을 주어 물리적으로 파괴되고, 광합성 기능이 마비된다.

　㉡ 무기 영양소의 용탈 : 산성비로 인하여 잎의 왁스층이 붕괴하고, 오존 등이 세포막을 파괴하여 잎으로부터 칼륨, 마그네슘, 칼슘 등이 용탈된다.

　㉢ 토양의 알루미늄 독성 : **산성강하물(acid deposition)로 인하여 토양의 pH가 낮아져** 토양 내 수용성 알루미늄 농도가 증가하여 알루미늄의 독성을 나타내고, 이로 인하여 세근의 발달이 억제되고 **칼슘과 마그네슘의 흡수가 방해된다.**

　㉣ 영양의 불균형 : 산림 내 건성 및 습성강하물로부터 질소가 과다하게 공급되는 반면에, 산성 토양으로부터 칼슘과 마그네슘 등이 용탈되면서 흡수 장애로 인하여 이들의 결핍현상이 나타남으로써 무기영양의 불균형이 초래된다.

　㉤ 기후에 대한 저항성 약화 : 세근의 발달이 억제됨으로써 가뭄에 저항성이 약해지며, 무기영양 상태가 악화되고, 활력이 저하됨으로써 바람과 겨울철 저온에 대한 저항성이 약해진다.

　㉥ 병해충의 피해 : 활력이 약해진 피해목은 뽕나무버섯균(armilariella)에 의해 뿌리썩음병(root rot) 등의 피해와 나무좀(bark beetle) 등 해충의 피해가 증가한다.

2 수목 병

수목 병 일반

1 수목 병의 개념

수목이 정상적으로 자라지 못하고 형태적으로나 생리적으로 사람의 기준에서 나쁘다고 생각되는 이상 현상을 병이라고 하며, 생물적 또는 비생물적 원인이 지속적으로 작용하여 나무의 구조나 기능에 정상적이지 못한 이상 현상이 병이다.

수목은 부적당한 환경, 병원균, 벌레가 원인이 되어 비정상적으로 자랄 수 있는데, 병원균과 벌레는 생물적 원인, 환경은 비생물적 원인이다. 세균과 균이라는 말이 섞여서 서술될 때 세균은 Bacteria라는 단세포생물인 병원균이고, 균은 Fungi라는 다세포생물이 주류를 이루는 병원균이다.

생물적 원인 중 전염되어 병을 일으킬 수 있는 병원미생물을 병원체라고 하며, 미생물이란 눈으로 관찰할 수 없는 생물이란 의미이다. 병은 바람이나 눈에 의한 가지나 줄기의 부러짐 및 해충에 의한 피해와 같은 일시적인 해(injury)와는 다른 개념이다.

1) 수병학

① 수목의 병적 현상을 대상으로 하는 학문을 수병학이라고 한다.

② 수병학은 병원, 병징, 진단, 발병 경로, 발병 조건, 병태생리, 저항성의 기작 등을 연구하는 기초 분야와 이들의 지식을 이용한 병의 방제법을 연구하는 응용 분야가 있다.

> **참고** 병리학 기본 용어 ●
>
> • 기주인 **수목이 병에 걸리기 쉬운 성질을 감수성**이라고 하며, 병에 걸리지 않거나 걸려도 피해가 거의 발생하지 않는 것을 내병성이라고 한다.
> • 저항성은 병이나 환경 등 외부의 스트레스에 대해 생물이 견디는 힘이다.
> • 산림보호학에서는 병해충에 견디는 기주의 힘을 저항성이라고 한다.
> • 병원성(pathogenicity)이란 병원체가 접촉(contagion)을 통해 기주로 전반된 후, 감염(infection)을 통해 질병을 일으킬 수 있는 능력이다.
> • 감염이란 기주와 병원체 사이에 기생관계가 성립된 것이다.

2) 수병의 개념

① **병은 계속적인 자극에 의해 수목의 정상적인 생활기능이 저해 받고 있는 과정이다.**

② 병해는 수목이 병 때문에 그 재배와 이용의 목적에 어긋난 결과를 가져오는 현상이다.

③ 병원은 수목에 병을 일으키는 원인으로 생물적인 것 외에 화학물질이나 기상인자 같은 무생물도 포함한다.

④ 병원이 생물이거나 바이러스일 때에는 이것을 병원체라고 하며, 특히 균류일 때에는 병원균이라고 한다.

⑤ 병원체는 잿빛곰팡이균처럼 기주의 범위가 넓은 것을 다범성이라고 한다.

⑥ 낙엽송 끝마름병균처럼 특정한 수목만을 침해하는 것을 기주특이성이 있다고 한다.

3) 병원의 분류

① 생물성 원인

– 바이러스를 포함하는 생물이 원인이 되는 병이다.

– 전염성이기 때문에 이들에 의하여 일어나는 병을 전염성 병 또는 기주성 병이라고 한다.

– 바이러스, 파이토플라스마, 세균, 조균, 진균, 종자식물, 선충에 의해 발생한다.

② 비생물성 원인

– 비전염성 병 또는 비기주성 병이다.

– 부적당한 토양조건에 의한 병 : 토양수분의 과부족, 토양 중의 양분 결핍 또는 과잉, 토양 중의 유독물질, 토양의 통기성 불량, 토양산도의 부적합 등을 들 수 있다.

– 부적당한 기상조건에 의한 병 : 지나친 고온 및 저온, 광선 부족, 건조와 과습, 강풍, 우박, 눈, 벼락, 서리 등을 들 수 있다.

– 유기물질에 의한 병은 대기오염에 의한 해, 광독 등 토양오염에 의한 해, 염해, 농약에 의한 해 등

– 농기구 등에 의한 기계적 상해

③ 주인과 유인

– 병의 원인 중에서 가장 중요한 것은 주인이라고 하며, 주인의 역할을 돕는 보조적인 원인을 유인이라고 한다.

– 전염성 병에 있어서는 병원체를 주인으로 하고 그 밖의 환경요인은 병의 방생을 조장하는 유인으로 취급한다.

– 유인은 기상조건, 토양조건, 재배법 등이다.

– 수병은 어떤 한 가지 원인이 아니라 각 요인의 복합적 상호작용에 의해 발생하는 것이므로 주인과 유인을 엄밀히 구별하기 어렵다.

④ 기주식물과 감수성
- 기주식물은 병원체가 이미 침입하여 정착한 병든 식물을 말한다.
- 감수체는 병원체가 침입하기 전에 병에 걸릴 수 있는 상태의 식물을 말한다.
- 감수성은 수목이 병에 걸리기 쉬운 성질이다.
- 내병성은 수목이 병에 걸려도 증상이 나타나지 않거나, 미미한 경우를 말한다.

⑤ 병원성
- 병원체가 감수성인 수목에 침입하여 병을 일으킬 수 있는 능력으로 침해력과 발병력으로 나눈다.
- 침해력은 병원체가 감수성인 수목에 침입하여 그 내부에 정착하고 양자 간에 일정한 친화관계가 성립될 때까지에 발휘하는 힘이다.
- 발병력은 수목에 병을 일으키게 하는 힘이다. 침해력과 발병력은 반드시 같지는 않다.

② 수목 병의 원인

> **참고 수목 병의 종류**
>
> • 병해 : 곰팡이 등 병원체의 감염에 의한 피해
> • 충해 : 박쥐나방 등 벌레의 가해에 의한 피해
> • 장해 : 저온, 가뭄 등 부적당한 환경에 의한 피해, 영양 결핍 등 토양의 양분 결핍, 영양 결핍에 의한 식물의 생리적 장해
> • 식물병 ＝ 병해＋충해＋장해

1) 비생물적 원인

① 생물병원체와 함께 비생물적 원인들도 나무의 건강에 비정상적인 영향을 주는 경우가 있다.

② 온도, 수분, 바람 등 비생물적인 요소들이 적정한 범위에 있을 때 수목은 잘 자라지만 이 범위를 벗어나면 수목은 스트레스를 받는다.

③ 나무가 생존할 수 있는 적정한 범위를 "내성범위"라고 하며, 내성범위의 한계치는 유전적인 소질이나 다른 환경요인에 따라 조금씩 달라진다.

④ 비기생성 원인에 의한 스트레스는 나무가 자라는 데 필요한 자원의 양이나 정도가 아주 부족하거나, 너무 지나치게 많기 때문에 발생한다.

⑤ 나무가 병이 걸리는 비생물적 원인은 나무의 생장에 부적당한 모든 환경요인이라고 할 수 있다.

⑥ 온도, 수분, 토양, 오염물질 등이 수목의 정상적인 생장을 방해하면 넓은 의미의 병원체가 될 수 있다.

⑦ 장해(injury)또는 스트레스(stress)가 일시적인 방해요소를 의미하는데 비해 병은 지속적으로 장해나 스트레스가 발생하는 것을 의미한다.

⑧ 온도장해, 수분장해, 토양장해 등이 없어지면 수목은 정상적인 생육을 회복하게 된다.

⑨ 비생물적 원인에 의한 병해를 비전염성 병, 또는 기생하는 미생물에 의한 것이 아니므로 비기생성 병이라고 한다.

⑩ 비생물적 원인에 의한 병은 생태계의 균형이 깨진 곳에서 자라는 조경수, 녹음수, 관상수 등에서 많이 나타난다.

⑪ 인공적인 환경에서 자라는 조경수는 실제로 전염성 병보다 비생물적 원인에 의한 문제가 더 자주 발생한다.

> **참고** **비생물적 원인**
>
> • 부적당한 토양상태 : 토양의 공극, 무기염류의 집적, 토양수분 등
> • 부적당한 기상상태 : 온도, 습도, 수분, 광도 등 부적당한 기상 상태
> • 부적절한 산림작업 : 농약 살포 및 기구에 의한 상처 등
> • 공업생산에 따른 오염물질 : 대기오염물질, 수질오염물질 등
>
> ※ 환경과 식물병의 관계
> 불량한 생육환경+생육부진 ⇒ 병원균의 침투 ⇒ 발병

2) 생물적 원인

① 생물적 원인으로 발생한 수목 병은 전염성인 것이 많다.

② 생물적 원인에 의한 수목 병은 병든 부위에 원인이 되는 생물, 즉 병원체가 존재한다.

③ 병원체는 바이러스와 같이 너무 작아 전자현미경으로 존재를 확인할 수 있는 것부터 종자생물처럼 큰 생물체에 이르기까지 다양하다.

④ 수목에 병을 일으키는 병원체로는 곰팡이, 세균, 바이러스(바이로이드 포함), 파이토플라스마, 선충, 기생성 종자식물 등이 있다.

⑤ 좁은 의미의 병이란 이와 같은 생물적 요인, 즉 병원체에 의한 것만을 말한다.

⑥ 병원체에 의하여 발생하는 병은 다른 나무로의 이동 및 확산이 가능하므로 전염성 병이라 하며, 수목에 기생하므로 기생성 병이라고도 한다.

⑦ 파이토플라스마와 원생동물에 의한 수목 병은 열대와 아열대지방에서 흔하다.

⑧ 세균과 바이러스에 의한 병은 목본식물보다는 초본식물에서 더 흔하다.

⑨ 나무에 발생하는 대부분의 병은 곰팡이에 의해서 발생한다.

⑩ 곰팡이(fungi) : 진균류(자낭균류, 담자균류, 불완전균류), 조균류

[생물성 병원의 종류와 특징]

병원의 종류		특징	주요 수목 병
바이러스		**세포구조 아님.** 핵산과 단백질	포플러, 아까시나무, 수국 등의 모자이크병
파이토플라스마		**세포벽 없는 원핵생물**	대추나무, 붉나무 빗자루병, 뽕나무 오갈병 등
세균		원핵생물, 세포벽	**뿌리혹병, 불마름병, 세균성 구멍병**, 밤나무 눈마름병 등
균류	조균류	균사격막 없음	모잘록병, 밤나무 잉크병 등
	자낭균류	포자낭, 8개의 포자	**벚나무 빗자루병**, 흰가루병, 그을음병, 밤나무 줄기마름병, 소나무류 잎떨림병, 낙엽송 잎떨림병, 낙엽송 끝마름병 등
	담자균류	담자기, 4개의 포자	잣나무 털녹병, 회화나무 녹병, **소나무 혹병**, 소나무 잎녹병, 포플러 잎녹병, 향나무 녹병, **리지나뿌리썩음병**, 수목의 뿌리썩음병 등
	불완전균류	유성세대 모름	**삼나무 붉은마름병**, 오동나무 탄저병, 오리나무 갈색무늬병, 측백나무 잎마름병, 소나무류 푸사리움 가지마름병 등
선충		동물	소나무 재선충병, 뿌리혹선충병, 뿌리썩이선충병 등
기생식물		식물(광합성)	겨우살이, 새삼 등

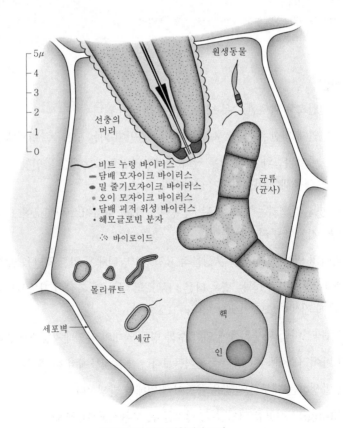

▲ 식물세포와 각종 병원체의 크기

3) 식물 병의 원인

① 불량한 생육환경＋생육 부진 → 병원균의 침투 → 발병

② 병의 예방을 위해서는 재배환경 청결 유지가 중요하다.

  ㉠ 생물성 원인

    - 전염성 병, 기생성 병

    - Virus, Bacteria, Fungi, Nematode

  ㉡ 비생물성 원인

    - 비전염성, 비기생성 병, 생리적 병

영양장해	필수 영양소의 결핍, 과다
토양조건	중금속오염, 염류화, 산성화, 산소 부족
기상조건	건조, 과습, 대기오염, 냉해(한해, 동해)
약해	제초제, 호르몬제

❸ 병징과 표징

1) 병징

① 병에 의해 발생하는 식물체 외관의 변화를 병징(symptom)이라고 한다.

② 병징은 해로운 병원균의 작용, 미량원소의 결핍, 또는 공해 등의 요인에 의하여 기주 식물에 생긴 기능 장애현상이다.

③ 병징은 식물체의 세포, 조직 또는 기관에 이상이 생겨서 외부로 나타나는 반응이다.

  ㉠ 시들음(wilt)

    - 수관부가 수분 공급의 장해를 받아서 잎이 붙어있는 상태로 말라죽는 현상이다.

    - 참나무 시들음병, 아밀라리아뿌리썩음병, 느릅나무 시들음병, 소나무 재선충병 등

  ㉡ 위축(dwarf)

    - 가지나 줄기 또는 잎이 소형화된다.

    - 병의 종류나 병의 진전 상태에 따라 수목조직의 일부 또는 전신에 나타난다.

    - 뽕나무 오갈병, 뿌리썩이선충병 등

    - 어린 나무가 바이러스에 감염되어도 위축이 나타날 수 있다.

  ㉢ 잎의 변색(discoloration)

    - 균류, 세균 및 바이러스와 같은 다양한 병원체의 감염에 의하여 잎에 황화(yellowing), 퇴색(chlorosis), 점무늬(spat), 모자이크(mosaic) 등이 발생한다.

    - 모자이크는 바이러스에 의한 병의 대표적인 병징이다.

ⓔ 구멍(shot hole)
- 감염된 잎 반점의 경계선에 이층(abscission layer)을 형성시켜서 병든 조직이 탈락되는 결과로 생기는 현상이다.
- 복숭아나무 세균성 구멍병, 벚나무 갈색무늬구멍병 등

ⓜ 혹 또는 비대
- 혹(gall) 또는 비대(hypertrophy)
- 감염된 조직 부위에 혹이 형성되거나 비대해지는 현상이다.
- 소나무 혹병, 세균성 뿌리혹병 및 뿌리썩이선충병 등

ⓗ 잎 또는 가지의 총생(rosette, witches'broom)
- 많은 수의 가지 및 잎이 발생하고 그 크기도 작아지는 현상이다.
- 균류에 의한 대표적인 병으로는 벚나무 빗자루병이 있다.
- 대부분 파이토플라스마에 의한 나무의 병에서 관찰된다.

ⓢ 탈락(abscission)
- 식물기관의 일부가 이탈되는 현상으로써 나무에서는 주로 잎이 조기에 낙엽이 지는 증상을 들 수 있다.
- 낙엽송 잎떨림병, 소나무 잎떨림병, 잣나무 잎떨림병 등

ⓞ 가지마름(die back)
- 가지가 마르는 증상이다.
- 낙엽송 가지끝마름병, 소나무 및 잣나무 피목가지마름병 등

ⓩ 궤양, 줄기마름
- 주로 줄기나 굵은 가지에 나타나는 마름증상으로서 수피의 균열, 고리 모양의 유합조직을 생성하거나 환부의 함몰 등의 증상을 동반한다.
- 활엽수류의 궤양병, 오동나무 부란병, 침·활엽수의 줄기마름병, 밤나무 줄기마름병 등
- 감귤궤양병은 세균성 병인데 궤양을 형성한다.

ⓒ 썩음(rot)
- 심재, 변재, 뿌리 등의 감염 부위의 조직이 부패되는 현상이다.
- 아밀라리아뿌리썩음병 및 리지나뿌리썩음병에 의한 뿌리 썩음
- 모잘록병에 의한 뿌리 또는 줄기 부위의 썩음
- 목재썩음병에 의한 심재 및 변재 부위의 썩음

ⓚ 분비(exudation)
- 주로 가지나 줄기의 감염 부위로부터 수지(樹脂)가 누출되는 현상이다.
- 리기다소나무 푸사리움가지마름병, 잣나무 수지동고병 등

2) 표징

① 수목의 환부에서 관찰할 수 있는 병원균의 특징이다.

② 병든 부위에 나타나면서 사람의 눈이나 루페 및 현미경 등으로 구별할 수 있는 병원체의 존재를 의미한다.

③ 세균, 파이토플라스마, 바이러스 및 선충에 의한 나무의 병의 경우는 육안으로 표징을 관찰하기 쉽지 않거나 불가능하다.

④ 균류의 경우에는 감염된 수목조직의 환부에 독특한 표징을 형성하는 경우가 많기 때문에 병징과 함께 표징으로도 진단할 수 있다.

⑤ 표징은 병의 초기에는 나타나지 않고 병이 많이 진전되거나 거의 병의 말기상태에 나타나는 경향이 있다. 그래서 표징에 의한 진단이 가능한 시기에는 이미 적절한 치료가 불가능할 수 있다.

⑥ 병환부에는 병원체가 아닌 2차적으로 감염한 다른 미생물들이 형성한 표징이 나타나는 경우도 많으므로 진단 시에 유의해야 한다.

⑦ 비전염성 요인에 의한 피해를 받은 식물의 조직에서 발견되는 곰팡이, 세균 등의 표징은 2차 감염에 의한 것이므로 병의 직접적 원인이 아니다.

⑧ **생물적 요인에 있어서는 바이러스, 파이토플라스마에 의한 병인 경우에는 표징이 나타나지 않는다.**

⑨ 세균에 의한 병인 경우에도 세균이 병든 부분에 누출되어 덩어리 모양을 이루는 것을 제외하면 일반적으로 표징이 나타나지 않는다.

⑩ 품종이나 발병 부위, 생육시기 또는 환경에 따라 색깔이 변하거나 형태적으로도 다르게 나타나기도 한다.

⑪ 표징의 사례는 곰팡이에 의한 다양한 종류의 표징을 보여주고 있는데, 이들 표징은 곰팡이의 분류학적 특징과도 밀접한 관계가 있다.

⑫ 표징을 관찰하면 곰팡이(균류)에 대해 동정을 할 수 있다. 이때 영양기관과 생식기관을 잘 살펴야 한다.

[곰팡이의 표징]

구분	명칭	비고
영양기관	균사, 균사체, **균사속, 균핵, 자좌**, 균사매트 등	
생식기관	**포자**, 분생포자, 분생포자반, 분생포자좌, 포자낭, **자낭**, 자낭반, 자낭각, 자낭구, **담자기, 버섯** 등	

㉠ 가루 : 포자가 많이 생길 때에는 가루 모양으로 보이는데, 흰가루병, 녹병(특히 여름포자), 떡병 등에서 쉽게 볼 수 있다.

ⓛ 곰팡이 : 병든 부분에 병원균의 균사, 분생자경, 포자 등이 모여 있으므로 병원균(또는 병원체)을 정확하게 동정하기 위하여 광학현미경으로 정밀하게 조사하여야 한다.

ⓒ 짙은 색의 작은 점들 : 병든 부분에 갈색이나 검은 색을 띤 작은 점이 생기는데, 이것은 병원균류가 만드는 다양한 형태의 포자퇴, 자낭균류의 유성포자퇴 등이다.

ⓔ 균핵 : 병든 부분에 형성되는 균사조직의 덩어리이며, 월동 및 월하 등 적당하지 않은 환경조건을 이겨내기 위한 곰팡이의 기관이다.

ⓜ 돌기 : 특히 녹병균류는 병든 부위에 녹포자기 또는 겨울포자퇴라는 다양한 색의 털 또는 그와 유사한 돌기를 만드는데, 포자 생성 및 포자 방출 기관이다.

ⓗ 버섯 : 병든 수목의 주변이나 줄기에 생기는 버섯을 말하며, 담자균류가 만드는 포자 생성 및 방출 기관이다. 자낭균류는 상대적으로 작은 버섯(자낭반)을 만든다.

ⓢ 끈적끈적한 물체 : 병든 부분의 병자각 등에서 포자가 길게 누출하여 병원균의 포자가 끈끈한 덩어리로 모여 있는 것이다. 향나무 녹병균이 만드는 겨울포자퇴는 겨울포자 덩어리이며 수분을 함유하면 부풀어 오른다.

ⓞ 뿌리꼴 균사다발(rhizomorh) : 병든 나무의 수피와 목질부 사이에 퍼져 있는 짙은 갈색이나 검은 색을 띤 구두끈 모양의 것으로 균사가 높은 밀도로 모여 있는 균사 다발이다. 땅속을 퍼져 다른 나무로의 침입이 가능한 전염원이 된다.

ⓩ 균사매트(mycelial mat) : 병들어 죽거나 죽은 나무의 수피와 목질부 사이에 부채꼴로 형성되는 균사체를 말한다.

❹ 수목 병의 발생

1) 감염과 발병

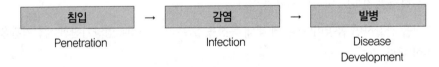

① 기주에 도착한 병원체는 기주에 침입한 후 기주를 감염시키고, 조건이 되었을 때 발병하게 된다.

② 병원균의 포자는 침입하기 전에 발아되어야 하며, 발아관이 자라서 세포를 뚫고 침입한다.

③ 식물에 침입한 병원체가 그 내부에 정착하여 기생관계가 성립되는 과정이 감염이다.

④ 감염된 기주는 병징이 나타나기까지 시간이 필요한데, 이 시간을 잠복기간이라고 한다.

⑤ **"침입 → 감염 → 발병 → 성장 → 분산" 이러한 과정이 반복해서 일어나는 것을 병환이라고 한다.**

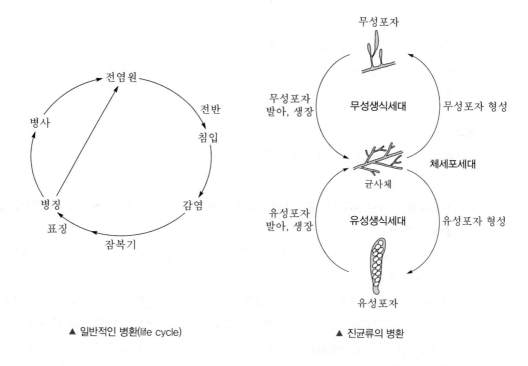

▲ 일반적인 병환(life cycle)　　　▲ 진균류의 병환

⑥ 병환은 발병한 기주식물에 형성된 병원체가 새로운 기주식물에 감염하여 병을 일으키고 병원체를 다시 형성하는 일련의 연속적인 과정이다.

2) 병원체의 침입 방법

진균류 병원균의 포자는 침입하기 전에 발아되어야 하며, 발아관이 자라서 침입한다. 병원체의 침입 방법에는 각피 침입, 자연개구부를 통한 침입, 상처를 통한 침입 등이 있다.

① 각피 침입
- 잎, 줄기 등의 표면에 있는 각피나 뿌리의 표피를 병원체가 자기의 힘으로 뚫고 침입한다.
- 각피 침입에 의해서 일어나는 감염을 각피 감염이라고 한다.
- 각피 감염을 하는 병원균의 대부분은 발아관 끝에 부착기를 만들고 각피에 붙으며, 그 아래쪽에 가느다란 침입 균사를 내어 각피를 뚫는다.
- **각종 녹병균의 소생자, 잿빛곰팡이병균 등은 단일 균사에 의해 각피를 관통한다.**
- 뽕나무 자줏빛날개무늬병균, 뽕나무 뿌리썩음병균, 묘목의 잘록병균 등은 보통 균사 집단으로 어린 뿌리를 뚫고 침입한다.

② 자연개구를 통한 침입
- 기공, 피목 등은 병원성 진균이나 세균의 침입 경로로 이용된다.
- 녹병균의 녹포자 및 여름포자, 삼나무 붉은마름병균, 소나무류의 잎떨림병균 등은 **기공을 통해 침입한다.**
- 포플러 줄기마름병균, 뽕나무 줄기마름병균 등은 **피목을 통해 침입한다.**

③ 상처를 통한 침입

- 여러 가지 세균과 바이러스는 상처를 통해서만 침입이 가능하다.
- 밤나무 줄기마름병균, 포플러의 각종 줄기마름병균, 근두암종병균, 낙엽송 끝마름병균, 각 목재부후균 등

3) 감염

병원체가 기주에 정착하여 기생관계가 성립하면 이를 감염이라고 한다.

① 감염증상

- **선충과 Bacteria(세균)은 국부감염 증상을 보이고, Virus와 Phytoplasma는 전신감염 증상을 보인다.**
- 기주범위가 넓은 병원체를 다범성 병원체라고 하며, 기주의 범위가 좁은 병원체를 특이성이 있다고 한다.
- 밤나무 줄기마름병원균, 잣나무 털녹병원균, 참나무 시들음병원균, 느릅나무 시들음병원균, 소나무 재선충병원균은 기주 범위가 비교적 좁은 기주특이성이 있는 병원균이다.
- 모잘록병원균, 흰가루병원균, 그을음병원균, 잿빛곰팡이병원균 등은 기주 범위가 넓은 다범성 병원체로 볼 수 있다.

② 기주교대

- 생활사를 완성하기 위하여 두 종의 서로 다른 식물을 기주로 하는 것을 이종기생균이라고 한다.
- 진균에 속하는 담자균류가 병원체인 녹병균에 이종기생균이 많다.
- **담자균류인 회화나무 녹병은 회화나무에서 생활사(병환)를 완성한다.**
- 이종기생균이 그 생활사를 완성하기 위하여 기주를 바꾸는 것을 기주교대라고 한다.
- 두 기주 중에서 경제적 가치가 큰 것을 기주, 적은 것을 중간기주라고 한다.
- 녹병균은 녹병정자, 녹포자, 여름포자, 겨울포자, 담자포자의 5가지 포자 형태가 있다.
- 모든 녹병균이 생활환에서 이러한 포자 형태를 모두 가지는 것은 아니다.

[이종기생균의 기주식물]

병명	기주식물		녹병균
	녹병포자, 녹포자 세대	여름포자, 겨울포자세대	
잣나무 털녹병	잣나무	**송이풀, 까치밥나무**	*Cronartium ribicola*
소나무 혹병	소나무	졸참나무, 신갈나무 등	*Cronartium quercum*
소나무 잎녹병	소나무	**참취, 잔대, 황벽나무,쑥부쟁이**	*Coleosporium spp.*
소나무 줄기녹병	소나무	작약, 모란, 송이풀	*Cronartium flaccidum*
잣나무 잎녹병	잣나무	**계요등, 등골나물**	*Coleosporium paederiae*

배나무 붉은별무늬병	배 · 사과 · 모과나무 등	향나무	*Gymnosporangium sp.*
향나무 녹병	배나무	향나무(겨울포자 세대만 형성)	*Gymnosporangium asiaticum*
포플러 잎녹병	낙엽송	포플러류, 현호색, 줄꽃주머니	*Melamspora larci-populina*
산철쭉 잎녹병	가문비나무(국내 미기록)	산철쭉	*Chrysomyxa rhododendri*

③ 녹병균의 생활환

- 포플러류는 겨울포자로 월동하여 이듬해 3월 이후 중간기주를 침해하고, 드물게 여름포자로 월동하여 이듬해 1차 전염원이 되기도 한다.
- 소나무류 잎녹병균은 가을에 침엽에서 월동한 후 5월에 녹병정자 및 녹포자를 형성한다.
- 전나무잎 녹병균은 뱀고사리에서 월동한 후 전나무로 옮겨가 6월 신엽(新葉)에 녹병정자 및 녹포자를 형성한다.
- 향나무 등 수목에서 월동 후 4월에 겨울포자가 형성되어 배나무류, 사과나무류 등으로 옮겨간다.

4) 발병

① 이상현상이 어느 한계를 넘어서 외관상 변화를 관찰할 수 있게 되면 이때를 초기병징이라고 하고 발병되었다고 한다.

② 잠복기는 기주에 침입해서 발병까지 소요되는 기간을 잠복기라고 한다.

병명	잠복기간
포플러 잎녹병(*Melampsora larici-populina*)	4~6일
낙엽송 가지끝마름병(*Guignardia laricina*)	10~14일
낙엽송 잎떨림병(*Mycosphaerella larici-leptolepis*)	1~2개월
소나무 재선충병(*Bursaphelenchus xylophilus*)	1~2개월
소나무 혹병(*Cronartium quercuum*)	9~10개월
소나무 잎녹병(*Coleosporium asterum*)	10~22개월
잣나무 털녹병(*Cronartium ribicola*)	3~4년

5) 병의 삼각형

① 전염성 병이 발생하기 위해서는 다음과 같은 3가지 조건이 갖추어져야 한다.

　㉠ 병원성을 갖춘 병원체 → 주인(主因)

　㉡ 병원체에 감수성인 기주 → 소인(素因)

　㉢ 기상조건이나 토양조건 → 유인(誘因)

환경 (유인)　　기주 (소인)

병의 발생량

병원균 (주인)

② **병의 발생량은 삼각형의 크기와 비례한다.**

③ 삼각형 어느 한 변의 크기를 줄인다면 발병량이 감소할 수 있다.

④ 각 변의 크기를 줄이면 삼각형의 면적이 줄어든다. 즉 발병량이 감소한다.

6) 병의 사면체와 5요소

① 병의 5요소＝병원체＋기주＋환경＋시간경과＋인간활동

② 병이 발생할 요인이 갖추어져도 병이 발달할 시간이 짧으면 병은 발생하지 않을 것이다.

③ 인간활동은 기주식물, 병원체, 환경과 병이 발생하는 시간에 영향을 줄 수 있다. → 병 발생량은 기주, 병원체, 환경, 시간, 인간활동에 의하여 좌우된다.

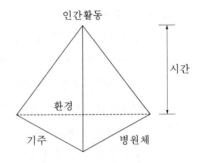

> **참고** 수목의 건강 ●
>
> 나무가 필요로 하는 것이 기본적으로 갖추어져야 유지된다.
> - 식물체가 흡수하는 물과 배출하는 물의 양적인 균형 유지
> - 뿌리의 호흡 등 생장을 도와주는 흙의 물리적 성질
> - 수목의 생육에 적당한 양과 속도의 광합성
> - 수목의 활력 유지

7) 병의 5요소들의 관계

① 병에 대한 저항성이 없는 기주의 개체가 많을수록 병원체의 생장이 왕성하다.

② 균사와 포자 같은 번식체가 많을수록, 그리고 병원체가 잘 자랄 수 있는 온도와 수분 등의 환경이 알맞을수록 병 발생은 많아진다.

③ 온도가 너무 높거나 낮아서, 또 습도가 너무 낮으면 기주나 병원체가 생장, 번식하지 못하게 되어 병 발생이 적어진다.

④ 시간은 병원체에게 유리한 환경이 지속되는 기간, 병원체가 기주에 감염·증식하여 다른 조직·개체로 전파할 수 있는 시간이 길수록 병은 크게 진전될 것이다.

⑤ 인간활동은 특정 기주품종을 재배하거나 병원체를 방제하는 처리를 하거나 식물의 재배환경을 조절하거나 병원체를 전파시키는 매체가 되어 병 발생에 관여한다.

⇒ 결론적으로 이 5가지 요소 중에서 한두 가지만 잘 조절하여도 병 방제에 성공할 수 있다.

5 수목 병의 예찰 진단

1) 수목 병의 예찰

① 수병 예찰의 목적은 언제, 어디에, 어떤 병이 얼마만큼 발생하여 피해가 얼마나 될 것인지를 추정함으로써 사전에 적절한 병의 방제책을 강구하는 데 있다.

② 수병의 발생예찰은 어떤 한 가지 요인의 검토만으로는 높은 효율을 기대할 수 없으며, 항상 모든 발병 요인에 대한 종합적 검토가 필요하다.

③ 국가는 법적, 행정적으로 수목 병의 방제에 대한 지침을 마련하고 수목 병의 예찰, 구제, 검역 등과 같은 방제업무를 시행한다.

④ **예찰이란** 병원균 및 해충의 밀도, 현재의 발생 상황, 작물의 생육상태, 기상예보 등을 고려해서 앞으로 **병해충 발생이 어떻게 변동될지를 예측하는 활동을 말한다.**

⑤ 수목은 주로 산림에 존재하므로 병이 대규모로 발생한 후의 치료는 어렵다. 그래서 수목 병의 방제는 예방활동이 중요하다.

⑥ 수목 병은 박멸이 어려우므로 수목 병을 방제하기 위해서는 주인인 병원체, 소인인 수목, 유인인 환경의 상호관계를 살펴서 병의 확산을 줄이고 병에 대한 수목의 피해를 경제적 피해 수준 이하로 관리하여야 한다.

⑦ **수목 병의 방제는 예찰활동을 포함한 화학, 기계, 생물, 경제적 방제를 종합적으로 연계하여 수행하는 종합적 방제(IPM; Integrated Pest Management)가 이루어져야 한다.**

⑧ 예찰활동은 종합적 방제에서 가장 중요한 수단이지만, 예찰에 필요한 전문 인력 양성과 정기적 예찰활동이라는 두 가지 전제조건이 충족되어야 한다.

2) 수목 병의 진단

가) 수목 병의 진단

진단(diagnosis)은 병의 원인을 확인하고, **병의 원인이 무엇인지 결정하는 작업**이다. 수목의 병을 진단하는 것은 기본적으로 병징과 표징을 이용하고, 생리적인 변화를 잘 관찰하여야 한다. 그러기 위해서는 평상시 수목의 생리와 생육상태를 잘 알고 아래의 내용을 잘 살펴보아야 한다.

① 식물체의 형태 변화

② 병원체의 확인

③ 식물체의 생리적인 변화

나) 코흐의 4원칙(koch's principle)

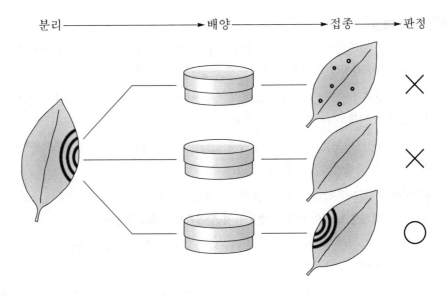

① 기주의 발병 부위에서 병원균을 분리한다.

② 분리한 병원균을 배양한다.

③ 기주에 병원균을 접종한다.

④ 기주에 발병한다.

위의 네 단계를 모두 통과하면 해당 병원균을 발병의 원인으로 진단할 수 있다. **분리배양이 불가능한 순활물 기생하는 바이러스 종류의 병원균에 대해서는 진단이 불가능한 단점을 가지고 있다.**

다) 병징과 표징 이외의 진단법

① 지표식물을 이용한 진단법
 – 아까시나무 모자이크병의 바이러스의 판별에 세대가 짧은 명아주를 이용한다.
 – 명아주에 아까시나무의 즙액을 접종하면 담황색의 국부병반이 나타난다.
 – 이때 명아주를 바이러스 검정에 사용한 판별기주라고 한다.

② 현미경을 이용한 진단법
 – 광학현미경과 전자현미경을 이용하여 병원체를 확인하여 진단할 수 있다.
 – 바이러스와 파이토플라스마 등은 크기가 너무 작아 전자현미경을 이용해야 관찰할 수 있다.

③ 분리배양학적 진단
 – 병든 식물체로부터 병원체를 분리 배양하여 형태적 특성을 관찰하는 진단 방법을 분리 배양학적 진단(分離培養學的 診斷)이라고 한다.

- 균류에 의한 수목 병 중에서 병징 및 표징이 명확하지 않은 경우에 적용하는 진단법이다.
- 세균의 경우는 병원세균만 분리 배양하는 것이 쉽지 않고, 선충의 경우에는 식물체로부터 분리하여 배지에서 배양한다.

④ 생리화학적 진단

- 병에 걸린 조직의 생리화학적인 변화 특성이나, 병원체의 생리화학적 특성을 분석하여 진단하는 것을 생리화학적 진단(生理化學的 診斷)이라고 한다.
- 수목 병을 진단할 때는 주로 병원체의 생리화학적 특성에 의한 진단이 이용된다.
- 세균은 세포벽을 Gram 염색법으로 진단하여 Gram 양성세균과 Gram 음성세균으로 구분할 수 있다.
- 그람 양성균은 펩티도글리칸이 세포벽의 약 90%를 차지할 정도로 매우 두껍기 때문에 투과성이 좋지 못하다.
- 그람 음성균은 펩티도글리칸이 전체 세포벽의 10% 밖에 구성하지 않고, 인지질 이중층과 막단백질이 세포벽을 구성하기 때문에 투과성이 더 좋다.
- 투과성이 좋을수록 약제도 세포 내부로 더 빨리 흡수된다. 그렇게 때문에 투과성이 좋은 그람 음성균은 항생제 감수성이 민감하다. 투과성이 낮은 그람 양성균은 항생제 감수성이 둔감하다.

⑤ 면역학적 진단

- 면역학적 진단(免疫學的 診斷)은 항원과 항체 간의 특이적인 응집반응의 기작(mechanism)을 응용한 진단 방법이다.
- 특정 병원체의 항체(抗體, antibody)와 진단 대상인 병원체(항원(抗原), antigen) 사이의 반응 결과로 병원체의 유연관계를 동정한다.
- 바이러스성 병의 진단에 이용되던 것이었으나 최근에는 세균성 병의 진단에도 많이 활용되고 있고, 일부 균류의 진단에도 사용된다.

⑥ 분자생물학적 진단

- 분자생물학적 진단(分子生物學的 診斷)은 특정 병원체의 유전자(핵산)에만 존재하는 부위 또는 염기 배열을 이용하여 유전적인 유연관계를 분석하는 진단 방법이다.
- 이 진단 방법은 바이러스병의 진단에 많이 사용된다.
- 파이토플라스마, 세균, 균류뿐만 아니라 선충병의 진단에도 폭넓게 이용되고 있다.

⑦ 포착법

- **리지나뿌리썩음병의 포자가 토양에 감염되었는지는 소나무 가지를 진단하려는 토양에 묻고 일정 기간이 지난 후에 회수하여 소나무 가지에 형성된 병징과 표징을 확인하여 진단할 수 있다.**
- 이렇게 포착목을 이용한 진단법을 포착법(trap method)이라고 한다.

6 수목 병의 전반

병원체는 자신이 번식하기에 유리한 환경과 기주조건이 갖추어지면 활발하게 증식활동을 하고, 증식에 적합하지 않으면 휴면을 취한다. 병원체가 증식하려면, 즉 병을 발생시키려면 우선 기주인 나무에 도달하여야 한다. 병원체가 자기의 활동범위를 다른 곳으로 이전하거나 확대하는 현상을 전반(dissemination, transmission)이라 하고, 병원체는 자력에 의해 전반하기도 하고 매개체(vector)를 이용해 전반하기도 한다.

1) 자력에 의한 전반

① 세균 : 섬모, 편모를 이용하여 물속에서 짧은 거리 자력 이동

② 선충 : 운동기관을 이용하여 물속에서 짧은 거리 자력 이동

③ 일부 균류 : 유성세대에 운동기관을 가지고 있는 일부 균류는 유성세대에 물속에서 짧은 거리를 자력으로 이동하여 전반 된다.

2) 매개체에 의한 전반

① 바람에 의한 전반

- **균류의 포자는 대부분 바람에 의하여 이동된다.**

- 일부 세균 또한 균류의 포자와 더불어 빗물, 이슬, 안개, 물보라 등에 실려서 바람에 의해 전반되기도 한다.

- 바람은 식물체 간의 마찰로 상처가 나게 하여 균류뿐만 아니라 세균 및 바이러스의 감염통로를 제공하기도 한다.

② 물에 의한 전반

- 바람에 의한 전반보다 이동거리가 짧다.

- **밤나무 줄기마름병, 벚나무 빗자루병**의 병원균은 물에 의하여 짧은 거리를 전반한다.

③ 토양에 의한 전반

- 토양 중에서 스스로 활동범위를 확산하는 병원체는 **모잘록병** 및 **리지나뿌리썩음병**의 병원체가 있다.

- 뿌리썩이선충 및 뿌리혹 선충도 토양 내에서 자력으로 이동할 수 있다.

④ **균류 및 선충에 의한 전반**

- 바이러스가 균류와 선충을 매개체로 이용한다.

- *Chytridiomycetes*(병꼴균류)의 *Olpidium brassicae* 및 *Plasmodiophromycetes*(무사마귀병균류)의 *Polymyxa* 등의 토양균류는 *Necrovirus* 및 *Furovirus* 속의 바이러스들을 매개하여 전반한다.

- *Longidorus* 및 *Xiphinema* 속의 선충들은 *Nepovirus*속의 바이러스들을, *Trichodoros*속의 선충들은 *Tobravirus*속의 바이러스들을 매개할 수 있다.

⑤ 곤충에 의한 전반

- 절대기생성(Obligate parasite)의 특성을 지니고 있는 바이러스나 파이토플라스마는 곤충이 중요한 전반 매개체로 작용한다.
- 진딧물, 응애, 가루이 등은 식물 바이러스의 주요 매개체이다.
- 매미충 및 노린재는 파이토플라스마의 주요 매개체이다.
- 바이러스를 전반하는 벌레들은 모두 흡즙성으로 감염 수목에서 흡즙할 때 바이러스나 파이토플라스마가 함께 벌레의 몸 안으로 유입된다.
- 감염된 벌레가 건강한 나무로 이동하여 흡즙행동을 할 때 벌레의 구침(口針, stylet)을 통하여 나무로 옮아가게 된다.
- 소나무재선충(*Bursaphelenchus xylophilus*)의 경우 소나무는 솔수염하늘소가, 잣나무는 북방수염하늘소가 매개한다.
- 세균이나 균류에 의한 나무의 병의 경우는 다양한 곤충들이 몸에 균류의 포자와 균사를 묻혀서 매개하는 역할을 한다.

⑥ 종자에 의한 전반

- 균류 및 세균류는 종자의 종피에 병원체가 오염된 상태로 파종하여 병이 확산되는 경우가 많다. **오리나무 갈색무늬병 등**
- 탄저병(*Glomerella cingulata*) 및 모잘록병은 종자에 의해 전반 된다.
- Mullberry Ringspot Virus(MRSV)나 Elm Mottle Virus(EMo V) 등의 바이러스는 종피뿐만 아니라 종자의 배(胚), 꽃가루에 의해서도 전반 된다.
- 파이토플라스마는 바이러스와 같은 절대기생체이긴 하지만 종자전반은 되지 않는다.

⑦ 영양번식에 의한 병원체의 전반

- 삽수, 삽목, 분근 등의 영양번식 방법은 병원체의 전반 수단이 될 수 있다.
- 바이러스와 파이토플라스마 같은 절대기생체이며, 전신감염성의 병원체는 영양번식이 병의 전반에 중요한 수단이 된다.

[주요 병원체의 매개충]

병원체	수목 병	매개충
파이토플라스마	대추나무 빗자루병	**마름무늬매미충** (*Hishimonus sellatus*)
	뽕나무 오갈병	
	붉나무 빗자루병	
	쥐똥나무 빗자루병	
	오동나무 빗자루병	• 담배장님노린재(*Cyrtopelis tenuis*) • 썩덩나무노린재(*Halyomorpha halys*) • 오동나무애매미충(*Empoasca sp.*) 등 • 기주식물 : 오동나무, 일일초, 나팔꽃, 금잔화 등

바이러스	바이러스성 병	진딧물, 응애, 깍지벌레, 매미충 등
Ophiostoma novoulmi	느릅나무 시들음병	나무좀
미국 *Ceratocytis fagacearum* 한국 *Raffaelea quercus-mongolicae*	참나무 시들음병	광능긴나무좀, 밑빠진벌레류
Rust fungi	녹병	개미류, 파리류
Sooty mold	그을음병	진딧물, 깍지벌레
Ceratocytis, *Ophiostoma*속	청변병	나무좀류
Bursaphelenchus xylophilus	소나무 재선충병	• 솔수염하늘소(*Monochamus alternatus*) • 북방수염하늘소(*Monochamus saltarius*)

- 병든 묘목의 수입으로 인해서 나무의 병이 발생된 것은 밤나무 줄기마름병이 동양에서 미국으로 유입되었고 털녹병 또한 유럽에서 미국으로 유입되었다.
- 세균에 의한 뿌리혹병, 자줏빛날개무늬병, 소나무 혹병 등이 병든 묘목에 의하여 전반되는 병들이다.

⑧ 사람, 동물, 산림작업용 도구나 기계류에 의한 전반
  - 병에 감염된 지역에서 활동한 사람이 이동하여 작업할 경우 전반 된다.

7 수목 병의 종류 등 기타

1) 바이러스에 의한 수목 병
- 바이러스는 일종의 유전물질과 유전물질을 둘러 싼 단백질 껍질(capsid)로 구성된 병원체다.
- 바이러스는 크기가 매우 작아 광학현미경으로는 볼 수 없고 전자현미경을 통해서만 볼 수 있다.
- **바이러스는 살아 있는 기주세포 내에서만 증식되며 인공배지에서 배양, 증식되지 않는다.**
- 식물바이러스의 모양은 구형, 원통형, 봉상, 사상 등으로 구분할 수 있다.
- 동물바이러스의 핵산은 데옥시리보핵산(DNA) 또는 리보핵산(RNA)이고, 식물바이러스는 거의 대부분이 리보핵산이다.

가) 바이러스병의 병징
  - 색깔의 이상(異常) : 잎, 꽃, 열매 등에 모자이크(mosaik), 줄무늬, 얼룩등든무늬 등
  - 식물체 전체 또는 일부 기관의 발육 이상 : 왜소화, 괴저(gangrene), 축엽, 입말림, 암종, 돌기, 기형 등
  - 병든 식물의 세포 내에 건전한 식물의 세포에서 볼 수 없는 봉입체를 볼 수 있다.
  - 바이러스는 병든 식물체의 전신에 분포하고 있는데, 이것을 전신감염이라 한다.
  - 식물체의 일부분에 한정하여 분포하는 것을 국부감염이라고 한다.

나) 보독식물(保毒植物, carrier)

- 보독식물은 체내에 바이러스가 증식하고 있어도 외관상 병징이 나타나지 않는 식물이다.
- 바이러스에 의한 큰 피해를 받지 않으나 그 바이러스에 감수성이 다른 식물에 대한 전염원이 된다.
- 병징이 잘 나타나는 식물도 환경조건에 따라서 병징이 잘 나타나지 않는 경우를 병징은폐(病徵隱蔽)라고 한다.
- 병징은폐는 고온 또는 저온일 때 일어난다.

다) 식물바이러스의 전염 방법

- 접목전염, 즙액전염, 충매전염, 토양전염, 종자전염 등
- 바이러스는 진균이나 세균처럼 스스로 식물체를 침입해서 감염을 일으킬 수 없다.
- 바이러스는 반드시 매개체에 의해 전반 된다.

① 포플러 모자이크병

    ㉠ 병징

- 다 자란 잎에 모자이크 또는 얼룩반점이 잎면 가득히 나타난다.
- 잎의 지맥과 중륵에 괴저가 나타난다.
- 엽병의 기부가 약간 부풀어 오르며, 줄기에 작은 병반과 틈이 생기기도 한다.
- 심하게 병든 수목은 생육이 감소되고, 목재의 비중과 강도도 줄어든다.

    ㉡ 병원체 및 병환

- 병원체는 포플러 모자이크 바이러스이며, 길이는 약 675㎚ 정도의 실 모양이다.
- 주로 병든 삽수를 통해 전반 된다.

    ㉢ 방제법

- 바이러스에 감염되지 않은 건전한 포플러에서 삽수를 채취하고 병든 것은 제거한다.

② 아까시나무 모자이크병

    ㉠ 병징

- 감염 초기 잎에 농담의 모자이크가 나타나며, 진행되면 잎이 작아지고 기형이 된다.
- 병든 수목은 매년 병징이 나타나므로 나무의 생육이 나빠지고 차츰 쇠약해진다.

    ㉡ 병원체 및 병환

- 병원체는 아까시나무 모자이크 바이러스, 바이러스 입자는 약 40㎚ 정도의 구형이다.
- 이 바이러스의 판별기주인 명아주에 즙액접종하면 담황색의 국부병반이 나타난다.
- 자연 상태에서는 아까시나무 진딧물과 복숭아 흑진딧물 등에 의해 매개 전염된다.

    ㉢ 방제법

- 매개충인 진딧물은 살충제로 구제하고 병든 수목은 캐내어 소각한다.

2) 세균에 의한 수목 병

병명	병원균	기주 및 환경	병징	방제법
뿌리혹병 (Crown gall)	Agrobacterium	• 밤나무, 감나무, 호두나무, 포플러, 벚나무 • 고온다습한 알칼리 토양에서 많이 발생	병든 부위에서 세균 월동, 동해를 입기 쉽다.	병든 묘목 제거, 심한 지역에서는 4~5년 간 묘목을 생산하지 않는다.
불마름병 (Fire blight)	Erwinja amylovora 그램 음성 간균	• 벚나무, 감나무, 호두나무, 감나무, 사과나무, 배나무 등 장미과 수목 • 봄에 비가 내릴 때 활동 시작	어린잎과 햇가지가 갑자기 시들어 말라 죽는다.	감염된 가지 30cm 이상 제거, 전정도구 소독
세균성구멍병 (Bacterial shot hole)	Xanthomonas arboricola 그람 음성 세균	• 복숭아, 자두, 살구, 매실 등 핵과류 • 이른 봄 비가 많이 올 때 다각형 수침상 병반이 나타난다.	잎에 원형 또는 부정형의 1~5mm 수침상 점무늬	과실에 봉지를 씌운다. 나무를 건강하게 키운다.

가) 세균의 특징

– 세균의 크기는 1~5㎛(마이크로미터, 100만분의 1미터)로 광학현미경으로 관찰할 수 있다.

– 세균은 하나의 독립된 세포로 이뤄진 생물이다. 세포막과 세포벽, 세포벽, 핵, 단백질 등으로 구성돼 있다.

– 세균은 구형(알균, coccus, 구슬모양), 간상(막대균, 봉상, 막대기모양, bacillus), 나선상(나선균, spirillum) 등이 있다.

– 식물 병원성 세균은 병균의 대부분은 간상(bacillus)이다.

– 세균이 집락을 형성하게 되면 육안으로도 관찰할 수 있다.

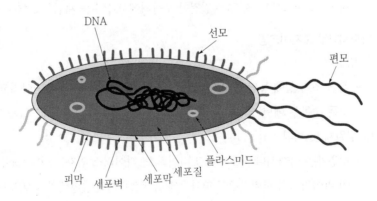

나) 세균의 구조

– 세포체 내에는 세포질이 있고 이것은 세포질 막으로 싸여 있는데, 물질을 선택적으로 투과할 수 있다.

- 세포의 바깥은 세포벽이 있어 세균체를 지탱하며, 탄력성이 있다.
- 세포벽의 표면은 끈끈하고 두꺼운 피막으로 싸여 있다.
- 세균은 운동기관인 편모 또는 섬모를 가지고 있다.
- 세균 중에는 편모보다 짧은 수만은 벽상의 돌기를 가지는 것도 있다.

다) 세균성 병의 병징

㉠ 유조직병

- 유조직이 침해되는 것으로 침해 결과 조직의 부패, 반점, 잎마름, 궤양 등의 병징이 나타난다.

㉡ 물관병

- 관다발의 조직, 특히 물관이 침해되는 것으로 수분의 상승이 방해되어 식물이 말라 죽으며, 물관병에 걸린 줄기를 가로로 잘라보면 물관부에 점액 같은 세균 덩어리가 흘러나온다.

㉢ 증생병

- 세균의 침입으로 분열조직이 자극을 받아 암종을 만든다.
- 식물병원세균은 기주식물에 침입하기 전에는 보통 병든 식물체나 토양 중의 유기물을 이용한다.
- 식물병원세균이 토양에서 생활하다가 수매전반 등에 의하여 기주식물의 표면에 옮겨지면 침입, 감염한다.
- 세균은 진균처럼 각피 침입을 할 능력이 없기 때문에 식물체 상의 각종 상처와 기공, 수공 등의 자연개구를 통해 침입한다.

① 뿌리혹병

밤나무, 감나무, 호두나무, 포플러, 벚나무 등에 주로 발생하며, 묘목에 발생했을 때 피해가 크다.

㉠ 병징

- 뿌리혹병은 뿌리 및 지제부 부근에 혹이 생기는 병이다. 지상부의 줄기나 가지에 발생하는 경우도 있다.
- 초기에는 병든 부위가 비대하고 우윳빛을 띠다가, 점차 혹처럼 되면서 그 표면은 거칠어지고 암갈색으로 변한다.
- 혹의 크기는 콩알만 한 것부터 어른 주먹의 크기보다 더 커지는 것도 있다.
- 접목묘에서는 접목 부위에 혹이 많이 발생한다.

㉡ 병원균 및 병원

- 병원균은 *Agrobacterium*속의 박테리아이다.

- 병원균은 주로 병환부에서 월동하고, 땅속에서도 다년간 생존하면서 기주식물의 상처를 통해서 침입한다.
- 지하부의 접목 부위, 뿌리의 절단면, 삽목의 하단부 등은 이 병원균의 좋은 침입 경로가 된다.
- 고온다습한 알칼리토양에서 많이 발생한다.

ⓒ 방제법
- 묘목을 검사하여 이병목은 제거하고, 건강한 묘목만 심는다.
- 병든 수목은 제거하고 그 자리는 객토를 하거나 생석회로 토양을 소독한다.
- 병에 걸린 부분을 칼로 도려내고 정단 부위는 생석회 또는 접밀을 바른다.
- 접목할 때에는 접목에 쓰이는 칼과 손끝을 70% 알코올 등으로 소독하고, 접수와 대목의 접착부에는 접밀을 발라 준다.
- 발병이 심한 땅에서는 비기주식물인 화본과식물과 3년 이상 윤작을 한다.
- 클로로피크린, 메틸브로마이드 등으로 묘포의 토양을 소독한다.
- 이 병에 가장 걸리기 쉬운 밤나무, 감나무 등의 지표식물을 심어 병균이 있는지 없는지 확인한 후 병균이 없는 곳에 포지를 선정한다.

② 밤나무 눈마름병

㉠ 병징
- 4~7월에 새눈, 잎, 신초 등에 발생하고, 피해부는 갈색에서 흑갈색으로 변하며 말라죽는다.
- 잎에 갈색 병반이 많이 생기며, 안쪽으로 말린다.

ⓒ 병원균 및 병원
- 병원은 *Pseudomonas castaneae*이며, 병원세균은 병든 가지의 끝에서 월동하여 이듬해 전염원이 된다.

ⓒ 방제법
- 병든 가지를 잘라 소각한다.
- 새눈이 트기 전에 석회황합재(100배액)를 2회 살포한다.

③ 세균에 의한 주요 수병

병명	병원세균	기주의 학명
호두나무 갈색썩음병	*Xanthomonas juglandis*	*Juglan spp.*
포플러 세균성줄기마름병	*Pseudomonas syringae*	*Populus spp.*
단풍나무 점무늬병	*Xanthomanas acernea*	*Acer spp.*
뽕나무 세균성축엽병	*Pseudomonas mori*	*Morus alba*

3) 파이토플라스마에 의한 수목 병

가) 파이토플라스마의 특징

- 파이토플라스마(phytoplasma)는 식물에 빗자루 증상과 누른오갈 증상 등을 발생시킨다.
- 파이토플라스마는 지름 0.3~1.0μm(70~900nm) 정도의 구형, 난형 및 불규칙한 타원형이다.
- 파이토플라스마는 때로 수 μm의 긴 나선형 및 필라멘트 형태로도 관찰된다.
- 세균에서 관찰되는 세포벽은 없고 일종의 원형질막으로 둘러싸여 있다.
- 크기가 큰 파이토플라즈마의 한가운데에는 핵과 같은 것이 있으며, 그 둘레에 리보소옴, 과립 등이 가득 차 있다.
- 주로 매미충류와 기타 식물의 체관부의 즙액을 빨아먹는 곤충류에 의하여 매개되며, 식물의 체관부와 매개충의 체내에 들어 있다.
- 파이토플라스마에 의한 병은 전신감염성이기 때문에 영양체를 통해서 전염된다.
- 파이토플라스마에 의한 병은 테트라사이클린계 항생제로 치료가 가능하다.

나) 파이토플라스마에 의한 병

- 동물의 마이코플라스마와 비슷한 미생물로 생각되어 마이코플라스마 유사미생물(MLO; mycoplasma-like organisum)로 이름 지어졌으나 최근에는 식물에 존재한다는 의미로 파이토플라스마로 이름 지어져 있다.
- 우리나라에서는 대추나무, 오동나무, 뽕나무, 붉나무, 쥐똥나무 등에 발생한다. 특히 오동나무 빗자루병은 오동나무 재배지를 황폐화시켰으며, 대추나무 빗자루병은 현재도 대추나무 재배에 가장 큰 문제가 되는 병이다.
- 주요한 수목 병의 기주범위와 매개충은 다음 표와 같다.

대추나무 빗자루병	마름무늬매미충 (*Hishimonus sellatus*)
뽕나무 오갈명	
붉나무 빗자루병	
쥐똥나무 빗자루병	
오동나무 빗자루병	담배장님노린재(*Cyrtopelis tenuis*) 썩덩나무노린재(*Halyomorpha halys*) 오동나무애매미충(*Empoasca sp.*) 등 기주식물 : 오동나무, 일일초, 나팔꽃, 금진화 등

① 오동나무 빗자루병

㉠ 병징

- 병든 수목은 연약한 잔가지가 많이 발생하고 담녹색의 아주 작은 잎이 밀생하여 마치 빗자루나 새둥지와 같은 모양이 된다.

– 병든 가지는 말라 떨어지고 수년간 병징이 계속 나타나다가 결국 나무 전체가 죽는다.

– 주로 담배장님노린재가 흡즙을 할 때 감염되며, 병든 나무의 분근을 통해서도 전반 된다.

ⓒ 방제법

– 병든 수목은 제거하여 소각하고, 7월 상순에서 9월 하순에 살충제를 살포하여 매개충을 구제한다.

– 빗자루병이 발생하지 않은 나무로부터 분근 증식한 무병 묘목을 심거나 실생 묘목을 심는다.

– **테트라사이클린계의 항생물질로 치료할 수 있다.**

② 대추나무 빗자루병

㉠ 병징

– 가는 가지와 황녹색의 아주 작은 잎이 밀생하여 마치 빗자루 모양과 같아지고 결국에 말라죽는다.

– 주로 마름무늬매미충이 흡즙할 때 전반되며, 병든 나무의 분주를 통해서도 전반 된다.

ⓒ 방제법

– 병징이 심한 수목은 뿌리째 제거하여 태운다.

– 병징이 심하지 않은 수목은 4월 말경에서 9월 중순에 1,000~2,000ppm의 옥시테트라사이클린을 수간 주입한다.

– 대추나무를 심을 때에는 병이 발생되지 않은 지역에서 분주하여 가져다 심는 것이 안전하다.

– 땅속에서 뿌리의 접목에 의해 전염될 우려가 있으므로 밀식과 간작을 피한다.

참고 대추나무 빗자루병 방제 방법 ●

※대추나무 빗자루병은 항생제 나무주사에 의한 치료법과 살충제 살포를 통한 예방법으로 방제한다.

나무주사 요령

1. 시기 : 4월~5월, 잎이 필 무렵
① 맑게 갠 날이나 건조한 시기 등 수액 상승이 잘 되는 기간의 이른 아침에 수간에 주사한다.
② 대추를 수확한 직후에 추가 주입하면 효과가 더 커진다.

2. 사용약제 : 옥시테트라사이클린 수화제(유효성분 17%)

3. 약제량 : 나무의 직경에 따라 주입구 숫자를 달리한다. 주입약량은 나무의 크기에 따라 다르지만, 대체로 지상 1m 부위의 원줄기 직경 10cm 이하의 나무는 0.5리터, 10cm 이상 되는 나무는 1~2리터 정도 주입한다.

4. 나무주사 작업 순서
① 약액통을 주입구에서 1.5m 정도 윗부분에 매단다.
② 직경 mm의 드릴로 줄기하부에 3~4cm의 깊이로 주입공을 뚫는다.
③ 주입공은 중심부에 빗겨서 아래 방향으로 30~45° 경사지게 천공한다.

④ 수화제 5g을 물 1ℓ에 잘 녹여 약액통에 넣는다.

⑤ 주입관으로 약액이 잘 나오는지 확인한 후 약액조절기를 막아 흐르지 않게 한다.

⑥ 약액조절기를 서서히 열고 주입공에 약액을 채우고 공기를 빼내면서 꼭 끼운다.

⑦ 약액이 밖으로 새어 나오지 않는지 확인하고 약액조절기를 완전히 연다.

⑧ 약액통의 위 뚜껑을 약간 열어 공기가 들어갈 수 있도록 해야 약액이 잘 들어간다.

5. 수간주입 후 처리

– 약액의 주입이 끝나면 주입관을 뽑고 톱신페스트를 바른 후 밀납으로 밀봉한다.

– 약액의 양이 1~2일 후에도 변화가 없거나 주입구 주변이 심하게 젖어 있으면 약액이 주입되지 않은 것이다.

– 약액이 주입되지 않은 경우 ④~⑧을 차례대로 다시 시행한다.

6. 매개충 방제

① 살충제 살포

 – 시기 : 6월 중순~8월 말 매개충 활동 시기에 살포한다.

 – 방법 : 2주 간격으로 살포하고 개화기간은 살포하지 않는다.

② 약제 : 페노뷰카브 유제, 페니트로티온 유제 1,000배액

 – 집단 재배단지는 마을 공동으로 살충제를 살포하면 효과적이다.

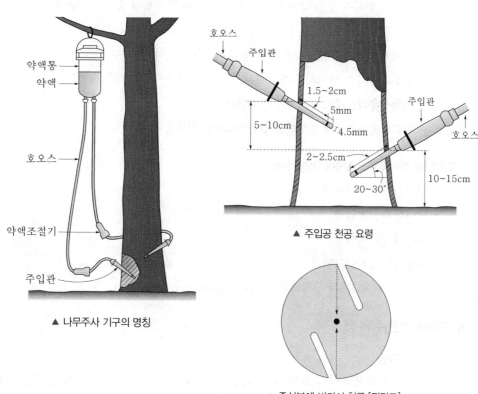

▲ 나무주사 기구의 명칭

▲ 주입공 천공 요령

▲ 중심부에 빗겨서 천공 [평면도]

③ 뽕나무 오갈병

㉠ 병징

 – 병든 잎은 작아지고 쭈글쭈글해지며 담녹색에서 담황색으로 된다.

 – 초기에 잎의 결각이 없어져 둥글게 되며, 잎맥의 분포도 작아진다.

- 가지의 발육이 약해지고 마디 사이가 짧아져 나무가 왜소해진다.
- 곁눈의 싹이 빨리 트고 작은 가지가 많아져 빗자루 모양이 된다.

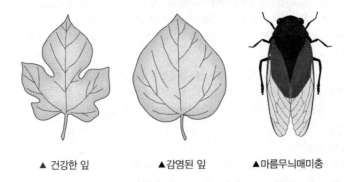

▲ 건강한 잎　　　　▲ 감염된 잎　　　　▲ 마름무늬매미충

- 마름무늬매미충이 뽕나무를 흡즙할 때 전반 되고, 접목에 의해서도 전반된다.

ⓒ 방제법
- 발생이 심하지 않은 병든 수목은 뽑고, 그 자리에 저항성 품종을 심는다.
- 질소질 비료를 너무 많이 주지 않고, 칼리질 비료를 충분히 준다.
- 수세가 약해지지 않도록 벌채나 뽕잎 따기를 삼간다.
- 접수나 삽수는 반드시 무병주에서 낙엽수 12월에서 2월에 채취한다.
- **저독성유기인제로 매개충을 구제한다.**
- **테트라사이클린계 항생제를 수간주입하여 치료할 수 있다.**

다) 기타 파이토플라즈마에 의한 수병
- 아까시나무 빗자루병
- 밤나무 누른오갈병
- 물푸레나무 마름병
- 센달나무 스파이크병
  *센달나무(녹나무과 상록교목, *Machilus japonica*)

4) 균류에 의한 수목 병

가) 진균의 특징
- 진균은 균사체 격막의 유무 및 유성포자의 생성법에 따라서 조균강, 자낭균강, 담자균강, 불완전균강 등으로 크게 나눈다.
- 진균은 대부분 다세포이며, 효모만이 단세포다. 효모는 식물에 병을 발생시키지 않는다.
- 진균의 세포에는 엽록체가 없지만, 다른 고등식물의 세포처럼 세포질과 핵이 있다.
- 진균의 생활체는 실 모양의 균사체로 되어 있으며, 균 자체의 일부가 가지처럼 갈라진 것을 균사라고 한다.

− 균사에는 격막이 있는 균사(유격균사)와 격막이 없는 균사(무격균사, 다핵균사)가 있다.

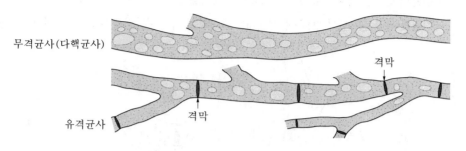

무격균사(다핵균사)

격막

유격균사   격막

▲ 진균류의 유격균사와 조균류의 무격균사

− 대부분의 균사 바깥쪽은 세포벽으로 둘러싸여 있으며, 그 주성분은 키틴이며, 종류에 따라 섬유소인 것도 있다.

− 균사 하나하나는 현미경으로만 볼 수 있지만 균사가 집단으로 존재하는 균사체나, 버섯 같은 자실체는 육안으로 확인할 수 있다.

− **균사의 세포벽은 전형적으로 카이틴(chitin)을 갖고 있으며**, 격벽이 없는 것을 조균류로 분류한다.

− Chitin은 갑각류의 외골격을 형성하고 있는 물질이며, **대부분의 식물과 균류는 셀룰로오스가 세포벽의 주성분이다.**

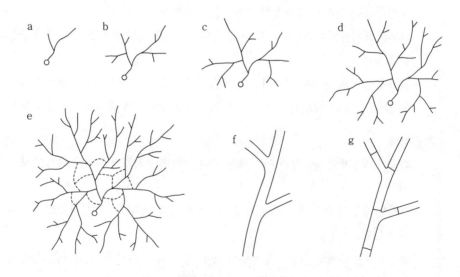

a~e : 하나의 포자가 발아하여 균사체를 이루는 과정

e : 점선 안쪽에서 균사융합이 일어난다.

f : 무격벽균사(조균류)

g : 유격벽 균사(고등균류)

▲ 균류의 균사 생장양식과 모양

- 진균에서는 고등식물에서와 같은 잎, 줄기, 뿌리 등의 분화는 볼 수 없다.
- 진균의 형태는 개체를 유지하는 영양체와 종족을 보존하는 번식체로 구분된다.
- 진균의 생활사는 무성세대와 유성세대를 포함하며 이를 불완전세대와 완전세대라고도 한다.

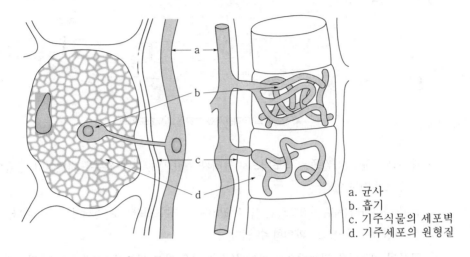

a. 균사
b. 흡기
c. 기주식물의 세포벽
d. 기주세포의 원형질

▲ 진균의 흡기

① 영양체
- 영양체인 균사체는 진균의 영양기관으로서 대다수의 병원진균은 균사를 기주식물의 세포간극 또는 세포 내에 형성하고 양분을 섭취한다.
- 대부분의 활물기생균은 균사의 끝이 특수한 모양으로 된 흡기를 세포 내에 삽입하고 양분을 섭취한다.
- 균사체가 서로 모여서 일종의 조직이 형성된 것을 균사조직이라고 하는데, 균사조직에는 균핵, 근상균사속, 균사막, 그리고 많은 자실체 주위에 만들어지는 자좌 등이 있다.

② 번식체
- 진균은 영양체인 균사체가 어느 정도 발육을 하면 담자체가 생기고 여기에 포자가 형성된다.
- 포자는 수정에 의하여 생기는 유성포자와 수정과 관계없이 무성적으로 생기는 무성포자가 있다.
- 유성포자는 대체로 진균의 월동이나 유전 등 종족의 유지에 큰 역할을 하고, 무성포자는 급격히 만연하는 2차 전염원의 주동적 역할을 한다.

나) 조균류에 의한 수병
- 조균류의 균사는 보통 격막이 없고 다수의 핵을 가지고 있어서 다핵균사라고도 한다.
- 조균류의 무성포자는 분생포자로서 분생자병 위에 외생하며, 발아할 때 유주자낭을 만들어 그 속에 들어 있는 유주자를 내는 것과 발아관이 나오는 것이 있다.

- 유성포자인 난포자는 균사의 한쪽 끝에 생긴 난기와 웅기의 수정에 의해 만들어진다.
- 무성포자인 분생포자는 주로 병원균을 전파하는 역할을 하며, 유성포자인 난포자는 균의 월동 역할을 한다.

① 모잘록병

- 모잘록병은 토양서식병원균이며, 당년생 어린 묘의 뿌리 또는 지제부의 줄기가 침해되어 말라죽는다.
- 소나무류, 낙엽송, 전나무, 가문비나무 등의 침엽수와 오동나무 아까시나무, 자귀나무 등의 활엽수에 주로 발생한다.

㉠ 병징

- 도복형 : 어린 묘의 땅 가장자리 부분이 침해되기 때문에 이 부분이 갈색으로 변하고 잘록해져서 넘어지며 썩어 없어진다.
- 지중부패형 : 땅속에서 종자가 발아하기 전에, 또는 발아하여 싹이 지표면에 나타나기 전에 병원균의 침해로 썩는 것을 말한다.
- 수부형 : 땅 위에 나온 묘의 윗부분이 썩어 죽는다.
- 근부형 : 묘목이 어느 정도 자라서 목화 된 후에 뿌리가 침해되어 암갈색으로 변하고 부패되는 것을 말한다.

㉡ 병원균

조균류	불완전균류
Pythium spp. *Phytophthora spp.*	*Fusarium spp.* (건조하고 기온이 높은 시기) *Rhizoctonia spp.* (과습하고 기온이 낮은 시기) 침엽수의 묘목에 큰 피해를 주는 것은 주로 불완전균에 의해 발생한다.

㉢ 병환

- 모잘록병균은 땅속에서 월동하여 다음 해에 1차 감염원이 된다.
- *Rhizoctonia*균에 의한 피해가 과습한 토양에서 기온이 비교적 낮은 시기에 발생한다.
- *Fusarium*균에 의한 피해는 온도가 높은 여름에서 초가을에 비교적 건조한 토양에서 발생한다.

㉣ 방제법

직접 방제 농약 사용	• 약제(티람제, 캡탄제, PCNB제, NCS, 클로로필크린 등) 및 증기, 소토 등의 방법으로 토양을 소독한다. • 종자소독용 유기수은제의 수용액에 종자를 침적하거나 또는 동제의 분제, 티람분제, 캡탄제 등으로 종자를 분의소독을 한다. • 도복형 피해 또는 수부형 피해가 발생하였을 때에는 캡탄제(1,000배액), 다치가렌액제(600배액) 등을 피해부의 중심으로 관주한다.

간접 방제 환경 개선	• 묘상이 과습하지 않도록 배수와 통풍에 주의하며, 햇볕이 잘 쬐도록 한다. • 채종량을 적게 하고, 복토가 너무 두껍지 않도록 한다. • 질소질 비료를 과용하지 말고, 인산질 비료를 충분히 주어 묘목을 튼튼히 길러야 한다.

② 밤나무 잉크병

　㉠ 병징

　　– 발생 초기 뿌리가 침해되어 흑색으로 변하면서 썩고, 점차 근관부 및 땅 가장자리 부분 줄기의 형성층이 침해를 받으며, 병든 나무의 잎은 누렇게 되면서 급속히 말라죽는다.

　　– 병든 나무의 줄기에서 타닌(tannin)을 다량 함유한 수액이 뿜어 나와 이것이 땅속의 철분과 화합하여 땅 가장자리 부분이 잉크로 물든 것처럼 보인다.

　㉡ 병원균

　　– *Phytophttora cambivora, Phytophttora cinnamomi* 등

　㉢ 병환

　　– **땅속에서 월동**하고, 지표면으로부터 가까운 곳에 있는 잔뿌리를 침해하여 병을 일으킨다.

　㉣ 방제법

　　– **병든 나무를 제거·소각**하고, 그 자리는 클로로피크린으로 토양을 소독한다.

　　– 식재지가 과습하지 않도록 배수에 주의한다.

　　– **저항성 품종을 심는다.**

③ 그 밖의 조균류에 의한 수병

병명	병원균
소나무 소엽병 동백나무 시들음병	*Phytophttora cinnamomi*

다) 자낭균류에 의한 수병

– 자낭균의 균사는 격막이 있고 균핵과 자좌를 형성한다.

– 주머니 모양의 자낭 안에 8개의 유성포자가 있는데, 이것을 자낭포자라고 한다.

– 자낭은 특이한 형태를 가진 자낭과의 내부에 만들어지는 것과 자낭과 없이 노출되는 경우가 있다.

– 자낭과는 완전히 구멍이 막힌 자낭구, 끝에 구멍이 있는 자낭각, 쟁반 모양을 한 자낭반 등이 있다.

– 자낭과의 내부에 자낭이 규칙적으로 배열하여 층상을 이룬 것을 자실층이라고 한다.

- 자실층의 자낭과 자낭 사이에 긴 실 모양의 측사가 섞여 있는 종류도 있다.
- 자낭과가 자좌에 의하여 둘러싸인 종류도 있다.
- 자낭균은 분생포자로 이루어지는 무성생식(불완전세대)과 자낭포자로 이루어지는 유성생식(완전세대)으로 세대를 이어간다.
- 자낭포자는 월동 후에 1차 전염원이 되며, 분생포자는 여름을 거치는 동안 여러 번에 걸쳐 2차 전염원이 된다.

① 벚나무 빗자루병

ㄱ 병징

- 가지 일부가 부풀어 혹 모양이 되며, 이 부근에서 가느다란 가지가 많이 나와 마치 빗자루 모양이 된다.
- 병든 가지에서는 건전한 가지에서보다도 봄에 일찍 소형의 잎이 피어나며, 꽃망울은 거의 생기지 않는다.
- 병든 가지는 처음에는 잎이 무성하지만, 여러 해가 지나면 말라죽는다.
- 병세가 심하면 수세가 약해지고, 나무 전체가 말라죽는다.

ㄴ 병원균 및 병환

- 병원균 : *Taphrina wiesneri(rath) mix*
- 병환 : 병든 가지의 팽대 부분에서 주로 균사 상태로 월동하고, 다음 해 봄에 포자를 형성하여 제1차 전염을 일으킨다.

ㄷ 방제법

- 겨울철에 병든 가지의 밑 부분을 잘라 내어 소각한다.
- 소각은 반드시 봄에 잎이 피기 전에 실시해야 한다.
- 병든 가지를 잘라 낸 후 나무 전체에 보르도액을 살포한다.
- 약제 살포는 잎이 피기 전에 해야 하며, 휴면기에 살포하는 것이 좋다.

② 수목의 흰가루병

ㄱ 병징

- 병환부에 흰 가루를 뿌려놓은 것과 같은 외관을 나타낸다.
- 일정한 반점이나 반문은 형성하지 않고 잎면에 불규칙한 크고 작은 여러 가지 모양의 희병반을 나타내면서 발생한다.
- 어린 눈이나 신초가 병원균의 침해를 받으면 병환부가 위축되어 기형으로 변하는 경우가 있다.
- **병환부에 나타난 흰 가루는 병원균의 균사, 분생자병 및 분생포자 등**이며, 이것은 분생자세대(불완전세대)의 표징이다.

– 가을이 되면 병환부의 흰 가루에 섞여서 미세한 흑색의 알맹이가 다수 형성되는데, 이것은 자낭구로서 자낭세대의 표징이다.

ⓛ 병환

– 흰가루병은 주로 자낭구의 형태로 병든 낙엽 위에 붙어서 월동하고 이듬해 봄에 자낭포자를 내어 1차 전염을 일으킨다.

– **2차 전염은 병환부에 형성된 분생포자에 의하여 가을까지 반복하여 감염을 일으킨다.**

ⓒ 방제법

– 가을에 병든 낙엽과 가지를 모아서 소각한다.

– 새눈이 나오기 전에 석회황합제(150배액)를 여러 차례 살포한다.

– 한여름에 석회황합제를 살포하면 약해를 입기 쉬우므로 다이센, 카라센, 4-4보르도액, 톱신 등을 살포한다.

③ 수목의 그을음병

㉠ 병징 및 병환

– 잎, 줄기, 가지 등에 새카만 그을음을 발라 놓은 것 같이 보이는 병이다.

– 그을음병균은 대부분 기주식물체의 표면을 덮고 광합성을 방해하는 외부 착생균이다.

– 그을음병균 중에는 기주조직 내에 흡기를 형성하고 기생하는 종류도 있다.

– 그을음병균은 보통 기주에 진딧물, 깍지벌레 등이 기생한 후 그 분비물 위에서 번식한다.

– 그을음 같은 것이 잎이나 줄기의 표면에 점점이 형성되기도 하고, 전면을 뒤덮기도 한다.

– 병환부에 나타나는 그을음 같은 물질은 병원균의 균사, 포자 등의 덩어리며, 이 속에 병자각이 형성되고 드물게 자낭구가 형성되기도 한다.

– 그을음병 때문에 나무가 말라 죽는 일은 드물지만, 동화작용이 저해되므로 수세가 약해진다.

㉡ 방제법

– **통기 불량, 음습, 양분 결핍 또는 질소비료의 과용이 원인이 되어 발생한다.**

– 살충제로 진딧물, 깍지벌레 등을 구제한다.

④ 밤나무 줄기마름병

㉠ 병징

– 나뭇가지와 줄기가 피해를 입는데, 병환부의 수피는 처음에 적갈색으로 변하고 약간 움푹해진다.

– 6~7월경에 수피를 뚫고 등황색의 소립이 밀생하여 상어 껍질같이 보인다.

- 비가 오고 습도가 높은 날에 소립에서 실 모양으로 황갈색의 포자 덩어리가 분출된다.
- 건조하게 되면 병환부가 갈라지고 거칠어진다.
- 병환부가 줄기를 한 바퀴 돌면 그 뒤쪽은 말라 죽고 아래에서는 부정아가 많이 발생한다.
- 병환부의 크기가 커졌을 때 나무껍질을 벗겨 보면 황색균사가 부채 모양을 하고 있는 것을 볼 수 있다.

ⓛ 병원균 및 병환
- 밤나무 줄기마름병의 병원균은 자낭균인 *Endothia pasitica*이다.
- 자낭각과 병자각이 병환부의 자좌 안에 생기고, 자낭포자와 병포자는 무색이다.
- 병원균은 병환부에서 균사 또는 포자의 형태로 월동한다.
- 병환부에서 월동한 병원균은 다음 해 봄에 비, 바람, 곤충, 새무리 등에 의하여 옮겨져 나무의 상처를 통해서 침입한다.

ⓒ 방제법
- 묘목검사를 철저히 하여 무병 묘목을 심는다.
- 상처를 통해 병원균이 침입하므로 나무에 상처가 생기지 않도록 주의하며, 특히 동해를 예방한다.
- 줄기의 병환부는 일찍 예리한 칼로 도려내고 그 자리는 승홍수(500배액) 또는 알코올로 소독한다. 승홍수는 염화제이수은의 수용액으로 살균 및 소독약으로 사용되었다.
- 병든 가지는 잘라서 소각하고, 자른 자리는 접밀, 석회유, 페인트, 타르, 지오판 도포제 등을 바른다.
- **나무에 상처를 내고 병원균을 전파시키는 각종 해충을 구제한다.**
- **박쥐나방 등 천공성 해충의 피해가 없도록 살충제를 살포한다.**
- 이른 봄 눈이 트기 전에 8-8식 보르도액 또는 석회황합제(100배액)를 건전한 나무에 살포한다.
- 베노밀제를 수간주입한다.
- **저항성 품종인 단택, 이취, 삼초생, 금추 등을 식재한다.**
- 비료주기는 적기(適期)에 하며 질소질비료의 과용을 피하고 동해(凍害)나 피소(皮燒)를 막기 위하여 백색페인트를 발라준다.

> **참고** 밤나무 줄기마름병의 저병원성 균주 접종 ●
>
> • 저병원성이란 병원균에 대한 기주의 감수성을 감소시킨 것을 말한다. 밤나무 줄기마름병은 자낭균에 속하는 Cryphonectria균에 의해 발생한다. 밤나무 줄기마름병에는 명백하게 효과적인 약제가 개발되어 있지 않다. 생물학적 방제로 저병원성균주(dsRNA바이러스)를 처리하면 궤양자리에 캘러스가 형성되어 상처 부위가 치료된다.
> • ssRNA는 single stranded RNA(한 가닥 RNA)를 줄인 것이고, dsRNA는 duble stranded RNA(두 가닥 RNA)를 줄인 말이다.

⑤ 소나무류 잎떨림병

　㉠ 병징

　　- 7~9월경 잎에 담갈색의 병반이 형성된 후 병세는 더 이상 진전하지 않고 일단 정지된 것처럼 보인다.

　　- 이듬해 4~5월경에 병세가 급진전하여 심할 때에는 9월경에 녹색의 침엽이 누렇게 변하고 수시로 잎이 떨어진다.

　　- 어린잎은 고사 후에도 나뭇가지에 오랫동안 붙어 있으나, 성숙한 잎은 곧 떨어진다.

　　- 초가을에 낙엽을 조사해 보면 약 6~11mm 간격으로 갈색의 선이 옆으로 나 있고, 중간에 **타원형 또는 방추형의 흑색종반(자낭반)이 형성되어 있다.**

　㉡ 병원균 및 병환

　　- 병원균은 *Lophodermium pinastri*다.

　　- **땅 위에 떨어진 병든 잎에서 자낭포자의 형태로 월동하여 다음 해에 전염원이 된다.**

　　- 5~7월에 비가 많이 오는 해에 피해가 크고, 병든 나무로 인한 2차 감염은 거의 발생하지 않는다.

　㉢ 방제법

　　- 묘포에서는 비배관리를 잘하고, 병든 잎을 모아서 태운다.

　　- 5월 하순부터 4-4식 보르도액 또는 캡탄제 등을 몇 차례 살포한다.

　　- 조림지에 발생하였을 경우에는 여러 종류의 활엽수를 하목으로 심으면 피해가 경감된다.

　　- 수세가 떨어졌을 때 심하게 발생한다.

　　- 수관하부는 풀베기와 가지치기를 실시한다.

⑥ 낙엽송 잎떨림병

　㉠ 병징

　　- **초기에는 잎 표면에 미세한 갈색소 반점이 형성**되고 차츰 커지면서 그 주위가 황녹색으로 변한다.

　　- 침엽 1개에 보통 5~7개의 병반이 형성되고, 20개 이상 형성될 때도 있다.

　　- 8월 하순경 병반 위에 극히 미세한 검은 알갱이 형태의 균체가 표피를 뚫고 형성된다.

　　- 이 시기에 멀리서 피해목을 보면 적갈색으로 보인다.

　　- 8월 하순부터 심하게 낙엽이 떨어지기 시작하여 9월 중순까지 대부분의 잎이 떨어진다.

　㉡ 병원균 및 병환

　　- 병원균 : *Mycosphaerel la laricileptolepis*

　　- 병든 낙엽에서 월동하고 이듬해 5~7월 사이 자낭각을 형성하며, 자낭각에서 나온 자낭포자에 의해 1차 감염이 일어난다.

ⓒ 방제법

- 병이 잘 발생하는 지역에서는 낙엽송의 단순, 일제조림을 피하고 활엽수를 대상으로 혼효를 한다.
- 저항성 품종을 선발, 증식하여 조림한다.
- 임지시비를 실시하여 나무의 수세를 회복한다.
- 낙엽송의 눈이 트기 전에 지상에 있는 병든 낙엽을 제거한다.
- 5월 상순~7월 하순까지 2주 간격으로 4-4식 보르도액을 살포한다.

⑦ 낙엽송 가지끝마름병

ⓐ 병징

- **당년에 자란 신초에만 발생하며, 줄기나 묵은 가지에는 발생하지 않는다.**
- 8~9월경 신소가 침해를 받으면 피해부는 약간 퇴색 수축하여 가늘게 되고, 수지가 나온다.
- 감염된 가지 끝이 아래쪽으로 구부러지고, 잎은 모두 떨어져 가지 끝에만 몇 개의 마른 잎이 남는다.
- 어린 묘목은 피해부의 위쪽이 말라 죽고 상체묘에서는 선단부에 죽은 가지가 빽빽하게 난다.
- 조림목에 여러 해 동안 피해가 발생하면 수고생장이 정지되고, 죽은 가지가 많이 생겨 분재같은 수형이 된다.
- 7~8월경 죽은 가지 끝에 남은 잎의 뒷면과 죽은 가지의 끝부분을 확대경으로 보면 흑색소립점(병자각)이 다수 나타난다.
- 가지의 병환부 아래쪽에 9월부터 이듬해 봄까지 길이 방향으로 몇 개씩 줄지어 흑색소동기(자낭가)가 형성된다.

ⓑ 병원균 및 병환

- 병원균 : *Guignardia laricina yamamotet*
- **병든 가지에서 미숙한 자낭각의 형태로 월동하고,** 이듬해 5월경부터 자낭포자를 형성하여 1차 전염원이 된다.
- 자낭포자에 의해 침해된 가지에는 7월경부터 병포자가 형성되며, 10월 하순경까지 계속된다.
- 병포자는 2차 전염원이 되어 계속 전염을 되풀이 하면서 피해를 확대시킨다.
- 9~10월경부터 환부에 자낭각이 형성되기 시작하며, 미숙한 자낭각의 상태로 월동한다.

ⓒ 방제법

- 묘목검사로 병든 묘목이 미발생지에 들어가지 않도록 한다.
- 묘목검사는 9~10월경에 미리 실시한다.

- 묘포에서는 6월 상순~9월 중순까지 2주 간격으로 사이클로헥시마이드(5ppm)를 살포한다.
- 조림지에서는 동력분무기를 사용하여 7월 상순에서 8월 하순까지 2주 간격으로 4회 정도 살포한다.
- 대면적 조림지의 경우 소형 헬리콥터로 사이크로헥시마이드(60ppm)를 살포한다.
- 저항성 품종을 선발·육성한다.

⑧ 벚나무 갈색무늬구멍병

병명	천공성갈반병	세균성구멍병
기주	벚나무류, 벚나무 갈색무늬구멍병	장미과 과수류 매실, 복숭아, 살구, 체리 등 **핵과류**
병원균	*Mycosphaerella cerasella*, **자낭균**	*Xanthomonas compestris*, **세균**
생활사 및 병징	1. 병반이 다소 부정형이다. 2. 병반에 옅은 동심윤문이 생긴다. 3. 병반 안쪽에 분생포자퇴가 검은색의 작은 돌기처럼 생긴다. 5. 대부분 장마철 이후에 발생한다. 6. 자낭각의 형태로 월동하며, 월동 후 자낭포자를 형성하여 1차 전염원이 된다.	1. 잎, 가지, 과실에 발생한다. 2. 잎의 병반은 갈색~회갈색이다. 3. 병환부의 탈락으로 구멍이 생긴다. 4. 처음에는 잎에 담록~담황색의 다각형 반점이 나타나면서 갈변된다. 5. 잎끝 쪽에 병반이 많이 생긴다. 6. 장마 직후의 다습기에는 잎에 물기를 먹은 듯한 병반을 나타낸다. 7. 약해에 의해 발생한 구멍과 혼돈하기 쉽다.
방제법	- 습한 환경에서 많이 발생하므로 통풍 및 일조 조건을 개선한다. - 병든 잎은 모아서 태우거나 땅속에 묻는다. - 새잎이 날 무렵 4–4식 보르도액을 3~4회 살포한다.	- 발아와 개화 직전에는 6–6식 보르도액과 동제를 살포하고, 낙엽 직후에는 4–8식 보르도액을 살포한다. - 신초생장기에는 농사용 항생제를 연간 2~3회 살포한다. 항생제는 연용하지 않는다.

⑨ 그 밖의 자낭균에 의한 주요 수병

침엽수와 활엽수의 흰빛날개무늬병, 침엽수와 활엽수의 흰비단병, 침엽수류의 균핵병, 삼나무의 흑립엽고병, 소나무의 청변병과 피목가지마름병, 낙엽송의 암종병과 줄기마름병, 전나무의 잎떨림병과 암종병, 벚나무의 암종병과 구멍갈색무늬병, 오리나무류의 줄기마름병, 참나무류의 시들음병, 느릅나무 시들음병, 오동나무 부란병, 포플러의 줄기마름병과 잎마름병, 호두나무의 흑립가지마름병, 단풍나무의 검은무늬병 등이 자낭균에 의한 수병이다.

라) 담자균류에 의한 수병

- 담자균류는 유격균사체를 가지며, 유성포자인 담자포자는 담자체 위에 생긴다.
- 1개의 담자병 위에는 4개의 담자포자가 형성된다.

- 녹병균과 깜부기병균은 겨울포자(겨울포자) 또는 깜부기포자가 발아하여 담자병이 생기고 그 위에 담자포자가 형성된다.
- 녹병균의 담자병을 전균사, 담자포자를 소생자라고 한다.
- 담자균류에는 유성포자인 담자포자 외에 무성포자가 형성되는 것이 있다.
- 녹병균 중에는 두 종류 이상을 무성포자를 만드는 것이 많으며, 겨울포자와 소생자 외에 녹병포자, 녹포자, 여름포자 등을 만들어 기주교대를 하는 것도 있다.

① 소나무의 잎녹병
  ㉠ 병징
    - 봄철 소나무 잎에 황색의 돌기가 줄지어 생기고, 이것이 터져 노란 가루와 같은 녹포자가 비산한다.
    - 녹포자가 비산한 후 병이 든 잎이 퇴색하면서 말라 떨어지고, 심한 경우에는 나무 전체가 말라 죽는다.
  ㉡ 병원균
    - 소나무 잎녹병균은 기주에 따라 다르다.
    - 소나무류 잎녹병균의 병징은 외관상 모두 비슷하다.
    - *Cloeosporium asterum*는 **중간기주가 참취**다.
    - *Cloeosporium campanuiae*는 **중간기주가 잔대**다.
    - *Cloeosporium phellodendri*는 **중간기주가 황벽나무**다.
  ㉢ 병환
    - 소나무 잎녹병균은 소나무와 중간기주에 기주교대를 하는 이종기생균이다.
    - 소나무에 기생할 때는 녹병포자와 녹포자를 형성하고, 중간기주에 기생할 때는 여름포자와 겨울포자를 형성한다.
    - 녹포자가 중간기주의 잎에 날아가 침입하게 되면 6월경에 잎에 황색의 여름포자 덩이가 생긴다.
    - 여름포자는 다른 중간기주로 날아가 침입하여 다시 여름포자를 형성하는데, 이것을 여름포자에 의한 반복전염이라고 한다.
    - 초가을이 되면 중간기주의 잎에 형성된 여름포자는 소실되고, 그 자리에 갈색의 겨울포자 덩이가 형성된다.
    - 늦가을이 되면 중간기주의 잎에 있는 겨울포자가 발아하여 전균사를 내고 그 위에 소생자를 형성한다.
    - 소생자가 소나무 잎에 날아가 침입하여 이듬해 봄에 잎녹병을 일으킨다.

   ⓛ 방제법

    – 소나무 조림지 반경 1km 안에 있는 중간기주를 겨울포자가 형성되기 전, 즉 9월 이
     전에 모두 제거한다.

 ② 소나무의 혹병

   ㉠ 병징

    – 소나무의 가지나 줄기에 조그마한 혹이 생겨 이것이 해마다 커진다.

    – 참나무속의 식물에는 잎의 뒷면에 여름포자퇴와 털 모양의 겨울포자퇴를 형성한다.

   ㉡ 병원균 및 병환

    – 병원균 : *Cronartium quercuum miyabe et shirai*

    – 소나무에 녹병포자와 녹포자를 형성한다.

    – 4~5월경에 혹의 나무껍질이 갈라진 틈에서 황색녹포자가 흩어져 나온다.

    – **녹포자는 참나무속 식물의 잎에 날아가 기생하고 여름포자와 겨울포자를 형성한다.**

    – **병원균은 겨울포자의 형태로 참나무속 식물의 잎에서 월동하고, 이듬해 봄에 발아하
     여 소생자를 형성한다.**

    – 소생자가 날아가서 소나무를 침해하여 1~2년 만에 혹을 만든다.

   ㉢ 방제법

    – **소나무의 묘포 근처에 중간기주인 참나무류를 심지 않는다.**

    – 병환부나 병든 묘목은 일찍 제거하여 소각한다.

    – 늦가을에 참나무의 병든 낙엽을 한곳에 모아서 소각한다.

    – 소나무류의 묘목에 4–4식 보르도액 또는 다이센수화제(500배액)를 4, 5월과 9, 10
     월에 2주 간격으로 살포한다.

 ③ 잣나무의 털녹병

   ㉠ 병징

    – 병든 가지나 줄기에서 황색에서 오렌지색으로 변하면서 약간 부풀고 거칠어진다.

    – **4월 중순~5월 하순경 병환부의 수피가 터지면서 오렌지색의 가루 주머니가 다수 형
     성된다.**

    – 오렌지색의 가루 주머니를 녹포자기라고 하며, 이것이 터져 노란 가루 형태의 녹포자
     가 비산한다.

    – 줄기에 병징이 나타나면 어린 조림목은 대부분 당년에 말라죽는다.

    – 20년생 이상의 성목은 병이 수년간 지속되다가 마침내 말라죽는다.

   ㉡ 병원균 및 병환

    – 병원균 : *Cronartium ribicola fisher*

– **병원균은 잣나무와 중간기주인 송이풀, 까치밥나무 등에 기주교대를 하는 이종기생균이다.**

– 잣나무에 녹병포자를 형성하고, 중간기주에 여름포자, 겨울포자, 소생자 등을 형성한다.

– 병원균은 잣나무의 수피조직 내에서 균사의 형태로 월동한다.

– 병원균은 이듬해 4월 중순~5월 하순경 가지와 줄기에 녹포자를 형성하다.

– 녹포자는 중간기주에 날아가 잎 뒷면에 여름포자를 형성한다.

– 환경조건이 좋으면 여름포자는 여름 동안 계속 다른 송이풀과 까치밥나무에 전염하면서 여름포자를 형성한다.

– 9월 초순에서 중순경에 이르면 여름포자는 모두 소실되고 그 자리에 털 모양의 겨울포자퇴가 무더기로 나타난다.

– 겨울포자는 곧 발아하여 소생자를 만들고, 이 소생자는 바람에 의해 잣나무의 잎에 날아가 기공을 통하여 침입한다.

– 소생자가 침입한 지 2~3년이 지난 후 가지 또는 줄기에 녹병자기가 형성된다.

– 녹병자기가 형성된 이듬해 봄에 같은 장소에 녹포자기가 형성되어 녹포자를 비산시킨다.

– 녹포자의 비산거리는 수백 km에 이르며, 소생자의 비산거리는 보통 300m 내외이다.

ⓒ 방제법

– 병든 나무를 제거하여 소각한다.

– 근사미 등의 제초제로 임지 내의 중간기주를 제거한다.

– 중간기주는 겨울포자가 형성되기 전, 즉 8월 말 이전에 제거한다.

– 병든 묘목을 통해 미발생지에 병이 옮겨지므로 병이 발생한 임지 부근에서는 잣나무의 묘목을 생산하지 않는다.

– 약제를 살포하고, 내병성 품종을 육성한다.

④ 포플러의 잎녹병

㉠ 병징

– 감염된 포플러는 초여름에 잎의 뒷면에 누런 가루덩이(여름포자퇴)가 형성된다.

– 초가을에 이르면 차차 암갈색무늬(겨울포자퇴)로 변하며, 잎은 일찍 떨어진다.

– 중간기주인 낙엽송의 잎에는 5월 상순에서 6월 상순경에 노란 점이 생긴다.

㉡ 병원균 및 병환

– 병원균 : *Melampsora lar icipopul ina klebahn*

– **포플러에 여름포자, 겨울포자, 소생자 등을 형성하고, 낙엽송에 녹병포자와 녹포자를 형성한다.**

– 소생자는 이웃에 있는 낙엽송으로 날아가 잎에 기생하여 녹포자를 만든다.

- 낙엽송 잎에 형성된 녹포자는 늦은 봄에서 초여름에 포플러로 날아가 여름포자를 만든다.
- 여름포자는 환경조건이 좋으면 여름 동안 계속 포플러에서 포플러로 전염을 되풀이하면서 피해를 확대시킨다.
- 초가을이 되면 포플러 잎의 여름포자는 차차 소실되고 겨울포자가 형성된다.
- **병원균은 여름포자의 형태로 월동이 가능하기 때문에 낙엽송을 거치지 않고, 포플러에서 포플러로 직접 전염되기도 한다.**

ⓒ 방제법
- 병든 낙엽을 모아서 태운다.
- 묘포에서는 6월 초부터 2주 간격으로 다이센수화제를 살포한다.
- 포플러의 묘포는 낙엽송조림지에서 가급적 멀리 떨어진 곳에 설치한다.
- 내병성 품종을 재배한다.

⑤ 향나무의 녹병
향나무의 녹병(배나무의 붉은별무늬병)은 **향나무와 배나무 등 사과나무류에 기주교대 하는 이종기생성 병이다.**

㉠ 병징
- 4월경 향나무의 잎이나 가지 사이에 갈색의 혀 모양을 한 균체가 형성된다.
- 이 균체가 겨울포자퇴인데, 겨울포자퇴는 비가 와서 수분을 흡수하면 부풀어 오른다.
- 중간기주인 배나무의 잎 앞면에는 오렌지색의 별무늬가 나타나고 그 위에 흑색미립점(녹병자기)이 밀생한다.
- 배나무 등 사과나무류의 잎 뒷면에는 회색에서 갈색의 털같은 돌기(녹포자기)가 생긴다.

㉡ 병원균 및 병환
- 병원균 : *Gymnosporangium haraeanum sydow*
- 5~7월까지 배나무에 기생하고, 그 후에는 향나무에 기생하면서 균사의 형태로 월동한다.
- 봄(4월경)에 비가 많이 오면 향나무에 형성된 겨울포자퇴가 부풀어 오른다.
- 겨울포자퇴가 부풀어 오를 때 겨울포자가 발아하여 전균사를 내고 소생자를 형성한다.
- 소생자는 바람에 의하여 배나무로 옮겨져 잎 표면에 녹병자기를 형성하고, 그 안에 녹병포자를 만든다.
- 녹병포자는 바람, 곤충 등에 의해 옮겨져 서로 수정한 후 잎 뒷면에 녹포자기를 형성하고 그 안에 녹포자를 만든다.
- 5~6월경 녹포자는 바람에 의해 향나무에 옮겨가 기생하고 균사의 형태로 조직 속에

서 자란다.
- 감염된 향나무에서 1~2년 후에 겨울포자퇴를 형성한다.
- 향나무 녹병균은 여름포자를 형성하지 않는다.

ⓒ 방제법
- 향나무의 식재지 부근에 배나무를 심지 않는다.
- 향나무와 배나무는 서로 2km 이상 떨어진 곳에 심는다.
- 4~7월에 향나무에는 사이클로핵사마이드, 다이카, 4-4식 보르도액 등을 살포한다.
- 배나무에는 4월 중순부터 다이카, 보르도액을 뿌린다.
- 사이크로핵사마이드는 배나무에 약해를 일으키기 쉬우므로 배나무에는 뿌리지 않는다.

⑥ **수목의 뿌리썩음병**

㉠ 병징
- 6월경부터 가을에 걸쳐 나뭇잎 전체가 서서히 또는 급히 누렇게 변하며 마침내 말라 죽는다.
- 병든 나무의 뿌리나 줄기가 흙에 닿는 부분은 수피가 썩어서 쉽게 벗겨지고, 수피와 목질부 사이에 흰 균사층이 보인다.
- 병든 뿌리는 갈색에서 흑갈색의 가늘고 긴 철사 모양을 한 근상균사속이 둘러싸고 있다.
- 6~10월경에는 병환부에 황백색의 버섯이 무더기로 돋아난다.
- 침엽수가 이 병에 걸리면 병환부에 다량의 수지가 솟아나오기도 한다.

㉡ 병원균 및 병환
- **병원균 : *Armilaria mellea***
- 자실체인 버섯을 형성하고, 그 주름 위에 담자포자를 무수히 만든다.
- 담자포자가 직접 수목에 침입하여 병을 일으키는 일은 드물다.
- 담자포자가 벌근이나 죽은 나무에 날아가 그 곳에서 번식하여 근상균사속을 형성하고 이것이 수목을 침해한다.
- 근상균사속은 뿌리의 상처를 통해서 뿐만 아니라 상처가 없는 건전한 수피를 관통하여 침입하기도 한다.
- 5~6년생의 낙엽송이 침해를 받으면 1~2년 만에 말라죽는다.

㉢ 방제법
- 병든 나무의 뿌리는 제거하여 소각한다.
- 제거한 자리는 클로로피크린으로 소독하거나, 깊은 도랑을 파서 균사가 건전한 나무로 옮겨가는 것을 막는다.

- 버섯은 병원균의 자실체이므로 발견하는 대로 제거한다.
- 버섯을 제거할 때는 땅속에 있는 근상균사속도 함께 파내 태운다.
- 배수가 불량한 지대에서 발생하기 쉬우므로 과습지에는 배수구를 설치한다.

⑦ 그 밖의 담자균류에 의한 주요 수병

잣나무 잎녹병, 침엽수·활엽수의 자줏빛날개무늬병, 침엽수·활엽수의 거미줄병, 소나무의 창포병과 방추형녹병, 낙엽송의 심재썩음병, 전나무 빗자루병, 가문비나무의 잎녹병과 줄기썩음병, 자작나무 잎녹병, 밤나무 녹병, 오리나무류의 녹병과 줄기마름병이 담자균류에 의한 병이다.

마) 불완전균류에 의한 수병

- 유성세대가 알려져 있지 않고, 유격균사를 갖는 진균군을 불완전균류라고 한다.
- 불완전세대만 알려져 있어 불완전균류라고 한다.
- 불완전균류의 완전세대가 발견되면 자낭균이나 담자균으로 분류한다.
- 분생포자는 균사의 일부가 특별히 분화하여 형성된 분생자병 위에 만들어진다.
- 분생포자는 균의 종류에 따라서 단순한 분생자병 위에 형성되는 경우와 병자각, 분생자병속, 분생자층, 분생자좌 등의 특수한 기관에 형성되는 경우가 있다.
- 바구니 모양을 한 자실체, 즉 병자각 안의 분생자병 위에 형성되는 분생포자를 병포자라고 하며, 분생자병이 다발로 만들어진 것을 분생자병속이라고 한다.
- 균사가 밀집한 덩어리에서 만들어진 많은 분생자병을 분생자좌라고 한다.
- 분생좌자 중에서 분생자병이 밀생하여 층을 이루고 기부와 세포에 밀착된 것을 분생자층이라 한다.
- 불완전 균류주에는 포자를 전혀 형성하지 않고 균사나 균핵만 알려져 있는 것도 있다.

① 삼나무 붉은마름병

　㉠ 병징
- 지면에 가까운 밑의 잎이나 줄기부터 암갈색으로 변하고 점차 위쪽으로 진행되며, 묘목 전체가 말라죽게 된다.
- 병환부는 침엽이나 잔가지에 머물지 않고 녹색의 줄기에도 약간 움푹 들어간 괴사병반이 형성된다.
- 괴사병반이 점점 확대되어 줄기를 둘러싸면 그 윗부분은 말라죽는다.
- 병든 침엽은 말라서 딱딱해지며 잘 부서진다.
- 병환부의 표면에는 이병의 표징인 암녹색의 미세한 균체가 많이 형성된다.

　㉡ 병원균 및 병환
- 병원균 : *Cercospora sequoiae*

- 병원균은 삼나무의 병환부에서 월동하고 다음 해에 병환부 상에 분생포자를 형성하여 1차 전염원이 된다.
- 5월경부터 병이 발생하기 시작하여 10월경까지 전염과 발병이 계속 되풀이 된다.
- 10월 하순경 기온이 내려가면 병원균은 분생포자를 형성하지 않는다.
- 기온이 내려가면 병원균은 병환부의 조직 내부에서 균사괴 또는 미숙한 자좌의 형태로 월동한다.
- 방출된 분생포자가 토양 중에서 포자 또는 균사의 상태로 월동하는 일은 없다.

ⓒ 방제법
- 건전한 묘목을 골라서 식재하며, 전염원인 병든 묘목은 빨리 뽑아서 태운다.
- 삼나무 묘포 부근에 삼나무 생울타리는 하지 않는다.
- **질소질 비료를 적게 주고 인산질 및 칼리질비료를 충분히 준다.**
- 포자가 성숙하는 4월 하순까지 전염원을 제거해야 하며, 병든 묘목은 병징이 가벼워도 절대로 심지 않도록 한다.
- 약제 살포로서 방제하려면 5월 상순~10월 상순까지 매월 2회, 동수화제 400배액 또는 만코제브 수화제(mancozeb 75%) 600배액을 살포한다.
- 묘목의 밀식을 피하고, 묘포가 과습하지 않도록 주의한다.
- 5월 상순에서 9월 하순까지 4-4식 보르도액 또는 마네브제를 약 20일 간격으로 살포한다.

② 오동나무 탄저병
ㄱ 병징 및 표징
- 5~6월경부터 어린 줄기와 잎을 침해하며 장마철에 급격히 병징이 심해진다.
- 잎에는 처음에 지름 1mm 이하의 둥근 담갈색의 반점이 발생한다.
- 둥근 담갈색의 반점은 암갈색으로 변하고 병반의 주위는 퇴색하여 담녹색에서 황색이 된다.
- 엽맥, 엽병 및 어린 줄기는 처음에 미소한 담갈색의 둥근 반점이 나타나며, 나중에는 약간 길쭉해지고 움푹 들어간다.
- 병반은 건조하면 엷은 등갈색이지만 비가 오면 분생포자가 가루 모양으로 형성되어 담홍색으로 보인다.
- 엽병과 줄기의 일부가 심한 침해를 받으면 병환부 위쪽은 말라죽는다.

ⓛ 병원균 및 병환
- 병원균 : *Gloeosporium kawakamii miyabe*
- 병환부에 분생자층을 형성하고 이곳에 다수의 분생포자를 착생시킨다.

- 묘목과 성목의 병든 줄기, 가지 또는 잎에서 주로 균사의 형태로 월동하여 다음 해의 1차 전염원이 된다.

ⓒ 방제법

- 병든 잎이나 줄기는 잘라 내어 소각한다.
- 병든 낙엽은 늦가을에 한 곳에 모아 소각한다.
- 6월 상순부터 다이센수화제 500배액을 10일 간격으로 살포한다.
- 실생묘를 재배할 경우 토양소독을 먼저 실시한다.
- 실생묘는 장마철 이전까지 될 수 있는 대로 50cm 이상의 큰 묘목이 되도록 키운다.
- 발생이 심한 묘포지는 2~3년간 윤작을 하면 피해를 크게 경감시킬 수 있다.

③ 오리나무의 갈색무늬병

㉠ 병징 및 표징

- 잎에 미세한 원형의 갈색~흑갈색의 반점이 곳곳에 나타난다.
- 반점은 점차 확대되어 크기의 다갈색 병반이 되는데, 병반의 모양은 다각형 또는 부정형으로 보인다.
- 병반의 한가운데에 관찰되는 미세한 흑색의 소립점이 병자각이다.
- 병든 잎은 말라 죽고 일찍 떨어지므로 묘목은 쇠약해지며 생장은 크게 저해된다.

ⓛ 병원균 및 병환

- 병원균 : *Septoria alni*
- **병포자를 형성하고 땅 위에 떨어진 병엽 또는 씨에 섞여 있는 병엽 부스러기에서 월동하여 다음 해에 전염원이 된다.**

ⓒ 방제법

- 연작을 피하고, 가을에 병든 낙엽을 한곳에 모아 소각한다.
- **병원균이 종자에 묻어 있는 경우가 많으므로 유기수화제로 종자를 분의 소독한다.**
- 본엽이 나기 시작할 때부터 가을까지 4-4식 보르도액을 2주 간격으로 살포한다.
- 묘목이 밀생하면 피해가 크므로 적당히 솎아 준다.

※ 연작(聯作)은 해를 이어서(聯) 계속 묘목을 키우는 것을 말한다. 토양 속 박테리아의 밀도가 높아져서 피해가 심해진다. 연작의 피해가 심할 때는 한 해 또는 몇 해를 걸러 묘목을 키우는 윤작(輪作)을 통해 병의 발생량을 조절할 수 있다.

④ 측백나무 잎마름병

㉠ 병징 및 표징

- 잎에는 처음에 적갈색의 움푹한 병반이 생기고, 나중에는 병반 위에 흑색의 소립이 나타난다.

- 병든 잎은 말라 죽고 일찍 떨어지며, 병든 나무가 당년에 말라 죽는 경우는 거의 없다.
- 병이 수년 동안 만성적으로 지속되면서 수세를 약화시키므로 결국에는 말라죽는다.

ⓒ 병원균 및 병환

- 병원균 : *Pestalotia biotana*
- 병든 잎과 가지에서 균사의 형태로 월동하고 이듬해 4~5월경에 분생포자를 생성하여 1차 전염원이 된다.
- 분생포자는 비, 바람 등에 의해 옮겨져 측백나무를 침해한다.

ⓒ 방제법

- 병든 잎과 가지를 제거하여 소각한다.
- 퍼어밤제, 4-4식 보르도액 등의 약제를 살포한다.
- 삼나무의 붉은 마름병에 준해서 방제할 수 있다.

⑤ 그 밖의 불완전균류에 의한 주요 수병

소나무류 푸사리움 가지마름병, 느티나무의 백성병과 갈색무늬병, 소나무의 잎마름병과 그을음잎마름병, 삼나무의 페스탈로시아병, 편백묘의 페스탈로시아병, 자작나무의 갈색무늬병, 포플러의 마르소니아낙엽병, 침엽수·활엽수의 미립균핵병과 잿빛곰팡이병, 침엽수의 암색설부병 등이 불완전균류에 의한 수병이다.

5) 소나무 재선충병

- 매개충 : *Monochamus alternatus, Saltarius*
- 선충 : *Bursaphelenchus xylophillus*, 둥근꼬리선충목, 과
- 기주 : 소나무, 해송, 잣나무(2엽송과 5엽송)

가) 소나무 재선충병이 나무를 죽게 하는 과정

① 재선충을 가진 매개충 우화

② 건전한 소나무로 매개충 이동

③ 매개충이 후식을 위해 수피를 물어뜯어 먹을 때 재선충이 소나무에 침입

④ 재선충이 소나무를 죽인다.

⑤ 죽어가는 소나무에 매개충 산란

⑥ 매개충이 피해목에서 애벌레로 월동

⑦ 봄에 번데기가 되기 전 재선충이 매개충에 들어간다.

나) 방제 방법의 구분

① 예방사업

㉠ 예방 나무주사

ⓛ 토양약제 주입

ⓒ 약제 살포(항공 살포, 지상 살포)

ⓔ 유인목 설치

ⓜ 매개충 유인트랩 설치

ⓑ 재선충병 피해 우려 소나무류 단순림 관리

② 피해고사목 방제

㉠ 벌채 방법에 따른 구분

- 단목벌채

- 소구역 모두베기

- 모두베기

㉡ 벌채산물 처리에 따른 구분

- 산물을 활용할 수 없는 경우 파쇄, 소각, 매몰, 박피, 훈증 등의 방법으로 처리한다.

- 산물을 활용하기 위해 대용량 훈증, 파쇄, 제재, 건조 등의 방법으로 처리한다.

다) 소나무 재선충병 시료채취 방법

구분	내용
채취 기준	1. 감염 의심목이 10본 이상인 경우 　- 3개소에서 각 개소별로 3본 이상 채취 2. 감염 의심목이 10본 미만인 경우 　- 모든 대상목 시료 채취
채취 방법	1. 감염 의심목의 상·중·하 3곳 4방위에서 골고루 채취 　- 시료는 상·중·하 각각 30g 이상 충분한 양을 채취 　- 그루당 3개의 시료 채취 * 조경수 및 분재의 경우에는 상품가치를 고려하여 그루당 상단 1개소에서 채취

라) 소나무 재선충병 육안검사 방법

구분	검사 내용	검사 방법
입목 및 원목 등	외관검사	소나무류잎의 병징 확인 - 잎이 아래로 처지며 시들거나 고사하였는지 여부
	송진 유출 확인	송진 유출 감소 여부 확인 - 대상 : 잎에 병징이 나타난 경우 등 추가 확인이 필요하다고 판단될 경우 - 방법 : 감염 우려목의 줄기에 낫, 펀치 등을 이용하여 직경 1cm 정도 수피를 벗겨 변재부를 노출시키고 1~2시간 경과 후 송진 유출상태 확인 - 확인 : 송진이 흘러나온 흔적이 없거나 극히 적은 양이 변재의 표면에 입상(粒狀)으로 점점이 나온 경우에는 현미경검사 의뢰 * 겨울철에는 건전한 나무라도 송진이 잘 나오지 않는 경우가 있으므로 확인 시 유의

입목 및 원목 등	침입탈출공 확인	매개충 산란 및 우화탈출공 확인 – 매개충의 대상목 내 산란 여부 확인 – 대상목 내 매개충 서식 등 확인 – 대상목에 탈출공(우화공, 지름 5~7mm 원형 구멍)이 있는지 확인
	선충 분리 및 현미경검사	재선충병 감염이 의심되는 경우 시료를 채취하여 재선충 분리 및 현미경검사 실시
훈증 처리목	매개충 살충 여부	훈증처리 여부 및 훈증 시기 등 확인, 훈증처리목의 매개충이 죽었는지 확인
	선충 분리 및 현미경검사	재선충병 감염이 의심되는 경우 시료를 채취하여 재선충 분리 및 현미경검사 실시

마) 선단지

재선충병 발생 지역과 그 외곽의 확산 우려 지역을 말하며, 감염목의 분포에 따라 점형선단지, 선형선단지 및 광역선단지로 구분한다.

① "점형선단지"란 감염목으로부터 반경 2km 이내에 다른 감염목이 없을 때 해당 감염목으로부터 반경 2km 이내의 지역을 말한다.

② "선형선단지"란 발생 지역 외곽 재선충병이 확산되는 방향의 끝지점에 있는 감염목들을 선으로 연결(이 경우 연결할 수 있는 감염목 간의 거리는 2km 이내로 한다)하여 이 선으로부터 양쪽 2km 이내의 지역을 말한다.

③ "광역선단지"란 2개 이상의 시, 군 또는 자치구(이하 "시, 군, 구"라 한다) 또는 시, 도(특별시, 광역시, 특별자치시도 및 특별자치도를 말한다. 이하 같다)에 걸쳐 재선충병이 발생한 경우 해당 시, 군, 구 또는 시, 도의 감염목들을 선으로 연결하여 구획한 선형선단지를 말한다.

바) 매개충 발생예보

① 매개충 발생예보는 국립산림과학원장이 발령한다.

② 발생예보는 당해 연도 매개충 우화상황 조사결과를 반영하여 다음의 시기에 발생주의보와 발생경보로 구분하여 발령한다.

　㉠ 발생주의보는 매개충의 애벌레가 번데기로 탈바꿈하는 시기

　㉡ 발생경보는 매개충의 성충이 최초 우화하는 시기

③ 예보발령 시 [별지 제5호 서식]의 매개충 발생예보문을 작성하여 각 기관에 전파하고 언론에 보도자료를 배포한다.

④ 발생예보별 조치사항

　㉠ 발생주의보

　　– 피해고사목 제거작업 완료 조치

　　– 매개충 유인트랩, 유인목 설치 완료

　　– 약제 살포(항공, 지상) 준비

ⓛ 발생경보

– 반출금지 구역에서의 피해고사목 벌채 금지

– 약제 살포(항공, 지상) 착수

사) 소나무 재선충병의 방제

① 매개충의 방제

– 티아클로프리드 액상수화제 10%, 항공 50배, 지상 1,000배

② 재선충의 방제

– 아바멕틴 1.8%유제, 에마멕틴벤조에이트 2.15% 유제 원액을 11~2월에 수간주사

– 방제 시기를 놓쳤을 때는 토양관주

③ 이병목의 방제

– 메탐소디움으로 훈증처리, 요즘은 이병목의 활용에 관심

④ 소나무 재선충 감수성

– 감수성 수종 : 2엽송, 5엽송, 낙엽송, 전나무

– 내병성 수종 : 3엽송

– 감수성 : 병에 잘 걸리거나 감염 시 피해가 심하다.

– 내병성 : 병에 잘 걸리지 않거나 걸려도 피해가 거의 없다.

6) 수목 병의 치료

가) 내과적 치료

① 병든 나무에 **약제를 주입**, 살포 또는 발라 주거나 뿌리로부터 흡수시키는 방법 등을 내과적 요법이라고 한다.

② 경제성이 높고 수목의 개체 치료가 가능한 것들에 대해서는 내과적 치료법을 활용할 수 있다.

③ 옥시테트라사이클린을 수간주입하여 대추나무와 오동나무 빗자루병과 뽕나무 오갈병을 치료할 수 있다.

④ 잣나무의 털녹병, 낙엽송의 끝마름병, 소나무류의 잎녹병을 치료하기 위해 사이클로핵사마이드를 살포한다.

⑤ 베노밀제의 수간주입에 의해 밤나무 줄기마름병의 치료할 수 있다.

나) 외과적 치료

① 정원수, 가로수 등이 가지마름병, 줄기마름병, 썩음병 등에 걸렸을 때는 **환부를 잘라 내고 그 자리를 보강하는 외과적 요법을 시행할 수 있다.**

② 외과적 수술 방법은 피해 부위에 따라 다르지만 병환부는 완전히 제거해야 하며, 자른 자리는 소독한 다음 완전히 방수하여 피해가 진전되는 것을 막고 유합조직의 형성을 촉진할 수 있도록 한다.

③ 병환부를 자르거나 도려낼 때에는 눈에 보이는 환부뿐만 아니라 경계 부분의 건전한 곳까지도 일부 제거해야 하며, 시기는 일반적으로 이른 봄이 좋다.

> **참고** **CODIT(Compartmentalization of Decay in Trees)**
>
> • 1977년 Alex Shigo 박사가 제창한 이론이다.
> • 수목은 자기방어기작에 의해 부후외측(腐朽外側)의 변색재(變色材)와 건전재(健全材)의 경계에 방어벽을 형성하여 부후균의 침입에 저항하는데, 이것이 파괴되면 부후균은 방어벽을 돌파하여 건전재로 침입해서 부후를 확대시키기 때문에 외과수술 시에 방어벽이 형성된 부위를 제거하면 안 된다는 주장이다.

다) 수목 지지 시스템

① 개념

– 노거수에 설치하여 나무의 물리적인 손상을 방지하는 장치(tree support system)이다.

– 나무도 노쇠기에 접어들면 스스로 회복할 수 있는 힘이 약해지기 때문에 구조적으로 취약한 부위의 파손을 막기 위해 구조를 보강하는 조치가 필요하다.

② 종류

㉠ Proping

– 지주 설치 : **혼자서 지탱하지 못하는 가지**에 지주를 설치, X·Y·A형 지주

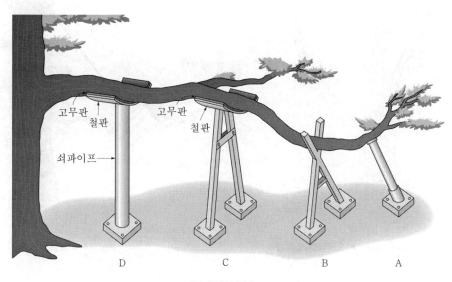

▲ 지주 설치의 형태

ⓒ Bracing

– 쇠조임 : 줄기나 가지가 나누어지는 지점이 찢어지지 않도록 **보강하는** 장치이다.

– 갈라지는 지점에서 굵은 줄기 직경의 1~2배 거리를 쇠막대(rod)로 조여 준다.

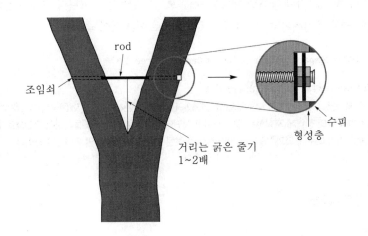

▲ 쇠조임 설치 요령

ⓒ Cabling

– 줄당김 : 혼자서 지탱 못하는 **가지를 서로 당겨주는** 당김줄(guy)을 설치한다.

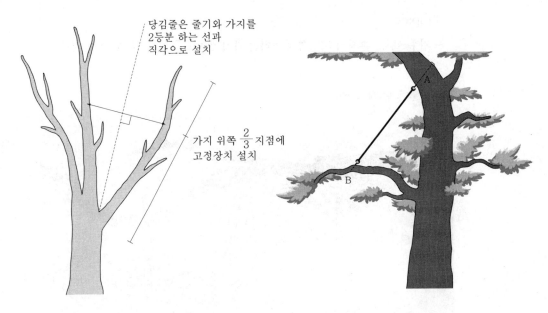

▲ 줄당김 설치 방법   ▲ 줄당김 설치 예시

③ 수피 이식

- 상처를 입은 부위는 병균 침입의 통로가 된다.
- 상처 부위를 청소 및 소독하고, 살아있는 수피를 추가로 제거하여 다른 나무의 수피를 이식할 준비를 한다.
- 다른 나무의 수피를 같은 크기로 잘라 붙이고 못으로 고정한다.
- 이식이 끝난 후 젖은 천으로 이식한 부위를 덮어 주고 비닐로 감싸서 건조하지 않게 하고 햇빛을 가려준다.
- **수피 이식의 시기는 세포 분열이 왕성한 늦은 봄부터 여름이 가장 좋다.**

상처 발생   수피 추가 제거   다른 나무 수피 이식

▲ 수피 이식 개념도

④ 기타 노거수 보호조치

- 수간 외과술, 엽면시비, 나무주사, 토양 개량 등

라) 수간 외과술

수간에 공동(cavity)이 생기면 부패의 진행을 막기 위한 조치로 시행하며, 방어벽 생성을 촉진하고 새로운 목질부가 될 수 있게 한다.

수관외과술의 과정은 다음과 같다.

① 부패부를 제거한다. 자귀, 긁기, 끌을 사용하며 방어벽이 훼손되지 않게 한다.

② 형성층을 노출하여 Callus 생성을 촉진하고, 마르지 않게 바세린을 도포한다.

③ 소독 및 방부처리를 한다.

    ㉠ 살균 : 70% 에틸알코올(소독)

    ㉡ 살충 : 스미치온 200배액 + 다이아톤 100배액

    ㉢ 방부 : 유산동 10% 용액, 중크롬산카리 0.5% 용액을 각각 충분히 도포한다.

    ㉣ 방습 : 바닥에 콜타르 처리. 노출형성층 안 되도록 한다.

④ 발포우레탄으로 공동을 채운다.

- 우레탄 발포 완료 후 표면처리 또는 부푸는 것에 대한 조치를 한 후 시공한다.
- 발포하지 않는 우레탄을 사용하기도 한다.

⑤ 에폭시수지 등으로 방수처리를 한다.

⑥ 부직포와 폴리에스테르 수지를 이용하여 충전된 표면을 딱딱하게 만든다.

⑦ 인공수피를 만든다.

　　– 코르크 가루와 에폭시수지 또는 실리콘을 사용한다.

　　– 코르크 가루를 표면에 바르고 손으로 눌러준다.

7) 나무주사

가) 수간주입법의 특성

나무주사를 할 때 가장 주의해야 할 것은 주입공을 되도록 작게 뚫는 것이다. 주입공을 직경 5mm, 깊이 18mm 이하로 뚫었을 경우 많은 수종에서 주입공이 빨리 아물어 부후나 변색의 우려가 없다.(Alex shigo) 주입공은 되도록 작게 뚫고 수간주입이 끝나면 주입공에 락발삼이나 지오판 도포제 같은 상처도포제를 발라 병원균의 침입을 방지한다.

① 중력식 수간주입법

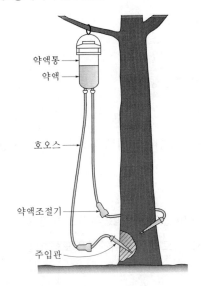

약액통
약액
호오스
약액조절기
주입관

– 중력에 의해 **저농도의 약액을 다량으로 주입**할 때 사용한다.
– 비교적 많은 약액을 주입하므로 대량주입이라고도 부른다.
– 옥시테트라사이클린 수간 주입에 사용된다.
– 1리터의 약액을 주입하는 데 보통 12~24시간이 소요된다.
– 소나무류에 사용할 때는 12~2월, 송진이 이동하지 않은 기간에 가능하다.

② 압력식 미량수간주입법

압력식 캡슐
압력식 주입관

– 소형의 플라스틱제 **압력식 수간주입 용기를 사용**해서 약액을 주입하는 방식이다.
– 약액 주입에 수분~30분으로 짧기 때문에 단시간에 많은 나무를 주사할 수 있다.
– 5~10ml의 약액이 들어있는 플라스틱 캡슐의 뚜껑을 힘껏 눌러서 공기를 압축한 후 사용한다.
– 주입속도는 빠르지만 DBH 10cm 이하 혹은 지하고가 낮은 수목은 약해의 위험성이 있다.
– 미국 Mauget사에서 개발하여 보급하였다.

③ 유입식 수간주입법

주입
캡슐

- **압력이나 중력을 가하지 않고 약액이 유입되는 방식**이다.
- 압력을 가하지 않은 주입캡슐을 사용하는 방법과 줄기에 큰 구멍을 뚫어 약액을 채우는 방법이 있다.
- 소나무류에 사용할 때는 12~2월, 송진이 이동하지 않은 기간에 가능하다. 3~11월에는 송진 때문에 수간 주입이 되지 않는다.
- 줄기에 직접 주입하는 경우 직경 10cm, 깊이 10cm 되는 구멍을 뚫고 약액을 가득 채운다.
- 줄기에 직접 주입하는 방법은 상처가 오래 지속되어 나무에 해롭다.

④ 삽입제 수간주입법 : 직경 6~10mm, 깊이 3~3.5cm 수간에 구멍을 뚫어 고형의 수용성 비료를 캡슐에 넣어 삽입하는 방식으로 약해가 적고 약효가 안정적이다.

나) 영양제 나무주사

① 토양이나 엽면에 비료를 주는 것이 곤란하거나 효과가 낮을 때 영양제 나무주사를 사용한다.
② 수피를 손상시켜 상처를 내고, 천공 및 밀봉에 인력과 시간이 많이 들게 된다.

[포도당 1,000ml당 수간주사 무기영양제 사용량(g)]

무기 양분	질산칼슘	질산칼륨	황산마그 네슘	철	제1인산 칼륨	피리독신	티아민	니아신
사용량	2	1	1	0.1	0.05	0.05	0.05	0.05

다) 주사의 천공 위치

① 수간주사 : 일반적으로 고른 약제 분산과 작업 효율을 위해 사람의 무릎 높이 정도에 천공한다.
② 뿌리 주사
- 노출된 뿌리는 직경이 큰 뿌리에 가깝게 천공하면 상처가 빨리 아물고 약액이 수관에 고루 퍼진다.
- 뿌리를 천공하면 구멍을 막더라도 부후균 침입이 쉽고 빗물에 잠겨 부패하는 등의 부작용이 있다.

> **참고** 나무주사로 비해 또는 약해가 발생하는 경우 ●
>
> ① 수목의 규격이 너무 작은 경우
> ② 약액을 꽂은 위치가 너무 높은 경우
> ③ 지하고가 낮아 약액이 한 가지에 몰리는 경우
> ④ 수종별로 충분히 시험되지 않은 수간주사제를 사용한 경우
> 잎의 가장자리가 타들어 가거나 잎에 구멍이 생기는 경우가 생길 수 있다.

라) 나무주사에 필요한 도구

① 전기드릴(충전식 12V 이상)

② 드릴촉(Ø4.5mm, Ø6mm, Ø10mm)

③ 줄자, 고무망치(직경 3.5cm, 무게 100g)

④ 드릴촉은 정해진 규격의 것을 사용한다. 너무 크면 약액의 흐름에 지장을 주고, 너무 작으면 약액이 샐 수 있다.

마) 주입공 뚫기

① 주입공의 위치 결정

 – 주입공은 지재부(땅가 부위)로부터 약 15cm 높이에 위치하도록 한다.

 – 주입공의 간격은 둘레 크기에 맞춰 전후좌우로 고루 배치하여 수목의 한 곳에 집중되지 않도록 한다.

 – 큰 가지를 잘라낸 부위나 큰 상처가 난 부위의 바로 아래에는 주입공을 뚫지 않도록 한다.

② 주입공의 각도와 깊이

 – 주입공의 각도는 나무의 수직 방향으로부터 약 30~45°가 되도록 한다.

 – 깊이는 목질부 속으로 들어가는 경사 깊이가 활엽수는 약 3cm, 침엽수는 약 5cm가 되도록 한다.

바) 주입기별 주사 방법

① 링거 주사 : 링거병이나 플라스틱 제품을 2m 높이에 매달고 미리 뚫어 놓은 주입공에 주삿바늘을 도관 부위에 꽂아 약액이 줄어들어 잘 올라가는지를 확인한다.

② 유입식 및 가압식 주사 : 플라스틱 주입통을 이용하여 주입공에 고무망치를 이용하여 꽂고 약액이 흘러나오지 않게 고정한다. 수간 주입기를 이용하는 경우에는 탐침을 꽂고 서서히 손으로 압력을 가한다.

③ 수간 삽입제 주사

 – 목질부 속으로 수평으로 깊이 약 3.5cm 구멍을 뚫고 캡슐을 주입공에 밀어 넣는다.

 – 캡슐에 나무봉 또는 금속 파이프를 대고 망치로 가볍게 두드려 삽입한다.

사) 약제 수거 및 사후 조치

① 약액이 모두 들어간 것이 확인되면 주입기나 수간주사 세트를 제거한다.

② 주입을 위해 뚫어 놓은 구멍은 살균 도포제를 발라 부후균에 의한 부패가 없도록 조치한다.

section 2 주요 수목 병의 방제법

1 잎에 발생하는 병

1) 녹병

녹병은 담자균문 녹병균목에 속하는 곰팡이에 의하여 발생하는 병이고, **녹병균은 식물세포를 죽이지 않고 살아가는 순활물기생균이다.** 녹병균은 일반적으로 노란색의 포자가 수피를 뚫고 튀어나오는 표징을 보이며, 병원균의 침입을 받으면 정상적인 잎보다 1~2개월 일찍 낙엽이 되어 생장이 크게 감소하지만 병든 나무가 급속히 말라 죽지는 않는다.

① 기주식물 : 침엽수, 활엽수

② 병징 및 표징 : 수종에 따라 발생 시기 및 증상이 약간 다르나 일반적으로는 노란 가루(포자)가 잎에 나타난다.

기주식물	병징 및 표징	비고
포플러류, 오리나무류	• 5월 상순~9월 하순까지 잎 뒷면에 노란색 가루(여름포자)를 뿌려 놓은 것 같은 모습을 나타낸다. • 초가을이 되면 황색 가루는 없어지고 잎 양면에 암갈색의 편평한 작은 돌기(겨울포자퇴)가 형성된다. • 포플러류는 **겨울포자로 월동**하여 이듬해 3월 이후 중간기주를 침해한다. • 포플러류는 드물게 여름포자로 월동하여 이듬해 1차 전염원이 되기도 한다.	**낙엽송**
장미과식물의 붉은별무늬병	• 6월 이후 잎과 열매에 노란색의 반점이 나타난다. • 곧이어 잎 뒷면에 담갈색의 털과 같은 모양의 녹포자퇴가 형성된다. • **향나무에서 월동** 후 4월에 겨울포자가 형성되어 배나무류, 사과나무류 등으로 옮겨간다.	**향나무**
두릅나무 녹병	• 병든 부위가 부풀어 뒤틀어진다.	
소나무류 잎녹병	• 5월경에 작년의 침엽에 원주상 작은 돌기가 줄지어 형성되고 돌기막이 찢어지면서 노란색 가루(녹포자)가 나타난다. • 가을에 **침엽에서 월동**한 후 5월에 녹병정자 및 녹포자를 형성한다.	참나무류
전나무 잎녹병	• 새로 나온 침엽에 흰색의 작은 돌기가 형성되고 흰색포자가 나타난다. • **뱀고사리에서 월동**한 후 전나무로 옮겨가 6월 신엽(新葉)에 녹병정자 및 녹포자를 형성한다.	**뱀고사리**

③ 병원균

- 순활물기생균이지만 몇 종류의 녹병균은 펩톤이나 효모 추출물 등이 첨가된 인공배지에서 배양된다.
- 녹병균들은 대부분 생활사를 완성하기 위하여 두 종의 기주를 필요로 하는 이종기생균이다.
- 녹병균처럼 기주를 바꾸는 것을 기주교대라 한다.
- 두 종의 기주 식물 중 경제적으로 중요한 쪽을 기주, 그렇지 않은 쪽을 중간기주라고 한다.
- **녹병균은 녹병정자, 녹포자, 여름포자, 겨울포자, 담자포자의 5가지의 포자 형태가 있다.**
- 모든 녹병균이 생활환에서 이러한 포자 형태를 모두 가지는 것은 아니다.

[녹병균의 포자세대]

세대형	시기	핵상	비고
녹병정자세대	4~5월경	n	원형질 융합으로 녹포자 생성, 유성생식
녹포자세대	5월경	n+n	녹포자의 발아로 2n의 균사 형성, 기주교대
여름포자세대	5~8월	n+n	여름포자의 발아로 2n의 균사 형성, 반복감염
겨울포자세대	8~9월경	n+n→2n	**감수분열과 핵융합으로 2n이 된다.**
담자포자세대	8~10월경	n	감수분열하여 n의 담자포자를 만들어 기주교대 월동 후 발아하여 n의 균사 형성

④ 방제법

㉠ 병원균의 생태를 파악하여 기주에서 다른 기주로 옮겨가지 못하도록 한다.

- 병든 잎은 포자가 날아다니기 전에 땅에 묻거나 태운다.
- 중간기주가 초본일 경우에는 풀깎기를 해준다.
- 기주 및 중간기주는 되도록 멀리 떨어지게 관리한다.

㉡ 상습 발생지에는 병원균이 이동하는 시기에 녹병 전문약제를 수회 뿌린다.

2) 침엽수 잎의 병해

가) 소나무류의 잎마름병

소나무류의 잎에 적갈색의 반점이 형성되었다가 잎 끝부분이 죽는다. 증상이 비슷하므로 확대경을 사용하여 표징(병원균의 특징)을 관찰하여 동정한다. 표징은 습기가 많을 때 잘 나타난다.

① 잎마름병 종류와 특징적인 표징

병명과 병원균	병징 및 표징
잎마름병 *Pseudocercospora pini-densiflorae*	변색 부위에 쥐색 털 모양의 균체
갈색무늬병 *Lecanosticta acicola(Scirrhia acicola)*	변색 부위의 수피를 뚫고 나오는 은색의 넓은 돌기
그을음잎마름병 *Rhizosphaera kalkhoffii*	기공을 따라 검은색의 작은 돌기 나열

② 생태

- 병원균은 병든 낙엽이나 침엽에서 월동하여 이듬해 새잎을 가해한다.
- 그을음잎마름병은 대기오염이 심한 지역이나 뿌리발육이 불량한 장소에 잘 나타난다.

③ 방제법

- 병든 침엽은 모아서 태우거나 땅에 묻어준다.
- 4~5월에 보르도액, 만코제브 수화제 등의 동제를 살포한다.
- 묘포나 임지가 지나치게 건조하거나 다습하지 않도록 관리한다.

나) 잣나무, 곰솔의 잎떨림병

- 잎떨림병은 *Lophodermium spp.* 균(fungi)에 의하여 발생한다.
- 병든 수목은 급격히 말라 죽지는 않으나 계속 피해를 받으면 생장이 뚜렷하게 떨어진다.

병징 및 표징	• 초봄에 나무가 죽은 것처럼 보인다. • 새잎이 나오기 전에 묵은 잎이 갈색으로 변하면서 일찍 떨어지기 때문이다. • 6월 초순~7월 하순에는 낙엽 또는 갈색으로 변한 침엽에 타원형의 자낭반이 형성된다.
생태	• 6월 하순~8월 초순에 비가 내린 직후나 다습한 조건에서 자낭반이 세로로 열리며 자낭포자가 비산(飛散)한다. • 자낭포자가 침입된 잎에는 가을부터 이듬해 초봄까지 노란색의 아주 작은 반점들이 형성된다. • 초봄에 작은 반점은 갈색으로 변하면서 주변은 노란 띠로 나타난다. • 이 반점들이 합쳐져 침엽은 적갈색으로 변하고 일찍 떨어진다.
방제	• 병든 낙엽은 태우거나 묻는다. • 어린 나무의 경우 풀깎기를 하고, 성목은 수관하부를 가지치기한다. • 병의 발생이 심한 수관하부의 통풍을 좋게 한다. • 6월 중순~8월 중순에 2주 간격으로 약제를 살포한다. • 베노밀 수화제(benomyl 50%) 1,000배액 • 만코제브 수화제(mancozeb 75%) 600배액

3) 활엽수 잎의 병해

가) 흰가루병

- 기주식물은 배롱나무, 단풍나무류, 사철나무, 밤나무, 참나무류, 가중나무 등의 활엽수다.
- 흰가루병은 묘포에서 나무 전체에 밀가루를 뿌려 놓은 것처럼 심하게 감염되기도 한다.
- 큰 나무에서도 어린 눈이나 새순이 침해를 받으면 위축되어 기형으로 되고 나무의 생육이 떨어진다.
- 배롱나무, 단풍나무류, 사철나무, 장미 등의 조경수목에서는 미관적 가치를 크게 떨어뜨린다.

병징 및 표징	• 전 생육기를 통해 발생하나 수종에 따라 발생 시기가 다르다. • 주로 6~7월부터 발생하여 장마철 이후에 급격히 심해진다. • 대체로 잎에 발생하지만 수종에 따라서는 녹색의 가지나 꽃, 열매에도 나타난다. • 처음에는 흰색의 반점이 생기며 시간이 경과됨에 따라 밀가루를 뿌려 놓은 듯한 증상을 나타난다. • 밀가루처럼 보이는 것은 병원균의 균사와 불완전세대(무성세대)의 포자들이다. • 가을이 되면 갈색~흑색의 작은 알갱이(완전세대의 자낭과)가 형성된다.
생태	• 흰가루병균류는 순활물기생균으로 영양체와 번식체의 거의 대부분이 기주식물의 표면에 있다. • 기주식물의 표면에서 표피세포에 흡기를 삽입하여 영양을 흡수하는 종류가 많다. • 병원균은 병든 낙엽 또는 병든 가지에서 자낭과 또는 균사 형태로 월동하여 이듬해 1차 전염원이 된다.
방제법	• 병든 낙엽은 모아서 태우거나 땅에 묻는다. • **병원균의 자낭과는 병든 잎, 어린 가지에 붙어서 월동한다.** • 조경수목에서는 이른 봄 가지치기를 할 때 병든 가지를 제거한다. • 상습적으로 발생하는 수목은 새순이 나기 전에 결정석회황합제를 1~2회 뿌려준다. • 생육기에 발병이 예측되는 시기 직전 또는 발병 초기에 수회 약제를 살포한다. • 베노밀 수화제, 만코제브 수화제, 헥사코나졸 수화제 등 • 묘포에서 발생하는 경우가 많으므로 예방 위주의 약제 방제가 반드시 필요하다. • 통기 불량, 일조량 부족, 질소 과다 등은 발병의 유인이 된다.

나) 활엽수 잎의 반점성병

- 기주식물은 벚나무, 느티나무, 자작나무, 포플러류 등이다.
- 활엽수 잎에 발생하는 반점성병은 수종, 증상에 따라 병명이나 병원균이 다르다.
- 활엽수의 잎에 작은 점~반점, 혹은 겹둥근무늬를 나타내기 때문에 반점성병 또는 반점성 병해로 부른다.
- 병든 잎은 일찍 떨어져 수세를 쇠약하게 한다.

병징 및 표징	• 주로 장마철 이후에 병이 발생한다. • 병든 잎은 일찍 떨어져서 가을이 되기 전에 엉성한 수형이 된다.
생태	• 병든 낙엽에서 월동하며 이듬해 봄에 새로 형성된 잎을 가해한다.
방제법	• 병든 낙엽은 모아서 태우거나 땅에 묻는다. • 6월부터 9월까지 종합살균제를 수회 뿌려준다.

다) 탄저병과 더뎅이병

- 기주식물은 버즘나무, 호두나무, 오동나무, 두릅나무, 장미나무 등이다.
- 주로 잎, 어린 가지, 열매에 발생한다.
- *Glomerella(Collectotrichum, Gloeosporium), Gnomonia(apiognomonia), Diplocarpon, Discula, Elsinoe*속의 병원균에 의하여 발생한다.
- *Apiognomonia*속에 의한 버즘나무 탄저병은 가지가 마르거나, 눈이 죽기도 하고, 엽맥을 중심으로 불규칙한 병반을 나타내는 등 다양한 증상을 보인다.

병징 및 표징	• 탄저병은 검게 변한다는 의미의 말이다. • 잎에는 작은 반점, 어린 가지에는 가장자리가 융기되고 안쪽은 들어가는 병반을 형성한다. • 열매에 발생하는 탄저병은 낙과 및 과실 부패를 일으킨다. • 더뎅이병은 가장자리가 많이 융기하고 표면이 코르크처럼 되어 딱지가 앉은 모양을 나타낸다.
생태	• 일반적으로 병든 부위에서 월동하여 이듬해 전염원이 된다. • 봄에 비가 많이 올 경우에 피해가 심하다.
방제	• 병든 부위는 모아서 태우거나 땅에 묻는다. • 초봄부터 탄저병약제 혹은 종합살균제를 수회 뿌려준다.

- *Diplocarpon*속에 의한 장미검은무늬병은 잎의 가장자리가 뚜렷하지 않은 갈색병반이 나타난다.

라) 떡병

- 기주식물은 철쭉류, 동백나무, 차나무 등이다.
- 담자균(擔子菌)의 일종인 *Exobasidium*속 균에 의하여 발생하는 병이다.
- 주로 잎이나 꽃잎에 발생한다.
- 큰 피해는 주지 않지만 조경수의 경우 지저분하게 보여 경관을 해친다.

병징 및 표징	• 새잎이 완전히 성숙하는 5~6월경에 주로 발병한다. • 잎, 꽃의 일부 혹은 전체가 부풀고 표면에 하얀색의 가루가 잎을 덮는다. • 하얀색 가루는 병원균의 포자인데 마치 떡이 부푼 것 같은 모양이 된다. • 시간이 경과하면 하얀색 가루는 갈색으로 변하고 건조하여 딱딱해진다. • 병원균의 종류에 따라서 부풀지 않는 것이 있는데 민떡병으로 부른다. • 산철쭉에는 떡병이, 철쭉에는 민떡병이 많이 발생한다.
생태	• 전염 방법, 병원균의 잠복장소 등은 아직 밝혀져 있지 않다.
방제	• 병든 부분에서 하얀색의 가루가 형성되기 전에 병든 부위는 잘라 땅에 묻어준다.

② 줄기에 발생하는 병

① 녹병

- 녹병은 침엽수와 활엽수 모두 기주식물이 된다.
- 녹병균은 잎뿐 아니라 가지, 줄기에도 병징과 표징을 보인다.

– 녹병균은 순활물기생균으로서 일반적으로 이종기생균이다.

– 회화나무 녹병은 한 종의 기주에서 생활사를 마치는 동종기생균(同種寄生菌)이다.

– 순활물기생균이므로 병이 발생하면 조직은 바로 죽지 않으나 시간이 경과하면 병든 부위
  가 죽고 윗부분도 죽게 된다.

병징 및 표징	• 줄기 및 수피가 황색으로 변한다. • 4~6월에 수피가 부풀어 터져서 거칠거칠하게 되며 흰색 막의 돌기가 튀어나오고, 막이 터지면서 등황색 가루가 비산한다. • 6월 이후에는 병든 부위의 수피는 건조해지면서 터지고 형성층은 죽는다.
생태	• 잣나무 털녹병과 소나무 혹병의 병원균은 같은 속인 Cronartium속에 의하여 발생하므로 생태가 유사하다. • 5월경 형성된 녹포자가 중간기주로 이동하고 가을에 형성된 겨울포자에서 담자포자가 발아하여 잣나무, 소나무로 침입한다. • 향나무 녹병은 4~5월 비가 오면 겨울포자가 발아하여 담자포자를 형성하고 다른 기주를 가해하여 녹포자를 형성하고, 여름철에 다시 향나무로 이동한다. • 회화나무 녹병균은 5종류의 포자 형태를 회화나무에서 가지며 겨울포자로 월동하여 이듬해 전염원이 된다.
방제법	• 피해지역에서 생산된 묘목을 다른 지역으로 반출되지 않도록 한다. • 묘포에 8월 하순부터 10일 간격으로 보르도액을 2~3회 살포하여 소생자 침입을 방지한다. • 병든 가지나 줄기는 포자가 날아다니기 전에 잘라서 땅에 묻거나 태운다. • 중간기주가 초본일 경우에는 풀깎기를 해준다. • 기주 및 중간기주는 되도록 멀리 떨어지게 관리한다. • 상습 발생지에는 병원균이 이동하는 시기에 녹병 전문약제를 수회 뿌린다.

② 참나무 시들음병

– 기주식물은 참나무류와 서어나무 등이다.

– 주 피해 수종은 신갈나무이며, 큰 나무가 주로 피해를 받는다.

– 병원균 : *Raffaelea quercus-mongolicae*

– 매개충 : 광릉긴나무좀(*Platypus koryoensis*), 암브로시아 비틀(*Ambrosia beetle*)

– 병원 : 곰팡이, 광릉긴나무좀과 균낭(菌囊)

병징 및 표징	• 매개충이 5월 초부터 나타나 참나무의 줄기로 들어간다. • 피해를 받은 수목은 빠르면 7월 말경부터 빨갛게 시들면서 말라죽기 시작한다. • 8~9월에는 고사목을 쉽게 볼 수 있고, 고사목은 겨울에도 잎이 지지 않고 붙어있다. • **고사목의 줄기와 굵은 가지에는 직경 1mm 정도의 매개충 침입공이 관찰된다.** • 침입공 부위와 땅 가장자리에는 목재 배설물이 많이 분비되어 있어 쉽게 판별이 가능하다. • 고사목을 횡으로 잘라보면 변재부는 매개충이 침입한 갱도를 따라 불규칙한 암갈색의 변색부를 관찰할 수 있다.
생태	• 광릉긴나무좀은 나무에 곰팡이를 배양하여 먹이로 하는 암브로시아 비틀이다. • **암컷 등판의 균낭에 있는 포자가 매개충이 나무로 침입할 때 이동하여 자란다.** • 병원균이 자란 부분은 갈색으로 변색된다. • 암브로시아 비틀은 수세쇠약목이나 고사목에 주로 침입한다. • 살아있는 나무를 공격하는 암브로시아 비틀 피해 사례도 확인된다.

방제법	• 고사목, 피해도 심·중의 수목은 4월 말까지 벌채하여 훈증하거나 소각한다. • 이병목을 1m³으로 쌓은 후, 메탐소디움 1ℓ를 골고루 살포하고 비닐로 밀봉하여 훈증 처리한다. • 비닐에 상처가 없도록 관리하며 두께 0.05mm 이상의 비닐을 사용한다. • **피해도가 낮은 지역은 매개충 우화시기에 페니트르로티온 유제를 살포한다.**

③ 소나무류 푸사리움가지마름병

– 기주식물은 리기다소나무, 리기테다소나무, 테다소나무, 곰솔, 버지니아소나무 등이다.

– 우리나라에서는 리기다소나무에 많은 피해를 준다.

– 병원균은 **불완전균류인 *Fusarium circinatum*으로 장마 때에 병원균의 포자 덩어리를 볼 수 있다.**

병징 및 표징	• 주로 1~2년생의 가지가 말라 죽으며, 심한 경우는 줄기까지 침입한다. • 가지, 줄기, 구과 등의 감염 부위에서 송진이 흘러 흰색으로 굳어있는 것을 볼 수 있다. • 피해 가지는 변재부까지 송진이 침투되어 갈색–짙은 갈색으로 변색된다. • 습도가 높을 때 가지의 엽흔이나 구과 표면에 분홍색의 포자 덩어리가 형성된다.
생태	밀식된 조림지에 피해가 심하다. 어린 나무와 큰 나무에 모두 발생해 나무를 말라 죽게 한다. 가뭄, 밀식 등으로 수세가 쇠약한 나무에서 많이 발생한다. 주로 1~2년생 가지가 말라 죽으며 감염 부위에서 송진이 누출된다. 가지의 엽흔과 구과 표면에는 6~8월에 분홍색 분생포자좌가 나타난다. • 태풍이나 곤충 등에 의한 상처 부위로 곰팡이가 감염되는 것으로 알려져 있다.
방제법	• 피해도가 51% 이상이면 수종 갱신하거나 벌채하여 이용한다. • **피해가 심하지 않은 임분은 강도의 위생간벌을 실시한다.** • 병든 가지를 제거하여 수세를 강화시키고, 피해 확산을 억제시킨다. • **작업에 필요한 기구는 베노밀 수화제나 베노밀, 클로로탈로닐 수화제로 수시 소독한다.** • 병든 가지는 반드시 임내 공터 또는 임외로 반출한 후 소각하거나 땅에 묻는다. • 병원균 활동 시기인 봄에서 가을을 피하여 겨울에 방제작업을 실행한다. 　– 약제 방제는 3월 상순에 테부코나졸 유탁제를 나무주사하거나, 6~8월에 테부코나졸 유탁제 2,000배액을 2주 간격으로 3회 이상 살포한다.

④ 소나무류 피목가지마름병

– 기주식물은 잣나무, 소나무, 곰솔이다.

– 햇볕이 잘 들지 않아 수세가 쇠약하거나 뿌리발육이 부진할 때 피해가 발생한다.

– 수세가 약해진 나무의 가지 및 줄기를 가해하여 집단 발생하는 경우도 있다.

– 병원균은 자낭균의 일종인 *Cenangium ferruginosum*이다.

– 자낭반이 습기를 함유하여 컵이나 접시 모양으로 벌어지면 병원균은 성숙된 상태이다.

– 주로 장마철에 자낭포자가 바람에 날려 주변의 나무로 이동한다.

병징 및 표징	• 초봄부터 가지의 분지점(分枝點)을 경계로 일부 가지가 적갈색으로 변하면서 죽고 경계 부위에는 송진이 약간 흐른다. • 수피를 벗기면 병든 부위의 경계가 뚜렷하고 죽은 부위에는 검은색의 점(병원균의 미숙한 자실체)이 다수 형성되어 있다. • 집단적으로 대발생하면 가지의 병반이 줄기까지 확대되면 형성층도 피해를 입고, 윗부분도 죽는다. • 죽은 수목은 2차적으로 소나무좀 등이 가해를 한다. • 4월경이 되면 수피를 뚫고 균체가 노출되므로 육안으로 병을 확인할 수 있다. • 시간이 경과하면 자낭반은 흑갈색으로 성숙하여 1~2mm 정도로 성장한다. • 비가 오거나 습도가 높으면 2~5mm 정도로 커지면서 컵이나 접시 모양이 되고 자낭포자가 비산한다.
생태	• 평소에는 병을 일으키지 않고 건강한 나무에 내생균으로서 침엽에 기생한다. • 수세가 저하되면 침엽에서 가지 및 줄기 쪽으로 균사가 확산되어 나무를 죽인다.
방제법	• 평소 침엽에 내생균으로 존재하므로 활력 유지 등 예방 조치를 한다. • 수세 강화를 위해 죽은 가지제거 등의 작업과 임분구조에 맞게 주기적으로 관리한다. • 임분의 성숙도를 높이고 건강한 숲으로 가꾼다. [추가] 남향으로 뿌리가 노출된 수목의 임지에서는 관목을 무육하여 토양 건조를 방지한다.

⑤ 벚나무 빗자루병

– 벚나무 빗자루병은 특히 왕벚나무 쇠퇴에 가장 중요한 원인이다.

– **벚나무 빗자루병은 다른 수목의 빗자루병과 달리 병원균이 자낭균류에 속한다.**

– 감염된 가지는 꽃이 피지 않고, 수세도 쇠약해지며 죽게 된다.

– 감염된 수목은 초기에는 개화기에도 꽃이 피지 않은 수관의 일부가 관찰된다.

– 죽은 가지로부터 부후가 진행되어 피해가 점점 커진다.

– 자낭균의 일종인 *Taphrina wiesneri*에 의하여 발생한다.

병징 및 표징	• 잔가지가 빗자루 모양으로 작은 잎이 많이 나며 꽃이 피지 않는다. • 초기에 가지 일부분이 약간 부풀고, 부푼 곳에서 잔가지가 빗자루 모양으로 난다. • 잔가지는 위로 뻗는 것이 대부분이고 때로 옆으로 뻗는 가지도 있다. • 병든 가지의 수피는 부드러우며, 건전한 가지보다 이른 시기에 작은 잎이 많이 나온다. • 4월 하순 이후 병든 부분의 잎이 오그라들고, 잎 뒷면에 하얀 가루가 형성된다. • 하얀 가루는 병원균의 포자가 뭉쳐있는 것이다. • 병든 잎은 흑갈색으로 말라 떨어진다.
생태	• 병원균의 포자는 이른 봄 병든 가지에서 나온 작은 잎의 뒷면에 주로 나타난다. • 빗자루병은 꽃눈이 잎눈으로 계속 분화하기 때문에 꽃이 피지 않는다. • **병원균은 병든 조직에서 월동하는 것으로 추정되고 있다.**
방제법	• 겨울철에 병든 가지의 아래쪽을 부푼 부분을 포함하여 잘라낸 후 태운다. • 잘라낸 부분에는 지오판 도포제를 발라준다. • 병든 가지는 2~3년간 계속 관찰하여 관리한다. • 이른 봄꽃이 진 직후 테뷰코나졸 유탁제 등의 살균제를 2~3회 살포한다. • 시비 등으로 수세를 회복시킨다.

⑥ 잣나무 털녹병

- 주로 15년생 이하의 어린 잣나무에서 발생하지만 장령목에서 발생하는 경우도 있다.
- 병원균은 담자균류에 속하는 녹병균인 *Cronartium ribicola*이다.
- **기주는 잣나무, 스트로브잣나무 등이며, 중간기주는 송이풀과 까치밥나무가 있다.**
- 섬잣나무와 눈잣나무는 거의 피해가 없는 저항성 수종이다.

생활환	• 병원균(病原菌)은 잣나무류 잎의 기공(氣孔)을 통하여 침입하여 줄기로 전파한다. • 잎에는 황색의 미세한 반점을 형성하며, 줄기는 수피가 황색~등황색으로 변한다. • 감염 2년 후에는 줄기가 적갈색으로 변하며 방추형(紡錘形)으로 부푼다. • 8월 이후에는 표면에 황색을 띤 달콤한 냄새가 나는 점질상 물방울(정자)이 나타난다. • 이듬해 4월~6월에는 수피를 파괴하고 백색막에 쌓인 녹포자퇴가 분출된다. • 녹포자가 비산한 6월 이후에는 병든 수피는 건조해지면서 터지고 형성층은 죽는다. • 4월 하순부터 비산하기 시작한 녹포자가 중간기주인 송이풀류에 침입한다. • 침입 10일쯤 잎 뒷면에 여름포자퇴(夏胞子堆)가 형성되어 황색의 여름포자를 만든다. • 여름포자가 잎과 잎으로 반복 전염을 하며, 8월 중하순부터 겨울포자(冬胞子)로 변한다. • 8~10월까지 중간기주가 낙엽이 질 때 소생자(小生子)를 만들어 잣나무잎으로 침입한다

방제법	⊙ 임업적 방제
	  • 병든 나무와 중간기주를 지속적으로 제거한다.
	  • 수고 $\frac{1}{3}$ 까지 조기에 가지치기를 하여 감염경로를 차단한다.
	  • 중간기주인 송이풀류의 자생지는 잣나무 조림을 피한다.
	  • 전파를 막기 위해 피해지역에서 생산된 묘목을 다른 지역으로 반출하지 않는다.
	ⓒ 화학적 방제
	  • 잣나무 묘포에 8월 하순부터 10일 간격으로 보르도액을 2~3회 살포한다.
	  • 보르도액은 소생자(小生子, 녹병균류의 담자포자)의 잣나무 침입을 막을 수 있다.
	  • 내병성 육종으로 저항성 수종을 개발하여 식재한다.

❸ 뿌리에 발생하는 병

① 침엽수 리지나뿌리썩음병

- 주로 해안가에서 불규칙한 원형으로 피해가 확산하고 발생지 내의 수목은 대부분 고사한다.
- 서해안 곰솔림에 피해가 많이 발생하였다.
- 기주식물은 소나무, 곰솔, 전나무, 일본잎갈나무 등이다.
- 병원균은 자낭균의 일종인 *Rhizina undulata*이다.(undulate : 파도 모양의)
- **파상땅해파리버섯은 자낭균이므로 자실체는 대가 없다.**
- 파상땅해파리버섯의 뿌리꼴 균사다발(rhizomorph)이 땅속으로 뻗어있어 마치 해파리처럼 보인다.

병징 및 표징	• 균사가 뿌리를 침해하므로 처음에는 땅 가에 가까운 잔뿌리가 검은 갈색으로 썩는다. • 지제부에서 발생한 부후가 점차 굵은 뿌리로 번진다. • 굵은 뿌리가 감염되면 상부의 잎은 수분을 잃고 마르다가 적갈색으로 죽는다. • 병든 뿌리를 캐면 분비되는 송진으로 뭉친 모래 덩이를 볼 수 있다. • 병든 나무 및 죽은 나무 주변에는 파상땅해파리버섯이 발생한다. • 파상땅해파리버섯은 접시 모양으로 굴곡을 가진 갈색의 버섯이다.
생태	• 모닥불자리나 산불피해지에 많이 발생한다. • 병원균의 포자가 발아하기 위해서는 약 40~60℃의 지중온도가 필요하다. • 병원균은 토양 내 다른 미생물과의 경쟁에 매우 약하다. • 산성토양에서 이 병의 발생이 많은 것으로 알려져 있다.
방제법	• 해안지역의 소나무림에서는 쓰레기 소각, 취사, 놀이 등으로 불을 피우지 않는다. • 땅속으로 균사가 이동하지 못하도록 깊이 80cm 정도의 도랑을 만든다. • 고사목으로부터 6m 정도의 바깥에서 넓이 1m, 깊이 80cm 정도의 도랑을 만든다. • 이 도랑에 흙과 소석회 250~500g/m²를 섞고 다시 묻는다. • 원형의 도랑 안쪽은 소석회를 지면에 뿌린 후 약 20cm 정도의 깊이로 깔아준다. • 고사목 주변과 피해목을 뽑아낸 장소에는 베노밀수화제를 m²당 2ℓ 정도씩 뿌려 피해 확산을 방지한다.

② 아밀라리아뿌리썩음병

– 아밀라리아뿌리썩음병은 천연림, 인공림 등 산림 뿐 아니라 과수원과 뽕나무에도 발생한다.

– **병원균은 담자균의 일종인 뽕나무버섯(*Armillaria spp.*)이다.**

– 침엽수, 활엽수를 포함하는 거의 모든 수목에 뿌리썩음병을 일으키는 다범성 병원균이다.

– 국내에는 *A. mellea, A. ostoyae, A. tabescens, A. galica*가 발견된 사례가 있다.

병징·표징	• 감염된 수목은 6월에서 가을까지 잎 전체가 서서히 노랗게 변하고, 갈색으로 말라죽는다. • 죽은 나무 및 주변의 감염된 뿌리에는 송진이 흘러 붙어있다. • 죽은 나무의 수피를 벗겨보면 부채꼴 모양의 하얀 균사속이 있으며 버섯 냄새가 난다. • 수목은 말라죽어도 잎은 떨어지지 않고 오랫동안 붙어있는 경우가 많다. • 8~10월에 병든 나무의 주변으로 뽕나무버섯이 발생한다.
생태	• 다른 병해충, 가뭄 등에 의해 수세가 쇠약한 나무에 심하게 발생한다. • 간혹 건강한 나무를 가해하는 경우도 있다. • 주로 조림지에 발생하여 피해를 준다.
방제법	• 병원균의 자실체는 발견 즉시 제거하고 병든 뿌리는 뽑아서 태운다. • 병든 식물의 주위에 깊은 도랑을 파서 균사가 전파되는 것을 방지한다. • 발병한 곳은 임목의 식재를 수년간 피한다. • 발병지에 석회를 뿌려 토양을 가급적 알카리성으로 개량한다.

4 역병균에 의한 피해

역병은 난균류(卵菌類)에 속하는 *Phytophthora*속 균에 의하여 발생하며, 다양한 식물에 다양한 증상을 일으키는데 역병이라는 병명을 사용한다.

감자역병균(*P.infestans*)으로 1,800년대에 아일랜드에 대발생하여 100만 명을 굶어 죽게 하였다. 역병균은 병원력이 강한 새로운 계통이 출현하면 전 세계적으로 급속히 확산되어 심각한 피해를 주기도 하며, 미국에서 발생한 참나무를 죽이는 급사병(sudden oak death)도 역병균의 일종이다.

국내에서 역병균은 두릅나무 역병과 밤나무 잉크병을 발생시키는데, 두릅나무 역병균은 민두릅나무 재배지에 발생하여 재배농가에 피해를 입혔다. 남부 일부지역에서 역병으로 인해 밤나무가 고사한 사례도 있다.

① 두릅나무 역병
- 두릅나무 역병의 기주식물은 두릅, 복숭아, 사과, 배, 딸기, 백합, 홍화, 천궁, 미역취 등이다.
- 기주범위가 넓으므로 재배하기 전에 조사하여 기주식물 재배지 근처에서는 재배를 하지 않는다.
- 병원균은 *Phytophthora cactorum*이다.
- 역병균의 난포자는 병을 전염시키는 1차 전염원이다.
- 난포자는 기주작물이 없어도 토양에서 2~8년간 생존이 가능하다.
- 역병균의 균사체는 주로 셀룰로오스와 글루칸으로 이루어져 있으며, 균사에 격벽이 없다.

병징·표징	· 주로 뿌리와 땅 가장자리 부위를 가해한다. · 감염 초기에 수분 부족이나 영양실조와 같은 병징을 보이며 급속하게 말라죽는다. · 역병균은 토양전염성 병해로 일단 한 번 발생하면 수일 내에 묘포 전체로 확산된다. · 표징은 잘 발견되지 않기 때문에 다른 요인에 의한 피해로 착각하기 쉽다. · 입지환경에서 나쁜 요인이 없으면 병든 조직에서 병원균을 분리하여 진단한다.
생태	· 강수량이 많고 배수가 불량한 포지에서 많이 발생한다. · 지온이 15~27℃의 고온다습한 조건에서 흔히 발생한다. · 평야지 재배에서 발생이 많지만 산간의 임야에도 발생한다.
방제법	· 주로 여름철 호우 때 침수로 인하여 발병한다. · 장마철 전에 밭이랑을 50cm의 고상으로 만들어 배수가 잘 되도록 한다. · 장마 후에 코퍼하이드록사이드와 옥사딕실수화제 500배액을 2주 간격으로 3회 살포한다. · 경기 양평, 전남 곡성 품종 등 저항성 품종을 심는다. · 병원균의 기주식물과는 멀리 떨어지게 관리한다. · 병든 부위는 땅속 깊이 묻거나 태운다. · 근삽수는 오염되지 않은 포지에서 생산된 것을 사용한다. · 병이 심하게 발생한 포지는 비기주식물로 3~4년간 돌려짓기를 한다.

② 밤나무 잉크병
- 밤나무 줄기에 잉크 같은 검은 액을 흘리기 때문에 밤나무 잉크병으로 부른다.
- 국내에는 *P. cambivora*가 발견된 기록이 있지만 실제 피해는 없었다.
- 남부의 밤나무 재배지에서 *P.castaneae*에 의해 2006년에 피해가 발생하였다.
- *Phythopthora cinamomi, P. katsurae* 등의 병원균이 있다.
- 아이보리 해변과 하와이에서 코코넛, 배, 사과 등에 병을 발생시킨다.

병징·표징	• 주로 5~6년생 이상 성목(成木)에 발생한다. • 땅 가장자리 부위에서 약 1m의 높이 사이에 발생한다. • 지상 10~30cm 부근의 줄기에 많이 발생하며, 발생 부위가 부패하여 죽는다. • 병환부에서 검은 수액이 흘러나오고 특이한 발효향이 난다. • 병환부는 감염 부분에서 위와 옆으로 확대되고 목부 내에도 진행된다. • 병환부는 수침상으로 짙은 색깔을 띤다.
생태	• 밤나무 잉크병은 토양전염에 의해 병이 발생한다. • 온화하고 습한 기후에서 병의 발생이 심하다.
방제법	• 병든 수목은 발견 즉시 잘라서 소각한다. • 병든 나무가 다른 지역으로 이동되지 못하도록 한다.

5 수목 병해의 방제 방법

수목 병해는 병 발생에 관여하는 3대 요인을 조절하여 방제(control)할 수 있다. 수목병 발생에 관여하는 인자는 주인(主因, 병원체), 소인(素因, 기주 수목의 감수성), 유인(誘因, 환경)이 있으며, 인자들 간의 상호관계를 끊거나 억제하여 피해를 예방하거나 약하게 하는 것이 방제 방법이다.

구체적인 방제 방법은 아래와 같은 것이 있다.

1) 식물검역

① 유행병의 병원체 이동과 전파를 막기 위하여 행정명령 등에 의한 검사 및 조치를 식물검역이라고 한다.

② 식물에 아주 심한 피해를 주며 확산 또는 만연되었을 때 큰 피해가 예상되는 때에 식물검역을 한다.

③ 검역은 국내검역과 국제검역으로 구분된다.

④ 검역을 실시하는 이유는 식물병원체가 존재하지 않던 지역에 새로이 유입되면 심한 피해를 일으킬 수 있기 때문이다.

⑤ 새로 유입된 지역에서 병원체가 심한 피해를 일으키는 것은 병원체가 존재하지 않았던 지역의 식물은 병원체에 대한 저항성 인자가 없기 때문이다.

⑥ 새로 유입된 병원체는 양분을 섭취할 수 있는 많은 수의 감수성 식물이 존재하기 때문에 식물검역은 중요한 방제법으로 취급되어야 한다.

⑦ 소나무 재선충병과 리기다소나무의 푸사리움가지마름병이 다른 나라에서 유입된 병원체다.

⑧ 유럽에서 발생한 포도나무 노균병, 미국에서 발생한 감귤 궤양병, 밤나무 줄기마름병, 느릅나무 마름병 등 세계 여러 지역에서 발생하여 심한 피해를 입힌 병들은 새로 유입된 병원체에 의해 발생한 것이다.

⑨ 1912년 수입과수 및 벗나무에 대한 검역규칙을 제정·공포하여 국제식물검역을 하였다.

⑩ 2005년 시행된 "소나무 재선충병 방제특별법"에 의한 소나무 재선충병 감염목 무단반출 금지 및 이동금지는 산림청에서 시행하고 있는 국내 식물검역이다.

2) 전염경로의 차단

① 수목 병해 방제는 예방이 중심이 되어야 한다.

② 수목의 보건위생을 관리하는 데는 병원체의 생활환과 연관하여 전염경로를 차단하는 것이 필요하다.

③ 전염경로의 차단은 병원체의 생활사를 알고 있어야 전염원을 제거하는 것이 가능하다.

④ 잣나무 잎떨림병은 병들어 떨어진 침엽에서 비산한 자낭포자가 전염원이 되어 새로운 침엽을 가해한다.

⑤ 잣나무 잎떨림병의 전염원인 병든 낙엽을 철저하게 제거하면 방제효과가 크다.

⑥ 잣나무 털녹병, 소나무류 잎녹병, 소나무 혹병 등 대부분의 녹병균은 중간기주를 제거하여 병원균의 생활사를 차단시켜 병을 방제할 수 있다.

⑦ 잣나무 털녹병은 송이풀을 제거하면 성공적으로 방제할 수 있다.

3) 저항성 품종육종

① 산림에서 발생하는 병해를 방제하기 위한 약제 사용은 많은 경비와 노력이 들어간다.

② 대부분의 살균제는 치료제의 효과를 갖고 있지 않아 만족할 만한 방제효과가 나타나지 않는다.

③ 식재조건, 토양조건 등의 개선이나 적절한 무육 등으로 병이 발생하기 어려운 환경을 만드는, 즉 임업적, 생태적 방제법은 인위적으로 실행할 수 있는 한계가 있다.

④ 임업적, 생태적 방제는 바람직한 조치지만 경영상 또는 경비의 문제로 극히 일부에서만 실행된다.

⑤ **내병성 품종 육종**에 의해 중요 병해에 대한 저항성이 높은 식물을 증식하여 사용하는 것은 다소 시간이 걸리더라도 그 효과가 확실하며 또한 저렴하게 실행할 수 있는 방제 방법이다.

– **장점 : 농약 살포 등 방제에 소요되는 경비 절감, 유해 화학물질에 의한 환경오염 방지**

– **단점 : 다른 병원균에 대한 저항성 결여, 저항성 품종 개발에 장시간 소요**

⑥ 미국은 잣나무 털녹병과 소나무 혹병을 저항성 품종으로 관리하고 있다.

⑦ 일본은 교잡육종으로 중국산소나무(*Pinus massoniana*)와 일본산 해송(*P. thunbergii*)의 교잡종(회화송)으로 소나무 재선충병에 대한 저항성 품종을 실용화하고 있다.

4) 육림적 수단에 의한 방제

① 육림적 수단에 의한 방제는 병 발생에 관여하는 여러 가지 환경조건을 개선하는 방제법이다.

② 육림적 방제는 병의 발생과 확산을 막고, 묘목과 임목에 좋은 환경을 만들어 병에 대한 저항력을 높여서 피해를 경감시키는 환경적인 방제법이다.

③ 산림에서는 묘포나 농경지와 같이 집단적인 환경 개량은 거의 불가능하다.

④ 산림에서는 조림 예정지의 환경조건을 충분히 파악하여 적지적수 조림에 따른 수종 또는 품종의 선택, 무육 등의 육림 수단, 적절한 수확과 벌채 등에 의한 임내환경 개선과 나무의 활력증진 등을 위한 육림적 수단을 동원한다.

가) 조림 시기와 식재 방법

① 방제를 위해서는 정상적으로 육묘 관리된 묘목을 휴면기에 심어야 한다.

② 눈이 많은 지역에서 가을에 일찍 식재하면 활착된 상태로 월동하므로 잿빛곰팡이병의 피해를 경감시킬 수 있고, 이듬해 봄의 생육도 좋아진다.

③ 가을에 일찍 식재를 할 때 너무 웃자란 연약한 묘목을 심으면 각종 병해를 입을 수 있다.

④ 일본잎갈나무, 편백, 분비나무, 활엽수류 등은 휴면하기 전이나 생장을 개시한 후 묘목을 식재하면 뿌리썩음병, 페스탈로치아병, 잿빛곰팡이병, 탄저병, 줄기마름성 병해 등의 피해를 입을 수 있다.

⑤ 너무 늦은 가을에 나무를 심어 뿌리가 동결되면 이듬해 생육이 떨어진다.

⑥ 묘목이 불량하거나 식재 방법이 잘못되어 뿌리가 굽어 발육이 저해되면 뿌리썩음병, 자주빛날개무늬병에 걸리기 쉽다.

나) 임지무육

① 수목이 자라는 곳에 잡초, 잡목 등이 번성하게 되면 임분이 과밀화되어 나무는 저항성이 떨어지고 병든 나무와 중간기주 등 감염원이 방치되어 각종 질병이 발생한다.

② 수목이 자라는 곳에 임분의 과밀을 해소해 주는 것이 임지무육이다.

③ 임지무육에 의한 병해방제효과는 천천히 나타나지만 지속적이며 장기간에 걸쳐서 큰 효과를 나타내며, 각종 병해를 조기에 발견할 수 있게 한다.

　㉠ 풀베기

　　– 잡초, 잡목에 의한 피압목의 영향은 특히 양수에서 크며 병해의 발생도 심하다.

　　– 피압된 침엽수의 어린 나무에서는 잿빛곰팡이병, 페스탈로치아병, 편백나무 검은 돌기 잎마름병, 삼나무 붉은마름병, 소나무류 잎떨림병, 피목가지마름병 등의 피해를 받기 쉽다.

　　– 피압된 천연하종 유묘는 모잘록병이 발생하여 고사할 수 있다.

　　– 어린 나무가 피압되지 않게 하려면 풀베기작업이 적절한 방제 방법이 된다.

　　– 소나무류, 전나무 등의 잎녹병이나 소나무 혹병 등의 녹병은 겨울포자가 형성되기 이전에 풀베기를 하면 중간기주의 병원균이 제거되므로 예방효과가 있다.

ⓛ 덩굴치기

- 덩굴류가 번성하여 나무를 피압하면 소나무 피목가지마름병, 낙엽송 잎떨림병, 삼나무 가지마름성 병해와 검은 돌기 잎마름병, 편백 검은 돌기 잎마름병 등이 발생하기 쉽다.
- 낙엽송은 덩굴치기를 할 때 가지의 선단부가 손상되면 가지끝마름병의 피해가 증가하므로 병원균의 감염 시기를 피하여 실시한다.

ⓒ 어린 나무 가꾸기와 솎아베기

- 어린 나무 가꾸기 및 솎아베기는 가장 중요한 무육작업에 의한 병해방제 수단이다.
- 병든 나무와 감수성 수종을 주로 제거하여 피해를 예방한다.
- 솎아베기와 어린 나무 가꾸기는 피목가지마름병, 낙엽송 잎떨림병, 가지끝마름병 등에 방제효과가 높다.
- 과도하게 가지치기, 솎아베기, 어린 나무 가꾸기를 하면 주로 서남향의 줄기 또는 가지에 볕 데임과 동해(凍害)가 발생하여 재질부후성 피해와 줄기마름성 병해를 유발하게 된다.
- 주변의 나무가 갑자기 없어지게 되면 수간이 갑자기 노출된 나무는 볕데기 등의 피해를 입게 된다.

ⓔ 가지치기

- 수목의 아래쪽에 위치한 가지를 중심으로 발생하는 병이 많아서 가지치기는 전염원의 제거, 외과적 치료효과 및 감염예방효과가 있다.
- 느티나무, 벚나무, 단풍나무 등과 같이 가지의 절단면이 잘 아물지 않는 수종이다.
- 절단면이 잘 아물지 않는 수종의 가지치기는 작은 가지 또는 죽은 가지에 한정하여 실시한다.
- 상처가 잘 아물지 않는 수종의 절단면에는 반드시 도포제를 처리하여 상처가 잘 아물도록 보호한다.

5) 화학적 방제

① 묘포병해에는 농작물, 과수, 원예작물병에 준한 약제방제가 효과가 있다.

② 산림에서는 피해가 심한 병해의 확산, 외래병해의 방제 혹은 응급적 조치 이외에는 거의 실시되지 않는다.

③ 산림에서의 약제방제는 다음과 같은 기술상의 문제점이 있다.

- 적은 면적을 방제할 경우에는 주변의 방제되지 않은 임지의 영향으로 방제효과가 낮다.
- 지상 살포가 곤란하기 때문에 대면적 항공 살포로 방제하게 된다.
- 항공 살포지에서는 지형, 임상 등에 변화가 많을 때에는 살포 효율이 떨어지고 효과도 일정치 않다.

    – 항공방제를 하면 병든 나무의 벌채와 제거가 어려우므로 전염원이 방치된 상태에서 약제 살포를 하게 된다.

    – 항공방제는 연간 살포 회수가 최저 2회, 보통 3~4회는 필요하므로 상당한 경비와 노력이 요구된다.

④ 농약관리법, 동시행령, 동시행규칙에 따라 농약의 약효, 약해, 독성 및 잔류성에 관한 품목고시를 위한 시험을 실시한 후 농촌진흥청장이 농약의 적용 병해충 등을 고시하도록 되어 있다.

⑤ 현재까지 고시된 농약의 대부분은 농작물 병해를 적용 대상으로 하는 살균제들이다.

⑥ 화학적 약제의 연용(連用)에 의하여 내성(耐性)을 가진 병원균이 나타나 방제효과가 떨어지는 경우가 있다.

6) 생물학적 방제

① 화학적 방제는 화학합성농약에 저항성 발달로 인한 농약의 효력 저하, 천적 감소 등의 문제가 있다.

② 생물적 방제는 기주식물에 대하여 선택성이 높고 저항성 획득이 적으며 환경에 대한 부작용이 적은 방제법이다.

③ 병원체에 직·간접으로 작용하고, 방제를 목적으로 사용되는 병원체나 그 추출물을 생물농약이라고 한다.

④ 수백 또는 수천 종류에 이르는 미생물이 실험실, 온실, 포장에서는 식물병원균의 생장을 방해하여 이들 병해를 막을 수 있지만, 현재 상업적으로 판매되어 실용화된 예는 적다.

⑤ 실험실에서 병원균의 생장을 저지하는 길항미생물을 배양하여 선발하기도 한다.

> **참고** 길항미생물의 작용기작 ●
>
> • 항생 : 항균물질을 생산한다.
> • 기생 : 다른 병원균에 병을 일으킨다.
> • 경쟁 : 다른 병원균의 영양분을 빼앗는다.
> • 저항성 유도 : 미생물이 식물을 자극하면 저항성이 유도된다.

6 임업적·화학적 방제 적용 병해

1) 임업적 방제

방제 방법	적용 병해
주변 초본류 및 잡목류 제거	모잘록병, 낙엽송 잎떨림병
풍충지는 조림 안함	낙엽송 가지끝마름병

중간기주 옆 조림 안함	잣나무 털녹병, 소나무 혹병, 소나무류 잎녹병
혼효림 조성	낙엽송 잎떨림병, 소나무류 잎떨림병
보호수대(방풍림) 설치	낙엽송 가지끝마름병
지타, 제벌 및 간벌 실시	잣나무 털녹병, 낙엽송 잎떨림병
병든 낙엽 수집 소각	낙엽성 병해 전반
통풍, 배수, 일조 개선	묘포병해 전반, 흰가루병
저항성 품종 식재	밤나무 줄기마름병, 포플러잎녹병

2) 화학적 방제

명칭	작업 방법	적용 병해
분무법	유제 또는 수화제 등 살균제를 500~1000배로 희석 살포	묘포 포플러잎녹병 등 낙엽성 병해
산분법	PCNB제, 캡탄제. 티람분제를 토양에 가루상태로 살포	모잘록병 등 토양전염성 병해
훈연법	클로로피크린 등을 토양관주 후 젖은 거적이나 비닐로 피복	모잘록병, 묘포병해 상습 발생지
관주법	다치가렌액제(600배), 캡탄액제(1,000배) 등을 피해부 중심으로 관주	모잘록병, 오동나무 탄저병 등
분의법	동제의 분제, 티람분제, 캡탄제 등으로 종자를 분의 소독	모잘록병, 오동나무 탄저병 등
침적법	파종 전 유기수은제 수용액에 종자를 24시간 담가두었다가 파종	모잘록병, 오동나무 탄저병 등
도포법	병환부 제거 후 접밀, 지오판도포제, 석회유 등을 바름	밤나무 줄기마름병, 뿌리혹병
수간주입	테트라싸이클린계 항생제 나무주사	대추나무 빗자루병 등 파이토플라스마 및 세균성 병해

산림 해충

가해 부위	해충	비고
종자와 과실	밤바구미, **복숭아명나방**, 솔알락명나방, 도토리거위벌레 등	
눈과 새순	밤나무혹벌, 아카시아진딧물, **느티나무벼룩바구미** 등	
묘목 (묘포해충)	거세미나방 유충, 땅강아지, 풍뎅이, 굼벵이(하늘소 유충) 등	뿌리 가해
	전나무잎말이진딧물, 진딧물, 깍지벌레, 풍뎅이 성충 등	새순, 가지
충영 형성	**솔잎혹파리, 밤나무혹벌**, 아까시잎혹파리, 사사끼잎혹진딧물, 팽나무이, 오배자면충, 느티나무외줄면충 등	
흡즙성	응애류, 진딧물류, 깍지벌레류, 솔껍질깍지벌레, 버즘나무방패벌레 등	
식엽성	대벌레, 솔나방, 미국흰불나방, 오리나무잎벌레, 잣나무넓적잎벌, 어스렝이나방, 매미나방, 텐트나방, 낙엽송잎벌, 참나무재주나방, 호두나무잎벌레, 솔노랑잎벌, 삼나무독나방 등	잎을 가해
천공성	솔수염하늘소, 북방수염하늘소, 알락하늘소, 작은별긴하늘소, 참나무하늘소 , 소나무좀, 광릉긴나무좀, 버들바구미, 박쥐나방 등	줄기와 가지에 천공
건재해충	가루나무좀, 개나무좀, 빗살수염벌레, 하늘소 등	목재

section 1 **산림 해충 일반**

산림 해충에서 가장 많은 부분을 차지하는 것은 곤충으로, 해충에는 곤충뿐만 아니라 응애와 같은 절지류와 선충, 윤충, 톡토기류 등이 있다. 알려진 종 중에서 **딱정벌레목이 약 36만 종으로 약 40% 를 차지하며 가장 많고**, 나비목·파리목·벌목·노린재목이 각각 10만 종이 넘고, 딱정벌레목·나비목·파리목·벌목·노린재목이 전체 곤충 종수의 약 90%가 된다. 딱정벌레목과 나비목은 해충류에 압도적인 종수가 있다.

1 곤충의 형태

① 곤충은 몸이 작아 적은 에너지를 이용하여 이동하기 쉽고, 포식자를 피하기 쉽다.

② 유전자 다양성이 높아 급격한 환경 변화에 적응하며 종이 분화되어 왔다.

③ 곤충은 몸이 마디(segments)로 구성되어 있는 절지동물문(Arthropoda)에 속한다.

④ 절지(節肢)동물은 몸이 마디로 구성되어 있는 동물이다.

⑤ 곤충은 다른 절지동물과 다리의 수가 다르다.

⑥ 곤충강은 3쌍, 거미강은 4쌍, 갑각류는 5쌍의 다리가 있고, 그 이상은 다지류로 구분한다.

⑦ **거미강에는 거미와 응애**, 갑각류에는 게, 가재와 새우, **다지류에는 지네와 노래기 등이 있다.**

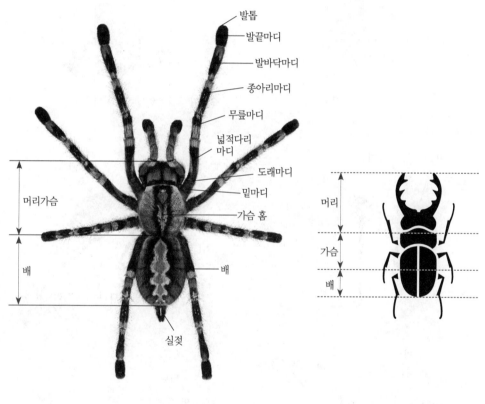

▲ 거미의 외부형태   ▲ 곤충의 외부형태

⑧ 절지동물의 피부는 키틴질의 외골격(exoskeleton)으로 둘러싸여 있다.

⑨ 절지동물은 체강(body cavity)의 등쪽에 심장이 있고, 아래쪽에 신경계가 있다.

⑩ 곤충은 곤충강(class insecta)에 속해 있고 곤충강은 절지동물문 중 가장 종류가 많다.

⑪ 곤충은 절지동물문과는 다른 아래의 형태적 특징을 가지고 있다.

　－ **곤충의 몸은 머리, 가슴, 배의 3부분으로 나눠진다.**

- 가슴 부분에는 3쌍의 다리와 대부분의 경우에 두 쌍의 날개가 있다.

- 기관(tracheal system)에 의해 호흡한다.

⑫ 곤충은 키틴질의 외골격 안쪽으로 근육이 부착되어 있다.

⑬ 곤충은 알로 번식하고, 탈피와 변태를 하며 성장한다.

⑭ 곤충은 외온동물(변온동물)이며 기관으로 호흡한다.

1) 성충의 외부형태

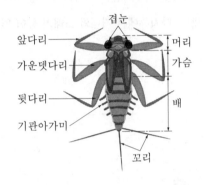

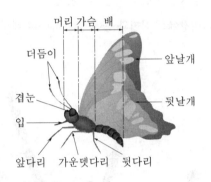

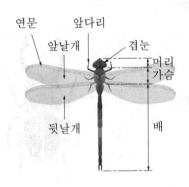

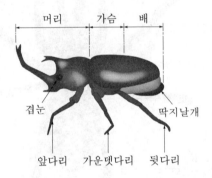

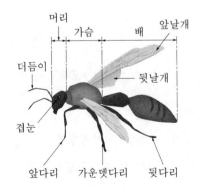

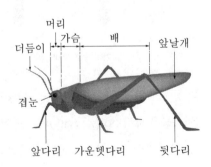

▲ 곤충의 형태

가) 머리

곤충의 머리는 눈, 더듬이, 입틀(mouse parts)과 두개(head capsule)로 구성된다. 곤충의 머리는 먹이 섭취, 주요 감각 기능을 갖고 있으며 뇌를 보호한다.

① 입틀

- 곤충은 먹이의 형태에 따라 씹거나, 핥거나, 지르거나, 빨아먹는 입틀을 가지고 있다.
- 입틀의 방향은 메뚜기와 같이 몸의 축으로부터 수직으로 아래쪽을 향하거나 (hypognathus), 하늘소 유충이나 포식성 노린재처럼 몸의 축과 나란하게 앞을 향하는 종류(prognathus) 혹은 몸의 뒤쪽을 향하는 종류(opistognathus)가 있다.
- 메뚜기나 바퀴, 혹은 딱정벌레와 같이 씹는 입틀을 갖는 곤충은 큰 턱을 움직이는 근육이 발달해 있고, **액체 형태의 먹이를 빨아 먹는 모기와 매미 같은 곤충은 머릿속의 근육이 발달해 있다.**

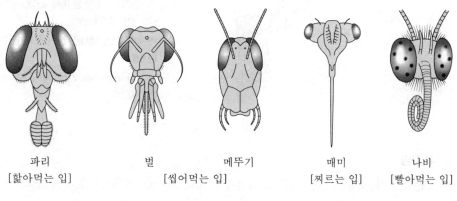

파리	벌	메뚜기	매미	나비
[핥아먹는 입]	[씹어먹는 입]		[찌르는 입]	[빨아먹는 입]

▲ 곤충의 입의 형태

- 눈은 겹눈과 홑눈이 있다. 겹눈은 마치 벌집처럼 생긴 육각형 모양의 낱눈이 2~3만 개 정도 모여서 만들어진다.

② 더듬이

- 곤충은 소리, 맛, 방향, 냄새 등을 인식하는 감각기관인 더듬이를 1쌍(2개) 가지고 있다.
- 더듬이의 편절에는 여러 형태의 감각수용체가 있어 냄새, 페로몬, 접촉 등의 자극을 탐지한다.
- **더듬이는 머리에서 가까운 곳부터 첫 번째 마디를 밑마디, 두 번째 마디를 자루마디, 세 번째에서 끝까지를 채찍마디라고 한다.**

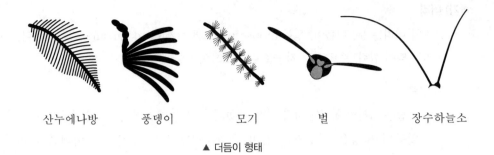

| 산누에나방 | 풍뎅이 | 모기 | 벌 | 장수하늘소 |

▲ 더듬이 형태

[곤충 더듬이의 기본 구조]

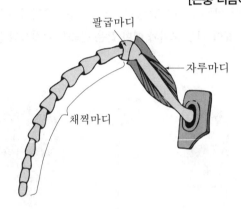

- **팔굽마디에는 진동을 감지하는 존스톤기관 (Johnston's organ)이 있다.**
- 존스톤기관은 진동을 통해 소리를 감지하고, 바람의 방향을 알아낸다.
- **채찍마디에는 냄새를 맡는 감각기들이 집중되어 있다.**
- 냄새 화학감각기는 안테나와 구기의 부속 수염에 존재한다.

나) 가슴

곤충의 가슴(thorax)은 3개의 고리마디가 있고, 앞가슴, 가운데가슴, 뒷가슴으로 구분된다. 가슴의 각 고리마디는 등판(tergum), 배판(sternum), 양 옆에 측판(pleuron)이 있다. 가슴의 고리에는 3쌍의 다리가 있고, **가운데가슴과 뒷가슴에는 1쌍의 날개가 있다.**

① 다리
- 곤충은 3쌍의 다리를 가지고 있으며, 앞다리, 가운뎃다리, 뒷다리로 구분할 수 있다.
- 각 다리는 몸에서 가까운 마디부터 밑마디(coax), 고리마디(trochanter), 넓적다리마디 (femur), 종아리마디(tibia), 1~5절로 이루어진 발목마디(tarsus)가 있다.
- 발목마디는 1쌍의 발톱(claw)과 욕반(empodium)으로 구성된다.

② 날개
- 곤충의 날개는 가슴과 등판이 좌우로 늘어나서 된 것이다.
- 곤충의 날개는 가슴과 등판이 늘어난 것이고 새의 날개는 앞다리가 변화된 것이다.
- 가운데 가슴의 날개는 앞날개, 뒷가슴의 날개는 뒷날개로 구분한다.
- 파리목의 뒷날개는 퇴화되어 있고, 부채벌레목은 앞날개가 퇴화되어 있다.
- 날개는 막질(膜質)을 바탕으로 한 기관이 변화한 시맥(翅脈, vein)을 가지고 있다.

– 시맥에 가는 털이나 인모(鱗毛), 인편(鱗片) 등을 가지고 있는 곤충도 있다.

– 딱정벌레목의 앞날개는 딱딱하고 변이가 심하며, 대부분 배를 완전히 덮는다.

– 딱정벌레목의 앞날개는 여러 무늬, 점각, 종선, 돌기 등이 다양하게 생성되어 있다.

다) 배

① 곤충의 배는 대부분 12개의 마디가 있으며, 등판(tergum)과 복판(sternum)으로 구성된다.

② 일부 곤충의 배는 6~11마디로 구성되어 있으며, 배의 양측 면에는 마디마다 1쌍의 기문이 있다.

③ 개미 등 일부 벌목 곤충에서는 첫째 복부마디가 가슴에 붙어있는 경우도 있다.

④ **곤충의 배에 마디가 많은 경우 처음 여덟째 마디까지 기문(spiracle)이 있다.**

⑤ 곤충 배의 내부에는 심장, 소화관 및 번식기관과 같은 중요한 기관이 있다.

⑥ 외부 부속기관으로는 외부생식기, 쌍꼬리(cerci)가 복부 마지막 마디에 있다.

⑦ 나비목 유충은 살의 돌기로 이루어진 헛다리(prolegs)가 있다.

⑧ 하루살이와 같은 일부 수서곤충에는 복부마디에 호흡을 도와주는 아가미가 있다.

⑨ **수컷 곤충의 제9배 마디의 부속지는 교미 때 쓰이는 파악기(clasper), 암컷의 제8, 9배 마디의 부속지는 산란관(ovipositor)을 만든다.**

2) 곤충의 내부기관

① 소화계

– 곤충의 소화계는 소화관, 소화선, 말피기관 등으로 구성되어 있다.

– 소화관은 외배엽이 함입하여 생기는 전장(foregut, stomodaeum)과 후장(hindgut, proctodaeum)과 이들을 연결하는 중장(midgut, mesenteron)으로 구분된다.

– 전장은 전구강(preoral food cavity), 인후(pharynx), 식도(oesophagus), 소낭(crop), 전위(proventriculus)로 이루어진다.

– **중장은 위(胃, ventriculus)에 해당되는 기관으로 소화효소를 분비하고 소화물질을 흡수하여 실질적인 소화작용이 일어나는 기관이다.**

– 후장은 회장(ileum), 결장(colon), 직장(rectum) 등 3부분으로 구분되며, 소화된 찌꺼기에서 수분을 흡수하여 체액이나 말피기관으로 보내기도 하고, 소화효소를 분비하여 소화를 돕기도 한다.

– 말피기관(malpighian tubules)은 중장과 후장이 만나는 부위에 발생하며 다른 조직과 연결됨이 없이 체강 내에 자유롭게 놓여 있다.

– **말피기관은 포유동물의 신장(腎臟)과 같은 역할을 하는 배설기관이다.**

– 일부 곤충 종은 말피기관을 이용하여 일차적으로 배설된 배설물에서 필요한 이온을 재흡수하기도 한다.

② 순환계

- 곤충의 순환계는 소화관 등 쪽에 있는 배관(dorsal vessel), 뒤쪽의 비교적 굵은 심장관 (heart tube), 앞쪽의 가는 부분 대동맥(aorta)으로 구성되어 있다.
- 곤충은 1심방 1심실을 가진 개방순환계를 가지며, 혈액은 혈장과 혈구세포로 이루어져 있다.

③ 호흡계

- 곤충의 호흡계는 기관계(tracheal system)이며, 기체는 기문(spiracle)을 통해 출입한다.
- 기체는 기문으로 들어가 모세기관에서 각 조직세포로 확산된다.
- **기문은 가슴에 2쌍, 복부에 8쌍, 전체 10쌍이 대부분이지만 종류에 따라 차이가 있다.**
- 물속에서 사는 곤충은 기관아가미(tracheal gill)를 사용하여 물속에 녹아 있는 산소로 호흡할 수 있다.

④ 신경계

- 곤충은 중추신경계(central nervous system), 내장신경계(stomodeal nervous system), 말초신경계(peripheral nervous system)를 가진다.
- 중추신경계는 뇌(brain), 각 고리마디의 신경절(ganglion), 신경절의 앞뒤를 잇는 신경색 (nerve cord)으로 구성된다.
- 내장신경계는 등 쪽 뇌 밑에 있는 후두신경절(occipidal ganglion)과 뇌 앞에 있는 안면신경절(frontal ganglion)이 전장, 침샘, 대동맥 및 입틀의 근육에 분포한다.
- 말초신경계는 각 신경절에서 나온 신경섬유로 근육이나 진피세포층에 분포한다.

⑤ 생식계

- **곤충 암컷의 생식계**는 난소(ovary), 수란관(oviduct), 부속선(accessory gland), 정자낭 (spermatheca)으로 구성된다.
- **수컷**은 정소(testis), 수정관(vas deferens), 부속선(accessory gland), 사정관 (ejaculatory duct), **저정낭(seminal vesicle)** 등의 생식기관이 있다.

⑥ 감각계

- 곤충은 촉각, 미각, 후각, 청각, 시각 등을 감지하고, 수용하는 수용기관이 있다.
- 곤충은 더듬이, 입틀의 부속모, 다리의 끝부분 등의 수용기관이 있다.
- 후각은 주로 더듬이와 입틀의 각 부분에서 감지하고, 시각 정보는 홑눈과 낱눈이 겹쳐서 만들어진 겹눈으로 감지한다.
- 청각은 고막기관(tympanal organ), 존스톤기관(johnston's organ)에서 감지한다.

⑦ 체벽

- 곤충의 체벽은 표피(cuticle), 진피층(epidermis), 기저막(basement membrane) 등으로 구성된다.

- 체벽 중에서 진피층만이 세포층으로 되어 있고, 표피는 키틴질과 단백질로 구성된다.

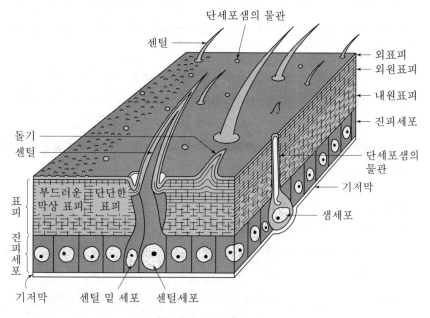

▲ 곤충의 체벽 구조(백운하 등 1996)

- 표피층의 가장 위에 시멘트 층이 있고, 그 아래에 왁스층이 있다.

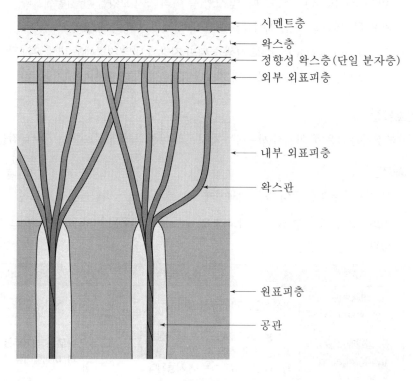

▲ 표피층의 구조

⑧ 내분비계
- 곤충은 호르몬을 분비하고, 분비된 호르몬은 혈액을 따라 이동하여 성장과 생식을 조절한다.
- **유약호르몬은 알라타체에서 분비되며, 유충형질의 보전, 전흉선의 유지, 난소의 성숙 등에 관여한다.**
- 곤충 유충의 탈피는 유약호르몬과 전흉선호르몬이 함께 작용하여 일어난다.
- 신경호르몬은 신경분비조직에서 나와 곤충의 성장과 항상성 유지, 대사, 생식 등을 총괄하여 조절한다.
- **탈피억제호르몬과 탈피촉진호르몬을 엑디스테로이드라고 부르며 전흉선에서 분비된다.**
- 카디아카제는 전흉선자극호르몬이다.

⑨ 외분비계
- 외배엽에서 발생한 외분비 샘은 얇은 막이나 작은 구멍이 뚫린 큐티클 층으로 싸여 있다.
- 외분비 샘은 단세포 또는 몇 개의 세포가 모여 만들어지며, 여러 개의 세포가 모인 기관인 경우도 있다.
- 외분비 샘 중에는 포식자를 물리치기 위한 유독성 물질을 분비하는 것도 있다.
- 외분비 샘에서는 종 내 또는 종 간에 신호를 보내는 신호물질을 분비한다.

⑩ 기타 특수조직
- 지방체(fat body)는 포도, 띠, 잎 모양 등 여러 가지 모양을 한 지방세포다.
- 지방체는 양분의 저장, 배설작용을 하며, 특히 노숙 유충에 많다.
- 편도세포(oenocyte)는 주로 갈색을 띠며 지방체 내의 지방세포 내에 혼재되어 있다.
- 편도세포는 외표피 층의 지방 및 지방단백질을 합성하여 분비한다.

3) 신호물질

신호물질에는 같은 종 안에서 사용하는 페로몬과 다른 종에게 신호를 보내는 타감물질이 있다.

① 페로몬
- 한 개체가 동일한 종의 다른 개체에게 정보를 전달하는 화합물질을 페로몬이라고 한다.
- 페로몬을 감지할 수 있는 감각모가 있기 때문에 페로몬은 아주 적은 양으로도 작용할 수 있다.

구분	특징	비고
성페로몬 (sex pheromone)	이성 유인, 교미페로몬 분비	종 특이성 있음
집합페로몬 (agggregation)	개체를 모이게 함. 암수 특이성은 없으나 교미 상대를 쉽게 찾을 수 있게 함. 방어, 먹이 공유 등 사회성을 유지하는 데 사용된다.	**나무좀이 기주를 발견하면 분비, 바퀴벌레류**

분산페로몬 (anti-aggregation)	너무 많은 개체가 모인 경우 개체들이 다른 곳으로 가도록 유도. 산란 시에 간격페로몬을 분비하여 가까이에 알을 낳지 못하도록 한다.	
길잡이페로몬(trail)	길을 따라 이동할 수 있도록 도움을 준다.	개미에서 흔히 볼 수 있음
경보페로몬(alarm)	적을 피하거나 함께 방어하기 위한 신호	사회성 곤충, 뿔매미, 진딧물

② 이종 간 통신물질

- 생화학적 물질을 분비하여 다른 종 개체의 성장·생존·번식 등에 영향을 주는 것을 타감작용이라고 한다.

- 타감작용을 일으키는 물질을 타감물질이라고 하며, 분비자와 감지자에게 주는 영향에 따라 구분한다.

구분	특징	비고
알로몬 (allomone)	분비자에게 도움이 되고 감지자에게 손해가 되는 경우. 식식성 곤충에게 저항하기 위해 식물이 분비하는 방어물질	담흑부전나비 유충은 일본왕개미가 자신을 돌보도록 하는 페로몬 분비
시노몬 (synomone)	분비자와 감지자 모두에게 도움이 되는 경우. 식물이 식식성 곤충의 포식기생자를 유인하는 물질 분비	나방 유충이 식물을 먹을 때 식물이 유충의 기생벌 유도 물질 분비
카이로몬 (kairomone)	분비한 개체에는 대체로 해가 되고, 감지한 개체에는 도움이 되는 경우. 포식자가 집합페로몬을 감지한다.	기생벌이나 기생파리가 숙주의 냄새에 끌리는 경우

③ 기타 외분비샘

- 쥐똥나무밀깍지벌레가 분비하는 백랍과 꿀벌의 밀랍은 왁스샘에서 분비된다.
- 누에나방과 산누에나방이 아랫입술샘에서 분비하는 실은 실샘(silk gland)에서 분비된다.
- 풀잠자리목 유충의 실은 말피기관에서 분비되고, 딱정벌레목 물땡땡이의 알을 둘러싼 실은 암컷 생식기관의 부속샘에서 분비된다.
- 노린재아목 약충의 복부 등 쪽에 있는 향기샘과 성충 뒷가슴 측벽에 있는 악취샘은 자신을 방어하기 위한 방어샘이다.
- 독샘(poison gland)은 벌에게 발달되었으며, 산란관과 생식샘의 부속샘이 변형되어 형성된다.
- 꿀벌의 독은 멜리틴(melittin) 단백질이고, 말벌의 독은 폴리펩타이드 키닌(polypeptide kinin)이다.
- 쐐기나방, 불나방, 독나방, 산누에나방은 독샘이 털과 연결되어 있어 강모가 부러지면 독 물질이 나온다.

❷ 해충의 분류

1) 해충의 생태학적 구분

산림의 경제성 손실과 공익성을 저해하는 해충의 중요성을 파악하기 위한 구분으로, 해충의 발생으로 인한 피해가 일정 수준을 넘는 해충에만 방제책을 선별적으로 적용하기 위한 구분이다. 자연생태계의 균형을 유지하는 방향으로 유도하는 전략이 필요하며, 우리나라의 산림 해충 종류는 약 2,500여 종이나 중요한 해충은 솔잎혹파리, 솔수염하늘소 등 10여 종에 불과하고 나머지는 잠재 해충 또는 비경제 해충으로 구분한다.

① 주요 해충(major pests, key pests)
- 관건 해충(key pests)이라고도 하며 매년 만성적, 지속적으로 피해를 나타내는 해충이다.
- 효과적인 천적이 없는 경우가 대부분이며 인위적인 방제가 실행되지 않으면 심각한 손실이 발생한다.
- 우리나라에서는 솔잎혹파리, 소나무재선충, 솔껍질깍지벌레, 미국흰불나방, 오리나무잎벌레 등이 여기에 속한다.

② 돌발 해충
- 주기적으로 대발생하거나 평시에는 큰 문제가 되지 않았던 해충이 어떤 환경적 요인으로 대발생하는 해충이다.
- 환경에서 밀도를 억제하고 있던 요인이 제거되거나 약화되었을 경우 비정상적으로 대발생하게 된다.
- 우리나라에서는 천막벌레나방, 어스렝이나방, 매미나방 등이 여기에 속한다.

③ 2차 해충(secondary pests)
- **특정 해충의 방제로 인해 곤충상이 파괴되면서 잠재 해충이 새로운 주요 해충이 된 것이 2차 해충이다.**
- 특정 해충에 대한 저항성 품종을 개발하여 보급하고 일정 기간이 지난 후에 새로운 해충이 문제되는 경우가 많다.
- **흡즙성 해충인 노린재류, 깍지벌레류, 진딧물류 등이 여기에 속한다.**

④ 비경제 해충(non-economic pests)
- **수목을 가해하나 그 피해가 경미하여 방제의 필요성이 없는 해충이다.**
- 산림생태계를 구성하는 대부분의 곤충이 여기에 속한다.

2) 유전적 유연관계에 의한 해충의 분류
- 생물의 종명을 밝히는 것을 동정(identification)이라 하며, 종명을 중심으로 확인하여야 한다.
- 동정은 대상 해충의 유전적 유연관계를 알고, 기존 지식을 활용하여 방제 방법 선택에 필요한 생활사, 행동습성 등을 알 수 있다.

- 곤충강에는 나비목, 벌목, 딱정벌레목(目) 등이 있다.
- 우리나라에는 약 30목(目)의 곤충이 있고, 딱정벌레목에 가장 많은 종이 있다.
- 산림을 가해하는 해충은 딱정벌레목과 나비목 순으로 종류가 많다.

[곤충강의 주요목]

구분		목명	주요 곤충종
무시아강		낫발이목(*Protura*) 톡톡이목(*Collembola*) 좀붙이목(*Diplura*) 좀목(*Thysanura*)	
유시아강	외시류 (불완전 변태)	매미목(*Homoptera*)	**진딧물**, 깍지벌레, 매미충, 거품벌레, 멸구
		노린재목(*Hemiptera*)	방패벌레, 물장군, 소금쟁이, 빈대
		잠자리목(*Odonata*)	잠자리, 실잠자리
		메뚜기목(*Orthoptera*)	귀뚜라미, 사마귀, 방아깨비, 대벌레, 땅강아지, 바퀴, 여치
		총채벌레목(*Thysanoptera*)	
		하루살이목(*Ephemeroptera*)	
		흰개미목(*Isoptera*)	
		강도래목(*Plecoptera*)	
		이목(*Phthiraptera*)	
	내시류 (완전 변태)	나비목(*Lepidoptera*)	나비, 나방
		파리목(*Diptera*)	모기, 등에, 꽃등에, 기생파리, 혹파리
		벌목(*Hymenoptera*)	꿀벌, 기생벌, 말벌, 개미, 잎벌. 혹벌
		딱정 벌레목(*Coleoptera*)	**나무좀**, 하늘소, **바구미**, 풍뎅이, 무당벌레, **잎벌레**, 사슴벌레
		풀잠자리목(*Neuroptera*)	
		벼룩목(*Siphonaptera*)	
		날도래목(*Trichoptera*)	

3) 분류의 목적

① 곤충 분류는 종 상호간의 유연관계와 특성을 파악함으로써 종명을 결정하는 데 있다.

② 현재 살고 있는 곤충과 예전에 살고 있었던 곤충이 어떤 분류군에 속하는지 파악하면 방제 방법을 쉽게 결정할 수 있다.

4) 분류의 단위

① 분류의 순서는 곤충목에서 시작하여 그 하위로 강(綱), 아강(亞綱), 목(目), 아목(亞目), 과(科), 아과(亞科), 속(屬), 아속(亞屬), 종(種), 아종(亞種), 변종(變種)의 순으로 단위를 정할 수 있다.

② 곤충은 입과 날개의 진화 정도, 날개의 모양, 변태의 방식 및 진화 정도에 의하여 분류한다.

5) 곤충의 분류

① 무시아강(無翅亞綱, *Apterygota*) : 원래 날개가 없다.

② 유시아강(有翅亞綱, *Pterygota*) : 날개를 가지고 있지만 2차적으로 퇴화(退化)되어 없는 것
   도 있다.

③ **외시류(外翅類, *Exopterygota*) : 불완전변태를 한다.**

④ **내시류(內翅類, *Endopterygota*) : 완전변태를 한다.**

⑤ **고시류(古翅類, *Paleoptera*) : 날개를 접을 수 없다.**

⑥ **신시류(新翅類, *Neoptera*) : 날개를 접을 수 있다.**

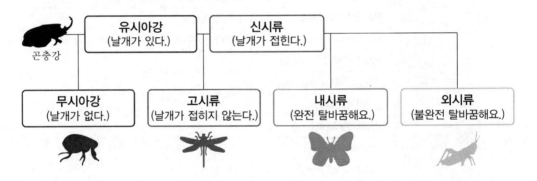

❸ 해충의 생태

1) 생활환(life cycle)

① 대부분의 곤충은 자웅이체(암수딴몸)로 양성생식을 한다.

② 대부분의 곤충은 알을 낳지만 여름철의 진딧물과 체체파리는 새끼를 낳는다.

③ 암수 성충이 교미한 후 암컷이 산란하고 **알은 일정 기간 후 부화(hatch)되어 1령충이 된다.**

④ 곤충은 외골격(exoskeleton)이라고 하는 척추동물의 뼈와 비슷한 기능을 가지는 체벽을 가
   지고 있다.

⑤ 외골격은 탈피 후 일정 시간이 지나면 단단히 굳어 더 이상 커질 수 없다.

⑥ 1령충은 먹이를 먹고 자라다가 외골격이 몸에 작아질 정도로 성장하면 탈피(molt)하여 2령
   충이 된다.

⑦ 그 후 일정한 횟수의 탈피를 하여 성충이 되거나, 번데기 시기를 거친 후 탈피하여 성충이 된다.

⑧ 성충은 우화 후 교미하고 일정 기간이 경과하면 암컷은 알을 낳는다.

⑨ 위와 같은 일련의 과정을 생활환(life cycle)이라고 한다.

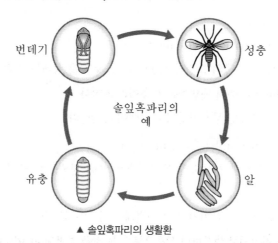

▲ 솔잎혹파리의 생활환

⑩ 생활환에서 1년간의 변화과정을 연중생활경과(seasonal life cycle)라고 한다.

[솔나방의 연중생활경과]

해충 \ 월	1	2	3	4	5	6	7	8	9	10	11	12
애벌레												
번데기						⊙	⊙⊙⊙	⊙				
성충							++	++				
알								○○	○○			
애벌레												

⑪ 연중생활경과는 각 충태의 출현 시기, 연간 발생횟수, 월동태 등을 일목요연하게 보여준다.

2) 곤충의 변태

① 알이 부화하여 성충이 되는 과정에서 난자가 수정되는 시기부터 부화까지의 과정을 배자발
육(배자 발생, embryonic development)이라고 한다.

② 부화 후 성충까지의 과정을 배자후발육(post embryonic development)이라고 한다.

③ 곤충의 탄생에서 사망까지 각 발육단계별 곤충의 습성 및 환경과의 상호관계를 설명한 것을
생활사(life history)라고 한다.

④ 알에서 부화한 애벌레는 메뚜기처럼 성충과 비슷한 모양인 경우도 있지만 대개는 서로 형태
가 다르다.

⑤ 어린 애벌레가 여러 차례 탈피를 거듭하며 모양이 차츰 변하거나 또는 급격히 변하는 것을 변태라고 한다.

　㉠ 무변태(ametabolic development)

　　– 어린 애벌레는 몸의 크기가 성충에 비해 작을 뿐 형태는 거의 비슷하다.

　　– 무변태하는 곤충의 애벌레를 약충이라고 한다.

　　– 원시적 곤충류인 무시아강이 무변태에 해당한다.

　㉡ 불완전변태(incomplete metamorphos)

　　– 번데기 시기 없이 성숙한 애벌레에서 바로 성충으로 탈피하는 것을 불완전변태라고 한다.

　　– 무변태의 경우와 같이 이러한 애벌레를 약충이라고 한다.

　　– 약충이 지상에서 생장하며 성충으로 크는 것을 점변태(gradual morphosis)라고 한다.

　　– 점변태하는 약충을 nymph라 하고, nymph는 탈피하면서 점점 성충과 비슷해진다.

　　– 물속에서 살던 약충이 성충시기에 공중생활을 하는 종류는 약충과 성충의 모습이 현저히 다르다.

　　– 물속에서 살던 약충이 날아다니는 것은 잠자리, 하루살이, 강도래 등이 있다.

　　– 물속에서 살던 약충이 날아다니는 성충이 되는 것을 반변태(hemimetabolous development)라고 한다.

　㉢ 완전변태(complete metamorphosis)

　　– 애벌레가 번데기 시기를 거쳐 성충으로 탈피하는 것을 완전변태라고 한다.

　　– 완전 변태하는 곤충의 애벌레를 유충(larva)이라고 한다.

구분	변태과정		
무변태	알–약충–성충		
불완전변태	알–약충–성충	점변태	알–지상약충–성충
		반변태	알–수중약충–성충
		증절변태	알–약충(탈피 시에 배마디 증가)–성충
완전변태	알–유충(1~5령)–번데기–성충		
	알–유충–의용–용–성충(과변태 : 탈피 때마다 형태가 달라짐)		

3) 내시류의 유충형태

완전변태하는 내시류의 유충은 부화할 때 배자의 발생상태에 따라 원각형, 무각형, 다각형, 소각형으로 구분할 수 있다.

[내시류 유충의 특징]

유충의 형태	특징	분류
원각형 유충 (protopod larvae)	배의 마디가 뚜렷하지 못하고 머리와 가슴의 부속지 역시 명확하지 않다. 난황이 적고 유충이 배자 발생 초기에 부화한다.	기생봉류
다각형 유충 (polypod larvae)	분절은 완전하고 복지(腹肢, proleg)가 있고 몸의 옆쪽에는 기문이 발달한다. 가슴의 다리는 잘 발달한 것이 아니라 뚜렷하다.	나비목, 잎벌목, 밑들이목
소각형 유충	가슴다리가 발달되어 있으며, 배다리가 없고, 머리 부분과 그 부속지가 잘 발달되어 있다.	딱정벌레목(무당벌레)
무각형 유충	부속지가 결여되어 있으며, 구데기형으로 다리가 없는 유충이다.	**파리목, 벌아목**

* 완전변태를 하는 것은 번데기가 되기 전까지, 불완전변태를 하는 것은 성충이 되기 전까지를 유충(larva)이라고 한다.

* 배자(胚子, embryo) : 난할이 시작된 때부터 음식물을 취하기 시작할 때까지의 발생기에 있는 개체

4 해충 발생의 원인 등 기타

1) 곤충의 이동과 정위

동물이 자극에 반응하여 자세 및 위치를 조절하는 행위를 정위(orientation)라고 한다. 정위는 크게 무방향운동과 주성으로 나눈다.

가) 무방향운동

① 무방향운동(kinesis)은 동물의 이동 방향이 자극원과 일정한 연관성이 없는 행동이다.

② 습한 곳을 좋아하는 나무이류를 다양한 습도환경에 놓아두면 곧 습한 곳에 모인다.

③ 나무이가 습도의 차이를 단계별로 판별하는 능력이 있어서가 아니라 단순히 건조한 곳에서 더 많이 움직이기 때문이다.

④ 건조한 곳을 좋아하는 체체파리는 습한 곳에서 더 활발하게 움직이므로 건조한 곳에 모이게 된다.

나) 주성

① **주성(추성, taxis)이란 동물이 자극원에 반응하여 일정한 방향으로 이동하는 행동이다.**

② 식물체의 일부가 자극원에 반응하여 지향성(指向性) 운동을 일으키는 이른바 굴성(屈性, tropism)과는 다르다.

③ 주성에는 자극원으로 접근하는 양성주성(陽性走性), 자극원으로부터 멀어지는 음성주성이 있다.

다) 주성의 자극원

주성은 자극원의 종류에 따라 다음과 같은 것들이 있다.

① 주광성(phototaxis) : 자극원이 빛이다. 나방류는 양성주광성을 가진다.

② 주지성(geotaxis) : 중력을 따라 이동한다. 신초를 가해하는 애벌레는 음성주지성이다.

③ **주촉성(thigmotaxis)** : 몸의 표면을 최대한 주위와 접촉하려는 행동이다. **솔껍질깍지벌레 부화약충이 소나무 가지의 인편으로 기어들어가는 것이 양성주촉성이다.**

④ **주화성(chemotaxis)** : 화학물질의 냄새에 반응하는 것이 주화성이다. **성페로몬에 유인되는 수컷이 양성주화성에 해당한다.**

⑤ 주풍성(anemotaxis) : 바람에 반응하여 이동하는 행동습성이다. 대부분의 곤충은 양성주풍성으로 냄새의 출처에 도달한다.

라) 곤충의 섭식행동

① 부식성(saprophagous) : 썩은 것을 먹는다.

② 식식성(phytopagous) : 식물을 먹는다.

③ 균식성(mycophagous) : 균류의 균사를 먹는다.

④ 육식성(zoophagous) : 다른 동물을 잡아먹는다.

마) 해충의 개체군 동태

① 산림 해충이 돌발적으로 발생하는 원인 등 산림 내에 서식하는 곤충의 개체군 변동을 이해하는 것은 산림생태계를 건전하게 관리하는 데 있어서 중요한 기초가 된다.

② 조사하려는 곤충 종에 대한 개체군(個體群, population) 단위의 해석을 해야 한다.

③ 생태계는 어떤 지역 내의 생물과 환경을 하나의 system으로 보는 것이다.

④ 일정 지역의 생태계 내에 살고 있는 어떤 종의 집단을 개체군이라고 한다.

⑤ 해충 개체군의 밀도 억제 제한 요인이 약화되거나 제거되어서 그 밀도가 증가하게 되면 산림에 피해를 주게 된다.

⑥ 개체군의 밀도가 변하는 것은 1차적으로 출생률, 사망률과 직접적인 관계가 있다.

⑦ 출생률은 일정한 시간 내에 출생한 수의 최초 개체 수에 대한 비율이다.

> **참고** 출생률과 관계있는 요인 ●
>
> a. 암컷의 최대 산출 수   b. 암컷의 실 산출 수   c. **성비 : 전체 개체 수에 대한 암컷의 비**   d. 연령 구성 비율

⑧ 사망률은 일정한 시간에 사망한 개체 수의 최초 개체 수에 대한 비율이다.

노쇠, 활력 감퇴, 사고, 이화학적 조건, 먹이 부족, 천적류, 은신처 부족 등

⑨ 이동에는 어떤 지역으로 들어오는 이입과 나가는 이주가 있다.

⑩ 이동의 형태는 아래와 같다.

   ㉠ 확산 : 필요한 환경조건을 찾아 개체가 이동하는 것이다. 연속적 분포를 하게 되며 그 한계는 그 종이 생활할 수 없는 곳까지다.

   ㉡ 분산 : 부모 개체를 떠나 다른 곳에 정착하는 것이다. 불연속적인 것으로 정착한 곳이 생활에 알맞으면 정주할 수 있으나 그렇지 못하면 멸종한다.

      예 바람에 의해 이동하는 곤충류

바) 개체군 성장과 밀도효과

① 개체군 성장

개체군의 성장은 개체군의 생식을 통해 이루어진다.

$$N_{t+1} = N_t + B - D + I - E$$

N_t, N_{t+1} : t와 $t+1$시간에서의 개체군 밀도

B : 출생수, D : 사망수, I : 이입수, E : 이출수

출생, 사망 등 숫자를 정확히 추정할 수 없기 때문에 이식은 실제 개체군의 밀도를 조사하는 데 사용할 수 없다.

② 개체군 성장 모델

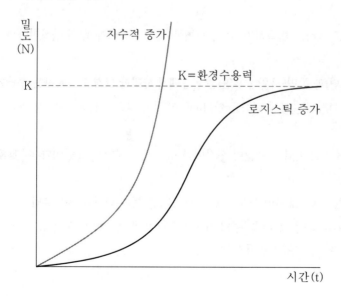

– 서식 지역의 먹이가 충분하고 천적이나 병 등의 작용이 없으면 시간이 경과함에 따라 개체군 밀도는 지수함수적(exponential function)으로 증가한다.

$$\frac{dN}{dt} = rN$$

식에서 N : 개체 수, r : 순간증가율

– **실제 자연환경에서는 먹이 및 공간이 제한되어 있어** 개체군은 밀도가 상승하면서 사망률이 상승하고 출생률이 낮아져서 **개체군은 로지스틱(logistic) 성장을 한다.**

$$\frac{dN}{dt} = rN\frac{K\text{-}N}{K}$$

식에서 K : 환경수용력, $\frac{K\text{-}N}{K}$: 순간증가율, : 환경저항

– **개체군은 환경수용력이 클수록 높은 밀도까지 증가할 수 있으며, 환경수용력 밀도에 가까워질수록 증가율이 감소된다.**

2) 곤충의 휴면과 휴지

가) 곤충의 휴면

① **휴면(diapause) 현상은 진화의 결과로 얻어진 개체군의 환경적응 현상이다.**

② 휴면은 규칙적이고 보다 광범위한 계절적 변화로서, 이에는 불리한 온도 및 습도, 먹이 부족, 천적 또는 경쟁 종의 억압 등이 해당된다.

③ 규칙적인 환경변화는 예측이 가능하며, 많은 곤충류는 불리한 환경이 닥치기 전에 발육을 억제함으로써 불리함을 극복한다.

④ 휴면은 곤충이 일시적으로 발육 정지하거나 생명유지에 필요한 기본적인 활동만을 하는 상태를 말한다.

⑤ 환경이 좋아져도 곧바로 발육하지 않고, 특별한 생리적 자극에 의해 성장이나 생식을 재개한다.

⑥ **하면(여름에 휴면)과 동면(겨울에 휴면)은 곤충에게 불리한 환경을 극복하는 수단이다.**

⑦ 하면과 동면의 결정에는 계절 변화를 인지하는 과정이 필요한데, 보통은 일장시간의 변화에 따른다.

　㉠ **의무휴면** : 환경조건과 관계없이 성장이나 생식을 중지하는 휴면이다. **강제휴면**이라고 한다.

　㉡ **선택휴면** : 환경조건에 따라 성장이나 생식을 중지하는 휴면이다. **자연휴면**이라고 한다.

⑧ 휴면(休眠, diapause)은 내분비기구의 지배에 의한 자율적인 발육 정지 상태이며, 휴면기간 동안에 적산온도법칙이 성립하지 않는다.

나) 곤충의 휴지

① 곤충의 대사나 발육이 느린 속도로 진행되거나 일시 정지하였다가 환경조건이 좋아지면 즉시 성장이나 생식이 재개하는 것을 휴지라고 한다.

② 휴면은 고온, 저온, 가뭄, 강우 등 외부 요인이 불규칙하거나 국부적인 환경 변화에 의하여 단순히 발육이 정지된 휴지(休止, quiescence)와는 구별된다.

③ 불규칙적이나 주로 단기적·국부적인 환경변화로서, 예를 들면 계절과 어울리지 않는 고온 또는 저온, 일중 온도변화에 따른 고온 또는 저온, 가뭄, 강우 등에 처했을 때, 곤충이 이에 반응하여 운동을 중단하는 경우를 활동정지라고 한다.

④ 활동정지는 곤충이 불리한 환경에 직면한 후 곧 개시되고 환경이 개선되면 곧 끝나게 된다.

다) 의무적 휴면

① 자발적 휴면이라고 하며, 매 세대 휴면하는 것이다. 1년에 1세대의 휴면이 발생한다.

② 솔껍질깍지벌레 1령 약충은 4월에 부화하여 소나무 가지의 인편 밑에 들어간 후 곧 휴면에 진입하고, 10월에 이르러서야 휴면이 타파된다.

③ **솔껍질깍지벌레 1령 약충의 휴면은 포식성 천적의 활동이 많은 시기에 천적의 억압에 적응된 결과다.**

④ 솔껍질깍지벌레의 포식성 천적은 무당벌레류, 풀잠자리류, 거미류 등이 있다.

라) 기회적 휴면

① **타발 휴면**이라고 하며, 1년에 2세대 이상 발생한다. **환경조건에 따라 휴면 진입 여부가 결정**된다.

② 미국흰불나방은 번데기로 월동하며, 5월 하순에 성충으로 우화, 산란하고 이에서 부화한 유충은 6월에 생장하는데, 이로부터 탈피한 번데기는 휴면을 갖지 않고 8월에 성충으로 우화한다.

③ 미국흰불나방의 성충이 산란하고 이에서 부화한 유충은 8~9월에 생장하며, 이로부터 탈피한 번데기는 장기간의 휴면을 갖는다.

④ 기회적 휴면의 진입 여부를 결정하는 데 가장 중요한 계절적 변화를 예측할 수 있는 환경지표는 일조시간이다.

⑤ **기회적 휴면은 겨울철 먹이의 부족 및 저온에 적응한 결과다.**

3) 해충의 월동태

해충은 외온동물(변온동물)이므로 겨울에는 살기 어려워 겨울잠을 자거나 알로 지난다. 곰이나 다람쥐 같은 내온동물(항온동물)의 겨울잠과 달리 해충의 휴면은 온도나 빛의 강도가 아니라 일조시간의 영향을 많이 받는다. 해충이 겨울에 휴면하는 형태는 벌레의 종류에 따라 알, 애벌레, 번데기, 성충의 어느 한 시기로 결정되는데, 두 가지 이상의 충태로 겨울잠에 들어가는 곤충은 거의 없다.

박쥐나방은 알 이외의 충태로는 겨울잠에 들어가지 못한다. 같은 나방류지만 미국흰불나방은 번데기로, 독나방은 유충으로만 월동한다. 1년에 여러 번 발생하는 해충들은 대개 가을철이면 알로부터 성충까지 여러 가지 충태로 섞여서 한 시기에 존재한다. 그렇지만 겨울이 되면 휴면할 수 있는 충태의 벌레만 남고 나머지는 겨울을 견디지 못하고 죽는다.

[곤충들의 월동태]

월동태	해충명
알	어스렝이나방, 미류재주나방, 집시나방, 솔노랑잎벌, 텐트나방, 밤나무왕진딧물, 박쥐나방, 버들바구미, 참나무재주나방, 전나무잎말이진딧물, 사사끼잎혹진딧물, 매미나방(집시나방), 대벌레
유충	**솔나방, 복숭아명나방**, 솔알락명나방, 솔잎혹파리, 독나방, **밤바구미**, 버들재주나방, 삼나무독나방, 거세미나방, 잣나무넓적잎벌, **밤나무혹벌**, 왕바구미, 도토리거위벌레, 풍뎅이, 피나무호랑하늘소, 솔수염하늘소, 북방수염하늘소, 작은별긴하늘소, 참나무하늘소, 광릉긴나무좀 등
번데기	**미국흰불나방**, 낙엽송잎벌, 줄박각시, 참나무재주나방, 아까시잎혹파리
약충	땅강아지
성충	오리나무잎벌레, 오리나무좀, 소나무좀, 측백하늘소, 깍지벌레류, 느티나무벼룩바구미, 버즘나무방패벌레, 호두나무잎벌레

① 알로 월동하는 곤충 : 어스렝이나방, 집시나방, 밤나무왕진딧물 등이 나무의 줄기에서 월동하고, 텐트나방, 참나무재주나방 등은 가는 가지 끝에 고리 모양 또는 띠 모양으로 산란한 알로 겨울을 난다. 박쥐나방은 드물게 땅에 산란한다. **알로 월동하는 곤충들은 진딧물류를 제외하고는 월동기간이 비교적 길고**, 텐트나방은 9개월 정도를 나뭇가지 끝에서 알로 지낸다.

② 유충으로 월동하는 곤충 : 솔나방, 솔잎혹파리, 독나방 등 많은 식엽성 해충과 충영형성 해충 및 천공성 해충인 바구미류가 유충으로 수피 속이나 수피 사이, 돌과 나뭇잎 밑에서 월동한다. 밤나무혹벌은 밤나무의 겨울 눈속에서 아주 어린 애벌레로 겨울을 지낸다. **송충이는 솔잎을 가해하다가 기온이 9℃ 이하가 되면 수간을 내려와서 거친 수피 사이 또는 지피물 밑에 들어가서 겨울을 지낸다.**

③ 번데기로 월동하는 곤충 : 미국흰불나방은 1년에 2회 발생하며 번데기로 나무의 공동(空胴)이나 판자 틈에서 월동한다. 노숙유충은 번데기가 될 곳을 찾아 나무줄기를 기어 지표로 내려온다. 미국흰불나방의 용화기인 6월 하순과 8월 상순에 피해목 줄기에 볏짚이나 거적으로 잠복소를 설치하면 그 속으로 유충이 진입하여 번데기가 되어 겨울을 난다.

④ 성충으로 월동하는 곤충 : **소나무좀은 성충으로 소나무의 지재부 수간의 연한 수피 속에서 월동한다.** 특히 벌채한 그루터기에서 많이 월동한다. 겨울 동안에 그루터기의 껍질을 박피(剝皮)하여 월동하고 있는 소나무좀의 성충을 포살할 수 있다. 봄에 설치할 먹이나무는 반드시 겨울 동안에 베어 놓아야 하며, 여름에 벤 나무는 형성층이 썩게 되므로 먹이나무로 쓸 수 없다. 소나무좀의 밀도가 너무 높은 곳은 먹이나무의 유인효과를 기대하기 어렵다.

4) 방제법과 적용 해충

① 기계적 방제

명칭	방제법	적용 해충
포살	간단한 기구나 손으로 잡아 죽인다.	솔나방, 미국흰불나방 등
	구멍 속의 유충을 철사로 찔러 죽인다.	하늘소류, 박쥐나방
	땅에 비닐이나 천을 깔고 나무를 턴다.	잎벌레류, 바구미류, 하늘소류
	알을 제거한다.	어스렝이나방, 매미나방
경운법	묘포에서 땅을 깊이 갈아 땅속의 해충을 노출 시킨다.	굼벵이류, 잎벌레류, 땅강아지
유살법	당밀 등으로 유인하여 포살한다.	풍뎅이류
	수간에 짚·가마니를 감아 **잠복소를 만들어 유인**하여 포살한다.	**솔나방, 미국흰불나방**
	원목을 1~2높이로 잘라 ha당 10~20본을 먹이목으로 설치하거나 나무껍질을 벗긴다.	나무좀류, 바구미류
차단법	나무줄기에 끈끈이를 바르거나 비닐을 감아서 이동을 못하게 한다.	솔나방, 미국흰불나방, 재주나방류, 매미나방

② 물리적 방제

명칭	방제법	적용 해충
온도처리	고온(60°이상) 또는 저온(-27° 이하) 처리를 한다.	가루나무좀류, 나무좀류, 하늘소류, 바구미류
습도처리	목재를 물속에 30일 이상 담가둔다.	나무좀류, 하늘소류, 바구미류

③ 화학적 방제

구분	방제법	적용 해충
접촉 살충제	메프 또는 디프제 등을 100배로 살포한다.	나방류 및 기타
	디노테퓨란 액제 1000배 내외를 살포한다.	깍지벌레류
	이미다클로프리드 입제(20g/흉고직경) 토양처리	솔잎혹파리
	분제를 토양처리한다.	굼벵이류, 땅강아지
침투성 살충제	에마멕틴벤조에이트 등 액제를 나무주사	솔잎혹파리, 솔껍질깍지벌레
	엽면살포를 실시한다.	진딧물류
	근부처리를 실시한다.	솔잎혹파리, 응애류
살비제	엽면살포를 실시한다.	응애류

④ 생물학적 방제

구분	방제법	적용 해충
기생봉 이용	솔잎혹파리먹좀벌, 혹파리살이목좀벌, 혹파리등뿔먹좀벌을 사육 방사한다.	솔잎혹파리
포식충 이용	무당벌레, 잠자리 등을 보호 이용한다.	진딧물류, 응애류, 깍지벌레류, 나방류 유충
병원물 이용	B.T균, 백강균을 살포한다.	나방류 유충

⑤ 임업적 방제

구분	방제법	적용 해충
산림 구성	혼효림을 조성한다.	솔나방
밀도 조절	입목도를 낮게 한다.	바구미류, 솔껍질깍지벌레
위생간벌	쇠약목을 초기 제거한다.	나무좀류, 소나무재선충, 솔잎혹파리
품종 선택	내충성 품종으로 갱신한다.	밤나무혹벌

section 2 | 산림 해충의 피해

1 가해 양식

곤충을 분류할 때는 형태적인 특성이나 생태적인 유연관계에 따라 분류하기도 하지만 알기 쉽게 수목에 피해를 주는 부위나 가해 양식에 따라 해충 종류를 분류하기도 한다.

① 종자나 과실을 가해하는 해충(종실 해충)
  - 수목의 종자나 사람이 식용하는 과육을 가해하는 해충이다.
  - 종실 해충은 농민의 소득적 측면에서 매우 주요한 경제성 해충이라 할 수 있다.
  - 밤나무의 **복숭아명나방**, 밤바구미, 잣나무의 **솔알락명나방** 등이 대표적인 종실 해충이다.

② 묘목을 가해하는 해충(묘포 해충)
  - 수목의 어린 묘를 재배하는 묘포장에 문제가 되는 해충이다.
  - 주로 묘목의 뿌리 또는 어린 묘목의 새순을 가해하는 해충이다.
  - 거세미나방 유충, 땅강아지, 풍뎅이 유충인 굼벵이 등은 주로 뿌리를 가해한다.
  - 각종 진딧물, 깍지벌레, 풍뎅이 성충 등은 어린 묘목의 새순과 가지를 가해한다.

③ 눈과 새순을 가해하는 해충
  - 부드러운 새순이나 겨울을 나는 눈을 가해하는 해충이다.
  - 주로 봄에 발생하여 피해를 주는 해충에서 피해가 심하다.
  - **밤나무혹벌**, 아카시아진딧물, **느티나무벼룩바구미** 등이 눈과 새순을 가해한다.

④ 잎을 가해하는 해충
  - 대부분의 식엽성 해충이 여기에 속한다.
  - 나비목의 유충과 잎벌류 유충이 여기에 속한다.

⑤ 가지나 줄기를 가해하는 해충
  - 줄기나 가지에 구멍을 뚫어 가해하는 해충과 줄기나 가지의 표면에서 수액을 흡즙하는 해충들이 있다.
  - 천공성 해충은 주로 다른 원인에 의해 고사하였거나 쇠약한 나무에 피해를 주는 2차성 해충이다.
  - 솔수염하늘소, 북방수염하늘소, 미끈이하늘소 등 하늘소류, 소나무좀 등의 좀류, 그 외 바구미류, 거저리류 등이 천공성 해충이다.
  - 건전한 나무에 구멍을 뚫고 들어가는 해충은 광릉긴나무좀, **박쥐나방**, 알락하늘소 등이 있다.
  - 표면에서 수액을 흡즙하는 해충은 밤나무왕진딧물, 깍지벌레류, 노린재류, 진딧물류 등이 있다.

⑥ 충영을 형성하는 해충
  - 가지, 잎, 등에서 벌레집인 혹을 형성하여 그 속에서 수액을 흡즙하는 해충이다.
  - 솔잎혹파리는 소나무 잎 기부에서 충영을 만든다.
  - 밤나무혹벌은 밤나무 동아에 혹을 만든다.
  - 팽나무이는 팽나무 잎에 혹을 만든다.
  - 오배자면충은 붉나무 잎에서 커다란 혹을 형성한다.

발생 횟수	잎 가해	줄기와 가지 가해	종실 가해
1년에 1회	솔나방, 솔잎혹파리, 느티나무벼룩바구미, 오리나무잎벌레, 잣나무넓적잎벌, 어스렝이나방, 매미나방(집시나방), 대벌레, 천막벌레나방(텐트나방), 참나무재주나방, 호두나무잎벌레, 솔노랑잎벌,	향나무하늘소, 밤나무순혹벌, 솔수염하늘소, 북방수염하늘소, 알락하늘소, 작은별긴하늘소,	밤바구미, **도토리거위벌레**
1년에 2회	버즘나무방패벌레, 미국흰불나방		**솔알락명나방, 복숭아명나방**
1년에 3회	낙엽송잎벌		솔알락명나방, 복숭아명나방
2년에 1회	잣나무넓적잎벌	참나무하늘소	밤바구미

❷ 해충의 발생 예찰

예찰이란 언제, 어디에, 어떤 병이 얼마만큼 발생하여 피해가 얼마나 될 것인지를 추정하는 활동이다. 예찰을 하는 목적은 병충해에 대한 적절한 방제책을 강구하는 데 있다.

1) 해충 조사

① 해충 조사는 해충 종의 지역적 분포상황과 밀도를 조사하는 것이다.

② 해충 조사는 조사 당시에는 피해가 그리 크지 않으나 앞으로 피해가 심해질 것이 확실할 때에 한해 실시한다.

③ 해충 조사는 밀도의 표현 방식, 조사 시기, 조사 대상, 표본의 단위, 수간과 수내의 변이, 최적 표본 수 등을 고려하여 조사한다.

④ 해충의 조사 방법은 수관부 조사, 수간부 조사, 임상토층 조사, 공간 조사 등이 있다.

⑤ 해충의 존재 여부는 전술한 피해 표징, 직접 조사 등을 이용한다.

⑥ 밀도 표현 방법은 면적, 먹이의 양, 그 밖의 상대적인 단위를 기준으로 표현한다.

⑦ 상대적인 방법은 표식장치를 이용하여 단위시간당 포충수로 밀도를 표현하는 것이다.

2) 해충의 조사 방법

① 수관부 조사 : 직접 해충 수를 조사하는 방법과 땅에 떨어진 벌레의 분변을 조사하여 간접적으로 밀도를 추정하는 방법이 있다.

② 수간부 조사 : 수직분포, 수평분포, 즉 피층으로부터 심층으로의 분포 두 가지 면에서 조사하고 결과를 정리한다.

③ 임상토층 조사 : 근부를 가해하는 해충, 토양에 서식하는 해충을 조사할 때 사용한다.

④ 공간 조사 : 고정 및 이동성 포충기나 망 또는 유인포충 방법을 이용할 수 있다.

3) 기타 해충 조사 방법

① 축차 조사

– 축차 조사는 조사 시 해충의 지역적 분포상황과 밀도를 조사하는 것이다.

– **해충의 분포 밀도가 중요한 것이 아니라 어떠한 방제 방법을 쓸 것인지를 판단할 때 쓰인다.**

– 축차 조사는 해충에 의한 피해 해석을 기초로 한 확률이론에 근거를 두고 있다.

– 표본의 크기가 정해져 있지 않고 관측치의 합계가 미리 구분된 계급에 속할 때까지 표본추출을 반복한다.

– 시간과 노력을 절감하고 신속하게 피해 정도를 추정할 수 있다.

– 방제 여부의 결정 및 방제 대상지 선정에 유용하게 활용할 수 있는 방법이다.

② 항공 조사

– 단시간 내에 넓은 면적의 조사가 가능하다.

– 피해를 조기에 발견할 수 있어 비용 절약이 가능하다.

– 방제작업을 위한 정확한 계획수립에 이용한다.

4) 발생예찰의 방법

① 해충의 발생예찰은 방제를 전제로 하고 있으므로 현 시점의 해충상태가 얼마간의 시일이 지난 후에 어떻게 될 것인지를 추정하는 것이다.

② 해충의 발생예찰은 해충의 상태와 피해 규모 등을 추정하여 가장 효과적인 방제 시기를 결정하는 데 목적이 있다. 효과적이겠는지를 결정하는 것이다.

③ 세대 또는 발생(활동) 기간 내의 치사율, 연속되는 2세대 간의 치사율, 계절 간 치사율의 3가지 면을 고려하여 밀도의 변동을 조사 및 추정한다.

④ 예찰 방법은 통계적 방법, 타생물현상과의 관계를 이용하는 방법, 실험적 방법, 개체군 동태학적 방법 등이 있다.

❸ 피해의 추정 등 기타

1) 해충방제의 개념

① 해충방제는 인간에게 경제적 손실을 초래하는 해충의 활동을 억제하는 활동이다.

② 해충방제는 치료적인 면과 예방적인 면이 있지만, 최종적인 목적은 동일하다고 할 수 있다.

③ 해충은 단순히 존재한다고 하여 방제를 하는 것은 아니며, 상당한 수준의 피해가 있을 때에 한하여 방제를 한다.

④ 해충방제는 밀도가 높아서 피해를 줄 수준에 이른 경우에 실시한다.

⑤ 피해를 주는 해충의 단위 면적당 밀도와 분포 면적의 크기에 따라 방제 수단과 방제 면적을 결정한다.

2) 피해의 수준과 해충의 밀도

① 경제적 가해 수준

– 경제적으로 피해를 주는 최소의 밀도, 즉 해충의 피해액과 방제비가 같은 수준인 밀도를 한다.

– 작물의 종류나 지역, 경제·사회적 조건 등에 따라서 달라진다. 경제적 피해 수준이라고도 한다.

② 경제적 피해 허용 수준

– **경제적 피해 수준에 도달하는 것을 억제하기 위하여 직접적 방제를 해야 하는 밀도를 말한다.**

– 해충의 피해가 경제적 가해 수준보다 낮고 방제 수단 강구에 필요한 시간적 여유가 있어야 한다.

③ 일반평형밀도
- 일반적인 환경조건 하에서의 평균밀도를 말한다.
- 대상이 되는 개체군이 차지하는 면적의 크기나 시간적 문제 등은 종에 따라 달라진다.

section 3 | 주요 산림 해충과 방제법

1 흡즙성 해충

1) 솔껍질깍지벌레

기주·해충	• 기주 : 소나무와 해송, 해송에 피해가 크다. • 해충 : *Matsucoccus thunbergianae*, 노린재목 소나무껍질깍지벌레속 • 생활사 : (암컷) 알 → 부화약충 → 정착약충 → 후약충 → 성충 　　　　 (수컷)알 → 부화약충 → 정착약충 → 후약충 → 전성충 → 번데기 → 성충
가해 형태	• 약충이 가는 실 모양의 잎을 수피에 꽂고 해송의 가지를 흡즙한다. • 피해 부위에 갈색 반점이 생기고 해충밀도가 높으면 수세약화, 고사하게 된다. • 피해 증상은 수관 하부의 잎부터 갈변하고, 심한 경우 수관 전체가 갈변하여 고사한다. • 침엽이 갈변하는 시기는 3~5월이며, 여름과 가을에는 외견상 피해 진전이 없다. • 피해가 오래된 지역에서는 가지가 밑으로 처지면서 회복되는 현상이 나타난다. • 선단지는 빠르게 진전되어 수관 형태가 유지된 채 고사하는 경우도 많다.
생태	• 연 1회 발생하고, 암컷과 수컷의 생활경과가 다르다. • 4월 상순~5월 중순에 암컷 성충은 나무껍질 틈이나 가지 사이에 알주머니를 분비한다. • 작은 흰솜 덩어리 모양의 알주머니 속에는 150~450개(평균 280개)의 알이 들었다. • 5월 상순~6월 중순에 알에서 부화된 약충이 바람에 의해 이동 및 확산한다. • 부화약충이 가지의 인편 밑 또는 수피 틈에 정착하여 정착약충이 된다. • 정착약충은 왁스 물질을 분비하며, 인피부에 실과 같은 입을 꽂고 즙액을 흡수한다. • 일단 정착하면 장소를 옮기지 않으며 6월부터 약 4개월간은 하기휴면을 한다. • 가을에 기온이 낮아지면 휴면이 끝난다.

① 방제 방법
　㉠ 나무주사
　　- 포스팜 50% 액제를 12월에 나무주사한다.
　　- 12~2월에 에마멕틴벤조에이트를 수간주사한다.
　　- 대상지 : 관광사적지·도로변 등 경관보존지역, 산림보호구역 등 보전우선 지역, 부락 주변 마을 숲 우량 해송림, 기타 보존이 필요한 지역
　㉡ 피해목 벌채
　　- 대상지 : 피해 정도가 "중" 이상으로서 방제하여도 소생할 가능성이 없거나 생립목의 형질 불량 등으로 수종 갱신이 필요한 피해 임지를 선정한다.
　　- 실행 방법 : 솔잎혹파리 피해목 벌채요령에 준하여 실시한다.

ⓒ 항공약제 살포

　– 대상지 : 피해 선단지와 대면적 피해 발생 임지

　– 실행 시기 : 2월 하순~3월에 기술 지도를 받아 실시

　– **사용 약제 : 뷰프로페진 40% 액상수화제를 50배액으로 희석하여 100ℓ/ha 살포**

　– 항공방제는 살충효과는 높지 않으나 확산을 둔화시키는 효과가 있다.

ⓓ 지상방제

　– 3월에 디노테퓨란 액제 1,000배액을 살포한다.

　– **뷰프로페진 40% 액상수화제를 100배액으로 희석하여 10일 간격으로 2~3회 줄기와 가지의 수피가 충분히 적셔지도록 골고루 살포한다.**

2) 버즘나무방패벌레

기주·해충	• 기주 : 버즘나무류(*Platanus spp.*), 물푸레나무류(*Fraxinus spp.*), 닥나무(*Brousonetia kazinoki*) • 해충 : *Corythucha ciliata*
가해 형태	• 약충이 버즘나무 류의 잎 뒷면에 모여 흡즙 가해한다. • 응애류에 의한 피해와 비슷하나 가해 부위에 검은색의 배설물과 탈피각이 붙어있다. • 임목을 고사시킬 정도로 피해가 크지 않으나 가로수인 버즘나무 잎의 변색으로 경관을 크게 해친다.
생태	• **1년에 2회 발생한다.** • **성충으로 월동하며, 잎 뒷면에 산란한다.** • 산란 기간은 2~3주이며, 약충 기간은 5~6주이다.
방제 방법	• 메프유제, 에토펜프록스유제 등을 수관에 살포한다.

3) 느티나무벼룩바구미

기주·해충	• 해충 : *Rhynchaenus sanguinipes*, 딱정벌레목 바구미과 • 기주 : 느티나무 • 성충의 체장은 2~3mm, 체색은 황적갈색이다. • 뒷다리가 잘 발달되어 있어 벼룩처럼 잘 뛴다.
가해 형태	• **성충과 유충이 엽육을 식해한다.** • 성충은 주둥이로 잎 표면에 구멍을 뚫고 흡즙한다. • 유충은 잎에 구멍을 뚫으며 갉아먹는다. • 피해를 입은 나무가 고사하는 경우는 드물고, 피해 잎이 갈색으로 변해 경관을 해친다.
생태	• 1년에 1회 발생하며 수피에서 월동한 성충이 4월 중순~5월 상순에 엽육을 가해한다. • 성충이 잎에 1~2개씩 산란한 알에서 부화한 유충은 5월 상순~하순에 잎을 식해한다. • 피해 받은 부위는 갈색으로 변한다. • 5월 하순경에 노숙한 유충은 잎에 장타원형의 번데기 방을 만든다. • 신성충은 7월 상순경부터 잎을 가해한다.
방제 방법	• 4월 중순에 페니트로티온유제(50%), 에토펜프록스유제(30%), 1,000배액 또는 인독사카브 입상수화제(30%), 티아클로프리드 액상수화제(10%) 2,000배액을 10일 간격으로 2회 수관에 살포한다. • 나무주사용으로 이미다클로프리드 분상성 액제를 흉고직경당 0.3㎖를 주사한다.

❷ 식엽성 해충

1) 솔나방

기주·해충	• 해충 : *Dendrolimus spectrabiiis* • 가해 수종 : 소나무, 해송, 리기다소나무, 잣나무 등
가해 형태	• 4월 상순부터 7월 상순까지, 8월 상순부터 11월 상순까지 유충이 잎을 갉아 먹는다. • 유충 한 마리가 한 세대 동안 섭식하는 솔잎의 길이는 64m 정도이다.
생태	• 1년에 1회 발생하고, 남부지방에서는 년 2회 발생하는 경우도 있다. • 월동유충은 4월 상순부터 잎을 갉아먹고 6월 하순경 번데기가 된다. • 번데기 기간은 20일 내외이며 7월 하순~8월 중순에 성충이 우화한다. • 우화시각은 오후 6~7시이고, 성충의 수명은 9일 정도로 밤에만 활동한다. • 성충은 낮에는 숨어 있으며 추광성이 강하다. • 우화 2일 후부터 산란하며, 500개 정도의 알을 솔잎에 몇 개의 무더기로 낳는다. • 덩어리 하나의 알 수는 100~300개이다. • 알 기간은 5~7일, 대개 오전 중에 부화한 어린 유충이 솔잎을 식해한다. • **유충은 4회 탈피 후 11월경에 5령 충으로 월동에 들어간다.**

① 방제 방법

　㉠ 약제 살포 : 춘기(4월 중순~6월 중순)와 추기(9월 상순~10월 하순)에 유충이 솔잎을 가해할 때 약제를 살포한다.

농약명(희석률)	ha당 사용량(g)	희석비율		사용 장비
		항공	지상	
주론 수화제(25%)	166g	180배	6,000배	항공기 또는 분무기
트리므론 수화제(25%)	166g	180배	6,000배	항공기 또는 분무기

　㉡ 유충포살 : 춘기(4월 중순~7월 상순) 유충이 소나무 잎을 가해할 때 솜방망이로 석유를 묻혀 죽이거나 집게 또는 나무젓가락으로 유충을 잡아 죽인다.

　㉢ 번데기 채취 : 6월 하순부터 7월 중순 사이에 소나무 잎에 붙어 있는 고치 속의 번데기를 집게로 따서 죽이거나 소각한다.

　㉣ 성충 유살 : 7월 하순부터 8월 중순까지 성충 활동기에 피해 임지 내 또는 그 주변에 수은등이나 등불 등을 설치하여 성충을 유살한다.

　㉤ 알덩이 제거 : 7월 하순부터 8월 중순까지 성충이 소나무 잎에 무더기로 낳아 놓은 알덩이가 붙어있는 소나무 가지를 잘라서 죽이거나 소각한다.

② 솔나방의 생활경과표

해충 \ 월	1	2	3	4	5	6	7	8	9	10	11	12
애벌레	————————————————————											
번데기						⊙	⊙⊙⊙	⊙				
성충							++	++				
알								○○	○○			
애벌레								————————————————				

Part1 산림보호학

> **참고** 다배생식 polyembryony(다배발생)
>
> • 수정란의 난핵이 보통은 하나의 개체가 되지만, 분열하는 난핵이 각각의 개체로 자라나는 현상이다.
> • 다배발생으로 하나의 수정란에서 2개 이상의 곤충이 생기게 된다.
> • 곤충에서는 송충알좀벌류에서 발견할 수 있으며, 벼룩좀벌과나 고치벌과 등에서 볼 수 있다.
> • 종자식물, 양치류, 이끼류에서도 나타난다. 속씨식물에서는 오렌지에서 최초로 발견되었다.

2) 미국흰불나방

기주·해충	• **기주 : 버즘나무, 벚나무, 단풍나무, 포플러 등 활엽수 160여 종** • 해충 : *Hyphanria cunea*
가해 형태	• 유충 1마리가 100~150cm²의 잎을 섭식한다. • 1화기보다 2화기에 피해가 심하다. • 산림 내에서의 피해는 경미하지만, 도시 주변의 가로수나 정원수에서 피해가 심하다.
생태	• **1년에 2회 발생하며, 번데기 상태로 월동한다.** • 5월 중순~6월 중순에 우화한 흰색 성충은 15일 정도 살며, 주로 야간에 활동한다. • 600~700개의 알을 잎 뒤에 낳고, 5월 중순에 알에서 깨어난다. • 애벌레는 4령기까지 거미줄로 잎을 싸고 엽육을 먹다가 5령충부터 분산한다. • 애벌레는 검은색, 갈색, 흰색이 섞여 있고, 변이가 심하다.

① 방제 방법

　㉠ 물리적 방제

　　– 애벌레 가해기에 무리지어 사는 애벌레를 잎과 함께 태운다.

　　– 8월 중순경 피해목 줄기에 짚이나 거적을 감아서 숨도록 유도하여 애벌레를 죽인다.

　　– 나무껍질 사이, 판자 틈, 지피물 밑, 잡초의 뿌리 근처, 나무의 공동에서 고치를 짓고 그 속에 들어 있는 번데기를 연중 채취한다.

　　– 특히 10월 중순부터 11월 하순까지, 익년 3월 상순부터 4월 하순까지 월동하고 있는 번데기를 채취하면 밀도를 감소시킬 수 있다.

- 5월 상순~8월 중순에 알 덩어리가 붙어있는 잎을 따서 소각하거나 5월 하순~10월 상순까지 잎을 가해하고 있는 군서 유충을 잡아 죽인다.
- 5월 중순부터 9월 중순의 성충활동 시기에 피해임지 또는 그 주변에 유아등이나 흡입포충기를 설치하여 성충을 유인하여 죽인다.

ⓒ 생물적 방제 : **곤충 병원미생물제인 핵다각체병바이러스를 어린 유충 가해기인 1화기 6월 중·하순, 2화기 8월 중·하순에 1ha당 450g의 병원균을 1,000배액으로 희석하여 수관에 살포한다.**

구분	미국 흰불나방의 천적
포식성 천적	꽃노린재, 검정명주딱정벌레, 흑선두리먼지벌레, 납작선두리먼지벌레 등
기생성 천적	무늬수중다리좀벌, 긴등기생파리, 나방살이납작맵시벌, 송충알벌 등

ⓒ 화학적 방제 : 약제 살포는 1세대 발생 초기인 5월 하순~6월 초순, 2세대 발생 초기인 7월 중·하순에 디플루벤주론 수화제 6,000배액 또는 에마멕틴벤조에이트 유제 2,000배액을 살포한다.

② 미국흰불나방의 생활경과표

해충	월	1	2	3	4	5	6	7	8	9	10	11	12
제1화기	번데기	⊙⊙⊙	⊙⊙⊙	⊙⊙⊙	⊙⊙⊙	⊙⊙⊙	⊙						
	성충					++	++						
	알					○○	○○						
	애벌레					————	————	———					
	번데기							⊙⊙	⊙				
제2화기	성충							+	++				
	알							○	○○				
	애벌레								————	———			
	번데기								⊙⊙⊙	⊙⊙⊙	⊙⊙⊙	⊙⊙⊙	⊙⊙⊙

3) 오리나무잎벌레

기주·해충	• 해충 : *Agelastica coerulea*, 딱정벌레목 잎벌레과 • 기주 : 오리나무, 산오리나무, 물갬나무, 자작나무, 박달나무 등
가해 형태	• **유충과 성충이 함께 잎을 식해한다.** • 유충은 엽육만 먹기 때문에 잎이 붉게 변색된다. • 유충 1마리의 섭식량은 약 100cm²이다. • 피해를 받은 나무는 8월경에 부정아가 나와 대부분 소생한다. • 피해가 2~3년간 계속되면 고사하기도 한다.

생태	• 1년에 1회 발생한다. • **성충으로 지피물 밑 또는 흙 속에서 월동한다.** • 월동한 성충은 4월 하순부터 어린잎을 식해한다. • 5월 중순~6월 하순에 300여 개의 알을 잎 뒷면에 50~60개씩 무더기로 산란한다. • 산란 15일 후에 부화한 유충이 잎 뒷면에서 엽육을 식해한다. • 유충가해 기간은 5월 하순~7월 하순이고, 유충 기간은 약 20일이다. • 노숙 유충은 6월 하순~7월 하순에 땅속에 들어가 흙집을 짓고 번데기가 된다. • 7월 중순부터 신성충이 잎을 가해하다가 8월 하순경부터 땅속에서 월동에 들어간다.
방제 방법	• 유충 가해기에 트리클로르폰수화제(80%) 1,000배액을 수관에 고르게 살포한다. • 성충 가해 시기인 4월 하순~6월 하순과 7월 중순~8월 하순에 성충을 포살한다. • 알 기간에 알 덩어리가 붙어 있는 잎을 채취하여 소각한다. • 5월 하순~6월 하순에는 군서하고 있는 유충을 포살한다.

① 생활경과표

월 해충	1	2	3	4	5	6	7	8	9	10	11	12
성충	+++	+++	+++	+++	+++	+++						
알					○○	○○○	○					
애벌레												
번데기					◉	◉◉◉						
성충							++	+++	+++	+++	+++	+++

4) 잣나무넓적잎벌

기주 · 해충	• 해충 : *Acantholyda parki*, 벌목 납작잎벌과 • 기주 : 잣나무, 소나무 등
가해 형태	• 잎을 가해하여 임목의 생장이 감소하고 피해가 3~4년 계속되면 고사하기도 한다. • 주로 20년생 이상 된 밀생임분에 발생하고, 잣 종실의 생산량이 줄어든다.
생태	• **1년에 1회 발생하는 것이 대부분이고, 일부는 2년에 1회 발생한다.** • 지표에서 5~25cm 깊이의 땅속에서 흙집을 짓고 유충으로 월동한다. • 5월 하순~7월 중순에 번데기가 되고, 6월 중순~8월 상순에 우화한다. • 우화 최성기는 7월 상순~하순이며, 새로 나온 침엽의 위쪽에 알을 1~2개씩 산란한다. • 알 기간은 10일 내외이며, 유충이 나무 위에서 서식하는 기간은 20일 정도다. • **4회 탈피한 노숙 유충은 7월 중순~8월 하순에 땅속에 집을 짓고 월동한다.** • 월동한 후 용화하며, 우화 후 땅에서 나온다.
방제 방법	⊙ 화학적 방제 　• 수상의 유충기인 7월 중순~8월 중순에 클로르플루아주론 유제(5%) 6,000배액을 1~2회 살포한다. 　• 피해가 진전된 이후에 약제를 살포할 시는 페니트로티온 유제(50%) 6,000배액을 수관 살포한다.

방제 방법	ⓒ 생물적 방제 • 곤충병원성미생물인 Bt균(*Bacillus thuringiensis*)이나 다각체바이러스를 살포한다. • 기생성 천적으로 알에는 알좀벌류, 유충에는 벼룩좀벌류 등을 보호한다. ⓒ 물리적 방제 • 4월 중에 임내 지표에 비닐을 피복하여 땅속에서 우화하여 지상으로 올라오는 것을 방지한다.

5) 어스렝이나방

기주·해충	• 해충 : *Dictyoploca japonica*, 나비목 산누에나방과 • 기주 : 밤나무, 호두나무, 버즘나무, 은행나무, 감나무, 상수리나무, 벚나무, 떡갈나무, 졸참나무, 뽕나무, 녹나무, 장미, 매실나무, 복사나무, 사과나무, 배나무, 유자나무, 옻나무, 단풍나무류, 배롱나무, 석류나무 등
가해 형태	• 유충 1마리의 1세대 섭식량은 암컷 3,500cm², 수컷 2,400cm² 정도이다. • 심한 피해를 받은 밤나무는 수세가 약해지고 밤 수확량도 감소한다.
생태	• **1년에 1회 발생하며 줄기의 수피 사이에서 알로 월동한다.** • 4월 하순~5월 상순에 부화하고, 어린 유충은 군서하며 잎을 가해한다. • 유충 기간은 60~70일이며, 6회 탈피하여 6월 하순~7월 상순에 번데기가 된다. • 90~100일 내외의 번데기 기간을 거쳐 9월 하순~10월 중순에 우화한다. • 1~3m 높이의 나무줄기에 300개 내외의 알을 무더기로 낳는다.
방제 방법	• 유충가해기 : 5월 중순~6월 하순에 트리클로르폰수화제(80%)를 1,500배액으로 희석하여 수관에 고르게 살포한다. • 나무줄기에 산란된 알 덩어리와 부화 초기의 군서유충을 제거한다. • 6월 하순~7월 상순에 나뭇가지 사이나 잎 사이에 그물 모양으로 고치를 짓고 있는 번데기를 포살한다. • 성충은 9월 중순~10월 중순에 피해 임지와 주변에 수은등이나 유아등으로 유인하여 죽인다.

6) 매미나방(집시나방)

기주·해충	• 해충 : *Lymantria dispar*, 나비목 독나방과, 잡식성 해충 • 기주 : 참나무류, 포플러류, 밤나무, 낙엽송 등 활·침엽수 300여 종
가해 형태	• 암컷 애벌레 1마리가 1세대 동안 약 1,100~1,800cm²의 참나무류 잎을 먹는다.
생태	• **1년에 1회 발생하고, 알로 월동한다.** • 땅 위 1~6m 높이의 줄기에서 약 500개의 알덩이가 털로 덮여서 월동한다. • 4월경에 부화한 애벌레는 거미줄에 매달려 바람에 날려서 분산한다. • 유충 기간은 45~66일 가량이며, 6월 중순~7월 상순에 번데기가 된다. • 번데기는 15일 가량 뒤에 성충으로 우화한다. • 우화한 성충은 나무의 줄기나 가지에 산란한다.
방제 방법	• 애벌레 가해기인 4~6월에 약제를 수관에 뿌리고 줄기에 산란된 알덩이를 4월 이전에 채취하여 소각하거나 천적을 이용한다.

① 생활경과표

해충 \ 월	1	2	3	4	5	6	7	8	9	10	11	12
알	○○○	○○○	○○○					○○○	○○○	○○○	○○○	○○○
애벌레				────	────							
번데기						◎◎	◎◎					
성충							+++	+				

Part1 산림보호학

7) 대벌레

기주·해충	• 학명 : *Baculum elongatum*, 메뚜기목 대벌레과 • 기주 : 상수리나무, 졸참나무, 갈참나무, 밤나무, 생강나무 등
가해 형태	• **대발생 시 약충과 성충이 집단적으로 이동하면서 잎을 모조리 먹는다.** • 피해 받은 나무가 고사하는 사례는 많지 않으나 미관상 좋지 않다.
생태	• **1년에 1회 발생하고 알로 월동하며 3월 하순~4월에 부화한다.** • 약충은 5회 탈피하여 6월 중·하순에 성충이 되며 11월 중순까지 생존한다. • 성충으로 우화된 지 10일 후부터 산란하기 시작하여 3개월까지 산란한다. • 산란 시에는 대개 머리를 위쪽으로 향하여 정지자세를 취한다. • 1일 산란수는 14개 내외이고, 1마리가 600~700개의 알을 낳는다.
방제 방법	• 펜토에이트유제(47.5%) 및 페니트로티온유제(50%)를 500~1,000배로 희석하여 수관에 살포한다.

8) 천막벌레나방(텐트나방)

기주·해충	• 해충 : *Malacosoma neustria*, 나비목 솔나방과 • 기주 : 버드나무, 참나무류, 장미, 밤나무, 살구나무, 벚나무, 포플러나무류, 찔레나무, 해당화, 앵두나무, 사과나무, 아그배나무, 배나무
가해 형태	• 나뭇가지가 갈라지는 부분에 거미줄로 천막을 치고 무리지어 산다. • 낮에는 쉬고 밤에는 나와서 잎을 식해한다. • 때때로 대발생하여 가로수 등에 큰 피해를 준다.
생태	• 1년에 1회 발생하는데, 4월에 부화한 애벌레가 4령기까지 군서하고 5령기부터 분산한다. • 노숙한 애벌레는 5월 중순경 나뭇가지나 잎에 황색 고치를 만들고 번데기가 된다. • 번데기는 20여 일 후에 성충이 되고, 1년생 나뭇가지에 200~300개 알을 반지 모양으로 낳고, 알로 월동한다. • 성충 암컷은 오렌지색이고 수컷은 황갈색이다.
방제 방법	• 애벌레 가해기인 4월 중순~5월 중순에 약제를 살포하거나, 솜방망이에 불을 붙여서 무리를 지어 사는 애벌레를 태워 죽이고 월동하는 알은 채취하여 태운다.

① 생활경과표

해충＼월	1	2	3	4	5	6	7	8	9	10	11	12
알	ㅇㅇㅇ	ㅇㅇㅇ	ㅇㅇㅇ	ㅇㅇㅇ								
애벌레					——							
번데기						⊙⊙	⊙					
성충							++					
알						ㅇㅇㅇ	ㅇㅇㅇ	ㅇㅇㅇ	ㅇㅇㅇ	ㅇㅇㅇ	ㅇㅇㅇ	ㅇㅇㅇ

9) 낙엽송잎벌

기주·해충	• 학명 : *Pachynematus itoi*, 벌목 잎벌과 • 기주 : 낙엽송, 만주잎갈나무
가해 형태	• 1~2령의 어린 유충이 군서하며 잎을 가해하고, 피해가 심하면 가지만 남는다. • 국지적으로 대발생하면 임분 전체가 잿빛으로 변한다. • 3령충부터는 분산하여 잎을 가해한다. • 새 가지(新稍)는 가해 하지 않고, 기존 가지에서 나오는 짧은 잎을 식해한다.
생태	• 1년에 3회 발생하며, 3화기 번데기로 월동한다. • 1화기는 5월, 2화기는 6월 하순~7월 중순, 3화기는 8월 상·하순에 성충이 발생한다. • 1화기는 성비가 1:9 정도로 수컷이 많고, 2화기는 암컷이 60%로 수컷보다 많다. • 성충 수명은 약 4~5일이고, 산란수는 50개, 포란수는 60개 정도이다. • 유충은 1~4령까지는 군서생활, 5령 유충이 되면 분산 가해한다. • 3cm 깊이의 부식층에서 암갈색의 고치를 형성하여 번데기(蛹)가 된다. • 보통의 돌발 해충처럼 한 번 발생한 임지에서는 다시 발생하지 않는다.
방제 방법	• 클로르플루아주론유제(5%) 4,000배액을 발생 초기에 1회 살포한다. • 맵시벌류, 북방청벌붙이, 기생벌, 기생파리류 등의 천적이 있다.

① 생활경과표

해충＼월	1	2	3	4	5	6	7	8	9	10	11	12
성충					+++	++	++	+++				
알					ㅇㅇㅇ	ㅇㅇㅇ	ㅇㅇㅇ	ㅇㅇㅇ	ㅇ			
유충					·●	●·●	●·●	·●·●	●·			
전용·번데기	⊙⊙⊙	⊙⊙⊙	⊙⊙⊙	⊙⊙⊙	⊙⊙⊙	⊙⊙⊙	⊙ ⊙	⊙⊙⊙	⊙⊙⊙	⊙⊙⊙	⊙⊙⊙	⊙⊙⊙

10) 참나무재주나방

기주·해충	• 학명 : *Phalera assimilis*, 나비목 재주나방과 • 기주 : 상수리나무, 졸참나무, 갈참나무, 밤나무 등
가해 형태	• 유충이 군서하며 잎을 가해한다.
생태	• **1년에 1회 발생하고, 땅속에서 번데기로 월동한다.** • 6~8월에 성충으로 우화한 후 잎 뒷면에 무더기로 알을 낳는다. • 유충은 7~10월에 볼 수 있지만, 피해는 8월 중순~9월 중순에 많다.
방제 방법	• 가지에 군서하는 유충을 포살한다. • 페니트로티온수화제(40%) 또는 페니트로티온액제(50%) 1,000배액을 살포한다.

11) 호두나무잎벌레

기주·해충	• 학명 : *Gastrolina depressa*, 딱정벌레목 잎벌레과 • 기주 : 호두나무, 가래나무
가해 형태	• 군서하는 유충이 잎을 가해하고, 2령 유충부터는 분산하여 가해한다. • 새순을 먹고 잎줄기만 남기기 때문에 피해를 받은 나무는 말라죽은 것처럼 보인다.

생태	• **1년에 1회 발생하며 성충으로 월동한다.**
	• 성충은 5월 상순에 잎 뒷면에 30개 내외의 알을 낳고, 알 기간은 4일 정도다.
	• 2령 유충까지는 군서생활을 하고 3령 유충은 흩어져서 잎을 갉아먹는다.
	• 유충 기간은 15일 내외이며, 노숙 유충은 6월에 가해 잎 뒷면에 매달려 용화한다.
	• 번데기 기간은 약 3일이고 6월 하순~7월에 우화한다.
	  * 용화 : 애벌레가 번데기가 되는 것
	  * 우화 : 번데기가 성충이 되는 것

방제 방법	• 페니트로티온유제(50%) 또는 펜토에이트유제(47.5%) 1,000배액을 5월 상순~중순에 10일 간격으로 2회 살포한다. • 천적인 남생이무당벌레를 보호한다.

12) 솔노랑잎벌

기주·해충	• 학명 : *Neodiprion sertifer*, 벌목 솔잎벌과 • 기주 : 소나무, 해송
가해 형태	• 군서하는 유충이 묵은 솔잎을 가해하므로 나무가 고사하는 경우는 드물다. • 울폐된 임분에는 거의 발생하지 않고, 어린 소나무림과 간벌임분에 발생한다.
생태	• **알로 월동하고, 1년에 1회 발생한다.** • 4월 중순~5월 상순에 부화하는 유충은 2년생 잎을 주로 가해한다. • 유충 기간은 30일 정도이며, 수컷은 4회, 암컷은 5회 탈피하여 노숙 유충이 된다. • 노숙 유충은 5월 하순부터 땅속에서 고치를 짓고, 유충으로 약 150일을 지낸다. • 고치 속의 유충은 9월 하순부터 번데기가 되며, 번데기 기간은 16일 내외다. • 성충은 우화 후에도 고치 속에서 약 1주일간 머물고, 성충의 수명은 4~5일이다. • 성충은 10월 중순~11월 상순에 솔잎에 산란관을 꽂고 1개씩 일정 간격으로 산란한다. • 포란수는 65개 내외이고 솔잎 하나에 평균 8개 정도 알을 낳는다.

방제 방법	• 페니트로티온유제(5%), 트리플루뮤론수화제(25%), 디플루벤주론수화제(35%) 1,000배액을 부화 유충기에 살포한다. • 피해목을 흔들어 떨어지는 유충을 포살한다. • 밀화부리, 찌르레기 등의 천적 조류를 보호한다.

❸ 천공성 해충

천공성 해충(穿孔生 害蟲)은 기주식물의 수간, 가지 등에 구멍을 뚫어 피해를 주는 해충으로 재질부를 가해하므로 작은 구멍이 형성되거나 수액과 목질섬유가 배출된다.

1) 솔수염하늘소

기주·해충	• 해충 : *Monochamus alternatus*, 딱정벌레목 하늘소과 • 기주 : 소나무, 해송, 잣나무, 삼나무, 히말라야시다, 낙엽송, 오끼나와소나무, 유구송 등
가해 형태	• 성충은 쇠약목, 고사목에 산란하고, 유충은 형성층과 목질부를 식해한다. • 재선충 침입 6일 후에 잎이 밑으로 처지고, 20일이 지나면 잎이 시들기 시작한다. • 재선충 침입 30일 후에는 잎이 급속하게 붉은 색으로 변색되면서 고사한다. • 재선충에 감염된 나무는 병이 걸린 그 해에 약 80%가 고사한다. • 나머지 20%는 다음 해 3월까지 고사하여 100% 완전히 고사하게 된다.
생태	• 1년에 1회 발생하고 추운 지방에서는 2년에 1회 발생하는 경우도 있다. • 후식하는 기간 동안 재선충이 가해 부위를 통해 나무속으로 침입한다. • 우화 후 20일 정도 지난 암컷이 수피에 3mm 정도의 상처를 내고 1개씩 산란한다. • 평균 산란수는 100개 정도이며, 1일에 1~8개의 알을 낳는다. • 알 기간은 20℃에서 10~12일 25℃에서 5~7일이다. • 부화 유충은 내수피를 식해하여 톱밥을 배출하고 2령 후반부터는 목질부도 식해한다.
생태	• 유충은 4회 탈피하여 종령 유충이 되고, **3~4령 유충이 월동한다.** • 월동한 유충이 다음 해 4~6월 수피와 가까운 곳에 번데기방을 만들고 번데기가 된다. • 번데기 기간은 20℃에서 20일, 25℃에서 12일이다. • 우화한 성충은 1주일 정도 번데기 방에 머무르다가 탈출한다. • 5월 하순~8월 상순에 우화한 성충은 3년생 전후의 어린 가지의 수피를 후식한다.
방제 방법	• 고사목은 소각하거나 칩 용도로 파쇄한다. • 성충 활동 시기에 페니트로티온수화제(40%) 또는 티아클로프리드 액상수화제(10%)를 3~4회 수관에 살포한다. • 항공방제는 50배액, 지상방제는 1,000배액을 사용한다. • 메틸브로마이드훈증제(98.5%) 또는 메탐소디움액제(25%)로 벌채한 원목과 가지를 훈증한다. • 쇠약목, 고사목, 피압목은 번식처가 되므로 제거한다. • 밀생한 임분은 솎아 베어 쇠약목이나 피압목이 발생하지 않도록 한다.

2) 북방수염하늘소

기주·해충	• *Monochamus saltarius*, 딱정벌레목 하늘소과 • 기주 : 잣나무, 리기다소나무, 소나무, 해송, 낙엽송
가해 형태	• 성충은 고사목, 쇠약목에 산란하고, 유충은 형성층과 목질부를 식해한다. • 잣나무에 소나무 재선충병을 매개한다.

생태	• 1년에 1회 발생하며, 2년에 1회 발생하는 경우도 가끔 있다.
	• 5~6월에 우화한 성충은 새 가지와 어린 가지의 수피를 갉아먹는다.
	• 산란 기간은 30일 정도이고, 산란수는 44~122개이며, 성충 생존기간은 45일 정도다.
	• 부화 후 60일이 지난 노숙 유충이 나무속에서 번데기 방을 짓고 용화한다.
방제 방법	• 고사목은 발생원이 되므로 벌채하여 작은 가지까지 모아 소각한다.
	• 수관에 약제를 살포하여 성충의 후식과 재선충의 수피 내 침입을 방지한다.
	• 살선충제를 수간주사한다.
	• 천적미생물인 *Beauveria basiana* 균을 이용한다.
	• 피해목과 간벌목, 설해목, 풍해목 및 고사목 등을 제거한다.

3) 알락하늘소

기주·해충	• 해충 : *Anoplophora malasiaca*, 딱정벌레목 하늘소과
	• 기주 : 은단풍나무, 뽕나무, 버드나무, 버즘나무, 자작나무, 때죽나무, 귤나무, 오리나무, 탱자나무, 삼나무, 가래나무류, 사방오리나무, 밤나무, 벚나무류, 포플러류 등
가해 형태	• 유충이 줄기 아래쪽에서 목질부를 파먹으며 톱밥 같은 부스러기를 밖으로 배출한다.
	• 지표로부터 50cm 이하의 형성층을 식해한다.
	• 피해목은 수세가 약해져 고사하기도 하고, 바람에 의해 줄기가 부러지기도 한다.
	• 잔가지의 수피를 환상(環狀)으로 갉아먹어서 가지가 말라죽기도 한다.
	• 조경용으로 식재된 은단풍 등과 과수에 피해를 준다.
생태	• 1년에 1회 발생하며 간혹 2년에 1회 발생하는 경우도 있다.
	• 성충은 6월 중순~7월 중순에 우화하며, 우화 후 가해 부위에서 탈출한다. 탈출한 성충은 수관으로 올라가 수피나 잎을 후식하며, 후식 후 8~12일경부터 산란한다.
	• 후식 시 줄기의 수피를 환상으로 식해하기 때문에 가지가 고사하기도 한다.
방제 방법	• 성충의 후식 기간인 6월 중순경부터 약제를 수관 살포하면 비산을 막을 수 있으므로 성충 우화 최성기인 6월 하순에 페니트로티온 유제(50%) 또는 티아클로프리드 액상수화제(10%)를 1주일 간격으로 2~3회 수관에 살포한다.
	• 8월 이후 산란한 알이나 유충을 구제하기 위해 메티트로티온 유제(50%) 또는 티아클로프리드 액상수화제(10%) 50배액을 수간이 흠뻑 젖도록 살포하거나 침입공에 주사기를 이용하여 주입한다.

4) 작은별긴하늘소

성충의 몸길이는 암컷 14mm, 수컷 12mm 정도다. 수컷의 촉각 길이는 체장과 거의 같고, 암컷의 촉각은 체장보다 짧다.

▲ 작은별긴하늘소(국립생물자원관)

기주·해충	• 해충 : *Compsidia populnea*, 딱정벌레목 하늘소과 • 기주 : 포플러류, 사시나무, 은백양나무, 황철나무 등
가해 형태	• 유충이 2.5cm 이하의 가지나 줄기 속을 가해한다. • 수피 밑에서부터 줄기 중심으로 먹어 들어가며 갱도를 형성한다. • 피해를 받은 줄기는 혹이 형성되어 말라죽고, 바람에 잘 부러진다.
생태	• **번데기 방에서 유충으로 월동하며, 1년에 1회 발생한다.** • 우화기는 4월 하순~5월 하순이고, 우화 최성기는 5월 중순~하순이다. • 성충은 약 1주일 동안 줄기의 수피를 갉아먹다가 수피를 물어뜯고 1개씩 산란한다. • 약 30개를 산란하며, 9~16일 정도 지나 부화한다. • 부화 유충은 수피 안쪽에서 줄기 속으로 먹어 들어간다. • 9월 하순이 되면 갱도 끝에 번데기 방을 짓고 월동하며, 이듬해 3월 하순~5월 중순에 번데기가 된다.
방제 방법	• 사이플루트린유제(2%) 또는 페니트로티온유제(50%)를 1,000배로 희석하여 성충 우화 최성기인 5월 중순~하순에 10일 간격으로 2회 수관에 살포한다. • 피해를 입은 가지나 줄기는 소각한다.

5) 참나무하늘소

졸참나무하늘소, 미끈이하늘소라고도 한다. 몸길이는 45~52mm이고, 몸 빛깔은 검은색 또는 검은빛을 띤 갈색이고, 온몸에 노란색 짧은 털이 촘촘히 나 있다.

▲ 참나무하늘소(국립생물자원관)

▲ 미끈이하늘소 [산림청]

기주·해충	• 학명 : *Batocera lineolata*, 딱정벌레목 하늘소과 • 기주 : 밤나무, 참나무류
가해 형태	• 10~20년생 건전목과 30년생 이상의 고목 가지 등에 피해를 준다. • 유충의 형성층 식해로 수액 이동이 차단되어 나무가 죽는다. • 침입공은 배설물과 수액이 흐르고, 피해 부위는 바람에 잘 부러진다.
생태	• **2년에 1회 발생하고, 3~4령 유충으로 월동한다.** • 산란기인 7월 상~중순에 수피의 상처 부위에 50개 정도를 산란한다. • 부화기간은 7~10일이며, 부화 유충이 수피 밑을 뚫고 들어가 가는 톱밥을 배출한다. • 유충은 7월 하순경에 부화하고, 첫 겨울에는 3~4령 유충으로 월동한다. • 2년에 접어든 4~5령 노숙 유충은 섭식량이 많아 많은 톱밥을 배출한다. • 4월 하순경부터 번데기가 되고(용화하고), 6~7월에 우화한다.

방제 방법	⊙ 생물적 방제 • **딱따구리, 산까치와 같은 새 종류의 포식성 천적을 보호한다.** ⓒ 물리적 방제 • 성충이 불빛에 잘 유인되므로 유아등이나 유살등을 이용하여 잡는다. • 수간부의 구멍에 철사 등을 이용하여 유충을 찔러 죽인다. ⓒ 화학적 방제 • 페니트로티온유제(50%)를 침입공에 주입하고, 입구는 진흙으로 막는다.

6) 소나무좀

성충의 몸길이는 4~4.5mm이고 긴 타원형이며 체색은 광택이 있는 암갈색 내지 검은색이며 회색의 털이 나 있다. 유충은 유백색으로 몸길이는 3mm 정도로 원통형이며 배 쪽은 C자 모양으로 구부러져 있다.

▲ 소나무좀의 성충(국립생물자원관)

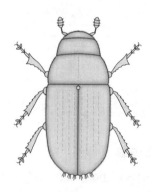

▲ 소나무좀의 성충 그림

기주·해충	• 학명 : *Tomicus piniperda*, 딱정벌레목 나무좀과 • 기주 : 소나무, 해송, 잣나무 등의 소나무류
가해 형태	• 수세가 쇠약한 벌목, 고사목에 기생한다. • 월동 성충이 수피를 뚫고 들어가 산란한 알에서 부화한 유충이 수피 밑을 식해한다. • 쇠약한 나무나 벌채한 나무에 기생하고, 대발생할 때는 건전한 나무도 가해한다. • 신성충이 뚫고 들어간 새 가지는 구부러지거나 부러져 고사한 채 나무에 붙어있다.
생태	• **연 1회 발생하고, 지제부의 수피 틈에서 성충으로 월동한다.** • 봄과 여름 두 번 가해하며, 쇠약목, 벌채목의 수피에 구멍을 뚫고 침입한다. • 3월 말~4월 초에 평균기온이 15℃ 정도 2~3일 계속되면 성충이 월동처에서 나온다. • 암컷 성충이 앞서서 천공하고 들어가면 수컷이 따라 들어가서 교미한다. • 밑에서 위로 10cm 가량의 갱도를 뚫고 갱도 양측에 약 60개의 알을 낳는다. • 산란 기간은 12~20일이고, 유충은 갱도와 직각 방향으로 유충갱도를 형성한다. • 유충 기간은 약 20일이고 2회 탈피한다. • 유충은 5월 하순경 갱도 끝에 타원형의 번데기집을 만들고 목질섬유로 둘러싼다. • 번데기집 속에서 번데기가 되며 번데기 기간은 16~20일이다.

방제 방법	㉠ 화학적 방제
	  – 페니트로티온 유제(50%) 또는 티아클로프리드 액상수화제(10%) 500배액을 3월 하순~4
	    월 중순에 1주일 간격으로 2~3회 살포한다.
	㉡ 생물적 방제
	  – 기생성 천적인 좀벌류, 맵시벌류, 기생파리류 등을 보호한다.
	  – 딱따구리류 및 해충을 잡아먹는 각종 조류를 보호한다.
	㉢ 임업적 방제
	  – 수세 쇠약목을 주로 가해하기 때문에 수세를 강화시키는 것이 가장 좋은 방법이다.
	  – 수세가 쇠약한 나무는 미리 제거하고 원목은 5월 이전에 수피를 벗겨 번식처를 없앤다.
	  – 1~2월 중에 벌채된 소나무 원목을 1m가량 잘라 2월 말에 임내에 세워 유인 산란시킨 후
	    5월 중에 껍질을 벗겨 유충을 구제한다.
	  – 숲 가꾸기 지역 내 벌채목을 제거하여 6월에 신성충의 후식 피해를 막는다.

생활경과표

월 해충	1	2	3	4	5	6	7	8	9	10	11	12
성충	+++	+++	+++	+		+++	+++	+++	+++	+++	+++	+++
알				○○○								
유충				●	●·●	●						
번데기					◉	◉◉						

7) 광릉긴나무좀

몸의 길이는 4.60mm이고, 폭은 1.27~1.33mm이다. 몸은
검은색을 띤 갈색이나 두정과 딱지날개의 경사부는 검고,
복면, 촉각, 다리 등은 보다 밝은색이다.

▲ 광릉긴나무좀 암컷(국립생물자원관)

기주·해충	• 학명 : *Platypus koryoensis*(Murayama), 딱정벌레목 긴나무좀과 • 기주 : 신갈나무, 졸참나무, 갈참나무, 상수리나무, 서어나무 등 •광릉긴나무좀의 암컷이 병원균인 *Raffaelea sp.*를 매개한다.
가해 형태	•수세가 쇠약한 나무나 대경목의 목질부를 가해한다. •심재 속으로 파먹어 들어가기 때문에 목재의 질을 저하시킨다. •흉고직경이 30cm가 넘는 신갈나무 대경목에 피해가 많다.

생태	• 연 1회 발생하며, 주로 노숙 유충으로 월동하고, 성충과 번데기로도 월동한다. • 암컷은 등판의 균낭(mycangia)에 배양균을 지니고 다닌다. • 성충은 5월 중순~10월 상순까지 외부로 탈출하며, 최성기는 6월 중순이다. • 새로운 가해 수목의 심재부를 식해한 후 산란한다. • 유충은 분지공을 형성하고 암브로시아균을 먹으며 성장한다.

① 방제 방법

　㉠ 화학적 방제

　　– 벌레 똥을 배출하는 침입공에 페니트로티온 유제(50%) 50~100배액으로 희석하여 침입공에 주입하여 죽인다.

　　– 피해 임지에서 피해목을 길이 1m로 잘라 메탐쇼듐 액제(25%)를 m³당 1ℓ를 처리하여 1주일 이상 훈증한다.

　　– 피해 입목에 대하여 0.05mm의 비닐로 감싸고 비닐 끝부분에 접착테이프를 붙여 밀봉한 후에 지제부에 메탐쇼듐 액제(25%)를 넣고 흙을 덮어 완전 밀봉하여 훈증한다.

　㉡ 생물적 방제

　　– 광릉긴나무좀에 기생하는 천적류를 보호한다.

　　– 딱따구리류 및 해충을 잡아먹는 각종 조류를 보호한다.

　㉢ 임업적 방제 : 피해지의 고사목, 피압목 등 광릉긴나무좀의 서식처를 미리 제거한다.

8) 버들바구미

주둥이를 제외한 몸길이는 6.0~9.0mm이며, 몸은 흑색이거나 흑갈색이다. 앞가슴등판의 옆쪽과 앞날개의 끝부분은 흰색 인편이 촘촘하게 나 있고, 앞날개의 등면은 암갈색이나 회색 인편이 혼합되어 덮여 있다.

기주·해충	• 해충 : *Cryptorhynchus lapathi*(*Linnaeus*), 딱정벌레목 바구미과 • 기주 : 포플러류, 버드나무류, 오리나무류 등
가해 형태	• 포플러류의 묘목과 어린 나무에 주로 가해한다. • 어린 유충은 수피 밑을 둥글게 갉아 먹고, 노숙 유충이 되면 목질부를 갉아먹는다. • 유충이 성장하면서 톱밥 같은 것을 외부로 배출한다. • 성충의 활동 기간이 길고, 유충은 목질부 안에서 가해하기 때문에 방제가 어렵다.
생태	• 연 1회 발생하지만 따뜻한 지역에서는 2회 발생하는 경우도 있다. • 우리나라에서는 대부분 알로 월동하고, 유충, 성충으로 월동하는 경우도 있다. • 알로 월동한 경우 5월에 부화하고 부화 유충은 가는 줄기에서 수피 밑을 식해한다. • 목질부 중심을 위 방향으로 뚫고, 산란 부위에서 톱밥 같은 것이 배출된다.
방제 방법	㉠ 화학적 방제 : 페니트로티온 유제(50%) 500~1000배액을 10일 간격으로 2~3회 살포한다. ㉡ 생물적 방제 • 기생성 천적인 좀벌류, 맵시벌류, 기생파리류 등을 보호한다. • 딱따구리류 및 해충을 잡아먹는 각종 조류를 보호한다. ㉢ 임업적 방제 : 나무의 수세를 강하게 한다. 쇠약목, 고사목은 제거한다. ㉣ 물리적 방제 : 7월 하순까지 피해목을 발견하는 대로 잘라 태운다.

9) 박쥐나방

성충의 몸길이는 34~45mm이고, 날개를 편 길이가 45~110mm 정도 된다. 성충의 몸길이는 유충기에 활엽수에서 자라면 크고, 침엽수나 풀에서 자라면 작은 경향이 있다.

▲ 박쥐나방(국립생물자원관)

기주·해충	• 학명 : *Endoclyta excrescens*, 나비목 박쥐나방과 • 밤나무, 호두나무, 포도, 감나무, 대추, 단풍나무, 아까시나무, 삼나무, 오동나무, 물푸레나무, 편백, 은행나무, 자작나무, 오리나무, 뽕나무, 무궁화, 상수리나무, 졸참나무, 수국, 벚나무, 복사나무, 자도나무, 비파나무, 사과나무, 배나무, 유자나무, 벽오동, 차나무, 동백나무 등 활엽수
가해 형태	• 유충이 각종 초본식물을 가해하다가 포도나무 등의 목본식물로 이동한다. • 유충이 가지의 껍질을 둥근 모양으로 먹고, 줄기의 중심부를 먹어 들어간다. • 줄기의 위아래로 갱도를 뚫는데 줄기 밑 부분에 피해가 많이 발견된다.
생태	• **연 1회 발생하며, 알로 월동하고, 이듬해 봄에 부화한다.** • 번데기 기간은 2~4주일이며, 번데기는 자유롭게 이동할 수 있다. • 9~10월에 우화하며, 해 질 녘에 날아다니며 알을 땅 위에 떨어뜨린다.
방제 방법	• 어린 유충기에 초본류를 가해하므로 풀깎기를 하면 발생이 억제된다. • 줄기 아래쪽의 벌레집은 제거하고 페니트로티온 유제(50%) 100배액을 주입한다. • 페니트로티온 유제(50%) 1,000배액을 부화 직후인 5월에 지면 살포한다. • 살충제를 혼합한 톱밥을 줄기에 멀칭하는 것도 효과가 있다.

4 충영 형성 해충

솔잎혹파리, 밤나무혹벌, 아까시잎혹파리, 느티나무외줄면충, 사사끼잎혹진딧물 등

1) 솔잎혹파리

암컷 성충의 몸길이는 2.0~2.5mm, 더듬이는 1.4mm, 날개 길이는 2.3mm, 평균곤(平均棍)은 0.5mm다. 머리의 위쪽과 측면은 겹눈으로 덮여 있고, 흑갈색이다.

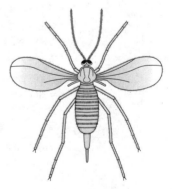

▲ 솔잎혹파리 성충 암컷

기주·해충	• 해충 : *Thecodiplosis japonensis uchida et inouye*, 파리목 혹파리과 • 기주 : 소나무, 해송
가해 형태	• **애벌레가 솔잎 기부에 혹을 만들고, 그 속에서 수액을 빨아 먹고 자란다.** • 6월 하순부터 피해를 입은 잎은 생장이 중지되어 건전한 잎의 $\frac{1}{2}$ 정도가 된다. • 피해목의 지름 생장은 피해 당년에, 수고 생장은 다음 해에 감소된다. • 피해가 심해지면 말라죽는다.
생태	• **1년에 1회 발생하며, 애벌레로 땅속이나 지피물 밑에서 월동한다.** • 남부지방에서는 혹 속에서 월동하는 경우도 있다. • 우화는 임지의 지표에서 이루어지는데, 5월 중순에 시작되어 7월 하순에 종료된다. • 우화한 성충은 대개 당일에 교미와 산란을 마치고 죽는다. 2일 생존하기도 한다. • 성충은 알을 두 침엽(針葉)의 끝에서 2~3mm 안쪽에 덩어리의 형태로 산란한다. • 덩어리당 알수는 평균 7~8개, 알 기간은 5~7일이다. • 암컷 1마리의 포란수(抱卵數)는 평균 140개이고, 최대 산란수는 100개 내외이다. • 부화한 유충은 침엽의 기부로 이동, 잠입하며 그곳에서 양분을 섭취하며 성장한다.
방제 방법	• 벌레가 외부로 노출되는 시기가 짧아 침투성 약제 나무주사가 가장 효율적이다. • 포스파미돈 액제(50%), 이미다클로프리드 분산성 액제(20%), 아세타미프리드 액제(20%)를 피해목의 흉고직경 cm당 0.3~1㎖를 줄기에 구멍을 뚫고 주입한다. • 솔잎혹파리 산란 및 부화 최성기인 6월 중에 나무주사를 실시한다. • 솔잎혹파리먹좀벌 또는 혹파리살이먹좀벌을 5월 하순~6월 하순에 ha당 20,000마리를 이식한다. • 포식성 곤충류로 11종, 포식성 거미류로 늑대거미를 비롯한 25종, 포식성 조류로 박새, 쇠박새, 곤줄박이 등 14종, 병원미생물로 백강균 등 10여 종 등을 보호한다.

① 생활경과표

월 해충	1	2	3	4	5	6	7	8	9	10	11	12
애벌레	─	─	─	─	─							
번데기						⊙⊙⊙	⊙⊙⊙					
성충						++	+++	+				
알						○○	○○○	○				
애벌레						─	─	─	─	─	─	─

2) 밤나무혹벌

성충의 몸길이는 3mm 내외로 광택이 있는 흑갈색이며 더듬이는 검은색이다. 기부는 황갈색이며 날개는 투명하다. 유백색 유충의 몸길이는 2.5mm이고 노숙 유충은 반투명의 회백색이다.

기주·해충	• 해충 : *Dryocosmus kuriphilus(Yasumatsu)*, 벌목 혹벌과 • 기주 : 밤나무
가해 형태	• 밤나무 눈에 기생하여 직경 10~15mm의 충영을 만든다. • 충영은 성충 탈출 후인 7월 하순부터 마르며 색이 변한다. • 감염된 밤나무는 새 가지가 자라지 못하고 개화, 결실이 되지 않는다. • 피해목은 고사하는 경우가 많다.

생태	• 1년에 1회 발생하며 눈(芽)의 조직 내에서 유충으로 월동한다. • 유충은 겨울눈 내에 충방(蟲房)을 형성하지만 움이 돋는 4월 이전에는 육안으로 식별할 수 없다. • 겨울눈 속의 유충은 3월 하순~5월 상순에 급속히 자란다. • 4월 하순~5월 상순에 충영이 커지면서 가지의 생장이 둔화된다.

① 방제 방법

    ㉠ 화학적 방제 : 페니트로티온 유제(50%), 수화제(40%) 또는 티아클로프리드 액상수화제 (10%), 1,000배액을 성충 발생 최성기인 7월 초순에 10일 간격으로 2~3회 살포한다.

    ㉡ 생물적 방제

        – 천적으로는 중국긴꼬리좀벌을 4월 하순~5월 초순에 ha당 5,000마리씩 방사한다.

        – 남색긴꼬리좀벌, 노란꼬리좀벌, 큰다리남색좀벌, 배잘록꼬리좀벌, 상수리좀벌과 기생파리류 등 천적을 보호한다.

    ㉢ 경종적 방제 : **내충성 품종인 산목율, 순역, 옥광율, 상림 등 토착종**이나 **유마, 이취, 삼조생, 이평 등 도입종**인 저항성 품종으로 갱신하는 것이 가장 효과적이다.

    ㉣ 물리적 방제 : 피해가 심하지 않은 밤나무는 봄에 가지에 붙은 충영을 채취하여 소각한다.

> **참고** 밤나무혹벌의 단위생식 ●
>
> • 단위생식=단성생식=처녀생식
> • 암컷이 성적인 결합 없이 새끼를 낳는 것을 처녀 생식(parthenogenetic)이라고 한다.
> • 처녀생식의 예는 밤나무혹벌을 포함한 혹벌과(*Cynipidae*)의 여러 종에서 나타난다. 혹벌은 암컷이 수컷보다 4~5배나 흔하고, 혹파리과(*Cecidomyiidae*, 파리목(*Diptera*))도 마찬가지다.
> • **혹벌은 수컷이 드물고, 대부분 처녀생식(處女生殖)으로 산란한다.** 암컷은 긴 산란관을 통해서 식물의 조직 안으로 알을 삽입한다. 수정되지 않은 알에서 유충이 발생하면 유충 주위의 식물조직은 비정상적으로 빨리 자란다. 비정상적으로 빨리 자란 부분이 우리가 관찰할 수 있는 혹이다.
> • 곤충 중에는 수컷이 없고 암컷만 존재하는 종이 적지 않다. 진딧물의 경우는 가을에만 암수가 존재하여 양성생식을 한 후 산란하지만, 여름에는 암컷 혼자서 수 세대의 자손을 반복해서 생산한다.
> • 곤충뿐 아니라 무척추동물에서는 상당히 여러 종이 단위생식을 하고, 척추동물인 개구리나 도마뱀 중에도 단위생식을 하는 동물들이 발견된다. 이러한 동물들은 암컷 혼자서 생식하기 때문에 처녀생식(處女生殖), 단성생식(單性生殖) 또는 단위생식(單爲生殖)이라고 한다.

3) 아까시잎혹파리

성충의 몸 길이는 3~5mm 정도이다. 알은 길쭉한 타원형으로 연한 노란색을 띠다 부화할 시기가 될수록 붉은색에 가까워진다.

기주·해충	• 학명 : *Obolodiplosis robiniae*(*Dasineura rigidae*), 파리목 혹파리과 • 기주 : 아까시나무

가해 형태	• 5월 초순에 우화한 성충은 새잎에 산란을 한다. • 부화한 유충은 새잎의 전체를 말아 마치 고사리 새순 같은 형태를 띤다. • 6월 이후 성숙된 잎에서는 잎의 가장자리를 부분별로 말아 피해를 준다. • **대부분의 흡즙성 곤충 피해처럼 흰가루병과 그을음병을 동반한다.** • 아까시나무 꿀을 채밀하는 양봉가들에게 피해가 발생한다.
생태	• **연 5~6세대 발생하며 9월 하순 경에 번데기로 월동한다.** • 5월 초순에 우화한 성충은 잎의 가장자리에 산란을 한다. • 부화한 유충은 잎을 말면서 흡즙 가해하며, 특히 2화기 피해가 심하다.
생태	• 말린 잎 속에 평균 10마리 내외의 유충이 가해를 한다. • 일반적으로 25℃에서 1세대 기간은 약 25일 정도이다.
방제 방법	㉠ 화학적 방제 : 침투성 살충제인 이미다크로프리드 수화제(10%) 또는 티아클로프리드 액상수 　화제(10%) 2,000배액을 발생 초기에 피해엽에 충분히 살포한다. ㉡ 생물적 방제 : 천적으로는 풀잠자리류 유충, 포식성 총채벌레류, 기생파리류, 기생봉류 등을 　보호한다. ㉢ 임업적 방제 　• 피해가 심한 나무는 수종 갱신한다. 　• 대체 밀원 수종으로 헛개나무, 백합나무 등을 권장하고 있다.

4) 사사키잎혹진딧물

무시태생 암컷의 몸길이는 1.6mm이고 전체적으로 담황색을 띠며 유시태생 암컷은 무시태생 암컷과 비슷하나 머리, 가슴, 다리는 검은색이다.

기주·해충	• 학명 : *Tuberocephalus sasakii*(*Matsumura*), 노린재목 진딧물과 잎혹진딧물속 • 기주 : 벚나무류
가해 형태	• **벚나무 새잎 표면의 잎맥을 따라서 주머니 모양의 벌레혹을 형성한다.** • 벌레혹의 길이는 20mm, 폭은 8mm로 경화되어 있다. • 형성 초기의 벌레혹은 황백색이나 성숙하면서 황녹색~홍색으로 변한다.
생태	• **벚나무 가지에서 알로 월동하며 4월 상순에 부화하여 새눈의 뒷면에서 흡즙한다.** • 잎은 흡즙 자극에 의해 오목하게 들어가며 잎 표면은 주머니 모양의 벌레혹을 형성한다. • 벌레혹은 약 20일간 비대 성장하며 뒷면에 개구부가 있다. • 벌레혹 내에 정착한 암컷 성충이 낳은 약충은 약 1주일 경과되어 성장을 완료한다. • 무시태생 암컷이 계속해서 약충을 낳기 때문에 단기간 내에 숫자가 늘어난다. • 5월 하순~6월 중순에 유시태생 암컷이 출현하며 중간기주인 쑥으로 이동한다. • **쑥의 잎 뒷면에서 여름기간을 나며 10월 하순경 유시산성(有翅産性) 암컷과 유시 수컷이 출현 한다.**
방제 방법	㉠ 화학적 방제 　• 가해 수종의 발아기인 4월 상순에 이미다클로프리드 액상수화제(8%) 2,000배액 또는 메티 　　다티온 유제(40%) 1,000배액을 10일 간격으로 1~2회 살포한다. 　• 4월에 이미다클로프리드 입제(2%) 또는 카보퓨란 입제(3%)를 ha당 30㎏을 살포한다. ㉡ 생물적 방제 : 포식성 천적인 무당벌레류, 풀잠자리류, 거미류 등을 보호한다. ㉢ 물리적 방제 : 잎에서 성충이 탈출하기 전에 벌레혹을 채취 소각한다.

5 종실의 해충

종실(열매)을 가해하는 해충의 피해 흔적은 발견하기 어렵기 때문에 매목(每木)을 조사하거나 종실을 해부해야만 알 수 있다. 피해 받은 종실은 기행으로 변하거나 천공 흔적, 배설물, 수지 유출, 변색 등이 관찰되며, 종실을 가해하는 곤충으로는 바구미과, 명나방과, 거위벌레과 등이 있다.

1) 밤바구미

성충의 몸길이는 6~10mm이며, 5~8mm의 긴 주둥이를 가지고 있다. 몸은 짙은 갈색 바탕에 회황색의 인모가 밀생되어 있다. 날개에는 크고 작은 담갈색 무늬가 있고, 중앙에 회황색의 횡대가 있다.

기주·해충	• 학명 : *Curculio sikkimensis*(*Heller*), 딱정벌레목 바구미과 • 기주 : 밤나무, 참나무류
가해 형태	• 복숭아명나방과 함께 밤 종실에 가장 피해를 많이 주는 해충이다. • 종피와 과육 사이에 낳아 놓은 알에서 부화한 유충이 밤 종실의 과육을 먹는다. • 배설물이 종실 밖으로 나오지 않아 피해 발견이 어렵다. • 조생종보다 중·만생종에 피해가 많다.
생태	• **1년에 1회 발생하며, 2년에 1회 발생하는 개체도 있다.** • **노숙 유충으로 월동한다.** • 9월 하순 이후부터 노숙 유충은 땅속 15cm 이내 깊이에 흙집을 짓고 월동한다. 이듬해 7월 중순부터 땅속에서 번데기가 되고 2주 후에 우화한다. • 성충의 생존기간은 약 30일이고 과육과 종피 사이에 1~2개의 알을 낳는다. • 6mm 길이의 긴 주둥이로 종피까지 구멍을 뚫고 산란관을 꽂는다. • 밤 1개당 산란수는 2~8개이며, 대개 수확하기 20여 일 전부터 산란한다. • 산란 기간은 8월 하순~10월 중순이고, 최성기는 9월 중·하순이다. • 알 기간은 12일 내외이고, 부화한 유충이 과육을 먹는다. • 밤 속에서 유충이 가해하는 기간은 20~25일이다.
방제 방법	• 페니트로티온 유제(50%), 수화제(40%) 또는 티아클로프리드 액상수화제(10%) 1,000배액을 성충 발생 초기에 수관 살포한다. • 종실을 훈증할 시에는 이황화탄소(이류화탄소)로 25℃에서 용적 1m³당 80ml를 투입하여 12시간 훈증한 후 깨끗한 물에 12시간 침지하였다가 저온에 저장한다. • 성충이 불빛에 잘 유인되므로 유아등이나 유살등을 이용하여 죽인다.

① 생활경과표

해충＼월	1	2	3	4	5	6	7	8	9	10	11	12
성충								+++	+++	++		
알								o	ooo	ooo		
유충	••	••	••	••	••	••	••	•	••	••	••	••
번데기							◎◎	◎◎◎	◎			

2) 복숭아명나방

유충의 몸길이는 20~25mm, 머리는 흑갈색, 몸은 분홍색 바탕에 갈색점이 산재되어 있다. 성충의 앞날개는 길이가 11~14mm, 체색은 등황색 바탕에 20여 개의 검은 점이 날개 전체에 걸쳐 산재해 있다.

기주·해충	• 학명 : *Dichocrocis punctiferalis*(Guenee) • 밤나무, 호두나무, 포도, 감나무, 대추, 은행나무, 상수리나무, 졸참나무, 수국, 무궁화, 복사나무, 자도나무, 비파나무, 사과나무, 배나무, 유자나무, 명자나무, 소나무, 잣나무, 리기다, 구상나무, 전나무, 개잎갈나무 등
가해 형태	• 침엽수형은 잣나무에, 과수형은 밤나무의 종실에 주로 피해를 준다. • 침엽수형의 유충은 새 가지에 거미줄로 집을 짓고 잎을 식해하며 배설물을 붙인다. • 과수형은 어린 유충이 밤송이의 가시를 잘라먹기 때문에 밤송이 색이 누렇게 된다. • 과수형의 성숙한 유충은 밤송이 속을 파먹으면서 배설물과 즙액을 배출한다. • 거미줄을 형성하여 배설물을 밤송이에 붙여 놓으므로 피해가 쉽게 발견된다. • 밤을 수확할 때 표면에 벌레구멍이 있는 것은 거의 복숭아명나방의 피해.
생태	• **연 2~3회 발생하며, 침엽수형과 과수형 모두 유충으로 월동한다.** • 침엽수형은 충소 속에서 중령 유충으로 월동하여 5월부터 활동한다. • 1화기 성충은 6~7월, 2화기 성충은 8~9월에 우화한다. • 과수형의 1화기 성충은 6월에 나타나 복숭아, 자두, 사과 등 과실에 산란한다. • 2화기 성충은 7월 중순~8월 상순에 우화하여 주로 밤나무 종실에 1~2개씩 산란한다. • 알 기간은 6~7일 정도이며 어린 유충인 1, 2령 시기는 밤 가시를 식해 하다가 3령 이후부터는 과육을 식해한다. • 유충 가해 기간은 밤의 경우는 약 13일, 모과는 23일 내외이다. • 10월경에 줄기의 수피 사이에 고치를 짓고 그 속에서 유충으로 월동한다. • 번데기 기간은 13일 내외이다.
방제 방법	⊙ 화학적 방제 : 밤나무의 경우 페니트로티온 유제(50%), 펜토에이트 유제(47.5%), 트랄로메트린 유제(1.3%), 프로싱 유제(5%), 클로르푸루아주론 액상수화제(10%) 또는 피레스 유제(5%) 등을 1,000배로 희석하여 7월 하순~8월 중순 사이에 10일 간격으로 1~2회 살포한다. ⓛ 생물적 방제 • 성페로몬 트랩을 ha당 5~6개씩 일정 간격으로 통풍이 잘 되는 곳에 1.5m 정도의 높이에 달면 성충 발생 시기를 정확히 예측할 수 있고 약 20~30% 정도의 방제 효과도 볼 수 있다. • 곤충병원성 미생물인 Bt균(Bacillus thuringiensis)이나 다각체바이러스를 살포한다. ⓒ 물리적 방제 : 밤 수확 시 피해 구과를 모아 소각하거나 땅에 묻는다.

3) 솔알락명나방

– 성충의 날개 편 길이는 28~36mm이다.

– 앞날개는 암회갈색을 띠며, 백색 인편들이 섞여져 있다.

– 중앙부에는 작은 반달 모양의 백색 무늬가 있으며, 중횡선 안쪽으로는 적갈색의 무늬가 내연쪽으로 있다.

– 중횡선과 아외횡선은 뚜렷하며, 톱니 모양으로 전연에서 후연까지 연결되어 있다.

– 뒷날개는 황갈색을 띠며, 외연부가 더 진하다.

– 성충은 5~9월에 출현하며, 연 2~3회 발생한다.

기주 · 해충	• 학명 : *Dioryctria abietella(Denis et schiffermÜller)*, 나비목 명나방과 • 기주 : 소나무류, 잣나무
가해 형태	• 잣 구과 속을 가해하며, 구과의 내부와 외부에 유충의 배설물이 보인다. • 잣의 수확량이 감소한다.
생태	• **연 1회 발생하며 알, 어린 유충, 노숙 유충으로 월동한다.** • 노숙 유충은 흙 속에서 월동한 후 5~6월에 우화한다. • 알과 어린 유충으로 구과에서 월동한 것은 7~9월에 우화한다. • 보통 6월에 90% 정도가 우화한다. • 암컷 1마리는 평균 100개의 알을 구과의 인편 사이에 한 개씩 산란한다. • 12일 정도 후에 부화한 유충은 열매자루(과병) 주위에 거미줄을 치고 2~3일간 구과 표피를 식해 하다가 내부로 들어간다. • 잣 구과당 유충 수는 4마리 내외이며, 구과 내 가해 기간은 40일 정도이다. • 8~9월에 노숙한 유충은 흙속에 고치를 짓고 월동하나 7월 이후에 우화하여 산란한 것은 알 또는 어린 유충으로 구과에서 월동한다.
방제 방법	㉠ 화학적 방제 : 성충 발생기인 6월에 페니트로티온 유제(50%) 6,000배액을 수관 살포한다. ㉡ 생물적 방제 　• 포식성 천적인 풀잠자리류, 무당벌레류, 거미류 등을 보호한다. 　• 기생성 천적인 좀벌류, 맵시벌류, 알좀벌류 등을 보호한다. ㉢ 물리적 방제 : 구과를 탈각할 때 구과 내부에 들어있는 유충을 모아 잡아 죽인다.

4) 도토리거위벌레

성충의 몸길이는 약 9mm이며 몸은 검은색 내지 암갈색이고 광택이 난다. 날개에 회황색의 털이 밀생해 있고 검은색의 털도 드문드문 나 있으며, 날개의 길이와 비슷할 정도로 긴 주둥이를 가지고 있다.

기주 · 해충	• 학명 : *Mechoris ursulus(Roelofs)*, 딱정벌레목 거위벌레과 • 기주 : 상수리나무, 굴참나무, 졸참나무 등 참나무류의 종실
가해 형태	• 참나무류의 도토리에 산란한 후, 도토리가 달린 가지를 잘라 땅에 떨어뜨린다. • 도토리의 모자를 벗기면 두 개의 산란 흔적을 볼 수 있다. • 알에서 부화한 유충이 과육을 식해한다.
생태	• **연 1회 발생하며 노숙 유충이 땅속에서 흙집을 짓고 월동한다.** • 5월 하순경에 번데기가 되며, 번데기 기간은 21~33일이다. • 우화 시기는 6월 중순~9월 하순 사이, 우화 최성기는 8월 상순이다. • 우화한 성충은 도토리에 주둥이를 꽂고 흡습한다. • 주둥이로 도토리에 구멍을 뚫은 후 산란관을 찔러 1회에 1~2개씩 낳는다. • 오후 5시경에 가장 많이 산란하며, 암컷 한 마리가 20~30여 개의 알을 낳는다. • 알 기간은 5~8일이고 7월 하순경에 유충으로 부화한다. • 유충은 도토리의 과육을 식해하고, 20여 일 후에 피해과에서 나와 땅속 3~9cm 깊이까지 들어가 흙집을 짓고 월동한다.
방제 방법	㉠ 화학적 방제 : 8월 초순에 성충을 대상으로 페니트로티온 유제(50%), 수화제(40%) 1,000배액을 10일 간격으로 2~3회 수관 살포한다. ㉡ 생물적 방제 : 알과 유충이 구과 내에서 생활하므로 천적의 활동이 미미하다. ㉢ 물리적 방제 　• 유아등 또는 유살등을 이용하여 성충을 잡아 죽인다. 　• 7월 하순 이후 길에 떨어진 도토리가 달린 가지를 모아 소각한다.

6 묘포의 해충

묘목을 재배하는 묘포장에서는 수목의 어린 묘를 가해하는 해충이 있는데, 주로 묘목의 뿌리나 새순을 가해한다. 거세미나방 유충, 땅강아지, 풍뎅이 유충인 굼벵이 등은 주로 뿌리를 가해하고 각종 진딧물, 깍지벌레, 풍뎅이 성충 등은 어린 새순과 잎을 가해한다.

1) 거세미나방 유충

유충은 몸길이가 40cm 정도이며 원통형으로 회갈색이며 머리는 흑갈색이고, 성충은 날개편길이 36~41mm이다. 수컷의 더듬이는 양빗살 모양이며 암컷은 실 모양에 가깝고 앞날개 무늬는 변화가 많다. 일반적으로 수컷은 앞날개가 회갈색을 띠고 뒷날개는 흰색이나 시맥은 짙은 색을 띤다. 암컷은 수컷에 비해 색이 짙다. 한반도 북부, 중부, 남부, 제주에 분포하고 있다.

▲ 거세미나방(국립생물자원관)

기주·해충	• 학명 : *Grotis segetum*(*Dennis et schiffermÜller*), 나비목 밤나방과 • 기주 : 많은 수종의 어린 묘목
가해 형태	• 유충이 토양 속에서 살며 어린 묘목의 줄기와 잎을 식해한다. • 특히 1년생 실생묘에 피해가 심하다.
생태	• **연 2~3회 발생하며 흙 속에서 유충으로 월동한다.** • 성충은 6월 중순, 8월 중순~10월 상순에 주로 발생한다. • 성충은 잡초나 작물의 땅 가장자리 부위와 오래된 잎에 1~2개씩 산란한다. • 알 기간은 5~6일, 유충 기간은 38일, 번데기 기간은 27일 정도이다. • 유충이 묘목의 줄기와 잎을 식해하고 한 마리당 식해량이 많기 때문에 피해가 크다.

① 방제 방법

ㄱ 화학적 방제 : 피해가 넓게 발생한 경우에는 **이미다클로프리드 입제(2%) 또는 카보퓨란 입제(3%) 등 토양살충제를 ha당 30kg을 살포하거나 살충제를 물에 희석하여 물뿌리개로 흠뻑 뿌려준다.**

ㄴ 생물적 방제

– 토양 내 곤충병원성 미생물 등 유용한 미생물을 보호한다.

– 기생성 천적인 좀벌류, 기생파리류 등을 보호한다.

– 땅속의 유충을 쪼아 먹는 박새, 찌르레기 같은 조류를 보호한다.

ㄷ 경종적 방제 : 묘목을 이앙하거나, 실생묘 생산을 위해 파종할 때 미리 땅을 갈아 거세미 유충의 서식환경을 나쁘게 해준다.

ㄹ 물리적 방제 : 피해를 받아 잘라진 묘목의 주위를 파면 유충이 쉽게 발견되므로 잡아 죽인다.

2) 땅강아지

▲ 땅강아지(국립생물자원관)

기주·해충	• 학명 : *Gryllotalpa orientalis(Burmeister)*, 메뚜기목 땅강아지과 땅강아지속 • 기주 : 소나무, 참나무, 귤, 포도, 뽕나무류, 기타 침엽수류 묘목
가해 형태	• 약충과 성충이 흙 속에서 이동하며, 묘목의 뿌리를 갉아먹고 땅을 들뜨게 하여 고사시킨다. • 밤에는 지표 위에서 묘목 줄기를 잘라 먹거나 새순을 식해하기도 한다. • 가해 시기는 주로 5~6월과 9~10월이다.
생태	**• 연 1회 발생하고 흙속에서 약충 또는 성충으로 월동한다.** • 산란기는 5~7월이며 5~6월 부화된 약충은 9월 하순~10월 하순에 우화한다. • 성충으로 월동하고 6월 하순~7월 하순에 부화된 것은 약충으로 월동한다. • 이듬해 8월 중순~9월 상순에 우화하므로 2년에 1세대를 경과한다. • 땅강아지는 본래 습기를 좋아하며 저지대에 산란한다. • 땅속에 10~12cm의 흙집을 만들어 200~350개의 알을 낳는다.
방제 방법	㉠ 화학적 방제 : 이미다클로프리드 입제(2%) 또는 카보퓨란 입제(3%)를 10a당 3.5kg을 살포하고 흙과 잘 섞은 다음 파종 또는 묘목을 이식한다. ㉡ 생물적 방제 • 두더지, 딱정벌레 등의 포식성 동물을 보호한다. • 경화병균, 흑강병균 등을 살포한다. ㉢ 물리적 방제 : 눈에 보이는 즉시 잡아 죽인다.

3) 풍뎅이

몸은 길이 15~21mm, 넓적한 알 모양이다. 등 쪽은 짙은 녹색인데 가끔 약하게 붉은 구릿빛을 띠는 개체가 있고, 아랫면과 다리는 암녹색 또는 검은빛이 나는 녹색이다.

▲ 풍뎅이(국립생물자원관)

기주·해충	• 학명 : *Mimela splendens(Gyllenhal, 1817)*, 딱정벌레목, 풍뎅이과, 금줄풍뎅이속 • 기주 : 밤나무, 장미, 찔레, 해당화, 복사나무, 무궁화, 차나무, 감나무 등
가해 형태	• 성충은 기주식물의 잎을 식해하고, 유충은 기주식물의 뿌리를 가해한다.

생태	• **2년 1세대이며, 유충으로 월동하는 것으로 추정된다.** • 성충의 발생은 5~8월이며, 왕성한 활동은 6~7월에 한다. • 암컷 성충은 오전 10시쯤 잎이나 가지에 앉아 페로몬을 분비하여 수컷을 유인한 다음 짝짓기를 한다. • 유충은 땅속에서 부식질이나 식물의 뿌리를 먹는다.
방제 방법	㉠ 화학적 방제 　• 6~7월에 성충을 대상으로 페니트로티온 유제(50%), 수화제(40%) 1,000배액을 10일 간격으로 2회 살포한다. 　• 유충이 연중 땅속에서 생활하므로 봄철에 이미다클로프리드 입제(2%) 또는 카보퓨란 입제(3%)를 10a당 60kg을 살포한다. ㉡ 생물적 방제 : 포식성 천적인 풀잠자리류, 무당벌레류, 거미류, 조류 등을 보호한다. ㉢ 물리적 방제 : 유아등 또는 유살등을 이용하여 성충을 잡아 죽인다.

4) 전나무잎말이진딧물

체색은 노란빛의 녹색이나 다량의 밀랍에 가려져 잘 구분되지 않는다. 이들은 완전생활환에 단식성 진딧물로 전나무 잎 사이사이에 대형 군집을 형성하며, 밀랍을 가득 분비해 전나무를 가해한다.

▲ 무시태 진딧물(국립생물자원관)

▲ 유시태 진딧물(국립생물자원관)

기주·해충	• 학명 : *Mindarus japonicus takahashi*, 노린재목 진딧물과 • 기주 : 일본젓나무, 전나무, 분비나무, 종비나무 등
가해 형태	• 묘포나 정원수에 많이 발생한다. • 피해를 받은 새잎은 수액의 흡즙으로 인해 잎이 뒤틀린다.
생태	• **연 3세대를 경과하며 알로 월동한다.** • 4월 초순 부화하여 간모가 되고 4월 중순경에 새끼를 낳는다. • 이 새끼는 4회 탈피하여 날개가 있는 태생 암컷이 되어 분산한다. • 5월 말경 암컷은 단성태생으로 날개가 없는 암컷과 수컷을 낳으며 이것이 교미하여 6월에 산란한다. • 알로 여름을 경과하여 월동하므로 가해기는 4~5월이다.
방제 방법	㉠ 화학적 방제 : 약충 및 성충 발생 초기에 메티타티온 유제(60%) 1,000배액, 아세타미프리드 수화제(8%) 또는 이미다클로프리드 액제(4%) 2,000배액을 10일 간격으로 2회 살포한다. ㉡ 생물적 방제 : 포식성 천적인 풀잠자리류, 무당벌레류, 거미류 등을 보호한다. ㉢ 물리적 방제 : 밀도가 낮을 때는 눈에 보이는 피해 잎을 채취하여 소각한다.

7 목재 해충

목재의 재질을 식해(食害)하거나 생활 과정에서 수목이나 목재의 재부(材部)에 손상을 주는 곤충을 목재 해충이라고 한다. 목재를 가해하는 해충에는 딱정벌레목이 많고 흰개미목도 있는데, 목재 해충은 목재의 상태 및 함수율에 따라 피해를 입히는 종류가 다르다.

건조한 목재에 주로 발생되는 건재 해충은 대부분 딱정벌레목이고, 빗살수염벌레, 개나무좀, 가루나무좀, 비단벌레, 하늘소, 바구미 등이 발견된다. 빗살수염벌레는 물리적으로 심하게 열화된 건조한 고목재에서 많이 발생하며, 건재흰개미는 일본에서는 피해가 심하지만 국내에는 그 피해가 알려져 있지 않는데, 흰개미는 습한 목재를 가해하는 대표적인 습재 해충이다.

목재 해충은 가해 대상에 따라 구분하거나, 목재의 상태 및 함수율에 따라 구분하며, 피해 목재의 함수율에 따라 건재 해충, 습재 해충, 생재 해충으로 구분할 수 있다.

1) 가해 대상 구분

목재 해충은 가해 대상에 따라 아래와 같이 구분할 수 있다.

① 생립목(生立木)에 가해하는 해충
- 하늘소과, 굴벌레나방과, 박쥐나방과, 유리날개나방과에 속하는 곤충은 생립목의 목부를 천공한다.
- 혹파리과나 잎말이나방과의 곤충 중에는 목재에 변색이나 변질을 일으키고 그 가치를 저하시키는 것이 있다.

② 쇠약목이나 통나무를 가해하는 해충
- 비단벌레과, 통나무좀과, 하늘소과, 바구미과, 나무좀과, 긴나무좀과, 송곳벌과에 속하는 곤충에는 재부를 천공한다.

③ 제재목을 가해하는 곤충
- 비단벌레과, 통나무좀과, 하늘소붙이과, 하늘소과 등의 딱정벌레목의 곤충과 흰개미류는 비교적 습윤한 목재를 가해한다.
- 개나무좀과, 넓적나무좀과, 빗살수염벌레과, 하늘소과의 곤충은 비교적 건조한 목재를 가해한다.
- 영소(營巢)를 위하여 제재를 천공하는 벌도 있다.

④ 바닷물 속에 있는 목재를 가해하는 것
- 연체동물인 배좀벌레조개나 어떤 종의 갑각류는 바닷물 속의 목재나 목조선(木造船)을 가해한다.
- 이 종류는 넓은 의미에서 목재 해충으로 볼 수 있다.

2) 목재의 상태 및 함수율에 따른 구분

가) 건재 해충

가루나무좀, 개나무좀, 빗살수염벌레, 하늘소 등은 모두 딱정벌레목의 건재 해충이다.

① 가루나무좀

- 가루나무좀은 전분이 함유된 활엽수재의 변재 만을 가해하고 심재나 침엽수는 가해하지 않는다.
- 암컷은 건조한 활엽수재 표면의 도관 내에 산란관을 삽입시켜 산란하고 부화된 유충은 섬유 방향으로 목재를 갉아먹는다.

② 개나무좀

- 개나무좀은 목재와 죽제품을 가해하는 건재 해충이다.
- 대나무에서 피해가 크다.

③ 빗살수염벌레

- 빗살수염벌레는 개나무좀과 같이 침·활엽수 및 심·변재 모두 공격한다.
- 피해속도는 가루나무좀보다 크지는 않으나 장기간에 걸쳐 목재를 가해한다.

④ 하늘소

- 하늘소는 건조한 침엽수의 변재를 주로 가해하고, 심재도 가해한다.
- 소나무의 테르펜이 성충의 유인제로 작용하는 것으로 알려져 있어 목재 건축물의 피해가 크며, 집성재도 공격한다.

구분	가루나무좀	개나무좀	빗살수염벌레
피해 목재	• 전분이 다량 함유된 활엽수 변재를 좋아한다. • 나왕, 참나무류, 떡갈나무류, 오동나무, 느티나무, 티크, 마호가니, 호도나무, 들메나무, 개물푸레나무, 대나무류에 많이 발생한다.	• 대나무와 활엽수 변재를 좋아한다. • 왕대, 맹종죽, 솜대, 등나무, 라왕, 고무나무, 느티나무, 참나무 등에서 많이 발생한다.	• 침엽수재와 활엽수재를 구분하지 않는다. • 소나무류, 편백, 삼나무, 녹나무, 느티나무, 너도밤나무, 참나무류 등의 오래된 목재에 발생한다.
가해 조건	건조재	건조재~건조 진행 중인 목재	건조재~건조 진행 중인 목재
탈출공의 형태와 크기	• 원형 • 1~2mm 정도	• 원형 • 1~3mm 정도	• 원형 • 0.5~2mm 정도
천공톱밥	매우 고운 밀가루 모양	곱지만 가루나무좀보다 거친 모양	

4 농약

section 1 농약

농약이란 재배 또는 저장 중에 있는 농업과 임업 작물을 보호하거나 증산의 수단으로 사용하는 약제를 말한다. 즉, 비료를 제외한 모든 농업용 약제를 농약이라고 할 수 있다. 농약관리법은 "농작물을 해하는 균, 곤충, 응애, 선충, 바이러스, 잡초, 기타 달팽이, 조류, 야생동물, 이끼류, 또는 잡목의 방제에 사용되는 살균제, 살충제, 제초제, 기피제, 유인제, 전착제와 농작물의 생리기능을 증진하거나 억제하는 데 사용하는 약제"를 농약으로 정의하고 있다.

1 농약의 종류

농약의 분류는 사용목적에 따라서 분류하는 방법, 작용 특성에 따른 분류, 화학적 조성에 따른 분류 등 여러 가지 방법으로 분류하나 실제로는 사용목적에 따른 분류 방법이 가장 많이 사용되고, 다음 화학적 조성에 따른 분류 방법 및 제제 형태에 따른 분류 방법이 사용되고 있다.

1) 사용 목적 및 작용 특성에 따른 분류

① 살균제

ㄱ 보호살균제 : **병원균의 포자가 발아하여 식물체 내로 침입하는 것을 방지하기 위하여 사용되는 약제**로 병이 발생하기 전에 작물체에 처리하여 예방을 목적으로 사용되는 것이므로 보호살균제는 약효 지속기간이 길어야 하며, 물리적으로 부착성 및 고착성이 양호하여야 한다. (예 석회보르도액 등)

ㄴ 직접살균제 : 병원균의 발아, 침입방지는 물론이고 침입한 병원균에 독성을 나타내는 작용을 하는 약제로 치료를 목적으로 사용되므로 발병 후에도 충분한 방제가 가능하다. (예 항생물질 등)

ㄷ 기타 : 종자나 종묘에 감염된 병원균을 방지하기 위한 종자소독제, 토양 중의 병원균을 살멸시키기 위하여 사용되는 토양소독제, 과실의 저장 중 부패를 방지하기 위한 과실 방부제 등으로 분류하며, 더욱 세분하여 해충 종류에 따라서 도열병약, 탄저병약 등으로 분류한다.

② 살충제

    ㉠ 소화중독제 : 해충의 먹이가 되는 식물의 잎에 농약을 살포하여 부착시킴으로써 해충이 먹이와 함께 농약을 소화기관 내로 흡수되어 독작용을 나타내게 하는 약제이다.

    ㉡ 접촉독제 : 살포된 약제가 해충의 피부에 접촉되어 체내로 흡입되므로써 독작용을 나타내는 약제를 말하는 것으로, 충체에 약제가 직접 접촉되었을 때에는 물론이고 약제가 살포된 장소에 해충이 접촉되어도 살충효과를 나타내는 잔류성 접촉 독제로 구분한다.

    ㉢ 침투성 살충제 : 약제를 식물의 잎 또는 뿌리에 처리하면 식물체 내로 흡수 이행되어 식물체 각 부위에 분포시킴으로써 흡즙 해충에 독성을 나타내는 약제이다.

    ※ 침투성 살충제는 해충에게 직접 작용하므로 해충 이외의 천적이나 다른 곤충들에게 피해가 적다.

    ㉣ 유인제 : 해충을 유인하는 물질로 성페로몬 또는 성페로몬과 유사한 물질을 사용한다.

    ㉤ 기피제 : 유인제와는 반대로 농작물 또는 저장 농산물에 해충이 접근하지 못하게 하는 약제이다.

    ㉥ 생물농약 : 해충의 천적(병원균, 바이러스, 기생봉)을 이용하여 해충을 방제하는 것이다. 병원균에 길항하는 미생물을 이용하여 생물농약을 만든다.

    ㉦ 불임법 : 해충의 불임 개체를 만들어 자연에 방사하여 해충의 개체 수를 조절하는 방법이다.

③ 살비제 : 곤충에는 살충력이 거의 없고 응애류에만 효력을 나타내는 약제이다.

④ 살선충제 : 선충을 구제하는 데 사용하는 약제이다.

⑤ 제초제 : 작물이 필요로 하는 양분을 수탈 또는 작물의 생육 환경을 불리하게 하며 작물 생육에 경쟁적 식물인 잡초를 제거하기 위하여 사용되는 약제로, 그 작용 특성에 따라서 선택성 제초제, 비선택성 제초제로 구분하고, 작용 기작에 따라서 광합성 저해제, 광합성화에 의한 독물생산제, 산화적 인산화 저해제, 식물호르몬 작용저해제, 단백질 합성저해제 등으로도 구분한다. 또한 제초제는 사용하는 시기에 따라서 발아 전 처리제, 발아후 처리제로 구분하고 이를 각각 토양처리제 및 경엽처리제라고도 부른다.

⑥ 식물 생장조정제 : 식물의 생장을 촉진 또는 억제하거나 개화 촉진, 착색 촉진, 낙과 방지 또는 촉진 등 식물의 생육을 조정하기 위하여 사용되는 약제이다.

⑦ 혼합제 : 사용 목적 또는 사용 특성이 서로 다른 2종 또는 그 이상의 약제를 혼합하여 하나의 제형으로 만든 약제를 말하는 것으로, 병과 해충을 동시에 방제하는 살균 살충제와 2종 또는 그 이상의 병해 또는 해충을 동시에 제거하기 위한 혼합 살균제, 혼합 살충제가 있으며 1년생 및 다년생 잡초를 동시에 방제하는 혼합 제초제 등이 있다.

⑧ 보조제

살균제, 살충제, 살서제, 제초제 등과 같은 농약 주제의 효력을 증진시키기 위하여 사용하는 약제이다.

㉠ **전착제 : 농약의 주성분을 병해충이나 식물 등에 잘 전착시키기 위해 사용하는 약제**

㉡ **증량제 : 주성분의 농도를 낮추기 위하여 사용하는 보조제**

㉢ 용제 : 약제의 유효성분을 녹이는 데 사용하는 약제

㉣ 유화제 : 유제의 유화성을 높이는 데 사용하는 계면활성제

㉤ 협력제 : 유효성분의 효력을 증진시킬 목적으로 사용하는 약제

2) 주성분 조성에 따른 분류

① **유기인계 농약 : 현재 사용하고 있는 농약 중 가장 많은 종류**가 있으며 유기인계 농약의 구조는 인을 중심으로 각종 원자 또는 원자단으로 결합되어 있다.

② 카바메이트계 농약 : 카바메이트계 농약은 카바민산과 아민의 반응에 의하여 얻어지는 화합물로서 주로 살충제로 사용되나 일부 제초제로 개발된 것도 있다.

③ 유기 염소계 농약 : 화합물의 분자구조 내에 염소 원자를 많이 함유하고 있는 농약으로 BHC나 알드린과 같이 환상 구조를 가지는 것과 DDT와 같이 디페닐 구조를 가지는 화합물로 나눈다.

④ 유황계 농약 : 유황계 농약은 석회유황합제나 유황수화제와 같이 무기 유황화합물과 마네브, 자네브 등과 같은 유기 유황화합물로 크게 나누며, 대부분 살균제이다.

⑤ 동계 농약 : 동 화합물 농약은 석회보르도액, 동수화제 등과 같이 무기동제와 옥신쿠페, 쿠페하이드록시퀴노린 등과 같은 유기동제로 구분하며, 주로 살균제로 사용된다.

⑥ 유기비소계 농약 : 일반 구조는 R은 방향족 또는 지방족기이며, X는 염소, 산소, 유황 등으로 되어 있다. 유기비소계 농약 중 현재 우리나라에서 사용 중인 농약은 네오아진 하나뿐이다.

⑦ 항생 물질계 농약 : 미생물이 분비하는 물질을 이용하는 것으로 주로 살균제로 사용된다. 항생물질에는 항세균성, 항곰팡이성 및 항바이러스성 미생물로 구분하나 항바이러스성 미생물질은 아직 농약으로 실용화된 것이 없다.

⑧ 피레스로이드계 농약 : 제충국의 살충 성분인 피레스린의 근연 화합물로서 주로 살충제로 사용된다.

⑨ 페녹시계 농약 : 이사디, 엠씨피에이 등과 같이 분자구조 내 페녹시기를 함유하고 있는 농약을 말하는 것으로, 주로 제초제로 사용되나 이사오티피와 같이 식물 생장조정제로도 이용된다.

⑩ 트리아진계 농약 : 분자구조 내에 질소를 3개 가지는 트리아진 골격을 함유하는 화합물로서, 주로 제초제로 사용되나 다이렌과 같은 살균제도 있다.

⑪ 요소계 농약 : 리누론, 디우론 등과 같이 분자구조 내에 요소 골격을 가지는 화합물로서 대부분 제초제로 사용되고 있다.

⑫ 기타 농약 : 이상 기술한 종류 외에 유기수은계, 유기니켈계, 유기주석계 등의 유기 금속화합물과 퀴노린계, 페놀계, 디나이트로아니린계, 나이트릴계, 아마이드계 등 각종 유기화합농약이 있다.

3) 농약 형태에 따른 분류

① 유제 : 물에 녹지 않는 유효성분을 유기용매에 녹여 계면활성제를 유화제로 첨가한 용액을 제조한 약제다. 다른 제형에 비하여 간단하게 만들 수 있다. 수화제에 비하여 살포용 약액 조제가 편리할 뿐만 아니라 일반적으로 수화제나 다른 제형보다 약효가 확실하다는 장점이 있다.

② 수화제 및 수용제 : 수화제는 물이 녹지 않는 원제를 화이트카본, 증량제 및 계면활성제와 혼합, 분쇄한 제제로 물에 희석하면 유효성분의 입자가 물에 고루 분산하여 현탁액이 된다. 주제가 수용성이고 첨가하는 증량제가 유안이나 망초, 설탕과 같이 수용성인 물질을 사용하여 조제한 살포액이 투명한 용액으로 되는 경우에는 수화제와 구분하여 수용제라 한다.

③ 분제 : 주제를 증량제, 물리성 개량제, 분해방지제 등과 균일하게 혼합, 분쇄하여 제제한 것을 말한다. 분제는 그 조성의 대부분을 증량제가 차지하고 있으므로 **분제의 품질은 증량제의 이화학적 성질에 크게 영향을 받는다.**

④ **입제 : 주제에 증량제, 점결제, 계면활성제를 혼합하여 0.5∼2.5mm의 입자로 만든 약제다.**

⑤ 액제 : 수용성 약제를 물에 녹여 계면활성제나 동결방지제를 첨가하여 제제한다. 가수분해의 우려가 없는 약제에 사용한다.

⑥ 액상수화제 : 주제가 고체로서 물이나 용제에 잘 녹지 않는 것을 액상의 형태로 제제하는 것으로 분쇄하지 않은 주제를 물에 분산시켜 현탁하여 제제한다.

⑦ 미립제 : 미립제의 제제는 입제의 제조 방법과 같으나 입자의 크기가 일반적으로 입제보다 작다. 미립제의 입도 범위는 62∼219㎛로 그 범위가 매우 좁다.

⑧ DL분제 : DL분제는 분제의 일종이나 10㎛ 이하의 미립자를 최소한의 증량제와 응집제를 가하여 살포된 미립자를 대기 중에서 응집시켜 약제의 표류, 비산을 방지하기 위하여 개발된 새로운 제형으로 일반 분제와 구분하여 DL분제라 한다.

⑨ **훈증제 : 훈증제는 비점이 낮은 농약의 주제를 액상, 고상 또는 압축가스 상으로 용기에 충진한 것으로, 용기를 열 때 대기 중으로 기화 되어 병해충에 독작용을 일으키는 제형이다.**

⑩ 정제 : 분제와 수화제와 같이 제제한 농약을 일정한 크기로 만든 것을 말하며, 주로 저장 곡물의 해충 방제용으로 사용되는 것으로 실내에서 가스화 되어 독작용을 나타낸다.

⑪ 기타 : 이상 여러 가지 제형 외에 농약의 주제를 일정한 용기 내에 가압, 충진한 연무제, 농약을 풀과 같이 만든 도포제, 농약의 주제와 발연제를 혼합 제제한 훈연제 등이 있으며, 또한 농약 사용자의 안전을 위하여 캡슐에 넣어 사용하는 캡슐제 등이 있다. 또한 요즘에 새로운 제형으로 현탁제, 미탁제, 분산성액제, 입상수화제 등 다양한 제제로 출시되고 있는 실정이다.

2 농약의 사용법

1) 농약의 장단점

장점	단점
• 농림산물의 병충해 방제 • 인류의 보건 증진 • 식량 증산	• 자연계의 평형 파괴 • 약제 저항성 해충 출현 • 인축과 야생 동물에 대한 독성 • 생물상의 단순화 • 잠재적 곤충의 해충화 • 잔류 독성으로 인한 환경오염

2) 농약의 색깔(포장지와 병뚜껑)

① **살균제–분홍색**/살충제–녹색/제초제–황색/생장조정제–청색

② **맹독성농약–적색**/기타 약제–백색/혼합제 및 동시방제제–색깔 병용

3) 농약의 명칭

① 화학명/일반명(국제적 통용. mancozeb)

② 품목명(농약 등록 시 사용. 만코제브 수화제)

③ 시험명(등록되기 전 사용)

④ 상표명(상품명)(농민에게 가장 익숙, 000만코제브)

4) 농약의 표시사항(공통 표시사항)

① 품목등록번호

② 농약의 명칭 및 제제 형태

③ 유효성분의 일반형 및 함유량과 기타 성분 함유량

④ 포장 단위

⑤ 농작물별 적용 병해충 및 사용량

⑥ 사용 방법과 사용에 적합한 시기

⑦ 안전 사용 기준 및 취급 제한 기준

⑧ 농약별 표시사항

⑨ 저장·보관 및 사용상의 주의사항

⑩ 상호 및 소재지

⑪ 농약 제조 시 제품 균일성이 인정되도록 구성한 모집단의 일련번호

⑫ 약효 보증 기간

5) 농약 살포 시 주의점

① 기상조건은 약제 살포에 영향을 끼치므로 충분히 고려한다.(오전 중 시원하고 바람이 없을 때)

② 혼용하면 약해가 일어나거나 효력이 없어지는 것이 많으므로 주의한다.

③ 연용하면 약해가 일어나는 것이 있으므로 주의한다.

④ 천적과 방화곤충(꽃들을 방문하는 곤충)에 유의하여 살포한다.

6) 농약 제조 시 유의사항

① 알칼리성 물, 오염된 물, 뜨거운 물, 바닷물 등은 쓰지 않는다.

② 경도가 낮은 맑은 물을 사용한다.

③ 수온은 낮은 것이 좋다.

④ 전착제는 조제가 끝난 다음 추가한다.

7) 농약의 선택

농약은 주성분의 종류와 병해충의 종류에 따라서 심한 선택성을 보이므로 방제하고자 하는 병해충에 가장 유효한 농약의 종류 및 제형을 선택하는 것이 병해충의 효율적인 방제를 위하여 매우 중요하다. 따라서 농약은 다음과 같은 여러 가지 요인을 고려하여 선택하여야 한다.

① 병해충의 종류 및 발생 상황

② 농작물의 종류, 품종 및 생육 상황

③ 농약의 이화학적 특성 및 작용 기작

④ 농민의 영농 규모

위의 조건 중에서 ①과 ②의 경우, 현재 우리나라에서는 적용 병해충 및 작물의 종류에 따라서 농약명을 사용하고 있으므로(예 깍지벌레약, 응애약 등) 방제하고자 하는 병해충의 종류에 따라 쉽게 유효한 농약을 선택할 수 있으므로 문제가 되지 않는다. 그러나 ③의 경우에는 농약의 독성 및 잔류성에 따라 인축 및 자연생태계에 미치는 영향에 큰 차이를 나타내므로 농약을 살포하고자 하는 포장의 입지 조건을 충분히 고려하여 선택하여야 한다. 또한 ④에서와 같이 농가에서 가지고 있는 농약 살포 기구 및 살포면적 등을 고려하여 적당한 농약을 선택하여야 한다.

8) 농약 조제법

① 용액

– 황산니코틴, TEPP같은 용액은 물에 소요량을 붓고 잘 저어서 사용한다.

– 황산니코틴은 비누액과 혼합해야 하므로 미리 소량의 뜨거운 물에 비누를 녹여서 사용한다. 이것을 소요량의 물에 넣은 다음 니코틴을 추가한다.

② 수화제

– 소량의 물에 소량의 수화제 분말을 작은 그릇에 넣고 휘저어 풀같이 한 다음 다시 소요량의 물을 부어 살포액을 만든다.

– 자루에 소요량의 분말을 넣고 물속에서 비벼 살포액을 만든다.

– 수화제의 분말을 조금씩 물의 표면에 뿌리고 가라앉은 것을 기다려 잘 저어서 살포액을 만든다.

③ 유제(乳劑) 유제

– 유제 원액과 같은 양의 물에다 조금씩 넣으면서 잘 저어 유탁액을 만들고, 이것을 소요량의 물에다 조금씩 넣으면서 강력히 저어 준다.

④ 수용제

– 수용제의 살포액을 조제할 때 우선 일정량의 물에 필요한 농약을 섞어주면서 저어주면 투명한 용액의 희석액이 된다.

⑤ 약제에 사용되는 단위

– 고체는 중량(mg, g, kg)을 기준으로 하고, 액체는 부피(㎖, ㎗, ℓ)를 기준으로 한다.

– 기준이 되는 물의 경우 1g이 1㎖와 같고, 물 1ℓ의 중량은 1kg이 된다.

– 1cc는 1㎖와 같다. cc는 Cubic Centimeter를 줄인 말이다. 1cc는 $1cm^3$를 말한다.

– 1ℓ는 $1,000cm^3$(10cm×10cm×10cm)이므로 1cc는 1㎖와 같다.

– 물이나 알코올 등 다른 물질을 녹이는 액체는 용매에 해당하고, 고체는 용질이다.

– 두 가지 액체를 섞는 경우 양이 많은 것이 용매, 적은 것이 용질이다.

– 비중이 1에 가까운 약제를 희석할 때는 부피를 재는 용량계로 계량해서 희석할 수 있다.

– 일반적으로 사용하는 비중이 큰 약제는 중량으로 환산해서 희석한다.

❸ 약제의 희석 방법

1) 분제의 희석 방법

– 원제의 무게와 농도가 주어지면 희석에 필요한 증량제의 양을 구하는 문제가 주로 출제된다.

$$증량제의 양 = 원분제의 무게(g) \times \left(\frac{원분제의 농도}{원하는 농도} - 1 \right)$$

실력 확인 문제

농도가 12%인 탄산칼슘 분말을 1%의 분말로 제조하는 데 필요한 증량제의 양을 계산하시오.

해설

$$1kg \times \left(\frac{12}{1} \right) - 1 = 11kg$$

2) 액제의 희석 방법

– 원액의 무게와 농도가 주어지면, 원하는 농도로 만들기 위한 물의 양을 구하는 문제가 출제된다.

$$희석에 필요한 물의 양 = 원액의 부피(cc) \times \left(\frac{원액의 농도}{원하는 농도} - 1 \right) \times 원액의 비중$$

실력 확인 문제

비중이 1.0이고, 농도가 25%인 DDT 유제 100cc를 0.05%의 살포액으로 만들려고 한다. 이때 필요한 물의 양을 계산하시오.

해설

$$100 \times \left(\frac{25}{0.05} \right) - 1 \times 1 = 49,900cc$$

$$농도 = \frac{용질의 양}{용매의 양} \times 100$$

농도가 25%인 용액이 1cc라면 용질의 무게가 25g이고, 용매의 무게가 75g이 된다.

공식을 외우지 않으려면 용질의 무게 25g을 0.05%의 살포액으로 만드는 데 들어가는 용매의 양을 먼저 계산한다. 용매의

양을 x라고 하면 0.05%=0.00050이므로 $0.0005 = \frac{25}{x}$

x의 값을 구하면 50,000g의 0.05% 용액에서 최초의 100g을 빼주면 49,900g의 물이 필요하다.

물 1cc는 1g이므로 49,900cc의 물이 필요하다.

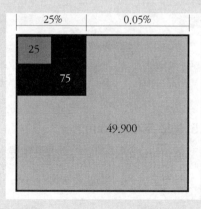

3) 배액 제조법

– 경작지에 살포할 농약의 양을 계산하여 약제를 구입하는 데 사용된다.

$$필요한 약제의 양 = \frac{단위\ 면적당\ 사용량}{희석\ 배수}$$

실력 확인 문제

메티온 유제 40%를 1,000배액으로 희석하여 10a당 130 ℓ 를 살포할 때 소요되는 약제의 양을 계산하시오.

해설

$$\frac{130}{1,000} = 0.13l = 130cc$$

4) 농도 조제법(%)

– %를 사용한다.

– 필요한 약제의 양과 농도가 주어지면 구입해야 할 약제의 양을 계산할 수 있다.

$$구입할 약제의 양(\%) = 추천\ 농도(\%) \times \frac{필요한\ 약제의\ 양}{약제의농도(\%)} \times 비중$$

실력 확인 문제

비중이 0.7이고 농도가 50%인 약제를 구입한 후 0.05%로 희석하여 18 ℓ 의 살포액을 조제하려고 한다. 구입할 약제의 양을 구하시오.

해설

$$0.05 \times \left(\frac{18,000}{50}\right) \times 0.7 = 12.6cc$$

* 약제의 양은 cc, ㎖, g 단위로 환산하여 계산하는 것이 좋다.

5) 농도 조제법(ppm)

– ppm(백만분의 100) 농도 단위를 사용한다.

– 필요한 약제의 양과 농도가 주어지면 구입해야 할 약제의 양을 계산할 수 있다.

$$구입 약제량(ppm) = 추천\ 농도(ppm) \times 대상의\ 양(kg) \times \frac{100}{1,000,000} \times 원농도(ppm) \times 비중$$

80kg의 밤에 농도 50%, 비중 1.07인 말라치온 유제를 처리하여 5ppm이 되도록 처리하고자 한다. 이때 필요한 말라치온 유제의 양을 계산하시오.

해설

$$\frac{5 \times 80,000 \times 100}{1,000,000 \times 50 \times 1.07} = \frac{40,000,000}{53,500,000} = \frac{4,000}{5,350} = 0.75cc$$

* 80kg을 80,000g으로 환산하여 미리 단위를 일치시켰다.

4 식물 병해충의 종합적 방제법

식물 병해충의 방제법은 예방법, 면역법, 치료법의 세 가지로 구분할 수 있다. 식물 병해충은 한 가지 방제법으로 큰 효과를 얻기 어려운 경우가 많은데 이런 경우 **예방법, 면역법, 치료법을 병용하여 복합적으로 이용하는 것을 종합적 방제라고 한다.**

수목 병의 발생을 예방하는 방법은 윤작 및 저항성 품종의 육성, 혼표림 조성, 종묘의 소독 및 토양소독, 묘목의 검사 등이 있다.

① 경종적(생태적) 방제법 : 해충의 생태를 고려하여 발생 및 가해를 경감시키기 위해 환경조건을 변경하거나 숙주 자체가 내충성을 지니게 하는 방제 방법이다.

② 물리적 방제법 : 기계적 방제를 포함한 물리적 처리

③ 생물적 방제법 : 생물의 호르몬, 페로몬, 생활습성, 포식자, 기생자를 이용한 처리

④ 화학적 방제법 : 적응성이 있는 화학물질로 처리

경종적 방제	환경변화		윤작	유연관계 먼 작물
			재배밀도 조절	밀식보다 소식
			혼작	다른 작물 동시재배
			미기상 변화	포장 내 활동력 저하
			잠복소 제공	해충 습성 이용
	피해 회피		작물 재배시기 해충 발생 최성기 피해 결정	
	토성 개량		적절한 배수와 보습이 이루어지도록	
물리적 방제	포살		알, 유충, 성충 등을 간단히 기구로 제거	
	등화유살		유아등으로 주광성 있는 곤충 유인	
	온도 처리	가열법	태양열법	햇빛에 널어 말린다.
			온탕침법	뜨거운 물에 담근다.
			증기열법	51~55℃ 수증기로 10~12시간 처리
			화열법	불로 가열한다.
			적외선법	적외선을 비춘다.
		냉각법	저온→고온→저온으로 처리하여 사상률을 높인다.	

물리적 방제	기타	고주파법	고주파를 방사한다.
		초음파법	초음파를 방사한다.
		감압법	압력을 낮추어 준다.
		침수법	물에 담근다.
생물적 방제	천적 이용	척추동물, 무척추 동물 등 포식생물과 기생생물 이용	
		병원성 미생물	바이러스, 세균, 균, 원생동물 등 기생
	내충성	내충성 수종 선발 및 식재	
	주화성 (유인물질)	먹이	곤충의 먹이식물 이용
		페로몬	성 유인물질
		집합페로몬	나무좀, 바퀴벌레류가 동족을 불러들임
	호르몬	**유약호르몬**	곤충의 탈피를 억제하거나 촉진하여 방제
		Methopren	Kabat 6령충 누에, 해충방제에 이용
		Kinopren	Eustar 가루이, 진딧물, 버섯파리류
	불임법	생식 능력을 없앤 수컷 개체를 대량 방사하여 다음 세대의 해충 밀도를 조 절한다.	
	유전학 이용	교잡불화합성	야외집단과 교잡 시 다음 세대 불임 개체
		생태적 적응성	기후 적응성 낮은 인자를 이용

– 주화성 : 곤충의 주성 중에서 화학 물질에 대한 것으로 양주화성과 음주화성이 있다. 양주화성을 이용한 것이 유인제, 음주화성을 이용한 것을 기피제라고 한다.

– 페로몬 : 생물의 체외로 분비되어 동일 종의 다른 개체에게 특정한 행동을 유발하는 물질로, 생물에서 분비되는 정보 매체가 되는 화학물질 중에서 종 내의 정보 전달에 관여하는 것을 말한다.

– 유약호르몬 : 곤충의 뇌 뒤쪽에 있는 1쌍의 샘인 알라타체에서 분비되는 호르몬이며, 곤충의 변태를 억제하는 구실을 한다. **탈피와 변태를 일으키는 기작은 앞가슴샘(전흉선)에서 분비되는 탈피호르몬인 Ecdysterone과 알라타체에서 나오는 유약 호르몬의 상대적인 농도에 따라 결정된다.** 유약 호르몬의 함량이 높으면 유충 또는 약충이 다음 영기의 유충으로 탈피하고, 유약 호르몬의 함량이 감소되면 번데기가 되고, 유약 호르몬이 없어지면 성충이 된다.

> **참고자료**
>
> – 산림청누리집 www.forest.go.kr
> – 국립생물자원관, www.nibr.go.kr
> – 산림보호학 구창덕 향문사
> – 수목병해충도감 산림청 임업연구원
> – 신산림 해충도감 국립산림과학원
> – 산림병리학 이종규 외 향문사
> – 삼고 산림보호학 김종국 외 향문사

실력점검문제

01 다음 중 토양에 의해 전반되는 병은?

① 그을음병
② 소나무 모잘록병
③ 밤나무 줄기마름병
④ 오동나무 빗자루병

해설 • 토양 중에서 스스로 활동범위를 확산하는 병원체는 모잘록병 및 리지나뿌리썩음병의 병원체가 있다.
• 뿌리썩이선충 및 뿌리혹 선충도 토양 내에서 자력으로 이동할 수 있다.

02 다음 중 수목의 뿌리를 통해서 감염되지 않는 것은?

① 모잘록병
② 뿌리혹병
③ 그을음병
④ 자주빛날개무늬병

해설 그을음병은 흡즙성 곤충의 분비 또는 배설물에 자낭균이 번식하여 발생하므로 보통 잎과 가지에서 발생한다.

03 다음 수목 병 중에서 흡즙하는 곤충에 의해 전반되지 않는 병은?

① 뽕나무 오갈병
② 벚나무 빗자루병
③ 오동나무 빗자루병
④ 대추나무 빗자루병

해설 • 벚나무 빗자루병은 자낭균류에 의해 발병한다.
• 뽕나무 오갈병, 오동나무 빗자루병, 대추나무 빗자루병은 파이토플라스마가 원인이며 흡즙하는 곤충에 의해 전반된다.

04 다음 중 대추나무 빗자루병의 병원체는?

① 곰팡이
② 파이토플라스마
③ 바이러스
④ 세균

해설 대추나무 빗자루병의 병원체는 파이토플라스마로 마름무늬매미충에 의하여 전반된다.

05 다음 중 세균에 의해 발생하지 않는 수목 병은?

① 불마름병
② 뿌리혹병
③ 소나무 혹병
④ 구멍병

해설 • 세균에 의한 수목 병은 세균성 뿌리혹병, 세균성 불마름병, 세균성 구멍병 등이 있다.
• 소나무 혹병은 녹병균에 의해서 발생한다. 참나무류가 중간기주다.

06 다음은 소나무 재선충병 방제 방법에 대한 설명이다. 가장 옳지 않은 것은?

① 피해목은 메탐소디움을 이용하여 훈증한다.
② 아바멕틴을 이용해 예방 나무주사를 한다.
③ 북방수염하늘소 성충이 발생하는 시기에 티아클로프리드를 지상 살포한다.
④ 재선충에 대해 저항성이 있는 소나무 품종을 식재한다.

정답 01. ② 02. ③ 03. ② 04. ② 05. ③ 06. ④

• 소나무 재선충병에 대한 저항성 품종 개발에 대한 시도는 있었지만 아직까지 효과적으로 조림된 사례는 없다.
• 산림과학원에서 2004년 해송과 소나무 각 4본씩 저항성 생존목종을 선발한 사례는 있지만 품종으로까지 개발되었다는 보고서는 아직 없다.

07 제시된 곤충의 더듬이의 각 부분 중 냄새를 맡는 감각기들이 집중되어 있는 부위는 어디인가?

① 더듬이의 기부
② 더듬이의 자루마디
③ 더듬이의 채찍마디
④ 더듬이의 팔굽마디

• 팔굽마디에는 진동을 감지하는 존스톤기관(Johnston's organ)이 있다.
• 존스톤기관은 진동을 통해 소리를 감지하고, 바람의 방향을 알아낸다.
• 채찍마디에는 냄새를 맡는 감각기들이 집중되어 있다.
• 냄새 화학감각기는 안테나와 구기의 부속 수염에 존재한다.

08 파리의 유충에서 볼 수 있는 부속지가 결여되어 있고, 다리가 없는 유충의 형태는 다음 중 어느 것인가?

① 원각형 유충   ② 다각형 유충
③ 소각형 유충   ④ 무각형 유충

유충의 형태	특징
원각형 유충	배의 마디가 뚜렷하지 못하고 머리와 가슴의 부속지 역시 명확하지 않다. 난황이 적고 유충이 배자 발생 초기에 부화한다.
다각형 유충	분절은 완전하고 복지(腹肢, proleg)가 있고 몸의 옆쪽에는 기문이 발달한다. 가슴의 다리는 잘 발달한 것이 아니라 뚜렷하다.
소각형 유충	가슴다리가 발달되어 있으며, 배다리가 없고, 머리 부분과 그 부속지가 잘 발달되어 있다.
무각형 유충	부속지가 결여되어 있으며, 구데기형으로 다리가 없는 유충이다.

09 종실해충 방제를 위한 약제 살포시기에 대한 설명으로 옳지 않은 것은?

① 밤바구미는 우화시기인 4~5월에 살포한다.
② 복숭아명나방은 7~8월에 살포한다.
③ 도토리거위벌레는 8월경에 살포한다.
④ 솔알락명나방은 우화기, 산란기인 6월경에 살포한다.

밤바구미는 성충이 산란하는 시기인 8~9월에 약제를 살포한다.

10 다음 중 아밀라리아뿌리썩음병의 표징으로 볼 수 없는 것은?

① 뿌리꼴 균사다발
② 수피 밑에 흰색의 부채꼴 균사판
③ 잎에 발생한 검은색 자낭구
④ 노란색 자실체

자낭구는 자낭균문의 특징이다. 리지나뿌리썩음병은 담자균문이므로 자낭구를 형성하지 않는다.

11 아밀라리아뿌리썩음병의 방제법으로 적합하지 않은 것은?

① 임지 내에 불을 피우는 행위 금지
② 감염목 및 벌근의 제거
③ *Trichoderma sp.*를 이용한 생물적 방제
④ 토양 훈증

리지나뿌리썩음병의 자낭포자가 발아하는 데 열이 필요하기 때문에 방제하는 데 불을 피우는 것을 금지한다.

정답 07. ③ 08. ④ 09. ① 10. ③ 11. ①

12 다음 중 리지나뿌리썩음병의 기주가 되기에 적합하지 않은 수종은?

① *Pinus densiflora*

② *Pinus thunbergii*

③ *Morus alba*

④ *Larix leptolepis*

해설 리지나뿌리썩음병은 주로 침엽수에 발생하므로 뽕나무(*Morus alba*)는 기주로 부적합하다.

13 다음 중 리지나뿌리썩음병의 방제 방법으로 적합하지 않은 것은?

① 임지 내에서 불을 피우는 행위를 금지한다.

② 피해지 주변에 깊이 80cm 정도의 도랑을 파서 피해 확산을 막는다.

③ 테라마이신을 나무주사하여 예방한다.

④ 피해 임지에 1ha당 2.5톤 정도의 석회를 뿌린다.

해설 테라마이신(옥시테트라사이클린)은 파이토플라스마의 치료에 사용된다.

14 다음은 녹병균과 중간 기주를 연결한 것이다. 연결이 가장 옳지 않은 것은?

① 회화나무 녹병 : 낙우송

② 잣나무 털녹병 : 송이풀

③ 소나무 잎혹병 : 졸참나무

④ 전나무 잎녹병 : 뱀고사리

해설 회화나무 녹병은 이종 기주교대를 하지 않고, 회화나무에서 세대를 완결한다.

15 다음은 모잘록병의 병원균이다. 이 중 조균류는 어느 것인가?

① *Fusarium acuminatum*

② *Sclerotium bataticola*

③ *Pythium debaryanum*

④ *Rhizoctonia solani*

해설 *Pythium debaryanum*은 조균류에 속한다.

16 아래에 제시된 녹병 중에서 병원균의 형태 중 여름포자가 없는 녹병은?

① 향나무 녹병 ② 포플러 잎녹병

③ 전나무 잎녹병 ④ 잣나무 털녹병

해설 향나무 녹병(배나무 붉은별무늬병)은 녹병균 중에서 드물게 여름포자는 형성하지 않는다.

17 다음 제시된 수종 중 염해에 가장 강한 수종은?

① 향나무 ② 삼나무

③ 전나무 ④ 소나무

해설 • 강한 나무 : 해송, 향나무, 사철나무, 자귀나무, 팽나무, 돈나무
• 약한 나무 : 소나무, 삼나무, 전나무, 사과나무, 벚나무, 편백, 화백

18 다음 제시된 물질 중에서 2차 대기오염 물질은?

① 불화수소 ② PAN

③ 질소산화물 ④ 아황산가스

해설 PAN(PeroxyAcetyl nitrate)과 오존(O_3)은 질소산화물에 의해 생성된 2차 대기오염 물질이다.

19 방제 대상이 아닌 천적에게도 피해를 입히기 가장 쉬운 농약은?

① 전착제
② 증량제
③ 접촉살충제
④ 침투성 살충제

해설 • 접촉성 살충제는 피부에 접촉하여 방제하는 형태이기 때문에 방제 대상이 아닌 곤충과 새 등 천적들도 영향을 받는다. 이에 반해 침투성 살충제는 식물이 체내에 침투시켜 잎이나 줄기를 식해하는 해충에 작용하기 때문에 방제 대상이 아닌 곤충과 새들에게는 영향이 적다.
• 전착제는 농약 살포액을 식물 또는 병해충의 표면에 넓게 퍼지게 하기 위하여 사용하는 보조제다.

20 다음은 잎에 발생한 연해의 피해를 나타낸 것이다. 염소에 의한 피해로 볼 수 없는 병징은?

①

표면 광택화, 뒷면은
은회색~청동색

②

잎끝과 잎가장자리
누런색~갈색

③

잎맥 사이 작은 반점

④

표면 전체 작은 반점

해설

병징	증상이 잘 나타나는 물질	증상이 가끔 나타나는 물질
표면 광택화, 뒷면은 은회색~청동색		PAN
잎끝과 잎가장자리 누런색~갈색	불화수소(HF), 염소(Cl)	황산안개
잎맥 사이 작은 반점	이산화황(SO_2), 질소산화물(NO_x)	PAN, 불화수소(HF), 염소(Cl), 오존(O_3), 황산안개
표면 전체 작은 반점	오존(O_3), 황산안개	이산화황(SO_2), 질소산화물(NO_x), 염소(Cl)

21 곤충의 표피세포층을 구성하고 있는 것 중 지질과 단백질을 합성하는 것은?

① 감각기　　　② 피부샘
③ 기저막　　　④ 편도세포

해설 • 표피세포층은 새로운 표피층을 형성하고 단백질을 합성하며, 혈림프 내의 단백질을 표피층으로 운반하는 역할을 한다. 표피세포층은 지질과 단백질을 합성하는 편도세포, 시멘트 층을 형성하는 피부샘, 외부의 변화를 감지하는 감각기로 구분된다.
• 외표피층(epicuticle)과 원표피층(procuticle)은 큐티클 층으로 세포의 구조가 아니며, 기저막은 막(membrane)의 형태로 세포의 구조가 아니다.
• 곤충의 피부(체벽)는 외골격인 표피층과 표피층을 만들고 유지하는 표피세포층, 그리고 혈림프와 표피세포를 물리적으로 구분해 주는 기저막의 3개 층으로 구성된다.

22 다음 중 수목이 병이나 환경 등 외부의 스트레스에 대해 견디어내는 힘을 나타내는 말은?

① 저항성　　　② 감수성
③ 병원성　　　④ 내병성

• 감수성 : 수목이 병에 걸리기 쉬운 성질
• 병원성 : 감염을 통해 질병을 일으킬 수 있는 능력
• 내병성 : 병에 걸리지 않거나 걸려도 피해가 거의 발생하지 않는 성질

23 아래에 제시된 표징 중 자낭균문에 속하는 것은?

① 뽕나무버섯
② 파상땅해파리버섯
③ 녹병정자기
④ 송이버섯

• 파상땅해파리버섯은 자낭균문에 속하는 *Rhizina undulata*에 의해 발생한다.
• Rhizo-는 "뿌리", undulate는 "파도모양을 가진"이라는 뜻을 가진 단어에 라틴어의 여성형 어미 a를 붙였다.

24 소나무류 잎떨림병 방제 방법으로 옳지 않은 것은?

① 병든 부위를 제거하고 도포제를 처리한다.
② 자낭포자가 비산하는 시기에 살균제를 살포한다.
③ 늦봄부터 초여름 사이에 병든 잎을 모아 태우거나 땅에 묻는다.
④ 수관 하부에 주로 발생하므로 풀베기와 가지치기를 하여 통풍을 좋게 한다.

• 소나무류 잎떨림병의 병든 부위인 잎에서 병원균이 월동하기 때문에 떨어진 잎을 모아 소각한다.
• 일부러 병든 부위를 제거할 필요는 없으며 도포제를 처리하는 것은 더더욱 맞지 않다.
• 병든 부위를 제거하고 도포제를 처리하여 방제하는 것은 가지마름병에 적합한 방제 방법이다.

25 다음 중 소나무 재선충 병의 방제 방법으로 적합한 것은?

① 유아등을 이용하여 성충을 유인한다.
② 메탐소듐 액제를 사용하여 25℃에서 12시간 훈증한다.
③ 알과 유충이 열매 속에 서식하므로 천적을 이용한 방제는 어렵다.
④ 성충기인 8월 하순부터 클로티아니딘 액상수화제를 수관에 살포한다.

• ①번 보기는 양성주광성이 있는 해충에 적용하는 방법이다. 재선충병의 매개충은 양성주관성이 없다.
• ③번 보기는 매개충의 알과 유충이 모두 목질부에 있다.
• ④번 보기는 매개충 우화기인 5~8월에 티아클로프리드 액상수화제를 수간에 살포한다.

26 다음 지문에서 설명하는 내용에 해당하지 않는 수목 병은?

> 병원체는 살아있는 기주에서만 증식이 가능하고, 인공배양이 불가능하다.

① 벚나무 빗자루병
② 소나무 혹병
③ 사철나무 흰가루병
④ 대추나무 빗자루병

• 벚나무 빗자루병은 자낭균류에 의한 병으로 인공배양이 가능하다.
• 흰가루병균은 자낭균에 속하지만 인공배양이 불가능하니 유의하자.
• 녹병균, 흰가루병균, 바이러스, 파이토플라스마 등은 인공적으로 배양하기 어렵다.
• ② 소나무 혹병 : 녹병균
• ③ 사철나무 흰가루병 : 흰가루병균
• ④ 대추나무 빗자루병 : 파이토플라스마

23. ② 24. ① 25. ② 26. ①

27 다음은 녹병균이 형성하는 포자다. 이 중 감수분열과 핵융합으로 만들어진 포자로 핵상이 2n인 것은?

① 담자포자   ② 녹병정자

③ 겨울포자   ④ 여름포자

해설 녹병균은 담자균류에 속하며 녹병정자, 녹포자, 겨울포자, 여름포자, 담자포자를 만든다.

포자명	핵상	비고
녹병정자	n	원형질 융합으로 녹포자 생성. 유성생식
녹포자	n+n	녹포자의 발아로 2n의 균사 형성, 기주교대
여름포자	n+n	여름포자의 발아로 2n의 균사 형성, 반복 감염
겨울포자	n+n→2n	감수분열과 핵융합으로 2n의 담자포자 형성
담자포자	n	담자포자의 발아로 n의 균사 형성, 기주교대

28 다음 지문에서 설명하는 자낭균문의 표징에 해당하는 것은?

> 수목의 흰가루병은 가을이 오면 미세한 흑색알갱이를 병환부에 형성한다.

① 자낭각   ② 자낭구

③ 자낭반   ④ 분생포자

해설
• 흰가루병에서 잎에 나타나는 흰가루는 병원균의 균사, 분생자병과 분생포자 등이다.
• 가을에 분생자는 자낭구를 형성하며, 흑색의 알맹이 형태인 자낭구가 병든 낙엽에 붙어서 월동한다.

자낭과의 종류	핵상
자낭구	흰가루병, 그을음병(병자각)
자낭각	밤나무 줄기마름병, 낙엽송 잎떨림병, 낙엽송가지끝마름병, 천공성갈반병(벚나무)
자낭반	소나무와 해송 잎떨림병, 소나무류 피목가지마름병, 리지나뿌리썩음병(파상땅해파리버섯)

29 다음 중 참나무하늘소의 방제 방법으로 옳지 않은 것은?

① 성충이 불빛에 유인되므로 유아등이나 유살등을 이용한다.

② 딱따구리, 산까치와 같은 포식성 천적을 보호한다.

③ 유충의 침입공에 베노밀 수화제를 주입하고 진흙으로 막는다.

④ 침입공에 철사 등을 이용하여 유충을 찔러 죽인다.

해설 페니트로티온유제(50%)를 침입공에 주입하고, 입구는 진흙으로 막는다.

30 1령 약충이 포식자를 피하기 위해 10월까지 의무적 휴면을 하는 해충은?

① 솔나방   ② 솔잎혹파리

③ 솔노랑잎벌   ④ 솔껍질깍지벌레

해설
• 솔껍질깍지벌레는 정착한 1령 약충(정착약충, 5~10월)이 여름에 긴 휴면을 가진다.
• 천적이 많은 시기를 피하려는 휴면은 의무적(자발적) 휴면의 일종이다.
• 이 문제는 약충이라는 말에서 문제 풀이의 단초를 얻을 수도 있다. 솔나방, 솔노랑잎벌, 솔잎혹파리는 모두 내시류로 약충(nymph)이 아니라 유충(larva)이라고 한다.

31 다음은 솔껍질깍지벌레 방제 방법에 대한 설명이다. 가장 옳지 않은 것은?

① 항공방제는 살충 효과가 높다.

② 나무주사는 후약충 시기인 12월~1월에 실시한다.

③ 에마멕틴벤조에이트를 사용하여 나무주사를 실시한다.

④ 3월경에 뷰프로페진 액상수화제를 줄기나 가지에 살포한다.

정답 27. ③   28. ②   29. ③   30. ④   31. ①

해설 항공방제는 살충효과는 높지 않으나 확산을 둔화시키는 효과가 있다. 주로 나무주사로 방제하고, 나무주사가 불가능한 나무는 지상으로 약제를 살포한다. 대면적을 방제할 경우에만 제한적으로 항공방제를 이용한다.

32 미국흰불나방의 포식성 천적이 아닌 것은?

① 검정명주딱정벌
② 송충알벌
③ 꽃노린재
④ 흑선두리먼지벌레

해설 송충알벌은 미국흰불나방의 포식성 천적이 아니라 기생성 천적이다.

구분	미국흰불나방의 천적
포식성 천적	꽃노린재, 검정명주딱정벌레, 흑선두리먼지벌레, 납작선두리먼지벌레 등
기생성 천적	무늬수중다리좀벌, 긴등기생파리, 나방살이납작맵시벌, 송충알벌 등

33 다음에 제시된 곰팡이의 기관 중 수목 병의 전염원에 해당되지 않는 것은?

① 담자균문의 담자포자
② 자낭균문의 분생자
③ 진균류의 부착기
④ 자낭균문의 자낭과

해설 • 진균류의 부착기는 기주와 기생체의 기생관계를 성립시켜 감염을 일으키는 원인이긴 하지만, 전염원이 되지는 않는다.
• 부착기와 침입관은 포자가 균사로 변하면서 식물의 세포에 침입하기 위해 만드는 기관이다.

34 다음에 제시된 기관 중 자낭균류의 기관 중 자낭과에 속하는 기관은?

① 균핵
② 분생자병
③ 자낭각
④ 분생포자각

해설 자낭균문의 자낭과는 모양에 따라 자낭구, 자낭각, 자낭반으로 구분한다.

35 수목에 발생하는 녹병에 대한 설명으로 옳은 것은?

① 녹병균이 만드는 다양한 색의 돌기는 녹병정자라고 한다.
② 겨울포자는 2n의 핵상을 갖는다.
③ 녹포자는 대체로 여름 사이에 반복 전염하는 역할을 한다.
④ 소나무 혹병의 중간기주로 까치밥나무가 있다.

해설 • ① 녹병균이 만드는 다양한 색의 돌기는 겨울포자퇴 또는 녹포자기라고 한다.
• ③ 여름포자는 대체로 여름 사이에 반복 전염하는 역할을 한다.
• ④ 소나무 혹병의 중간기주로 졸참나무 등의 참나무류가 있다.
• 녹병균의 겨울포자, 여름포자, 녹포자는 2n의 핵상을 가지며, 담자포자와 녹병정자는 n의 핵상을 갖는다.

36 다음의 해충에 대한 설명 중 가장 옳지 않은 것은?

① 호두나무잎벌레는 1년에 1회 발생하며, 성충으로 월동한다.
② 아까시잎혹파리와 느티나무외줄면충은 충영을 형성한다.
③ 미국흰불나방과 솔나방은 외국으로부터 국내로 유입되었다.
④ 밤바구미는 종실의 외부로 식흔을 배출하지 않아 발견하기 어렵다.

해설 미국흰불나방과 버즘나무방패벌레는 북미지역에서 유입되었지만, 솔나방은 외래 유입 해충이 아니다.

정답 32. ② 33. ③ 34. ③ 35. ② 36. ③

37 다음 수목 병의 방제 방법으로 가장 옳지 않은 것은?

① 포플러류 모자이크병은 접목 및 꺾꽂이에 사용한 도구를 소독하여 방제한다.

② 묘목의 모잘록병은 질소질 비료를 많이 주어 방제한다.

③ 잣나무 털녹병은 보드도액 등 살균에 효과가 있는 약제를 사용하면 효과적이다.

④ 밤나무 줄기마름병은 천공성 해충에 효과가 있는 주론계 살충제를 살포하여 방제한다.

> **해설** • 묘목의 모잘록병은 질소질 비료를 많이 주면 피해가 커진다.
> • 되도록 비료는 사용하지 않고, 부득이한 경우 인산과 칼륨의 비율이 높은 비료를 준다.

38 다음은 점박이응애에 대한 설명이다. 가장 옳지 않은 것은?

① 1년에 8~10회 발생하고, 주로 알로 월동한다.

② 고온 및 건조한 기후 조건에서 많이 발생한다.

③ 농약을 지속적으로 사용한 수목에서 대발생하는 경우가 있다.

④ 잎 뒷면에서 즙액을 빨아먹으므로 피해를 입은 잎에 작은 반점이 생긴다.

> **해설** • 1년에 8~10회 발생하고, 주로 암컷 성충이 수피 밑에서 월동한다.
> • 응애류는 아마멕틴 등으로 방제할 수 있다.

39 제시된 수목 병 중에서 불완전균류에 의해 발생하는 수목 병은?

① 뽕나무 오갈병

② 잣나무 털녹병

③ 삼나무 붉은마름병

④ 벚나무 빗자루병

> **해설** • 뽕나무 오갈병 : 파이토플라스마
> • 잣나무 털녹병 : 담자균류
> • 벚나무 빗자루병 : 자낭균류
> • 삼나무 붉은마름병 : 불완전균류

40 다음의 살충제에 대한 설명 중 가장 옳지 않은 것은?

① 침투성 살충제는 직접 가해하는 해충만 피해를 주고, 천적에는 그 영향이 작다.

② 접촉성 살충제는 방제 대상이 아닌 곤충과 새 등 천적들도 영향을 받는다.

③ 살충제에 대한 약해로 농약에 저항성인 개체가 출현한다.

④ 소화중독제는 씹은 입틀을 가진 해충의 방제에 주로 사용된다.

> **해설** • 농약에 저항성인 개체가 출현하는 것은 "저항성 발달"이라고 한다.
> • 약해는 농약이 방제 효과 이외의 원하지 않는 부작용을 나타내는 현상을 말한다.

41 다음에 제시된 해충을 방제하는 방법 중 가장 옳지 않은 것은?

① 경운법은 땅속에 사는 해충을 노출시켜 죽이는 방제 방법이다.

② 소살법은 잠복소나 먹이식물로 유인된 해충을 태워 죽이는 방제 방법이다.

③ 온도처리법에는 태양열법, 온탕침법, 증기열법, 화열법, 적외선법 등이 있다.

④ 오리나무잎벌레 등 식엽성 해충들은 통나무 등 번식장소를 제공하여 유인한 후 소각한다.

해설 번식장소 유살법은 식엽성 해충이 아니라 천공성 해충에 적합한 방제 방법이다.

42 장미 모자이크병 방제 방법에 대한 설명 중 가장 옳지 않은 것은?

① 접목 및 꺾꽂이에 사용한 도구는 소독하여 사용한다.

② 많은 잎에 모자이크병 병징이 나타난 수목은 제거한다.

③ 천공성 해충 등 매개충을 구제한다.

④ 바이러스에 감염되지 않은 대목과 접수를 사용하여 건전한 묘목을 육성한다.

해설 • 모자이크병은 바이러스에 의한 병이며, 바이러스는 대개 흡즙을 하는 매개충이 전반한다.
• 바이러스에 감염되지 않은 건전한 묘목을 식재하거나 많은 병징이 나타나는 수목은 제거한다.

43 다음은 저온에 의해 수목에 발생하는 피해에 대한 설명이다. 가장 옳지 않은 것은?

① 상주는 초겨울 또는 이른 봄에 습기가 많은 묘포에서 생기는 얼음 기둥에 의한 현상이다.

② 동상은 겨울철 수목의 생육휴면기에 발생하여 연약한 묘목에 피해를 준다.

③ 위연륜은 서리 또는 갑작스러운 추위에 의한 피해로 주로 조상에 의해 발생한다.

④ 상렬은 밤에 수액이 얼어 수간의 부피가 늘어나며 수간의 바깥층이 갈라지는 현상이다.

해설 위연륜(상륜)은 봄에 생장을 개시한 후 갑작스러운 추위나 늦게 내린 서리에 의해 성장에 지장을 받아 발생한다.

44 다음의 설명은 수목 병의 전반에 대한 설명이다. 가장 옳지 않은 것은?

① 잣나무 털녹병균은 봄에는 녹포자, 가을에는 소생자로 전반한다.

② 벚나무 뿌리혹병의 병원균은 토양을 통해 전반한다.

③ 밤나무 줄기마름병의 병원균은 밤나무에 생긴 상처 부위를 통해 전반한다.

④ 오리나무 갈색무늬병의 병원균은 공기를 통해 전반한다.

해설 오리나무 갈색무늬병균은 씨에 섞여있는 병엽 부스러기에서 월동하고, 종자의 종피에 붙어서 옮겨지는 경우가 많다.

45 산림화재에 의한 피해현상에 대한 설명으로 가장 옳지 않은 것은?

① 침엽수는 활엽수에 비하여 산불 피해에 약한 편이다.

② 녹나무, 벚나무는 동백나무, 참나무류보다 산불 피해에 강한 편이다.

③ 상록활엽수는 낙엽활엽수보다 산불 피해에 강한 편이다.

④ 가문비나무, 은행나무는 소나무, 곰솔보다 산불 피해에 강한 편이다.

해설 일반적으로 참나무와 동백나무가 녹나무와 벚나무보다 산불 피해에 강하다.

정답 42. ③ 43. ③ 44. ④ 45. ②

46 다음 모잘록병 방제 방법으로 가장 옳지 않은 것은?

① 묘상이 과습하지 않도록 한다.

② 병이 심한 묘포지는 연작을 하여 발병량을 줄인다.

③ 묘상의 배수가 잘 되도록 하고, 복토는 되도록 하지 않는다.

④ 질소질 비료보다는 인산질 비료를 충분히 준다.

해설 병이 심한 묘포지는 연작을 하지 않고, 윤작을 하여 발병량은 줄인다.

47 다음은 곤충의 페로몬에 대한 설명이다. 가장 옳지 않은 것은?

① 나무좀이 먹이인 기주를 발견하면 분비하는 호르몬을 집합호르몬이라고 한다.

② 진딧물은 적을 피하거나 함께 방어하는 신호를 위해 경보 페로몬을 분비한다.

③ 성페로몬은 이성을 유인하는 데 사용하며, 종 특이성이 없다.

④ 곤충이 산란 시에 다른 개체가 가까이에 알을 낳지 못하도록 하는 것을 분산페로몬이라고 한다.

해설 • 종 특이성은 생물이 가진 형태 및 기능적 특성이 종에 따라 차이를 나타내는 것이다.
• 페로몬은 같은 종에게만 기능이 발현되는 종 특이성이 있는 물질이다.

48 다음은 해충의 연간 발생횟수에 대한 설명이다. 가장 옳지 않은 것은?

① 향나무하늘소는 1년에 2회 발생한다.

② 솔알락명나방과 복숭아명나방은 1년에 2~3회 발생한다.

③ 밤바구미는 1년에 1회 또는 2년에 1회 발생한다.

④ 도토리거위벌레는 1년에 1회 발생한다.

해설 • 향나무 하늘소는 1년에 1회 발생하며, 성충으로 월동한다.
• 유충이 갱도 안에 배설하므로 배설물이 외부로 배출되지 않아 발견이 어렵다.

49 다음에 제시된 참나무 시들음병 방제 방법으로 가장 옳지 않은 것은?

① 피해 부위에 끈끈이 트랩을 설치하여 매개충을 잡는다.

② 통나무 등 유인목을 설치하여 매개충을 잡아 훈증 및 파쇄한다.

③ 나무 속의 성충과 유충을 전기 충격을 주어 죽인다.

④ 매개충의 산란기인 9월 중순을 전후하여 페니트로티온 유제를 살포한다.

해설 • 매개충의 우화기인 5~6월을 전후하여 페니트로티온 유제를 살포한다.
• 공생균인 암브로시아균(*Platypus koryoensis*)은 테부코나졸로 방제할 수 있다.
• 3월은 곤충이 우화하기에는 좀 춥다.

50 다음은 소나무 잎떨림병 방제 방법에 대한 설명이다. 가장 옳지 않은 것은?

① 종자를 캡탄제 등으로 분의 소독한다.

② 병든 낙엽은 모아서 묻거나 태운다.

③ 베노밀 수화제나 만코제브 수화제 등 살균제를 살포한다.

④ 살균제를 살포하는 시기는 자낭포자가 비산하는 7~9월이 적합하다.

해설 • 소나무류 잎떨림병은 자낭균류에 의한 병으로 포자가 바람에 의해 전반하므로 종자소독은 효과가 적다.

정답 46. ② 47. ③ 48. ① 49. ④ 50. ①

• 종자를 캡탄제 등으로 분의소독(씨앗에 가루형태의 약을 묻힌다.) 하는 것은 모잘록병에 대한 방제 방법이다.

51 다음에 제시된 해충의 월동 형태로 가장 옳지 않은 것은?

① 솔껍질깍지벌레는 번데기로 월동한다.
② 사사끼잎혹진딧물은 알로 월동한다.
③ 호두나무잎벌레는 성충으로 월동한다.
④ 솔잎혹파리는 유충으로 월동한다.

해설 • 솔껍질깍지벌레(*Matsucoccus thunbergianae Miller et Park*)는 성충으로 월동한다. 또한 솔껍질깍지벌레는 불완전 변태하는 종류로 번데기 시기가 없다.
• 솔껍질깍지벌레는 부화약충이 정착하여 하기휴면을 한 후 겨울에 피해를 입힌다.

52 다음 제시된 약제 중 소나무 재선충 방제를 위한 나무주사용으로 가장 적합한 약제는?

① 메탐소디움 액제
② 티아클로프리드 액상수화제
③ 아바멕틴 유제
④ 테부코나졸

해설 • 소나무재선충병 예방을 위한 나무주사에는 에마멕틴벤조에이트 2.15% 유제 또는 아마멕틴 1.8% 유제 원액을 사용한다.
• ① 메탐소디움 액제는 이병목의 훈증용으로 사용된다.
• ② 티아클로프리드 액상수화제는 항공 또는 지상방제에 사용된다.
• ④ 테부코나졸은 살균제로 소나무재선충에 적용성이 없다.

53 다음 수목 병의 증상에 대한 설명 중 가장 옳은 것은?

① 포플러잎 녹병은 9~10월에 병든 낙엽과 갈색으로 변한 잎이 떨어진다.
② 잣나무 잎떨림은 노랗게 변한 잎이 봄에 일찍 떨어진다.
③ 오동나무 탄저병은 모잘록병과 비슷한 증상을 보이고, 장마철에 급격히 심해진다.
④ 오리나무 갈색무늬병은 20년 이상 성목의 잎에 갈색의 병반을 만들고, 병반에 구멍이 생긴다.

해설 • ① 포플러 잎녹병은 잎이 노랗게 변하면서 일찍 떨어진다. 잎에 반점이 형성되며, 반점 위로 노란색 여름포자퇴가 나타난다.
• ② 잣나무 잎떨림병은 6~7월에 병든 낙엽과 갈색으로 변한 잎에 자낭반이 1~2mm 크기의 검은색 타원형 돌기가 형성되고, 다습한 조건에서 자낭포자가 비산하여 새잎에 전반한다.
• ④ 오리나무 갈색무늬병은 파종상에 큰 피해를 주며, 병든 잎은 말라죽고 일찍 떨어진다.

임도공학

임도망 계획

임도의 종류와 특성

1 임도의 종류

1) 임도망과 임도 노선

① 임도망은 임도 노선을 체계적으로 연결한 것이다.

② 임도는 다른 도로와 달라 목적지에 빨리 도달하기 위한 것이 아니라, 산림관리 활동을 원활하게 하기 위한 것이다.

③ 임도 노선은 임도망의 일부로 다루어져야 하므로 개설 및 보수할 때 산림관리 활동을 고려하여야 한다.

④ 벌채 또는 식재, 숲 가꾸기 작업이 이루어지는 작업 구역에 쉽게 도달할 수 있도록 하여야 한다.

⑤ 임도망을 편성할 때에는 임도 기본계획에서 기본 임도망을 계획하고, 세부 노선의 형태는 그 지역에서 사업을 할 때 별도로 계획을 수립한다.

임도	• 임산물의 반출과 임업의 합리적 경영 및 산림의 집약적 관리에 기반이 되는 시설이다. • 주로 목재와 같은 임산물의 반출과 산림시업을 추진하기 위해 필요하다. • 산림경영 목적 이외에도 임도는 보건휴양자원의 개발과 제공, 지역교통의 개선, 지역산업의 진흥 역할도 한다. • 임도 시설의 설계시공 기준과 시공감독, 검사 및 유지관리 등에 관한 사항은 "산림자원의 조성 및 관리에 관한 법률 시행규칙" 별표 2 "산림관리기반시설의 설계 및 시설 기준"에서 규정하고 있다.
임도망	**간선임도, 지선임도, 작업로 등**을 계통적으로 배치된 임도들이 그물망처럼 이루어진 형태를 임도망이라고 한다.

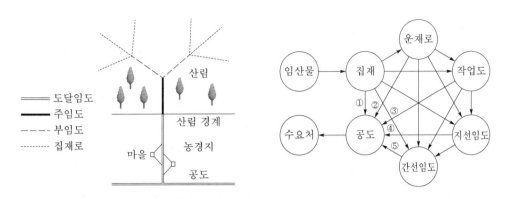

▲ 임도망의 계통적 형태와 임산물 운송체계

⑥ 임도망을 통해 임산물이 생산된다고 가정해 보면, 작업임도를 통해서는 집재작업과 숲 가꾸기 활동이 이루어지고, 지선임도와 간선임도는 운재작업이 주로 이루어진다.

> **참고**
> • 집재작업 : 산림 내 작업장에서 임도까지 벌채목을 옮기는 작업
> • 운재작업 : 임도 변에 쌓아진 벌채목을 소비처, 저목장, 제재소까지 옮기는 작업

2) 기능에 따른 임도의 종류

구분	기능 및 목적
간선임도	• **산림의 경영관리 및 보호에 있어 중추적인 역할**을 하는 임도 • 도로에 연결하여 설치하는 임도
지선임도	• 산림경영계획구의 관리 목적 • **일정 구역의 산림경영 및 산림보호 목적** • 간선임도 또는 도로에서 연결하는 임도
작업임도	• 임소반별 산림사업 시행 • **일정 구역의 산림사업 시행** • 간선임도 지선임도, 도로에서 연결하여 설치하는 임도

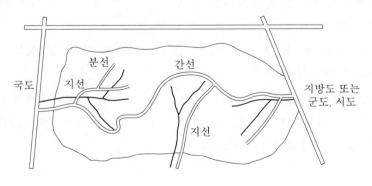

▲ 간선임도와 지선임도

3) 이용 집약도에 따른 분류

① 주임도(main forest road) : 집재장 또는 부임도로부터 공도까지 연결되는 영구적인 임도이다.

② 부임도(secondary forest road, subsidiary forest road) : 집재장 또는 작업 도로부터 주임도 또는 공도까지 연결되는 영구적인 임도이다.

③ 작업도(skidding road, strip road) : 임지 또는 운재로에서 집재장, 부임도 또는 주임도까지 연결되는 일시적인 임도이다.

④ 운재로(skidding trail, haul road) : 임지에서부터 집재장 또는 작업도까지 연결되는 일시적인 임도로, 임목만 제거하고 대규모의 토양 이동은 하지 않는다.

[기타 임도의 분류]

이용 집약도에 따른 분류	설치 위치에 따른 분류
㉠ 영구임도(permanent, forest road)	㉠ 주계곡임도(main vally forest road)
㉡ 임시임도(temporary forest road)	㉡ 부계곡임도(secondart vally forest road)
㉢ 전천후임도(all weather forest road)	㉢ 사면임도(slope forest road)
㉣ 건기임도(dry-weather forest road)	㉣ 능선임도(mountain ridge forest road)
	㉤ 산정임도(mountain and hill tops forest road)
	㉥ 분지임도(vally basins forest road)

2 임도의 특성

1) 임도의 일반적 특성

① 도로(highway, road, stret)는 보행자와 차량의 통행을 위해 만드는 시설이다.

② 도로는 철도와 같이 육상 교통을 분담하는 중요한 교통시설이다.

③ 도로는 개인이 만든 사도라고 할지라도 공공성을 지니고 있기 때문에 함부로 통행을 금지해서는 안 된다.

④ 사람이나 물건이 한 장소에서 다른 장소로 이동하는 데 편의를 제공하는 행위를 교통(transport)이라고 한다.

⑤ 이용 경로에 따라 육상교통, 수상교통, 항공교통으로 구분하고, 그중 육상교통은 도로교통과 철도교통으로 구분할 수 있다.

⑥ 도로교통법에는 도로와 농어촌도로, 유료도로와 그밖에 "현실적으로 불특정 다수의 사람 또는 차마(車馬)가 통행할 수 있도록 공개된 장소로서 안전하고 원활한 교통을 확보할 필요가 있는 장소"라고 도로를 정의하고 있다.

⑦ 농어촌도로는 농어촌도로정비법에 "농어촌도로라 함은 도로법에 규정되지 아니한 도로로서 농어촌지역 주민의 교통편익과 생산·유통 활동 등에 공용(供用)되는 도로"로 규정한다.

⑧ 도로와 농어촌도로가 사람과 차량의 빠르고 원활한 통행을 위하여 만들어지는 반면에 임도는 산림자원의 조성 및 관리에 관한 법률에서 "산림의 생산기반 확립과 공익적 기능 증진을 위하여 필요하다고 인정하는 경우에는 산림소유자의 동의를 얻어 임도, 산불예방·진화시설 등 산림의 기능을 유지하고 보호하기 위한 시설"이라 규정하여 기능, 이용집약도, 설치 위치와 목적에 따라 임도를 구분하고 있다.

⑨ 도로는 빠르고 편안하게 교통을 연결하는 데 중점을 둔다면 임도는 산림의 관리와 보호에 중점을 두고 있기 때문에 구석구석 도달할 수 있어야 한다.

⑩ 도로가 지적도에 구분되어 표시된다면 임도는 산림이라는 지적에 속하여 별도로 구분되지 않는 것도 임도의 특징 중 하나에 속한다.

2) 임도의 기능에 따른 특성

임도의 기능	임도 구분	통행량	통행거리	통행속도
이동성 ⤵ 접근성	간선임도	많다.	길다.	빠르다.
	지선임도	↕	↕	↕
	작업로	적다.	짧다.	느리다.

① 간선임도에서는 이동성이 더 많이 필요하고, 작업로는 접근성이 더 필요하다.

② 이동 기능을 크게 하려면 비용이 많이 필요하기 때문에 산림경영 목적에 부합하게 운재와 집재의 방법에 맞는 임도의 규격을 선택하여야 한다.

3) 임도 개설의 효과

임도 개설의 효과는 구체적으로 직접효과, 간접효과, 파급효과로 구별할 수 있다.

구분	개설의 효과
직접	• 벌채 비용과 벌채 시간 절감 • 벌채 사고의 감소 • 작업원의 피로 경감 • 목재 품질의 향상

간접	• 생산계획, 운송계획 및 재고계획의 합리화에 따른 사업기간의 단축 • 토지이용의 개선과 지가의 상승 • 오지림을 포함한 미이용 자원의 개발 촉진 • 원료 투입 대비 제품 생산의 비율 향상 • 산촌의 과다한 벌채 완화 • 산림보호·관리의 강화 • 유통과정의 합리화 • 시장권의 확대를 촉진하는 효과
파급	• 산촌의 생활수준 향상 • 지역산업의 발전 • 관광자원의 개발

3 임도의 기능

① 임도의 기능을 임도가 산림 내에서 하는 역할로 본다면 이동 기능, 접근 기능, 공간 기능의 3가지로 구분할 수 있다.

② 이동 기능은 교통의 흐름을 신속하고 원활하게 처리해 주는 기능으로서 임산물을 신속하게 유통시키고, 사람들의 왕래와 여가활동을 위한 이동에 이용하는 것이다.

③ 간선임도가 주로 여기에 해당하는 것으로, 이 기능만을 강조하여 연결임도(acess forest road)라고도 한다.

④ 접근 기능은 임지의 이용을 활성화시키는 기능으로, 임내의 구석구석까지 접근하여 산림작업이나 생산 활동에 직접 이용하는 것이다.

⑤ 지선임도가 주로 여기에 해당하는 역할을 하며, 이러한 지선임도를 경영임도(management forest road)라고 한다.

⑥ 공간 기능은 산림작업에 필요한 공간을 제공하는 기능이다. 집재, 상차, 주차 등 수집된 산물의 처리에 필요한 공간을 제공한다.

⑦ 조금 더 큰 차원에서 본다면 임도는 임산업의 진흥, 산림의 공익적 기능 증진 등을 통해 국가경제와 국민복지의 향상에 기여한다.

[임도의 기능 및 역할]

---

section 2 **임도밀도와 산지 개발도**

1 임도밀도

① 임도밀도는 임도가 개설된 정도를 나타내는 값으로 임도의 연장(m)을 면적(ha)으로 나눈 값
이 사용된다.

$$임도밀도\,(m/ha) = \frac{임도연장\,(m)}{면적\,(ha)} = \frac{시설거리\,(m)}{산림면적\,(ha)}\,(단위\,:\,m/ha)$$

② 임도밀도가 크면 산림이 많이 개발된 상태와 산림 사업이 집약적으로 이루어지고 있음을 나
타내는 것이다.

③ 임도밀도가 높아지면 개설비와 관리리가 많이 발생하므로 적절한 임도밀도를 산출하여야
한다.

④ 임도밀도를 산출하는 방법으로는 주로 경제성을 기초하여 임업경영에 대한 지출을 최소화하는 데 주안점을 두고 적정한 임도밀도를 산출하는 것이다.

⑤ 일반적으로 임도밀도를 산출할 경우에는 구역 내의 생산 가능 임지에 대한 면적만 적용하고 비생산 임지의 면적은 제외시키며, 임도 연장도 임업생산 기능과 관계가 없는 산림구역 외의 임도연장은 제외한다.

⑥ 임도밀도는 기본 임도밀도, 적정 임도밀도, 임목생산 임도밀도, 노망시스템 임도밀도, 기계화 임도밀도 등 용도에 따라 여러 가지 방법으로 계산하여 이용한다.

1) 기본 임도밀도

조림부터 수확까지 산림작업에 투입되는 노동인력의 수와 노동에 지불되는 가격, 작업장까지 통근에 소요되는 왕복 보행경비를 최적화하는 임도밀도를 기본 임도밀도(minimum forest road density)라고 한다. 기본 임도밀도는 생산노동인 산림작업에 투입되지 않고, 임도 개설에 투입되는 비생산노무경비를 임도 시설이라는 산림자산으로 전환할 수 있다는 장점이 있다. Minami kata(南方)가 제안하였다.

$$do = \sqrt{\frac{5 \cdot \eta' \cdot Cw \cdot Nw}{Vw \cdot ro}}$$

- do : 기본 임도밀도(m/ha)
- η' : 보행우회계수(1.0~1.5)
- Cw : 노동단가(원/hr)
- Nw : 조림부터 수확까지 투입 노동량(인/ha)
- Vw : 평균보행속도(km/hr)
- ro : 임도개설비(원/m)

2) 최적임도밀도

임도의 길이가 늘어나면 집재비, 조재비, 관리비는 낮아지고 임도 개설비, 임도 유지관리비, 운재비는 증가한다. Matthews는 생산원가관리이론을 적용하여 임업생산비 중에서 임도 연장의 증감에 따라서 변화되는 **주벌의 집재비용과 임도 개설비의 합계를 가장 최소화**시키는 최적임도밀도(optimum forest road density)와 적정임도간격(optimum forest road spacing)을 제시하였다.

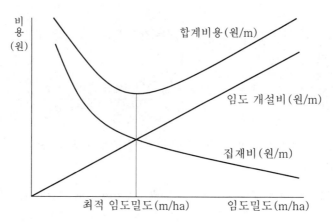

▲ 최적임도밀도

그림에서 최적임도밀도는 임도 개설비, 유지관리비, 집재비용의 합계가 최소화되는 점이다. 그래프를 그릴 때 임도 개설비는 직선으로 그리고, 집재비 곡선은 급하게 체감하는 곡선으로 그린다. 적정 임도밀도는 아래와 같이 계산한다.

$$적정\ 임도밀도 = \frac{10^2}{2}\sqrt{\frac{V \times X \times (1+\eta) \times (1+\eta')}{r}}$$

- V : 원목 생산량(m^3/ha)
- X : 1m당 집재비 단가(원/m^3/m)
- η : 노장보정계수(굴곡, 우회, 분기 등)
- η' : 집재거리보정계수(경사, 굴곡, 옆면)
- r : 임도 개설비 단가(원/m)

일반적으로 η=0.6, η'=0.2를 사용한다.

3) 임도 간격·임도밀도·집재거리의 상호관계

임도망의 확장은 임도 간격·임도밀도(forest road density)에 의하여 적절히 결정되며, 이들은 서로 상호관계에 있다. 평균집재거리(average skidding distance)는 도로 양쪽으로부터 임목이 집재되고 도로 양쪽의 면적이 거의 같다고 가정할 때 그 임도 간격의 $\frac{1}{4}$이 된다. 만일, 임도의 한쪽으로만 임목을 집재할 때 평균집재거리는 임도 간격의 $\frac{1}{2}$이 된다.

$$지선임도밀도(D) = \frac{임도효율(a)}{평균집재거리(s)}$$

(단위 : D(m/ha), s(km))

4) 적정 지선임도 간격

삭인임도 방식(haul road system)이 도입되지 않은 산림에 임도가 계획되고 개설될 때 적정지선임도 간격은 임도밀도(m/ha)에 비하여 현장의 기술자들에게 보다 실질적인 지침이 된다. 적정 임도밀도(ORD)가 결정되면 적정 지선임도 간격(ORS)은 아래 식으로 계산할 수 있다.

$$ORS = \frac{10,000}{ORD}$$

5) 평균집재거리

기존 임도망에 대한 평균집재거리(ASD; Average Skidding Distance)는 비록 이 임도망이 적정한 것은 아닐지라도 임도 개설 또는 벌출 작업에 적용될 수 있는 새로운 방법을 결정하는 데 도움이 된다. 평균집재거리는 임도까지 집재하는 방향에 따라 양방향과 단방향으로 구분할 수 있다. 임도밀도를 알고서 일반적인 집재로(winding skidding trails and winding haul road)에 대한 평균집재거리는 아래 식으로 계산할 수 있다.

$$양방향 ASD = \frac{2,500\eta\eta'}{ORD}$$

(ORD : 적정 임도밀도, η : 우회율, η' : 우회계수)

$$단방향 ASD = \frac{5,000\eta\eta'}{ORD}$$

(ORD : 적정 임도밀도, η : 우회율, η' : 우회계수)

평균집재거리가 400m인 보통 지형 상태의 산림에서는 바퀴식집재기(wheeled logging skidder) 또는 포워더(forwarder)의 사용이 고려될 수 있다.

6) 임도밀도에 따른 집재거리

임도밀도	최대집재거리	평균집재거리
10m/ha	500m	250m
20m/ha	250m	125m
30m/ha	125m	62m

유럽식으로 평지에서 야더를 이용하여 집재하는 조건으로 임도밀도에 따른 집재거리를 산정한 것이다.

7) 지선임도가격

$$지선임도가격(원) = \frac{지선임도개설비단가(원/m) \times 지선임도밀도(m/ha)}{수확재적(m^3/ha)}$$

2 산지 개발도

임도밀도는 산지가 개발된 정도에 대한 양적인 지표로 사용될 수 있지만 임도밀도로는 임도가 얼마나 효율적으로 잘 배치되었는지는 알 수 없다. 개발 지수는 임도 배치의 효율성을 나타내는 질적인 기준으로 사용될 수 있다.

개발 지수는 아래 식으로 표현될 수 있다.

$$I = ASD \times \frac{FRD}{2,500}$$

식에서 I : 개발 지수, ASD : 평균집재거리(m), FRD : 임도밀도(m/ha)

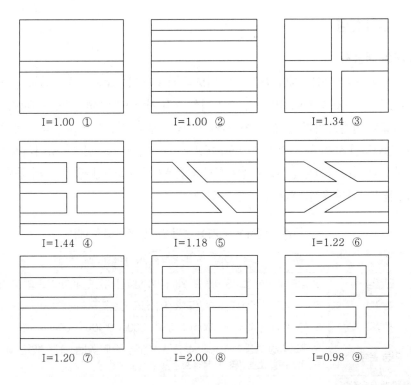

$I=1.00$ ① $I=1.00$ ② $I=1.34$ ③

$I=1.44$ ④ $I=1.18$ ⑤ $I=1.22$ ⑥

$I=1.20$ ⑦ $I=2.00$ ⑧ $I=0.98$ ⑨

▲ 노망 배치 형태별 개발 지수

개발 지수는 이론적으로 균일하게 임도가 배치되었을 때는 ASD×FRD=2,500이 되므로 개발 지수는 1.0이 되고, 이보다 크거나 작을수록 더욱더 불균일한 상태가 된 것으로 본다. 개발 지수는 임도망의 배치 상태가 위 그림의 ①, ②와 같이 균일하면 개발 지수는 1.0으로써 이용 효율성이 높지만, 위 그림의 ④, ⑧과 같이 노선이 중첩되면 될수록 이용 효율성은 그 비율(**예** ④44%, ⑥100%) 만큼 낮아지게 된다.

따라서 임도 간격과 밀도가 동일하다고 할지라도 노망의 배치 상태에 따라서 그 이용 효율성은 크게 달라진다.

참고 공식 정리 ●

- 지선임도밀도(D)= $\dfrac{임도효율(a)}{평균집재거리(s)}$, (단위 : D(m/ha), s(km))

- 적정 지선임도 간격 : ORS= $\dfrac{10,000\,\eta\eta`}{ORD}$ , (ORD : 적정 임도밀도, η : 우회율, η` : 우회계수)

- 집재거리(단방향) SD= $\dfrac{5,000\,\eta\eta`}{ORD}$ , (ORD : 적정 임도밀도, η : 우회율, η` : 우회계수)

- 집재거리(양방향) ASD= $\dfrac{2,500\,\eta\eta`}{ORD}$ , (ORD : 적정 임도밀도, η : 우회율, η` : 우회계수)

- 지선임도가격(원) = $\dfrac{지선임도개설비단가(원/m)\times지선임도밀도(m/ha)}{수확재적(m^3/ha)}$

- 개발 지수 I = $\dfrac{집재거리\times적정 임도밀도}{2,500}$

❸ 임도 노선의 선정

1) 임도 개설 대상지

임도 개설 대상지가 되는 제일 좋은 곳은 임도의 기능과 개설 효과가 극대화되는 산지라고 할수 있다. 산림이 집단화되어 있는 곳, 주요 시설 예정 지역을 통과하는 곳, 용재경영림·복합경영림, 공도와 연결된 지역, 산촌을 연결시켜 지역산업에 기여할 수 있는 지역 등이 될 수 있다. 따라서 일반적인 사항, 즉 연결성, 이용성, 개발도, 기능 분류, 국유림과 사유림의 중복 구간, 개설 위치 등과 같은 요인을 등급으로 범주화시켜 전문가의 주관적인 판단을 점수화한 표의 형태로 점수를 부여하여 우선순위를 결정할 수 있다.

[국유림에서 임도 개설 순위 인자별 점수표의 예]

인자	점수별 내역
연결성	5: 공도, 4: 기설임도, 3: 마을도, 2: 개수가 필요한 마을도, 1: 기설도로와 미연결
이용성	5: 주간선로, 4: 주임도, 3:부임도, 2: 지선임도(연결/접근 가능), 1: 지선임도(접근 가능)
개발도	5: 700m 이상, 4: 500~700m, 3: 300~500m, 2: 100~300m, 1:100m 이하
기능 분류	5: 주요 시설 예정 지역 통과, 4: 기본 시험림, 용재 경영림, 복합 경영림, 3: 보건 휴양림, 야생동물 보호구역, 2: 생태 보존림, 1: 학술 보존림
국유림과 사유림의 중복 구간	5: 미포함, 4: 0~250m, 3: 250~500m, 2: 500~1,000m, 1: 1,000m 이상
개설 위치	5: 산록부, 4: 산복부, 3: 산정부, 2: 계곡부, 1: 능선부
경제성	5: 3km 이상, 4: 2~3km, 3: 2~1km, 2: 0~1km, 1: 미포함

농산촌 지역에 있어서 임도 개설 순위에 대한 선호도는 "ⓐ 마을 연결, ⓑ 조림·무육, ⓒ 농축산업 등 타산업, ⓓ 벌채·부산물 채취 등 수확" 순서로 나타난다. 산림 관련 공무원 등 관리자 집단은 조림·무육 등 산림경영 위주로 선호도가 나타나는 반면, 주민 등 이용자 집단은 마을 연결에 대한 선호도가 높았다. 이용자와 관리자의 입장이 적절히 조화를 이루어야 임도의 효율적인 활용이 가능하다. 지역적으로는 교통시설이 상대적으로 열악한 강원도와 경상북도 산간지역이 마을 연결 위주의 임도 시설을 더욱 선호하는 경향을 보인다.

2) 지형 상태에 대응한 임도 노선 설정

임도망 방식(system of forest road network)은 지형에 따라 다르게 적용되기 때문에 그 형식이 매우 다양하다. 몇 가지 대표적인 노선 선정 방식(opening up and routing)을 보면 다음과 같다.

① 평지림의 임도망 : 평지(flat terrain)의 숲에는 이론적인 적정임도간격(optimum road spacing) 및 임도밀도(road density)에 따라 다음 그림과 같은 임도망을 구축할 수 있다.

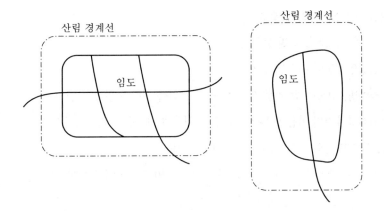

② 산악지 대응 임도 노선 선정 : 지대 및 노선 선정 방식을 기초로 하여 계곡임도, 사면임도, 능선임도, 산정부임도, 계곡부임도, 능선너머개발형 임도로 구분할 수 있다.

3) 임도 계획 시 검토할 사항

가) 임도망 계획 시 검토할 사항

① 사회적 요인

　⊙ 산림경영의 현황과 금후 계획 예측

　ⓛ 노선 통과에 따른 도시, 촌락, 경작지와의 관계

　ⓒ 접근에 의한 소음, 오염 등에 따른 주택, 식수 등 주거환경과의 관계

　ⓔ 유적, 매장 문화제, 절, 묘지 등 민족유산과의 관계

　ⓜ 자연경관, 자연 생태계와의 관계

　ⓗ 수리, 기상변화 등 자연조건의 변화

② 경제적 요인

　⊙ 집재·운반비의 감소, 시간의 단축, 임산물의 가치성 등 편익 관계

　ⓛ 각 노선 또는 노선의 일부 구간에 대한 시·종점 위치, 주요 구조물의 형식 등에 대한 공사비와 유지관리비 등의 경제성

　ⓒ 비교적 긴 노선의 경우 각 구간의 통과 위치에 대한 직·간접 편익 등 검토

　ⓔ 선형과 도로 구조물의 설계에 대한 공사비와 유지관리비의 비교 검토

③ 기술적 요인

　⊙ 교통 기술적 요인 : 지역 도로망의 연계성, 설계속도와 선형설계, 집재장·회전장·대피소 등의 검토, 교통 용량의 활용 수준 등

　ⓛ 구조 기술적 요인 : 지질, 토질 등 자연조건, 하천·계곡의 도하 지점, 능선 통과 등

　ⓒ 작업적 요인 : 활용 가능 자동차 및 기계장비의 종류, 작업 방법, 산림의 생산성 향상 정도 등을 검토한다.

나) 임도 노선을 설치해야 할 임지

① 조림, 육림, 간벌, 주벌 등의 산림사업 대상지

② 산림경영계획이 수립된 임지

③ 산불예방, 병해충 방제 등 산림의 보호, 관리를 위하여 필요한 임지

④ 산림휴양자원의 이용 또는 산촌진흥을 위하여 필요한 임지

⑤ 농, 산촌 마을의 연결을 위하여 필요한 임지

⑥ 기존 임도 간 연결, 임도와 도로 연결 및 순환임도 시설이 필요한 임지

다) 임도 노선 선정 시 고려사항

① 공익적 기능에 대한 배려	② 구조 규격
③ 다른 도로와의 조정	④ 지역 노망의 형성
⑤ 중요한 구조물의 위치	⑥ 일반 산지부의 통과
⑦ 애추지대의 통과	⑧ 제한 임지 내의 통과

라) 임도망을 계획할 때 고려해야 할 사항

① 운재비가 적게 들어야 한다.

② 운반 도중 목재의 손모가 적어야 한다.

③ 신속한 운반이 되어야 한다.

④ 운반량에 제한이 없어야 한다.

⑤ 일기 및 계절에 따른 운재능력의 제한이 없어야 한다.

⑥ 운재 방법이 단일화되도록 한다.

마) 임도 계획 시 고려해야 할 사항

① 임도 계획은 임도 기본계획과 지역산림계획 또는 지역시설계획에 기초를 두고 수립하여야 한다.

② 구체적인 계획에 있어서는 산림의 경제적 기능과 환경 및 생태적 기능에 대한 배려를 하여야 하며, 산림이 지닌 공익적 기능이 종합적으로 발휘될 수 있도록 배치하여야 한다.

③ 농산촌 지역사회의 개발과 고용이 증진될 수 있도록 하여야 지속적인 산림의 관리와 임업의 진흥이 임도를 통해서 이루어질 수 있다.

바) 임도망 정비의 효과

① 임산물에 운반비를 절감할 수 있다.

② 반출비가 경감되어 저품질 목재의 집약적 이용이 가능하게 된다.

③ 벌출적지의 갱신이 용이하게 된다.

④ 산림의 관리를 효과적으로 수행할 수 있다.

⑤ 작업조건이 개선되고 기계의 도입이 쉬워진다.

⑥ 작업 방법이 개선되고 작업능률이 향상된다.

⑦ 지역산촌의 교통로가 되어 생활의 향상과 지역산업의 발전에 기여할 수 있다.

4) 임도 노선을 설치할 수 없는 경우

임도 노선이 다음의 어느 하나에 해당하는 경우에는 임도를 설치할 수 없다.

① 「산지관리법」에 따라 산지전용이 제한되는 지역이 포함되어 있는 경우

② 임도거리의 10퍼센트 이상이 경사 35° 이상의 급경사지를 지나게 되는 경우. 다만, 절취한 토석을 급경사지 구간 밖으로 운반하여 처리할 것을 조건으로 하는 경우에는 그러하지 아니하다.

③ 임도거리의 10퍼센트 이상이 「도로법」에 따른 도로로부터 300미터 이내인 지역을 지나게 되는 경우. 다만, 절토·성토면의 전면적에 경관 유지를 위한 녹화공법을 적용할 것을 조건으로 하는 경우에는 그러하지 아니하다.

④ 임도거리의 20퍼센트 이상이 화강암질풍화토로 구성된 지역을 지나게 되는 경우. 다만, 무너짐·땅밀림 방지를 위한 보강공법을 적용할 것을 조건으로 하는 경우에는 그러하지 아니하다.

⑤ 임도거리의 30퍼센트 이상이 암반으로 구성된 지역을 지나게 되는 경우. 다만, 절토·성토면의 전면적에 경관 유지를 위한 녹화공법을 적용할 것을 조건으로 하는 경우에는 그러하지 아니하다.

⑥ 「도로법」에 따른 도로 또는 「농어촌도로정비법」에 따른 농로로 확정·고시된 노선과 중복되는 경우

5) 산림기반 시설의 타당성 평가

가) 타당성 평가 항목별 기준(산림자원조성관리법 시행령 별표 1)

평가 항목	항목별 배점 (총 100점)	평가 기준	평가 기준(평가 기준별 배점)			
1. 필요성	50					
가. 산림경영	20	활용도	매우 높음 (20)	높음(16)	보통(12)	낮음(8)

나. 산림보호 및 관리	20	활용도	매우 높음 (20)	높음(16)	보통(12)	낮음(8)
다. 산림휴양자원 이용	5	활용도	매우 높음 (5)	높음(4)	보통(3)	낮음(2)
라. 농산촌마을 연결	5	활용도	매우 높음 (5)	높음(4)	보통(3)	낮음(2)
2. 적합성	50					
가. 경사도	15	35도 이상 구간	5% 미만 (15)	5~7%(12)	7~10%(9)	10% 이상(6)
나. 도로와의 연접성	10	300m 이내 구간	5% 미만 (10)	5~7%(8)	7~10%(6)	10% 이상(4)
다. 토질	15	화강암질 풍화토 구간	10% 미만 (15)	10~15%(12)	15~20%(9)	20% 이상(6)
라. 노출암반	10	암반지역 구간	20% 미만 (10)	20~25%(8)	25~30%(6)	30% 이상(4)
3. 환경성						
가. 멸종위기동·식물 서식지	가·불가	포함 여부	「자연환경보존법」에서 정하고 있는 멸종위기 동식물 서식지가 임도 노선에 포함되는 경우에는 불가능			
나. 산사태 등 재해 취약지	가·불가	포함 여부	임도 노선에 산사태 등 재해 취약지가 포함되는 경우에는 불가능. 다만, 방재 시설을 하는 것을 조건으로 할 경우 가능			
다. 상수원 오염 등 주민생활 저해 요인	가·불가	포함 여부	상수원 오염 등 주민생활의 저해 요인이 발생할 수 있는 경우에는 불가능. 다만, 상수원 오염 방지 시설을 하는 것을 조건으로 할 경우 가능			

※ 경사도는 1/25,000 지형도에 임도 예정 노선을 기점으로 하여 그 예정 노선의 매 4mm 간격의 지점에서 수직방향으로 상하 1cm를 기준으로 측정하고 측정한 경사도의 합계를 평균하여 계산한다.

나) 임도의 타당성 평가 방법

① 평가자 : 임도의 타당성 평가는 산림, 환경, 토목, 수자원 개발, 토질 또는 그 기초 분야에 관한 전문지식이 있는 자 중에서 시·도지사, 시장·군수·구청장 또는 지방산림청장이 위촉하는 4명의 평가자가 합동으로 실시한다.

② 평가 시기 : 타당성 평가는 임도를 설치하고자 하는 해의 전년도 7월 말까지 실시하여야 한다. 다만, 간선임도의 설치계획이 변경되는 경우에는 그 변경 전에 실시할 수 있다.

③ 평가 방법

　㉠ 평가자는 제1호에 따른 임도 노선의 적합성에 타당한지 여부를 확인한 후 제2호에 따라 평가 점수를 산출한다.

　㉡ 평가자 4명의 평가 점수를 평균하여 타당성 평가 점수를 산출한다.

　㉢ 환경성 분야 평가 항목 중 불가에 해당되는 항목이 없고, 타당성 평가 점수가 70점 이상인 경우에 한하여 임도의 설치가 타당성이 있는 것으로 평가한다.

section 3　기계 작업로망 배치

집재에 사용하는 기계에 따라 작업로망의 배치는 달라진다. 벌목한 목재는 인력, 축력, 중력, 기계력을 이용해서 모을 수 있는데, 기계력에 의한 집재는 집재에 사용하는 기계에 따라 트랙터집재와 가선집재로 나눌 수 있고, 그 이외에는 윈치에 의한 끌기 방식의 집재가 사용된다. 집재 방법과 지형에 맞는 노망과 노선의 계획이 필요하다.

1 작업로망 배치

1) 임도의 노망형

임도의 노망형은 집괴형, 임의형, 균일형으로 구분된다. 집괴형은 평균집재거리가 길 때 채택하고, 임의형은 필요 이상으로 임도를 개설한 결과 비효율적인 때가 있다.

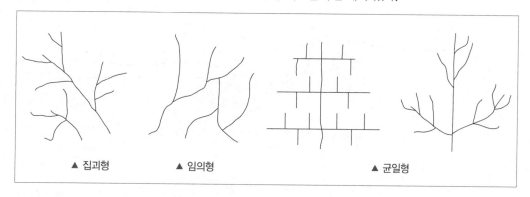

▲ 집괴형　　▲ 임의형　　▲ 균일형

2) 노선망 결정 시 고려사항

① 임도 시설비를 고려하지 않는다면 임도밀도는 고밀도일수록 좋다.

② 노망의 분포는 임지 내에 고루 배치되도록 하는 것이 좋다.

③ 균일형 노망은 다른 노망에 비해 효율적이다.

④ 집괴형은 평균집재거리가 길고, 임의형은 필요 이상의 도로가 개설되어 효율적이지 못하다.

3) 입지조건에 따른 노망 설치 시 고려할 원칙

① 항구성의 원칙 : 산림이 항구적으로 유지되는 것과 같이 임도도 항구적으로 유지될 수 있도록 견고하게 시설

② 임지종속성의 원칙 : 입지에 따라서 평면선형, 종단선형, 횡단선형 등 여러 가지의 조건이 다르므로 국지적인 입지조건에 부합되도록 시설

③ 다양성의 원칙 : 임업적, 경제적 기능도 중요하지만 생태적, 환경적, 공익적인 기능도 함께 수용할 수 있도록 계획

2 산지 경사별 배치 형태

급경사에는 지그재그 방식, 완경사에는 대각선 방식으로 노선을 배치한다. 임지의 소유나 관리권한에 따라 협동개발 방식과 개별 개발 방식의 임도 노선 배치 형태가 있다.

1) 계곡임도(valley road)

① 임지는 하부로부터 개발해야 하므로 계곡임도는 임지개발의 중추적인 역할을 한다.

② 홍수로 인한 유설을 방지하기 위하여 계곡 하부(비올 때 물이 흐르는 부분)에 구축하지 않고 약간 위의 사면에 축설한다.

③ 보통 계곡임도와 급경사지의 사면굴곡형, 소계곡횡단형임도가 있다.

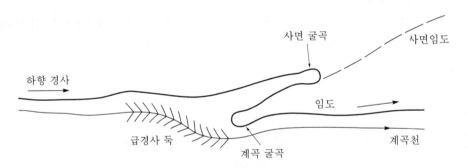

▲ 사면 굴곡형과 임도 노선(급경사부 계곡 임도)

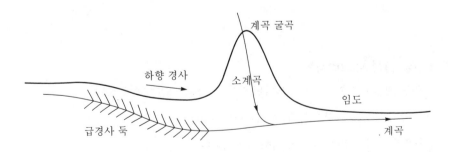

▲ 소계곡 횡단형 임도 노선(급경사부 계곡 임도)

2) 사면임도(slope road, 산복임도)

① 계곡임도에서부터 시작하여 사면을 분할한다.

② 급경사의 긴 비탈변인 산지에서는 지그재그 방식(serpentine system)이 적당하지만, 완경사지에서는 대각선 방식(diagonal system)이 적당하다.

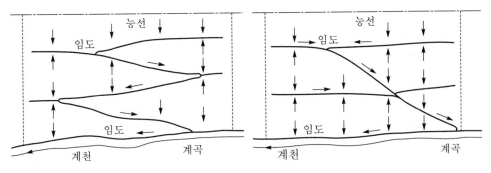

▲ 급경사지 지그재그 방식 임도 노선   ▲ 완경사지 대각선 방식 임도 노선

---

section 4 | 도상 배치

1 도상의 배치 종류

① 임도를 설치할 예정 노선을 지도상에 배치하는 것을 도상 배치라고 한다. 임도의 예정 노선을 선정하는 데는 1/25,000 또는 1/50,000의 지형도를 사용한다.

② 임도 노선을 선정하는 방법에는 **자유배치법, 양각기계획법, 자동배치법** 등이 있는데, 이 중 양각기계획법은 디바이더를 이용하여 지형도 상에 임도 예정 노선을 미리 그려보는 방법이다. 일반적으로 양각기계획법이 사용된다. 자유배치법은 경험을 바탕으로 구간별 물매만 계산하는 방법이며, 자동 배치는 물매와 경사도 등 여러 가지 평가요소를 컴퓨터 소프트웨어를 이용하여 배치하는 방법이다. "오솔길" 같은 소프트웨어가 임도의 자동 배치에 이용되기도 한다.

2 도상 배치 방법 및 특성

배치 방법	특성	비고
양각기계획법	지형도와 디바이더를 이용하여 임도 예정 노선을 미리 그려본다.	균일한 품질을 기대할 수 있지만 시간이 오래 걸린다.
자유배치법	경험을 바탕으로 구간별 물매만 계산하여 예정 노선을 그린다.	작업시간은 오래 걸리지 않지만, 품질이 균일하지 않다.
자동 배치	• 컴퓨터 소프트웨어를 이용한다. • 물매와 경사도 등 여러 가지 평가요소를 반영하여 예정 노선을 그린다.	• 오솔길 등 • 때때로 엉뚱한 노선을 그리거나 기대하지 않은 결과를 나타낸다.

section 5 | 임도 시설 규정

임도의 시설에 관한 규정은 산림자원의 조성 및 관리에 관한 법률 시행규칙 별표2에 있다. 아래의
표는 해당 별표의 목차를 정리한 것이다.

Ⅰ. 임도 시설

1. 임도의 설계 기준

　가. 기본 조사
　　(1) 조사 시기
　　(2) 조사 방법
　　(3) 사업비 산출

　나. 실시설계
　　(1) 현지측량
　　　(가) 중심선 측량
　　　(나) 종단측량
　　　(다) 횡단측량
　　(2) 각종 조사
　　　(가) 수문 및 배수구조물
　　　(나) 토질조사
　　　(다) 용지 및 지장물 조사
　　　(라) 각종 설계인자 조사
　　(3) 사업비
　　(4) 도면제도
　　　(가) 제도
　　　(나) 평면도
　　　(다) 종단면도
　　　(라) 횡단면도
　　(5) 설계서 작성
　　(6) 현장조사 실명제
　　(7) 설계서 납품

2. 간선임도·지선임도의 시설 기준

　가. 차량 규격·속도 기준
　나. 너비
　　(1) 유효너비.
　　(2) 길어깨·옆도랑너비
　　(3) 축조한계
　　(4) 곡선부 너비의 확대 범위
　다. 곡선 반지름
　　(1) 곡선부 중심선 반지름
　　(2) 배향곡선

　라. 기울기
　　(1) 종단기울기
　　(2) 횡단기울기
　　(3) 합성기울기
　마. 종단곡선
　바. 노면의 시공
　사. 옆도랑·배수구의 설치
　　(1) 옆도랑
　　(2) 배수구
　아. 소형 사방댐·물넘이포장의 설치
　　(1) 소형 사방댐
　　(2) 물넘이포장
　자. 대피소 및 차 돌림 곳
　　(1) 대피소의 설치 기준
　　(2) 차 돌림 곳의 너비
　차. 노면·절토·성토
　　(1) 피해 방지
　　(2) 절토 경사면의 기울기 기준
　　(3) 성토
　　(4) 구조물 설치
　　(5) 소단 설치
　　(6) 입목벌채·표토 제거 등
　　　(가) 노면·절토면
　　　(나) 성토면
　　(7) 사토장·토취장의 지정
　　(8) 암석 절취
　카. 교량·암거
　　(1) 통수단면
　　(2) 높이
　　(3) 너비
　　(4) 복토
　　(5) 사하중
　　(6) 활하중
　　(7) 종단기울기
　　(8) 교각·중간벽
　타. 파종·녹화

---

❶ 임도의 시설

1) 임도의 설계 기준

가) 기본 조사

① 조사 시기 : 기본 조사는 임도를 설치하려는 해의 전년도에 실시설계를 하기 전에 실시한다.

② 조사 방법 : 선정된 임도 노선을 측량한 후 최상의 임도 기능 유지와 피해 방지·경관 유지가 가능하도록 모든 공종과 공종별 위치·물량을 산출한다.

③ 사업비 산출 : 산출된 공종별 위치·물량에 따라 단비(예산기준 사업비)에 관계없이 실시설계에 반영하는 실제사업비를 산출한다. 이 경우 토공(土工)에 필요한 사업비 등은 산림청장이 정하는 바에 따른다.

나) 실시설계

① 현지측량

　㉠ **중심선 측량 : 측점 간격은 20m로 하고 중심말뚝을 설치**하되, 지형상 종·횡단의 변화가 심한 지점, 구조물 설치 지점 등 필요한 각 점에는 보조말뚝을 설치한다.

　㉡ 종단측량

　　- 중심말뚝 및 보조말뚝에 따라 측량한다.

　　- 노선의 중심선을 따라 측량하되, 주요 구조물 주변 및 연장 1km마다 변동되지 아니하는 표적에 임시 기표를 표시하고 평면도에 이를 표시한다.

ⓒ **횡단측량** : 횡단측량은 중심선의 각 측점·지형이 급변하는 지점, 구조물 설치 지점의 중심선에서 양방향으로 현지 지형을 설계도면 작성에 지장이 없도록 측정한다.

② 각종 조사

ㄱ 수문 및 배수구조물 : 배수구조물의 위치 및 유역에 대한 지형, 집수면적, 유수상태, 유량 등을 조사한다.

ㄴ 토질조사 : 토질은 토사·암반으로 구분하고, 지하암반은 지형 또는 표면상태, 부근 지역의 절토단면을 참고하여 추정 조사한다.

ㄷ 용지 및 지장물 조사 : 소유 구분을 하여야 할 용지도는 해당 지역의 최근 지적도 및 임야도를 사용하며, 용지조사는 지번별·지목별 순서로 면적 및 지장물을 조사한다.

ㄹ 각종 설계인자 조사

- 설계내역서 작성에 필요한 단가는 조달청이나 공인기관에서 공표한 가격을 적용하되, 이에 누락된 것은 2개 이상의 사업자로부터 실거래 가격을 조사하여 확인한 가격을 적용한다.

- 각종 자재 및 골재운반거리는 현장에 반입할 수 있는 최단지역의 운반거리를 조사하여 적용하되, 자재 단가와 종합적으로 비교하여 경제적인 것을 적용한다.

- 석축 등에 필요한 야면석 등은 가급적 현장에서 채취·사용하도록 운반거리를 조사한다.

③ 사업비

ㄱ 임도사업비는 현지를 조사한 결과에 따라 최상의 임도 기능 유지와 피해 방지·경관 유지가 가능하도록 기본 조사에서 산출된 실제사업비를 실시설계에 반영한다. 이 경우 실시설계 결과 산출된 실제사업비가 기본 조사에서 산출된 사업비보다 많을 경우에는 실시설계 결과 산출된 실제사업비를 반영한다.

ㄴ 토공에 필요한 사업비 등은 산림청장이 정하는 바에 따른다.

④ 도면제도

ㄱ 제도 : 제도는 KSF1001 토목제도통칙에 따른다.

ㄴ 평면도

- **평면도는 종단도면 상단에 축척 1/1,200로 작성한다.**

- 평면도에는 임시 기표, 교각점, 측점번호 및 사유토지의 지번별 경계, 구조물, 지형지물 등을 도시하며, 곡선제원 등을 기입한다.

ㄷ 종단면도

- **축척은 횡 1/1,000, 종 1/200로 작성한다.**

- 시공계획고는 절토량과 성토량이 균형을 이루게 하되, 피해 방지·경관 유지를 감안

하여 결정한다.

- 종단기울기의 변화점에는 종단곡선을 삽입한다.
- 종단면도는 전후도면이 접합되도록 한다.

ⓒ 횡단면도

- **축척은 1/100로 작성한다.**
- 횡단기입의 순서는 좌측 하단에서 상단 방향으로 한다.
- 절토부분은 토사·암반으로 구분하되, 암반 부분은 추정선으로 기입한다.
- 구조물은 별도로 표시한다.
- 각 측점의 단면마다 지반고, 계획고, 절토고, 성토고, 단면적, 지장목 제거, 측구 터파기 단면적, 사면보호공 등의 물량을 기입한다.

⑤ 설계서 작성

㉠ 설계서는 목차, 공사설명서, 일반시방서, 특별시방서, 예정공정표, 예산내역서, 일위대가표, 단가산출서, 각종 중기경비계산서, 공종별 수량계산서, 각종 소요자재총괄표, 토적표, 산출기초 순으로 작성한다.

㉡ 설계에 필요한 각종 단가산출서의 적용 기준은 산림청장이 정하는 기준과 건설표준 품셈을 적용한다.

㉢ 중기노무비는 「근로기준법」, 「산업안전보건법」 및 「국가를 당사자로 하는 계약에 관한 법률」 또는 「지방자치단체를 당사자로 하는 계약에 관한 법률」 등에 맞추어 산정한다.

㉣ 일반관리비, 간접노무비, 이윤(수수료를 말한다), 부가가치세, 경비(보험료, 안전관리비 등을 말한다)의 요율은 「국가를 당사자로 하는 계약에 관한 법률」 또는 「지방자치단체를 당사자로 하는 계약에 관한 법률」 등에 맞추어 산정한다.

㉤ 관급자재 등 자재 구입에 필요한 사항은 임도공사 발주기관이 정하는 바에 따른다.

⑥ 현장조사 실명제 : 실시설계를 하기 전에 설계자는 직접 2회 이상 현장조사를 실시하여야 하며, 실시설계도서를 납품할 때 현장조사의 날짜, 사진자료, 견취도(見取圖) 등 현장조사를 실시하였음을 증명할 수 있는 구체적 자료를 발주청에 제출하여야 한다.

⑦ 설계서 납품 : 설계서 납품은 설계도서, 트레싱, 구조물의 위치가 포함된 수치지도와 그 밖의 계약담당관이 요구하는 각종 자료 및 성과품 등으로 하며, 수치지도에 관련된 사항은 산림청장이 정한다.

② 간선임도·지선임도의 시설 기준

가) 차량 규격·속도 기준

① 임도 설계에 기준이 되는 차량의 규격은 다음 표와 같다.

제원 자동차종별	길이	폭	높이	앞뒤바퀴 거리	앞내민 길이	뒷내민 길이	최소 회전 반경
소형자동차	4.7	1.7	2.0	2.7	0.8	1.2	6.0
보통자동차	13.0	2.5	4.0	6.5	2.5	4.0	12.0

② 임도의 종류별 설계속도는 다음 표와 같다.

구분	설계속도(㎞/시간)
간선임도	40~20
지선임도	30~20

나) 너비

① 유효너비 : 길어깨·옆도랑의 너비를 제외한 **임도의 유효너비는 3m를 기준**으로 한다. 다만, **배향곡선지의 경우에는 6m 이상**으로 한다.

② 길어깨·옆도랑너비 : 길어깨 및 옆도랑의 너비는 각각 50cm~1m의 범위로 한다. 다만, 암반지역 등 지형 여건상 불가피한 경우 또는 옆도랑이 없는 임도의 경우에는 그러하지 아니할 수 있다.

③ 축조한계 : 임도의 축조한계는 유효너비와 길어깨를 포함한 너비 규격에 따라 설치한다.

④ 곡선부 너비의 확대 범위 : 임도의 곡선부 너비는 다음의 기준 이상으로 확대하여야 한다.

곡선 반경	확대 기준(m)	곡선 반경	확대 기준(m)
10m 이상~13m 미만	2.25	20m 이상~25m 미만	1.00
13m 이상~14m 미만	2.00	25m 이상~30m 미만	0.75
14m 이상~15m 미만	1.75	30m 이상~40m 미만	0.50
15m 이상~18m 미만	1.50	40m 이상~45m 미만	0.25
18m 이상~20m 미만	1.25		

다) 곡선 반지름

① 곡선부 중심선 반지름 : 곡선부의 중심선 반지름은 다음의 규격 이상으로 설치하여야 한다. 다만, 내각이 155° 이상 되는 장소에 대하여는 곡선을 설치하지 아니할 수 있다.

설계속도(㎞/시간)	최소곡선 반지름(m)	
	일반 지형	특수 지형
40	60	40
30	30	20
20	15	12

② 배향곡선 : 배향곡선(hair pin 곡선)은 중심선 반지름이 10m 이상이 되도록 설치한다.

라) 기울기

① 종단기울기

설계속도(km/시간)	종단기울기(순기울기)	
	일반 지형	특수 지형
40	7% 이하	10% 이하
30	8% 이하	12% 이하
20	9% 이하	14% 이하

② 횡단기울기 : 횡단기울기는 노면의 종류에 따라 **포장을 하지 아니한 노면(쇄석·자갈을 부설한 노면을 포함한다)의 경우에는 3~5%, 포장한 노면의 경우에는 1.5~2%로 한다.**

③ 합성기울기 : **합성기울기는 12% 이하로 한다.** 다만, 현지의 지형 여건상 불가피한 경우에는 간선임도는 13% 이하, 지선임도는 15% 이하로 할 수 있으며, **노면 포장을 하는 경우에 한하여 18% 이하로 할 수 있다.**

마) 종단곡선

설계속도(km/시간)	종단곡선의 반경(m)	종단곡선의 길이(m)
40	**450 이상**	40 이상
30	**250 이상**	30 이상
20	**100 이상**	20 이상

바) 노면의 시공

① 노면은 암반지역인 경우를 제외하고는 정지가 완료된 후 진동롤러로 다져야 한다. 다만, 진동롤러 다짐이 필요 없는 단단한 토질인 경우에 한하여 불도저, 굴삭기(궤도식 0.7m³ 이상)로 다짐을 할 수 있다.

② **노면의 종단기울기가 8%를 초과하는 사질토양** 또는 **점토질 토양**인 구간과 종단기울기가 8% 이하인 구간으로서 **지반이 약하고 습한 구간**에는 쇄석·자갈을 부설하거나 콘크리트 등으로 포장한다.

③ 임도 노선의 굴곡이 심하여 시야가 가려지는 곡선부에는 반사경을 설치하며, 성토사면의 경사가 급하고 길이가 길어 추락의 위험이 있는 구간의 길어깨 부위에는 위험표지, 경계석 또는 가드레일을 설치한다.

사) 옆도랑·배수구의 설치

① 옆도랑

ㄱ **옆도랑의 깊이는 30cm 내외**로 하고, 암석이 집단적으로 분포되어 있는 구간 및 능선 부분과 절토사면의 길이가 길어지는 구간은 L자형으로 설치할 수 있으며, L자형 상부 지점에는 배수시설을 설치한다. 다만, 노출형 횡단수로를 설치하여 물을 분산시킬 수 있는 경우에는 옆도랑을 설치하지 아니할 수 있다.

ㄴ 옆도랑은 동물의 이동이 용이하도록 설치한다.

ㄷ 종단기울기가 급하여 침식 우려가 있는 옆도랑에는 중간에 유수를 완화하는 시설을 설치한다.

ㄹ **성토면이 안정되고 종단경사가 5% 미만인 경우에는 옆도랑을 파지 않고 3~5% 내외로 외향경사를 주어** 물을 성토면 전체로 고르게 분산시킬 수 있다. 이 경우 임도를 횡단하여 유수를 차단하는 **노출형 횡단수로를 30m 내외의 간격**으로 비스듬한 각도로 설치한다.

② 배수구 ★★★

ㄱ **배수구의 통수단면은 100년 빈도 확률강우량과 홍수도달시간을 이용한 합리식으로 계산된 최대홍수유출량의 1.2배 이상으로 설계·설치한다.**

ㄴ 배수구는 수리 계산과 현지 여건을 감안하되, 기본적으로 100m 내외의 간격으로 설치하며 그 지름은 1,000mm 이상으로 한다. 다만, 현지 여건상 필요한 경우에는 배수구의 지름을 800mm 이상으로 설치할 수 있다.

ㄷ 배수구는 공인시험기관에서 외압강도가 원심력 철근콘크리트관 이상으로 인정된 제품을 기준으로 시공단비 및 시공 난이도를 비교하여 경제적인 것을 선정하며, 집수통 및 날개벽은 콘크리트·조립식 주철맨홀 등으로 시공하되, 현지의 석재활용이 용이할 때에는 석축쌓기로 설계할 수 있다.

ㄹ 배수구에는 유출구로부터 원지반까지 도수로·물받이를 설치한다.

ㅁ 배수구는 동물의 이동이 용이하도록 설치한다.

ㅂ 종단기울기가 급하고 길이가 긴 구간에는 노면으로 흐르는 유수를 차단할 수 있도록 임도를 횡단하는 노출형 횡단수로를 많이 설치한다.

ㅅ 나뭇가지 또는 토석 등으로 배수구가 막힐 우려가 있는 지형에는 배수구의 유입구에 유입 방지시설을 설치한다.

아) 소형 사방댐·물넘이포장의 설치

① 소형 사방댐 : 계류 상부에서 물과 함께 토석·유목이 흘러내려와 교량·암거 또는 배수구를 막을 우려가 있는 경우에는 계류의 상부에 토석과 유목을 동시에 차단하는 기능을 가진 복합형 사방댐(소형)을 설치한다.

② 물넘이포장 : 임도가 소계류를 통과하는 지역에는 가급적 배수구 또는 암거보다 콘크리트 등으로 물넘이포장 또는 세월교를 설치하되, 수리 계산에 따른 적정한 배수단면을 확보하고 차량 통과가 가능하도록 충분한 반경으로 설치한다.

자) 대피소 및 차 돌림 곳

① 대피소의 설치 기준 ★★★

구분	기준
간격	300m 이내
너비	5m 이상
유효길이	15m 이상

② 차 돌림 곳의 너비 : 차 돌림 곳은 너비를 10m 이상으로 한다.

차) 노면·절토·성토

① 피해 방지

　㉠ 노면 형성을 위하여 절토한 토석은 이를 전량 반출·처리하여야 한다. 다만, 피해 방지를 위하여 필요한 옹벽·석축 등 구조물을 설치하거나 피해 발생 우려가 없는 완경사 구간의 경우에 한하여 반출·처리하지 아니할 수 있다.

　㉡ 옹벽·석축 등 구조물을 설치하여 노면을 형성하려는 경우에는 절토·성토작업을 하기 전에 원지반에 미리 구조물을 설치한 다음에 절토·성토작업을 하여야 한다.

　㉢ 절토사면의 길이가 긴 구간에는 절토사면 또는 절토사면의 경계 바깥쪽에 떼·돌 등을 이용한 배수로를 설치한다.

　㉣ 절토·성토사면에서 용출수가 나오는 지역은 용출수의 처리를 위하여 배수시설을 설치하고, 절토·성토사면의 안정이 필요한 경우에는 하단부에 배수 기능이 포함된 안정 구조물을 추가로 설치한다.

　㉤ 성토면의 안정과 피해 방지를 위해 총사업비 중 산림청장이 정하는 비율 이상의 사업비를 성토면의 안정과 피해 방지에 투입하여야 한다.

② 절토 경사면의 기울기 기준 ★★★

구분	기울기	비고
암석지 – 경암 – 연암 토사지역	1 : 0.3~0.8 1 : 0.5~1.2 1 : 0.8~1.5	토사지역은 절토면의 높이에 따라 소단 설치

③ 성토

- ㉠ 성토는 충분히 다진 후에 이를 반복하여 쌓아야 하며, 성토한 경사면의 기울기는 1:1.2~2.0의 범위 안에서 토질 및 용수 등 지형 여건을 종합적으로 고려하여 성토사면에 대한 안정성이 확보되도록 기울기를 설정한다. 다만, 성토 너비가 1m 이하이고 지형 여건상 부득이한 경우에는 기울기를 조정할 수 있다.

- ㉡ 성토사면의 길이는 5m 이내로 한다. 다만, 5m를 초과하는 경우에는 성토사면의 보호를 위하여 옹벽·석축 등의 구조물을 설치한다.

④ 구조물 설치 : 임도 노선이 급경사지 또는 화강암질풍화토 등의 연약지반을 통과하는 경우 피해 발생 방지를 위하여 옹벽·석축 등의 피해 방지시설을 설치한다.

⑤ 소단 설치 : 절·성토한 경사면이 붕괴 또는 밀려 내려갈 우려가 있는 지역에는 **사면길이 2~3m마다 폭 50cm~100cm로 단을 끊어서 소단을 설치한다.**

⑥ 입목벌채·표토 제거 등

- ㉠ 노면·절토면 : 노면·절토 대상지에 있는 입목(관목을 포함한다)과 그 뿌리, 표토는 전량 제거·반출한다. 이 경우 표토를 제거할 때 나오는 부식토 중 현지에서 활용 가능한 부식토는 사면복구에 활용할 수 있다.

- ㉡ 성토면 : 성토 대상지에 있는 입목은 사면다짐 등 노체 형성에 장애가 되는 것이 명백한 경우 또는 흙에 많이 묻히게 되어 고사위험이 있는 경우를 제외하고는 그대로 존치하며, 표토 등은 제거·정리한다.

- ㉦ 사토장·토취장의 지정 : 절토·성토 시 부족한 토사 공급 또는 남는 토사의 처리가 필요한 경우에는 적정한 장소에 사토장 또는 토취장을 지정한다. 이 경우 사토장·토취장은 임상이 양호한 지역에는 설치하지 아니한다.

⑧ 암석 절취 : 암석지역 중 급경사지 또는 도로변의 가시지역 및 민가 주변에서의 암석 절취는 브레이커 절취를 위주로 한다.

카) 교량·암거

① 통수단면 : 교량·암거의 통수단면은 100년 빈도 확률 강우량과 홍수도달시간을 이용한 합리식으로 계산된 최대홍수유출량의 1.2배 이상으로 설계·설치한다.

② 높이 : 교량은 최고 수위로부터 교량 밑까지(방장교에 있어서는 방장하부)의 높이가 특수한 경우를 제외하고는 1.5m 이상이 되도록 한다.

③ 너비 : 교량 및 암거의 너비는 원칙적으로 임도의 너비와 같게 하되, 난간 또는 흙덮개의 안쪽 너비를 3m 이상으로 한다.

④ 복토 : 교량 및 암거에 불가피하게 복토를 하여야 하는 경우에는 흙의 두께는 50cm 이상으로 하며, 그 복토하중에 대하여도 중량을 계산·설계한다.

⑤ 사하중 : 교량 및 암거의 사하중 산정 시 사용되는 주된 재료의 무게는 국토해양부의 도로
교량 표준시방서에 따른다.

⑥ 활하중 : 교량 및 암거의 활하중은 사하중에 실리는 차량·보행자 등에 따른 교통하중
을 말하며, 그 무게 산정은 사하중 위에서 실제로 움직여지고 있는 DB-18하중(총중량
32.45톤) 이상의 무게에 따른다.

⑦ 종단기울기 : 교량은 특별한 장소를 제외하고는 종단기울기를 적용하지 아니한다. 다만,
특별한 장소로서 입지조건에 따라 불가피한 경우에는 종단기울기를 완만하게 설치할 수
있다.

⑧ 교각·중간벽 : 교량·암거는 특히 필요하다고 인정되는 경우를 제외하고는 교각과 중간벽
이 없는 단경각으로 설치한다.

타) 파종·녹화

① 대상지 : 임목이 없어 노출되는 절토·성토면은 파종, 그 밖의 녹화공법에 따라 전면적
을 녹화하여야 한다. 다만, 암석지로서 녹화가 어려운 절토면의 경우에는 그러하지 아
니하다.

② 파종·녹화의 시기 : 파종은 임도의 추진상황 등을 고려하여 적기에 시공되도록 한다.

③ 파종·녹화공법 및 종자의 종류는 경사, 토양, 지역 특성에 알맞는 공법·종자를 사용하되
특별한 경우를 제외하고는 국산 종자를 사용한다.

파) 그 밖의 사항

① 야생동물 이동통로 : 임도의 절토면 또는 성토면 중 야생동물의 이동을 위하여 필요한 장
소에는 경사로, 자연형 계단 등 야생동물 이동통로를 설치한다.

② 설계지침서 : 측량 및 설계를 실행할 때에는 사업별·공사별로 다음의 내용이 포함되어 있
는 설계지침서를 작성하여야 한다.

㉠ 현지조사(측량·설계인자) 및 제도 방법

㉡ 축조물의 위치, 규모, 크기, 형상

㉢ 공법 및 공사시방서

㉣ 사용 중기의 종류 및 용도별 명세

㉤ 주요 재료의 품명, 규격, 수량, 산지 및 조달 방법

㉥ 골재원, 지질, 토취장, 배합설계 등 사전조사자료

㉦ 축조·공작물의 구조, 공법, 규모, 형상

㉧ 공사 및 공정관리에 관한 사항

㉨ 공사의 시공 순위

ⓒ 필요한 경우 임도의 활용성 및 타당성(도면을 포함한다)

ⓚ 설계 변경 조건

ⓔ 공사기간 산정 기준 근거

ⓟ 그 밖에 설계도서 작성의 지침이 되는 사항

③ 현장감독관의 임무

ⓐ 현장감독관은 재료 또는 기성 부분에 대한 검사·시험을 실시한 결과가 시방서, 설계서, 설계도에 적합하지 아니할 때에는 교체 또는 재시공을 명하고 그 내용을 문서로 기록·관리하여야 한다.

ⓑ 현장감독관은 공사감독일지, 반입재료검사부, 자재수불부, 재료시험표(한국공업규격 표시품을 제외한다)를 비치하고 이를 기록·관리하여야 한다.

ⓒ 현장감독관은 시공 후 매몰되거나 구조물 내부에 포함되어 사후검사가 곤란하다고 인정되는 부분에 대하여는 시공 당시의 상황 등 그 시공을 명확히 입증할 수 있도록 감독조서를 작성하여야 한다.

ⓓ 현장감독관은 공사현장에서 다음과 같은 사유가 발생한 때에는 필요한 조치를 취하고 그 경위를 계약담당관에게 보고하여야 한다.

- 천재지변 그 밖의 사유로 피해가 발생하거나 시공이 불가능하게 된 때
- 계약자가 이유 없이 공사를 중단하거나 정당한 지시에 불응한 때
- 계약자 또는 현장대리인이 계속하여 현장에 주재하지 아니한 때
- 관급자재, 장비, 노임 등이 적기에 공급되지 아니하거나 공급된 관급자재가 멸실·훼손된 때

ⓔ 현장감독관은 계약자가 제출하는 각종 서류에 대하여 의견을 첨부하여 계약담당관에게 보고하여야 한다.

ⓕ 현장감독관·현장대리인은 이 기준에서 정하는 사항 외에 공사에 관하여 발주권자가 명하는 사항을 준수하여야 한다.

④ 기타

ⓐ 이 기준은 국유임도 및 민유임도에 적용한다. 다만, 시험사업 등 특수 목적을 위하여 설치하는 임도 또는 산림소유자가 자기의 부담으로 설치하는 임도(융자를 받아 설치하는 임도를 포함한다)의 경우에는 이를 적용하지 아니할 수 있다.

ⓑ 이 기준에서 정하는 사항 외에 설계비, 사업비, 토공단비 그 밖의 임도의 설계·시설에 관하여 필요한 사항은 산림청장이 정한다.

❸ 작업임도의 시설 기준

가) 작업임도의 설치 대상지

① 산림사업을 위하여 필요한 지역

② 기존의 작업로, 임산물 운반로 등으로써 임도로 활용가치가 높다고 판단되는 지역

나) 차량 규격·속도 기준

① 차량 규격(단위 : 미터)

제원 자동차종별	길이	폭	높이	앞뒤바퀴 거리	앞내민 길이	뒷내민 길이	최소 회전 반경
2.5톤 트럭	6.1	2.0	2.3	3.4	1.1	1.6	7.0

② 속도 기준 : 작업임도의 속도 기준은 20km/시간 이하로 한다.

다) 너비

① 유효너비 : **작업임도의 유효너비는 2.5~3미터를 기준**으로 하며, 배향곡선지의 경우에는 6미터 이상으로 한다.

② 옆도랑·길어깨 너비

　㉠ 작업임도의 옆도랑 설치에 관해서는 제2호 사목(1)에 따른다.

　㉡ **길어깨의 너비는 50센티미터 내외**로 한다.

라) 기울기

① 종단기울기 : **종단기울기는 최대 20퍼센트의 범위에서 조정**한다.

② 횡단기울기 : 횡단기울기는 물이 성토면으로 고르고 원활하게 분산될 수 있도록 **외향경사를 3~5퍼센트 내외가 되도록 한다.** 다만, 옆도랑을 설치하는 경우 등 특수한 경우에는 그러하지 아니하다.

③ 합성기울기 : 합성기울기는 최대 20퍼센트 이하로 한다.

마) 배수시설

① 배수구 : 배수구 설치가 필요한 경우, 배수구 통수단면은 100년 빈도 확률강우량과 홍수 도달시간을 이용한 합리식으로 계산된 최대홍수유출량의 1.2배 이상으로 설계·설치하며, 현지 여건을 감안하여 적절하게 설치한다.

② 노출형 횡단수로

ㄱ 임도를 횡단하여 유수를 차단하는 노출형 횡단수로를 30미터 내외의 간격으로 비스듬한 각도로 설치한다. 다만, 현지 여건상 필요한 경우에는 설치 간격을 늘리거나 줄일 수 있다.

ㄴ 노출형 횡단수로의 성토면 쪽 끝부분에는 원지반까지 도수로·물받이를 설치한다.

③ 물넘이포장 등 : 작업임도가 소계류를 통과하는 지역에는 충분한 폭으로 물넘이포장 또는 세월교를 설치한다. 다만, 옆도랑을 설치하는 경우 등 배수구 또는 암거가 필요한 경우에는 그러하지 아니하다.

바) 노면·차 돌림 곳·소단 등

① 종단경사가 급하거나 지반이 약하고 습한 구간에는 쇄석·자갈을 부설하거나 콘크리트 등으로 포장한다.

② 각 구간마다 차량의 통행이 가능하도록 차 돌림 곳을 충분히 확보하고, 기계화 작업에 필요한 공간을 최대한 확보하여야 한다.

③ 노선이 급경사지 또는 화강암질풍화토 등의 연약지반을 통과하는 경우 피해 방지를 위하여 옹벽·석축 등의 피해 방지시설을 설치한다.

④ 절토·성토한 경사면이 붕괴 또는 밀려 내려갈 우려가 있는 지역에는 **사면길이 2~3미터마다 폭 50센티미터~100센티미터로 단을 끊어서 소단을 설치한다.**

사) 그 밖의 사항

작업임도의 설계지침서, 현장감독관의 임무, 기타 사항에 대하여는 "2. 간선임도·지선임도의 시설 기준"의 "파. 그 밖의 사항"을 적용한다.

2 임도와 환경

section 1 모암과 토질

1 모암

1) 모암의 종류

모암은 풍화가 되어 토양의 모재가 되는 물질로 생성 원인에 따라 아래의 세 가지로 구분한다.

구분	생성 원인	모암의 종류
화성암	• igneous rock, 마그마가 굳어서 만들어진 암석 • 마그마가 굳은 위치와 성분에 따라 성질이 결정	화강암 섬록암 현무암 안산암
수성함	• sedimentary rock, 물에 의해 퇴적된 암석 • 물질의 조성에 따라 구분	• 생물학적 퇴적암 : 석회석, 규조토, 석탄 등 • 물리적 퇴적암 : 혈암, 사암, 응회암, 점판암, 화산재 등
변성암	• metamorphic rock, 화성암과 수성암이 고온 및 고압에 노출되어 성질이 변하여 생성된 암석	편마암, 천매암, 대리석 등

2) 풍화작용과 토양생성작용

▲ 토양생성과정

풍화작용	토양생성작용
① 토양모재가 생성되는 작용이다. ② 토양단면의 층위가 생성되기 직전까지 작용한다. ③ 모암, 모재, 토양물질 모두에 영향을 준다.	① 모재가 토양이 되는 과정이다. ② 토양에 특징적인 단면(층위의 분화)이 생긴다.

* 풍화작용과 토양생성작용은 동시에 일어난다.

❷ 토질

공학적 입장에서의 토질(soil character)은 흙의 조성, 구조, 물리적 성질 등을 말하며, 농학적 입장에서의 토질(土質, soil property)은 토양3상, 토성 등 작물이 자라는 데 적합한 흙의 성질을 말한다. 여기서는 공학적 입장에서 흙의 성질과 분류를 다룬다.

1) 흙을 구성하는 성분

① **토양은 고체, 액체, 기체의 세 가지 형태로 구성되어 있다.**

② 공기와 물이 차지하고 있는 부분은 토립자가 없는 부분이므로 공극(빈 공간)이라고 부른다.

③ 액체는 물에 유기물과 무기물이 녹아 있는 수용액의 형태로 토립자와 여러 가지 형태로 결합되어 있다.

④ 기체는 토양 속에 존재하는 질소와 산소 그리고 이산화탄소, 메탄 등으로 구성되어 있다.

⑤ 토양 생물이 호흡하면서 발생하는 이산화탄소와 사체가 썩으면서 발생하는 메탄가스 같은 기체로 구성되어 있다.

⑥ 토양의 성분이 3가지 형태(모양 象, 형태 狀, 서로 相)로 존재하므로 土壤三相이라고 한다.

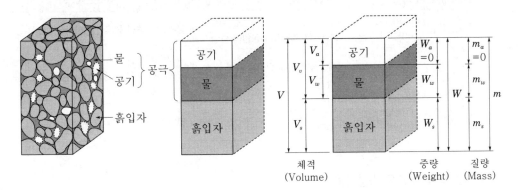

▲ 흙의 구성 개념도

  * 체적 V는 Volume, 질량 m은 mass, 중량 W는 Weight, 첨자 a는 공기(air), v는 간극(void), w는 물(water), s는 고체(solid)

⑦ 토양의 세 가지 성분이 각각 차지하는 비율은 토양에 따라 일정하지 않으며, 기후조건과 천이의 진행에 따라 3상의 상대적 비율이 일정하게 달라질 수 있다.

⑧ 토양 3상의 비율은 식물 뿌리의 신장, 수분과 산소의 공급 등 식물생육과 중요한 관계가 있으므로 각종 시험에 자주 출제된다.

⑨ 공학적으로 토양 3상은 고체의 비율을 높이고 공극을 줄이는 데 관심을 둔다.

⑩ 각 구성 성분의 비율은 다음과 같이 산출할 수 있다.

  - 토양 전체 부피가 V인 토양의 고상, 액상, 기상의 부피를 각각 Vs, Vw, Va라고 한다면, VT=Vs+Vw+Va가 성립한다.

– 토양 전체 부피에 대한 각 형태의 부피의 비율 $\dfrac{Vs}{V}$, $\dfrac{Vw}{V}$, $\dfrac{Va}{V}$ 를 각각 고상률, 액상률, 기상률이라고 부른다.

	흙입자(S)	물(W)	공기(A)
무게	Ws	Ww	공기는 무게가 없다.
부피	Vs	Vw	V

⑪ 토양단면 중에 있어서 토양3상의 용적비를 토양3상 분포(土壤三相分布, soil three phase distribution)라 하는데, 이는 토양의 종류, 건습, 깊이 등에 따라서 크게 다르다.

⑫ 산림의 표토는 유기물이 풍부하여 다공질인 떼알 구조가 잘 발달되어 있고, 대공극과 소공극이 조화되어 있으며 삼상의 비율이 적당하다.

⑬ 모래가 많은 토양은 미세한 공극이 적어 고상률과 기상률이 높으며, 보수력이 낮아 액상률은 낮다. 이 같은 토양은 식물이 쉽게 건조에 노출된다.

⑭ 실트와 점토 입자가 조밀하게 형성된 토양은 대공극이 적고 소공극이 많기 때문에 고상률과 액상률은 높고 기상률이 낮다. 이 같은 토양은 식물의 뿌리가 호흡 불량으로 인한 피해를 입기 쉽다.

⑮ 토양의 3상 분포는 무거운 기계나 사람과 가축의 답압, 밭갈기 등의 작업에 의해 변한다.

2) 구성하는 입자의 크기에 따른 분류

토양을 구성하는 입자의 평균지름을 입경이라고 하며, 토립자의 입경에 따라 점토(clay), 미사(silt), 모래(sand), 자갈(granule)로 분류한다. 흙의 입자 크기는 흙의 역학적 거동에 영향을 준다.

① 국제 토양학회의 분류

명칭	입자의 크기
자갈	2mm 이상
거친 모래	0.2~2mm
가는 모래	0.02~0.2mm
고운 모래	0.002~0.02mm
점토	0.002mm 이하

② 미국 농무성의 분류

	0.002	0.05	0.1	0.25	0.5	1.0	2.0	(mm)
			극세사 very fine	세사 fine	중간사 medium	조사 coarse	극조사 very coarse	
	점토 clay	미사 silt			모래 sand			자갈 gravel
Sieve No.	325 270 45 53		140 106	70 60 212 250	35 500	18 1,000	10 2,000	(μm)

3) 통일분류법

① 통일분류법은 흙의 공학적 분류 방법으로 Casagrande가 미국 공병대에서 비행장 공사를 위하여 개발한 것이다.

② 통일분류법은 흙을 영문자 두 개로 표시하며 제1문자는 흙입자의 주된 크기, 즉 조립토와 세립토를 나타내며, 제2문자는 입도 분포 및 압축성을 나타낸다.

③ 조립토 8종류, 세립토 6종류, 극히 유기질인 흙 1종류를 포함하여 흙을 15가지로 분류한다. 각각의 내용을 나타내는 두 개의 알파벳을 조합하여 흙의 명칭으로 사용한다. 사용되는 알파벳의 의미는 아래와 같다.

구분	제1문자 (흙입자 주성분의 크기)	제2문자 (입도 분포 및 소성)
조립토	• G : 역질토 • S : 사질토	• W : 입도 양호. 세립분이 적다. • P : 입도 불량. 세립분이 적다. • M : 입도 불량. 실트질 포함. 세립분이 적다. • C : 입도 양호. 점토질 적당
세립토	• C : 무기질의 점토질 • M : 무기질의 실트질 • O : 유기질의 점토 및 실트질 • P : 섬유질토, 이탄토(peat)	• L : 압축성이 낮다. 액성한계 50 이하 • H : 압축성이 높다. 액성한계 50 이상

* 분류의 예 : 입도가 좋은 모래는 SW, 압축성이 높은 유기질토양은 HO

4) 통일분류법과 AASHITO 분류법의 차이

구분	입자 크기(mm)			
	자갈	모래	실트	점토
통일분류법	76.2~4.75	4.75~0.075	소성 도표를 이용하여 분류	
AASHTO	76.2~2	2~0.075	0.075~0.002	〉0.002

자갈과 모래는 조립분이라고 하며, 실트와 점토를 세립분이라고 한다.

다음과 같은 사실에 주목하여야 한다.

① 통일분류법에서는 자갈과 모래를 4.75mm를 기준으로 분류하고, AASHTO 분류법에서는 자갈과 모래를 2mm를 기준으로 분류한다.

② 통일분류법과 AASHTO 분류법 모두 조립분과 세립분을 0.075mm를 기준으로 분류한다.

③ 통일분류법에서는 실트와 점토를 소성 도표를 이용하여 분류하고, AASHTO 분류법에서는 0.002mm를 기준으로 분류한다.

③ 흙의 특성

흙의 특성은 물리적, 화학적, 생물학적 특성을 가지고 있다. 물리적으로 흙은 물을 쉽게 흡수하고, 화학적으로 대체로 중성이지만 산림토양에서는 약산성을 보이며, 생물학적으로 흙은 토양생물들의 생태계를 이루고 있다. 물이 흙에 쉽게 흡수되는 이유는 물이 극성분자이기 때문이다. 마치 자석에 쇳가루가 붙는 것처럼 물은 토립자의 표면에 쉽게 붙는다.

1) 점토 입자와 물

모래는 물 분자에 비해 상대적으로 너무나 크기 때문에 물 때문에 성질이 크게 변하지 않지만, 모래에 비해 상대적으로 표면적이 넓은 점토는 물 때문에 성질이 크게 달라진다.

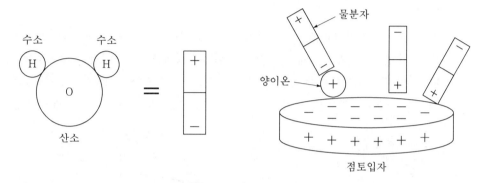

▲ 자석처럼 극성을 보이는 물분자

극성분자인 물은 막대자석과 같이 수소 원자 쪽에 '+' 전하와 산소 원자 쪽에 '−' 전하를 띄게 된다. 서로 다른 전기가 서로 당기는 힘인 "인력"이 발생하고, 점토 입자와 물분자 사이의 거리에 따라서 점토 입자와 물의 상호작용이 발생한다. 흙과 점토 입자, 그리고 토양용액 중의 양이온이 전기적으로 결합하는 형태는 아래와 같다.

① 물의 수소원자와 점토 입자의 산소원자 간 수소결합

② 물의 '+' 전하(수소)와 점토의 '−' 전하 간 이온결합

③ 점토 입자 인근의 양이온들이 '−' 표면에 부착하고 그 위에 물의 '−' 전하(산소) 간 이온결합

서로 다른 전하들 사이에 발생하는 인력 때문에 점토 입자 근처 물은 거동에 제한을 받게 된다. 이렇게 제한을 받는 물을 이중층수 혹은 확산이중층수라 하고, 점토 입자에 완전히 접촉되어 있는 물을 흡착수라 한다. 이중층수 영역에서는 점토의 '−' 표면에 의해 양이온 농도가 높게 나타나나 거리가 멀어질수록 영향이 감소하게 되어 일정 거리 밖에서는 전기적 평형상태를 유지하는데, 이 영역 밖의 물을 자유수라 한다.

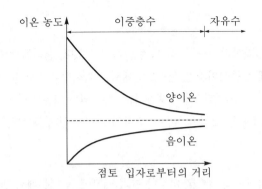

▲ 점토 입자와 물분자의 거리에 따른 물의 분류

2) 아터버그 한계

아터버그는 흙이 가지고 있는 수분의 함량에 따라 서서히 성질이 변하는 것이 아니라, 어느 한
계점에서 갑자기 딱딱한 고체에서 말랑말랑한 소성상태로, 소성상태에서 갑자기 액체상태로 변
하는 것을 각각 소성한계, 액성한계로 이름 붙이고 **액성한계와 소성한계의 차이를 소성지수(PI;
Plastic Index)**라고 하였다. 이것을 흙의 "연경도 한계" 또는 "아터버그 한계"라고 한다.

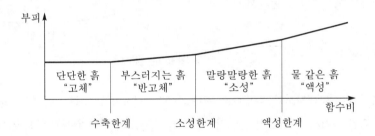

가) 개념

① 흙을 구성하는 입자의 표면은 음전하를 띄기 때문에 극성분자인 물을 만나면 부피가 늘어
나게 된다. 따라서, 물에 포화된 액체상태의 토양은 부피가 가장 크다. 액체상태의 흙은
수분 함량이 점차 줄어들게 되면서 말랑말랑한 반죽상태, 부스러지는 반고체상태, 수분
함량이 줄어도 더 이상 변형이 발생하지 않는 단단한 상태로 변하게 된다. 이렇게 흙의 상
태와 부피를 변하게 하는 특정한 수분 함량을 아터버그 한계라고 한다.

② 굴착공사 시 흙의 함수비가 액성한계에 가까우면 배수대책을 수립하여야 하고, 흙의 함수
비가 소성한계에 가까우면 기초 지반지지력이 낮아지므로 기초를 보강하여야 한다.

나) 구분

① 액성한계 : **액체상태와 반죽상태의 경계가 되는 함수비**(LL; Liquid Limit)

② 소성한계 : **반죽상태와 부스러지는 상태의 경계가 되는 함수비**(PL; Plastic Limit)

③ 수축한계 : **수분 함량에 따른 부피의 변화가 없는 함수비** (SL; Shrinkage Limit)

다) 소성지수(PI; plasticity number, plasticity index)

① 일정 정도 이상의 점토 성분을 함유한 토양에서 나타나는 액성한계와 소성한계의 차이로 물을 함유할 수 있는 정도를 나타내는 지수

> 소성지수(PI)=액성한계 - 소성한계, 모래는 비소성(NP; NonPlastic)

② 토양의 수분 함량 변화→변형에 대한 저항성 변화, 변형은 외력에 의해 발생→흙의 함수량 변화에 의해 나타나는 흙의 저항성 변화→흙의 연경도

* 결지성한계(Consistence Limit, Albert Atterberg Limit)

③ 아터버그 한계는 7개 결지성 한계 전체를 일컫는 말이었지만, 현재는 공학적으로 중요한 액성한계, 소성한계, 수축한계의 3단계로 구분한다.

실력 확인 문제

흙이 고체상태에서 반고체상태로 변할 때의 수분 함량을 (①), 반고체상태에서 소성상태로 변할 때의 수분 함량을 (②), 소성상태에서 액성으로 변할 때의 수분 함량을 (③)라고 한다. ①, ②, ③을 모두 합쳐 아터버그 한계(Aterberg limits)라고 한다.

정답 ① 수축한계, ② 소성한계, ③ 액성한계

---

section 2 지형과 임도 관계

1 지형별 임도의 배치 방법

임도는 다른 목적으로 이용되기도 하지만 가장 직접적인 목적은 산림에서 수확한 목재를 모으고, 운반하는 데 사용하는 것이다. 임지 내에서 목재를 임도변까지 모아놓는 작업을 집재작업, 모은 목재를 소비처까지 운반하는 것을 운재라고 한다. 임도는 목재의 벌목과 집재, 운재에 직접 사용되기 때문에 목재 생산을 경제적으로 수행하기 위해서는 임도가 적절하게 정비되어 있어야 한다. 적절한 임도밀도는 목재가 임지에서 생산되고 운반되는 데 필수적인 요소이다. 임도의 연장을 나타내는 임도밀도는 생산되는 목재의 재적, 집재비, 임도 개설비에 따라 다르지만 가급적이면 지역의 경사도에 맞는 적절한 집재작업을 선택하고 이에 맞는 임도밀도를 갖추어야 한다. 예를 들면 평지에서는 트럭을 이용한 집재가 생산적이고, 완경사에서는 트랙터를 이용

한 집재가 생산적이다. 트랙터로 집재할 수 없는 경사에서는 가선집재를 통한 집재작업이 생산적이다. 트럭을 이용한 집재는 높은 임도밀도가 필요하며, 가선집재를 통한 목재의 집재는 낮은 임도밀도로도 충분하다.

1) 지형별 임도 배치 방식

임도망 방식(system of forest road network)은 지형에 따라 다르게 적용되기 때문에 그 형식이 매우 다양하다. 몇 가지 대표적인 노선 선정 방식(opening up and routing)을 보면 다음과 같다.

① **평지림의 임도망** : 평지림(flat terrain)에서는 늪지와 같은 제한구역이 없다면 이론적인 적정 임도간격(optimum road spacing) 및 임도밀도(road density)에 따라 임도망을 구축할 수 있다.

② **산악지 대응 임도 노선 선정** : 지대 및 노선 선정 방식을 기초로 하여 **계곡임도, 사면임도, 능선임도, 산정부임도, 계곡부임도, 능선너머개발형 임도**로 구분할 수 있다.

2) 산악지형에 대응한 노선 설정

① 계곡임도(valley road) : 홍수로 인한 유실방지를 위하여 산록부의 사면에 최대홍수위보다 몇 m 정도 높게 설치하거나, 통수단면을 두 배 이상 확보한다.

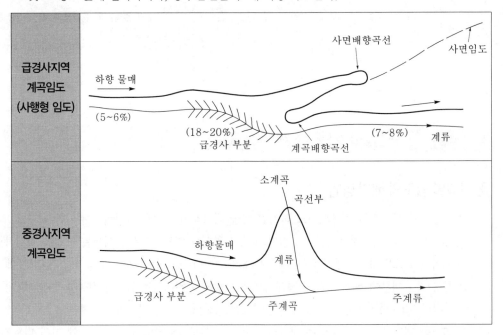

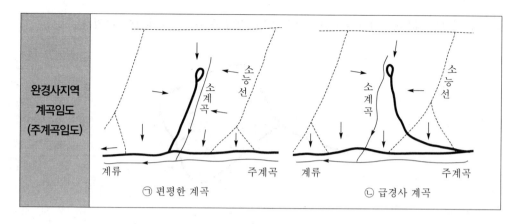

② 사면임도(slope road, 산복임도) : 계곡임도에서 시작되어 산록부와 산복부로 이어지는 임
도로 급경사의 경우에는 침식을 방지하기 위해 사행형으로 계획하고, 완경사지는 통행의 편
의를 위해 평행노망으로 계획한다.

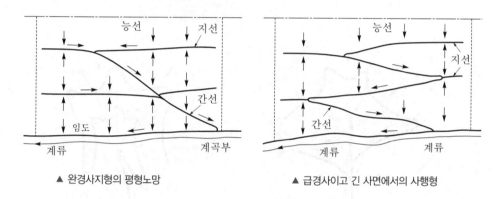

▲ 완경사지형의 평형노망   ▲ 급경사이고 긴 사면에서의 사행형

급경사의 긴 비탈변인 산지에서는 지그재그 방식(serpentine system)이 적당하지만, 완경
사지에서는 대각선 방식(diagonal system, 평행 방식, 평형 방식)이 적당하다.

③ 능선임도(ridge road) : 축조 비용이 적고 토사 유출도 적지만 상향집재시스템에 의존한다.
산악지대(hilly terrain)의 임도 배치 방식 중 건설비가 가장 적게 소요되는데, 대단히 제한된
범위에 대해서만 이용할 수 있다. 계곡에 접근할 수 없거나 또는 늪지대에 계획할 수 있다.

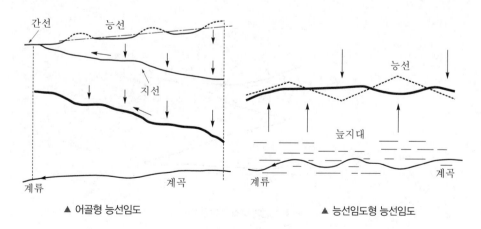

▲ 어골형 능선임도   ▲ 능선임도형 능선임도

④ 산정부 개발형 : 산정부 주위에 나선형으로 임도를 구축하여 개발할 수 있다.

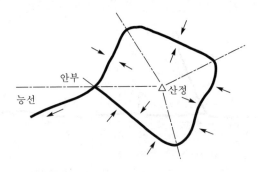

▲ 산정부 순환 임도형

⑤ 계곡분지의 개발형 : 계곡 하부의 맨 윗부분은 아래와 같이 순환도로에 의하여 개발될 수 있다. 임도 노선의 경사가 거의 없어야 한다.

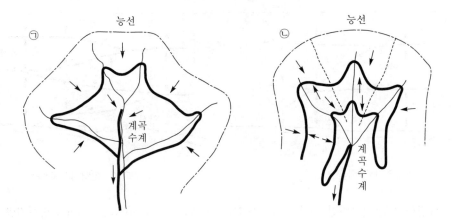

▲ 분지의 순환임도

⑥ 반대편 능선부 산림개발형 : 능선 넘어 산림에 있어 경제적으로 임도를 개발할 수 없는 곳은 트럭에 의해서 능선 위로 운송이 가능하도록 구배가 심하지 않게 임도를 개설한다.**(역구배 약 5% 이내)**

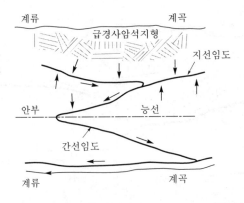

▲ 능선에 따라 개발된 임도

2 지형 지수 산출 방법

① 지형 지수란 산지지형의 험준함과 복잡함을 나타내는 지수라고 볼 수 있다.

② 일본의 경우 지형과 벌출 방식에 맞는 지형 지수를 산출하고, 여기에 맞는 표준 임도밀도를 제시하고 있다.

[지형과 벌출 방식에 해당하는 일본의 표준임도밀도]

구분	Ⅰ 평탄	Ⅱ 완	Ⅲ 급	Ⅳ 급준
지형 지수	0~19	20~39	40~69	70 이상
벌출 방식	트럭형	트랙터형	중거리 가선형	장거리 가선형
표준임도밀도(m/ha)	30~50	20~30	10~20	5~15

③ 지형 지수를 산출하기 위한 계산의 변수는 산지의 기울기와 기복량이 중요한 변수이고, 계곡에 해당하는 곳은 곡밀도도 중요한 계산의 변수이다.

> **참고** 지형 지수를 산출하기 위한 계산 변수 ●
>
> • 산지의 기울기 : 벌출 방식을 선택하는 변수로 이용된다. 산복경사라고도 한다.
> • 기복량 : 일정 범위 내의 지표면에 있어서 올라가고 내려가는 차이의 크기를 말한다. 목재 생산 작업구역의 최고점과 최저점의 단순한 표고차로 표시할 수 있다.
> • 곡밀도 : 단위 면적당 본류와 지류의 총연장으로 하계밀도라고도 한다. 유역 내의 모든 합류점 수에 대한 본류와 지류의 총연장이다.

④ 지형도 상에서 산복경사와 기복량, 곡밀도를 계산하고 이를 이용하여 지형 지수를 산출한다.

⑤ 임도망을 계획할 때는 지형 지수에 의하여 지형을 구분하는 것이 편리하기는 하지만, 임도의 연장이 길지 않은 경우 과도하게 행정력을 낭비하는 요인이 될 수 있다.

⑥ **우리나라에서는 25%와 60%의 경사로 간편하게 집재 방식을 선택**하고, 집재 방식과 예산에 맞는 규모로 임도를 개설하고 있다.

⑦ 지형 지수는 산림 면적 500~1,000ha의 면적을 대상으로 산출하고, 이를 이용하여 벌목한 목재의 집재 방식, 즉 벌출 방식을 선택한 후 벌출 방식에 맞는 표준임도밀도를 건설한다.

section 3 산림 기능과 임도 관계

1 산림 기능별 임도밀도

산림의 기능은 크게 공익적 기능, 경제적 기능으로 구분할 수 있다. 산림의 기능에 있어 임도의 역할은 앞에서 설명한 것과 같이 ⓐ 임업 및 임산업의 진흥, ⓑ 산림의 공익적 기능의 고도 발휘, ⓒ 지역 진흥이다. 임업 및 임산업을 경제적 기능으로 단순히 해석하고, 그 이외는 공익적 기능으로 구분한다면 산림의 경제적 기능은 높은 임도밀도를 필요로 한다. 임업경영의 대상지가 되는 작업구역 구석구석까지 임도가 닿을 수 있어야 하기 때문이다. 공익적 기능은 상대적으로 낮은 임도밀도 만으로도 충분히 보호의 대상이 될 수 있지만 경관의 보호, 생태계의 보전 등을 염두에 둔다면 더 많은 예산이 필요하다. 이렇게 임도에 투입된 예산은 아래와 같이 산림의 기능을 증진시킬 수 있다.

① 체계적인 산림사업이 가능하여 삼림이 갖고 있는 다면적 기능의 향상을 도모할 수 있다.

② 임산물의 반출을 신속·용이하게 하며, 반출 도중에 손모와 품질의 저하를 방지하며, 반출비의 경감을 도모할 수 있다.

③ 반출경비를 경감시켜 생산성을 향상시킨다.

④ 집약적인 산물수집이 가능하여 벌채적지의 갱신이 용이하고, 조림비의 경감을 도모할 수 있다.

⑤ 산림 내의 교통을 편리하게 하여 노동 공급이 원활하게 되며, 또한 산림의 보호, 보육, 관리 등을 충분히 수행할 수 있다.

⑥ 작업조건이 향상되며, 또한 기계의 도입이 용이하게 되어 작업 방법의 개선 및 작업능률의 향상을 도모할 수 있다.

2 임도 배치 방법

① 경제적 기능을 증진하기 위한 임도는 높은 임도밀도가 필요하기 때문에 지형과 임산물 수확 방법에 초점을 두어 수확 방법에 맞추어 임도를 계획하여야 한다.

② 트랙터 집재와 가선집재의 장점을 최대한 활용할 수 있도록 임도를 적정한 밀도로 배치한다.

③ 공익적 기능을 증진하기 위한 임도는 생태적 단절과 절토 및 성토부를 줄이고, 친환경적인 구조물을 도입할 필요가 있다.

④ 임도의 배치는 임도의 시공과 임도를 이용한 통행으로 인한 영향을 최소화 할 수 있도록 7부 능선 아래쪽에 계획하고, 계곡임도의 경우도 계류의 홍수위 보다 2배~5배 이상 많은 통수단면 위쪽에 배치하여 이상 기후나 국지적 호우에 대응할 수 있도록 하여야 한다.

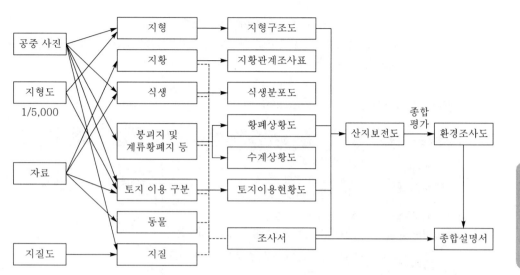

▲ 임도 노선 계획에 대한 환경영향평가 흐름도

⑤ 임도의 개설과 임도를 이용한 통행은 환경적인 영향(environmetal impact)을 받을 수 있다. 이에 대한 영향을 평가 및 분석하면 환경에 대한 영향을 회피, 저감, 최소화할 수 있다.

section 4 생태와 임도 관계

1) 생태계와 임도의 관계

① 임도를 건설하고 사람과 차량이 통행하는 것은 생태계의 파괴를 수반한다.

② 임도를 건설하려면 나무를 베어야 하고, 땅을 깎고, 흙을 쌓아야 한다. 이 과정에서 자연환경이 파괴되고, 소음 및 오염이 발생하며, 경관의 질이 떨어진다. 그럼에도 불구하고 임도를 건설해야 하는 것은 국토의 동맥이 도로인 것처럼 산림의 핏줄이 임도에 해당하는 것이기 때문이다.

③ 눈으로 볼 수만 있는 숲이라면 말 그대로 그림의 떡에 불과한 것이다. 다만 임도의 건설과 이용과정에서 생태적인 배려를 통해 자연이 사람에게 거꾸로 피해를 주는 상황을 만들지 않는 것이 중요하다.

④ 임도는 산림생태계를 파편화(fragmentation) 시킨다. 이렇게 단절된 산림생태계를 연결시켜 생태계 단절로 인한 효과를 줄여 줄 수 있는 것이 생태통로이다.

⑤ 임도에도 생태통로를 설치하면 높은 임도밀도로 인한 생태적 단절을 줄여 임도 건설로 인한 생태적 단절의 충격을 완화 또는 최소화 시킬 수 있다.

⑥ 임도의 횡단배수구조물을 적절히 활용하면 소동물이 이동할 수 있는 생태통로로 활용될 수 있다. 이를 위해서는 집수정을 측구와 단절된 구조가 아니라 자연스럽게 이어지는 완경사가 있는 구조물로 계획하면 좋다.

2) 생태통로 설치 방법

생태통로 유형	설치 장소	설치 형태
터널형 (하부통로형)	• 인간의 영향이 빈번한 곳 • 육교형 설치가 어려운 곳 • 지하에 중소 하천이 있는 경우	• 박스형 암거 : 대형동물 • 파이프형 암거 : 소형동물
육교형 (상부통로형)	• 횡단 부위가 넓은 곳 • 절토·장애물 등으로 터널 설치가 어려운 곳	대부분의 동물 이용 가능
선형통로	• 도로·철도 혹은 하천변, 송유관·가스관 등을 따라 길게 설치	

3 임도의 구조

임도의 구조는 임도가 어떤 모양으로 생겼는가에 대한 문제이다. 임도는 3차원 구조물이지만 현실적으로 3차원 구조물로 바로 설계하기는 어렵다. 컴퓨터나 장비는 과학기술의 발달과 함께 많이 발달하였지만 현실에서는 3차원 구조물이 임도를 각각 평면, 횡단면, 종단면 등의 2차원으로 종이에 표현하여 현장에서 확인하기 쉽게 만들어져 있다. 결국 임도가 어떻게 생겼는가 하는 임도의 구조는 임도의 구성요소로도, 임도를 설계 및 시공하기 위한 도면으로도 나타낼 수 있다. 모두 임도를 구성하는 요소지만 우리는 평면으로 해석하여 도면에 나타내고 시공을 한다. 그러므로 임도의 구조에는 임도의 횡단선형, 평면선형, 종단선형, 노면(노반) 등이 포함된다. 선형(road alignment)은 도로의 중심선이 입체적으로 그리는 형상이고 그중에서 도로를 위에서 내려 본 중심선의 모양을 평면선형(plane alignment)이라 하고, 도로를 중심선을 따라 잘라서 높이와 길이를 동시에 나타낸 모양을 종단선형이라고 한다. 횡단선형은 도로를 중심선에 직각 방향으로 잘라서 본 모양을 말한다.

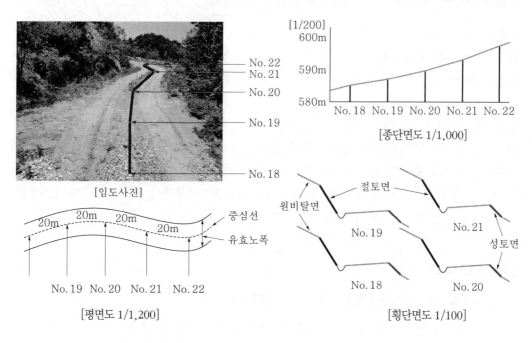

▲ 임도의 주요 도면

임도의 구조는 교통안전과 운재능력에 크게 영향을 준다. 자동차를 통행시키기 위한 임도는 기본적으로 갖추어야 할 구조가 있는데 평면선형, 종단선형, 횡단선형, 노면(노반)이 그것이다. 선형이라는 말은 도로의 중심선의 모양이라는 말이다. 평면선형은 도로의 중심선이 위에서 내려다 본 평면일 때 어떤 지점을 지나가는지를 나타내고, 종단선형은 도로의 중심선의 높이를 각 측점별로 표시하고, 횡단선형은 도로를 중심선에 직각으로 잘라서 표현한 것이다.

① 평면선형은 직진구간에는 직선, 회전구간에서는 곡선, 직선과 곡선이 만나는 곳에 완화곡선, 곡선과 곡선이 만나는 곳에 10m를 두는 완화구간, 회전부에서 설치하는 곡선부 확폭 등으로 구성된다.

② 종단선형은 각 측점의 높이를 표시한 점들을 이은 종단물매선, 종단물매선의 대수차가 5% 이상 차이가 날 경우에 설치하는 종단곡선 등으로 구성된다.

③ 횡단선형은 도로의 중심선을 높이고 가장자리는 낮추는 횡단물매, 도로가 한 쪽 방향으로 기울은 외쪽물매, 그리고 이 두 개가 합쳐진 합성물매로 구성된다.

이와 같이 선형을 구성하는 요소들은 구간별, 지점별로 기준이나 규칙을 지켜야 하지만 전체적으로 잘 조화되어야 자동차의 통행에 무리가 가지 않는다.

section 1 노체구조

도로를 만드는 것은 기본적으로 흙일, 즉 토공을 통해서 만든다. 토공작업을 하기 위해서는 측량을 해서 임도를 만들 곳의 지형을 먼저 파악한 후 깎아야 할 흙과 쌓아야 할 흙의 높이를 알아야 한다. 이렇게 깎아야 할 땅의 높이와 쌓아야 할 흙의 높이가 정해지면 그 높이를 쉽게 알 수 있도록 규준틀을 설치하고, 남는 흙이 있다면 사토장, 모자라서 가져와야 한다면 토취장을 선정한다. 그 이후에 임도공사의 영향권에 포함되는 나무를 벌채하고 유기물과 뿌리 등을 제거하는데, 이 벌채와 뿌리 제거의 과정을 벌개제근이라고 한다. 성토를 하여 도로를 만드는 경우 벌개제근이 끝나면 가장 먼저 하여야 할 것은 기초 지반에 배수를 위한 시설을 하는 것이다. 잔골재와 모래를 다져 배수구를 만들고 난 후 그 위에 노상과 노반, 기층과 표층을 쌓아 올려 도로를 만들게 된다. 노상은 도로의 기초에 해당하는 부분으로 노체 중 가장 아랫부분에 해당한다.

1 노체의 구성

① 노상과 노반, 기층과 표층을 모두 합쳐 노체라고 한다.

② 임도는 경사가 심하지 않고 토질이 좋은 경우 노반의 표면이 표층이 되는 경우가 많다.

③ 경사가 있거나 점토질을 많이 함유한 토질의 경우 노면의 처리를 달리하여야 한다.

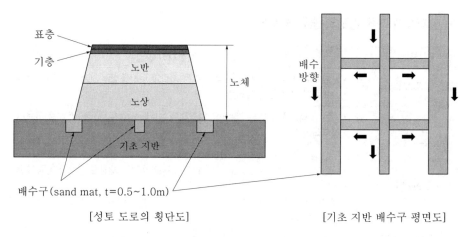

[성토 도로의 횡단도]　　　　　　　　[기초 지반 배수구 평면도]

▲ 임도 노체의 구조

④ 임도의 경우 노반의 표면을 다져서 만드는 경우가 많기 때문에 노반의 가장 윗부분이 노면인 경우가 많다.

⑤ 기층과 표층을 쌓아 올리는 경우는 아스팔트 콘크리트를 이용하여 노면을 구성할 때이고, 콘크리트로 포장을 하는 경우는 기층과 표층이 구분되지 않고 하나의 층을 구성한다.

⑥ 노면은 차량의 통행하중을 견뎌야 하기 때문에 상층부로 갈수록 높은 응력을 가진 양질의 재료를 사용하여야 한다.

⑦ 임도는 노상 위에 있는 노반이 노면을 구성하고 표층의 역할을 하기 때문에 노반에 임도의 노면에 대해 안정에 대한 처리를 하게 된다.

② 노면 재료의 특성

1) 재료의 특성

노면 재료	특성
토사	• 점토와 모래의 혼합물로 1:3의 구성이 일반적이다. • 노상을 긁어모아서 사용할 수 있다. • 경사가 급한 경우 물에 의한 침식에 약하다.
점토	• 물 빠짐과 물에 의한 팽창과 수축이 일어나 노면의 재료로는 적합하지 않다. • 다른 재료들을 결합시키는 힘이 있으므로, 모래와 자갈을 섞어서 개량하여 사용하여야 한다.
모래	• 물 빠짐은 좋지만 바람에 의한 침식에 상대적으로 취약하다. • 접착성이 있는 점토와 혼합하여 사용하여야 한다.
자갈	• 물 빠짐은 좋지만 재료끼리 결합하는 힘이 약하여 교통하중에 변화가 심하다. • 접착성이 있는 재료와 혼합하여 사용하여야 한다.
통나무	교통하중에는 약하지만 연약지반과 습지대 등에서 차량이 저속으로 통행할 수 있게 한다.
콘크리트	• 교통하중에 잘 견디고 노면을 거칠게 가공하면 어느 정도 급경사에서도 타이어가 미끄러지지 않고 통행이 가능하다. • 재료비와 시공비가 상대적으로 비싸다.

2) 노면 재료에 따른 임도의 종류 ★★★

명칭	노면처리 방법
토사도	• 노상에 지름 5~10mm 정도의 표층용 자갈과 토사를 15~30cm 두께로 깐 것 • 교통량이 적은 곳에 사용한다.
사리도	• 굵은 골재로 자갈(20~25mm), 결합재로 점토나 세점토사(10~15%)를 사용한 것 • 상치식과 상굴식이 있다.
쇄석도	• 부순 돌끼리 서로 맞물려 죄는 힘과 결합력에 의하여 단단한 노면을 만든 것 • 노면에 깬 자갈, 모래, 점토 등이 일정 비율로 혼합된 재료를 깔고 진동롤러 등으로 전압한다. • 쇄석도의 두께는 보통 15~25cm 범위, 20cm를 포설하고 다짐 후 10cm 이상의 단면을 유지한다.
통나무, 섶길	저지대나 습지대에서 노면의 침하를 방지하기 위하여 사용한다.
조면 콘크리트 포장도	침식이 심한 급경사지에 임도의 단면을 유지하기 위하여 설치한다.

❸ 노면 시공 방법

임도의 노면은 주로 토사로나 쇄석도로 시공되고 콘크리트 등의 포장은 종단기울기가 8%를 초과하는 구간이나 점토질이나 사질토로 구성된 구간, 지반이 약하거나 습한 구간에 자갈을 부설하거나 포장을 한다.

1) 사리도의 시공 방법

사리도는 노상 위에 자갈(20~25mm/하층 굵은 자갈, 상층 잔자갈)을 깔고 점토나 토사를 덮은 다음 롤러로 다져서 만든다.

① **상치식(표면구법)** : 중앙부를 두텁게 만들고, 양쪽 끝을 상대적으로 얇게 시공한다. 일반 임도에 많이 사용한다.

② **상굴식(구구법)** : 유효 노폭 정도로 굴취한 후 자갈을 깔고 다진다. 자갈과 자갈 무게의 10~15% 정도의 결합재를 2~3차례 반복하여 깔고 다진다.

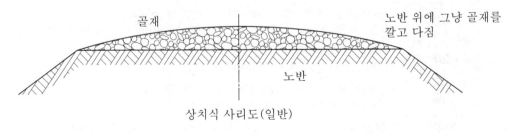

▲ 상치식 사리도

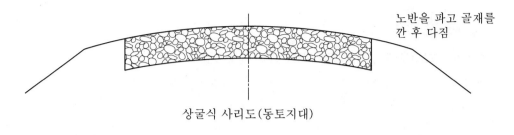

상굴식 사리도(동토지대)

▲ 상굴식 사리도

2) 쇄석도의 노면 처리 방법

① 쇄석도는 부순 돌끼리 서로 물려서 죄는 힘과 결합력에 의하여 단단한 노면을 만든다. 임도에서 가장 많이 사용한다.

② 토사도의 경우는 쇄석을 부설한 후 다지고, 자갈이 많은 지형에는 모래와 점토를 부설한 후 다진다.

③ 쇄석도는 보통 15~25㎝ 정도의 두께로 시공을 한다.

④ 쇄석도에는 텔퍼드식과 머캐덤식이 있는데, 텔퍼드식은 노반의 하층에 큰 깬돌을 깔고 쇄석과 결합 재료를 위에 올려놓고 다지는 방법으로 시공을 하고, 머캐덤식은 쇄석재료만을 깔고 다진다.

⑤ 텔퍼드식은 지반이 연약한 곳에 효과적이며, 머캐덤식은 자동차도로에 적합하다.

⑥ 머캐덤식 쇄석도는 지름 5㎝ 이하의 쇄석을 3개의 층으로 나누어서 다져 노면을 만든다.

⑦ 쇄석은 결합력이 약하기 때문에 결합재를 이용하여 다져야 하는데, 결합재의 종류에 따라 4가지로 구분할 수 있다.

> ㉠ 교통체 머케덤도 : 쇄석을 교통과 강우로 다진 도로
>
> ㉡ 수체 머캐덤도 : 쇄석의 틈 사이에 석분을 물로 침투시켜 롤러로 다진 도로
>
> ㉢ 역청 머캐덤도 : 쇄석을 타르나 아스팔트로 결합시켜 다진 도로
>
> ㉣ 시멘트 머캐덤도 : 쇄석을 시멘트로 결합시켜 다진 도로

3) 조면 콘크리트 포장도 노면 처리 방법

조면 콘크리트 포장도의 노면은 콘크리트가 굳기 전에 거친 비로 쓸어주거나 깊이 1~2cm의 홈을 줄 모양으로 만들어 준다. 콘크리트가 굳은 후에는 콘크리트 컷터를 이용하여 홈을 파준다.

다음 중 임도노체의 구성이 아래에서 위의 순서로 적합한 것은?

① 노반→노상→기층→표층   ② 노상→노반→기층→표층

③ 노상→노반→표층→기층   ④ 노반→노상→표층→기층

정답 ②

---

section 2 종단 구조

임도의 종단 구조는 자동차가 진행하는 방향의 높이와 높이의 차이인 경사도, 즉 물매가 어떻게 생겼는 지를 설명한다. 경사도는 자동차의 연료 소비량과 운재능률에 큰 영향을 주는 요소라고 할 수 있다.

1 종단기울기

① 임도는 지형이 복잡한 산지에 설치하기 때문에 일반 도로보다 종단기울기의 변화가 심하다.

② 종단기울기는 길 중심선의 수평면에 대한 기울기를 말한다.

③ 종단기울기, 종단물매, 종단경사는 모두 같은 의미의 단어이다.

④ 수평거리 100에 수직거리의 변화를 x라고 하면 x%라고 표현한다. 수평거리 1,000에 대응하는 높이의 변화를 X라고 하면 X‰라고 표현한다. 이것을 퍼밀경사라고 한다. 임도에서는 사용하지 않지만 보통의 도로에서 사용한다.

⑤ 자동차가 평탄한 도로를 주행을 하는 경우 주행저항을 받는다. 경사지를 오르는 경우는 주행저항에 경사에 대한 저항이 추가되어 평탄부보다 더 큰 구동력이 필요하다.

⑥ 임도에 적당한 종단경사는 차량하중, 적재하중, 자동차의 진행 방향, 노면의 상태, 임도 건설비용 등에 따라 차이가 있어 일률적으로 결정하기는 어렵다.

⑦ **임도에 적당한 종단경사의 상한계는 트럭이 설계속도의 150% 이상으로 주행할 수 있는 정도로 결정하고, 하한계는 노면의 배수가 될 수 있는 2% 정도가 된다. 대체로 2~7%의 경사라면 무난하게 차량이 통과할 수 있다.** 그러나 경사지인 산지에서는 이런 경사도로 임도를 건설하기는 어렵다.

설계속도 (km/hr)	종단물매(순물매, %)		역물매(%)
	일반 지형	특수 지형	
40	7	10	5
30	8	12	5
20	9	14	5

⑧ 차량이 경사지를 오르는 경우 노면이 말라있으면 20~30%의 급경사도 올라갈 수 있지만 속도가 떨어지고 엔진이 과열된다.

⑨ 경사지를 내려가는 경우는 확실한 제동이 될 수 있어야 한다. 특히 타이어와 노면 사이에 미끄러짐이 발생하지 않아야 한다. 급한 경사의 노면은 비가 올 때 흐르는 물에 의해 도로가 침식될 수도 있다.

⑩ 임도 시설 규정에서는 종단경사를 위의 표와 같이 규정하고 있다. 역물매는 차량이 목재를 가득 싣고 올라가야 할 경사를 말한다. 어쩔 수 없는 경우 포장을 해서 자동차로 주행이 가능한 정도의 경사는 18% 정도이며, 이것을 종단최급물매라고 한다.

2 종단면형

① 종단면형은 임도의 중심선을 잘라 매 20m되는 지점과 지형이 급변하는 지점, 구조물이 설치되는 지점을 표현한 단면의 형상이다.

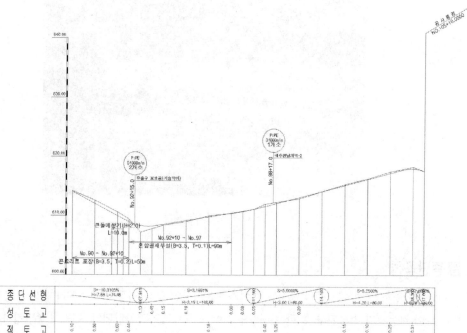

② 종단면도는 레벨 또는 토털스테이션으로 종단 측량한 결과를 나타낸 도면이다.

③ **축척은 횡 방향 1/1,000, 종 방향으로는 1/200로 작성한다.**

④ 사방사업의 경우 더 상세하게 나타낸다. 종단면도는 자동차의 주행과 노면의 물 빠짐에 적당한 물매의 계획선을 설정하여 시공기면의 높이를 결정한다. 원래 땅의 높이와 계획상의 높이를 모두 알 수 있으며, 이것을 현장에서 확인하려면 레벨이 필요하며, 레벨을 가지고 임도 시작점부터 매 20m마다 땅의 높이를 측정하여 시공하는 위치의 땅 높이를 확인할 수 있다.

⑤ 굴착작업을 할 때 땅을 깎는 높이를 정확하게 알아야 하는데, 다시 되메운 흙은 원지반의 흙보다 잘 침식되기 때문이다. 토공작업을 장비로 하는 것은 누구나 알고 있지만 토공작업의 높이를 레벨로 확인할 수 있다는 것은 아는 사람이 많지 않은 것 같다. 임도 시공현장에 레벨이 항상 있어야 하지만 없는 경우를 더 많이 보기 때문이다. 바늘 가는 데 실 가듯이 백호우의 버킷, 즉 흙을 담는 바가지 곁에는 늘 레벨기계와 함척(스타프)이 있어야 한다.

▲ 토공작업과 레벨 측량

3 종단곡선

① 종단경사가 변하는 곳의 경사도 차이가 5% 이상인 곳을 자동차가 주행하게 되면 충격을 받아 자동차가 손상된다. 또한 주행자의 시야가 일시적으로 차단된다. 이렇게 **종단경사의 대수차가 5% 이상인 곳은 종단곡선을 설치**하여 도로와 자동차가 부딪치지 않도록 하고, 시거를 증대하여야 한다.

② 종단곡선은 자동차가 한 방향으로 주행을 한다면 포물선으로 설치하는 것이 좋지만 양방향으로 주행을 하는 임도의 경우 단곡선으로 설치한다.

③ 종단곡선의 유형과 평면선형을 설계하는 데 있어 시거의 범위는 다음 개념도와 같다.

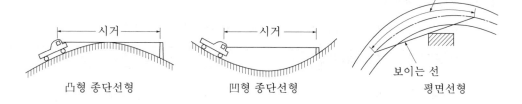

凸형 종단선형　　　　凹형 종단선형　　　　보이는 선
　　　　　　　　　　　　　　　　　　　　　　평면선형

④ 포장도로의 경우는 대수차가 5% 이하인 경우에도 종단곡선을 설치하는 것이 좋다.

⑤ 설계속도에 따른 종단곡선의 길이는 아래의 표와 같다.

[설계속도에 따른 종단기울기, 종단곡선, 최소곡선 반지름의 상하한선]

간선 및 지선임도 설계속도	종단기울기		종단곡선			평면곡선		
	일반	특수	최소곡선 반지름		안전시거	최소곡선 반지름		
			반경	길이		일반	특수	
40(km/hr)	7% 이하	10% 이하	450m 이상	40m 이상	40m 이상	60m 이상	40m 이상
30(km/hr)	8% 이하	12% 이하	250m 이상	30m 이상	30m 이상	30m 이상	20m 이상
20(km/hr)	9% 이하	14% 이하	100m 이상	20m 이상	20m 이상	15m 이상	12m 이상

section 3　횡단구조

임도를 중심선이 지나가는 직각으로 잘라 표현한 도면을 횡단면도라고 하며, 횡단면의 모양을 횡단 선형이라고 하며, 이 횡단선형의 모양을 횡단구조라고 한다. 임도의 횡단선형(cross alignment)은 유효 노폭(차도 너비), 노견(길어깨, 갓길, 길섶), 측구(옆도랑), 성토 비탈면, 절토 비탈면 등으로 구성된다. 유효 노폭은 실제로 차량이 주행하는 부분으로 유효 너비, 차도 너비라고도 한다. 길어깨는 차도의 양쪽에 0.5~1m의 폭으로 설치하는 부분으로, 이 부분에는 어떠한 구조물도 설치해서는 안 된다. 유효 노폭과 길어깨를 "축조한계"라고 하며, 어떠한 시설물도 설치하면 안 되는 곳이다. 보호 길어깨는 임도의 시설물 중에 안내판, 가드레일 등을 설치하기 위한 공간 또는 보도와 자전거도로 등을 설치하는 경우 그것들을 보호하기 위한 시설로 축조한계 밖에 설치한다.

1 횡단기울기 ★★★

① 임도의 횡단기울기는 중심선에 대해 직각 방향으로의 기울기를 말한다.

구분	횡단기울기	개념도
포장할 경우	1.5~2%	
포장하지 않을 경우	3~5%	
외쪽기울기	3~6%, 최대 8% 이하	

② 도로의 횡단경사는 중심부를 높게 양쪽 끝을 낮게 시공하는 것이 일반적이지만, 임도의 경우는 한쪽으로만 경사를 주는 경우가 많다. 이를 외쪽물매라고 한다.

③ 곡선부를 차량이 통과하는 경우 원심력에 의해 차량이 바깥쪽으로 밀리게 되는데, 외쪽물매를 두어 곡선부의 바깥쪽을 높게 하면 차량이 안전하게 주행할 수 있다.

④ 종단경사가 5% 이상인 곳에서는 위의 개념도와 같이 외쪽물매의 끝에 측구를 두고, 종단경사가 5% 이하인 곳은 성토면 쪽으로 외쪽물매를 두게 된다. 이를 독일식 임도라고도 한다.

⑤ 성토면 쪽으로 외쪽물매를 주는 경우는 도로의 연장 30m 이내에 횡단배수구를 두어야 한다.

2 횡단면형

횡단면은 임도를 중심선에 대해 직각 방향으로 잘라낸 면으로 횡단면을 표현한 도면이 횡단면도이고, 횡단면도는 1/100의 축척으로 표현한다. 횡단면도에는 절토면과 성토면의 높이와 면적, 그리고 구조물의 높이 등이 나타난다.

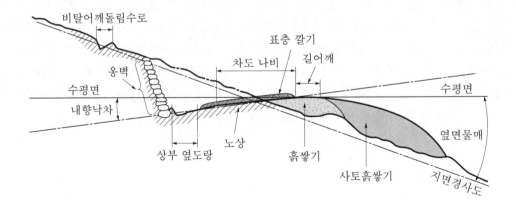

1) 임도의 너비

임도의 폭은 차도 너비에 길어깨 너비를 합한 것으로 주행차량의 종류 및 속도, 운재 방법, 운반량 및 교통량에 따라 다르지만 대체로 4~5m 정도가 적당하다. 도로의 너비는 설계속도 이상으로 차량이 통행할 수 있어야 한다. 설계속도란 설계차량의 속도를 말한다.

① **유효 너비 : 길어깨·옆도랑의 너비를 제외한 임도의 유효 너비는 3m를 기준으로 한다. 다만, 배향곡선지의 경우에는 6m 이상으로 한다.**

② 길어깨·옆도랑 너비 : 길어깨 및 옆도랑의 너비는 각각 50cm~1m의 범위로 한다. 다만, 암반지역 등 지형 여건상 불가피한 경우 또는 옆도랑이 없는 임도의 경우에는 그러하지 아니할 수 있다.

③ 축조한계

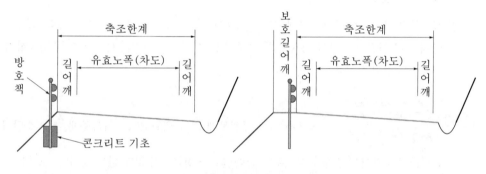

▲ 길어깨와 보호길어깨

– 임도의 축조한계는 유효 너비와 길어깨를 포함한 너비 규격에 따라 설치한다.
– 보호길어깨는 축조한계 바깥에 길어깨와 별도로 방호책 등을 설치하기 위한 길어깨를 말한다.

2) 길어깨 설치 목적

길어깨는 차도의 주요 구조부를 보호하기 위해 설치하는데, 길어깨를 설치하지 않으면 차도의 끝부분이 깨져서 차량이 통행할 수 없기 때문이다. 길어깨는 그 외에 부수적으로 다른 기능들을 하게 된다.

① 차도의 구조부 보호　　　　　② 차량의 주행상의 여유
③ 차량의 노외속도에 대한 여유　　④ 곡선부에 있어서 시거의 증대
⑤ 측방 여유 너비　　　　　　　⑥ 교통의 안전
⑦ 원활한 주행　　　　　　　　⑧ 유지보수 작업 공간
⑨ 제설작업 공간　　　　　　　⑩ 보행자의 통행
⑪ 자전거의 대피

❸ 합성기울기

① **합성기울기는 12% 이하**로 한다. 다만, 현지의 지형 여건상 불가피한 경우에 간선임도는 13% 이하, 지선임도는 15% 이하로 할 수 있으며, **노면 포장을 하는 경우에 한하여 18% 이하로 할 수 있다.**

② 종단경사와 외쪽물매 또는 횡단경사를 합성한 경사를 합성(合成)기울기 또는 합성물매라고 한다.

③ 급한 종단경사와 외쪽물매가 조합된 경우에는 노면에 보다 급한 합성물매가 생기게 된다. 이 경우에는 자동차 운전상의 위험성이 있고, 차량에 적재한 짐이 한쪽으로 기울게 된다.

④ 경사지를 오르는 차량저항에 곡선저항까지 추가되어 운전하기 어렵게 되는 것이다. 그러므로 어느 정도의 제한을 둘 필요가 있다.

⑤ 정리하면 자동차가 곡선부 주행 시 보통노면보다 더 급한 합성기울기가 발생되므로, 곡선저항에 의한 차량의 저항이 커져 주행에 좋지 않은 영향을 미치기 때문에 이를 방지하기 위해 설치하는 것이 합성물매이다.

$$S = \sqrt{i^2 + j^2}$$

, 식에서 S : 합성물매, i : 횡단 또는 외쪽물매, j : 종단물매

⑥ 합성물매의 제한은 원래 급물매부와 급곡선부가 병합되지 않게 하는 것이다. 보통은 곡선부의 종단물매와 곡선 반지름에서 30을 뺀 값과의 합이 종단최급물매의 값보다 적어야 한다.

section 4 | 평면구조

위치도가 임도의 시점과 종점을 포함한 전체 노선을 표시한 지도라면, 평면도는 임도의 진행 방향에 따라 노선의 굴곡 정도를 표시한 지도이다. 노선의 굴곡 정도는 직선과 직선이 만나는 곳에 차량의 원활한 주행을 위해 설치하는 곡선의 반지름에 의해 구체적으로 표시되며, 곡선 반지름이 크면 클수록 차량의 주행이 쉽다. 평면도에는 교각법에 의해 설치하는 곡선의 제원이 지도와 함께 제시된다. 또한 임도의 평면도는 때로는 배수구조물을 설치하기 위한 배수구역도를 포함하기도 한다. 임도에서 직선 노선과 직선 노선이 만나는 점을 교점 또는 교각점이라고 하고, 교각점의 내각이 155°보다 예각이면 곡선을 설치한다. 평면구조에서 도로가 선의 형태를 띠기 때문에 평면선형이라고 하고, 평면선형은 차량 통행의 안정성과 속도 및 운재 능률에 영향을 미친다. 임도는 산지, 경사지라는 특성 때문에 다른 도로와 달리 굴곡부, 즉 곡선부가 많다.

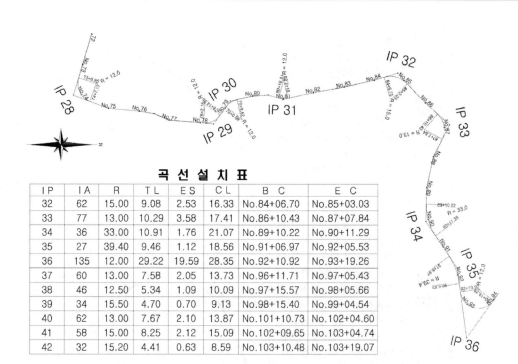

곡 선 설 치 표

I P	I A	R	T L	E S	C L	B C	E C
32	62	15.00	9.08	2.53	16.33	No.84+06.70	No.85+03.03
33	77	13.00	10.29	3.58	17.41	No.86+10.43	No.87+07.84
34	36	33.00	10.91	1.76	21.07	No.89+10.22	No.90+11.29
35	27	39.40	9.46	1.12	18.56	No.91+06.97	No.92+05.53
36	135	12.00	29.22	19.59	28.35	No.92+10.92	No.93+19.26
37	60	13.00	7.58	2.05	13.73	No.96+11.71	No.97+05.43
38	46	12.50	5.34	1.09	10.09	No.97+15.57	No.98+05.66
39	34	15.50	4.70	0.70	9.13	No.98+15.40	No.99+04.54
40	62	13.00	7.67	2.10	13.87	No.101+10.73	No.102+04.60
41	58	15.00	8.25	2.12	15.09	No.102+09.65	No.103+04.74
42	32	15.20	4.41	0.63	8.59	No.103+10.48	No.103+19.07

▲ 임도 평면도와 곡선 설치표

1 평면곡선의 종류

① 도로의 굴곡부에는 교통의 안전을 확보하고 주행속도와 수송능력을 저하시키지 않도록 고려하여 곡선(curve)을 설치한다.

② 도로의 평면곡선으로 직선부와 직선부와의 사이에 원호를 넣어서 만든 단곡선을 사용하지만 지형에 따라서는 복심곡선, 배향곡선, 반향곡선 등을 사용한다.

③ 자동차가 주행하는 임도와 일반도로에서는 단곡선과 직선부와의 사이에 완화구간(transition)을 설치하여 차량이 안전하게 주행할 수 있도록 한다.

명칭	특성	개념도
단곡선	단곡선(원곡선, 단심곡선 ; circular curve, simple curve)은 직선에 원호가 접속된 원곡선, 즉 중심이 1개인 곡선, 1개의 원호로 만든 곡률이 일정한 곡선으로서 설치가 용이하여 일반적으로 많이 사용된다.	단곡선 A(BC) R O R B(EC)

복심 곡선	복심곡선(복합곡선 ; com- pound curve)은 반지름이 다른 두 단곡선이 같은 방향 으로 연속되는 곡선, 즉 두 단곡선의 중심이 접촉점의 공통 접선에 대해 같은 쪽에 있는 곡선으로서 운전 시에 무리하기 쉬우므로 이것을 피하는 것이 안전하다.	복심곡선
반향 곡선	반향곡선(반대곡선 ; re- versed curve)은 상반되는 방향의 곡선을 연속시킨 곡 선, 즉 서로 반대 방향으로 맞물려 굽어 있는 2개의 곡 선이 공통 접선이나 공통 완 화곡선으로 이어진 곡선으 로서 S-커브(S-curve)라고 도 한다. 두 개의 호 사이에 10m 이상의 직선부를 설치 해야 한다.	반향곡선
배향 곡선	배향곡선(hair-pin curve) 은 반지름이 작은 원호의 직 전이나 직후에 반대 방향의 곡선을 넣은 것으로서 헤어 핀커브라고도 한다. 급경사 지에서 노선거리를 연장하 여 종단물매를 완화할 목적 으로 사용한다.	배향곡선
완화 곡선	도로의 직선부로부터 곡선 부로 옮겨지는 곳에는 외쪽 물매와 너비 넓힘(확폭, 擴 幅)이 원활하게 이어지게 하 기 위하여 일정한 길이의 완 화구간을 설치한다. 완화구 간에는 완화곡선(transition curve)이 사용된다.	※ 임도 시설 규정은 곡선과 곡선, 직선과 곡선이 만나는 곳에 10m 이상 접속구간이나 연결구간을 설치하도록 규정하고 있 다. 이 연결구간이 완화구간이다.

② 곡선 반지름

① 도로의 굴곡부에는 교통의 안전을 확보하고 주행속도와 수송능력이 저하되지 않도록 고려하여 곡선(curve)을 설치한다.

② 도로의 굴곡부에 설치하는 곡선 반지름은 최소한도를 정하고, 이 최소한도 이상으로 설치하기 때문에 최소곡선 반지름(minimum radius of curve)이라고 한다.

③ 최소곡선 반지름의 크기는 노선의 굴곡 정도를 나타낸다. 그 값이 작으면 굴곡 정도가 크고, 값이 크면 굴곡 정도가 작다.

④ 곡선부 도로의 중심선의 곡선 반지름(radius of curve)의 최소한도를 나타내는 값이다.

⑤ 최소곡선 반지름의 크기에 영향을 주는 요소들은 도로 너비, 반출 목재 길이, 차량구조, 운행속도, 도로구조, 시거 등이다.

　㉠ 목재길이 반영식

$$R = \frac{L^2}{4B}$$

　　R : 최소곡선반지름(m), L : 반출목재의 길이, B : 도로의 너비

　㉡ 설계속도 반영식

$$R = \frac{V^2}{127(i+f)}$$

　　V : 설계속도(i), i : 노면의 횡단물매, f : 타이어와 노면의 마찰계수

⑥ 노선이 너무 심하게 구부러지면 자동차가 주행하기 어렵고, 시야를 확보하기도 어렵기 때문에 최소한도의 기준을 정하고 그 이상으로 하도록 규정하고 있다.

⑦ 최소곡선 반지름은 평면선형과 종단선형에 따라 다르다. **평면곡선인 경우 두 직선 구간이 만나는 부분의 내각이 155°보다 예각이면 설치하고, 종단곡선인 경우 두 직선 구간이 만나는 부분의 기울기 차이가 5% 이상이면 설치한다.**

⑧ 설계속도가 시간당 20, 30, 40km일 때 각각 평면곡선의 최소곡선 반지름은 15, 30, 60m이고, 종단곡선의 최소곡선 반지름은 100, 250, 450m이다.

❸ 곡선부의 확폭(곡선부의 너비 넓힘)

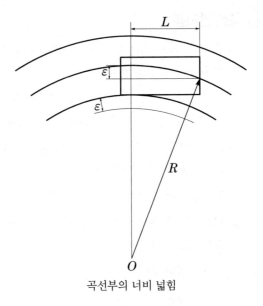

$$\epsilon = \frac{L^2}{2R}$$

- ϵ : 너비 넓힘의 크기(m)
- L : 자동차 앞바퀴부터 뒷바퀴 길이
- R : 최소곡선 반지름

곡선부의 너비 넓힘

① 자동차가 곡선부를 주행하는 경우 전륜과 후륜 사이에 내륜차가 생겨 후륜이 전륜보다 안쪽을 주행하게 되므로 곡선부의 너비를 넓혀야 한다. 이것을 곡선부의 너비 넓힘(widening of road) 또는 곡선부 확폭이라고 하는데, 보통 길 안쪽에 설치한다.

② 임도의 곡선 반지름이 40m 정도에서는 0.5m, 30m 정도에서는 0.75m, 20m 정도에서는 1.25m, 15m 정도에서는 1.75m 정도로 너비를 안쪽으로 넓힌다.

실력 확인 문제

앞바퀴와 뒷바퀴 간의 축의 거리가 6.5m이고, 곡선 반지름이 60m일 때 임도곡선부의 내륜차를 구하시오.

해설

$e = \dfrac{6.5^2}{2 \times 60} = 0.3521 \fallingdotseq 0.35m$

임도 설계에 사용하는 자동차 중 보통 자동차는 길이가 6.5m이고, 소형 자동차는 2.7m이다.

---

❹ 곡선부의 안전거리

운전자는 자동차를 이용하여 주행할 때 항상 충분히 앞을 볼 수 있는 거리를 확보해야 한다. 특히 곡선 부분을 주행할 때는 절취비탈면과 다른 장애물에 의해 시야가 방해된다. 자동차의 운전석에 앉아 운전자가 바라볼 수 있는 거리를 시거라고 하는데, 통행의 안전을 위해 확보해야 할 최소한도의 시거를 안전시거(safety sight distance)라고 한다. 구체적으로 차도의 중심선

1.2m 높이에서 해당 차선의 중심선 위에 있는 높이 10cm인 물체를 바라볼 수 있는 거리를 시거라고 한다.

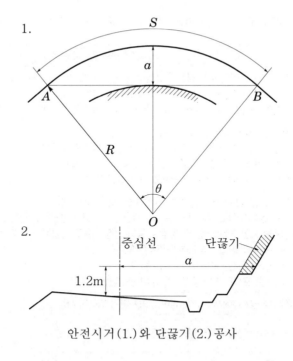

안전시거(1.)와 단끊기(2.) 공사

단 끊기를 할 때 가장 아래의 단은 1m 정도에서 끊는 이유는 시거를 확보하기 위한 것이다.
시거를 구하는 공식은 아래와 같다.

$$S = 2\pi R \times \frac{\theta}{360} = 0.01745 \times \theta \times R$$

* 안전시거의 공식은 교각법의 원의 길이(CL)의 공식과 같다.

실력 확인 문제

자동차의 주행안전에 필요한 최소한도의 거리를 시거라고 한다. 최소곡선 반지름이 20m이고 교각이 60°인 임도의 시거를 구하시오.

해설

$2 \times 20 \times \pi \times \dfrac{60}{360}$ =20.94m

section 5 노면 포장

임도의 노면은 처리하는 재료 또는 노면을 피복하는 재료에 따라 아래와 같이 구분한다.

명칭	노면 재료 및 시공 방법
토사도	• 흙모랫길, 노면이 토사(점토와 모래의 혼합물)가 1:3으로 구성된 도로 • 노상을 긁어 자연전압으로 만든 것, 교통량이 적은 곳에 사용 • 노상에 지름 5~10mm 정도의 표층용 자갈과 토사를 15~30cm 두께로 깔은 것
사리도	• 자갈길, 상치식과 상굴식이 있다. • 노상 위에 자갈을 깔고 점토나 토사를 덮은 다음 롤러로 진압한 도로 • 상치식은 노반 위에 골재를 그냥 붓고 롤러로 다진 도로 • 상굴식은 노반을 굴착하고 골재를 붓고 다진 도로로, 동토지대나 추운 지방에서 사용
쇄석도	• 부순 돌길, 임도에서 가장 많이 사용하는 노면 처리 방법 • 부순 돌끼리 서로 맞물려 죄는 힘과 결합력에 의하여 단단한 노면을 만든 것 • 평활한 노면에 깬 자갈, 모래, 점토 등이 일정 비율로 혼합된 재료를 깔고 진동롤러 등으로 전압하여 틈막이재를 쇄석 사이에 압입시킨 도로 • 쇄석도의 두께는 보통 15~25cm 범위 • 20cm를 포설하고 다짐 후 10cm 이상의 단면을 유지
통나무, 섶길	저지대나 습지대에서 노면의 침하를 방지하기 위하여 사용
조면 콘크리트 포장도	침식이 심한 급경사지에 임도의 단면을 유지하기 위하여 설치

1 사리도의 노면 포장 방법

① 사리도는 자갈을 노면에 깔고 교통에 의한 자연전압으로 노면을 만든 것으로서 굵은 골재(粗骨材)로서는 자갈, 결합재로서는 점토나 세점토사를 골라서 적당한 비율로 깔고 롤러로 다져서 표면을 시공한 것이다.

② 20~25mm의 자갈이 많이 사용되며, 결합재는 자갈 무게의 10~15%가 알맞다.

③ 세점토를 함유하지 않은 자갈을 사용하면 차량주행 시 타이어에 의해 자갈이 튀어 나가게 되고, 노반재료가 노상 속에 매몰되어 침하현상을 일으키므로 좋지 않다.

④ 사리도에는 상치식과 상굴식이 있다. 상치식은 보통의 임도에서 많이 이용하고, 상굴식은 동토지대 등에서 노반을 두텁게 할 때 이용한다.

⑤ 사리도의 노면처리는 노상 위에 자갈(20~25mm/하층 굵은 자갈, 상층 잔자갈)을 깔고 점토나 토사를 덮은 다음 롤러로 다져서 만든다.

⑥ 쇄석도의 경우도 점토나 토사를 결합재로 이용하는 경우는 사리도의 노면처리 방법과 같은데, 세 개의 층으로 골재를 포설하고 그 위에 결합재를 깔고 다진다. 각 층마다 유효 노폭 정도로 골재를 포설하고 그 귀에 결합재를 덮은 후 반복하여 다진다. 자갈과 자갈 무게의

10~15% 정도의 결합재를 2~3차례 반복하여 깔고 다진다. 골재를 일정한 높이로 만든 후 결합재를 포설하고 다져야 균질하게 시공할 수 있다.

[사리도의 시공 방법]

순서	각 층별 시공 방법
1	하층은 40~70mm 골재 깔고 전압, 두께 60mm
2	골재 중량의 30% 결합재 포설 후 전압
3	중층은 20~40mm의 골재 깔고 전압, 두께 30mm
4	골재 중량의 30% 결합재 포설 후 전압
5	표층은 6~15mm의 골재 포설 후 전압, 두께 10mm

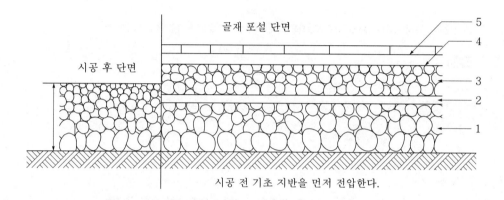

▲ 사리도의 시공 순서

② 조면 콘크리트 포장도 포장 방법

① 콘크리트 포장도로는 18~24MPa의 압축강도를 가지는 것으로 한다.

② 콘크리트로 포장하기 전에 바닥을 잘 다져야 한다. 바닥을 잘 다지지 않으면 포장 후에 가라 앉는 부분 때문에 콘크리트 포장이 깨지기 때문이다.

③ 바닥을 잘 다진 후에는 원하는 두께와 넓이만큼 거푸집을 설치하고, 거푸집을 설치한 내부에 비닐을 깐다. 바닥에 비닐을 완전하게 깔지 않으면 물이 빠져나가고, 콘크리트의 강도가 변하게 된다. 결국 원하는 강도를 얻을 수 없게 되는 것이다.

④ 바닥에 비닐을 깐 후에 와이어메시를 깐다. 와이어메시는 굵은 철사를 이용하여 10cm~20cm 간격의 격자로 만든 것이다. 바닥을 다지고 비닐을 편 후 와이어메시를 설치한 다음 콘크리트를 부어 넣는다. 일반적으로 공장 제품인 레미콘을 사용한다.

⑤ 콘크리트를 부어 넣은 후에는 원하는 소정의 높이로 만들기 위해 표면을 고르게 펴고, 표면

에 물이 비치지 않도록 흙칼로 마무리한다. 조면 콘크리트 포장의 경우 면을 거칠게 만들기 위해 콘크리트가 굳기 전에 거친 빗자루를 이용하여 쓸어준다. 송곳이나 흙칼의 끝을 이용하여 깊이 1~2cm 정도의 줄을 만들어 주는 것도 좋다. 콘크리트가 굳은 후에는 콘크리트 커터를 이용하여 홈을 만들 수 있다.

실력 확인 문제

1. 유효 노폭 3m, 연장 25m, 두께는 20cm로 콘크리트 포장을 하려고 한다. 레미콘 몇 m³를 주문해야 하는가?

> **해설**
>
> $3 \times 25 \times 0.2 = 15[m^3]$

2. 연습문제 1에서 제시된 콘크리트 포장을 위해 거푸집은 몇 m²를 설치해야 하는가?

> **해설**
>
> $(0.2 \times 25 \times 2 + 0.2 \times 3 \times 2) \times 1.05$
> $= (0.2(두께) \times 25(연장) \times 2(양쪽) + 0.2(두께) \times 3(폭) \times 2(양쪽)) \times 1.05(5\% \ 할증)$
> $= 11.76[m^2]$

▲ 거푸집 위에 충분한 비닐 깔기

▲ 물이 많이 새는 비닐 깔기

4 임도 설계

section 1 노선 선정 계획

1 예비조사 및 답사

① 예비조사

예비조사	→	답사	→	예측	→	실측	→	설계도 작성	→	수량산출
책상에서 컴퓨터로 수치지형도와 위성사진 등 이용		현장에서 지장물과 노선 설치의 가능성 확인		나침반 경사계 함척과 줄자 등으로 종횡단 측량		중심선측량 종단측량 횡단측향 용지측량 구조물 및 토질조사 기타조사		위치도 평면도 종단면도 횡단면도 구조물도 용지도		

↓ – 설계도 근거

단가산출

↓ – 품셈, 물가정보

내역서 작성

↓ – 수량×단가

설계서 작성

– 부속도서

▲ 임도 설계 순서

- 임도 설계 도면 작성에 필요한 각종 요인을 조사하고 개략적인 검토를 하는 것이 예비조사 이다.

- 예비조사에 필요한 도면은 국토정보공사 홈페이지에서 구할 수 있다.

- 임도 예정 노선에 필요한 도면은 1/25,000의 지도이지만, 보다 상세한 정보를 얻고자 할 때는 1/5,000의 축척을 가진 지도를 이용한다.

- 기타 토양도나 지질도 등을 참고할 수 있다.

② 답사

- 지형도 상에서 검토한 임시 노선을 가지고 현지에 나가서 그 적부 여부를 검토하여 노선 선정의 대요를 결정하기 위한 것이다.

– 답사를 여러 번에 걸쳐서 충분히 해야 예측 및 실측과정에서 생길 수 있는 번거로움을 피할 수 있다. 지도는 지형지물이나 토질까지 표시를 하는 것은 아니기 때문에 답사에서 여러 개의 예정 노선을 미리 확인하여야 한다.

❷ 예측 및 실측

① 예측
– 답사에 의해 노선의 대요가 결정되면 간단한 기계를 사용하여 측량하며, 그 결과를 예측도로 작성한다.
– 줄자와 나침반, 함척 등을 이용하여 예정 노선에 대해 경사와 거리 정도를 확인하고 기록한다.
– 예측 과정에서 여러 개의 예정 노선 중 하나를 선정한다.

② 실측
– 예측에 의해 선정된 노선을 현지에 설정하여 정확하게 측량을 하는 것이다. 이때는 줄자와 레벨, 트랜싯, 또는 토털스테이션(광파거리계)을 이용한다.
– GPS를 활용하여 측량을 할 수 있지만, 산지의 경우에는 적합하지 않은 경우가 많다.

section 2 영선·중심선, 종·횡단 측량

실측은 중심선을 따라 예정 노선의 방향과 거리를 측정하는 **평면측량**, 중심선 매 20m마다 높이를 재는 **종단측량**, 중심선의 직각 방향의 높이와 기울기를 측정하는 **횡단측량**, 그리고 **구조물 조사**로 구성된다.

❶ 평면측량
① 평면측량(plane surveying)을 할 때는 먼저 예정 노선의 교각점의 좌표(X,Y,Z)를 지도에서 확인한 후 현지에서 교각점 말뚝을 박는다.
② 교각점의 말뚝은 교각점의 순서에 따라 IP_1, IP_2, IP_3, IP_4, ······ 등의 번호를 기입한다. 교각점마다 말뚝을 박은 후에는 트랜싯을 이용하여 방위각을 측정하며, 측량의 정밀도에 따라 나침반을 사용할 수도 있다.
③ IP_0과 NO.0 점은 같은 위치에 있다. NO.0을 기점으로 삼아 노선의 중심선에 수평거리 20m마다 중심말뚝을 박아 위치를 표시한다.

④ 시공을 할 때는 이 점이 절토와 성토로 인해 변하기 때문에 보통 노선의 위쪽에 일정한 거리를 두고 표식을 하여 시공할 때 위치를 확인할 수 있도록 한다.

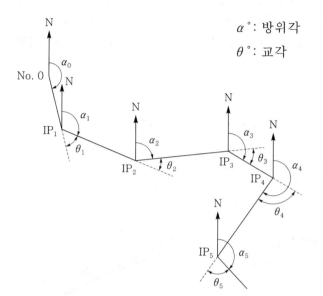

$\alpha°$: 방위각
$\theta°$: 교각

IP NO.	방위각	교각	교각 산출식
0	168	–	–
1	113	55	168–113
2	84	29	113–84
3	118	34	118–84
4	218	100	218–118
5	136	82	218–136

2 종단측량

① 종단측량(profile leveling)은 레벨과 수준척(함척)을 사용하여 계획노선의 중심말뚝의 고저차를 측정하는 것이다.

② 예정 노선의 중심선에 대해 땅의 높이와 임도 시설의 경사도를 알기 위해 측정한다.

③ 측량한 결과는 야장에 기록하게 되는데, **야장의 기록 방식은 기고식을 많이 사용한다.**

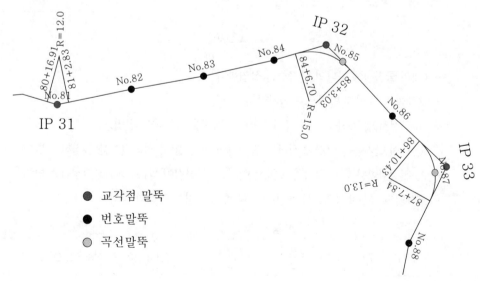

● 교각점 말뚝
● 번호말뚝
◌ 곡선말뚝

3 곡선 결정

곡선부의 중심선이 통과하는 매 20m 지점을 현지에 말뚝을 박아 표시하는 것을 곡선 설정 또는 곡선 결정(curve setting)이라고 한다. 임도에서 곡선을 설정하는 것은 IP점 단위로 할 때는 교각법을 이용하는 것이 일반적이다. NO.점 단위로 할 때는 교각법과 편각법, 진출법을 이용할 수 있다.

① 교각법 ★★★

– 교각을 도면상에서 미리 구할 수 있을 때 가장 유용한 곡선 설치법이다.

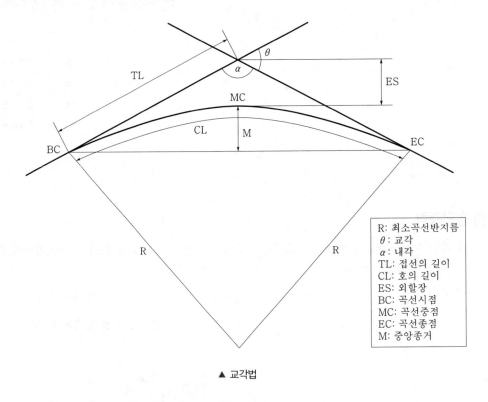

R: 최소곡선반지름
θ : 교각
α : 내각
TL: 접선의 길이
CL: 호의 길이
ES: 외할장
BC: 곡선시점
MC: 곡선중점
EC: 곡선종점
M: 중앙종거

▲ 교각법

– 1개의 굴절점에 하나의 단곡선을 삽입한다.

– 교각법은 세 가지 방법으로 설치할 수 있다.

   ⓐ 곡선시점, 곡선중점 및 곡선종점으로 곡선을 규정하는 방법

   ⓑ 곡선 반지름을 먼저 결정하고 접선길이, 곡선길이, 외선길이를 결정하는 방법

   ⓒ 접선길이를 먼저 결정하고 곡선 반지름, 곡선길이, 외선길이를 결정하는 방법

– 교각법의 곡선제원표에서 계산해야 할 중요한 값은 아래와 같다.

계산 공식		비고
TL	$TL = R \times \tan\left(\dfrac{\theta}{2}\right)$	접선의 길이, R : 최소곡선 반지름

CL	$CL = 2 \times R \times \pi \times \dfrac{\theta}{360}$	호의 길이, θ : 교각
ES	$ES = R \times \left\{ \sec\left(\dfrac{\theta}{2}\right) - 1 \right\}$	외할장
BC		곡선시점
EC		곡선종점

② 편각법

- 트랜싯으로 BC점에서 편각(접선과 현이 이루는 각)을 측정하고, 테이프 자로 거리를 측정하여 곡선 상의 임의의 점을 측설하는 방법이다.
- 높은 정밀도를 얻을 수 있으므로 중요 노선에 많이 사용된다.

$$\sin\alpha = \frac{S}{2R}$$

식에서 α : 편각, S : 현의 길이, R : 곡선 반지름

이 식에서 실제로 높이를 재어야 하는 NO점의 거리를 구하여야 하므로 계산의 편의를 위해 현의 길이를 시단현, 종단현 그리고 20m로 설정할 수 있다.

- 편각의 계산은 아래의 식을 통해서 계산할 수 있다.

$$\alpha = 0°\,1{,}719' \times \frac{S}{R}$$

식에서 α : 편각, S : 현의 길이, R : 곡선 반지름

- 시단현과 종단현 그리고 중심선의 각 측점 20m에 대한 값을 계산하여 트랜싯과 줄자를 이용하여 곡선상의 측점을 표시한다.

③ 진출법

- 현의 길이, 절선편거(tangent deflection ; Y), 현편거(chord deflection ; 2Y) 및 곡선 반지름(radius; R)과의 사이에는 직각삼각형에 적용되는 피타고라스의 정리에 의해 아래 식이 성립한다.

$$X = \frac{S^2}{2R}, \quad X = \sqrt{S^2 - Y^2}$$

식에서, Y : 절선편거, S : 호의 길이, R : 곡선 반지름

- 진출법(laying out a curve by tangent and chord produced)은 시준이 좋지 않은 곳에서도 폴과 테이프 자로 곡선 설정이 가능하다.

4 횡단측량

① 횡단측량은 중심말뚝마다 중심선과 직각 방향으로 거리와 높이를 측정하는 것이다. 두 개의 폴로 측정하거나 함척을 이용하여 지형의 높낮이를 측정한다.

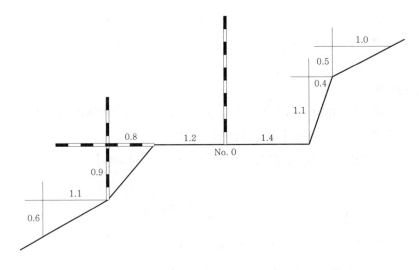

▲ 횡단측량 개념도

② 그림과 같이 폴을 교차하여 직각으로 대고, 수평거리와 수직거리를 읽은 값을 야장에 기록한다. 아래의 야장은 좌측과 우측의 L값을 3.0m로 정하고 야장을 기록한 것이다.

[횡단측량 야장]

좌측	측점번호	우측
$\dfrac{-0.6}{1.1}$, $\dfrac{-0.9}{0.8}$, $\dfrac{L}{1.2}$	NO.0	$\dfrac{L}{1.4}$, $\dfrac{1.1}{0.4}$, $\dfrac{0.5}{1.0}$

③ 횡단측량의 야장의 분모는 수평거리, 분자는 고저를 기록한 것인데 (+)값은 오르막, (−)값은 내리막을 나타낸다. 분자에 있는 L은 땅 높이의 차이가 없는 곳이다.

④ 토털스테이션이나 GPS를 이용하여 측량한 후 등고선 지도를 만들고, 그 등고선 지도를 가지고 단면을 잘라 종단과 횡단을 뜨지만 기본적인 원리는 같다.

5 영선측량

영선측량을 하게 되면 지형의 훼손은 줄일 수 있으나, 노선의 굴곡이 심해진다.

㉠ **영점 : 임도노면의 시공면과 경사면이 만나는 점**

㉡ 영선 : 영점을 연결한 노선의 종축으로 경사면과 임도 시공기면과의 교차선이며 노반에 나타난다. 임도 시공 시 절토작업과 성토작업의 경계선을 말한다.

© 영면 : 임도상 영선의 위치 및 임도의 시공기면으로부터 수평으로 연장한 면이다.

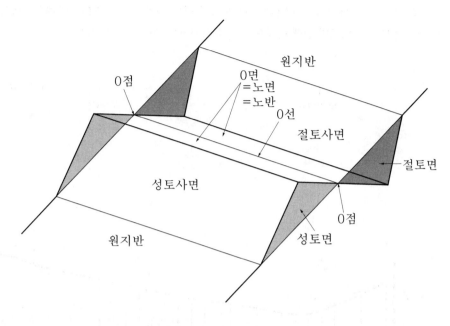

▲ 경사지 임도 시설의 0점, 0선, 0면 개념도

⑥ 중심선 측량

① 도로의 중심에 점이 있다고 가정하고 이 점을 중심점이라고 한다면 중심점을 연결한 선인 중심선을 기준으로 측량하는 경우로, 평탄지와 완경사지에서 이용한다.

② 20m마다 중심말뚝을 설치하고 지형상 종횡단의 변화가 심한 지점, 구조물 설치 지점 등 필요한 각 점에는 보조말뚝을 설치한다.

③ 중심선 측량을 하게 되면 노선의 굴곡은 영선측량에 비해 심하지 않으나 지형의 훼손이 많아질 수 있다.

④ 임도 설치 관리 규정은 중심선 측량을 하도록 하고 있다.

---

section **3** **설계도 작성**

① 평면도

① 평면도는 도로의 중심선, 횡단점유면적, 구조물의 위치·종류 및 규격, 현장 주변, 고정물의 현황, 등고선과 급경사지 등 지형의 변화 등 공사와 관련된 사항을 될 수 있으면 모두 기입하는 것이 좋다.

② **축척은 1:1,200으로 제도한다.** 도면의 여백에 각 교각점마다 그려 넣은 곡선의 제원을 표로 작성한다. 특히 평면도는 도면의 위가 북쪽이 아닌 경우가 많기 때문에 방위도 표시하여야 한다. 평면도는 도로의 진행 방향으로 길게 작성하는 것이 일반적이다.

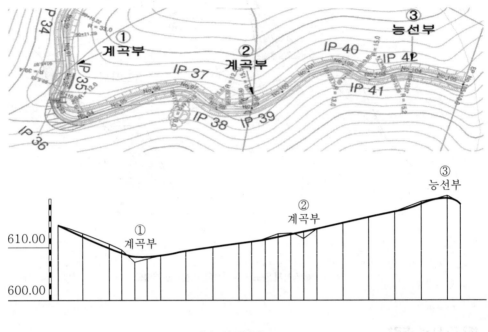

▲ 평면도와 종단면도

③ 그림 중에 위에 있는 것이 평면도, 밑에 있는 것이 종단면도를 간략하게 그린 것이다. 평면도에서는 물의 등고선을 읽어야 능선부와 계곡부가 확인된다. 하지만 종단면도는 현황과 예정을 확인하면 간단하게 계곡부와 능선부를 확인할 수 있다.

④ 평면도의 중심선을 제도하는 방법은 각도기 사용법, 삼각함수 계산법, 경위거를 구하여 제도하는 방법이 있다. 평면도를 이용하면 배수구역도 등도 편리하게 그릴 수 있다.

2 종단면도

① 종단면도는 종단측량 야장에 의해서 작성한다. **수평축척 1:1,200, 수직축척 1:200 또는 수평축척 1:600, 수직축척 1:100**으로 작성한다. 일반적으로 앞에 제시한 축척을 이용한다.

② 임도를 신설할 경우 현황 종단면을 바탕으로 계획 종단면을 작성한다. 이때 노선의 경사도와 흙의 이동량을 감안하여 성토량과 절토량이 거의 같도록 조정한다.

③ 계획선을 현황선보다 약간 굵게 표시하는 것이 일반적이다. 그림에서 제시된 계곡부에는 배수구조물을 계획하게 되는데, 배수구조물의 형식과 규격도 함께 표시한다.

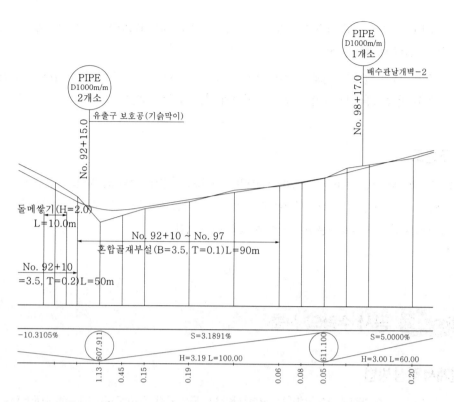

④ 배수구조물의 규격과 종류는 종단면도의 상부에 위치와 함께 표시한다.

❸ 횡단면도

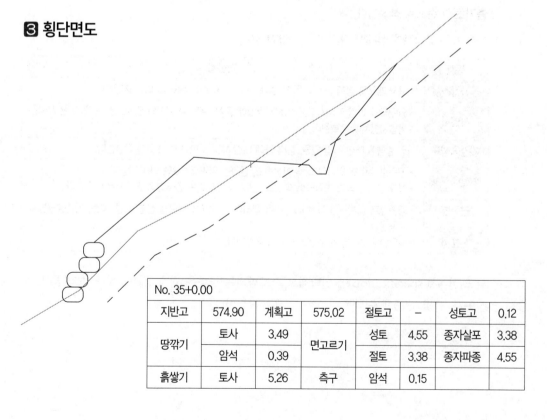

No. 35+0.00							
지반고	574.90	계획고	575.02	절토고	–	성토고	0.12
땅깎기	토사	3.49	면고르기	성토	4.55	종자살포	3.38
	암석	0.39		절토	3.38	종자파종	4.55
흙쌓기	토사	5.26	측구	암석	0.15		

① 횡단면도는 횡단측량 야장에 근거해서 작성하는데 **1:100~1:200**의 축척으로 제도한다. 보통 1:100으로 제도한다.

② 횡단면도에는 절토고, 성토고, 절토면적, 성토면적 등이 기재되어 있고, 도입하는 시설물의 높이와 면적 등을 기재하여 공사 수량 산출의 기본 자료로 삼는다.

4 구조물도

교량 및 암거와 같은 구조물은 1:20~1:50의 축척으로 정면도, 측면도, 평면도, 단면도 등에 대한 표준도를 작성하고, 중요한 부분은 대축척의 상세도를 첨부하고 각 부분의 수치를 명시하여 시공자가 도면을 통해서 충분히 시공할 수 있도록 작성한다.

section 4 공사 수량의 산출

1 설계서 작성 방법

① 설계서는 보통 '목차-공사설명서-일반시방서-특별시방서-예정공정표-예산내역서-일위대가표-단가산출서-각종 기계경비계산서-공종별 수량 계산서-각종 소요자재 총괄표-산출기초'의 순으로 작성된다.

② 아래 표는 간략하게 설계서 작성법을 설명한 것이다.

목차	작성법
공사설명서	• 공사 개요와 함께 공사의 목적, 설계 기준, 시공효과 등을 상세히 기재한다.
시방서	• 일반적인 과업 지시사항은 일반시방서에 공사 목적 및 현지의 입지조건 등에 대한 사항은 특별시방서에 수록한다.
예정공정표	사업 실행에 대한 작업 인원, 장비 등에 대한 투입 날짜를 보기 쉽게 작성한다.
예산내역서	• 공종별 수량과 단가에 의해 작성하고, 단가는 일위대가표에 의해 작성한다. • 자재 단가는 국가 계약법에 따르고, 인부 노임 단가는 건설협회 발표자료에 의한다.
공종별 수량 산출서	• 공종별로 집계표를 작성하고, 이를 합하여 적용하며, 평균을 산출할 경우에는 가중평균법을 이용한다. • 횡단면도에 기입된 수량을 근거로 작성한다.

③ 임도 설계서(specification)에 일반적으로 포함되는 공종은 벌개, 절토, 성토, 노면공사, 포장공사, 돌쌓기, 줄떼공, 비탈면보호공, 배수구 등이다.

② 예정공정표

사업명	사업 기간						비고
	1월차	2월차	3월차	4월차	5월차	6월차	
시공측량							기준점, 측점(No점), 규준틀
토공사							벌개제근, 배수관계 표토관리, 사면 안정
구조물 공사							품질관리, 콘크리트 관리 및 돌쌓기 방법
배수공사							유속에 맞는 재료, 방향과 크기
녹화기초 공사							사면 안정, 토압의 지지, 물빼기
녹화							시공 방법 준수, 씨앗과 퇴비를 섞어서

▲ 예정공정표 사례

① 공사를 준공기한에 맞추려면 사업 실행의 차질이 없어야 한다. 주어진 작업량을 공기에 맞추려면 예정공정표가 반드시 작성되어야 한다.

② 예정공정표 작성 시 참고할 사항은 아래 작업의 난이도, 인원 및 장비의 동원 가능성, 계절적인 조건, 자재 구입 및 조달 기간 등이다. 돌쌓기 공사에 필요한 석재는 도착하지 않았는데, 장비와 인부가 와서 현장에서 놀면 누가 이 비용을 책임져야 할 것인가를 생각해 보면 예정공정표의 필요성은 쉽게 이해할 수 있다.

③ 공사 수량 산출

① 공사 수량의 산출은 횡단면도에 작성한 표를 근거로 해서 작성하게 되는데, 공종별로 길이 단위는 m, 면적 단위는 m^2, 부피 단위는 m^3로 작성한다.

② 공사 수량 산출의 예를 토공량으로 들어본다면 횡단면도에 기재된 면적(m^2)에 중앙선의 각 측점 20m를 이용하여 구할 수 있다.

③ 임도공사에서 많이 사용하는 공종에 대한 단위는 다음과 같다.

공종	세분류	단위	공종	세분류	단위
땅깎기	사질토	m^3	평떼 붙이기	선떼 붙이기	m
	점성토	m^3		평떼 붙이기	m^2
	연암	m^3	줄떼 다지기	흙다지기	m^2
	경암	m^3	돌쌓기	찰쌓기	m^2
흙쌓기	순흙쌓기	m^3		메쌓기	m^2
	운반흙쌓기	m^3	돌붙이기	찰붙이기	m^2
	유용흙쌓기	m^3		메붙이기	m^2

④ 내역서를 작성할 때는 단위에 유의해서 작성하여야 한다. 작업량을 산출하기 편한 단위로 작성하는 것이 일반적이다.

section 5 공사비 내역 작성

■ 공정별 수량 계산

공종은 공사 종류를 줄인 말이고, 공정(工程)은 공사의 과정 또는 작업의 과정을 말한다. 예를 들면 토공사라는 공정에는 땅깎기와 흙쌓기라는 공종이 포함되고, 흙쌓기라는 공종은 현장에서 발생한 흙을 처리하는 순흙쌓기(순성토)라는 세부 공종이 포함되어 있다. 결국 시행하는 것은 순성토인데, 이 순성토의 수량을 산출하려면 종단면도에 계획시공기준선을 그리고, 기기에 맞추어 횡단면도를 그리고, 횡단면도에 기재한 성토면적을 근거로 매 측점의 길이 20m를 계산의 근거로 하여 수량을 계산할 수 있다. 토공량을 기준으로 수량을 산출하는 방법을 토적 계산법이라고 하며, 노선의 토적을 계산하는 방법과 넓은 면적의 토적을 계산하는 방법이 있다.

1) 노선의 토적 계산

중앙단면적이 Am인 아래와 같은 물체가 있다면 이 물체의 부피는 양단면적법, 중앙단면적법, 주상체 공식을 이용한 방법으로 구할 수 있다.

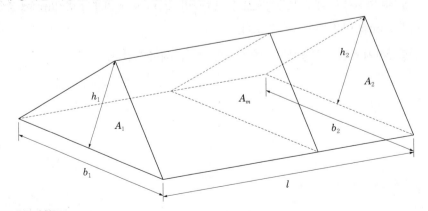

양단면적법	$V = \dfrac{A_1 + A_2}{2} \times l$
중앙단면적법	$V = A_m \times l$
주상체공식법	$V = \dfrac{A_1 + A_m + A_2}{6} \times l$

2) 넓은 지면의 토적 계산

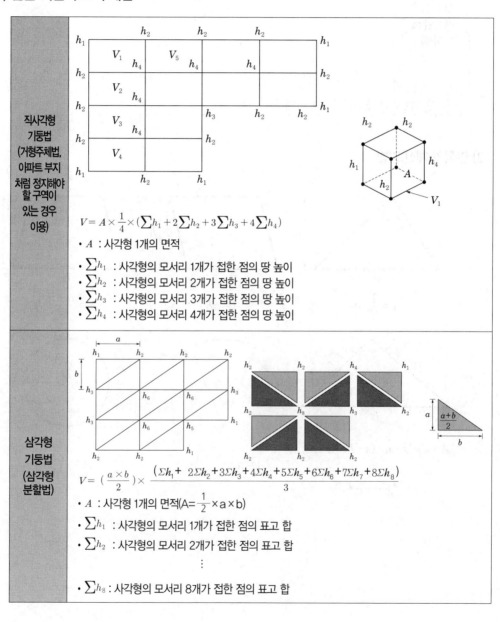

직사각형 기둥법 (거형주체법, 아파트 부지 처럼 정지해야 할 구역이 있는 경우 이용)	$V = A \times \dfrac{1}{4} \times (\sum h_1 + 2\sum h_2 + 3\sum h_3 + 4\sum h_4)$ • A : 사각형 1개의 면적 • $\sum h_1$: 사각형의 모서리 1개가 접한 점의 땅 높이 • $\sum h_2$: 사각형의 모서리 2개가 접한 점의 땅 높이 • $\sum h_3$: 사각형의 모서리 3개가 접한 점의 땅 높이 • $\sum h_4$: 사각형의 모서리 4개가 접한 점의 땅 높이
삼각형 기둥법 (삼각형 분할법)	$V = \left(\dfrac{a \times b}{2} \right) \times \dfrac{(\Sigma h_1 + 2\Sigma h_2 + 3\Sigma h_3 + 4\Sigma h_4 + 5\Sigma h_5 + 6\Sigma h_6 + 7\Sigma h_7 + 8\Sigma h_8)}{3}$ • A : 사각형 1개의 면적($A = \dfrac{1}{2} \times a \times b$) • $\sum h_1$: 사각형의 모서리 1개가 접한 점의 표고 합 • $\sum h_2$: 사각형의 모서리 2개가 접한 점의 표고 합 $\vdots$ • $\sum h_8$: 사각형의 모서리 8개가 접한 점의 표고 합

등고선법 (프리즘방법, 저수지의 담수량 계산이나 물의 양을 계산할 때 이용)	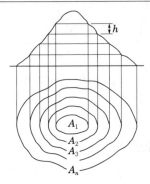 $$V = \frac{h}{3} \times (A_1 + 4A_2 + 2A_3 + 4A_4 + \cdots + 2A_{n-2} + 4A_{n-1} + A_n)$$ $$= \frac{h}{3} \times [A_1 + 4(A_2 + A_4 + \cdots + A_{n-1}) + 2(A_3 + A_5 + \cdots + A_{n-2}) + A_n)]$$ h : 등고선의 간격, n : 홀수

3) 면적의 계산 방법

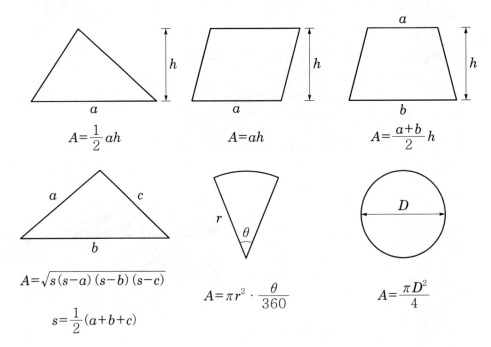

② 공사비 및 공사 원가

① 공사내역서는 공사계약을 할 때 반드시 갖추어야 할 서류로, 설계서에서 가장 중요한 내용인 공사비를 구성하는 세부적인 내용을 담고 있다.

내역서의 목차	내역서 작성 내용
원가계산서	총공사비=순공사비+일반관리비+이윤+부가가치세
총괄내역서	순공사비=공정 및 공종의 노무비, 재료비, 경비 합계
설계내역서	순공사비=공정, 공종 및 세부 공종의 노무비, 재료비, 경비 합계
일위대가표	공종 및 세부 공종에 투입되는 노무비, 재료비, 경비 합계
단가산출서	세부 공종에 투입되는 품을 노무비, 재료비, 경비 금액으로 환산
표준품셈	세부 공종에 투입되는 품을 집계한 것, 국토교통부 발표

▲ 내역서의 내용

② 공사비는 '원가계산서 – 총괄내역서 – 설계내역서'의 순서로 작성하여 산출한다.

③ 내역서의 작성 순서는 목차와 반대로 설계내역서부터 작성하게 된다.

④ 임도 신설 공사의 경우 설계내역서는 토공사, 구조물공사, 파종 및 식재공사 등 공정별로 세부 공종으로 분류하여 노무비, 재료비, 기계경비로 합산하여 작성한다. 이때 노무비, 재료비, 경비를 산출하는 근거는 세부 공종이 국토교통부에서 발표하는 건설공사 표준 품셈에 나와 있는 것은 그대로 적용한다. 국토교통부에서 매년 발표하므로 해당하는 품셈을 국토교통부 홈페이지에서 찾아서 사용하면 된다.

⑤ 자재의 단가는 조달청에서 발표하는 단가가 있으면 이것을 사용하면 되고, 여기에 없으면 물가정보를 알려주는 월간지의 가격을 2~3개 평균하여 사용한다. 여기에도 없으면 견적을 2개 이상 받아서 낮은 가격으로 내역서를 작성한다.

원 가 계 산 서

공사명 : 2017년 임도시설사업

종목	종	목	명칭	구적	합계	노무비	재료비	경비
가.			순공사비계		275,717,611	143,036,277	82,246,540	50,434,794
			1. 직접노무비		16,306,135	직접노무비 × 11.4%		
			2. 산재보험료		6,055,011	(직접노무비+간접노무비) × 3.8%		
			3. 고용보험료		1,386,278	(직접노무비+간접노무비) × 0.87%		
			4. 건강보험료		2,431,616	직접노무비 × 1.7%		
			5. 연금보험료		3,561,603	직접노무비 × 2.49%		
			6. 노인장기요양보험료		159,270	건강보험료 × 6.55%		
			7. 퇴직공제비		3,289,834	직접노무비 × 2.3%		
			8. 산업안전보건관리비	A) 관급재/1.1포함 적용	7,838,121	A) (직노+직재+간재+관급재/1.1) × 2.93% = 7,838,121 B) <(직노+직재+간재) × 2.93%>의 1.2배 = 7,920,943		
			9. 기타경비		14,736,926	(직접노무비+간접노무비+재료비) × 6.1%		
			10. 환경보전비		2,205,740	(재료비 + 직접노무비 + 산출경비) × 0.8%		
			11. 건설기계대여금 보증수수료		1,130,442	(재료비 + 직접노무비 + 산출경비) × 0.41%		
나.			소 계		334,818,587			
다.			일반관리비		20,089,115	(나.소 계) × 6%		
			소 계		354,907,702			
라.			이 윤		40,899,174	(다.소계 – 재료비) × 15% = 40,899,174		
			공급가액		395,806,000	천원미만 절사		
마.			부가가치세		39,580,600	공급가액 × 10%		
			도급공사비		435,386,600			
			15. 관급자재대		46,453,000	원자재대 : 46,452,858		
바.			총공사비		481,840,563			

▲ 원가계산서 작성 사례

총괄내역서

공사명 : 2017년 임도시설사업

번호	품명	규격	단위	수량	합계	노무비	재료비	경비
	2017년 임도시설사업(위종임도)				275,717,611	143,036,277	82,246,540	50,434,794
1	토공				125,293,359	57,077,662	29,035,434	39,180,263
1.1	토사굴착				73,185,642	29,553,993	17,099,712	26,531,937
1.2	측구터파기				9,945,098	4,023,450	2,349,406	3,572,242
1.3	흙운반				7,870,240	3,299,824	2,502,848	2,067,568
2	구조물공				100,014,191	63,238,943	29,036,045	7,739,203
2.1	구조물토공				4,472,967	2,238,374	914,618	1,319,975
2.2	배수공				27,498,082	19,021,813	7,732,916	743,353
2.3	절성토사면보호공				42,681,442	31,781,856	5,996,536	4,903,050
2.4	노면보호공				25,361,700	10,196,900	14,391,975	772,825
3	절성사면녹화공				27,030,059	19,174,361	7,767,883	87,815
4	부대공				1,811,480	219,836	1,348,078	243,566
5	운반공				8,762,347	3,325,475	2,252,925	3,183,947
6	사급자재대				12,806,175		12,806,175	
7	관급자재대				46,452,858		46,452,858	
가.	순공사비계				275,717,611	143,036,277	82,246,540	50,434,794

▲ 총괄내역서 작성 사례

공사명 : 2017년 임도시설사업(의종임도)

설 계 내 역 서

종별	품 명	규 격	수량	단위	합계 단가	합계 금액	노무비 단가	노무비 금액	재료비 단가	재료비 금액	경비 단가	경비 금액	비 고
	2017년 임도시설사업					275,717,611		143,036,277		82,246,540		50,434,794	
1	토 공					125,293,359		57,077,662		29,035,434		39,180,263	
1.1	토사굴취					73,185,642		29,553,993		17,099,712		26,531,937	
	토사굴취	BACK-HOE(0.7m3)	8,871	M3	1,135	10,068,585	527	4,675,017	249	2,208,879	359	3,184,689	D00030
	하역운취	B/H0.7m3+대형브러가	2,901	M3	21,757	63,117,057	8,576	24,878,976	5,133	14,890,833	8,048	23,347,248	D00013
1.2	쇄구터파기					9,945,098		4,023,450		2,349,406		3,572,242	
	쇄구터파기	토사, 기계100 %	36	M3	2,368	85,248	1,295	46,620	522	18,792	551	19,836	D00021
	쇄구터파기	B/0.7H+브러가	286	M3	34,475	9,859,850	13,905	3,976,830	8,149	2,330,614	12,421	3,552,406	D00022
1.3	쌓운반					7,870,240		3,299,824		2,502,848		2,067,568	
	쌓운반	D/Z(19ton)	808	M3	1,300	1,050,400	454	366,832	440	355,520	406	328,048	D01431
	쌓운반	D/P(15ton)	2,304	M3	2,960	6,819,840	1,273	2,332,992	932	2,147,328	755	1,739,520	D01432
1.4	성토사면고르기	07M3 B/H	10,524	M2	546	5,746,104	269	2,830,956	112	1,178,688	165	1,736,460	D01418
1.5	성토사면다짐	0.7B/H	10,524	M2	229	2,409,996	107	1,126,068	50	526,200	72	757,728	D01450
1.6	표토제거		14,614	㎡	265	3,872,710	92	1,344,488	90	1,315,260	83	1,212,962	D01390
1.7	불계제근		13,242	M2	368	4,873,056	368	4,873,056					D01463
1.8	운반사토	L=1.0km	2,305	M3	4,308	9,929,940	1,867	4,303,435	1,260	2,904,300	1,181	2,722,205	D01344

▲ 설계내역서 작성 사례

❸ 일위대가표 작성

① 품셈이 작업 한 단위를 수행하는 데 들어가는 품을 헤아린 것이라면, 일위대가는 작업 한 단위를 위해 필요로 하는 품에 대한 재료비, 노무비, 경비의 금액을 합산한 것이다.

② 다음 표에서 콘크리트포장에 필요한 합판거푸집의 예를 들면 합판거푸집을 만들기 위해 필요한 각목과 합판 그리고 못이라는 재료와 거푸집을 만들기 위해 투입되는 인력의 품을 금액으로 환산한 것이 일위대가표이다.

③ 일위대가는 작업의 단위에 따른 재료비, 노무비, 기계경비를 구하는 과정이다. 여기에서 구해진 세부 공종의 재료비, 경비를 합산하여 공종별로 합산하고, 각 공종을 공정별로 합산하여 순공사비의 내역서가 완성된다. 순공사비에 간접노무비와 부가가치세 등 제세금을 합산하여 원가계산서가 작성된다.

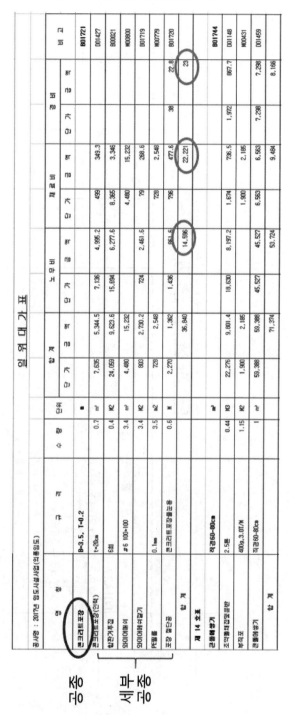

▲ 일위대가표 작성 사례

④ 일위대가표에 사용된 단가는 산출 근거를 세부 공종별로 표준 품셈에서 찾아서 필요한 품에 해당 년도의 인건비, 기계경비, 재료비의 가격을 적용한 표를 별도로 작성한다.

단가 산출 근거

공사명 : 2017년 임도시설사업(의통임도)

품명	산출 근거 (산출 내역)	합계	노무비	재료비	비고
D01 427 콘크리트포장(인력) t=20cm / m³ 품셈 12-3-2		7,635	7,136	499	
	○ 콘크리트포장두께 T = 0.2 M				
	○ 1일 시공량 : A = 100 m³/일				
	○ 작업면적 : Q = 1.0 / 0.2 = 5.00 m²/m³				
	1. 배치인력				
L00048	포 장 공 : 3.0 인 / 100 * 137.978 = 4,139.3	4,139.3	4,139.3		
L00017	보통인부 : 3.0 인 / 100 * 99.882 = 2,996.4	2,996.4	2,996.4		
	소계	7,135.7	7,135.7		
	2. 기구손료(인력품의 5%)				
	7,135.7 * 0.05 = 356.7	356.7		356.7	
	소계	356.7		356.7	
	3. 잡재료비(인력품의 2%)				
	7,135.7 * 0.02 = 142.7	142.7		142.7	
	소계	142.7		142.7	
	계	7,635.1	7,135.7	499.4	

▲ 단가 산출 근거 작성 사례

⑤ 그림에 표시된 부분이 표준 품셈에 수록되어 있는 품을 쉽게 찾을 수 있도록 제시한 것이다. 표준 품셈에서 품은 '어떤 일에 드는 힘이나 수고'를 말하고, 셈은 그 힘이나 수고를 센 수를 말한다. 예를 들어 '**노무비=노임단가×수량**'으로 계산하는데, 여기에서 노임은 품에 해당하고, 수량은 이 품이 작업일에 며칠 투입되었는지를 나타낸다. 한꺼번에 3명이 하루를 일해도 3, 1명이 사흘을 일해도 3으로 계산한다.

⑥ 임도공사의 공정에는 여러 가지의 공종들이 포함되어 있고, 공종은 다시 여러 개의 세부 공종으로 구성되는데, 이 세부 공종을 한 m, m², m³ 같은 단위 수량만큼 실행하는 데 필요한 품을 사람들의 표준적인 동작으로 수행할 때를 기준으로 하여, 수치로 표현하여 정리해 놓은 것이 표준 품셈이다.

⑦ 일위대가는 단가 산출에서 이렇게 수치로 표현하여 정리해 놓은 것을 노무비, 재료비, 경비의 단위 가격으로 나누어 합산한 것이다. 정리하면 품셈은 세부 공종 한 단위 수행에 필요한 품을 계산해 놓은 것이고, 단가산출서는 세부 공종 한 단위 수행에 투입되는 품에 노무비, 재료비, 경비의 금액을 계산하여 합산한 것이고, 일위대가표는 노무비, 재료비, 경비를 세부 공종별로 합산하여 공종별로 합산하고, 각 공종을 합산하여 순공사비의 합계를 구한다.

5 임도 시공

노선 지장목 정리

1 노선 지장목 처리 일반

① 임도는 나무와 풀이 있는 숲의 땅을 깎아 만들게 된다. 땅을 깎는 작업은 굴삭기와 도저를 사용하게 되는데, 굴삭기를 투입하기 전에 굵은 나무를 사전에 제거하는 작업을 토공준비작업이라고 한다. 토공준비작업의 첫 번째가 임도 예정 노선 상의 지장목을 제거하는 것이다.

② 임도 건설에 따른 토공작업의 영향권 안에 있는 나무를 지장목이라고 한다. 임도 아래 계곡부의 나무는 그대로 두는 것이 좋지만, 임도가 건설된 후 임도의 윗부분에 있게 될 나무는 되도록 제거하는 것이 좋다. 특히 토공이 끝나는 지점은 추가로 기울기를 정리하지 않으면 나무뿌리가 드러나게 되고 결국 나무가 쓰러질 수 있다.

▲ 토공작업 전 지장목 벌채

▲ 지장목 정리 후

③ 지장목을 제거하는 영향권의 폭은 대체로 10m 정도이다. 소경목은 굴삭기를 이용하여 제거할 수도 있지만 되도록 체인톱을 이용하여 벌채를 한 후 뿌리까지 제거하는 것이 좋다.

2 임도 부지 폭

지장목을 제거하는 영향권의 폭은 대체로 10m 정도이다. 이것이 일반적인 임도부지의 폭이지만 현장 여건에 따라 달라질 수 있다. 소경목은 굴삭기를 이용하여 제거할 수도 있지만 되도록 체인톱을 이용하여 벌채를 한 후 뿌리까지 제거하는 것이 좋다.

❸ 지장목 처리 방법

지장목은 목재로 활용할 수 있는 것은 반출하여 활용하고, 나머지는 현장에서 파쇄하여 활용하거나 산림 동물의 서식처로 활용할 수 있다. 이때 강우에 의해 피해가 발생하지 않도록 조치를 하여야 한다.

❶ 사면의 절취

① 지장목을 베어낸 후에 임도의 건설에 필요한 부지는 보통 산복, 산지의 경사면을 깎아서 조성한다. 사면을 절취하는 것은 땅을 깎는 것을 말한다.

② 절취공은 굴삭기와 불도저를 이용하여 땅을 깎고 20m 이내의 근거리 운반을 포함하는 말이다.

③ 배수구의 물받이 등 구조물을 시공하기 위하여 지면 아래를 깎는 것은 터파기라고 하여 별도의 공종으로 취급한다.

④ 사면을 절취하면 사면의 경사가 급해져서 붕괴가 발생하기 쉽다. 사면을 절취할 때는 토질에 따른 깎기사면 경사를 준수하여야 한다.

[땅깎기 비탈면의 기울기] ★★★

구분	기울기	비고
암석지 – 경암 – 연암 토사지역	1:0.3~0.8 1:0.5~1.2 1:0.8~1.5	토사지역은 절토면의 높이에 따라 소단 설치

⑤ 이 경사도를 지키기 어려운 경우 돌쌓기나 옹벽 등 적정한 흙막이 구조물을 설치하여야 한다.

⑥ 암반사면이 불연속 면이 불규칙하게 많이 발달하여 뚜렷한 구조적인 특징이 없는 경우 토사와 같이 원형 파괴(circle failure)가 발생한다. 불연속 면이 한 방향으로 발달하고 있으면 평면 파괴(plane failure), 불연속 면이 두 방향으로 발달하여 불연속 면이 교차되는 곳에는 쐐기 파괴(wedge failure), 절취사면의 경사 방향과 불연속 면의 경사 방향이 반대라면 전도 파괴(toppling failure)가 발생한다.

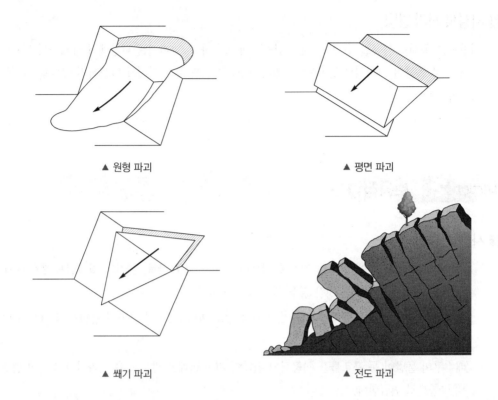

▲ 원형 파괴　　　　　　　　　▲ 평면 파괴

▲ 쐐기 파괴　　　　　　　　　▲ 전도 파괴

⑦ 암반사면의 안정 검토는 연암과 경암 등 암석의 강도와 함께 불연속 면의 공학적 특성을 조사하여 판단하는 것이 좋다. 절리의 방향, 절리의 간격, 절리의 연속성, 절리면의 강도, 절리의 틈새부, 절리면의 투수, 암괴의 크기 등을 참고하여 판단할 수 있다.

▲ 수직절리　　　　　　　　　▲ 수평절리

⑧ 지하수위가 높은 곳, 사면에서 물이 나오는 곳, 서로 다른 토층의 경계부, 암반에 절리가 있는 곳, 단층이 있는 곳, 점토의 함량이 많은 곳, 모래의 함량이 많은 곳 등은 사면을 절취할 때 주의를 하거나 전문가의 의견을 구하여야 한다.

⑨ 경사면을 절취하면 절취한 곳은 경사가 더 세어지게 되므로 붕괴의 위험이 더 커진다. 이러한 절토의 피해를 줄이기 위해서는 절토면에 절토한 토석이 남아있지 않도록 전량 반출한다.

또한, 옹벽이나 돌쌓기 등 구조물을 도입하는 경우는 사면을 절취하기 전에 미리 원지반에 설치하고, 절토사면의 길이가 긴 경우 비탈어깨돌림수로와 함께 단 끊기를 통해 소단을 만들고 배수로를 설치한다. 절토사면에서 물이 나올 경우는 보링속도랑이나 속도랑을 이용하여 배수시설을 하고, 흙막이 구조물을 설치할 때도 배수가 잘 될 수 있도록 한다.

② 성토 방법

성토를 할 때는 시공 전에 공사의 영향을 받는 구간 내에 물이 고일 수 있는 곳이나, 물이 나오고 있는 곳이 있으면 적절하게 배수처리를 하여야 한다. 현장 내 차량의 이동 동선도 적정한 배수처리를 필요로 한다.

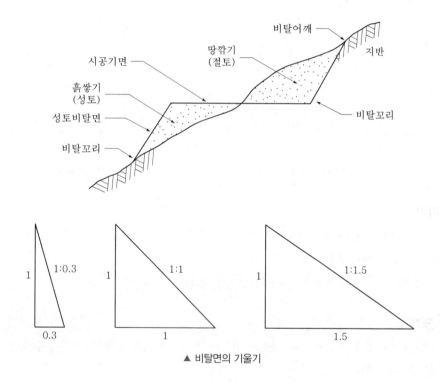

▲ 비탈면의 기울기

1) 성토 비탈면의 기울기

① **흙쌓기 비탈면의 기울기는 임도사업의 경우 1:1.2~2.0의 범위 내**에서 할 수 있도록 규정되어 있다.

② 1:1.2의 1은 세로 높이를 의미하며, 1.2는 가로로 이동한 거리를 나타낸다.

③ 비탈면의 기울기 1:1.2는 이 세로 높이와 가로 거리를 연결한 선이 가지는 기울기를 의미한다.

2) 더쌓기

① 임도의 노면을 쌓아서 만드는 경우 공사 중에 장비의 통행 때문에, 공사완료 후에 차량과 사람의 통행 때문에, 흙 자체의 무게 때문에 흙이 눌려 높이가 낮아지게 되는데, 여기에 대비해서 흙을 **본래 예정했던 높이보다 5~10% 더 쌓는 것을 더쌓기라고 한다.**

② 더쌓기의 정확한 높이는 양이 많을 때는 실험실의 토질실험에 의하여 산출하는 것도 좋겠지만, 현장의 토질을 눈으로 확인하고 숙련된 기술자의 감각에 의해 약간의 여유고를 두는 것이 현실적이다.

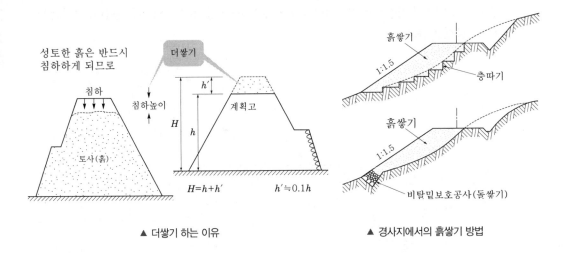

▲ 더쌓기 하는 이유　　　　　　　▲ 경사지에서의 흙쌓기 방법

3) 층따기

① 성토를 하는 지반이 경사지라면 비탈꼬리 부분에 비탈밑 보호공사를 하거나 경사지의 원지반을 계단 형태로 만들게 되는데, 이를 층따기라고 한다.

② 경사면의 길이가 긴 경우 층따기를 하면 쌓은 흙이 흘러내리지 않는다.

4) 단 끊기

① 비탈면의 중간에 폭 0.5~1m 정도의 평평한 곳을 소단이라고 하며, 소단을 만드는 작업을 단 끊기라고 한다.

② 소단을 설치하는 목적은 사면을 따라 흘러내리는 물의 속도를 늦추어주는 것이다.

③ 소단을 활용하여 나무를 심을 수도 있고, 배수를 할 수도 있다.

5) 비탈면 안정 공종

① 성토 비탈면은 토사로 구성할 경우 너무 경사도가 낮아 공사의 영향 면적이 넓어지거나 경사지에서는 시공이 불가능한 경우가 많다. 또한 흙쌓기 비탈면은 노면에서 유출되는 물 때문에 세굴 되는 경우가 많아 붕괴가 발생하기 쉽다. 이런 경우 석축 등의 구조물을 도입하여 성토 비탈면의 영향 면적을 줄일 수 있다.

② 성토 비탈면의 끝에 단쌓기 공종을 병행하거나, 떼다지기 등의 비탈면 안정에 필요한 공종을 도입하여 강우로 인한 침식이 발생하지 않도록 하여야 한다.

6) 성토공법

▲ 전방층 쌓기　　　　▲ 수평층 쌓기　　　　▲ 비계층 쌓기

① 순 성토하는 양이 많을 경우 수평층 쌓기, 전방층 쌓기, 비계층 쌓기, 물다짐 공법, 유용토 쌓기 공법 등을 도입할 수 있다.

② 흙쌓기의 시공은 계단모양으로 토사를 0.3∼0.5m 정도로 잘 펴서 깔고, 불도저나 롤러 등으로 다지기를 한 후 그 다음 층을 순차적으로 쌓는다.

③ 흙을 균등하게 펴서 깔아야 흙이 확실하게 다져지고 빗물이 노면으로 스며들지 않는다. 빗물이 노면으로 스며들면 노체가 파괴된다.

③ 다짐

① 흙다지기(compaction, tamping)는 흙쌓기 공사에서 가장 중요한 작업이다.

② 진동롤러, 진동콤팩터, 로드롤러, 불도저, 크롤러바퀴식 굴삭기 등을 이용하여 흙을 다질 수 있다.

③ 탬핑롤러를 활용하면 골재 사이에 생길 수 있는 틈을 메워서 간극수압을 줄일 수 있다.

---

section 3 암석 천공 및 폭파

암반을 절취하는 방법은 폭약을 구멍 속에 넣어서 폭발시키는 방법과 브레이커 등의 기계로 때리는 방법이 있다. 기타 물, 전기 등을 이용한 방법이 있다. 암반 절취 방법의 선택은 암석의 단단한 정도, 풍화 정도, 균열상태 등 암질과 소음, 진동, 비산먼지 등에 대한 안정성을 고려하여 결정한다. 총포, 도검, 화약류 등의 안전관리에 관한 법률에서 화약은 추진적 폭발에 사용될 수 있는 것, 폭약은 파괴적 폭발에 사용될 수 있는 것, 화공품은 폭파약을 안전하고 정확하게 폭파시킬 수 있는 화약 제품으로 정의하고 있다.

🔳 암석의 천공 방법

1) 천공 방식

암석에 폭약을 넣기 위해 구멍을 뚫는 작업을 천공이라고 한다. 천공하는 방식은 타격식과 회전식, 그리고 타격회전식이 있다.

타격식(piston type) – 충격식	• 초경합금의 정을 피스톤로드의 끝에 초경도 합금 재질의 정을 달아 때린다. • 브레이커(braker) : 소구경, 콘크리트 파괴에 사용한다. • 브레이커, 픽 해머, 픽 스틸 등이 사용된다.
회전식(rotary type)	• 드릴에 압력과 회전력을 동시에 주어 암석에 구멍을 뚫는다. • 연암에 적합하다. • 로타리 드릴 : 대구경 천공과 원석 채취에 이용한다. • 로타리 드릴, 자주식 크롤러 드릴
타격회전식(drill type) – 충격회전식	• 드릴에 압력 및 회전력과 더불어 타격에 의한 진동을 주어 암석에 구멍을 뚫는다. • 디태처블 비트(detachable bit) 등을 사용하여 경암도 어느 정도는 깰 수 있다. • 웨곤 드릴, 크롤러 드릴, 점보 드릴, 레그 드릴

2) 착암기의 기종

착암기의 기종은 잭 해머, 웨건 드릴, 크롤러 드릴 등이 있다.

잭 해머(jack hammer)	• 손잡이용 핸드 해머에 다리를 단 것이다.
웨곤 드릴(wagon drill)	• 고무타이어 바퀴에 드리프터(drifter)를 장치하여 암반을 천공한다. • 이동과 조작이 쉽다.
크롤러 드릴(crawler drill)	• 고무타이어 바퀴에 대형 드리프터를 장치하여 천공한다. • 지형에 관계없이 작업할 수 있다.

실력 확인 문제

암석을 폭파하기 위한 천공을 사용하는 착암기가 아닌 것은?

① 리퍼　　　　　　　　　　　② 왜건 드릴
③ 크롤러 드릴　　　　　　　　④ 잭 해머

해설

리퍼는 단단한 지반 또는 연암의 굴착에 적합하다.

정답 ①

3) 착암 방향과 능률

① 하향으로 천공하는 것을 싱커(sinker), 상향으로 천공하는 것을 스토퍼(stoper), 수평 방향으로 천공하는 것을 드리프터(drifter)라고 부른다.

② 압축공기를 동력으로 한 착암기는 공기압이 높을수록 타격력, 타격 회수, 공기 소비량, 기계 효율이 높아져 천공속도가 향상된다.

③ rod의 길이가 길어지면 천공속도가 떨어진다.

2 암석의 폭파 방법

① 암석을 폭파할 때는 일반적으로 다이너마이트와 초안폭약을 사용한다.

② 흑색화약은 발화점이 높아 위험성은 적지만 물속에서 폭발하기 어렵기 때문에 토목공사에는 사용하지 않는다.

천공	• 폭파 대상 암석에 구멍을 뚫는다. • 연암은 지름을 크게 하고 깊이는 얕게 천공하고, 경암은 지름을 작게 하고, 깊이를 깊게 천공한다.
장약 충전	• 천공 깊이와 암질에 따라 적정량을 사용한다. • 점화 방식은 도화선이 부착된 뇌관을 도화선으로 점화하는 방식과 공업뇌관을 전기 점화장치로 점화하는 방식이 있다. • 점화와 동시에 폭발하는 것을 순발, 일정 시간이 지나서 뇌관이 폭발하는 것을 지발이라고 한다. • 천공한 구멍에 장약과 뇌관을 장치한 후 흙으로 채우거나 흙으로 채워진 발파용 비닐주머니로 구멍을 채워 발파력을 높인다.
발파	• 장약을 충전하고 발파선을 점화기에 연결하고 폭발을 일으켜 암석을 파쇄하는 과정 전체를 발파라고 한다. • 장약 충전 및 발파는 반드시 화약기사가 실시하도록 한다. • 발파 전에 이상이 있는지 확인 및 점검한 후 발파기를 작동시킨다.

3 폭파 시 유의 사항

① 폭약 및 화약의 운반, 장약의 사용 및 발파작업은 면허 소지자만 취급한다.

② 폭발에 사용하는 다이너마이트 등 폭약은 작은 충격과 마찰에도 엄청난 힘으로 폭발하므로 취급에 유의한다.

③ 불발 시에도 함부로 접근하지 않고 기다린다.

④ 발파 후에는 암석에 균열은 생겼지만 떨어져 나가지 않은 것들이 있으므로 제거한다.

⑤ 발파 시에는 소음과 진동이 발생하므로 발파 전에 차음벽을 설치하고 진동의 영향권에 있는 주민들의 동의를 받아야 한다.

⑥ 장약의 사용량을 줄여 여러 차례 발파하는 분할발파를 이용하고, 천공의 방향이 구조물로 향하지 않도록 하여 진동에 의한 영향을 줄인다.

4 암석 판정 기준

① 암석은 단단할수록 굴착이 어렵다. 현장기술자들이 육안으로 토층, 리핑암, 발파암으로 굴착의 난이도를 결정하는 것은 공사의 규모가 클 경우 사업의 대가 때문에 발주처와 시공사 간의 이해관계 조정이 어렵다.

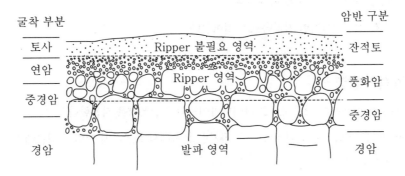

▲ 암석의 구분과 파쇄 방법

토공작업 구분	토질상태	N-Value	탄성파 속도	코아회수율 (NX 기준)	작업 기준
토사	표토층 및 풍화 잔류토층	50회/15cm 이하	1,000m/sec 이하	–	–
리핑암	풍화암층	50회/15cm 이상	1,000~1,800m/sec	15~20%	30ton Dozer
발파암	연암 및 경암	–	1,800m/sec 이상	15~25% 이상	–

▲ 국토교통부 암반분류 기준표

② 굴착공법을 적용하기 위한 암석의 판정 기준은 국토교통부, 한국도로공사, 한국철도공사가 약간씩 다르게 적용하고 있다. 산림청에서 별도의 암석 판정기준을 제시하고 있지 않으므로 임도의 건설에는 일반적으로 국토교통부의 기준을 적용한다.

③ 위의 표에서 일축압축강도 측정은 5cm 입방체의 시편을 24시간 노건조 시킨 후 2일간 수중에 침윤시켜 측정한 것이다. 가압방향은 탄성파속도가 가장 느린 방향(결면에 수직인 방향)으로 실시된 것이며, 탄성파 탐사는 두께 15~20cm의 상하면이 평행한 시편을 이용하여 암의 결면에 평행한, 즉 탄성파 속도가 가장 빠른 방향으로 측정한 결과를 나타낸 것이다.

[암종별 탄성파속도 및 일축압축강도]

암종 \ 구분	그룹	자연 상태의 탄성파속도 (V, km/sec)	암편 탄성파속도 (V_c, km/sec)	암편일축압축강도 (kg/cm²)
풍화암	A	0.7~1.2	2.0~2.7	300~700
	B	1.0~1.8	2.5~3.0	100~200

연암	A B	1.2~1.9 1.8~2.8	2.7~3.7 3.0~4.3	700~1,000 200~500
보통암	A B	1.9~2.9 2.8~4.1	3.7~4.7 4.3~5.7	1,000~1,300 500~800
경암	A B	2.9~4.2 4.1 이상	4.7~5.8 5.7 이상	1,300~1,600 800 이상
극경암	A	4.2 이상	5.8 이상	1,600 이상

그룹 구분 구분	A, B 그룹의 비교	
	A그룹	B그룹
대표적 암명	편마암, 사질편암, 녹색편암, 각력암, 석회암, 사암, 휘록응회암, 역암, 화강암, 섬록암, 감람암, 사교암, 유교암, 현암, 안산암, 현무암	흑색편암, 녹색편암, 휘록응회암, 현암, 이암, 응회암, 집괴암
함유물 등에 의한 시각 판정	사질분, 석영분을 다량 함유하고 암질이 단단한 것, 결정도가 높은 것	사질분, 석영분이 거의 없고 응회분이 거의 없는 것, 천매상의 것
500~1,000gr해머의 타격에 의한 판정	타격점의 암은 작은 평평한 암편으로 되어 비산되거나 거의 암분을 남기지 않는 것	타격점의 암 자체가 부서지지 않고, 분상이 되어 남으며, 암편이 별로 비산되지 않는 것

section 4 **배수 및 집수정 공사**

임도는 주로 흙과 골재를 이용하여 건설하는 토목시설이다. 흙은 물에 의해 강도가 변하기 때문에 배수시설은 임도에서 중요하다. 배수시설은 토양에 미치는 수분의 영향을 줄여서 임도의 안정성을 높이고, 물에 의한 세굴을 방지하기 위해 필요하다. 임도의 유지관리를 위해서는 옆도랑이 가장 중요한 배수시설이다.

1 배수시설의 종류

설치 목적	설치 위치	시설
표면배수	노면	길어깨배수시설(옆도랑), 중앙분리대배수시설
	사면	사면끝배수시설, 소단배수시설, 도수로배수시설
지하배수	땅깎기 구간	맹암거, 횡단배수구
	흙쌓기 구간	속도랑, 보링속도랑
	절성토 경계부의 지하배수시설	보링속도랑, 속도랑
인접지배수	사면어깨배수시설	비탈어깨돌림수로, 감세공
	배수구 및 배수관	집수정, 배수구, 배수관, 맨홀

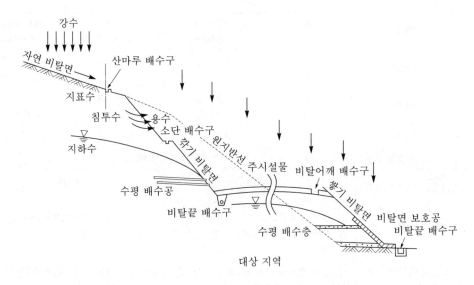

▲ 지표수(표면수) 배수시설의 종류

1) 옆도랑(side ditch)

① 노면이나 노측 비탈면의 물을 배수하는 시설이다.

② 임도의 길어깨를 따라 종단 방향으로 설치한다.

③ L형, U형, V형, 제형, 환형, 평형, 사다리꼴, 활
꼴, 갓돌, 콘크리트 옆도랑이 있다.

옆도랑(측구)   회단배수구(개거)

L자형 콘크리트 블록 옆도랑   U자형 콘크리트 블록 옆도랑   V자형 옆도랑

사다리꼴 옆도랑   사다리꼴 옆도랑(소단 설치)

활꼴 옆도랑(사석)   갓돌 옆도랑   콘크리트 옆도랑

▲ 옆도랑의 단면

2) 횡단배수구

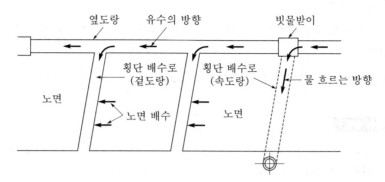

▲ 횡단배수구와 옆도랑의 배치

① 임도를 횡단하여 아래 골짜기로 배수하는 시설이다.

② 속도랑(암거, closed culvert)과 겉도랑(개거, 개수로, 명거, open culvert)이 있다.

③ 강우 강도, 종단물매, 도로의 토질, 옆도랑의 종류 등을 검토하여 설치한다.

④ 노상을 침식하지 않는 범위 내에서 절취 장소에 설치한다.

속도랑	• 원심력철근콘크리트관, 파형강관 등은 배수관의 지름 이상으로 매설한다. • 맹거는 토석을 이용하여 설치하고 암거는 원통형 관이나 사각의 박스로 설치한다.
겉도랑	• 통수단면이 10×10cm 정도가 되도록 차량 진행 방향에 비스듬하게 설치한다. • 통나무, 고무, 토사, 콘크리트 등의 재료를 이용한다.

⑤ 횡단배수구 설치 장소 ★★★

> ㉠ 물이 아랫방향으로 흘러내리는 종단기울기 변이점
>
> ㉡ 외쪽물매로 인해 옆도랑 물이 역류하는 곳
>
> ㉢ 체류수가 있는 곳
>
> ㉣ 흙이 부족하여 속도랑으로 부적합한 곳
>
> ㉤ 구조물의 앞과 뒤
>
> ㉥ 골짜기에서 물이 산 측으로 유입되기 쉬운 곳

3) 세월교, 소형 사방댐, 물넘이포장

① 임도가 소계류를 통과하는 지역에 암거, 배수구를 대신하여 설치하는 시설이 물넘이포장과 세월교이다.

② 평상시에 유수를 관거 등으로 배수하고 홍수 시의 출수는 노면을 넘겨 유하시키는 시설이 세월교이다.

③ 세월교의 노면은 콘크리트로 피복하고, 유로 부분의 종단은 둥글게 하고, 크기는 유량에 따라 결정한다.

④ 유입구에 붕괴의 위험이 있는 경우 골막이와 복합형(소형) 사방댐 등의 사방공작물을 설치한다.

⑤ 유하구에 세굴의 위험이 있는 경우 물받침(apron fixation)을 설치한다.

용어 설명

- 유입구 : 물이 들어가는 구멍
- 유하구 : 물이 흘러나가는 구멍

참고 배수시설로 기능하게 되는 세월공작물(洗越工作物)은 아래와 같은 경우에 설치한다.

① 임도가 선상지, 애추지대 등을 통과하는 경우
② 임도를 횡단하는 계류의 상류부가 황폐계류인 경우
③ 임도에 관거 등을 매설하기에는 흙이 부족한 경우
④ 계상물매가 급하여 산측으로부터 물이 유입되기 쉬운 계류인 경우
⑤ 평시에는 유량이 없지만 강우 시에는 유량이 급격히 증가하는 경우

---

4) 암거

① 임도의 밑을 횡단하는 수로 및 통로에 대하여 설치하는 구조물이다.

② 상자형 라멘구조, 문형 라멘구조, 아치형, 교량형, 콘크리트관, 코르게이트관 등을 사용한다.

5) 컬버트

① 활하중 외에 흙이나 다른 하중을 지지해야 한다.

② 보통은 2m인 최소 스팬보다 작은 스팬을 갖고 교량과 같은 목적에 사용한다.

③ 수로용 컬버트는 기존 수로의 높이와 물매를 비교하여 같거나 크게 하여 설치한다.

6) 비탈어깨돌림수로

① 절토사면 0.5~1m 윗부분의 자연비탈면에 설치한다.

② 빗물이 절토면으로 흘러들어 절토면을 침식시키는 것을 방지한다.

② 유출량의 산정

유출량을 산정할 때는 합리식을 이용하여 산정한다. 합리식은 배수구역 또는 유역 내에서 발생한 호우의 강도와 유량의 관계를 나타내는 경험식이다.

① 유역면적이 ha일 때

$$Q = \frac{CIA}{360}$$

② 유역면적이 km²일 때

$$Q = \frac{CIA}{3.6}$$

C : 유거계수, I : 강우강도(mm/hr), A : 유역면적

3 배수시설 설계

유출량을 산정할 때는 합리식을 이용하고 수로의 경사와 경심을 이용하여 계산된 유적을 통수단면으로 한다. 통수단면은 물이 흐르는 단면적을 말한다.

> **참고** 배수시설의 설계 기준
>
> ① 배수구의 통수단면
> - 100년 빈도 확률강우량과 홍수도달시간을 이용
> - 합리식으로 계산된 최대홍수유출량의 1.2배 이상
>
> ② 배수구의 설치 방법
> - 100m 내외의 간격으로 설치
> - 지름은 1,000mm 이상, 필요한 경우 800mm 이상
>
> ③ 배수구의 외압강도
> - 원심력콘크리트관 이상의 것
>
> ④ 집수통 및 날개벽
> - 콘크리트, 조립식 주철맨홀, 석축쌓기
>
> ⑤ 배수구의 유출부
> - 유출부에서 원 지반까지 도수로와 물받침 설치
>
> ⑥ 종단기울기가 급하고 길이가 긴 구간
> - 노면 유수 차단용
> - 노출형 횡단수로
>
> ⑦ 배수구의 유입방지시설
> - 나뭇가지 토석 등으로 막힐 우려가 있는 경우
>
> ⑧ 생태적 단절에 대한 배려
> - 배수구는 동물의 이동을 고려

실력 확인 문제

"산림자원의 조성 및 관리에 관한 법률"의 규정에서 배수구 등의 설계 시 배수구의 통수단면은 최대홍수유출량의 몇 배 이상으로 설계 및 설치하여야 하는가?

① 1.5배

② 1.2배

③ 2배

④ 5배

해설

임도 시설의 통수단면은 최대홍수유출량의 1.2배 이상으로 설계하고, 사방시설은 2배에서 5배까지 할 수 있다.

정답 ②

section 5 | 사면 안정 및 보호공사

자연 상태의 경사면에 임도를 시설하면 경사가 더 센 인공 비탈면이 만들어진다. 땅을 깎은 곳은 절토 비탈면, 흙을 쌓은 곳은 성토 비탈면이라고 한다. 인공 비탈면은 자연 상태에서도 중력에 의해 무너지게 되고, 비가 올 때는 특히 더 잘 붕괴된다. 이렇게 붕괴가 예상되는 것을 불안정한 상태라고 하는데, 불안정한 비탈면은 경사면의 아래에 구조물을 설치하여 비탈면의 경사를 완화시켜주는 사면 안정공과 비탈면에 설치하여 직접 보호해 주는 보호공, 그리고 비탈면이나 비탈면 부근에서 발생한 물을 배수시키는 배수공사 등으로 붕괴가 발생하지 않도록 하여야 한다.

1 사면 안정공

구분	공종	시공 및 설계 방법
돌쌓기 (축조 방식에 따른 분류)	메쌓기	10~15cm의 돌로 뒤채움을 하고, 점토질이 많으면 부직포 등을 필터재로 사용한다.
	찰쌓기	콘크리트로 뒤채움을 하고 줄눈을 넣는다. 면적 2~3m²마다 지름 4~5cm의 물빼기 구멍을 설치한다.
	골쌓기	돌 사이의 틈이 대각선이나 마름모꼴이 되도록 쌓는다.
	켜쌓기	돌 사이의 틈이 수평방향으로 일직선이 되도록 쌓는다.
옹벽공 (토압을 견디는 방식으로 분류)	역T형 옹벽	뒷면에 기초슬래브의 일부가 돌출한 모양의 옹벽
	L형 옹벽	옹벽의 횡단면이 L자 형인 옹벽
	부벽식 옹벽	뒷면에 부벽(butress)을 붙인 옹벽
	중력식 옹벽	중력을 증가시켜 토압에 넘어지지 않도록 만든 옹벽
흙막이 (재료로 분류)	돌망태흙막이	원형돌망태를 이용한 흙막이, 낮은 높이, 낮은 경사도에 이용, 부직포 등 필터링자재 시공
	개비온	사각형 돌망태를 이용한 흙막이로, 높은 경사도에도 버틴다. 부직포 등 필터링 자재 시공
	바자얽기	섶이나 우죽을 이용한 흙막이로, 낮은 높이의 흙막이에 사용한다.
	콘크리트블록흙막이	콘크리트블록을 이용한 흙막이로, 큰 토압을 견딜 수 있다.

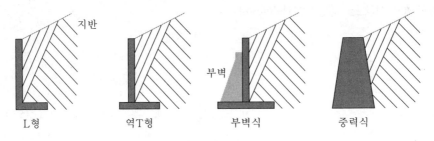

▲ 옹벽의 형식

[흙막이 공사의 재료와 시공 목적]

흙막이 공사의 종류	흙막이공사 시공 목적
• 돌흙막이 • 콘크리트벽 흙막이 • 콘크리트블록 흙막이 • 콘크리트판 흙막이 • 콘크리트기둥틀 흙막이 • 콘크리트의목 흙막이 • 돌망태 흙막이 • 통나무쌓기 흙막이 • 바자(얽기) 흙막이	① 사면의 기울기 완화 　– 비탈면의 안정각 유지 ② 표면유하수의 분산 ③ 공작물의 기초와 수로의 지지 ④ 불안정한 토사의 이동 억지 ⑤ 매토층의 하단부 지지 ⑥ 붕괴 위험성이 있는 비탈면의 안정 유지

② 사면 보호공

공종	내용	시공 장소
격자틀 붙이기	경사가 급한 사면에서 침식을 방지하고 사면을 녹화하기 위하여 사면 전반에 시공하는 비탈안정 녹화공종	비탈물매가 급하고 토질이 불량한 사면
힘줄박기 (블록형틀 붙이기)	정상적인 콘크리트 블록으로 된 격자틀 붙이기 공법으로 처리하기 곤란한 사면에 현장에서 직접 거푸집을 설치하고 콘크리트 타설하여 힘줄을 만들어 그 안에 흙을 채워 녹화	지질 토양구조가 석력이 많은 불안정한 사면 또는 누수침식이 심한 사면
콘크리트 블록쌓기	각종 쌓기용 콘크리트 블록을 흙막이공법과 같은 시공 요령으로 블록쌓기를 하는 안정공법	물매가 1:0.5 이상인 비탈면
돌 붙이기	사면이 풍화, 침식, 박리 또는 붕괴가 현저하여 녹화가 곤란하고 다른 안정녹화공사도 부적당한 경우에 시공하는 공법	식생 조성이 곤란한 경사 45도 이하의 사면
콘크리트 뿜어 붙이기(숏크리트)	시공이 빠르고 견고하다. 습식과 건식이 있으며 분진과 수질오염이 많이 발생한다.	풍화가 시작되는 암반 사면
낙석 방지책	낙석이 도로로 유입되는 것을 막는 울타리시설	도로와 암반 풍화 비탈면 사이
낙석 방지망	낙석이 떨어지는 것을 막기 위해 비탈면을 덮는 시설	암반 풍화 비탈면
비탈면 덮기	볏짚이나 코이어넷, 비닐 등을 이용하여 비탈면을 덮는다.	녹화되기 전 토사 비탈면
비탈면 녹화	시드스프레이, 종비토 뿜어 붙이기 등으로 비탈면을 녹화한다.	식생 활착이 가능한 비탈면

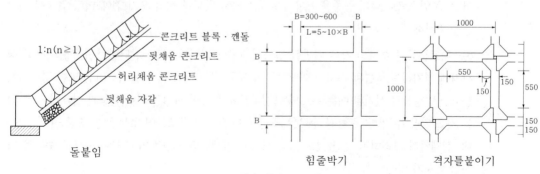

▲ 사면보호공

❸ 사면의 배수

강우 시 비탈면으로 유출되는 물을 배출하는 수로공과 비탈면의 지하에서 지표면으로 올라오는 물을 유출시키기 위해 설치하는 속도랑 공종이 있다. 지형의 변곡점, 지질의 변이점 등 지하수가 용출되는 곳에 속도랑을 설치하며, 수로공은 주위보다 낮아 집수가 가능한 곳에 설치한다.

구분	종류	시공 장소 및 시공 방법
수로공	찰붙임돌수로	• 유량이 많고 상시 물이 흐르는 곳에 선정한다. • 돌붙임 뒷부분의 공극이 최소가 되도록 콘크리트로 채운다.
	메붙임돌수로	• 지반이 견고하고 집수량이 적은 곳을 선정한다. • 유수에 의해 돌이 빠져 나오거나 수로바닥이 침식되지 않도록 시공한다.
	콘크리트수로	• 콘크리트수로는 유량이 많고 상수가 있는 곳을 선정한다.
	떼수로	• 경사가 완만하고 유량이 적으며 떼 생육에 적합한 토질이 있는 곳을 선정한다. • 수로의 폭(윤주)은 60~120cm 내외를 기준으로 한다. • 수로 양쪽 비탈에는 씨뿌리기, 새심기 또는 떼붙임 등을 한다.
	콘크리트플륨관수로	• 집수량이 많은 곳에 사용한다. • 가급적 평탄지나 산지경사가 완만한 지역에 설치한다. • 설치 전에 기초 지반을 충분히 다져 부등침하가 되지 않도록 한다.
속도랑	보링속도랑	• PVC 파이프 또는 콘크리트관에 배수를 위한 구멍을 뚫은 것을 사용한다. • 상대적으로 깊이가 깊은 곳에 배수를 위한 구멍을 뚫고 파이프를 시공한다.
	속도랑	• 유공관 또는 현장 채집석을 이용하여 용출수를 배수한다. • 속도랑의 끝은 집수정 또는 수로와 연결한다.

❹ 시공 방법

① 비탈면의 안정에 필요한 구조물은 되도록 기초가 원지반에 설치되어야 한다. 원지반이라는 것은 땅을 깎아서 만든 지반을 말한다.

② 땅을 다지는 것은 비용뿐만 아니라 시간도 많이 필요하다. 기계 및 장비로 다지더라도 추후에 기초 지반이 유실되거나 침하 되는 하자가 발생할 수 있다.

③ 성토사면의 기울기는 현장의 토질과 지질, 지형, 사면보호공의 종류와 시공 방법에 맞추어 시공한다. 절토되거나 성토된 비탈면은 시공 전에 강우에 노출되면 시공면적이나 양이 더 늘어날 수 있으므로 덮기 공종을 채용하여 유실되지 않도록 비가 오기 전에 미리 현장에 비닐 등을 준비해 둔다.

④ 콘크리트플륨관 수로의 경우 완만한 경사지에 설치되어야 하는데, 단단한 구조물이라고 경사지에 설치하여 플륨관 수로의 아랫부분이 세굴 되는 것을 많이 볼 수 있다. 또한 경사지에 등고선 방향으로 설치할 때는 수로의 아랫부분에 흙막이 시설을 하여 플륨관 아래가 세굴 되는 것을 막을 수 있다. 플륨관 수로를 계획할 때 흙막이 구조물이 없는 것을 종종 볼 수 있는데, 설계자가 고려하지 못한 것도 결국 하자가 발생하면 시공자의 책임이 되므로 주의를 기울일 필요가 있다.

⑤ 임도의 시공으로 만들어진 인공 비탈면은 그냥 방치하면 풍화와 세굴로 붕괴하게 되므로 녹화 공종 등 알맞은 공법을 도입하여 녹화하는 것이 좋다. 파종 및 식재의 시기는 임도공사의 추진상황 등에 맞추어 시공하되 되도록 국산 종자를 이용한다.

section 6 | 노면 보호 공사

노면 보호 공사는 경사가 급한 곳에 채용한다. 임도의 노면은 2% 이상 종단경사와 횡단경사를 두어야 물에 의해 파손되지 않는다. 이렇게 임도의 노면에 경사를 두는 이유는 노면의 물을 배수하기 위해서 필요하기 때문이다. 임도의 노면은 종단기울기가 8%를 초과하는 구간과 토질이 사질 또는 점토질인 구간, 노면의 종단기울기가 8% 이하인 구간으로서 지반이 약하고 습한 구간은 쇄석, 자갈을 부설하거나 콘크리트 등으로 포장을 하여야 한다.

1 포장의 종류

노면을 포장하는 방법은 시멘트콘크리트포장, 아스팔트콘크리트포장, 쇄설을 부석하여 다져서 포장하는 방법 등이 있다. 그 이외에 콘크리트블록, 화강암, 현무암 등 목적에 따라 다양한 포장 재료로 시공을 할 수 있으나, 임도의 노면은 일반적으로 시멘트콘크리트포장을 하거나 쇄석을 부설하여 포장한다. 그러므로 이 단원에서는 이 두 가지 포장의 시공 방법에 대해서 설명하고자 한다.

포장의 종류	시공 방법
쇄석포설	• 노면을 유효 노폭보다 0.5m 정도 넓게 2~30cm 깊이로 파고, 다진 후 쇄석을 부설한다. • 쇄석은 25~40mm의 것을 현장 토질에 맞게 설치한다. • 쇄석의 결합 재료로 석분 또는 마사를 교대로 포설한 후 물을 뿌리고 롤러를 이용하여 다진다.
콘크리트 포장	• 노면을 유효 노폭 정도로 파고 다진 후 거푸집을 설치하고, 비닐을 깔고 와이어메시를 설치한 후 콘크리트를 거푸집에 부어 원하는 모양으로 만든다. • 콘크리트의 표면은 차량 진행 방향의 수직으로 거친 무늬를 넣어 차량이 미끄러지지 않도록 한다.
철근 콘크리트 포장	• 통행량이 많은 곳에 사용한다. • 건조에 의한 수축과 온도에 따른 신축에 대비한 줄눈을 넣어야 한다. • 노면을 유효 노폭 정도로 파고, 다진 후 거푸집을 원하는 깊이보다 10~20cm 높게 설치한다. • 콘크리트에서 물이 빠지지 않게 비닐을 깐 후 철근을 설치한다. • 철근은 거푸집에서 10cm 이상 떨어지도록 한다. • 거푸집에 콘크리트를 부어 원하는 모양으로 만든다. • 표면은 거친 무늬를 넣어 차량이 미끄러지지 않게 한다.

2 노면의 배수처리 등 기타

1) 겉도랑

① 포장한 노면의 물이 경사진 길을 따라 흘러내리면 유속이 빨라지거나 유량이 많아져 최종 유

Part 2 임도공학

출지점에서 포장면의 주위에 세굴이 발생하게 된다. 이 때문에 노출형 횡단배수로를 적절한
길이에 따라 시공하여야 한다.

▲ 토사도의 겉도랑

▲ 콘크리트포장 임도의 겉도랑

② 노출형 횡단수로는 차량의 진행 방향에 비스듬하게 설치해야 주행하는 차량에 충격이 적게
가고, 겉도랑의 파손도 적다.

2) 옆도랑

① 옆도랑의 깊이는 30cm 내외로 하고, 암석이 집단적으로 분포되어 있는 구간 및 능선 부분과
절토사면의 길이가 길어지는 구간은 L자형으로 설치할 수 있으며, L자형 상부지점에는 배수
시설을 설치한다. 다만, 노출형 횡단수로를 설치하여 물을 분산시킬 수 있는 경우에는 옆도
랑을 설치하지 아니할 수 있다.

② 옆도랑은 동물의 이동이 용이하도록 설치한다.

③ 종단기울기가 급하여 침식우려가 있는 옆도랑에는 중간에 유수를 완화하는 시설을 설치한다.

④ **성토면이 안정되고 종단경사가 5% 미만인 경우에는 옆도랑을 파지 않고 3~5% 내외로 외향
경사를 주어 물을 성토면 전체로 고르게 분산시킬 수 있다.** 이 경우 임도를 횡단하여 유수를
차단하는 노출형 횡단수로를 30m 내외의 간격으로 비스듬한 각도로 설치한다.

section 7 시공작업 관리기법

1 노면

① **노면은 최소 기울기가 2%는 넘어야 한다.**

② 기초 지반을 성토한 경우 토양의 중량과 교통하중을 충분히 지지하면서도 가라앉지 않아야
한다.

③ 기초 지반이 옆으로 밀리거나 교통하중에 의한 압밀침하를 일으키지 않도록 하여야 한다.

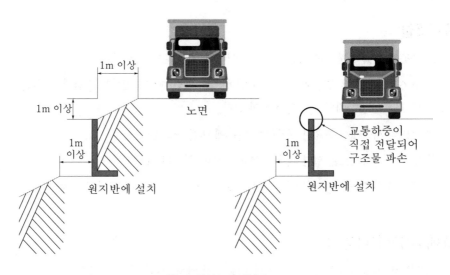

▲ 임도 노면의 높이 개념도

④ 노면의 높이는 구조물과 1m 이상 여유를 두고 설치하여야 한다. 여유분을 두지 않으면 교통
하중이 구조물에 직접 전달되어 구조물이 파손된다.

⑤ 비탈면에 설치하는 구조물은 시공 초기에 원지반을 깎고 설치하여야 한다. 또한 구조물로부
터 성토사면은 0.5~1m 이상의 수평으로 된 부분이 있어야 구조물에 손상이 가지 않는다.

⑥ 노면의 재료는 노체의 변형을 최소화 할 수 있는 재료를 선정한다.

② 사면

① 절토사면은 자연 상태의 본바닥을 절취하여 만들게 되므로 토질 및 암질에 유의하여 비탈면
의 안식각을 만든다. 절취한 상태로 안식각을 만들 수 없을 때 구조물을 도입한다.

② 성토 비탈면은 특히 강우에 취약하므로 배수로와 연결되는 부분은 세굴이 발생하지 않도록
필요한 조치를 하여야 한다.

③ **성토 비탈면의 기울기는 1:1.2~2.0의 기울기를 표준으로 한다.**

④ 성토 비탈면은 녹화에 필요한 토양이 충분하므로 사면보호와 녹화를 동시에 할 수 있는 볏짚
덮기나 떼단 쌓기 등의 공법을 도입하는 것이 유리하다.

⑤ 비탈면의 길이가 길어질 경우 단을 끊어 소단을 만든다.

실력 확인 문제

임도 시공에서 성토 비탈면의 표준적인 물매는?

① 1.0~1.1

② 1.0~2.0

③ 1.2~2.0

④ 1.5~2.5

정답 ②

3 구조물

① 구조물은 흙을 제외한 재료를 이용하여 임도에 설치하는 시설이다.

② 구조물의 시공은 도면에 의해서 하되 현지에 적합하거나 예산을 절감할 수 있는 공법을 도입할 경우는 발주자와 허가를 거쳐야 한다.

③ 임도의 시공에서 중요한 구조물은 배수에 대한 구조물이다.

④ 도로를 가로지르는 횡단 배수는 특히 중요한 임도의 시설물이다.

⑤ 임도에 구조물을 설치할 때는 유효 노폭과 길어깨를 제외한 구간에 설치한다.

4 배수시설 관리 방법

① 임도의 배수시설은 낙엽이나 기타 이물질에 의해 막히는 경우가 많다.

② 배수구가 막히면 배수시설이 없는 것과 마찬가지로 임도가 파괴된다.

③ 임도를 시공할 때는 비가 오기 전과 후, 봄철 해빙기, 낙엽이 많은 가을철에 배수구조물의 관리가 편하게 될 수 있도록 시공하여야 한다.

④ 배수시설이 제 기능을 유지할 수 있도록 시공 시 그 위치와 형식 및 수량을 적정하게 설치하여야 한다.

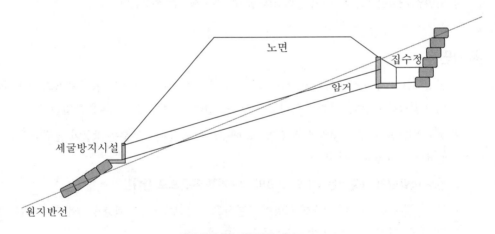

▲ 임도 횡단배수시설 설치 개념도

⑤ 또한 임도를 사용하면서도 횡단배수구, 노출형 횡단수로 등이 제 기능을 유지할 수 있도록 정기적으로 하는 일상점검과 호우가 오는 시기나 해빙기에 실시한다.

⑥ 배수시설은 설계할 때 적용했던 유수의 단면적이 유지될 수 있도록 점검하여 보수한다.

임도 유지관리 및 안전관리

1 사면붕괴의 원인

비탈면은 평상시에 안정을 이루다가 다음과 같은 원인으로 안정상태가 깨지면 붕괴가 발생한다.

① 빗물, 융설, 기타 원인에 의한 하중 및 함수량의 증가

② 온도변화에 의한 신축 및 동결과 융해의 반복

③ 지진 및 발파에 의한 충격력

④ 전단력이 전단응력보다 커져서 발생하는 인장력에 의한 균열

⑤ 함수비의 증가로 인한 점토 토립자의 팽창 및 공극수압의 증가

⑥ 토양 조직의 파괴

⑦ 토립자 간 점착력의 감소

2 사면붕괴의 유형

① 사면붕괴의 유형은 붕괴의 형태에 따라 원형, 평면, 쐐기, 전도 파괴가 있으며, 도로비탈면에서 많이 발생하는 원형 파괴는 사면선단파괴(斜面先端破壞), 사면내파괴(斜面內破壞), 사면저부파괴(斜面底部破壞) 등으로 구분할 수 있다.

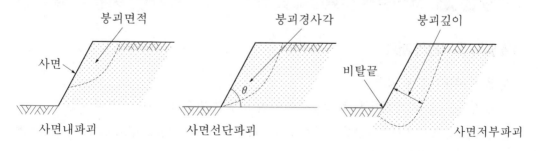

▲ 원형 파괴의 형태와 사면 붕괴의 3요소

② 사면선단파괴는 사면의 하단을 통과하는 활동면을 따라 발생하고, 사면내파괴는 경사면의 중간을 통과하는 활동면을 따라 발생하고, 사면저부파괴는 비탈면 끝보다 아래쪽을 지나는 활동면에 따라 발생한다.

③ 사면내파괴(slope failure)는 기초 지반의 두께가 얇고 성토층이 여러 층인 경우에, 사면선단 파괴(toe failure)는 균일하고 연약한 점토지반 위에 놓인 비탈면에서 잘 발생하는데, 경사가 급하고 점착성이 작은 경우에 발생한다. 사면저부파괴(base failure)는 비교적 토질이 연약한 점착성의 흙이 완만한 사면 위에 놓인 경우 잘 발생한다.

④ 붕괴면적, 붕괴평균경사각, 붕괴평균깊이를 사면붕괴의 3요소라고 한다.

❸ 침식의 종류

임도에서 주로 물에 의한 침식 중에서는 빗물에 의한 침식이, 중력침식 중에서는 붕괴형 침식이 발생한다. 점토질 지반에서는 지활형침식이 발생할 수 있다.

[침식의 종류]

물침식	우수침식	우적침식, 면상침식, 누구침식, 구곡침식, 야계침식
	하천침식	종침식, 횡침식
	지중침식	용출침식, 복류심침식
	바다침식	파랑침식, 연안류침식, 지류침식
중력침식	붕괴형침식	산사태, 산붕, 붕락, 포락, 암설붕락
	지활형침식	지괴형 땅밀림, 유동형 땅밀림, 층활형 땅밀림
	유동형침식	토류, 토석류, 암설류
	사태형침식	눈사태, 얼음사태
침강침식	곡상침식, 틈내기 및 구멍내기	
바람침식	내륙사구침식 및 해안사구침식	

---

section **2** 유지관리 기술

❶ 임도 유지관리 개요

1) 임도 피해의 발생 형태

① 임도는 경사지에 설치하므로 보수를 하지 않고 방치하면 붕괴의 위험이 있다.

② 임도의 절토 경사면은 풍화에 의해 흙이 흘러내리는 경우가 많고, 성토 경사면은 물에 의해 유실되는 경우가 많다.

③ 임도의 노면은 가라앉아 낮아지거나 토사가 유실되어 표면이 패는 경우가 많다.

④ 임도가 새로 만들어진 경우 3~5년 정도에는 토사의 유실이 자주 발생하므로 정기적인 점검과 보수가 필요하다.

⑤ 신설 후 5년 정도 경과 후에는 임도구조개량 사업을 통해 불안정한 요소들을 제거하여야 한다. 그 이후에는 노면과 옆도랑의 단면을 유지하기 위한 점검과 보수 작업이 진행된다.

⑥ 봄 해빙기와 여름철 호우 발생 후에 집중적인 점검을 한다.

⑦ 임도에 발생하는 피해는 주로 물이 원인이 되며, 안정을 이루지 못한 경사면, 충분하지 않은 배수시설 등이 이를 가속시킨다.

⑧ 물로 인해 약해진 노면에 자동차가 주행을 하거나 유속이 빨라진 물이 노면을 침식시킨다.

⑨ 노체, 특히 노반에 부엽토나 나무의 가지, 줄기, 뿌리 등이 포함되어 있으면 물에 의한 피해가 더 커진다.

2) 임도 유지보수 공종

① 노면 보호공

- 차량통행으로 인해 임도의 표면이 가라앉은 부분이 생긴다면 이것은 노반의 지지력이 약해진 것이다. 이때는 자갈이나 쇄석 등을 깔아 지지력을 보강한다.
- 임도 노선에 토사도가 많은 경우 해빙기나 집중호우 후에는 안전을 위해 일반 차량의 통행을 제한할 필요가 있다.
- 노면을 고르는 작업은 노면이 젖어있을 때 하는 것이 좋다.
- 길어깨가 노면보다 높은 경우 노면이 수로의 역할을 하게 되므로 길어깨를 깎고 노면을 다져야 한다.

② 배수로 점검공

- 배수로가 막혀 있으면 비가 올 때 제 기능을 하지 못한다. 배수로가 없는 것과 마찬가지 상태가 되는 것이다.
- 배수로는 평소에 적정한 통수단면을 확보하기 위해 수시로 빗물받이와 암거의 입구를 점검하고, 옆도랑에 쌓인 낙엽과 나뭇가지, 깎기사면으로 흘러내린 토사 등은 수시로 치워 물이 원활하게 흘러갈 수 있도록 한다.
- 임도의 유지관리는 타이어바퀴식 백호우 등 이동이 빠른 건설기계를 상시, 순환 배치하는 것이 효율적이다.

③ 안전점검

- 일상적인 점검과 보수를 계속해서 수행하는 업무는 기능적인 면에 치우쳐 있다.
- 기능적인 면에 치우치게 되면 보다 큰 원인이 되는 구조적인 부분을 소홀히 하게 된다.

– 삼풍백화점이나 성수대교의 붕괴도 따지고 보면 일상적인 부분이나 전체에서 일부에 해당하는 부분만 점검하여 전체적인 큰 그림을 보지 못해 발생한 재해에 해당한다.

– 보다 전문적인 식견과 오랜 경험을 가진 기술행정 전문가나 지질 및 구조의 전문가가 정기적인 점검을 수행해야 작은 단서를 놓쳐 발생할 수 있는 큰 재해를 예방할 수 있다.

3) 임도 유지관리의 주체

① 산림청장은 산림의 효율적인 개발·이용의 고도화 또는 임업의 기계화 등 임업의 생산기반정비를 촉진하기 위하여 필요하다고 인정할 때에는 산림소유자의 동의를 얻어 임도를 설치할 수 있다.

② 임도는 시·도지사 또는 지방산림청장이 유지·관리한다. 다만, 필요한 경우에는 산림소유자로 하여금 유지·관리하게 할 수 있다.

③ 사설임도는 산림소유자 또는 산림을 경영하는 자가 스스로 유지·관리하되, 산림소유자 또는 산림을 경영하는 자가 동의하는 경우에는 시장·군수가 공설임도로 관리할 수 있다.

② 유지관리

1) 유지관리의 대상

① 임도는 임도 사업이 완료된 직후부터 유지관리의 대상이 된다. 임도가 신설된 지 2년이 경과하지 않았고, 임도에 생긴 결함의 책임이 시공사업자에게 있다면 사업자는 하자보수의 책임이 있다. 그 이외의 경우는 유지관리 주체가 유지관리 사업을 수행한다.

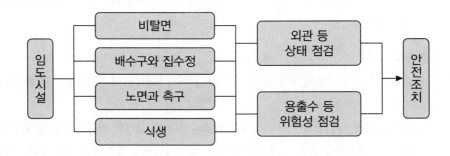

▲ 임도 유지관리 대상과 절차

② 유지관리는 점검과 보수가 핵심이다.

– 점검은 외관 등 현재의 상태가 이상이 있는지 살피는 상태 점검과 용출수 등 붕괴와 직접 관련이 있는 요소를 살피는 위험성 점검이 있다. 점검 후 보수와 안전을 유지하기 위한 조치를 수행하여야 한다.

– 유지보수는 가용한 예산, 임도현황, 기상자료 등의 기초자료를 검토한 후 단기 및 장기의 유지보수 계획을 수립하여 수행한다.

③ 임도의 유지관리를 생애관리(life cycle management)의 개념에서 보면 임도를 계획하는 단계에서부터 유지보수를 염두에 두어야 한다.

④ 임도망과 노선의 결정, 구조물 및 관리 방법을 미리 선택하여야 유지보수 사업에 대해 합리적인 의사결정을 할 수 있다.

2) 임도사업의 전 과정

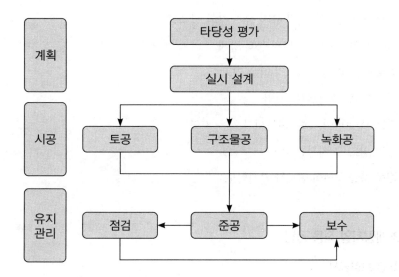

① 임도사업의 과정은 크게 계획단계와 시공단계 그리고 유지관리 단계로 구분할 수 있다.

② 계획단계는 사업의 시행 여부를 결정하는 것이 타당성 평가이고, 사업의 시행이 결정되면 사업을 수행하기 위해서 실시설계를 하게 된다.

③ 시공단계는 땅을 정비하는 토공, 정비된 땅의 기반을 안정시키는 구조물을 설치하는 구조물공, 안정된 기반 위에 풀이나 나무를 심는 녹화공으로 구분할 수 있다.

④ 각 단계별로 배수시설, 노면시설, 비탈면시설, 구조물 설치 등의 공종을 예산 범위 내에서 적정하게 설치하고, 설치된 시설을 유지 관리하는 것이 임도건설 사업이다.

⑤ 임도의 유지관리를 위해 일상적으로 사용해야 하는 경비가 많아진다면 임도구조개량사업을 통해 사업을 수행하는 것이 합리적이다.

3) 임도구조개량사업

임도구조개량사업은 이미 설치된 임도 중에서 피해의 발생과 경관을 저해할 우려가 있는 구간에 기존의 구조물을 보수하거나 추가로 필요한 공종을 보강하는 사업을 말한다.

임도 구조개량 사업의 대상은 다음과 같다.

① 집중호우 시 피해 발생의 위험이 있는 임도

② 주요 산업시설, 가옥, 농경지 등에 대한 재해예방이 필요한 지역

③ 사양토(마사토) 지역

④ 급경사지를 성토한 지역

⑤ 배수관의 크기를 확대하거나 배수관의 증설이 필요한 지역

⑥ 절토·성토면의 안정각 유지 등 보강이 필요한 지역

⑦ 기타 노면의 보호, 노면의 붕괴 방지 등의 조치가 필요한 지역

⑧ 절토·성토면이 녹화되지 않은 임도

⑨ 인근 도로에서 보이는 지역

⑩ 절토·성토면이 녹화·피복되지 않은 지역

⑪ "테마임도"로 지정된 임도

⑫ 대형 차량 통행이 필요한 간선임도

4) 구조개량사업 적용 공법

① 노면 보강공사

    – 노면의 유실을 방지하기 위하여 혼합골재(쇄석·석분 등)와 노면보강재를 시공한다.

    – 경사가 급한 노면은 콘크리트, 아스콘 등으로 포장하거나 노면배수시설을 설치한다.

② 성토면 붕괴방지 공사

    – 옹벽, 돌쌓기, 흙막이 등 구조물을 설치한다.

③ 절토면의 안정공사

    – 절토면의 안정각 유지가 필요한 지역에는 추가로 절토한다.

    – 흘러내리는 토사로 인해 측구가 막힐 우려가 있을 때는 피해 방지를 위한 구조물을 도입하거나 녹화한다.

④ 배수공사

    – 침식의 우려가 있는 옆도랑에는 낙차공(누구막이) 등 유수완화시설을 설치한다.

    – 배수처리를 원활하게 하기 위하여 암거를 설치하거나 배수관의 크기를 확대하거나 증설한다.

    – 계류를 횡단하는 구간은 가급적 물넘이 포장(세월교)을 하고 배수관 시설지 앞쪽 계곡에는 계간공작물을 설치하는 등 배수관 막힘 방지대책을 강구한다.

▲ 부적합한 통수단면적

– 배수관의 유출부는 위치 여건에 따라 콘크리트수로, 찰쌓기수로, 낙차공 등으로 시공하여 세굴 되지 않도록 한다.

⑤ 차폐 · 피복공법

– 성토면에 암석 파면이 많아 파종이 어려운 구간의 경우에는 복토한 후 파종하거나 덩굴류 피복공법 등을 적용한다.

– 녹화에 많은 비용이 들어가거나 어렵고 붕괴가 발생할 우려가 적은 구간은 만경류 등으로 차폐식재를 한다.

---

section 3 안전사고의 유형과 대책

1 안전사고의 유형

임도 건설 현장에서는 벌목작업, 중량물 운반, 장비작업 등에서 주로 재해가 발생한다. 벌목작업을 할 때는 넘어지는 벌도목에 깔리거나, 벌도용 엔진톱에 의해 상처를 입거나, 장기적으로는 기계의 소음과 진동으로 인한 질병에 걸릴 수 있다. 중량물을 인력으로 운반하는 경우 무리한 작업량으로 허리 등에 상처를 입거나 중량물의 낙하에 의한 끼임이 발생할 수 있다. 현장에서 주행하는 토공 장비의 바퀴에 깔리거나, 콘크리트 믹서트럭과 펌프카 사이에 끼이거나, 떨어지는 암석에 맞거나, 상차작업 중 와이어나 벨트가 풀려서 떨어지는 물건에 맞는 경우가 있다. 또한 옹벽을 설치하는 높이가 높을 경우 거푸집이 무너지면서 쏟아지는 굳지 않은 콘크리트와 거푸집에 눌리는 경우가 있다.

산업안전보건법 제2조의 1은 "산업재해란 노무를 제공하는 자가 업무에 관계되는 건설물 · 설비 · 원재료 · 가스 · 증기 · 분진 등에 의하거나 작업 또는 그 밖의 업무로 인하여 사망 또는 부상하거나 질병에 걸리는 것을 말한다."고 정의하고 있다. 임도사업에서 발생하는 재해는 산업재해에 해당한다고 볼 수 있다.

1) 재해 발생 메커니즘

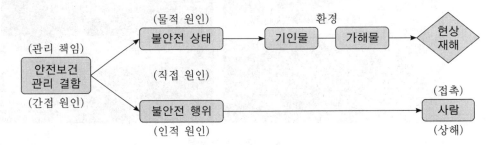

2) 재해 발생의 원인

원인	내용	대책
불안전한 상태(10%) 기술적 원인 (Engineering)	① 기계 자체의 결함 ② 방호장치 결함 ③ 복장 및 보호구 결함 ④ 작업 장소, 환경, 공정의 결함	기술적 대책 : 인체공학적인 설비 구성, 위험이 적은 원재료 사용, 작업공정, 작업 방법 변경
불안전한 행동(88%) 교육적 원인 (Education)	① 위험장소 접근 ② 방호장치 기능 제거 ③ 기계 및 기구 오조작 ④ 운전 중인 기계장치 손질 ⑤ 불안전한 자세 및 동작	교육적 대책 : 안전교육을 생활화하여 안전의식을 고취한다.
관리적 요인 (Enforcement)	안전관리 조직 및 제도의 결함, 안전수칙 미 제정 등 관리적 결함	관리적 대책 : 안전조직체계를 정비하고 관련 제반 기준을 마련한다.
정신적 원인	태만, 반항, 불만, 초조, 기장, 공포 등 정신상태 불량	
신체적 원인	각종 질병, 스트레스, 피로, 수면 부족 등 육체적 능력 초과	

② 재해 방지 요령 등 기타

임도 건설 현장에서 발생하는 인적재해의 개별적인 방지 요령은 다음과 같다.

벌목작업 시 안전장구를 반드시 착용하고, 벌목작업 전 대피로를 확보하고, 수구를 낸 후 추구를 내고, 위와 아래에서 나란히 벌목하는 것을 피하는 등 벌목 요령을 준수하여야 한다. 중량물을 운반할 때는 작업 동선에 대해 안전계획을 수립하고, 차량계 건설기계를 현장에서 운영할 경우 반드시 유도자를 배치하여 작업 반경 내 근로자의 접근을 통제하여야 하며, 중량물을 취급할 때는 벨트나 와이어로프 등에 잠금 및 해지장치를 반드시 설치하여야 한다.

1 사고예방 대책

1) 3E 대책

대책	내용
기술적 대책 (Engineering)	① 시공기계에 대한 안전대책 수립 ② 현장 동선을 고려한 작업계획 수립 ③ 개별 작업의 위험요소를 분석하고 방지대책 수립
교육적 대책 (Education)	① 작업자에게 작업 목적, 시공상 문제점을 교육한다. ② 작업자에게 안전관리의 목적과 내용을 숙지시킨다. ③ 작업장 정리정돈 요령 교육 및 확인 ④ 안전장구의 필요성 및 착용 요령 교육
관리적 대책 (Enforcement)	① 토공작업기계 신호수 배치 ② 안전시설 및 설비 구비 ③ 안전장구 구비 및 작업자에게 지급

2) 관리적인 대책

① 임도현장에서 발생할 수 있는 재해는 점검, 재해 요인 발견, 대책 수립의 순으로 예방할 수 있다.

② 공사현장에서 발생하는 재해에 대한 책임은 산업안전보건법 제5조 사업주 등의 의무에서 산업재해 예방을 위한 기준을 수립하고, 근로자의 작업환경 및 근로조건 개선, 안전보건에 대한 정보 제공 등의 의무를 사업주에게 부과하고 있다. 또한 같은 법 제15조 "안전보건관리책임자"는 안전보건관리책임자의 업무를 구체적으로 명시하고 있다.

③ 임도 건설은 공사금액 20억 이상의 경우 안전보건관리책임자를 두도록 규정하고 있지만, 안전보건관리책임자의 의무에 재해를 예방하기 위한 대책이 구체적으로 제시되어 있으므로 그 대책을 간략히 요약하면 다음과 같다.

㉠ 사업장의 산업재해 예방계획 수립

㉡ 안전보건관리규정 작성

㉢ 안전보건교육

㉣ 작업환경점검 및 개선

㉤ 근로자의 건강관리 및 유해·위험 방지 조치

㉥ 산업재해에 관한 원인조사, 재발방지대책, 통계의 기록 및 유지

㉦ 안전장치 및 보호구 구입 시 적격품 여부 확인

㉠~㉦의 내용을 이행하는 과정에서 재해 예방을 위한 구체적인 활동이 이루어질 것을 기대할 수 있다. 관리적인 대책의 출발점은 현장의 안전점검이다.

3) 안전점검

안전점검은 불안전한 상태와 불안전한 행동에 대한 점검으로 구분할 수 있다. 점검활동을 통해 불안전한 상태와 행동을 발견하면 원인을 분석하고, 대책을 수립하여 이를 시정 및 보완한다.

[3E 대책]

대책	내용
불안전한 상태 점검	① 작업장 시설의 위험성 　－ 작업장의 통로 및 발판 점검 　－ 작업장 정리 및 정돈 상태 점검 　－ 환경 및 구급장비 점검 ② 기계 및 장비 　－ 위험방지 장치, 동력전달 장치 등 ③ 위험물 　－ 독사, 독충, 벌, 분진 등 점검
불안전한 행동 점검	① 작동하는 기계에 무단 접근 ② 기계 사용 오남용 ③ 허용되지 않은 작업 및 작업 방법 ④ 보호구 사용방법 부적절 ⑤ 무자격자의 무단 조작 등

2 기본 원리

1) 하인리히의 법칙

① 하나의 큰 사고가 발생하기 전에 그와 관련된 수많은 작은 사고와 징후들이 반드시 존재한다는 것을 밝힌 법칙이다.

② Herbert William Heinrich가 펴낸 Industrial Accident Prevention : A Scientific Approach이라는 책에서 소개된 법칙이다.

③ 보험회사에 근무했던 하인리히는 1명의 중상자가 산업재해를 당하면 그 이전에 같은 원인으로 발생한 경상자가 29명, 같은 원인으로 부상을 당할 뻔한 잠재적 부상자가 300명 있었다는 사실을 발견하였다. 1:29:300 법칙은 큰 재해와 작은 재해 그리고 사소한 사고의 발생 비율이 1:29:300이라는 것이다. 이를 통해 큰 재해는 항상 사소한 것들을 방치할 때 발생하기 때문에, 사소한 문제가 발생하였을 때 이를 면밀히 살펴 그 원인을 파악하고 잘못된 점을 시정하면 대형 사고나 실패를 방지할 수 있지만, 징후가 있음에도 이를 무시하고 방치하면 돌이킬 수 없는 대형 사고로 번질 수 있다고 주장했다.

④ 하인리히 법칙은 산업재해뿐만 아니라 각종 사고나 재난, 또는 사회적 · 경제적 · 개인적 위기나 실패와 관련된 기본적인 원리로 해석되고 있다.

2) 사고 발생 5과정

① 하인리히는 사고 발생의 과정을 사회적 환경, 인간의 결함, 불안전한 행동, 사고, 재해의 다섯 가지 요인이 순차적으로 발생하여 일어난다고 하였다. 이 중 불안전한 행동이 제거되면 사고는 발생하지 않는다.

② 재해를 방지하기 위해서는 불안전한 행동이나 상태와 같은 개인적인 요인들을 예방하거나 제거해야 한다. 바꾸어 말하면 개개인이 안전교육을 통해 안전한 행동과 태도를 습득함으로 안전사고를 예방할 수 있다.

③ 임도 건설현장에서도 현장에 투입하기 전에 수행해야 할 작업에 대한 내용을 숙지시켜 스스로 자신을 보호할 수 있도록 교육하여야 한다.

3) 재해예방 4원칙 ★★★

① 손실 우연의 원칙

- 같은 종류의 사고를 되풀이할 경우 중상이 1회, 경상이 29회, 아무런 상해도 없는 경우가 300회 정도의 비율로 나타나므로 사고와 상해 정도 사이에는 언제나 우연적인 확률이 존재한다는 원칙이다.

- 사고의 결과로서 생긴 손실의 대소 또는 손실의 종류는 1:29:300의 확률적 우연에 의하여 정해지므로 예측할 수 없다. 그러므로 큰 재해가 발생하지 않으려면 미리 작은 재해를 예방해야 한다.

② 원인 계기의 원칙

- 재해가 발생하는 것과 그 원인 사이에는 반드시 필연적인 인과 관계가 있다는 원칙이다.

- 재해가 발생하는 것과 손실이 발생하는 것은 우연적인 관계지만 재해와 원인의 관계는 필연적이다.

③ 예방 가능의 원칙

- 사고에 의한 인적 재해의 특성은 천재지변과는 달리 발생을 사전에 예방할 수 있다는 원칙이다.

- 안전관리는 예방 가능의 원칙에 기초한 것이다.

- 체계적이고 과학적인 예방 대책이 세워지면 물적·인적인 차원에서 그 원인이 되는 징후를 미리 발견하고 재해 발생을 최소화시킬 수 있다.

④ 대책 선정의 원칙

- 안전사고는 기술적(engineering), 교육적(education), 관리적(enforcement) 대책으로 예방할 수 있다. 안전사고는 이 3가지를 모두 활용함으로써 예방할 수 있고, 합리적인 관리가 가능하다.

– 임도건설현장에서 커다란 산업재해는 많이 발생하지 않지만 여러 가지 사고가 반복하여 발생하고 있는 것은 사실이다. 대형 사고가 일어나기 전에 반드시 그와 관련된 징후가 있다고 한 하인리히는 이러한 작은 사고들을 방치하면 큰 재앙이 발생할 수 있다고 경고한다.

❸ 보호 장비 등 기타

① 임도건설 시 안전모과 안전화는 반드시 착용하여야 한다.

② 벌목작업을 포함하고 있을 경우 난청을 방지하기 위해 귀마개, 나뭇가지의 비산으로부터 작업자를 보호하는 얼굴보호망, 엔진톱으로부터 다리와 발을 보호하는 무릎보호대와 몸통을 보호하는 안전복이 있다.

7 산림측량

section 1 지형도 및 입지도 분석

지형도는 지형측량의 결과물로 만들어진 지도를 말한다. 지형도는 등고선으로 지형의 높낮이를 표현한다. 지형도는 실제 지형을 지도상에 줄여서 표시하며, 그 줄인 비율을 축척이라고 한다. 축척은 정밀도에 따라 1:1,000 이상의 대축척지도와 1:10,000 이하의 소축척지도로 구분할 수 있다. 입지도는 산림토양입지도를 줄인 말로 지형별, 모암별 토양형의 특성을 표시한 지도를 말한다. 지형도와 입지도는 산림청에서 운영하는 FGIS종합관리시스템을 이용하여 자료를 수집하고 분석할 수 있다. FGIS의 DATA를 활용하여 조사 대상지의 경사, 방위, 표고, 습윤지수 등 일반현황을 분석하고, 분석 결과를 정리하여 만든 분석자료는 현지조사의 기초자료로 활용한다.

1 지형도 분석

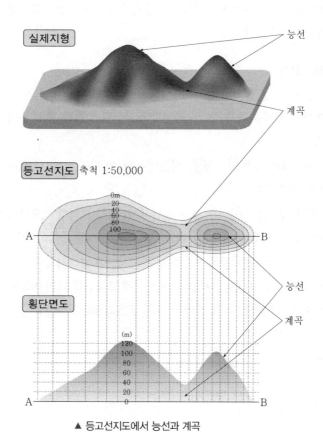

▲ 등고선지도에서 능선과 계곡

① 지형도는 한 장소 또는 지역과 관련된 각종 지리적 현상의 특성을 보여주는 자료라는 의미에서는 지리 정보의 하나라고 볼 수 있다.

② 지형도에는 장소, 지역의 위치에 대한 정보와 장소의 명칭과 성격, 장소 간의 관계에 대한 정보가 담겨있다.

③ 등고선으로 그려진 지형도를 통해 급경사와 완경사, 능선과 계곡을 간단하게 구분할 수 있다.

1) 지도상의 방향

① 지도의 위쪽은 일반적으로 북쪽이다. 그러므로 일반적인 지형도를 현장에서 확인하는 데는 나침반(compass)이 필요하다.

② 나침반의 붉은 바늘이 가리키는 방향이 북쪽인데, 이것을 지도의 윗면과 일치시킨 후 현장의 지형을 확인할 수 있다. 이 과정을 정치(orientation)라고 한다.

> **참고** **지도의 정치(正置) : 지도의 자북과 나침반의 북쪽을 일치시키는 작업** ●
>
> - **자북(磁北)** : 나침반의 N극이 가리키는 북쪽
> - **도북(圖北)** : 지도의 경선이 가리키는 북쪽으로 모든 지도는 위쪽이 북쪽이다.
> - **진북(眞北)** : 북극성이 가리키는 북쪽

③ 진북과 도북은 정확하게 일치하지는 않지만 임도와 사방시설을 할 때는 같다고 가정하고 사용해도 문제가 없다.

2) 해발고도 읽기

① 등고선의 종류를 보고 해발고도를 판독한다. 또한 가장 높은 정상 부분에는 숫자가 기록되어 있기 때문에 이를 기준으로 주곡선과 계곡선의 숫자를 세어 원하는 지점의 높이를 얻을 수 있다.

② 계곡선(숫자가 쓰여 있는 굵은 실선)은 축척에 따라 50m(1:25,000)와 100m(1:50,000) 간격으로 그려진다.

③ 계곡선과 계곡선 사이에는 얇은 실선이 네 개가 그려져 있으므로 이 등고선의 간격은 각각 10m(1:25,000)와 20m(1:50,000)이다. 이 등고선을 주곡선이라 한다.

④ 대부분의 지형도에는 앞의 두 종류의 등고선만이 그려지지만 특수한 경우 두 개의 주곡선 사이에 또 다른 등고선인 간곡선과 그 사이에 조곡선을 그리기도 한다. 따라서 1:25,000 지형도의 경우 간곡선은 5m 간격이며, 조곡선은 2.5m 간격이다.

▲ 현실 지형에서 능선과 골짜기

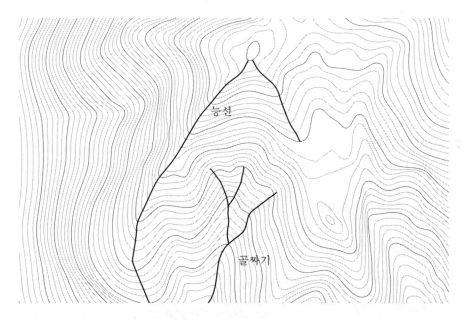

▲ 등고선지도에서 능선과 골짜기

3) 지도를 이용한 내 위치 파악

① 후방교회법 : 현장에서 내 위치를 지도상에서 확인하려면 지도를 표정 및 정치한 후 봉우리
나 골짜기 등 내 위치를 지나는 두 개의 목표물을 정하고, 실제 목표물과 지도상의 목표물을
연결하는 직선의 교차점이 지도상의 내 위치이다.

② 전방교회법 : 지도상에 표시되어 있지 않은 지점도 지도를 이용하여 수평거리를 파악할 수
있다. 먼저 지도상의 자신의 위치와 목표물을 연결한 직선을 그린 후 장소를 옮겨 똑같은 방
법으로 다시 한번 직선을 그린다. 이렇게 그린 두 직선이 교차하는 지점이 목표물의 위치이
므로 지도의 축적을 사용하여 수평거리를 확인할 수 있다.

❷ 입지도 분석

입지도 분석은 사업대상지와 주변의 중요한 시설 또는 도시로부터의 거리와 접근성을 파악하여 대상지의 활용성에 대해 알고자 할 때 실시한다.

❸ 축척 계산과 도상 면적 계산

1) 축척 계산

축척이란 도상거리(지도 및 사진상 거리)와 실제거리와의 비를 말한다.

$$축척 = \frac{1}{M} = \frac{도상거리}{실제거리}$$

∴ 실제거리 = 도상거리 × M

$$∴ 도상거리 = \frac{실제거리}{M}$$

여기서, M : 축척의 분모 수

2) 도상 면적 계산

축척과 면적과의 관계는 면적은 거리의 제곱에 비례한다.

$$(축척)^2 = (\frac{1}{M})^2 = (\frac{도상거리}{실제거리})^2 = \frac{도상거리}{실제면적}$$

∴ 실제면적 = 도상면적 × M^2

$$∴ 도상면적 = \frac{실제면적}{M^2}$$

여기서, M : 축척의 분모 수

3) 축척과 정도

① 대축척 : 축척의 분모 수가 작은 것

② 소축척 : 축척의 분모 수가 큰 것

③ 정도가 좋다 : 축척의 분모 수가 작은 것

④ 정도가 나쁘다 : 축척의 분모 수가 큰 것

4 지형경사도 계산

1) 노선의 경사도 계산

① 경사도는 1/25,000 지형도에 임도 예정 노선을 기점으로 하여 그 예정 노선의 매 4mm 간격의 지점에서 수직 방향으로 상하 1cm를 기준으로 측정하고 측정한 경사도의 합계를 평균하여 계산한다.

② 임도의 경사도는 %를 사용한다.

$$경사도(\%) = \frac{높이차(표고차)}{실제거리(구간거리)} \times 100$$

2) 경사보정량

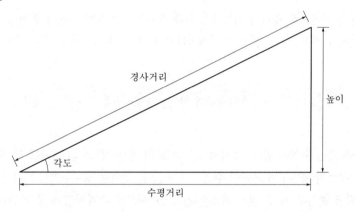

▲ 경사거리와 수평거리와의 관계

① 경사보정이란 경사거리를 관측하고 이 값을 경사각이나 경사높이를 이용하여 보정함으로써 수평거리로 환산하는 것이다.

② 경사보정량이란 경사거리와 높이 또는 경사면의 각도를 관측했을 때, 경사거리를 지도에서 사용하는 수평거리로 환산할 때 차감해 주는 값이다.

③ 경사거리에 비해 수평거리는 짧기 때문에 항상 −(마이너스) 값이 나온다.

　㉠ 높이와 경사거리를 측정했을 때 경사보정

$$경사보정량 = -\frac{높이차이^2}{2 \times 경사거리}$$

　㉡ 경사거리와 경사각을 관측했을 때 경사보정

$$경사보정량 = -2 \times 경사거리 \times \sin\left(\frac{\theta}{2}\right)$$

5 곡밀도 예측

곡밀도는 임지경사, 기복량과 지형 조건을 단순화한 것이다. 곡밀도는 대상 지역의 계곡 개수를 유역면적으로 나누어 계산하는 것과 본류와 지류의 총연장을 유역면적으로 나누어 계산하는 것이 있다.

$$곡밀도 = \frac{본류와 \ 지류의 \ 연장}{유역면적} \quad , \quad 곡밀도 = \frac{대상 \ 유역의 \ 계곡수}{유역면적}$$

6 거리 계산

1) 축척과 거리

① 지도상의 거리를 현장에서 확인하려면 먼저 축척이 무엇인지 알아야 한다. 축척은 실제로는 큰 지형을 도면으로 옮겨서 기록하기 위해 적용하는 일정한 비율을 말한다. 작은 부품을 크게 도면에 옮겨서 기록하면 이를 배척이라고 하고, 실제 크기를 그대로 적용하면 현척이라고 한다.

지도상의 거리×축척=실제 거리

② 모든 지도에는 축척이 있다. 축척이 있는 지도의 경우 지도상의 거리를 잰 값에 축척의 분모 부분을 곱하면 평면상의 거리인 수평거리가 된다. 수평거리는 우리가 체감할 수 없는 부분이다. 우리가 줄자로 잴 수 있는 거리는 경사거리이므로 수평거리에 경사도의 탄젠트 값을 곱하여 구할 수 있다.

수평거리×tan(경사각도)=경사거리

③ 모든 지도에는 축척이 표시되어 있다. 대부분 숫자로 표시되어 있지만, 막대로 표시하는 경우도 있다. 우리나라의 지형도는 막대표기법과 숫자 표기를 같이 사용하고 있다. 지형도의 난외주기를 볼 수 없어 숫자나 막대로 표시된 축척을 판독할 수 없는 경우에는 등고선(계곡선)을 통하여 축척을 판독할 수 있다. 임도의 노선과 노망을 계획할 때 사용하는 1/25,000 축척의 지도는 50m 간격으로 계곡선이 그려져 있다. 지도상의 남북 거리에 비해 동서 거리는 일정하지 않은데, 그 이유는 경도를 구분한 선의 간격이 적도에서 가장 넓고 양극 지방에서는 모두 합쳐져 0이 되기 때문이다. 우리나라는 적도 북쪽 중위도 지방에 있기 때문에 보통 지형도 한 장의 동서 간의 거리는 10~12km 정도가 된다.

– 난외주기 : 지도에 표기된 기호를 비롯하여 지도 읽기에 필요한 여러 정보들

2) 거리측량 방법

① 줄자, 전자거리계, 보측, 목측 등으로 거리를 직접 측정하는 것을 직접 거리측량이라고 한다.

② 각이나 거리의 기하학적 관계를 이용하여 거리를 산출하는 것을 간접 거리측량이라고 한다.

③ 거리에 대한 측정값은 작업자의 착오, 측량기계 자체의 정밀도, 온도와 습도 차이 등에 의해 오차가 발생한다.

④ 오차에 대한 보정과 정밀도의 결정은 측량의 목적에 맞게 선택한다.

7 등고선 등 기타

1) 등고선의 형태

등고선은 지도에서 해발고도가 같은 지점을 연결한 선이다. 등고선의 형태는 아래의 그림과 같다.

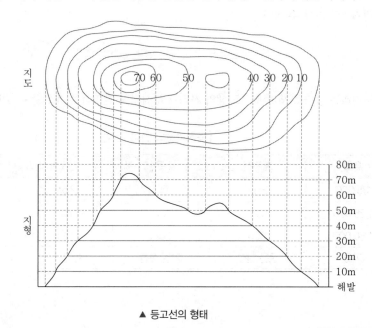

▲ 등고선의 형태

2) 등고선의 간격

① 등고선의 간격은 지도의 축척에 따라 다르지만 1:25,000 지도에서 계곡선 50m, **주곡선 10m**, 간곡선 5m, 조곡선 2.5m로 정해져 있다.

② 축척은 실제 거리를 지도상의 거리로 줄인 비율을 의미한다.

③ 축적은 나무의 재적을 의미하므로 구분이 필요하다.

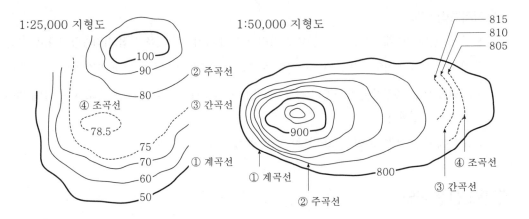

▲ 등고선의 종류

④ 지도상의 거리는 수평거리에 해당한다. 실제 지형은 경사가 있으므로 줄자로 측정한 거리는 수평거리와 다를 수 있다.

> 수평거리 = 지도상의 거리 × 축적

⑤ 실제거리는 줄자로 재거나 지도상의 거리에 경사도를 반영하여 계산할 수 있다.

[축척과 등고선의 간격]

축척	계곡선	주곡선	간곡선	조곡선
1/5,000	25m	5m	2.5m	1.25m
1/25,000	50m	10m	5m	2.5m
1/50,000	100m	20m	10m	5m
기호	굵은 실선	가는 실선	가는 긴 파선	가는 파선

실력 확인 문제

1/25,000 지도상의 8mm는 수평거리로 환산하면 몇 m인가?

해설

8mm × 25,000 = 200,000mm = 200m

정답 200m

3) 등고선의 성질

등고선은 지도에서 해발고도가 같은 지점을 연결하여 각 지점의 높이와 지형의 기복을 나타내는 곡선이다. 등고선으로 나타낸 전통적인 지도의 가장 큰 단점은 2차원으로서 해당 지점의 높이를 표현할 수 없다는 점이다. 전통적인 지도에서 등고선의 성질은 다음과 같다.

① 같은 등고선 위의 점은 모두 높이가 같다.

② 등고선은 도면 내 또는 도면 외에서 반드시 폐합한다.

③ 지표면 상의 경사가 급한 경우 간격이 좁고, 완경사지는 넓다.

④ 높이가 다른 등고선은 절벽이나 동굴을 제외하고는 교차하거나 합쳐지지 않는다.

⑤ 경사가 일정한 곳에서는 평면상 등고선의 거리가 같고, 같은 경사의 평면일 때에는 평행한 선이 된다.

4) 등고선의 측정 및 오차

① 등고선을 그리는 방법

간접수준측량의 원리와 같다.

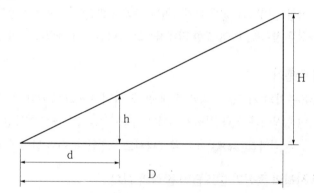

$$H = \frac{h}{d} D$$

② 지형도를 이용한 방법

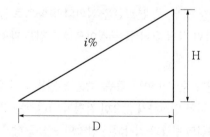

$$\frac{H}{D} = \frac{i}{100}$$

section 2 | 컴퍼스 및 평판측량

컴퍼스측량은 나침반의 자침이 남쪽과 북쪽을 가리키는 성질을 이용하여 측량선의 방향을 재는 측량이다. 나침반(compass)은 가볍고 사용하기 편하지만 국소 인력이 미치는 곳에서는 사용할 수 없다. 컴퍼스측량은 정밀도를 크게 필요로 하지 않는 산지, 농지, 광산 등의 측량에 이용된다.

평판측량(plane table surveying)은 삼각대 위에 고정된 평판에 제도지를 고정하고, 앨리데이드 (alidade)와 나침반, 줄자를 사용하여 방향과 거리, 높낮이 등을 현장에서 직접 측정하여 제도하는 측량 방법이다. 평판측량은 빠르고 간단하여 과거에 널리 사용되었다. 평판측량은 컴퍼스측량의 일종이다.

1 컴퍼스의 검사와 조정

컴퍼스의 검사와 조정 방법은 아래와 같다. 트랜싯 자침의 검사와 조정에도 적용할 수 있다.

1) 자침

자침은 어떠한 곳에 설치하여도 운동이 활발하고 자력이 충분하면 정상이다. 만일 그렇지 않은 경우 자력(磁力)이 강한 막대자석으로 마찰하여 자력을 주고 굴대받이를 수리하여야 한다.

2) 수준기

수준기의 기포를 중앙에 오게 한 후 다시 수평으로 180° 회전 시킨 후에도 기포가 중앙에 있으면 정상이다. 이때 기포의 위치가 이동되었을 경우에는 이동량의 $\frac{1}{2}$은 수준기 조정나사로, 나머지 $\frac{1}{2}$은 접합점(接合點) 또는 수준나사로 조정한다. 이와 같이 $\frac{2}{3}$회 반복하여 조정을 마친다.

3) 자침의 중심과 분도원의 중심의 일치

컴퍼스를 수평으로 세웠을 때 자침의 양단이 같은 도수를 가리키고 있고, 자침도 수평을 유지하면 정상이다. 만일 그렇지 않을 경우에는 다음의 원인에 따라 조정하여야 한다.

① 자침이 일직선이 아닐 경우, 즉 분도원을 임의의 방향으로 돌려도 자침 N, S 양 끝이 가리키는 값의 차가 일정하면 자침 끝이 굽은 것이므로 자침을 떼어 내어 자침의 양단을 곧게 고치면 된다.

② 첨축(尖軸)의 분도원이 중심이 아닐 경우, 즉 분도원을 임의의 방향으로 돌려도 자침 N, S 양단이 가리키는 값의 차가 일정하지 않으면 자침이 가리키는 값의 차가 가장 큰 위치를 찾은 후, 자침을 떼어 내고 자침의 방향과 직각되는 방향의 중심을 향하여 첨축을 꾸부려 수정한다.

③ 분도원의 눈금이 불완전할 경우에는 컴퍼스 제작상 불량이기에 수정이 불가능하므로 제작자에게 의뢰하여야 한다.

4) 시준평면과 수준기 평면의 직각

컴퍼스를 세우고 정준한 다음 적당한 거리에 연직선을 만들어 시준할 때 시준종공(視準縱孔) 또는 시준사(視準絲)와 수직선이 일치하면 정상이다. 만약 일치하지 않을 때는 수직선과 일치하도록 수준판과 컴퍼스 사이에 종이를 끼우거나 시준판을 눌러서 수정한다.

5) 시준면과 자침면이 동일평면에 위치

양 시준공(視準孔) 사이에 가는 실을 늘이고, 위에서 내려다보아 이것과 분도원의 N과 S가 일치하면 정상이다. 만일 일치하지 않으면 이것은 컴퍼스 제작상 불량이므로 제작자에게 의뢰하여 조정하여야 한다.

❷ 자오선과 국지 인력

1) 자오선

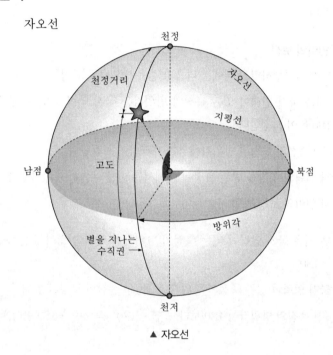

▲ 자오선

① 자오선은 북극점와 남극점을 연결하는 반원의 선이다.

② 나침반의 극점은 북극점, 남극점과 일치하지 않으므로 자기의 자오선은 지구의 자오선과 일치하지 않는다. 이것은 자침이 가리키는 방향은 지리상의 남북 방향과 일치하지 않는다는 말이다.

2) 국지 인력

가) 국지 인력의 검사

① 나침반 부근에 철제 구조물, 철광석, 직류전류 등이 있으면 자력선의 방향이 변하여 자침이 정확한 자북(磁北)을 가리키지 않게 된다.

② 자력선 방향이 변하여 자침에 영향을 주는 힘을 국지 인력(局地引力, localattraction)이라고 한다.

 - 점 A와 B에서 측선 AB의 방위각(전시)과 측선 BA의 방위각(후시)이 관측상의 우연오차를 무시하였을 때 180°의 차가 있으면 국지 인력이 없다.

 - 만약 전시와 후시의 차가 180°가 아닌 경우 중에서 관측차가 적고 정오차가 아닌 것이 명확한 경우를 제외하고 그 외의 국지 인력이 있는 임의의 점부터 기점으로 하여 계산한다.

나) 국지 인력의 보정

국지 인력이 발생하였을 때에는 다음과 같은 방법으로 보정할 수 있다.

① 맨 처음 국지 인력이 있는 측점의 방위각은 국지 인력이 없는 전(前) 측점의 방위각에서 ±180°하여 보정한다.

② 전(前) 측점의 보정된 방위각에서 ±180°하여 보정한다.

③ 국지 인력의 영향을 받는 측점에 대해서는 이를 계속하여 반복한다.

④ 국지 인력의 보정 방법

 - 맨 처음 국지 인력이 있는 측점의 방위각 = 국지 인력이 없는 전(前) 측점의 방위각 ±180°

 - 국지 인력이 있는 측점의 방위각 = 전(前) 측점의 보정된 방위각 ±180°

   (전 측점의 방위각이 180°보다 크면 −180°, 작으면 +180°한다.)

③ 컴퍼스측량 방법

컴퍼스측량은 측선의 길이(거리)와 그 방향(각도)을 관측하여 측점의 수평위치(x, y)를 결정하는 측량 방법이다. 높은 정확도를 요하지 않는 골조측량과 산림지대, 시가지 등 삼각측량이 불리한 지역, 측점이 선상으로 좁고 긴 지역 등의 기준점 설치에 이용한다.

컴퍼스측량은 경계측량, 산림측량, 노선측량, 지적측량 등에 이용한다.

1) 도선법

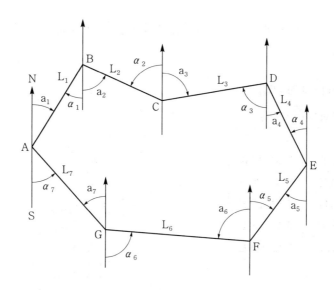

▲ 전진법 개요도

도선법(道線法, 전진법 : graphical traversing)은 기점에서 차례로 방위와 거리를 측정해 가는 방법이다.

① 점 A에 컴퍼스를 설치하여 정준하고 점 G를 후시하여 측선 AG의 방위(S α7 E)와 거리를 측정하고, 다시 점 B를 전시하여 측선 AB의 방위(N α1 E)와 거리를 측정한다.

② 컴퍼스를 점 B에 옮겨 정준한 후 측선 BA를 후시하여 거리와 방위(S α1 W)를 측정하고, 점 C를 전시하여 BC 측선의 방위(S α2 E)와 거리를 측정한다.

③ 컴퍼스를 점 C에 옮겨 후시와 전시를 계속하여 야장에 기록한다. 경사지의 측량에서는 고저각을 측정하여 사거리를 수평거리로 환산할 필요가 있으므로 야장 기입에 있어 미리 해당란을 설정하여 두는 것이 좋으며, 야장의 비고란에는 약도(略圖, sketch)를 그려 두도록 한다.

측선	거리	방위		비고
		전시	후시	
AB	L1	N α1 E	S α1 W	
BC	L2	S α2 E	N α2 W	
CD	L3	N α3 E	S α3 W	
DE	L4	S α4 E	N α4 W	약도를 그려둔다.
EF	L5	S α5 W	N α5 E	
FG	L6	N α6 W	S α6 E	
GA	L7	N α7 W	S α7 E	

④ 측량이 종료된 후 국지 인력 등의 오차를 점검 수정하고 제도법에 의해 제도한다.

2) 사출법

컴퍼스를 각 점이 모두 보일 수 있는 적당한 위치에 설치하여 정준한 후 각 측점의 방위와 거리를 측정한다.

[사출법의 야장 기입]

측선	거리(m)	방위
AB	31.35	N 72 ° 15' W
AC	45.42	N 16 ° 17' W
AD	69.45	N 38 ° 36' E
AE	63.13	S 87 ° 22' E
AF	58.96	S 44 ° 48' E
AG	40.80	S 12 ° 00' E

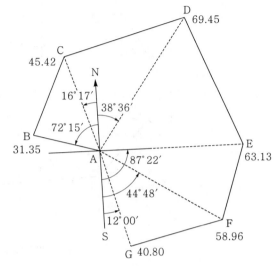

3) 교차법

① 평판측량의 교차법과 같은 방법으로 측선 AB를 기선으로 하고, 점 A와 B에서 각 측점에 대한 방위를 측정한다.

② 측량 후 제도를 통하여 구한 교점이 각 측점의 평면적(平面的) 위치가 된다.

4 평판측량 방법

평판측량(平板測量, plane table surveying)은 삼각(三脚)대 위에 제도지를 붙인 평판을 고정하고 앨리데이드(alidade)를 사용하여 거리, 각도, 고저 등을 측정하여 직접 현장에서 제도하는 측량법이다.

1) 평판측량에 사용되는 기구

① 도판(평판) : 도면을 올려놓는 판

② 구심기와 추 : 지도상의 측점을 땅 위의 기준점과 일치시키는 기구

③ 앨리데이드 : 기포로는 수평을 확인하고, 접혀있는 시준 장치로는 도면상의 점과 폴대를 시준하여 직선상에 위치해 있는지 확인하는 장치

앨리데이드
도판
인출판
시준공
자침함
시준실
전시준판
구심기
후시준판
측량침
외심간
기포관 조정나사   기포관 조정나사
기포관
삼각대
자
0 1 2 3 4 5 6 7 8 9 10 11 12 13 14 15   3   5 10 50
추
mm 자   cot 자

④ 자침함 : 나침반, compass, 컴퍼스함

⑤ 폴대 : 각 측점에 세워 위치를 확인하는 막대자, 표적 역할

⑥ 측량침 : 도면을 고정시키는 침(pin)

⑦ 연필, 지우개, 도면을 그릴 종이 등

2) 평판의 설치 방법

평판의 설치에 있어서는 다음의 세 가지 조건이 만족되어야 한다.

① 정치(整置, leveling up) : 평판이 수평이어야 할 것

② 치심(致心, centering) : 평판 상의 측점을 표시하는 위치는 지상의 측점과 일치하며, 동일 수직선 위에 있을 것

③ 표정(標定, orientation) : 평판이 일정한 방향 또는 방위를 취할 것

만일 위의 세 가지 조건 중 어느 하나라도 만족되지 않으면 오차가 발생하게 된다.

이때 발생하는 오차의 종류와 개념은 다음과 같다.

평판오차의 종류	오차의 원인
정준오차	정치(整置)가 이루어지지 않아서 발생하는 오차
치심오차	평판의 치심(致心)이 이루어지지 않아서 발생하는 오차
정향오차	평판의 표정(標定)이 이루어지지 않아서 발생하는 오차

3) 측량 방법

가) 사출법(방사법, mathod of radiation)

측량할 구역 안에 장애물이 없고 비교적 좁은 구역(시준거리 60m 이내)에 적합하며, 대축척의 높은 정도를 얻을 수 있는 방법이며, 작업 방법이 간단하지만 오차를 검정할 수 없는 단점이 있다.

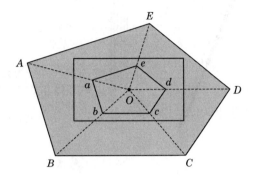

나) 전진법(도선법, graphical traversing)

측량할 지역 안에 장애물이 많아서 방사법이 불가능할 경우나 구격이 좁고 길 때 사용하며, 측량 도중 오차를 즉시 발견할 수 있다.

① 단도선법

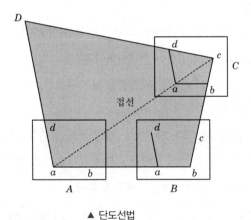

▲ 단도선법

- 단도선법은 자침을 사용하여 평판을 표정하므로 오차가 발생하기 쉬운 결점이 있지만 평판을 한 측점씩 건너서 설치하므로 작업이 빠르다.
- 각 측점에서 다각형을 측정하는 방법으로서 직반시법(直反視法)에 의해 평판을 표정하므로 정확한 결과를 얻을 수 있으나 시간과 노력을 요하는 결점이 있다.

② 복도선법

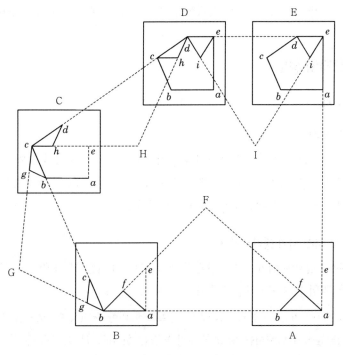

▲ 복도선법

- 복도선법(複道線法)은 각 측점에서 다각형을 측정하는 방법이다.
- 정확한 결과를 얻을 수 있으나 시간과 노력을 요하는 결점이 있다.

다) 교회법(교차법, mathod of intersection)

넓은 지역에서 세부도근 측량이나 소축척의 세부측량에 적합한 방법이다.

① 전방교회법 : 기지점에서 미지점의 위치를 결정하는 방법으로서 시준오차나 표정오차 등을 검사할 수 없다.

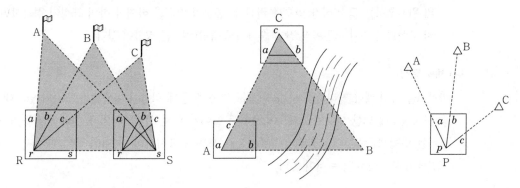

② 측방교회법 : 기지의 두 점 중 한 점에 접근하기 곤란할 경우 기지의 한 점과 미지의 한 점에 평판을 세워 미지의 한 점을 구하는 방법이다.

③ 후방교회법 : 미지점에 평판을 세워 기지의 2점 또는 3점을 이용하여 미지점의 위치를 결정하는 방법을 말하며 시오삼각형법, 레에만법, 벳셀법, 투사지법 등이 있다.

5 측량의 오차와 정도

1) 측량의 오차

가) 기계적 오차

평판은 구조가 간단하고 휴대하기가 간편하지만 기계의 조정이 불완전하며 완전히 오차를 수정하기가 어려우므로 사용 전에 충분히 검사하여 불량품은 사용치 않고 평판의 구조를 잘 이해하여 오차의 발생이 적게 되도록 노력한다.

나) 설치 및 시준 시에 생기는 오차

① 도판의 경사에 의한 오차 : 망원경 앨리데이드의 사용 시 이 영향을 많이 받으며 시준점과 평판과의 높이차가 크면 클수록 그 오차는 커진다.

② 앨리데이드의 잣눈면과 시준면의 불일치에 의한 오차 : 이 오차를 적게 하고 시준의 정도를 높이기 위해서는 항상 포올의 동일한 선(좌측 끝 또는 우측 끝)을 시준하여야 하며, 1/100 축척 이하의 측량, 즉 보통측량에서는 이를 무시하여도 된다.

③ 구심의 불완전에 의한 오차 : 구심의 불완전, 즉 측점의 지상점과 도상점의 치심이 완전히 이루어지지 않을 경우에 발생하는 오차로서 축척이 클수록 그 영향을 많이 받는다.

④ 시준에 의한 오차 : 망원경 앨리데이드를 사용할 때에는 오차의 영향이 작으나 보통 앨리데이드인 경우에는 시준사(視準絲)의 굵기, 시준공(視準孔)의 지름, 양 시준판의 간격에 의하여 좌우된다. 예를 들어, 양 시준판의 간격 27cm, 시준공의 지름 0.5mm, 시준사의 굵기 0.2mm로 할 때 어떠한 축척이든지 13.5cm 이상의 선은 그리지 않아야 한다.

⑤ 표정에 의한 오차 : 평판의 방향을 표정할 때 오차가 있으면 도면 전체가 변위되며, 도상의 위치오차는 그 거리가 멀수록 커진다. 충분한 주의를 하여야 하며 표정이 정확하면 그 외 구심과 정준의 조건이 약간 부족하여도 측량에는 큰 영향이 없다.

다) 제도 오차

방향선을 그릴 때나 거리측정 시 도지(圖紙)의 신축 등에 의하여 발생되는 오차가 있는데, 그중 도지신축에 의한 오차가 크다. 이 오차를 줄이기 위해서는 도지의 종류와 도지를 도판에 붙이는 방법에 주의하고, 축척의 표준잣눈을 도면에 표시하며, 작업이 끝날 때까지 도지를 도판에서 분리하지 않는 것이 좋다.

2) 측량의 정도

평판측량의 정도(精度)는 규정하기 어려우나 일반적으로 거리측량의 정도(精度)는 넘지 못하며, 평탄지에서 1/1,000 이하, 완경사지에서 1/800~1/600, 지형이 복잡한 곳에서

1/500~1/300 정도면 허용된다. 평판측량에서는 높은 정도(精度)의 것은 곤란하지만 숙달에
따라서는 상당한 정도(精度)를 얻을 수 있고 대부분의 세부측량에 사용된다.

⑥ 응용 평판측량 방법 등 기타

1) 평판측량의 장점 ★★

① 현지에서 직접 측량 결과를 제도하므로 필요한 사항을 관측 중에 빠뜨리는 일이 없다.

② 측량 방법이 간단하고 내업이 적으므로 작업이 신속히 행하여진다.

③ 측량의 과오(오측 또는 결측)를 발견하기 쉽다.

④ 측량기구가 간단하여 측량 방법 및 취급하기가 편리하다.

2) 평판측량의 단점 ★★

① 외업이 주가 되므로 일기(비 , 눈, 바람 등)의 영향을 많이 받는다.

② 제도지에 신축이 생기므로 정도에 영향이 크다.

③ 높은 정도를 기대할 수 없다.

④ 기계의 부속품이 많아 휴대하기 곤란하고 분실하기 쉽다.

3) 응용 평판 측량

① 노선측량

 – 결합다각형 원칙, 짧은 거리 이외에는 개다각형을 지양하며 폐다각형도 좋지 않다.

 – 삼각측량과 병용

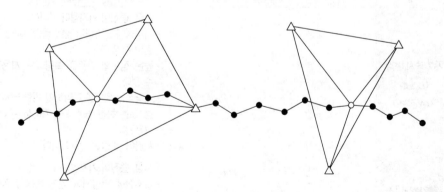

▲ 삼각점과 다각노선의 결합

② 터널측량

 – 터널의 양쪽 예정 갱구를 잇는 중심선의 거리와 방위각을 구할 경우

 – 지형조건으로 중심선 측량이나 삼각측량이 불가능할 때

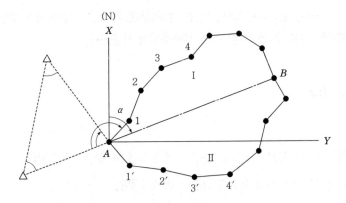

4) 트래버스 측량

① 트래버스 측량(traverse surveying)은 측지망을 확립하기 위한 측량 방법 중의 하나이다.

② 다각측량이라고도 하는 트래버스 측량은 거리와 방향각을 측정하여 평면 위치를 결정한다.

③ 측량은 작업 순서에 따라 기준점을 정하는 골조측량과 세부측량으로 구분할 수 있다.

④ 트래버스 측량은 중규모 이하에 이용되는 골조측량에 해당한다.

⑤ 삼각측량, 삼변측량에 의해 정해진 기준점의 보조 기준점 결정에 쓰이기도 한다.

⑥ 트래버스 측량은 노선, 하천, 제방같이 긴 형태의 지형 측량에 유리하다.

⑦ 폐합 트래버스를 이용하면 면적을 계산할 수 있다.

⑧ 트래버스 측량은 각과 거리를 정확하게 측정해야 오차가 작은 정확한 값을 얻을 수 있다.

가) 트래버스의 종류

구분	개요도	특징
개방트래버스 (open traverse)	CP#1 CP#3 CP#5 CP#7 CP#9	· **시점, 종점이 기지점이 아니다.** · 기지점에 연결되지 않아 측량결과를 점검할 수 없다. · 높은 정도의 기준점 측량에는 사용할 수 없다. · 개략적인 위치를 파악하기 위한 답사측량, 또는 하천·노선측량 기준 설치에 사용된다. · 시간이 덜 들어 경제적이다
결합트래버스 (closed or fixed traverse)	CP#2 CP#4 CP#6 CP#8	· **시점, 종점이 기지점이다.** · 기지점에 연결되어 있어 측량 결과를 점검할 수 있다. · 트래버스 측량 중 가장 높은 정확도를 가진다. · 넓은 지역의 정밀한 측량에 사용된다. · 형태는 개방트래버스와 같다.

폐합트래버스 (closed– loop traverse)	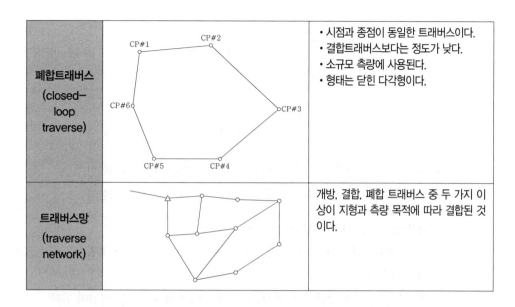	• 시점과 종점이 동일한 트래버스이다. • 결합트래버스보다는 정도가 낮다. • 소규모 측량에 사용된다. • 형태는 닫힌 다각형이다.
트래버스망 (traverse network)	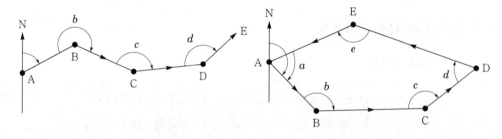	개방, 결합, 폐합 트래버스 중 두 가지 이 상이 지형과 측량 목적에 따라 결합된 것 이다.

나) 트래버스 측량 방법

① 교각법(direct angle method)
- 전 측선과 다음 측선이 이루는 각을 시계 또는 반시계 방향으로 측정하는 방법으로 협
  각법이라고도 한다.
- 폐합트래버스에서는 닫힌 다각형의 내각만을 측정하기 때문에 "내각법"이라고 한다.

▲ 결합트래버스의 우회전 교각법   ▲ 폐합트래버스의 내각 우회전 교각법

- 교각법은 ⓐ 각각이 독립적 관측, 잘못을 발견하였을 시 다른 각에 관계없이 다시 측량
  할 수 있다. ⓑ 요구하는 정확도에 따라 방향각법, 배각법을 사용한다. ⓒ 결합 및 폐다
  각형에 적합하며 측점 수는 20점 이내가 효과적이다.

② 편각법(Deflection angle method)
- 각 측선이 그 앞 측선의 연장과 이루는 각을 관측하는 방법을 편각법이라고 한다.
- 도로, 수로, 철로 등 노선의 중심선 측량에 이용한다.

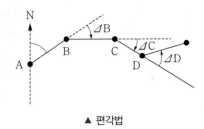

▲ 편각법

- 우편각은 전 측선을 기준으로 우회각으로 잰 각이며 "+"로 표시한다.
- 좌편각은 전 측선을 기준으로 좌회각으로 잰 각이며 "−"로 표시한다.

③ 방위각법(Azimuth, full circle method)
- 각 측선이 일정한 기준선과 이루는 각을 우회로 관측한 각, 즉 방위각을 기준으로 측정하는 방법이다.
- 방위각 관측 시 발생한 오차가 계속되는 측정에 영향을 준다는 단점이 있다.
- 측점의 위치, 좌표를 계산하는 데 편리하며, 노선측량과 지형측량에 많이 쓰인다.

④ 기타 방법
- 반전법 : 망원경을 반전시키면서 기계적으로 측점 이동 간 발생하는 180도 각도 차이를 없애 방위각을 측정한다.
- 고정법 : 망원경을 반전시키지 않고 계산상에서 측점 이동 간 발생하는 180도의 각도 차이를 없애는 방법이다.

다) 관측각의 허용오차와 조정

① 폐합트래버스

> - 내각을 관측했을 때 각 오차는 내각의 총합 $= 180° \times (n-2)$
> - 외각을 관측했을 때 각 오차는 외각의 총합 $= 180° \times (n+2)$

- 편각을 관측했을 때 편각의 총합은 360°가 되어야 오차가 없는 것이다.
- n : 측점의 수

실력 확인 문제

1. 8각형 폐합트래버스의 내각 합계는?

해설

$180° \times (n-2) = 180° \times (8-2) = 1,080°$

2. 측점의 수가 12인 폐합트래버스의 외각 합은?

해설

$180° \times (n+2) = 180° \times (12+2) = 2,520°$

정답 ④ 1,080° ② 2,520°

② 결합트래버스 : 결합트래버스 좌우변이 같으면 측선 1개에 의해 생기는 각도가 180°가 되므로 측선이 n개라면 $180° \times n$이 된다.

라) 경거와 위거의 계산

경거와 위거는 트래버스 측량에 있어서 실제로 이동한 거리가 아니라 도면상 위아래 방향으로 이동한 거리를 위거라고 하고, 도면상 좌우로 이동한 거리를 경거라고 한다.

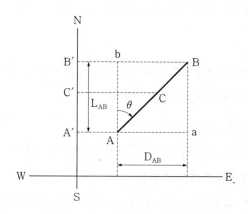

▲ 경거(D)와 위거(L)의 도해

- 위거(latitude) : 일정한 자오선에 대한 어떤 관측선의 정사거리로, 측선 AB에 대하여 측점 A에서 측점 B까지의 남북 간 거리
- 경거(departure) : 측선 AB에 대하여 위거의 남북선과 직각을 이루는 동서선에 나타난 AB 선분의 길이

$L = AB의\ 위거[m] = AB \times \cos\theta$

$D = AB의\ 경거[m] = AB \times \sin\theta$

section 3 고저측량

1 고저측량의 정의

1) 수준측량의 개념

① 한 점의 높이란 일반적으로 임의의 수평면(level surface)을 기준으로 하여 이 수평면에서 어느 지점까지의 수직거리를 말한다. 이 임의의 수평면을 기준면(datum surface)이라 하며, 기준면으로부터의 높이를 측정하는 측량을 고저측량(레벨 측량, leveling) 또는 수준측량이라 한다.

② 수준측량은 임의의 수평면(기준면)으로부터 어느 지점까지의 수직높이를 측정하는 측량이다. 땅 위의 여러 점에 대해 높낮이의 차이나 해발고도를 측정하기 위해 실시한다.

   – 수준이란 높이, 즉 고저를 말하며, 수준측량이란 레벨기의 수평면(임의의 수평면)부터 어느 지점(함척의 눈금)까지의 수직거리를 측정하는 것을 말한다.

   – 수준측량의 목적은 쉽게 말해서 땅 높이를 알아내는 것이다.

2) 수준측량의 용어

① 시준면 : 수평으로 설치한 레벨의 회전에 의해 시준선이 이루는 수평면

② 수준기면 : 고저측량의 기준이 되는 수평면

③ 수준점 : 고저측량의 기준이 되는 점

④ 기계고(시준고, IH) : 기준이 되는 수준기면에서 레벨의 시준면까지의 수직거리

⑤ **후시(BS) : 땅 높이를 이미 알고 있는 점**

⑥ **전시(FS) : 땅 높이를 측정하여야 할 점, 표고를 아직 알지 못하는 점**

⑦ 이점(TP)과 새로운 후시(BS) : 레벨의 높이 또는 거리가 측정이 되지 않을 때 전시를 측정한 후 그 자리에 스태프를 세워 놓고 지반고를 확인하여 이를 다시 후시로 삼고, 새로운 기계고를 산출하여 후시들을 측정하는 점으로 스태프를 세워 놓고 전시와 후시를 두 번 측정한다. 마지막 측점의 전시는 이점(TP)에 기재한다.

⑧ 중간점(간시, IP) : 전시만을 읽는 점

※ 레벨기는 수평을 맞추면 같은 높이를 잴 수 있는 시준선을 가진 망원경이다. 레벨(또는 레벨기, 수준기)을 이용하므로 수준측량(leveling)이라고 한다.

① 높이, 수준, 수평, 표준이라는 뜻

② 수준측량에 사용하는 망원경을 주체로 한 측정 기계

③ 망원경의 기포관을 수평으로 조정하면, 접안렌즈와 대물렌즈에 있는 눈금의 높이가 같아진다.

④ 망원경으로 측점에 세운 표척의 눈금을 읽어서 높이를 측정한다.

　– 이후 측점과 측점의 높이를 비교하여 높낮이 차이를 알 수 있다.

⑤ 높낮이의 차이를 야장에 기록하였다가 도면을 작성하는 데 사용한다.

　– 임도·사방시설 공사의 종단도 도면을 작성하는 데 주로 사용한다.

② 원리 및 측정 방법

1) 직접 수준측량의 원리

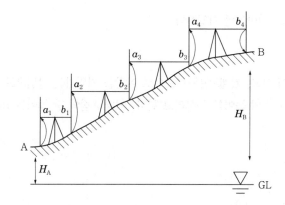

$$\triangle H = (a_1 - b_1) + (a_2 - b_2) + \cdots$$
$$= (a_1 + b_1 + \cdots) - (a_1 + b_1 + \cdots)$$
$$= \sum B.S - \sum F.S$$
$$\therefore H_B = H_A + \triangle H = H_A + \sum B.S - \sum F.S$$

① 직접 수준측량의 시준거리

　– 아주 높은 정확도의 수준측량 : 40m

　– 보통 정확도의 수준측량 : 50~60m

　– 그 외의 수준측량 : 5~120m

② 직접 수준측량의 주의사항

　– 왕복측량을 원칙으로 한다.

　– 전시와 후시의 거리는 비슷하게 해야 한다.

– 후시로 시작해서 전시로 끝나야 한다.

– 표척을 전후로 움직여 최솟값을 읽는다.

– 이기점(TP)은 1mm, 중간점(IP)은 5~10mm 단위로 읽는다.

2) 고저측량 측정 방법

고저측량의 측정 방법은 측량의 결과를 현장에서 기록하는 공책인 야장의 기입 방법에 따라 달라진다. 야장에 측량결과를 기입하는 방법은 기계의 높이를 이용하는 기고식, 전시와 후시의 차이만을 계산하는 승강식, 결과만 기입하는 고차식이 있다.

① 기고식 : 기계고를 기준으로 야장을 기입하여 지반고를 산출하는 방법으로 보통의 임도 측량에서 사용한다.

② 승강식 : 기계고를 산출하지 않고 전시와 후시의 차이만으로 지반고를 산출하여 기입하는 방법으로 지형의 변화가 심하여 매번 기계를 옮겨야 할 때 편리하다.

③ 고차식 : 중간 과정을 모두 생략하고 지반고만 기입한다.

가) 기고식

기고식 야장 기입법은 레벨의 높이(기고, 기계고)를 기준으로 야장을 기입하는 방법으로 가장 많이 사용한다. 다음 그림에서 C점의 높이를 구하려고 한다. 이때 A점의 땅 높이는 10m로 가정한다.

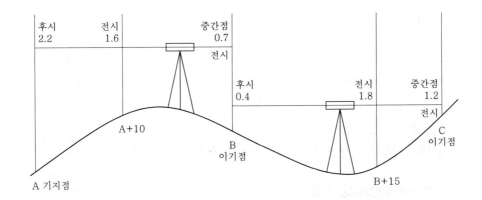

기고식 야장 기입에서는 기계의 높이(기고)를 먼저 결정한다. 기계의 높이는 기지점의 높이에 레벨로 기지점에 세워진 함척의 눈금을 읽은 값은 합하여 결정한다. 아래 그림에서 기계고는 10+2.2=12.2m가 된다.

레벨은 기포관을 맞추고 나면 모두 같은 높이를 시준하게 되므로, 그 다음 점의 위치는 기계고(IH; Instrument Hight)에서 A+10 지점에 세워진 함척의 눈금을 읽은 값을 빼면 A+10 지점의 높이를 알 수 있다. 제시된 그림에서는 12.2-1.6=10.6이 된다.

B점의 높이 역시 기계고에서 B점에 세워진 함척의 눈금을 읽은 값을 빼서 결정한다. 그림에서 12.2-0.7=11.5가 되어 B점의 높이는 11.5m이다.

B점에 함척을 세워 놓은 상태로 기계를 옮기게 된다. 기고식 야장 기입법은 기계를 옮기게 되면 새로운 후시(기지점, BS, back sight)는 B점의 지반고, 즉 땅 높이가 된다. 새로운 후시는 B점의 지반고인 11.5m에서 B점에 세워진 함척의 눈금을 새로 읽은 값인 0.4가 된다.

[기고식 야장 기입법 예시]

측점	BS (후시)	IH (기계의 높이)	FS(전시)		지반고	비고 (단위 : m)
			TP(이기점)	IP(중간점)		
A	2.2	12.2			10	Ha=10
A+10				1.6	10.6	
B	0.4	11.9	0.7		11.5	
B+15				1.8	10.1	
C			1.2		10.7	Hc=10.7
Total	2.6		1.9			

새롭게 세운 기계의 기계고는 B점의 지반고인 11.5m에 후시 값인 0.4를 합쳐서 11.9m가 된다. B+15와 C점의 지반고는 새로운 기계고에서 전시를 각각 빼서 구할 수 있다.

기고식 야장은 전시를 중간점과 이기점으로 나누어 기록을 하는 방법과 구분하지 않고 기록하는 방법이 있는데, 제시된 표는 이기점과 중간점을 나누어 기록하였다. 중간점은 매 20m마다 설치하는 측점이고, 이기점은 지형이 급변하는 지점이나 구조물의 설치가 필요한 지점에 추가로 설치한 측점이다. 기고식 야장을 기입할 때 마지막 전시는 중간점이어도 항상 이기점에 기록한다.

이 값이 제대로 된 것인지 확인하기 위해 검산을 할 필요가 있는데, 검산 방법은 후시의 합계에서 전시의 합계를 뺀 값과 종점의 지반고에서 시점의 지반고를 뺀 값이 같은지 확인하는 것이다.

$$\sum B.S - \sum F.S = Hc - Ha$$

2.6-1.9=0.7이고, 10.7-10.0=0.7이므로, 이 기고식 야장은 오류 없이 작성되었음을 확인할 수 있다.

나) 승강식

승강식 야장 기입은 후시에서 전시를 뺀 값이 +이면 "승" 란에, -이면 "강" 란에 기입하고 이를 이용하여 매 측점의 지반고를 기록하는 야장기록 방법이다.

땅의 높이 차이가 심해서 매번 레벨을 옮겨야 할 때는 기고식 야장 기입을 하면 분량이 많아지게 되므로 승강식을 이용하면 편리하다.

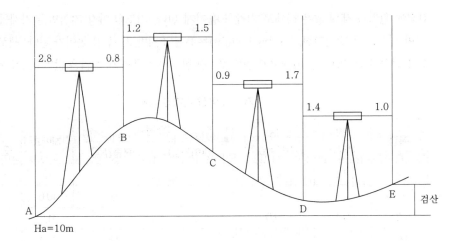

▲ 승강식 레벨 측량 개념도

승강식은 땅의 높이가 올라가고, 내려가는 차이만으로 지반고를 산출하는 방법이다. 올라가는 높이를 "승", 내려가는 높이를 "강", 합쳐서 승강식이라고 부른다. 각 측점에서 전시와 후시를 반복해서 기록한다.

A점의 높이는 10m이고, 이 값을 알고 있으므로 A점의 함척을 시준하여 눈금을 읽으면 이것이 후시가 된다. 그리고 B점으로 함척을 옮겨 이 눈금을 읽으면 이 눈금은 후시에 기록한다. 제시된 그림에서 2.8은 A점의 전시에 기록하고, 0.8은 B점의 후시에 기록한다. 이때 B점의 지반고는 전시 2.8에서 후시 0.8을 뺀 값에 A점의 지반고를 더하여 기록한다.

기지점(BS)의 전시에서 미지점(FS)의 후시를 뺀 값이 +이면 "승"에, −이면 "강"에 적고, 이 값을 이전의 지반고에 더하여 새로운 지반고를 산출하는 방법이다.

승강식의 검산 방법은 기고식의 검산 방법과 기본적으로 같지만, 승 란의 합계에서 강 란의 합계를 뺀 값도 검산에 사용할 수 있다.

$$\sum BS - \sum FS = \sum 승 - \sum 강 = He - Ha$$

위의 그림을 야장에 옮기면 아래와 같다.

[승강식 야장 기입 예시]

측점	BS	FS	승(+)	강(−)	지반고(H)	비고(m)
A	2.8				10	Ha = 10.0
B	1.2	0.8	2		12	
C	0.9	1.5		0.3	11.7	
D	1.4	1.7		0.8	10.9	
E		1	0.4		11.3	
Total	6.3	5	2.4	1.1		

야장을 제대로 기록하였는지 확인해 보면,

후시 합계에서 전시 합계를 빼면 6.3−5.0=1.3

승 합계에서 감 합계를 빼면 2.4−1.1=1.3

마지막 측점 지반고에서 첫 측점 지반고를 빼면 11.3−10.0=1.3

세 개의 값이 모두 일치하여 승강식 야장이 제대로 기입되었음을 확인할 수 있다.

다) 고차식

고차식 야장 기입은 기지점에서 마지막 측점의 지반고만 알고자 할 때 사용하는 야장 기입법이다.

[고차식 야장 기입 예시]

측점	BS	FS	지반고(H)	비고
A	2.8		10	Ha=10.0m
B	1.2	0.8		
C	0.9	1.5		
D	1.4	1.7		
E		1	11.3	
Total	6.3	5		

고차식 야장 기입에서 마지막 측점의 계산은 아래의 식을 사용한다.

$$He = Ha + \sum BS - \sum FS$$

이 식에 따라 계산하면

10+6.3−5=11.3이 되어, 최종 지반고는 11.3m이다.

라) 교호수준측량

수준측량은 전·후시를 등거리로 취해야 여러 오차들을 줄일 수 있는데, 측선 중에 계곡, 하천 등이 있으면 측선의 중앙에 레벨을 세우지 못하므로 정밀도를 높이기 위해 양 측점에서 측량하여 2점의 표고차를 2회 산출하여 평균하는 방법이다.

❸ 오차와 정확도

1) 발생 원인에 따른 오차의 종류

오차에는 착오, 정오차, 우연오차가 있다. 어떤 것은 오차가 발생하는 크기와 방향이 일정하여 발생 원인을 알 수 있지만, 어떤 것은 크기나 원인을 알 수 없고 불규칙적으로 발생한다.

① 착오 : 착오(錯誤, mistake, blunder or gross error) 또는 과대오차(誇大誤差)란 관측자의 부주의 또는 실수로 인해 발생한 오차를 말한다. 예를 들어 관측자가 눈금을 잘못 읽거나, 다른 측점을 착각하고 관측했을 때 착오가 발생한다. 착오는 오차론으로 소거할 수 없으므로 측량 과정에 주의를 기울이고 반복 확인하여 사전에 방지하도록 노력해야 한다. 착오가 생겼을 경우 해당 관측값이 사용되기 전에 반드시 소거해야 한다.

② 정오차 : 정오차(定誤差, systematic error) 또는 계통오차(系統誤差, constant error)란 오차의 발생 원인이 분명하고 오차의 발생 방향과 크기가 일정하여 수식에 의해 보정이 가능한 오차를 말한다. 예를 들어 줄자로 거리를 잴 때 줄자가 온도나 장력 등에 의하여 길이가 변화했을 경우 정오차가 발생한다. 정오차는 기계오차, 자연오차, 개인오차로 세분할 수 있다. 늘 발생하므로 상차(常差)라고도 한다.

③ 우연오차 : 우연오차(偶然誤差, random error) 또는 우차(偶差)란 착오를 제거하고 정오차를 보정하고 나서도 남아있는 오차를 말한다. 오차의 원인을 알 수 없거나, 알더라도 측정 당시의 순간적인 변화로 인해 수식으로 보정할 수 없는 오차이다. 우연오차는 확률에 의하여 통계적으로 처리한다. 우연오차는 크기와 방향이 일정하지 않아 서로 상쇄되는 경우도 있어서 상차(償差, compensating error)라고도 한다.

우연오차의 성질로는 다음과 같은 것들이 있다.

㉠ 큰 오차가 발생할 확률은 작은 오차가 발생할 확률보다 매우 작다.

㉡ 같은 크기의 양(+)의 오차가 발생할 확률은 같은 크기의 음(−)의 오차가 발생할 확률과 같다.

㉢ 극단적으로 큰 오차는 거의 발생하지 않는다.

2) 정확도

가) 정밀도

고저측량의 경우도 폐다각형측량(閉多角形測量)과 같이 하여 폐합오차를 합리적으로 배분하여야 하는데, 고저측량의 오차(E)는 다음 식에 의하여 산출한다.

$$E = C\sqrt{N}$$

C : 1회 관측에 의한 오차, N : 관측회수, 즉 기계의 거치횟수

시준거리가 일정할 때에는 이것을 변형하여 다음 식에 의해 산출한다.

$$E = C\sqrt{\frac{L}{2S}} = K\sqrt{L}$$

S : =시준거리, L =고저측량 노선연장, K =1km의 고저측량 오차

나) 허용오차

수준측량 오차는 기지점과의 폐합이나 왕복측량에 의해 점검한다. 직접 수준측량의 경우, 동일점에 대한 폐합오차 또는 표고 기지점에 대한 폐합오차는 해당점(기지점)의 원래 지반고에서 측정한 지반고를 빼서 구한다. 여기서 구한 폐합오차를 각각의 고저기준점의 거리에 따라 배분한다. 예를 들어, 전 관측선의 길이를 L, Ec를 폐합오차, 출발점에서 수준점 A, B, …, Z에 이르는 거리를 "a, b, …, z"라 할 때 조정값들은 다음과 같다.

$$Ca = \frac{a}{L}E_c, \;\; C_b = \frac{b}{L}E_c, \;\; \cdots, \;\; C_z = \frac{z}{L}E_c$$

동일점, 표고 기지점에 대한 폐합오차가 아닌 2점 간 왕복하는 직접 수준측량은 2개의 관측값을 산술평균한 값이 표고의 최확값(같은 측정 장비를 이용해서 같은 측정 방법으로 여러 번 측정하여 측정 횟수로 나눈 평균값)이다. 만약 2점 사이를 2개 이상의 서로 다른 노선을 통해 관측한 경우는 경중률을 고려하여 조정한 값이 최확값이 된다.

정오차를 제거했음에도 남아있는 오차는 우연오차로 간주한다. 수준측량의 오차 E는 1회 관측 시 우연오차를 C, 관측횟수를 n이라고 할 때 다음과 같다.

$$E = C\sqrt{n}$$

전후시의 시준거리를 동일하게 했다면 관측 횟수 n은 전체 노선 관측 거리 L을 왕복으로 측량한 전체 시준거리 $2S$로 나눈 것과 같다.

$$n = \frac{L}{2S}$$

이것을 오차식에 대입하면 다음과 같이 정리할 수 있다.

$$E = C\sqrt{\frac{L}{2S}} = \frac{C}{\sqrt{2S}}\sqrt{L}$$

이때 K는 관측거리 1km에 대한 우연오차라 정의한다.　　$K = \frac{C}{\sqrt{2S}}$

정리하면 허용오차 E는

$$\therefore\; E = K\sqrt{L}$$

[우리나라 수준측량의 허용오차(L은 km 단위)]

구분	기본 수준측량		공공 수준측량				
	1등	2등	1등	2등	3등	4등	간이
왕복차	$2.5mm\sqrt{L}$	$5mm\sqrt{L}$	$2.5mm\sqrt{L}$	$5mm\sqrt{L}$	$10mm\sqrt{L}$	$20mm\sqrt{L}$	$40mm\sqrt{L}$
폐합차	$2mm\sqrt{L}$	$5mm\sqrt{L}$	$2.5mm\sqrt{L}$	$5mm\sqrt{L}$	$10mm\sqrt{L}$	$10mm\sqrt{L}$	$50mm+40mm\sqrt{L}$

④ 응용 등 기타

1) 수준측량 시 유의 사항

① 사용할 기계와 기구는 미리 검사하여야 하고, 정밀한 측량은 측량 도중에도 가끔씩 검사(Y 레벨은 1일 2회 이상) 조정한다.

② 레벨을 세울 때는 땅이 견고하여 침하하지 않아야 하고, 연약한 곳에는 답판(foot plate)을 사용하며, 일광이 직접 쬐지 않는 곳이 좋다.(피할 수 없을 때는 양산 등으로 가려준다.)

③ 시준거리가 너무 길면 시준오차가 크므로 보통측량 시는 30~120m, 정밀측량 시는 20~50m로 하고, 측정 순간에는 기포가 중앙에 있어야 하며, 고정나사를 가급적 푼 채로 두 눈을 뜨고 측정한다.

④ 수준척은 수직으로 세워야 하고, 측량 도중 수준척의 침하나 이음매가 완전한가를 주의하여 야 한다. 이기점에서는 1mm, 그 외의 점은 5mm 또는 1cm 단위까지 읽는다.

⑤ 전시와 후시의 거리를 가급적 같게 하여 기계적 오차, 지구의 곡률 및 광선의 굴절에 의한 오 차를 제거하고, 반드시 왕복측량을 하여 두 값의 차이가 허용오차 이상일 경우에는 다시 측 량하여야 한다.

⑥ 기계를 운반하거나 세울 때 주의하여야 한다. 특히 운반 시에는 어깨에 메고 다니지 않도록 하며, 반드시 두 손으로 삼각을 잡고 기계축을 세워서 운반하고, 야장 기입에 착오가 발생되 지 않도록 한다.

---

section 4 　항공사진 측량

① 사진측량 원리

① 우리가 인터넷 상에서 흔히 볼 수 있는 대부분의 지도는 항공사진 및 위성 영상 등의 원격탐 사 자료로부터 제작된다.

② 아날로그 항공사진을 입체경(stereoscope)과 입체도화기(stereoplotter)를 통해 판독하여 아 날로그 지도를 만들고, 이렇게 만든 아날로그 자료를 전산화하여 디지털 자료를 구축하였다.

③ 근래에는 해석입체도화기(analytical stereoplotter)를 이용하여 직접 디지털 지형 자료를 생성하기도 하지만, 최근에는 드론과 항공기를 이용하여 찍은 디지털 항공사진, 위성영상 등 의 디지털 자료를 수치사진측량(digital photogrammetry) 장비로 분석하여 디지털 지도를 구축한다.

④ 수치사진측량은 대상물의 2차원 수치영상을 이용하여 3차원 환경에서 기하정보 (geometric), 방사정보(radiometric), 속성정보(semantic information) 등을 획득하여 지

도를 제작하는 정보제작 기술이다. 수치사진측량은 유통이 편하고 쉽게 가공할 수 있어 활용 분야가 무궁무진하며, 특히 산림 및 임업경영, 임도와 사방사업에 광범위하게 활용될 수 있다.

② 판독방법 등 기타

1) 항공사진을 활용한 산림조사의 장점

① 넓은 지역을 신속하게 측량할 수 있다.

② 정밀도가 똑같으며 개인차가 작다.

③ 촬영 후 언제든지 분업 점검할 수 있다.

④ 대량생산 방식을 취할 수 있다.

⑤ 지표상에서 측량하면 지역의 난이가 없다.

⑥ 넓은 지역일수록 측량경비가 절감된다.

2) 항공사진의 단점

① 일기의 영향을 받는다.

② 좁은 구역일 때는 경제적이지 않다.

③ 수간, 식생, 산림 내의 소로 등 사진에 나타나지 않는 것도 있다.

④ 항공카메라, 도화기 등 사용 기자재가 고가이며 전문적인 기술이 필요하다.

3) 항공사진 판독 주요 인자

① 형상과 크기 : 수관의 입체적 형태에 따라 임상 및 임종을 구분할 수 있다. 활엽수는 구형, 침엽수는 원추형이다.

② 색조 : 색조(tone)는 흰색에서 흑색까지의 농도를 말한다. 침엽수의 수관은 활엽수보다 검게 나타난다. 같은 수종에서는 노령목이 치수보다 어둡게 나타난다.

③ 모양(pattern) : 집단적인 배열 형태를 모양이라고 하며 형상(shpe), 색조(tone), 음영(shadow) 등의 요소가 종합된 결과이다. 인공림 조림지의 규칙적인 배열과 천연림의 불규칙적인 배열로 구분한다.

④ 짜임새 또는 촉감(texture) : 짜임새는 임목의 초두부 또는 임분의 수관층이 나타내는 거친 느낌, 부드러운 느낌 등 고유의 특징을 의미한다. 수면과 지면은 smooth, 유령림과 조림지는 fine, 성숙림과 천연림은 rough, 밀도가 낮은 노령림 천연림은 coarse 등으로 구분할 수 있다.

4) 임상 및 주요 수종 판독 ★★

침엽수	• 수관은 원추 원통형, 눈꽃 형태의 방사선 모양 • 소나무, 해송, 잣나무, 낙엽송, 리기다소나무, 편백, 삼나무 등이 판독 가능
활엽수	• 수종 구성이 다양하고, 밀도에 따른 수관형의 변이가 심해 판독이 어렵다. • 수관의 사지가 확장되어 우산형 또는 부채형을 이루는 것이 많다. • 밤나무, 포플러, 참나무류 등의 구분이 어느 정도 가능하다.
천연림과 인공림	• 규칙적인 배열, 뚜렷한 경계선, 동일한 색조, 균일한 짜임새 등이 있으면 인공림으로 구분한다.

5) 항공사진을 이용한 임상도 작성과정

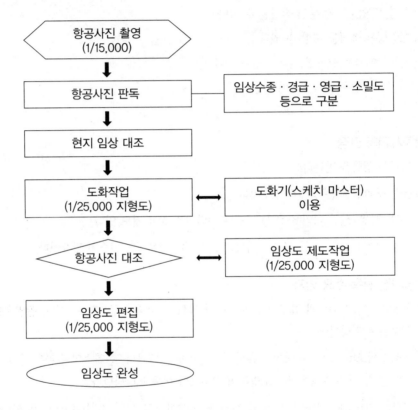

---

section 5 원격탐사

① 개요

원격탐사(RS; Remote Sensing)는 대상체에 직접 접촉하지 않고 대상체에 대한 자료를 수집하는 방법이다. 항공사진이나 위성사진, 3D 스캐너, 레이저, WiFi 등을 이용하여 대상체와 접촉하지 않고 정보를 수입할 수 있는 다양한 기술을 활용한 것이 원격탐사이다.

2 측정 방법

원격탐사에서 자료를 획득하는 방법은 가시광선을 기록한 항공사진 또는 물체에서 반사된 신호를 읽어서 기록한 위성영상 등을 주로 이용한다. 그 외에 Ridar, WiFi, 레이저, 3D 스캐너 등을 이용하여 측정할 수 있다.

3 정확도

① 원격탐사는 대상체로부터 반사(reflecltion) 또는 방사(radiation)되는 파장의 특성을 이용하여 대상체와 대상체 주변의 환경조건을 인식한다. 이렇게 자료를 수집하는 과정에서 자료가 왜곡되거나 훼손될 수 있기 때문에 반드시 보정을 통해서 자료를 수정하여 사용하여야 한다.

② 원격탐사자료의 보정과정을 영상자료의 전처리과정(preprocessing)이라고 한다. 원격탐사, 특히 인공위성에 의한 영상의 처리순서를 간략히 요약하면 '영상수집→ 전처리→영상분석→ 후정리'의 순으로 구분할 수 있다.

③ **위성영상분석에 앞서 전처리 작업에는 영상 강조, 방사보정, 기하보정, 정사보정, 지형보정 등이 있다.** 방사보정이 복사량보정에 의해 영상에 포함되어 있는 오차나 왜곡을 수정하여 참값에 가까운 형태로 변환하는 것이 목적이라면, 컬러 합성 등 영상 강조는 사용자가 영상정보를 보다 쉽게 시각적으로 파악하는 것을 목적으로 하고 있다. 전처리는 한마디로 지리정보자료의 수집과정에서 발생한 훼손·왜곡 등을 보정하는 것이다.

> ㉠ 영상 강조 : 영상의 명암 및 색상을 강조하여 영상에 존재하는 물체들 사이의 차이를 분명하게 함으로써 영상의 분석과 판독을 용이하게 한다.
>
> ㉡ 방사보정 : 대기에 의한 굴절, 태양의 위치에 따른 복사량의 차이 등에 의한 왜곡을 보정하여 원래의 영상자료에 대한 밝기의 값을 계산한다.
>
> ㉢ 기하보정 : 휘어진 영상을 평면 위에 존재하는 기존의 지형도와 중첩시키기 위해 인공위성의 영상에 나타나는 각 점의 위치를 지형도와 같은 크기와 투영값을 갖도록 변환한다. 기하보정을 통해야만 지도와 기하학적 일체성을 갖는 영상을 획득할 수 있다.
>
> ㉣ 정사보정 : 중심투영에 의한 기복변위와 카메라의 자세 때문에 발생한 변위를 제거한다. 중심투영의 영상정보를 지도와 같이 모든 점이 수직방향에서 본 것과 같이 정사투영 특성을 가지도록 자료를 변환한다.
>
> ㉤ 지형보정 : 지형의 기복이 심한 산악지형의 영상은 그림자 때문에 실제와 차이가 날 수 있다. 이렇게 그림자 때문에 음지와 양지의 영상자료는 같은 장소라도 다르게 나타난다. 이러한 지형효과에 의한 오차를 보정하는 것이 지형보정이다.

4 응용 등 기타

[수치지도 제작과정]

자료 수집	영상 전처리	영상 분류	수치지도 제작
항공사진 위성사진 Ridar WiFi 3D 스캐너	영상강조 방사보정 기하보정 정사보정 지형보정	분광, 공간, 시간적 분류 감독, 무감독 분류	아날로그 항공사진→입체도화기, 입체경 원격탐사자료→수치사진측량장비(digital pho- togrammetry)

1) 원격탐사 영상의 분류

① 원격탐사 영상은 접근 방식과 처리과정에 따라서 분류할 수 있다.

② 분광적 분류, 공간적 분류, 시간적 분류 등은 접근 방식에 따라 구분한 것이고, 감독 분류와 무감독 분류는 처리과정에 따라 구분한 것이다.

③ 감독 분류는 분류의 기준을 사전에 미리 정해둔 것이고, 무감독 분류는 자료의 양이나 대상에 따라 비슷하게 나눈 것이다.

2) 수치지도의 제작

과거에는 입체경이나 입체도화기를 이용하였으나 최근에는 수치사진 측량장비를 이용하여 GIS를 구축한다.

3) 원격탐사의 필요성

① 변화가 자주 발생하는 현장을 모니터링 하는 데 적합하다.

② 현지조사보다 개인오차가 적고 상대적인 위치가 정확하다.

③ 광범위한 지역자료를 분석할 때 객관적 결과를 얻을 수 있다.

④ 데이터를 영구적인 기록으로 보전할 수 있고, 과거부터 미래를 예측할 수 있다.

⑤ 동일한 영상으로부터 사용 목적에 따라 다양한 정보를 추출할 수 있다.

⑥ 공간객체의 면적 산정, 거리 계산 등 정량적 해석이 필요한 분야에 효과적으로 이용할 수 있다.

4) 원격탐사의 문제점

① 촬영조건, 플랫폼, 센서, 영상처리 등의 기술에 따라 추출되는 정보가 많은 영향을 받는다.

② 고가의 장비와 이를 해석하기 위한 장기간의 훈련이 필요하다.

③ 영상자료의 해상도에 따라 획득 정보 내용의 한계가 결정된다.

④ 인문현상은 근본적으로 원격탐측으로 추출할 수 없는 공간정보이므로 현장조사에서 확인해야 한다.

⑤ 협소한 지역에서는 직접조사에 비하여 비경제적이다.

1 GPS 측량 원리

① 그림에서 작은 점들은 인공위성이고, 중간의 구가 지구라고 한다면 인공위성이 지구 주위를 이렇게 끊임없이 돌고 있다. 이 인공위성에서 지구 표면상의 한 점의 위치를 경도(X), 위도(Y), 고도(Z)로 측정한다. 이렇게 3개 이상의 위성에서 지구 표면에 있는 한 점의 상대적인 위치를 결정하는 것을 GNSS(Global Navigation Sattlite System)라고 한다.

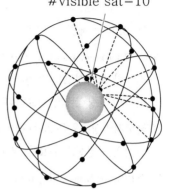

#visible sat=10

② GPS(Global Positioning Symtem)는 미국에서 운영하는 GNSS를 말한다. 미국에서는 24개의 GPS 인공위성을 군사용과 민간용으로 운영한다. 러시아는 GLONASS라는 이름의 GNSS를 운영한다.

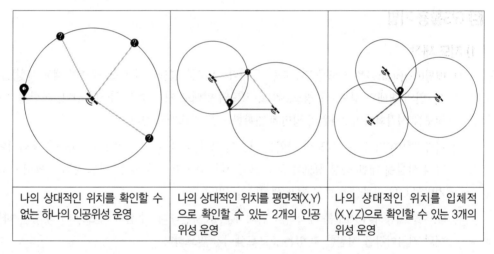

나의 상대적인 위치를 확인할 수 없는 하나의 인공위성 운영	나의 상대적인 위치를 평면적(X,Y)으로 확인할 수 있는 2개의 인공위성 운영	나의 상대적인 위치를 입체적(X,Y,Z)으로 확인할 수 있는 3개의 위성 운영

③ 이렇게 인공위성을 이용하여 지구 표면상의 한 점의 위치를 확인하고 인공위성의 신호가 닿지 않는 건물이나 터널, 지하 등은 WiFi 또는 스마트폰의 기지국을 이용하여 상대적인 위치를 파악할 수 있는 기술로 보완한다.

④ 이러한 기술은 GNSS에 비하여 상대적으로 정확도가 떨어진다. 현대의 지리정보(GIS; Geographic Information System)는 주로 GNSS 기술을 이용하여 구축된다.

2 판독 및 보정

① 지구 어디에 있어도 인공위성이 있으면 위치를 알 수 있는 GNSS는 위치데이터를 수신할 수 있는 장비가 있어야 판독이 가능하다.

② 이론적으로 필요한 위성의 수는 최소한 3개이지만 실제로는 그 이상이 필요하다.

③ GNSS 수신장비와 인공위성 사이에는 20,000km 정도의 거리가 있다. 그 때문에 약 20m 정도의 오차가 발생한다.

④ 국토지리정보원은 전국에 약 70개 정도의 기준국을 활용하여 오차를 cm급으로 줄인 보정신호(OSR)를 제공하고 있다.

⑤ OSR(Observation Space Representation, 관측공간보정)은 중앙 서버가 사용자 위치에 적합한 보정정보를 생성하여 인터넷 등을 이용해 전달하는 방식이다. 이 정보를 활용하려면 고가의 측량장비가 필요하다.

⑥ 국토지리정보원은 2021년 10월 19일부터 저가의 수신기에서도 cm급 측정이 가능한 새로운 방식의 보정신호(SSR)를 제공한다.

⑦ SSR(State Space Representation, 상태공간보정)은 중앙 서버가 위성측위에서 발생하는 모든 오차를 각각 모델링하여 사용자에게 제공하는 방식이다. 심지어 스마트폰 앱으로도 자유롭게 이용할 수 있다.

③ GIS활용 기법

1) 지도 제작

① 매핑(mapping)은 지도를 만든다는 뜻이다. 지도를 만들려면 현실 세계의 객체(사상)를 점, 선, 면의 형태의 정보, 즉 경도, 위도, 고도의 형태로 기록할 수 있어야 한다. 이렇게 기록한 정보를 시각화하여 2차원의 평면에 기록한 것을 지도라고 한다.

② 시각화하여 기록하는 지도화 작업은 사물의 모양, 위치 등의 정보(도형 정보)를 포함하여 각각의 사물에 대한 속성 정보를 모두 포함한다. 즉 GPS를 이용한 지도 제작은 벡터(vector) 기반의 GIS 자료를 빠르고 쉽게 생성할 수 있다.

③ GPS를 이용하여 지도를 제작하기 위해서는 GPS(안테나, 수신기, 컨트롤러)와 같은 하드웨어와 전자야장을 지원할 수 있는 소프트웨어가 필요하다.

④ 지도 제작 방법은 시스템 구성과 지도 제작 목적에 따라 달라질 수 있다.

⑤ 근래에는 수신기 및 장비의 기술 발달로 인하여 실시간으로 지도를 제작할 수 있는 GPS시스템이 다양하게 보급되고 있으며, 정확도 또한 50cm 이내로 비교적 양호해지고 있다.

2) 지도 분석

지도는 목적에 따라 다양하게 제작된다. 이러한 지도들을 충첩하거나 분석하여 적지적수의 분석 등에 활용할 수 있다.

8 임업 기계

[임업 기계의 구분]

구분	종류
소형작업기계	기계톱, 예불기, 식혈기, 자동지타기, 가지치기 체인톱
가선집재기	반송기, 소형윈치, 야더집재기, 타워야더집재기
차량형 임업 기계	트랙터, 소형집재용차, 스키더(차체굴절식 임업용 트랙터), 포워더
다공정 임목수확장치	펠러번처, 프로세서, 하베스터
기타	연결형 크롤러바퀴식 차량, 무게중심 이동형차량, 보행형차량, 공중집재장치(헬리콥터)

section 1 임업 기계 일반

1 기계의 역학적 기초

1) 기계 재료

① 기계 재료에는 금속 재료와 비금속 재료가 사용되고, 금속 재료에는 철강, 알루미늄, 마그네슘, 티타늄 등의 경합금, 동, 니켈, 아연 등의 비철금속 및 합금 등이 있고, 비철금속 재료에는 플라스틱, 고무, 내화물, 유리, 목재 등이 있다.

② 철강은 다른 금속 재료에 비해 기계적 성질이 우수하고 열처리나 소량의 합금 첨가에 따라 그 기계적 성질을 용이하게 할 수 있는 것 외에 생산성이 높고 가격도 저렴하여 공업재료로서는 가장 우수하다.

③ 탄소의 함량에 따라 철(iron)〈0.03%, 강철(steel) 0.03~1.7%, 주철(cast iron)〉1.7%로 나누어진다. 철은 열처리에 의해 경화되지 않고, 강철은 열처리에 의해 경화시킬 수 있으며, 주철은 보통 이 두 가지에 비해 기계적 성질이 떨어진다.

④ 공구용 재료는 탄소강, 합금공구강 외에 비철금속인 텅스텐 카바이드 등의 경질합금도 사용된다. 상온 및 고온에 강하고 마모가 되지 않는 재료가 선정된다.

⑤ 기계용 비금속 재료로서 플라스틱은 10,000개 이상의 고분자로 가소성이 있는 유기재료로써 경량이고 내부식성, 내마모성, 전기절연성이 우수하고 강철에 비해 고유진동수가 낮고 진동 감쇄율이 큰 특징이 있다.

⑥ 나일론, 불소수지, 폴리비닐, 아세탈, 폴리카보네이트, 페놀수지 등이 사용되고, 유리섬유를 수지로 성형한 구조용 강화플라스틱(FRP)은 고강도로서써 기어, 베어링 등 외에도 구조용 자재로 많이 활용된다.

2) 기계요소

기계요소는 결합 부품 요소, 동력 전달 요소, 에너지 흡수 요소, 유체전동, 윤활 요소 등으로 구별된다.

① 결합 부품 요소

나사(screw)	• 인장력에 대한 결합에 사용된다. • 미터나사와 인치나사가 있다.
키(key)	• 축에 기어, 풀리, 플라이휠, 커플링, 클러치 등을 고정시켜서 상대적인 운동을 방지하면서 회전력을 전달시키는 결합용 기계요소이다. • 키는 보통 원형 또는 4각형 단면의 쐐기 형상인 경우가 많다. 또한 축 재질보다 단단한 양질의 철(鋼)을 사용한다. • 키의 종류에는 평키(flat key), 반달키(woodruff key), 묻힘키(sunk key), 드라이빙키(driving key), 접선키(tangential key) 등이 있다.
리벳(rivet)	• 강판 또는 형강(rolled steel) 등을 영구적으로 접합하는 데 사용하는 기계요소를 리벳이라 하고, 비교적 간단하기 때문에 응용 범위도 넓다. • 보일러, 물탱크, 가스탱크, 철근구조물, 철교, 항공기, 선체 등에 사용된다. • 재료는 연강, 동, 알루미늄, 두랄루민 등이 사용되고 특별한 경우 강도가 강한 곳에 사용할 때 또는 내부식성을 증대시킬 필요가 있을 때에는 특수강을 사용하는 수도 있다.

② 동력 전달 요소

축(shaft)	• 일반적으로 베어링으로 받쳐진 채로 멈추고 있든지 회전운동 또는 회전요동운동을 하여 물체를 받치면서 동력을 전달시키는 기계요소를 축이라고 한다. • 예불기의 장축에는 속이 빈 축(中空軸)이 사용되고, 등짐식예불기에는 엔진으로부터의 동력전달에 플랙시블축(flexible shaft)이 사용된다.
축이음(shaft coupling and clutch)	• 원동축과 피동축을 연결하여 동력을 전달시키는 기계요소로서 원통면, 원추면 또는 원판면에 있어서의 접촉을 이용한다. • 운전 중 결합을 끊을 수 없는 영구축이음, 즉 커플링과 필요에 따라 운전 중 결합을 단속할 수 있는 가동축이음, 즉 클러치로 크게 나누어진다.
마찰차	마찰차는 2개의 바퀴를 직접 접촉 시킨 다음 이것을 서로 밀착하여 그 사이에 생기는 마찰력을 이용하여 두 축 사이에 동력을 전달하는 장치이다. 2개의 바퀴는 구름접촉을 하면서 회전하므로 접촉선 위의 한 점에서 두 바퀴의 표면속도는 항상 같다.
기어	• 차례로 물리는 이(齒)에 의하여 운동을 전달시키는 기계요소를 기어(gear)라고 한다. • 동력을 전달시키는 방법으로는 기어 이외에도 마찰차, 체인과 스프라켓 휠, 로프전동, 벨트전동 등 여러 가지 방법이 있지만 기어는 확실한 속도비와 아주 작은 구조의 좋은 효율로 큰 회전력을 전달할 수 있다.

전동장치	전동하는 축의 2축 간 거리가 비교적 긴 경우에 사용되고 가죽, 섬유, 고무, 얇은 강철판 등으로 된 평벨트, V벨트, 혹은 체인, 로프 등이 재료로 이용된다.
스프링	일반적으로 탄성체는 하중을 받으면 하중에 따른 만큼 변위를 하게 되고 그 일을 탄성에너지로 흡수, 축적하는 특성을 가진다. 따라서 이 기본 특성에서 동적으로는 고유진동을 가지고 충격을 완화하든지 진동을 방지하는 기능을 가진다.
유압실린더	직선운동형의 유압모터
브레이크	기계 운동 부분의 에너지를 흡수하여 그 운동을 멈추게 하던지 또는 운동속도를 조절하여 위험을 방지하는 기계요소
완충기(shock absorber), 댐퍼(damper)	• 완충기에는 스프링, 고무, 마찰재, 스프링+유압, 스프링+공압 등이 있고, 물체의 충돌에 따라 발생하는 가속도를 완화하고 과대한 충격력의 발생을 방지하기 위해 사용된다. • 댐퍼는 반복되는 진동, 충격을 완화하여 기계를 보다 안전하게 운전할 수 있도록 하는 것으로 고무 등의 내부마찰, 마찰재에 의한 고체마찰, 기름이 가는 관을 통과할 때의 점성저항이 이용되고 있다.
베어링	회전하면서 하중을 받는 축을 지지하는 기계요소

2 작업기계의 기술적 특성

1) 임업 기계의 개념

광의의 임업 기계는 이러한 산림의 조성, 관리 및 생산물의 수확 등 임업활동에 활용되는 모든 장비를 통칭하며, 좁은 의미로는 임업용으로 활용하기 위하여 제작된 체인톱, 집재기, 임업용 트랙터 등을 임업 기계라고 할 수 있다. 최근에는 일반 토목장비 및 농업장비가 임업에서도 많이 활용되므로 이러한 장비들도 임업 기계에 포함시킬 수 있다.

2) 임업 기계의 의의

인력은 축력과 마찬가지로 생물적인 물질대사 작용으로부터 에너지를 얻기 때문에 지속적인 작업 시 체중 75kg당 약 0.1마력의 동력을 발생하므로 현재 사용하고 있는 내연기관에 비하면 그 효율이 매우 낮다. 따라서 기계적인 단순노동은 약간의 유지비와 연료비만으로도 운용되는 기계를 이용하는 것이 경제적이고, 현재 쓰이는 일부 자동화 장비는 사람이 작업할 때 이루어지는 판단작업까지도 각종 센서와 마이크로프로세서를 이용하여 정확히 실행함으로써 유지비 절감과 인력 활용을 극대화할 수 있으므로 우리나라의 임업경영 현실과 기술 수준에 적합한 장비를 투입함으로써 생산 비용을 절감할 수 있다.

3) 임업 기계화의 장점

어렵고 힘든 노동을 기피하는 우리의 현실에서 젊은 산림작업원을 확보할 수 있는 한 가지 방편이 되므로 노동조건의 개선 측면에서도 기계화 작업은 필수적이라 하겠다.

① 계획생산의 실시 : 기계화를 실시할 경우 기후조건, 계절의 영향을 어느 정도 극복 가능하며, 목재시장 상황에 맞는 탄력적인 공급이 가능하며, 인력에 비해 좀 더 안정적으로 작업을 수행할 수 있다.

② 지형조건의 극복 : 기계에너지를 이용하여 인력으로 실시할 수 없는 지형조건에서도 작업 수행이 가능하며, 적절한 도로망과 장비의 조합으로 어느 정도까지는 임목생산 작업이 가능하다.

③ 생산속도의 증가와 상품가치의 향상 : 기계에 의해 작업속도를 높이고 생산기간을 단축할 수 있어 자금의 회전을 빠르게 하고 제품의 품질 저하를 막을 수 있으며, 인력작업이 곤란하거나 경비가 많이 소요되는 전간재(全幹材)를 생산하여 제품의 품질을 향상시켜 수율을 높일 수 있는 장점이 있다.

❸ 기계작업 방법

1) 육림기계 및 도구

구분	종류	설명
식재용	재래식	재래식 삽과 괭이는 식재용으로 적합지 않아 개선의 여지가 있다.
	각식재용 양날괭이	• 타원형은 자갈이 섞이고 지중이 뿌리가 있는 곳에서 사용된다. • 네모형은 땅이 무르고 자갈이 없으며 잡초가 많은 곳에 사용된다. ▲ 타원형　　　　▲ 네모형
	사식재괭이	경사지나 평지 등 모든 곳에서 사용할 수 있으며, 대묘보다 소묘의 사식에 적합하다. 괭이 날의 자루에 대한 각도는 60°~70°이다.
무육용	스위스 보육낫	침엽수 및 활엽수 유령림의 무육작업에 적합한 것으로 지름 5cm 내외의 잡목 및 불량목 제거에 사용한다.
	소형 전정가위	신초부와 쌍가지 제거 등 직경 1.5cm 내외의 치수 무육작업에 적합하다.
	무육용 이리톱	• 무육용 날과 가지치기용 날이 함께 있어 가지치기와 직경 6~15cm 내외의 유령림 무육작업에 적합하다. • 손잡이가 구부러져 당기기에 좋다.

	소형 손톱	덩굴식물의 제거와 직경 2cm 이하의 가지치기에 적당하다.
가지치기용	고지절단용 톱	수간의 높이가 4~5m 정도로 높은 곳의 가지치기에 쓰인다. 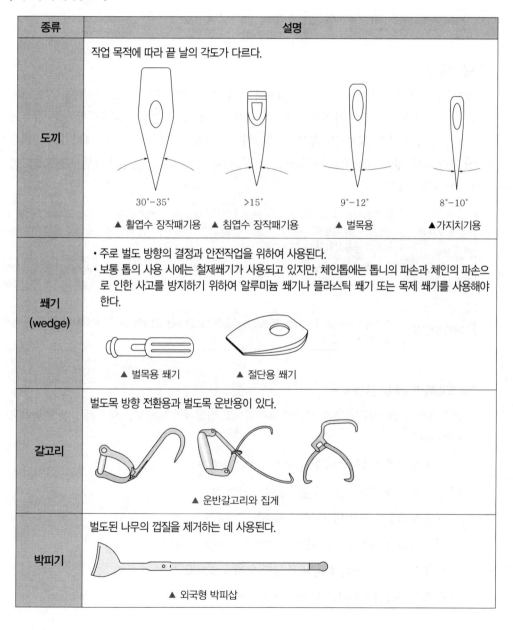
	자동 지타기	나무의 수간을 오르내리며 가지치기하는 기계로 톱날이 부착되어 있다.

2) 수확기계 및 도구

종류	설명
도끼	작업 목적에 따라 끝 날의 각도가 다르다. 30˚-35˚　　>15˚　　9˚-12˚　　8˚-10˚ ▲ 활엽수 장작패기용　▲ 침엽수 장작패기용　▲ 벌목용　▲가지치기용
쐐기 (wedge)	• 주로 벌도 방향의 결정과 안전작업을 위하여 사용된다. • 보통 톱의 사용 시에는 철제쐐기가 사용되고 있지만, 체인톱에는 톱니의 파손과 체인의 파손으로 인한 사고를 방지하기 위하여 알루미늄 쐐기나 플라스틱 쐐기 또는 목제 쐐기를 사용해야 한다. ▲ 벌목용 쐐기　　▲ 절단용 쐐기
갈고리	벌도목 방향 전환용과 벌도목 운반용이 있다. ▲ 운반갈고리와 집게
박피기	벌도된 나무의 껍질을 제거하는 데 사용된다. ▲ 외국형 박피삽

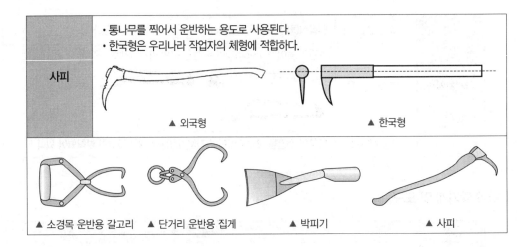

사피	• 통나무를 찍어서 운반하는 용도로 사용된다. • 한국형은 우리나라 작업자의 체형에 적합하다. ▲ 외국형　　　　　　　　　▲ 한국형
	▲ 소경목 운반용 갈고리　▲ 단거리 운반용 집게　　　▲ 박피기　　　　　　▲ 사피

3) 체인톱 ★★

체인톱은 원동기로서 가솔린엔진, 전기모터, 유압모터 등을 이용하지만 산림에서 사용되는 것은 취급이 편하고 중량이 가벼우며 출력이 높은 2행정 가솔린기관을 이용한다. 체인톱은 일반적으로 원동기 부분, 동력전달 부분, 목재절단 부분으로 구성되어 있으며, 출력과 엔진의 무게에 따라 소형, 중형, 대형으로 구분한다. 체인톱의 수명은 대체로 엔진의 가동시간을 말하며, 약 1,500시간 정도이다.

원동기부	동력 발생을 위한 원동기는 그 원리나 구조가 농업용 기계에 이용되고 있는 공랭식 2행정 기관으로 기타 용도의 공랭식 2행정 기관과 거의 유사하지만 톱 체인에 윤활유를 공급하기 위한 윤활유 공급장치가 더 붙어 있다.
동력 전달부	동력 전달부는 원동기의 동력을 톱 체인에 전달하는 부분으로써 직접 전동형은 원심클러치와 스프로켓으로 이루어져 있고, 기어 전동형은 원심 클러치, 감속장치 및 스프로켓으로 구성되어 있다.
목재 절단부	목재를 톱질하여 잘라내는 부분으로 절단톱날, 안내판, 기계톱 장력조절장치, 체인 덮개 등으로 구성되어 있다.

가) 체인톱의 구비조건 ★★★

체인톱에 의한 벌목 및 조재 작업을 효율적으로 실행하기 위해서는 다음과 같은 조건을 갖추어야 한다.

① 무게가 가볍고 소형이며 취급 방법이 간편할 것

② 견고하고 가동률이 높으며 절삭능력이 좋을 것

③ 소음과 진동이 적고 내구력이 높을 것

④ 근주(그루터기)의 높이를 되도록 낮게 절단할 수 있을 것

⑤ 연료의 소비, 수리비, 유지비 등 경비가 적게 소요될 것

⑥ 부품의 공급이 용이하고 가격이 저렴할 것

나) 체인톱의 안전장치 ★★★

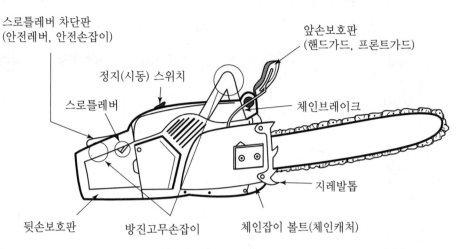

스로틀레버 차단판
(안전레버, 안전손잡이)

정지(시동) 스위치

스로틀레버

앞손보호판
(핸드가드, 프론트가드)

체인브레이크

지레발톱

뒷손보호판   방진고무손잡이   체인잡이 볼트(체인캐처)

▲ 체인톱의 안전장치

① 앞손보호판
- 핸드가더
- 작업 중 가지와 체인톱의 튕김에 의한 손과 신체의 위험방지 장치

② 뒷손보호판
- 체인톱날이 끊어졌을 때 오른손을 보호하기 위한 장치

③ 방진고무손잡이
- 앞손과 뒷손으로 잡는 손잡이 부분에 진동을 감소시켜주기 위해 설치하는 고무 손잡이
- 추운 곳에서는 온열 기능을 사용하기도 한다.

④ 스로틀레버 차단판
- 스로틀레버 차단판을 정확히 잡지 않으면 스로틀레버(엑셀러레이터)가 작동하지 않도록 하는 안전장치

⑤ 기타 안전과 관련된 장치들
- ㉠ 체인캐처 : 체인을 제대로 관리하지 않으면 체인이 사용 도중 튕겨 나오거나 끊어질 수 있다. 이때 체인이 뒤로 튕겨 나오는 것을 방지한다.
- ㉡ 체인브레이크 : 이동 중이거나 작업을 잠시 중단할 때 핸드가더를 앞으로 내밀면 체인이 회전하지 않으며, 체인톱의 튕김에 손과 신체 위험을 방지하는 장치로 앞손보호판과 연동하여 설치되어 있다.
- ㉢ 정지 스위치 : 엔진을 신속히 정지시킬 수 있는 장치

다) 톱체인의 구조

톱체인의 규격은 피치(pitch)로 표시한다. 피치(pitch)는 서로 접하여 있는 리벳 3개 간격의 $\frac{1}{2}$ 길이를 말한다. 길이의 단위는 보통 인치(inch)를 사용한다.

명칭	구조	대패형 톱날	반끌형 톱날	끌형톱날
창날각		35°	35°	30°
가슴각		90°	85°	85°
지붕각		60°	60°	60°
연마 방법		수평으로 연마	수평에서 위로 10° 정도 상향 연마	

④ 기계투입 기법

다공정 임업 기계 또는 다공정 임목수확기계를 고성능 임업 기계라고 한다. 고성능 임업 기계는 벌도, 가지자르기, 통나무 자르기, 집재작업 등 임목수확작업의 단위작업 중 한 가지 이상을 하나의 공정으로 일관되게 수행하는 대형 차량계 또는 차량형 임업 기계를 말한다. 이들 고성능 임업 기계는 필요한 작업에 따라 일관된 작업을 수행할 수 있도록 투입하는 기법이 필요하다.

1) 고성능 임업 기계의 종류 ★★★

① 트리펠러 : 단순히 벌도 기능만 갖추고 있는 기계이다.

② 펠러번처 : 벌도도 하고, 모아 쌓을 수도 있는 기계로 임목을 붙잡을 수 있는 장치를 갖추고 있다.

③ 프로세서 : 가지자르기, 집재목의 길이를 측정하는 조재목 마름질, 통나무 자르기 등 일련의 조재작업을 한 공정으로 수행한다.

④ 하베스터 : 대표적인 다공정 처리 기계로써 벌도, 가지치기, 조재목 마름질, 토막내기 작업을 한 공정에 수행할 수 있는 장비이다.

⑤ 포워더 : 화물차에 크레인을 달아 조재목을 싣고 운반하는 기계이다.

⑥ 타워야더 : 트랙터에 인공 철기둥과 가선집재장치를 부착한 집재 기계이다.

* 임목벌도기계 ; 손톱, 체인톱, 트리펠러, 펠러번처, 하베스터

2) 고성능 임업 기계의 투입 기법

고성능 임업 기계는 작업이 가능한 단위작업으로 구분하여 투입해야 한다. 작업 가능한 단위작업에 따라 사용 가능한 기계는 아래의 표와 같다. O으로 표시된 부분이 단위작업에 투입할 수 있는 고성능 임업 기계들이다.

[투입 가능한 단위작업 표]

단위 작업	트리펠러	펠러번처	하베스터	프로세서
벌목	O	O	O	X
지타	X	X	O	O
측정	X	X	O	O
절단	X	X	O	O
쌓기	X	O	O	O
소집재	X	O	O	O

section 2 · 임업 기계 및 장비의 종류와 특성

임업은 농업과 같이 식물을 대상으로 심고, 가꾸고, 수확하는 산업이지만 묘포장에서 어린 묘목을 키우는 양묘작업을 제외하고는 그 작업 대상물의 크기와 중량, 생산물의 내용에 있어서도 큰 차이가 있다. 또한 임업을 임목을 키우는 단계인 1차 생산단계, 임목을 수확하여 원목을 생산하는 2차 생산단계, 원목을 가공하는 3차 생산단계로 구분하기도 한다.(Sundberg & Silversides, 1988)

이러한 작업 단계 중 1, 2차 생산단계와 3차 생산단계 중에서 산림 내에서 이루어지는 작업과정에 사용되는 장비를 임업 기계라고 할 수 있으며, 이를 다시 산림경영상의 구분 방법에 따라 다음과 같이 분류한다.(山脇 등, 1980) 경우에 따라서는 임업 기계를 기능과 형태에 따라 크게 휴대용 기계, 차량형 기계, 가선형 기계 등으로 기능과 작업 방법에 따라 구별하기도 한다. 산림관리 및 연락용으로는 다른 산업분야에서도 활용되는 범용(凡用)형 장비로써 이륜차, 차량, 헬리콥터, 항공기, 유선 및 무선 전화시설, 산림용 측량기기, 장비수리용 기계, 발전장비(發電裝備), 선박(船舶) 등이 있다.

1 육림 기계 장비

양묘 및 조림, 육림용 장비는 대부분 일반 농업기계를 그대로 활용할 수 있으며, 경우에 따라서는 임업 전용 장비를 개발하여 활용하기도 하지만 기능 및 작동 방식은 농업용 장비와 유사한 것이 많으며, 각 작업 단계에 사용되는 장비를 열거하면 다음과 같다.

① 양묘용 장비 : 트랙터, 경운작업기(plow), 정지작업기(harrow), 퇴비살포기(堆肥撒布機, manure spreader), 중경제초기(中耕除草機, cultivator,), 파종기(播種機,seed sower), 약

제살포기(sprayer), 묘목이식기(床替機, transplanter), 운반용 트레일러, 관수장치, 단근
굴취기(斷根掘取機, root pruner and digger), 컨베이어 시설, 묘목 수확기(seedling har-
vester), 컨테이너 양묘시설 등

② 조림 및 육림용 장비 : 풀깎기 기계(刈拂機, brush cutter), 식혈기(植穴機,planting auger),
가지치기 기계(枝打機, power pruner), 묘목식재기(seedlingplanter) 등

③ 산림보호용 장비 : 각종 약제 분무기, 연무기, 동력 천공기(穿孔機) 등

❷ 수확 기계 장비

임목을 벌목하여 가지를 치고 토막을 내는 기계가 벌목조재용 기계이고, 원목 또는 벌목된 임목
을 작업로 또는 임도까지 운반하는 장비를 집재용 기계, 임도나 도로를 주행하며 운반하는 기계
를 집운재 기계라 한다. 이외에도 저목장까지 운반된 원목을 차량에 싣고 내리는 장비와 임내에
서 간단한 1차 가공을 할 수 있는 임내가공용 장비 등이 있다.

① 벌목조재 기계 : 체인톱(chain saw), 임목 벌채용 펠러(feller) 및 펠러번처(feller buncher),
임목 벌채수확용 하베스터(harvester), 벌채목 가지자르기용 프로세서(processor), 원목 토
막내기용 그래플 톱(grapple saw) 등

② 집·운재용기계 : 궤도형 및 차륜형 트랙터, 자주식 반송집재기(自走式 搬送集材機), 야더집
재기, 소형 윈치, 소형 타이어 바퀴 및 크롤러식 집재용 차량(小型運材車, 小型林內車, mini
forwarder, mini skidder), 모노레일(mono rail), 모노케이블장비, 포워더(forwarder), 원
목집게(log grapple), 원목운반트럭, 크레인 트럭, 집·운재용 헬리콥터, 산림철도 등

③ 저목장 및 임내 가공용 기계 : 크레인, 포크리프트(fork lift), 박피기(debarker), 치퍼기
(chipper), 이동식 제재기(portable sawmill) 등

❸ 산림토목 기계 · 장비

일반 토목분야에서 토공작업이나 운반작업 등에 활용되는 장비들이 그대로 활용될 수 있다. 예
를 들면 착암기(rock drill), 불도저, 콘크리트 믹서, 굴착기(excavator), 모터그레이더(motor
grader), 도로용 롤러(road roller), 공기압축기(air compressor), 덤프트럭, 제설장비 등이 있다.

1) 건설기계

구분	종류	용도
굴착 기계	• 파워셔블 • 백호우 • 리퍼(단단한 흙이나 연약한 암석 굴착 용도) • 브레이커	땅 파는 기계

적재 기계	• 트랙터셔블 • 셔블로더	상차 기계
운반 기계	• 불도저 • 덤프트럭 • 백호우(굴착, 적재, 운반, 흙깔기, 흙다지기 등)	흙이나 돌을 옮기는 기계
정지 기계	• 모터그레이더 • 불도저 • 스크레이퍼	땅을 평평하게 다듬는 기계
전압 기계	• 로드롤러(바퀴의 배치와 형식에 따라 머캐덤롤러, 탠덤롤러, 탬핑롤러) • 타이어롤러 • 진동콤팩터 • 탬퍼	땅을 다지는 기계

2) 건설기계의 주행장치 ★★

크롤러바퀴식	• 중앙고가 낮아 등판력이 우수하다. • 바퀴가 땅에 닿는 면적이 많아 접지압이 낮다. • 연약지반이나 험지에서 주행성이 좋다. • 임도나 임지에 피해가 적다.
타이어바퀴식	• 주행성과 기동성은 크롤러바퀴식에 비해 좋다. • 크롤러바퀴식에 비해 바퀴가 땅에 닿는 면적이 적어 접지압이 높다. • 연약지반이나 험지에서 이용은 어렵다.

주행장치는 임업용 트랙터, 쇼벨계 건설기계, 포워더의 주행장치에 공통된 사항이다.
접지압은 땅에 닿는 압력을 말한다. 압력의 단위는 무게/면적이고, 분모가 커지면 숫자가 작아지므로 압력도 작아지고, 반대로 분자가 커지면 당연히 압력도 커진다. 접지압은 바퀴가 땅에 닿는 면적과 반비례한다. 영화에서 보는 전차의 바퀴인 크롤러바퀴가 땅을 많이 훼손하는 것으로 착각을 하지만 오히려 접지압이 높은 타이어바퀴가 땅을 많이 훼손한다.

section 3 | 인간공학

인간공학이란 작업, 직무, 기계, 방법, 기구, 환경 등을 개선함으로써 좀 더 쉽게 작업이나 직무를 수행할 수 있도록 하는 것이다. 또한 인간공학이란 인간에게 있어서 자기 주위의 기계, 환경 등을 하나의 시스템으로서 고려하여 그것에 대하여 주체적인 인간으로서의 적합성을 유지하면서 시스템의 목적이 달성되고 있는가의 여부를 고려하는 것이다. 다시 말해서 인간공학은 인간이라는 대상물에 대한 법칙성을 탐구함으로써 인간의 특성을 찾아내고, 인간이 안전하면서도 손쉽게 조작해 낼 수 있도록 특성에 맞추어 공학적인 측면에서 기계를 설계하고 검토해 나가려고 하는 것이다. 인간공학이 지향하는 역할은 인간과 기계가 시스템으로서의 적합성을 유지하도록 하고, 또한 그 목적이 유효한 기능을 수행하도록 설계하는 과학으로서 존재한다고 할 수 있다.

산림작업에서 인간공학 분야는 인간과 작업을 대상으로 한 모든 내용, 즉 인체, 영양, 작업 자세, 에너지 소비, 피로, 작업시간 분배, 심리·정신적인 작업 부담, 작업기계 등과 작업환경으로서 기후, 작업조건, 소음, 진동, 유해가스 등의 기술적인 인자와 안전과 직업재해 문제 등의 해석에 직접 또는 간접적으로 응용될 수 있다.(Frykman, 1986)

최근에는 임업 기계화가 진행되면서 작업환경과 작업 방법이 변화하였기 때문에 작업 부담 내용도 바뀌었다. 즉, 과거의 신체적 작업 부담이 감소되는 반면 기계에 의한 진동, 소음과 같은 영향으로 새로운 형태의 심리적, 감각적(mental and perceptual) 작업 부담이 증가함으로써 과거의 간단한 도구 등의 설계 및 제작에 쓰이던 경험적 방법의 적용이 불가능하게 되었다. 따라서 이러한 인간공학 이론을 바탕으로 작업 개선과 장비의 설계 등이 이뤄져야 한다.(Zander 1986)

1 작업심리, 생리, 위생 및 임금

1) 산림작업과 에너지 대사

다른 생물과 마찬가지로 인간이 생존하고 활동하기 위해서는 섭취한 음식물이 체내에서 산화됨으로써 얻어지는 에너지를 이용한다. 이러한 체내에서 이루어지는 영양분의 분해과정을 에너지 대사(metbolism)라고 한다. 1일 총 에너지대사량은 다음의 기초대사량과 노동대사량, 생활대사량을 합하여 구하는데 독일남성의 예를 들면, 작업대사량이 2,000~3,000kcal일 경우 1일 총에너지 대사량은 4,200~5,200kcal로 계산할 수 있다.

① 기초대사량(basal metabolism) : 생체유지를 위한 최소에너지로서 20℃에서 공복상태로 누운 자세의 에너지 대사량으로 성인남자는 분당 0.95kcal, 여성은 0.80kcal이다. 이때 성인 남자의 기초대사량은 1일 1,400kcal로 계산하며 독일의 경우 1,700kcal로 계산한다.

② 안정대사량(rest metabolism) : 의자에 앉은 상태의 대사량으로 기초대사량보다 20~25%가 높다.

③ 노동대사량(work metabolism) : 안정대사량에 작업에 소요되는 대사량을 추가하여 구한다.

④ 생활대사량 : 일상적인 생활을 영위하는 데 필요한 에너지로서 생활대사량은 개인의 활동 내용에 따라 다르지만 독일의 경우 1일 500kcal로 계산한다.

2) 생리적 부담측정 평가법

노동이 작업원에게 주는 신체적인 부담을 작업 강도(work load), 노동부담(勞動負擔)이라고 하는데, 이를 나타내는 단위로는 에너지 단위인 [kJ/min] 또는 [kcal/min]로 나타낸다. 그러나 인간의 체내에서 발생하는 에너지양을 직접적으로 잴 수 없으므로 간접적인 방법으로 에너지를 생산하기 위해 소비되는 산소 소비량인 $[VO_2 l/min]$을 사용한다. 그러나 측정이 어려운 산소 소비량 대신 이와 매우 높은 상관관계가 있는 맥박수(heart rate) 변화를 측정함으로써 에너지 소비량을 추정할 수도 있다.(Astrand 1986)

이 외에도 육체노동의 결과, 인체 내에서 발생되는 체온의 증가 현상, 발한량의 측정, 혈액 중 젖산 함량의 증가 등을 측정하여 간접적으로 작업 강도를 추정하기도 한다. 작업 강도를 구분할 때 분당 에너지 소비량, 산소 소비량, 맥박수 증가율에 따라 노동 강도의 경중(輕重)을 구분할 수 있다. 그러나 이는 평균 체격의 성인을 기준으로 한 것이므로 체격의 크기, 연령 등에 따라 동일한 작업 내용이라도 작업원에 따라 상대적으로 다른 작업 강도로 분류될 수 있다.

3) 작업 조직

작업자의 작업 조직과 편성에 따라 작업 능률과 작업 형태가 달라진다. 그러므로 작업 장소의 여건에 따라 알맞은 작업조와 투입될 인원을 결정해야 한다.

① 1인 1조
   - 장점 : 독립적으로 융통성이 크고 작업능률도 높다.
   - 단점 : 과로하기 쉽고 사고 발생 시 위험하다.

② 2인 1조
   - 장점 : 2인의 지식과 경험을 합하여 작업할 수 있으므로 융통성을 갖고 능률을 올릴 수 있다.
   - 단점 : 타협해야 하고 양보해야 한다.

③ 3인 1조
   - 장점 : 책임량이 적어 부담이 적다.
   - 단점 : 작업에 흥미를 잃기 쉽고 책임의식이 낮고 사고 위험이 크다.

2 안전관리

1) 산림작업이 어려운 이유

① 더위, 추위, 비, 눈, 바람 등과 같은 기상조건에 영향을 많이 받는다.
② 산악자의 장애물과 경사로 인해 미끄러지기 쉽다.
③ 산림작업도구 및 기계 자체가 위험성을 내포하고 있다.
④ 작업 장소를 계속 이동하여야 한다.
⑤ 무거운 통나무가 넘어지거나 굴러 내리는 경우가 많다.
⑥ 기타 독충, 독사, 구르는 돌 등에 의해 피해를 받기 쉽다.

2) 안전사고 발생 원인

① 위험을 두려워하지 않고 오만한 태도를 지녔을 때
② 안일한 생각으로 태만히 작업할 때
③ 과로하거나 과중한 작업을 수행할 때

④ 계획 없이 일을 서둘러 할 때

⑤ 실없는 자부심과 자만심이 발동할 때

3) 안전사고 예방 준칙

① 작업 실행에 심사숙고할 것

② 작업의 중용을 지킬 것

③ 긴장하지 말고 부드럽게 할 것

④ 규칙적인 휴식을 취하고, 율동적인 작업을 할 것

⑤ 휴식 직후에는 서서히 작업속도를 높일 것

⑥ 몸의 일부로만 계속 작업을 피하고 몸 전체를 고르게 움직일 것

⑦ 항상 위험을 염두에 두고 보호장비를 착용할 것

⑧ 작업복은 작업종과 일기에 맞추어 입을 것

⑨ 올바른 기술과 적당한 도구를 사용할 것

⑩ 유사시를 대비하여 혼자서 작업하지 말 것

⑪ 산불을 조심할 것

---

section 4 | 작업계획과 관리

1 작업연구

① 작업공정(功程)은 작업 내용, 가공 방법, 가공 순서, 작업 동작, 작업 조건 등을 과학적으로 검토하기 위한 분석 수법으로 미국의 테일러와 길브레드 등에 의해 시작되었다.

② 작업공정에 대한 연구의 목적은 작업의 개선이 우선이지만 그 외에도 작업의 표준화와 표준 공정의 설정, 표준작업의 유지 및 지도, 작업의 계량화, 비교, 관리 방법의 개선 등을 높이고자 하는 데 있다.

③ 작업공정의 연구는 연구의 대상으로서 공정(工程, process)연구, 시간연구, 동작연구로 나눈다.

④ 공정연구는 작업의 흐름을 주체로 하여 그 순서, 공정 상호 간의 균형, 소요시간 등을 분석하는 수법이고, 시간연구와 동작연구는 공정 계열을 구성하는 개개의 작업 단위를 대상으로 하는 분석 수법이다.

⑤ 작업원이 사용하는 기구 및 기계도 작업원의 연장선상에서 생각해 보면 시간연구와 동작연구는 사람의 움직임을 중심으로 하는 분석 수법이라고 할 수 있다. 따라서 작업공정 연구는 다음과 같이 분류할 수 있다.

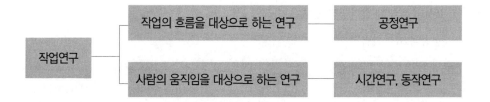

| 작업연구 | 작업의 흐름을 대상으로 하는 연구 | 공정연구 |
| | 사람의 움직임을 대상으로 하는 연구 | 시간연구, 동작연구 |

⑥ 시간연구는 테일러가 발전시킨 것으로 스톱워치(초시계)를 이용하여 시간의 중점 변동을 연구한데 반해, 동작연구는 길브레드에 의해 연구된 것으로 시간보다는 오히려 동작의 거리, 경로 및 방향이라고 하는 공간적인 연구에 중점을 두었다. 그렇지만 이 두 가지는 결국 밀접한 관계가 있고 시간연구에서도 동작연구를 알아야 하고, 동작연구에서도 시간을 무시할 수는 없다. 따라서 이것을 구별하지 않고 동작 및 시간연구로 취급하는 경우도 있다.

2 작업관리

① 테일러는 작업관리를 작업자와 기업의 입장에서 최선의 작업 방법을 추구하는 것으로 정의하였다.

② 작업관리는 작업자의 작업 방법과 현장의 작업조건 등을 조사 및 연구하여 낭비 없이 작업을 원활하게 진행할 수 있도록 최선의 방법을 찾는 것이다.

③ 단위공정에 대한 직무설계를 통해 직무내용과 작업 방법을 결정하고, 작업자의 활동분석, 작업분석, 동작분석 등을 통해 작업을 측정하고 최적의 작업 방법으로 수행할 수 있도록 하는 것이다.

3 기계투입 계획

작업에 필요한 공정을 분석하여 현장의 여건과 작업량, 작업 방법 등을 고려하여 기계 투입계획을 수립할 수 있다.

4 기계사용비 계산

기계를 사용하는 경우 기계를 사용하는 데 필요한 비용은 고정비용과 변동비용으로 구분할 수 있다. 고정비에서 가장 큰 부분을 차지하는 것은 감가상각비이며, 고가의 자산은 정액법과 정률법으로 감가상각하기도 하지만, 소형 기계는 사용시간에 비례하여 계산하는 것이 일반적이다.

1) 고정비

① 고정비는 연간 사용 시간에 관계없이 일정하게 발생하는 비용이다.

② 고정비는 기계를 구입하는 데 들어간 비용에 대한 이자, 세금, 보험료, 수리비 등이 포함된다.

③ 고정비에 대한 감가상각 방법은 아래와 같다.

  ㉠ 정액법(직선법)

$$감가상각비 = \frac{취득원가 - 잔존가치}{추정내용연수}$$

$$D = \frac{C - S}{N}$$

  D : 매년 감가상각비, C : 취득원가, S : 잔존가치, N : 내용연수

  ㉡ 정률법(감쇠평형법)

  – 매년 연초의 기계잔존가치가 같은 비율로 감쇠토록 하는 방법이다.

  – 감가율 $= 1 - \sqrt[n]{\dfrac{잔존가치}{취득원가}}$ (n : 내용연수)

2) 변동비

① 변동비는 기계의 이용시간에 따라 비례하는 비용을 말한다.

② 변동비에는 기계를 가동하는 데 사용된 연료비와 윤활유 비용, 인건비, 자재대 등이 있으며, 작업시간 비례에 의한 감가상각비가 있다.

③ 윤활유는 대체로 연료소비량의 10~15%를 차지한다.

④ 작업시간비례법에 의한 감각상각비는 아래와 같이 계산한다.

  – 자산의 감가는 사용 정도에 따라 나타난다는 것을 전제로 계산한다.

  – 감가상각비=실제 작업시간×시간당 감가상각비

$$시간당 \ 감가상각비 = \frac{취득원가 - 잔존가치}{추정 \ 총작업시간}$$

section 5 **산림 수확**

1 벌목의 계획 및 실행

1) 입목의 수확

① 입목을 수확하는 일반적인 단계는 벌목, 조재, 집재와 운재로 구분할 수 있다.

② 벌목은 서 있는 수목의 지상부를 잘라 넘기는 것이다.

③ 조재는 벌목된 나무줄기의 가지와 나무껍질을 제거하고 용도에 따라 적당한 길이로 잘라 토

막 내는 작업이다.

④ 집재는 벌목된 나무를 산림 밖이나 제재소 및 공장으로 운반하는 데 편리한 장소, 즉 집재장 또는 임도변까지 모으는 작업이다.

⑤ 집재한 원목의 운반 거리가 대략 500m 이상일 경우 이를 운재라고 한다.

⑥ 벌목과 운재계획을 위한 조사는 예비조사(벌목 구역, 반출 방법, 기존 실행 결과 반영)와 실지조사(현지 확인, 시설의 위치 선정, 측량)로 구분할 수 있다.

2) 벌목작업 시 유의 사항

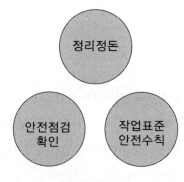

▲ 안전작업의 3요소

① 벌채사면의 구획은 종 방향으로 실시
- 상하 동시작업 금지
- 홍수피해를 예상하여 작업계획 수립

② 인접 벌목 시 안전거리 확보
- 나무 높이의 1.5배 이상 이격

③ 절단수목 주위 관목, 고사목, 넝쿨, 부석 등 제거

④ 대피장소 지정, 사전 장애물 제거

⑤ 작업책임자 선정
- 흉고직경 70cm 이상 입목 벌목 시
- 흉고직경 20cm 이상 기울어진 입목 벌목 시
- 안전대나 비계 등을 사용하여 벌목 시

⑥ 절단 방향
- 수형, 인접목, 지형, 풍향 등을 고려하여 안전한 방향으로

⑦ 벌목 시 수구를 내는 방법
- 흉고직경 40cm 이상은 $\frac{1}{4}$ 이상 충분히 깊게
- 일반적으로 수구의 깊이는 지름의 $\frac{1}{5} \sim \frac{1}{3}$ 정도

　　　－ 흉고직경 20cm 이상은 수구 각도를 30° 이상

　　　－ 수구의 높이는 지면으로부터 벌근지름의 $\frac{1}{5}$ 이내 지면에 가깝게

　⑧ 신호체계 구축 및 대피 후 작업

　⑨ 체인톱 사용 시 안전수칙 준수

　　　－ 체인톱 연속운전은 10분 이내

　　　－ 1일 2시간 이내

3) 목재수확작업시스템

목재수확작업시스템은 벌채, 조재, 집재, 운재의 4개 요소 작업이 원활히 수행될 수 있도록 구성한다.

가) 벌도 작업

벌도 시 발생할 수 있는 목재의 손상과 저해, 집재작업 능률 등을 고려한다.

① 작업조건은 집재 방법, 생산재의 종류(단목, 전간, 전목) 등을 고려한다.

② 벌도 대상목의 벌도목 표시는 페인트, 비닐테이프 등으로 표시한다.

③ 벌도 방향은 임도, 집재로, 집재 방향 등과 관계를 고려하여 선정한다.

나) 집재작업

집재작업은 작업지의 임지 훼손과 답압이 적은 장비를 사용하며 작업 시의 잔존목의 피해를 최소화한다.

① 트랙터집재는 완경사지에 적용하며, 재해 발생과 잔존목의 피해가 적은 곳에 적합하다.

② 가선집재는 중·급경사지에 적용하며 임목밀도가 낮은 곳에 적합하다.

다) 체인톱을 사용하여 조재 및 벌도 작업을 할 때 유의 사항

① 작업 전에 안전복과 안전장갑 등 보호 장구를 미리 착용한다.

② 작업 전에 지장물을 제거한다.

③ 쐐기 등을 준비하여 톱날이 낄 때 사용한다.

④ 작업 중에는 항상 정확한 자세와 발디딤을 유지한다.

⑤ 이동할 때는 반드시 엔진을 정지시킨다.

라) 벌도 작업할 때 유의 사항

체인톱을 이용하여 작업을 할 경우

① 먼저 벌도목 주위의 장애물을 제거하고, 편안한 작업 자세를 취한다. 그리고 나무의 벌도 방향을 정하고 벌도 되는 방향으로 수구 자르기를 한 후 반대쪽에 추구 자르기를 한다.

② 추구를 자를 때에는 충분한 주의를 요한다.

③ 나무가 쓰러지기 시작할 때 빨리 체인톱을 빼고, 나무가 넘어갈 때에도 톱을 작동하면 체인톱이 나무에 끼이게 되고 목편이 날아갈 위험이 있다.

④ 뿌리를 제거하기 위해서는 종 방향으로 충분히 아래까지 수평 자르기를 한다.

⑤ 절단 방향은 수형, 인접목, 지형, 풍향, 풍속, 절단 후의 집재 방향 등을 고려하여 가장 안전한 방향을 선택한다.

마) 조재작업할 때 유의 사항

① 체인톱을 이용하여 작업을 할 경우

　⊙ 작업시작 전에 조재작업에 지장을 주는 주위의 나뭇가지 등을 제거한다.

　ⓛ 끼인 나무를 절단할 때에는 끼지 않도록 쐐기 등을 사용한다.

　ⓒ 경사지에서 조재작업을 할 때에는 작업자의 발이 나무 밑으로 향하지 않도록 주의한다.

　ⓔ 작업 중에는 항상 정확한 자세와 발디딤을 유지한다.

② 체인톱을 이용한 작업은 일일 2시간 이내, 연속작업 10분 이내로 한다.

③ 안내판의 끝부분으로 작업하는 것은 피한다.

④ 이동 시에는 반드시 엔진을 정지한다.

⑤ 절단 작업 중 안내판이 끼일 경우 엔진을 정지시킨 후 안전하게 처리한다.

⑥ 안전복, 안전장갑 등 보호 장구를 철저히 갖추고 작업한다.

② 집재의 방법과 집재 장비

1) 집재 방법

집재 방법에는 인력, 중력, 기계력에 의한 집재가 있다.

가) 중력 집재

활로에 의한 집재	벌채지의 산비탈에 자연적, 인공적으로 설치한 홈통 모양의 골을 수라라고 한다. 수라에는 토수라, 목수라, 플라스틱 수라가 있다.
강선에 의한 집재	강선, 철선, 와이어로프 등을 집재지 상부 적재지점의 지주와 하부 짐내림 지점 사이의 공중에 설치하고 강선집재용 고리에 목재를 달아 집재하는 방식이다. 무겁고 크거나 길이 5m 이상의 긴 목재는 집재하기 어렵다.

나) 기계력 집재

트랙터집재기	일반적으로 평탄지나 완경사지에 적당한 집재기로, 타이어와 크롤러바퀴식이 있다.
가선집재	가공본선과 야더집재기, 반송기로 구성된 집재 시스템을 말한다.
소형윈치	체인톱엔진과 권선기를 장착한 보드형태의 집재기로 지면집재형과 아크야형 등이 있다.
포워더	통나무를 싣는 크레인과 화물칸으로 구성된 운반장비로 타이어식과 크롤러바퀴식이 있다.

다) 트랙터집재와 가선집재의 특징 ★★★

① 트랙터집재는 완경사지에 적용하며, 재해 발생과 잔존목의 피해가 적은 곳에 적합하다.

② 가선집재는 중·급경사지에 적용하며 임목밀도가 낮은 곳에 적합하다.

구분	장점	단점
트랙터집재	• 기동성이 높다. • 작업 생산성이 높다. • 단순 작업 및 낮은 작업 비용	• 토양 교란이 크다. • 완경사지에서만 작업이 가능하다. • 높은 임도밀도가 필요하다.
가선집재	• 잔존임분에 피해가 적다. • 급경사지에서도 작업 가능 • 낮은 임도밀도 지역에서 가능	• 기동성이 떨어진다. • 세밀한 작업계획이 필요하다. • 숙련된 기술이 필요하다. • 설치 및 철거시간이 필요하다. • 임업 기계장비의 가격이 높다.

2) 집재장비

가) 타워야더

① 인공 철기둥과 가선집재장치를 트랙터, 트럭, 임내차 등에 탑재한 기계이다.

② 주로 급경사지의 집재작업에 적용한다.

③ 이동식 차량형 집재 기계이다.

④ 가선의 설치, 철수, 이동이 용이하다.

⑤ 가선집재전용 고성능 임업 기계이다.

⑥ 러닝스카이라인 삭장 방식과 전자식 인터록크를 채택하여 가설·철거가 쉽다.

⑦ 최대집재거리 300m까지 가선을 설치하며 상·하향 집재가 가능하다.

⑧ Koller 200 HAM300 : 인공 철기둥과 가선집재장치를 트럭, 트랙터, 임내차 등에 탑재하여 주로 급경사지의 집재작업에 적용하는 이동식 차량형 집재기계로 가선의 설치, 철수, 이동이 용이한 가선집재전용 고성능 임업 기계

나) 와이어로프

① 와이어로프 표기 내용

> 6×7 . C/L . 20mm . B종

- 6×7 → 6개의 스트랜드×7개의 와이어로 구성된 스트랜드
- C : 콤포지션유 도장
- O : 일반 오일 도장
- L : 랑꼬임, 보통꼬임이면 표기 안함
- 20mm : 로프 지름, 공칭 지름
- B : 인장강도 180kg/mm^2
- A : 인장강도 165kg/mm^2

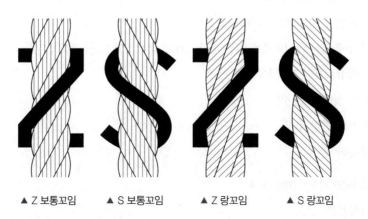

▲ Z 보통꼬임　　▲ S 보통꼬임　　▲ Z 랑꼬임　　▲ S 랑꼬임

> **참고**
> - 소선의 꼬임과 스트랜드의 꼬임 : 방향이 같으면 랑꼬임이고, 다르면 보통꼬임
> - 스트랜드가 꼬인 방향이 오른쪽 아래에서 위로 가면 Z꼬임, 왼쪽 아래에서 오른쪽 위로 가면 S꼬임(Z와 S의 글자 중간 부분이 향한 방향을 보면 이해하기 쉽습니다.)

② 와이어로프의 구조

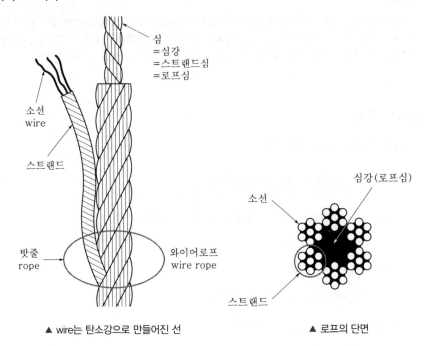

▲ wire는 탄소강으로 만들어진 선　　　　▲ 로프의 단면

③ 와이어로프 폐기 기준 ★★★

　　㉠ 와이어로프 1피치 사이에 와이어 소선의 단선수가 10% 이상인 것

　　　　– 소선이 10% 이상 절단된 것

　　㉡ 마모에 의한 와이어로프 지름의 감소가 공칭지름의 7%를 초과한 것

　　　　– 공칭지름이 7% 이상 감소된 것

　　㉢ 꼬인 것(킹크된 것)

　　㉣ 현저히 변형된 것

　　㉤ 부식된 것

④ 와이어로프의 안전계수 ★★

　　㉠ 가공본줄 : 2.7

　　㉡ 짐당김줄, 되돌림줄, 버팀줄, 고정줄 : 4.0

　　㉢ 짐올림줄, 짐매달음줄, 호이스트줄 : 6.0

　　㉣ 안전계수 $= \dfrac{\text{파괴강도}}{\text{설계강도}}$: 안전한 작업을 위해 주는 강도의 여유분

⑤ 와이어로프의 점검관리 방법 ★★

　　㉠ 외부에 기름을 칠하여 녹슬지 않도록 할 것

ⓛ 소선 사이에 기름이 마르지 않도록 할 것

ⓒ 와이어로프 직경이 7% 이상 마모되면 교환할 것

ⓔ 한번 꼰 길이에 10% 이상의 소선이 절단되면 교환할 것

ⓜ 이음매 부분 및 말단 부분의 이상 유무를 점검할 것

❸ 운재 방법

도로운재	• 도로운재는 트럭을 이용하는 트럭운재(truck transportation)로 철도 등의 궤도운재에 비하여 기동성이 있고 시설비 및 유지보수비가 적게 든다는 장점이 있다. 그밖에 적재한 트럭이 주행할 수 있는 모든 도로에서 이용이 가능하고 소량의 운반에서는 그 비용이 저렴하다는 이점이 있다. • 트럭을 이용한 도로운재의 효율을 향상시키기 위해서는 임도망의 확대 및 정비, 적재, 하역작업 등의 기계화 및 작업의 합리화가 동시에 이루어져야 한다.
철도운재	• 일제시대에는 국내에서도 목재의 반출을 위하여 산림 내에 부설한 산림철도(forest railway)를 이용하였으나, 목재 생산량의 감소와 도로의 발달로 사용되지 않고 있다.
삭도운재	• 삭도는 일반적으로 목재의 자중을 이용하여 운재하지만, 능선을 넘는 장거리의 경우는 동력을 이용하기도 한다. • 삭도운재는 지형이 급준하여 임도의 개설이 곤란한 경우와 계곡을 횡단하는 경우에 적당한 방법이다.

❹ 삭도시설

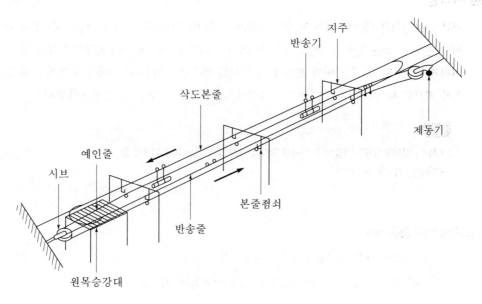

▲ 순환식 삭도의 시설 부분

1) 운재삭도의 개념

목재를 운반하기 위해 공중에 반송기를 장착한 가공삭

2) 운재삭도의 구성요소

① 삭도본줄 : 반송기에 적재한 목재를 운반하는 레일의 역할 담당

② 예인줄 : 반송기를 운행시키기 위한 움직줄(動索)

③ 반송기 : 목재를 매달고 산도본줄 위를 주행하는 장치

④ 제동기 : 반송기의 주행이 과도함으로써 발생하는 재해를 방지하기 위한 장치

⑤ 운재기 : 반송기의 보조동력 제공(짐을 끌어올리거나 무거울 경우)

⑥ 지주 : 삭도본줄을 지지하기 위해 설치하는 기둥

⑦ 원목승강대 : 기점과 종점에서 목재를 싣고 내리는 장소

3) 삭도 운재 시 1일 운반량 계산

삭도로 원목 운반 시 1일 공정(m³)

$$= 반송기대당운반량 \times 보정계수 \times \frac{1일작업시간(8시간)}{대당주행시간 \times 적재시간 \times 여유시간}$$

5 저목장

저목장을 설치할 때에는 먼저 토지를 정지하고 목재의 반입로는 되도록이면 높은 곳에 개설하며, 반출로는 낮은 곳에 설치한다. 그 사이에는 물매를 완만하게 하여 목재의 이동과 집적을 용이하게 한다. 또, 저목장 내의 배수가 잘 되도록 배수구를 만든다. 저목장의 면적은 저재량 및 저재 기간의 차이 등에 따라 다르지만 일반적으로 1ha당 4,000m³를 표준으로 한다.

> **참고**
> • 저목 : 임지에 집재된 반출 예정 목재를 일시적으로 적당한 장소에 집적하는 일
> • 저목장 : 저목을 하는 장소

1) 저목장의 종류 ★★

① 산지저목장(산토장) : 간선운재로의 운재기점

② 중간저목장(중간토장) : 운반거리가 먼 경우 설치하는 저목장

③ 최종저목장(최종토장) : 운재의 종점

2) 저목의 종류

① 육상저목 : 산지 저목장, 중계 저목장, 최종 저목장

② 수중저목 : 충해, 균해 방지, 목재 장기 보존

6 집재작업 시스템

① 설치 과정 : 준비작업 – 지주 설치 – 삭장작업 – 삭장 점검

② 삭장 : 집재가선 시스템 또는 집재가선 시스템의 설치

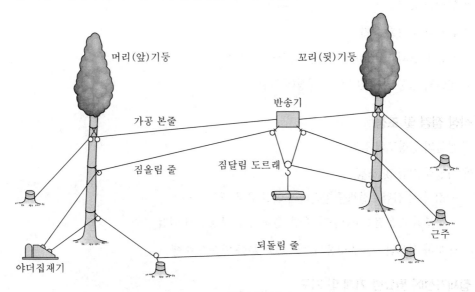

▲ 타일러 시스템

1) 준비작업

① 내업 기초, 현지조사

② 설계 및 제도

③ 기자재 조달 및 점검

④ 가선 위치 임목벌채 및 정리

⑤ 관리용 보도 부설

⑥ 전화선 가설

⑦ 야더집재기 반입과 고정 및 설치, 집재기 고정용 앵커 점검

2) 지주 설치

머리 기둥, 꼬리 기둥, 안내 기둥, 근주 앵커

① 지주에 사다리 부설

② 생입목의 경우 줄기 보강, 바대(덧댐), 첨목(덧댄 나무) 부설

③ 도르래류 설치

④ 버팀줄 설치

3) 삭장작업

안내줄의 당김에 로프 발사기, 모형 비행기 등을 이용한다.

① 안내줄에 작업줄 부착

② 안내줄 감기

③ 본줄과 작업줄 설치

④ 본줄의 죔쇠(clamp)와 당김줄 및 고정줄 부착

⑤ 본줄의 긴장 및 당김줄의 고정상태 점검

4) 삭장 점검 및 조정

① 본줄의 긴장도의 점검

② 삭장의 점검 및 조정

 - 정지 시 점검 : 전체를 일순하여 이상 유무 확인

 - 무부하 시운전 : 공반송기 주행, 원동기 및 제동장치 점검

 - 부하 시운전 : 설계 하중의 $\frac{1}{2} \sim \frac{1}{4}$ 부하 반송기 주행

5) 집재가선에 필요한 기계 및 기구

① 야더집재기

 - 엔진과 권선기를 이용하여 와이어로프를 구동하는 장치이다.

 - 권선기가 하나인 단동식과 두 개인 복동식이 있다.

② 반송기

 - 동력을 사용하여 벌채한 원목을 운반이 편리한 곳에 모을 때 사용하는 기계이다.

 - 짐올림줄이나 호이스트 줄로 목재를 들어올리고, 짐당김줄에 의해 이동한다.

③ 지주 : 가공본줄을 공중에 띄우는 기둥이다.

④ 가공본줄 : 집재 대상목을 매달고 스카이라인을 왕복하는 장치이다.

⑤ 작업줄 : 반송기를 이동시키는 목적으로 사용하는 와이어로프이다.

⑥ 도르래류 : 와이어로프를 안내하는 장치이다.

6) 가공본줄이 있는 가선집재 방식 ★★

① 타일러식 : 짐올림줄의 한쪽 끝이 뒷기둥에 고정되므로 마모가 심한 결점이 있으나 개벌지에 적합, 경사지에서 자중에 의한 반송기 운반

② 엔드리스 타일러식 : 평탄지, 완경사지에서 작업 가능, 운전조작 용이, 장거리 집재 적합, 설치에 많은 인력이 소요된다.

③ 폴링블록식 : 소면적 집재에 적합, 설치 간단, 운전 조작이 어렵고, 무거운 추가 달린 짐달림 도르래가 필요하다.

④ 호이스팅 캐리지식 : 임지와 잔존목 훼손 최소화, 운전조작 간편, 가로집재의 작업능률이 높다.

⑤ 스너빙식 : 상향집재, 가공본줄의 경사가 10~30도의 범위에 적용, 설치 간단, 운전이 쉽다.

⑥ 슬랙라인식 : 반송기를 본줄의 긴장 및 완화에 의해 올리고 내리는 방식이다.

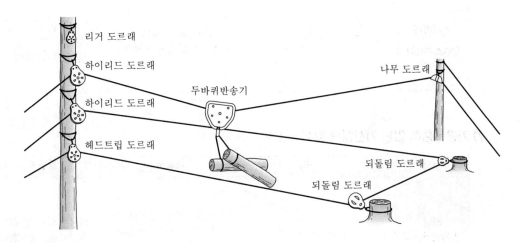

▲ 슬랙라인 시스템

방식	그림	적용 여건	특징
타일러식 (tyler system)		• 지간경사각 10~25도 • 대면적 개벌지 2드럼식 야더집재기 사용	• 반송기가 자중에 의해 주행하므로 내림집재를 하면 경제적·능률적이다. • 택벌작업지의 측방집재는 잔존목의 손상으로 부적당하다.
엔드리스 타일러식 (endless tyler)		10도 이하로 반송기의 자중주행이 불가능하거나 20도 이상에서 가속하지 않을 때	• 운전, 측방집재, 쵸커풀기 등이 용이하다. • 택벌지에서는 직각집재도 가능하다.

폴링블록식 (falling block)		10도 전후의 단거리, 소면적, 소량 집재 시	• 방식이 간단하여 설치 및 철거가 용이하다. • 운전조작이 어렵고 집재속도가 느리다.
호이스팅 캐리지식 (hoisting carriage)		임지 및 잔존목 손상을 되도록 적게 할 경우	• 조작이 용이하고 측방 집재 시 잡아당기기 용이하다. • 전용반송기가 필요하고 설치에 시간이 걸린다.
스너빙식 (snubbing)		집재기를 상부에 두고 10~30도 집재에 적합	• 삭장이 단순하여 운전이 용이하다. • 측방집재가 어렵다.

7) 가공본줄이 없는 가선집재 방식 ★★★

방식	그림	적용 여건	특징
러닝 스카이라인식		지간 300m, 경사각 10도 전후의 소경목집재, 간벌지에 적합	• 가선 방식이 간단하다. • 운전이 비교적 어렵다.
던함식 (dunham)		지간 300m, 경사각 10도 전후의 소경목집재, 간벌지에 적합	• 견인 힘은 크지만 이동속도가 늦고 와이어로프의 소모가 크다.
모노케이블식		간벌, 택벌재의 집재 방식에 적합	• 연속 이동식이므로 효율이 높다. • 지장목이 많고 잔존목 손상도 비교적 많다.

하이리드식	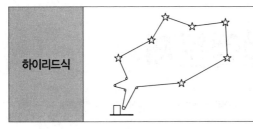	지간 100m전후, 완경사지의 소량 하향집재 시 적합	• 가선설치 및 운전이 간단하다. • 원목과 임지의 손상이 크다.

참고자료

– 산림과 임업기술 산림청

– 산림토목공학, 산림공학, 우보명

– 숲 가꾸기표준교재 산림청

– 산림측량학 전근우 외 향문사

– (법령)「산림자원의 조성 및 관리에 관한 법률」,「산림보호법」,「산지관리법」

실력점검문제

01 임도 설계 과정의 예측 단계에서 수행하는 것은?

① 임도 설계에 필요한 각종 요인을 조사한다.

② 평면측량을 실행하고 종단, 횡단측량을 실행한다.

③ 예정 노선을 간단한 기구로 측량하여 도면을 작성한다.

④ 임시 노선에 대하여 현지에 나가서 적정 여부를 조사한다.

해설 • 예측은 답사에 의해 확정한 예정선을 측정기기를 이용하여 실측한 예측도를 작성하는 것이다.

• 답사에 의해 노선의 대요가 결정되면 간단한 기계를 사용하여 측량하며, 그 결과를 예측도로 작성한다.

• 줄자와 나침반, 함척 등을 이용하여 예정 노선에 대해 경사와 거리 정도를 확인하고 기록한다.

• 예측 과정에서 여러 개의 예정 노선 중 하나를 선정한다.

02 임도망 계획 시 고려사항으로 옳지 않은 것은?

① 운재비가 적게 들도록 한다.

② 신속한 운반이 되도록 한다.

③ 운재 방법이 다양화되도록 한다.

④ 산림풍치의 보전과 등산, 관광 등의 편익도 고려한다.

해설 운재방법은 단일화할수록 효율적이다.

03 임도의 종단면도에 대한 설명으로 옳지 않은 것은?

① 축척은 횡 1/1000, 종 1/200로 작성한다.

② 종단면도는 전후도면이 접합되도록 한다.

③ 종단기울기의 변화점에는 종단곡선을 삽입한다.

④ 종단기입의 순서는 좌측 하단에서 상단 방향으로 한다.

해설 • 횡단면도 기입 순서는 좌측 하단에서 상단 방향으로 한다.

• 종단면도는 횡 1:1000, 종 1:200의 축척으로 작성한다.

• 종단면도 기재 사항 : 곡선, 선측점, 구간거리, 지반높이, 절토높이, 성토높이, 기울기 등

• 시공계획고는 절토량과 성토량이 균형 있게 한다.

• 종단기울기의 변화점에 종단곡선을 삽입한다.

04 쇄석의 틈 사이에 석분을 물로 침투시켜 롤러로 다져진 도로는?

① 수제 머캐덤도

② 역청 머캐덤도

③ 교통체 머캐덤도

④ 시멘트 머캐덤도

해설 쇄석도의 노면처리 방법

• 역청 머캐덤도 : 쇄석을 타르나 아스팔트로 결합시켜 다진 도로

• 시멘트 머캐덤도 : 쇄석을 시멘트로 결합시켜 다진 도로

정답 01. ③ 02. ③ 03. ④ 04. ①

- 교통체 머캐덤도 : 쇄석을 교통과 강우로 다진 도로
- 수체 머캐덤도 : 쇄석의 틈 사이에 석분을 물로 침투시켜 롤러로 다진 도로

05 사리도의 유지보수에 대한 설명으로 옳지 않은 것은?

① 방진처리를 위하여 물, 염화칼슘 등이 사용된다.

② 횡단기울기를 10~15% 정도로 하여 노면배수가 양호하도록 한다.

③ 노면의 정지작업은 가급적 비가 온 후 습윤한 상태에서 실시하는 것이 좋다.

④ 길어깨가 높아져 배수가 불량할 경우 그레이더로 정형하고 롤러로 다진다.

해설 사리도의 유지보수 방법
- 정상적인 노면 유지를 위하여 배수가 중요하다.
- 횡단구배는 5~6% 정도로 노면배수와 종단구배 방향의 배수를 측구로 유도하여 노외로 배수한다.
- 비가 온 후 습윤한 상태에서 노면 정지작업을 실시한다.
- 방진처리는 물, 염화칼슘, 폐유, 타르, 아스팔트 유재 등이 사용된다.
- 노면의 제초나 예불은 1년에 한 번 이상 실시한다.

06 임도의 노체와 노면에 대한 설명으로 옳지 않은 것은?

① 사리도는 노면을 자갈로 깔아 놓은 임도이다.

② 토사도는 배수 문제가 적어 가장 많이 사용된다.

③ 노체는 노상, 노반, 기층, 표층으로 구성되는 것이 일반적이다.

④ 노상은 다른 층에 비해 작은 응력을 받으므로 특별히 부적당한 재료가 아니면 현장 재료를 사용한다.

해설 토사도는 일명 흙길로 노상에 지름 5~10mm 정도의 표층용 자갈과 토사를 15~30cm 두께로 깔아서 시공한 것으로 다른 길보다 물에 의한 유실 등의 배수 문제가 많아서 교통량이 적은 곳에 사용한다.

07 측점 A에서 다각측량을 시작하여 다시 측점 A에 폐합시켰다. 위거의 오차가 10cm, 경거의 오차가 15cm이었다. 이때의 폐합비는 얼마인가? (단, 측선의 전체거리는 1800m)

① 약 1/10,000   ② 약 1/15,000
③ 약 1/20,000   ④ 약 1/25,0004

해설 폐합비 $= \dfrac{\sqrt{위거오차^2 + 경거오차^2}}{측선의 길이} \fallingdotseq \dfrac{18}{180000}$
$= \dfrac{1}{10000}$

08 임도의 횡단기울기에 대한 설명으로 옳지 않은 것은?

① 노면배수를 위해 적용한다.

② 차량의 원심력을 크게 하기 위해 적용한다.

③ 포장이 된 노면에서는 1.5~2%를 기준으로 한다.

④ 포장이 안 된 노면에서는 3~5%를 기준으로 한다.

해설 차량의 곡선부 통과 시 원심력에 의한 차량의 이탈을 방지하고 노면의 기울기로 배수를 목적으로 만든다. 횡단기울기는 노면의 종류에 따라 포장을 하지 아니한 노면(쇄석·자갈을 부설한 노면을 포함한다)의 경우에는 3~5%, 포장한 노면의 경우에는 1.5~2%로 한다.

정답 05. ② 06. ② 07. ① 08. ②

09 노면을 쇄석, 자갈로 부설한 임도의 경우 횡단 기울기의 설치 기준은?

① 1.5~2%
② 3~5%
③ 6~10%
④ 11~14%

해설 임도의 횡단기울기는 중심선에 대해 직각 방향으로의 기울기를 말한다.

구분	횡단기울기
포장할 경우	1.5~2%
포장하지 않을 경우	3~5%
외쪽기울기	3~6%, 최대 8% 이하

10 일반지형에서 임도의 설계속도가 20km/시간일 때 적용하는 종단기울기는?

① 7% 이하
② 8% 이하
③ 9% 이하
④ 10% 이하

해설 설계속도

설계속도 (km/h)	종단기울기(순기울기)	
	일반지형	특수지형
40	7% 이하	10% 이하
30	8% 이하	12% 이하
20	9% 이하	14% 이하

11 임도의 시공 시 연한 점질토 및 연한 점토인 경우에 성토의 높이를 5m 미만으로 설치할 때, 흙쌓기 비탈면의 표준 기울기는? (단, 기초지반의 지지력이 충분한 성토에 적용한다.)

① 1:1.0~1:1.2
② 1:1.2~1:1.5
③ 1:1.5~1:1.8
④ 1:1.8~1:2.0

해설 흙쌓기 비탈면(성토)의 표준기울기는 1:1.5~2.0 정도의 기울기를 가진다. 이때 연한 점질토 및 점토의 경우 1:1.8~2.0 정도가 적합하다.

12 임도의 평면선형이 영향을 주는 요소로 가장 거리가 먼 것은?

① 주행속도
② 운재능력
③ 노면배수
④ 교통차량의 안전성

해설 • 평면선형은 평면적으로 본 도로 중심선의 형상으로 직선, 단곡선, 완화곡선 등으로 구성된다.
• 주행속도, 차량 안전, 운재 능력 등에 관련되며 노면배수의 경우 종단선형에 연관된다.

13 급경사지에서 노선거리를 연장하여 기울기를 완화할 목적으로 설치하는 평면선형에서의 곡선은?

① 완화곡선
② 배향곡선
③ 복심곡선
④ 반향곡선

해설 • 단곡선 : 중심이 1개인 곡선, 1개의 원호로 만든 곡률이 일정한 곡선으로써 설치가 용이하여 일반적으로 많이 사용된다.
• 복합(복심)곡선 : 반지름이 다른 두 단곡선이 같은 방향으로 연속되는 곡선으로 운전 시에 무리하기 쉬우므로 이것을 피하는 것이 안전하다.
• 반대(반향)곡선 : s-커브(S-curve)라고도 한다. 두 개의 호 사이에 10m 이상의 직선부를 설치해야 한다.
• 배향곡선 : 헤어핀 커브(hair-pin curve)는 급경사지에서 노선거리를 연장하여 종단물매를 완화할 목적으로 사용한다.

14 임도 설계 시 절토 경사면의 기울기 기준으로 옳은 것은?

① 토사지역 1:1.2~1.5
② 점토지역 1:0.5~1.2
③ 암석지(경암) 1:0.3~0.8
④ 암석지(연암) 1:0.5~0.8

해설 절토 경사면의 기울기

구분	기울기
암석지	
– 경암	1:0.3~0.8
– 연암	1:0.5~1.2
토사지역	1:0.8~1.5

- 성토한 경사면의 기울기는 1:1.2~2.0의 범위 안에서 기울기를 설정한다.

15 임도에서 대피소 설치의 주요 목적은?

① 운전자가 쉬었다 가기 위함
② 차량이 서로 비켜가기 위함
③ 산사태 발생 시 대피하기 위함
④ 차량이 짐을 싣고 내리기 위함

해설
- 대피소 : 차량이 교차하여 통행할 때 통행에 지장이 없도록 일정 간격으로 노폭을 넓혀 설치하는 시설
- 대피소의 설치기준

구분	기준
간격	300m 이내
너비	5m 이상
유효길이	15m 이상

- 차 돌림 곳의 너비 : 차 돌림 곳은 너비를 10m 이상으로 한다.

16 산악지대의 임도노선 선정 형태로 옳지 않은 것은?

① 사면임도   ② 작업임도
③ 능선임도   ④ 계곡임도

해설 산악지 대응 임도노선 선정 : 지대 및 노선 선정 방식을 기초로 하여 계곡임도, 사면임도, 능선임도, 산정부임도, 계곡부임도, 능선너머 개발형 임도로 구분할 수 있다.

17 임도의 유지 및 보수에 대한 설명으로 옳지 않은 것은?

① 노체의 지지력이 약화되었을 경우 기층 및 표층의 재료를 교체하지 않는다.
② 노면 고르기는 노면이 건조한 상태보다 어느 정도 습윤한 상태에서 실시한다.
③ 결빙된 노면은 마찰저항이 증대되는 모래, 부순돌, 석탄재, 염화칼슘 등을 뿌린다.
④ 유토, 지조와 낙엽 등에 의하여 배수구의 유수단면적이 적어지므로 수시로 제거한다.

해설 지지력이 약화되면 침하 및 붕괴로 인한 안전사고의 위험성이 있어 기층이나 표층의 재료를 교체하여 보수한다.

18 임도 시공 시 벌개제근 작업에 대한 설명으로 옳지 않은 것은?

① 절취부에 벌개제근 작업을 할 경우에는 시공효율을 높일 수 있다.
② 성토량이 부족할 경우 벌개제근된 임목을 묻어 부족한 토량을 보충하기도 한다.
③ 벌개제근 작업을 완전히 하지 않으면 나무 사이의 공극에 토사가 잘 들어가지 않는다.
④ 벌개제근 작업을 제대로 하지 않으면 부식으로 인한 공극이 발생하여 성토부가 침하하는 원인이 되기도 한다.

해설 벌채와 뿌리 제거의 과정을 벌개제근이라고 한다. 벌개제근의 경우 지표의 나무뿌리, 초목 등을 불도저로 제거하는 것을 목적으로 하며, 이것을 다시 묻지는 않는다.

정답 15. ② 16. ② 17. ① 18. ②

19 임도교량에 미치는 활하중에 속하는 것은?

① 주보의 무게
② 교상의 시설물
③ 바닥 틀의 무게
④ 동행하는 트럭의 무게

해설 • 활하중 : 움직임을 가지는 것으로 보행자 및 차량에 의한 하중
• 사하중 : 교량의 주보, 바닥 틀 교량 시설물 등의 무게와 같은 고정하중

20 임도망 배치 시 산정부 개발에 가장 적합한 노선은?

① 비교 노선
② 순환식 노선
③ 대각선방식 노선
④ 지그재그방식 노선

해설 계곡임도 및 산정부 개발에는 순환식 노선이 적합하다. 이외 지그재그방식은 급경사의 사면임도형, 대각선방식은 완경사의 사면임도형이 적합하다.

21 임도 설계 업무의 순서로 옳은 것은?

① 예비조사→답사→예측→실측→설계서 작성
② 예비조사→예측→답사→실측→설계서 작성
③ 예측→예비조사→답사→실측→설계서 작성
④ 답사 예비조사→예측→실측→설계서 작성

해설 임도 설계 업무 순서
예비조사→답사→예측 및 실측→설계도 작성→공사량 산출→설계서 작성

22 임도 설계 시 설계서에 포함되지 않는 것은?

① 시방서
② 예산내역서
③ 측량성과서
④ 공정별 수량계산서

해설 임도 설계서 작성 시 목차, 공사설명서, 일반시방서, 특별시방서, 예정공정표, 단가산출서, 토적표, 산출기초 등이 있다.

23 영선측량과 중심선측량에 대한 설명으로 옳지 않은 것은?

① 영선은 절토작업과 성토작업의 경계점이 된다.
② 산지경사가 완만할수록 중심선이 영선보다 안쪽에 위치하게 된다.
③ 중심선측량은 지형상태에 따라 파형지형의 소능선과 소계곡을 관통하며 진행된다.
④ 산지 경사가 45%~55% 정도일 때 두 측량 방법으로 각각 측량한 측점이 대략 일치한다.

해설 • 영선측량은 주로 경사가 있는 산악지에서 이용되며, 영선측량을 하게 되면 지형의 훼손은 줄일 수 있으나, 노선의 굴곡이 심해진다.
• 중심선 측량은 평탄지와 완경사지에서 주로 이용된다.
• 중심선측량을 하게 되면 노선의 굴곡은 영선측량에 비해 심하지 않으나 지형의 훼손이 많아질 수 있다.
• 임도 설치 관리 규정은 중심선 측량을 하도록 하고 있다.

정답 19. ④ 20. ② 21. ① 22. ③ 23. ②

24 임도 횡단 측량 시 측량해야 할 지점이 아닌 것은?

① 중심선의 각 지점

② 구조물 설치 지점

③ 지형이 급변하는 지점

④ 노선 연장 100m마다의 지점

해설 횡단측량 시 노선 연장 매 20m마다 중심선의 각 지점, 지형이 급변하는 지점, 구조물 설치 지점 등의 기준이 있다.

25 등고선에 대한 설명으로 옳지 않은 것은?

① 등고선은 도중에 소실되지 않으며 폐합된다.

② 낭떠러지 또는 굴인 경우 등고선이 교차한다.

③ 최대경사의 방향은 등고선에 평행한 방향이다.

④ 지표면의 경사가 일정하면 등고선 간격은 같고 평행하다.

해설 최대경사의 방향은 등고선과 직교한다.

26 A지점의 지반고가 19.5m, B지점의 지반고가 23.5m이고 두 지점 간의 수평거리가 40m일 때 A로부터 몇 m 지점에서 지반고 20m 등고선이 지나가는가?

① 3m   ② 5m

③ 7m   ④ 10m

해설

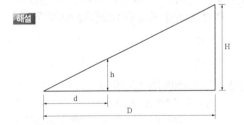

경사도는

$$\frac{23.5-19.5}{40}\times100(\%)=10(\%)$$

$40:(23.5-19.5) = x:(20-19.5)$

∴ x = 5m이므로 지반고 20m 등고선은 A지점으로부터 수평거리 5m 떨어진 지점을 지나간다.

27 평판을 한 측점에 고정하고 많은 측점을 시준하여 방향선을 그리고, 거리는 직접 측량하는 방법은?

① 전진법   ② 방사법

③ 도선법   ④ 전방교회법

해설 방사법은 사출법이라고 하며 목표점을 향해 시준선을 작도하여 거리를 측정하여 축척으로 작도하는 방법으로 장애물이 적을 경우 적합하다.

28 임도의 중심선에 따라 20m 간격으로 종단 측량을 행한 결과 다음과 같은 성과표를 얻었다. 측점1의 계획고를 40.93m로 하고 2% 상향기울기로 설치하면 측점4의 절토고는?

측정	1	2	3	4
지반고(m)	39.73	41.23	42.88	45.53

① 0.35m   ② 0.75m

③ 3.00m   ④ 3.40m

해설 상향기울기 2%에 거리(측점 1~측점 4) 60m이므로 60 × 0.02 = 1.2m

측점 4 계획고 : 40.93m(측점1의 계획고) + 1.2m = 42.13m

현재 측점 4의 지반고는 45.53m, 계획고는 42.13m이고 지반고가 더 높은 상황이므로 측점4의 지반고-측점4의 계획고= 45.53m - 42.13m = 3.4m(절토고)

29 AB 측선의 방위가 S45°W이면 그 역방위는?

① S45°W ② S45°E

③ N45°W ④ N45°E

해설 S45°W+180°=N45°E

30 다음은 기고식에 의한 종단측량 야장이다. 괄호 안에 들어갈 수치로 옳은 것은?

측점	후시	기계고	전시 T.P	전시 I.P	지반고	REMARKS
B.M					30.0	
No.8	2.30	32.30		3.2		B.M No.8의 H=30.0m
1					(㉠)	
2				(㉡)	29.8	
3			1.1		31.2	측점 6은 B.M No.8에 비하여 1.95m 높다.
4	4.25	35.45			33.15	
5					33.35	
6			3.5		31.95	
SUM	6.55		4.6			

① ㉠ 29.1, ㉡ 0.7 ② ㉠ 29.1, ㉡ 2.5

③ ㉠ 35.5, ㉡ 0.7 ④ ㉠ 35.5, ㉡ 2.5

해설 기준이 되는 기계고(I.H) = 그 점의 지반고(G.H) + 그 점의 후시(B.S)

각 점의 지반고(G.H) = 기준으로 되는 기계고(I.H)-구하고자 하는 각 점의 전시(F.S)

㉠ = 32.3 - 3.2 = 29.1

전시 = 기계고 - 지반고 ㉡ = 32.3-29.8 = 2.5

31 컴퍼스의 검사 및 조정에 대한 설명으로 옳지 않은 것은?

① 자침은 어떠한 곳에 설치하여도 운동이 활발하고 자력이 충분하여야 한다.

② 컴퍼스를 수평으로 세웠을 때 자침의 양단이 같은 도수를 가리키고 있어야 한다.

③ 수준기의 기포를 중앙에 오게 한 후 수평으로 180°회전시켜도 기포가 중앙에 있어야 한다.

④ 컴퍼스를 세우고 정준한 다음 적당한 거리에 연직선을 만들어 시준할 때 시준종공 또는 시준사와 수평선이 일치하면 정상이다.

해설 • 콤파스측량은 측선의 길이(거리)와 그 방향(각도)을 관측하여 측점의 수평위치(x,y)를 결정하는 측량방법이다.

• 콤파스측량은 경계측량, 산림측량, 노선측량, 지적측량 등에 이용한다.

• 컴퍼스를 세우고 정준한 다음 적당한 거리에 연직선을 만들어 시준할 때 지준종공 또는 시준사와 수직선이 일치하면 정상이다.

32 임도 측선의 거리가 99.16m이고 방위가 S 39°15′25″W일 때 위거와 경거의 값으로 옳은 것은?

① 위거 = +76.78m, 경거 = +62.75m

② 위거 = +76.78m, 경거 = −62.75m

③ 위거 = −76.78m, 경거 = +62.75m

④ 위거 = −76.78m, 경거 = −62.75m

해설 • 위거 = 측선거리×cos, 경거 = 측선거리 × sin

• 위거 = 99.16m×cos(39°15′25″) = 약 76.78
주어진 방위가 S 39°15′25″W이므로 - 76.78

• 경거 = 99.16m×sin(39°15′25″) = 약 62.75
주어진 방위가 S 39°15′25″W이므로 - 62.75

33 낮은 산지의 고저차가 1m되는 두 점간 거리가 10m일 때의 경사보정량(cm)은?

① −1 ② −2

③ −5 ④ −10

해설 • 경사보정량이란 경사거리와 높이 또는 경사면의 각도를 관측했을 때, 경사거리를 지도에서 사용하는 수평거리로 환산할 때 차감해 주는 값이다.

경사거리에 비해 수평거리는 짧기 때문에 항상 -(마이너스)값이 나온다.

• 높이와 경사거리를 측정했을 때 경사보정

$$경사보정량 = \frac{높이차이^2}{2 \times 경사거리}$$

$$경사보정량 = \frac{1^2}{2 \times 10} = 0.05(m)$$

34 교각법에 의한 임도곡선 설치 시 교각은 60°, 곡선반지름이 20m일 때 안전을 위한 적정 곡선길이는?

① 약 18m ② 약 21m
③ 약 28m ④ 약 31m

해설 안전을 위한 곡선반지름(안전시거의 공식과 같다.)

$$CL = 2\pi \times R \times \frac{\theta}{360}$$

$$2\pi \times 곡선반지름 \times \frac{교각}{360} = 2 \times 3.14 \times 20 \times \frac{60}{360}$$

$$\fallingdotseq 20.933 \fallingdotseq 20.93m$$

∴ 약 21m

35 최소곡선반지름의 크기에 영향을 끼치는 인자가 아닌 것은?

① 도로의 너비
② 임도의 밀도
③ 반출할 목재의 길이
④ 차량의 구조 및 운행속도

해설 최소곡선반지름의 크기에 영향을 주는 요소들은 도로너비, 반출목재길이, 차량구조, 운행속도, 도로구조, 시거 등이다.

36 설계속도가 25km/시간, 가로 미끄럼에 대한 노면과 타이어의 마찰계수가 0.15, 노면의 횡단기울기가 5%일 경우 곡선반지름은? (단, 소수점 이하는 생략)

① 약 25m ② 약 30m
③ 약 35m ④ 약 40m

해설 최소곡선반지름의 설계속도에 의한 공식

$$\frac{설계속도^2}{127(타이어마찰계수+노면횡단물매)}$$

$$= \frac{25^2}{127(0.15+0.05)} \fallingdotseq 25$$

37 임도의 곡선을 결정할 때 외선길이가 10m이고 교각이 90°인 경우 곡선반지름은?

① 약 14m ② 약 24m
③ 약 34m ④ 약 44m

해설 외선길이=곡선반지름$[\sec(\frac{\theta}{2}) - 1]$

$$10 = 곡선반지름 \times [\sec(\frac{90°}{2})-1]$$

$$곡선반지름 = \frac{10}{\sqrt{2}-1} \fallingdotseq 24m$$

38 흙의 기본 성질에 대한 설명으로 옳지 않은?

① 공극비는 흙 입자의 용적에 대한 공극의 용적비이다.
② 포화도는 흙 입자의 중량에 대한 수분의 중량비를 백분율로 표시한 것이다.
③ 공극률은 흙덩이 전체의 용적에 대한 간극의 용적비를 백분율로 표시한 것이다.
④ 무기질의 흙덩이는 고체(흙 입자), 액체(물), 기체(공기)의 세 가지 성분으로 구성된다.

해설
• 간(공)극비 = $\frac{간(공)극의 용적}{토립자의 용적} \times 100$

• 함수비 = $\frac{물의 중량}{토립자의 중량} \times 100$

• 포화도 = $\frac{물의 용적}{간(공)극 부분의 용적} \times 100$

• 포화도는 중량기준이 아닌 흙속의 간극 부분에 물이 차지하는 비율로 표시한다.

39 임도의 성토사면에 있어서 붕괴가 일어날 가능성이 적은 경우는?

① 함수량이 증가할 때

② 공극수압이 감소될 때

③ 동결 및 융해가 반복될 때

④ 토양의 점착력이 약해질 때

해설 공극수압이 감소하면 균열의 발생 확률이 낮아져 붕괴의 가능성이 적어진다.

40 횡단면 A_1, A_2, A_3의 면적은 각각 $5m^2$, $7m^2$, $9m^2$이고, A_1과 A_2의 거리는 10m, A_2와 A_3의 거리는 15m이다. 양단면적평균법에 의한 3단면 사이의 총토적량(m^3)은?

① 100

② 150

③ 180

④ 200

해설 양단면적 평균법

$$V = \frac{1}{2}(A_1 + A_2) \times l$$

$$A_1 \sim A_2 : \frac{5+7}{2} \times 10 = 60m^3$$

$$A_2 \sim A_3 : \frac{7+8}{2} \times 15 = 180m^3$$

총토적량 : 60 + 120 = 180m³

41 불도저의 작업 범위가 아닌 것은?

① 땅파기

② 노면 다짐

③ 벌도목 적재

④ 벌목 및 제근

해설 불도저는 굴착, 운반, 흙깔기, 벌목, 제근작업에 이용되며, 적재 작업용으로는 덤프, 포워드 등이 있다.

42 토양을 덤프트럭으로 운반하고자 한다. 덤프트럭 적재 용량이 $500m^3$이라면 산악지의 자연상태의 토량(m^3)이 얼마일 때 가득 적재할 수 있는가? (단, 토양의 변화율 L은 1.2, C는 0.9이다.)

① 420

② 450

③ 560

④ 600

해설 토양의 변화율

- $L : \dfrac{\text{흐트러진 상태 토량}}{\text{자연상태 토량}}$

- $C : \dfrac{\text{다져진 상태 토량}}{\text{자연상태 토량}}$

- $L : \dfrac{500}{\text{자연상태 토량}} = 1.2$

자연상태 토량 $= \dfrac{500}{1.2} = 416.66$

∴ 약 420m³

43 임도에 설치하는 배수구의 통수단면 계산에 필요한 확률 강우량 빈도의 기준 년 수는?

① 50년

② 70년

③ 100년

④ 120년

해설 배수구의 통수단면은 100년 빈도 확률강우량과 홍수도달시간을 이용한 합리식으로 계산된 최대 홍수유출량의 1.2배 이상으로 설계·설치한다.

44 적정 임도밀도에 대한 설명으로 옳지 않은 것은?

① 임도밀도가 증가하면 조재비, 집재비는 낮아진다.

② 임도간격이 크면 단위면적당 임도개설 비용은 감소한다.

③ 집재비와 임도개설비의 합계비용을 최대화하여 산정한다.

④ 집재비와 임도개설비의 합계는 임도 간격이 좁거나 넓어도 모두 증가한다.

해설 임도의 길이가 늘어나면 집재비, 조재비, 관리비는 낮아지고 임도개설비, 임도 유지관리비, 운재비는 증가한다. Matthews는 임도 연장의 증감에 따라서 변화되는 주벌의 집재비용과 임도개설비의 합계를 가장 최소화시키는 최적임도밀도(optimum forest road density)와 적정임도간격(optimum forest road spacing)을 제시하였다.

45 구릉지대에서 지선임도밀도가 20m/ha이고, 임도효율이 5일 때 평균집재거리는?

① 4m   ② 100m
③ 250m   ④ 400m

해설 임도밀도(m/ha)= $\dfrac{임도효율계수}{평균집재거리(km)}$

$20 = \dfrac{5}{평균집재거리}$

$\therefore$ 평균집재거리 $= \dfrac{5}{\dfrac{20}{1000}} = 250m$

46 적정 임도밀도가 5m/ha일 때 임도간격은 얼마인가?

① 1000m   ② 2000m
③ 3000m   ④ 4000m

해설 임도간격

$RS = \dfrac{10,000}{ORD(적정\ 임도밀도)}$

$= \dfrac{10,000}{5} = 2000$

47 점착성이 큰 점질토의 두꺼운 성토층 다짐에 가장 효과적인 롤러는?

① 탬핑 롤러   ② 탠덤 롤러
③ 머캐덤 롤러   ④ 타이어 롤러

해설 롤러 표면에 다량의 돌기가 있어 흙의 압축이 용이한 점착성이 큰 점질토 다짐에는 탬핑롤러가 효과적이다.

48 보통골재에 해당하는 것은?

① 비중이 2.50 이하인 골재
② 비중이 2.50~2.65 정도의 골재
③ 비중이 2.65~2.80 정도의 골재
④ 비중이 2.80 이상인 골재

해설 중량에 의한 골재 분류
- 중량 골재 비중 2.7 이상
- 보통 골재 비중 2.5~2.65
- 경량 골재 비중 2.5 이하

49 임지와 잔존목의 훼손을 가장 최소화할 수 있는 가선집재 시스템은?

① 타일러식 시스템
② 단선순환식 시스템
③ 하이리드식 시스템
④ 호이스트캐리지식 시스템

해설 호이스트캐리지식은 임지와 잔존목의 훼손을 가장 최소화하는 가선집재 방법으로 조직이 간편하고 짐달림도르래가 필요 없는 것이 특징이다.

50 가선집재와 비교한 트랙터에 의한 집재작업의 장점으로 옳지 않은 것은?

① 기동성이 높다.
② 작업이 단순하다.
③ 작업생산성이 높다
④ 잔존임분에 대한 피해가 적다.

해설 트랙터집재와 가선집재의 특징
- 트랙터집재는 완경사지에 적용하며, 재해 발생과 잔존목의 피해가 적은 곳에 적합하다.
- 트랙터가 지면 위를 지나가게 되면 잔존임분에 대한 피해가 많다.
- 트랙터에 의한 집재작업의 장점
  - 기동성이 높다.
  - 작업생산성이 높다.
  - 작업이 단순하다.
  - 작업비용이 적다.

정답 45. ③ 46. ② 47. ① 48. ② 49. ④ 50. ④

사방공학

1 사방공학 개론

1 개념 잡기(사방사업법 제2조)

용어	용어의 뜻
사방공학	사방사업의 목적을 달성하기 위한 방법과 기술, 그리고 이 기술의 근거가 되는 과학의 이론과 응용에 대해 다루는 학문
사방	토사재해와 수해를 발생시키는 유해한 토사를 억제 및 차단하는 일
사방사업	"사방사업"이란 황폐지를 복구하거나 산지의 붕괴, 토석·나무 등의 유출 또는 모래의 날림 등을 방지 또는 예방하기 위하여 인공구조물을 설치하거나 식물을 파종·식재하는 사업 또는 이에 부수되는 경관의 조성이나 수원의 함양을 위한 사업
황폐지	연적 또는 인위적인 원인으로 산지(그 밖의 토지를 포함한다. 이하 같다)가 붕괴되거나 토석·나무 등의 유출 또는 모래의 날림 등이 발생하는 지역으로서 국토의 보전, 재해의 방지, 경관의 조성 또는 수원(水源)의 함양(涵養)을 위하여 복구공사가 필요한 지역
사방시설	사방사업에 따라 설치된 인공구조물과 파종·식재된 식물
사방지	사방사업을 시행하였거나 시행하기 위한 지역
산사태	자연적 또는 인위적인 원인으로 산지가 일시에 붕괴되는 것
토석류	산지 또는 계곡에서 토석·나무 등이 물과 섞여 빠른 속도로 유출되는 것

2 사방사업의 구분(사방사업법 제3조)

시행 지역	대상 사업	사업 내용
산지사방사업	산사태 예방사업	산사태의 발생을 방지하기 위하여 시행하는 사방사업
	산사태 복구사업	산사태가 발생한 지역을 복구하기 위하여 시행하는 사방사업
	산지 보전사업	산지의 붕괴·침식 또는 토석의 유출을 방지하기 위하여 시행하는 사방사업
	산지 복원사업	자연적·인위적인 원인으로 훼손된 산지를 복원하기 위하여 시행하는 사방사업
해안사방사업	해안방재림 조성사업	해일, 풍랑, 모래 날림, 염분 등에 의한 피해를 줄이기 위하여 시행하는 사방사업
	해안침식 방지사업	파도 등에 의한 해안침식을 방지하거나 침식된 해안을 복구하기 위하여 시행하는 사방사업

	계류 보전사업	계류(溪流)의 유속을 줄이고 침식 및 토석류를 방지하기 위하여 시행하는 사방사업
야계사방사업	계류 복원사업	자연적·인위적인 원인으로 훼손된 계류를 복원하기 위하여 시행하는 사방사업
	사방댐 설치사업	계류의 경사도를 완화시켜 침식을 방지하고 상류에서 내려오는 토석·나무 등과 토석류를 차단하며 수원 함양을 위하여 계류를 횡단하여 소규모 댐을 설치하는 사방사업

❸ 법적 근거 및 지원체계

법적 근거	1. 사방사업법 제5조(사방사업의 시행) (가) 사방사업은 국가의 사업으로 한다. (나) 제1항에 따라 국가의 사업으로 시행하는 사방사업(이하 국가사방사업이라 한다)은 대통령령으로 정하는 바에 따라 시·도지사 또는 지방산림청장이 시행한다. 2. 사방사업법 제13조(사방사업의 거부 등의 금지) 누구든지 사방사업을 시행하거나 사방시설을 관리하는 것을 거부하거나 방해하여서는 아니 된다.
지원 체계	1. 사방사업법 제7조(비용의 부담 등) 사방사업의 시행에 따른 비용은 국가가 부담한다. 다만, 제6조에 따라 지방자치단체, 공공단체, 그 밖에 국가 외의 자가 시행하는 경우에는 해당 시행자가 그 비용을 부담하되 국가는 그 비용의 전부 또는 일부를 보조할 수 있다. 2. 부담 비율 우리나라에서는 사유림의 경우 국고 70%와 지방비 30%로, 국유림의 경우는 국고 100%로 각각 사방사업을 진행하고 있다.

❹ 사방사업과 주요 공종

구분	공종			비고
산지사방	• 비탈 다듬기, 묻히기 • 흙막이 • 산비탈 수로 내기 • 누구막이	• 산비탈 돌쌓기 • 선떼 붙이기 • 줄떼 다지기 • 조공법	• 새 심기 • 씨 뿌리기 • 나무 심기 • 식생관리	• 산지 복원 • 산지 복구 • 산사태 예방 • 산사태 복구
야계사방	• 기슭막이 • 바닥막이 • 수제 • 계간수로	• 골막이 • 사방댐 • 모래막이		• 계류 보전 • 계류 복원 • 사방댐
해안사방	• 사구 조성 • 퇴사공, 성토공 • 모래 덮기 • 파도막이	• 산림조성 • 방풍공, 배수공 • 정사공(충립공) • 식재	• 방조공사 • 방조공사 • 방조호안 • 소파공, 소파제	• 해안 침식 방지 • 해안 방재림 조성
조경사방	• 격자틀 붙이기(비탈격자틀) • 힘줄 박기(블록형 틀 붙이기)		• 돌 붙이기 • 콘크리트블록 쌓기	• 경관미를 요하는 사면과 생활주변
예방사방	• 속도랑 내기(암거공) • 보링속도랑 내기(보링수로공) • 누름 흙쌓기(성토 다지기)		• 축대벽(옹벽) • 말뚝박기	• 붕괴 우려가 있는 사면

2 토양침식

① 모암과 토양수

1) 모암의 종류

구분	생성 원인	모암의 종류
화성암	• igneous rock, 마그마가 굳어서 만들어진 암석 • 마그마가 굳은 위치와 성분에 따라 성질이 결정	화강암 섬록암 현무암 안산암
수성암	• sedimentary rock, 물에 의해 퇴적된 암석 • 물질의 조성에 따라 구분	• 생물학적 퇴적암 : 석회석, 규조토, 석탄 등 • 물리적 퇴적암 : 혈암, 사암, 응회암, 점판암, 화산재 등
변성암	metamorphic rock, 화성암과 수성암이 고온 및 고압에 노출되어 성질이 변하여 생성된 암석	편마암, 천매암, 대리석 등

2) 토성(土性, soil texture)

① 모래, 미사, 점토의 함량에 따른 토양을 구분한다.

토성	입자 구성	토성 삼각표
사토	• 모래 $\frac{2}{3}$ 이상, 점토 12.5% 이하인 토양 • 응집력, 점성이 적어 경작이 쉽다. • 투수성이 좋으나 양분이 적다	
사양토	• 모래 $\frac{1}{3}$ ~ $\frac{2}{3}$, 점토 12.6~25% • 흙 중에 점토가 25~37.5% 함유된 토양 • 양토는 토성이 좋고 경작도 잘 되며, 모든 작물에 적합하다.	
양토	• 모래 $\frac{1}{3}$ 이하, 점토 26~37.5% • 흙 중에 점토가 비교적 적은 12.5~25%가 포함된 토양	
식양토	• 모래 촉감만, 점토 37.6~49% • 흙 중에 점토가 비교적 많은 37.5~50% 포함된 토양	
식토	• 점토 50% 이상 • 흙 중에 점토 함량이 40% 이상이고 모래 45% 이하, 미사 40% 이하인 토양	

토성 삼각표:
점토 100%
모래의 함유 비율 (%) / 점토의 함유 비율 (용)
중식토 (HC)
식양토(CL) 55 / 45 미사질식토 (SiC)
사질식토(SC) / 경식토 (LiC)
75
사질식양토 (SCL) 85 / 실트질식양토 (SiCL)
사양토 (SL) / 양토 (L) / 실트질양토 (SiL)
모래 100% 15 / 35 45 실트 100%
양질사토 (LS) / 실트의 함유 비율 (%)

▲ 입자의 구성 비율별 토성

② 토양입자의 크기(지름, 직경)에 따른 구분, 미국 농무성법

| | | 0.002 | 0.05 | 0.1 | 0.25 | 0.5 | 1.0 | 2.0 (mm) |

점토 clay	미사 silt	극세사 very fine	세사 fine	중간사 medium	조사 coarse	극조사 very coarse	모래 sand	자갈 gravel

Sieve No. 325 270   140   70 60   35   18   10
         45   53   106   212 250   500   1,000   2,000   (μm)

3) 토양수분

고체 물질과 물의 결합 강도에 따라 구분한다.

구분	결합강도	개념도
결합수	• 토립자 내 분자 결합	
흡습수	• 토립자 주변 이온 결합된 비액상 수분 • pF 4.57	
모세관수	• 모세관 현상에 의해 토양의 공극에 존재하는 물 • pF 2.7~4.5	
중력수	• 토양입자 사이의 비모세관 공극을 중력에 의해 자유롭게 이동하는 수분. pF 2.7 이하 • 부착수는 모세관 공극에 존재하지만 지하수면에 연결되어 있지 않은 물	

＊공극 : 토양에서 토립자의 부피를 제외한 물과 공기가 차지하고 있는 부분의 부피

4) 지형

용어	해설	개념도
유역	• 하천의 임의 지점에 집수되는 물의 근간이 되는 강수가 낙하하는 전 지역 • 집수구역(stream channel)과 같은 말 • 능선과 같이 유출수가 갈라지는 경계에 의해 면적이 결정된다.	
기복량	유역의 최대 고도와 최저 고도의 차이	
형상계수 – 유역의 평면형상 비교	원상률 = 원면적(유역주변 길이와 같은 크기를 갖는 원의 면적)/유역면적	
	세장률 = 원의 지름/유역최대변장(≒주류의 길이)	
	곡밀도 = 계류의 수/유역면적 = 계류의 길이/유역면적	
평균경사	(등고선 개수×고도차)/방안선의 간격	

2 물의 순환과 강우 특성

1) 물의 순환

물은 대기와 육지, 바다를 이동하며 순환한다.

용어	해설	개념도			
강수	바다와 육지에 내리는 빗물				
유출	강수의 일부가 지표 위로 이동하는 현상				
유출수	육지에 내린 빗물 중에 지표로 이동하는 물				
침투	강수가 지면에서 땅 속으로 스며드는 현상	수증기로 40 이동 단위: $1,000km^3$ 강수 385 / 증발 425 / 증발산 111 / 강수 71 육지 / 유출 / 침투 / 바다 / 지하수 유출			
흡수	대기의 수증기가 토양으로 들어가 물이 되는 것과 침투수를 합해 흡수라고 한다.				
침투수	• 육지에 내린 빗물 중에 지중으로 이동하는 물 • 토양의 공극이 크면 많이 침투되고 공극이 적으면 적게 침투된다.				
투수	지하에서 물의 이동속도 (mm/year 또는 m/year)				
증발	지표에 있는 물이 대기로 이동하는 현상				
증산	식물에 흡수된 물이 기공을 통해 대기로 이동하는 현상				
수류	• 경사가 있는 지면에서 물이 중력에 의해 연속적으로 이동하는 현상 • 시간에 정류, 부정류로 구분하고 거리에 따라 등류와 부등류로 구분한다.	정류	물의 흐름이 시간에 따라 변하지 않는 것		
		부정류	물의 흐름이 시간에 따라 변하는 것		
		등류	물의 흐름이 거리에 따라 변하지 않는 것		
		부등류	물의 흐름이 거리에 따라 변하는 것		

> **참고** 산림이 물의 순환에 미치는 영향 ●
>
> ① 산림은 증산작용으로 지표면의 열 환경을 완화한다.
> ② 산림의 파괴는 지표의 열 환경을 변화시키고, 증산량을 감소시켜 물순환을 변화시킬 수 있다.
> ③ 산림은 물질생산을 하며, 물질순환에도 관여한다. 물질순환과정에서 산림토양이 형성된다.
> ④ 산림토양은 지표 주변 유출수의 경로를 결정한다. 하천의 홍수나 갈수에 크게 영향을 미친다.
> ⑤ 유출수의 경로는 지표의 침식 형태를 결정한다. 또한 침식량에도 크게 영향을 미친다. 나지는 표면침식을, 산림지는 붕괴형의 침식을 발생시킨다.
> ⑥ 산림과 산림토양은 하천의 토사 함유량과 수질에 영향을 미친다.

2) 강우의 특성

① 관련 용어 및 해설

용어	해설
강우량	• 지표에 떨어지는 비의 양. 우량계로 측정. mm/day • 강우량이 80mm 이상이면 홍수가 발생할 우려가 있다.
시우량	• 시간 당 내리는 비의 양. mm/hr • 시우량이 30mm 이상이면 홍수가 발생할 우려가 있다.
강우강도	• 특정한 한 지점에 있어서 비의 세기. mm/hr • 단위시간에 내리는 강우량을 측정한 것으로 mm/hr 단위를 사용한다. • 강수량이 10분간 2mm를 초과하면 토양침식이 시작된다.
강수량	• 어느 유역에 공급되는 물의 양 • 강수량(P) = 증발량(RO) + 증산량(E) + 유출량(T)
평균강수량	• 특정 지역에 내린 관측지점별 강수량의 평균치
최대 홍수 유량	• 특정 지점을 통과하는 수위가 최대일 때의 유수량 • 최대홍수유출량이라고도 한다. 합리식으로 구한다.
증발량	• 토양이나 지표의 물이 대기로 증발되는 양
증산량	• 식물체의 물이 대기로 증발되는 양
유출 유량	• 유역의 강수량이 유역 밖으로 흘러가는 양
연속 강우량	• 쉬지 않고 내리는 강수의 양 • 연속 강우량이 200mm 이상이면 산사태와 토석류가 발생할 위험이 있다.

② 평균강우량 산정 방법

방법	해설
산술평균법	유역의 평균강우량 $P_m = \dfrac{P_1 + P_2 + \cdots\cdots + P_n}{N} = \dfrac{1}{N}\sum\limits_{i=1}^{n} P_i$ $P_1, P_2, \cdots\cdots, P_n$: 유역 내 각 관측점에 기록된 강우량 n : 유역 내 관측점 수의 합계
티에센법(Thiessen법) – 대유역	유역의 평균강우량 $P_m = \dfrac{A_1 P_1 + A_2 P_2 + \cdots\cdots + A_n P_n}{A_1 + A_2 + \cdots\cdots + A_n} = \sum\limits_{i=1}^{n} A_i P_i / \sum\limits_{i=1}^{n} A_i$ $P_1, P_2, \cdots\cdots, P_n$: 유역 내 각 관측점에 기록된 강우량 $A_1, A_2, \cdots\cdots, A_n$: 각 관측점의 지배면적
등우량선법	유역의 평균강우량 $P_m = \dfrac{A_1 P_{1m} + A_2 P_{2m} + \cdots\cdots + A_n P_{nm}}{A_1 + A_2 + \cdots\cdots + A_n} = \sum\limits_{i=1}^{n} A_i P_{im} / \sum\limits_{i=1}^{n} A_i$ P_m : 유역의 평균강우량 $A_1, A_2, \cdots\cdots, A_n$: 각 등우선 간의 면적 n : 등우선에 의하여 구분되는 면적구간의 수 P_{im} : 두 인접 등우선 간의 면적에 대한 평균강우량
지배권법	소유역에 적합

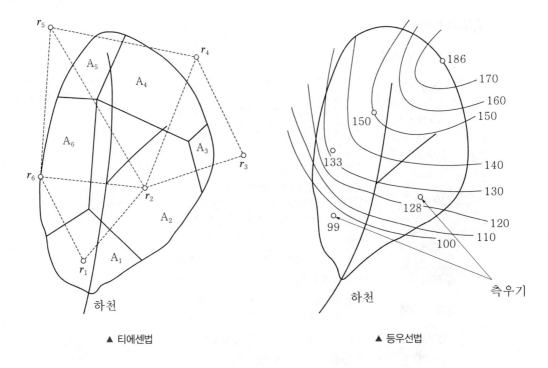

▲ 티에센법   ▲ 등우선법

3) 강우강도

① **강우강도는 특정한 지점에서 내리는 비의 세기를 나타내는 값이다.**

② 홍수 도달시간을 이용하여 구할 수 있다.

[홍수 도달시간의 계산]

공식명	수식	특징 및 제한사항
SCS lag	$T_c = 0.01367 \dfrac{(1000L)^{0.8}(1000/CN - 9)^{0.7}}{\sqrt{S}}$ L : 계류의 연장(km), S : 유역의 평균 기울기(km/km), CN : SCS 유출곡선지수	• 미국 농무성 토양보전청(USDA SCS)에서 제시 • 주로 면적 800ha 이하의 산림 및 농경지 유역에 적용하는 경험식 • CN은 토양, 선행강우조건 및 토지피복 상태에 따라 결정되는 SCS 유출곡선지수로써, 일반적으로 산림에서는 60을 적용한다.
Rziha	$T_c = 0.833 \dfrac{L}{S^{0.6}}$ L : 계류의 연장(km), S : 계류의 평균기울기(km/km)	자연하천의 상류 유역 (S≥1/200)에 적용되는 경험식

– 사방댐 설계에는 주로 SCS lag 식을 사용한다.

4) 홍수량

홍수량은 **최대홍수유출량**, 최대홍수유량 등으로 불리며, **홍수 도달시간을 이용하여 평균 강우강도와 유효 강우강도, 최대홍수유출량을 차례대로 구한다.**

용어	내용
평균 강우강도	• 홍수 도달시간 내의 평균 강우강도는 24시간 강수량으로부터 구한다. • 24시간 강수량을 구하지 못하면 일 강우량을 사용할 수 있다. $$P_a = \frac{P_{24}}{24} \times \left(\frac{T_f}{24}\right)^{-\frac{1}{2}}$$ P_a : 홍수 도달시간 내의 평균 강우강도(mm/hr) P_{24} : 24시간 강수량, T_f : 홍수 도달시간(분)
유효 강우강도	최대 홍수유량 산출에 쓰이는 강우 강도이다. $$P_e = \left(\frac{P_{24}}{24}\right)^{1.21} \times \left(\frac{24 \times K_{f1}}{2 \times A^{22}}\right)^{0.606}$$ P_e : 유효 강우강도(mm/hr), K_{f1} : 피크유량계수 P_{24} : 24시간 강수량, A : 유역면적(km^2)
유수의 대상 수량 (최대홍수유출량)	합리식으로 계산한다. $$Q = \frac{K_{f1} \times P_a \times A}{3.6} = \frac{P_e \times A}{3.6}$$ P_a : 평균 강우강도(mm/hr), P_e : 유효 강우강도(mm/hr) K_{f1} : 피크유량계수, A : 유역면적(km^2)

5) 최대홍수유출량 산정 방법

① 최대홍수유출량은 계류 보전사업이나 사방댐 설치사업에서 유로의 단면적 또는 방수로 크기를 결정하기 위해서 산정하는 그 지점을 통과하는 수위가 최대가 되는 유수량을 말한다.

② 최대홍수유출량을 구하는 방법은 아래의 표와 같다.

구분	내용
합리식법	배수구역 또는 유역 내에서 발생한 호우의 강도와 유량의 관계를 나타내는 경험식이다. • 유역면적이 ha일 때 $Q = \dfrac{CIA}{360}$ ・ 유역면적이 km²일 때 $Q = \dfrac{CIA}{3.6}$ C : 유거계수, I : 강우강도(mm/hr), A : 유역면적
시우량법	시우량과 유역의 면적으로 산정한다. 1초 동안의 유량 $Q = k \times A \times \dfrac{\frac{m}{1,000}}{60 \times 60}$ m : 최대시우량, A : 유역면적, k : 유거계수(유역 내 하천의 유거수량과의 비)
비유량법	• 비유량(比流量)에 의해 홍수유량을 산정한다. • 규모가 작은 치산댐, 소구역 설계 홍수량 산정에 이용한다. • 강수 관측자료가 적고, 첨두유량을 산정하기 어려운 경우 • 유역의 크기별로 비유량을 정하고 비유량으로 유량 추정 　$Q = A \times q$ 　Q : 최대홍수유량(m³/sec), A : 유역면적(km²), q : 비유량(m³/sec/km²) | 유역면적 A(km²)	0~10	10~20	20~40	40~60	60~80
---	---	---	---	---	---
비유량 q(m³/sec/km²)	25	20	15	12	10	
홍수위흔적법	• 홍수가 지나간 흔적을 보고 최대홍수유출량을 계산하는 방법이다. • 측정이라기보다는 추정에 가깝다.

③ 지표의 상태에 따른 유거계수

      ⊙ 임상이 양호한 산지 : 0.35~0.45

      ⓛ 임상이 불량한 산지 : 0.45~0.65

      ⓒ 황폐가 심한 산지 : 0.65~0.85

      ⓔ 황폐가 심한 민둥산 : 1.0

❸ 침식 발생의 역학적 특성

1) 침식의 종류

물침식	우수침식	우적침식, 면상침식, 누구침식, 구곡침식, 야계침식
	하천침식	종침식, 횡침식
	지중침식	용출침식, 복류심침식
	바다침식	파랑침식, 연안류침식, 지류침식
중력침식	붕괴형 침식	산사태, 산붕, 붕락, 포락, 암설붕락
	지활형 침식	지괴형 땅밀림, 유동형 땅밀림, 층활형 땅밀림
	유동형 침식	토류, 토석류, 암설류
	사태형 침식	눈사태, 얼음사태
침강침식	곡상침식, 틈내기 및 구멍 내기	
바람침식	내륙사구침식 및 해안사구침식	

2) 침식의 종류별 특성

① 빗물침식의 발달 순서 ★★★

우격침식 (우적침식, 타격침식)	빗방울이 지표면의 **토양입자를 타격하여 분산**시키는 침식
면상침식 (증상침식, 평면침식)	지표면이 **얇게 유실**되는 침식
누구침식 (누로침식, 우열침식)	토양이 깎이는 정도의 침식, **작은 물길** 형성
구곡침식(걸리침식)	침식이 가장 심하여 도랑이 커져 **심토까지 깎이는 침식**

> **용어 설명**
>
> • 누구 : 경사지에서 쟁기로 갈아서 그 골이 없어질 수 있는 작은 침식구
> • 구곡 : 쟁기로 갈아서 없어지지 않는 큰 침식구
> • 심곡 : 구곡이 더 진행되어 그 너비가 넓어진 것

② 산지침식의 유형

원인에 따라	작용에 따라

• **정상침식**
  – **자연침식**
  – **지질학적 침식**
• **가속침식**
  – **집중호우로 인한 침식**
  – **산림황폐에 의한 침식**
	• 기계적 침식(온도, 물)
	• 화학적 침식(산염기, pH)
	• 물침식
	• 중력침식
	• 바람침식

③ 물에 의한 침식

빗물침식	raindrop– sheet–rill–gully–torrent–stream erosion
하천침식	하상폭 확대(cross erosion), 하상수심 증가(longitudinal erosion)
지중침식	용출(erupt)
바다침식	파랑침식(seawave erosion), 해변류침식(wave–induced current)

Part 3 | 사방공학

④ 붕괴의 유형과 발생 원인

1) 붕괴의 유형

붕괴형(slide)	유동형(flow)
• 산사태 : 일시, 길게 • **산붕 : 소형 산사태** • **붕락 : 주름모양 산사태** • 포락 : 계천 가로로 침식 • 암설붕락(debris slide)	• 암설류(devris flow) • 토석류(mud & stone f.) • 토사류(earth flow) • 이류(mud flow) • 유목(coarse woody f.)

2) 산사태의 유형

유형	개념	원인
산사태	자연적 또는 인위적인 원인으로 산지가 일시에 붕괴되는 것	경사도, 토성, 토양수분, 강수, 식생
토석류	산지 또는 계곡에서 토석·나무 등이 물과 섞여 빠른 속도로 유출되는 것	집중호우, 지형, 점성토에서 많이 발생
땅밀림	**특정 지질, 지질구조를 가지고 있는 산지나 구릉지에서 지하수 등에 기인하여 지괴의 일부가 하층의 미끄럼면을 이동경계로 하여 중력작용에 의하여 밀리는 것**	**점토질 지질 및 토양**, 높은 지하수위, 지진 등 충격

Chapter 2 토양침식 | 387

3) 땅밀림형과 붕괴형 산사태 비교

땅밀림형 산사태와 붕괴형 산사태의 구분		
항목	땅밀림형 산사태	붕괴형 산사태
지질	제3기층, 파쇄대 또는 온천지대에서 많이 발생한다.	특정 지질 조건에 한정되지 않는다.
지형	• 5~20°의 완경사지에서 많이 발생한다. • 독특한 지형이 많다.	급경사지에서 또는 미끄러짐면이 점성토에 한정되지 않고 사질토에서도 다발
규모	이동 면적이 크고, 깊이도 일반적으로 수m 이상 깊다.	• 이동 면적이 1ha 이하, 깊이도 수m 이하가 많다.
이동상황	• 속도가 완만하다. • 토괴는 교란되지 않고 원형을 유지한다. • 계속적으로 이동한다. • 일단 정지한 후에도 재이동한다.	• 속도가 빠르다. • 토괴는 원형을 유지하지 못한다. • 붕괴 토사는 유출, 퇴적 토사의 재이동이 적다.
기구·원인	• 활재가 있는 경우가 많다. • 지하수는 유인되는 경우가 많다.	• 활재가 없는 경우가 적다. • 중력이 유인되는 경우가 많다. • 강우강도에 영향을 받는다.
징후	발생 전에 균열, 함몰, 융기, 지하수의 변동 및 입목 뿌리의 절단음 등이 일어난다.	징후 없고 돌발적으로 활락

4) 토석류와 산사태의 원인

토석류	산사태
① 산사태 및 붕괴형 침식 　- 계류흐름에 유목과 토사, 석력이 가세 　- 토사와 유목 등 고체가 물에 미끄러진다. ② 강우와 토석이 중력제 역할 ③ 점토성 토질이 계류 점성을 낮춘다. ④ 계곡형 지형이 미끄럼틀 역할	① 지표를 흐르는 물의 거동변화와 침투수 발생 ② 지하수위 상승으로 인한 토양포화도 상승 ③ 수분포화도 상승으로 토양 무게 증가 ④ 급한 사면경사 등 지형적 요인 ⑤ 점토가 많은 토질적 요인 ⑥ 산림수확과 도로 개설에 따른 산림훼손

5) 붕괴의 발생 원인

원인	기작
경사도	• 완경사에 비해 급한 경사지는 붕괴가 발생하기 쉽다. • 배수가 잘되는 모래흙이어도 35° 이상 급경사면 호우 시 붕괴가 된다.
빗물	• 집중호우로 토양의 무게 증가
토질	• 점토가 수분을 흡수하여 토양의 무게 증가, 모래는 배수를 쉽게 한다.
충격	• 지진, 지층 활동으로 충격을 받으면 평상시에는 안정적이던 경사면이 붕괴된다.
식생	• 지표면을 식생이 덮고 있으면 토양의 표면이 보호되어 붕괴가 덜 발생한다. • 살아있는 수목의 뿌리는 토양의 긴박력을 높여주어 붕괴의 발생을 줄인다.

3 비탈면 안정 녹화

1 비탈면의 안정공법

1) 의의와 목표

① 비탈면은 자연적 · 인위적 요인으로 자주 붕괴가 발생한다. 비탈면 붕괴의 원인은 아래와 같다.

유형	원인	비고
자연적 요인	강우, 침식, 지형, 지질, 토질, 지하수(수위상승), 지진 등	
인위적 요인	흙깎기, 흙쌓기, 채광, 채석, 댐, 임도 등 사업	훼손지(성토면, 절토면, 채광지, 채석지)

② 경사도와 토질 및 지형, 식생에 따라 비탈면에서 토사가 유출되거나 붕괴가 발생하지 않도록 하는 것이 비탈면 안정공법의 목표라고 할 수 있다. 비탈면에서 붕괴가 발생하지 않도록 경사도를 완화시키거나, 비탈면의 표면을 덮거나, 경사도를 완화시키기 위해 구조물을 도입하거나, 토사 유출을 막기 위해 식생을 도입한다.

③ 비탈면의 안정을 위해서는 비탈면이 수평면과 이루는 각인 "안식각"보다 작은 각을 가져야 하며, 법으로 정해진 흙깎기 비탈면과 흙쌓기 비탈면의 기울기보다 더 작은 값을 갖도록 하여야 한다.

★★★

구분		흙깎기 비탈면 기울기	흙쌓기 비탈면 기울기
암석지	경암	1:0.3~0.8	임도 설치관리규정 1:1.2~2.0
	연암	1:0.5~1.2	사방사업법 1:1.5~2.0
토사지역		1:0.8~1.5	산지관리법 1:1 이하

④ 풍화암이나 토사로 이루어진 비탈면에 일정한 수직 높이 간격으로 0.5~2.0m 폭의 평탄한 장소를 두는 것을 소단이라 한다. 이 소단은 다음과 같은 장점과 단점이 있다.

장점	단점
① 유수의 흐름을 완화시켜 절성토면을 침식으로부터 보호한다. ② 낙석이나 다른 이탈물을 잡아주는 역할을 하여 안정성을 향상시킨다. ③ 사면을 여러 부분으로 분리하여 보행자나 운전자의 심적 안정감을 높인다. ④ 소단에 배수구를 두어 절성토 사면의 지하수의 배출 능력을 향상시킬 수 있다. ⑤ 사면보호공사 시 작업공간으로 활용할 수 있다.	① 소단이 넓을수록 절성토량이 증가한다. ② 소단이 넓을수록 공사비는 증가한다.

2) 비탈면 안정공법의 종류

비탈면을 안정시키기 위해서는 땅을 다듬고 공작물을 설치하거나 녹화를 하여야 하는데, 이것들이 모두 비탈면 안정공법에 속한다. 비탈면 안정공법 중에서 흙을 다듬고 공작물을 설치하는 공사를 산복기초공사라고 하며, 풀이나 나무를 심기 위해 단을 쌓고, 고랑을 파는 등의 공사를 녹화기초공사라고 하며, 씨를 뿌리고 나무를 심고 식생을 관리하는 것을 녹화공사라고 한다.

사면안정공사 = 기초공사 + 녹화 기초공사 + 녹화공사

= 사면안정공사 = 비탈면안정공사 = 비탈면보호공사

비탈면 안정공법	종류
산복기초공사	• 돌쌓기, 벽돌쌓기, 콘크리트블록 쌓기 • 옹벽공법 : 중력식, 부벽식, 공벽식, 반중력식, T · L자형 옹벽, 특수옹벽 • 비탈흙막이 : 콘크리트벽, 돌, 콘크리트블록, 콘크리트판, 콘크리트기둥틀, 콘크리트의목, 돌망태, 통나무쌓기, 바자(얽기) 흙막이 • 비탈힘줄 박기공법, 격비탈격자틀 붙이기공법 • 콘크리트 뿜어 붙이기, 낙석망지망 덮기, 낙석저지책 • 어스앵커, 락볼트공법
녹화기초공사	단쌓기, 떼 붙이기, 떼 다지기, 조공, 비탈 덮기
녹화공사	씨 뿌리기, 나무 심기, 식생관리

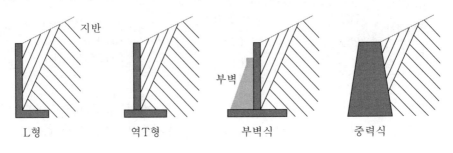

▲ 옹벽의 형식

① 산복기초공사

비탈면에 흙을 다듬고 공작물을 설치하는 공사를 비탈면은 산지에서 산복에 해당하므로 산복기초공사라고도 부른다.

산복기초공사	시공 방법
비탈 다듬기	• **수정물매는 대체로 최대 35° 이내로 한다.** • **퇴적층 두께가 3m 이상일 때는 묻히기를 도입한다.** • 급물매지는 선떼 붙이기와 산복돌쌓기로 조정한다. • 비옥한 표토는 산복면에 남도록 시공한다. • 공사는 상부에서부터 하부를 향해 실시한다. • 속도랑공사 및 묻히기 공사는 미리 실시한다.
흙막이	• 흙막이 재료는 돌, 통나무, 바자, 떼, 돌망태, 블록, 콘크리트, 앵글크리브망 등으로 현지 여건에 맞도록 선택 사용한다. • 흙막이 **설치 방향**은 원칙적으로 **산비탈을 향하여 직각**이 되도록 한다.
비탈면 수로공사	• 수로는 사면의 유수가 집수되도록 계획한다. • 수로는 집수유역을 고려하여 사용 재료를 선택하여야 한다. • 수로는 좌우 사면의 지반보다 낮게 설치하여야 한다. • **수로의 길이가 길어지는 경우에는 유속을 줄여주는 흙막이 등의 공정을 계획한다.** • 수로의 단면은 배수구역의 유량을 충분히 통과시킬 수 있어야 한다. • 수로는 사면의 유수가 용이하게 유입되어야 한다. • 수로 방향은 가급적 흐르는 물의 중심선과 직선이 되도록 설치한다. • 수로를 곡선으로 하는 경우에는 외측을 높게 하여 넘는 물을 방지하여야 한다.
단 끊기	• 단 끊기는 수평으로 실시하며 위쪽에서 아래쪽으로 시공해 내려간다. • 단의 너비는 50~70cm 내외로 상·하 계단 간의 비탈경사를 완만하게 하여야 한다. • 단의 수직높이는 0.6~3.4m 내외로 하되 조정하여 시공할 수 있다. • 단 끊기에 의한 절취토사의 이동은 최소한으로 한다. • **상부 첫 단의 수직 높이는 1m 내외로 한다.**
땅속 흙막이	• 비탈 다듬기와 단 끊기 등으로 생산되는 뜬흙(浮土)을 계곡부에 투입하여야 하는 곳은 땅속 흙막이를 설치하여야 한다. • 안정된 기반 위에 설치하되 산비탈을 향하여 직각으로 설치되도록 한다.

② 돌쌓기 공사

돌쌓기 공사는 토사 비탈면의 아랫부분에 설치하여 토사 비탈면의 기울기를 완화시켜 안식각을 취할 수 있도록 하는 산복기초공사로 그 종류는 아래와 같다.

돌쌓기 공사	시공 방법	개념도 및 사진
골쌓기	견치돌이나 막깬 돌을 사용하여 마름모꼴 대각선으로 쌓는다.	

켜쌓기	가로줄눈이 일직선이 되도록 **마름돌**을 사용하여 돌을 쌓는다.	돌 / 줄눈
찰쌓기	• **경사 1:0.2 이하** • 뒤채움은 콘크리트, 줄눈은 모르타르 사용 • **시공면적 2m²마다 직경 2~4cm 관으로 물 빼기 구멍을 설치한다.**	
메쌓기	• **경사 1 : 0.3 이하** • 뒤채움 모르타르가 없다. • 물 빼기 구멍을 설치하지 않는다. • 석재만을 사용하여 돌쌓기 • **견고도가 낮아 4m 이상은 쌓지 않는다.**	

– 돌쌓기와 돌붙임의 차이는 경사도가 1:1 이하이면 돌붙임, 경사도가 1:1 이상이면 돌쌓기가 된다.

③ 현장에서 많이 사용되는 공법

비탈면을 안정시키기 위해 다양한 구조물이 존재하지만, 임도와 사방현장에서 쓸 수 있는 공법은 비용관계 때문에 제한적이다. 현장에서 사용할 수 있는 공법을 정리하면 아래와 같다.

종류	시공 방법	특징	경사도
비탈면	토양의 안식각을 준다.	• 암반층 같은 깎기사면은 그냥 둔다. • 비탈면 녹화가 필요할 수 있다.	1:0.3~1:1.5
큰돌 쌓기 및 붙이기	발파석, 굴림석 사용	• 돌을 재료로 구하기 쉬운 곳에 적용한다. • 장비 또는 인력(석공)으로 시공한다.	메붙임 1:1 이하 찰쌓기 1:0.2 이하 메쌓기 1:0.3 이하
견치석 쌓기	다듬은 돌 사용	• 인력(석공)으로 시공한다.	찰쌓기 1:0.2 이하 메쌓기 1:0.3 이하
조경석 쌓기	자연석, 발파석 사용	• 장비만으로 시공 가능하다. • **토압을 견디기 위한 구조물은 아니다.**	

	철근콘크리트, 무근콘크리트	• 견고하다. • 비용이 비싸다.	1:0~1:0.1
옹벽	철근콘크리트, 무근콘 크리트	• 견고하다. • 비용이 비싸다.	1:0~1:0.1
보강토 옹벽	보강토 블록 쌓기	• 견고하고 옹벽보다 시공이 빠르다.	1:0~1:0.2

④ 수로 내기의 종류

종류	시공장소 및 시공 방법
찰붙임돌수로	• **유량이 많고 상시 물이 흐르는 곳**에 선정한다. • 돌붙임 뒷부분의 공극이 최소가 되도록 콘크리트로 채운다.
메붙임돌수로	• **지반이 견고하고 집수량이 적은 곳**을 선정한다. • 유수에 의해 돌이 빠져 나오거나 수로 바닥이 침식되지 않도록 시공한다.
콘크리트수로	• 콘크리트수로는 **유량이 많고 상수가 있는 곳**을 선정한다.
떼수로	• **경사가 완만하고 유량이 적으며 떼 생육에 적합한 토질이 있는 곳**을 선정한다. • 수로의 폭(윤주)은 60~120cm 내외를 기준으로 한다. • 수로 양쪽 비탈에는 씨 뿌리기, 새 심기 또는 떼 붙임 등을 한다.
콘크리트플륨관수로	• 집수량이 많은 곳에 사용한다. • 가급적 평탄지나 **산지경사가 완만한 지역에 설치한다.** • 설치 전에 기초지반을 충분히 다져 부등침하가 되지 않도록 한다.

▲ 찰붙임돌수로   ▲ 콘크리트플륨관수로(U형)

▲ 메붙임돌수로 내기(막논돌수로 내기)

▲ 콘크리트플륨관수로 내기(U형)

⑤ 흙막이 공사의 종류와 시공 목적

흙막이 공사는 재료에 따라 구분하며, 그 시공 목적은 다음과 같다.

흙막이 공사의 종류	흙막이공사 시공 목적
• 돌흙막이 • 콘크리트벽 흙막이 • 콘크리트블록 흙막이 • 콘크리트판 흙막이 • 콘크리트기둥틀 흙막이 • 콘크리트의목 흙막이 • 돌망태 흙막이 • 통나무쌓기 흙막이 • 바자(얽기) 흙막이	① **사면의 기울기 완화**(비탈면의 안정각 유지) ② 표면유하수의 분산 ③ **공작물의 기초와 수로의 지지** ④ 불안정한 토사의 이동 억지 ⑤ **매토층의 하단부 지지** ⑥ **붕괴 위험성이 있는 비탈면의 안정 유지**

② 비탈면의 녹화공법

비탈면의 녹화공법은 녹화를 위한 기반을 다지는 녹화기초공사와 식생을 조성하는 녹화공사가 있다.

1) 의의 및 목표

식생이 없는 훼손된 비탈면은 계속해서 토사가 유출되고 결국 붕괴에 이르게 된다. 다양한 녹화 공법을 통해 붕괴를 방지하고 훼손 전 산림환경의 구조와 기능을 회복할 수 있다.

의의	목표
비탈면 녹화공법은 훼손지 등 녹화가 어려운 장소와 건조기, 홍수기 등 녹화가 곤란한 시기의 다양한 조건을 극복하여 원래의 산림환경과 유사하게 복구 및 복원하는 데 그 의의가 있다.	• 침식 방지 및 붕괴 방지 • 경관의 조기회복 • 단절된 생태계 복원 • 야생동물 서식공간 조성

2) 비탈면 녹화공법의 종류

비탈면 녹화공법은 녹화를 하기 위한 준비를 하는 단계인 녹화기초공사와 풀을 심고 나무를 심 는 녹화공사로 구분된다.

가) 녹화기초공사

비탈면을 단기간 보호하거나 식생 조성을 위한 기반을 조성하는 공사들이 해당한다. 사용하는 재료와 재료의 사용 방법에 따라 구분한다.

녹화기초공사	종류
바자얽기	편책, 목책, 콘크리트책, 울바자얽기 등 울타리로 식생 생육기반 조성
단쌓기	떼단 쌓기, 돌단 쌓기, 혼합 쌓기, 마대 쌓기, 볏짚단 쌓기
선떼 붙이기	1∼9급 선떼 붙이기, 밑돌선떼 붙이기(臺石立芝工)
줄떼 심기	줄떼 붙이기(절토면), 줄떼 다지기(성토면), 평떼 붙이기

조공	등고선구공법, 떼조공, 새조공, 섶조공, 돌조공 등
비탈 덮기	짚, 거적, 섶, 망 등으로 비탈면 보호

나) 단쌓기

단쌓기	시공 방법	개념도
떼단 쌓기	• **경사가 25° 이상인 급경사지가 대상** • 떼단의 높이와 너비는 30cm 내외 • 5단 이상의 연속 단쌓기는 피한다. • 기초부에는 아까시, 싸리류 등을 파종한다.	
돌단 쌓기	• **돌단 쌓기 비탈면은 가급적 1:0.3으로 한다.** • 돌단 쌓기 비탈면의 높이는 1m 내외로 한다. • 높이가 1m 이상일 경우는 2단으로 한다. • 용수가 있는 곳은 천단에 유수로를 만들어 준다.	
혼합 쌓기	• 떼와 돌을 혼합하여 쌓는다. • 떼단 쌓기와 돌단 쌓기 기준을 적용한다.	
마대 쌓기	• 떼 운반이 어려운 지역에 실시한다. • **높이는 2단 이하로 한다.**	

다) 선떼 붙이기 시공 순서와 시공 목적

시공 순서	시공 목적
① 비탈 다듬기 공사 ② 등고선 방향으로 단 끊기 ③ 계단의 뒷부분에 되메우기 ④ 계단의 앞부분에 떼를 붙인다. ⑤ 떼의 뒷면에 흙을 되메우기 한다. ⑥ 묘목을 심는다.	① 떼의 뒷부분에 있는 되메우기 부분 유지 ② 묘목의 생육을 조장 ③ 비탈면을 흘러내리는 유수의 속도를 감소 ④ 산복 비탈면에서의 누구침식을 방지 → 비탈면을 안정 및 녹화하는 효과

라) 선떼 붙이기 시공 방법

시공 방법	① 비탈 다듬기에서 생산된 뜬흙을 고정하고 식생을 조성하기 위하여 필요한 공작물이다. ② 산복비탈면에 단을 끊고 단의 전면에 떼를 쌓거나 붙인 후 그 뒤쪽에 흙을 채우고 식재 · 파 종을 한다. ③ 사용 매수에 따라 1~9급으로 구분한다. ④ 기초에 돌을 쌓아 보강하는 공법을 밑돌 선떼 붙이기라 한다. ⑤ **단의 직고 간격은 1~2m 내외, 너비는 50~70cm 내외, 발디딤은 10~20cm 내외로 한다.** ⑥ **천단폭은 40cm 내외를 기준으로 하며, 떼 붙이기 비탈면은 1:0.2~0.3으로 한다.**

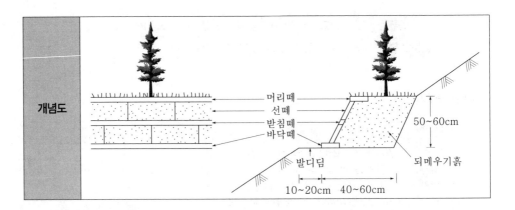

| 개념도 | |

> **참고**
>
> 선떼 붙이기에 필요한 떼의 양은 선떼 붙이기를 시행하는 곳의 1m당 필요한 떼의 매수가 시험에 가끔 출제된다. 선떼 붙이기는 가장 낮은 높이가 9급이며, 떼는 한 장만 붙인다. 이때 필요한 떼의 매수는 2.5매이며 급수가 1급 수 줄어들 때마다 2.5의 절반인 1.75장씩 가산하면 된다. 이렇게 계산하면 1급 12.5매, 2급 11.25매, 3급 10매, 4급 8.75매, 5급 7.5매, 6급 6.25매, 7급 5매, 8급 3.75매, 9급 2.5매가 된다. 2.5만 기억하면 쉽게 해결할 수 있는 문제이다.

[선떼 붙이기 급별 m당 떼 사용 매수표]

떼 크기	길이 40cm, 폭 20cm		길이 33cm, 폭 20cm	
구분	단면상 매수	연장 1m당 매수	단면상 매수	연장 1m당 매수
1급	5.0	12.50	5.0	15.0
2급	4.5	11.25	4.5	13.5
3급	4.0	10.00	4.0	12.0
4급	3.5	8.75	3.5	10.5
5급	3.0	7.50	3.0	9.0
6급	2.5	6.25	2.5	7.5
7급	2.0	5.00	2.0	6.0
8급	1.5	3.75	1.5	4.5
9급	1.0	2.50	1.0	3.0
1m당 떼사용 매수	단면상 떼매수×2.5매/m		단면상 떼매수×3매/m	

마) 조공법

조공법은 **등고선을 따라 같은 높이로 일정한 높이의 식생기반을 조성하기 위한 공사이다.** 조공법은 같은 높이의 줄을 만든다는 뜻이다. 식생기반인 흙이 부족한 곳에 심으려고 하는 나무가 필요로 하는 토심에 따라 높이를 달리할 수 있다. 비교적 완경사지의 산복비탈에 수평으로 단간 수직높이 1~1.5m, 너비 50~70cm의 단을 만들고, 그 앞면에는 새심기, 잡석 등으로 보호하며, 뒷면에는 흙을 채운 후 사방수목을 식재하는 공법이다.

조공법	시공 방법
돌줄 만들기 (돌조공)	• 돌줄 상단부는 씨 뿌리기 또는 새 등을 심어 단이 고정되도록 한다. • 시공높이는 50cm 내외, 돌쌓기 비탈면은 1:0.2~0.3으로 한다. • 단은 반드시 식생으로 고정한다.
새줄 만들기 (새조공)	• 새가 생육하기 용이한 경사 30° 이하의 완경사지 산복하부에 적합하다. • 풀포기(새)를 이용하여 단간높이 1~1.2m의 줄(條)을 만든다. • 단간 비탈면에는 파종 또는 피복공법으로 처리한다.
섶줄 만들기 (섶조공)	• 섶 채취가 용이하고 토질이 좋은 곳에 계획한다. • 섶은 40cm 길이로 자른 후 10cm 지름의 다발로 묶어 20cm 정도 복토하고 다진다. • 1~2단을 포개 쌓고, 복토 부분에는 새나 잡초 등을 식재한다.
통나무줄 만들기 (통나무조공)	• 폭은 50~60cm로 하고, 말구지름 10cm 정도의 말뚝을 0.7~1m 간격으로 박는다. • 통나무를 일렬로 포개쌓은 후 그 위에 흙을 채우고 묘목을 식재한다. • 통나무 사이에는 초본류, 목본류 등을 식재할 수 있다.
등고선형물고랑 파기 (등고선구공법)	• 수분이 부족한 산복 등에 등고선을 따라 물고랑을 파서 토양침식을 방지하고 토사 건조방지 기능을 높이기 위하여 시공한다. • 등고선을 따라 물고랑을 파고, 그 아래에 묘목을 식재한다.

바) 조경사방공법

① 조경사방의 공종 및 시공 장소

공종	내용	시공 장소
격자틀 붙이기	경사가 급한 사면에서 침식을 방지하고 사면을 녹화하기 위하여 사면 전반에 시공하는 비탈안정 녹화공종	비탈물매가 급하고 토질이 불량한 사면
힘줄 박기 (블록형 틀붙이기)	정상적인 **콘크리트 블록으로 된 격자틀 붙이기 공법으로** 처리하기 곤란한 사면에 현장에서 직접 거푸집을 설치하고 콘크리트 타설하여 힘줄을 만들어 그 안에 흙을 채워 녹화	지질토양 구조가 석력이 많은 불안정한 사면 또는 **누수침식이 심한 사면**
콘크리트 블록 쌓기	각종 쌓기용 콘크리트 블록을 흙막이공법과 같은 시공요령으로 불록쌓기를 하는 안정공법	물매가 1:0.5 이상인 비탈면
돌 붙이기	사면이 풍화, 침식, 박리 또는 붕괴가 현저하여 녹화가 곤란하고 다른 안정녹화공사도 부적당한 경우에 시공하는 공법	**식생 조성이 곤란한 경사 45도 이하의 사면**

② 조경사방의 분류

㉠ 사방기술교본 : 자연석 쌓기, 격자틀 붙이기, 힘줄 박기, 콘크리트 블록 쌓기, 돌 붙이기, 콘크리트 뿜어 붙이기, 새집공법, 폭파식재공, 분사식 씨 뿌리기, 종비토 뿜어 붙이기, 차폐수벽공법, 소단상 객토식수공법, 생울타리

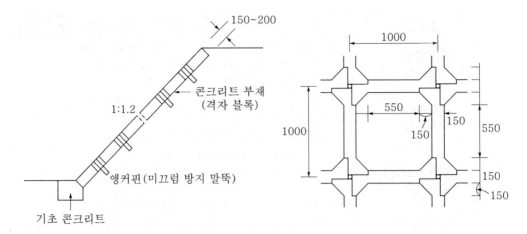

▲ 절토사면의 격자틀 붙이기

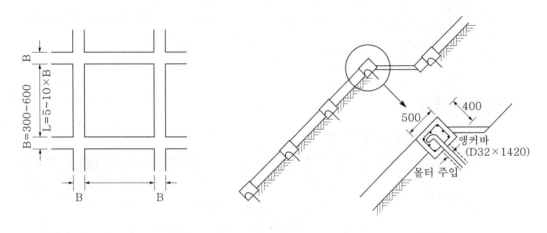

▲ 콘크리트 힘줄 박기

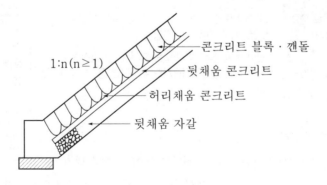

▲ 돌 붙이기

③ 비탈면 안정 및 녹화재료 : 비탈면 안정과 녹화에 쓰이는 재료는 사방공사용 도면에 아래와
같은 기호로 표시한다.

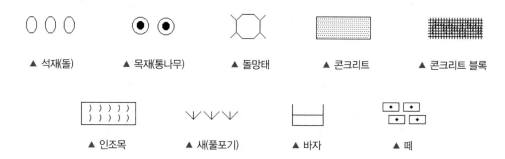

▲ 석재(돌)　　▲ 목재(통나무)　　▲ 돌망태　　▲ 콘크리트　　▲ 콘크리트 블록

▲ 인조목　　▲ 새(풀포기)　　▲ 바자　　▲ 떼

㉠ 토목재료 : 비탈면 안정을 위해 사용하는 사방재료는 구조적으로 충분한 지지력을 가지고
있어야 한다. 내구성, 내수성을 가지고 마모에 잘 견디고, 외력이나 열, 습기에 의한 변형
이 적어야 한다. 또한 구하기 쉽고 경제적이며, 취급이 간편해야 한다.

ⓐ 토목재료의 종류 : 비탈면 안정과 사방사업에 사용되는 토목재료는 콘크리트와 석재를
주로 사용하며 필요와 목적에 따라 목재와 금속을 사용하기도 한다. 화약은 단단한 암
석을 발파할 때 사용한다.

재료의 종류	구분	상태 및 성상	특성
목재	통나무	가공되지 않은 원목	· 가벼워서 취급이나 운반이 쉽다. · 가공이 간단하고, 공작설비가 간편하다. · 인장강도는 철보다 약하지만 콘크리트보다 강하다. · 썩기 쉽다.
	제재목	원목을 가공한 판재, 각재	
	가공재	가공한 통나무, 원주재, 절단재	
	대나무	죽순대, 이대, 솜대, 왕대	
석재	마름돌	원석을 육면체로 다듬은 돌, 다듬돌	· 암석을 토목공사에 사용하기 위해 가공한 것이다. 내화성, 내구성, 내마모성이 우수하고 외관이 아름답다. · 2.65 정도의 비중을 가진다.
	견치돌	견고한 돌쌓기에 사용하는 다듬은 돌	
	막깬돌	규격은 일정하지 않지만 다듬은 돌 메쌓기와 찰쌓기에 사용, 60kg	
	야면석	**무게 100kg 정도의 가공하지 않은 전석**	
	호박돌	지름 30cm 이상인 둥글고 긴 자연석	
골재	잔골재	**10mm 채에 전부 남고 5mm 채에 85% (중량비율) 이상 통과한 골재**	· 비중 2.5 이하는 경량, 2.5~2.65는 보통, 2.7 이상은 중량골재로 분류한다. · 물리적 화학적으로 안정하고 내구성이 커야 한다. · 입도가 적당하고 마모에 대한 저항성이 커야 한다.
	굵은골재	**5mm 채에 중량비로 85% 이상 남는 골재**	
	천연골재	강모래, 강자갈, 바다모래, 산자갈 등	
	인공골재	부순모래, 부순돌, 자철광, 철면, 인공경량 골재	

시멘트	포틀랜드 시멘트	보통, 중용열, 조강, 저열, 백색 등	• 물질과 물질을 접착시키는 성질을 가지고 있는 모든 재료 • 무기질 접착제
	혼합시멘트	고로슬래그, 플라이애시, 포틀랜드포졸란	
	특수시멘트	초속경, 팽창, 알루미나	
콘크리트	레디믹스트 콘크리트	공장에서 배합한 콘크리트 제품, 레미콘	• 물과 시멘트, 모래와 자갈, 혼화재료 등을 혼합하여 굳힌 것 • 시멘트와 물을 혼합한 것을 시멘트풀, 시멘트와 잔골재를 물과 혼합한 것을 모르타르라고 한다.
	수중 콘크리트	물속에 시공하는 콘크리트, 배합 변경	
	서중 콘크리트	평균기온 25℃가 넘을 때 시공하는 콘크리트, 재료의 취급과 양생에 주의	
	한중 콘크리트	평균기온 −3℃ 이하에 시공하는 콘크리트, 초기 단계 동결에 주의, 온도관리	
	숏크리트	압축공기로 뿜어 붙이는 콘크리트	
금속재료	철금속	선철, 주철, 강, 주강 등	• 인장강도와 압축강도가 우수하다. • 철금속과 철강제품은 녹이 스는 단점이 있어 아연도금을 하거나 도장을 하여 사용한다.
	비철금속	알루미늄, 구리, 니켈, 주석, 아연 등	
	철강제품	철근, 와이어로프, 강관, 철선돌망태 등	
고분자 재료	열가소성 수지	가열하면 유연해지고 소성을 가진다.	• 내수성, 내식성이 우수하여 방수재료로 사용된다. • 내열성과 내후성은 약하다.
	열경화성 수지	가열하면 경화되어 변형되지 않는다.	
화약	화약	충격, 가열로 폭발. 흑색·무연화약	• 용수부의 바닥 파기 및 심부의 균열을 방지하기 위한 채석에는 TNT가 사용된다.
	폭약	뇌관 등의 기폭으로 폭발시키는 것	

참고

1. 콘크리트의 배합비

  시멘트, 모래, 자갈의 중량비, 시멘트, 잔골재, 굵은골재의 중량비(시멘트:잔골재:굵은골재)

  ① **철근콘크리트 1:2:4**

  ② **보통콘크리트 1:3:6**

  ③ **버림콘크리트 1:4:8**

2. 콘크리트의 강도에 영향을 주는 요인

  ① 배합 방법 : W/C비, slump값, 골재의 입도, 공기량

  ② 재료 품질 : 물, 시멘트, 골재의 품질, 혼화재, 혼화제 등의 품질

  ③ 시공 방법 : 운반, 타설, 다짐, 양생 방법

ⓑ 생성 원인에 따른 암석의 분류 : 암석은 만들어진 원인에 따라 마그마가 맨틀에서 군은 위치와 성분에 따라 만들어지는 화성암, 물이나 화산활동에 의해 쌓여서 만들어진 퇴적암, 퇴적암과 화성암이 고온이나 고압에 노출되어 성질이 변한 변성암으로 구분할 수 있다. 퇴적암 중 혈암과 사암, 석회석 등은 주로 물에 의해 생성되기 때문에 수성암이라고도 한다.

구분	종류	생성 원인
화성암	화강암, 섬록암, 안산암, 현무암	마그마가 굳어서 만들어진 암석
퇴적암	응회암, 사암, 혈암, 석회석, 규조토	특정한 물질이 쌓여서 만들어진 암석
변성암	편마암, 천매암, 대리석	암석의 성질이 변해서 만들어진 암석

ⓒ 화약 취급 및 사용 시 주의 사항

취급 시 주의사항	사용 시 주의사항
① 직사광선은 피한다. ② 화기에 접근시키지 않는다. ③ 운반 시 충격을 받지 않도록 한다. ④ 뇌관과 폭약은 같은 장소에 두지 않는다. ⑤ 장기 보관 시 온도와 습도에 의한 변질을 막는다. ⑥ 수분을 흡수한 상태에서 얼지 않도록 한다. ⑦ 화약취급자는 수시로 교육, 지도, 감독한다.	① 도화선을 삽입하여 뇌관에 압착할 때 충격이 가해지지 않도록 한다. ② 도화선과 뇌관의 이음부에는 수분이 침투하지 못하도록 기름 등으로 도포한다. ③ 도화선을 사용하기 전에 점화가 안 되거나 연소 속도가 일정하게 될 수 있는지 사용 전에 충분히 검토한다. ④ 도화선의 연소속도는 늦어질 수 있으므로 불발로 오인하여 접근하는 일이 없도록 한다.

ⓛ 식생 재료 : 비탈면의 녹화를 위한 식생 재료는 초본류와 목본류 그리고 녹화용 피복 자재가 있다. 비탈면의 환경조건에 적합한 식물을 선정하고 파종 및 식재한 식물이 잘 자라도록 유지·관리하여야 식물이 잘 자랄 수 있다. 비탈면은 절토와 성토에 의해 식물의 생육기반이 불충분한 경우가 많으므로 생육기반을 조성하는 것이 중요하다.

ⓐ 녹화용 식생 재료 : 경사가 심하지 않은 비탈면은 나무를 심거나 풀을 심으면 빗물에 의해 토양이 유실되는 것을 줄일 수 있고, 현지에 적합한 재료를 선택하여야 한다.

식생 재료	구분	종류와 기능
초본류	재래 초본류	사방현장 주변에 자생하는 풀. 새, 솔새, 개솔새, 참억새, 까치수영, 비수리, 쑥, 수크령, 차풀, 매듭풀, 잔디 등
	도입 초본류	외국에서 들여온 풀. 겨이삭, 호밀풀, 왕포아풀, 우산잔디, 오리새, 능수귀염풀, 켄터키개미털, 이태리호밀풀 등
목본류	교목류	리기다소나무, 오리나무류, 아까시나무, 곰솔, 참나무류, 물갬나무 등
	관목류	싸리류, 참싸리, 조록싸리, 족제비싸리, 눈향나무 등
	덩굴류	등나무, 댕댕이덩굴, 줄사철나무, 담쟁이덩굴 등
떼	대형 떼	40cm×25cm×두께 3∼5cm 이상, 4kg/매
	보통 떼	30cm×30cm×두께 3∼5cm 이상
	소형 떼	33cm×20cm×두께 3∼5cm 이상, 2.7kg/매

ⓑ 녹화용 피복자재 : 비탈면과 산복사면을 녹화하기 위해서는 식생 재료만으로는 부족한 경우가 있다. 이런 경우 현장 여건에 따라 식생을 대체할 수 있는 공장제품을 사용하면 조금 더 쉽고 빠르고 안전하게 비탈면을 녹화할 수 있다.

식생 재료	소재와 기능
식생반	• 점토에 유기물, 비료, 물 등을 섞어 반죽한 후 틀에 채우고 압력을 가해 제작한 제품으로 표면에 초본 또는 목본의 종자를 파종하여 사용한다. • 현장에서 채취한 흙을 사용할 수 있고, 녹화가 빠르고 토양의 유실 방지력도 크며, 동상침식에 강하다.
식생자루	• 합성섬유네트, 부직포 등으로 제작한 소형 자루에 종자, 비료, 토양 등의 식생 기반재를 넣은 것이다. • 소형 자루여서 운반성이 뛰어나다. • 식생자루에 2개씩의 고정 핀을 사용한다.
식생대	• 종자, 비료, 보수재, 토양개량제를 띠 모양의 부직포에 붙인 것이다. • 가볍고 취급이 간편하지만 침식이 발생하기 쉬우므로 토양이 많고 완만한 사면에 제한적으로 사용한다. • 경질토와 사력지, 급경사에는 적합하지 않다.
식생 매트	• 종자, 비료, 보수재, 토양개량제, 비료주머니 또는 인공객토를 장착한 매트 모양의 피복 자재 • 토양경도 30mm 이하의 절토사면에 적용한다.
식생망	**코이어네트** • 야자섬유로 제작하며 보온성, 보습성이 있어 가뭄과 냉해로부터 식물의 발아와 생장 보호 • 비탈면의 침식, 세굴, 유실을 막아준다. **쥬트네트** • 황마섬유로 제작하며 보온성, 보습성이 있어 가뭄과 냉해로부터 식물의 발아와 생장 보호 • 비탈면의 침식, 세굴, 유실을 막아준다. **론생볏짚** • 볏짚으로 제작하며 햇빛 차단, 보습, 식생 발아 및 생육 촉진, 호우 시 토양 유실을 방지한다. • 자생종, 향토적의 자연적 침입을 쉽게 한다. **다기능 필터** • 부직포로 제작. 97~98%의 공극률을 갖는 부드러운 필터 구조이다. • 물침식에 의한 토양 유실 방지 • 바람, 동결, 가뭄으로부터 식생보호

ⓒ 녹화 기반재 : 절토비탈면이나 성토비탈면의 경우에는 유기물이 부족한 경우가 많다. 또한 점토질 기반의 토양은 배수가 되지 않아 식물이 자라기에 적당하지 않다. 식물이 자라기에 적합하지 않은 토양을 식물이 자라는 데 적합한 토양으로 바꾸어 줄 수 있는 것이 녹화 기반재에 속한다.

종류	종류 및 기능	
배양토	토양개량제를 여러 가지 혼합하여 식물이 자라기에 적합하도록 만든 인공배양토로, 시설원예에서 사용되는 자재를 활용할 수 있다.	
토양개량재	유기질계	• 수피, 왕겨, 이탄, 피트모스 등 토양의 입단 구조를 촉진한다. • 보수성과 배수성 회복 • 부식질 공급으로 비료효과
	무기질계	• 펄라이트, 버미큘라이트, 제올라이트, 벤토나이트, 세라소일 등 • 암석·광물계통의 다공질 경량재 • 토양산성 완화, 보비력 증가, 보수성·통기성·배수성 회복

토양개량재	고분자화합물계	• 토양의 입단화 촉진, 통기성과 투수성 회복, 팽윤한 토양 형성 • 자중의 수백 배 이상 수분을 흡수할 수 있는 친수성 흡수재
비료		• 비료의 3요소와 칼슘, 마그네슘, 황을 섞어서 사용한다. • 도입하는 식물의 특성을 고려하여 선택한다.
배수자재		• 배수공사에 사용하는 자갈, 경석, 펄라이트와 같은 골재로, PVC 유공관과 콘크리트 유공관 등을 사용한다.
보수재		수분을 많이 흡수할 수 있는 물질로, 토양과 뿜어 붙이기 재료를 적당히 섞어서 사용한다.

1 유량, 유속과 침식관계

1) 유량의 계산

① 유량의 계산 : 계류의 유량관측은 강수관측이나 수위관측과 같이 시간적으로 장기간 연속해서 관측하기가 매우 어렵다. 그러므로 한정된 횟수의 관측유량과 그 시점의 계류 수위와의 관계를 구하고, 이 관계를 이용하여 시시각각 변화하는 수위에 대응하는 수위-유량곡선을 작성하여 유량을 측정하지 않고서도 수위를 관측하여 유량으로 환산하여 사용할 수 있다. 따라서 유량을 계산하기 위해서는 수심측정이 필요하다.

유량측정법	종류 및 기능	
양수웨어법	• 계류에 양수댐을 설치한 후 월류수심을 측정하여 유량을 구하는 방법으로 최소 유량이 작을 때 사용한다. • 측정 정밀도가 장방형 노치댐보다 삼각형 노치의 댐이 높다. • 삼각형 노치 중에서는 예각이 둔각보다 정밀도가 높다. • 노치의 정각은 15~120°로 한다. • 수위측정에는 자기수위계가 사용된다. 낙엽 방지망과 침사지를 설치하여 물의 흐름에 장애가 되는 요인을 제거한다. $Q = C \times H^{\frac{3}{2}}$ 식에서 Q : 유량, C : 유량계수, H : 수위(cm)	
	사각웨어	노치 부분이 직각 모양인 것으로 최소 유량이 비교적 클 때 사용한다. $Q = C \times b \times h^{\frac{3}{2}}$ 식에서 b : 노치의 폭(m), h : 월류수심 = 수위(m)
	삼각웨어	노치 부분이 이등변삼각형인 것으로 약간의 변화에도 월류수심이 크게 변화하기 때문에 비교적 적은 유량의 측정에 사용한다. $Q = C \times h^{\frac{5}{2}}$ 식에서 h : 월류수심 = 수위(m)
	사다리꼴웨어	칼날웨어 중에서 상부를 역사다리꼴로 잘라낸 단면형의 판을 설치한 것이다.

	유속계에 의해 유속과 유적을 측정하여 유량을 구하는 방법으로 큰 유역의 자연 유로와 양수로에 사용한다.
유속법	$Q = V \times A$, 에서 V : 유속(m/s), A : 통수단면적(m²), Q : 유량(m³/s) 개수로　　　　　　관수로 경심 $R = \dfrac{\text{유적 } A}{\text{윤변 } P}$ • 윤변(P) : 배수로의 횡단면에서 물과 접촉하는 배수로 주변의 길이 • 경심(R = $\dfrac{A}{P}$) : 유적을 윤변(윤주)으로 나눈 것(≒ 동수반지름)
양수기법	소면적의 임분에 대한 유량을 측정하기 위해 양수기를 사용하는 방법 ⓐ 전도형 용기 이용법, ⓑ 수조의 저수횟수 이용법, ⓒ 수위계를 부설하는 방법이 사용된다.

② 유속의 계산

		유속계에 의해 유속과 유적을 측정하여 유량을 구하는 방법으로 큰 유역의 자연 유로와 양수로에 사용한다.
유속법	체지공식	$V = C\sqrt{RI}$ 식에서 V = 평균유속(m/s), C : 체지계수, R : 경심($R = \dfrac{A}{P}$), I : 하상물매(I = 에너지물매, 수면물매%) 조면난류의 유수에 대해 적용된다. C는 매닝의 조도계수와 $C = \dfrac{R^{\frac{1}{6}}}{n}$
	매닝공식	개수로의 등류나 거친 관로에 적용된다. $V = \dfrac{1}{n} \times R^{\frac{2}{3}} \times I^{\frac{1}{2}}$ 식에서 V = 평균유속(m/s), n : 조도계수, R : 경심(cm), I : 하상물매(계상물매를 대신 사용할 수 있다.)
	바진공식	물매가 급하고 유속이 빠른 수로에 적용된다. $V = \left(\dfrac{87}{1 + \dfrac{n}{R^{\frac{1}{2}}}} \right) \times (RI)^{\frac{1}{2}}$ 식에서 V = 평균유속(m/s), n : 바진의 조도계수, R : 경심(cm), I : 하상물매(계상물매를 대신 사용할 수 있다.)
	Ganguillet–Kutter 공식	바진공식처럼 체지공식의 계수 C를 부여하는 공식이다.

2) 유량과 침식과의 관계

유량을 구하는 공식 $Q = V + A$에서 유적 A가 일정하다면, 유량이 증가하면 유속도 증가한다. 유속이 증가하면 침식량이 증가하게 되므로, 유량이 증가하면 침식량도 증가하게 된다. 유속뿐만 아니라 하폭과 수심도 유량이 증가하게 되면 일정한 비율로 증가한다. 이 관계를 통해 알 수 있는 것은 집중호우 시에 유량이 증가하게 되면 침식량이 증가한다고 추정할 수 있다.

이와 마찬가지로 매닝공식($V = \dfrac{1}{n} \times R^{\frac{2}{3}} \times I^{\frac{1}{2}}$)에서 경사도가 증가해도 유속이 빨라지고, 경심이 깊어져도 유속이 증가한다. 이 관계를 통해 보면 경심과 경사도가 증가하면 침식량이 많아지게 된다.

3) 유속과 침식과의 관계

유속이 증가하면 큰 돌도 움직이지만, 유속이 감소하면 움직이던 모래도 멈춘다. 유속이 증가함에 따라 최초로 움직이기 시작하는 것은 입경 0.2~0.3mm의 모래로, 모래의 움직임이 침식에 해당한다. 운반 중에 있는 토사는 유속이 감소함에 따라 크기의 순으로 퇴적된다. 점토의 경우는 유수에 부유하기 시작하면 유수가 정체 상태에 이를 때까지 무한정 떠 있게 된다. 퇴적유속은 입자의 크기에 비례하며, 이로 인해 자갈은 자갈끼리, 모래는 모래끼리 나뉘어 쌓이는 퇴적물의 분급현상이 나타난다.

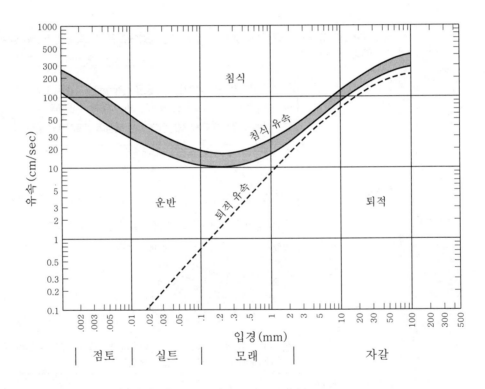

▲ 유속과 침식·운반·퇴적의 관계[hjulström]

유속은 유량이 증가함에 따라 급격히 빨라진다. 그래서 홍수 시에는 계류의 침식력과 운반력이 막대하게 증가하여 하상이 깊게 패지만, 수위가 낮아지면 하천의 침식력과 운반력이 감소하여 하상에 토사가 다시 쌓여 홍수 이전의 상태로 돌아가게 된다.

❷ 야계사방구조물의 종류와 설계 시공

계간사방의 대상인 산지 계류는 유로의 길이가 비교적 짧고, 물매가 급하다. 또한 평상시에는 흐르는 물의 양이 적지만 강우 시에 그 유량이 급격이 증가하는데, 급격히 증가한 물은 계안과 계상에 있는 모래와 자갈을 침식한다. 야계사방은 사방사업법에서는 계간사방으로 서술되어 있다. 계간사방과 야계사방은 완전히 같은 용어는 아니지만 같은 용어로 받아들여도 큰 문제는 없다.

1) 야계사방구조물의 종류와 기능

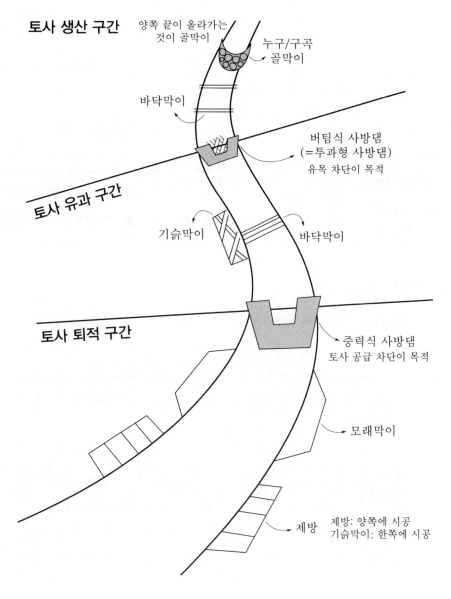

▲ 야계사방 주요 공종 시공장소

공종	기능	시공 장소
사방댐	황폐계류에서 종·횡침식으로 인한 토석류 등 붕괴물질을 억제하기 위하여 계류를 횡단하여 설치하는 공작물	계상의 양안에 암반이 있는 지역, 상류부 계곡이 넓고 완만하다 좁아지는 장소
골막이	황폐계류의 유속 완화, 종침식 방지, 유송토사 퇴적 촉진, 기슭막이 기초 보호 목적으로 시공하는 작은 사방댐, 구곡막이, 보곡공, 곡지공	계상 저하 위험장소, 합류 지점 직하부, 보호대상 시설물 하류, 유수가 집중되지 않는 굴곡부의 하류
바닥막이	황폐된 계천바닥의 종침식 방지 및 바닥에 퇴적된 불안정한 토사석력의 유실을 방지하기 위하여 개천을 횡단하여 설치하는 사방공종	계상이 낮아질 위험이 있는 지역과 지류(枝流)가 합류되는 지역하류, 종·횡침식이 있는 지역하류, 계상 굴곡부의 하류
기슭막이	유수에 의한 계안의 횡침식을 방지하고 산각의 안정을 도모하기 위해 계류 흐름 방향을 따라서 축설하는 계천 사방공종	유로의 만곡에 의하여 물의 충격을 받는 수충부나 붕괴 위험이 있는 수로변
수제(水制)	한쪽 또는 양쪽 계안으로부터 유심을 향해 돌출한 공작물을 설치함으로써 유심의 방향을 변경시켜 계안의 침식을 방지하는 공작물	계상폭이 넓고 계상물매가 완만한 황폐계류
모래막이	상류지역에서 사방공사에 의해 유출토사량을 허용량까지 감소시킬 수 없을 때 설치하는 공작물	토석류의 상습발생지, 선상지, 계간수로의 상류에 설치
둑쌓기(제방)	유수를 일정한 유로로 안전하게 유출시키고 범람을 방지하기 위하여 계류 양안에 흙으로 둑을 만드는 공사	일정한 유로가 형성되어 있지 않은 계천. 하류 토사퇴적 구역에 설치한다.
계간수로	황폐된 계천의 구불구불한 유로를 정리하여 안정시키는 공작물	상류 토사생성구역과 토사유과구역에 만든다.

2) 야계사방구조물의 설계

가) 사방사업 설계시공 세부기준(요약)

① 토공

　㉠ 입목벌채·표토 정리 : 사업 대상지의 절토·성토 사면에 있는 입목·초본류·표토 등은 모두 정리, 장애가 되지 않은 임목 존치, 표토는 생태적 사면복구를 위해 가급적 재활용한다.

　㉡ 절·성토 사면정리(비탈 다듬기)

구분		비탈면	비고
절토	토사지역	1:1.0~1.5	절토고 3~5m 간격으로 폭 0.5m 이상의 소단 설치
	암석지	1:0.3~1.2	절토사면에 대한 안정성을 고려하여 소단 설치
성토		1:1.2~2.0	성토고 3~5m 간격으로 폭 0.5~1m의 소단 설치

ⓒ 암석 절취 : 부득이한 경우를 제외하고 브레이커로 절취. 발사 시 화약 적정량 사용

ⓔ 구조물 기초 터 파기 : 단단한 원지반이 나올 때까지 터 파기 실시

ⓜ 토취장·사토장 : 설계 시공할 때는 피해가 발생하지 않도록 사전 복구대책 수립

② 파종

    – 암석지 등 파종이 불필요한 지역 외의 절개지와 나지에 계획

    – 파종은 가급적 봄에 실시하고 가을에도 실시할 수 있다.

    – 초류종자는 가급적 향토 초류종자와 싸리류를 혼합. 척박지는 종비토 파종

③ 나무 심기

    – 식재 수종은 사방 수종, 토질이 좋은 곳은 지역 자생 향토 경제 수종 식재

    – 봄과 가을 실시 원칙, 용기묘 활용 시 연중 실시, 공작물 주변은 적정 간격 식재

    – 소묘 식재 원칙, 식재본수는 4,000본 내외 기준, 현지 여건에 따라 조정

④ 생태통로 등 설치

    – 횡공작물 설치 시 수서동물 이동 가능 구조

    – 종공작물 설치 시 하천접근로

⑤ 자연경관 증진 : 덩굴류, 향토 초류종자의 파종 및 화목류, 야생화 등을 식재

⑥ 안전조치 : 위험지에는 안전울타리, 위험경고 입간판 등을 시설

⑦ 주민편의 시설 설치 : 취수시설, 용수시설, 편익시설, 홍보문구, 로고 등

⑧ 현장대리인 배치 : 산림공학기술자 1인 이상, 3개 이내의 현장(동일 시공회사, 동일 시군 내 공사, 5억 미만 공사)

나) 황폐계류의 구분

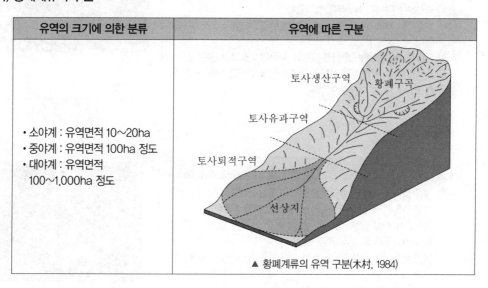

유역의 크기에 의한 분류	유역에 따른 구분
• 소야계 : 유역면적 10~20ha • 중야계 : 유역면적 100ha 정도 • 대야계 : 유역면적 100~1,000ha 정도	토사생산구역 황폐구곡 토사유과구역 토사퇴적구역 선상지 ▲ 황폐계류의 유역 구분(木村, 1984)

다) 계류 보전사업

① 둑쌓기 : 범람 방지, 상단 폭 1~3m, 제방높이에 0.5~1m 여유 시공, **둑 보호를 위한 침윤선을 적용한다.**

② **바닥막이 : 계류바닥 불안정한 토석유실 방지, 종단기울기 완화, 하류의 유심직각, 물이 부딪치는 곡점부는 높게, 반대쪽은 낮게 설치한다.**

③ **기슭막이 : 기슭 붕괴 방지, 1:0.3~0.5, 곡선부는 높게 반대쪽은 낮게, 높이는 계획홍수위 이상**

라) 계류 복원사업

① 계류가 본래 지니고 있던 자연성을 최대한 고려하여 식생에 유리한 환경을 조성한다.

② 계류생태계의 안정성을 유지하고, 계류의 유속을 낮추며, 계류의 바닥 또는 양쪽사면 침식을 방지한다.

③ 자생식물 종을 사용하고, 사용할 토양은 사업지 주변에서 유사한 흙을 수급하며, 나무·풀·돌 등 자연자재를 최대한 이용한다.

3) 시공 및 적용

① 골막이

시공 방법 및 적용
㉠ 골막이란 황폐된 작은 계류를 가로질러 몸체 하류면(반수면) 만을 쌓는 횡단구조물을 말하며, 몸체 상류면(대수면)은 설치하지 아니한다. ㉡ 골막이는 비탈면의 기울기가 급하여 종·횡 침식이 심한 산복계곡에 설치하며, 종단기울기의 완화, 유속의 감소, 기슭의 안정, 토사 유출 및 사면붕괴 방지 등을 위해 시공한다. ㉢ 곡선부는 피하고 직선부에 설치한다. ㉣ 바닥비탈 기울기가 급한 곳에서는 단계적으로 여러 개소를 시공한다. ㉤ 가급적 물이 흐르는 중심선 방향에 직각이 되도록 시공한다. ㉥ 골막이몸체 하류면 아래쪽의 바닥은 침식 방지를 위하여 돌 또는 콘크리트 등으로 할 수 있다.

② 바닥막이

시공 방법 및 적용
㉠ 계류 바닥에 퇴적된 불안정한 토석의 유실을 방지하고 종단기울기를 완화시키기 위하여 계류바닥을 가로질러 설치한다. ㉡ 상류에서 하류 방향으로 바라볼 때 물이 흐르는 중심선(유심선)에 직각이 되도록 설치한다. ㉢ 물이 부딪히는 곡점부에는 높게, 반대쪽은 상대적으로 낮게 설치한다.

③ 기슭막이

시공 방법 및 적용	
㉠ 산기슭 또는 계류의 기슭에 설치하여 기슭 붕괴 또는 계류의 물이 넘치는 것을 방지한다. ㉡ 시공 비탈면은 가급적 1:0.3~0.5로 한다. ㉢ 계류의 폭이 비교적 넓고, 기슭의 비탈이 완만한 개소는 1:1.1~1.5를 기준으로 시공할 수 있다. ㉣ 물이 부딪히는 곡선부에 설치하는 구조물은 높게, 반대쪽에 설치하는 구조물은 상대적으로 낮게 시공한다. ㉤ 기슭막이 높이는 계획홍수위 기준 이상으로 하여야 한다. ㉥ 물이 부딪히는 곡선부에는 물의 속도를 완화시키는 공작물을 설치하여 유속을 줄이고 토사퇴적으로 인한 수위 상승을 예방한다.	

④ 수제

시공 방법 및 적용	
㉠ 계안에서 물 흐름의 중심을 향하여 돌로 돌출물을 만들어 유수에 저항을 주는 공작물 ㉡ 상향수제는 수제공 아래편 기초부에 토사가 침전되어 효과가 있으나 선단이 세굴되기 쉽고, 하향수제는 수제공 위로 넘어 흐르는 물로 와류되어 수제공 아래편이 세굴될 위험이 있다. ㉢ 수제공의 높이는 최고 수위로 하고, 끝부분은 다소 낮게 한다. ㉣ 수제공 길이는 하천 폭의 10% 이하로 하고, 간격은 수제공 길이의 1.5~3배로 한다.	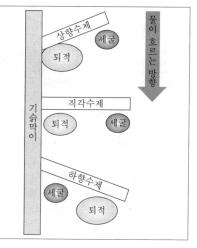

⑤ 모래막이

시공 방법 및 적용	
㉠ 모래막이는 상류지역에서는 허용유출토사량을 충분히 감소시킬 수 없을 때 설치하고, 하류지대에서는 토사를 가라앉혀 하수도관거로 흘러가지 못하도록 계폭을 확대하여 모래를 가라앉히는 시설이다. ㉡ 용량은 강우량, 유역면적, 지형 등의 상태에 따라 결정한다. ㉢ 저유토사를 1년에 1~2회 정기적으로 준설할 수 있는 크기 ㉣ 설치 개소는 토사를 수용할 수 있도록 여러 개 설치할 수 있다.	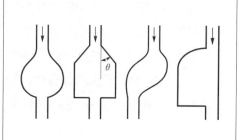

⑥ 둑쌓기

시공 방법 및 적용
㉠ 물의 흐름을 유도하여 범람을 방지하기 위하여 계류의 기슭에 시설한다.

㉡ 둑의 상단 폭은 1~3m 내외로 하고 둑의 안쪽 면과 바깥쪽 면의 비탈은 다음의 기준으로 시공한다. 다만, 현장 여건에 따라 달리 시공할 수 있다.

㉢ 둑 자체의 압력과 침하를 고려하여 계획 제방 높이에 0.5~1.0m 내외의 여유고를 더하여 시공한다.

㉣ 계류의 폭은 최대 유량이 안전하게 유출될 수 있도록 한다.

㉤ 농지에 연접된 둑의 경우 여유고를 줄이거나 생략하여 시공할 수 있다.

㉥ 둑의 보호를 위하여 침윤선을 적용하여 시공한다.

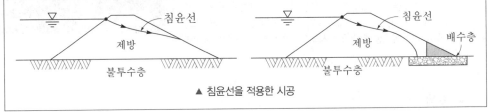

▲ 침윤선을 적용한 시공

⑦ 계간수로

시공 방법 및 적용
㉠ 유로의 물매는 단면형상을 충분히 검토한 후에 결정한다.

㉡ 선형은 국소세굴 또는 이상퇴적이 발생하지 않도록 부드럽게 한다.

㉢ 상류에서 유출되는 토사가 많은 경우 상류지역을 우선 정비한다.

㉣ 하류의 수로와 부드럽게 연결되도록 한다.

㉤ 본류와 지류가 합쳐지는 경우 각 흐름의 중심선이 예각으로 합류하도록 계획한다.

3 토석류

1) 발생 원인

① 토석류는 산붕이나 산사태, 특히 계천으로 무너지는 포락과 같은 붕괴작용에 의해 무너진 토사와 계산에 퇴적된 토사와 암석 등이 물에 섞여서 유동하는 것이다.

② 물보다는 유목의 목편, 암석과 토사의 양이 많고 물이 고체들을 유하시키는 것이 아니라 고체가 물에 의해 미끄러져서 흘러내리는 것이다.

③ 속도는 시속 20~40km 정도로 빠르다.

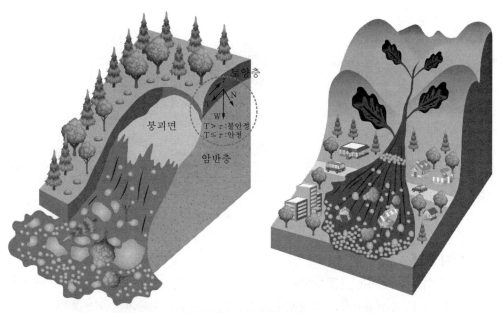

▲ 산사태(좌)와 토석류(우) 개념도

형태	개념
대규모 붕괴형(19%)	주로 산복, 계안에 발생된 대규모 붕괴가 원인이 되는 것으로 규모가 크고 돌발성으로 피해도 크다.
원두부 붕괴기인형(32%)	원두부에 발생된 붕괴가 원인이 되고 계상퇴적물을 휩쓸어서 양과 세력을 증가시켜 유하하는 것
소규모 붕괴집합형(44%)	유역 내 곳곳에서 발생된 붕괴토사가 계류에서 서로 합쳐져 토석류로 이행하는 것
계상퇴적물 유동형(5%)	다량의 물로 거의 포화상태의 계상퇴적물 자체가 유동하거나 구곡침식을 받아서 토석류 또는 토사류가 되는 것

2) 기작

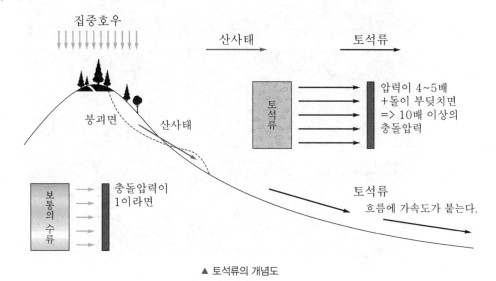

▲ 토석류의 개념도

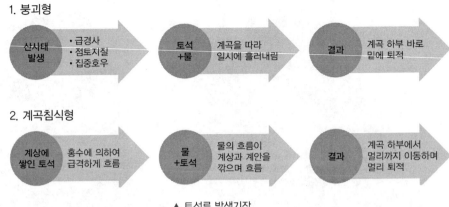

▲ 토석류 발생기작

3) 방지 방법

① 토석류가 발생하는 것을 방지하는 직접적인 대책으로는 사방댐 등 구조물을 만들어서 산지의 경사도를 완화시키고, 산지에서 토석이 유출되지 않도록 녹화를 하는 것이다.

② 해당 유역 전체에 대해 토석류가 발생하지 않도록 산지의 경사를 완화하고 식생이 훼손되지 않도록 생태적인 안정을 이룰 수 있도록 관리를 한다면 더 효과적으로 토석류를 방지할 수 있다.

③ 구조물적인 대책과 유역의 관리를 통해서도 토석류를 완전히 막을 수 없다면 토석류 발생 위험성에 대해 계도를 하고, 발생 위험이 높은 시기에 경보를 하여 안전하게 피난을 할 수 있도록 하며, 토석류가 발생할 위험이 아주 큰 곳은 이주 등의 정책적인 대책의 수립도 고려하여야 한다.

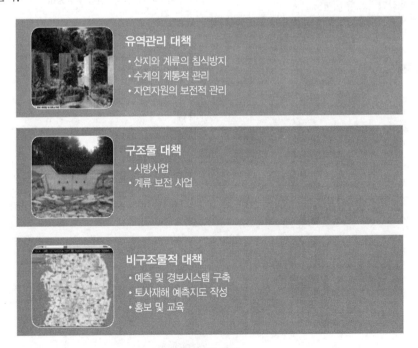

▲ 토석류에 대한 대책

4) 유목 대책시설

유역구분	토석류발생유하역	토석류퇴적역	소류역
경사도	10° 이상	3~10° 이상	3° 이하
유역	⇐ 상류 하류 ⇒		
대책시설	① 유목발생 억지 　– 사면안정공 　– 기슭 · 바닥막이 ② 유목포착 　– 투과형사방댐	① 유목포착 　– 부분투과사방댐 　– 투과형사방댐 ② 발생억지 　–기슭 · 바닥막이	(토석류 포함) ① 유목포착 　– 부댐 위에 유목막이 　– 모래+유목막이

5) 토석류 대책공사

① 토석류 포착공

② 토석류 유도공

③ 토석류 퇴적공

④ 토석류 분산수림대

⑤ 토석류 유향제어공

⑥ 토석류 발생억제공

　– 토석류　대책 기술　지침(2000.6)

6) 토석류 현상에 따른 공법

	현상	구체적인 공법
발생부	산사태, 계상퇴적물 이동 등	산복공사, 바닥막이, 사방댐 등
	산사태, 사면붕괴 등	산복공사, 바닥막이, 사방댐 등
유하부	토석류 선단부의 충돌	각종 투과형 사방댐
	토석류 선단부의 범람	저사용량의 확보
	토석량의 증가	저댐군공법, 바닥막이, 사방댐 등
	후속류의 범람	사방댐(용량), 유도둑, 유로공 등
	유목에 의한 재해	유목막이
퇴적부	정지, 퇴적에 의한 매몰	유사지(모래막이), 수림지대 등
	선단부의 직격	사방댐, 유사지 등
	후속류의 범람	유도둑, 유로공
	재침식	유로공, 바닥막이 등

❹ 사방댐

1) 사방댐의 종류와 특성

① 시설 목적에 따른 분류

형태	설치 목적	재료 및 형식
중력식 사방댐	토석 차단을 주목적으로 하는 경우에 설치한다.	콘크리트 , 전석 , 블록 등
버팀식 사방댐	유목 차단을 주목적으로 하는 경우에 설치한다.	버트리스 , 스크린 , 슬리트 등
복합식 사방댐	토석, 유목의 동시 차단을 주목적으로 하는 경우에 설치한다.	다기능 , 빔크린 , 콘크린 등

㉠ 사용재료에 따른 분류 : 콘크리트 사방댐, 전석 사방댐, 견치석 사방댐, 철강재 사방댐 등

㉡ 평면 형상에 따른 분류 : 직선댐, 아취형 댐, 아크댐 등

㉢ 사방댐의 형식

형태	설치 목적과 형태
중력식 사방댐	• 토석의 차단이 주목적인 댐이다. • 유해한 토사는 차단하고, 평소에 흐르는 토사는 차단하지 하지 않는다. • 토석류를 예방할 목적으로 시공하는 것은 다른 사방댐과 같다. 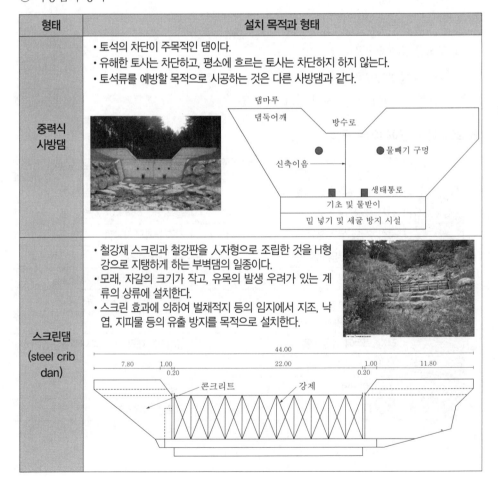
스크린댐 (steel crib dan)	• 철강재 스크린과 철강판을 人자형으로 조립한 것을 H형 강으로 지탱하게 하는 부벽댐의 일종이다. • 모래, 자갈의 크기가 작고, 유목의 발생 우려가 있는 계류의 상류에 설치한다. • 스크린 효과에 의하여 벌채적지 등의 임지에서 지조, 낙엽, 지피물 등의 유출 방지를 목적으로 설치한다.

슬리트댐 (slit dam)	철근콘크리트 또는 원통형 철강재 기둥을 빗살 모양으로 세워 홍수 시 유목 및 토사의 유출을 방지하고 평상시에는 퇴적된 토사를 서서히 유하시키는 시설이다. 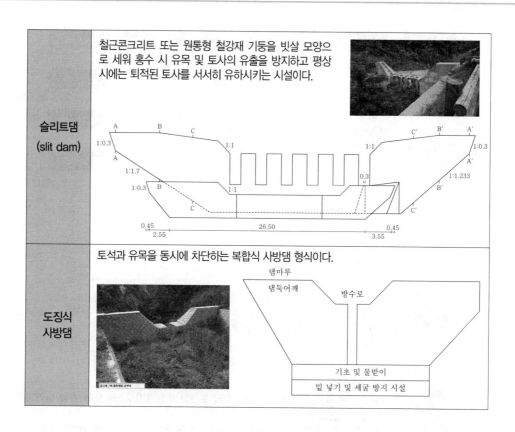
도징식 사방댐	토석과 유목을 동시에 차단하는 복합식 사방댐 형식이다. 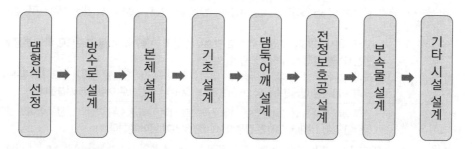

2) 설계 요건

① 설계 순서

댐형식 선정 ➡ 방수로 설계 ➡ 본체 설계 ➡ 기초 설계 ➡ 댐둑어깨 설계 ➡ 전정보호공 설계 ➡ 부속물 설계 ➡ 기타 시설 설계

㉠ 댐 형식 선정 : 버팀식, 중력식, 복합식

㉡ 방수로 설계 : 단면 형상과 크기 계산

㉢ 본체설계 : 단면 결정과 크기 및 길이 결정

㉣ 기초설계 : 기초의 형식과 깊이 결정

㉤ 댐둑어깨설계 : 댐둑어깨의 폭과 어깨넣기 깊이 결정

㉥ 전정보호공 설계 : 방수로의 마모가 예상될 때

㉦ 부속물 설계

㉧ 기타시설 설계

| 형식 선정 | ➡ | 본체 설계 | ➡ | 기타 설계 | ➡ | 측량 | ➡ | 설계도 작성 | ➡ | 수량산출 |

중력식
버팀식
복합식 등
형식
큰돌
콘크리트 등
재료

방수로 크기
결정
기초 형식과
깊이 결정
댐둑어깨
두께 결정

부속물 등
기타 구조물
형식과 재료

중심선측량
종단측량
횡단측량
용지측량
구조물 및
토질조사
기타조사

위치도
평면도
종단면도
횡단면도
구조물도
용지도
사방지구역도

↓ 설계도 근거

단가산출

↓ 품셈, 물가정보

내역서산출

↓ 수량×단가

설계서 작성

부속도서

▲ 사방댐 설계 순서와 관련 도서

② 사방댐 시설 방법

㉠ 사방댐의 구조와 단면 결정 요약

순서	시설 방법
댐의 종류	현지 여건에 따라 사방댐의 사용재료(흙, 콘크리트, 전석, 철강재 등)와 시설 목적(슬리트댐, 스크린댐, 저사댐, 저수댐 등)에 따라 댐의 구조와 형태를 결정한다.
댐의 방향	댐의 방향은 유심선의 하류에 직각으로 설치하되 댐의 계획지점에서 상하류의 계곡계안이 유수의 충격에 의해 침식의 우려가 있을 경우는 댐의 방향이나 방수로의 위치 변경 또는 기슭막이공사로 보강한다.
본체 기울기	• 대수면은 돌, 콘크리트댐에서는 수직 또는 1:0.1~1:0.2, 흙 또는 혼합 쌓기댐에서는 1:1.3~1:1.5로 한다. • 반수면은 돌, 콘크리트댐에서는 1:0.2~1:0.3, 흙댐에서는 1:1.5~1:2.0으로 한다.
계상물매	• 계획물매는 댐 상류인 대수면의 경우 현 계상물매의 $\frac{1}{2} \sim \frac{2}{3}$ 이상 수정되어야 하며, 유역인자에 의한 계획물매 추정표를 이용한다.
방수로	• 위치 : 댐 반수면의 끝부분, 물받이 부위와 암반의 지질, 댐 축설 지점의 상하류 양안의 상태 등을 고려하여 결정하되, 축설지점의 암반인 쪽에 설치하고 암반이 없는 경우는 중앙부에 설치한다. • 형상 : **역사다리꼴을 기본으로 하고 방수로 길옆의 기울기는 1:1을 표준으로 하되 통행로 등 안전시설물 설치 시 수직으로 할 수 있다.** • 크기 : 홍수나 집중호우 시 유출되는 유목과 전석 등으로 유실될 우려가 있으므로 **방수로의 크기는 가능한 설계홍수량의 2~5배(200~500%) 이상으로 여유롭게 시설한다.**
댐둑어깨	• 댐의 어깨 부위는 월류되지 않는 것을 원칙으로 하여 계획 홍수위 이상의 안전한 높이로 한다. • **암반인 경우 1~2m, 토사인 경우 2~3m를 양안에 넣어야 한다.**
댐 마루 두께	댐 마루의 두께는 유속, 사력의 크기, 월류수심, 상류 쪽의 기울기 등을 고려하여 결정한다. 댐 마루의 표준 두께는 아래와 같다. ① 유출사력의 입경이 작은 황폐 소계류 : 0.8m ② 일반 황폐계류 : 1.5m ③ 홍수에 의해서 큰 전석의 유하 위험성이 있는 곳 : 2.0m ④ 대규모 토석류 발생 위험이 있는 곳, 산사태로 측압을 받게 될 위험이 있는 곳 : 2.0~3.0m
중력댐의 안정 조건	① 전도에 대한 안정 조건 : 합력 작용선이 댐 밑의 중앙 $\frac{1}{3}$ 보다 하류 측을 통과하면 상류에 장력이 생기므로 합력 작용선이 댐 밑의 $\frac{1}{3}$ 내를 통과해야 한다. ② 활동에 대한 안정조건 : 활동에 대한 저항력의 총합이 수평 외력보다 커야 한다. ③ 제체 파괴에 대한 안정조건 : 댐 몸체의 각 부분을 구성하는 재료의 허용응력도를 초과하지 않아야 한다. ④ 기초지반의 지지력에 대한 안정조건 : 사방댐 밑에 발생하는 최대응력이 기초지반의 허용지지력을 초과하지 않아야 한다.

기타	• 중력식 콘크리트 사방댐 길이가 20m를 초과할 경우 신축이음 및 지수판을 설치 • 물 빼기 구멍 : 좁은 계곡에서는 1개만 설치, 계곡 폭이 넓을 때는 몇 개소 설치 • 댐의 반수면 하단의 세굴을 방지하기 위하여 물받이, 앞댐(보조댐), 막돌놓기와 끝돌림(감세 공사)을 시공 　– 측벽 끝부분과 부댐(앞댐) 높이는 같게 한다.
물받이	① 물받이 길이 $L=(1.5\sim2.0)\times(H+t)-nH$ 　(H=사방댐 유효고, t=방수로의 깊이, n=반수면비탈, 1.5:$(H+t)$〉6m인 경우, 2.0:$(H+t)$〈6m인 　경우에 적용) ② 물받이 두께 　– 댐높이 5m일 때는 0.5~1.0m, 댐높이 10m일 때는 1.5m로 한다. 　– 물받이 두께가 1.25m 이상일 때는 물방석을 설치한다. 　– 물방석 깊이는 보통 0.3~1.0m이며, 높은 댐에서는 2.0m 내외이다.

ⓒ 사방댐의 형태

형식	형태	사진	형식	형태	사진
중력식 (토석 차단)	콘크리트댐		복합식 (토석 +유목 차단)	다기능댐	
	전석댐			빔크린댐	
	블록댐			도징댐	
버팀식 (유목 차단)	버트리스댐 (buttress)			철강재틀댐	
	스크린댐			에코필라댐 (eco-pilar)	
	슬릿트(slit)댐				
	그리드댐				

ⓒ 사방댐 설치 위치

- 상류부가 넓고 댐자리의 계류 폭이 좁은 곳
- 지류의 합류점 부근에서는 합류점의 직하류부
- 가급적 암반이 노출되어 있거나, 지반이 암반일 가능성이 높은 장소
- 붕괴지의 하부 또는 다량의 계상퇴적물이 존재하는 지역의 직하류부

ⓒ 사방댐 설치 효과

- 사방댐은 계류바닥에 퇴적된 불안정한 토석의 유실을 방지한다.
- 사방댐은 계상의 종단기울기를 완화하여 계상을 안정시킨다.
- 사방댐은 유출된 토석이 빠르게 하단부로 이동(20~40km/hr)하는 토석류를 저지한다.
- 사방댐은 계간의 유속을 완화하여 토사 유출과 침식을 억제한다.(개소당 토석류 유치 : 5,000m³, 평균 15톤 500대 분량)
- 사방댐은 토석으로 가득 차 만사가 된 상태에 이르더라도 계상안정, 유속완화로 토사 유출과 침식을 억제하는 기능은 유지된다.

ⓜ 방수로 단면설계 방법

- 개수로 단면 결정 : 계류 보전사업 등 계상의 단면을 결정할 때 사용하며, 계상의 기울기를 이용하여 유속을 계산한 후 유적을 산출한다.

최대홍수유출량 산출	강수도달시간을 이용하여 산출된 강우강도를 이용하여 합리식으로 계산한다.
평균유속산출	Manning식을 이용한다.
단면가정	유로단면적$(A) = \dfrac{Q1}{\text{유속 } V(m^3/sec)}$
계획홍수량 산출	임도사업의 경우 최대홍수유출량의 1.2배, 사방사업의 경우 최대홍수유출량의 2~5배로 결정한다. $\dfrac{Q2}{Q1}$=%(120~500%) Q1=구역 내 최대홍수량(m³/sec), Q2=계획홍수량(m³/sec)

- 축류웨어 : 사방댐 방수로의 크기를 계산할 때 사용하며, 유적을 고려하여 설계한다. 유속은 고려하지 않는다.

사다리꼴 축류웨어	$Q = \left(\dfrac{2}{15}\right)at\sqrt{2g}\,t\,(2b_u + 3B)$ • Q : 월류유량(m³/s) • a : 축류계수 • t : 월류심(m) • g : 중력가속도(=9.8m/s²) • b_u : 방수로 윗너비(m) • B : 방수로 밑너비(m)
직사각형 칼날웨어	$Q = 1.84\left(b - \dfrac{n}{10}t\right)t^{\frac{3}{2}}$ • Q : 유량(m³/s) • b : 웨어의 너비(m) • n : 완전수축의 수 • t : 웨어의 월류수심(m)
삼각형 칼날웨어	$Q = 1.4t^{\frac{5}{2}}$

산지사방공사

1 산지 황폐의 유형과 발생 원인

1) 산지 황폐의 유형

① 요 사방지 : 사방사업을 시행해야 할 곳

구분		종류와 개념
황폐지	척악임지	산지비탈면이 여러 해 동안의 표면침식과 토양 유실로 인하여 산림 토양의 **비옥도가 척박한 지역**
	임간나지	비교적 키 큰 입목들이 숲을 이루고 있지만 **임상에 지피식물이나 유기물이 적고** 때로는 침식이 발생하여 황폐가 우려되는 지역
	초기 황폐지	임간나지 상태에서 **침식이 진행**되어 외관상 황폐지로 인식되는 산지
	황폐 이행지	초기 황폐지가 더 악화되어 민둥산이나 붕괴지로 되어가는 단계의 산지
	민둥산	입목이나 지피식생이 거의 없고 지표침식이 넓게 진행된 산지
	특수 황폐지	각종 침식 및 황폐단계가 복합적으로 작용하여 황폐도가 대단히 격심한 황폐지
붕괴지		• 중력에 의해 일시에 빠른 속도로 땅이 무너지며 흘러내려 발생 • 산붕, 산사태, 암석낙하, 슬럼프 등으로 절개면 노출, 붕괴지 하부에 토석 퇴적
밀린땅(地滑地) - 땅밀림지		• 중력에 의해 사면의 암설이 느린 속도로 서서히 아래로 이동하여 발생 • 포행(匍行) 또는 암석빙하현상 등의 매스 무브먼트 발생
훼손지		• 인위적으로 토지의 형질에 변화를 가져오게 된 곳 • 땅깎기 비탈면, 흙쌓기 비탈면, 채석장과 채광지
황폐계류		• 물매가 급하고 계안 및 산복사면에 붕괴가 많이 발생한 계류 • 토석류 등으로 계상이 침식된 계류로, 계곡 밖 농경지와 접속되면 야계, 양안이 급한 사면의 좁은 골짜기를 이루는 곳을 황폐계곡이라 한다.
해안사지		• 비사현상이 심한 해안의 모래벌과 모래언덕 • 해안사구에는 퇴사공법, 해안비사지에는 정사공법이 적용된다.

> **용어 설명**
>
> • 포행(匍行) : 지표 부근의 흙, 표토(表土), 응고하지 않은 퇴적물 따위에서 일어나는 몹시 느리게 사면(斜面)을 미끄러져 내려오는 운동
> • 암설(巖屑) : 돌 부스러기

2) 산지 황폐의 발생 원인

산지 황폐가 발생하는 원인에는 자연적 원인과 인위적 원인이 있다. 자연적 원인에는 지형, 지질, 토양, 기상, 병충해 등이 있고, 인위적인 산림의 황폐 원인에는 산림의 도벌 및 남벌, 화전개간, 산불, 산지전용 등이 있다.

자연적 원인	인위적 원인
① 지질 : 우리나라는 전국토의 $\frac{2}{3}$ 가 풍화가 용이한 화강암과 화강편마암으로 구성되어 있으며, 경사가 급하여 황폐되기 쉽다. ② 강우 : 연간 강수량 평균 1,300mm로서 6월~9월 사이에 70%가 집중된다. ③ 기온 : 대륙성 기후로 계절과 주야간 온도차가 커서 임분의 피해가 잦다. ④ 병충해 : 각종 병해충으로 산림의 황폐 원인이 된다. ⑤ 기타재해 : 산성비, 연해(煙害), 낙진, 조풍(潮風), 설해 등으로 산림이 훼손된다.	① 산불 : 산불의 규모와 피해 면적은 점점 대형화하는 추세이며, 산불로 인해 산림이 황폐화된다. ② 산림훼손 : 불법 개단과 도로 건설, 군사시설, 토석채취 등 산림훼손과 등산인구 증가로 인하여 황폐화가 진행된다. ③ 산지 전용 및 산지 일시 사용 증가 ④ 도벌 및 남벌

② 산사태 및 땅밀림

① 산사태 : 산지 비탈에서 주로 여름철의 집중호우 시에 우수로 포화되어 일정 깊이의 토층이 균형을 잃어 급속히 무너져 내리는 중력침식현상이다.

② 붕괴형 산사태 : 주로 절개지, 성토지 비탈, 산지비탈면에서 발생하는 무너짐 현상으로 할퀴고 지나간 듯한 상처를 남긴다.(산사태, 산붕, 붕락, 포락, 암설붕락 등이 있다.)

③ 땅밀림형 산사태 : 일반적으로 특수한 지질대에서 비교적 깊은 지층이 서서히 미끄러져 내리는 지반활동(活動) 현상을 말한다.

1) 발생 원인

원인	산사태	땅밀림형
지질	**특정 지질에 한정되지 않는다.** (경사도의 영향이 지배적이다.)	제3기 지층 파쇄대 또는 온천지대에서 많이 발생한다.
지형	급경사지에서 많이 발생한다.	5~20°의 완경사지, 특히 상부에 대지장(臺地狀, 높고 평평한 곳)의 지형을 갖는 경우에 많이 발생한다.
규모	이동면적이 1ha 이하가 많고, 깊이도 깊지 않다.	**이동면적이 크고 깊이도 깊다.**
이동상황	•**속도가 빠르고 토괴는 교란된다.** •붕괴토사는 유출되고 퇴적토사 재이동이 적다.	•**속도는 완만하고 토괴는 교란되지 않는다.** •계속적으로 이동하고 정지 후에도 재이동한다.
원인	중력이 유인이 되는 경우가 많으며 강우 강도에 커다란 영향을 받는다.	지하수가 유인이 되는 경우가 많다.
징후	**징후가 없고 돌발적으로 붕괴된다.**	발생 전에 균열, 함몰, 융기, 지하수위의 변동 및 입목뿌리 절단 등이 일어난다.

2) 기작

① 산사태 발생 메커니즘 : 산사태는 급한 경사와 점토가 많은 토질, 그리고 침투가 쉬운 산지
의 피복상태 등 내부적인 요인이 강수라는 외부적 요인이 가세하며 발생한다. **사질토라도
35°가 넘으면 집중호우가 내릴 때 무조건 붕괴할 정도로 경사는 산사태를 지배하는 원인이다.**
강수는 토양층으로 침투되면서 토양층의 무게를 증가시키게 되는데, 토양층의 무게가 증가
하면서 경사면에는 미끄러져 내려가려고 하는 힘인 전단력이 커지게 된다. 토층에 작용하
는 전단력이 안정상태를 유지하려고 하는 힘인 전단응력보다 커지게 되면 산사태가 발생하
게 된다.

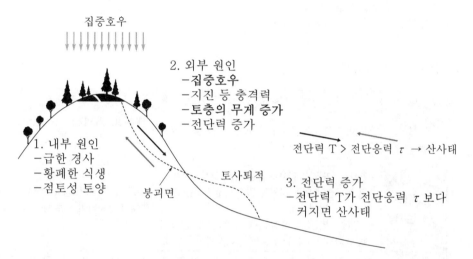

② 땅밀림 발생 메커니즘 : 땅밀림(mass movement)은 점토질 토양이 큰 덩어리(mass)를 이루
고 있는 점토질 토괴라는 지질적 요인이 가장 큰 원인이 된다. 여기에 미끄러짐 층인 단층
면과 높은 지하수위가 모두 해당 지형이 가지고 있는 내부적 요인이다. 이런 내부적 원인에
지진 등의 충격이 가해지거나, 단층면의 미끄러짐이 증가할 정도로 토괴 내부의 수분 함량
이 증가하게 되면 비록 완경사라도 단층면에 작용하는 전단력이 전단응력보다 커지게 되어
땅밀림이 발생할 수 있다.

3) 유형

산사태가 발생하는 형태는 모암의 특성 그리고 지형과 깊은 관계가 있다. 산사태가 발생하는 형태에 따라 근본적인 복구가 신속하게 이루어질 수 있다.

① 발생속도에 따른 유형

붕괴형 산사태	땅밀림형 산사태
① 산사태 : 자연사면 붕괴, 인공사면 붕괴 ② 산붕 : 소규모 산사태 ③ 붕락 : 토층 위에 주름 모양 산사태 ④ 포락 : 계천에 떨어지는 산사태 ⑤ 암설붕락 : 암설이 떨어지는 산사태	① 지괴형 땅밀림 : 점토질 토괴가 충격에 의해 가라앉음 ② 유동형 땅밀림 : 물에 의해 지괴가 미끄러짐 ③ 층활형 땅밀림 : 서로 다른 지괴의 층이 미끄러짐

② 외형으로 구분한 유형

구분	발생 형태	복구 공법
수지상 (樹枝狀)	지형이 복잡하고 유수가 모여드는 하강 및 완경사면의 산복수로에서 발생한다.	배수공(암거,명거), 땅속 흙막이, 흙막이, 수로 내기, 구곡막이, 산비탈 돌쌓기 등
패각상 (貝殼狀)	• 경사길이가 짧고 경사가 급한 사면, 경사길이가 길고 변곡점이 있는 사면과 강수가 집수되는 凹형 사면에서 발생한다. • 계안에서 발생되는 여상(慮狀), 설상(楔狀), 안상(岸狀)과 와지붕괴의 표자상(杓子狀)이 이에 해당된다.	배수공(암거,명거) 땅속 흙막이, 산비탈 돌쌓기, 누구막이, 수로 내기, 기슭막이, 구곡막이
선상(線狀)	지형이 단순하며 유로가 비교적 좁고 경사길이가 긴 하강 사면이나 평형 사면의 유로변에서 발생한다.	배수공(암거,명거), 누구막이, 구곡막이, 산비탈 돌쌓기
판상(板狀)	표토밑에 단단한 암반층이거나 불침투성 모재(母材) 층이 있는 지역에서 발생한다.	수로 내기, 심근성 수종 식재

③ 발생 형태와 위치에 따른 구분

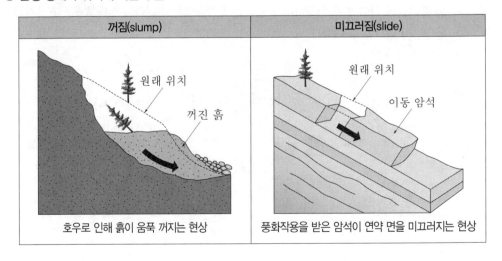

꺼짐(slump)	미끄러짐(slide)
원래 위치 / 꺼진 흙	원래 위치 / 이동 암석
호우로 인해 흙이 움푹 꺼지는 현상	풍화작용을 받은 암석이 연약 면을 미끄러지는 현상

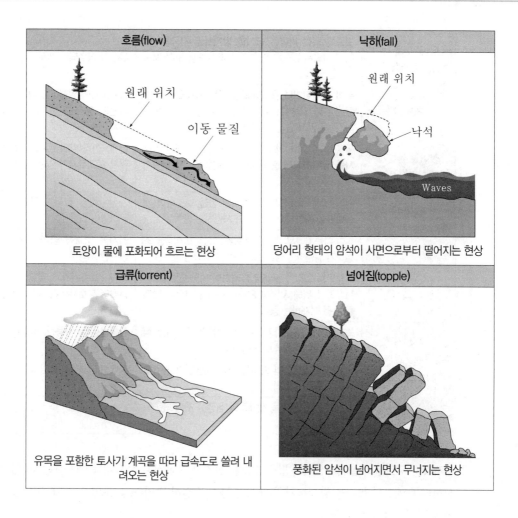

흐름(flow)	낙하(fall)
토양이 물에 포화되어 흐르는 현상	덩어리 형태의 암석이 사면으로부터 떨어지는 현상
급류(torrent)	넘어짐(topple)
유목을 포함한 토사가 계곡을 따라 급속도로 쓸려 내려오는 현상	풍화된 암석이 넘어지면서 무너지는 현상

❸ 산지사방 구조물

1) 산지사방 구조물의 기능 및 설계

① 산지사방 구조물의 기능

공종	기능	시공 장소
땅속 흙막이	비탈 다듬기와 단 끊기 등으로 생산되는 **뜬흙을 산복의 계곡부에 투입 유치**하여 이의 유실을 방지하고 산각을 고정시키기 위하여 축설하는 공법	비탈 다듬기 토사가 깊이 퇴적한 지역으로 기초가 단단한 지역
누구막이	**누구 침식의 발달을 방지**하기 위하여 누구를 횡단하여 구축하는 비탈 수토보전 공종. 산복수로 및 떼단 쌓기의 기초로 사용되며 기존의 흙 매기와 동일 공종	비탈 다듬기 및 단 끊기로 생기는 토사가 유치되는 곳으로 뭉긴 흙이 1m 이상인 퇴적지 또는 수로

산비탈 수로 내기 (산복수로공)	빗물에 의한 비탈면 침식을 방지하고 시공공작물이 파괴되지 않도록 일정 장소에 유수를 모아 배수시키는 공작물	유수가 집수되는 凹부
흙막이	흙이 무너지거나 흘러내림을 막는 공작물로 사면 물매 완화, 표면유하수의 분산, 수로공사의 기초 등 다기능적인 비탈 안정공종이다.	사면붕괴의 위험이 있거나 비탈 다듬기 등으로 생기는 토사가 유치되는 곳
산비탈 돌쌓기 (산돌쌓기)	돌흙막이에 속하며 비탈 다듬기 등으로 생산된 토사를 유치하거나 붕괴토사를 고정하기 위해 설치하는 공작물	산복, 산각부에 토사의 퇴적이 많고 붕괴토사가 많은 급경사지의 습지 등
골막이	황폐소계류를 가로질러 반수면 만을 축조하여 개울비탈을 완화시키기 위하여 시공하는 공작물	계상·계안 침식이 많고 토사 유하량이 많은 장소
선떼 붙이기	비탈 다듬기에서 생산된 부토를 고정하고 식생을 조성하기 위한 파식상을 설치하는 데 필요한 공작물	경사가 비교적 급하고 지질이 단단한 지역
줄떼 다지기	비탈면을 일정한 물매로 유지하며 비탈면을 보호·녹화하기 위해 사면에 20~30cm 간격으로 반떼를 수평 식재하는 공법	계단 간 사거리가 길고 경사가 급하여 부토유실이 예상되는 흙쌓기 사면
새심기	녹화공사를 보완하기 위하여 새류의 풀포기를 식재하여 비탈을 초류로써 녹화하는 방법	산불발생지, 민둥산, 석력지, 절성토사면 등
씨 뿌리기	초본류와 목본류의 종자를 산복 비탈면과 계단에 직접 파종하는 방법	줄뿌림, 점뿌림, 흩어뿌림, 항공 파종 등
나무 심기	사면에 직접 묘목을 식재하여 식생을 조성하는 식생공종	

② 산지사방 구조물의 설계 : 산지사방 구조물을 설치하는 목적은 산사태를 예방하는 데 있다. 산사태를 예방의 목적을 달성하기 위해서는 물을 적절히 관리하고, 토압을 견딜 수 있는 구조물을 설치하여야 한다.

공사종류	설계 목적 및 방법	주요 공종
지표수 배제공사	비탈면에 내리는 강우나 주변부에서 유입되는 지표면 유거수를 안전하게 배수하여 지표수가 비탈면으로 스며드는 것을 막아 비탈면을 안정시키는 것이 목적이다.	비탈면 돌림수로 내기, 침투수 방지공사, 주입공사 등
지하수 배제공사	땅밀림 붕괴에 영향을 주는 지하수를 배제시키거나 땅밀림지 내부로 유입되는 지하수를 차단하여 붕괴 위험토양의 간극수압을 낮추기 위해 시공한다.	속도랑 내기, 보링속도랑 내기, 터널속도랑 내기, 집수정공사, 지하수 차단공사 등
토압 처리공사	붕괴 위험이 있는 흙이 무너져 내리는 토압을 지탱하기 위하여 시공한다.	배토공사, 누름흙쌓기, 산비탈 돌쌓기, 땅속 흙막이, 힘줄 박기, 축대벽, 나무 심기 등
암괴 처리공사	급경사 및 절개 비탈면 상에 붕괴·붕락의 위험이 있는 암괴를 처리하기 위하여 시공한다.	폭파공사, 팽창성 파쇄공사, 앵커박기, 말뚝박기, 전석정리공사, 낙석방지망 덮기, 낙석저책 세우기 등

2) 시공 및 적용

① 정지작업

구분	시공 방법 및 적용
단 끊기	• 단 끊기는 수평으로 실시하며 위쪽에서 아래쪽으로 시공해 내려간다. • **단의 너비는 50~70cm 내외로 상·하 계단 간의 비탈경사를 완만하게 하여야 한다.** • 단의 수직높이는 0.6~3.4m 내외로 하되 조정하여 시공할 수 있다. • 단 끊기에 의한 절취토사의 이동은 최소한으로 한다. • **상부 첫 단의 수직 높이는 1m 내외로 한다.**
흙막이	• 흙막이 재료는 돌, 통나무, 바자, 떼, 돌망태, 블록, 콘크리트, 앵글크리브망 등으로 현지 여건에 맞도록 선택 사용한다. • 흙막이 **설치** 방향은 원칙적으로 **산비탈을 향하여 직각**이 되도록 한다.
땅속 흙막이	• 비탈 다듬기와 단 끊기 등으로 생산되는 **뜬흙(浮土)을 계곡부에 투입하여야 하는 곳**은 땅속 흙막이를 설치하여야 한다. • 안정된 기반 위에 설치하되 산비탈을 향하여 직각으로 설치되도록 한다.

② 수로 내기

구분	시공 방법 및 적용
	• 수로 내기는 사면의 유수가 집수되도록 계획하여야 하며, 수로 집수유역을 고려하여 사용 재료를 선택하여야 한다. • 수로는 좌우 사면의 지반보다 낮게 설치하여야 하며, 수로의 길이가 길어지는 경우에는 유속을 줄여주는 흙막이 등의 공정을 계획하여야 한다. • 수로의 단면은 배수구역의 유량을 충분히 통과시킬 수 있는 단면이어야 하고 사면의 유수가 용이하게 유입되어야 한다. • 수로 방향은 가급적 흐르는 물의 중심선과 직선이 되도록 설치하며, 수로를 곡선으로 하는 경우에는 외측을 높게 하여 넘는 물을 방지하여야 한다.
돌수로	• 찰붙임수로는 유량이 많고 상시 물이 흐르는 곳에 선정하고, 돌붙임 뒷부분에 있는 공극이 최소가 되도록 콘크리트로 채워야 한다. • 메붙임수로는 지반이 견고하고 집수량이 적은 곳을 선정하여야 한다. • 유수에 의하여 돌이 빠져 나오거나 수로바닥이 침식되지 않도록 시공한다.
콘크리트수로	• 콘크리트수로는 유량이 많고 상수가 있는 곳을 선정한다.
떼수로	• 떼수로는 경사가 완만하고 유량이 적으며 떼 생육에 적합한 토질이 있는 곳을 선정한다. • 수로의 폭(윤주)은 60~120cm 내외를 기준으로 하고, 수로 양쪽 비탈에는 씨 뿌리기, 새심기 또는 떼붙임 등을 하여야 한다.
콘크리트플룸관수로	• 콘크리트플룸관수로는 집수량이 많은 곳에 사용하며 가급적 평탄지나 산지경사가 완만한 지역에 설치하여야 한다. • 설치 전에는 기초지반을 충분히 다져 부등침하가 되지 않도록 하여야 한다.

③ 줄 만들기

구분	시공 방법 및 적용
돌줄(條) 만들기	• 돌줄 상단부는 씨 뿌리기 또는 새 등을 심어 단이 고정되도록 한다. • 시공높이는 50cm 내외, 돌쌓기 비탈면은 1:0.2~0.3으로 한다.
새줄(條) 만들기	• 새(풀포기)줄 만들기는 새가 생육하기 용이한 완경사지에 계획한다.
섶줄(條) 만들기	• 섶 채취가 용이하고 토질이 좋은 곳에 계획한다. • 복토 부분에는 새나 잡초 등을 식재한다.
통나무줄(條) 만들기	• 통나무 채취 · 설치가 용이한 곳에 통나무를 일렬로 포개쌓은 후 그 뒤에 흙을 채운다. • 통나무 사이에는 초본류, 목본류 등을 식재할 수 있다.
등고선형 물고랑 파기	• 수분이 부족한 산복 등에 등고선을 따라 물고랑을 파서 토양침식을 방지하고 토사 건조방지 기능을 높이기 위하여 시공한다.

④ 단쌓기

구분	시공 방법 및 적용
떼단 쌓기	• 경사가 25° 이상인 급경사지를 대상으로 하며, 떼단의 높이와 너비는 30cm 내외로 하되 **5단 이상의 연속 단쌓기는 피한다.** • 기초부에는 아까시, 싸리류 등을 파종한다.
돌단 쌓기	• 돌단 쌓기 비탈면은 가급적 1:0.3으로 하고 높이는 1m 내외로 하되 그 이상일 경우는 **2단으로 한다.** 다만 용수가 있는 곳은 천단에 유수로를 만들어 준다.
혼합 쌓기	• 떼와 돌을 혼합하여 쌓으며 떼단 쌓기와 돌단 쌓기 기준을 적용한다.
마대 쌓기	• 떼 운반이 어려운 지역에 실시한다. • **높이는 2단 이하로 한다.**

⑤ 줄떼 만들기

구분	시공 방법 및 적용
줄떼 다지기	• 흙쌓기 비탈면에 폭 10~15cm의 골을 파고 떼나 새 또는 잡초 등을 수평으로 놓고 잘 다진다. • 비탈면의 기울기는 대개 1:1~1:1.5로 하며, 한층의 높이를 20~30cm 내외의 간격으로 반복하며 시공한다.
줄떼 붙이기	• 절토 비탈면에 주로 시공하며 사면은 수평이 되도록 고랑을 파고 떼를 붙인다. • 비탈면의 줄 떼 간격은 20~30cm 내외로 한다.
줄떼 심기	• 도로가시권, 주택지 인근 등에 조기피복이 필요한 지역에 시공하되 줄로 골을 판 후 떼를 놓고 흙을 덮은 다음 고루 밟아준다. • 여건에 따라 전면에 떼 붙이기를 할 수 있다.

선떼 붙이기	• 비탈 다듬기에서 생산된 뜬흙을 고정하고 식생을 조성하기 위하여 필요한 공작물로서 산복비탈면에 단을 끊고, 단의 전면에 떼를 쌓거나 붙인 후 그 뒤쪽에 흙을 채우고 식재 · 파종을 한다. • 선떼 붙이기는 사용 매수에 따라 1~9급으로 구분하며, 기초에 돌을 쌓아 보강하는 경우 밑돌 선떼 붙이기라 한다. • **단의 직고 간격은 1~2m 내외, 너비는 50~70cm 내외, 발디딤은 10~20cm 내외, 천단 폭은 40cm 내외를 기준**으로 하며, 떼 붙이기 비탈면은 1:0.2~0.3으로 한다.

⑥ 사면 보호하기

구분	시공 방법 및 적용
섶 덮기	• **섶 덮기는 동상과 서릿발이 많은 지대에 사용한다.** • 섶은 좌우를 엇갈리도록 놓고 상하에 말뚝을 1m 내외의 간격으로 박은 후 나무나 철사를 사용하여 고정시킨다.
짚 덮기	• 산지비탈이 비교적 완만하고 토질이 부드러운 지역의 뜬흙 표면을 짚으로 피복한다. • 바람이 강하고 암반이 노출된 지역은 피하고 주로 서릿발이 발생되는 지역에 시공한다.
거적 덮기	• 거적을 덮은 다음 적당한 크기의 나무꽂이를 사용하여 거적이 미끄러져 내려가지 못하도록 고정시킨다.
코아네트	• 도로사면, 주택지 인근 등 주요 시설물 주변에 사용할 수 있다.

⑦ 편책 · 바자얽기

시공 방법 및 적용
• 비탈면 또는 계단 바닥에 편책, 바자를 설치하고 뒤쪽에 흙을 채워 식생을 조성한다. • 떼의 채취가 곤란하고 떼 붙이기로 실효를 거둘 수 없는 곳에 설치한다. • 말목은 비탈면의 직각선과 수직선의 이등분선이 되도록 시공함을 원칙으로 하나 경사가 완만한 경우에는 수직으로도 할 수 있다. • 얽기의 상하 간격은 0.5~1.0m 내외로 한다.

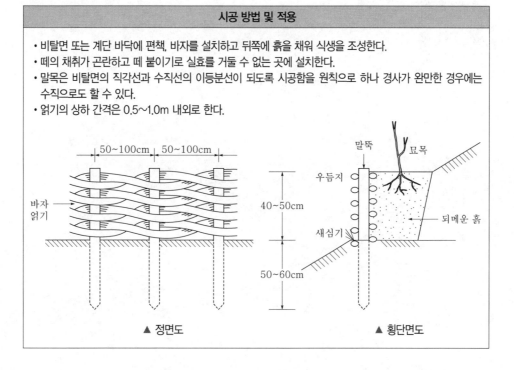

▲ 정면도　　　　　　　　▲ 횡단면도

⑧ 씨 뿌리기

구분	시공 방법 및 적용
줄 뿌리기	• 단과 단 사이의 비탈면에 너비 15~20cm 내외의 골을 설치하여 파종한다. • 파종골에는 객토를 하고, 그 위에 종비토(종자+비료+토양) 등을 넣고 밟아준다.
흩어 뿌리기	• 씨 뿌리기는 종비토를 만들어 파종한다.
점 뿌리기	• 경사가 비교적 급하고 딱딱한 토양 등 줄 뿌리기가 곤란한 지역에 실시한다.

⑨ 파종량 계산

사방사업 파종량 : $W = \dfrac{G}{S \times P \times B}$ (단위 : $\dfrac{g}{m^2}$)

G : 발생기대본수(본/m^2), S : g당 종자입수, P : 순량률, B : 발아률

> **참고**
>
> 묘상 파종량 : $W = \dfrac{A \times S}{D \times P \times G \times L}$
>
> A : 파종면적, S : m^2당 남길 묘목수, D : g당 종자입수, P : 순량률, B : 발아률, L : 득묘율

CHAPTER 6 특수지 사방공사

1 산불 피해지 복원공사

1) 원인

① 산불의 원인

- 산불은 자연적으로 발생하는 사례는 많지 않으며 가장 많은 것은 입산자의 실화에 의한 것이다. 두 번째는 논밭두렁 소각으로 17%에 달한다.

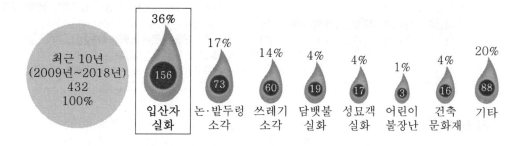

▲ 최근 10년간 산불발생 원인(산림청)

- **산불이 발생하는 계절은 봄이 58%로 압도적으로 많고**, 그다음은 겨울이 22%, 여름이 11%, 가을이 가장 적은 9%로 집계되었다.(2009~2018년, 산림청 발표자료)
- 우리나라 봄 산불은 대형 산불로 이어지는데, 재난이라고 표현할만한 큰 산불들은 거의 봄철(4월)에 발생했다는 공통점이 있다. 1996년 4월 23일 정오경 발생한 강원도 '고성 산불'은 3,762ha를 태우고 25일 저녁에야 꺼졌는데 약 227억 원의 피해를 낸 것으로 집계되었다. 2000년 4월 7일에는 삼척 등 5개 지역에서 일어난 '동해안산불'로 4월 15일까지 무려 191시간 동안 23,794ha를 태워 1,000억 원에 이르는 피해를 본 것으로 집계되었다. 2002년 4월 14일 일어난 청양, 예산 산불은 3,095ha를 태워 101억 원의 피해가 발생했고, 2005년 4월 4일 일어난 양양산불은 974ha로 그 피해 면적은 상대적으로 작았지만 이재민이 191가구 412명에 이를 정도로 직접적인 피해가 컸으며, 230억 원의 피해를 본 것으로 집계되었다.

② 산불의 영향

구분	영향
생태적인 영향	• **탈산림화**, 생물 다양성 감소, 야생동물 서식지 파괴 • 토양 영양물질 소실, 홍수피해 증가, 국지기상의 변화 • **산성비와 대기오염 증가**, 이산화탄소 배출량 증가로 기후변화 초래
경제적인 영향	• 목재, 가축, 임산물 소득 손실. 산림의 환경기능 손실 • 국립공원의 파괴, 식품생산과 물공급으로 비용 증가 • 산업 교란, 수송 교란으로 인한 경제적 손실
사회적인 영향	• 관광객 감소 등 산업의 교란 • 대기 중 연무농도에 따라 피부 및 호흡기 계통의 영향(암, 만성질환의 증가)

2) 복원대책

산불피해지 복구 원칙	산불피해지 복구 방법
㉠ **자연복원과 인공복구는 조화롭게 병행해야 한다.** ㉡ 산사태 우려 지역은 응급복구를 실시해야 한다. ㉢ 송이버섯과 같은 주민 소득원은 복원시켜야 한다. ㉣ 특정 동식물 지역은 복원해야 한다. ㉤ **임관층이 살아있는 지역은 자연 복원해야 한다.** ㉥ 마을과 도로 주변은 경관조림을 고려할 수 있다. ㉦ 구체적인 기준과 방법은 현지조사 후 결정해야 한다.	㉠ 산불피해지의 **임관층의 피복도가 높으면 자연 복원**한다. ㉡ **하층식생의 피복도가 높으면 자연 복원한다.** ㉢ **피복도가 낮고 경사도가 높은 경우에는 생태복구를 실시한다.** ㉣ 비옥도가 높은 곳은 조림을 실시한다.(경제조림) ㉤ 비옥도가 낮은 곳은 비료목을 식재한다. ㉥ 산불피해가 잦은 지역은 내화수림대를 조성한다.

3) 공사 설계

피해지 조사(대상지 정보수집) ⇒ 현지 조사 및 측량 → 복구 및 복원 방법 결정 → 대상 공종 및 수량 산출 → 설계서 작성

4) 시공 및 적용

산림 피해 복원사업에서 시공 및 복원하는 과정은 아래와 같다.(사진 출처 : 산림청 홈페이지)

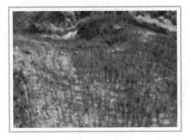
▲ [1단계] 피해목 제거

▲ [2단계] 묘목 생산

▲ [3단계] 사방사업   ▲ [4단계] 나무 심기

　㉠ [1단계] 피해목 제거 : 산불에 의해 연소된 나무들을 제거하여 새로 심을 나무의 자리를 준비한다.

　㉡ [2단계] 묘목 생산 : 어린 나무를 키운 것을 피해지에 심기 위해 굴취한다.

　㉢ [3단계] 사방사업 : 산, 강가, 바닷가 등에서 토사 및 자갈의 이동, 유출을 막기 위해 나무를 심거나 돌을 쌓는다.

　㉣ [4단계] 나무 심기 : 피해 지역에 나무를 심는다.

5) 사후관리

가) 모니터링

① 목적
- 복구사업이 종결된 후 사업지 모니터링을 통하여 복구한다.
- 사업 성공 여부를 판정하고 향후 관리 방향을 제시한다.

② 시기
- 작업이 완료된 후 3~5년 사이에 사업지 점검 1회 실시한다.
- 피해지 복구가 5년 계획으로 이루어질 경우 중간에 1회 실시하고 최종점검을 실시한다.

③ 모니터링결과 피드백
　㉠ 자연복원지
　　- 복원성공지 : 맹아림 관리(본수 및 수형 조절)
　　- 복원실패지 : 생태시업 혹은 수종 갱신

　㉡ 인공복구지
　　- 성공지 : 일반 시업기준에 포함시켜 덩굴 제거, 어린나무 가꾸기 등을 실시한다.
　　- 실패지 : 생태시업 혹은 수종 갱신

　㉢ 사방복구 조림지
　　- 성공지 : 「지속 가능한 산림자원관리 표준매뉴얼」의 「산지재해 방지림 조성·관리 지침」에 따라 관리한다.
　　- 실패지 : 생태시업

나) 풀베기 및 덩굴 제거

① 풀베기
- 소묘 조림 후 3~5년간 연 1~2회 풀베기를 원칙으로 하되 현장 여건에 따라 신축적으로 조정하여 실행한다.
- 풀베기는 낫을 사용하는 것을 원칙으로 한다.
- 지역 실정에 따라 작업 방법을 선택한다.

② 덩굴 제거
- 덩굴 제거는 가급적 물리적 방법으로 실행한다.
- 화학적 방법은 불가피할 경우에 한하여 실행한다.

③ 비료 주기
- 묘목 활착이 완료된 5~6월경에 완효성 비료를 시비한다.
- 시비량과 시비 방법은 수종과 묘목을 감안하여 결정한다.

❷ 산지의 복원공사

1) 사업의 배경

① 지난 40년간 치산녹화의 성공
사업은 성공했지만 생물 다양성 증진 및 온전성·건강성 회복은 미흡하다.
- 지구온난화로 기상이변이 발생하여 숲의 건강성 저하
- 산림재해 발생에 취약한 산림 구조
- 산림생물의 서식환경 악화 → 생물종 감소

② 산림의 불법 훼손
- 산림에 대한 인위적 피해의 증가

③ 산림보전에 대한 인식 변화
- 국민적 관심의 증대와 국제적 시각의 변화
- 산림복구(재해방지) → 산림복원(지속 가능한 보전)

④ 훼손된 산림의 복원 필요
- 산림복구만으로는 불충분
- 생물 다양성 증진, 온전성·건강성 회복 → 산림의 지속 가능한 보전
- 경관의 유지

2) 복원대책

① 복원과 복구의 개념

복원의 훼손된 생태계를 원상태의 기능과 구조에 가깝게 복구하는 것이며, 원래의 상태로 완전하게 되돌리는 것은 현실적으로 어렵다. 복구는 생태계의 구조를 조성함으로써 장기적인 생태계의 회복을 기대하는 것이다.

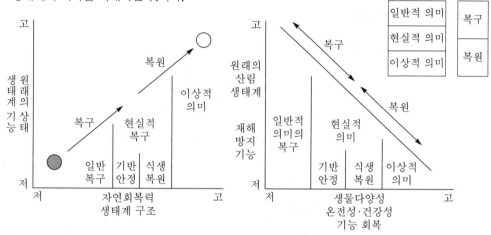

② 산림복원 방법

산림복원 방법은 산림 구조를 원상태에 가깝게 만드는 산림복구와 구조와 기능을 모두 원상태에 가깝게 만드는 산림복원이 있다. 산림복원은 현지의 상황에 따라서 토양안정을 위주로 하는 기반안정복원 사업을 할 것인지, 식생 회복을 위주로 토양안정과 관련된 공종을 도입하는 식생복원사업이 있다.

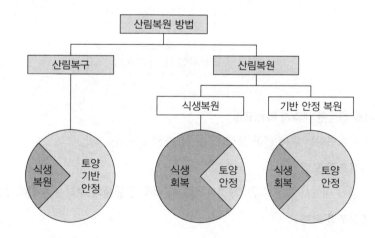

③ 산림복원 평가기준

ⓐ 지속성(sustainability) : 산림생태계 항상성 유지

ⓑ 저항성(resilience) : 외부교란과 종의 침입에 대한 저항성

ⓒ 생산성(productivity) : 총생산을 원 산림생태계와 비교

ⓔ 순환성(circularity) : 영양물질의 순환

ⓜ 다양성(biodiversity) : 조성 후 생물상의 구성

※ 모니터링과 사후관리가 필수적 요소

3) 사업 계획 및 시행

① 산림복원사업 시행절차

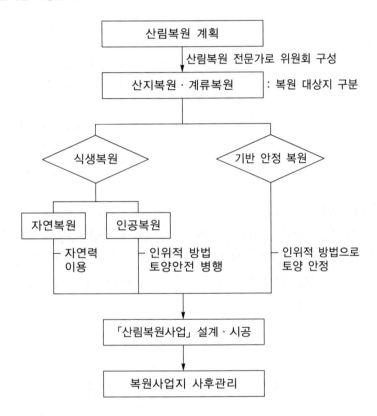

② 천이를 활용한 생태계 복원모델

천이를 추진하는 힘에 대한 모델[Connell과 Slatyer(1977)]

㉠ 촉진조절 모델

   – 군집 내에서 선구 수종, **개척자 식물이 이후에 종들의 정착을 수월하게 해준다.**

㉡ 내성조절 모델

   – 개척자 식물들이 이후에 침입 · 정착하는 종들과 무관하다.

㉢ 억제조절 모델

   – 개척자 식물들이 이후에 **다른 종의 침입이나 정착을 방해**한다.

－ 타감물질의 존재 여부를 확인한다.

⇒ 복원의 최종 목표상에 따라서 각 모델을 선택한다.

예를 들어, 소나무군집은 초본류의 발생을 억제하여 독특한 식물사회를 구성하는데, 이는 억제조절 모델에 해당하는 것이다. 싸리나무류는 토양의 질소성분을 증가시켜 이후에 침입하는 수종의 성장에 유리하므로 이를 도입하는 것은 촉진조절 모델을 활용하는 것이다.

③ 복원의 목표 설정

㉠ 개념

사업수행 시 최종 지향점을 명확하게 하는 단계

－ 국민의 안전과 재산 및 사회적 욕구를 충족시킬 수 있도록 설정한다.

－ 해당 사업의 최대 수혜자를 포함하는 목표를 설정한다.

－ 목표는 구체적이고 명확하게 설정한다.

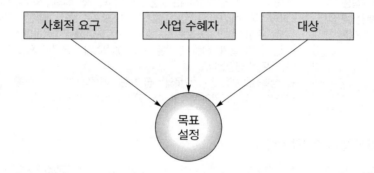

㉡ 목표 설정단계에서 고려하여야 할 사항

－ 국민의 안전과 재산에 위협을 끼칠 요소

－ 훼손지의 사회적 이슈

－ 훼손지 복원에 대한 사회·정책적인 목적

－ 수혜자의 명확성과 수혜자의 중요도

－ 대상지의 접근성과 이용성을 고려한 활용성

－ 훼손지의 자연적 회복성, 위치 등

－ 백두대간 훼손지의 인문사회적 활용도 및 사업시행의 기대효과

－ 사업종료 이후 소유 및 관리주체에 대한 고려

4) 시공 및 적용

산지 복원사업의 경우 식생복원과 기반안정 복원사업으로 구분하여 사업을 시행한다.

① 사업의 기준

사업 구분	준수 사항
기반안정 복원사업의 기준	1. 토양안정을 위한 복원계획 단계에서부터 생태 특성에 맞는 식생을 도입한다. 2. 훼손지의 토양상태에 따라 토양안정에 중점을 두면서 식생 회복을 병행하되, 식생은 소생물권의 군상복원 형태로 파종 · 식재한다. 3. 토양안정은 토양교란을 최소화하면서 붕괴, 침식, 토사 유출을 차단할 수 있는 친자연적 구조물의 공법을 적용하되 다음 사항을 고려한다. • 붕괴, 침식, 토사 유출 방지와 함께 경관회복 및 야생동물 서식처의 기능을 확보한다. • 기존 토양의 형태와 특징을 보전하되, 표토의 보전 혹은 재사용을 통해 표토의 손실을 최소화한다. • 기타 식생 회복에 관한 사항은 "식생복원사업의 기준"을 따른다. • 자재의 수급은 "자재의 수급 기준"에 의한다.
식생 복원사업의 기준	1. 주요 원식생의 변화가 일어나지 않도록 계획적으로 복원한다. 2. 주변 산림생태와 조화될 수 있도록 생물 다양성의 확보, 생육환경의 보전, 야생동물의 서식처를 고려하여 파종, 식재계획을 수립하되 다음 사항을 고려한다. • 초본류, 목본류 등이 자연스럽게 어우러진 군상 형태로 식재한다. • 대면적 식생복원의 경우에는 소생태계 중심의 식생 회복에 중점을 둔다. • 피해목의 벌채가 필요한 곳은 벌채를 최소한으로 하되, 특별한 경우를 제외하고는 벌채목 운반을 위한 운재로는 설치하지 말고 집재기계를 이용하여 산림훼손을 방지한다. • 사업기간은 복원 목적에 알맞은 자재가 원활하게 수급될 수 있도록 수 개년으로 충분한 기간을 설정한다. • 식생복원을 위한 종자, 묘목의 수급 기준을 따른다. • 복원대상지의 토양이 부족할 경우 토양의 수급 기준에 따른다.

② 사업 계획 시 고려할 사항

사업 구분		준수 사항
기반안정 복원사업	토양안정을 위한 구조물 도입 시 고려할 사항	1. 토질조건 · 경사도, 기상조건 · 훼손 정도 · 공사비 · 시공조건 등을 종합적으로 고려한다. 2. 현장의 돌, 벌채목 등을 이용한 자연형 공법을 위주로 하고, 지형 변경 최소화 및 토양의 기반 안정에 중점을 둔다. 3. 자재운반을 위한 작업로는 폭 · 길이를 최소화하고, 가급적 집재기계를 이용하여 운반한다.
	토양안정을 위한 자재의 수급 시 고려할 사항	1. 원래 상태의 산림으로 복원하기 위해 친자연적인 재료를 선택 이용한다. 2. 토목재료는 토양안정을 위해 구조적으로 충분한 지지력이 있고, 내구성 있는 재료를 선정한다. 3. 가급적 추가 훼손이 없는 범위 내에서 현장에서 재료를 확보하되, 부득이 외부에서 반입해야 하는 경우에는 현장재료와 유사한 재료를 수급한다. 4. 기타 종자, 묘목 등 자재수급은 "식생복원사업의 기준"의 내용을 따른다.

식생 복원사업	파종 및 식재계 획 수립 시 고려 할 사항	1. 우선 주로 식재할 식물을 결정하고 그것과 공존하는 식물을 선정한다. 2. 식물 발아시기와 생육기간 등을 감안하여 발아 · 생육에 적합한 공법을 선정한다. 3. 파종은 가급적 발아가 잘 되는 봄에 실시하고, 종자유실을 방지하기 위 하여 큰 비가 내릴 우려가 있는 여름과 발아 직후 동결이 예상되는 늦가 을은 피한다. 4. 식재기반 토양의 유실 방지 및 토양물리성을 높여 종자발아와 생육에 적 합한 상태를 유지한 후 파종한다. 5. 묘목의 원활한 활착이 어려운 토양에는 식재구덩이에 넣는 흙의 토양물 리성을 높일 수 있는 좋은 토양을 혼합하여 식재한다.

	식생 복원을 위
	한 종자 및 묘목
	의 수급기준
		1. 식물종은 산림생태의 기능 유지 및 증진 목적과 부합되는 식물종을 선정
		하되 다음 사항을 고려한다.
		  ① 복원대상지 또는 인근 지역에서 현존하거나 과거에 서식하였던 식물
		    종 가운데에서 선정한다.
		  ② 고도 · 방위 · 경사, 토심 · 토성, 토양의 배수 · 건습도 등을 고려하여
		    생육여건에 적합한 식물종을 선정한다.
		2. 종자 · 묘목의 산지는 생태적 · 유전적 특성을 고려하여 고도, 기후대가
		유사한 지역에서 채취한 종자 또는 그 종자로 양묘한 묘목을 수급하되 다
		음 사항을 고려한다.
		  ① 종자 · 묘목공급원(채종원, 채종림, 양묘장)이 있는 경우에는 유사한 고
		    도, 기후대의 종자 · 묘목공급원에서 채종 · 양묘한 종자 · 묘목을 수급
		    한다.
		  ② 종자 · 묘목공급원이 없는 경우에는 고도, 기후대가 유사한 국내 자생
		    지에서 채취 · 양묘한 종자 · 묘목(종자 · 묘목의 산지를 확인한다)을
		    사용한다.
		  ③ 외국에서 수입된 종자, 묘목 또는 수입한 식물에서 채취, 양묘된 종자,
		    묘목의 수급은 금지한다.

	식생복원을 위 한 토양의 수급 기준	1. 생육에 필요한 유효 토심이 부족한 곳에는 적어도 30cm 이상 복토한다. 2. 복원에 사용될 토양은 가급적 고도, 기후대가 유사한 지역에서 수급한다. 3. 복원에 사용하는 흙은 그 특성이 복원대상지의 토양특성과 같거나 유사 한 흙을 사용한다.

5) 사후관리

① 사후관리의 필요성

생태복원 지역은 지속적인 관리가 이루어지지 않을 경우 자연적 원인, 이용자의 훼손 등 복원 목적과 다른 방향으로 환경이 변화하면서 복원에 실패하게 될 수 있다. 복원사업을 시행한 지역의 경우 생태계가 교란에 대한 탄력성을 회복할 수 있을 때까지 식생, 시설물에 대한 유지관리가 필요하다. 사후관리를 통해 발생할 수 있는 교란의 원인을 제거, 회피, 최소화할 필요가 있다.

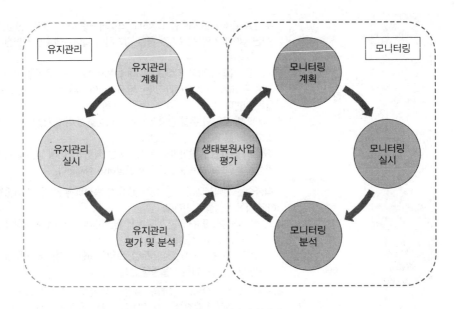

▲ 유지관리와 모니터링의 연계

② 모니터링과 사후관리의 연계

복원사업 이후의 사후관리 활동은 모니터링과 분석을 통해 복원사업의 성과를 평가하는 과정에서 다시 재규정될 수 있다. 복원사업의 목표와 현재의 상태를 비교하여 부족한 점을 보완하여 복원사업이 완성될 수 있도록 한다.

❸ 등산로 정비공사

1) 원인

① 등산로 훼손의 과정

등산로는 등산객의 답압으로 인해 토양의 공극이 없어지게 유출량이 증가하게 되므로 등산로와 산림식생으로 이어지는 중간 부분에서 토양의 유출, 동결 융해에 의한 침식 등이 발생하고 등산로의 침식으로 이어지게 된다. 또한 등산로 주변을 등산객이 이용하여 등산로는 점점 확대되므로 등산로와 주변 산림의 경계를 명확히 하여야 한다. 또한 등산로가 능선에 위치한 경우 등산로가 확대되는 면적(面積) 훼손이 점차 확대된다.

등산로와 등산로 주변의 훼손 과정은 등산로 노면의 토양침식부터 다음과 같은 과정으로 진행된다.

훼손 과정	훼손 형태 및 과정	대책 방안
1단계	등산객의 답압에 의해 지피식생이 훼손되고 낙엽퇴비나 유기물이 유실되면서 나지화가 진행된다. 나지가 되면서 토양공극이 감소하고 토양의 통기성 및 침투능이 저하되어 등산로 위를 흐르는 유출수가 증가하고 이에 따라 토양 유실을 동반한 노면침식이 발생한다. 식생훼손 ⇒ 공극 감소 ⇒ 침투능력 저하 ⇒ 유출수 증가 ⇒ 노면침식	횡단배수 등 배수체계의 정비
2단계	노면침식이 별다른 보수조치 없이 방치되거나 답압이 가중되면 훼손의 속도가 빨라진다. 훼손이 가속되는 과정에서 주변 수목의 뿌리와 암반이 드러나거나 노면세굴 등의 바닥침식을 초래하게 된다. 1단계 방치 ⇒ 훼손 가속 ⇒ 뿌리와 암반 돌출 ⇒ 노면 등 바닥침식	배수체계 정비, 흙막이 설치 등 녹화기초공사
3단계	2단계에서 가속화된 훼손으로 불편을 느낀 등산객이 원래의 등산로를 기피하면서 새로운 보행공간을 개척하는 과정에서 등산로가 나누어지거나 폭이 확장된다. 이 과정에서 발생한 훼손이 주변 식생공간으로 파급되게 된다. 적절한 정비가 이루어지지 못하면 주변 생태계의 파괴로 이어지는 등 훼손이 심화되므로 적극적인 등산로 정비가 필요하다. 2단계 방치 ⇒ 등산로 기피 ⇒ 등산로 분기 및 확장 ⇒ 훼손 확대	흙막이 녹화기초공사, 등산로 종단경사 완화, 배수체계 정비, 식생 복구 및 복원

등산로에 발생하는 훼손 현상은 식생훼손, 노면침식 뿐 아니라 등산로 주변 붕괴, 등산로로 물이 흐르는 수로화, 돌이 굴러 내려와 쌓인 암설 등이 발생한다. 이러한 현상으로 등산객은 통행에 불편을 느껴 또 다른 훼손을 발생시키는 행동을 하게 된다. 방치하게 되면 이러한 훼손 과정이 반복되면서 점차 확대된다.

② 등산로 훼손의 원인

자연환경 요인	• 기상, 지형, 토양, 식생 등 등산로의 입지조건
등산활동 요인	• 과밀 이용, 보행 및 휴식 등의 이용 행태
시설관리 요인	• 배수체계, 시설 부실 등의 설계시공과 정비 • 훼손지 복구체계나 이용관리 방법

2) 복원대책

물리적인 훼손 유형	복원 대책
① 뿌리 노출 : 경사지의 등산로에 표면침식이 원인이 된다. ② 암석 노출 : 물매가 급한 구간과 결절점에서 많이 발생 ③ 바닥침식 : 계속된 표면침식으로 토양 유실이 심해진 결과 ④ 노선 분기 : 통행 과밀, 지름길 선택 등으로 새로운 등산로 개척 ⑤ 노폭 확대 : 등산로 훼손으로 인한 불편을 기피하는 산행 ⑥ 기타 : 암설, 측면 붕괴, 수로화, 진흙탕 등 발생	① 보행 안전시설 보완 : 계단과 난간, 안전로프 ② 안내시설 보완 : 등산 방향, 등산로 이용안내 및 해설 ③ 배수시설 정비 : 노면에 물이 고이지 않게 한다. 물이 모이는 곳과 용출수가 나오는 곳은 배수 처리한다. ④ 단차공(계단, 단차) : 계단의 설치는 되도록 적게 한다. 급경사가 되지 않도록 우회로를 활용한다. ⑤ 낙석방지책, 침입방지책 ⑥ 흙막이, 돌쌓기 등 지반안정공사 ⑦ 식생복원 : 지반안정공사가 완료된 후에 식생복원

3) 공사 설계

① 등산로 공사별 공종 분류

구분	공사명	공법명	세부 공종
지형 및 주변 훼손지	지형 복구 공사	지형 복원 공법	잡석 채우기, 왕모래 채우기, 사양토 채우기, 다지기 등
	지반 안정 공사	지반 안정 공법	통나무 묻기, 각목 묻기, 철근 박기, 통나무 골막이(메쌓기, 찰쌓기), 통나무 흙막이, 돌흙막이, 각목 흙막이, 흙자루 쌓기, 옹벽 등
	주변 훼손지 복원 공사	수목뿌리 보호 공법	통나무 흙막이, 돌흙막이, 각목 흙막이 등
		녹화 복원 공법	야생포트 묘식재, 야생풀포기 이식, 야생초목 포기 이식, 식생 흙자루 쌓기, 표토 깔기, 개량토 깔기, 파종, 볏짚 깔기, 황마그물 덮기 등
노면 설치부	등산로 노면 정비 공사	노면 포장 공법	돌깔기, 각목 깔기, 통나무돌 깔기, 통나무 깔기, 통나무 박기, 목재 데크, 우드칩 깔기, 잔자갈 깔기, 수피 깔기, 자연 표면, 흙시멘트 포장 등
		계단 설치 공법	통나무 계단, 통나무돌 계단, 돌계단, 목계단, 목재 데크 계단, 철계단, 철재 데크 계단 등
		노면 배수 공법	통나무 횡단 배수대, 통나무 횡단 배수로, 각목 횡단 배수대, 각목 횡단 배수로, 돌 횡단 배수대, 돌 횡단 배수로, 통나무 배수로, 각목 배수로 등
		노선 표기 공법	통나무(1단) 경계, 반통나무 경계, 인조목 경계, 돌경계 등
		특수시설 공법	철재 교량, 목재 교량 등
부대시설	부대시설 공사	생태계 보호 및 안전시설 설치	통나무 난간, 통나무 로프 난간, 철재 난간, 대피소, 규제 안내판 등
		휴양 및 편익시설 설치	야영장, 피크닉장, 휴게소, 그늘시렁, 정자, 벤치, 야외탁자, 간이화장실 등
		등산 및 안내시설 설치	이용객 안내소, 전망대, 망원경, 안내 표지판, 환경 해설판, 경관 해설판, 유도 표지판 등

② 공사 설계

㉠ 기초 조사(지역 여건 분석)

입지 특성 분석	• 기후 및 기상, 표고 및 지형과 지세, 지질 및 토양, 생물상 등
인문사회환경 분석	• 역사 및 문화경관, 토지이용 형태, 등산로 분포 및 이용현황 등
관련 성과품	• 도면 : 위치도, 주변 현황도, 지형도, 동식물 분포도, 경관 분석도, 토지 이용도, 등산로 분포도 등 • 서식 : 자원 현황, 동식물 분포 현황, 등산로 현황, 시설 현황 등

ⓛ 대상지 현황 분석

- 등산로의 정비 혹은 신설 등 설계작업의 목적을 대상으로 대상 구간 등산로의 현황 정보 조사
- 기초 조사자료에 근거하여 현장답사, 자료조사, 청취조사 등을 통해 확인
- 일반현황, 시설 및 관리현황, 훼손현황 등

ⓒ 대상지 측량

- 현장답사 → 기본측량 → 상세측량 → 보완측량의 과정으로 진행된다.

구분	주요 내용
현장답사 →	• 사업 범위 확정(시점 및 종점 확인) • 정비의 주요 내용 현장 설명 • 측량 범위 설정 • 참석 인원 : 자문위원, 감독관, 설계팀, 측량팀
기본 측량 →	• 현황 측량 • 측량 보완 및 현장 비교가 가능하도록 측량말뚝 등으로 기준 표기 • 측량 성과 도화작업 • 시행팀원 : 측량팀
상세 측량 →	• 훼손 정도가 심한 지역 상세 측량 • 노선 선형 설정 및 측량 보완 • 시행팀원 : 설계팀, 측량팀
보완 측량 →	• 측량도를 현장과 비교 · 확인, 누락 부분 측량 보완 • 설계 검토 이후 측량 • 훼손이 경미한 구간의 간이 측량 • 설계 검토 시 식별이 가능한 재료를 이용하여 그 경계선까지 표시 • 시행팀 및 참석 인원 : 설계팀(필요시 측량팀 지원)

ⓡ 기본 구상

- **대상 등산로의 선형배치와 구조 및 규모에 대한 개념 설정**
- 훼손 유형을 분류하고 정비를 위한 공법과 공종의 적용을 구상하는 단계
- 등산로 표준단면도, 정비공법 구상도 등 도면과 정비공사별 적용공법 및 공종목록(안)

ⓜ 구간별 상세계획

- **구간별로 상세한 정비구상안을 제시한다. $\frac{1}{200} \sim \frac{1}{300}$ 의 축척으로 작성한다.**

ⓗ 실시설계

- 최종 정비 구상안을 바탕으로 공사에 필요한 설계도면과 내역서 및 시방서를 작성한다.
- 구간별 평면도 및 종단면도, 공종별 상세 도면, 공사내역서와 시방서 일체를 작성한다.

4) 시공 및 적용

등산로의 이용목적에 따른 등산로 정비 방향에 맞추어 각종 공종들을 시공한다.

[등산로의 이용목적에 따른 정비 방향]

유형 구분		정비 방향
등산 목적 등산로	무정비형	• 발생하는 모든 것을 자연현상으로 간주하여 정비를 하지 않는다.
	보수형	• 파손된 기존 시설의 보수를 한다. • 침식 등의 발생과 확대를 미연에 방지하는 정비를 한다.(물 분산처리, 침식 확대의 방지 등)
	자연동화형	• 현장의 자연에 동화되도록 주위의 자연석이나 넘어진 나무 등을 이용하고, 침식 등 훼손 확대를 방지한다. • 최소한의 자재로 침식의 확대와 토사 밀림 등을 방지한다.
숲체험 목적 등산로	보전·복구형	• 기존의 시설(길, 하이킹 코스 등)을 보전(조릿대, 풀 깎기, 물 처리 등) 하고, 비탈면의 토사 밀림 방지 등 등산로를 정비한다.
	자연융합형	• 전처리나 경관에 동화되는 자재(흙, 자갈·쇄석, 석재, 목재)를 이용하여 노면 보수 및 정비한다.
산책 목적 등산로	자연조화형	• 자연경관지 또는 도시공원의 이미지와 조화되게 정비한다. • 사용할 자재는 경관, 환경, 기능적 측면을 고려하여 선정한다.

5) 사후관리

등산로의 시공 및 사후 유지관리 방법은 등산로의 유형에 따라 아래와 같다.

이용 목적	구분	유지관리 방법
등산 목적 등산로	무정비형	• 침식이 발생한다 할지라도 그 자체를 자연현상으로 이해하고, 인위적인 간섭을 일체 하지 않는 「자연 그대로」를 기본 원칙으로 한다. • 자연재해에 의한 파손은 최소한의 복구를 행하고, 위험요소가 발생한 경우 안전대책을 강구한다.
	보수형	• 등산로나 등산로의 자연성 확보 관점에서 가능한 최소한의 보수를 원칙으로 한다. • 「자연 그대로」를 기본으로 하되 안전상 또는 보전상 문제를 초래한 경우 시설 보수, 식생복원, 물 처리 등 부분적으로 보수한다. • 불리한 자연조건이나 답압 등의 인위적 조건에 영향을 받아 침식 등이 진행 확대되는 지역을 보수한다.
	자연동화형	• 원래의 자연을 기본으로 불리한 자연조건이나 인위적 영향을 받는 지역에서 안전성 확보와 보전상 관리가 필요한 지역을 기존 자연상황과의 일치를 목표로 정비한다. • 침식과 노면 확대된 곳은 지형복원과 식생복원을 실시하고, 재훼손의 방지를 위해 모니터링을 실시한다. • 재료 선정은 현장의 자연환경에 동화되도록 주위의 자연석이나 넘어진 나무 등을 이용한다.

	보전 · 복구형	• 자연과의 접촉을 위한 하이킹 코스, 자연등산로, 자연관찰로 등을 목적으로 정비할 구간에 적용한다. • 원생적인 자연 혹은 2차림의 자연을 보전하고, 숲체험 목적 등산로로서의 기능을 수행할 수 있도록 보전 · 복구한다. • 제초관리, 노면정비, 배수처리, 흙막이 시설, 구곡침식(gully erosion) 구간의 정비 등을 수행하여 안전한 길을 제공하고, 기타 자연보전에 필요한 조치를 강구한다.
숲체험 목적 등산로	자연융합형	• 침식 발생이 쉬운 구간이나 다수의 이용자가 집중적으로 이용하는 구간은 그 영향 정도에 따라 정비강도를 조절한다. • 기존의 자연경관에 동화되고, 친숙해짐을 목표로 가능한 주변에서 얻을 수 있는 자연 소재(흙, 자갈, 쇄석, 석재, 목재 등)를 사용하는 것을 원칙으로 하되, 불가피한 경우에는 가능한 그 지역에서 얻을 수 있는 자재를 최소한으로 반입한다. • 노면 안정 및 탐방 개선 목적을 위한 토사자갈 포설, 자연석 깔기 우드칩 포설, 목재 깔기 등의 공법 선정은 기존 자연상황을 고려하여 경관, 환경, 기능적 측면을 고려하여 선정한다.
산책형 등산로	자연조화형	• 많은 사람이 방문하는 관광지나 자연경관지, 도시근린공원 등의 등산로 또는 산책로에 적용한다. • 자연경관지의 이미지와 조화를 이룰 수 있는 정비를 목표로 한다. • 자연성이나 문화적인 이미지와의 조화를 이루기 위하여 자연소재(흙, 자갈, 석재, 목재 등)나 지역의 역사적 · 문화적인 소재, 경관적으로 배려한 자재 등을 이용하여 노면을 정비한다.

4 해안사방공사

1) 원인

해안은 모래땅과 암석지대로 이루어져 있다. 모래땅의 경우 사구, 석호 등 자연적으로 형성된 지형이 많고, 거기에는 해송 등의 숲이 있어 해일과 쓰나미의 피해를 경감시키는 기능을 했다. 숲이 도로와 건물로 직접 이용되어 해안림이 줄고 숲에서 가까운 곳에 도로와 건물이 들어서면서, 낮에 자연스럽게 불어야 할 해풍의 흐름을 방해하게 되면서 해안의 모래땅은 침식이 진행되고 있다. 해안에 있는 숲은 모래 날림, 조풍, 파도, 해일, 쓰나미 등의 피해를 방지하거나 경감한다고 해서 해안방재림으로 불렸다. 해안에서 발생하는 피해를 막는 해안사방공사는 해안침식방지공사와 해안방재림 조성공사로 구분할 수 있다. 해안방재림은 바다에서 발생하는 해일, 지진해일(쓰나미), 풍랑에 의한 피해를 감소시키기 위하여 해안과 연접된 지역에 조성하는 숲이다.

① 해안방재림의 기능

ㄱ 해일방지 기능 : 태풍이나 저기압에 의한 강풍으로 해안의 수위가 비정상적으로 높아져 발생하는 해일의 피해를 방지하는 기능(유속 · 에너지 저하, 표류물의 이동 차단, 파도에 의한 파괴력 감소, 사구의 이동 방지)

ㄴ 지진해일(쓰나미) 방지 기능 : 해저 지진에 의하여 발생한 파도가 사방으로 전파되면서 발

생하는 해일의 피해를 방지하는 기능(유속·에너지 저하, 표류물의 이동 차단, 파도에 의한 파괴력 감소, 사구의 이동 방지)

ⓒ 방풍 기능 : 나무의 가지·줄기 등이 태풍·돌풍으로 발생한 강한 바람을 감속시키는 기능

ⓔ 모래 날림방지 기능 : 나무의 가지·줄기 등이 모래의 이동을 차단하고 모래 면을 피복하여 모래가 날리지 않도록 억제하는 기능

ⓜ 염해방지 기능 : 나무의 가지·줄기 등이 파도·바닷바람에 의하여 내륙에 날아오는 염분을 차단하는 기능

② 모래언덕 발달 단계

육지에서 생성된 모래가 강물에 의해 바다로 옮겨지고, 바다의 모래는 물에 의해 사빈을 형성한다. 사빈은 바다에서 불어오는 해풍에 의해 육지 쪽으로 밀려나와 모래언덕을 형성하게 되는데, 이 과정은 3단계로 구분할 수 있다.

'치올린 언덕 → 설상사구 → 반월형사구'의 과정을 거쳐서 전사구, 배후습지, 후사구를 형성하게 되는데, 각 단계의 특성은 다음과 같다.

ⓐ **치올린 모래언덕** : 지형조건이 비교적 평탄한 해안 정선(汀線)부(部)에서는 **파도에 의하여 모래가 정선부에 퇴적하여 얕은 모래 둑을 형성**하게 되는데, 이것을 치올린 모래언덕(lifting dune)이라 한다. 이 모래 둑은 최고 파도높이 이상으로 형성되지 않으며, 또한 보다 큰 파도가 올라오면 이 치올린 모래언덕은 파괴된다. 치올린 모래언덕은 해안사구 형성의 첫 단계로서 맹아(萌芽)적 사구라고도 한다.

ⓑ **설상사구** : 바다에서 부는 바람은 치올린 언덕의 모래를 비산시켜 내륙으로 이동시킨다. 이때 비사의 진로 상에 수목이나 사초 등이 있으면 풍력이 약화되어 모래가 여기에 퇴적된다. **바람이 장애물에 부딪히면 분산되었다가 장애물의 뒤편에서 다시 모여 뾰족한 혀 모양의 모래언덕을 이루게 된다.** 이러한 모래언덕의 모양은 수목이나 사초의 물리적 성질, 즉 굴요성, 밀도, 높이, 너비 등에 따라 서로 다른 모습으로 발달한다.

ⓒ **반월형사구** : 설상사구의 풍상면, 즉 바람맞이(바람받이) 쪽에 도달한 바람은 그 일부가 모래언덕의 비탈면을 따라 상승하여 모래를 풍면, 즉 바람 의지 쪽(풍하면)으로 보내고, 일부는 옆으로 흘러 모래를 수평으로 운반하여 **바람을 의지하는 양쪽 끝부분에 날개를 형성하여 반달 모양를 가진 모래언덕을 형성**하게 되는데, 이것을 반월형사구 또는 바르한이라 한다. 반월형사구는 날개의 발달에 방해요소가 적은 내륙사막에서 해안사지에서보다 더 많이 볼 수 있다.

2) 복원대책

① 해안사방 공종

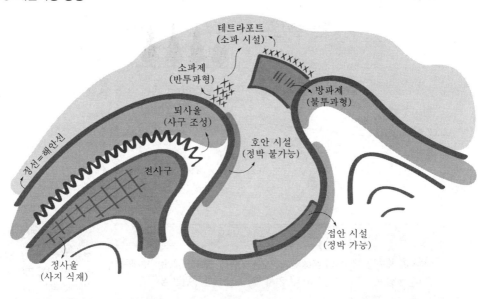

해안방재림 조성 공사	방조 공사(해안침식방지 공사)
① 사구 조성 　– 인공모래언덕 조성, 성토공 　– 모래언덕의 종류 : 자연모래언덕, 인공모래언덕, 인공성토 　– 퇴사공(구정바자얽기)으로 모래언덕 조성 　– 조성된 사구에 : 모래 덮기(모래 덮기, 사초심기, 씨 뿌리기), 파도막이 시설 ② 산림조성 　– 방풍공, 배수공, 정사공, 식재공 등	① 방조제 공사 　– 파랑, 해일, 쓰나미 등에 의한 파도의 침입 및 해안침식 방지, 완전 불투과형 　– 해안방재림(모래언덕+산림) 보호 및 조성 목적 ② 방조호안 공사 　– 파랑, 해일, 쓰나미 등에 의한 해안침식방지, 모래언덕 및 해안선 고정 ③ 소파공사 　– 파도의 월파고, 월파랑, 충격쇄파압 저감 　– 방조제 및 방조호안 전면부에 퇴사촉진 및 세굴방지 　– 부분투과, 부분차단형 ④ 소파제 공사 　– 사빈, 모래언덕, 해안선이 육지 방향으로 후퇴하는 것 방지 　– 정선(汀線)유지, 배면에 퇴사촉진 목적

3) 공사 설계

① 해안방재림 주요 공종

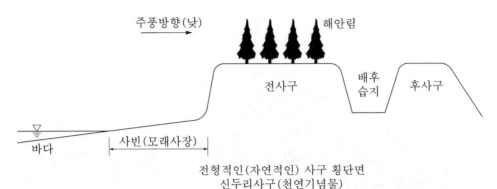

전형적인(자연적인) 사구 횡단면
신두리사구(천연기념물)

공종	내용	시공 장소
퇴사울 세우기 (모래 쌓기)	바다 쪽에서 불어오는 바람에 의하여 날리는 모래를 억류하고 퇴적시켜서 사구를 조성하기 위한 공종	전사구는 사빈의 끝에 물에 의한 침식 피해를 받지 않은 부분에 설치
모래 덮기	모래 쌓기에 의해 조성된 사구가 식생에 의해 피복될 때까지 사구 표면을 보호하고 비사를 방지하기 위한 공종	모래 쌓기에 의해 조성된 사구
정사울 세우기 (모래안정공사)	앞모래언덕 축설 후 그 후방지대에 풍속을 약화시켜 모래의 이동을 막고 식재목이 자랄 수 있도록 환경을 조성하는 공종	앞모래언덕의 후방
사초심기	퇴사울과 정사울이 부식된 후 이들의 기능을 보충하기 위하여 화본과, 사초과, 국화과 등의 초본류를 식재하여 사면을 피복하는 공법	퇴사울과 정사울을 세운 장소
모래언덕 조림	해안 모래언덕을 조속히 산림으로 조성하기 위해 적정 수종을 선정하여 식재하는 공종	

② 설계 시 검토사항

   ㉠ 위치

     – 정선(汀線, 물가)으로부터 일정 구간 떨어진 육지 쪽에 조성한다.

     – 해빈(사빈, 모래사장)이 좁고 침식 위험이 있는 곳은 방조공 등을 함께 계획한다.

     – 전사구와 주사구를 모두 조성할 때는 파랑도달선 안쪽에 배치한다.

     – 모래언덕 사이의 거리는 모래언덕 높이의 40배 이상이 되도록 한다.

   ㉡ 방향 : 퇴사울타리는 정선과 평행하도록 설치한다.

   ㉢ 높이 : 모래언덕을 여러 줄로 배치할 경우는 주모래언덕의 높이는 전사구의 꼭대기(頂部, 정부)와 자연모래언덕의 꼭대기를 연결하는 선상에 위치하도록 한다.

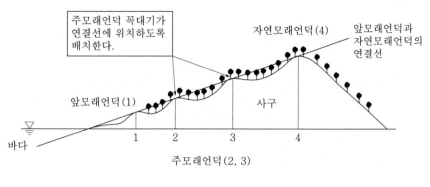

주모래언덕 꼭대기가
연결선에 위치하도록
배치한다.

자연모래언덕(4)

앞모래언덕과
자연모래언덕의
연결선

앞모래언덕(1)

사구

바다

1 2 3 4

주모래언덕(2, 3)

▲ 주모래언덕의 높이

③ 해안사지 식재 수종의 조건

– 양분과 수분에 대한 요구가 적은 수종

– 비사·염분 등의 피해에 잘 견디는 수종

– 바람에 대한 저항력이 강한 수종

– 울폐력이 좋고 지력을 증진시킬 수 있는 수종

– 생활환경이나 풍치의 보전·창출에 적합한 자생 수종

④ 기능에 따른 수종 선정

　㉠ 주 수종

　　– 침엽수 : 해송, 곰솔, 분비나무, 가문비나무, 낙엽송 및 소나무 등

　　– 활엽수 : 자귀나무, 떡갈나무, 아까시, 소귀, 사방오리, 갈참나무, 졸참나무, 느릅나무,
　　　굴피나무, 팽나무, 소사나무, 음나무, 회화나무, 푸조나무, 감탕나무, 가시나무, 동백나
　　　무, 소태나무, 황철 및 버드나무 등

　㉡ 비료목 : 족제비싸리, 싸리류, 오리나무류, 보리수나무, 소귀나무, 자귀나무 및 아까시나
　　　무 등

⑤ 임분 구조에 따른 수종 선정

　– 침엽수와 활엽수가 혼효되고 다양한 층 구조를 갖는 혼효복층림이 조성되도록 상·하층의
　　수종 선정

　– 상층에는 토질에 알맞은 주 수종을 식재

　– 하층에는 염해에 강한 철나무, 우묵사스레피, 다정큼나무, 동백나무, 졸가시나무, 소귀나
　　무, 후박나무 및 감탕나무 등의 관목성 활엽수류를 식재

⑥ 식재본수 및 식재 폭

식재본수	식재폭
㉠ 주 수종과 비료목을 포함하여 10,000본/ha 내외로 식재 　－ 만조해안선으로부터 내륙 방향으로 가면서 식재본수를 5,000~8,000본/ha 내외로 조정 　－ 주 수종을 70%~80%, 비료목을 20~30% 정도로 혼합하여 식재 ㉡ 큰나무 식재의 경우에는 수령, 경급, 수고 등을 감안하여 적정한 본수로 조정하여 식재	㉠ 일반적으로 60m의 폭으로 식재하되 재해 우려 여건 등을 감안하여 조정 식재 ㉡ 큰나무 식재의 경우에는 경급·수관의 폭을 감안하여 적정한 간격이 유지되도록 조정 식재

4) 시공 및 적용

① 해안방재림 조성 방법 : 퇴사울 세우기 → 모래 덮기 → 정사울 세우기 → 사초심기 → 모래언덕 조림

　㉠ **퇴사울 세우기** : 섶, 짚, 억새 등으로 울타리를 만들어서 바닷바람에 날리는 모래를 퇴적시켜 사구를 조성하는 방법이다.

　㉡ 모래 덮기 : 퇴사울 세우기에 의하여 조성된 사구를 갈대, 거적, 짚 등으로 덮어 수분의 증발을 막아주어 식생이 형성되도록 유도하는 것이다.

　㉢ **정사울 세우기** : 앞 모래언덕 형성 후 그 후방지대에 풍속을 약화시켜 모래의 이동을 막아 식재목이 잘 자랄 수 있도록 환경을 조성해 주는 것이다.

　㉣ 사초심기 : 퇴사울타리와 정사울타리가 부식된 후 이들을 보충하기 위하여 내염성이 강한 사초를 식재하여 비사를 고정하는 방법이다.

　㉤ 모래언덕 조림 : 상기 과정에서 형성된 모래언덕을 조속히 산림으로 조성하기 위하여 적정 수종을 식재하는 것으로 해송, 해당화, 아까시나무 등 생장이 빠르고 내염성이 강한 수종으로 조림하는 것이 유리하다.

② 각 공종별 목표

구분	공법	시공 목적
퇴사공	퇴사울타리공법	이 많은 지역에서 모래를 퇴사울타리 전후에 퇴사시키고 사구를 조성하여 식재목을 보호하는 방법이다.

퇴사공	성토공	자연퇴사를 기대할 수 없는 경우 식재지 주변에 모래언덕을 신속하게 조성하는 구조물 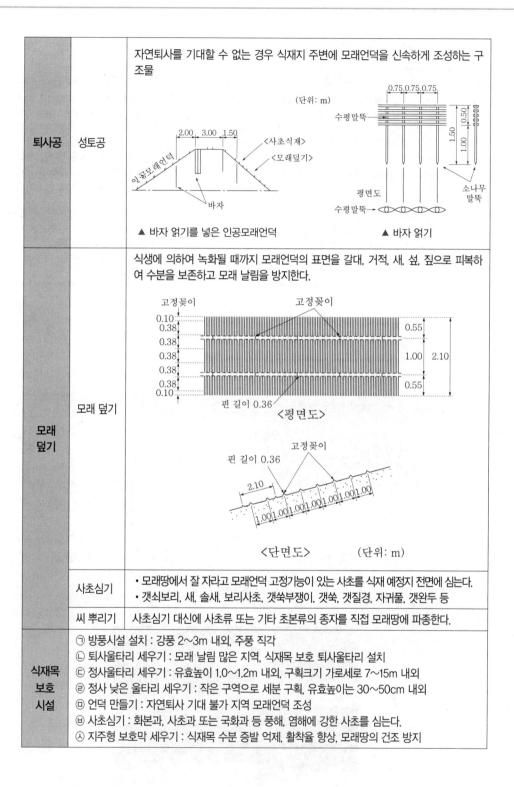 ▲ 바자 얽기를 넣은 인공모래언덕　　　　▲ 바자 얽기
모래 덮기	모래 덮기	식생에 의하여 녹화될 때까지 모래언덕의 표면을 갈대, 거적, 새, 섶, 짚으로 피복하여 수분을 보존하고 모래 날림을 방지한다.
	사초심기	• 모래땅에서 잘 자라고 모래언덕 고정기능이 있는 사초를 식재 예정지 전면에 심는다. • 갯쇠보리, 새, 솔새, 보리사초, 갯쑥부쟁이, 갯쑥, 갯질경, 자귀풀, 갯완두 등
	씨 뿌리기	사초심기 대신에 사초류 또는 기타 초본류의 종자를 직접 모래땅에 파종한다.
식재목 보호 시설		㉠ 방풍시설 설치 : 강풍 2~3m 내외, 주풍 직각 ㉡ 퇴사울타리 세우기 : 모래 날림 많은 지역, 식재목 보호 퇴사울타리 설치 ㉢ 정사울타리 세우기 : 유효높이 1.0~1.2m 내외, 구획크기 가로세로 7~15m 내외 ㉣ 정사 낮은 울타리 세우기 : 작은 구역으로 세분 구획, 유효높이는 30~50cm 내외 ㉤ 언덕 만들기 : 자연퇴사 기대 불가 지역 모래언덕 조성 ㉥ 사초심기 : 화본과, 사초과 또는 국화과 등 풍해, 염해에 강한 사초를 심는다. ㉦ 지주형 보호막 세우기 : 식재목 수분 증발 억제, 활착율 향상, 모래땅의 건조 방지

Part 3 | 사방공학

③ 주요 공종 시공 방법

퇴사울	정사울
• 바다 쪽에서 불어오는 바람에 의하여 날리는 모래를 억류하고 퇴적시키는 공종이다. • 비사의 정도, 파도의 강약, 조류의 고저 등을 고려하여 모래언덕의 앞바닥이 피해를 보지 않는 장소에 설치한다. • 울타리의 높이는 0.7~1m로 하고 정상은 수평이 되도록 한다. • 참나무, 소나무, 낙엽송 등의 갱목을 땅속에 박고, 횡목이나 죽재를 울타리 높이에 따라 2~3단으로 만들고 섶, 갈대, 참억새, 대나무 등의 재료로 1m 높이 정도의 퇴사울타리를 만든다.	• 앞모래언덕이 형성된 이후 앞모래언덕 위나 후방지대에 풍속을 약화시켜서 모래의 이동을 막고 식재목이 잘 자랄 수 있도록 환경을 조성하는 공종이다. • 모래 덮기공법과 사초심기공법을 병용한다. • 볏짚, 갈대, 섶, 대나무, 억새류 등을 사용한다. • 7~15m 크기의 정사각형, 직사각형으로 구획하고, 높이 1~1.2m로 하며, 12~20cm 정도를 모래에 묻는다. • 정사 낮은 울타리 세우기는 정사울타리 내부 구역을 2~4m의 작은 구역으로 구획하고, 높이는 30~50cm, 통풍비는 1:1로 시공한다. • 정사울을 설치한 다음에 구획 내부에 ha당 10,000본의 묘목을 식재한다.

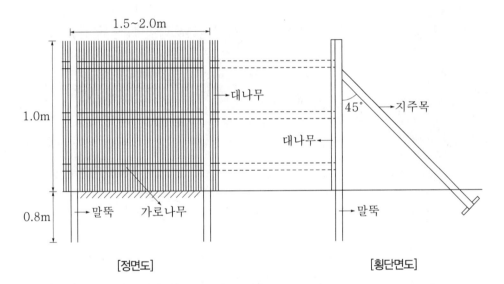

▲ 퇴사울 시공 상세도

▲ 정사울 시공

5) 식재목 보호시설

① 방풍시설
- 2~3m의 높이로 주풍 방향에 직각으로 설치한다.
- 이음 부분은 양 끝이 중복되도록 설치한다.

② 퇴사울타리 세우기
- 모래가 사구에 퇴적되도록 유도하는 시설이다.
- 주풍에 직각으로 설치하며, 1m 내외의 높이로 설치한다.

③ 정사울타리
- 사구에 녹화한 식물의 안정적인 정착을 위해 모래의 날림을 방지하는 시설이다.
- 1~1.2m의 높이와 7~15m 길이의 정방형으로 계획한다.

④ 정사 낮은 울타리
- 정사울타리로 구획한 구역 안에 다시 낮은 울타리를 30~50cm의 높이로 계획한다.

⑤ 사초심기
- 조성된 사구의 비탈면을 보호하기 위해 화본과, 사초과, 국화과 등 초본류 중 풍해와 염해에 강한 풀을 심는다.

⑥ 언덕 만들기
- 자연적인 모래의 퇴적을 기대하기 어려우면 인공으로 모래언덕을 조성할 수 있다.

⑦ 조림
- 사구의 척박한 환경에서는 죽는 나무가 많으므로 1만 본/ha 정도를 식재한다.
- 식재목은 상층수관부를 구성할 나무는 2천 본, 하층수관을 구성할 나무는 ha당 5천 본 정도로 구성할 수 있다.
- 수관의 울폐도는 60~70% 정도로 계획하고, 사용할 묘목의 수고는 침엽수는 30~50cm, 활엽수는 1m 정도의 대묘를 사용한다.

6) 사후관리 시설

① 볏짚 깔기 : 식재목 뿌리에 수분이 유지되도록 젖은 볏짚을 깔고 모래를 덮는다.

② 볏짚 덮기 : 묘목을 식재한 후 나무의 수분이 유지되도록 묘목 주위 표면에 볏짚을 덮는다.

③ 배수시설 설치 : 지표수, 침투수에 의해 뿌리가 썩지 않도록 배수한다.

④ 수로 설치 : 주위보다 지형이 낮은 곳에 물길을 낸다.

⑤ 속도랑 내기 : 지형의 변곡점, 지질의 변이점 등 지표로 용출되는 물을 배수한다.

사방사업의 설계 · 시공 세부기준

[목차] 산림청고시 제2015 - 57호

④ 정사 낮은 울타리 세우기	7. 계류 복원사업
⑤ 언덕 만들기	1) 기본 원칙
⑥ 사초심기	2) 사업 기준
⑦ 지주형 보호막 세우기	8. 사방댐 설치 사업
5) 사후관리시설	1) 사방댐의 유형
① 볏짚 깔기, 볏짚 덮기	2) 기본 원칙
② 배수시설 설치	3) 위치 선정
③ 수로 설치	4) 댐의 안정성
④ 속도랑 설치	5) 높이 등 크기
5. 해안침식방지사업	6) 저사선
1) 기본 원칙	7) 방수로
2) 시공기준	8) 댐 어깨
6. 계류 보전사업	9) 댐 단면 및 기울기
1) 둑쌓기	10) 물 빼기 구멍
2) 바닥막이	11) 물받이
3) 기슭막이	12) 끝 돌림
	13) 측벽

1 공통사항

1) 토공

① 입목벌채, 표토 정리

- 사업 대상지의 절토·성토 사면에 있는 입목(관목을 포함한다)·초본류, 표토 등은 모두 정리한다. 다만 사업 실행에 장애가 되지 않는 입목은 그대로 존치할 수 있으며, 표토는 생태적 사면복구를 위해 가급적 재활용한다.
- 절토·성토 사면정리(비탈 다듬기) 대상지의 경계선 주변에 생립하는 불안정한 수목은 제거할 수 있다.

② 절토·성토 사면정리(비탈 다듬기)

- 절토·성토 사면정리는 불규칙한 지반을 정리하는 것으로서, 비탈면의 기울기와 소단 설치는 다음 기준으로 하되 토질상태와 현지 여건에 따라 조정할 수 있다.

구분		비탈면의 기울기	소단 설치
절토	토사지역	1:1.0~1.5	절토고 3~5m 간격으로 폭 0.5m 이상의 소단 설치
	암석지	1:0.3~1.2	절토사면에 대한 안정성을 고려하여 소단 설치
성토		1:1.0~2.0	성토고 3~5m 간격으로 폭 0.5~1m의 소단 설치

- 절토·성토 사면정리는 토사의 안정각이 유지되도록 하되, 지질·경사 및 주변의 지형과 공법 등을 감안하여 실시한다.
- 절토면 상단부(삿갓 부분을 포함한다) 및 사업 대상지와 인접한 불안정한 사면은 최대한 안정각을 이루도록 정리하여야 한다.
- 절토·성토 사면정리를 할 때 지장목(근주를 포함한다)이 땅에 묻히지 않도록 한다.

③ 암석 절취
- 암석은 부득이한 경우를 제외하고는 브레이커로 절취한다.
- 발파할 때 화약을 과다하게 사용하지 않도록 하고, 발파로 인하여 산림훼손이 발생하지 않도록 한다.

④ 구조물 기초 터 파기
- 구조물 기초 터 파기는 단단한 원지반이 나올 때까지 충분히 터 파기를 하여야 한다. 다만, 보조공작물로 보완이 가능할 경우에는 예외로 할 수 있다.
- 계류에서의 기초 터 파기는 유수에 의한 피해가 없도록 충분한 깊이로 터 파기를 하여야 한다.

⑤ 토취장·사토장
- 절토·성토 시 부족한 토사 공급을 하거나 남는 토사를 처리하고자 하는 경우에는 적정한 장소에 토취장 또는 사토장을 지정한다.
- 토취장 또는 사토장을 설계·시공할 때에는 피해가 발생하지 않도록 사전에 복구대책을 세우고 작업을 실시하여야 한다.

2) 파종

① 파종은 암석지 등 불필요한 지역을 제외한 비탈면과 절개지, 나지 등에 계획한다.
② 파종은 가급적 봄에 실시하되 가을에도 실시할 수 있다.
③ 초류종자는 가급적 향토 초류종자와 싸리류를 혼합 파종한다.
④ 척박지는 종비토(종자+비료+흙)를 혼합하여 실시하되 현지 여건에 따라 조정할 수 있다.

3) 나무 심기

① 나무 심기는 봄, 가을에 실시하는 것을 원칙으로 하되 용기묘로 심는 경우에는 연중 실시할 수 있다.
② 식재 수종은 사방 수종으로 심어야 한다. 다만, 토질이 좋은 곳에는 지역에 자생하는 향토 수종, 경제 수종을 식재할 수 있다.
③ **묘목은 가급적 소묘를 원칙으로 하며 ha당 식재본수는 4,000본 내외를 기준으로 한다.** 다만, 현지 여건에 따라 식재 수종과 본수를 조정할 수 있다.

④ 주요 공작물 주변에는 뿌리에 의한 구조물 훼손이 발생되지 않도록 적정 간격을 유지하여 식재한다.

4) 생태통로 등의 설치

① 상수가 흐르는 계류에 횡공작물(사방댐, 바닥막이 등)을 설치할 때에는 가급적 수서동물이 이동할 수 있는 구조로 시설한다.

② 계류에 종공작물을 설치할 때에는 양서류, 파충류 등 야생동물의 이동이 용이하도록 적정 거리에 하천 접근로를 설치할 수 있다.

5) 자연경관 증진

사방댐 등 사방구조물에 덩굴류를 식재하거나 사방시설물 주변에 향토 초류종자의 파종 및 화목류, 야생화 등을 식재하는 등 자연경관을 증진시킨다.

6) 안전시설물 설치

사방시설로 인한 안전사고의 예방을 위하여 위험지에는 안전울타리, 위험경고 입간판 등을 시설하여야 한다.

7) 편익시설 등

① 사방사업 실행 시 주민들의 요구가 있을 때에는 사방사업 본래의 목적에 지장을 주지 않는 범위 내에서 취수, 용수시설 등 주민공동 편익시설을 설치할 수 있다.

② 홍보를 위하여 사방댐 몸체의 하류면(반수면)에 홍보문구를 새기거나 로고 등을 부착할 경우 주변 경관과 어울리게 설치한다.

8) 현장대리인 배치

① 시공자는 사방사업의 공사관리 및 기타 기술상의 관리를 하기 위하여 공사 착수와 동시에 산림공학기술자 1인 이상을 공사현장에 배치하여야 한다.

② 사방사업공사 현장에 배치된 현장대리인은 발주자의 승낙을 얻지 아니하고는 정당한 사유 없이 공사현장을 이탈하여서는 아니 된다.

③ 사방사업공사 현장에 배치된 현장대리인이 업무수행 능력이 없다고 인정될 때에는 시공자에게 산림공학기술자의 교체를 요청할 수 있다. 이 경우 시공자는 정당한 사유가 없는 한 응하여야 한다.

④ 사방사업 시공자는 다음 각 호의 어느 하나에 해당되는 공사에 대하여는 공사품질 및 안전에 지장이 없는 범위 내에서 발주자의 승인을 받아 1인의 산림공학기술자를 3개의 현장에 배치할 수 있다.

– 이미 시공 중에 있는 공사의 현장에서 새로이 시작되는 산림토목공사

− 동일한 시(특별시 광역시를 포함한다)·군에서 행하여지는 5억 원 미만인 산림토목공사

− 시(특별시 광역시를 포함한다)·군을 달리하는 인접한 지역에서 행하여지는 공사 예정 금액이 5억 원 미만인 산림토목공사로서 발주자가 시공관리 기타 기술상 지장이 없다고 인정하는 경우

9) 사방사업 자체 설계심의

① 사방사업의 안전성, 경관·환경성 등 설계의 품질향상을 위해 시·도(시·군·구) 및 지방산림청은 자체 설계심의를 해야 한다.

② 사방사업 자체 설계심의는 사방사업 타당성 평가 위원에 준한 전문가로 구성하여 심의한다.

③ 사방사업 자체 설계심의는 설계도·서 검수(최종 납품) 이전에 실시한다.

④ 자체 설계심의 대상 사업은 사업비 1억 원 이상의 사방댐, 계류 보전사업, 계류 복원사업으로 한다. 다만 그 밖의 사방사업은 시행청의 필요에 따라 실시할 수 있다.

⑤ 자체 설계심의는 별표2의 사방사업(사방댐, 계류 보전) 실시설계 검토기준 항목에 따라 설계심의를 하여야 한다.

⑥ 설계자는 자체 설계심의에서 결정된 내용은 특별한 사유가 없는 한 설계내용의 추가·보완사항 등을 수용하여야 한다.

② 산사태 예방·산사태 복구·산지보전사업(공통)

1) 정지작업

① 단 끊기

− 단 끊기는 수평으로 실시하며 위쪽에서 아래쪽으로 시공해 내려간다.

− **단의 너비는 50~70cm 내외**로 상·하 계단 간의 비탈경사를 완만하게 하여야 한다.

− **단의 수직높이는 0.6~3.4m 내외**로 하되 조정하여 시공할 수 있다.

− 단 끊기에 의한 절취토사의 이동은 최소한으로 한다.

− 상부 첫 단의 수직 높이는 1m 내외로 한다.

② 흙막이

− 흙막이 재료는 돌, 통나무, 바자, 떼, 돌망태, 블록, 콘크리트, 앵글크리브망 등으로 현지 여건에 맞도록 선택 사용한다.

− 흙막이 설치 방향은 원칙적으로 산비탈을 향하여 직각이 되도록 한다.

③ 땅속 흙막이

− 비탈 다듬기와 단 끊기 등으로 생산되는 뜬흙(浮土)을 계곡부에 투입하여야 하는 곳은 땅속 흙막이를 설치하여야 한다.

– 안정된 기반 위에 설치하되 산비탈을 향하여 직각으로 설치되도록 한다.

2) 수로 내기

① 수로 내기는 사면의 유수가 집수되도록 계획하여야 하며, 수로 집수유역을 고려하여 사용 재료를 선택하여야 한다.

② 수로는 좌우 사면의 지반보다 낮게 설치하여야 하며, 수로의 길이가 길어지는 경우에는 유속을 줄여주는 흙막이 등의 공정을 계획하여야 한다.

③ 수로의 단면은 배수구역의 유량을 충분히 통과시킬 수 있는 단면이어야 하고, 사면의 유수가 용이하게 유입되어야 한다.

④ 수로 방향은 가급적 흐르는 물의 중심선과 직선이 되도록 설치하며, 수로를 곡선으로 하는 경우에는 외측을 높게 하여 넘는 물을 방지하여야 한다.

⊙ 돌수로

– 찰붙임 수로는 유량이 많고 상시 물이 흐르는 곳에 선정하고, 돌붙임 뒷부분에 있는 공극이 최소가 되도록 콘크리트로 채워야 한다.

– 메붙임 수로는 지반이 견고하고 집수량이 적은 곳을 선정하여야 한다.

– 유수에 의하여 돌이 빠져 나오거나 수로바닥이 침식되지 않도록 시공한다.

⊙ 콘크리트수로

– 콘크리트수로는 유량이 많고 상수가 있는 곳을 선정한다.

⊙ 떼수로

– 떼수로는 경사가 완만하고 유량이 적으며 떼 생육에 적합한 토질이 있는 곳을 선정한다.

– **수로의 폭(윤주)은 60~120cm 내외를 기준**으로 하고, 수로 양쪽 비탈에는 씨 뿌리기, 새 심기 또는 떼 붙임 등을 하여야 한다.

⊙ 콘크리트플륨관수로

– 콘크리트플륨관수로는 집수량이 많은 곳에 사용하며 가급적 평탄지나 산지경사가 완만한 지역에 설치하여야 한다.

– 설치 전에는 기초지반을 충분히 다져 부등침하가 되지 않도록 하여야 한다.

3) 줄(條) 만들기

① 돌줄(條) 만들기

– 돌줄 상단부는 씨 뿌리기 또는 새 등을 심어 단이 고정되도록 한다.

– 시공높이는 50cm 내외, 돌쌓기 비탈면은 1:0.2~0.3으로 한다.

② 새(풀포기)줄(條) 만들기

- 새줄 만들기는 새가 생육하기 용이한 완경사지에 계획한다.

③ 섶줄(條) 만들기

- 섶 채취가 용이하고 토질이 좋은 곳에 계획한다.
- 복토 부분에는 새나 잡초 등을 식재한다.

④ 통나무줄(條) 만들기

- 통나무 채취·설치가 용이한 곳에 통나무를 일렬로 포개쌓은 후 그 뒤에 흙을 채운다.
- 통나무 사이에는 초본류, 목본류 등을 식재할 수 있다.

⑤ 등고선형 물고랑 파기

- 수분이 부족한 산복 등에 등고선을 따라 물고랑을 파서 토양침식을 방지하고 토사 건조방지 기능을 높이기 위하여 시공한다.

4) 단쌓기

① 떼단 쌓기

- 경사가 25° 이상인 급경사지를 대상으로 하며, 떼단의 높이와 너비는 30cm 내외로 하되 5단 이상의 연속 단쌓기는 피한다.
- 기초부에는 아까시, 싸리류 등을 파종한다.

② 돌단 쌓기

- 돌단 쌓기 비탈면은 가급적 1:0.3으로 하고 높이는 1m 내외로 하되 그 이상일 경우는 2단으로 한다. 다만 용수가 있는 곳은 천단에 유수로를 만들어 준다.

③ 혼합 쌓기

- 떼와 돌을 혼합하여 쌓으며 떼단 쌓기와 돌단 쌓기 기준을 적용한다.

④ 마대 쌓기

- 떼 운반이 어려운 지역에 실시한다.
- 높이는 2단 이하로 한다.

5) 줄떼 만들기

① 줄떼 다지기

- 흙쌓기 비탈면에 폭 10~15cm의 골을 파고 떼나 새 또는 잡초 등을 수평으로 놓고 잘 다진다.

- 비탈면의 기울기는 대개 1:1~1:1.5로 하며, 한 층의 높이를 20~30cm 내외의 간격으로 반복하며 시공한다.

② 줄떼 붙이기
- 절토 비탈면에 주로 시공하며 사면은 수평이 되도록 고랑을 파고 떼를 붙인다.
- 비탈면의 줄 떼 간격은 20~30cm 내외로 한다.

③ 줄떼 심기
- 도로가시권, 주택지 인근 등에 조기피복이 필요한 지역에 시공하되 줄로 골을 판 후 떼를 놓고 흙을 덮은 다음 고루 밟아준다.
- 여건에 따라 전면에 떼 붙이기를 할 수 있다.

④ 선떼 붙이기
- 비탈 다듬기에서 생산된 뜬흙을 고정하고 식생을 조성하기 위하여 필요한 공작물로서 산복비탈면에 단을 끊고, 단의 전면에 떼를 쌓거나 붙인 후 그 뒤쪽에 흙을 채우고 식재·파종을 한다.
- 선떼 붙이기는 사용 매수에 따라 1~9급으로 구분하며, 기초에 돌을 쌓아 보강하는 경우 밑돌 선떼 붙이기라 한다.
- 단의 직고 간격은 1~2m 내외, 너비는 50~70cm 내외, 발디딤은 10~20cm 내외, 천단폭은 40cm 내외를 기준으로 하며, 떼 붙이기 비탈면은 1:0.2~0.3으로 한다.

6) 사면보호하기

① 섶 덮기
- 섶 덮기는 동상과 서릿발이 많은 지대에 사용한다.
- 섶은 좌우를 엇갈리도록 놓고, 상하에 말뚝을 1m 내외의 간격으로 박은 후 나무나 철사를 사용하여 고정시킨다.

② 짚 덮기
- 산지비탈이 비교적 완만하고 토질이 부드러운 지역의 뜬흙 표면을 짚으로 피복한다.
- 바람이 강하고 암반이 노출된 지역은 피하고 주로 서릿발이 발생되는 지역에 시공한다.

③ 거적 덮기
- 거적을 덮은 다음 적당한 크기의 나무꽂이를 사용하여 거적이 미끄러져 내려가지 못하도록 고정시킨다.

④ 코아네트
- 도로사면, 주택지 인근 등 주요 시설물 주변에 사용할 수 있다.

7) 편책, 바자얽기

① 비탈면 또는 계단 바닥에 편책, 바자를 설치하고 뒤쪽에 흙을 채워 식생을 조성한다.

② 떼의 채취가 곤란하고 떼 붙이기로 실효를 거둘 수 없는 곳에 설치한다.

③ 말목은 비탈면의 직각선과 수직선의 이등분선이 되도록 시공함을 원칙으로 하나 경사가 완만한 경우에는 수직으로도 할 수 있다.

④ 얽기의 상하 간격은 0.5~1.0m 내외로 한다.

8) 씨 뿌리기

① 줄 뿌리기

– 단과 단 사이의 비탈면에 너비 15~20cm 내외의 골을 설치하여 파종한다.

– 파종 골에는 객토를 하고, 그 위에 종비토(종자+비료+토양) 등을 넣고 밟아준다.

② 흩어뿌리기

– 씨 뿌리기는 종비토를 만들어 파종한다.

③ 점 뿌리기

– 경사가 비교적 급하고 딱딱한 토양 등 줄 뿌리기가 곤란한 지역에 실시한다.

9) 골막이

① 골막이란 황폐된 작은 계류를 가로질러 몸체 하류면(반수면)만을 쌓는 횡단구조물을 말하며, 몸체 상류면(대수면)은 설치하지 아니한다.

② 골막이는 비탈면의 기울기가 급하여 종·횡 침식이 심한 산복계곡에 설치하며, 종단기울기의 완화, 유속의 감속, 기슭의 안정, 토사 유출 및 사면붕괴 방지 등을 위해 시공한다.

③ 곡선부는 피하고 직선부에 설치한다.

④ 바닥비탈 기울기가 급한 곳에서는 단계적으로 여러 개소를 시공한다.

⑤ 가급적 물이 흐르는 중심선 방향에 직각이 되도록 시공한다.

⑥ 골막이몸체 하류면 아래쪽의 바닥은 침식 방지를 위하여 돌 또는 콘크리트 등으로 할 수 있다.

10) 기슭막이

① 산기슭 또는 계류의 기슭에 설치하여 기슭 붕괴 또는 계류의 물이 넘치는 것을 방지한다.

② **시공 비탈면은 가급적 1:0.3~0.5로 한다.**

③ **계류의 폭이 비교적 넓고, 기슭의 비탈이 완만한 개소는 1:1.1~1.5를 기준으로 시공할 수 있다.**

④ 물이 부딪히는 곡선부에 설치하는 구조물은 높게, 반대쪽에 설치하는 구조물은 상대적으로 낮게 시공한다.

⑤ 기슭막이 높이는 계획홍수위 기준 이상으로 하여야 한다.

⑥ 물이 부딪히는 곡선부에는 물의 속도를 완화시키는 공작물을 설치하여 유속을 줄이고 토사 퇴적으로 인한 수위 상승을 예방한다.

3 산지 복원사업

1) 기본 원칙

① 산지가 본래 지니고 있던 자연성을 최대한 고려하여 식생이 서식하기 유리한 환경을 조성한다.

② 철저한 현장조사에 기반하여 복원목표를 설정하고 계획을 수립하되 다음 사항을 고려한다.

- 복원대상지의 토양, 식생 등 정확한 입지환경의 조사결과에 따라 그 지역의 특성을 우선적으로 고려하여 복원의 유형과 복원 방법을 결정한다.

- 지형은 훼손된 주변지형을 참고하여 경관적으로 자연스럽게 어울릴 수 있도록 복원한다.

③ 현지자생식물, 자연재료를 사용하여 산림식생을 조기에 회복하되 다음 사항을 고려한다.

- 식재·파종하는 식물 종은 복원대상지 또는 사업지 주변 지역에 자생하는 식물 종으로 선정하되, 서식지의 경합 및 우점종의 변화를 가져오지 않도록 선정한다.

- 복원에 사용하는 재료는 흙, 돌, 나무 등 자연재료를 사용하되, 흙은 대상지의 토양 특성과 유사한 흙을 사용한다.

④ 소생물권을 중심으로 훼손된 식생의 복원력을 강화하되 생물의 서식 공간, 기능이 확보되도록 지형·입지에 적합한 식생으로 복원하고 초본류와 목본류의 식생·생태가 균형·조화되도록 소규모 입지별 특성을 반영한다.

2) 산지 복원사업의 종류

① 식생복원사업 : 식생복원사업은 토양의 붕괴, 침식, 유출 우려가 적은 산림에서 훼손된 산림식생의 회복을 우선으로 하되 필요한 경우 재해방지를 위한 토양안정을 병행하는 산지 복원사업을 말한다.

② 기반안정복원사업 : 기반안정복원사업은 토양의 붕괴, 침식, 유출 우려가 많은 산림에서 훼손된 산림의 재해방지를 위한 토양안정과 산림식생의 회복을 병행하는 산지 복원사업을 말한다.

3) 식생복원사업의 기준

① 주요 원식생의 변화가 일어나지 않도록 계획적으로 복원한다.

② 주변 산림생태와 조화될 수 있도록 생물 다양성의 확보, 생육환경의 보전, 야생동물의 서식처를 고려하여 파종, 식재계획을 수립하되 다음 사항을 고려한다.

ⓖ 우선 주로 식재할 식물을 결정하고 그것과 공존하는 식물을 선정한다.

ⓛ 식물 발아시기와 생육기간 등을 감안하여 발아, 생육에 적합한 공법을 선정한다.

ⓒ 파종은 가급적 발아가 잘 되는 봄에 실시하고, 종자유실을 방지하기 위하여 큰 비가 내릴 우려가 있는 여름과 발아 직후 동결이 예상되는 늦가을은 피한다.

ⓔ 식재기반 토양의 유실 방지 및 토양물리성을 높여 종자발아와 생육에 적합한 상태를 유지한 후 파종한다.

ⓜ 묘목의 원활한 활착이 어려운 토양에는 식재구덩이에 넣는 흙의 토양물리성을 높일 수 있는 좋은 토양을 혼합하여 식재한다.

③ 초본류, 목본류 등이 자연스럽게 어우러진 군상형태로 식재한다.

④ 대면적 식생복원의 경우에는 소생태계 중심의 식생 회복에 중점을 둔다.

⑤ 피해목의 벌채가 필요한 곳은 벌채를 최소한으로 하되, 특별한 경우를 제외하고는 벌채목 운반을 위한 운재로는 설치하지 말고 집재기계를 이용하여 산림훼손을 방지한다.

⑥ 사업기간은 복원 목적에 알맞은 자재가 원활하게 수급될 수 있도록 수 개년으로 충분한 기간을 설정한다.

⑦ 기타 토양안정에 관한 사항은 「3항 라. 기반안정복원사업의 기준」의 내용을 따른다.

⑧ 식생복원을 위한 종자, 묘목의 수급은 다음 기준을 따른다.

ⓖ 식물종은 산림생태의 기능 유지 및 증진 목적과 부합되는 식물 종을 선정하되 다음 사항을 고려한다.

－ 복원대상지 또는 인근 지역에서 현존하거나 과거에 서식하였던 식물 종 가운데에서 선정한다.

－ 고도, 방위, 경사, 토심·토성, 토양의 배수·건습도 등을 고려하여 생육여건에 적합한 식물 종을 선정한다.

ⓛ 종자, 묘목의 산지는 생태적·유전적 특성을 고려하여 고도, 기후대가 유사한 지역에서 채취한 종자 또는 그 종자로 양묘한 묘목을 수급하되 다음 사항을 고려한다.

－ 종자·묘목공급원(채종원, 채종림, 양묘장)이 있는 경우에는 유사한 고도, 기후대의 종자·묘목공급원에서 채종·양묘한 종자·묘목을 수급한다.

－ 종자·묘목공급원이 없는 경우에는 고도, 기후대가 유사한 국내 자생지에서 채취·양묘한 종자·묘목(종자·묘목의 산지를 확인한다)을 사용한다.

－ 외국에서 수입된 종자·묘목 또는 수입한 식물에서 채취·양묘된 종자·묘목의 수급은 금지한다.

⑨ 복원대상지의 토양이 부족할 경우 토양의 수급은 다음 기준에 따른다.

ⓖ 생육에 필요한 유효 토심이 부족한 곳에는 적어도 30cm 이상 복토한다.

ⓛ 복원에 사용될 토양은 가급적 고도, 기후대가 유사한 지역에서 수급한다.

ⓒ 복원에 사용하는 흙은 그 특성이 복원대상지의 토양 특성과 같거나 유사한 흙을 사용한다.

4) 기반안정복원사업의 기준

① 토양안정을 위한 복원계획 단계에서부터 생태 특성에 맞는 식생을 도입한다.

② 훼손지의 토양상태에 따라 토양안정에 중점을 두면서 식생 회복을 병행하되, 식생은 소생물권의 군상복원 형태로 파종·식재한다.

③ 토양안정은 토양 교란을 최소화하면서 붕괴, 침식, 토사 유출을 차단할 수 있는 친자연적 구조물의 공법을 적용하되 다음 사항을 고려한다.

ㄱ 토질조건, 경사도, 기상조건, 훼손 정도, 공사비, 시공조건 등을 종합적으로 고려한다.

ⓛ 현장의 돌, 벌채목 등을 이용한 자연형 공법을 위주로 하고, 지형 변경 최소화 및 토양의 기반 안정에 중점을 둔다.

ⓒ 자재운반을 위한 작업로는 폭, 길이를 최소화하고, 가급적 집재기계를 이용하여 운반한다.

④ 붕괴, 침식, 토사 유출 방지와 함께 경관 회복 및 야생동물 서식처의 기능을 확보한다.

⑤ 기존 토양의 형태와 특징을 보전하되, 표토의 보전 혹은 재사용을 통해 표토의 손실을 최소화한다.

⑥ 기타 식생 회복에 관한 사항은 「3항 다. 식생복원사업의 기준」①~⑤의 내용을 따른다.

⑦ 자재의 수급은 다음 기준에 의한다.

ㄱ 원래 상태의 산림으로 복원하기 위해 친자연적인 재료를 선택·이용한다.

ⓛ 토목재료는 토양안정을 위해 구조적으로 충분한 지지력이 있고, 내구성 있는 재료를 선정한다.

ⓒ 가급적 추가 훼손이 없는 범위 내에서 현장에서 재료를 확보하되, 부득이 외부에서 반입해야 하는 경우에는 현장재료와 유사한 재료를 수급한다.

ⓔ 기타 종자·묘목 등 자재 수급에 관한 사항은 「3항 다. 식생복원사업의 기준 ⑧」의 내용을 따른다.

④ 해안방재림 조성사업

1) 기본 원칙

① 대상지는 국·공유지 및 지번이 부여되지 않은 해안 지역(빈지)을 우선적으로 선정한다.

② 대상지의 고도분포, 기복량, 경사, 수계, 방위, 미지형 등을 조사한다.

③ 강수정보(최대일우량, 최대시우량, 연속 강우량, 호우빈도, 강설량 등), 기상정보(기온, 서리, 동결, 계절적인 풍향, 최대풍속 등)를 조사한다.

④ 바람에 의한 표면모래 상황을 조사하고 기존 자료(각종 문헌, 공공기관의 출판물 등)를 최대한 활용하되, 만조위 등 바닷물의 높이, 풍속·파고 등에 대하여는 지역주민의 의견을 조사한다.

2) 수종 선정

① 향토 수종

② 양분과 수분에 대한 요구가 적은 수종

③ 비사, 염분 등에 잘 견디는 수종

④ 바람에 대한 저항력이 강하고 맹아력이 좋은 수종

⑤ 울폐력이 좋고 지력을 증진시킬 수 있는 수종

⑥ 생활환경이나 풍치의 보전·창출에 적합한 자생 수종

3) 객토·시비

① 해안에는 수분과 양분이 부족하므로 충분한 객토와 유기질 비료를 시비한다.

② 객토는 근계의 발달을 고려하여 현지의 모래 등을 혼합하여 시공한다.

③ 비료는 지효성 비료를 기본으로 한다.

4) 식재목 보호시설

① 방풍시설 설치

- 식재목을 강풍으로부터 보호하기 위하여 설치하는 구조물의 유효높이는 일반적으로 2~3m 내외가 되도록 설치한다.
- 원칙적으로 주풍 방향에 직각이 되도록 설치하며, 주풍 방향과 직각이 아닌 경우에는 해안 방재림과 평행이 되도록 설치한다.
- 폭이 넓고 1열의 방풍시설로는 효과를 기대할 수 없는 곳에는 여러 개의 방풍시설을 열 지어 배치한다.
- 주풍 방향이 계절마다 변하는 곳에는 방풍시설의 끝부분에 보조 방풍시설을 설치한다.
- 낮은 방풍시설을 계속적으로 설치하는 경우에는 이음 부분에서 풍속이 증가하여 피해를 증대시키기 때문에 방풍시설의 양 끝을 중복시킨다.

② 퇴사울타리 세우기 : 모래 날림이 많은 지역에는 식재목을 보호하기 위하여 퇴사울타리를 설치한다.

③ 정사울타리 세우기 : 모래 날림, 바람, 염분에 의한 피해로부터 식재목을 보호하기 위하여 일정 규모로 울타리를 설치하며, 유효높이는 1.0~1.2m 내외, 구획의 크기는 가로 세로 7~15m 내외로 한다.

④ 정사 낮은 울타리 세우기 : 정사울타리 세우기 공법에 의해 구획된 것을 다시 작은 구역으로 세분 구획하여 낮은 울타리를 설치하며, 유효높이는 30~50cm 내외로 한다.

⑤ 언덕 만들기 : 자연퇴사를 기대할 수 없는 경우에는 식재지 주변에 모래 언덕을 조성한다.

⑥ 사초심기 : 모래 날림을 방지하기 위하여 화본과, 사초과 또는 국화과 등에 속하는 초본류 중 풍해, 염해에 강한 사초를 심는다.

⑦ 지주형 보호막 세우기 : 식재목의 수분증발 억제와 활착률 향상, 모래땅의 건조방지를 위하여 볏짚, 새 등으로 엮은 지주 형태의 보호막을 식재목 바람받이에 세워 식재목을 보호한다.

5) 사후관리시설

① 볏짚 깔기·볏짚 덮기
- 볏짚 깔기는 식재목의 뿌리에 수분이 유지되도록 하기 위하여 구덩이 안에 젖은 볏짚을 깐 후 짚의 상부를 모래로 덮고 그 위에 식재한다.
- 볏짚 덮기는 식재한 묘목에 수분이 유지되도록 하기 위하여 묘목 주위의 토양 표면에 볏짚을 덮는다.

② 배수시설 설치
- 해안방재림의 지표수, 침투수 또는 지하에서 올라오는 물을 신속하게 밖으로 유출시켜 식재목의 뿌리가 썩지 않도록 하기 위하여 설치한다.

③ 수로 설치
- 횡단 방향으로 조성지의 가장 낮은 곳에 설치하며, 지형이 복잡한 경우에는 지형을 정리한 후 집수 가능한 위치에 설치한다.

④ 속도랑 설치
- 조성지 지하에서 지표면으로 올라오는 물을 유출시키고 빗물이 잘 배수되도록 하기 위하여 속도랑을 설치한다.
- 지형의 변곡점 등 집수지형을 이루는 장소로서 지표수가 많거나 지하에서 물이 많이 올라오는 곳에 설치한다.
- 경사면을 따라 비교적 조밀하게 설치하며, 속도랑의 끝은 집수정과 연결시켜 지표수로 흘러가게 한다.

5 해안침식 방지사업

1) 기본 원칙

① 해안의 침식방지와 더불어 경관 보호가 필요한 지역을 우선적으로 선정한다.

② 해안침식지의 복구와 함께 수림대를 조성할 수 있다.

③ 수림대를 조성할 경우에는 염해에 강한 큰나무를 식재한다.

④ 모래 등이 쌓이는 지역에는 초류, 관목 등을 파식하여 모래 날림을 방지한다.

2) 시공기준

① 구조물의 기초는 최대한 깊게 설치하여 침식을 방지한다.

② 구조물의 계획고는 방파제 설치기준에 따른 최고 만조위선을 초과하도록 설치하여야 한다.

③ 구조물은 지형에 따라 설치하여야 하며 해안선을 변경하여 돌출되지 않게 한다.

④ 식재할 때 충분한 비료와 객토를 사용한다.

6 계류 보전사업

1) 둑쌓기

① 물의 흐름을 유도하여 범람을 방지하기 위하여 계류의 기슭에 시설한다.

② 둑의 상단 폭은 1~3m 내외로 하고, 둑의 안쪽 면과 바깥쪽 면의 비탈은 다음의 기준으로 시공한다. 다만, 현 여건에 따라 달리 시공할 수 있다.

[둑의 높이에 따른 비탈기울기]

둑 높이	둑 바깥쪽 면(반수면)의 기울기	둑 안쪽 면(대수면)의 기울기	둑마루의 두께
1.0 이하(m)	1:1.3	1:1.0	0.7~1.0(m)
1.1~2.0	1:1.5	1:1.3	1.0~1.5
2.1~3.0	1:2.0	1:1.5	1.5~2.0
3.1~5.0	1:2.5	1:2.0	2.0~3.0

③ 둑 자체의 압력과 침하를 고려하여 계획 제방 높이에 0.5~1.0m 내외의 여유고를 더하여 시공한다.

④ 계류의 폭은 최대 유량이 안전하게 유출될 수 있도록 한다.

⑤ 농지에 연접된 둑의 경우 여유고를 줄이거나 생략하여 시공할 수 있다.

⑥ 둑의 보호를 위하여 침윤선을 적용하여 시공한다.

2) 바닥막이

① 계류 바닥에 퇴적된 불안정한 토석의 유실을 방지하고 종단기울기를 완화시키기 위하여 계류바닥을 가로질러 설치한다.

② 상류에서 하류 방향으로 바라볼 때 물이 흐르는 중심선(유심선)에 직각이 되도록 설치한다.

③ 물이 부딪히는 곡점부에는 높게, 반대쪽은 상대적으로 낮게 설치한다.

3) 기슭막이

① 산사태 예방, 산사태 복구, 산지보전사업의 기슭막이 시공기준에 준하여 설치한다.

7 계류 복원사업

1) 기본 원칙

① 계류가 본래 지니고 있던 자연성을 최대한 살리고 동·식물이 서식하기 유리한 환경을 조성한다.

② 계류생태의 안정성을 유지하고 계류의 유속을 줄이도록 계류의 바닥 또는 양쪽사면의 침식을 방지 또는 감소하도록 한다.

③ 현장조사 등 기타 설계에 필요한 사항은 「3항 가. 산지 복원사업 기본 원칙」을 따라야 한다.

2) 사업 기준

① 식물은 계류 주변에 자생하는 식물 종을 사용하되, 부득이한 경우에는 고도, 기후대가 유사한 지역의 식물 종을 사용할 수 있다.

② 사용할 토양은 사업지 주변에서 수급하되 복원대상지의 토양 특성과 같거나 유사한 흙을 사용하여야 한다.

③ 재료는 나무, 풀, 돌 등 자연자재를 최대한 이용하되, 부득이한 경우에는 자연친화적인 인공자재를 사용할 수 있다.

④ 기타 토양안정, 식생 회복, 자재수급 등은 「3항 다. 식생복원사업의 기준과 3항 라. 기반안정 복원사업의 기준」을 따른다.

8 사방댐 설치 사업

1) 사방댐의 유형

① 중력식 사방댐 : 토석 차단을 주목적으로 하는 경우에 설치한다.(콘크리트 사방댐, 전석사방댐, 블록사방댐 등)

② 버팀식 사방댐 : 유목 차단을 주목적으로 하는 경우에 설치한다.(버트리스, 스크린, 슬리트 등)

③ 복합식 사방댐 : 토석·유목의 동시 차단을 주목적으로 하는 경우에 설치한다.(다기능 사방댐, 빔크린 사방댐, 콘크린 사방댐 등)

2) 기본 원칙
① 사방댐의 유형과 구조·형태는 주요 시설 목적(토석 차단, 유목 차단, 저수) 및 사용 재료(콘크리트, 전석, 견치석, 철강재 등)에 따라 결정한다.
② 주민 의견, 지형여건 등을 고려하여 최대한 자연친화적으로 설치한다.

3) 위치 선정
① 상류부가 넓고 댐자리의 계류 폭이 좁은 곳
② 지류의 합류점 부근에서는 합류점의 하류부
③ 가급적 암반이 노출되어 있거나 지반이 암반일 가능성이 높은 장소
④ 특수 목적을 가지고 시설하는 경우에는 그 목적 달성에 가장 적합한 장소

4) 댐의 안정성
① 시설재료는 사방댐의 설치 목적과 입지를 고려하여 선택하되, 전도·활동·내부응력 및 지반지지력 등 외력에 대한 안정을 갖도록 설치한다.
② 파괴에 대한 안정조건(응력도)은 댐 몸체의 각 부분을 구성하는 재료의 허용응력도를 초과하지 않아야 한다.
③ 기초지반의 지지력에 대한 안정조건은 사방댐 밑에 발생하는 최대응력이 기초지반의 허용지지력을 초과하지 않아야 한다.

5) 높이 등 크기
① 사방댐의 크기(길이, 높이, 폭)는 계류의 폭과 기울기, 집수구역의 넓이, 토석 유출 예상량, 시공 목적, 지반의 상황, 시공지점의 상태와 주변경관 등을 고려하여 결정한다.
② 계류의 특성에 따라 사방댐의 상류 또는 인근의 소계류에 본댐의 기능을 보조할 수 있는 소형 사방댐을 추가로 설치할 수 있다.
③ 임도를 횡단하는 계류의 상단부 50m 내외의 지점에는 토석과 유목을 동시에 차단하는 사방댐을 소형으로 설치할 수 있다. 다만, 현지 여건상 부득이한 경우에는 그러하지 아니하다.

6) 저사선
사방댐의 상류 측에 형성되는 저사선의 기울기는 현재의 계류바닥 기울기의 $\frac{1}{2} \sim \frac{2}{3}$ 내외가 되

도록 함을 원칙으로 하되, 유역인자(토석의 크기와 유역면적)에 의한 계획기울기 추정치를 적용한다.

7) 방수로

① 방수로는 댐 몸체 하류면(반수면)의 끝 부분, 물받이 부위 및 양쪽 기슭의 지질, 댐 시설 지점 상·하류의 양쪽 기슭의 상태 등을 고려하여 결정하며, 다음 사항에 유의한다.

- 댐이 시설되는 지점의 하류면 끝 부위의 양쪽 기슭 및 계류바닥에 좋은 암반이 있을 경우에는 방수로를 어느 한쪽 기슭에 치우쳐 설치할 수 있다.

- 상·하류의 계류 양편에 농경지나 가옥 등이 있을 때는 물이 흐르는 깊이 및 댐의 방향을 고려하여 방수로의 위치를 결정한다.

② 방수로의 형상은 역사다리꼴을 기본으로 한다.

③ 방수로 양옆의 기울기는 1:1을 표준으로 하되, 현지 여건에 따라 그 이상 또는 그 이하로 하거나 안전시설물을 설치할 수 있다.

8) 댐 어깨

① 댐 어깨의 양쪽 끝 부분이 암반의 경우에는 1~2m 내외, 토사의 경우에는 2~3m 이상으로 충분히 넣어야 한다.

② 댐 마루는 양쪽 기슭을 향하여 오르막 기울기로 계획할 수 있다.

9) 댐 단면 및 기울기

① 댐 몸체 하류면의 기울기는 원칙적으로 사방댐 단면에 의해 결정하되, 댐의 유효고 및 떠내려 올 토석의 최대 크기, 저수되는 물의 깊이, 상류 측의 기울기 등을 고려하여 결정한다.

② 댐 몸체 상류면의 기울기는 전석댐, 콘크리트 사방댐의 경우 수직으로 하거나 1:0.1~0.2로 하되, 현지의 저사선 등을 참고하여 토석이 많이 퇴적되는 계류에서는 급하게, 세굴이 심한 계류에서는 완만하게 한다.

③ 중력식 사방댐의 천단(天端, 마루) 두께는 유속, 떠내려 올 토석의 최대 크기, 월류하는 물의 깊이, 상류 쪽의 기울기 등을 고려하여 결정하여야 하며, 대체로 다음 두께를 표준으로 한다.

> ㉠ 떠내려 올 토석의 크기가 작은 계류에서는 0.8m 이상
>
> ㉡ 일반 계류에서는 1.5m 이상
>
> ㉢ 홍수로 큰 토석이 떠내려 올 위험성이 있는 곳에서는 2.0m 이상
>
> ㉣ 상류에서 산사태가 발생할 경우 토석이 대량 떠내려 올 위험성이 있거나, 산사태로 측압을 받게 될 위험성이 있는 곳에서는 2.0~3.0m 내외

10) 물 빼기 구멍

① 사방댐의 관리를 위하여 댐 몸체를 관통하는 물 빼기 구멍과 물을 제어하는 밸브를 설치할 수 있다. 다만, 저수 기능이 필요한 사방댐에는 물 빼기 구멍을 설치하지 아니한다.

② 상류 보조댐을 설치하는 경우에 본댐의 물 빼기 구멍은 상류 보조댐의 기초보다 낮은 위치에 설치한다.

③ 물방석에 고인 물을 제어하기 위한 시설을 설치할 수 있다.

11) 물받이

① 방수로를 넘어 떨어진 물과 토석·유목의 충격으로 계류 바닥이 손상되지 않도록 하기 위하여 댐 몸체 하류 면에 접속하여 적정 두께의 물받이를 설치한다.

② 사방댐의 상류에서 큰 토석이 떠내려 올 것으로 예상되는 경우에는 물방석이나 보조 댐도 함께 설치한다.

③ 물받이는 댐 본체·측벽과 분리되도록 설치하며, 물받이의 길이는 유효고의 1.5~3배를 기준으로 한다.

④ 물받이는 바닥이 암석일 경우 설치하지 아니할 수 있다.

12) 끝 돌림

① 댐 몸체 하류면의 하단에 있는 흙이 파이지 않도록 하기 위하여 설치한다.

② 물받이 끝돌림의 밑넣기 깊이는 1m 이상으로 하되, 가급적 암반까지 깊게 파야 한다.

13) 측벽

① 물받이 부분의 양쪽 기슭이 침식될 우려가 있거나, 물받이 부분에서 물 흐름을 바로 잡을 필요가 있을 경우에 측벽을 설치한다.

② 측벽의 높이는 방수로의 위치·높이, 물이 흐르는 방향 등을 고려하여 홍수 유량을 안전하게 유출시킬 수 있도록 방수로 깊이와 같은 높이 또는 그 이상으로 하여야 한다.

③ 측벽의 마루 높이는 원칙적으로 보조댐의 어깨 높이와 같게 한다.

④ 양쪽 기슭이 암반으로 형성되어 있어서 피해 발생 우려가 없을 경우에는 측벽을 설치하지 아니할 수 있다.

9 기타사항

① 이 고시는 국가사방사업에 적용·시험·시범사업 등 특수목적 사방사업, 국가 외의 자가 시행하는 사방사업의 경우 이를 적용하지 아니할 수 있다.

② 이 고시에 기술되지 않은 사항은 「사방기술교본」을 우선 적용하고, 「사방기술교본」에 기술되지 아니한 사항은 일반 토목공법 등을 적용할 수 있으며, 특허공법은 사전에 발주자와 협의하여 설계에 반영할 수 있다.

실력점검문제

01 비탈 다듬기 공법에 대한 설명으로 옳지 않은 것은?

① 붕괴면의 주변 상부는 충분히 끊어낸다.

② 기울기가 급한 장소에서는 선떼 붙이기와 산비탈 돌쌓기 등으로 조정한다.

③ 퇴적층 두께가 3m 이상일 때에는 땅속흙막이를 시공한 후 실시한다.

④ 수정기울기는 지질·면적·공법 등에 따라 차이를 두되 대체로 45° 전후로 한다.

해설 설계상의 유의점은 지질, 면적 및 공법에 따라 다르지만 수정물매는 최대 35°전후로 한다.

02 비탈 다듬기 시공상의 공법에 대한 설명으로 옳지 않은 것은?

① 비옥한 표토는 산복변에 남겨 둔다.

② 공사는 하부에서 상부를 향해 실시한다.

③ 부토(浮土)가 많은 지역의 속도랑 및 묻히기 공사는 미리 실시한다.

④ 잡목이나 그루터기가 매몰되지 않도록 사전에 정리해야 한다.

해설 비탈 다듬기 시공상의 유의점

• 비옥한 표토는 산복변에 남겨 둔다.

• 공사는 상부에서 하부를 향해 실시한다.

• 부토(浮土)가 많은 지역의 속도랑 및 묻히기 공사는 미리 실시한다.

• 정단부는 단순히 절취하지 말고 절단하여 오목한 곳에 단번에 투입한다.

• 부토가 안정될 때까지 일정 기간 비와 바람에 노출시킨 후에 다른 공종을 시공해야 한다.

• 잡목이나 그루터기가 매몰되지 않도록 사전에 정리해야 한다.

03 강우 시 침투능에 대한 설명으로 옳지 않은 것은?

① 나지보다 경작지의 침투능이 더 크다.

② 초지보다 산림지의 침투능이 더 크다.

③ 침엽수림이 활엽수림보다 침투능이 더 크다.

④ 시간이 지속되면 점점 작아지다가 일정한 값이 된다.

해설 • 임내방목과 임지의 초지로의 전환에 의한 가축의 지표 교란과 답압은 침투능을 감소시킨다.

• 농업용 차량의 전압은 침투능을 감소시킨다.

• 밀생초본의 root mat 효과 등에 의하여 침투능이 저하된다.

• 산불은 임상물을 소실시키고 표토를 가열하여 침투성을 현저하게 저하 시킨다.

04 황폐 계류 유역을 구분하는 데 포함되지 않는 것은?

① 토사준설구역　　② 토사생산구역

③ 토사퇴적구역　　④ 토사유과구역

해설 황폐 계류의 유역 구분

• 토사생산구역은 붕괴작용·침식작용이 가장 활발히 진행되고 있는 최상류에 해당하는 구역

• 토사유과구역은 침식과 퇴적이 거의 발생하지 않고, 상류에서 생산된 토사가 통과하는 구역

• 토사퇴적구역은 계상물매가 완만하고 계폭이 넓어 유수의 유송력이 저하됨에 퇴적되는 구역

정답 01. ④　02. ②　03. ③　04. ①

05 흙막이 시공 목적이 아닌 것은?

① 불안정한 토사의 이동 억지

② 비탈면 경사 수정

③ 표면 유하수의 분산

④ 매토층의 상단부 지지

해설 산복흙막이(유토공(留土工), soil arresting struc-
tures on slope)

- 안정한 토사의 이동 억지
- 비탈면 경사 수정
- 표면 유하수의 분산
- 공작물의 기초와 수로의 지지
- 매토층의 하단부 지지 등을 목적으로 하여 시공
하며, 높이는 4m를 초과하지 않는 것이 바람직
하다.

**06 황폐 계류 유역과 내용으로 맞지 않는 것
은?**

① 선상지는 토석류의 유하구간(약 10°
이상의 구배)보다 급한 물매에서 토석
류의 생성구간에서 나타난다.

② 토사생산구역은 붕괴 및 침식에 의하
여 생산된 토사를 억지, 조절하기 위
해 횡공작물 위주의 공사를 실시한다.

③ 토사퇴적구역은 감세공법·모래막이
수로 내기 등의 사방시설을 집약적으
로 시공한다.

④ 토사유과구역은 종공작물을 중심으로
하지만 횡공작물을 병용하기도 한다.

해설 선상지는 토석류의 유하구간(약 10° 이상의 구배)
보다 완만한 물매에서 토석류의 퇴적구간에서 나
타난다.

**07 경사가 완만하고 상수가 없으며 유량이 적
고 토사의 유송이 없는 곳에 가장 적합한
산복수로는?**

① 떼붙임 수로 　　② 메쌓기 돌수로

③ 찰쌓기 돌수로 　　④ 콘크리트 수로

해설 떼수로

- 경사가 완만하고 유량이 적으며 떼 생육에 적합
한 토질이 있는 곳을 선정한다.
- 수로의 폭(윤주)은 60~120cm 내외를 기준으
로 한다.
- 수로 양쪽 비탈에는 씨뿌리기, 새심기 또는 떼붙
임 등을 한다.

08 다음 설명에 해당하는 것은?

- 속도랑에서 배수나 용수가 있는 경우
- 경사지가 급하고 토사의 유출이 많아
침식이 현저한 경우
- 사다리꼴이나 활꼴 단면이 많으며 시공
단가가 높아 특별한 경우에 시공

① 떼붙임수로

② 돌붙임수로

③ 콘크리트플륨관수로

④ 콘크리트수로

해설 돌붙임수로

- 속도랑에서 배수나 용수가 있는 경우
- 경사지가 급하고 토사의 유출이 많아 침식이 현
저한 경우
- 붕괴비탈면을 유하하는 상수가 있는 자연유로를
고정하기 위해 시공한다.
- 사다리꼴이나 활꼴 단면이 많으며 시공단가가
높으므로 특별한 경우에만 사용된다.

09 찰쌓기에서 지름 약 3cm의 PVC파이프로 물빼기 구멍을 설치하는 기준은?

① 0.5~1m² 마다 1개씩 설치한다.
② 2~3m² 마다 1개씩 설치한다.
③ 3~5m² 마다 1개씩 설치한다.
④ 5~5.5m² 마다 1개씩 설치한다.

해설 • 불투수성의 흙막이는 배면의 침투수를 배제하기 위해 물빼기 구멍을 설치한다.
• 배면의 침투수를 배제하지 않으면 간극수에 의한 수압이 작용하여 불안정해진다. 이를 방지하기 위해 물빼기 구멍을 설치하여 흙막이의 안정을 유지한다.
• 찰쌓기는 돌을 쌓아 올릴 때 뒤채움에 콘크리트를, 줄눈에 모르타르를 사용한다.
• 뒷면의 배수는 시공면적 2~3m²마다 직경 3~4cm의 관을 박아 물빼기 구멍을 만든다.

10 기슭막이에 대한 시공목적으로 옳지 않은 것은?

① 유수로 인한 횡침식이 발생하거나 붕괴가 발생할 위험이 있는 곳에 설치한다.
② 유수로 인한 종침식이 발생하거나 붕괴가 발생할 위험이 있는 곳에 설치한다.
③ 계안을 따라 산각에 설치하는 사방 구조물로 산복공작물의 기초 보호를 한다.
④ 계류의 상황에 따라서는 계류의 방향을 변경시켜 붕괴·횡침식을 방지한다.

해설 유수가 계안에 충돌하여 횡침식이 발생하거나 침식에 의하여 산복 붕괴가 발생할 위험이 있는 계안을 따라 산각에 설치하는 사방 구조물
• 계안의 횡침식 방지
• 산복공작물의 기초 보호
• 산복 붕괴의 직접적인 방지
• 계류의 상황에 따라서는 계류의 방향을 변경시켜 붕괴·횡침식을 방지

11 기슭막이에 대한 설명으로 옳지 않은 것은?

① 기슭막이의 둑마루 두께는 0.3~0.5m를 표준으로 한다.
② 기슭막이의 높이는 계획고 수위보다 0.5~0.7m 높게 한다.
③ 유로의 만곡에 의해 물의 충격을 받는 수충부 하류에 계획한다.
④ 기초의 밑넣기 깊이는 계상의 상황 등을 고려하여 세굴되지 않도록 한다.

해설 • 기슭막이의 둑마루 두께는 0.3~0.5m를 표준으로 한다.
• 기슭막이의 높이는 계획고 수위보다 0.5~0.7m 높게 한다.
• 유로의 만곡에 의해 물의 충격을 받는 수충부에 계획한다.
• 기초의 밑넣기 깊이는 계상의 상황 등을 고려하여 세굴되지 않도록 한다.

12 설상사구에 대한 설명으로 옳은 것은?

① 주로 파도막이 뒤에 형성되는 모래 언덕이다.
② 모래가 정선부에 퇴적하여 얕은 모래둑을 형성한다.
③ 혀 모양의 형태로 모래가 쌓인 후 반달 모양으로 형태가 바뀐 것이다.
④ 치올린 언덕의 모래가 비산하여 내륙으로 이동하면서 수목이나 사초가 있을 때 형성된다.

해설 • 치올린 모래언덕 : 비교적 평탄한 해안에서는 파도에 의하여 모래가 정선부에 퇴적하여 얕은 모래 둑을 형성하게 되는데, 이것을 치올린 모래언덕(lifting dune)이라 한다.
• 설상사구 : 바람은 치올린 언덕의 모래를 비산시켜 내륙으로 이동시킨다. 이때 바람이 장애물에 부딪히면 분산되었다가 장애물의 뒤편에서 다시

정답 09. ② 10. ② 11. ③ 12. ④

모여 뾰족한 혀 모양의 모래언덕을 이루며 퇴적된다.

- 반월형사구 : 설상사구의 바람맞이 쪽에 도달한 바람은 그 일부가 모래언덕의 비탈면을 따라 상승하여 모래를 풍하면으로 보내고, 일부는 옆으로 흘러 모래를 수평으로 운반하여 양쪽 끝부분에 날개를 형성하여 반달 모양을 가진 모래언덕을 형성하게 되는데, 이것을 반월형사구 또는 바르한이라 한다.

13 해안의 모래언덕이 발달하는 순서로 옳은 것은?

① 치올린 모래언덕→반월사구→설상사구
② 반월사구→설상사구→치올린 모래언덕
③ 치올린 모래언덕→설상사구→반월사구
④ 반월사구→치올린 모래언덕→설상사구

해설 모래언덕 발달 단계 : 치올린 언덕→설상사구→반월형사구

14 비중이 2.50 이하인 골재는?

① 잔골재 ② 보통골재
③ 중량골재 ④ 경량골재

해설 일반적으로 비중이 2.5 이하는 경량골재로 분류한다.

15 콘크리트 배합에서 시멘트 사용량이 가장 많은 것은?

① 1 : 2 : 2 ② 1 : 2 : 4
③ 1 : 3 : 3 ④ 1 : 3 : 6

해설
- 콘크리트의 배합비 : 시멘트, 모래, 자갈의 중량비. 시멘트, 잔골재, 굵은 골재의 중량비(시멘트 : 잔골재 : 굵은골재)
- 철근콘크리트 1:2:4
- 보통콘크리트 1:3:6
- 버림콘크리트 1:4:8

16 콘크리트의 압축강도와 가장 관계 깊은 것은?

① 물 - 잔골재 비
② 물 - 시멘트 비
③ 물 - 굵은골재 비
④ 물 - 염화칼슘 비

해설
- 콘크리트 강도에는 물의 비율이 많은 영향을 미친다.
- 콘크리트의 강도에 영향을 주는 요인
  - 배합 방법 : W/C비, slump값, 골재의 입도, 공기량
  - 재료 품질 : 물, 시멘트, 골재의 품질, 혼화재, 혼화제 등의 품질
  - 시공 방법 : 운반, 타설, 다짐, 양생 방법

17 산지사방의 공종별 설명으로 옳지 않은 것은?

① 평떼 붙이기 : 땅깎기 비탈면에 평떼를 붙여 비탈면 전체 면적을 일시에 녹화한다.
② 새심기 : 산불 발생지, 민둥산지, 석력지 등 대규모로 녹화가 필요한 곳에 새류의 풀포기를 식재한다.
③ 조공 : 완만한 경사의 비탈면에 수평으로 소단을 만들고, 앞면에는 떼, 새포기, 잡석 등으로 소단을 보호한다.
④ 선떼 붙이기 : 비탈 다듬기에서 생산된 뜬흙을 고정하고, 식생을 조성하기 위한 파식상을 설치하는 데 필요한 공작물이다.

해설
- 평떼 붙이기는 흙쌓기 사면에 사용한다.
- 땅깎기 사면에는 평떼 붙이기가 아니라 줄떼 붙이기를 사용한다.

정답 13. ③ 14. ④ 15. ① 16. ② 17. ①

18 비탈면 녹화공법에 해당하지 않는 것은?

① 조공   ② 사초심기

③ 비탈 덮기   ④ 선떼 붙이기

해설 • 사초심기란 해안의 모래땅에서 잘 생육하고, 모래언덕의 고정 기능이 높은 사초를 식재 예정지 전면에 식재하는 사면 피복공법이다.

• 비탈면의 녹화공법은 녹화를 위한 기반을 다지는 녹화기초공사와 식생을 조성하는 녹화공사가 있다.

19 사방사업 대상지로 가장 거리가 먼 것은?

① 황폐계류   ② 황폐산지

③ 벌채 대상지   ④ 생활권 훼손지

해설 • 사방사업 대상지는 황폐산지, 황폐계류, 해안사구, 생활권 훼손지이다.

• 벌채 대상지는 숲 가꾸기 대상지이다.

20 비탈 녹화공법에 적용하기 가장 부적합한 것은?

① 조공   ② 새심기

③ 사초심기   ④ 씨뿌리기

해설 • 사초심기란 해안의 모래땅에서 잘 생육하고, 모래언덕의 고정기능이 높은 사초를 식재 예정지 전면에 식재하는 것으로 사면 피복공법이다.

• 풀이나 나무를 심기 위해 단을 쌓고, 고랑을 파는 등의 공사를 녹화기초공사라고 하며, 씨를 뿌리고 나무를 심고 식생을 관리하는 것을 녹화공사라고 한다.

• 단 끊기는 비탈면(사면) 안정공법의 산복기초공사에 포함된다.

• 단쌓기는 녹화기초공사에 포함된다.

사면안정공사 = 기초공사 + 녹화기초공사 + 녹화공사

= 사면안정공사 = 비탈면안정공사 = 비탈면보호공사

21 3급 선떼 붙이기에서 1m를 시공하는 데 사용되는 적정 떼 사용 매수는? (단, 떼 크기는 길이 40cm, 너비 25cm)

① 1매   ② 5매

③ 10매   ④ 20매

해설 선떼 붙이기는 가장 낮은 높이가 9급이며, 떼는 한 장만 붙인다. 이때 필요한 떼의 매수는 2.5매이며, 급수가 1급수 줄어들 때마다 2.5의 절반인 1.25장씩 가산하면 된다.

떼 크기	길이 40cm, 폭 20cm	
구분	단면상 매수	연장 1m당 매수
1급	5.0	12.50
2급	4.5	11.25
3급	4.0	10.00
4급	3.5	8.75
5급	3.0	7.50
6급	2.5	6.25
7급	2.0	5.00
8급	1.5	3.75
9급	1.0	2.50
1m당 떼사용 매수	단면상 떼매수×2.5매/m	

22 우리나라에서 녹화용으로 식재되는 사방 조림 수종과 가장 거리가 먼 것은?

① 잣나무   ② 아까시나무

③ 산오리나무   ④ 리기다소나무

해설 우리나라 3대 사방 수종인 리기다소나무, 물(산)오리나무, 아까시나무 이외에 참나무류, 싸리류(싸리(*Lespedeza bicolor*), 참싸리, 조록싸리, 족제비싸리), 눈향나무, 사방오리나무 등이 있다.

정답 18. ②   19. ③   20. ③   21. ③   22. ①

23 황폐지의 진행 순서로 옳은 것은?

① 임간나지→초기 황폐지→황폐 이행지→민둥산→척악임지

② 초기 황폐지→황폐 이행지→척악임지→임간나지→민둥산

③ 임간나지→척악임지→황폐 이행지→초기 황폐지→민둥산

④ 척악임지→임간나지→초기 황폐지→황폐 이행지→민둥산

> **해설** 황폐지 유형 및 단계
> 척악임지→임간나지→초기 황폐지→황폐 이행지→민둥산→특수 황폐지

24 사방사업 대상지 유형 중 황폐지에 속하는 것은?

① 밀린땅　　　② 붕괴지

③ 민둥산　　　④ 절토사면

> **해설** 황폐지

척악임지	산지비탈면이 여러 해 동안의 표면침식과 토양 유실로 인하여 산림 토양의 비옥도가 척박한 지역
임간나지	비교적 키 큰 입목들이 숲을 이루고 있지만 임상에 지피식물이나 유기물이 적고 때로는 침식이 발생하여 황폐가 우려되는 지역
초기 황폐지	임간나지 상태에서 침식이 진행되어 외관상 황폐지로 인식되는 산지
황폐 이행지	초기 황폐지가 더 악화되어 민둥산이나 붕괴지로 되어가는 단계의 산지
민둥산	입목이나 지피식생이 거의 없고 지표침식이 넓게 진행된 산지
특수 황폐지	각종 침식 및 황폐단계가 복합적으로 작용하여 황폐도가 대단히 격심한 황폐지

25 배수로 단면의 윤변이 10m이고 유적이 15m^{2}일 때 경심은?

① 0.7m　　　② 1.0m

③ 1.5m　　　④ 2.0m

> **해설** 물과 접촉하는 수로 주변의 길이는 윤변이라 한다.
> $$경심 = \frac{유적}{윤변} = \frac{A}{P} = \frac{15}{10} = 1.5m$$

26 유역면적 200ha, 최대시우량 180mm/h, 유거계수 0.6일 때 최대홍수유량(m^3/s)은?

① 60　　　　② 90

③ 120　　　④ 180

> **해설** $Q = k\dfrac{A \times \dfrac{m}{1000}}{60 \times 60}$
> $$= 0.6 \times \frac{2,000,000 \times \dfrac{180}{1000}}{60 \times 60} = 60$$
> A : 유역면적(m^2), $1ha = 10,000$m^2
> m : 최대시우량(mm/hr)
> k : 유거계수

27 조도계수는 0.05, 통수단면적이 3m^2, 윤변이 1.5m, 수로 기울기가 2%일 때 Manning의 평균유속공식에 의한 유량은?

① 0.45m^3/s　　② 4.49m^3/s

③ 13.47m^3/s　　④ 17.58m^3/s

> **해설** Manning의 평균유속공식(개수로의 등류나 거친 관로에 적용.)
> $$V = \frac{1}{n} \times R^{\frac{2}{3}} \times I^{\frac{1}{2}}$$
> V : 평균유속, R : 경심, I : 수로 기울기, n : 조도계수
> - 경심 $= \dfrac{통수단면적}{윤변} = \dfrac{3}{1.5} = 2$
> - 평균유속 $= \dfrac{1}{n} \times 경심^{\frac{2}{3}} \times 기울기^{\frac{1}{2}}$
> $$= \frac{1}{0.05} \times 2^{\frac{2}{3}} \times 0.02^{\frac{1}{2}}$$
> $$= 20 \times 1.587 \times 0.1414 ≒ 4.488$$
> - 유량$(Q) = $ 유속$(V) \times$ 통수단면적(A)
> $$= 4.488 \times 3 = 13.465$$

28 우량계가 유역에 불균등하게 분포되었을 경우에 가장 적정한 평균 강우량 산정 방법은?

① 등우선법　　　② 침투형법
③ 산술평균법　　④ Thiessen법

> **해설** • 유역 평균 강우량 산정방법에는 산술평균법, Thiessen법, 등우선법이 있다.
> • 티에슨(Thiessen)법은 유역 내·외부 주변의 우량 관측소를 연결하여 삼각형을 만들어서 면적을 구한다. 이 면적의 우량을 그 지역의 대표치로 하여 평균 우량을 구한다.
> • Thiessen법은 유역 면적 기준 500~5000km² 정도에 적합하며 우량계가 유역 내 불균등하게 분포되는 경우 적용한다.

29 임내강우량의 구성요소가 아닌 것은?

① 수간유하우량　② 수관통과우량
③ 수관적하우량　④ 수관차단우량

> **해설** 임내강우량 요소로 수관적하우량, 수간유하우량, 수관통과우량이 있다. 임내강우량은 산림 내에 내린 강우 중에서 임지면에 도달하는 비의 양으로 산림에서 총강우량 가운데 식물의 잎과 가지에 차단되어 증발하여 임지면에 도달하지 못하는 강수의 일부인 수관차단우량을 제외한 양이다.

30 사방댐의 위치 선정에 대한 설명으로 옳지 않은 것은?

① 상류부가 넓고 댐자리의 계류 폭이 넓은 곳
② 지류의 합류점 부근에서는 합류점의 하류부
③ 가급적 암반이 노출되어 있거나 지반이 암반일 가능성이 높은 장소
④ 특수 목적을 가지고 시설하는 경우에는 그 목적 달성에 가장 적합한 장소

> **해설** • 상류부가 넓고 댐자리의 계류 폭이 좁은 곳
> • 붕괴지의 하부 혹은 다량의 계상 퇴적물이 존재하는 지역의 직하류부

31 흙댐에 관한 설명으로 옳지 않은 것은?

① 심벽 재료로는 사질토나 점질토를 사용한다.
② 일반적으로 흙댐마루의 너비는 2~5m 정도로 한다.
③ 유역면적이 비교적 좁고 유량과 유송토사가 적지만 계폭이 비교적 넓은 경우에 건설한다.
④ 포화수선은 댐 밑 외부에 있어야 댐이 안정되고, 심벽은 포화수선을 위로 올려주는 역할을 한다.

> **해설** • 재료는 사질토나 점질토를 사용한다.
> • 흙댐마루의 너비는 2~5m 정도로 한다.
> • 포화수선은 댐 밑 내부에 있어야 댐이 안정되고 심벽은 포화수선 아래로 내려주는 역할을 한다.
> • 반수면의 본체 기울기는 돌, 콘크리트댐에서는 1:0.2~1:0.3, 흙댐에서는 1:1.5~1:2.0으로 한다.

32 빗물에 의한 토양이 침식되는 과정의 순서로 옳은 것은?

① 면상→우적→구곡→누구
② 우적→면상→구곡→누구
③ 면상→우적→누구→구곡
④ 우적→면상→누구→구곡

> **해설** 빗물에 의한 토양이 침식되는 과정
> • 우격침식 : 빗방울이 토양입자를 타격, 가장 초기 과정
> • 면상침식 : 표면 전면이 엷게 유실
> • 누구침식 : 표면에 잔도랑이 발생
> • 구곡침식 : 도랑이 커지면서 심토까지 깎임

33 사방용 수종에 요구되는 특성으로 옳지 않은 것은?

① 뿌리가 잘 자랄 것

② 가급적 양수 수종일 것

③ 척박지의 조건에 적응성이 강할 것

④ 생장력이 왕성하며 쉽게 번무할 것

해설 사방용 수종에 요구되는 특성
- 뿌리의 발달이 좋고, 토양의 긴박력(緊縛力)이 클 것
- 가급적 음수 수종일 것
- 척박지의 조건에 적응성이 강할 것
- 생장력이 왕성하며 쉽게 번무할 것

34 훼손지 및 비탈면의 녹화공법에 사용되는 수종으로 적합하지 않은 것은?

① 은행나무   ② 오리나무

③ 싸리나무   ④ 아까시나무

해설
- 사방 수종은 적응력이 강하고 성장이 빠른 수종이 적합하다.
- 우리나라 3대 사방 수종인 리기다소나무, 물(산)오리나무, 아까시나무 이외에 참나무류, 싸리류(싸리(Lespedeza bicolor), 참싸리, 조록싸리, 족제비싸리), 눈향나무, 사방오리나무 등이 있다.

35 수제에 대한 설명으로 옳지 않은 것은?

① 계안에서 물 흐름의 중심을 향하여 돌로 돌출물을 만들어 유수에 저항을 주는 공작물

② 상향수제는 수제공 아래편 기초부에 토사가 침전되어 효과가 있으나 선단이 세굴되기 쉽다.

③ 하향수제는 수제공 위로 넘어 흐르는 물로 와류되어 수제공 윗편이 세굴될 위험이 있다.

④ 수제공의 높이는 최고 수위로 하고, 끝부분은 다소 낮게 한다.

해설 수제 시공 방법 및 적용
- 계안에서 물 흐름의 중심을 향하여 돌로 돌출물을 만들어 유수에 저항을 주는 공작물
- 상향수제는 수제공 아래편 기초부에 토사가 침전되어 효과가 있으나 선단이 세굴되기 쉽고, 하향수제는 수제공 위로 넘어 흐르는 물로 와류되어 수제공 아래편이 세굴될 위험이 있다.
- 수제공의 높이는 최고 수위로 하고, 끝부분은 다소 낮게 한다.
- 수제공 길이는 하천 폭의 10% 이하로 하고, 간격은 수제공 길이의 1.5~3배로 한다.

36 바닥막이에 대한 설명으로 옳지 않은 것은?

① 계류 바닥에 퇴적된 불안정한 토석의 유실을 방지한다.

② 종단기울기를 완화시키기 위하여 계류바닥을 가로질러 설치한다.

③ 상류에서 하류 방향으로 바라볼 때 물이 흐르는 중심선(유심선)에 직각이 되도록 설치한다.

④ 물이 부딪히는 곡점부에는 낮게, 반대쪽은 상대적으로 높게 설치한다.

해설 바닥막이
- 계류 바닥에 퇴적된 불안정한 토석의 유실을 방지하고 종단기울기를 완화시키기 위하여 계류바닥을 가로질러 설치한다.
- 상류에서 하류 방향으로 바라볼 때 물이 흐르는 중심선(유심선)에 직각이 되도록 설치한다.
- 물이 부딪히는 곡점부에는 높게, 반대쪽은 상대적으로 낮게 설치한다.
- 연속적인 바닥막이 공사로 계상 기울기를 완화시킨다.
- 계상의 종침식을 방지하는 경우에는 낮은 바닥막이를 계획한다.

정답 33. ② 34. ① 35. ③ 36. ④

37 땅밀림과 비교한 산사태 및 산붕에 대한 설명으로 옳지 않은 것은?

① 강우 강도에 영향을 받는다.
② 주로 사질토에서 많이 발생한다.
③ 징후의 발생이 많고 서서히 활동한다.
④ 20° 이상의 급경사지에서 많이 발생한다.

해설 땅밀림과 비교한 산사태에 대한 설명
- 지질과의 관련이 적다.
- 사질토에서도 많이 발생한다.
- 20° 이상인 급경사지의 곡두부에서 많이 발생한다.
- 돌발성이며, 시간의존성이 작다.
- 속도가 매우 빠르다.
- 흙덩이는 교란된다.
- 강우, 특히 강우 강도의 영향을 받는다.
- 면적 규모가 작다.
- 징후의 발생이 적고, 돌발적으로 활락한다.
- 물매는 35~60°로 땅밀림의 10~20°보다 급하다.

38 중력침식 유형 중에서 발생 속도가 가장 느린 것은?

① 산붕　　② 포락
③ 산사태　　④ 땅밀림

해설 산사태와 비교한 땅밀림
- 특정 지질 또는 지질구조에서 많이 발생한다.
- 주로 점성토를 미끄럼면으로 하여 활동한다.
- 5°~20°의 완경사에서 발생한다.
- 지속성, 재발성이며, 시간의존성이 크다.
- 0.01~10ℓmm/일인 것이 많고, 일반적으로 속도가 느리다.
- 흙덩이의 교란은 적고, 원형을 유지하면서 이동하는 경우가 많다.
- 지하수에 의한 영향이 크다.
- 1~100ha로 규모가 크다.
- 발생 전에 균열의 발생, 함몰, 융기, 지하수의 변동 등이 발생한다.
- 물매는 10°~20°
- 전조현상으로는 땅이 울리고 집이 흔들린다.

39 황폐계류에 대한 설명으로 옳지 않은 것은?

① 유량의 변화가 적다.
② 계류의 기울기가 급하다.
③ 유로의 길이가 비교적 짧다.
④ 호우 시에 사력의 유송이 심하다.

해설
- 유량의 변화가 크다.
- 호우 시에 사력의 유송이 심하다.
- 물매가 급하고 계안 및 산복사면에 붕괴가 많이 발생한 계류
- 토석류 등으로 계상이 침식된 계류로, 계곡 밖 농경지와 접속되면 야계, 양안이 급한 사면의 좁은 골짜기를 이루는 곳을 황폐계곡이라 한다.

40 비탈 다듬기나 단 끊기 공사로 생긴 토사를 계곡부에 넣어서 토사 활동을 방지하기 위해 설치하는 산지사방 공사는?

① 골막이　　② 누구막이
③ 기슭막이　　④ 땅속 흙막이

해설 땅속 흙막이
- 비탈 다듬기와 단 끊기 등으로 생산되는 부토 고정을 위해 설치하는 횡공작물이다.
- 비탈 다듬기나 단 끊기 등의 흙깎기 과정에서 토괴가 미끄러져 내리기 쉬운데, 이러한 토사의 유실을 방지하기 위해 땅속에 설치하며 지표면에는 드러나지 않는다.

41 해안방재림 조성 공법에 해당되지 않는 것은?

① 사초심기　　② 나무심기
③ 퇴사울 세우기　　④ 정사울 세우기

해설 1. 퇴사울은 성토공에 해당한다.
2. 해안방재림 조성 방법은 성토공법과 해안방재림 조성공법으로 구분할 수 있는데, 그 순서는 다음과 같다.
- 성토공법 : 퇴사울 세우기-모래 덮기
- 해안방재림 조성공법 : 정사울 세우기-사초 심기-모래언덕조림(나무 심기)

정답 37. ③　38. ④　39. ①　40. ④　41. ③

42 해안사방의 정사울 세우기에 대한 설명으로 옳지 않은 것은?

① 울타리의 유효높이는 보통 1.0~1.2m로 한다.

② 울타리의 방향은 주풍 방향에 직각이 되게 한다.

③ 구획의 크기는 한 변의 길이가 7~15m 정도인 정사각형이나 직사각형으로 한다.

④ 해안으로부터 이동하는 모래를 배후에 퇴적시켜 인공모래언덕을 조성하기 위해 설치한다.

해설 • 안으로부터 이동하는 모래를 배후에 퇴적시켜 인공모래언덕을 조성하기 위해 설치하는 시설물은 퇴사울이다.
• 정사울은 퇴적된 모래언덕 위에 나무를 심기 위해 설치하는 것이다.

43 산사태 예방공사 중 지하수 배제공사에 속하는 것은?

① 주입공사

② 집수정공사

③ 돌림수로 내기

④ 침투수 방지공사

해설 지하수 배제공사
• 땅밀림 붕괴에 영향을 주는 지하수를 배제 시키거나 땅밀림지 내부로 유입되는 지하수를 차단하여 붕괴 위험 토양의 간극수압을 낮추기 위해 시공한다.
• 속도랑 내기, 보링속도랑 내기, 터널속도랑 내기, 집수정공사, 지하수 차단공사 등

44 토양침식의 형태 중 중력침식에 해당하지 않는 것은?

① 붕괴형 침식

② 지활형 침식

③ 지중형 침식

④ 유동형 침식

해설 중력침식
• 붕괴형 침식 : 산사태, 산붕, 붕락, 포락, 암설붕락

• 지활형 침식 : 지괴형 땅밀림, 유동형 땅밀림, 층활형 땅밀림
• 유동형 침식 : 토류, 토석류, 암설류
• 사태형 침식 : 눈사태, 얼음사태

45 견고한 돌쌓기 공사에서 사용될 수 있도록 특별한 규격으로 다듬은 것으로 단단하고 치밀한 석재는?

① 견치돌

② 막깬돌

③ 호박돌

④ 야면석

해설 견치돌은 특정 규격을 정해두고 깬 석재로 개의 이빨처럼 생긴 돌이란 뜻으로 앞면, 길이, 뒷면, 접촉부 및 허리치기의 치수를 지정하여 제작한다.

46 황폐계천에서 유수에 의한 계안의 횡침식을 방지하고 산각의 안정을 도모하기 위하여 계류 흐름방향에 따라 축설하는 것은?

① 밑막이

② 골막이

③ 바닥막이

④ 기슭막이

해설 기슭막이
• 유수에 의한 계안의 횡침식을 방지하고 산각의 안정을 도모하기 위해 계류 흐름 방향을 따라서 축설하는 계천 사방공종
• 유로의 만곡에 의하여 물의 충격을 받는 수충부나 붕괴 위험이 있는 수로변

47 골막이에 대한 설명으로 옳지 않은 것은?

① 물이 흐르는 중심선 방향에 직각이 되도록 설치한다.

② 본류와 지류가 합류하는 경우 합류부 위쪽에 설치한다.

③ 계상기울기를 수정하여 유속을 완화시키는 공작물이다.

④ 구곡막이라고도 하며, 주로 상류부에 설치하여 유송토사를 억제하는 데 목적이 있다.

정답 42. ④ 43. ② 44. ③ 45. ① 46. ④ 47. ②

해설
- 본류와 지류가 합류하는 경우 합류부 아래쪽에 골막이를 설치한다.
- 산비탈 붕괴지의 골이나 이에 접손된 계류의 최상류부에 축설하는 소규모의 사방용 댐을 말한다.
- 공작물 상류 측에 쌓이는 퇴적토사에 의해 산각을 고정하고 양쪽 기슭으로 이어진 산비탈의 붕괴를 방지하는 기능을 발휘한다.
- 하상물매를 완화시킴으로써 세로침식을 방지하는 역할을 한다.
- 외견상으로는 사방댐이나 바닥막이 등과 비슷한 모양을 하고 있다.
- 구곡의 유속을 완화하여 침식을 방지한다.
- 시공위치는 사방댐에 비해 계류 상의 위쪽이다.
- 골막이는 반수면만 축조하고 중앙부를 낮게 하여 물이 빠지게 한다.

48 사방댐의 주요 기능이 아닌 것은?

① 산각을 고정하여 붕괴를 방지한다.
② 계상 기울기를 완화하고 종침식을 방지한다.
③ 유심의 방향을 변경시켜 계안의 침식을 방지한다.
④ 계상에 퇴적한 불안정한 토사의 유동을 방지한다.

해설 사방댐
- 황폐계류에서 종·횡침식으로 인한 토석류 등 붕괴물질을 억제하기 위하여 계류를 횡단하여 설치하는 공작물
- 계상물매를 완화하고 종침식을 방지한다.
- 산각을 고정하고 붕괴를 방지한다.
- 계상에 퇴적한 불안정 토사의 유동을 막고 양안의 산각을 고정한다.
- 산불 발생 시 진화용수나 야생동물의 음용수로 이용된다.

49 사방댐 안정조건의 검토 항목에서 옳지 않은 것은?

① 유출에 대한 안정
② 전도에 대한 안정
③ 제체 파괴에 대한 안정
④ 기초지반 지지력에 대한 안정

해설 중력댐의 안정 조건
- 전도에 대한 안정 조건 : 합력 작용선이 댐 밑의 중앙 $\frac{1}{3}$ 보다 하류 측을 통과하면 상류에 장력이 생기므로 합력 작용선이 댐 밑의 $\frac{1}{3}$ 내를 통과해야 한다.
- 활동에 대한 안정조건 : 활동에 대한 저항력의 총합이 수평 외력보다 커야 한다.
- 제체 파괴에 대한 안정조건 : 댐 몸체의 각 부분을 구성하는 재료의 허용응력도를 초과하지 않아야 한다.
- 기초지반의 지지력에 대한 안정조건 : 사방댐 밑에 발생하는 최대응력이 기초지반의 허용지지력을 초과하지 않아야 한다.

50 유동형 침식의 하나인 토석류에 대한 설명으로 옳은 것은?

① 규모가 큰 돌은 이동시키지 못한다.
② 주로 점성토의 미끄럼면에서 미끄러진다.
③ 물을 활제로 하여 집합운반의 형태를 가진다.
④ 일반적으로 하루에 0.01~10mm 정도 이동한다.

해설
- 토석류는 산붕이나 산사태, 특히 계천으로 무너지는 포락과 같은 붕괴작용에 의해 무너진 토사와 계산에 퇴적된 토사와 암석 등이 물에 섞여서 유동하는 것이다.
- 물보다는 유목의 목편, 암석과 토사의 양이 많고 물이 고체들을 유하시키는 것이 아니라 고체가 물에 의해 미끄러져서 흘러내리는 것이다.
- 속도는 시속 20~40km 정도로 빠르다.

정답 48. ③ 49. ① 50. ③

산림 복원

1 산림 복원 일반

1) 산림 복원 개념

① 산림 훼손

훼손은 자연이 가지고 있는 고유한 성질이나 능력을 감소시키는 것을 말한다. 산림 훼손이란, 산림의 생태적인 가치를 포함한 산지의 고유 기능이나 역할을 감소시키거나 상실시키는 행위 및 현상을 의미한다. 산림 훼손에는 식물의 소멸이나 토양의 유실, 지형의 변형 등이 포함된다.

② 산지 복구

산지 복구는 훼손된 산림을 훼손 이전의 상태로 되돌리는 것이다. 어떠한 지역의 고유한 생태계 구조와 유사하지만, 원래의 생태계로 되돌리는 것을 의미하지는 않는다. 따라서 안정되고 지속 가능한 생태계를 만드는 것이지만, 외래종이 포함될 수도 있다. 산지 복구는 경관 유지, 재해 방지에 중점을 두어 산림의 구조와 기능을 개선하는 행위를 의미한다.

③ 산지 복원

산지 복원은 자연적, 인위적으로 훼손된 산림이 훼손되기 이전의 구조와 기능을 가진 상태로 회복하는 것이다. 그러나 인위적 과정을 통해 완전한 자연 상태로 회복하는 것은 현실적으로 불가능하며, 산림의 생물다양성을 높이고 온전성, 건강성을 회복하도록 하여 경관을 유지하고 재해 방지가 가능하게 하는 것을 의미한다.

2) 산림 복원 원칙

① 복구와 복원의 개념

– 훼손된 산지의 구조와 기능을 회복하여 경관 유지와 재해 예방 기능을 갖도록 하는 것은 산지 복구이다. 따라서 재해 방지를 위한 토양의 침식 방지, 유출 차단 등은 산지 복구에 속한다.

– 훼손된 산지에 대한 기능 회복뿐만 아니라 식생을 복원하여 생태계의 건강성을 회복하는 경우를 산지 복원이라 한다.

– 훼손 산지를 회복하는 사업 목표에 따라 산지 복구 혹은 산지 복원으로 구분한다.

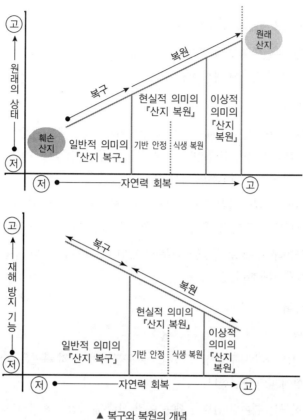

▲ 복구와 복원의 개념

② 산림 복원 대상지

훼손 산지를 대상으로 산지 복구·복원을 계획하기 위해 필요한 인허가 요건에 대해서 법률적으로 검토하여야 한다.

㉠ 산지전용 등에 관한 내용은 산지관리법을 적용한다.

– 산지전용이란, 산지를 조림, 숲 가꾸기, 입목의 벌채·굴취, 토석 등 임산물의 채취 이외의 용도로 사용하거나 이를 위하여 산지의 형질을 변경하는 것이다.

– 산지를 임도, 작업로, 임산물 운반로, 등산로·탐방로 등 숲길, 그 밖에 위와 유사한 산길로 사용하기 위해 산지를 일시 사용하는 행위도 산지전용에 해당 된다.

– 산지전용 허가나 산지 일시 사용 허가 혹은 토석 채취 허가를 받은 산지는 사용기간이 만료되었거나 목적사업이 완료된 경우에는 산지를 복구한다.

㉡ 훼손 산지의 복구 등에 관한 내용은 사방사업법을 적용한다.

– 자연적·인위적인 원인에 의해 훼손된 산지에 대해서는 산지 복원 사업을 한다.

– 산사태가 발생한 지역은 산사태 복구 사업을 시행한다.

ⓒ 백두대간 보호지역의 산지 복구·복원 등에 관한 내용은 백두대간 보호에 관한 법률을 적용한다.

   – 백두대간의 생태계 및 훼손지에 대한 복원·복구사업은 주민 지원 사업으로 시행한다.

ⓓ 산지 복구·복원에 관련된 법률을 찾아보고, 법률의 적용 범위를 확인하며, 법률에 정의된 인허가 등 관련 절차에 대해 학습한다.

③ 산림 복원 소재

산림 복원의 소재를 선택할 때는 사방사업의 설계·시공 세부 기준, 사방표준품셈, 건설공사 표준품셈을 참고로 하여 선택한다. 이때 최근 개정된 기준과 규정을 적용하며, 관련 규정이 없는 경우 유사 규정을 참고하여 작성한다.

– 식재·파종하는 식물 종은 복원대상지 또는 사업지 주변 지역에 자생하는 식물 종으로 선정하되, 서식지의 경합 및 우점종의 변화를 불러오지 않도록 선정한다.

– 복원에 사용하는 재료는 흙, 돌, 나무 등 자연 재료를 사용하되, 흙은 대상지의 토양특성과 유사한 흙을 사용한다.

④ 산림 복원 유형

ⓐ 복원 유형

산림 복원은 산지 복구와 산지 복원으로 구분하며, 산지 복원은 식생 안정과 기반 안정을 훼손 유형에 따라 구분한다.

– 산지 복구는 훼손된 산림을 훼손 이전 상태에 가깝게 회복시키기보다는 경관 유지 및 재해방지 기능에 중점을 두어 산림의 구조와 기능을 개선하는 것이다.

– 산지 복원은 훼손된 산림을 훼손하기 이전의 구조와 기능을 가진 원래의 상태에 가깝도록 생태계를 회복하는 것을 말한다.

– 산지 복구와 산지 복원은 훼손된 산림의 구조와 기능의 회복 정도에 따라 구분할 수 있다.

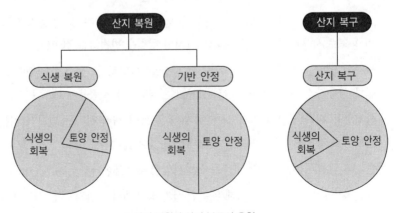

▲ 산지 복원과 산지 복구의 유형

ⓛ 훼손 유형

ⓐ 훼손 산지를 원인에 따라 분류하면 다음과 같다.

- 자연적 훼손지 : 산사태지, 산불 발생지, 황폐 계류 등을 말한다.

- 인위적 훼손지 : 개발 훼손지, 자원 채취 훼손지, 고랭지 채소밭, 시설물(전기통신시설, 군사시설 등)이 해당한다.

ⓑ 훼손 산지를 훼손된 위치에 따라 분류하면 다음과 같다.

- 산지 훼손지 : 산사태지, 산불 발생지, 채광·채석지, 군사시설, 전기통신시설, 묘지 등이 해당한다.

- 계류 훼손지 : 황폐 계류를 말한다.

ⓒ 훼손 형태에 따라 산지를 분류하면 다음과 같다.

- 점적 훼손지 : 군사시설, 전기통신시설, 묘지 등이 해당한다.

- 선적 훼손지 : 임도 및 운재로, 송전선로, 등산로 등이다.

- 면적 훼손지 : 각종 경작지, 채광·채석지, 골프장, 대규모 개발단지 등이 해당한다.

ⓓ 훼손 정도에 따라 분류하면 다음과 같다.

- 식생 훼손지 : 식생만이 훼손된 형태로 고랭지 채소밭, 송전선로 등이 해당한다.

- 토양 파괴 훼손지 : 식생뿐만 아니라 토양 또는 일부 암반이 훼손된 형태로 헬기장, 송전탑, 군사 주둔지, 도로 등이 해당한다.

- 지형이 변화된 훼손지 : 식생, 토양의 훼손뿐만 아니라 지형이 변화될 정도의 대규모 훼손이 발생한 곳으로 채광·채석지, 댐 등이 포함된다.

❷ 산림 복원사업 타당성 평가

1) 타당성 평가 개요

타당성 평가는 사방사업 대상지에 대해 사방사업법에 따라 사업에 대한 종합적인 평가를 실시하는데, 이를 타당성 평가라고 한다. 사방사업의 타당성 평가 기준은 아래와 같다.

사업의 종류	평가 기준	기타 고려사항
공통사항	• 사방사업 대상지의 면적이 적정할 것 • 다른 용도로 개발이 예정되어 있거나 확정된 지역으로서 사방사업이 필요하지 아니한 지역은 사방사업 대상지에서 제외할 것 • 멸종위기 동·식물의 서식지가 아닐 것	• 사방사업 시행에 따른 예상 효과, 경관 훼손 및 경관 저해 등에 관한 사항 • 지역주민의 사방사업 호응도 • 당해 지역 과거 피해 발생 이력 • 기존 사방시설물과의 연계 여부

산지 사방 사업	산사태 예방 사업	• 산사태 발생 위험이 크거나 우려되는 지역일 것	• 산사태 유발 시설물이 있는지 여부 • "산사태위험지판정표"에 의한 산사태 발생 위험등급의 분포 사항
	산사태 복구 사업	• 산사태가 발생한 지역일 것 • 붕괴·침식 또는 토석의 유출 등 2차 피해가 예상되는 지역	• 추가 피해 없이 자연 복구의 가능성이 있는지 여부
	산지 보전 사업	• 황폐지화가 진행될 우려가 있는 지역 또는 황폐지화가 진행 중이거나 이미 진행된 지역으로서, 사방사업을 시행하면 산지의 붕괴·침식 또는 토석의 유출을 방지하는 효과가 있는 지역일 것	• "산사태위험지판정표"에 의한 산사태 발생 위험등급의 분포 사항
	산지 복원 사업	• 황폐지화가 우려되거나 진행 중 또는 이미 진행된 지역으로서 사방사업을 시행하여 산림생태의 건강·활력 및 안정성의 증진이 가능할 것	• 토양과 식생의 종류와 특성 등
해안 사방 사업	해안 방재림 조성 사업	• 해일, 풍랑, 모래 날림, 염분 등에 의한 피해가 우려되는 지역 또는 진행 중이거나 이미 발생한 지역으로서, 사방사업을 시행하면 피해를 예방 또는 감소시킬 수 있는 지역일 것 • 만조 해안선으로부터 200m 이내일 것	• 경관 창출, 국토 보전 및 지역 발전의 기여도 등 • 목본류의 활착·생장이 가능할 것
	해안 침식 방지 사업	• 파도 등으로 인한 해안 침식의 우려가 있는 지역 또는 해안 침식이 진행 중이거나 이미 진행된 지역으로서, 사방사업을 시행하면 해안 침식을 예방 또는 감소시킬 수 있는 지역일 것	• 경관 창출, 국토 보전 및 지역 발전의 기여도 등
야계 사방 사업	계류 보전 사업	• 계류 바닥 또는 기슭에 침식이 진행 중이거나 이미 진행된 지역으로서, 사방사업을 시행하면 유속을 줄이고 침식을 예방 또는 감소시킬 수 있는 지역일 것	• 상류의 산사태 발생 및 토석 유출의 위험 정도 • 유역면적, 계류의 물매, 계류 폭, 산림과의 접속된 정도, 계류의 유량 등 현지 여건
	계류 복원 사업	• 계류의 훼손이 우려되는 지역 또는 훼손이 진행 중이거나 이미 진행된 지역으로서 사방사업을 시행하면 계류의 훼손을 예방 또는 방지하고 계류생태의 건강·활력과 안정성의 증진이 가능한 지역일 것	• 상류의 산사태 발생 및 토석 유출의 발생 위험 정도 • 유역면적, 계류의 물매, 계류 폭, 산림과의 접속된 정도, 계류의 유량 등 현지 여건 • 계류 주변 식생과 토양의 종류와 특성
	사방댐 설치 사업	• 상류지역의 산사태·토석류로 인한 피해가 우려되거나 피해가 진행 중인 지역으로서, 사방사업을 시행하면 산사태·토석류로 인한 피해를 예방 또는 감소시킬 수 있는 지역일 것	• 유역면적, 저사 효과, 계류 폭, 노출암반 정도, 계류의 유량 등 현지 여건

2) 훼손현황 조사

훼손 산지를 조사할 때는 경계와 범위를 현장 조사하여 지형도에 표시한다.

① 훼손 산지의 경계를 조사한다.

- 훼손 산지를 선정한다. 주변에서 훼손된 산지를 찾아 조사대상지를 선정한다. 조사지를 선정하기 위하여 산림청이나 지자체 담당 부서의 산지전용 관련 서류나 산불 피해지, 산사태 및 땅밀림 피해지 등에 대한 자료를 수집한다. 현장 조사를 위하여 산지 복구 · 복원 계획이 수립된 대상지를 선정하는 것이 좋다.

- 훼손 산지의 개략적 위치를 파악한다. 선정된 훼손 산지의 개략적 위치를 파악한다. 사업계획서가 있는 경우에는 사업계획서를 이용하여 위치를 파악한다. 참고할 자료가 없는 경우에는 주변의 지형이나 시설물 등을 활용하여 지형도에 개략적 위치를 표시한다.

- 훼손 산지의 범위와 경계를 표시한다. 훼손 산지에 대한 위치가 정해지면 지형도에 훼손 범위와 경계를 표시한다. 항공사진이나 인공위성 영상을 활용하여 훼손 범위를 쉽게 파악할 수 있다. 훼손 면적이 작은 경우에는 현장에서 직접 훼손 범위를 지형도에 표시한다. 현장 조사 시에는 GPS 장비 등을 활용하면 정밀하게 경계를 파악할 수 있다.

② 훼손 산지의 현황을 조사한다.

- 훼손 산지의 개황을 조사한다. 훼손 산지의 소유관계, 훼손 원인, 주요 시설물, 과거의 복구 이력, 인허가 관계 등에 대해 현장 조사하여 개략적인 현황을 파악한다.

- 인문 · 사회적 현황을 조사한다. 훼손 산지의 인문 · 사회환경을 조사한다. 훼손지에서 생활권과의 거리, 지역주민 등에 관한 자료, 사회적 특이환경 등에 관한 자료를 조사한다. 인문 · 사회 요소에 대한 조사는 현장을 방문하여 조사하는 것이 좋다.

- 훼손되기 이전의 지역적 특성을 조사한다. 과거의 자료나 기록 등을 활용하여 훼손되기 이전의 지역 특성에 대해 파악한다. 이러한 자료를 이용하여 어떠한 원인(자연적 혹은 인위적)과 과정을 통해 훼손이 발생하고 진행되었는지 파악한다.

3) 주변환경 조사

훼손 산지의 기초환경과 작업 여건을 조사하여 설계에 반영한다.

① 훼손 산지의 기초환경을 조사한다.

- 훼손 산지와 주변의 기후 및 기상자료를 수집한다. 기후는 동식물의 분포, 식재 후의 식생 발달 등을 예측하는 데 중요하다. 인근의 기상관측소 자료를 활용하여 강수량, 기온, 습도, 바람 등에 관한 자료를 수집한다. 과거의 특이한 기상 이력이나 자연재해 이력에 대해서도 조사하여 기록한다.

- 훼손 산지의 지형, 수문·수리, 토양 등에 관한 자료를 수집한다. 훼손 산지와 주변 지역의 지형, 수문·수리, 토양 등에 관한 자료를 수집한다. 필요한 자료가 부족한 경우에는 현장에서 조사하거나 주변의 자료를 참고하여 간접적으로 파악한다.

- 자연환경에 관한 자료를 수집한다. 훼손 산지와 주변의 식생 군집과 동물 등의 생태적 기초자료, 식물 또는 동물의 희귀종, 위험 요소, 최근에 발생한 상황 변화 등에 대해 조사한다.

② 훼손 산지의 작업 여건에 대해 조사한다.

- 산지 복구·복원의 제한요인에 대해 분석한다. 관련 법률에 의한 사업의 제한요인을 파악한다. 채석장 등 개발행위가 진행되고 있는 경우는 개발 기간 및 향후 개발 내용 등에 대해 조사한다. 또한, 산지 복구·복원에 대하여 지역주민 등의 이해당사자가 가지고 있는 사업 인식 등에 대해서도 조사한다.

- 작업 가능 범위를 파악한다. 현재의 훼손 정도, 소유권, 주변의 작업 여건 등을 파악하여 산지 복구·복원의 가능 범위를 파악한다. 대규모 면적의 경우에는 연차별 사업을 단계적으로 추진하도록 우선순위를 미리 파악한다.

③ 훼손 산지의 주변환경 조사자료를 활용한다.

- 훼손 산지 주변의 각종 조사자료를 체계적으로 정리하여 사업계획 및 설계 시에 적극적으로 반영하도록 한다. 또한, 조사된 자료에 대해 지자체 담당자, 설계자, 이해당사자 등이 항상 열람할 수 있도록 비치한다.

4) 기반 환경 조사

① 훼손지의 붕괴위험도를 조사한다.

- 훼손지에서는 지질·토질 특성에 따라 안정적으로 지지가 되는 토양층이 강우 등 외부의 원인에 의해 힘의 균형이 무너져 아래로 흘러내리는 붕괴현상이 자주 발생한다.

- 훼손지의 붕괴위험도는 위험사면에 대한 지형·토양·임상 등의 자료를 이용하여 자연산지의 경우에는 산사태 위험지 판정기준을 적용하고, 인공적인 절개사면은 급경사 인공사면 붕괴위험지 판정기준표를 적용하여 구한다.

② 훼손지의 사면에 대해 조사한다.

- 훼손지의 사면에 대해 개략적으로 조사한다. 사면의 형태, 사면의 형성 원인, 주변의 자연환경, 작업 여건 등에 대해 파악한다.

③ 사면의 경사도와 높이를 계산한다.

- 지형도에서 표시하는 거리는 수평거리이다. 대규모 면적에 대해서는 지형도를 이용하여 사면의 경사도와 높이를 구한다. 면적이 작거나 정밀한 현장조사가 필요한 사면에 대해서는 현장에서 직접 측량하여 구한다.

– 현장 조사를 통해 구한 결과를 활용하여 사면의 경사도와 높이를 구한다. 실제적인 산지 복구·복원에서는 작업량을 파악하기 위하여 경사 거리와 사면적을 이용한다.

5) 생태계 현황 조사

산림의 지형·나무·식생현황 및 건강·활력도 등의 항목에 대해 FGIS 자료를 활용하여 조사하고, 현지 조사를 병행한다.

① 훼손지 및 주변의 식물상을 대표할 수 있는 곳을 조사대상지로 선정하여 출현 식물 종을 조사한다.

② 서식하는 식물 종 및 수종, 밀도, 빈도, 피도, 중요치 등을 분석하여 훼손지 식생의 종 조성 등을 파악한다.

③ 특별히 보호되어야 할 서식처나 복원되어야 할 서식처 등에 대해 조사한다.

④ 식생조사 결과를 분석하여 훼손 지역에 적합한 식물 종을 선정하며, 식물 종의 생육환경을 미리 파악한다.

6) 조사야장 작성

조사야장은 훼손 현황과 훼손지 기본 요소에 대해 체크리스트 등의 형식으로 현장에서 기록할 수 있도록 한다. 관련 항목은 아래와 같다.

① 훼손 현황 파악

  ㉠ 훼손지 경계 및 현황 관련 사항

  ㉡ 훼손지 주변 관련 현황

② 훼손지 기본요소

  ㉠ 붕괴위험도

  ㉡ 사면의 경사도 및 높이

  ㉢ 용출수의 상태와 유역면적

③ 훼손지 지질 및 토질

  ㉠ 지질 요인

  ㉡ 토질 요인

④ 훼손지 식생

  ㉠ 사면 또는 주위 식생

  ㉡ 복원에 사용할 수종

❸ 산림 복원사업 설계 시공

1) 지형복원 설계·시공

① 복원대상지의 토양·식생 등 정확한 입지환경의 조사 결과에 따라 그 지역의 특성을 우선적으로 고려하여 복원의 유형과 복원 방법을 결정한다.

② 지형은 훼손된 주변 지형을 참고하여 경관적으로 자연스럽게 어울릴 수 있도록 복원한다.

2) 수리·수문복원 설계·시공

설계 강우량에 의한 설계 유량을 사업지구 밖으로 배제하기 위한 수로의 형식과 단면 크기를 결정한다.

① 수로의 형식을 결정한다. 주변의 환경과 작업 여건, 경관과의 조화, 유량의 크기 등을 고려하여 수로의 형식, 축조 재료 등을 계획한다.

　㉠ 수로의 단면 형식을 정한다. 수로의 단면 모양은 사다리꼴, 직사각형, 활꼴 중에서 적합한 형식을 계획한다.

　㉡ 수로의 축조 재료를 결정한다. 유량의 크기, 주변 경관과의 조화, 재료 구득의 용이성 등을 고려하여 돌, 떼, 콘크리트, 콘크리트블록 등 적절한 재료를 선정한다.

② 수로의 횡단면을 결정한다. 수로 횡단면의 형상 및 크기를 가정하고 그 단면을 통과하는 유량이 설계 유량보다 커지도록 수로의 횡단면을 결정한다.

　㉠ 수로의 횡단면을 설계한다. 수로의 횡단면을 먼저 가정한 후에 계획된 설계 단면을 통과하는 유량을 구한다. 이때 수로를 흐르는 유량은 매닝의 평균유속 공식을 이용한다.

　㉡ 설계 유량에 적합한 수로 단면을 계획한다. 계획 단면을 통과하는 유량이 설계 유량보다 커지도록 수로의 횡단면을 계획한다.

3) 토양 복원 설계·시공

① 고려사항

토양 안정은 토양 교란을 최소화하면서 붕괴·침식·토사 유출을 차단할 수 있는 친자연적 구조물의 공법을 적용하되, 다음 사항을 고려한다.

　– 토질 조건·경사도, 기상 조건·훼손 정도·공사비·시공 조건 등을 종합적으로 고려한다.

　– 현장의 돌·벌채목 등을 이용한 자연형 공법을 위주로 하고, 지형 변경 최소화 및 토양의 기반 안정에 중점을 둔다.

　– 자재 운반을 위한 작업로는 폭·길이를 최소화하고, 가급적 집재기계를 이용하여 운반한다.

② 토양 수급 기준

복원대상지의 토양이 부족할 경우 토양의 수급은 다음 기준에 따른다.

– 생육에 필요한 유효 토심이 부족한 곳에는 적어도 30cm 이상 복토한다.

– 복원에 사용될 토양은 가급적 고도·기후대가 유사한 지역에서 수급한다.

– 복원에 사용하는 흙은 그 특성이 복원대상지의 토양특성과 같거나 유사한 흙을 사용한다.

4) 식생 복원 설계·시공

① 종자 및 묘목의 수급 기준

식생 복원을 위한 종자·묘목의 수급은 다음 기준을 따른다.

㉠ 식물 종은 산림생태의 기능 유지 및 증진 목적과 부합되는 식물 종을 선정하되, 다음 사항을 고려한다.

– 복원대상지 또는 인근지역에서 현존하거나 과거에 서식하였던 식물 종 가운데에서 선정한다.

– 고도·방위·경사, 토심·토성, 토양의 배수·건습도 등을 고려하여 생육 여건에 적합한 식물 종을 선정한다.

㉡ 종자·묘목의 산지는 생태적·유전적 특성을 고려하여 고도·기후대가 유사한 지역에서 채취한 종자 또는 그 종자로 양묘한 묘목을 수급하되 다음 사항을 고려한다.

– 종자·묘목 공급원(채종원·채종림·양묘장)이 있는 경우에는 유사한 고도·기후대의 종자·묘목 공급원에서 채종·양묘한 종자·묘목을 수급한다.

– 종자·묘목 공급원이 없는 경우에는 고도·기후대가 유사한 국내 자생지에서 채취·양묘한 종자·묘목(종자·묘목의 산지를 확인한다)을 사용한다.

– 외국에서 수입된 종자·묘목 또는 수입한 식물에서 채취·양묘된 종자·묘목의 수급은 금지한다.

② 설계 및 시공 시 유의 사항

㉠ 주요 원식생의 변화가 일어나지 않도록 계획적으로 복원한다.

㉡ 주변 산림생태와 조화될 수 있도록 생물다양성의 확보, 생육환경의 보전, 야생동물의 서식처를 고려하여 파종·식재 계획을 수립하되, 다음 사항을 고려한다.

– 우선 주로 식재할 식물을 결정하고 그것과 공존하는 식물을 선정한다.

– 식물 발아시기와 생육기간 등을 감안하여 발아·생육에 적합한 공법을 선정한다.

– 파종은 가급적 발아가 잘 되는 봄에 실시하고, 종자 유실을 방지하기 위하여 큰 비가 내릴 우려가 있는 여름과 발아 직후 동결이 예상되는 늦가을은 피한다.

– 식재 기반 토양의 유실 방지 및 토양물리성을 높여 종자발아와 생육에 적합한 상태를 유지한 후 파종한다.

- 묘목의 원활한 활착이 어려운 토양에는 식재구덩이에 넣는 흙의 토양물리성을 높일 수 있는 좋은 토양을 혼합하여 식재한다.

ⓒ 초본류·목본류 등이 자연스럽게 어우러진 군상 형태로 식재한다.

ⓔ 대면적 식생복원의 경우에는 소생태계 중심의 식생 회복에 중점을 둔다.

ⓜ 피해목의 벌채가 필요한 곳은 벌채를 최소한으로 하되, 특별한 경우를 제외하고는 벌채목 운반을 위한 운재로는 설치하지 말고 집재기계를 이용하여 산림 훼손을 방지한다.

ⓗ 사업 기간은 복원 목적에 알맞은 자재가 원활하게 수급될 수 있도록 수년으로 충분한 기간을 설정한다.

④ 산림 복원 모니터링

1) 산림 복원 모니터링 개요

① 복구 및 복원사업이 종결된 후 사업지를 모니터링하여 관리한다.

② 모니터링은 사업의 성공 여부를 판정하고 향후 관리 방향을 제시하기 위해 실시한다.

2) 모니터링 항목 및 방법

모니터링은 사업 목적에 맞도록 항목을 결정한다. 모니터링 항목을 결정할 때는 아래 기준에 맞는 항목으로 계량화할 수 있도록 한다.

ⓐ 지속성(sustainability) : 산림생태계 항상성 유지

ⓑ 저항성(resilience) : 외부 교란과 종의 침입에 대한 저항성

ⓒ 생산성(productivity) : 총생산을 원 산림생태계와 비교

ⓓ 순환성(circularity) : 영양물질의 순환

ⓔ 다양성(biodiversity) : 조성 후 생물상의 구성

산림 복원 사업에서는 모니터링과 사후관리가 필수적 요소다. 사업의 성패보다는 향후 관리 방법에 따라 복원이 성공적으로 진행될 수 있기 때문이다.

3) 산림 복원 사후관리 개요

① 사후관리의 필요성

생태복원 지역은 지속적인 관리가 이루어지지 않을 경우 자연적 원인, 이용자의 훼손 등 복원 목적과 다른 방향으로 환경이 변화하면서 복원에 실패할 수 있다. 복원사업을 시행한 지역의 경우 생태계가 교란에 대한 탄력성을 회복할 수 있을 때까지 식생, 시설물에 대한 유지관리가 필요하다. 사후관리를 통해 발생할 수 있는 교란의 원인을 제거, 회피, 최소화할 필요가 있다.

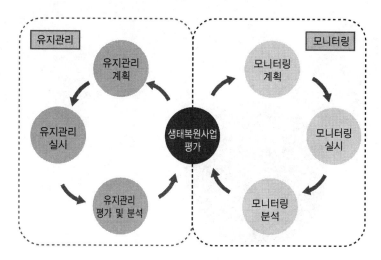

▲ 유지관리와 모니터링의 연계

② 모니터링과 사후관리의 연계

복원사업 이후의 사후관리 활동은 모니터링과 분석을 통해 복원사업의 성과를 평가하는 과정에서 다시 재규정될 수 있다. 복원사업의 목표와 현재의 상태를 비교하여 부족한 점을 보완하여 복원사업이 완성될 수 있도록 한다.

참고자료

- 산림과 임업기술(3권)
- (개정)사방기술교본
- 사방공학, 전근우
- 산림공학, 우보명
- (법령)「사방사업법」
  「산림자원의 조성 및 관리에 관한 법률」제27조, 규칙 제30조
- [별표1] 사방사업 타당성평가의 기준 · 방법 · 대상사업 등
- [별표2] 사방시설의 관리 · 점검 · 안전진단 · 안전조치
- [별표] 사방사업의 설계 · 시공기준
- 해안방재림 조성지침
- 사방사업의 시공감리 업무지침
- 사방사업의 타당성평가 및 위탁업무 처리규정 (산림청 고시 제2013-72호)
- 사방시설의 유지관리 매뉴얼 (2015년 산림청)
  「산림보호법」, 「산지관리법」

part
4

기출문제

- 산림보호학
- 임도공학
- 사방공학

2016년 제1회 기출문제

제2과목 산림보호학

01 소나무류의 푸사리움(*Fusarium*) 가지마름 병에 대한 설명으로 옳지 않은 것은?

① 불완전균류에 의한 수병이다.

② 피해 가지는 송진이 흐르며 고사한다.

③ 병원균은 잎의 기공을 통하여 침입한다.

④ 묘목으로부터 대경목까지 모든 크기의 나무가 피해를 받는다.

해설 • 푸사리움가지마름 병균은 태풍이나 곤충 등에 의한 **상처 부위로** 곰팡이가 감염된다.
• 불완전균류는 유성세대가 알려져 있는 않은 곰팡이다. 포자가 잎의 기공을 통해서 침입한다는 보고는 없다.

02 밤나무 흰가루병의 제1차 전염원이 되는 것은?

① 자낭포자   ② 겨울포자

③ 여름포자   ④ 유주포자

해설 병든 잎에서 자낭각을 형성하여 월동하고, 자낭각에서 만들어진 자낭포자가 1차 전염원이 된다.

03 다배생식 하는 해충은?

① 솔나방

② 송충알좀벌

③ 밤나무혹벌

④ 솔잎혹파리

해설 다배생식은 하나의 수정란에서 둘 이상의 곤충이 발생하는 현상을 말한다. 다배생식은 벼룩좀벌과와 고치벌과, 알좀벌류에서 볼 수 있고 송충알좀벌 역시 다배생식한다.

04 밤나무 줄기마름병에 대한 설명으로 옳은 것은?

① 중간기주는 뱀고사리이다.

② 미국에서 유입된 병해이다.

③ 질소비료를 적게 주어 방제한다.

④ 병든 부위에 흰색의 포자각이 표피를 뚫고 나온다.

해설 • 질소질 비료를 적게 주고, 인산질 및 칼리질 비료를 충분히 준다.
① 중간기주가 뱀고사리인 것은 전나무 잎녹병이다.
② 밤나무 줄기마름병은 동양에서 미국으로 유입된 병이다.
④ 병든 부위는 6~7월에 수피를 뚫고 등황색의 소립이 밀생한다.

05 중간기주와 기주교대를 하지 않는 병원균은?

① 소나무 혹병균

② 잣나무 털녹병균

③ 오리나무 잎녹병균

④ 느티나무 흰무늬병균

해설 • 소나무 혹병균 : 참나무류와 기주교대
• 잣나무 털녹병균 : 송이풀, 까치밥나무 등
• 오리나무 잎녹병균 : 낙엽송

06 느티나무벼룩바구미에 대한 설명으로 옳지 않은 것은?

① 1년에 1회 발생한다.
② 수피에서 성충으로 월동한다.
③ 유충은 주로 잎살을 가해한다.
④ 성충은 주로 수피를 가해한다.

해설 느티나무벼룩바구미는 오리나무잎벌레와 같이 유충과 성충이 모두 잎을 가해한다.

07 임지 내의 모닥불자리 또는 산불이 났던 곳에 주로 발생하는 수목 병은?

① 뿌리혹선충병
② 근주심재부후명
③ 자주빛날개무늬병
④ 리지나뿌리썩음병

해설 리지나뿌리썩음병균의 포자는 고온에서 발아한다.
rhizo- : root라는 의미

08 수목의 뿌리혹병 발생 원인이 아닌 것은?

① 알칼리성 토양
② 고온다습한 조건
③ 진딧물에 의한 감염
④ 상처에 의한 병균 침입

해설 • 뿌리혹병은 세균에 의해 발생한다.
• 세균성 뿌리혹병, 세균성 불마름병, 세균성 구멍병 등이 세균에 의한 피해다.

09 솔잎혹파리에 의한 피해를 줄이기 위한 방법으로 옳지 않은 것은?

① 시마진 수화제를 살포한다.
② 피압목을 제거하고 간벌을 실시한다.
③ 아세타미프리드 액제를 성충발생기에 수간주사한다.
④ 솔잎혹파리먹좀벌 등 기생성 천적을 이용한다.

해설 시마진 수화제는 제초제다. 제초제는 해충의 방제에 효과가 없다.

10 대기오염 물질 중 식물 체내에서 산화적 장해를 유발시키는 것이 아닌 것은?

① 오존   ② 염소
③ 이산화질소   ④ 아황산가스

해설 • 오존, PAN, 염소, 이산화질소는 안정된 물질로 변하면서 산소를 생성하여 식물의 체내로 들어가면 산화반응을 발생시킨다.
• 아황산가스는 황산으로 변화는 과정에서 수소와 결합하므로 식물의 체내에서 환원반응을 일으킨다.

11 해충의 약제 저항성에 관한 설명으로 옳지 않은 것은?

① 약제에 대한 도태 및 생존의 결과이다.
② 약제 저항성이 해충의 다음 세대로 유전되지는 않는다.
③ 해충의 개체군 내에서는 약제 저항성의 차이가 있는 개체가 존재한다.
④ 동일 살충제에서 해충을 누대 도태시킨 경우 다른 살충제에도 저항성이 발달하는 현상은 교차저항성이라 한다.

해설 약제 저항성은 개체변이에 해당하지만 살아남은 개체들끼리의 교배로 인해, 다음 세대로 유전된다.

12 식물에 기생하는 대부분의 세균 형태는?

① 구형(coccus)
② 간상(bacillus)
③ 나선상(spirillum)
④ 부정형(pleomorphic)

해설 • 식물 병원성 세균은 대부분 간상(bacillus)이다.
• 세균의 형태는 구형(알균; coccus, 구슬모양), 간상(막대균; 봉상, 막대기모양, bacillus), 나선상(나선균; spirillum) 등이 있다.

정답 06. ④ 07. ④ 08. ③ 09. ① 10. ④ 11. ② 12. ②

- 식물바이러스의 형태는 구형(둥근 알모양), 원통형, 봉상(막대기모양), 사상(실모양) 등으로 구분할 수 있다.

13 1년에 2~3회 발생하며, 2화기 성충은 7월 중순~8월 상순에 우화하여 주로 밤나무 종실에 1~2개씩 산란하는 해충은?

① 밤바구미
② 밤나무혹벌
③ 복숭아명나방
④ 참나무재주나방

해설 ① 밤바구미 : 1년에 1회 또는 2년에 1회 발생
② 밤나무혹벌 : 1년에 1회 발생
④ 참나무재주나방 : 1년에 1회 발생

14 성충이 흡즙성 해충인 것은?

① 솔껍질깍지벌레
② 호두나무잎벌레
③ 도토리거위벌레
④ 오리나무잎벌레

해설 • 응애, 진딧물, 깍지벌레 등 수목의 수액을 빨아먹는 해충을 흡즙성 해충이라고 한다. 솔껍질깍지벌레는 성충과 약충이 모두 흡즙한다.
② 호두나무잎벌레 : 식엽성 해충
③ 도토리거위벌레 : 종실가해 해충
④ 오리나무잎벌레 : 식엽성 해충

15 외국에서 유입된 해충이 아닌 것은?

① 흰개미
② 매미나방
③ 솔잎혹파리
④ 버즘나무방패벌레

해설 • 흰개미는 열대와 아열대 목재의 수입과 함께 국내에 들어왔다.
• 미국흰불나방과 버즘나무방패벌레는 미국에서 유입되었다.

16 잣송이를 가해하여 수확을 감소시키는 해충으로 구과 속 가해 부위에 배설물을 채워놓고 외부로 배설물을 배출하여 구과 표면에 붙여 놓으며 신초에도 피해를 주는 해충은?

① 솔박각시
② 솔알락명나방
③ 솔수염하늘소
④ 잣나무넓적잎벌

해설 • 솔알락명나방은 잣의 구과를 가해하는 해충이다.
① 솔박각시 : 소나무과의 침엽을 먹는다.
③ 솔수염하늘소 : 소나무의 줄기를 후식한다.
④ 잣나무넓적잎벌 : 잣나무 잎을 먹는다.

17 모잘록병원균 중에서 불완전균류는?

① *Pythium irregulare*
② *Rhizoctonia solani*
③ *Pythium debaryanum*
④ *Phytophthora cactorum*

해설

조균류	불완전균류
Pythium spp. *Phytophthora spp.*	*Fusarium spp.* (건조하고 기온이 높은 시기) *Rhizoctonia spp.* (과습하고 기온이 낮은 시기)

18 성비(sex ratio)가 0.65인 곤충이 있다. 암·수 전체 개체 수가 100마리일 때 그중 수컷은 몇 마리인가?

① 35마리　　② 50마리
③ 65마리　　④ 100마리

해설 전체 개체 수에 대한 암컷 개체 수의 비를 성비라고 한다.
성비가 0.65라면 65%가 암컷이라는 것이다.
수컷 개체 수 = 100 - (100×0.65) = 35

정답 **13.** ③ **14.** ① **15.** ② **16.** ② **17.** ② **18.** ①

19 저온에 의한 수목의 피해에 대한 설명으로 옳지 않은 것은?

① 세포 내에 얼음 결정이 형성되어 세포막이 파손된다.
② 빙점 이하의 온도에서 나타나는 식물의 피해를 말한다.
③ 추위로 인한 토양 중 산소가 부족하여 뿌리의 호흡장애가 일어난다.
④ 온도가 서서히 내려가서 얼음 결정이 세포 밖에 생기더라도 원형질이 탈수 상태에서 견디지 못할 경우 발생한다.

해설 • 추위가 오면 토양 중의 뿌리는 휴면에 들어가며, 휴면에 들어가면 호흡량이 줄어든다.
• 온도가 낮아져도 토양 중에 산소가 부족해지지는 않는다.

20 표징으로 나타나는 병원체의 기관 중에 번식기관인 것은?

① 균핵
② 발아관
③ 부착기
④ 분생자병

해설 • 분생자병은 무성포자인 분생자를 만드는 번식기관이다.
① 균핵은 균사가 뭉쳐져서 만드는 영양기관이다.
② 발아관은 포자가 발아할 때 만들어지는 가는 관 모양의 영양기관이다.
③ 부착기는 포자가 발아하여 만들어진 균사가 식물 내부의 조직으로 침입하기 전에 형성하는 흡반과 같은 특수한 형태의 영양기관이다.

제4과목 | 임도공학

21 다음은 기고식에 의한 종단측량 야장이다. 괄호 안에 들어갈 수치로 옳은 것은?

측점	후시	기계고	전시 T.P	전시 I.P	지반고	REMARKS
B.M No.8	2.30	32.30			30.0	B.M No.8의 H=30.0m
1				3.2	(㉠)	
2				(㉡)	29.8	
3				1.1	31.2	측점 6은 B.M No.8에 비하여 1.95m 높다.
4	4.25	35.45			33.15	
5					33.35	
6				3.5	31.95	
SUM	6.55		4.6			

① ㉠ 29.1, ㉡ 0.7 ② ㉠ 29.1, ㉡ 2.5
③ ㉠ 35.5, ㉡ 0.7 ④ ㉠ 35.5, ㉡ 2.5

해설 기준이 되는 기계고(I.H) = 그 점의 지반고(G.H) + 그 점의 후시(B.S)
각 점의 지반고(G.H) = 기준으로 되는 기계고(I.H) - 구하고자 하는 각 점의 전시(F.S)
㉠ = 32.3-3.2 = 29.1
전시 = 기계고-지반고
㉡ = 32.3-29.8 = 2.5

22 측선 길이 100m, 위거 오차 0.1m, 경거 오차 0.5m, 전측선 총길이가 200m라 하면 경거와 위거의 조정량을 컴퍼스법칙에 의해 계산한 값은?

① 위거 조정량 : 0.01m,
　경거 조정량 : 0.05m
② 위거 조정량 : 0.25m,
　경거 조정량 : 0.05m
③ 위거 조정량 : 0.05m,
　경거 조정량 : 0.25m
④ 위거 조정량 : 0.50m,
　경거 조정량 : 0.25m

정답 19. ③ 20. ④ 21. ② 22. ③

해설 · 위거(경거) 조정량

$$= \frac{\text{위거(경거)오차} \times \text{해당측선길이}}{\text{측선길이합계}}$$

위거 조정량 $= \frac{0.1 \times 100}{200} = 0.05$

경거 조정량 $= \frac{0.5 \times 100}{200} = 0.25$

23 임도공사 시 기초작업에서 지반의 허용지 지력이 가장 큰 것은?

① 연암
② 잔모래
③ 연한점토
④ 자갈과 거친 모래

해설 기초지반의 허용지지력은 일반적으로 연한 점토<잔모래<자갈과 거친 모래<연암<경암(암반)의 순으로 크다.

24 벌목 제근 작업에 가장 적합한 기계는?

① cable crane
② rake dozer
③ tractor shovel
④ ripper bulldozer

해설 제근작업은 잡초 및 뿌리를 제거하는 작업으로 레이크 도저는 습지 등의 장소에서 제근에 적합하다.

25 지선임도 개설단가는 2000원/ha, 수확재적은 25m³/ha, 지선임도밀도가 30m/ha일 때 지선임도 가격은 얼마인가?

① 1667원/m³
② 2100원/m³
③ 2400원/m³
④ 3333원/m³

해설 지선임도가격

$$= \frac{\text{지선임도밀도} \times \text{지선임도개설비단가}}{\text{수확재적}}$$

$$= \frac{30 \times 2000}{25} = 2400(\text{원/m}^3)$$

26 토적계산법에서 실제의 토적보다 다소 적게 나오지만 양단면평균 계산법보다 오차가 적은 것은?

① 등고선법
② 각주공식
③ 주상체공식
④ 중앙단면적법

해설 중앙단면적이 Am인 아래와 같은 물체가 있다면 이 물체의 부피는

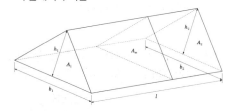

양단면적법	$V = \dfrac{A_1 \times A_2}{2} \times l$
중앙단면적법	$V = A_m \times l$
주상체공식법	$V = \dfrac{A_1 \times A_m \times A_2}{6} \times l$

중앙 단면적법은 양단면평균법 보다 오차가 적다.

27 지성선 중 동일 방향으로 경사져 있으나 기울기가 다른 두 면의 교차선은?

① 경사변환선
② 경사교차선
③ 방향교차선
④ 방향변환선

해설 · 지성선(지세선) : 지표면이 다수의 평면으로 이루어졌다고 생각할 때, 이 평면의 접합부 , 즉 접선을 말한다. 동일한 방향의 경사면에서 경사의 크기가 다른 두 면의 접합부를 경사변환선이라 한다.
· 최대경사선(유하선) : 등고선에 직각으로 교차한다. 물이 흐르는 방향이라는 의미이다.

정답 23. ① 24. ② 25. ③ 26. ④ 27. ①

28 롤러의 표면에 돌기를 만들어 부착한 것으로 점질토의 다짐에 적당하고 제방, 도로, 비행장, 댐 등 대규모의 두꺼운 성토의 다짐에 주로 사용되는 것은?

① 진동롤러   ② 탬핑롤러
③ 타이어롤러   ④ 머캐덤롤러

해설 탬핑롤러는 롤러의 표면에 돌기를 부착한 것으로 도로, 댐 등의 대규모의 두꺼운 성토를 다지는 데 유용하다. 진동롤러 및 타이어롤러 등은 노상, 노반의 흙다지기에 적당하다.

29 낮은 산지의 고저차가 1m되는 두 점 간 거리가 10m일 때의 경사보정량(cm)은?

① −1   ② −2
③ −5   ④ −10

해설 경사보정량이란 경사거리와 높이 또는 경사면의 각도를 관측했을 때, 경사거리를 지도에서 사용하는 수평거리로 환산할 때 차감해 주는 값이다. 경사거리에 비해 수평거리는 짧기 때문에 항상 −(마이너스)값이 나온다.
높이와 경사거리를 측정했을 때 경사보정

$$경사보정량 = \frac{높이차이^2}{2 \times 경사거리}$$

$$경사보정량 = \frac{1^2}{2 \times 10} = -0.05(m)$$

30 사리도의 유지보수에 대한 설명으로 옳지 않은 것은?

① 방진처리를 위하여 물, 염화칼슘 등이 사용된다.
② 횡단기울기를 10~15% 정도로 하여 노면배수가 양호하도록 한다.
③ 노면의 정지작업은 가급적 비가 온 후 습윤한 상태에서 실시하는 것이 좋다.
④ 길어깨가 높아져 배수가 불량할 경우 그레이더로 정형하고 롤러로 다진다.

해설 사리도의 유지보수 방법
• 정상적인 노면 유지를 위하여 배수가 중요하다
• 횡단구배는 5~6% 정도로 노면배수와 종단구배 방향의 배수를 측구로 유도하여 노외로 배수한다.
• 비가 온 후 습윤한 상태에서 노면 정지작업을 실시한다.
• 방진처리는 물, 염화칼슘, 폐유, 타르, 아스팔트 유재 등이 사용된다.
• 노면의 제초나 예불은 1년에 한 번 이상 실시한다.

31 임도의 구조물 시공 시 기초공사의 종류가 아닌 것은?

① 전면기초   ② 말뚝기초
③ 고정기초   ④ 깊은기초

해설 얕은기초에는 확대기초, 전면기초가 있으며, 깊은 기초에는 말뚝기초, 케이슨기초가 있다.

32 임도 설계 업무 요소를 순서에 맞게 나열한 것은?

㉠ 예비조사	㉡ 실측
㉢ 설계도 작성	㉣ 답사
㉤ 설계서 작성	㉥ 예측
㉦ 공사 수량의 산출	

① ㉣ → ㉥ → ㉠ → ㉡ → ㉤ → ㉢ → ㉦
② ㉣ → ㉠ → ㉥ → ㉡ → ㉢ → ㉦ → ㉤
③ ㉠ → ㉣ → ㉥ → ㉡ → ㉤ → ㉢ → ㉦
④ ㉠ → ㉣ → ㉥ → ㉡ → ㉢ → ㉦ → ㉤

해설 임도 설계 순서
• 예비조사 → 답사 → 예측 및 실측 → 설계도 작성 → 공사량 산출 → 설계서 작성 순으로 한다.
• 예비 조사를 바탕으로 답사를 통한 예측 및 실측을 해보고 그 데이터를 바탕으로 설계도 작성, 공사 수량에 대한 데이터 산출 후 설계서 작성을 한다.

정답 28. ②   29. ③   30. ②   31. ③   32. ④

33 임도의 노체와 노면에 대한 설명으로 옳지 않은 것은?

① 사리도는 노면을 자갈로 깔아 놓은 임도이다.

② 토사도는 배수문제가 적어 가장 많이 사용된다.

③ 임도는 노상, 노면, 기층, 표층으로 구성되는 것이 일반적이다.

④ 노상은 다른 층에 비해 작은 응력을 받으므로 특별히 부적당한 재료가 아니면 현장 재료를 사용한다.

해설 토사도는 일명 흙길로 노상에 지름 5~10mm 정도의 표층용 자갈과 토사를 15~30cm 두께로 깔아서 시공한 것으로 다른 길보다 물에 의한 유실 등의 배수문제가 많다. 교통량이 적은 곳에 사용한다.

34 다음 그림에서 측선 BC의 방위각은 몇 도인가?

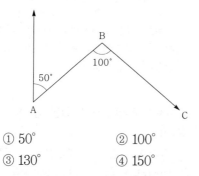

① 50°   ② 100°
③ 130°   ④ 150°

해설 측선 BC의 방위각은 12시 방향을 기준으로 AB의 연장선의 각 50°이다.

∠ABC의 각이 100°이므로 AB의 직선인 180°와의 차이를 통해 AB의 연장선과 C의 각이 80°임을 알 수 있다. 12시 방향을 기준으로 BC의 방위각은 80° + 50° = 130°이다.

또는 180° - 50° = 130°로 구할 수 있다.

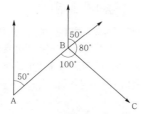

35 대피소의 설치기준으로 다음 (   ) 안에 들어갈 내용이 옳은 것은?

구분	기준
간격	(가)미터 이내
너비	(나)미터 이상
유효길이	(다)미터 이상

① 가 : 300, 나 : 5, 다 : 15
② 가 : 300, 나 : 15, 다 : 5
③ 가 : 500, 나 : 5, 다 : 15
④ 가 : 500, 나 : 15, 다 : 5

해설 대피소의 간격 300m 이내, 너비 5m 이상, 유효길이 15m 이상을 기준으로 한다.

36 토양을 덤프트럭으로 운반하고자 한다. 덤프트럭 적재 용량이 500m³이라면 산악지의 자연상태의 토량(m³)이 얼마일 때 가득 적재할 수 있는가? (단, 토양의 변화율 L은 1.2, C는 0.9이다.)

① 420   ② 450
③ 560   ④ 600

해설 토양의 변화율

· $L : \dfrac{흐트러진 상태 토량}{자연상태 토량}$ · $C : \dfrac{다져진 상태 토량}{자연상태 토량}$

$L : \dfrac{500}{자연상태 토량} = 1.2$

자연상태 토량 $= \dfrac{500}{1.2} = 416.66$ ∴ 약 420m³

37 임도의 종단기울기에 대한 설명으로 옳은 것은?

① 종단기울기를 급하게 하면 임도우회율을 낮출 수 있다.

② 종단기울기의 계획은 설계차량의 규격과 관계가 없다.

③ 종단기울기는 완만한 것이 좋기 때문에 0%를 유지하는 것이 좋다.

④ 종단기울기는 시공 후 임도의 개·보수를 통하여 손쉽게 변경할 수 있다.

정답 33. ② 34. ③ 35. ① 36. ① 37. ①

해설 • 종단기울기는 임도 중심선의 수평면에 대한 기울기로 종단기울기를 유지하여 배수를 원활하게 하고 토양침식과 차량에 의한 파손을 막는다.
• 임도우회율은 산림에서 일정 지점 간의 직선거리를 연결하기 위해 실제 시공되는 임도 총연장의 증가치로, 종단기울기가 급하게 되면 차량의 주행은 어렵지만 그만큼 임도우회율은 감소하게 된다.

38 임도의 시공 시 연한 점질토 및 연한 점토인 경우에 성토의 높이를 5m 미만으로 설치할 때, 흙쌓기 비탈면의 표준 기울기는? (단, 기초지반의 지지력이 충분한 성토에 적용한다.)

① 1:1.0~1:1.2   ② 1:1.2~1:1.5
③ 1:1.5~1:1.8   ④ 1:1.8~1:2.0

해설 흙쌓기 비탈면(성토)의 표준기울기는 1:1.5~2.0 정도의 기울기를 가진다. 이때, 연한 점질토 및 점토의 경우 1:1.8~2.0 정도가 적합하다.

39 산림조사용 항공사진을 판독할 때 식재열이 뚜렷하며, 임분 전체의 색조가 균일하고 임분의 경계가 직선에 가까운 것은?

① 천연림   ② 혼효림
③ 복층림   ④ 인공림

해설 임분의 경계가 직선에 가깝게 되기 위해서는 식재열이 일정 간격을 맞추어 계획적으로 심은 인공림이며, 일제 동령림으로 전체 색조가 균일하다.

40 임도 횡단 측량 시 측량해야 할 지점이 아닌 것은?

① 중심선의 각 지점
② 구조물 설치 지점
③ 지형이 급변하는 지점
④ 노선 연장 100m마다의 지점

해설 횡단측량 시 노선 연장 매 20m마다 중심선의 각 지점, 지형이 급변하는 지점, 구조물 설치 지점 등의 기준이 있다.

제5과목 **사방공학**

41 비탈 옹벽공법을 구조에 따라 분류한 것이 아닌 것은?

① T형 옹벽   ② 부벽식 옹벽
③ 돌쌓기 옹벽   ④ 중력식 옹벽

해설 비탈 옹벽공법은 구조에 따라 중력식, 부벽식, 역T형, L형 등이 대표적이다. 그중 중력식은 시공이 가장 용이하고 경제적이다. 돌쌓기 옹벽은 재료에 따라 분류한 것이다.

42 기슭막이의 시공목적에 대한 설명으로 옳지 않은 것은?

① 기슭의 유로 변경
② 계안 횡침식 방지
③ 산복공작물의 기초 보호
④ 산복붕괴의 직접적인 방지

해설 유수에 의한 계안의 횡침식을 방지하고 산각의 안정을 도모하기 위해 계류 흐름 방향에 따라서 축설하는 계천 사방공종이다. 보호 및 안정을 목적으로 계류의 흐름 방향에 따라 축설하는 것이므로 유로의 변경과는 관련이 없다.

43 토사퇴적구역에 대한 설명 중 옳지 않은 것은?

① 유수의 유송력이 대부분 상실되는 지점이다.
② 침적지대 또는 사력퇴적지역 등으로 불린다.
③ 황폐계류의 최하부로서 계상기울기가 급하고 계폭이 좁다.
④ 유송토사의 대부분이 퇴적되어 계상이 높아지게 된다.

해설 • 황폐계류의 최하부는 토사가 퇴적되기에 기울기는 완만하고 계폭이 넓은 것이 특징이다.
• 토사퇴적구역은 감세공법, 모래막이 수로 내기 등의 사방시설을 집약적으로 시공한다.

정답 38. ④   39. ④   40. ④   41. ③   42. ①   43. ③

44 단 끊기 작업에 대한 설명으로 옳지 않은 것은?

① 일반적으로 하부에서 상부 방향으로 진행한다.

② 비탈면에 너비가 일정한 소단을 만드는 공사이다.

③ 단상(段上)에는 될 수 있는 대로 원래의 표토를 존치하도록 한다.

④ 주로 경사가 급한 비탈면에서 식생을 조기에 도입하기 위한 곳에 실시한다.

해설 단 끊기는 일반적으로 상부에서 하부로 작업한다.

45 비탈 녹화공법에 적용하기 가장 부적합한 것은?

① 조공　　　　② 새심기

③ 사초심기　　④ 씨뿌리기

해설 사초심기란 해안의 모래땅에서 잘 생육하고, 모래언덕의 고정 기능이 높은 사초를 식재 예정지 전면에 식재하는 것으로 사면 피복공법이다.

46 유역면적 1ha, 최대시우량 100mm/hr일 때 시우량법에 의한 계획지점에서의 최대홍수유량(m³/s)은? (단, 유거계수(K)는 0.7로 한다)

① 0.166　　　　② 0.194

③ 1.17　　　　④ 1.94

해설 $Q = K \dfrac{A \times \dfrac{m}{1,000}}{60 \times 60}$

$= 0.7 \times \dfrac{10,000 \times \dfrac{100}{1,000}}{3,600} \approx 0.194$

A : 유역면적(m²), m : 최대시우량(mm/hr), K : 유거계수

47 앞 모래언덕 육지 쪽에 후방 모래를 고정하여 표면을 안정시키고 식재목이 잘 생육할 수 있는 환경 조성을 위해 실시하는 공법은?

① 구정바자얽기

② 모래 덮기공법

③ 퇴사울타리공법

④ 정사울 세우기공법

해설 정사울 세우기는 전사구에 후방 모래를 고정하여 표면을 안정화하고 식재목이 생육할 수 있는 환경 조성을 위해 실시하며, 주로 모래 덮기공법과 사초심기공법을 함께 시행한다.

48 Bazin 공식에 관한 설명으로 옳은 것은?

① 풍부한 경험에 의한 조도계수가 필요하다.

② 계수 산정이 복잡하고 물리적 의미도 명확하지 않다.

③ 기울기가 급하고 유속이 빠른 수로에서 평균유속을 구하는 식이다.

④ 물의 흐름이 등류상태에 있는 경우의 단면 평균유속을 구하는 식이다.

해설 평균유속공식

• Bazin공식은 물매가 급하고 유속이 빠른 수로에 적용된다.

• Manning 공식은 개수로의 등류나 거친 관로에 적용된다.

• Kutter 공식은 체지공식의 계수 C를 부여하는 공식이다.

49 유출계수(C)가 0.9이고 유역 면적이 100ha인 험준한 산악지역에 시간당 100mm의 강도로 비가 내리고 있다면 합리식법으로 계산한 최대홍수량(m³/s)은?

① 2.5　　　　② 25

③ 250　　　　④ 2500

해설 $Q = \dfrac{1}{360} \times CIA$

= 0.002778×유출계수×강우강도×면적

= 0.002778×0.9×100×100

= 25.002 ≒ 25

50 앵커박기공법의 적용 대상지로 가장 적합한 곳은?

① 비탈 보호나 완만한 경사로 성토를 할 곳

② 급경사의 대규모 암반비탈에 암석이 노출되어 녹화공사가 불가능한 곳

③ 비탈의 암질이 복잡하고 마사토로 구성되어 취급이 곤란하고 지하수가 용출하는 곳

④ 비탈 경사가 현저하게 급한 곳에서 토압이 큰 곳이나 비탈 틀 공법 혹은 흙막이공사 등을 계획하는 곳

해설
• 내부에 안정된 암반층에 보링을 하고 앵커를 삽입하고 콘크리트를 주입 및 양생하고 연결한다. 일반적으로 시멘트 모르타르를 주입하여 앵커 몸체를 형성하는 그라우트 방식을 사용한다.
• 경사가 급한 곳의 땅밀림 및 암석붕괴를 방지한다.

51 사방댐의 물빼기 구멍 설치 목적으로 옳지 않은 것은?

① 유출토사량 조절

② 댐의 시공 중 유수 저수

③ 사력기초의 잠류속도 감소

④ 댐의 시공 후 대수면에 가해지는 수압 감소

해설
• 불투수성의 사방댐은 대수면의 수압 감소를 위해 물빼기 구멍을 설치한다.
• 물빼기 구멍은 유출토사량 조절과 사력기초의 잠류속도를 감소시킨다.
• 댐의 시공 중 물을 저수하는 목적과는 관계가 멀다.

52 빗물에 의한 침식에 대한 설명으로 옳지 않은 것은?

① 구곡침식은 도랑이 커지면서 심토까지 심하게 깎이는 현상이다.

② 우격침식은 자연계천이나 하천에 의해 발생되는 현상이다.

③ 누구침식은 토양표면에 잔도랑이 불규칙하게 생기면서 깎이는 현상이다.

④ 면상침식은 침식의 초기 유형으로 토양의 얕은 층이 유실되는 현상이다.

해설 우격침식은 빗방울침식이라 하여 빗방울이 땅 표면을 가격하는 침식의 종류이다.

53 평떼 붙이기공법의 설명으로 옳지 않은 것은?

① 평떼심기란 평탄지에 평떼를 심는 것이다.

② 주로 45도 이상의 급경사의 지형에 시공한다.

③ 붙인 떼는 떼 꽂이로 고정하여 활착이 잘 이뤄지게 한다.

④ 심은 후에는 잘 밟아 다져 뗏밥을 주고 깨끗이 뒷정리를 한다.

해설 평떼 붙이기는 경사 45도 이하의 산지사면에 시공한다.

54 임간나지에 대한 설명으로 옳은 것은?

① 산림이 회복되어 가는 임상이다.

② 비교적 키가 작은 울창한 숲이다.

③ 초기 황폐지나 황폐 이행지로 될 위험성은 없다.

④ 지표면에 지피식물 상태가 불량하고 누구 또는 구곡침식이 형성되어 있다.

해설 임간나지는 지표면에 지피식물이 적거나 불량하여 잔도랑이나 큰도랑이 발생할 수 있어 이것이 누구침식, 구곡침식으로 발달하게 되어 초기 황폐지나 황폐 이행지로 될 위험성이 있다.

정답 50. ④ 51. ② 52. ② 53. ② 54. ④

55 다음 그림에 해당하는 돌쌓기 종류는?

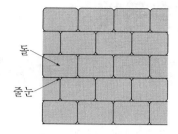

① 켜쌓기   ② 막쌓기

③ 골쌓기   ④ 육모 쌓기

해설 켜쌓기는 벽돌 쌓기 형태처럼 가로줄눈이 일직선이 되도록 마름돌을 사용하여 돌을 쌓는다.

56 야계사방공사에서 계상기울기 결정에 이용되는 임계유속이란 무엇인가?

① 계상 바닥에서 발생하는 유속

② 계상침식을 일으키는 최대유속

③ 수표면에서 발생하는 표면유속

④ 계상에 침식을 일으키지 않는 최대유속

해설 임계유속 : 층류에서 난류로 변화할 때 유속, 즉 계상에서 침식을 일으키지 않는 경우의 최대유속

57 산림지대에서 증발산에 대한 설명으로 옳지 않은 것은?

① 증발산량 추정방법으로 존스웨이트식 등이 있다.

② 물수지법, 열수지법으로 증발산량을 파악할 수 있다.

③ 증발되거나 방산되어 공중으로 되돌아가는 현상이다.

④ 일반적으로 증발산량은 정오에 최소이고 자정에 최대이다.

해설 증발산량은 뜨거운 정오에 최대이고 자정에 최소이다.

58 사방댐의 단면에 대한 안정을 계산할 때 작용하는 외력으로 옳지 않은 것은?

① 양압력

② 퇴사압력

③ 제체의 중량

④ 기초지반의 지지력

해설 사방댐에 작용하는 외력의 종류로 제체의 중량, 토압, 퇴사압, 양압력, 충격력, 지진력 등이 있다. 기초지반의 지지력은 중력댐의 안정조건 중 하나이다.

59 경사가 완만하고 상수가 없으며 유량이 적고 토사의 유송이 없는 곳에 가장 적합한 산복수로는?

① 떼붙임수로   ② 메쌓기돌수로

③ 찰쌓기돌수로   ④ 콘크리트수로

해설 • 떼붙임수로 : 비탈면 경사가 비교적 작고 유량이 적은 곳
• 콘크리트수로 : 유량이 많고 상수가 있는 곳
• 메쌓기 수로 : 지반이 견고하고 집수량이 적은 곳, 상수가 없고 경사가 급한 곳
• 찰쌓기 수로 : 유량이 많은 간선 수로

60 비탈면 힘줄 박기공법에 관한 설명으로 옳지 않은 것은?

① 사각형틀, 삼각형틀, 계단상 수평 띠 모양 등이 있다.

② 현장에서 직접 거푸집을 설치하여 콘크리트를 친다.

③ 비탈기울기가 급하고 불안정한 사면에 시공한다.

④ 비탈 제일 아래에는 수직 방향으로 콘크리트 옹벽형 기초공사를 한다.

해설 비탈면 힘줄 박기공법은 현장에서 거푸집을 설치하고 콘크리트를 쳐서 비탈면 안정을 위해 뼈대를 만들고 흙, 돌로 채워 녹화하는 방법이다.

정답 55. ① 56. ④ 57. ④ 58. ④ 59. ① 60. ④

해설 남서쪽 수간이 직사광선에 의해 수분이 증발하여 수직 방향으로 수피가 갈라지는 현상이다.

제2과목 산림보호학

01 밤나무 줄기마름병 방제법으로 옳지 않은 것은?

① 질소비료를 적게 준다.
② 내병성 품종을 재배한다.
③ 상처 부위에 도포제를 바른다.
④ 중간기주인 현호색을 제거한다.

해설 현호색은 포플러 잎녹병의 중간기주다. 밤나무 줄기마름병은 중간기주가 없다.

02 거미의 외부 형태를 구분한 것으로 옳은 것은?

① 머리가슴, 배 2부분
② 머리, 가슴, 배 3부분
③ 머리가슴, 꼬리 2부분
④ 머리, 가슴, 꼬리 3부분

해설 거미는 머리가슴, 배 2부분으로 나누어지며, 다리는 8개이다. 곤충은 머리, 가슴, 배 3부분으로 나누며, 다리 수는 6개이다.

03 피소(볕데기) 현상이 가장 잘 발생하는 것은?

① 늦은 가을 기온이 내려갈 때
② 추운 겨울날 기온이 급감할 때
③ 봄에 수목의 생리작용이 시작될 때
④ 더운 여름날 강한 직사광선을 받았을 때

04 희석하여 살포하는 약제가 아닌 것은?

① 입제   ② 액제
③ 수화제   ④ 캡슐현탁제

해설 입제는 주된 약제(이미다클로프리드 등)에 증량제, 점결제, 계면활성제를 혼합하여 지름 0.5~2.5mm 정도의 작은 입자로 만든 것이다. 희석하지 않고 그대로 사용한다.

05 파이토플라스마를 매개하는 해충은?

① 광릉긴나무좀
② 담배장님노린재
③ 북방수염하늘소
④ 복숭아혹진딧물

해설 ① 광릉긴나무좀은 참나무 시들음병의 병원균을 매개한다.
③ 북방수염하늘소는 소나무 재선충을 매개한다.
④ 복숭아혹진딧물은 흡즙성 곤충으로 바이러스를 매개한다.

06 담자균류에서 발생되지 않은 포자는?

① 녹포자기 안의 녹포자
② 녹병정자기 안의 정자
③ 분생포자각 안의 분생포자
④ 겨울포자퇴 안의 겨울포자

해설 ·분생포자는 자낭균류와 불완전균류에서 나타난다.
· 담자균류의 포자는 녹포자, 녹병정자, 여름포자, 겨울포자, 담자포자가 있다.

07 **흡즙성 해충에 속하는 것은?**

① 솔나방

② 박쥐나방

③ 솔껍질깍지벌레

④ 오리나무잎벌레

해설 ① 솔나방 : 식엽성
② 박쥐나방 : 천공성
④ 오리나무잎벌레 : 식엽성

08 **소나무와 참나무류에 군집하여 생활하는 조류가 산성을 띤 배설물에 의해 임목을 고사시키는 것은?**

① 백로, 왜가리　　② 참새, 할미새

③ 박새, 산까치　　④ 어치, 산비둘기

해설 백로와 왜가리는 4~6월 번식기에 집단적으로 나무 위에 둥지를 틀고 군집생활을 한다. 군집생활 기간에는 조류의 배설물에 포함된 산성물질 때문에 임목이 고사하기도 한다.

09 **소나무좀에 대한 설명으로 옳지 않은 것은?**

① 연1회 발생한다.

② 수피 속에서 알로 월동한다.

③ 수피를 뚫고 들어가 산란한다.

④ 쇠약한 나무, 고사한 나무에 주로 기생하여 가해한다.

해설 소나무좀은 성충으로 월동한다.

10 **암컷만으로 생식이 가능한 해충은?**

① 솔나방　　　　② 소나무좀

③ 솔잎혹파리　　④ 밤나무혹벌

해설 밤나무혹벌을 포함한 혹벌과와 혹파리과의 일부 종들은 암컷이 성적인 결합없이 새끼를 낳는 처녀 생식을 한다.

11 **곤충의 완전변태에 해당하는 것은?**

① 알 → 유충 → 성충의 과정을 거치는 것

② 알 → 약충 → 성충의 과정을 거치는 것

③ 알 → 유충 → 번데기 → 성충의 과정을 거치는 것

④ 알 → 약충 → 번데기 → 성충의 과정을 거치는 것

해설 알 → 유충 → 번데기 → 성충의 과정을 완 변태, 알 → 유충 → 성충의 과정을 불완전변태라 한다.

12 **약제를 식물체의 줄기, 잎 등에 살포하여 부착시켜 식엽성 해충이 먹이와 함께 약제를 섭취하여 독작용을 일으키는 살충제는?**

① 기피제　　　　② 유인제

③ 소화중독제　　④ 침투성 살충제

해설 소화중독제는 식엽성 해충에 효과적이다.
① 기피제 : 유인제와는 반대로 농작물 또는 저장 농산물에 해충이 접근하지 못하게 하는 약제이다.
② 유인제 : 해충을 유인하는 물질로 성페로몬 또는 성페로몬과 유사한 물질을 사용한다.
④ 침투성 살충제 : 약제를 식물의 잎 또는 뿌리에 처리하면 식물체 내로 흡수 이행되어 식물체 각 부위에 분포시킴으로써 흡즙 해충에 독성을 나타낸다.

13 **잣나무 털녹병균의 침입 부위와 시기가 맞는 것은?**

① 3월~4월에 잎으로

② 3월~4월에 줄기로

③ 9월~10월에 잎으로

④ 9월~10월에 줄기로

해설 · 잣나무 털녹병균은 9~10월 잎의 기공으로 침입한다.

- 잣나무 털녹병은 4월~6월에 녹포자가 중간기주인 송이풀류로 침입한다.
- 9월~10월에 중간기주가 낙엽이 질 때 담자포자(소생자)가 잣나무잎으로 침입한다.

14 수목 병의 발생원인 중 주인에 해당하는 것은?

① 인간의 활동성
② 기주의 감수성
③ 환경의 유도성
④ 병원체의 전염성

해설 주인은 병원체, 소인은 기주, 유인은 환경이다. 신경써서 구분하지 않으면 구분이 어렵다. 여기에 인간의 간섭(활동성)과 시간의 경과에 따라 병이 발달한다.

15 토양에 의해 전염을 하지 않는 것은?

① 그을음병
② 뿌리혹병
③ 모잘록병
④ 자주빛날개무늬병

해설 그을음병은 흡즙성 해충의 배설물에서 자낭균류가 번식하며 발생한다. 그러므로 그을음병은 잎에서 주로 발생하며, 토양 전염을 하지 않는다.

16 북미가 원산지이며 연 2회 이상 발생하고 100여 종의 활엽수를 가해하며 번데기로 월동하는 해충은?

① 매미나방　　② 미국흰불나방
③ 어스렝이나방　④ 천막벌레나방

해설 ① 매미나방은 1년에 1회 발생하며 알로 월동한다.
③ 어스렝이나방은 1년에 1회 발생하며 알로 월동한다.
④ 천막벌레나방은 1년에 1회 발생하며 알로 월동한다.

17 방화선 설치 위치로 가장 적절한 것은?

① 급경사지
② 고사목 집적 지역
③ 관목 및 임목밀생지
④ 능선 바로 뒤편 8~9부 능선

해설 방화선 설치
① 산의 능선(8~9부 능선). 산림구획선, 임도, 경계선, 도로, 하천, 암석지 등을 이용한다.
② 피나무, 고로쇠, 음나무, 마가목 등이 내화수림대에 적합하다. 고사목은 제거한다.
③ 단순림을 피하고 혼효림과 택벌림을 조성한다. 관목 및 임목밀생지는 밀도를 조절한다.

18 다음 수목 병 중에서 병원균의 유형이 다른 것은?

① 뽕나무 오갈병
② 벚나무 빗자루병
③ 오동나무 빗자루병
④ 대추나무 빗자루병

해설 • 벚나무 빗자루병은 자낭균류에 의해 발병한다.
• 뽕나무 오갈병, 오동나무 빗자루병, 대추나무 빗자루병은 파이토플라스마가 원인이다.

19 유충이 소나무나 곰솔의 엽초에 쌓인 두 침엽 접합 부위에 혹을 만들어 나무 생육에 피해를 주는 해충은?

① 솔나방
② 솔잎혹파리
③ 솔수염하늘소
④ 솔껍질깍지벌레

해설 ① 솔나방은 유충이 직접 잎을 식해하며 혹(충영)을 만들지 않는다.
③ 솔수염하늘소는 성충이 수피를 후식하고, 유충은 내부 목질부를 가해한다.
④ 솔껍질깍지벌레는 성충과 유충이 모두 소나무와 해송의 가지와 잎에서 흡즙한다.

20 병에 의해 식물체 조직 변화로 외관의 이상을 나타내는 것은?

① 병징 ② 표징
③ 발병 ④ 감염

해설 • 병징은 가지마름, 총생, 시들음 등 식물체 조직 자체의 변화를 말한다.
• 표징은 환부에서 관찰되는 병원균의 특징이다.
• 발병은 병원균이 기주에 감염된 후 잠복기를 거쳐 증세가 나타나는 것을 말한다.
• 감염은 병원균이 기주에 정착하여 증식하는 것을 말한다.

제4과목 **임도공학**

21 불도저의 작업 범위가 아닌 것은?

① 땅파기 ② 노면 다짐
③ 벌도목 적재 ④ 벌목 및 제근

해설 불도저는 굴착, 운반, 흙깔기, 벌목, 제근작업 등에 이용되며, 적재 작업용으로는 덤프, 포워드 등이 있다.

22 임도 시공 시 흙깎기 공사에 대한 설명으로 옳지 않은 것은?

① 임도에 사용된 흙은 함수비가 낮을수록 좋다.
② 현장에 적당한 간격으로 흙일겨냥틀을 설치한다.
③ 근주지름 30cm 이상의 입목은 체인톱으로 벌채한다.
④ 암석의 굴착식 경암은 불도저에 부착된 리퍼로 굴착하는 것이 유리하다.

해설 • 암석 굴착 시 단단한 지반이나 연암은 불도저에 부착된 리퍼로 굴착하는 것이 효율적이다.
• 경암의 경우 폭약을 사용한다.

23 지선임도의 설계속도 기준은?

① 30~10km/시간
② 30~20km/시간
③ 40~20km/시간
④ 40~30km/시간

해설 임도의 종류별 설계속도
간선임도 : 40~20km/시간, 지선임도 : 30~20km/시간, 작업임도 20km/시간

24 사면에 설치하는 소단의 효과가 아닌 것은?

① 사면의 안정성을 높인다.
② 임도의 시공비를 절약할 수 있다.
③ 유지보수작업 시 작업원의 발판으로 이용할 수 있다.
④ 유수로 인하여 사면에서 발생하는 침식의 진행을 방지한다.

해설 소단(단끊기 공사)은 붕괴 위험이 있는 지역에 사면길이 3~5m마다 50~100cm 단의 폭을 끊어 소단을 설치한다. 안전을 위해 공사가 추가되는 개념으로 시공비가 절약되지는 않는다.

25 교각법에 의해 임도곡선을 설치하고자 한다. 교각이 60°이고 곡선 반지름이 20m일 때 접선장을 구하는 계산식은?

① 20m × tan30°
② 40m × tan30°
③ 20m × tan60°
④ 40m × tan60°

해설 교각법 공식
$$곡선의\ 반지름 = 접선길이 \times \tan + \left(\frac{교각}{2}\right)$$

26 다음 ( ) 안에 해당하는 것은?

> 곡선부의 중심선 반지름은 산림관리 기반
> 시설의 설계기준에 의한 규격 이상으로
> 설치하여야 한다. 다만, 내각이 (   )도
> 이상 되는 장소에 대하여는 곡선을 설치
> 하지 아니할 수 있다.

① 125　　　　　② 135
③ 145　　　　　④ 155

해설 곡선부의 중심선 반지름은 통상 규격 이상으로 설
치하는데, 내각이 155° 이상 되는 장소에 대해서
는 곡선을 설치하지 않을 수 있다.

27 등고선에 대한 설명으로 옳지 않은 것은?

① 등고선은 도중에 소실되지 않으며 폐
합된다.
② 낭떠러지 또는 굴인 경우 등고선이
교차한다.
③ 최대경사의 방향은 등고선에 평행한
방향이다.
④ 지표면의 경사가 일정하면 등고선 간
격은 같고 평행하다.

해설 최대경사의 방향은 등고선과 직교한다.

28 동일사면에 배향곡선을 2개 설치하려 한
다. 다음 조건에 해당하는 배향곡선의 적
정 간격은?

> • 임도 간격 : 200m
> • 산지사면 기울기 : 30%
> • 종단기울기 : 6%

① 20m　　　　　② 40m
③ 500m　　　　④ 1000m

해설 배향곡선은 반지름이 작은 원호의 바로 앞이나 뒤
에 반대방향의 곡선을 넣은 것으로 헤어핀 커브라
고도 한다. 급경사지에서 노선거리를 연장하여 종

단기울기를 완화할 목적으로 사용된다.
[배향곡선 적정간격 공식]

$$= \frac{0.5 \times 적정임도간격 \times 산지사면기울기}{종단물매}$$

$$= \frac{0.5 \times 200m \times 30\%}{6\%} = 500m$$

29 임의의 등고선과 교차되는 두 점을 지나는
임도의 노선 기울기가 10%이고, 등고선
간격이 5m일 때, 두 점 간의 수평거리는?

① 5m　　　　　② 10m
③ 50m　　　　④ 100m

해설

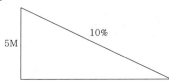

$$기울기 = \frac{거리}{등고선 높이}$$

$$10 = \frac{5}{x} \times 100 \qquad x = 50(m)$$

30 레벨을 이용한 고저측량 시 기고식야장법
에 의한 지반고를 구하는 방법은?

① 기계고－전시　　② 기계고＋전시
③ 기계고－후시　　④ 기계고＋후시

해설 각 점의 지반고(G.H) = 기준으로 되는 기계고
(I.H)-구하고자 하는 각 점의 전시(F.S)

31 스타디아측량을 실시한 결과 연직각 15°,
협장 1.64m일 때 수평거리는? (단, 스타디
아 정수 K = 100, C = 0)

① 약 153m　　　　② 약 158m
③ 약 306m　　　　④ 약 317m

해설 $D = K \times a \times (\cos 15°)^2$
$\cos 15° ≒ 0.966$이므로
$D = 100 \times 1.64(\cos 15) ≒ 153$

32 암석 굴착 시 리퍼작업이 가장 어려운 것은?

① 사암   ② 혈암

③ 점판암   ④ 안산암

해설 안산암은 경암의 종류로 단단하여 굴착이 어렵다.

33 점착성이 큰 점질토의 두꺼운 성토층 다짐에 가장 효과적인 롤러는?

① 탬핑롤러   ② 탠덤롤러

③ 머캐덤롤러   ④ 타이어롤러

해설 탬핑롤러는 롤러 표면에 많은 돌기가 있어 점착성이 큰 점질토 다짐에 효과적이다.

34 산록부와 산복부에 설치하는 임도이며, 임도 하단부에 있는 임목을 가선집재 방법으로 상향 집재할 필요가 있다하더라도 임도의 노선 선정은 하단부로부터 점차적으로 선형을 계획하는 임도는?

① 사면임도   ② 계곡임도

③ 능선임도   ④ 산정부 임도

해설 사면임도는 계곡임도에서 시작하여 산록부와 산복부에 설치하는 임도로 하부에서 점차적으로 계획하여 진행한다.

35 자침편차 중 일차에 해당하는 변화량은?

① 0′~5′   ② 5′~10′

③ 15′~20′   ④ 20′~25′

해설 자침편차는 진북과 자북이 이루는 각으로 자전에 의해 편차가 발생하며 북쪽으로 갈수록 커지는 경향을 보인다. 일차는 하루 사이에 일어나는 변화로 5~10′ 정도이며, 연차는 최대 2′ 정도이다.

36 임도의 종단기울기가 5%이고 곡선 반지름이 30m일 때, 물매곡률비는?

① 0.66   ② 1

③ 6   ④ 60

해설 물매곡률비 $= \dfrac{\text{곡선반지름(m)}}{\text{종단물매(\%)}} = \dfrac{30}{5} = 6$

37 최소곡선반지름의 크기에 영향을 끼치는 인자가 아닌 것은?

① 도로의 너비

② 임도의 밀도

③ 반출할 목재의 길이

④ 차량의 구조 및 운행속도

해설 최소곡선반지름의 크기에 영향을 주는 요소들은 도로 너비, 반출목재길이, 차량구조, 운행속도, 도로구조, 시거 등이다.

38 보통골재에 해당하는 것은?

① 비중이 2.50 이하인 골재

② 비중이 2.50~2.65 정도의 골재

③ 비중이 2.65~2.80 정도의 골재

④ 비중이 2.80 이상인 골재

해설 중량에 의한 골재 분류
- 중량골재 비중 2.7 이상
- 보통골재 비중 2.5~2.65
- 경량골재 비중 2.5 이하

39 AB 측선의 방위가 S45°W이면 그 역방위는?

① S45°W   ② S45°E

③ N45°W   ④ N45°E

해설 S45°W+180° = N45°E

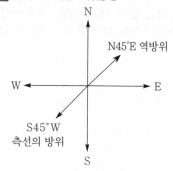

40 다음 조건에서 각주공식에 의한 체적(m^3)은?

> • 양단면적 : $70m^2$, $30m^2$
> • 중앙단면적 : $45m^2$
> • 끝단면부에서 중앙단면부까지 높이 : $30m$

① 1450 ② 1900
③ 2350 ④ 2800

해설 $V = \dfrac{1}{6}(A_1 + 4A_m + A_2)$

$= \dfrac{60}{6}(30 + 180 + 70) = 2800$

제5과목 **사방공학**

41 유량이 $40m^3/s$이고 평균유속이 $5m/s$일 때 수로의 횡단면적(m^2)은?

① 0.5 ② 8
③ 45 ④ 200

해설 유량 = 유속 × 단면적

$Q = V \times A$

$40 = 5 \times A, \quad \therefore A = \dfrac{40}{5} = 8$

42 산지사방에서 비탈 다듬기 공사를 실시할 경우 단면 A와 B의 단면적이 $20m^2$와 $30m^2$이고, 단면 사이의 길이가 50m일 때 평균단면적법에 의해 계산된 토사량(m^3)은?

① 500 ② 1250
③ 2500 ④ 7500

해설 양단면 평균법

$V = \dfrac{1}{2}(A_1 + A_2) \times l$

$V = \dfrac{1}{2}(20 + 30) \times 50 = 1250$

43 해풍에 의해 날리는 모래를 억류하고 퇴적시켜 인공사구를 조성하기 위해 사용하는 공법은?

① 모래 덮기 ② 사초심기
③ 정사울 세우기 ④ 퇴사울 세우기

해설 퇴사울 세우기는 해안사구에서 바람에 의해 이동되는 모래를 안정화, 퇴적화 시키기 위해 인공사구를 조성하는 공법이다.

44 Thiessen법에 의한 유역의 평균 강수량 산정법에 대한 설명으로 옳은 것은?

① 평야지역에서 강우분포가 비교적 균일한 경우에 사용하는 것이 좋다.
② 산악 효과는 고려되고 있지만 우량계의 분포상태가 무시되어 부정확하다.
③ 우량계에 의한 인접한 두 지배 면적 간의 평균 강우량을 이용하여 산정한다.
④ 산악 효과는 무시하지만 우량계의 분포상태가 고려되어 산술평균법보다 정확하여 가장 널리 사용한다.

해설 Thiessen법은 우량계가 유역 내 불균등하게 분포되는 경우 적용한다. 산악 효과는 무시하지만 우량계의 분포상태가 고려되어 산술평균법보다 정확하여 가장 널리 사용한다.

45 사방녹화용 재래 초본식물은?

① 겨이삭 ② 오리새
③ 김의털 ④ 지팽이풀

해설 • 재래 초본 : 새, 개솔새, 참억새, 김의털, 비수리, 실새풀, 차풀 등
• 도입 초본 : 겨이삭, 호밀풀, 지팽이풀, 우산잔디, 참새피, 개미털, 오리새 등

정답 **40.** ④ **41.** ② **42.** ② **43.** ④ **44.** ④ **45.** ③

46 토양침식의 형태 중 중력침식에 해당하지 않는 것은?

① 붕괴형 침식

② 지활형 침식

③ 지중형 침식

④ 유동형 침식

해설 • 지중형 침식은 물침식의 종류이다.

• 중력침식의 종류로 지활형, 붕괴형, 사태형, 유동형 침식이 있다.

47 비탈면 안정을 위한 녹화공법으로만 나열된 것은?

① 새심기, 힘줄 박기

② 비탈 덮기, 줄떼 다지기

③ 씨뿌리기, 산비탈수로 내기

④ 비탈 다듬기, 등고선구공법

해설 • 비탈면의 녹화공법은 녹화를 위한 기반을 다지는 녹화기초공사와 식생을 조성하는 녹화공사가 있다.

• 바자얽기, 단쌓기, 선떼 붙이기, 줄떼 심기, 조공, 비탈 덮기 등은 녹화기초공종이다.

48 콘크리트블록과 같은 가벼운 블록으로 비탈면을 처리하기 곤란한 지역에서 거푸집을 설치하고 콘크리트 치기를 하는 비탈안정공법은?

① 비탈힘줄 박기 공법

② 비탈지오웨브 공법

③ 비탈블록 붙이기 공법

④ 비탈격자틀 붙이기 공법

해설 • 비탈힘줄 박기 공법은 사면이 붕괴 위험이 있을 경우 실시하는 비탈면 보호 공법의 일종이다.

• 비탈면의 물리적 안정을 목적으로 현장에서 거푸집을 설치하여 콘크리트 치기를 한 후 뼈대인 힘줄을 만들어 돌이나 흙으로 채우는 공법이다.

49 비탈 식재녹화공법 중에서 비탈면 기울기가 1:1보다 완만한 비탈에 전면적으로 떼를 붙여서 비탈을 일시에 녹화하는 공법은?

① 떼단 쌓기　　② 줄떼 다지기

③ 선떼 붙이기　　④ 평떼 붙이기

해설 평떼 붙이기 시공 장소는 경사가 45° 이하 혹은 기울기 1:1보다 완만한 비탈의 비옥한 산지사면에 적합한 사면녹화공법이다.

50 흐르는 물에 의한 침식이 아닌 것은?

① 면상침식　　② 누구침식

③ 우격침식　　④ 구곡침식

해설 우격침식은 빗방울이 표면을 타격하여 침식하는 것으로 가장 초기 과정이다.

51 사방댐과 비교한 골막이의 특징으로 옳지 않은 것은?

① 규모가 작다.

② 토사퇴적 기능은 없다.

③ 계류의 상류에 설치한다.

④ 대수측만 축설하고 반수측은 채우기를 한다.

해설 사방댐과 비교하여 골막이는 반수측만 축설하고 대수측은 채우기를 한다.

52 수류(Flow)에 대한 설명으로 옳지 않은 것은?

① 홍수 시의 하천은 정류에 속한다.

② 정류는 등류와 부등류로 구분할 수 있다.

③ 자연하천은 엄밀한 의미에서는 등류 구간이 없다.

④ 수류는 시간과 장소를 기준으로 하여 정류와 부정류로 구분할 수 있다.

해설 • 수류는 시간과 장소를 기준으로 하여 정류와 부정류로 구분할 수 있다.

• 홍수 시에는 유역에서 하천으로 유입량이 시간에 따라 변화하므로 하천의 흐름은 부정류이다.

53 산복사방공사에서 현지 조사 시 실시해야 할 내용이 아닌 것은?

① 사방사업 면적 산출
② 사방사업 대상지 황폐화 원인
③ 공사에 필요한 자재의 현지 채취 가능성
④ 멸종위기식물, 희귀식물 등이 있는지 유무

해설 사방사업 면적 산출은 산복사방공사에서 현지 조사 실시 후 지형 측량 시 실시한다. 현지 조사 시 실시하는 항목은 지황, 임황, 기상, 황폐 원인, 황폐임지의 현황(붕괴, 회복 가능성 등), 공사용 자재 및 노무관계가 있다.

54 투과형 버트리스 사방댐에 대한 설명으로 옳지 않은 것은?

① 측압에 강하다.
② 스크린댐이 가장 일반적인 형식이다.
③ 주로 철강제를 이용하여 공사기간을 단축할 수 있다.
④ 구조적으로 댐 자리의 폭이 넓고 댐 높이가 낮은 곳에 시공한다.

해설 투과형 버트리스 사방댐은 측압이 약하여 주위시공을 한다.

55 Bazin 구공식에서 자갈이 있는 불규칙한 자연수로의 조도계수는 어느 것인가?

① $\alpha = 0.0004$, $\beta = 0.0007$
② $\alpha = 0.00024$, $\beta = 0.00006$
③ $\alpha = 0.00028$, $\beta = 0.00035$
④ $\alpha = 0.00019$, $\beta = 0.0000133$

해설 거친 정도를 나타내는 조도계수의 값이 커지면 수속이 약해진다.

56 계류 곡선부에 설치하는 사방댐의 방향은 유심선과 어느 각도를 이루도록 계획하는 것이 가장 안정한가?

① 45도
② 60도
③ 90도
④ 180도

해설 • 댐의 방향은 유심선의 하류에 직각으로 설치하되 댐의 계획지점에서 상하류의 계곡계안이 유수의 충격에 의해 침식의 우려가 있을 경우는 댐의 방향이나 방수로의 위치 변경 또는 기슭막이 공사로 보강한다.
• 상류에서 하류 방향으로 물이 흐르는 중심선(유심선)에 직각(90°)이 되도록 설치한다.

57 야계사방공사의 시공목적과 가장 거리가 먼 것은?

① 계류바닥의 종횡침식을 방지한다.
② 붕괴지의 산각을 고정하는 산지사방의 기초가 된다.
③ 산각을 고정하여 황폐계류와 계간을 안정상태로 유도한다.
④ 인위적으로 발생한 사면의 안정화와 경관 조성을 추구한다.

해설 야계사방공사는 계류의 유속을 줄이고 침식을 방지하는 것이 목적이다. 경관 조성을 추구하는 것은 산복사방공사이다.

58 누구막이에 대한 설명으로 옳지 않은 것은?

① 땅속 흙막이보다 작은 규모의 대상지에 계획한다.
② 하류를 향하여 중심선에 직각 방향으로 축설한다.
③ 수로 개설 바닥 파기 후 잉여토사와 적치가 필요한 곳에 계획한다.
④ 산복수로를 계획할 때에 횡공작물로써 수로의 기울기를 완화시키고자 하는 곳에 시공한다.

해설 누구막이 설계 요령은 상류를 향하여 중심선에 직각 방향으로 축설한다.

---

59 떼의 규격은 40cm × 25cm이고 흙두께가 5cm 정도일 때, 6급 선떼 붙이기의 1m당 떼 사용 매수는?

① 3.75매   ② 6.25매

③ 7.50매   ④ 10.00매

해설 선떼 붙이기는 가장 낮은 높이가 9급이며, 떼는 한 장만 붙인다. 이때 필요한 떼의 매수는 2.5매이며, 급수가 1급수 줄어들 때마다 2.5의 절반인 1.25장씩 가산하면 된다.

2.5 + 1.25 + 1.25 + 1.25 = 6.25매

---

60 돌쌓기 공사에 사용될 수 있도록 특별한 규격으로 다듬은 석재는?

① 야면석   ② 막깬돌

③ 견치돌   ④ 호박돌

해설

마름돌	원석을 육면체로 다듬은 돌. 다듬돌
견치돌	견고한 돌쌓기에 사용하는 다듬은 돌
막깬돌	규격은 일정하지 않지만 다듬은 돌로 메쌓기와 찰쌓기에 사용. 60kg
야면석	무게 100kg 정도의 가공하지 않은 전석
호박돌	지름 30cm 이상인 둥글고 긴 자연석

제2과목 산림보호학

01 솔나방에 대한 설명으로 옳지 않은 것은?

① 알로 월동한다.

② 1년에 1회 발생한다.

③ 성충은 주로 밤에 활동한다.

④ 6월~7월경 번데기가 된다.

해설 솔나방은 유충으로 지피물이나 나무껍질 사이에 월동한다.

02 잎을 가해하는 해충은?

① 박쥐나방 ② 밤바구미

③ 어스렝이나방 ④ 미끈이하늘소

해설 ① 박쥐나방 : 줄기 및 가지 가해

② 밤바구미 : 종실가해

④ 미끈이하늘소 : 줄기 및 가지 가해

03 아황산가스 등 대기오염의 피해를 받은 나무에 심하게 나타나는 병은?

① 소나무 잎녹병

② 소나무 줄기녹병

③ 낙엽송 가지끝마름병

④ 소나무 그을음잎마름병

해설 • 소나무 그을음잎마름병은 아황산가스(대기오염)의 농도가 높을 때 피해가 심해진다.

① 소나무 잎녹병 : 담자균류인 녹병균에 의한 병

② 소나무 줄기녹병 : 담자균류인 녹병균에 의한 병

③ 낙엽송 가지끝마름병 : 자낭균류에 의한 병

04 곤충의 수컷 생식기관이 아닌 것은?

① 수정낭 ② 수정관

③ 부속샘 ④ 저정낭

해설 • 수정낭은 수컷의 정자를 임시로 보관하는 암컷의 생식기관이다.

② 수정관은 정소에서 만든 정충을 정낭으로 보내는 관으로 수컷의 생식기관이다.

③ 부속샘은 수컷의 생식기관에 딸린 분비샘이다.

④ 저정낭은 정액을 구성하는 점액질의 액체를 분비하는 수컷의 생식기관이다.

05 리기다소나무 조림지에 피해를 주는 푸사리움 가지마름병에 대한 설명으로 옳지 않은 것은?

① 병원균은 상처를 통해 침입한다.

② 감염된 잎은 빛바랜 갈색으로 말라 죽는다.

③ 바람이 약한 지역에 나무는 더 심하게 발생한다.

④ 봄부터 가을까지 특히 태풍이 지나간 다음 터부코나졸 유탁제를 살포한다.

해설 • 푸사리움 가지마름병은 태풍이나 곤충 등에 의한 상처 부위로 곰팡이가 감염되므로 바람이 강한 지역에서 더 심하게 발생한다.

• 푸사리움 가지마름병은 유성세대가 알려져 있지 않은 불완전균류에 의한 피해다.

• 불완전균류는 유성세대가 없으므로 포자가 바람으로 전반하지 않는다.

정답 01. ① 02. ③ 03. ④ 04. ① 05. ③

06 기주를 교대하며 발생하는 병이 아닌 것은?

① 향나무 녹병
② 소나무 혹병
③ 포플러 잎녹병
④ 삼나무 붉은마름병

해설 • 삼나무 붉은마름병은 불완전균류에 의한 병으로 기주교대를 하지 않는다.
• 기주교대를 하려면 유성포자 세대가 있어야 하므로 불완전균류에는 기주교대가 있을 수 없다.
• 삼나무 붉은마름병은 묘포에서 주로 발생한다. 증세가 가볍게 발생한 묘목도 식재하지 않는다.

07 보르도액을 반복하여 사용하면 어떤 성분이 토양에 축적되어 수목에 독성을 나타낼 수 있는가?

① 철   ② 구리
③ 붕소   ④ 망간

해설 보르도액은 황산구리와 수산화칼슘을 섞어서 만들기 때문에 토양에 구리성분이 축적될 수 있다.

08 수목에 나타나는 현상 중 표징에 해당하는 것은?

① 부패   ② 위조
③ 얼룩   ④ 포자 형성

해설 곰팡이의 표징

구분		명칭
표징	영양기관	균사, 균사체, 균사속, 균핵, 자좌, 균사매트 등
	생식기관	포자, 분생포자, 분생포자반, 분생포자좌, 포자낭, 자낭, 자낭반, 자낭각, 자낭구, 담자기, 버섯 등
병징		분비, 가지마름, 줄기마름, 궤양, 썩음, 혹 또는 비대, 구멍, 잎의 변색(점무늬, 퇴색, 황화, 모자이크), 위축, 시들음, 얼룩 등

09 제초제로 인한 수목 피해에 대한 설명으로 옳지 않은 것은?

① 피해목 주변의 토양을 비닐로 피복하면 제초제 성분의 해독이 더 어렵다.
② 피해증상은 전신적으로 나타나는 경우보다 국부적으로 나타나는 경우가 많다.
③ 동일 장소의 서로 다른 수종이나 지표의 초본 식물에도 비슷한 증상이 나타난다.
④ 병해충의 피해와 혼동되는 경우가 많으므로 정확한 진단에 따른 대책이 필요하다.

해설 보통의 제초제의 약해는 피해가 전신에 나타난다.

10 수목의 뿌리를 통해서 감염되지 않는 것은?

① 혹병
② 모잘록병
③ 그을음병
④ 자주빛날개무늬병

해설 그을음병은 흡즙성 곤충의 분비 또는 배설물에 자낭균이 번식하여 발생하므로 보통 잎과 가지에서 발생한다.

11 솔잎혹파리의 천적으로 생물적 방제를 위해 방사하는 것은?

① 상수리좀벌
② 노란꼬리좀벌
③ 남색긴꼬리좀벌
④ 솔잎혹파리먹좀벌

해설 솔잎혹파리의 방제에는 솔잎혹파리먹좀벌, 혹파리살이먹좀벌, 혹파리등뿔먹좀벌, 혹파리반뿔먹좀벌 등의 기생성 천적을 이용할 수 있다.

12 세균이 수목에 침입하는 경로가 아닌 것은?

① 각피   ② 수공

③ 기공   ④ 상처

해설 세균은 각피를 뚫을 수 없기 때문에 주로 자연개구부 및 상처를 통해 침입한다.

13 물에 녹지 않는 유효성분을 유기용매에 녹여 유화제를 첨가한 용액으로 제조한 약제는?

① 유제   ② 액제

③ 수용제   ④ 수화제

해설 • 유제는 다른 제형에 비해 간단하게 만들 수 있고, 약효가 확실하다는 장점이 있다.

② 액제 : 수용성 약제를 물에 녹여 계면활성제나 동결방지제를 첨가하여 제제한다.

③ 수용제 : 수용성 약제에 수용성 증량제를 사용하여 투명하게 만든 약제

④ 수화제 : 물에 녹지 않은 원제를 분쇄하여 물에 희석하여 현탁액으로 만든 약제

14 가구, 건물 및 마른 나무 등에 구멍을 뚫고 들어가 표면만 남기고 내부를 불규칙하게 식해하는 해충은?

① 가루나무좀

② 밤나무혹벌

③ 천막벌레나방

④ 호두나무잎벌레

해설 가루나무좀류는 목재의 표면을 남기고 내부를 불규칙하게 식해한다. 훈증이나 열처리로 예방할 수 있다.

15 기주식물 뿌리에 기생하여 피해를 주는 것은?

① 새삼

② 환삼덩굴

③ 꼬리겨우살이

④ 오리나무더부살이

해설 오리나무더부살이는 두메오리나무 뿌리에 기생하는 한해살이 풀이다. 산림청에서 1997년에 희귀 및 멸종위기 식물로 지정하였다.

16 수목 병 방제를 위한 예방법과 가장 거리가 먼 것은?

① 윤작   ② 종묘 소독

③ 항생제 주입   ④ 혼효림 조성

해설 항생제 주입은 병에 걸린 수목을 치료하는 사후조치이므로 예방법으로 볼 수 없다.

17 소나무 재선충병에 대한 설명으로 옳은 것은?

① 기공을 통해 침입한다.

② 잣나무에서도 발생한다.

③ 중간기주는 참나무류이다.

④ 매개충은 담배장님노린재이다.

해설 ① 솔수염하늘소가 후식할 때 기주에 침입한다.

③ 중간기주는 없다.

④ 솔수염하늘소와 북방수염하늘소가 매개충이다.

18 솔수염하늘소에 대한 설명으로 옳지 않은 것은?

① 유충으로 월동한다.

② 남부지방에서는 1년에 2회 발생한다.

③ 성충의 우화 시기는 5월~8월경이다.

④ 성충은 쇠약목이나 고사목에 산란한다.

해설 솔수염하늘소는 1년에 1회 발생한다.

19 토양에 의해 전반되는 병은?

① 향나무 녹병

② 소나무 모잘록병

③ 밤나무 줄기마름병

④ 오동나무 빗자루병

해설 ① 향나무 녹병은 담자균류이므로 포자가 바람에 의해 전반된다.

③ 밤나무 줄기마름병은 자낭균이므로 포자가 바람에 의해 전반된다. 상처를 통해 침입하기도 하고, 빗물에 의해 짧은 거리를 전반하기도 한다.

④ 오동나무 빗자루병은 파이토플라스마에 의해 발생하며, 마름무늬매미충이 전반한다.

20 오동나무 빗자루병 예방을 위해 매개충인 담배장님노린재의 방제 시기로 가장 적절한 것은?

① 1월~3월 ② 4월~6월

③ 7월~9월 ④ 10월~12월

해설 병든 수목은 제거하여 소각하고, 담배장님노린재 성충이 활발하게 활동하는 7월 상순에서 9월 하순에 살충제를 살포하여 매개충을 구제한다.

제4과목 **임도공학**

21 임도의 노체와 노면의 구조에 관한 설명으로 옳은 것은?

① 쇄석을 노면으로 사용한 것은 사리도이다.

② 노체는 노상, 노반, 기층, 표층 순서대로 시공한다.

③ 토사도는 교통량이 많은 곳에 적용하는 것이 가장 경제적이다.

④ 노상은 임도의 최하층에 위치하여 다른 층에 비해 내구성이 큰 재료를 필요로 한다.

해설 ① 쇄석을 노면으로 사용하는 것은 쇄석도이다.

③ 토사도는 교통량이 적은 곳에 적용하는 것이 경제적이다.

④ 노상은 임도의 최하층으로 직접적인 충격을 받지 않아 내구성이 크거나 양질의 재료를 사용할 필요가 없다.

22 적정 임도밀도가 5m/ha일 때 임도간격은 얼마인가?

① 1000m ② 2000m

③ 3000m ④ 4000m

해설 임도간격

$$RS = \frac{10,000}{ORD(적정 임도밀도)} = \frac{10,000}{5} = 2000$$

23 중심선측량과 영선측량에 대한 설명으로 옳지 않은 것은?

① 영선은 절토작업과 성토작업의 경계선이 되지는 않는다.

② 영선측량은 시공기면의 시공선을 따라 측량하므로 굴곡부를 제외하고는 계획고 상태로 측량한다.

③ 균일한 사면일 경우에는 중심선과 영선은 일치되는 경우도 있지만 대개 완전히 일치되지 않는다.

④ 중심선측량은 지반고 상태에서 측량하며, 종단면도상에서 계획선을 설정하여 계획고를 산출한 후 종단과 횡단의 형상이 결정된다.

해설 영선은 절토작업과 성토작업의 경계선이 된다.

24 수확한 임목을 임내에서 박피하는 이유로 가장 부적합한 것은?

① 신속한 건조

② 병충해 피해 방지

③ 운재작업의 용이

④ 고성능 기계화로 생산원가의 절감

해설 • 기계화를 통한 원가절감은 산림기계화 작업의 장점으로 임내 박피 이유와는 무관하다.

• 임업기계화의 장점

- 계획생산의 실시 : 기계화를 실시할 경우 기후조건, 계절의 영향을 어느 정도 극복 가능하다.

- 지형조건의 극복

- 생산속도의 증가와 상품가치의 향상

25 다음과 같은 폐합다각측량의 성과표를 이용하여 측선CD의 배횡거를 구한 값으로 옳은 것은?(단, 위·경거의 오차는 없는 것으로 함)

측선	위거	경거
AB	+35.84	+41.73
BC	−28.73	?
CD	?	−39.28
DA	+26.97	−37.84

① 77.57   ② 90.12
③ 114.96   ④ 118.85

해설 다각형 트래버스에 있어서 각 측선의 중점에서 기준선(NS선)에 내린 수선의 길이를 횡거라 하며, 횡거의 2배를 그 측선의 배횡거라 한다.

AB 측선 배횡거	그 측선의 경거 41.37
BC 측선 배횡거	전측선의 배횡거 + 전측선의 경거+그 측선의 경거 41.73 + 41.73 + 35.39 = 118.85
CD 측선 배횡거	전측선의 배횡거 + 전측선의 경거 + 그 측선의 경거 118.85 + 35.39 + (−39.28) = 114.96

26 설계속도가 25km/시간, 가로 미끄럼에 대한 노면과 타이어의 마찰계수가 0.15, 노면의 횡단기울기가 5%일 경우 곡선반지름은? (단, 소수점 이하는 생략)

① 약 25m   ② 약 30m
③ 약 35m   ④ 약 40m

해설 최소곡선반지름의 설계속도에 의한 공식

$$\frac{설계속도^2}{127(타이어마찰계수 + 노면횡단물매)}$$

$$= \frac{25^2}{127(0.15+0.05)} ≒ 25$$

27 임도 설계 시 설계서에 포함되지 않는 것은?

① 시방서
② 예산내역서
③ 측량성과서
④ 공정별 수량계산서

해설 임도 설계서 작성 시 목차, 공사설명서, 일반시방서, 특별시방서, 예정공정표, 단가산출서, 토적표, 산출기초 등이 있다.

28 컴퍼스의 검사 및 조정에 대한 설명으로 옳지 않은 것은?

① 자침은 어떠한 곳에 설치하여도 운동이 활발하고 자력이 충분하여야 한다.
② 컴퍼스를 수평으로 세웠을 때 자침의 양단이 같은 도수를 가리키고 있어야 한다.
③ 수준기의 기포를 중앙에 오게 한 후 수평으로 180°회전시켜도 기포가 중앙에 있어야 한다.
④ 컴퍼스를 세우고 정준한 다음 적당한 거리에 연직선을 만들어 시준할 때 시준종공 또는 시준사와 수평선이 일치하면 정상이다.

해설 • 컴퍼스측량은 측선의 길이(거리)와 그 방향(각도)을 관측하여 측점의 수평위치(x,y)를 결정하는 측량 방법이다.
• 컴퍼스측량은 경계측량, 산림측량, 노선측량, 지적측량 등에 이용한다.
• 컴퍼스를 세우고 정준한 다음 적당한 거리에 연직선을 만들어 시준할 때 지준종공 또는 시준사와 수직선이 일치하면 정상이다.

29 평판측량에 있어서 어느 다각형을 전진법에 의하여 측량하였다. 이때 폐합오차가 20cm 발생하였다면 측점 C의 오차배분량은? (단, AB = 50m, BC = 20m, CD = 20m, DA = 10m임)

① 0.1m   ② 0.14m
③ 0.18m   ④ 0.2m

해설 전진법에 의한 오차배분량 = (폐합오차×그 측점까지의 거리)/전체 측점의 거리
{0.2m×(AB+BC+CD)}/(AB+BC+CD+DA)
= (0.2×70)/100
= 0.14

30 임도 노면의 시공에 대한 사항으로 다음 ( ) 안에 공통적으로 해당하는 것은?

> 노면의 종단기울기가 ( )%를 초과하는 사질토양 또는 점토질 토양인 구간과 종단기울기가 ( )% 이하인 구간으로써 지반이 약하고 습한 구간에는 자갈을 부설하거나 콘크리트 등으로 포장한다.

① 8   ② 13
③ 15   ④ 18

해설 산림법 시행규칙에서 임도시설기준 노면의 종단기울기가 8% 초과 시 사질토양 또는 점토질토양인 구간과 종단기울기가 8% 이하인 구간으로 지반이 약하고 습한 구간에는 자갈을 부설하거나 콘크리트 등으로 포장한다.

31 임도의 교각법에 의한 곡선 설치 시 각 기호에 대한 용어가 올바르게 나열된 것은?

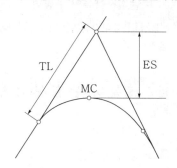

① TL : 접선길이, MC : 곡선중점,
    ES : 곡선길이
② TL : 곡선길이, MC : 곡선중점,
    ES : 접선길이
③ TL : 접선길이, MC : 곡선중점,
    ES : 외선길이
④ TL : 곡선길이, MC : 곡선중점,
    ES : 외선길이

해설

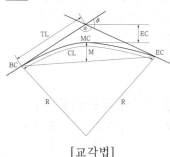

R : 최소곡선반지름	
θ : 교각	
α : 내각	
TL : 접선의 길이	
CL : 호의 길이	
WS : 외할장	
BC : 곡선시점	
MC : 곡선중점	
EC : 곡선종점	
M : 중앙종거	

[교각법]

32 산림토목 시공용 기계 중 정지작업에 가장 적합한 것은?

① 클램 쉘   ② 드랙 라인
③ 파워 셔블   ④ 모터 그레이더

해설 모터그레이더는 정지 작업인 노면 깎기, 노면 다지기 등의 작업에 적합한 장비이다.

33 지반조사에 이용되는 것이 아닌 것은?

① 오거 보링
② 관입 시험
③ 케이슨 공법
④ 파이프 때려 박기

해설 케이슨공법은 기초공사 중 깊은 기초 터파기 공법 중 하나이다.

34 지표면 및 비탈면의 상태에 따른 유출계수가 가장 작은 것은?

① 떼비탈면   ② 흙비탈면
③ 아스팔트 포장   ④ 콘크리트 포장

해설

산림지역	0.05~0.4
떼비탈면	0.3
흙비탈면	0.6
콘크리트 포장	0.6~0.85
아스팔트 포장	0.8~0.9

35 일반지형에서 임도의 설계속도가 20km/시간일 때 적용하는 종단기울기는?

① 7% 이하
② 8% 이하
③ 9% 이하
④ 10% 이하

해설 설계속도

설계속도 (km/h)	종단기울기(순기울기)	
	일반지형	특수지형
40	7% 이하	10% 이하
30	8% 이하	12% 이하
20	9% 이하	14% 이하

36 배수 구조물의 크기를 결정하는 데 영향을 가장 적게 미치는 요인은?

① 구조물의 재질
② 집수구역의 면적
③ 집수구역의 지형 및 식생구조
④ 확률강우에 의한 최대 시우량

해설 배수 구조물 크기 결정 시 설치 지역 면적, 지형, 시우량 등이 가장 큰 결정 요인이다. 재질의 경우 경제성을 고려하여 결정하는 부차적 요인이다.

37 어떤 측점에서부터 차례로 측량을 하여 최후에 다시 출발한 측점으로 되돌아오는 측량 방법으로 소규모의 단독적인 측량에 많이 이용되는 트래버스 방법은?

① 결합 트래버스
② 폐합 트래버스
③ 개방 트래버스
④ 다각형 트래버스

해설 트래버스 측량 종류
• 개방 트래버스 : 측선이 기지점에서 시작, 마지막 측선은 미지점에서 종결(정밀도 x)
• 폐합 트래버스 : 측선이 한 기지점에서 시작, 다시 시작측점으로 돌아와 종결
• 결합(연결) 트래버스 : 측선이 한 기지점에서 시작하여 다른 기지점에서 종결

• 트래버스 방 : 여러 형태의 트래버스가 혼합되어 그물 모양이 특징

38 흙의 동결로 인한 동상을 가장 받기 쉬운 토질은?

① 모래
② 실트
③ 자갈
④ 점토

해설 흙의 동결은 모래, 자갈 등 공극이 크거나 점토와 같이 공극이 적어 투수성이 낮은 토질은 발생되지 않고 모래보다 작고 점토보다 큰 실트에서 많이 발생된다.

39 임도 비탈면의 녹화공법 종류에 속하지 않는 것은?

① 떼단쌓기 공법
② 분사식 파종 공법
③ 비탈선떼붙이기 공법
④ 비탈격자틀붙이기 공법

해설 비탈격자틀붙이기 공법은 비탈면 안정공법의 종류 중 하나이다.

40 임도교량에 미치는 활하중에 속하는 것은?

① 주보의 무게
② 교상의 시설물
③ 바닥 틀의 무게
④ 동행하는 트럭의 무게

해설 • 활하중 : 움직임을 가지는 것으로 보행자 및 차량에 의한 하중
• 사하중 : 교량의 주보, 바닥 틀 교량 시설물 등의 무게와 같은 고정하중이다.

정답 35. ③ 36. ① 37. ② 38. ② 39. ④ 40. ④

제5과목 사방공학

41 중력에 의한 침식에 해당하지 않는 것은?

① 지활형 침식   ② 유동형 침식

③ 지중형 침식   ④ 붕괴형 침식

해설 중력침식의 종류로는 지활형, 붕괴형, 사태형, 유동형이 있다.

42 수제에 대한 설명으로 옳지 않은 것은?

① 하향수제는 두부의 세굴작용이 가장 약하다.

② 상향수제는 길이가 가장 짧고 공사비가 저렴하다.

③ 유수의 월류 여부에 따라 월류수제와 불월류수제로 나눈다.

④ 계류의 유심 방향을 변경하여 계안 침식을 방지하기 위해 계획한다.

해설 • 하천에 유심의 방향을 변경시켜 계안으로부터 멀리 보내 유로 및 계안 침식을 방지, 기슭막이 공작물의 세굴을 방지하기 위해 사용된다.

• 길이가 가장 짧고 공사비가 저렴한 것은 직각수제에 대한 설명이다.

43 본댐의 유효고가 H(m)이고 월류수심이 t(m)일 때, 본댐과 앞댐과의 간격L(m)을 구하는 식은? (단, 낮은 댐의 경우)

① $L \geq 1.5 \times (H-t)$

② $L \geq 2.0 \times (H-t)$

③ $L \geq 1.5 \times (H+t)$

④ $L \geq 2.0 \times (H+t)$

해설 댐 간격

• 높은 댐 : $L \geq 1.5 \times (H+t)$

• 낮은 댐 : $L \geq 2.0 \times (H+t)$

44 산지사방사업에서 1m 높이의 돌쌓기를 할 때 찰쌓기의 표준 기울기는?

① 1:0.20~0.25

② 1:0.25~0.30

③ 1:0.30~0.35

④ 1:0.35~0.40

해설 • 찰쌓기는 돌쌓기 또는 벽돌을 쌓을 때 뒷채움에 콘크리트를 사용하고, 줄눈에 모르타르를 사용하는 공법이다.

• 경사 1:0.2 이하

• 뒤채움은 콘크리트, 줄눈은 모르타르 사용

45 우량계가 유역에 불균등하게 분포되었을 경우 평균 강우량 산정 방법은?

① 등우선법   ② 침투형법

③ 산술평균법   ④ Thiessen법

해설 Thiessen법은 우량계가 유역 내 불균등하게 분포되는 경우 적용한다.

46 황폐계류에 대한 설명으로 옳지 않은 것은?

① 유량이 강우에 의해 급격히 증감한다.

② 유로 연장이 비교적 길고 하상 기울기가 완만하다.

③ 토사생산구역, 토사유과구역, 토사퇴적구역으로 구분된다.

④ 호우가 끝나면 유량은 격감되고 모래와 자갈의 유송은 완전히 중지된다.

해설 • 유량의 변화가 크다.

• 유로 연장이 비교적 짧고 하상 기울기가 급하다.

• 호우 시에 사력의 유송이 심하다.

• 황폐계류의 경우 모래나 자갈의 이동, 침식 및 퇴적 등이 발생한다.

47 산지사방 녹화공사를 위한 묘목심기의 1ha당 식재본수로 가장 적합한 것은?

① 2000~4000본

② 4000~6000본

③ 6000~8000본

④ 8000~10000본

해설 • 일반적인 산지사방의 녹화 식재본수는 4000 ~6000본/ha이다.

• 해안 사방의 식재본수는 주 수종과 비료목을 포함하여 10,000본/ha 내외로 식재한다.

48 흙댐에 관한 설명으로 옳지 않은 것은?

① 심벽 재료로는 사질토나 점질토를 사용한다.

② 일반적으로 흙댐마루의 너비는 2~5m 정도로 한다.

③ 유역면적이 비교적 좁고 유량과 유송토사가 적지만 계폭이 비교적 넓은 경우에 건설한다.

④ 포화수선은 댐 밑 외부에 있어야 댐이 안정되고, 심벽은 포화수선을 위로 올려주는 역할을 한다.

해설 • 재료는 사질토나 점질토를 사용한다.

• 흙댐마루의 너비는 2~5m 정도로 한다.

• 포화수선은 댐 밑 내부에 있어야 댐이 안정되고 심벽은 포화수선 아래로 내려주는 역할을 한다.

49 통나무 쌓기 흙막이의 높이는 보통 얼마로 하는가?

① 0.5m 이하

② 1.5m 이하

③ 2.5m 이하

④ 3.5m 이하

해설 • 흙막이 설치 방향은 원칙적으로 산비탈을 향하여 직각이 되도록 한다.

• 통나무 쌓기 흙막이의 높이는 1.5m 이하를 기준으로 한다.

50 해안사방에서 사초심기공법에 관한 설명으로 옳지 않은 것은?

① 망구획 크기는 2m×2m 구획으로 내부에도 사이심기를 한다.

② 식재사초는 모래의 퇴적으로 잘 말라 죽지 않는 수종으로 선택한다.

③ 다발심기는 사초 30~40포기를 한 다발로 만들어 30~50cm 간격으로 심는다.

④ 줄심기는 1~2주를 1열로 하여 주간거리 4~5cm, 열간거리 30~40cm가 되도록 심는다.

해설 • 사초심기는 해안사구의 모래에서도 잘 자랄 수 있는 사초류를 심어 모래 날림을 막는 공법이다.

• 식재 방법으로 다발심기는 사초 4~8포기를 한 다발로 만들어 30~50cm 간격으로 심는다.

• 줄심기(열식)는 1~2주를 1열로 하여 주간거리 5cm, 열간거리 30~40cm가 되도록 식재한다.

• 망심기(망식)는 바둑판의 눈금같이 종.횡으로 줄 심기를 하고, 망구획의 크기는 2m×2m이다.

51 폭 10m, 높이 5m인 직사각형 단면 야계수로에 수심 2m, 평균유속 3m/sec로 유출이 일어날 때의 유량(m³/sec)은?

① 15

② 30

③ 60

④ 150

해설 유량 = 유속×단면적

$Q = V \times A$

$Q = 3 \times 10 \times 2 = 60(m^3/sec)$

52 낙석방지망 덮기 공법에 대한 설명으로 옳지 않은 것은?

① 철망눈의 크기는 5mm 정도이다.

② 합성섬유망은 100kg 이내의 돌을 대상으로 한다.

③ 와이어로프의 간격은 가로와 세로 모두 4~5m로 한다.

정답 47. ② 48. ④ 49. ② 50. ③ 51. ③ 52. ①

④ 철망, 합성섬유망 등을 사용하여 비탈면에서 낙석이 발생하지 않도록 한다.

> **해설** ·일반적인 철사망눈의 크기는 5~10cm 정도로 한다.
> ·사용되는 와이어로프의 간격은 가로와 세로 모두 4~5m 정도로 한다.

53 개수로에서 이용하는 평균유속 공식이 아닌 것은?

① Chezy 공식 ② Basin 공식
③ Kutter공식 ④ Thiery 공식

> **해설** 평균유속 공식
> ·Bazin 공식은 물매가 급하고 유속이 빠른 수로에 적용된다.
> ·Manning 공식은 개수로의 등류나 거친 관로에 적용된다.
> ·Kutter 공식은 체지공식의 계수 C를 부여하는 공식이다.

54 산지사방의 주요 목적과 거리가 먼 것은?

① 사방 조림 확대
② 붕괴 확대 방지
③ 표토 침식 방지
④ 산사태 위험 방지

> **해설** 산지사방은 산지재해 위험에 대한 대비를 목적으로 실행되는 작업이다. 보기 ① 사방조림 확대와는 거리가 멀다.

55 Q = C × I × A로 나타내는 최대홍수량 산정 방법은? (단, Q는 유역출구에서의 최대홍수량, C는 유출계수, I는 강우강도, A는 유역면적)

① 시우량법
② 유출량법
③ 합리식법
④ 홍수위흔적법

> **해설** 합리식에 의한 최대홍수량 $Q = \dfrac{1}{360} \times CIA$
> $= \dfrac{1}{360} \times 유출계수 \times 강우강도 \times 면적$

56 돌쌓기 공사에서 금기돌이 아닌 것은?

① 굄돌 ② 뜬돌
③ 거울돌 ④ 포갠돌

> **해설** 금기돌(禁忌石)은 돌쌓기 공법에 잘못된 돌쌓기로서 선돌, 거울돌, 뜬돌, 포갠돌, 뾰족돌 등이 있다.

57 초기 황폐지 단계에서 복구되지 않으면 점점 더 급속히 악화되어 가까운 장래에 민둥산이나 붕괴지가 될 위험성이 있는 상태는?

① 척악임지 ② 임간나지
③ 황폐 이행지 ④ 특수 황폐지

> **해설** 황폐 이행지는 초기 황폐지가 더 악화되어 민둥산이나 붕괴지로 되어가는 단계의 산지이다.

58 지하수가 유출되는 절토사면에 설치하는 가장 적합한 공작물은?

① 집수정 ② 선떼 붙이기
③ 산복 돌수로 ④ 돌망태 옹벽

> **해설** 지하수가 유출되므로 배수가 양호한 돌망태 옹벽을 설치하는 것이 적합하다.

59 콘크리트의 압축강도와 가장 관계 깊은 것은?

① 물 – 잔골재 비
② 물 – 시멘트 비
③ 물 – 굵은골재 비
④ 물 – 염화칼슘 비

> **해설** ·콘크리트 강도에는 물의 비율이 많은 영향을 미친다.
> ·콘크리트의 강도에 영향을 주는 요인
> - 배합 방법 : W/C비, slump값, 골재의 입도, 공기량
> - 재료 품질 : 물, 시멘트, 골재의 품질, 혼화재, 혼화제 등의 품질
> - 시공 방법 : 운반, 타설, 다짐, 양생 방법

정답 53. ④ 54. ① 55. ③ 56. ① 57. ③ 58. ④ 59. ②

60 침식에 대한 설명으로 옳지 않은 것은?

① 가속 침식은 자연 침식 또는 지질학적 침식이라고 한다.

② 침식은 그 원인에 따라 크게 정상 침식과 가속 침식으로 나뉜다.

③ 정상 침식은 자연적인 지표의 풍화 상태로써 토양의 형성과 분포에 기여한다.

④ 가속 침식은 주로 사람의 작용에 의한 지피식생의 파괴와 물이나 바람 등의 작용에 의하여 이루어진다.

해설 • 가속침식은 외부적 작용에 의한 침식으로 물에 의한 수식, 중력에 의한 중력침식, 바람에 의한 풍식으로 분류할 수 있다.

• 자연침식 또는 지질학적 침식은 정상침식이라 한다.

• 붕괴형 침식은 중력 침식에 속하기에 가속침식에 해당한다.

2017년 제1회 기출문제

제2과목 산림보호학

01 볕데기(sun scorch)가 잘 일어나지 않는 경우는?

① 남서 방향 임연부의 성목

② 울폐된 숲이 갑자기 개방된 경우

③ 수간 하부까지 지엽이 번성한 수종

④ 수피가 평활하고 코르크층이 발달되지 않은 수종

해설 수간 하부까지 지엽이 번성한 수종은 수간이 가려져 있기 때문에 볕데기가 일어날 수 없다.

02 소나무 재선충병에 대한 설명으로 옳지 않은 것은?

① 토양관주는 방제 효과가 없어 실시하지 않는다.

② 아바멕틴 유제로 나무주사를 실시하여 방제한다.

③ 피해목 내 매개충을 구제하기 위해 벌목한 피해목을 훈증한다.

④ 나무주사는 수지 분비량이 적은 12월 ~2월 사이에 실시하는 것이 좋다.

해설 나무주사 시기를 놓친 경우 토양관주를 실시할 수 있다. 토양관주는 수액이 이동할 수 있는 시기인 4~5월에 실시한다.

03 대추나무 빗자루병 방제 약제로 가장 적합한 것은?

① 베노밀 수화제

② 아진포스메틸 수화제

③ 스트렙토마이신 수화제

④ 옥시테트라사이클린 수화제

해설 • 파이토플라스마에는 사이클린계 항생제를 사용하여 치료한다.

① 베노밀 수화제 : 탄저병과 균핵병, 잿빛곰팡이병, 푸른곰팡이병 등에 효과가 있다.

② 아진포스메틸 수화제 : 유기인계 살충제로 씹거나 빨아 먹는 곤충을 없애는 살충제로 사용된다.

③ 스트렙토마이신 수화제 : 세균성 점무늬병 등 세균성 병에 효과가 있는 항생제다.

04 바다 바람에 대한 저항력이 큰 수종으로만 올바르게 짝지어진 것은?

① 화백, 편백

② 소나무, 삼나무

③ 벚나무, 전나무

④ 향나무, 후박나무

해설 염해에 강한 수종은 해송, 향나무, 사철나무, 후박나무 등이다.

강한 나무	해송, 향나무, 사철나무, 자귀나무, 팽나무, 돈나무, 후박나무 등
약한 나무	소나무, 삼나무, 전나무, 사과나무, 벚나무, 편백, 화백 등

정답 01. ③ 02. ① 03. ④ 04. ④

05 잣나무 털녹병균의 중간기주는?

① 현호색　　　　② 송이풀
③ 뱀고사리　　　④ 참나무류

> **해설** 송이풀과 까치밥나무가 잣나무 털녹병의 중간기
> 주다.
> ① 현호색 : 낙엽송 잎녹병
> ③ 뱀고사리 : 전나무 잎녹병
> ④ 참나무류 : 소나무혹병

06 도토리거위벌레에 대한 설명으로 옳지 않은 것은?

① 유충으로 월동한다.
② 산란하는 곳은 어린 가지의 수피이다.
③ 우화한 성충은 도토리에 주둥이를 꽂고 흡즙가해한다.
④ 도토리가 달린 가지를 주둥으로 잘라 땅에 떨어뜨린다.

> **해설** 도토리거위벌레는 도토리의 갓 바로 아래 부분에
> 산란한다. 토토리거위벌레가 잘라서 땅에 떨어진
> 가지에 달린 도토리 모자를 벗기면 1~2개의 산란
> 흔적을 발견할 수 있다.

07 나무주사 방법에 대한 설명으로 옳지 않은 것은?

① 소나무류에는 주로 중력식 주사를 사용한다.
② 형성층 안쪽의 목부까지 구멍을 뚫어야 한다.
③ 모쳇(mauget) 수간주사기는 압력식 주사이다.
④ 중력식 주사는 약액의 농도가 낮거나 부피가 클 때 사용한다.

> **해설** • 소나무류의 나무주사는 송진 때문에 압력식 주
> 사 방법을 이용한다.
> • 중력식과 유입식을 사용할 때는 12월부터 2월
> 까지 송진이 분비되지 않는 기간에 사용한다.

08 솔껍질깍지벌레가 바람에 의해 피해 지역이 확대되는 것과 관련이 있는 충태는?

① 알　　　　　　② 약충
③ 성충　　　　　④ 번데기

> **해설** • 부화약충이 바람에 의해 이동 및 확산을 하고, 정
> 착 후에는 이동하지 않는다.
> • 알이나 번데기는 움직일 수 없는 충태로 피해 지
> 역 확산과 관계가 없다.
> • 솔껍질깍지벌레 암컷은 약충에서 번데기를 거치
> 지 않고 성충이 되며, 날개가 없다.
> • 솔껍질깍지벌레 수컷이 번데기를 거쳐 성충이
> 되며 날개가 있다.

09 대추나무 빗자루병에 대한 설명으로 옳은 것은?

① 균류에 의해 전반된다.
② 토양에 의해 전반된다.
③ 공기에 의해 전반된다.
④ 분주에 의해 전반된다.

> **해설** 대추나무 빗자루병은 병에 걸린 모수에서 접수나
> 혹은 포기 나누기인 분주에 의해 감염된다.

10 수목 병에 대한 설명으로 옳지 않은 것은?

① 밤나무 줄기마름병은 1900년경 미국으로부터 침입한 병이다.
② 흰가루병균은 분생포자를 많이 만들어서 잎을 흰가루로 덮는다.
③ 그을음병은 진딧물이나 깍지벌레 등이 가해한 나무에 흔히 볼 수 있는 병이다.
④ 철쭉 떡병균은 잎눈과 꽃눈에서 옥신의 양을 증가시켜 흰색의 둥근 덩어리를 만든다.

> **해설** 밤나무 줄기마름병은 1900년경 동양에서 미국으
> 로 이송된 나무에 의해 피해를 주었으며, 미국 동
> 부의 밤나무림을 황폐화 시킨 사례가 있다.

정답 05. ②　06. ②　07. ①　08. ②　09. ④　10. ①

11 식엽성 해충이 아닌 것은?

① 솔나방
② 솔수염하늘소
③ 미국흰불나방
④ 오리나무잎벌레

> **해설** • 솔수염하늘소는 줄기를 가해한다.
> • 대부분의 하늘소 애벌레와 성충이 줄기를 가해한다.

12 세균에 의한 수목 병은?

① 뽕나무 오갈병
② 소나무 줄기녹병
③ 포플러 모자이크병
④ 호두나무 뿌리혹병

> **해설** 세균성 불마름병, 뿌리혹병, 구멍병 등이 세균에 의한 수목 병이다.

13 완전변태과정을 거치지 않는 것은?

① 벌목　　　　② 나비목
③ 노린재목　　④ 딱정벌레목

> **해설** • 노린재목 등은 외시류로서 불완전변태를 한다.
> • 완전변태(내시류) : 나비목, 파리목, 벌목, 딱정벌레목, 풀잠자리류 등
> • 불완전변태(외시류) : 매미목, 노린재목. 메뚜기목, 잠자리목 등

14 모잘록병 방제 방법으로 옳지 않은 것은?

① 질소질 비료를 많이 준다.
② 병든 묘목은 발견 즉시 뽑아 태운다.
③ 병이 심한 묘포지는 돌려짓기를 한다.
④ 묘상이 과습하지 않도록 배수와 통풍에 주의한다.

> **해설** 질소질 비료를 주면 웃자라서 모잘록병에 대한 저항성이 약해진다.

15 산림해충의 임업적 방제법에 속하지 않는 것은?

① 내충성 품종으로 조림하여 피해 최소화
② 혼효림을 조성하여 생태계의 안정성 증가
③ 천적을 이용하여 유용식물 피해 규모 경감
④ 임목밀도를 조절하여 건전한 임목으로 육성

> **해설** 천적을 이용하는 것은 생물적 방제로 분류한다.

16 태풍 피해가 예상되는 지역에서의 적절한 육림 방법은?

① 갱신 시에 임분 밀도는 높이는 것이 유리하다.
② 이령림은 유리하나 혼효림 조성은 효과가 크지 않다.
③ 간벌을 충분히 하여 수간의 직경생장을 증가시킨다.
④ 개벌이 불가피한 지역에서는 가급적 대면적으로 실시한다.

> **해설** • 직경이 커지면 바람에 대한 저항성이 증가한다.
> ① 갱신 시에 임분 밀도를 높이면 나무가 가늘어져 바람에 약해진다.
> ② 이령림, 혼효림 모두 태풍 피해를 줄일 수 있다.
> ④ 개벌이 불가피한 지역에서는 가급적 소면적으로 구획하여 실시하고 벌채 구역 사이에 수림대를 남긴다.

17 오리나무 갈색무늬병의 방제법으로 옳지 않은 것은?

① 윤작을 피한다.
② 종자소독을 한다.
③ 솎아주기를 한다.
④ 병든 낙엽은 모아 태운다.

해설 오리나무 갈색무늬병은 연작을 피하고 윤작을 하여 발병량를 줄일 수 있다.

18 곤충의 더듬이를 구성하는 요소가 아닌 것은?

① 자루마디　　　② 채찍마디
③ 팔굽마디　　　④ 도래마디

해설 도래마디는 곤충의 다리에 있다.

19 밤바구미에 대한 설명으로 옳지 않은 것은?

① 참나무류의 도토리에도 피해가 발생한다.
② 산란기간은 8월에서 10월까지이며 최성기는 9월이다.
③ 유충이 똥을 밖으로 배출하므로 피해 식별이 용이하다.
④ 9월 하순 이후부터 피해종실에서 탈출한 노숙유충이 흙집을 짓고 월동한다.

해설 • 밤바구미 유충은 똥을 밖으로 배출하지 않아 식별이 어렵다.
• 복숭아명나방은 배설물을 실에 붙여 바깥으로 배출한다.

20 밤나무 종실을 가해하는 해충은?

① 솔알락명나방
② 복숭아명나방
③ 복숭아심식나방
④ 백송애기잎말이나방

해설 복숭아명나방은 침엽수형과 활엽수형이 있다. 잣나무의 구과와 밤나무의 종실을 가해한다.

21 임도 개설에 따른 절·성토 시 부족한 토사공급을 위한 장소는?

① 객토장　　　② 사토장
③ 집재장　　　④ 토취장

해설 토사가 부족한 경우 토취장에서 흙을 공급받으며, 반대로 사토장은 흙을 버리는 장소이다.

22 임도 설계서 작성에 필요한 내용으로 옳지 않은 것은?

① 목차　　　② 토적표
③ 특별시방서　　　④ 타당성 평가표

해설 임도 설계서 작성 시 목차, 공사설명서, 일반시방서, 특별시방서, 예정공경표, 단가산출서, 토적표, 산출기초 등을 작성한다.

23 다음 그림과 조건을 이용하여 계산한 측선 CA의 방위각은?

- 내각 ∠A=62°15′27″
- 내각 ∠B=54°37′49″
- 내각 ∠A=63°06′53″
- 측선 AB의 방위각=27°35′15″

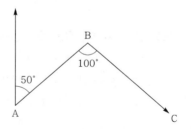

① 89°50′39″　　　② 89°50′42″
③ 269°50′39″　　　④ 269°50′42″

해설 CA방위각은 AC의 역방향이므로 = 180°+AC의 방위각
AC 방위각 = AB 측선의 방위각+내각 ∠A

$$= 27°35'12'' + 62°15'27''$$
$$= 89°50'39''$$

CA 방위각 = $180° + 89°50'39''$
$$= 269°50'39''$$

24 임도의 횡단배수구 설치장소로 적당하지 않은 곳은?

① 구조물 위치의 전·후
② 노면이 암석으로 되어있는 곳
③ 물 흐름 방향의 종단기울기 변이점
④ 외쪽기울기로 인한 옆도랑 물이 역류하는 곳

해설 횡단배수구 설치 장소
• 물이 아랫방향으로 흘러내리는 종단기울기 변이점
• 구조물의 앞과 뒤
• 골짜기에서 물이 산 측으로 유입되기 쉬운 곳
• 흙이 부족하여 속도랑으로 부적합한 곳
• 체류수가 있는 곳
• 외쪽물매로 인해 옆도랑 물이 역류하는 곳

25 토사지역에 절토 경사면을 설치하려 할 때 기울기의 기준은?

① 1:0.3~0.8   ② 1:0.5~1.2
③ 1:0.8~1.5   ④ 1:1.2~1.5

해설 절토 경사면의 기울기

구분	기울기
암석지	
– 경암	1:0.3~0.8
– 연암	1:0.5~1.2
토사지역	1:0.8~1.5

26 임도 노체의 기본구조를 순서대로 나열한 것은?

① 노상–노반–기층–표층
② 노상–기층–노반–표층
③ 노상–기층–표층–노반
④ 노상–표층–기층–노반

해설 임도의 구조는 표면을 시작으로 표층, 기층, 노반, 노상으로 구성되며, 임도의 노체는 원지반과 운반된 재료에 의하여 피복된 층으로 구분되며, 각 층은 노면에 가까울수록 큰 응력에 견디어야 하므로 하부로부터 노상, 노반, 기층, 표층의 순으로 더 좋은 재료를 사용하여 피복시키는 것이 이상적이다.

27 임도 선형설계를 제약하는 요소로 적합하지 않은 것은?

① 시공상에서의 제약
② 대상지 주요 수종에 의한 제약
③ 사업비·유지관리비 등에 의한 제약
④ 자연환경의 보존·국토보전 상에서의 제약

해설 임도 선형 설계 시 제약 요소
• 자연 환경의 보존 및 국토 보전
• 지형, 지물의 제약
• 시공상 제약
• 사업비, 유지관리비 제약

28 실제 지상의 두 점 간 거리가 100m인 지점이 지도상에서 4mm로 나타났다면, 이 지도의 축척은?

① 1/1000   ② 1/2500
③ 1/25000   ④ 1/50000

해설 실제거리를 도상의 길이와 동일한 단위로 환산하여 축척을 구한다.
100m = 10,000cm = 100,000mm
4/100,000 = 1/25,000

29 다음 설명에 해당하는 임도 노선 배치방법은?

지형도 상에서 임도 노선의 시점과 종점을 결정하여 경험을 바탕으로 노선을 작성한 다음 허용 기울기 이내인가를 검토하는 방법이다.

① 자유배치법   ② 자동배치법
③ 선택적 배치법   ④ 양각기 분할법

임도 노선을 선정하는 방법에는 자유배치법, 양각기계획법, 자동배치법 등이 있다. 자유배치법은 경험을 바탕으로 구간별 물매만 계산하여 예정 노선을 그리며, 작업시간은 오래 걸리지 않지만 품질이 균일하지 않다.

30 임도의 횡단선형을 구성하는 요소가 아닌 것은?

① 길어깨　　　　② 옆도랑
③ 차도 너비　　　④ 곡선반지름

해설 임도의 횡단선형 구성요소로 차도 너비, 길어깨, 대피소, 옆도랑(side ditch) 등이 있다.

31 임도의 각 측점 단면마다 지반고, 계획고, 절·성토고 및 지장목 제거 등의 물량을 기입하는 도면은?

① 평면도　　　　② 표준도
③ 종단면도　　　④ 횡단면도

해설
- 횡단면도는 각 측점의 단면의 지반고, 계획고, 절토고, 성토고, 단면적, 지장목의 제거, 사면 보호공의 물량 등을 기입하여 토적계산 자료로 활용한다.
- 평면도는 임시 기표, 사유토지의 경계, 구조물 등을 기입한다.
- 종단면도는 구간거리, 지반높이, 절토-성토 높이를 기입한다.

32 와이어로프의 안전계 수식을 올바르게 나타낸 것은?

① 와이어로프의 최소장력 ÷ 와이어로프에 걸리는 절단하중
② 와이어로프의 최대장력 ÷ 와이어로프에 걸리는 절단하중
③ 와이어로프의 절단하중 ÷ 와이어로프에 걸리는 최소장력
④ 와이어로프의 절단하중 ÷ 와이어로프에 걸리는 최대장력

해설 와이어로프의 안전계수
- 가공본줄 : 2.7
- 짐당김줄, 되돌림줄, 버팀줄, 고정줄 : 4.0
- 짐올림줄, 짐매달음줄, 호이스트줄 : 6.0
- 안전계수 = 파괴강도(절단 하중)/설계강도(최대장력) : 안전한 작업을 위해 주는 강도의 여유분

33 가장 일반적으로 이용되는 다각측량의 각 관측방법으로 임도곡선 설정 시 현지에서 측점을 설치하는 곡선 설정 방법은?

① 교각법　　　　② 편각법
③ 진출법　　　　④ 방위각법

해설 교각법은 전측선과 다음 측선이 이루는 각을 시계, 또는 반시계방향으로 측정하는 방법으로 교각을 쉽게 구할 수 있는 경우 사용되는 가장 기본적인 방법이다.

34 집재가선을 설치할 때 본줄을 설치하기 위한 집재기 쪽의 지주를 무엇이라 하는가?

① 머리기둥　　　② 꼬리기둥
③ 안내기둥　　　④ 받침기둥

해설 집재 가선을 설치하기 위해 집재기 쪽 지주를 머리기둥(앞기둥)이라 한다.

35 40ha 면적의 산림에 간선임도 500m, 지선임도 300m, 작업임도 200m가 시설되어 있다면 임도 밀도는?

① 12.5m/ha　　　② 20m/ha
③ 25m/ha　　　　④ 40m/ha

해설 임도밀도는 총연장거리를 총면적으로 나눈 값이다.

$$\frac{500+300+200}{40}=25(m/ha)$$

36 시장 또는 국유림관리소장은 임도 노선별로 노면 및 시설물의 상태를 연간 몇 회 이상 점검하도록 되어 있는가?

① 1회 이상　　　② 2회 이상
③ 3회 이상　　　④ 4회 이상

정답 30. ④　31. ④　32. ④　33. ①　34. ①　35. ③　36. ②

해설 임도 설치 및 관리 규정에 의거 시장 혹은 국유림관리소장은 임도 노선별로 노면 및 시설물의 상태를 연간 2회 이상 점검하는 것을 원칙으로 한다.

37 지형지수 산출 인자로 옳지 않은 것은?

① 식생   ② 곡밀도

③ 기복량   ④ 산복경사

해설 지형지수란 산지지형의 험준함과 복잡함을 나타내는 지수라고 볼 수 있다. 지형지수를 산출하기 위한 계산 변수로는 산지의 경사(산복경사), 기복량, 표고차, 곡밀도가 있다.

38 임도의 적정 종단기울기를 결정하는 요인으로 거리가 먼 것은?

① 노면 배수를 고려한다.

② 적정한 임도우회율을 설정한다.

③ 주행 차량의 회전을 원활하게 한다.

④ 주행 차량의 등판력과 속도를 고려한다.

해설 주행 차량의 회전을 원활하게 하는 내용은 회전반경을 고려하는 횡단구조에 관한 내용이다.

39 임도 배수구 설계 시 배수구의 통수단면은 최대홍수 유출량의 몇 배 이상으로 설계·설치하는가?

① 1.0배   ② 1.2배

③ 1.5배   ④ 2.0배

해설 배수구 통수단면은 100년 빈도 확률강우량과 홍수도달시간을 이용한 합리식으로 계산된 최대홍수유출량의 1.2배 이상으로 설계·설치하며, 현지 여건을 감안하여 적절하게 설치한다.

40 임도의 합성기울기를 11%로 설정할 경우 외쪽기울기가 5%일 때 종단기울기로 가장 적당한 것은?

① 약 8%   ② 약 10%

③ 약 12%   ④ 약 14%

해설 합성기울기

$$= \sqrt{종단기울기^2 + 횡단기울기^2}$$

$$11^2 = \sqrt{x^2 + 5^2}$$

$x ≒ 9.8$ ∴ 종단기울기는 약 10%이다.

제5과목   사방공학

41 사력의 교대는 일어나지만 하상 종단면의 형상에는 변화가 없는 하상의 기울기는?

① 임계기울기   ② 안정기울기

③ 홍수기울기   ④ 평형기울기

해설 안정기울기는 안정물매라고도 하며, 유수 중의 사력과 계상면의 사력과의 교대가 있어도 종단형상에는 변화를 일으키지 않는다.

42 비탈면에 나무를 심을 때 고려할 사항으로 옳지 않은 것은?

① 비탈면에는 관목을 식재하지 않는 것이 좋다.

② 수목이 넘어져도 위험성이 없도록 해야 한다.

③ 흙쌓기 비탈면에서는 비탈면의 하단부에 식재하는 것이 좋다.

④ 인공 재료에 의한 시공에 비해 비탈면 기울기를 완화시켜야 한다.

해설 비탈면은 교목이나 대묘를 식재 하지 않으며 관목을 식재하는 것이 좋다.

43 비탈면에 직접 거푸집을 설치하고 콘크리트 치기를 하여 틀을 만드는 비탈안정공법은?

① 비탈힘줄 박기공법

② 비탈블록붙이기공법

③ 비탈지오웨이브공법

④ 콘크리트 뿜어 붙이기공법

정답 37. ①   38. ③   39. ②   40. ②   41. ②   42. ①   43. ①

해설 비탈힘줄 박기공법은 사면이 붕괴를 일으킬 위험이 있을 경우 식생공법 외에 실시하는 비탈면 보호 공법의 일종이다. 비탈면의 물리적 안정을 목적으로 직접 거푸집을 설치하여 콘크리트 치기를 하고 이후 뼈대인 힘줄을 만들어 돌이나 흙으로 채우는 방식이다.

44 배수로 단면의 윤변이 10m이고 유적이 15m²일 때 경심은?

① 0.7m   ② 1.0m

③ 1.5m   ④ 2.0m

해설 물과 접촉하는 수로 주변의 길이는 윤변이라 한다.

$$경심 = \frac{유적}{윤변} = \frac{A}{P} = \frac{15}{10} = 1.5m$$

45 콘크리트 혼화제 중 응결경화촉진제에 해당하는 것은?

① AE제   ② 포졸란

③ 염화칼슘   ④ 파라핀 유제

해설 응결경화 촉진제는 수화반응을 통해 조기에 강도를 상승시키는 작용을 하고, 염화칼슘, 염화알루미늄 등이 있다.

46 다음 시우량법 공식에서 K가 의미하는 것은?

$$Q = K \times \frac{A \times \frac{m}{1,000}}{60 \times 60}$$

① 유역면적   ② 총강우량

③ 총유출량   ④ 유거계수

해설

$$Q = K \frac{A \times \frac{m}{1,000}}{60 \times 60}$$

A : 유역면적(m²), 1ha=10,000m², m : 최대시우량(mm/hr), K : 유거계수

47 사방댐 중에서 가장 많이 시공된 댐은?

① 흙댐   ② 돌망태댐

③ 강철틀댐   ④ 콘크리트댐

해설 콘크리트는 크기나 모양 제한이 없는 재료로써 사방댐 시공 시 중력식 콘크리트댐이 가장 많이 시공되고 있다.

48 사방댐의 설치 목적이 아닌 것은?

① 산각을 고정하여 사면 붕괴 방지

② 계상 기울기를 완화하고 종침식 방지

③ 유수의 흐름 방향을 변경하여 계안 보호

④ 계상에 퇴적된 불안정한 토사의 유동 방지

해설 황폐계류에서 종·횡침식으로 인한 토석류 등 붕괴 물질을 억제하기 위하여 계류를 횡단하여 설치하는 공작물로 산각을 고정하고 붕괴를 방지하고, 계상물매를 완화하여 지표수의 흐름을 늦추고 토사의 유동을 막는다.

49 채광지 복구 과정에서 사용되는 공법으로 가장 부적합한 것은?

① 돌단 쌓기

② 모래 덮기

③ 씨 뿜어 붙이기

④ 기초옹벽식 돌쌓기

해설 모래 덮기나 사초심기는 해안사방에서 실시하는 공법이다.

50 비탈면 끝을 흐르는 계천의 가로침식에 의하여 무너지는 침식현상은?

① 산붕   ② 포락

③ 붕락   ④ 산사태

해설 붕괴의 유형
- 산붕 : 소형 산사태
- 붕락 : 주름 모양 산사태

정답 44. ③   45. ③   46. ④   47. ④   48. ③   49. ②   50. ②

- 산사태 : 일시, 길게
- 포락 : 계천에서 가로로 침식하여 토사가 무너지는 현상, 암설붕락(debris slide)

51 수로 경사가 30도, 경심이 1.0m, 유속계수가 0.36일 때 Chezy 평균유속공식에 의한 유속은?

① 약 0.10m/s   ② 약 0.21m/s
③ 약 0.27m/s   ④ 약 0.38m/s

해설 Chezy 평균유속공식에 의한

평균유속 = 유속계수 √경심 × 수로기울기
= 0.36 × $\sqrt{1 \times 0.58}$ ≒ 0.27
단, tan 30° = 약 0.58

52 산지사방에서 비탈 다듬기 공사를 하기 전에 시공하는 것이 효과적인 공사는?

① 단 끊기   ② 떼단 쌓기
③ 땅속 흙막이   ④ 퇴사울 세우기

해설 • 비탈 다듬기와 단 끊기 등으로 생산되는 부토 고정을 위해 설치하는 횡공작물이다.
• 비탈 다듬기는 산꼭대기부터 시작하여 산 아래로 진행하는데, 땅속 흙막이 시공 후 비탈 다듬기를 하는 것이 효율적이다.

53 사방댐에서 안전시공을 위해 고려해야 할 외력이 아닌 것은?

① 수압   ② 풍력
③ 양압력   ④ 퇴사압

해설 사방댐에 작용하는 외력으로 제체의 자중, 정수압, 퇴사압, 양압력 등이 있다.

54 사방사업 대상지 분류에서 황폐지의 초기 단계에 속하는 것은?

① 척악임지   ② 땅밀림지
③ 임간나지   ④ 민둥산지

해설 황폐의 유형 정도에 따라 비옥도가 척박한 지역인 척악임지가 가장 초기 단계이다.

55 산지사방 공사에 해당하지 않는 것은?

① 기슭막이   ② 비탈 다듬기
③ 땅속 흙막이   ④ 선떼 붙이기

해설 • 산지사방 공종 : 비탈 다듬기, 묻히기, 흙막이, 산비탈수로 내기, 누구막이, 산비탈 돌쌓기, 선떼 붙이기, 줄떼 다지기, 조공법, 새 심기, 씨뿌리기, 나무심기, 식생관리 등
• 야계사방 공종 : 기슭막이, 바닥막이, 수제, 계간 수로, 골막이, 사방댐, 모래막이 등

56 땅밀림과 비교한 산사태에 대한 설명으로 옳지 않은 것은?

① 점성토를 미끄럼면으로 하여 속도가 느리게 이동한다.
② 주로 호우에 의하여 산정에서 가까운 산복부에서 많이 발생한다.
③ 흙덩어리가 일시에 계곡, 계류를 향하여 연속적으로 길게 붕괴하는 것이다.
④ 비교적 산지 경사가 급하고 토층 바닥에 암반이 깔린 곳에서 많이 발생한다.

해설 점성토를 미끄럼면으로 활동하는 것은 땅밀림이고, 산사태는 사질토, 급경사지, 돌발성, 속도가 매우 빠르게 발생한다.

57 빗물에 의한 침식의 발생 순서로 옳은 것은?

① 우격침식-면상침식-구곡침식-누구침식
② 우격침식-구곡침식-면상침식-누구침식
③ 우격침식-누구침식-면상침식-구곡침식
④ 우격침식-면상침식-누구침식 - 구곡침식

해설 빗물에 의한 침식은 '우격침식 → 면상침식 → 누구침식 → 구곡침식' 순서로 진행된다.

정답 51. ③ 52. ③ 53. ② 54. ① 55. ① 56. ① 57. ④

58 산사태의 발생 원인에서 지질적 요인이 아닌 것은?

① 절리의 존재　　② 단층대의 존재
③ 붕적토의 분포　　④ 지표수의 집중

해설 • 산사태의 발생 원인으로 지질적 요인은 단층대, 절리, 층리면 존재, 암석의 풍화, 변질대 및 붕적토의 분포, 지하수의 존재 등이 있다.
• 강우, 지표수의 집중은 직접 요인이다.

59 견치돌의 길이는 앞면의 크기의 몇 배 이상인가?

① 0.8　　　　　　② 1.0
③ 1.2　　　　　　④ 1.5

해설 견치돌은 앞면의 길이 기준 1.5배 이상, 뒷면을 $\frac{1}{3}$ 정도 크기로 한다.

60 선떼 붙이기 공법에 대한 설명으로 옳지 않은 것은?

① 발디딤은 작업의 편의를 도모한다.
② 1~2급을 적용하는 것이 경제적이다.
③ 1급 선떼 붙이기에 가까울수록 고급 공법이다.
④ 1m당 떼의 사용 매수에 따라 1~9급으로 구분한다.

해설 선떼 붙이기 저급(9급에 가까울수록)일수록 경제적이다. 선떼 붙이기는 가장 낮은 높이가 9급이며, 떼는 한 장만 붙인다. 이때 필요한 떼의 매수는 2.5매이며, 급수가 1급수 줄어들 때마다 2.5의 절반인 1.25장씩 가산하면 된다.

정답 58. ④ 59. ④ 60. ②

제2과목 산림보호학

01 리지나뿌리썩음병에 대한 설명으로 옳은 것은?

① 침엽수와 활엽수 모두 잘 발생한다.
② 불이 발생한 지역에서 잘 발생한다.
③ 병원균의 포자는 저온에서도 잘 발아한다.
④ 산성토양보다는 중성토양에서 병원균의 활력이 높다.

해설 • 리지나뿌리썩음병은 높은 온도에서 포자가 발아하므로 불이 발생한 지역에서 잘 발생한다.
① 침엽수에서 잘 발생하고, 활엽수에는 발생하지 않는다.
③ 병원균의 포자는 고온에서 발아한다.
④ 산성토양에서 발병량이 많다.

02 솔잎혹파리 및 솔껍질깍지벌레 방제를 위하여 수간주사에 사용되는 약제는?

① 테부코나졸 유제
② 디플루벤주론 수화제
③ 페니트로티온 수화제
④ 이미다클로프리드 분산성 액제

해설 • 이미다클로프리드 분산성 액제는 나무주사나 토양관주 처리하는 살충제다.
① 테부코나졸 유제 : 탄저병, 흰가루병 등에 쓰는 살균제
② 디플루벤주론 수화제 : 매미나방, 모기유충, 진드기 등의 방제에 사용하는 살충제

③ 페니트로티온 수화제 : 독성이 강한 유기인계 살충제로 응애류, 솔수염하늘소, 솔나방, 복숭아명나방 등에 사용하는 살충제
④ 이미다클로프리드 분산성 액제 : 솔껍질깍지벌레, 솔잎혹파리, 벚나무깍지벌레, 버즘나무방패벌레 방제에 사용하는 살충제

03 종실을 가해하는 해충이 아닌 것은?

① 밤바구미
② 버들바구미
③ 솔알락명나방
④ 복숭아명나방

해설 버들바구미는 줄기를 가해한다.

04 수목 병을 예방하기 위한 숲 가꾸기 작업에 해당하지 않는 것은?

① 제벌
② 개벌
③ 풀베기
④ 가지치기

해설 • 개벌은 숲 가꾸기가 아니라 수확 방법이며, 수목 병을 예방하는 효과는 없다.
① 제벌과 풀베기는 모잘록병, 낙엽송잎떨림병, 박쥐나방을 예방할 수 있다.
④ 가지치기는 잣나무 털녹병과 밤나무 줄기마름병 등을 예방할 수 있다.

05 벚나무 빗자루 병원균에 해당하는 것은?

① 세균
② 자낭균
③ 담자균
④ 파이토플라즈마

해설 벚나무 빗자루 병원균은 자낭균에 속한다.

06 볕데기(sun scorch)에 대한 설명으로 옳지 않은 것은?

① 수피가 평활하고 매끄러운 수종에서 주로 발생한다.

② 수피에 상처가 발생하지만 부후균 침투로 2차 피해는 발생하지 않는다.

③ 피소현상이라고도 하며 고온에서 수피 부분에 수분 증발이 발생하여 수피조직이 고사한다.

④ 임연목이나 가로수, 정원수 등의 고립목의 수간이 태양의 직사광선을 받았을 때 나타난다.

해설 상처가 발생한 수피를 통해 포자는 물론 각종 세균들도 침입할 수 있게 되어 2차 피해가 발생한다.

07 소나무 재선충병 방제 방법으로 거리가 먼 것은?

① 매개충 구제 ② 예방 나무주사

③ 중간기주 제거 ④ 병든 나무 제거

해설 소나무 재선충병은 솔수염하늘소가 매개하는 병으로 녹병균과 같은 중간기주는 없다.

08 모잘록병 방제법으로 옳지 않은 것은?

① 밀식으로 관리한다.

② 토양 소독을 실시한다.

③ 배수와 통풍을 잘하여 준다.

④ 복토를 두껍게 하지 않는다.

해설 모잘록병은 과습으로 인해 심해지므로 밀식하면 피해가 심해진다.

09 약제 살포 시 천적에 대한 피해가 가장 적은 살충제는?

① 훈증제 ② 접촉살충제

③ 소화중독제 ④ 침투성 살충제

해설 침투성 살충제는 뿌리, 줄기, 잎 등에 흡수시켜 이를 식해하는 해충을 선택적을 제거할 수 있으므로 천적에는 거의 피해가 없다.

10 성충으로 월동하는 것으로만 올바르게 나열한 것은?

① 독나방, 솔나방

② 박쥐나방, 가루나무좀

③ 소나무좀, 루비깍지벌레

④ 밤바구미, 어스렝이나방

해설 • 소나무좀, 루비깍지벌레, 오리나무잎벌레, 버즘나무방패벌레, 진달래방패벌레 등이 성충으로 월동한다.

① 독나방, 솔나방은 유충으로 월동한다.

② 박쥐나방은 알로 월동하고, 가루나무좀은 유충으로 월동한다.

④ 밤바구미는 유충으로 월동하고, 어스렝이나방은 알로 나무의 줄기에서 월동한다.

11 식물 병을 유발하는 바이러스의 구조적 특성은?

① 고등생물의 일종이다.

② 단백질로만 구성되어 있다.

③ 동물 세포와 같은 구조를 지니고 있다.

④ 핵단백질로 이루어져 있고 입자상 구조를 띤 비세포성 생물이다.

해설 ① 고등생물은 핵막과 세포 소기관을 모두 가지고 있는 세포가 모여 기관을 형성하고 있다. 바이러스는 일종의 핵 단백질로 구성되어 있어 생물로 보지 않는 견해도 있다.

② 바이러스는 유전물질과 유전물질을 둘러싼 단백질 껍질(capsid)로 구성되어 있다.

③ 바이러스는 세포구조를 갖추지 못하고 있다.

정답 06. ② 07. ③ 08. ① 09. ④ 10. ③ 11. ④

12 산림해충 방제에 대한 설명으로 옳지 않은 것은?

① 방제약제 선정 시 천적류에 대한 영향을 고려해야 한다.

② 약제 저항성 해충의 출현은 동일한 살충제를 연용한 탓이다.

③ 생물적 방제는 대체로 환경친화적 방법이므로 널리 권장할 수 있다.

④ 불임법을 이용한 방제는 생물윤리법에 위배되므로 규제를 받는다.

해설 • 불임법을 해충의 방제법으로 사용하는 것을 규제하는 법은 없다.

• 생물윤리법은 없고, 생명윤리법 "생명윤리 및 안전에 관한 법률"이 2004년에 제정되었다.

• 생명윤리법은 생명윤리 및 안전을 확보해 인간의 존엄과 가치를 침해하거나 인체에 해를 끼치는 것을 막고, 생명과학기술이 인간의 질병예방 및 치료 등을 위해 이용될 수 있도록 하기 위해 만들어졌다.

13 솔나방에 대한 설명으로 옳지 않은 것은?

① 8령충 때 월동한다.

② 1년에 1~2회 발생한다.

③ 500여 개의 알을 산란한다.

④ 부화유충은 번데기가 되기까지 7회 탈피한다.

해설 솔나방은 5령충이 지피물이나 나무껍질 사이에서 월동한다.

14 가해하는 기주범위가 가장 넓은 해충은?

① 솔나방

② 솔알락명나방

③ 미국흰불나방

④ 참나무재주나방

해설 • 미국흰불나방은 다범성으로 기주 수종의 범위가 넓다. 사과나무, 버즘나무 느티나무 등 100가지 이상의 잎을 먹는다.

① 솔나방은 솔잎을 주로 먹고, ② 솔알락명나방은 잣나무의 구과(종실)을 주로 가해한다.

④ 참나무재주나방은 참나무류의 잎을 주로 먹는다. 이렇게 기주의 범위가 좁은 해충을 "기주 특이성이 있다."고 한다.

15 어린 유충은 초본의 줄기 속을 식해하지만 성장한 후 나무로 이동하여 수피와 목질부를 가해하는 해충은?

① 솔나방
② 매미나방
③ 박쥐나방
④ 미국흰불나방

해설 • 박쥐나방은 어린 유충일 때는 풀을 주로 식해하고, 성장 후에는 수목의 줄기와 수피를 식해한다.

① 솔나방은 유충이 주로 솔잎을 먹는다.

② 매미나방의 유충은 과수류와 참나무류의 잎을 주로 먹는다.

④ 미국흰불나방의 유충은 주로 활엽수의 잎을 먹는다.

16 겨울철 제설 작업에 사용된 해빙염으로 인한 수목 피해로 옳지 않은 것은?

① 잎에는 괴사성 반점에 나타난다.

② 장기적으로는 수목의 쇠락으로 이어진다.

③ 염화칼슘이나 염화나트륨 성분이 피해를 준다.

④ 일반적으로 상록수가 낙엽수보다 더 피해를 입는다.

해설 괴사성 반점은 오존으로 인해 발생하는 피해다.

17 대추나무 빗자루병 방제에 가장 적합한 약제는?

① 보르도액
② 페니트로티온
③ 스트렙토마이신
④ 옥시테트라사이클린

해설 • 파이토플라스마에 의해 발생되는 병은 테트라사이클린 약제를 나무주사한다.

① 보르도액은 황산구리와 탄산칼슘을 섞어서 만드는 보호살균제다.

② 페니트로티온은 바구미와 좀류, 나방의 성충에 효과가 있는 유기인제 살충제다.

③ 스트렙토마이신은 세균성 점무늬병 등 세균성 병에 효과가 있는 항생제다.

18 산불 발생 시 직접 소화법이 아닌 것은?

① 맞불 놓기

② 토사 끼얹기

③ 불털이개 사용

④ 소화약제 항공 살포

해설 맞불 놓기는 간접 소화법에 속한다.

19 세균에 의한 수목 병에 대한 설명으로 옳지 않은 것은?

① 주로 각피 침입으로 기주를 감염시킨다.

② 병징으로는 무름, 위조, 궤양, 부패 등이 있다.

③ 국내에서는 그람음성세균이 수목에 피해를 준다.

④ 월동 장소는 토양, 병든 잎, 병든 가지 등 다양하다.

해설 세균은 상처나 자연개구부를 통해 침입한다.

20 주로 목재를 가해하는 해충은?

① 밤바구미　　　　② 솔노랑잎벌

③ 가루나무좀　　　④ 솔알락명나방

해설 가루나무좀은 주로 말라있는 활엽수의 변재를 가해한다. 건축물, 특히 문화재에 피해가 크다.

제4과목 **임도공학**

21 지반고가 시점 10m, 종점 50m이고 수평거리가 1000m일 때 종단기울기는?

① 4%　　　　　② 5%

③ 6%　　　　　④ 7%

해설 $\dfrac{50 - 10}{1,000} \times 100(\%) = 4(\%)$

22 다각형의 좌표가 다음과 같을 때 면적은?

측점 　좌표축	X	Y
A	3	2
B	6	3
C	9	7
D	4	10
E	1	7

① 33.5m^3　　　② 34.5m^3

③ 35.5m^3　　　④ 36.5m^3

해설 다각형을 모눈종이에 도해한 후 삼각형과 사각형으로 구분하여 면적을 구하는 방법이 있다.

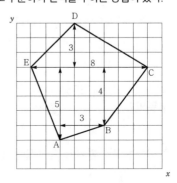

$= \dfrac{3 \times 8}{2} + \dfrac{5 \times 2}{2} + (4 \times 3) + \dfrac{4 \times 3}{2} + \dfrac{3 \times 1}{2}$

$= 12 + 5 + 12 + 6 + 1.5 = 36.5$

행렬식을 이용하여 면적을 구하면 아래와 같다.

$S = \left| \dfrac{1}{2} \begin{vmatrix} x_1 x_2 \cdots x_n x_1 \\ y_1 y_2 \cdots y_n y_1 \end{vmatrix} \right|$

$$S = \frac{1}{2}|x_1y_2 - x_2y_1 + x_2y_3 - x_3y_2 + \cdots + x_ny_1 - x_1y_n|$$

$$S = \frac{3 \times 3 - 2 \times 6 + 6 \times 7 - 3 \times 9 + 9 \times 10 - 7 \times 4 + 4 \times 7 - 10 \times 1 + 1 \times 2 - 7 \times 3}{2}$$

$$S = \frac{9 - 12 + 42 - 27 + 90 - 28 + 28 - 10 + 2 - 21}{2}$$

$$= \frac{168 - 98}{2} = 36.5$$

공식을 암기하는 가장 쉬운 방법은 아래와 같이 도해하여 오른쪽 사선을 곱한 값은 더하고, 왼쪽 사선을 곱한 값은 빼면 된다.

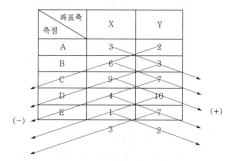

좌표축 측점	X	Y
A	3	2
B	6	3
C	9	7
D	4	10
E	1	7
	3	2

이렇게 식을 정리하면 아래와 같다.

$$S = \frac{3 \times 3 + 6 \times 7 + 9 \times 10 + 4 \times 7 + 1 \times 2 - 2 \times 6 - 3 \times 9 - 7 \times 4 - 10 \times 1 - 7 \times 3}{2}$$

$$S = \frac{9 + 42 + 90 + 28 + 2 - 12 - 27 - 28 - 10 - 21}{2} = 36.5$$

23 중심선측량과 영선측량에 대한 설명으로 옳지 않은 것은?

① 영선측량은 평탄지에서 주로 적용된다.

② 영선측량은 시공기면의 시공선을 따라 측량한다.

③ 중심선측량은 파상지형의 소능선과 소계곡을 관통하여 진행된다.

④ 균일한 사면의 경우에는 중심선과 영선은 일치되는 경우도 있지만 대개 완전히 일치되지 않는다.

해설 • 영선측량은 주로 경사가 있는 산악지에서 이용되며, 영선측량을 하게 되면 지형의 훼손은 줄일 수 있으나, 노선의 굴곡이 심해진다.
• 중심선측량은 평탄지와 완경사지에서 주로 이용된다.

• 중심선측량을 하게 되면 노선의 굴곡은 영선측량에 비해 심하지 않으나 지형의 훼손이 많아 질 수 있다. 임도 설치 관리 규정은 중심선측량을 하도록 하고 있다.

24 산림토목 공사용 기계 중 토사 굴착에 가장 적합하지 않은 것은?

① 백호우(backhoe)

② 불도저(bulldozer)

③ 트리도저(tree dozer)

④ 트랙터셔블(tractor shovel)

해설 • 트리도저는 벌채 장비이다.
• 굴착 장비
- 파워셔블
- 백호우(굴착, 적재, 운반, 흙깔기, 흙다지기 등)
- 불도저(굴착, 운반, 흙깔기 등)
- 리퍼 (단단한 흙이나 연약한 암석 굴착용도)
- 브레이커

25 종단기울기가 0인 임도의 중앙점에서 양측 길섶(길어깨)으로 3%의 횡단경사를 주고자 한다. 임도폭이 4m일 경우 양측 길섶은 임도 중앙점보다 얼마나 낮아져야 하는가?

① 1cm
② 2cm
③ 3cm
④ 6cm

해설 폭이 4m이고 중간지점까지는 2m인 기준으로 횡단 경사 3%이므로

$$2 \times \frac{3}{100} = 0.06m \quad \therefore 6cm$$

26 임도의 횡단면도를 설계할 때 사용하는 축적으로 옳은 것은?

① 1/100
② 1/200
③ 1/1000
④ 1/1200

해설 • 종단면도의 축척은 횡 1:1000, 종 1:200 축척으로 작성한다.
• 평면도는 1:1200, 횡단면도는 1:100으로 작성한다.

정답 23. ① 24. ③ 25. ④ 26. ①

27 임도망 계획 시 고려사항으로 옳지 않은 것은?

① 운재비가 적게 들도록 한다.
② 신속한 운반이 되도록 한다.
③ 운재 방법이 다양화되도록 한다.
④ 산림풍치의 보전과 등산, 관광 등의 편익도 고려한다.

해설 운재방법은 단일화할수록 효율적이다.

28 노면을 쇄석, 자갈로 부설한 임도의 경우 횡단 기울기의 설치 기준은?

① 1.5~2%
② 3~5%
③ 6~10%
④ 11~14%

해설 임도의 횡단기울기는 중심선에 대해 직각 방향으로의 기울기를 말한다.

구분	횡단기울기
포장할 경우	1.5~2%
포장하지 않을 경우	3~5%
외쪽기울기	3~6%, 최대 8% 이하

29 급경사지에서 노선거리를 연장하여 기울기를 완화할 목적으로 설치하는 평면선형에서의 곡선은?

① 완화곡선
② 배향곡선
③ 복심곡선
④ 반향곡선

해설
- 단곡선 : 중심이 1개인 곡선, 1개의 원호로 만든 곡률이 일정한 곡선으로써 설치가 용이하여 일반적으로 많이 사용된다.
- 복합(복심)곡선 : 반지름이 다른 두 단곡선이 같은 방향으로 연속되는 곡선, 운전 시에 무리하기 쉬우므로 이것을 피하는 것이 안전하다.
- 반대(반향)곡선 : s- 커브(S-curve)라고도 한다. 두 개의 호 사이에 10m 이상의 직선부를 설치해야 한다.
- 배향곡선 : 헤어핀 커브(hair-pin curve)는 급경사지에서 노선거리를 연장하여 종단물매를 완화할 목적으로 사용한다.

30 어떤 산림의 임도를 설계하고자 할 때 가장 먼저 해야 할 사항은?

① 실측
② 답사
③ 예비조사
④ 설계서 작성

해설 임도 설계 순서
예비조사 → 답사 → 예측 및 실측 → 설계도 작성 → 공사량 산출 → 설계서 작성

31 임도개설 시 흙을 다지는 목적으로 옳지 않은 것은?

① 압축성의 감소
② 지지력의 증대
③ 흡수력의 감소
④ 투수성의 증대

해설 흙을 다지게 되면 투수성은 감소하게 된다.

32 평판을 한 측점에 고정하고 많은 측점을 시준하여 방향선을 그리고, 거리는 직접 측량하는 방법은?

① 전진법
② 방사법
③ 도선법
④ 전방교회법

해설 방사법은 사출법이라고 하며, 목표점을 향해 시준선을 작도하여 거리를 측정하여 축척으로 작도하는 방법으로 장애물이 적을 경우 적합하다.

33 임목수확작업에서 일반적으로 노동재해의 발생빈도가 가장 높은 신체 부위는?

① 손
② 머리
③ 몸통
④ 다리

해설 노동재해로 인한 발생빈도가 가장 높은 신체 부위는 손이며 약 36% 정도이다.

$$도수율 = \frac{재해건수}{연간근로총시간} \times 1000000$$

$$강도율 = \frac{연근로손실일수}{연근로총시간수} \times 1000$$

정답 27. ③ 28. ② 29. ② 30. ③ 31. ④ 32. ② 33. ①

34 임도시공 시 불도저 리퍼에 의한 굴착작업이 어려운 곳은?

① 사암　　　　　② 혈암
③ 점판암　　　　④ 화강암

해설 리퍼는 연암이나 약간 단단한 지반의 굴착 정도에 사용하며 화강암과 같은 경암 지반은 단단하여 굴착이 어렵다.

35 산림관리 기반시설의 설계 및 시설기준에서 암거, 배수관 등의 유수가 통과하는 배수구조물 등의 통수단면은 최대 홍수유량 단면적에 비해 어느 정도 되어야 한다고 규정하고 있는가?

① 1.0배 이상　　② 1.2배 이상
③ 1.5배 이상　　④ 1.7배 이상

해설 배수구 통수단면은 100년 빈도 확률강우량과 홍수도달시간을 이용한 합리식으로 계산된 최대홍수유출량의 1.2배 이상으로 설계·설치하며, 현지 여건을 감안하여 적절하게 설치한다.

36 임도의 유지 및 보수에 대한 설명으로 옳지 않은 것은?

① 노체의 지지력이 약화되었을 경우 기층 및 표층의 재료를 교체하지 않는다.
② 노면 고르기는 노면이 건조한 상태보다 어느 정도 습윤한 상태에서 실시한다.
③ 결빙된 노면은 마찰저항이 증대되는 모래, 부순돌, 석탄재, 염화칼슘 등을 뿌린다.
④ 유토, 지조와 낙엽 등에 의하여 배수구의 유수단면적이 적어지므로 수시로 제거한다.

해설 지지력이 약화되면 침하 및 붕괴로 인한 안전사고의 위험성이 있어 기층이나 표층의 재료를 교체하여 보수한다.

37 일반적으로 지주를 콘크리트 흙막이나 옹벽 위에 설치하는 비탈면 안정공법은?

① 바자얽기공법
② 낙석저지책공법
③ 돌망태흙막이공법
④ 낙석방지망 덮기공법

해설 낙석저지책 공법은 지주를 고정시킬 수 있는 콘크리트 흙막이나 옹벽 위에 설치한다. 주로 잡석이 발생하는 암석절개 사면에 시공하는 비탈면 안정공법이다.

38 임도 노선의 곡선 설정 시 사용되는 식에서 곡선 반지름과 tan(교각/2) 값을 곱하여 알 수 있는 것은?

① 곡선길이　　　② 곡선반경
③ 외선길이　　　④ 접선길이

해설 접선길이 공식
곡선반지름 $\times \tan\dfrac{\theta}{2}$

39 개발지수에 대한 설명으로 옳지 않은 것은?

① 노망의 배치상태에 따라서 이용효율성은 크게 달라진다.
② 개발지수 산출식은 평균집재거리와 임도밀도를 곱한 값이다.
③ 임도가 이상적으로 배치되었을 때는 개발지수가 10에 접근한다.
④ 임도망이 어느 정도 이상적인 배치를 하고 있는가를 평가하는 지수이다.

해설 개발지수는 임도배치의 효율성을 나타내는 질적인 기준으로 사용될 수 있다.
임도망의 배치상태가 균일하면 개발지수는 1.0으로써 이용효율성이 높지만, 노선이 중첩되면 될수록 이용효율성은 낮아지게 된다.

$$I = ASD \times \frac{FRD}{2,500}$$

식에서 I : 개발지수, ASD : 평균집재거리(m), FRD : 임도밀도(m/ha)

정답 34. ④　35. ②　36. ①　37. ②　38. ④　39. ③

40 임도에 설치하는 대피소의 유효길이 기준은?

① 5m 이상 　　② 10m 이상

③ 15m 이상 　　④ 20m 이상

해설 대피소의 설치기준

구분	기준
간격	300m 이내
너비	5m 이상
유효길이	15m 이상

제5과목　사방공학

41 땅밀림 침식에 대한 설명으로 옳지 않은 것은?

① 침식의 규모는 1~100ha이다.

② 5~20°의 경사지에서 발생한다.

③ 사질토로 된 곳에서 많이 발생한다.

④ 침식의 이동속도가 100mm/day 이하로 느리다.

해설 땅밀림은 주로 점성토 지역에서 발생한다.

42 사방사업 대상지로 가장 거리가 먼 것은?

① 황폐계류 　　② 황폐산지

③ 벌채 대상지 　④ 생활권 훼손지

해설 • 사방사업 대상지는 황폐산지, 황폐계류, 해안사구, 생활권 훼손지이다.
• 벌채 대상지는 숲 가꾸기 대상지이다.

43 조도계수가 가장 큰 수로는?

① 흙수로

② 야면석수로

③ 콘크리트수로

④ 큰 자갈과 수초가 많은 수로

해설 • 조도계수는 수로의 거칠고 미끄러운 정도를 수

치로 표현한 것이다.
• 콘크리트수로보다는 큰 자갈과 수초가 많을수록 수로의 저항성이 커지므로 조도계수가 크다.

44 경사지에서 침식이 계속되는 비탈면을 따라 작은 물길에 의해 일어나는 빗물침식은?

① 구곡침식 　　② 면상침식

③ 우적침식 　　④ 누구침식

해설 • 우격침식 : 토양입자를 타격, 가장 초기과정
• 면상침식 : 표면 전면이 엷게 유실
• 누구침식 : 표면에 잔도랑이 발생
• 구곡침식 : 도랑이 커지면서 심토까지 깎인다.

45 사방댐에 설치하는 물받침에 대한 설명으로 옳지 않은 것은?

① 앞댐, 막돌 놓기 등의 공사를 함께 한다.

② 사방댐 본체나 측벽과 분리되도록 설치한다.

③ 방수로를 월류하여 낙하하는 유수에 의해 대수면 하단이 세굴되는 것을 방지한다.

④ 토석류의 충돌로 인해 발생하는 충격이 사방댐 본체와 측벽에 바로 전달되지 않도록 한다.

해설 방수로를 월류하여 낙하하는 유수에 의해 반수면 하단이 세굴되는 것을 방지한다.

46 답압으로 인한 임지 피해에 대한 설명으로 옳지 않은 것은?

① 휴양활동이 많은 곳에서 많이 발생한다.

② 답압이 지속되면 지표면에 쌓인 낙엽층이 손실된다.

③ 답압에 의해 토양입자가 서로 완화되어 토양유실이 감소한다.

④ 답압된 토양 속으로 물이 침투되기 어려워 지표유출이 증가한다.

해설 답압에 의해 토양입자가 밀착되므로 토양유실이 감소한다.

47 비탈면에서 분사식 씨 뿌리기에 사용되는 혼합재료가 아닌 것은?

① 비료
② 종자
③ 전착제
④ 천연섬유 네트

해설
- 분사식 씨 뿌리기는 종자, 비료, 목질섬유, 침식 방지제, 전착제 등의 기타 첨가기재 등을 물에 섞 어 압축공기로 분사하는 방법이다.
- 천연섬유 네트는 녹화식재가 잘 활착되도록 사 용된다.

48 산지 붕괴 현상에 대한 설명으로 옳지 않은 것은?

① 토양 속의 간극수압이 낮을수록 많이 발생한다.
② 풍화토층과 하부기관의 경계가 명확 할수록 많이 발생한다.
③ 화강암 계통에서 풍화된 사질토와 역 질토에서 많이 발생한다.
④ 풍화토층에 점토가 결핍되면 응집력 이 약화되어 많이 발생한다.

해설 토양 속의 함수량이 증대되어 간극수압이 높을수 록 비탈면 붕괴 발생률이 높아진다.

49 선떼 붙이기 공법에서 급수별 떼 사용 매수로 옳은 것은?(단, 떼 크기는 40cm × 25cm)

① 1급 : 3.75매/m
② 3급 : 10매/m
③ 5급 : 6.25매/m
④ 8급 : 12.5매/m

해설 선떼 붙이기는 가장 낮은 높이가 9급이며, 떼는 한 장만 붙인다. 이때 필요한 떼의 매수는 2.5매이며, 급수가 1급수 줄어들 때마다 2.5의 절반인 1.25장 씩 가산하면 된다.

50 새집공법 적용에 가장 적당한 곳은?

① 절개 암반지
② 산불 피해지
③ 사질성토 사면
④ 사질절토 사면

해설 새집공법은 절개암반사면에 잡석을 쌓고 내부에 흙을 채우는 방법이다.

51 경사가 완만하고 수량이 적으며 토사의 유송이 적은 곳에 가장 적합한 산복수로는?

① 떼(붙임)수로
② 콘크리트수로
③ 돌(찰붙임)수로
④ 돌(메붙임)수로

해설 경사가 완만하고 수량과 토사 유송이 적고 떼 생육 기반이 적합한 곳에는 떼수로가 적합하다.

52 유역면적이 100ha이고 최대시우량이 150mm/hr일 때, 임상이 좋은 산림지역의 홍수유량은? (단, 유거계수는 0.35)

① 약 $0.14\text{m}^3/\text{sec}$
② 약 $1.46\text{m}^3/\text{sec}$
③ 약 $14.58\text{m}^3/\text{sec}$
④ 약 $145.83\text{m}^3/\text{sec}$

해설 최대시우량에 의한 홍수유량

$$\text{유거계수} \times \frac{\text{유역면적} \times \frac{\text{최대시우량}}{1000}}{60 \times 60}$$

$$= 0.35 \times \frac{1{,}000{,}000 \times \frac{150}{1000}}{3600} = 14.58$$

53 산지사방의 기초공사에 해당하는 것은?

① 바자얽기
② 수평구공법
③ 선떼 붙이기
④ 땅속 흙막이

해설
- 산지사방 기초공사로 비탈 다듬기, 땅속 흙막이, 누구막이, 골막이 등이 있다.
- 바자얽기, 단쌓기, 선떼 붙이기, 줄떼 심기, 조공, 비탈 덮기 등은 녹화기초공종이다.

정답 47. ④ 48. ① 49. ② 50. ① 51. ① 52. ③ 53. ④

54 파종한 종자의 유실을 방지하기 위하여 급경사 비탈면에 시공하는 것으로 가장 적합한 공법은?

① 떼단 쌓기   ② 비탈 덮기
③ 선떼 붙이기   ④ 줄떼 다지기

해설 파종한 종자의 유실방지를 위해 급경사 비탈면에 시공하는 방법으로 비탈 덮기가 있으며, 주로 짚, 거적, 섶, 망 등을 재료를 사용비탈면을 보호한다.

55 물에 의한 침식의 종류가 아닌 것은?

① 지중침식   ② 사구침식
③ 하천침식   ④ 우수침식

해설
• 물에 의한 침식의 종류로 우수침식, 하천침식, 지중침식, 바다침식이 있다.
• 내륙사구침식 및 해안사구침식은 바람 침식의 종류이다.

56 사다리꼴 횡단면의 계간수로에서 가장 적합한 단면 산정식은? (단, 수로의 밑너비 B, 깊이 t, 측사각 ø)

① $B = t\ \tan\dfrac{\theta}{2}$ ② $B = 2t\ \tan\dfrac{\theta}{2}$

③ $B = t\ \tan\theta$ ④ $B = 2t\ \tan\theta$

해설 수로의 단면은 사다리꼴 형태가 가장 효과적이므로 사다리꼴 단면적을 구한다.

57 비탈면 안정녹화공법에 대한 설명으로 옳지 않은 것은?

① 사초심기, 사지식수공법 등이 있다.
② 수목 식재 시에는 비탈면 기울기를 완화시킨다.
③ 규모가 큰 비탈의 경우에는 소단을 분할하여 설치한다.
④ 콘크리트 블록이나 옹벽에는 덩굴식물을 심어 은폐한다.

해설
• 사초심기란 해안의 모래땅에서 잘 생육하고, 모래언덕의 고정기능이 높은 사초를 식재 예정지 전면에 식재하는 것으로 사면 피복공법이다.
• 사초심기, 사지식수공법, 정사울 세우기 등은 해안사구에 적용하는 공법이다.

58 사방댐에 대한 설명으로 옳지 않은 것은?

① 계상 기울기를 완화하여 계류의 침식을 방지한다.
② 가장 많이 이용되는 것은 중력식 콘크리트 사방댐이다.
③ 황폐한 계류에서 돌, 흙, 모래, 유목 등 각종 침식유송물을 저지한다.
④ 한 개의 높은 사방댐의 대용으로 낮은 사방댐을 연속적으로 만들 수 없다.

해설 높은 사방댐 대용으로 낮은 댐을 계단상으로 연속적으로 설치하여 비용과 환경훼손 등을 줄이고 하나의 사방댐에 집중된 위험도를 분산시킬 수 있다.

59 붕괴지 현황조사 항목에서 붕괴 3요소에 해당되지 않는 것은?

① 붕괴 형태
② 붕괴 면적
③ 붕괴 평균깊이
④ 붕괴 평균경사각

해설
• 붕괴 3요소로 붕괴의 면적, 깊이, 경사각이 있다.
• 붕괴의 3요소는 수치로 표현할 수 있다.

60 사방댐 설계를 위한 안정조건이 아닌 것은?

① 전도에 대한 안정
② 풍력에 대한 안정
③ 지반 지지력에 대한 안정
④ 제체의 파괴에 대한 안정

해설 사방댐의 안정조건으로 전도에 대한 안정, 활동에 대한 안정, 제체 파괴 및 기초 지반 지지력에 대한 안정이 있다.

정답   54. ②   55. ②   56. ②   57. ①   58. ④   59. ①   60. ②

제2과목 | 산림보호학

01 소나무좀의 연간 우화 횟수는?

① 1회   ② 2회

③ 3회   ④ 4회

해설 소나무좀은 1년에 1회 발생한다.

02 산불 예방 및 산불 피해 최소화를 위한 방법으로 효과적이지 않은 것은?

① 방화선 설치

② 일제 동령림 조성

③ 가연성 물질 사전 제거

④ 간벌 및 가지치기 실시

해설 동령림, 단순림, 침엽수림이 화재에 취약하다.

03 약해에 대한 설명으로 옳지 않은 것은?

① 농약에 저항성인 개체가 출현한다.

② 가뭄, 강풍 직후 또는 비가 온 후에 일어나기 쉽다.

③ 줄기, 잎, 열매 등의 변색, 낙엽, 낙과 등이 유발되고 심하면 고사한다.

④ 넓은 의미로는 농약 사용 후에 수목이나 인축에 생기는 생리적 장해현상을 말한다.

해설
- 농약에 저항성인 개체가 출현하는 것은 "저항성 발달"이라고 한다.
- 약해는 농약이 방제 효과 이외의 원하지 않는 부작용을 나타내는 현상을 말한다.

- 기존의 농약량으로 방제가 가능했던 해충에 저항성이 생기게 되면, 더 이상 같은 농약량으로 방제하는 것이 불가능하게 된다. 이런 현상은 해충에 "약제 저항성"이 생기기 때문이다.

04 천공성 해충을 방제하는 데 가장 적합한 방법은?

① 경운법

② 소살법

③ 온도처리법

④ 번식장소 유살법

해설
- 좀과 바구미 같은 천공성 해충들은 통나무 등 번식장소를 제공하여 유인한 후 소각한다. 번식장소 유살은 기계적 방제에 속한다.
- ① 경운법은 토양을 갈아서 해충을 노출시켜 죽이는 방법이다.
- ② 소살법은 해충을 태워서 죽이는 방제법이다.
- ③ 온도처리법에는 태양열법과 온탕침법, 증기열법 등이 있다.

05 수목의 그을음병을 방제하는 데 가장 적합한 것은?

① 중간기주를 제거한다.

② 방풍시설을 설치한다.

③ 해가림시설을 설치한다.

④ 흡즙성 곤충을 방제한다.

해설 그을음병은 흡즙성 해충의 배설물에서 자낭균이 자람으로써 생기는 병이므로 원인인 흡즙성 곤충을 방제하는 것이 가장 효과적이다.

정답 01. ①   02. ②   03. ①   04. ④   05. ④

06 수목의 줄기를 주로 가해하는 해충은?

① 솔나방

② 박쥐나방

③ 어스렝이나방

④ 삼나무독나방

해설 • 박쥐나방은 주로 줄기를 가해하며, 땅에서 알로 월동한다.

• 솔나방, 어스렝이나방, 삼나무독나방은 모두 잎을 먹는 식엽성 해충이다.

07 균류의 영양기관이 아닌 것은?

① 균사   ② 포자

③ 균핵   ④ 자좌

해설 • 포자는 생식기관에 속한다.

• 영양기관 : 균사, 균사체, 균사속, 균핵, 자좌, 균사매트

• 생식기관 : 포자, 분생포자, 분생포자반, 분생포자좌, 포자낭, 자낭, 자낭반, 자낭각, 자낭구, 담자기, 버섯

08 솔잎혹파리가 겨울을 나는 형태는?

① 알   ② 성충

③ 유충   ④ 번데기

해설 솔잎혹파리는 솔잎의 기부를 가해하던 유충이 9~11월경 땅으로 이동하여 유충형태로 월동한다.

09 잣나무 털녹병 방제 방법으로 옳지 않은 것은?

① 중간기주 제거

② 보르도액 살포

③ 병든 나무 소각

④ 주론 수화제 살포

해설 주론수화제는 나방류의 애벌레와 파리류의 살충제로 주로 사용된다. 녹병균에는 효과가 없다.

10 가해하는 수목의 종류가 가장 많은 해충은?

① 솔나방

② 솔잎혹파리

③ 천막벌레나방

④ 미국흰불나방

해설 • 미국흰불나방은 100종류 이상의 활엽수를 가해하는 다범성 · 식엽성 해충이다.

• 1년에 2회 발생하고 2화기에 피해가 심하다. 2화기의 번데기로 월동한다.

11 주로 토양에 의하여 전반되는 수목 병은?

① 묘목의 모잘록병

② 밤나무 줄기마름병

③ 오동나무 빗자루병

④ 오리나무 갈색무늬병

해설 • 근두암종병균, 묘목의 모잘록병은 토양에 의해 전반된다.

② 밤나무 줄기마름병 : 바람(자낭균, 포자)으로 전반

③ 오동나무 빗자루병 : 매개충(파이토플라스마)을 통해 전반

④ 오리나무 갈색무늬병 : 종자(세균, Septoria alni)에 붙어 전반

12 밤나무 줄기마름병 방제 방법으로 옳지 않은 것은?

① 내병성 품종을 식재한다.

② 동해 및 볕데기를 막고 상처가 나지 않게 한다.

③ 질소질 비료를 많이 주어 수목을 건강하게 한다.

④ 천공성 해충류의 피해가 없도록 살충제를 살포한다.

해설 질소비료를 많이 주면 웃자라서 각종 병충해에 약해진다.

정답 06. ② 07. ② 08. ③ 09. ④ 10. ④ 11. ① 12. ③

13 솔수염하늘소에 대한 설명으로 옳지 않은 것은?

① 1년에 1회 발생한다.

② 성충의 우화 시기는 5~8월이다.

③ 목질부 속에서 번데기 상태로 월동한 다.

④ 유충이 소나무의 형성층과 목질부를 가해한다.

해설 목질부에서 유충 형태로 월동하며, 수피 근처에서 번데기를 만들고, 성충이 되어 목질부에서 탈출 한다.

14 내동성이 가장 강한 수종은?

① 차나무 ② 밤나무

③ 전나무 ④ 버드나무

해설

수종	내동성 한계온도(℃)
구주소나무	-30~-40
전나무속	-30~-40
잎갈나무속	-30~-35
사과나무속	-25~-27
밤나무속	-20
버드나무속	-20
뽕나무속	-2~-25
차나무류	-12~-14
감귤류	-7~-8

15 아황산가스에 대한 저항성이 가장 큰 수종은?

① 전나무 ② 삼나무

③ 은행나무 ④ 느티나무

해설 은행나무는 아황산에 대한 저항성이 크고, 느티나무는 감수성이 크다.

16 밤나무혹벌 방제법으로 가장 효과가 적은 것은?

① 천적을 이용한다.

② 등화유살법을 사용한다.

③ 내충성 품종을 선택하여 식재한다.

④ 성충 탈출 전의 충영을 채취하여 소각한다.

해설 밤나무혹벌은 양성 주광성이 없으므로 등화유살법으로 방제하기 어렵다.

17 경제적 피해수준에 대한 설명으로 옳은 것은?

① 해충에 의한 피해액과 방제비가 같은 수준의 밀도

② 해충에 의한 피해액이 방제비보다 큰 수준의 밀도

③ 해충에 의한 피해액이 방제비보다 작은 수준의 밀도

④ 해충에 의해 경제적으로 큰 피해를 주는 수준의 밀도

해설 병해충에 의한 피해액과 방제비가 같은 수준의 밀도를 경제적 피해 수준이라 한다.

18 오동나무 탄저병에 대한 설명으로 옳은 것은?

① 주로 열매에 많이 발생한다.

② 주로 묘목의 줄기와 잎에 발생한다.

③ 주로 뿌리에 발생하여 뿌리를 썩게 한다.

④ 담자균이 균사상태로 줄기에서 월동한다.

해설 오동나무 탄저병은 불완전균류에 의한 수명으로 주로 어린 줄기와 잎에 피해가 발생한다. 감염된 잎은 오그라들면서 낙엽이 일찍 진다.

19 과수 및 수목의 뿌리혹병을 발생시키는 병원의 종류는?

① 세균
② 균류
③ 바이러스
④ 파이토플라스마

해설 • 세균에 의한 수목 병은 세균성 뿌리혹병, 세균성 불마름병, 세균성 구멍병, 밤나무 눈마름병 등이 있다.
• 세균성 병은 주로 고온 다습한 알카리성 토양에서 발생하며, 상처를 통해 전반된다.

20 대추나무 빗자루병 방제에 가장 적합한 약제는?

① 페니실린
② 석회유황합제
③ 석회보르도액
④ 옥시테트라사이클린

해설 • 대추나무 빗자루병의 병원균인 파이토플라스마는 옥시테트라사이클린을 수간 주사한다.
• 페니실린은 테라마이신, 스트렙토마이신과 함께 뿌리혹병의 치료에 사용할 수 있다.
• 석회유황합제와 석회보르도액은 보호 살균제로 사용된다.

제4과목 임도공학

21 점착성이 큰 점질토의 두꺼운 성토층 다짐에 가장 효과적인 롤러는?

① 탬핑롤러
② 텐덤롤러
③ 머캐덤롤러
④ 타이어롤러

해설 롤러 표면에 다량의 돌기가 있어 흙의 압축이 용이한 점착성이 큰 점질토 다짐에는 탬핑롤러가 효과적이다.

22 임도의 설계에서 종단면도를 작성할 때, 횡·종의 축척은 얼마로 해야 하는가?

① 횡 : 1/100, 종 : 1/1200
② 횡 : 1/200, 종 : 1/1000
③ 횡 : 1/1000, 종 : 1/200
④ 횡 : 1/1200, 종 : 1/100

해설 • 종단면도의 축척은 횡 1:1000, 종 1:200 축척으로 작성한다.
• 평면도는 1:1200, 횡단면도는 1:100으로 작성한다.

23 임도 시공 시 벌개제근 작업에 대한 설명으로 옳지 않은 것은?

① 절취부에 벌개제근 작업을 할 경우에는 시공효율을 높일 수 있다.
② 성토량이 부족할 경우 벌개제근된 임목을 묻어 부족한 토량을 보충하기도 한다.
③ 벌개제근 작업을 완전히 하지 않으면 나무 사이의 공극에 토사가 잘 들어가지 않는다.
④ 벌개제근 작업을 제대로 하지 않으면 부식으로 인한 공극이 발생하여 성토부가 침하하는 원인이 되기도 한다.

해설 벌채와 뿌리 제거의 과정을 벌개제근이라고 한다. 벌개제근의 경우 지표의 나무뿌리, 초목 등을 불도저로 제거하는 것을 목적으로 하며, 이것을 다시 묻지는 않는다.

24 임도 노면 시공방법에 따른 분류로 머캐덤(Macadam)도 라고도 불리는 것은?

① 쇄석도
② 사리도
③ 토사도
④ 통나무길

해설 쇄석도는 쇄석(부순돌)끼리 서로 물려서 죄는 힘과 결합력에 의해 만들어진 단단한 도로이다.
• 역청 머캐덤도 : 쇄석을 타르나 아스팔트로 결합시켜 다진 도로

정답 19. ① 20. ④ 21. ① 22. ③ 23. ② 24. ①

- 시멘트 머캐덤도 : 쇄석을 시멘트로 결합시켜 다진 도로
- 교통체 머케덤도 : 쇄석을 교통과 강우로 다진 도로
- 수체 머캐덤도 : 쇄석의 틈 사이에 석분을 물로 침투시켜 롤러로 다진 도로

25 임도의 노체를 구성하는 기본적인 구조가 아닌 것은?

① 노상   ② 기층
③ 표층   ④ 노층

해설 임도의 구조는 표면을 시작으로 표층, 기층, 노반, 노상으로 구성되며, 임도의 노체는 원지반과 운반된 재료에 의하여 피복된 층으로 구분되며, 각 층은 노면에 가까울수록 큰 응력에 견디어야 하므로 하부로부터 노상, 노반, 기층, 표층의 순으로 더 좋은 재료를 사용하여 피복시키는 것이 이상적이다.

26 영선측량과 중심선측량에 대한 설명으로 옳지 않은 것은?

① 영선은 절토작업과 성토작업의 경계점이 된다.
② 산지경사가 완만할수록 중심선이 영선보다 안쪽에 위치하게 된다.
③ 중심선측량은 지형상태에 따라 파형지형의 소능선과 소계곡을 관통하며 진행된다.
④ 산지 경사가 45%~55% 정도일 때 두 측량 방법으로 각각 측량한 측점이 대략 일치한다.

해설
- 영선측량은 주로 경사가 있는 산악지에서 이용되며, 영선측량을 하게 되면 지형의 훼손은 줄일 수 있으나 노선의 굴곡이 심해진다.
- 중심선측량은 평탄지와 완경사지에서 주로 이용된다. 중심선측량을 하게 되면 노선의 굴곡은 영선측량에 비해 심하지 않으나 지형의 훼손이 많아 질 수 있다. 임도 설치 관리 규정은 중심선측량을 하도록 하고 있다.

27 적정 임도밀도에 대한 설명으로 옳지 않은 것은?

① 임도밀도가 증가하면 조재비, 집재비는 낮아진다.
② 임도간격이 크면 단위면적당 임도개설 비용은 감소한다.
③ 집재비와 임도개설비의 합계비용을 최대화하여 산정한다.
④ 집재비와 임도개설비의 합계는 임도 간격이 좁거나 넓어도 모두 증가한다.

해설 임도의 길이가 늘어나면 집재비, 조재비, 관리비는 낮아지고, 임도개설비, 임도 유지관리비, 운재비는 증가한다. Matthews는 임도 연장의 증감에 따라서 변화되는 주벌의 집재비용과 임도개설비의 합계를 가장 최소화시키는 최적임도밀도(optimum forest road density)와 적정임도간격(optimum forest road spacing)을 제시하였다.

28 임도곡선 설정법에 해당하지 않는 것은?

① 우회법   ② 편각법
③ 교각법   ④ 진출법

해설 임도 노선 곡선 설정 방법으로 교각법, 편각법, 진출법이 있다.

29 콘크리트 포장 시공에서 보조기층의 기능으로 옳지 않은 것은?

① 동상의 영향을 최소화한다.
② 노상의 지지력을 증대시킨다.
③ 노상이나 차단층의 손상을 방지한다.
④ 줄눈, 균열, 슬래브 단부에서 펌핑현상을 증대시킨다.

해설 표층, 기층, 보조기층(혼합골재) 순서로 보조기층은 위쪽의 포장층에서 발생되는 하중을 분산시켜 노상으로 전달하는 역할을 한다. 펌핑현상(부풀어 오르는 현상)의 경우 주로 표층에서 일어나는 현상이다.

정답   25. ④   26. ②   27. ③   28. ①   29. ④

30 비탈면의 위치와 기울기, 노체와 노상의 끝손질 높이 등을 표시하여 흙깎기와 흙쌓기 공사를 정확히 실시하기 위해 설치하는 것은?

① 수평틀

② 토공틀

③ 흙일겨냥틀

④ 비탈물매 지시판

해설 흙일겨냥틀은 공사 시 기본 단면형을 쉽게 설정하기 위해 만들어진 틀을 말한다. 흙깎기공사를 시공할 때에는 현장에 적당한 간격으로 흙일겨냥틀을 설치한다.

31 흙의 입도분포의 좋고 나쁨을 나타내는 균등계수의 산출식으로 옳은 것은?(단, 통과중량백분율 x에 대응하는 입경은 Dx)

① $D_{10} \div D_{60}$ ② $D_{20} \div D_{60}$

③ $D_{60} \div D_{20}$ ④ $D_{60} \div D_{10}$

해설 균등계수는 흙을 체로 분류하여 60% 통과율을 나타내는 모래 입자의 크기 비율로 나타낸다.

$$균등개수 = \frac{통과중량백분율60\%대응입경}{통과중량백분율10\%대응입경} = \frac{D_{60}}{D_{10}}$$

32 A지점의 지반고가 19.5m, B지점의 지반고가 23.5m이고, 두 지점 간의 수평거리가 40m일 때 A로부터 몇 m 지점에서 지반고 20m 등고선이 지나가는가?

① 3m   ② 5m

③ 7m   ④ 10m

해설

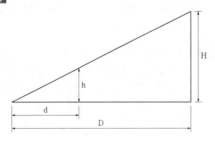

- 경사도는

$$\frac{23.5 - 19.5}{40} \times 100(\%) = 10(\%)$$

$$40 : (23.5 - 19.5) = x : (20 - 19.5)$$

∴ $x = 5$m이므로 지반고 20m 등고선은 A 지점으로부터 수평거리 5m 떨어진 지점을 지나간다.

33 사리도(자갈길, gravel road)의 유지관리에 대한 설명으로 옳지 않은 것은?

① 방진처리에 염화칼슘은 사용하지 않는다.

② 노면의 제초나 예불은 1년에 한 번 이상 실시한다.

③ 비가 온 후 습윤한 상태에서 노면 정지작업을 실시한다.

④ 횡단배수구의 기울기는 5~6% 정도를 유지하도록 한다.

해설 사리도의 유지보수 방법

• 정상적인 노면 유지를 위하여 배수가 중요하다.

• 횡단구배는 5~6% 정도로 노면배수와 종단구배 방향의 배수를 측구로 유도하여 노외로 배수한다.

• 비가 온 후 습윤한 상태에서 노면 정지작업을 실시한다.

• 방진처리는 물, 염화칼슘, 폐유, 타르, 아스팔트 유재 등이 사용된다.

• 노면의 제초나 예불은 1년에 한 번 이상 실시한다.

34 임도의 종단기울기에 대한 설명으로 옳지 않은 것은?

① 최소 기울기는 3% 이상으로 설치한다.

② 종단기울기를 높게 하면 임도우회율이 적어진다.

③ 보통 자동차가 설계속도의 90% 이상 정도로 오를 수 있도록 한다.

④ 임도 설계 시 종단기울기 변경은 전 노선을 조정하여 재시공하는 의미를 갖는다.

정답   30. ③   31. ④   32. ②   33. ①   34. ③

해설 • 작업임도의 종단기울기는 최대 20% 범위 내에서 조정하도록 한다.
• 합성기울기는 12% 이하로 한다. 다만, 현지의 지형 여건상 불가피한 경우에 간선임도는 13% 이하, 지선임도는 15% 이하로 할 수 있으며, 노면포장을 하는 경우에 한하여 18% 이하로 할 수 있다.

35 임도 종단면도에 기록하는 사항이 아닌 것은?

① 측점　　　　② 단면적
③ 성토고　　　④ 누가거리

해설 종단면도 작성 사항 : 측점, 구간거리, 누가거리, 지반고, 계획고, 절토고, 성토고, 기울기 횡단면도는 각 측점의 단면의 지반고, 계획고, 절토고, 성토고, 단면적, 지장목의 제거, 사면 보호공의 물량 등을 기입하여 토적계산 자료로 활용한다.

36 임도 측선의 거리가 99.16m이고 방위가 S 39°15′ 25″ W일 때 위거와 경거의 값으로 옳은 것은?

① 위거 = +76.78m, 경거 = +62.75m
② 위거 = +76.78m, 경거 = −62.75m
③ 위거 = −76.78m, 경거 = +62.75m
④ 위거 = −76.78m, 경거 = −62.75m

해설 • 위거 = 측선거리×cos, 경거 = 측선거리×sinθ
• 위거 = 99.16m×cos(39°15′25″) = 약 76.78, 주어진 방위가 S 39°15′25″W이므로 -76.78
• 경거 = 99.16m×sin(39°15′25″) = 약 62.75, 주어진 방위가 S 39°15′25″W이므로 -62.75

37 법령상 임도 설치가 가능한 지역은?

① 산지관리법에서 정한 산지전용 제한 지역
② 임도 타당성 평가점수가 60점 이상인 지역
③ 임도거리의 10% 이상의 지역이 경사 35° 미만인 지역

④ 농어촌도로정비법에 따른 농로로 확정·고시된 노선과 중복되는 지역

해설 경사 35° 이상의 급경사지가 임도거리의 10% 이상을 지나게 되는 경우는 시공비와 안전을 고려하여 임도를 설치할 수 없다.

38 가선집재와 비교한 트랙터에 의한 집재작업의 장점으로 옳지 않은 것은?

① 기동성이 높다.
② 작업이 단순하다.
③ 작업생산성이 높다
④ 잔존임분에 대한 피해가 적다.

해설 트랙터집재와 가선집재의 특징
① 트랙터집재는 완경사지에 적용하며, 재해 발생과 잔존목의 피해가 적은 곳에 적합하다. 트랙터가 지면 위를 지나가게 되면 잔존임분에 대한 피해가 많다
트랙터에 의한 집재작업의 장점으로는
- 기동성이 높다.
- 작업생산성이 높다.
- 작업이 단순하다.
- 작업비용이 적다.
② 가선집재는 중·급경사지에 적용하며 임목밀도가 낮은 곳에 적합하다.

39 절토·성토사면에 붕괴의 우려가 있는 지역에 사면길이 2~3m마다 설치하는 소단의 폭 기준은?

① 0.1~0.5m
② 0.5~1.0m
③ 1.5~2.5m
④ 2.5~3.5m

해설 사면의 길이는 2~3m마다 폭 50~100cm (0.5~1.0m) 정도의 소단을 설정한다.

40 다음 조건에서 양단면적평균법으로 계산한 토량은?

> • 단면적 A_1 : $4m^2$
> • 단면적 A_2 : $6m^2$
> • 양단면적 간의 거리 : $5m$

① $25m^3$　　　② $50m^3$

③ $75m^3$　　　④ $100m^3$

해설 **토량**

$$= (\frac{양단면적합}{2}) \times 양단면적거리$$

$$= (\frac{4+6}{2}) \times 5 = 25$$

제5과목　사방공학

41 3ha 유역에 최대시우량이 60mm/h이면 시우량법에 의한 최대 홍수유량은? (단, 유거계수는 0.8)

① $0.04m^3/s$　　　② $0.4m^3/s$

③ $4.0m^3/s$　　　④ $40.0m^3/s$

해설 **시우량법**

$$Q = K \frac{A \times \dfrac{m}{1,000}}{60 \times 60}$$

$$Q = 0.8 \times \frac{30,000 \times \dfrac{60}{1,000}}{3,600} = 0.4$$

Q : 유량(m^3/s), A : 유역면적(m^2), m : 최대시우량(mm/hr), K : 유거계수

42 땅깎기 비탈면의 안정과 녹화를 위한 시공방법으로 옳지 않은 것은?

① 경암 비탈면은 풍화·낙석 우려가 많으므로 새심기 공법이 적절하다.

② 점질성 비탈면은 표면침식에 약하고 동상·붕락이 많으므로 떼붙이기 공법이 적절하다.

③ 모래층 비탈면은 절토공사 직후에는 단단한 편이나 건조해지면 붕락되기 쉬우므로 전면적 객토가 좋다.

④ 자갈이 많은 비탈면은 모래 유실 후, 요철면이 생기기 쉬우므로 떼 붙이기보다 분사파종공법이 좋다.

해설 경암 비탈면은 풍화, 낙석의 우려가 적고 비탈면이 급하므로 객토가 어렵고, 낙석저지책을 시공하여 덩굴식물 등으로 녹화하는 것이 적합하다.

43 벌도목, 간벌재를 이용하여 강우로 인한 토사 유출을 방지할 목적으로 시공하는 방법은?

① 식책공　　　② 식수공

③ 편책공　　　④ 돌망태공

해설 산지의 붕괴의 우려가 있는 비탈면을 안정화시키거나 비탈 다듬기 공사 등으로 발생하는 토사의 유실을 방지할 목적으로 편책공(바자얽기)를 한다. 비탈면 또는 계단 바닥에 편책·바자를 설치하고 뒤쪽에 흙을 채워 식생을 조성한다.

44 시멘트 콘크리트의 응결경화 촉진제로 많이 사용하는 혼화제는?

① 석회　　　② 규조토

③ 규산백토　　　④ 염화칼슘

해설 응결경화 촉진제는 수화반응을 통해 조기에 강도를 상승시키는 작용을 하며, 염화칼슘, 염화알루미늄 등이 있다.

45 산사태의 발생요인에서 내적 요인에 해당하는 것은?

① 강우　　　　　② 지진

③ 벌목　　　　　④ 토질

해설 • 산사태의 발생에는 지형, 토질, 임상 등의 내적 요인(잠재적 요인)이 있다.

• 집중호우, 지진, 인위적 원인(벌목 등) 등의 외적 요인(직접적 요인)이 복합적으로 관련되어 있다.

46 전수직응력이 100gf/cm², tan ø(ø는 내부마찰각) 값이 0.8, 점착력이 20gf/cm²일 때, 토양의 전단강도는? (단, 간극수압은 무시함)

① 80gf/cm²　　　　② 100gf/cm²

③ 120gf/cm²　　　　④ 145gf/cm²

해설 흙의 전단강도 = 점착력 + (전수직응력×tanø)
= 20 + (100×0.8) = 100gf/cm²

47 메쌓기 사방댐의 시공 높이 한계는?

① 1.0m　　　　　② 2.0m

③ 3.0m　　　　　④ 4.0m

해설 • 메쌓기 사방댐의 높이는 4m를 최대로 한다.

• 천단 폭은 댐 높이의 1/2, 기울기는 1:0.3 정도로 한다.

48 돌쌓기 기슭막이 공법의 표준 기울기는?

① 1:0.3~0.5　　　② 1:0.3~1.5

③ 1:0.5~1.3　　　④ 1:1.3~1.5

해설 돌쌓기 기슭막이의 표준 기울기는 1:0.3~0.5 정도이다.

49 비탈 다듬기나 단 끊기 공사로 생긴 토사를 계곡부에 넣어서 토사 활동을 방지하기 위해 설치하는 산지사방 공사는?

① 골막이　　　　② 누구막이

③ 기슭막이　　　④ 땅속 흙막이

해설 • 비탈 다듬기와 단 끊기 등으로 생산되는 부토 고정을 위해 설치하는 횡공작물이다.

• 비탈 다듬기나 단 끊기 등의 흙깎기 과정에서 토괴가 미끄러져 내리기 쉬운데, 이러한 토사의 유실을 방지하기 위해 땅속에 설치하며 지표면에는 드러나지 않는다.

50 땅깎기 비탈면에 흙이 붙어있는 반떼를 수평 방향으로 줄로 붙여 활착 녹화시키는 공법은?

① 줄떼 심기공법

② 줄떼 다지기공법

③ 줄떼 붙이기공법

④ 평떼 붙이기공법

해설 줄떼 붙이기는 땅깎기비탈의 흙이 떨어지지 않은 반떼를 수평 방향으로 줄을 붙여 활착 및 녹화하는 공법이다. 줄떼의 경우 상부에서 하부로 내려가면서 시공하고 떼꽂이로 고정한다.

51 계류의 유심을 변경하여 계안의 붕괴와 침식을 방지하는 사방공작물은?

① 수제　　　　　② 둑막이

③ 바닥막이　　　④ 기슭막이

해설 수제는 계안에서 물 흐름의 중심을 향하여 돌로 돌출물을 만들어 유수에 저항을 주는 공작물로, 하천에 유심의 방향을 변경시켜 계안으로부터 멀리 보내 유로 및 계안 침식을 방지하고 기슭막이 공작물의 세굴을 방지하기 위해 사용된다.

52 비탈면 하단부에 흐르는 계천의 가로침식에 의해 일어나며, 침식 및 붕괴된 물질은 퇴적되지 않고 대부분 유수와 함께 유실되는 붕괴형 침식은?

① 산붕　　　　　② 포락

③ 붕락　　　　　④ 산사태

해설 붕괴의 유형

• 산붕 : 소형 산사태

• 붕락 : 주름 모양 산사태

- 산사태 : 일시, 길게
- 포락 : 계천에서 가로로 침식하여 토사가 무너지는 현상, 암설붕락(debris slide)

53 2매의 선떼와 1매의 갓떼 또는 바닥떼를 사용하는 선떼 붙이기는?

① 2급   ② 4급
③ 6급   ④ 8급

해설 선떼 2매와 갓떼 1매를 사용하는 것은 6급 선떼 붙이기이다.

54 폐탄광지의 복구녹화에 대한 설명으로 옳지 않은 것은?

① 경제림을 단기적으로 조성한다.
② 차폐식재하여 좋은 경관을 만든다.
③ 폐석탄 등을 제거하고 복토하여 식재한다.
④ 사면붕괴 방지를 위해 사면 안정각을 유지한다.

해설 경제림의 단기적 조성보다는 피해 복구 및 경관 식생을 우선적으로 한다.

55 임내강우량의 구성요소가 아닌 것은?

① 수간유하우량   ② 수관통과우량
③ 수관적하우량   ④ 수관차단우량

해설
- 임내강우량 요소로 수관적하우량, 수간유하우량, 수관통과우량이 있다.
- 임내강우량은 산림 내에 내린 강우 중에서 임지면에 도달하는 비의 양으로 산림에서 총강우량 가운데 식물의 잎과 가지에 차단되어 증발하여 임지면에 도달하지 못하는 강수의 일부인 수관차단우량을 제외한 양이다.

56 중력식 사방댐 설계에서 고려하는 안정조건이 아닌 것은?

① 전도
② 퇴적
③ 제체 파괴
④ 기초지반 지지력

해설 중력댐의 안정조건
- 전도에 대한 안정조건 : 합력 작용선이 댐 밑의 중앙 $\frac{1}{3}$ 보다 하류 측을 통과하면 상류에 장력이 생기므로 합력 작용선이 댐 밑의 $\frac{1}{3}$ 내를 통과해야 한다.
- 활동에 대한 안정조건 : 활동에 대한 저항력의 총합이 수평 외력보다 커야 한다.
- 제체 파괴에 대한 안정조건 : 댐 몸체의 각 부분을 구성하는 재료의 허용응력도를 초과하지 않아야 한다.
- 기초지반의 지지력에 대한 안정조건 : 사방댐 밑에 발생하는 최대응력이 기초지반의 허용지지력을 초과하지 않아야 한다.

57 사방댐의 설계요인에 대한 설명으로 옳지 않은 것은?

① 댐의 위치는 계상에 암반이 존재해야만 설치할 수 있다.
② 계획 계상기울기는 현 계상기울기의 1/2~2/3 정도가 가장 실용적이다.
③ 종·횡침식이 일어나는 구간이 긴 구간에서는 원칙적으로 계단상 댐을 계획한다.
④ 단독의 높은 댐과 연속된 낮은 댐 군의 선택은 그 지역의 토사생산의 특성과 시공 및 유지의 난이도를 충분히 검토하여 결정한다.

해설 댐의 위치는 계상에 암반이 존재하지 않아도 물받이나 앞댐을 이용하여 반수면의 끝 부분에 설치 가능하다.

58 사방사업 대상지 유형 중 황폐지에 속하는 것은?

① 밀린땅　　　② 붕괴지

③ 민둥산　　　④ 절토사면

해설 황폐지 유형 및 단계 : 척악임지 → 임간나지 → 초기 황폐지 → 황폐 이행지 → 민둥산 → 특수 황폐지

59 침식의 원인이 다른 것은?

① 자연침식　　② 가속침식

③ 정상침식　　④ 지질학적 침식

해설 • 가속침식은 이상침식이라고 하며 물, 바람, 파도, 중력 등의 외부적 작용에 의한 침식이다.
• 자연침식은 지질학적 침식 혹은 정상침식이라 하여 가속침식에는 해당되지 않는다.

60 비탈면 돌쌓기에 대한 설명으로 옳지 않은 것은?

① 돌을 쌓는 방법에 따라 골쌓기와 켜쌓기가 있다.

② 찰쌓기는 2~3m²마다 물빼기 구멍을 설치한다.

③ 돌쌓기는 일곱에움 이상 아홉에움 이하가 되도록 한다.

④ 비탈 기울기가 1:1보다 완만한 경우는 돌붙이기 공사라고 한다.

해설 • 돌쌓기는 돌의 배치가 다섯에움 이상 일곱에움 이하가 되도록 한다.
• 찰쌓기는 돌쌓기 또는 벽돌을 쌓을 때 뒷채움에 콘크리트를 사용하고, 줄눈에 모르타르를 사용하는 공법이다.

제2과목 산림보호학

01 솔잎혹파리에 대한 설명으로 옳은 것은?

① 1년에 1회 발생하며 알로 충영 속에서 월동한다.

② 1년에 2회 발생하며 성충으로 충영 속에서 월동한다.

③ 1년에 2회 발생하며 지피물 속에서 성충으로 월동한다.

④ 1년에 1회 발생하며 유충으로 땅속 또는 충영 속에서 월동한다.

해설 솔잎혹파리는 유충으로 땅속에서 월동하고, 솔잎 혹파리는 주로 소나무와 해송에 피해를 준다.

02 오염원으로부터 직접 배출되는 1차 대기오염 물질이 아닌 것은?

① 분진 　　　　② 오존

③ 황산화물 　　④ 질소산화물

해설 오존과 PAN은 대기 중의 질소산화물이 환원되는 과정에서 발생하는 2차 대기오염 물질이다.

03 다음의 하늘소 유충 중 톱밥 또는 배설물을 나무 밖으로 배출하지 않아 발견하기 어려운 것은?

① 알락하늘소 　　② 뽕나무하늘소

③ 향나무하늘소 　　④ 솔수염하늘소

해설 ① 알락하늘소는 유충이 줄기 아래쪽에서 목질부를 파먹으며 톱밥같은 부스러기를 밖으로 배출한다.

② 뽕나무하늘소의 부화유충은 갱도 처에 외부로 통하는 구멍을 뚫어 호흡을 편리하게 하고, 배설물을 밖으로 배출한다.

④ 솔수염하늘소의 부화유충은 내수피를 식해하여 톱밥을 배출하고 2령 후반부터는 목질부도 식해한다.

04 불리한 환경에 따른 곤충의 활동 정지와 휴면에 대한 설명으로 옳은 것은?

① 미국흰불나방은 의무적 휴면을 한다.

② 활동 정지는 환경조건이 개선되면 곧 종료된다.

③ 1년에 한 세대만 발생하는 곤충은 기회적 휴면을 한다.

④ 일장(日長)은 휴면으로의 진입 여부 결정에 중요한 요소는 아니다.

해설 ① 미국흰불나방은 의무적 휴면을 하지 않는다. 솔껍질깍지벌레의 경우 천적이 많은 6월부터 4개월간 하기휴면을 한다. 이같은 휴면을 의무휴면이라고 한다.

③ 1년에 한 세대만 발생하는 휴면을 의무적 휴면이라고 하며, 1화성(univoltine) 곤충이라고 한다. 여러 세대 경과 후에 휴면에 들어가는 것을 기회적 휴면이라고 하며, 이를 다화성(multivoltine) 곤충이라고 한다.

④ 일장(日長)은 의무적 휴면의 진입에 중요한 요소다.

정답 01. ④ 02. ② 03. ③ 04. ②

05 밤나무 줄기마름병의 방제 효과가 가장 미비한 것은?

① 살균제를 살포한다.
② 박쥐나방을 방제한다.
③ 질소 비료를 적게 준다.
④ 토양배수가 잘되는 곳에 묘목을 심는다.

해설 ②, ③, ④는 병의 원인을 제거하는 것으로 효과적이다.

06 남서방향에서 고립되어 생육하고 있는 임목, 코르크층이 발달되지 않은 수종에서 많이 나타나는 기상 피해는?

① 한해   ② 풍해
③ 설해   ④ 피소

해설 ① 한해는 건조에 의한 피해와 추위에 의한 피해를 말한다. 피소는 햇빛과 열에 이해 발생하는 고온에 의한 피해에 속한다.
② 풍해는 바람에 의한 피해로 천근성 수종이 숲 가장자리에 노출될 때 많이 발생한다.
③ 설해는 눈에 의한 피해로 고립이나 코르크층과 관계가 적다. 가늘고 긴 수관을 가진 수목은 관설해를 받기 쉽고, 어린 나무는 설압해를 받기 쉽다.

07 수목 병 발생과 환경조건과의 관계에서 수목이 가장 심한 피해를 입을 수 있는 경우는?

① 환경조건이 병원체나 기주에 모두 적합한 경우
② 환경조건이 병원체나 기주에 모두 부적합한 경우
③ 환경조건이 병원체에 적합하고 기주에 부적합한 경우
④ 환경조건이 병원체에 부적합하고 기주에 적합한 경우

해설 • 환경조건(유인)이 기주(소인)에 부적합한 경우 기주의 저항성이 낮아지므로 병에 의한 피해가 커진다.
• 환경조건(유인)이 병원체(주인)에 적합할수록 병원체의 활동이 쉬워져 병의 피해가 커진다.

08 코흐(Koch)의 원칙을 충족시키지 않는 조건은?

① 병원체의 순수 배양이 불가능해야 한다.
② 기주로부터 병원체를 분리할 수 있어야 한다.
③ 기주에서 병원체로 의심되는 특정 미생물이 존재해야 한다.
④ 동일 기주에 병원체를 접종하면 동일한 병이 발생되어야 한다.

해설 코흐의 4원칙
• 병원체가 병든 기주에 존재하여야 한다.
• 병원체를 병든 기주에서 분리 배양할 수 있어야 한다.
• 배양한 병원체를 건강한 기주에 접종하였을 때 같은 병이 나타나야 한다.
• 접종하여 발병한 기주의 환부에서 같은 병원체가 나타나야 한다.

09 약제를 식물체의 뿌리, 줄기, 잎 등에서 흡수시켜 식물체 전체에 약제가 분포되게 하고, 해충이 섭식하였을 경우에 약효가 발휘되는 살충제의 종류는?

① 침투성 살충제
② 접촉성 살충제
③ 유인성 살충제
④ 소화중독성 살충제

해설 침투성 살충제는 식물에 흡수시켜 수목을 가해하는 해충에만 선택적으로 작용하므로, 천적과 주변의 다른 곤충에 피해가 적다.

10 모잘록병의 방제법으로 효과가 가장 미비한 것은?

① 토양소독

② 종자소독

③ 묘상의 환경 개선

④ 옥시테트라사이클린 살포

해설 옥시테트라사이클린은 대추나무 빗자루병 등 파이토플라스마에 의한 병의 방제에 사용된다.

11 세균으로 인한 수목 병은?

① 소나무 혹병

② 벚나무 불마름병

③ 밤나무 줄기마름병

④ 벚나무 갈색무늬구멍병

해설 세균에 의한 대표적인 병해는 세균성 불마름병, 뿌리혹병, 구멍병 등이 있다.

12 토양 내에서 월동하는 병원체는?

① 잣나무 털녹병균

② 참나무 시들음병균

③ 자줏빛날개무늬병균

④ 밤나무 줄기마름병균

해설 뿌리혹선충류, 오동나무 빗자루병, 자줏빛날개무늬병균 등은 토양 내에서 월동한다.

13 오리나무잎벌레의 월동 형태와 장소는?

① 알로 지피물 밑에서

② 성충으로 땅속에서

③ 번데기로 수피 사이에서

④ 유충으로 나뭇잎 아래에서

해설 오리나무잎벌레와 바구미류 등 몸집이 작은 딱정벌레류는 성충으로 월동하는 경우가 많다.

14 솔껍질깍지벌레에 대한 설명으로 옳지 않은 것은?

① 주로 인공식재된 잣나무림에서 큰 피해를 준다.

② 약충이 가지와 줄기의 수피에 주둥이를 꽂고 수액을 빨아먹는다.

③ 수피 틈이나 가지 사이에 알주머니를 분비하고 그 속에 알을 낳는다.

④ 암컷 성충은 후약충에서 번데기 시기를 거치지 않고 바로 성충이 된다.

해설 솔껍질깍지벌레는 남부 해안지방의 해송과 소나무에게 큰 피해를 준다.

15 수목 병의 임업적 방제법으로 옳지 않은 것은?

① 임지에 생육하기 적합한 나무를 조림한다.

② 종자 산지에 가까운 곳에 임지를 조성한다.

③ 병해가 발생한 지역에서는 지존작업을 한다.

④ 방제 관리의 효율성을 고려하여 단순림을 조성한다.

해설 단순림은 각종 병해와 충해에 취약하므로 단순림보다는 이령혼효림을 조성해야 한다.

16 수목에 기생하는 식물로 낙엽성인 것은?

① 겨우살이

② 꼬리 겨우살이

③ 참나무 겨우살이

④ 동백나무 겨우살이

해설 대부분의 겨우살이는 상록이지만 꼬리 겨우살이는 낙엽성이다.

17 호두나무잎벌레에 대한 설명으로 옳은 것은?

① 1년에 1회 발생되며, 알로 월동한다.

② 1년에 1회 발생되며, 성충으로 월동한다.

③ 1년에 2회 발생되며, 번데기로 월동한다.

④ 1년에 2회 발생되며, 유충으로 월동한다.

해설 호두나무잎벌레는 월동한 성충이 5월 상순에 잎 뒷면에 30개 가량의 알을 낳는다.

18 수목의 잎을 가해하는 해충이 아닌 것은?

① 대벌레

② 솔나방

③ 솔알락명나방

④ 참나무재주나방

해설 솔알락명나방은 잣나무의 종실을 가해하는 종실가해 해충이다.

19 오리나무 갈색무늬병의 방제법으로 옳지 않은 것은?

① 연작을 실시한다.

② 종자소독을 한다.

③ 병든 낙엽을 태운다.

④ 밀식 시에는 솎아주기를 한다.

해설 불완전균류에 의해 발생하는 오리나무 갈색무늬병이 자주 발생하는 묘포는 연작을 피하고 윤작을 통해 방제할 수 있다. 종자를 통해 전반하는 경우도 있으므로 종자소독을 실시한다.

20 미국흰불나방에 대한 설명으로 옳지 않은 것은?

① 1년에 2~3회 발생한다.

② 지피물 밑에서 번데기로 월동한다.

③ 1화기가 2화기보다 피해가 더 심하다.

④ 핵다각체병바이러스를 이용하여 방제한다.

해설 미국흰불나방은 2화기의 피해가 1화기보다 심하다.

제4과목 **임도공학**

21 아스팔트 포장과 비교하였을 때 시멘트 콘크리트 포장의 장점으로 옳은 것은?

① 평탄성이 좋다.

② 내마모성이 크다.

③ 시공속도가 빠르다.

④ 간단 공법으로 유지수선이 가능하다.

해설 • 아스팔트 포장과 비교한 시멘트 콘크리트 포장은 교통하중에 잘 견디고 노면을 거칠게 가공하면 어느 정도 급경사에서도 타이어가 미끄러지지 않고 통행이 가능하다.
• 재료비와 시공비가 상대적으로 비싸다.
• 공법이 상대적으로 복잡하고 유지 수선이 어렵다.

22 임도의 종단면도에 대한 설명으로 옳지 않은 것은?

① 축척은 횡 1/1000, 종 1/200로 작성한다.

② 종단면도는 전후도면이 접합되도록 한다.

③ 종단기울기의 변화점에는 종단곡선을 삽입한다.

④ 종단 기입의 순서는 좌측 하단에서 상단 방향으로 한다.

해설 • 횡단면도 기입 순서는 좌측 하단에서 상단 방향으로 한다.
• 종단면도는 횡 1:1000, 종 1:200의 축척으로 작성한다.

정답 17. ② 18. ③ 19. ① 20. ③ 21. ② 22. ④

- 종단면도 기재 사항 : 곡선, 선측점, 구간거리, 지반높이, 절토높이, 성토높이, 기울기 등
- 시공계획고는 절토량과 성토량이 균형 있게 한다.
- 종단기울기의 변화점에 종단곡선을 삽입한다.

23 도면에서 기울기를 표현하는 방법으로 옳지 않은 것은?

① 1/n : 수평거리 1에 대하여 높이 n으로 나눈 것

② n% : 수평거리 100에 대한 n의 고저 차를 갖는 백분율

③ n‰ : 수평거리 1000에 대한 n의 고저 차를 갖는 천분율

④ 각도 : 수평은 0°, 수직은 90°로 하여 그 사이를 90 등분한 것

해설 도면의 기울기는 높이 1에 대하여 수평거리 n으로 나눈 것이다.

24 임도 실시설계를 위한 현지측량에 대한 설명으로 옳지 않은 것은?

① 주로 산악지에는 중심선측량, 평탄지와 완경사지에는 영선측량법을 적용하고 있다.

② 중심선측량은 측점 간격을 20m로 하여 중심 말뚝을 설치하되, 필요한 각점에는 보조말뚝을 설치한다.

③ 횡단측량은 중심선의 각 측점·지형이 급변하는 지점, 구조물 설치 지점의 중심선에서 양방향으로 실시한다.

④ 종단측량은 노선의 중심선을 따라 측량하되, 주요 구조물 주변 및 연장 1km마다 임시 기표를 표시하고 평면도에 표시한다.

해설
- 영선측량은 주로 경사가 있는 산악지에서 이용되며, 영선측량을 하게 되면 지형의 훼손은 줄일 수 있으나, 노선의 굴곡이 심해진다.

- 중심선측량은 평탄지와 완경사지에서 주로 이용된다.
- 중심선측량을 하게 되면 노선의 굴곡은 영선측량에 비해 심하지 않으나 지형의 훼손이 많아질 수 있다.
- 임도 설치 관리 규정은 중심선측량을 하도록 하고 있다.

25 측점 A에서 다각측량을 시작하여 다시 측점 A에 폐합시켰다. 위거의 오차가 10cm, 경거의 오차가 15cm이었다. 이때의 폐합비는 얼마인가? (단, 측선의 전체 거리는 1800m)

① 약 1/10,000   ② 약 1/15,000

③ 약 1/20,000   ④ 약 1/25,000

해설 폐합오차$(E) = \sqrt{경거오차^2 + 위거오차^2}$

$$폐합비(r) = \frac{\sqrt{경거오차^2 + 위거오차^2}}{측선의 \ 길이}$$

$$= \frac{0.18}{1,800} = \frac{1}{10,000}$$

26 임도 설계 시 구분되는 암(岩)의 종류로 옳지 않은 것은?

① 경암   ② 연암

③ 보통암   ④ 최강암

해설 암의 종류는 임도 설계 시 기준으로 연암, 보통암, 경암으로 분류된다.

27 쇄석의 틈 사이에 석분을 물로 침투시켜 롤러로 다져진 도로는?

① 수제 머캐덤도   ② 역청 머캐덤도

③ 교통체 머캐덤도   ④ 시멘트 머캐덤도

해설 쇄석도의 노면처리 방법
- 역청 머캐덤도 : 쇄석을 타르나 아스팔트로 결합시켜 다진 도로
- 시멘트 머캐덤도 : 쇄석을 시멘트로 결합시켜 다진 도로
- 교통체 머캐덤도 : 쇄석을 교통과 강우로 다진 도로
- 수체 머캐덤도 : 쇄석의 틈 사이에 석분을 물로 침투시켜 롤러로 다진 도로

정답 23. ①   24. ①   25. ①   26. ④   27. ①

28 임도의 횡단기울기에 대한 설명으로 옳지 않은 것은?

① 노면배수를 위해 적용한다.

② 차량의 원심력을 크게 하기 위해 적용한다.

③ 포장이 된 노면에서는 1.5~2%를 기준으로 한다.

④ 포장이 안 된 노면에서는 3~5%를 기준으로 한다.

해설 차량의 곡선부 통과 시 원심력에 의한 차량의 이탈을 방지하고 노면의 기울기로 배수를 목적으로 만든다. 횡단기울기는 노면의 종류에 따라 포장을 하지 아니한 노면(쇄석·자갈을 부설한 노면을 포함한다.)의 경우에는 3~5%, 포장한 노면의 경우에는 1.5~2%로 한다.

29 트래버스측량에서 측선 AB의 위거(LAB)를 계산하기 위한 식은? (단, NS는 자오선, EW는 위선, θ는 방위각)

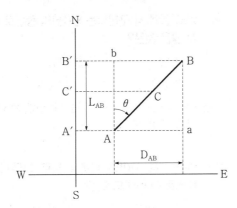

① ABsin
② ABsecθ
③ ABcosθ
④ ABcotθ

해설 • 위거(latitude) : 일정한 자오선에 대한 어떤 관측선의 정사거리. 측선 AB에 대하여 측점 A에서 측점 B까지의 남북 간 거리
• 경거(departure) : 측선 AB에 대하여 위거의 남북선과 직각을 이루는 동서 선에 나타난 AB 선분의 길이

L = AB의 위거 [m] = AB*cosθ
D = AB의 경거 [m] = AB*sinθ

30 임도에서 대피소 설치의 주요 목적은?

① 운전자가 쉬었다 가기 위함

② 차량이 서로 비켜가기 위함

③ 산사태 발생 시 대피하기 위함

④ 차량이 짐을 싣고 내리기 위함

해설 대피소 : 차량이 교차하여 통행할 때 통행에 지장이 없도록 일정 간격으로 노폭을 넓혀 설치하는 시설

31 산악지대의 임도 노선 선정 형태로 옳지 않은 것은?

① 사면임도
② 작업임도
③ 능선임도
④ 계곡임도

해설 산악지 대응 임도 노선 선정
지대 및 노선 선정 방식을 기초로 하여 '계곡임도, 사면임도, 능선임도, 산정부임도, 계곡부임도, 능선너머 개발형 임도'로 구분할 수 있다.

32 임도 설계 시 각 촉점의 단면마다 절토고, 성토고 및 지장목 제거, 측구터파기 단면적 등의 물량을 기입하는 설계도는?

① 평면도
② 종단면도
③ 횡단면도
④ 구조물도

해설 • 횡단면도는 각 촉점의 단면마다 절토고, 성토고 및 지장목 제거, 측구터파기 단면적 등의 물량을 기입한다. 기입 순서는 좌측 하단에서 상단 방향으로 한다.
• 종단면도는 구간거리, 지반높이, 절토-성토 높이 등을 기입한다. 횡 1:1000, 종 1:200의 축척으로 작성한다.
• 종단면도 기재 사항 : 곡선, 선측점, 구간거리, 지반높이, 절토높이, 성토높이, 기울기 등
• 종단기울기의 변화점에 종단곡선을 삽입한다.
• 평면도 : 임시 기표, 사유토지의 경계, 구조물 등

정답 28. ② 29. ③ 30. ② 31. ② 32. ③

33 임도의 중심선에 따라 20m 간격으로 종단 측량을 행한 결과 다음과 같은 성과표를 얻었다. 측점1의 계획고를 40.93m로 하고 2% 상향기울기로 설치하면 측점4의 절토고는?

측점	1	2	3	4
지반고(m)	39.73	41.23	42.88	45.53

① 0.35m　　　　② 0.75m

③ 3.00m　　　　④ 3.40m

해설 상향기울기 2%에 거리(측점 1~측점 4)가 60m이므로 60×0.02 = 1.2m

측점4 계획고 : 40.93m(측점1의 계획고)+1.2m=42.13m

현재 측점4의 지반고는 45.53m, 계획고는 42.13m로 지반고가 더 높은 상황이므로 측점4의 지반고-측점4의 계획고 = 45.53m-42.13m = 3.4m(절토고)

34 임도에 설치하는 교량 및 암거에 대한 설명으로 다음 ( ) 안에 알맞은 것은?

교량 및 암거의 활하중은 사하중에 실리는 차량·보행자 등에 따른 교통하중을 말하며, 그 무게 산정은 사하중 위에서 실제로 움직여지고 있는 ( )하중 이상의 무게에 따른다.

① DB-10　　　　② DB-12

③ DB-18　　　　④ DB-20

해설 표준트럭하중을 DB라 하며, 활하중의 무게 산정시 사하중(고정하중) 위에서 실제로 움직이는 DB-18(32.45톤) 이상의 무게를 기준으로 한다.

35 벌목 작업 전에 준비 사항으로 옳지 않은 것은?

① 벌도목 수간의 가슴높이까지 가지를 먼저 자른다.

② 벌도목 주위의 큰 돌들을 치우고 대

피로의 방해물을 제거한다.

③ 벌도목 주위에 서 있는 고사목은 벌목작업 후에 제거해야 한다.

④ 톱질할 부근에 융기부나 팽대부가 있는 나무는 이것을 절단 제거한다.

해설 벌도목 주위에 서 있는 고사목과 소가목은 벌목 작업 시 미리 제거해야 한다.

36 임도망 계획 시 고려할 사항이 아닌 것은?

① 운반비가 적게 들도록 한다.

② 목재의 손실이 적도록 한다.

③ 신속한 운반이 되도록 한다.

④ 운재방법이 다양화되도록 한다.

해설 운재방법은 단일화할수록 효율적이다.

37 교각법에 의한 임도곡선 설치 시 교각은 60°, 곡선반지름이 20m일 때 안전을 위한 적정 곡선길이는?

① 약 18m　　　　② 약 21m

③ 약 28m　　　　④ 약 31m

해설 안전을 위한 곡선반지름(안전시거의 공식과 같다)

$$CL = 2\pi \times R \times \frac{\theta}{360}$$

$$= 2\pi \times 곡선반지름 \times \frac{교각}{360} = 2 \times 3.14 \times 20 \times \frac{60}{360}$$

$$\fallingdotseq 20.933m \fallingdotseq 20.93m \quad \therefore 약 21m$$

38 임도에 설치하는 배수구의 통수단면 계산에 필요한 확률 강우량 빈도의 기준 년 수는?

① 50년　　　　② 70년

③ 100년　　　　④ 120년

해설 배수구의 통수단면은 100년 빈도 확률강우량과 홍수도달시간을 이용한 합리식으로 계산된 최대 홍수유출량의 1.2배 이상으로 설계·설치한다.

39 모르타르뿜어붙이기공법에서 건조·수축으로 인한 균열을 방지하는 방법이 아닌 것은?

① 응결완화제를 사용한다.
② 뿜는 두께를 증가시킨다.
③ 물과 시멘트의 비를 작게 한다.
④ 사용하는 시멘트의 양을 적게 한다.

해설 응결완화제 사용 시 모르타르의 응결이 지연되어 강도가 저하되고 건조 및 수축의 균열 정도가 증가할 수 있다. 건조 및 수축을 방지하기 위해서는 응결 촉진제를 사용해야 한다.

40 임도 노면의 땅고르기 작업을 위해 가장 적합한 기계는?

① 탬퍼
② 트랙터
③ 하베스터
④ 모터그레이더

해설 • 모터그레이더는 정지 작업인 노면 깎기, 노면 다지기 등의 땅고르기 작업에 적합한 장비이다.
• 탬퍼는 다짐, 하베스터는 다목적 임목수확장비이다.

제5과목 ｜ 사방공학

41 새집공법에 적용하는 수종으로 가장 부적합한 것은?

① 회양목
② 개나무
③ 버드나무
④ 눈향나무

해설 • 암석산지의 경우 관목류가 적합하며 개나리, 회양목, 노간주나무, 눈향나무 등이 이용된다.
• 버드나무의 경우 주로 습지나 물가에서 자생한다.

42 해안사방 조림용 수종의 구비 조건으로 옳지 않은 것은?

① 바람에 대한 저항력이 클 것
② 울폐력이 작아 수관밀도가 낮을 것
③ 양분과 수분에 대한 요구가 적을 것
④ 온도의 급격한 변화에도 잘 견디어 낼 것

해설 해안사방 조림용 수종은 울폐력이 커야 한다.

43 빗물에 의한 침식의 발달과정에서 가장 초기 상태의 침식은?

① 구곡침식
② 우격침식
③ 누구침식
④ 면상침식

해설 빗물에 의한 침식은 '우격침식 → 면상침식 → 누구침식 → 구곡침식' 순서로 진행된다.

44 황폐지를 진행 상태 및 정도에 따라 구분할 때 초기 황폐지 단계에 대한 설명으로 옳은 것은?

① 외관상으로 황폐지로 보이지 않지만, 임지 내에서 이미 침식상태가 진행 중인 임지
② 지표면의 침식이 현저하여 방치하면 가까운 장래에 민둥산이 될 가능성이 높은 임지
③ 산지 비탈면이 여러 해 동안의 표면침식과 토양유실로 토양의 비옥도가 떨어진 임지
④ 산지의 임상이나 산지의 표면침식으로 외견상 분명히 황폐지라 인식할 수 있는 상태의 임지

해설 • 황폐지 유형 및 단계는 '척악임지 → 임간나지 → 초기 황폐지 → 황폐 이행지 → 민둥산 순서로 진행된다.
• 초기 황폐지는 황폐지임을 인식할 수 있는 상태의 지역을 의미한다.

정답 39. ① 40. ④ 41. ③ 42. ② 43. ② 44. ④

45 침식이 심하고 경사가 급하며 상수(常水)가 있는 산비탈에 적합한 수로는?

① 흙수로
② 돌붙임수로
③ 메쌓기수로
④ 떼붙임수로

해설 돌붙임수로는 집수 구역이 넓고 경사가 급하며 유량이 많은 산비탈지역에 시공한다.

46 앵커박기공법에 대한 설명으로 옳지 않은 것은?

① 땅밀림의 기암 속에 앵커체를 매입 설치한다.
② 앵커 몸체를 지상에서 작성하여 기반에 매입하는 방식이 있다.
③ 자연비탈의 안정을 위해 일반적으로 그라우트식 앵커는 잘 사용되지 않는다.
④ 기반 내에 보링을 하고 시멘트 모르타르를 주입하여 앵커 몸체를 형성하는 그라우트 방식이 있다.

해설 내부에 안정된 암반층에 보링을 하고 앵커를 삽입하고 콘크리트를 주입 및 양생하고 연결한다. 일반적으로 시멘트 모르타르를 주입하여 앵커 몸체를 형성하는그라우트 방식을 사용한다.

47 산비탈기초 사방공사가 아닌 것은?

① 배수로
② 흙막이
③ 떼단 쌓기
④ 비탈 다듬기

해설 사방공사는 크게 기초공사와 녹화공사로 분류되며, 보기의 떼단 쌓기만 녹화공사로 분류된다.

48 녹화용 외래 초본식물이 아닌 것은?

① 오리새
② 까치수영
③ 우산잔디
④ 능수귀염풀

해설 • 재래 초본식물 : 새, 개솔새, 참억새, 김의털, 비수리, 실새풀, 차풀 등

• 도입 초본식물 : 겨이삭, 호밀풀, 지팽이풀, 오리새, 우산잔디, 능수귀염풀, 참새피, 개미털 등

49 다음 그림은 인공개수로의 단면도이다. P에 해당하는 용어는?

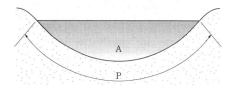

① 윤변
② 경심
③ 유적
④ 동수반지름

해설 물과 접촉하는 수로 주변의 길이는 윤변이라 한다.

$$경심 = \frac{유적}{윤변} = \frac{A}{P}$$

50 황폐 계류 유역을 구분하는 데 포함되지 않는 것은?

① 토사생산구역
② 토사퇴적구역
③ 토사유과구역
④ 토사준설구역

해설 황폐계류의 상류부를 토사생산구역, 생산된 토사가 이동하는 토사유과구역, 하류에 토사가 퇴적되는 토사퇴적구역으로 구분된다.

51 사방댐을 설치하는 주요 목적으로 옳지 않은 것은?

① 산각의 고정
② 종횡침식의 방지
③ 계상기울기의 완화
④ 지표수의 신속 배제

해설 사방댐은 황폐계류에서 종·횡침식으로 인한 토석류 등 붕괴물질을 억제하기 위하여 계류를 횡단하여 설치하는 공작물로 산각을 고정하고 붕괴를 방지하며, 계상물매를 완화하여 지표수의 흐름을 늦추고 토사의 유동을 막는다.

52 사방사업법에 의한 사방사업의 구분에 해당되지 않는 것은?

① 산지사방사업
② 해안사방사업
③ 야계사방사업
④ 생활권사방사업

해설 사방사업법에 의한 사방사업은 대상 지역에 따라 산지사방사업, 해안사방사업, 산지와 접속하는 시내, 하천 등의 경우 야계사방사업으로 구분한다.

53 선떼 붙이기에서 발디딤을 설치하는 주요 목적으로 옳지 않은 것은?

① 작업용 흙을 쌓아 둠
② 공작물의 파괴를 방지함
③ 바닥떼의 활착을 조장함
④ 밟고 서서 작업하도록 함

해설 발디딤은 선떼 붙이기 공작물의 바닥떼 앞면 부분에 설치하는 너비 10~20cm 정도의 수평면으로 작업의 편의를 도모하고, 바닥떼의 활착을 용이하게 하기 위한 것이다.

54 산사태 및 산붕에 대한 설명으로 옳지 않은 것은?

① 강우강도에 영향을 받는다.
② 주로 사질토에서 많이 발생한다.
③ 징후의 발생이 많고 서서히 활동한다.
④ 20° 이상의 급경사지에서 많이 발생한다.

해설 발생 전 징후가 많고 천천히 활락하는 것은 땅밀림에 대한 특징이다.

55 조도계수는 0.05, 통수단면적이 3m³, 윤변이 1.5m, 수로 기울기가 2%일 때 Manning의 평균유속공식에 의한 유량은?

① 0.453m/s
② 4.49m³/s
③ 13.47m³/s
④ 17.58m³/s

해설 Manning의 평균유속공식(개수로의 등류나 거친 관로에 적용)

$$V = \frac{1}{n} \times R^{\frac{2}{3}} \times I^{\frac{1}{2}}$$

V : 평균유속, R : 경심, I : 수로기울기, n : 조도계수

• 경심 = 통수단면적 ÷ 윤변 = $\frac{3}{1.5}$ = 2

• 평균유속 = $\frac{1}{n}$ × 경심$^{\frac{2}{3}}$ × 기울기$^{\frac{1}{2}}$

$$\frac{1}{0.05} \times 2^{\frac{2}{3}} \times 0.02^{\frac{1}{2}}$$

$$= 20 \times 1.587 \times 0.1414$$

$$\approx 4.488$$

• 유량(Q) = 유속(V) × 통수단면적(A)
$$= 4.488 \times 3 = 13.465$$

56 선떼 붙이기 6급으로 1m를 시공하는 데 필요한 떼 사용 매수는? (단, 떼는 40cm × 25cm, 흙 두께는 5cm)

① 5.00매
② 6.25매
③ 7.50매
④ 8.75매

해설 선떼 붙이기는 가장 낮은 높이가 9급이며, 떼는 한 장만 붙인다. 이때 필요한 떼의 매수는 2.5매이며 급수가 1급수 줄어들 때마다 2.5의 절반인 1.25장씩 가산하면 된다.
2.5(9급) + 1.25 + 1.25 + 1.25 = 6.25매

57 최대홍수량을 산정하는 합리식으로 옳은 것은?

① 유속 × 강우강도 × 유역면적
② 유출계수 × 유속 × 강우강도
③ 유출계수 × 유속 × 유역면적
④ 유출계수 × 강우강도 × 유역면적

해설 합리식에 의한 최대 홍수량

$$Q = \frac{1}{360} \times CIA$$

$$= \frac{1}{360} \times 유출계수 \times 강우강도 \times 면적$$

정답 52. ④ 53. ① 54. ③ 55. ③ 56. ② 57. ④

58 시멘트가 공기 중의 수분을 흡수하여 수화 작용을 일으키고, 그 결과 생긴 수산화칼슘이 이산화탄소와 결합하여 탄산칼슘을 만드는 과정은?

① 풍화   ② 경화

③ 양생   ④ 소성

해설 • 일반적 풍화작용은 암석이 물리적, 화학적 작용에 의해 부서지는 현상을 의미한다.
• 시멘트의 경우 공기 중의 수분과 수산화칼슘이 이산화탄소와 화학적 작용으로 인해 하얀 탄산칼슘을 만들게 되는데, 이를 풍화또는 백화현상이라고도 한다.

59 돌쌓기벽 그림에서 A의 명칭은?

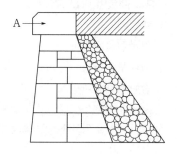

① 갓돌   ② 귀돌

③ 모서리돌   ④ 뒷채움돌

해설 갓돌은 돌쌓기 벽에서 가장 위에 있는 돌이다.

60 중력식 사방댐의 안정에 대한 설명으로 옳지 않은 것은?

① 합력의 작용선이 제저 중앙의 1/3 범위 밖에 있어야 전도되지 않는다.

② 제체에 발생하는 인장응력이 허용인장강도를 초과하면 안 된다.

③ 제저에 발생하는 최대압축응력은 지반의 허용압축강도보다 작아야 한다.

④ 수평분력의 총합과 수직분력의 총합의 비가 제저와 기초지반 사이의 마찰계수보다 작으면 활동되지 않는다.

해설 사방댐의 안정조건으로 합력작용선이 댐의 밑바닥인 제저의 중앙 $\frac{1}{3}$ 이내를 통과해야 한다.

제2과목 산림보호학

01 다음 중 대기오염에 가장 강한 수종은?

① 소나무 　　　　② 전나무

③ 은행나무 　　　④ 느티나무

> **해설**

구분	저항성	수종
침엽수	강함	은행나무, 비자나무, 향나무, 노간주나무
	보통	해송, 삼나무, 편백
	약함	소나무, 전나무, 낙엽송
활엽수	강함	벚나무, 사철나무, 동백나무, 떡갈나무, 아까시나무
	보통	개나리, 후박나무, 플라타너스, 능수버들
	약함	밤나무, 느티나무, 오리나무, 단풍나무

02 솔잎혹파리가 월동하는 형태는?

① 알 　　　　　　② 유충

③ 성충 　　　　　④ 번데기

> **해설** 솔잎혹파리는 유충이 지피물이나 땅속으로 들어가 월동한다.

03 파이토플라스마로 인한 수목 병 방제에 가장 효과적인 것은?

① 알코올

② 페니실린

③ 스트렙토마이신

④ 테트라사이클린

> **해설**
> • 파이토플라스마에 의해 발생되는 수목 병은 테트라사이클린계 약제를 나무주사한다.
> • 알코올 : 무수알코올을 살균제로 사용한다.
> • 페니실린과 스트렙토마이신, 테라마이신 등은 수목에 발생하는 세균성 질병에 사용할 수 있다.

04 식엽성 해충이 아닌 것은?

① 대벌레

② 미국흰불나방

③ 소나무순나방

④ 참나무재주나방

> **해설** 소나무순나방은 "순"이라는 이름 때문에 식엽성 해충으로 오해할 수 있지만 천공성 해충이다.

05 나무좀, 하늘소, 바구미 등은 쇠약목에 모이는 습성을 이용한 것으로, 벌목한 통나무 등을 이용하여 해충을 방제하는 방법은?

① 식이 유살법

② 등화 유살법

③ 잠복장소 유살법

④ 번식장소 유살법

> **해설**
> • 나무좀, 하늘소, 바구미의 애벌레가 목질부를 가해하므로 쇠약목은 천공성 해충의 번식장소가 된다.
> • 식이 유살법 : 먹이로 유인
> • 등화 유살법 : 등불로 유인
> • 잠복장소 유살법 : 월동장소를 설치하여 유인

정답 01. ③　02. ②　03. ④　04. ③　05. ④

06 볕데기 피해를 입기 쉬운 수종으로 가장 거리가 먼 것은?

① 굴참나무 ② 소태나무
③ 버즘나무 ④ 오동나무

해설 볕데기는 수피가 얇은 수종에 잘 발생한다. 굴참나무는 코르크층이 발달된 두꺼운 수피를 가지고 있다.

07 수목의 그을음병에 대한 방제 방법으로 가장 거리가 먼 것은?

① 통풍과 채광을 높인다.
② 흡즙성 곤충을 방제한다.
③ 잎 표면을 깨끗이 닦아낸다.
④ 질소질 비료를 표준사용량보다 더 사용한다.

해설 질소질 비료를 많이 사용하면 웃자라서 조직이 부드러워지므로 그을음병 피해가 더 커진다.

08 소나무 또는 잣나무에 발생하는 잎떨림병을 방제하는 방법으로 옳지 않은 것은?

① 병든 낙엽을 모아 태운다.
② 풀베기와 가지치기를 실시하지 않는다.
③ 여러 종류의 활엽수를 하목으로 심는다.
④ 포자가 비산하는 7~9월에 약제를 살포한다.

해설 잎떨림병은 수관 하부에서 발생이 심하므로 풀베기, 제초 및 가지치기를 실시한다.

09 밤나무혹벌의 천적으로 옳은 것은?

① 알좀벌
② 먹좀벌
③ 남색긴꼬리좀벌
④ 수중다리무늬벌

해설 • 밤나무혹벌의 기생성 천적은 기생파리류와 노란꼬리혹좀벌, 남색긴꼬리좀벌, 상수리좀벌 등이 있다

• 알좀벌은 솔알락명나방과 잣나무넓적잎벌의 기생성 천적이다.
• 먹좀벌류는 솔잎혹파리의 기생성 천적이다.

10 주로 목재를 가해하는 해충은?

① 밤바구미
② 거세미나방
③ 가루나무좀
④ 느티나무벼룩바구미

해설 • 가루나무좀은 목재를 천공하여 문화재 등에 피해를 심하게 준다.
• 밤바구미 : 밤 종실 가해
• 거세미나방 : 유충이 묘목의 줄기와 잎을 가해
• 느티나무벼룩바구미 : 유충은 엽육과 눈을 가해하고, 성충은 주로 잎을 식해한다.

11 흰가루병에 걸린 병환부 위에 가을철에 나타나는 흑색의 알갱이는?

① 자낭구 ② 포자각
③ 병자각 ④ 분생자병

해설 자낭균이 잎에 만드는 분생자는 가을에 흑색의 알갱이 같은 자낭구를 만든다.

12 수목 병을 일으키는 바이러스의 특징으로 옳지 않은 것은?

① 병원체가 자력으로 기주에 침입하지 못한다.
② 기주세포의 내용물과 구분하는 2중막이 존재한다.
③ 병원체는 전자현미경을 통해서만 관찰이 가능하다.
④ 병원체는 살아있는 세포 내에서만 증식이 가능하다.

해설 • 전형적인 식물바이러스는 단백질 분자로 이루어진 단일막의 외피 안에 들어있다.
• 식물의 세포 내에서 2중막 구조를 가지는 것은 핵막, 미토콘드리아, 엽록체 뿐이다.

정답 06. ① 07. ④ 08. ② 09. ③ 10. ③ 11. ① 12. ②

13 묘포지에서 2~3년간 윤작을 하여 피해를 크게 경감시킬 수 있는 수목 병은?

① 흰비단병
② 오동나무 탄저병
③ 자줏빛날개무늬병
④ 침엽수의 모잘록병

해설 • 오동나무 탄저병은 불완전균류에 의한 병으로 발생이 심한 묘포지에서는 2~3년간 윤작을 하면 피해를 크게 경감시킬 수 있다.
① 흰비단병 : 자낭균류에 의한 피해로 연작과 관계가 적다.
③ 자줏빛날개무늬병 : 담자균류에 의한 수병으로 연작과 관계가 적다.
④ 침엽수의 모잘록병 : 주로 과습한 환경에서 발생하므로 연작과 관계가 적다.

14 녹병균의 생활환에 해당하는 포자가 아닌 것은?

① 녹포자
② 녹병정자
③ 여름포자
④ 분생포자

해설 녹병균은 녹병정자, 녹포자, 여름포자, 겨울포자, 담자포자의 5가지 포자 형태가 있다.

15 생물학적 방제에 대한 설명으로 옳은 것은?

① 내충성 품종을 심어 해충의 발생을 억제시키는 방법이다.
② 병원미생물이나 호르몬 약제를 이용하여 해충을 방제하는 방법이다.
③ 포식충, 기생곤충, 병원미생물 등을 이용하여 해충의 발생을 억제시키는 방법이다.
④ 포식충, 기생곤충 등에 의해 해충의 발생을 억제시키는 방법이며, 병원미생물은 제외된다.

해설 ① 내충성 품종 → 임업적 방제
② 호르몬 약제를 이용하여 해충을 방제하는 방법 → 화학적 방제

④ 포식충, 기생곤충 등에 의해 해충의 발생을 억제시키는 방법이며, 병원미생물을 포함한다.

16 소나무 혹병의 중간기주는?

① 송이풀
② 향나무
③ 뱀고사리
④ 참나무류

해설 • 소나무 혹병의 중간기주는 참나무류다.
① 송이풀 : 잣나무 털녹병
② 향나무 : 사과나무류의 붉은별무늬병
③ 뱀고사리 : 전나무 잎녹병

17 산불로 인한 피해에 대한 설명으로 옳지 않은 것은?

① 일반적으로 침엽수는 활엽수에 비하여 산불 피해에 약한 편이다.
② 일반적으로 상록활엽수는 낙엽활엽수보다 산불 피해에 약한 편이다.
③ 활엽수 중에서 녹나무, 벚나무는 동백나무, 참나무류보다 산불 피해에 약한 편이다.
④ 침엽수 중에서 가문비나무, 은행나무는 소나무, 곰솔보다 산불 피해에 강한 편이다.

해설 일반적으로 상록활엽수는 낙엽활엽수보다 산불 피해에 강한 편이다.

18 국외로부터 국내에 침입한 해충이 아닌 것은?

① 솔나방
② 솔잎혹파리
③ 미국흰불나방
④ 버즘나무방패벌레

해설 ② 솔잎혹파리 : 일본
③ 미국흰불나방 : 미국
④ 버즘나무방패벌레 : 미국

19 배설물을 종실 밖으로 배출하지 않아 외견 상으로 식별이 어려운 해충은?

① 밤바구미
② 복숭아명나방
③ 솔알락명나방
④ 도토리거위벌레

해설 ② 복숭아명나방과, ③ 솔알락명나방, ④ 도토리거위벌레는 모두 종실을 가해하고 식흔을 남긴다.

20 농약의 효력을 충분히 발휘하도록 첨가하는 물질은?

① 보조제
② 훈증제
③ 유인제
④ 기피제

해설 살균제, 살충제, 살서제, 제초제 등과 같이 농약 주제의 효력을 증진시키기 위하여 사용하는 약제를 보조제라고 한다.

<table>
<tr><td>제4과목</td><td>임도공학</td></tr>
</table>

21 임도의 노면침하를 방지하기 위하여 저습지대에 시설하는 것은?

① 토사도
② 사리도
③ 쇄석도
④ 통나무길

해설 통나무, 섶길 : 저지대나 습지대에서 노면의 침하를 방지하기 위해 통나무나 섶을 사용
토사도 : 노상에 지름 5~10mm 정도의 표층용 자갈과 토사를 15~30cm 두께로 깐 것으로 교통량이 적은 곳에 사용한다.
사리도 : 굵은 골재로 자갈(20~25mm), 결합재로 점토나 세점토사(10~15%)를 사용한 것으로 상치식과 상굴식이 있다.

22 임도 구조물 시공 시 기초공사의 종류가 아닌 것은?

① 전면기초
② 말뚝기초
③ 고정기초
④ 깊은기초

해설 얕은기초는 확대기초, 전면기초가 있으며 깊은 기초에는 말뚝기초, 케이슨기초가 있다.

23 임도의 노체와 노면에 대한 설명으로 옳지 않은 것은?

① 사리도는 노면을 자갈로 깔아 놓은 임도이다.
② 토사도는 배수 문제가 적어 가장 많이 사용된다.
③ 노체는 노상, 노반, 기층, 표층으로 구성되는 것이 일반적이다.
④ 노상은 다른 층에 비해 작은 응력을 받으므로 특별히 부적당한 재료가 아니면 현장 재료를 사용한다.

해설 토사도는 일명 흙길로 노상에 지름 5~10mm 정도의 표층용 자갈과 토사를 15~30cm 두께로 깔아서 시공한 것으로 다른 길보다 물에 의한 유실 등의 배수문제가 많다. 교통량이 적은 곳에 사용한다.

24 횡단면 A_1, A_2, A_3의 면적은 각각 $5m^2$, $7m^2$, $9m^2$이고, A_1과 A_2의 거리는 10m, A_2와 A_3의 거리는 15m이다. 양단면적평균법에 의한 3단면 사이의 총토적량(m^3)은?

① 100
② 150
③ 180
④ 200

해설 양단면적 평균법

$$V = \frac{1}{2}(A_1 + A_2) \times l$$

$$A_1 \sim A_2 : \frac{5+7}{2} \times 10 = 60 m^3$$

$$A_2 \sim A_3 : \frac{7+9}{2} \times 15 = 120 m^3$$

총토적량 : $60 + 120 = 180 m^3$

25 사리도의 유지보수에 대한 설명으로 옳지 않은 것은?

① 방진처리를 위하여 물, 염화칼슘 등이 사용된다.

② 횡단기울기를 10~15% 정도로 하여 노면 배수가 양호하도록 한다.

③ 노면의 정지작업은 가급적 비가 온 후 습윤한 상태에서 실시하는 것이 좋다.

④ 길어깨가 높아져 배수가 불량할 경우 그레이더로 정형하고 롤러로 다진다.

해설 사리도의 횡단기울기는 3~6% 정도로 한다.

26 임도망 배치 시 산정부 개발에 가장 적합한 노선은?

① 비교 노선

② 순환식 노선

③ 대각선 방식 노선

④ 지그재그 방식 노선

해설 계곡임도 및 산정부 개발에는 순환식 노선이 적합하다. 이외 지그재그 방식은 급경사의 사면임도형, 대각선 방식은 완경사의 사면임도형이 적합하다.

27 임도의 대피소 간격 설치 기준은?

① 300m 이내   ② 400m 이내

③ 500m 이내   ④ 1000m 이내

해설 대피소의 간격 300m 이내, 너비 5m 이상, 유효길이 15m 이상을 기준으로 한다.

28 구릉지대에서 지선임도밀도가 20m/ha이고, 임도효율이 5일 때 평균집재거리는?

① 4m   ② 100m

③ 250m   ④ 400m

해설 임도밀도(m/ha) = $\dfrac{\text{임도효율계수}}{\text{평균집재거리(km)}}$

$20 = \dfrac{5}{\text{평균집재거리}}$

∴ 평균집재거리 = $\dfrac{5}{\frac{20}{1,000}} = 250m$

29 임도 설계 업무의 순서로 옳은 것은?

① 예비조사 → 답사 → 예측 → 실측 → 설계서 작성

② 예비조사 → 예측 → 답사 → 실측 → 설계서 작성

③ 예측 → 예비조사 → 답사 → 실측 → 설계서 작성

④ 답사 예비조사 → 예측 → 실측 → 설계서 작성

해설 임도 설계 업무 순서

예비조사 → 답사 → 예측 및 실측 → 설계도 작성 → 공사량 산출 → 설계서 작성

30 임도의 횡단면도상 각 측점의 단면마다 표기하지 않아도 되는 것은?

① 사면보호공 물량

② 지장목 제거 물량

③ 지반고 및 계획고

④ 곡선제원 및 교각점

해설 곡선제원 및 교각점은 평면도의 기재 사항이다.

31 반출할 목재의 길이가 16m, 도로의 폭이 8m일 때 최소곡선반지름은?

① 8m   ② 14m

③ 16m   ④ 32m

해설 ※ 최소곡선반지름

$R = \dfrac{l^2}{4B} = \dfrac{16^2}{4 \times 8} = \dfrac{256}{32} = 8$

R : 곡선반지름(m), l : 통나무 길이(m), B : 노폭(m)

정답 25. ② 26. ② 27. ① 28. ③ 29. ① 30. ④ 31. ①

32 임지와 잔존목의 훼손을 가장 최소화할 수 있는 가선집재 시스템은?

① 타일러식 시스템
② 단선순환식 시스템
③ 하이리드식 시스템
④ 호이스트캐리지식 시스템

해설 • 호이스트캐리지식은 임지와 잔족목의 훼손을 가장 최소화하는 가전집재 방법으로 조직이 간편하고 짐달림도르래가 필요 없는 것이 특징이다.
• 가공본선이 있는 방식 : 타일러식, 엔들러스 타일러식 등
• 가공본선이 없는 방식 : 던함식, 모노케이블식 등

33 평판측량에서 사용되지 않는 방법은?

① 전진법　② 교회법
③ 방사법　④ 방향각법

해설 평판측량에는 전진법, 방사법, 교회법이 있다.

34 다음 표는 임도의 횡단측량 야장이다. A, B, C, D에 대한 설명으로 옳지 않은 것은?

좌측		측점	우측	
L 3.0		A No.0	L 3.0	
$\frac{-1.8}{0.4}$	C $\frac{1}{1.2}$	MC₁	$\frac{L}{1.3}$	B $\frac{+1.5}{1.5}$
B $\frac{0.3}{2.0}$	$\frac{-0.3}{2.0}$	D MC₁ +3.70	$\frac{+0.4}{2.0}$	$\frac{+0.4}{2.0}$

① A : 측점이 No.0인 경우는 기설노면을 의미한다.
② B : 분자는 고저차로서 +는 성토량, −는 절토량을 의미한다.
③ C : 분모는 수평거리로서 측점을 기준으로 왼편 1.2m 지점을 의미한다.
④ D : MC₁ 지점으로부터 3.70m 전진한 지점을 뜻한다.

해설 B부분의 분자가 +는 절토량, -는 성토량을 의미한다.

35 가선집재와 비교하여 트랙터를 이용한 집재작업의 특징으로 거리가 먼 것은?

① 기동성이 높다.
② 작업이 단순하다.
③ 임지 훼손이 적다.
④ 경사도가 높은 곳에서 작업이 불가능하다.

해설 트랙터집재와 가선집재의 특징
• 트랙터집재는 완경사지에 적용하며, 재해 발생과 잔존목의 피해가 적은 곳에 적합하다. 트랙터가 지면 위를 지나가게 되면 잔존임분에 대한 피해가 많다
• 가선집재는 중·급경사지에 적용하며 임목밀도가 낮은 곳에 적합하다.

36 흙의 기본 성질에 대한 설명으로 옳지 않은?

① 공극비는 흙 입자의 용적에 대한 공극의 용적비이다.
② 포화도는 흙 입자의 중량에 대한 수분의 중량비를 백분율로 표시한 것이다.
③ 공극률은 흙덩이 전체의 용적에 대한 간극의 용적비를 백분율로 표시한 것이다.
④ 무기질의 흙덩이는 고체(흙 입자), 액체(물), 기체(공기)의 세 가지 성분으로 구성된다.

해설 • 간(공)극비 $=\frac{간(공)극의 용적}{토립자의 용적}\times100$
• 함수비 $=\frac{물의 중량}{토립자의 중량}\times100$
• 포화도 $=\frac{물의 용적}{간(공)극 부분의 용적}\times100$

포화도는 중량기준이 아닌 흙속의 간극 부분에 물이 차지하는 비율로 표시한다.

정답 32. ④　33. ④　34. ②　35. ③　36. ②

37 설계속도가 40km/시간인 특수지형에서의 임도에 대한 종단기울기 기준은?

① 3% 이하　　② 6% 이하
③ 8% 이하　　④ 10% 이하

해설

설계속도 (km/hr)	종단기울기(순기울기,%)	
	일반지형	특수지형
40	7	10
30	8	12
20	9	14

38 방위각 135°35′의 역방위각은?

① 44°25′　　② 135°35′
③ 224°25′　　④ 315°35′

해설 역방위각 : 진북자오선을 기준으로 하여 시계방향으로 잰 각도에서 180°를 더한 각으로 정방위각의 반대방향 각을 말한다.
135°35′ + 180° = 315°35′

39 임도 설계 시 종단기울기에 대한 설명으로 옳은 것은?

① 종단기울기를 급하게 하면 임도우회율을 낮출 수 있다.
② 종단기울기의 계획은 설계차량의 규격과 관계가 없다.
③ 종단기울기는 완만한 것이 좋기 때문에 0%를 유지하는 것이 좋다.
④ 종단기울기는 시공 후 임도의 개·보수를 통하여 손쉽게 변경할 수 있다.

해설 임도우회율이란 산림에서 일정 지점 간의 직선거리를 연결하기 위해 실제 시공되는 임도 총연장의 증가치로 종단기울기를 크게 하면 차량의 주행은 어렵지만 그만큼 임도우회율은 감소하게 된다.

40 임도의 평면선형이 영향을 주는 요소로 가장 거리가 먼 것은?

① 주행속도
② 운재능력
③ 노면배수
④ 교통차량의 안전성

해설 • 평면선형은 평면적으로 본 도로 중심선의 형상으로 직선, 단곡선, 완화곡선 등으로 구성된다.
• 주행속도, 차량 안전, 운재능력 등에 관련되며, 노면배수의 경우 종단선형에 연관된다.

제5과목 사방공학

41 산지의 침식 형태 중 중력에 의한 침식으로 옳지 않은 것은?

① 산붕　　② 포락
③ 산사태　　④ 사구침식

해설 중력에 의한 침식의 종류로 산사태, 산붕, 붕락, 포락,암설붕락 등이 있다.

42 비탈면에 시공하는 옹벽의 안정조건이 아닌 것은?

① 전도에 대한 안정
② 침수에 대한 안정
③ 활동에 대한 안정
④ 침하에 대한 안정

해설 옹벽의 안정조건으로 전도, 활동, 제체, 침하에 대한 안정조건이 있다.

43 집수량이 많아 침식 위험이 높은 산비탈에 설치하는 수로로 가장 적당한 것은?

① 흙수로　　② 바자수로
③ 떼붙임수로　　④ 찰붙임수로

해설 콘크리트를 축설하는 찰붙임수로의 경우 메붙임수로에 비해 유속이 빠르고 집수량이 많은 지역에 설

정답 **37.** ④　**38.** ④　**39.** ①　**40.** ③　**41.** ④　**42.** ②　**43.** ④

치한다. 단면은 일반적으로 사다리꼴, 활꼴 등을 이용한다.

44 비중이 2.50 이하인 골재는?

① 잔골재　　　　　② 보통골재
③ 중량골재　　　　④ 경량골재

해설 일반적으로 비중이 2.5 이하는 경량골재로 분류한다.

45 콘크리트 배합에서 시멘트 사용량이 가장 많은 것은?

① 1:2:2　　　　　② 1:2:4
③ 1:3:3　　　　　④ 1:3:6

해설 콘크리트의 배합비 : 시멘트, 모래, 자갈의 중량비. 시멘트, 잔골재, 굵은 골재의 중량비(시멘트:잔골재:굵은골재)
- 철근콘크리트 1:2:4
- 보통콘크리트 1:3:6
- 버림콘크리트 1:4:8

46 토질이 모래층인 절토사면에 대한 설명으로 옳지 않은 것은?

① 새집공법을 적용하는 것이 가장 적합하다.
② 토양유실을 방지할 목적으로 전면적 객토를 해주어야 한다.
③ 침식에 대단히 약하여 식생이 착근하기 전에 유실될 가능성이 높다.
④ 절토공사 직후에는 단단한 편이나 건조하면 푸석푸석해지고 무너지기 쉽다.

해설 새집공법은 암반사면에 적용하는 녹화 기초공법으로 잡석을 새집처럼 쌓고 내부에 흙을 채우는 방법이다.

47 폭 15m, 높이 2m인 직사각형 수로에서 수심 1m, 평균유속 2m/s로 흐르고 있을 때 유량은?

① $15m^3/s$　　　　② $30m^3/s$
③ $60m^3/s$　　　　④ $80m^3/s$

해설 • 유적 : 15m×1m = 15m^2
• 유량 = 유속×유적 = 2m/s×15m^2 = 30m^3/s

48 유역 평균강수량을 산정하는 방법이 아닌 것은?

① 물수지법　　　　② 등우선법
③ 산술평균법　　　④ Thiessen법

해설 유역 평균강우량 산출법에는 산술평균법, Thiessen법, 등우선법이 있다.

49 유동형 침식의 하나인 토석류에 대한 설명으로 옳은 것은?

① 토괴의 흐트러짐이 적다.
② 주로 점성토의 미끄럼면에서 미끄러진다.
③ 일반적으로 움직이는 속도가 0.01~10mm/day이다.
④ 물을 윤활제로 하여 집합운반의 형태를 가진다.

해설 ① 토석류는 산붕이나 산사태, 특히 계천으로 무너지는 포락과 같은 붕괴작용에 의해 무너진 토사와 계산에 퇴적된 토사와 암석 등이 물에 섞여서 유동하는 것으로 토괴의 흐트러짐이 많다.
② 주로 사질토 지반에서 나타난다.
③ 속도는 시속 20~40km 정도로 빠르다.

50 야계사방의 주요 목적으로 거리가 먼 것은?

① 계안의 침식 방지
② 계류의 바닥 안정
③ 계류의 토사유출 억제
④ 붕괴지의 인공적인 복구

해설 • 야계사방공사는 계류의 유속을 줄이고 토사의 유출억제, 침식을 방지하는 것이 목적이다.
• 붕괴지 복구의 경우 산복사방에 속한다.

51 계단 연장이 3km인 비탈면에 선떼 붙이기를 7급으로 할 때에 필요한 떼의 총 소요 매수는? (단, 떼의 크기 : 40cm×25cm)

① 11,250매   ② 15,000매
③ 16,500매   ④ 18,750매

해설 선떼 붙이기는 7급의 경우 2.5(9급 기준)+1.25+1.25 = 5.0(매)
5매×3000m = 15,000매를 사용한다.

52 붕괴형 산사태에 대한 설명으로 옳은 것은?

① 지하수로 인해 발생하는 경우가 많다.
② 파쇄대 또는 온천지대에서 많이 발생한다.
③ 이동면적이 1ha 이하가 많고, 깊이도 수m 이하가 많다.
④ 속도는 완만해서 토괴는 교란되지 않고 원형을 유지한다.

해설 붕괴형 산사태의 경우 발생 면적 규모 및 깊이가 작다.
① 강우로 인해 발생하는 경우가 많다.
② 사질토에서도 많이 발생한다.
④ 속도는 매우 빠르고 토괴는 교란되며 원형은 변형된다.

53 수평분력의 총합과 수직분력의 총합, 제저와 기초지반과의 마찰계수를 이용하여 계산하는 중력식 사방댐의 안정조건은?

① 전도에 대한 안정
② 활동에 대한 안정
③ 제체의 파괴에 대한 안정
④ 기초지반의 지지력에 대한 안정

해설 중력댐의 안정조건으로 전도, 활동, 제체의 파괴, 기초지반의 지지력이 있으며, 그중에서 활동에 대한 저항력의 총합이 수평 외력보다 커야 한다. 즉 수평분력의 총합과 수직분력의 총합, 제저와 기초지반과의 마찰계수를 이용하여 계산하는 것이 사방댐의 활동에 대한 안정조건이다.

54 사방댐과 골막이에 모두 축설하는 것은?

① 앞댐   ② 방수로
③ 반수면   ④ 대수면

해설 사방댐은 대수면과 반수면을 모두 축조하고, 골막이는 반수면만 축조한다.

55 콘크리트 흙막이 공작물 시공방법으로 옳지 않은 것은?

① 물빼기 구멍은 지름 5~10cm 정도의 관을 2~3m² 당 1개소를 설치한다.
② 견고하지 않은 지반에 시공하는 경우 반드시 말뚝기초 등으로 보강해야 한다.
③ 뒤채움돌은 시공의 난이도 및 배수효과 등을 고려하여 위아래 모두 20cm 내외로 한다.
④ 비탈면의 토층이 이동할 위험이 있고, 토압이 커서 다른 흙막이 공작물로는 안정을 기대하기 어려운 경우 설치한다.

해설 뒷채움 돌은 배수 효과와 시공의 난이도를 고려하여 아래쪽, 위쪽 모두 30cm 이상으로 한다.

56 최대홍수유량을 계산하려 할 때 필요한 인자가 아닌 것은?

① 유거계수
② 최대시우량
③ 안정기울기
④ 집수구역의 면적

정답 51. ②   52. ③   53. ②   54. ③   55. ③   56. ③

해설 합리식에 의한 최대 홍수량

$$Q = \frac{1}{360} \times CIA$$

$$= \frac{1}{360} \times 유출계수 \times 강우강도 \times 면적$$

최대홍수유량을 계산 시 유거계수, 최대시우량, 유역면적이 필요 인자이다.

57 정사울타리에 대한 설명으로 옳지 않은 것은?

① 높이는 60~70cm를 표준으로 한다.
② 방향은 주풍방향에 직각이 되도록 한다.
③ 정사각형이나 직사각형 모양으로 구획한다.
④ 구획 내부에 ha당 10,000본의 곰솔 등의 묘목을 식재한다.

해설 정사울타리의 높이는 1~1.2m 정도를 기준으로 한다.

58 사방사업 대상지로 가장 거리가 먼 것은?

① 임도가 미개설되어 접근이 어려운 지역
② 산불 등으로 산지의 피복이 훼손된 지역
③ 황폐가 예상되는 산지와 계천으로 복구공사가 필요한 지역
④ 해일 및 풍랑 등 재해예방을 위해 해안림 조성이 필요한 지역

해설 사방사업 대상지는 임도가 개설되어 접근이 용이한 지역이어야 한다.

59 황폐계류의 특성으로 옳지 않은 것은?

① 호우가 끝나면 유량이 급감한다.
② 호우에도 모래나 자갈의 이동은 거의 없다.
③ 유량은 강수에 의해 급격히 증가하거나 감소한다.
④ 유로의 연장이 비교적 짧으며 계상기울기가 급하다.

해설 유량의 변화가 커서 호우 시에 사력의 유송이 심하다.

60 비탈 다듬기나 단 끊기로 생긴 뜬흙의 활동을 방지하기 위해 계곡부에 설치하는 공작물은?

① 조공
② 누구막이
③ 땅속 흙막이
④ 산비탈 흙막이

해설
• 비탈 다듬기와 단 끊기 등으로 생산되는 뜬흙(浮土)을 계곡부에 투입하여야 하는 곳은 땅속 흙막이를 설치하여야 한다.
• 산지사방의 부토 고정을 위해 설치하는 횡공작물이다.

제2과목 산림보호학

01 잣나무 털녹병 방제 방법으로 옳지 않은 것은?

① 중간기주인 송이풀을 제거한다.
② 저항성 품종을 육성하여 식재한다.
③ 풀베기와 간벌을 실시하여 숲에 통풍을 양호하게 해준다.
④ 담자포자 비산시기인 4월 하순부터 10일 간격으로 보르도액을 2~3회 살포한다.

해설 • 담자포자 발생 시기는 8월경이고, 4월 하순부터 5월경은 녹포자 시기다.
• 보르도액은 담자포자가 잣나무로 침입하는 것을 막아준다.

02 모잘록병 방제 방법으로 옳지 않은 것은?

① 묘상이 과습하지 않도록 한다.
② 복토가 충분히 두텁도록 한다.
③ 병이 심한 묘포지는 돌려짓기를 한다.
④ 질소질 비료보다는 인산질 비료를 충분히 준다.

해설 : 모잘록병은 과습한 환경에서 발생하므로 복토는 해롭다. 배수가 잘 되도록 해 주어야 한다.

03 대추나무 빗자루병의 병원체는?

① 세균
② 곰팡이
③ 바이러스
④ 파이토플라스마

해설 • 대추나무 빗자루병은 파이토플라스마에 의해 발생하며, 마름무늬매미충에 의해 전반된다.
• 사이클린계 항생제를 나무주사하여 치료할 수 있다.

04 솔잎혹파리 방제 방법으로 옳지 않은 것은?

① 솔잎혹파리먹좀벌을 천적으로 이용한다.
② 박새, 진박새, 쇠박새 등 조류를 보호한다.
③ 티아메톡삼 분산성 액제를 수간에 주사한다.
④ 피해가 극심한 지역에 동수화제를 살포한다.

해설 • 동수화제(wettable copper fungicide)는 살균제로 사용된다. 해충의 방제에는 효과가 없다.
• 흰가루병과 탄저병 등에 동수화제를 사용할 수 있다.
• 나무주사로는 포스파미돈과 티아메톡삼 등의 액제를 사용한다.
• 동수화제의 경우 흰가루병, 탄저병에 사용한다.

정답 01. ④ 02. ② 03. ④ 04. ④

05 천공성 해충이 아닌 것은?

① 박쥐나방　　　② 밤바구미

③ 버들바구미　　④ 알락하늘소

> **해설** ・밤바구미는 종실 가해 해충이며, 식흔이 없어 발견이 어렵다. 이황화탄소로 침지한다.
> ・천공성 해충에는 소나무순나방, 소나무좀, 바구미류, 박쥐나방, 하늘소 등이 있다.

06 밤나무의 종실을 가해하여 피해를 주는 해충은?

① 버들바구미

② 어스렝이나방

③ 복숭아명나방

④ 참나무재주나방

> **해설** ・복숭아명나방은 밤을 포함한 활엽수의 종실을 가해하며, 식흔을 남긴다.
> ・종실을 가해하는 해충에는 도토리거위벌레, 밤나방, 밤바구미, 복숭아명나방, 솔알락명나방 등이 있다.

07 늦여름이나 가을철에 내린 서리로 인하여 수목에 피해를 주는 것은?

① 상렬　　　　② 만상

③ 조상　　　　④ 연해

> **해설** ① 상렬은 겨울철 수목 내부의 수분이 동결과 해동이 반복되어 수피가 길게 찢어지는 현상이다.
> ② 만상은 봄에 수목이 생장을 개시한 후 늦게 내린 서리로 인한 피해를 말한다.
> ④ 연해는 대기오염에 의한 피해다.

08 곤충의 외분비 물질이며 개척자가 새로운 기주를 찾았다고 동족을 불러들인 데에 사용되는 종 내 통신물질로, 주로 나무좀류에서 발달되어 있는 물질은?

① 성 페로몬　　　② 경보 페로몬

③ 집합 페로몬　　④ 길잡이 페로몬

> **해설** 집합 페로몬은 나무좀이 기주를 발견하면 분비하는 물질이다. 동종 간에 작용한다.

09 향나무하늘소(측백하늘소)의 발생 횟수는?

① 1년에 1회　　② 1년에 2회

③ 2년에 1회　　④ 3년에 1회

> **해설** ・향나무하늘소는 1년에 1회 발생하며, 성충으로 월동한다.
> ・유충이 갱도 안에 배설하므로 배설물이 외부로 배출되지 않아 발견이 어렵다.

10 참나무 시들음병 방제 방법으로 옳지 않은 것은?

① 끈끈이롤 트랩을 설치하여 매개충을 잡는다.

② 유인목을 설치하여 매개충을 잡아 훈증 및 파쇄한다.

③ 전기충격기를 활용하여 나무 속에 성충과 유충을 감전사시킨다.

④ 매개충의 우화 최성기인 3월 중순을 전후하여 페니트로티온 유제를 살포한다.

> **해설** ・매개충의 우화기인 5~6월을 전후하여 페니트로티온 유제를 살포한다.
> ・공생균인 암브로시아균(Platypus koryoensis)은 테부코나졸로 방제할 수 있다.
> ・3월은 곤충이 우화하기에는 좀 춥다. 월평균 기온을 보면 곤충이 활동할 수 있는 달이 4월부터 9월까지라고 볼 수 있다.

11 소나무 혹병균은 무슨 병원체에 속하는가?

① 세균　　　　② 녹병균

③ 바이러스　　④ 흰가루병균

> **해설** 소나무 혹병은 녹병균에 의해 발생하며, 신갈, 졸참 등 참나무류와 이종 기주교대한다.

정답 05. ②　06. ③　07. ③　08. ③　09. ①　10. ④　11. ②

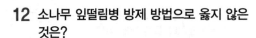

12 소나무 잎떨림병 방제 방법으로 옳지 않은 것은?

① 종자 소독을 철저히 한다.
② 병든 낙엽은 태우거나 묻는다.
③ 베노밀 수화제나 만코제브 수화제를 사용한다.
④ 자낭포자가 비산하는 7~9월에 살균제를 살포한다.

해설 • 소나무류 잎떨림병은 자낭균류에 의한 병으로 포자가 바람에 의해 전반하므로 종자소독은 효과가 적다.
• 종자소독은 종자로 전반하는 오리나무 갈색무늬병에 적용할 수 있다.
• 모잘록병은 종자를 캡탄제 등으로 분의소독(씨앗에 가루형태의 약을 묻힌다.)한다.

13 산불 중 지표화에 대한 설명으로 옳은 것은?

① 치수들이 피해를 받는다.
② 주로 부식층이 타는 화재이다.
③ 풍속과 산불화염의 길이와는 거의 상관없다.
④ 바람이 있을 때는 불어오는 방향으로 원형이 되어 퍼진다.

해설 ② 주로 부식층이 타는 화재는 지중화다.
③ 풍속에 따라 산불화염의 길이는 변한다.
④ 바람이 있을 때는 불어가는 방향으로 타원형이 되어 퍼진다.

14 솔노랑잎벌의 월동 형태로 옳은 것은?

① 알 ② 성충
③ 유충 ④ 번데기

해설 솔노랑잎벌은 알로 월동한다.

15 대기오염에 의한 수목의 피해 양상으로 옳지 않은 것은?

① 오존으로 인한 피해는 어린잎보다 성숙한 잎에서 발생하기 쉽다.
② 아황산가스로 인한 만성증상은 잎에 백색의 작은 반점이 생기는 것이다.
③ 질소산화물로 인한 피해 징후는 잎에 수침상 반점이 생기는 것이다.
④ 불화수소로 인한 피해 징후는 어린잎의 선단과 주변에 벽화현상이 나타나는 것이다.

해설 백색의 작은 반점이 생기는 것은 오존에 의해 울타리조직(책상조직)에 있는 엽록체가 파괴되어 생기는 현상이다.

16 소나무 재선충 방제를 위한 나무 주사용으로 가장 적합한 것은?

① 메탐소듐 액제
② 티오파네이트메틸 수화제
③ 에마멕틴벤조에이트 유제
④ 옥시테트라사이클린 수화제

해설 소나무 재선충병 예방을 위한 나무주사에는 에마멕틴벤조에이트 2.15% 유제 또는 아마멕틴 1.8% 유제 원액을 사용한다.

17 모잘록병과 비슷한 증상을 보이며, 잎이 완전히 전개되지 않고 새 가지가 연약한 5~6월부터 발생하여 장마철에 급격히 심해지는 병원균은?

① 포플러 잎녹병균
② 잣나무 잎떨림병균
③ 오동나무 탄저병균
④ 오리나무 갈색무늬병균

해설 ① 포플러 잎녹병균 : 잎이 노랗게 변하면서 일찍 떨어진다. 잎에 반점이 형성되며, 반점 위로 노란색 여름포자퇴가 나타난다.

정답 12. ① 13. ① 14. ① 15. ② 16. ③ 17. ③

② 잣나무 잎떨림병균 : 6~7월에 병든 낙엽과 갈색으로 변한 잎에 자낭반이 1~2mm 크기의 검은색 타원형 돌기로 형성되고, 다습한 조건에서 자낭포자가 비산하여 새잎에 전반한다.

④ 오리나무 갈색무늬병균 : 파종상에 큰 피해를 주며, 병든 잎은 말라죽고 일찍 떨어진다.

18 인공적으로 배양할 수 있는 수목 병원체는?

① 세균

② 바이러스

③ 흰가루병균

④ 파이토플라스마

> 해설 · 녹병균, 흰가루병균, 바이러스, 파이토플라스마 등은 인공적으로 배양하기 어렵다.
> · 인공적으로 배양이 어려운 균은 코흐의 4원칙으로 진단할 수 없다.

19 산림해충에 대한 임업적 방제 방법으로 옳은 것은?

① 천적 이용

② 트랩 이용

③ 훈증제 사용

④ 내충성 수종 이용

> 해설 ① 천적 이용 : 생물적 방제
> ② 트랩 이용 : 물리적 방제
> ③ 훈증제 사용 : 화학적 방제

20 곤충의 외표피에서 발견할 수 없는 구조는?

① 왁스층

② 기저막

③ 시멘트층

④ 단백질성 외표피

> 해설 기저막(basement membrane)은 체벽의 가장 아래쪽에 위치한 부위로 표피세포들을 혈림프들과 물리적으로 분리해주는 비세포성 구조로 되어 있다.

제4과목 **임도공학**

21 임도 설계 시 절토 경사면의 기울기 기준으로 옳은 것은?

① 토사지역 1:1.2~1.5

② 점토지역 1:0.5~1.2

③ 암석지(경암) 1:0.3~0.8

④ 암석지(연암) 1:0.5~0.8

> 해설 절토 경사면의 기울기
>
> | 구분 | 기울기 |
> |---|---|
> | 암석지 | |
> | – 경암 | 1:0.3~0.8 |
> | – 연암 | 1:0.5~1.2 |
> | 토사지역 | 1:0.8~1.5 |

22 임도 설계 시 예산내역서에 대한 설명으로 옳은 것은?

① 공정별로 집계표를 작성하고 누계하여 적용한다.

② 당해 공사의 목적, 기준, 시공 후 기여도 등을 상세히 기록한다.

③ 일반적인 과업지시 사항과 공사목적 및 현지의 입지조건 등을 수록한다.

④ 공정별 수량계산서에 의한 공종별 수량과 단가산출서에 의한 공종별 단가를 곱하여 작성한다.

> 해설 임도 신설 공사의 경우 설계내역서는 토공사, 구조물공사, 파종 및 식재공사 등 공정별로 세부 공종으로 분류하여 노무비, 재료비, 기계경비로 합산하여 작성한다. 임도에 들어가는 비용을 각 수량에 맞춰 작성하는 것으로 공정별 수량계산서에 의해 공종별 수량을 구하고 단가산출서 및 일위대가표를 통해 공종별 단가를 곱하여 작성한다.

23 임도에 교량을 설치할 때 적합하지 않은 지점은?

① 계류의 방향이 바뀌는 굴곡진 곳

② 지질이 견고하고 복잡하지 않은 곳

③ 하상의 변동이 적고 하천의 폭이 협소한 곳

④ 하천 수면보다 교량면을 상당히 높게 할 수 있는 곳

해설 • 계류의 방향이 바뀌지 않는 직선인 곳에 교량을 설치한다.
• 지반이 견고하고 복잡하지 않은 곳
• 하상의 변동이 적고 하천의 폭이 협소한 곳
• 하천이 가급적 직선인 곳, 굴곡부는 피한다.
• 교량을 하천 수면보다 상당히 높게 할 수 있는 곳

24 임도 관련 법령에 따른 산림기반시설에 해당되지 않는 것은?

① 간선임도   ② 지선임도

③ 산정임도   ④ 작업임도

해설 임도 관련 법령에 따른 산림기반시설로서의 임도 구분은 간선임도, 지선임도, 작업임도가 있다.

25 임도의 성토사면에 있어서 붕괴가 일어날 가능성이 적은 경우는?

① 함수량이 증가할 때

② 공극수압이 감소될 때

③ 동결 및 융해가 반복될 때

④ 토양의 점착력이 약해질 때

해설 공극수압이 감소하면 균열의 발생확률이 낮아져 붕괴의 가능성이 적어진다.

26 임도 관련 법령에 의한 임도 실시 설계의 실측 과정에서 이루어지는 업무가 아닌 것은?

① 횡단측량   ② 종단측량

③ 영선측량   ④ 중심선측량

해설 임도 설계 업무에서 실측과정(현지측량)에서 중심선측량, 평면측량, 종단측량, 횡단측량, 구조물측량을 시행한다.

27 임도에서 합성기울기와 관련이 있는 조합은?

① 횡단기울기와 편기울기

② 종단기울기와 역기울기

③ 편기울기와 곡선반지름

④ 종단기울기와 횡단기울기

해설 합성기울기는 종단기울기와 횡단기울기를 이용하여 구한다.

합성기울기 = $\sqrt{종단기울기^2 + 횡단기울기^2}$

28 임도의 곡선을 결정할 때 외선길이가 10m 이고 교각이 90°인 경우 곡선반지름은?

① 약 14m   ② 약 24m

③ 약 34m   ④ 약 44m

해설 외설길이 = 곡선반지름$[\sec(\frac{\theta}{2})$-1]

$10 = 곡선반지름 \times [\sec(\frac{90°}{2})$-1]

곡선반지름 = $\frac{10}{\sqrt{2}-1} = 24m$

29 평판측량에 대한 설명으로 옳지 않은 것은?

① 대부분의 작업이 현장에서 이뤄진다.

② 다른 측량 방법에 비해 정확도가 낮다.

③ 비가 오는 날에는 측량이 매우 곤란하다.

④ 측량용 기구가 간단하여 운반이 편리하다.

해설 평판측량(plane table surveying)은 삼각대 위에 고정된 평판에 제도지를 고정하고, 앨리데이드(alidade)와 나침반, 줄자를 사용하여 방향과 거리, 높낮이 등을 현장에서 직접 측정하여 제도하는 측량 방법으로, 평판측량은 빠르고 간단하여 과거에 널리 사용되었다. 평판측량은 컴퍼스측량의 일종이다.

정답 23. ① 24. ③ 25. ② 26. ③ 27. ④ 28. ② 29. ④

30 토목공사용 굴착기의 앞부속 장치로 옳지 않은 것은?

① Crane ② Clam Line
③ Pile Driver ④ Drag Shovel

해설 토목 공사용 굴착기의 앞 부속장치로 파일드라이브, 드레그라인, 크레인, 클램셀, 파워셔블, 드래그셔블이 있다.

31 임도의 비탈면 기울기를 나타내는 방법에 대한 설명으로 옳은 것은?

① 비탈어깨와 비탈밑 사이의 수직높이 1에 대하여 수평거리가 n일 때 1:n으로 표기한다.
② 비탈어깨와 비탈밑 사이의 수평거리 1에 대하여 수직거리가 n일 때 1:n으로 표기한다.
③ 비탈어깨와 비탈밑 사이의 수평거리 100에 대하여 수직높이가 n일 때 1:n으로 표기한다.
④ 비탈어깨와 비탈밑 사이의 수직높이 100에 대하여 수평거리가 n일 때 1:n으로 표기한다.

해설 비탈면의 기울기는 수직높이 1에 대한 수평거리의 비로 나타낸다.

32 임도의 노체에 대한 설명으로 옳지 않은 것은?

① 측구는 공법에 따라 토사도, 사리도, 쇄석도 등으로 구분한다.
② 임도의 노체는 노상, 노면, 기층 및 표층의 각 층으로 구성된다.
③ 노면에 가까울수록 큰 응력에 견디기 쉬운 재료를 사용하여야 한다.
④ 통나무길 및 섶길은 저습지대에 있어서 노면의 침하를 방지하기 위하여 사용하는 것이다.

해설
- 노상과 노반, 기층과 표층을 모두 합쳐 노체라고 한다.
- 토사도, 사리도, 쇄석도, 통나무길, 섶길 등은 노면 재료에 따른 구분이다.

33 노동재해의 정도를 나타내는 도수율에서 노동시간수가 10,000시간이고 노동재해 발생건수가 10건일 때에 도수율은 얼마인가?

① 10 ② 100
③ 1,000 ④ 10,000

해설 $\dfrac{10}{10,000} \times 1,000,000 = 1,000$

$$도수율 = \frac{재해건수}{연간근로총시간} \times 10^6$$

$$강도율 = \frac{연근로손실일수}{연근로총시간수} \times 1000$$

34 임도 설계 시 일반적인 곡선 설정법이 아닌 것은?

① 교각법 ② 교회법
③ 편각법 ④ 진출법

해설
- 임도 설계 시 일반적인 곡선 설정으로 교각법, 편각법, 진출법을 이용한다.
- 평판측량에는 전진법, 방사법, 교회법이 있다. 교회법은 평판측량의 한 방법이다.

35 1:50000 지형도상에 종단기울기가 8%인 임도 노선을 양각기 계획법으로 배치하고자 할 때 등고선 간의 도상거리는?

① 2.5mm ② 5.0mm
③ 7.5mm ④ 10.0mm

해설 $축척 = \dfrac{1}{M} = \dfrac{도상거리}{실제거리}$

수평거리:수직거리=100:8에서 수직거리는
$\dfrac{1}{50,000}$ 에서 등고선거리가 20m이므로
수평거리:20=100:8 ∴ 수평거리=250m
1:50,000=도상거리:250 ∴ 도상거리=5.0m

36 임도망 계획 시 고려해야 할 사항으로 옳지 않은 것은?

① 운재비가 적게 들도록 한다.

② 신속한 운반이 되도록 한다.

③ 운재 방법이 다양하도록 한다.

④ 계절에 따른 운반능력의 제한이 없도록 한다.

> **해설** 운재 방법은 단일화할수록 효율적이다.

37 자침 편차의 변화값이 아닌 것은?

① 일차
② 년차
③ 주차
④ 규칙 변화

> **해설** 자침편차는 진북과 자북의 각으로 그 종류는 일변화, 연변화, 주기 변화, 불규칙 변화로 분류한다.

38 다음 그림에서 ∠XAB = 16°25′38″, AB = 45.58m, ∠XAC = 63°17′19″, AC = 51.73m일 때 두 나무 사이의 거리는?

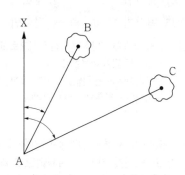

① 약 40m
② 약 45m
③ 약 50m
④ 약 55m

> **해설**
>
>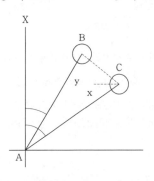

좌표평면에서 두 점 $A(x_1, y_1)$, $B(x_2, y_2)$ 사이의 거리는 $\overline{AB} = \sqrt{(x_2 - x_1)^2 + (y_2 - y_1)^2}$ 식을 이용한다. $B(x_B, y_B)$, $C(x_C, y_C)$라고 하면

$y_B = \overline{AB} \times \cos16°25′38″ ≒ 45.58 \times 0.9592 ≒ 43.72$

$y_C = \overline{AC} \times \cos63°17′19″ ≒ 51.73 \times 0.4495 ≒ 23.25$

$x_C = \overline{AC} \times \sin63°17′19″ ≒ 51.73 \times 0.8933 ≒ 46.21$

$x_B = \overline{AB} \times \sin16°25′38″ ≒ 45.58 \times 0.2828 ≒ 12.89$

$\overline{BC} = \sqrt{33.32^2 + 20.47^2} = \sqrt{1529.24} ≒ 39.105 ≒ 40$

39 임도의 최소 종단기울기를 유지해야 하는 주요 목적은?

① 성토면의 토량을 확보하여 시공비를 절약하기 위해

② 시공비용이 높기 때문에 벌채점까지 신속히 접근시키기 위해

③ 임도 표면에 잡초들의 발생을 예방하여 유지비를 절약하기 위해

④ 임도 표면의 배수를 용이하게 하여 임도 파손을 막고 유지비를 절약하기 위해

> **해설** 종단기울기는 임도 중심선의 수평면에 대한 기울기로 종단기울기를 유지하여 배수를 원활하게 하고 토양침식과 차량에 의한 파손을 막는다.

40 토질시험 시 입경누적곡선에서 유효경은 중량백분율의 몇 %인가?

① 10%
② 20%
③ 30%
④ 40%

> **해설** 유효입경은 중량 백분율의 10%에 해당하는 입경이다. 입도분포곡선에서 통과중량 백분율에서 통과하는 입자의 지름으로 전체 10%를 통과시킨 체눈의 크기에 해당하는 입자의 지름을 유효경이라 하고 D10으로 표시한다.

정답 36. ③ 37. ④ 38. ① 39. ④ 40. ①

제5과목　사방공학

41 비탈 다듬기 공사의 시공 요령으로 옳은 것은?

① 산 아래부터 시작하여 산꼭대기로 진행한다.

② 속도랑 공사는 비탈 다듬기를 완료한 후에 시공한다.

③ 붕괴면 주변의 가장자리 부분은 최소한으로 끊어 내도록 한다.

④ 비탈 다듬기 공사 후 뜬 흙이 안정될 때까지 상당 기간 동안 비바람에 노출시킨다.

[해설] ① 비탈 다듬기는 산 정상에서 아랫방향으로 진행한다.

② 속도랑 공사 이후에 비탈 다듬기를 한다.

③ 붕괴면 주변의 상부는 안정을 위하여 최소한이 아닌 충분히 끊어내도록 한다.

42 임간나지에 대한 설명으로 옳은 것은?

① 산림이 회복되어 가는 임상이다.

② 비교적 키가 작은 울창한 숲이다.

③ 초기 황폐지나 황폐 이행지로 될 위험성은 없다.

④ 지표면에 지피식물 상태가 불량하고 누구 또는 구곡침식이 형성되어 있다.

[해설] 임간나지 외견상 숲을 이루고 있지만 지피가 불량하고, 부분적으로 누구 또는 구곡침식이 진행되는 곳으로, 초기 황폐지나 황폐 이행지로 진전된다.

43 3급 선떼 붙이기에서 1m를 시공하는 데 사용되는 적정 떼 사용 매수는? (단, 떼 크기는 길이 40cm, 너비 25cm)

① 1매　　　　② 5매

③ 10매　　　　④ 20매

[해설] 선떼 붙이기는 가장 낮은 높이가 9급이며, 떼는 한 장만 붙인다. 이때 필요한 떼의 매수는 2.5매이며

급수가 1급수 줄어들 때마다 2.5의 절반인 1.25장씩 가산하면 된다.

떼 크기	길이 40, 폭 20cm	
구분	단면상 매수	연장 1m당 매수
1급	5.0	12.50
2급	4.5	11.25
3급	4.0	10.00
4급	3.5	8.75
5급	3.0	7.50
6급	2.5	6.25
7급	2.0	5.00
8급	1.5	3.75
9급	1.0	2.50
1m당 떼 사용 매수	단면상 떼 매수×2.5매/m	

44 다음 그림과 같은 사다리꼴 수로에서 윤변을 구하는 계산식으로 옳은 것은?

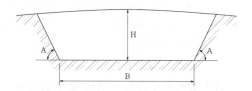

① $B + \dfrac{H}{\sin A}$　　② $B + \dfrac{H}{\cos A}$

③ $B + \dfrac{2H}{\sin A}$　　④ $B + \dfrac{2H}{\cos A}$

[해설] 물과 접촉하는 수로 주변의 길이는 윤변이라 한다.

$$경심 = \frac{유적}{윤변} = \frac{A}{P}$$

45 비탈면 안정을 위한 계획을 수립할 때 설계를 위한 주요 조사 항목으로 거리가 먼 것은?

① 지위조사　　　② 기상조사

③ 지형조사　　　④ 지질조사

[해설] 비탈면 안정을 위한 계획 수립 시 주요 조사 항목으로 기상, 지질 및 토양특성, 지형 및 경사 등을 사전 조사한다.

[정답] 41. ④　42. ④　43. ③　44. ③　45. ①

46 사방댐을 설치한 계류의 기울기에 대한 설명으로 옳지 않은 것은?

① 사방댐을 축설하고 나서 홍수가 발생하면 하상기울기는 홍수기울기로 고정된다.

② 홍수기울기와 평형기울기 사이의 퇴사량을 댐의 토사조절량이라고 한다.

③ 유수가 사력을 포함하지 않을 경우에 계상기울기는 가장 완만한데 이를 평형기울기라 한다.

④ 홍수로 다량의 사력을 함유하면 계상기울기가 가장 급하게 되는데, 이를 홍수기울기라 한다.

해설 사방댐을 축설하게 되면 홍수 발생 시 댐에 토사조절량으로 인하여 급한 계상기울기 발생이 어느 정도 완화되기에 하상기울기가 홍수기울기로 고정되지는 않는다.

47 유기물이 많은 겉흙을 넓게 제거하여 토양 비옥도와 생산성을 저하시키는 침식 형태는?

① 면상침식   ② 우격침식
③ 구곡침식   ④ 누구침식

해설 빗방울의 튀김이나 표면의 유거수로 인해 표면의 겉흙이 넓게 유실되는 것을 면상침식이라 한다.

48 중력식 사방댐이 전도에 대하여 안정하기 위해서는 합력 작용선이 제저 중앙의 얼마 이내를 통과해야 하는가?

① 1/2   ② 1/3
③ 1/4   ④ 1/5

해설 전도에 대한 안정조건 : 합력 작용선이 댐 밑의 중앙 $\frac{1}{3}$ 보다 하류 측을 통과하면 상류에 장력이 생기므로 합력 작용선이 댐 밑의 $\frac{1}{3}$ 내를 통과해야 한다.

49 골막이에 대한 설명으로 옳지 않은 것은?

① 물이 흐르는 중심선 방향에 직각이 되도록 설치한다.

② 본류와 지류가 합류하는 경우 합류부 위쪽에 설치한다.

③ 계상기울기를 수정하여 유속을 완화시키는 공작물이다.

④ 구곡막이라고도 하며, 주로 상류부에 설치하여 유송토사를 억제하는 데 목적이 있다.

해설 본류와 지류가 합류하는 경우 합류부 아래쪽에 설치한다.

50 가속침식에 해당되지 않는 것은?

① 물침식   ② 중력침식
③ 자연침식   ④ 바람침식

해설 • 가속침식은 이상침식이라고 하며 물, 바람, 파도, 중력 등의 외부적 작용에 의한 침식이다.
• 자연침식은 지질학적 침식 혹은 정상침식이라 하여 가속침식에는 해당되지 않는다.

51 지하수의 용출 및 누수에 의한 침식이 심한 비탈면에서 직접 거푸집을 설치하여 콘크리트를 치는 공법은?

① 새집공법
② 비탈힘줄 박기
③ 콘크리트 블록 쌓기
④ 콘크리트 뿜어 붙이기

해설 비탈힘줄 박기공법은 사면이 붕괴를 일으킬 위험이 있을 경우 식생공법 외에 실시하는 비탈면 보호공법의 일종이다. 비탈면의 물리적 안정을 목적으로 직접 거푸집을 설치하여 콘크리트 치기를 하고 이후 뼈대인 힘줄을 만들어 돌이나 흙으로 채우는 방식이다.

정답   46. ①   47. ①   48. ②   49. ②   50. ③   51. ②

52 황폐된 산림의 면적이 50ha이고, 최대시우량이 45mm/hr, 유거계수가 0.8이면 최대시우량법에 의한 최대홍수유량은?

① $1.8m^3/sec$ ② $5m^3/sec$
③ $18m^3/sec$ ④ $50m^3/sec$

해설 $Q = K \dfrac{A \times \dfrac{m}{1,000}}{60 \times 60}$

$= 0.8 \times \dfrac{500,000 \times \dfrac{450}{1,000}}{60 \times 60} = 5$

A : 유역면적(m²), 1ha=10,000m², m : 최대시우량(mm/hr), K : 유거계수

53 황폐계류유역을 상류로부터 하류까지 구분하는 순서는?

① 토사생산구역 → 토사퇴적구역 → 토사유과구역
② 토사유과구역 → 토사생산구역 → 토사퇴적구역
③ 토사유과구역 → 토사퇴적구역 → 토사생산구역
④ 토사생산구역 → 토사유과구역 → 토사퇴적구역

해설 황폐계류의 상류부를 토사생산구역, 생산된 토사가 이동하는 토사유과구역, 하류에 토사가 퇴적되는 토사퇴적구역으로 구분된다.

54 산지사방에 대한 설명으로 옳지 않은 것은?

① 눈사태 방재림 조성은 제외된다.
② 시공 대상지는 붕괴지, 밀린땅 등이 있다.
③ 산사태 발생의 위험이 있는 산지에 대해서도 실시할 수 있다.
④ 황폐되었거나 황폐될 위험성이 있는 산지의 토양침식 방지를 위해 실시한다.

해설 • 산지사방 방재림은 눈사태와 산사태를 막기 위한 것이다.
• 시공 대상지는 붕괴지, 밀린땅, 산사태 위험지, 황폐지 등에 실시한다.

55 훼손지 및 비탈면의 녹화공법에 사용되는 수종으로 적합하지 않은 것은?

① 은행나무 ② 오리나무
③ 싸리나무 ④ 아까시나무

해설 • 사방 수종은 적응력이 강하고 성장이 빠른 수종이 적합하다.
• 우리나라 3대 사방 수종인 리기다소나무, 물(산)오리나무, 아까시나무 이외에 참나무류, 싸리류(싸리(*Lespedeza bicolor*), 참싸리, 조록싸리, 족제비싸리), 눈향나무, 사방오리나무 등이 있다.

56 콘크리트의 방수성을 높일 목적으로 사용되는 혼화재료가 아닌 것은?

① 아스팔트 ② 규산나트륨
③ 플라이 애시 ④ 파라핀 유제

해설 플라이 애시는 콘크리트의 유동성 개선 및 수밀성을 향상시키는 혼화재이다.

57 사방사업이 필요한 지역의 유형 분류에서 황폐지에 해당되지 않는 것은?

① 민둥산 ② 밀린땅
③ 임간나지 ④ 척악임지

해설 황폐지는 척악임지, 임간나지, 민둥산 등이 있으며, 밀린땅은 지활지로 분류된다.

58 수제의 간격을 결정할 때 고려되어야 할 사항으로 가장 거리가 먼 것은?

① 유수의 강도 ② 수제의 길이
③ 계상의 기울기 ④ 대수면의 면적

해설 수제의 간격은 유수 강도, 유수 방향, 수면 경사, 수제 길이, 사행현상 등을 고려한다. 수제의 간격이 너무 넓은 경우 횡류가 발생하고 하안에 침식할 가능성이 있다.

정답 52. ② 53. ④ 54. ① 55. ① 56. ③ 57. ② 58. ④

59 빗물에 의한 토양의 침식 순서로 옳은 것은?

① 누구침식 → 구곡침식 → 면상침식 → 우격침식

② 누구침식 → 우격침식 → 면상침식 → 구곡침식

③ 우격침식 → 면상침식 → 누구침식 → 구곡침식

④ 우격침식 → 누구침식 → 구곡침식 → 면상침식

해설 빗물에 의한 침식은 '우격침식 → 면상침식 → 누구침식 → 구곡침식' 순서로 진행된다.

60 앞모래언덕 육지 쪽에 후방 모래를 고정하여 표면을 안정시키고 식재목이 잘 생육할 수 있는 환경 조성을 위해 실시하는 공법은?

① 모래 덮기　　② 퇴사울 세우기

③ 구정바자얽기　　④ 정사울 세우기

해설 정사울 세우기는 전사구에 후방 모래를 고정하여 표면을 안정화하고 식재목이 생육할 수 있는 환경 조성을 위해 실시하며, 주로 모래 덮기 공법과 사초심기 공법을 함께 시행한다.

정답 59. ③　60. ④

제2과목 산림보호학

01 매미나방 방제 방법으로 옳지 않은 것은?

① 나무주사를 실시한다.

② 알 덩어리는 4월 이전에 제거한다.

③ 어린 유충 시기에 살충제를 살포한다.

④ Bt균, 핵다각체바이러스 등의 천적미생물을 이용한다.

해설 • 애벌레 가해기인 4~6월에는 약제를 수관에 뿌린다.
• 월동을 위해 줄기에 산란한 알덩이를 4월 이전에 채취하여 소각한다.
• 수간주사는 방제 방법으로 적합하지 않다.

02 수목의 외과적 치료 방법에 대한 설명으로 옳은 것은?

① 나무주사를 이용하는 방법이다.

② 부후병, 뿌리썩음병에는 효과가 없다.

③ 뽕나무 오갈병, 오동나무 빗자루병에는 효과가 없다.

④ 살균제 성분을 이용하여 수목 피해를 예방하는 것이다.

해설 뽕나무 오갈병, 오동나무 빗자루병은 파이토플라스마에 의해 발생하며 바이러스와 같이 전신감염증을 나타내므로 외과적 치료를 할 수 없다.

03 잎을 주로 가해하는 해충이 아닌 것은?

① 솔나방

② 박쥐나방

③ 미국흰불나방

④ 오리나무잎벌레

해설 • 박쥐나방의 애벌레는 줄기를 가해한다.
• 줄기 가해 해충 : 복숭아유리나방, 박쥐나방, 하늘소류의 애벌레와 좀과 바구미류의 성충과 애벌레

04 상주로 인한 묘목의 피해를 예방하는 방법으로 옳지 않은 것은?

① 토양에 모래를 섞는다.

② 배수가 잘 되도록 한다.

③ 낙엽 및 볏짚 등을 제거한다.

④ 이른 봄에 뿌리 부위를 밟아준다.

해설 상주(서릿발)는 흙 속의 수분이 얼어서 발생하는 피해이므로 낙엽과 볏짚 등을 갈아서 예방할 수 있다.

05 다음 설명에 해당하는 해충은?

> • 성충은 열매에 구멍을 내고 열매 속에 산란한다.
> • 부화유충은 과실 내부를 가해하고 똥을 외부로 배출하지 않아 피해 과실을 구별하기 어렵다.

① 밤바구미

② 버들바구미

③ 밤나무혹벌

④ 복숭아명나방

해설 • 밤바구미 유충은 배설물을 외부로 배출하지 않아 식별이 어렵다. 이에 반해 복숭아명나방은 식흔을 바깥으로 배출하여 구분하기 쉽다.
• 밤나무혹벌은 밤나무와 참나무의 순에 산란관을 이용하여 산란한다.
• 버들바구미 유충은 포플러와 버드나무의 묘목과 어린 가지의 수피 밑을 갉아 먹고, 노숙유충은 목질부를 갉아먹으며 식흔을 외부로 배출한다.

06 곤충의 피부 구조 중에서 한 개의 세포층으로 되어 있는 부분은?

① 외표피　　　　② 원표피
③ 기저막　　　　④ 진피층

해설 • 외표피층(epicuticle)과 원표피층(procuticle)은 큐티클 층으로 세포의 구조가 아니며, 기저막은 막(membrane)의 형태로 세포의 구조가 아니다.
• 곤충의 피부(체벽)는 외골격인 표피층과 표피층을 만들고 유지하는 표피세포층, 그리고 혈림프와 표피세포를 물리적으로 구분해 주는 기저막의 3개 층으로 구성된다.
• 표피세포층은 새로운 표피층을 형성하고 단백질을 합성하며, 혈림프 내의 단백질을 표피층으로 운반하는 역할을 한다. 표피세포층은 지질과 단백질을 합성하는 편도세포, 시멘트층을 형성하는 피부샘, 외부의 변화를 감지하는 감각기로 구분된다.

07 해충과 천적 연결이 옳지 않은 것은?

① 솔잎혹파리 – 솔노랑잎벌
② 천막벌레나방 – 독나방살이고치벌
③ 미국흰불나방 – 나방살이납작맵시벌
④ 버들재주나방 – 산누에살이납작맵시벌

해설 • 솔노랑잎벌은 소나무와 해송의 잎을 가해하는 해충이다.
• 솔잎혹파리의 천적은 솔잎혹파리먹좀벌, 혹파리살이먹좀벌, 혹파리등뽈먹좀벌, 혹파리반뽈먹좀벌 등이 있다.

08 방제 대상이 아닌 곤충류에도 피해를 주기 가장 쉬운 농약은?

① 전착제　　　　② 화학불임제
③ 접촉살충제　　④ 침투성 살충제

해설 • 접촉성 살충제는 피부에 접촉하여 방제하는 형태이기 때문에 방제 대상이 아닌 곤충과 새 등 천적들도 영향을 받는다.
• 침투성 살충제는 식물이 체내에 침투시켜 잎이나 줄기를 식해하는 해충에 작용하기 때문에 방제 대상이 아닌 곤충과 새들에게는 영향이 적다.
• 전착제는 농약 살포액을 식물 또는 병해충의 표면에 넓게 퍼지게 하기 위하여 사용하는 보조제다.
• 화학불임제는 곤충의 먹이에 수컷이나 암컷이 불임이 되는 약제를 섞어 번식을 방해하는 목적으로 쓰이는 약제다.

09 생물학적 방제에 이용하는 미생물과 해당 수목 병의 연결이 옳지 않은 것은?

① *Trichoderma harzianum* – 모잘록병
② *Tuberculina maxima* – 잣나무 털녹병
③ *Agrobacterium radiobacter* – 세균성 뿌리혹병
④ *Phleviopsis gigantea* – 침엽수의 뿌리썩음병

해설 • 모잘록병은 리족토니아(Rhizoxtonia)나 피시움(Phythium)에 의한 병이지만 트리코데르마로 방제할 수 없다.
• *Trichoderma harzianum*은 진균류의 살균제로 사용되는 불완전균류의 곰팡이다.
• 용균효소인 chitinase를 분비하여 병원균의 세포벽을 용해한다.
• 리족토니아(Rhizoxtonia)나 피시움(Phythium)에 의한 입고병, 역병, 탄저병, 노균병 방제에 사용된다.

10 세균이 식물에 침입할 수 있는 자연 개구부에 해당하지 않는 것은?

① 각피　　② 기공
③ 피목　　④ 밀선

해설 진균의 균사는 각피를 통해 침입할 수 있지만 단세포인 세균은 각피로 침입할 수 없다.

11 수목에 피해를 주는 대기오염 물질이 아닌 것은?

① PAN　　② 염화칼슘
③ 질소산화물　　④ 아황산가스

해설 염화칼슘은 상온에서 고체상의 물질이므로 대기오염 물질이 될 수 없다.

12 솔나방 방제 방법으로 옳지 않은 것은?

① 월동 후 유충 활동 시기에 아바멕틴 유제를 나무주사한다.
② 성충 활동기에 수은등이나 유아등을 설치하여 성충을 유살한다.
③ 7~8월 중순에 산란된 알 덩어리가 붙어 있는 가지를 잘라서 소각한다.
④ 유충이 가해하는 시기에 디플루벤주론 수화제나 뷰프로페진 수화제를 살포한다.

해설 유충이 가해하는 시기에 디플루벤주론 수화제는 적용성이 있지만, 뷰프로페진 수화제는 주로 깍지벌레와 응애의 방제에 사용된다.

13 수목 병을 진단하는 방법으로 옳지 않은 것은?

① 지표식물 이용
② 항원-항체 반응
③ 테트라졸륨 검사
④ Koch의 원칙 적용

해설 테트라졸륨 검사는 종자의 활력을 검사하는 방법으로 진단 방법이 아니다.

14 바이러스로 인한 수목 병 방제 방법에 대한 설명으로 옳지 않은 것은?

① 생장점 배양을 한다.
② 묘포장에서는 윤작을 피한다.
③ 잡초를 활용하여 간섭효과를 유발한다.
④ 약독 바이러스를 발병 전에 미리 접종한다.

해설 • 잡초는 수목에서 발생하는 간섭효과와 무관하다.
• 간섭효과(干涉效果) : 식물에 바이러스가 침투했을 때, 이전에 그와 비슷한 바이러스에 대해 접종을 한 것 때문에 바이러스 감염을 막을 수 있는 효과이다.

15 Septoria류 병원균에 의한 수목 병에 대한 설명으로 옳지 않은 것은?

① 주로 잎에 작은 점무늬를 형성한다.
② 병든 잎에서 월동하여 1차 전염원이 된다.
③ 자작나무 갈생점무늬병(갈반병)을 예로 들 수 있다.
④ 병원균의 분생포자는 주로 곤충에 의해 전반된다.

해설 • Septoria류의 분생포자는 주로 빗물, 관개수, 동물 등에 의해 전반된다.
• 파이토플라스마와 바이러스가 주로 흡즙하는 곤충에 의해 전반된다.

16 밤나무 줄기마름병 방제 방법으로 옳지 않은 것은?

① 질소 비료를 적게 준다.
② 내병성 품종을 재배한다.
③ 상처 부위에 도포제를 바른다.
④ 중간기주인 현호색을 제거한다.

해설 현호색은 낙엽송, 줄꽃주머니와 함께 포플러잎녹병의 중간기주가 된다.

정답 10. ① 11. ② 12. ④ 13. ③ 14. ③ 15. ④ 16. ④

17 오리나무잎벌레 방제 방법으로 옳지 않은 것은?

① 알 덩어리가 붙어 있는 잎을 소각한다.
② 5~6월에 모여 사는 유충을 포살한다.
③ 유충 발생기에 트리플루뮤론 수화제를 살포한다.
④ 수은등이나 유아등을 설치하여 성충을 유인한다.

해설 • 오리나무잎벌레는 빛에 유인되는 주광성이 없다.
• 오리나무잎벌레는 성충과 유충이 모두 잎을 가해한다.
• 오리나무잎벌레는 성충으로 8월경 땅속에 들어가 월동한다.

18 그을음병에 대한 설명으로 옳지 않은 것은?

① 주로 잎의 앞면에 발생한다.
② 병원균이 주로 잎의 양분을 탈취한다.
③ 잎 표면을 깨끗이 닦아 피해를 줄일 수 있다.
④ 진딧물류 및 깍지벌레류가 번성할수록 잘 발생한다.

해설 그을음병에서 잎의 양분을 탈취하는 것은 진딧물과 깍지벌레 같은 흡즙성 곤충이다. 그을음은 흡즙성 곤충이 흡즙하고 남은 것과 배설물에 생긴다.

19 솔잎혹파리의 월동 형태는?

① 알
② 유충
③ 성충
④ 번데기

해설 솔잎혹파리는 노숙유충이 10~11월경 지피물 아래나 땅속으로 이동하여 월동한다. 이때 검은 망을 깔아서 포살하기도 한다.

20 바다에서 부는 바람에 함유된 염분에 약한 수종으로만 올바르게 나열한 것은?

① 곰솔, 돈나무
② 삼나무, 벚나무
③ 팽나무, 후박나무
④ 자귀나무, 사철나무

해설 • 강한 나무 : 해송, 향나무, 사철나무, 자귀나무, 팽나무, 돈나무
• 약한 나무 : 소나무, 삼나무, 전나무, 사과나무, 벚나무, 편백, 화백

제4과목 임도공학

21 산악지대의 임도 노선 선정 방식 중에서 지그재그 방식 또는 대각선 방식이 적당한 임도는?

① 사면임도
② 계곡임도
③ 능선임도
④ 평지임도

해설 • 사면임도 : 계곡임도에서부터 시작하여 사면을 분할한다. 급경사의 긴 비탈변인 산지에서는 지그재그 방식(serpentine system)이 적당하지만, 완경사지에서는 대각선 방식(diagonal system)이 적당하다.
• 계곡임도 : 임지는 하부로부터 개발해야 하므로 계곡임도는 임지개발의 중추적인 역할을 한다. 홍수로 인한 유실을 방지하기 위하여 계곡 하부(비올 때 물이 흐르는 부분)에 구축하지 않고 약간 위의 사면에 축설한다. 보통 계곡임도와 급경사지의 사면굴곡형, 소계곡횡단형임도가 있다.
• 능선임도(ridge road) : 축조비용이 적고 토사유출도 적지만 상향집재시스템에 의존한다. 산악지대(hilly terrain)의 임도배치 방식 중 건설비가 가장 적게 소요된다.

22 임도의 최소곡선반지름 크기에 영향을 미치지 않는 인자는?

① 임도의 유효폭
② 반출목재의 길이
③ 임도의 설계속도
④ 임도의 종단기울기

해설 최소곡선반지름의 크기에 영향을 주는 요소들은 도로 너비, 반출목재길이, 차량구조, 운행속도, 도로구조, 시거 등이다.

23 하베스터와 포워더를 이용한 작업시스템의 목재생산 방법은?

① 전목생산 방법
② 전간생산 방법
③ 단목생산 방법
④ 전간목생산 방법

해설 단목생산 방법은 벌도 및 조재작업 후 운반까지의 작업으로 하베스터는 다공정 처리기기로 벌도 및 조재 작업을 수행하고 포워더를 이용해 작업된 목재를 운반한다.

24 아래 표는 수준측량에 의한 야장이다. 측점6의 지반고(m)는?

측점	후시 (m)	전시(m)		지반고 (m)
		TP	IP	
BM	2191			10000
1			2507	
2			2325	
3	3019	1496		
4			2513	
5	1846	2811		
6		3817		

① 8838
② 8932
③ 9864
④ 9933

해설 지반고 = 기지점의 지반고 + ∑후시 - ∑전시(T.P)
지반고 = 10000 + (2191 + 3019 + 1846) - (1496 + 2811 + 3817) = 8932

25 접착성이 큰 점질토의 두꺼운 성토층 다짐에 가장 효과적인 롤러는?

① 탠덤롤러
② 탬핑롤러
③ 머캐덤롤러
④ 타이어롤러

해설 탬핑롤러는 롤러의 표면에 돌기를 부착한 것으로 두터운 성토의 다짐과 점착성이 큰 점성토나 풍화연암 다짐에 효과적이다.

26 임도 설계 도면 제도에 대한 설명으로 옳은 것은?

① 평면도는 축적 1/1000로 한다.
② 횡단면도는 축적 1/200로 한다.
③ 종단면도 상부에 곡선계획 등을 기입한다.
④ 종단면도 축적은 횡 1/1000, 종1/200로 한다.

해설 종단면도의 축척은 횡 1:1000, 종 1:200 축척으로 작성한다. 평면도는 1:1200, 횡단면도는 1:100으로 작성한다.

27 임도의 기능에 따른 종류가 아닌 것은?

① 임시임도
② 간선임도
③ 작업임도
④ 지선임도

해설 • 임도의 종류로 간선임도, 지선임도, 작업임도가 있다.
• 작업임도를 통해서는 집재작업과 숲 가꾸기 활동이 이루어지고, 지선임도와 간선임도는 운재 작업이 주로 이루어진다.

28 임도의 평면 선형에서 곡선의 종류가 아닌 것은?

① 단곡선
② 배향곡선
③ 이중곡선
④ 반향곡선

해설 임도의 평면 선형에서 곡선의 종류로 단곡선, 복합곡선, 반대곡선, 배향곡선 등이 있다.

정답 22. ④ 23. ③ 24. ② 25. ② 26. ④ 27. ① 28. ③

29 곡선지가 아닌 임도의 유효너비 기준은?

① 2.5m   ② 3m

③ 5m   ④ 6m

해설
- 임도의 축조한계는 유효너비와 길어깨를 포함한 너비규격에 따라 설치한다.
- 보호길어깨는 축조한계 바깥에 길어깨와 별도로 방호책 등을 설치하기 위한 길어깨를 말한다.
- 길어깨·옆도랑의 너비를 제외한 임도의 유효너비는 3m를 기준으로 한다. 다만, 배향곡선지의 경우에는 6m 이상으로 한다.

30 임도 설계 업무의 순서로 옳은 것은?

① 예비조사 → 답사 → 예측 → 실측 → 설계도 작성

② 예비조사 → 답사 → 실측 → 예측 → 설계도 작성

③ 답사 → 예비조사 → 실측 → 예측 → 설계도 작성

④ 답사 → 예비조사 → 예측 → 실측 → 설계도 작성

해설 예비조사 → 답사 → 예측 및 실측 → 설계도 작성 → 공사량 산출 → 설계서 작성

31 시점의 표고가 100m, 종점의 표고가 500m 종단경사가 6%인 임도의 최단 길이는? (단, 임도우회율은 적용하지 않음)

① 약 0.7km   ② 약 2.4km

③ 약 6.7km   ④ 약 24km

해설 경사 $= \dfrac{\text{표고차}}{\text{실제거리}} \times 100, \dfrac{400}{\text{거리}} \times 100 = 6(\%)$

실제거리 $= 6666.7m = 6.7km$

임도최단거리 $= \sqrt{\text{실제거리}^2 + \text{표고차}^2}$

$\quad = \sqrt{6.67^2 + 0.4^2}$

$\quad = \sqrt{44.65} = 6.68 = 6.7$

32 임도망 계획에서 고려해야 할 사항으로 옳지 않은 것은?

① 운재비가 적게 들도록 한다.

② 운반량에 제한이 없도록 한다.

③ 운재방법이 다원화되도록 한다.

④ 계절에 따른 운재능력에 제한이 없도록 한다.

해설 임도망을 계획할 때 고려해야 할 사항
- 운재비가 적게 들도록 한다.
- 신속한 운반이 되어야 한다.
- 운재방법이 단일화되도록 한다.
- 운반량에 제한이 없도록 한다.
- 계절에 따른 운재능력에 제한이 없도록 한다.
- 운반 도중 목재의 손모가 적어야 한다.

33 배수관의 유속을 구하는 매닝(Manning)공식에서 R이 나타내는 것은?

$$V = \frac{1}{n}R^{\frac{2}{3}} + I^{\frac{1}{2}}$$

① 경심   ② 조도계수

③ 수면 기울기   ④ 배수관 반지름

해설 Manning 공식

V : 평균유속, R : 경심, I : 수로기울기, n : 조도계수

34 임도설치 대상지 우선 선정 기준으로 옳지 않은 것은?

① 도시개발이 예정된 임지

② 산림보호 및 관리를 위해 필요한 임지

③ 임도와 도로 연결을 위해 필요한 임지

④ 산림휴양자원의 이용 또는 산촌진흥을 위해 필요한 임지

해설 탬핑롤러는 롤러의 표면에 돌기를 부착한 것으로 두터운 성토의 다짐과 점착성이 큰 점성토나 풍화연암 다짐에 효과적이다.

정답 29. ②   30. ①   31. ③   32. ③   33. ①   34. ①

35 임도 노선 설치 시 단곡선에서 교각이 30° 31′00″이고 곡선반지름이 150m일 때 접선 길이는?

① 약 4.1m ② 약 8.8m

③ 약 41m ④ 약 88m

해설 접선길이 = 곡선 반지름 × $\left[\tan\left(\dfrac{\text{곡각}}{2}\right)\right]$

$$150 \times \tan\dfrac{30°31′00″}{2} ≒ 40.92 ≒ 약 41\,m$$

36 컴퍼스측량을 할 때 관측하지 않아도 되는 것은?

① 거리 ② 표고

③ 방위 ④ 방위각

해설 컴퍼스측량은 측선의 길이(거리)와 그 방향(각도)을 관측하여 측점의 수평위치(x,y)를 결정하는 측량 방법이다. 컴퍼스측량은 경계측량, 산림측량, 노선측량, 지적측량 등에 이용한다.

37 임도에서 성토한 경사면의 기울기 기준은?

① 1:0.3~0.8 ② 1:0.5~1.2

③ 1:0.8~1.5 ④ 1:1.2~2.0

해설 성토한 경사면의 기울기는 1:1.2~2.0의 범위 안에서 기울기를 설정한다.

38 등고선에 대한 설명으로 옳지 않은 것은?

① 절벽 또는 굴인 경우 등고선이 교차한다.

② 최대경사의 방향은 등고선에 평행한 방향이다.

③ 지표면의 경사가 일정하면 등고선 간격은 같고 평행하다.

④ 일반적으로 등고선은 도중에 소실되지 않으며 폐합된다.

해설 최대경사의 방향은 등고선에 직각인 방향이다.

39 임도의 곡선부에 외쪽기울기를 설치하는 주요 목적은?

① 배수 원활 ② 노면 보호

③ 시거 확보 ④ 안전 운행

해설 도로의 횡단경사는 중심부를 높게 양쪽 끝을 낮게 시공하는 것이 일반적이지만, 임도의 경우는 한쪽으로만 경사를 주는 경우가 많다. 이를 외쪽물매라고 한다. 곡선부를 차량이 통과하는 경우 원심력에 의해 차량이 바깥쪽으로 밀리게 되는데, 외쪽물매를 두어 곡선부의 바깥쪽을 높게 하면 차량이 안전하게 주행할 수 있다.

40 임도의 노체 구성 순서로 옳은 것은?

① 노반 → 기층 → 노상 → 표층

② 노상 → 기층 → 노반 → 표층

③ 노반 → 노상 → 기층 → 표층

④ 노상 → 노반 → 기층 → 표층

해설 임도의 구조는 하부로부터 상부로 노상 → 노반 → 기층 → 표층

제5과목 **사방공학**

41 돌쌓기 방법으로 비교적 규격이 일정한 막깬돌이나 견치돌을 이용하며, 층을 형성하지 않기 때문에 막쌓기라고도 하는 것은?

① 골쌓기

② 켜쌓기

③ 찰쌓기

④ 메쌓기

해설 골쌓기는 견치돌이나 막깬돌을 사용하기에 주로 마름모꼴 대각선으로 쌓는다.

42 다음 설명에 해당하는 중력침식의 유형은?

> 주로 집중호우, 융설수에 의하여 토층이 포화되어 비탈면의 지괴가 균형을 잃고 아래쪽으로 무너져 떨어지는 중력침식의 형태이다. 보통 무너진 지괴는 그 비탈면 하단부나 산각부에 쌓여 있는 경우가 많고, 주름 모양의 형태를 띠게 된다.

① 산붕   ② 포락
③ 이류   ④ 붕락

해설 중력침식

중력 침식	붕괴형 침식	산사태, 산붕, 붕락, 포락, 암설붕락
	지활형 침식	지괴형 땅밀림, 유동형 땅밀림, 층활형 땅밀림
	유동형 침식	토류, 토석류, 암설류
	사태형 침식	눈사태, 얼음사태

43 산지 침식의 종류로 가속침식에 해당하는 것은?

① 자연침식   ② 정상침식
③ 붕괴형 침식   ④ 지질학적 침식

해설
- 가속침식은 외부작용에 의한 침식으로 물에 의한 수식, 중력에 의한 중력침식, 바람에 의한 풍식으로 분류할 수 있다.
- 붕괴형 침식은 중력 침식에 속하기에 가속침식에 해당한다.

44 비탈 다듬기 공사에서 상단의 단면적이 10m², 하단의 단면적이 20m²이고 상하단의 거리가 10m일 때 평균 단면적법으로 토사량을 구하면?

① 150m³   ② 300m³
③ 1500m³   ④ 3000m³

해설 토적 $= (\dfrac{\text{양단면적합}}{2}) \times \text{양단면적거리}$

$= (\dfrac{10+20}{2}) \times 10 = 150$

45 사방댐의 위치로 적합하지 않은 곳은?

① 상류부가 넓고 댐자리가 좁은 곳
② 계상 및 양안이 견고한 암반인 곳
③ 본류와 지류가 합류하는 지점의 하류
④ 횡침식으로 인한 계상 저하가 예상되는 곳

해설 위치 선정
- 상류부가 넓고 댐자리의 계류 폭이 좁은 곳
- 지류의 합류점 부근에서는 합류점의 하류부
- 가급적 암반이 노출되어 있거나 지반이 암반일 가능성이 높은 장소
- 특수 목적을 가지고 시설하는 경우에는 그 목적 달성에 가장 적합한 장소
- 붕괴지의 하부 혹은 다량의 계상 퇴적물이 존재하는 지역의 직하류부

46 황폐계천에서 유수로 인한 계안의 횡침식을 방지하고 산각의 안정을 도모하기 위하여 계류 흐름 방향을 따라서 축설하는 사방 공작물은?

① 수제   ② 골막이
③ 기슭막이   ④ 바닥막이

해설 기슭막이는 야계의 횡침식을 방지하고 산각을 고정하기 위한 야계사방공작물이다.

47 견고한 돌쌓기 공사에서 사용될 수 있도록 특별한 규격으로 다듬은 것으로 단단하고 치밀한 석재는?

① 견치돌   ② 막깬돌
③ 호박돌   ④ 야면석

해설 견치돌은 특정 규격을 정해두고 깬 석재로 개의 이빨처럼 생긴돌이란 뜻으로 앞면, 길이, 뒷면, 접촉부 및 허리치기의 치수를 지정하여 제작한다.

정답 42. ④   43. ③   44. ①   45. ④   46. ③   47. ①

48 사방댐의 안정 계산에 필요한 하중 및 수치 중에서 댐 높이가 15m 미만일 때 고려하지 않은 것은?

① 자중　　　　　② 정수압
③ 퇴사압　　　　④ 양압력

해설 사방댐에 작용하는 외력으로 자중, 정수압, 퇴사압, 지진력, 양압력 등이 있다. 이 중에서 지진력과 양압력은 특별한 경우를 제외하고 적용하지 않는다.

49 토사퇴적구역에 대한 설명으로 옳지 않은 것은?

① 유수의 유송력이 대부분 상실되는 지점이다.
② 침적지대 또는 사력퇴적지역 등으로 불린다.
③ 황폐계류의 최하부로서 계상물매가 급하고 계폭이 좁다.
④ 유송토사의 대부분이 퇴적되어 계상이 높아지게 된다.

해설 토사퇴적구역은 토사가 퇴적되는 황폐계류의 최하류부로 기울기는 완만하고 계폭이 넓다.

50 빗물에 의한 침식의 발달 단계로 옳은 것은?

① 우격침식 → 면상침식 → 누구침식 → 구곡침식
② 면상침식 → 우격침식 → 누구침식 → 구곡침식
③ 우격침식 → 면상침식 → 구곡침식 → 누구침식
④ 면상침식 → 우격침식 → 구곡침식 → 누구침식

해설 빗물에 의한 침식은 '우격침식 → 면상침식 → 누구침식 → 구곡침식' 순서로 진행된다.

51 산지사방 중 씨뿌리기에 사용되는 식생에 대한 설명으로 옳지 않은 것은?

① 초본류는 생장이 빠르고 엽량이 많은 것이 좋다.
② 초본류는 일년생으로 번식력이 왕성한 것이 좋다.
③ 목본류는 근계가 잘 발달하고 토양의 긴박효과가 있어야 한다.
④ 목본류는 척악지나 환경조건에 대한 적응성이나 저항성이 커야 한다.

해설 • 산지사방 중 씨뿌리기에 사용되는 초본류는 다년생이 좋다.
• 사방현장 주변에 자생하는 풀. 새, 솔새, 개솔새, 참억새, 까치수영, 비수리, 쑥, 수크령, 차풀, 매듭풀, 잔디 등

52 암석 산지나 암벽 녹화용으로 가장 부적합한 수종은?

① 병꽃나무　　　② 눈향나무
③ 노간주나무　　④ 상수리나무

해설 상수리나무는 높이 20~25m까지 자라는 교목이다. 보통 암석산지와 같은 지역에는 관목류가 적합하다.

53 비탈파종녹화를 위한 파종량 산출식으로 옳은 것은? (단, W는 파종량(g/m²), S는 평균입수(입/g), B는 발아율(%), P는 순량율(%), C는 발생기대본수(본/m²))

① $W = \dfrac{B}{S \times P \times C}$

② $W = \dfrac{P}{S \times B \times C}$

③ $W = \dfrac{S}{P \times B \times C}$

④ $W = \dfrac{C}{P \times B \times S}$

파종량 $= \dfrac{\text{발생기대본수}}{\text{순량률} \times \text{발아율} \times \text{평균입수}}$

54 기울기가 완만하고 유량과 토사유송이 적은 곳에 설치하는 수로로 가장 적합한 것은?

① 떼붙임수로   ② 찰붙임수로

③ 메붙임수로   ④ 콘크리트수로

해설 떼붙임수로는 비탈면의 경사가 비교적 작고 상수가 없으며, 떼 생육에 적합한 곳이어야 한다.

55 산지사방에서 녹화공사에 해당하지 않은 것은?

① 단쌓기

② 사초심기

③ 등고선구공법

④ 산비탈바자얽기

해설 • 사초심기란 해안의 모래땅에서 잘 생육하고, 모래언덕의 고정기능이 높은 사초를 식재 예정지 전면에 식재하는 것으로 사면 피복공법이다.
• 사초심기는 해안사방 공종에 속한다.

56 다음 설명에 가장 적합한 불투과형 중력식 사방댐은?

> • 땅밀림지, 산사태지 등의 응급복구 사방공사에 적합하다.
> • 터파기는 깊이 1m 정도로 하고 말뚝으로 체제를 유지해야 하며, 높이는 3m 이하로 한다.

① 흙댐   ② 돌망태댐

③ 콘크리트댐   ④ 콘크리트틀댐

해설 • 돌망태댐은 지반이 불안정한 경우 적용하는 것이 유리하다.
• 응급복구 사방공사에 적합하다.

57 해안사방공의 주요 공종에 해당하지 않는 것은?

① 파도막이   ② 모래 덮기

③ 새집공법   ④ 퇴사울 세우기

해설 새집공법은 암석산지의 녹화용 공법이다.

58 유량이 $40m^3/s$이고, 평균유속이 5m/s일 때 수로의 횡단면적(m^2)은?

① 0.5   ② 8

③ 45   ④ 200

해설 유량 = 유속×유적
$40 = 5 \times A$
$A = 8m^2$

59 초기 황폐지 단계에서 복구되지 않으면 점점 더 급속히 악화되어 가까운 장래에 민둥산이나 붕괴지가 될 위험성이 있는 상태는?

① 척악임지   ② 임간나지

③ 황폐 이행지   ④ 특수 황폐지

해설 황폐 진행 시 민둥산이 될 가능성이 있는 단계를 황폐 이행지라 한다.

60 바닥막이 시공 장소로 적합하지 않은 것은?

① 합류 지점의 하류

② 계상 굴곡부의 상류

③ 계상이 낮아질 위험이 있는 곳

④ 종침식과 횡침식이 발생하는 지역의 하류부

해설 바닥막이는 계류 바닥에 퇴적된 불안정한 토석의 유실을 방지하고 종단기울기를 완화시키기 위하여 계류바닥을 가로질러 설치한다. 시공 장소로 지류의 합류 지점 하류, 계상 바닥이 침식되어 낮아질 위험이 있는 지점에 설치한다.

정답 54. ①   55. ②   56. ②   57. ③   58. ②   59. ③   60. ②

제2과목 산림보호학

01 잣나무넓적잎벌 방제 방법으로 옳은 것은?

① 알에 기생하는 벼룩좀벌류 등 기생성
천적을 보호한다.

② 땅속 유충 시기에 클로르플루아주론
유제를 살포한다.

③ 땅속의 유충을 9월에서 다음 해 4월
사이에 호미나 괭이로 굴취하여 소각
한다.

④ 성충이 우화하는 것을 방지하기 위해
7월에 폴리에틸렌필름으로 임내지표
를 피복한다.

해설 ① 알에는 알좀벌류, 유충에는 벼룩좀벌류 등 기생
성 천적을 보호한다.
② 나무 위에서 잎을 가해하는 7~8월 중순의 유충
시기에 클로르플루아주론 유제를 살포한다.
④ 성충이 우화하는 것을 방지하기 위해 4월에 폴
리에틸렌필름으로 임내지표를 피복한다.

02 염분을 함유한 바다 바람에 강한 수종이
아닌 것은?

① 삼나무   ② 향나무

③ 팽나무   ④ 자귀나무

해설 • 강한 나무 : 해송, 향나무, 사철나무, 자귀나무,
팽나무, 돈나무
• 약한 나무 : 소나무, 삼나무, 전나무, 사과나무,
벚나무, 편백, 화백

03 참나무 시들음병 방제 방법으로 가장 효과
가 약한 것은?

① 유인목 설치

② 끈끈이롤 트랩

③ 예방 나무주사

④ 피해목 벌채 훈증

해설 • 참나무 시들음병은 매개충에 대해 직접 방제를
하는 것이 효과적이다.
• 예방 나무주사는 현재 참나무 시들음병의 발생
량과 피해 수준에 비하여 방제비용이 너무 많이
들어 비효율적이다.

04 병원균의 형태 중 여름포자가 없는 녹병
은?

① 향나무 녹병   ② 잣나무 털녹병

③ 전나무 잎녹병   ④ 포플러 잎녹병

해설 향나무 녹병(배나무 붉은별무늬병)은 녹병균 중에
서 드물게 여름포자는 형성하지 않는다.

05 성충으로 월동하는 해충으로만 나열한 것
은?

① 솔나방, 복숭아명나방

② 솔나방, 미국흰불나방

③ 소나무좀, 버즘나무방패벌레

④ 버즘나무방패벌레, 복숭아명나방

해설 • 버즘나무방패벌레, 진달래방패벌레, 호두나무
잎벌레, 소나무좀, 오리나무잎벌레, 버들바구미,
땅강아지 등은 성충으로 월동한다.

• 나비목(나방과 나비)은 대부분 유충이나 알로 월동한다. 성충으로 월동하지 않는 나방류만 골라내면 쉽게 문제를 풀 수 있다.

06 산림 해충에 대한 설명으로 옳은 것은?

① 솔잎혹파리는 충영을 형성하나 밤나무 혹벌은 충영을 만들지 않는다.

② 미국흰불나방은 버즘나무, 벚나무, 포플러 등 많은 활엽수의 잎을 가해한다.

③ 소나무 재선충을 매개하는 곤충은 솔수염하늘소, 소나무좀 등으로 알려져 있다.

④ 솔나방은 소나무를 주로 가해하지만 활엽수도 가해하는 잡식성 해충에 속한다.

해설 ① 솔잎혹파리와 밤나무혹벌은 모두 충영을 만든다.
③ 소나무 재선충을 매개하는 곤충은 솔수염 하늘소와 북방수염하늘소가 알려져 있다.
④ 솔나방의 애벌레인 송충이는 활엽수는 가해하지 않는다.

07 모잘록병 병원균 중 불완전균류가 아닌 것은?

① *Rhizoctonia solani*

② *Sclerotium baticola*

③ *Pythium debaryanum*

④ *Fusarium acuminatum*

해설

조균류	불완전균류
Pythium spp. *Phytophthora spp.*	*Fusarium spp.* *Rhizoctonia spp.* *Sclerotium spp.*

08 호두나무잎벌레의 천적으로 가장 적합한 것은?

① 외발톱면충

② 남생이무당벌레

③ 노랑배허리노린재

④ 주둥무늬차색풍뎅이

해설 남생이무당벌레와 풀잠자리류 등이 호두나무잎벌레의 포식성 천적이다.

09 겨우살이에 대한 설명으로 옳지 않은 것은?

① 주로 종자를 먹은 새의 배설물에 의해 전파된다.

② 겨울철에도 잎이 떨어지지 않으므로 쉽게 발견할 수 있다.

③ 주로 참나무류에 피해가 심하고 그 밖의 활엽수에도 기생한다.

④ 겨우살이의 뿌리로 인해 수목의 뿌리가 양분을 제대로 흡수하지 못하는 피해를 입는다.

해설 겨우살이는 주로 줄기에 기생하므로 기주인 수목의 뿌리가 양분을 흡수하는 것과 무관하다.

10 미국흰불나방 방제에 사용되는 약제로 가장 효과가 약한 것은?

① 메탐소듐 액제

② 트리플루뮤론 수화제

③ 디프룰베주론 액상수화제

④ 람다사이할로트린 수화제

해설 • 메탐소듐 액제는 소나무 재선충병의 이병목을 훈증할 때 쓰이는 약제다.
• 군서하는 유충은 살충제로 구제하고, 성충은 유아등으로 유인하여 포살한다.

11 기피제에 해당하는 살충제는?

① Bt제

② 벤젠

③ 알킬화제

④ 나프탈렌

> **해설** • 기피제는 해충이 싫어하는 물질을 사용하여 해충이 접근하지 못하게 하는 약제다.
> • 나프탈렌, 프탈산디메틸 등이 기피제로 사용된다.

12 벚나무 빗자루병 방제 방법으로 옳은 것은?

① 매개충을 구제한다.

② 병든 가지를 제거한다.

③ 저항성 품종을 식재한다.

④ 옥시테트라사이클린계통의 약제를 나무주사한다.

> **해설** ① 벚나무 빗자루병은 자낭균에 의해 발생하므로 매개충이 없다.
> ③ 벚나무 빗자루병은 저항성 품종이 개발되지 않았다.
> ④ 옥시테트라사이클린계통의 약제를 나무주사하는 것은 파이토플라스마에 효과적이다.

13 리지나뿌리썩음병 방제 방법으로 옳지 않은 것은?

① 임지 내에서 불을 피우는 행위를 막는다.

② 피해 임지에 1ha당 2.5톤 정도의 석회를 뿌린다.

③ 매개충 구제를 위하여 살충제를 봄에 살포한다.

④ 피해지 주변에 깊이 80cm 정도의 도랑을 파서 피해 확산을 막는다.

> **해설** 리지나뿌리썩음병은 균류(fungi)이므로 포자에 의해 전반 한다.

14 수목 병의 중간기주 연결이 옳지 않은 것은?

① 소나무 줄기녹병 : 참취

② 잣나무 털녹병 : 송이풀

③ 소나무 혹병 : 졸참나무

④ 소나무 잎녹병 : 황벽나무

> **해설** • 소나무 줄기녹병의 중간기주는 작약과 목단이다.
> • 참취와 잔대, 황벽나무는 소나무 잎녹병의 중간기주다.

15 한상에 대한 설명으로 옳은 것은?

① 서리에 의하여 발생하는 임목 피해이다.

② 기온이 영하로 내려가야 발생하는 임목 피해이다.

③ 차가운 바람에 의하여 나무 조직이 어는 피해이다.

④ 0℃ 이상이지만 낮은 기온에서 발생하는 임목 피해이다.

> **해설** ① 서리에 의하여 발생하는 임목 피해는 조상과 만상이다.
> ② 기온이 영하로 내려가야 발생하는 임목 피해는 동상이다.
> ③ 차가운 바람에 의하여 나무 조직이 어는 피해는 동상과 상렬이다.

16 측백나무 검은돌기잎마름병에 대한 설명으로 옳지 않은 것은?

① 통풍이 나쁠 때 많이 발생한다.

② 가을에 발생하는 낙엽성 병해이다.

③ 잎의 기공조선상에 병원체의 자실체가 나타난다.

④ 주로 수관하부의 잎이 떨어져서 엉성한 모습으로 된다.

> **해설** 측백나무는 상록수로 가을에 낙엽이 발생하지 않는다.

17 배의 마디가 뚜렷하지 않고 머리도 명확하지 않은 유충의 형태이며, 벌목의 일부 기생벌 유충에서 볼 수 있는 형태는?

① 원각형 유충　　② 다각형 유충
③ 소각형 유충　　④ 무각형 유충

해설 원각형 유충(protopod larvae) : 배의 마디가 뚜렷하지 않고, 머리와 가슴의 부속지 역시 명확하지 않다. 난황이 적고 유충이 배자 발생 초기에 부화한다.

18 종실해충 방제를 위한 약제 살포 시기에 대한 설명으로 옳지 않은 것은?

① 밤바구미는 8~9월에 살포한다.
② 복숭아명나방은 7~8월에 살포한다.
③ 도토리거위벌레는 8월경에 살포한다.
④ 솔알락명나방은 우화기, 산란기인 8월경에 살포한다.

해설 성충 발생기인 6월에 페니트로티온 유제(50%) 6,000배액을 수관 살포한다.

19 청각기관인 존스톤기관은 곤충의 어느 부위에 존재하는가?

① 더듬이의 기부
② 더듬이의 자루마디
③ 더듬이의 채찍마디
④ 더듬이의 팔굽마디

해설 팔굽마디에는 진동을 감지하는 존스톤기관(Johnston's organ)이 있다. 존스톤기관은 진동을 통해 소리를 감지하고, 바람의 방향을 알아낸다.

20 소나무 재선충병 방제 방법에 대한 설명으로 옳지 않은 것은?

① 예방 나무주사를 한다.
② 저항성 품종을 식재한다.
③ 피해 고사목은 훈증하거나 소각한다.
④ 솔수염하늘소 성충 발생 시기에 지상 약제를 살포한다.

해설 소나무 재선충병에 대한 저항성 품종 개발에 대한 시도는 있었지만 아직까지 효과적으로 조림된 사례는 없다. 산림과학원에서 2004년 해송과 소나무 각 4본씩 저항성 생존목종을 선발한 사례는 있지만 품종으로까지 개발되었다는 보고서는 아직 없다.

제4과목　임도공학

21 임도의 노체를 구성하고 있는 순서로 옳은 것은?

① 노상 → 기층 → 노반 → 표층
② 기층 → 노반 → 노상 → 표층
③ 노상 → 노반 → 기층 → 표층
④ 기층 → 노상 → 노반 → 표층

해설 임도의 구조는 하부로부터 상부로 노상 → 노반 → 기층 → 표층, 이때 노상과 노반을 합쳐 노면이라 부르기도 한다.

22 다음 (　) 안에 적절한 것은?

> 포장도로가 아닌 곳에서 종단기울기의 대수차가 (　　)% 이하인 경우에 임도의 종단곡선 규정을 적용하지 않는다.

① 3　　　　　　② 5
③ 7　　　　　　④ 9

해설 • 종단경사가 5% 이상인 곳에서는 외쪽물매의 끝에 측구를 두고, 종단경사가 5% 이하인 곳은 성토면 쪽으로 외쪽물매를 두게 된다.
• 성토면 쪽으로 외쪽물매를 주는 경우는 도로의 연장 30m 이내에 횡단배수구를 두어야 한다.
• 포장도로가 아닌 곳으로써 종단기울기의 대수차가 5% 이하인 경우 이를 적용하지 않는다.

정답 17. ① 18. ④ 19. ④ 20. ② 21. ③ 22. ②

23 임도의 종단기울기가 4%, 횡단기울기가 3%일 때의 합성기울기는?

① 1%　　　　② 5%

③ 7%　　　　④ 25%

해설 $S = \sqrt{i^2 + j^2}$ 식에서 S : 합성물매, i : 횡단 또는 외쪽물매, j : 종단물매

$S = \sqrt{3^2 + 4^2} = 5\%$

24 토량곡선에 대한 설명으로 옳지 않은 것은?

① 곡선이 상향인 구간은 절토구간이고 하향은 성토구간이다.

② 곡선과 평형선이 교차하는 점은 절토량과 성토량이 평형상태를 나타낸다.

③ 평형선에서 곡선의 곡점과 정점까지의 높이는 절토에서 성토로 운반되는 전체의 토량이다.

④ 곡선이 평형선보다 위에 있는 경우에는 성토에서 절토로 운반되며 작업방향은 우에서 좌로 이루어진다.

해설 • 토량곡선(유토곡선) : 절토량과 성토량의 평형선, 곡선이 상향인 구간은 절토구간이고 하향은 성토구간이다.
• 곡선과 평형선이 교차하는 점은 절토량과 성토량이 평형상태를 나타낸다.
• 평형선에서 곡선의 곡점과 정점까지의 높이는 절토에서 성토로 운반되는 전체의 토량이다.
• 곡선이 평형선보다 위에 있는 경우 절토에서 성토로 운반되며 작업방향은 좌에서 우로 이루어진다.

25 급경사의 긴 비탈면인 산지에서는 지그재그 방식, 완경사지에서 대각선 방식이 적당한 임도의 종류는?

① 계곡임도　　② 사면임도
③ 능선임도　　④ 산정임도

해설 사면임도 : 계곡임도에서부터 시작하여 사면을 분할한다. 급경사의 긴 비탈변인 산지에서는 지그재그 방식(serpentine system)이 적당하지만, 완경사지에서는 대각선 방식(diagonal system)이 적당하다.

26 일반 도저와 비교한 티트 도저(tilt-dozer)의 특징으로 옳은 것은?

① 속도가 빠르다.

② 삽날의 좌우 높이를 조절한다.

③ 점질토면에서 수월하게 주행한다.

④ 사용 가능한 부속품 종류가 다양하다.

해설 틸트도저는 삽날의 좌우 높이를 조절하여 강도가 높은 흙이나 도랑파기에 많이 이용한다.

27 아래 그림에서 경사도의 표기와 기울기값으로 옳은 것은?

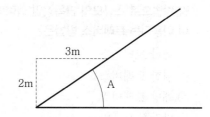

① 1:0.5와 약 67%

② 1:0.5와 약 150%

③ 1:1.5와 약 67%

④ 1:1.5와 약 150%

해설 • 경사도는 높이를 기준으로 한다. 경사도 = 높이 : 밑변 = 2:3 = 1:1.5
• 기울기 $= \dfrac{높이}{밑변} \times 100(\%) = \dfrac{2}{3} \times 100$
$= 약 67(\%)$

28 임도 측량 방법으로 영선에 대한 설명으로 옳지 않은 것은?

① 노폭의 1/2 되는 점을 연결한 선이다.
② 절토작업과 성토작업의 경계선이 되기도 한다.
③ 산지 경사면과 임도 노면의 시공면과 만나는 점을 연결한 노선의 종축이다.
④ 영선측량의 경우 종단측량을 먼저 실시하여 영선을 정한 후에 평면 및 횡단측량을 한다.

해설 경사지의 임도시공에서 노면의 시공면과 경사면이 만나는 지점을 영점이라 하며, 이점을 연결한 선을 영선이라 한다. 영선의 경우 주로 노반에 나타나며 절토작업과 성토작업의 경계선이 된다.

29 어떤 측점에서부터 차례로 측량을 하여 최후에 다시 출발한 측점으로 되돌아오는 측량 방법으로 소규모의 단독적인 측량에 많이 이용되는 트래버스 방법은?

① 폐합 트래버스
② 결합 트래버스
③ 개방 트래버스
④ 다각형 트래버스

해설 측선이 한 기지점에서 시작, 다시 시작 측점으로 돌아와 종결되는 것을 폐합 트래버스라 한다.

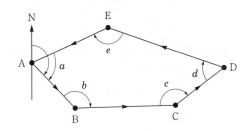

30 적정지선 임도간격이 500m일 때 적정지선 임도밀도(m/ha)는?

① 20
② 25
③ 50
④ 200

해설 RS(임도간격) = 10,000÷ORD(적정 임도밀도)
500 = 10,000÷적정 임도밀도
적정 임도밀도 = 20m/ha

31 임도의 설계 업무 순서로 옳은 것은?

① 예비조사 → 예측 → 실측 → 답사 → 설계도 작성
② 예비조사 → 예측 → 답사 → 실측 → 설계도 작성
③ 예비조사 → 답사 → 예측 → 실측 → 설계도 작성
④ 예비조사 → 답사 → 실측 → 예측 → 설계도 작성

해설 임도 설계 순서 : 예비조사 → 답사 → 예측 및 실측 → 설계도 작성 → 공사량 산출 → 설계서 작성

32 지표면 및 비탈면의 상태에 따른 유출계수가 가장 작은 것은?

① 떼비탈면
② 흙비탈면
③ 아스팔트포장
④ 콘크리트포장

해설 강우가 흡수되지 않고 유출 시키는 정도. 떼비탈면의 유출계수는 0.3으로 가장 작고, 콘크리트 포장은 0.8~0.9 정도로 보기 중 가장 크다. 일반적으로 표면 거칠기(조도계수)가 클수록 유출계수는 작다.

33 임도망 계획 시 고려하지 않아도 되는 사항은?

① 신속한 운반이 되도록 한다.
② 운재비가 적게 들도록 한다.
③ 운재방법이 단일화되도록 한다.
④ 운반량의 상한선을 두어야 한다.

해설 임도망 계획 시 일기 변화에 따른 운반량의 제한이 없도록 한다.

34 배향곡선지에서 임도의 유효너비 기준은?

① 3m 이상   ② 5m 이상

③ 6m 이상   ④ 8m 이상

해설 길어깨 · 옆도랑 너비를 제외한 임도의 유효너비는 3m로 하며, 배향곡선지의 경우 6m 이상을 기준으로 한다.

35 암석을 굴착하기에 가장 적합한 기계는?

① 로우더(loader)

② 머캐덤롤러(macadam roller)

③ 리퍼 불도저(ripper bulldozer)

④ 진동 콤팩터(vibrating compactor)

해설 리퍼불도저는 리퍼가 도저 뒤에 설치되어 연암이나 단단한 지반의 굴착에 적당한 장비이다.

36 임도의 평면선형에서 사용하지 않는 곡선은?

① 단곡선   ② 배향곡선

③ 반향곡선   ④ 포물선곡선

해설 임도곡선으로 단곡선, 반향곡선(반대곡선), 복합곡선, 배향곡선(헤어핀곡선)이 있다.

37 임도의 설계속도가 30km/h, 외쪽기울기는 5%, 타이어의 마찰계수가 0.15일 때 최소곡선 반지름은?

① 약 27m   ② 약 32m

③ 약 33m   ④ 약 35m

해설 최소곡선반지름 공식

설계속도 반영식

$$R = \frac{V^2}{127(i+f)}$$

V : 설계속도(km/hr), i : 노면의 횡단물매, f : 타이어와 노면의 마찰계수

설계속도가 시간당 20, 30, 40km일 때, 각각 평면

곡선의 최소곡선반지름은 15, 30, 60m이고, 종단곡선의 최소곡선반지름은 100, 250, 450m다.

$$= \frac{설계속도^2}{127(타이어 마찰계수 + 노면횡단물매)}$$

$$= \frac{30^2}{127(0.15 + 0.05)} ≒ 35$$

38 컴퍼스측량에서 전시로 시준한 방위가 N37°E일 때 후시로 시준한 역방위는?

① S37°W   ② S37°E

③ N53°S   ④ N53°W

해설 NS 방향을 0° 기준으로 시작하며, 시준한 방위가 N37° E의 역방위는 반대 방향으로 S37° W가 된다.

39 임도 교량에 영향을 주는 활하중에 해당하는 것은?

① 주보의 무게

② 바닥 틀의 무게

③ 교량 시설물의 무게

④ 통행하는 트럭의 무게

해설 • 활화중은 움직임을 가지는 하중으로 보행자 및 차량에 의한 하중이다.

• 사하중은 주보, 바닥 틀 교량 시설물 등의 무게와 같은 고정하중이다.

40 임도의 종단면도에 기입하지 않는 사항은?

① 성토고, 측점, 축척

② 설계자, 기계고, 후시

③ 도명, 누가거리, 거리

④ 절취고, 계획고, 지반고

해설 • 종단면도는 수평축척 1:1,200, 수직축척 1:200 또는 수평축척 1:600, 수직축척 1:100으로 작성한다.

• 종단면도 작성 사항으로 선측점, 구간거리, 누가거리, 지반높이, 계획높이, 절토 · 성토 높이, 기울기 등이 있다.

정답   34. ③   35. ③   36. ④   37. ④   38. ①   39. ④   40. ②

41 해안의 모래언덕이 발달하는 순서로 옳은 것은?

① 치올린 모래언덕 → 반월사구 → 설상사구

② 반월사구 → 설상사구 → 치올린 모래언덕

③ 치올린 모래언덕 → 설상사구 → 반월사구

④ 반월사구 → 치올린 모래언덕 → 설상사구

해설 모래언덕 발달 단계 : 치올린 언덕 → 설상사구 → 반월형사구

42 산지사방에서 기초공사에 해당되지 않는 것은?

① 비탈 덮기 　　　② 비탈 다듬기

③ 땅속 흙막이 　　④ 산복수로공

해설 비탈 덮기는 산지사방 녹화공사에 속한다.

43 중력식 사방댐의 안정조건이 아닌 것은?

① 자중에 대한 안정

② 전도에 대한 안정

③ 활동에 대한 안정

④ 기초지반의 지지력에 대한 안정

해설 중력댐의 안정조건

• 전도에 대한 안정조건 : 합력 작용선이 댐 밑의 중앙 $\frac{1}{3}$ 보다 하류 측을 통과하면 상류에 장력이 생기므로 합력 작용선이 댐 밑의 $\frac{1}{3}$ 내를 통과해야 한다.

• 활동에 대한 안정조건 : 활동에 대한 저항력의 총합이 수평 외력보다 커야 한다.

• 제체 파괴에 대한 안정조건 : 댐 몸체의 각 부분을 구성하는 재료의 허용응력도를 초과하지 않아야 한다.

• 기초지반의 지지력에 대한 안정조건 : 사방댐 밑에 발생하는 최대응력이 기초지반의 허용지지력을 초과하지 않아야 한다.

44 잔골재에 대한 설명으로 옳은 것은?

① 10mm 체를 85% 이상 통과한다.

② 5mm 체를 전부 통과하고 0.08mm 체에는 전부 남는다.

③ 5mm 체를 전부 통과하고 0.5mm 체에는 85% 이상 통과한다.

④ 5mm 체를 50% 이상 통과하며 0.08mm 체에는 거의 다 남는다.

해설 잔골재는 모래와 같은 세립골재로 5mm 체에 중량 85% 이상 통과하는 것을 말한다.

45 땅깎기비탈면의 토질별 안정공법으로 가장 적정하게 연결된 것은?

① 사질토 – 새집공법

② 경암 – 낙석방지망 덮기

③ 점질토 – 분사식 씨 뿌리기

④ 모래층 – 종비토 뿜어 붙이기

해설 경암 비탈면은 낙석의 위험이 적으므로 낙석저지책 혹은 낙석방지망 덮기에 적합하다.

46 황폐지의 진행 순서로 옳은 것은?

① 임간나지 → 초기 황폐지 → 황폐 이행지 → 민둥산 → 척악임지

② 초기 황폐지 → 황폐 이행지 → 척악임지 → 임간나지 → 민둥산

③ 임간나지 → 척악임지 → 황폐 이행지 → 초기 황폐지 → 민둥산

④ 척악임지 → 임간나지 → 초기 황폐지 → 황폐 이행지 → 민둥산

해설 황폐지 유형 및 단계는 '척악임지 → 임간나지 → 초기 황폐지 → 황폐 이행지 → 민둥산' 순서로 진행된다.

정답 41. ③　42. ①　43. ①　44. ②　45. ②　46. ④

47 사방 녹화용 식물재료로 재래 초본류가 아닌 것은?

① 쑥 ② 겨이삭
③ 김의털 ④ 까치수영

해설 • 사방공사용 재래 초본류에는 새, 솔새, 개솔새, 잔디, 참억새, 기름새, 비수리, 칡, 차풀, 매듭, 풀, 김의털 등이 있다.
• 도입 초본류로는 겨이삭, 호밀풀, 왕포아풀, 우산잔디, 오리새, 능수귀염풀, 켄터키개미털, 이태리호밀풀 등이 있다.

48 대상지 1ha에 15° 경사로 1.0m 높이의 단끊기공을 시공할 때 평면적법에 의한 계단 길이는?

① 약 1,786m ② 약 2,061m
③ 약 2,679m ④ 약 3,640m

해설 계단연장길이 $= \dfrac{면적 \times \tan\theta}{높이}$

$= \dfrac{10,000 \times 0.2679}{1} ≒ 2,679m$

49 산지사방의 목적으로 가장 거리가 먼 것은?

① 붕괴 확대 방지
② 표토 침식 방지
③ 유송 토사 조절
④ 산사태 위험 대책

해설 • 산지사방은 침식 및 토사의 유출을 방지하는 것을 목적한다.
• 유송 토사의 조절은 야계사방과 관련이 있다.

50 수제에 대한 설명으로 옳지 않은 것은?

① 계안으로부터 유심을 향해 돌출한 공작물을 말한다.
② 계상 폭이 좁고 계상 기울기가 급한 황폐계류에 적용한다.

③ 돌출 방향은 유심선 또는 접선에 대해 상향 70~90°를 기준으로 한다.
④ 상향수제는 수제 사이의 사력 퇴적이 하향수제보다 많고 두부의 세굴이 강하다.

해설 계상 폭이 좁고 계상 기울기가 급한 황폐계류는 사방사업이 적합하다.

51 계류의 바닥 폭이 3.8m, 양안의 경사각이 모두 45°이고, 높이가 1.2m일 때의 계류 횡단면적(m²)은?

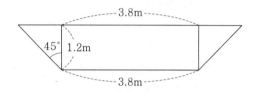

① 6.0 ② 6.8
③ 7.4 ④ 8.0

해설 양안의 경사각의 45°로 경사각의 한 변의 길이는 1.2m이다.
전체 횡단면적은 1.2 × 1.2 + 1.2 × 3.8 = 6.0m² 이다.

52 토사유과구역에 대한 설명으로 옳지 않은 것은?

① 상류에서 생산된 토사가 통과한다.
② 토사유하구역 또는 중립지대라고도 한다.
③ 붕괴 및 침식작용이 가장 활발히 진행되는 구역이다.
④ 계상의 형태는 협착부에서 모래와 자갈을 하류로 운반하는 수로에 해당된다.

해설 붕괴 및 침식작용이 가장 활발히 진행되는 구역은 상류부의 토사생산구역이다.

정답 47. ② 48. ③ 49. ③ 50. ② 51. ① 52. ③

53 임지에 도달한 강우의 침투강도에 영향을 주는 인자로 가장 거리가 먼 것은?

① 유역 면적
② 지표면의 상태
③ 토양 공극의 차이
④ 당초의 토양 수분

해설 강우의 침투에 영향을 주는 인자는 지표면의 상태, 지형 및 강우 특성, 토양의 투수성, 토양의 구조 및 토양 내 공기량 등이 있다.

54 일반적인 모래막이 공작물의 평면형상이 아닌 것은?

① 위형
② 주걱형
③ 자루형
④ 침상형

해설 모래막이 공작물은 형태에 따라 자루형, 주걱형, 위형, 반주걱형 등이 있다.

55 증발산 중에서 식생으로 피복된 지면으로부터의 증발량과 증산량만을 무엇이라 하는가?

① 증산율
② 증발산율
③ 증발기회
④ 소비수량

해설 증산량과 증발량 등의 손실량을 소비수량 혹은 소실수량이라 한다.
증발산량 = 증발량＋증산량

56 빗물에 의한 침식으로 가장 거리가 먼 것은?

① 지중침식
② 구곡침식
③ 누구침식
④ 면상침식

해설 • 빗물에 의한 침식은 우격침식, 면상침식, 누구침식, 구곡침식이 있다.
• 지중침식은 지표면 아래에서 물이 땅속을 통과하게 될 경우 그 통로에 있는 흙을 침식하고 운반하는 현상으로 파이핑, 펌핑, 보링 또는 퀵샌드 현상이라고도 한다.

57 사방댐의 방수면에 설치하는 물받이 길이는 일반적으로 댐 높이와 월류수심 합의 몇 배로 하는 것이 좋은가?

① 0.5~1.0배
② 1.0~1.5배
③ 1.5~2.0배
④ 2.0~2.5배

해설 방수면에 설치하는 물받이 길이는 일반적으로 댐 높이 6m 기준으로 6m 미만이면 2배, 6m 이상의 경우 1.5배 정도로 한다.

58 선떼 붙이기 공법에서 가장 윗부분에 사용되는 떼의 명칭은?

① 선떼
② 평떼
③ 받침떼
④ 머리떼

해설 선떼 붙이기에서 가장 윗부분에 붙이는 떼는 머리떼 혹은 갓떼라 한다.

59 돌골막이를 시공할 때 돌쌓기의 기울기 기준은?

① 1:0.1
② 1:0.3
③ 1:0.5
④ 1:0.7

해설 • 돌골막이 시공 시 반수면만 1:0.3 기울기로 쌓는다.
• 길이는 4~5m, 높이 2m 이내로 축설한다.

60 비탈면 안정 평가를 위해 안전율을 계산하는 방법으로 옳은 것은?

① 비탈의 활동면에 대한 흙의 압축응력을 전단강도로 나눈 값
② 비탈의 활동면에 대한 흙의 전단응력을 전단강도로 나눈 값
③ 비탈의 활동면에 대한 흙의 압축강도를 압축응력으로 나눈 값
④ 비탈의 활동면에 대한 흙의 전단강도를 전단응력으로 나눈 값

해설 비탈면 안정 평가를 위한 안전율은 흙의 전단강도를 전단응력(실제하중)으로 나눈 값

정답 53. ① 54. ④ 55. ④ 56. ① 57. ③ 58. ④ 59. ② 60. ④

제2과목 산림보호학

01 씹는 입틀을 가진 해충 방제에 주로 사용되는 살충제 종류는?

① 기피제 ② 제충제
③ 훈증제 ④ 소화중독제

[해설] 먹이와 함께 입으로 들어가는 소화중독제는 씹는 입틀을 가진 해충에 적합하다.

02 저온으로 인한 수목 피해에 대한 설명으로 옳은 것은?

① 겨울철 생육 휴면기에 내린 서리로 인한 피해를 만상이라 한다.
② 분지 등 저습지에 한기가 밑으로 내려와 머물게 되어 피해를 입는 것을 상렬이라 한다.
③ 이른 봄에 수목이 발육을 시작한 후 급격한 온도 저하가 일어나 어린 잎이 손상되는 것을 조상이라 한다.
④ 휴면기 동안에는 피해가 적지만 가을 늦게까지 웃자란 도장지나 연약한 맹아지가 주로 피해를 받는다.

[해설] ① 겨울철 생육 휴면기에 내린 서리로 인한 피해를 상해라고 한다. 만상은 봄에 늦게 내린 서리에 의한 피해를 말한다.
② 분지 등 저습지에 한기가 밑으로 내려와 머물게 되어 피해를 입는 것을 상해라고 한다. 상렬은 겨울에 남쪽으로 노출된 얇은 수피가 햇빛에 녹았다가, 추위에 어는 것이 반복되어 수간에 나타나는 피해다.

③ 이른 봄에 수목이 발육을 시작한 후 급격한 온도 저하가 일어나 어린 잎이 손상되는 것을 냉해라고 한다. 만상에 의해 발생할 수 있고, 호르몬 생육이 왕성한 시기라서 조상보다 피해가 덜하다.

03 곤충의 날개가 퇴화된 기관으로 주로 파리류에서 볼 수 있는 것은?

① 평균곤 ② 딱지날개
③ 날개가시 ④ 날개걸이

[해설] 평균곤은 뒷가슴날개가 퇴화한 것으로 파리목에서 나타나며, 이평균곤은 가운데 가슴날개가 퇴화한 것으로 부채벌레목에서 나타난다.

04 나무주사를 이용한 대추나무 빗자루병 방제 방법으로 옳은 것은?

① 주입 약량은 흉고직경 10cm 기준으로 3ℓ를 사용한다.
② 병 발생이 심한 가지 방향과 반대 방향에도 주사기를 삽입한다.
③ 약제 희석 후 변질이 되지 않도록 즉시 약통에 넣고 나무주사한다.
④ 물 1ℓ에 옥시테트라사이클린 수화제 10g을 잘 저어서 녹여서 사용한다.

[해설] ① 주입 약량은 흉고직경 10cm 기준으로 1~2ℓ를 사용한다.
③ 약액조절기를 서서히 열고 주입공에 약액을 채우고 공기를 빼내면서 꼭 끼운다.
④ 물 1ℓ에 옥시테트라사이클린 수화제 5g을 잘 저어서 녹여서 사용한다.

정답 01. ④ 02. ④ 03. ① 04. ②

05 소나무좀 방제 방법에 대한 설명으로 옳은 것은?

① 11~3월에 아바멕틴 유제를 나무주사 한다.

② 수은등이나 유아등을 설치하여 성충을 유진하여 포살한다.

③ 먹이나무를 설치하고 산란하도록 한 후 박피하여 소각한다.

④ 소나무좀 먹이가 되는 좀벌류, 맵시 벌류, 기생파리류를 구제한다.

해설 ① 페니트로티온, 티아클로프리드, 스미치온 등 살충제를 3월 하순~4월 중순에 1주일 간격으로 2~3회 살포한다. 11~3월에 아바멕틴 유제를 나무주사 하는 것은 소나무 재선충병의 예방 방법이다.

② 수은등이나 유아등 설치하여 성충을 유진하여 포살하는 것은 나비목 성충에 적용할 수 있다. 소나무좀은 주광성이 없어서 유아등이 효과적이지 않다.

④ 좀벌류, 맵시벌류, 기생파리류는 딱정벌레와 바구미, 나비목의 알, 유충 및 성충의 기생성 천적이다.

06 복숭아명나방 방제 방법에 대한 설명으로 옳지 않은 것은?

① 수확한 밤을 훈증한 후 저온에 저장한다.

② 곤충병원성미생물인 Bt균이나 다각체 바이러스를 살포한다.

③ 밤나무의 경우 7~8월에 페니트로티온 유제 등의 약제를 살포한다.

④ 성페로몬 트랩을 지상 1.5~2m 되는 가지에 매달아 놓아 성충을 유인 살포한다.

해설 밤의 종실을 이황화탄소(이류화탄소)로 25℃에서 용적 1m³당 80ml를 투입하여 12시간 훈증한 후 깨끗한 물에 12시간 침지하였다가 저온에 저장하는 것이 밤바구미의 방제법이다.

07 산불이 발생한 지역에서 많이 발생할 것으로 예측되는 병은?

① 모잘록병

② 리지나뿌리썩음병

③ 자줏빛날개무늬병

④ 아밀라리아뿌리썩음병

해설 불이 발생한 지역에서는 높은 온도에서 포자가 발아하는 리지나뿌리썩음병이 많이 발생하고, 이로 인해 소나무가 집단적으로 말라죽은 자리에서 파상땅해파리버섯(*Rhizina undulata*)이 발견된다.

08 곤충류 중 가장 많은 종수를 가진 것은?

① 나비목　　　　② 노린재목

③ 딱정벌레목　　④ 총채벌레목

해설 알려진 곤충 종 중에서 딱정벌레목이 약 36만 종으로 40% 정도를 차지하며 가장 많다. 나비목, 파리목, 벌목, 노린재목이 각각 10만 종이 넘는다.

09 밤나무 줄기마름병 방제 방법으로 옳지 않은 것은?

① 병에 걸리기 쉬운 단택 및 대보 품종은 식재하지 않는다.

② 천공성 해충류에 의한 피해가 없도록 살충제를 살포한다.

③ 동해나 피소로 인한 상처가 나지 않도록 백색 수성페인트를 발라준다.

④ 배수가 불량한 곳과 수세가 약한 경우 피해가 심하므로 비배관리를 철저히 해준다.

해설 • 저항성 품종인 단택, 이취, 삼초생, 금추 등을 식재한다.

• 대보 품종은 밤나무 줄기마름병 저항성 수종이 아니다.

• 밤나무 줄기마름병은 유럽과 미국에서 피해가 심하다.

• 우리나라의 밤나무 수종들은 대부분 저항성 수종이다.

정답 05. ③　06. ①　07. ②　08. ③　09. ①

• 박쥐나방 등 천공성 해충의 피해가 없도록 살충제를 살포한다.

10 아까시잎혹파리가 월동하는 형태는?

① 알   ② 유충

③ 성충   ④ 번데기

[해설] 아까시잎혹파리는 연 5~6세대 발생하며, 9월 하순경에 번데기로 월동한다.

11 뽕나무 오갈병의 병원균을 매개하는 곤충은?

① 말매미충

② 끝동매미충

③ 번개매미충

④ 마름무늬매미충

[해설] • 대추나무 빗자루병 : 마름무늬매미충

• 뽕나무 오갈병 : 마름무늬매미충

• 오동나무 빗자루병 : 담배장님노린재, 오동나무 매미충

12 솔잎혹파리 방제 방법에 대한 설명으로 옳지 않은 것은?

① 저항성 품종을 식재한다.

② 천적으로 혹파리살이먹좀벌을 방사한다.

③ 5~6월에 아사타미프리드 액제를 나무주사한다.

④ 유충이 낙하하는 시기에 카보퓨란 입제를 지면에 살포한다.

[해설] 솔잎혹파리에 저항성 있는 품종은 아직 개발되지 않았다.

13 세균에 의해 발생하는 수목 병은?

① 소나무 혹병

② 잣나무 털녹병

③ 밤나무 뿌리혹병

④ 낙엽송 끝마름병

[해설] 세균에 의한 수목 병은 세균성 뿌리혹병, 세균성 불마름병, 세균성 구멍병 등이 있다.

14 뿌리혹병 방제 방법으로 옳은 것은?

① 개화기에 석회 보르도액을 살포한다.

② 진딧물류, 매미충류 등 매개충을 구제한다.

③ 건전한 묘목을 식재하고 석회 사용량을 늘린다.

④ 묘목은 스트렙토마이신 용액을 침지하여 재식한다.

[해설] ① 클로로피크린, 메틸브로마이드 등으로 묘포의 토양을 소독한다.

② 고온다습한 환경에서 세균에 의해서 발생한다. 진딧물류, 매미충류 등 매개충은 바이러스나 파이토플라스마를 전반한다.

③ 고온다습한 알칼리토양에서 많이 발생하므로 석회 사용량을 줄인다. 토양소독에 생석회를 사용할 수는 있다.

15 잣나무 털녹병 방제 방법에 대한 설명으로 옳지 않은 것은?

① 수고의 1/3까지의 가지치기는 발병률을 낮추는 효과가 있다.

② 감염된 나무는 녹포자가 비산하기 전에 지속적으로 제거한다.

③ 묘포에 담자포자 비산 시기인 3월 하순부터 보르도액을 살포한다.

④ 중간기주를 5월경부터 제거하기 시작하여 겨울포자가 형성되기 전에 완료한다.

[해설] 잣나무 묘포에 8월 하순부터 10일 간격으로 보르도액을 2~3회 살포하여 소생자(小生子)의 잣나무 침입을 막는다.

16 기생성 식물이 아닌 것은?

① 칡

② 새삼

③ 겨우살이

④ 오리나무더부살이

해설 칡은 콩과의 덩굴식물로 기생하지 않고, 임연부에 식재한 나무들을 덮어 피해를 입힌다.

17 박쥐나방 방제 방법에 대한 설명으로 옳지 않은 것은?

① 풀깎기를 철저히 시행한다.

② 월동하는 번데기가 붙어 있는 가지를 제거한다.

③ 일반 살충제를 혼합한 톱밥을 줄기에 멀칭한다.

④ 지저분하게 먹어 들어간 식흔이 발견되면 벌레집을 제거하고 페니트로티온 유제를 주입한다.

해설 박쥐나방은 알을 땅에 뿌리며 산란하고, 알로 월동한다. 알로 월동하므로 월동하는 번데기가 붙어 있는 가지를 제거하는 것은 방제법에 해당하지 않는다.

18 다음 설명에 해당하는 것은?

> 묘포장 및 조림지의 직사광선이 강한 남사면에 생육하고 있는 어린 묘목의 경우 여름철에 강한 태양광의 복사열로 지표면 온도가 급격히 상승하여 근원부 줄기 및 뿌리에 존재하는 형성층이 손상되어 말라 죽는 현상이다.

① 상주 ② 한해

③ 열사 ④ 볕데기

해설 ① 상주는 묘포에 생기는 얼음 기둥으로 추운 지방보다 따뜻한 지방에서 더 자주 발생한다.

② 한해는 건조 피해인 한해(旱害)와 추위로 인한 피해인 한해(寒害)가 있다.

④ 볕데기는 강한 복사광선에 의해 줄기의 나무껍질이 건조하여 떨어져 나가는 현상이다.

19 파이토플라즈마에 의한 수목 병이 아닌 것은?

① 붉나무 빗자루병

② 벚나무 빗자루병

③ 대추나무 빗자루병

④ 오동나무 빗자루병

해설 벚나무 빗자루병은 자낭균류에 의해 발생한다.

20 송이풀과 까치밥나무류를 중간기주로 하는 수목 병은?

① 향나무 녹병

② 잣나무 털녹병

③ 소나무 잎녹병

④ 배나무 붉은별무늬병

해설 ① 향나무 녹병 : 사과나무, 배나무 등 장미과 수목

③ 소나무 잎녹병 : 참취, 잔대, 황벽나무 등

④ 배나무 붉은별무늬병 : 향나무

제4과목 임도공학

21 임도 노체의 기본구조를 순서대로 나열한 것은?

① 노상 → 기층 → 노반 → 표층

② 노상 → 노반 → 기층 → 표층

③ 노상 → 기층 → 표층 → 노반

④ 노상 → 표층 → 기층 → 노반

해설 임도의 구조는 하부로부터 상부로 노상 → 노반 → 기층 → 표층, 이때 노상과 노반을 합쳐 노면이라 부르기도 한다.

22 평판을 한 측점에 고정하고 많은 측점을 시준하여 방향선을 그리고, 거리는 직접 측량하는 방법은?

① 전진법 ② 방사법

③ 도선법 ④ 전방교회법

해설 방사법(사출법) : 목표점을 향해 시준선을 작도하여 거리를 측정하여 축척으로 작도하는 방법으로 장애물이 적을 경우 적합하다.

23 임도의 횡단면도 작성 방법에 대한 설명으로 옳지 않은 것은?

① 축척은 1/1000로 작성한다.
② 구조물은 별도로 표시한다.
③ 횡단기입의 순서는 좌측 하단에서 상단 방향으로 한다.
④ 절토 부분은 토사·암반으로 구분하되, 암반 부분은 추정선으로 기입한다.

해설 횡단면도는 횡단측량 야장에 근거해서 작성하는데 1:100~1:200의 축척으로 제도한다. 보통 1:100으로 제도한다.

24 지반 조사에 사용하는 방법이 아닌 것은?

① 오거 보링
② 베인 시험
③ 케이슨 공법
④ 파이프 때려 박기

해설 케이슨 공법(일명 '잠함공법'이라고도 한다.)은 지반 기초 공법이다.

25 임도의 평면선형에서 두 측선의 내각이 몇도 이상 되는 장소에 대해서는 곡선을 설치할 필요가 없는가?

① 125°
② 135°
③ 145°
④ 155°

해설 • 곡선부 중심선 반지름 : 곡선부의 중심선 반지름은 다음의 규격 이상으로 설치하여야 한다. 다만, 내각이 155° 이상 되는 장소에 대하여는 곡선을 설치하지 아니할 수 있다.
• 배향곡선 : 배향곡선(Hair Pin 곡선)은 중심선 반지름이 10m 이상이 되도록 설치한다.

26 임도에서 횡단기울기에 대한 설명으로 옳은 것은?

① 배수의 목적으로 만든다.
② 운전자의 안전한 시야 범위가 확보되도록 만든다.
③ 곡선부에서 차량의 주행이 안전하고 쾌적하기 위해 만든다.
④ 곡선부에서 차량의 전륜과 후륜 사이에 내륜차를 고려하여 만든다.

해설 • 횡단기울기는 노면의 종류에 따라 포장을 하지 아니한 노면(쇄석·자갈을 부설한 노면을 포함한다.)의 경우에는 3~5%, 포장한 노면의 경우에는 1.5~2%로 한다.
• 횡단기울기는 도로의 중앙선 기준 직각방향의 노면의 기울기로 배수를 목적으로 만든다.

27 수로의 평균유속을 구하는 매닝(Manning) 공식에서 수로벽면 재료에 따라 조도계수가 작은 것부터 큰 것의 순서로 올바르게 나열된 것은?

㉠ 시멘트블록	㉡ 콘크리트
㉢ 목재	㉣ 흙

① ㉡－㉢－㉠－㉣
② ㉡－㉢－㉣－㉠
③ ㉢－㉡－㉠－㉣
④ ㉢－㉡－㉣－㉠

해설 조도계수는 평균유속공식을 구할 때 사용하는 계수로서 유로에 접촉하는 물과 유로 표면과의 저항계수이다. 주로 굴곡이 심하고 접촉면이 거칠수록 그 값이 커진다.

28 반출 목재의 길이가 12m이고, 임도 유효 폭이 3m일 때 최소 곡선 반지름은?

① 6m
② 12m
③ 18m
④ 24m

해설 목재 길이에 따른 최소곡선반지름
$$R = \frac{\ell^2}{4B} = \frac{12^2}{4 \times 3} = \frac{144}{12} = 12$$
R : 곡선반지름(m), ℓ : 통나무길이(m), B : 노폭(m)

29 머캐덤도에 대한 설명으로 옳지 않은 것은?

① 시멘트 머캐덤도 : 쇄석을 시멘트로 결합시킨 도로

② 역청 머캐덤도 : 쇄석을 타르나 아스팔트로 결합시킨 도로

③ 교통체 머캐덤도 : 쇄석이 교통과 강우로 인하여 다져진 도로

④ 수체 머캐덤도 : 쇄석의 틈 사이에 모래 및 마사를 침투시켜 롤러로 다져진 도로

해설 수체 머캐덤도는 쇄석의 틈 사이에 석분을 물로 투입하여 롤러로 다져진 도로이다.

30 흙의 동결로 인한 동상을 가장 받기 쉬운 토질은?

① 실트　　　　② 모래

③ 자갈　　　　④ 점토

해설 흙의 동결은 모래, 자갈 등 공극이 크거나 점토와 같이 공극이 적어 투수성이 낮은 토질은 발생되지 않고 모래보다 작고 점토보다 큰 실트에서 수분 하량은 많은 토질에서 많이 발생된다.

31 산림면적이 1000ha인 임지에 간선임도 1000m, 지선임도 15km가 개설되어 있을 때 임도밀도는?

① 1m/ha　　　② 10m/ha

③ 15m/ha　　　④ 16m/ha

해설 임도밀도는 총연장거리를 총면적으로 나눈 값이다.

$$\frac{1{,}000 + 15{,}000}{1{,}000} = 16$$

32 지형의 표시방법 중 자연적 도법에 해당하는 것은?

① 영선법　　　② 채색법

③ 점고선법　　④ 등고선법

해설 선의 굵기에 의해 지형을 표시하는 영선법은 자연적인 입체감을 느낄 수 있는 자연적 도법에 속한다.

33 임도의 유효너비 기준은?

① 배향곡선지의 경우 3.0m 이상

② 간선임도의 경우에는 6.0m 이상

③ 길어깨 및 옆도랑을 제외한 3.0m

④ 길어깨 및 옆도랑을 포함한 3.0m

해설 • 임도의 축조한계는 유효너비와 길어깨를 포함한 너비규격에 따라 설치한다.
• 보호길어깨는 축조한계 바깥에 길어깨와 별도로 방호책 등을 설치하기 위한 길어깨를 말한다.
• 길어깨 · 옆도랑의 너비를 제외한 임도의 유효너비는 3m를 기준으로 한다. 다만, 배향곡선지의 경우에는 6m 이상으로 한다.

34 임도 시공장비의 기계정비 산출 시 기계손료에 포함되지 않는 항목은?

① 정비비　　　② 유류비

③ 관리비　　　④ 감가상각비

해설 • 기계손료는 정비비, 감가상각비, 수리비 및 기계관리비 등이 있다.
• 유류비는 재료비에 포함된다.

35 임도 설계 과정 중 예측 단계에서 수행하는 것은?

① 임도 설계에 필요한 각종 요인을 조사한다.

② 평면측량을 실행하고 종단, 횡단측량을 실행한다.

③ 예정 노선을 간단한 기구로 측량하여 도면을 작성한다.

④ 임시 노선에 대하여 현지에 나가서 적정 여부를 조사한다.

해설 • 답사에 의해 노선의 대요가 결정되면 간단한 기계를 사용하여 측량하며, 그 결과를 예측도로 작성한다.
• 줄자와 나침반, 함척 등을 이용하여 예정 노선에 대해 경사와 거리 정도를 확인하고 기록한다.
• 예측 과정에서 여러 개의 예정 노선 중 하나를 선정한다.

정답 29. ④　30. ①　31. ④　32. ①　33. ③　34. ②　35. ③

• 예측은 답사에 의해 확정한 예정선을 측정기기를 이용하여 실측한 예측도를 작성하는 것이다.

36 임도의 적정 종단기울기를 결정하는 요인으로 거리가 먼 것은?

① 노면 배수를 고려한다.
② 적정한 임도우회율을 설정한다.
③ 주행 차량의 회전을 원활하게 한다.
④ 주행 차량의 등판력과 속도를 고려한다.

해설 주행 차량의 회전을 원활하게 하는 내용은 회전반경을 고려하는 횡단구조에 관한 내용이다.

37 다각형의 좌표가 다음과 같을 때 면적은? (단, 측점 간 거리 단위는 m)

좌표축 측점	X	Y
A	3	2
B	6	3
C	9	7
D	4	10
E	1	7

① $33.5m^2$
② $34.5m^2$
③ $35.5m^2$
④ $36.5m^2$

해설 다각형을 모눈종이에 도해한 후 삼각형과 사각형으로 구분하여 면적을 구하는 방법이 있다.

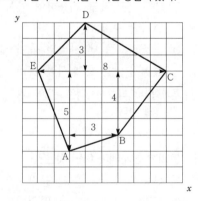

$$= \frac{3 \times 8}{2} + \frac{5 \times 2}{2} + (4 \times 3) + \frac{4 \times 3}{2} + \frac{3 \times 1}{2}$$

$$= 12 + 5 + 12 + 6 + 1.5 = 36.5$$

행렬식을 이용하여 면적을 구하면 아래와 같다.

$$S = \left| \frac{1}{2} \begin{vmatrix} x_1 x_2 \cdots x_n x_1 \\ y_1 y_2 \cdots y_n y_1 \end{vmatrix} \right|$$

$$S = \frac{1}{2} | x_1 y_2 - x_2 y_1 + x_2 y_3 - x_3 y_2 + \cdots + x_n y_1 - x_1 y_n |$$

$$S = \frac{3 \times 3 - 2 \times 6 + 7 - 3 \times 9 + 9 \times 10 - 7 \times 4 + 4 \times 7 - 10 \times 1 + 1 \times 2 - 7 \times 3}{2}$$

$$S = \frac{9 - 12 + 42 - 27 + 90 - 28 + 28 - 10 + 2 - 21}{2}$$

$$= \frac{168 - 98}{2} = 36.5$$

공식을 암기하는 가장 쉬운 방법은 아래와 같이 도해하여 오른쪽 사선을 곱한 값은 더하고, 왼쪽 사선을 곱한 값은 빼면 된다.

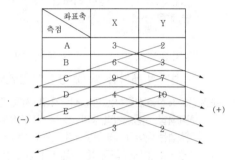

이렇게 식을 정리하면 아래와 같다.

$$S = \frac{3 \times 3 + 6 \times 7 + 9 \times 10 + 4 \times 7 + 1 \times 2 - 2 \times 6 - 3 \times 9 - 7 \times 4 - 10 \times 1 - 7 \times 3}{2}$$

$$S = \frac{9 + 42 + 90 + 28 + 2 - 12 - 27 - 28 - 10 - 21}{2} = 36.5$$

38 다음 중 정지 및 전압 전용기계가 아닌 것은?

① 탬퍼(tamper)
② 트렌처(trencher)
③ 모터 그레이더(motor grader)
④ 진동 콤팩터(vibrating compactor)

해설 트렌처는 좁고 긴 측구 등과 같은 굴착작업용 기기이다.

39 임도 시공 시 절토면의 침식이나 붕괴를 방지하기 위해서 시설하는 배수구는?

① 암거　　　　② 세월교
③ 옆도랑　　　④ 돌림수로

해설 돌림수로(산마루 측구, 비탈면돌림수로)는 비탈면의 보호를 위해 비탈면의 최상부에 설치하는 배수구의 일종이다.

40 다음 설명에 해당하는 임도 노선 배치방법은?

> 지형도 상에서 임도 노선의 시점과 종점을 결정하여 경험을 바탕으로 노선을 작성한 다음 허용기울기 이내인가를 검토하는 방법이다.

① 자유배치법　　② 자동배치법
③ 선택적 배치법　④ 양각기 분할법

해설 임도 노선을 선정하는 방법에는 자유배치법, 양각기계획법, 자동배치법 등이 있는데, 이 중 양각기계획법은 디바이더를 이용하여 지형도 상에 임도 예정 노선을 미리 그려보는 방법이다. 일반적으로 양각기계획법이 사용된다. 자유배치법은 경험을 바탕으로 구간별 물매만 계산하는 방법이며, 자동배치는 물매와 경사도 등 여러 가지 평가요소를 컴퓨터 소프트웨어를 이용하여 배치하는 방법이다.

제5과목　사방공학

41 계안으로부터 유심을 향해 돌출한 공작물로 유심의 방향을 변경시켜 계안의 침식이나 붕괴를 방지하기 위해 설치하는 것은?

① 수제　　　　② 밑막이
③ 바닥막이　　④ 기슭막이

해설 수제는 계안에서 물 흐름의 중심을 향하여 돌로 돌출물을 만들어 유수에 저항을 주는 공작물로, 하천에 유심의 방향을 변경시켜 계안으로부터 멀리 보

내 유로 및 계안 침식을 방지, 기슭막이 공작물의 세굴을 방지하기 위해 사용된다.

42 배수로 단면의 윤변이 10m이고 유적이 20m²일 때 경심은?

① 0.2m　　　② 1m
③ 2m　　　　④ 10m

해설 경심 $= \dfrac{\text{유적}}{\text{윤변}} = \dfrac{20}{10} = 2$

43 우량계가 유역에 불균등하게 분포되었을 경우에 가장 적정한 평균 강우량 산정 방법은?

① 등우선법　　　② 침투형법
③ 산술평균법　　④ Thiessen법

해설
• 유역 평균 강우량 산정방법에는 산술평균법, Thiessen법, 등우선법이 있다.
• 티에슨(Thiessen)법은 유역 내·외부 주변의 우량관측소를 연결하여 삼각형을 만들어서 면적을 구한다.

44 투과형 버트리스 사방댐에 대한 설명으로 옳지 않은 것은?

① 측압에 강하다.
② 스크린댐이 가장 일반적인 형식이다.
③ 주로 철강제를 이용하여 공사기간을 단축할 수 있다.
④ 구조적으로 댐 자리의 폭이 넓고 댐 높이가 낮은 곳에 시공한다.

해설 투과형 버트리스 사방댐은 측압에 약하여 주위보강시공을 한다.

45 붕괴형 산사태가 아닌 것은?

① 산붕　　　　② 붕락
③ 포락　　　　④ 땅밀림

해설 땅밀림의 경우 지활형 침식에 속한다.

46 선떼 붙이기공법에 대한 설명으로 옳은 것은?

① 소단 폭은 50~70cm로 한다.

② 발디딤 공간은 50~100cm이다.

③ 선떼 붙이기의 기울기는 1:0.5로 한다.

④ 단 끊기는 직고 2~3m 간격으로 실시한다.

해설 ② 발디딤 공간은 10~20cm이다.
③ 선떼 붙이기의 기울기는 1:0.2~0.3으로 한다.
④ 단 끊기는 직고 1~2m 간격으로 실시한다.

47 중력에 의한 침식이 아닌 것은?

① 붕괴형 침식　　② 지활형 침식

③ 지중형 침식　　④ 유동형 침식

해설 • 지중형 침식은 물침식의 종류로, 지중침식은 지표면 아래에서 물이 땅속을 통과하게 될 경우 그 통로에 있는 흙을 침식하고 운반하는 현상으로 파이핑, 펌핑, 보링 또는 퀵샌드현상이라고도 한다.
• 중력침식의 종류로 지활형, 붕괴형, 사태형, 유동형 침식이 있다.

48 돌쌓기 방법에서 금기돌이 아닌 것은?

① 선돌　　　　② 꿈돌

③ 거울돌　　　④ 포갠돌

해설 금기돌(禁忌石)은 돌쌓기 공법에 잘못된 돌쌓기로써 선돌, 거울돌, 뜬돌, 포갠돌, 뽀족돌 등이 있다.

49 조공 시공 시 소단위 수직높이와 너비 기준을 순서대로 올바르게 나열한 것은?

① 1.0~1.5m, 50~60cm

② 1.0~1.5m, 40~50cm

③ 2.0~2.5m, 50~60cm

④ 2.0~2.5m, 40~50cm

해설 • 조공은 황폐사면의 유실을 막기 위해 수평으로 설치하는 공종이다.
• 계단 간 수직높이 1~1.5m, 너비 50~60cm 기준으로 소단을 설치한다.

50 경암지역 땅깍기비탈면 안정을 위한 공법으로 가장 적합한 것은?

① 떼붙이기

② 새집 붙이기

③ 격자틀 붙이기

④ 종비토 뿜어 붙이기

해설 • 새집 붙이기 공법은 암반사면에 적용하는 녹화기초공법이다.
• 잡석을 새집처럼 쌓고 내부에 흙을 채우는 방법이다.

51 해안사방의 모래언덕 조성 공종에 해당하지 않는 것은?

① 파도막이　　　② 모래 덮기

③ 퇴사울 세우기　④ 정사울 세우기

해설 • 사구조성공법에는 퇴사울 세우기, 모래 덮기, 파도막이 등이 있다.
• 정사울 세우기는 식재공법과 함께 사지조림 공법에 속한다.

52 돌을 쌓아 올릴 때 뒷채움에 콘크리트를 사용하고 줄눈에 모르타르를 사용하는 돌쌓기는?

① 메쌓기　　　② 막쌓기

③ 찰쌓기　　　④ 잡석 쌓기

해설 찰쌓기는 돌쌓기 또는 벽돌을 쌓을 때 뒷채움에 콘크리트를 사용하고, 줄눈에 모르타르를 사용하는 공법이다.

53 우리나라 지질계통별 분포 면적과 구성비가 가장 높은 것은?

① 현무암　　　② 석회암

③ 결정편암　　④ 화강편마암

해설 우리나라에 분포된 주요 암은 화강암과 화강암에서 변성된 화강편마암이며, 국토면적 대비 약 60% 정도를 차지하고 있다.

정답 46. ①　47. ③　48. ②　49. ①　50. ②　51. ④　52. ③　53. ④

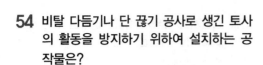

54 비탈 다듬기나 단 끊기 공사로 생긴 토사의 활동을 방지하기 위하여 설치하는 공작물은?

① 단쌓기   ② 누구막이
③ 땅속 흙막이   ④ 산비탈 흙막이

해설 • 땅속 흙막이는 비탈 다듬기로 인하여 발생되는 토사의 유실을 방지한다.
• 단쌓기(stepped mini-terrace works)란 산복비탈면의 우수를 분산시켜 지표침식을 방지하고, 식생을 조기에 도입하기 위해 생육환경을 정비하는 공사이다.

55 골막이에 대한 설명으로 옳지 않은 것은?

① 사방댐과 외견상 모양이 유사하다.
② 대수면과 반수면이 모두 존재한다.
③ 계상이 저하될 위험이 있는 곳에 계획한다.
④ 돌골막이의 경우 돌쌓기의 기울기는 1:0.3을 표준으로 한다.

해설 골막이는 반수면만 축설하고 대수면은 채우기를 한다.

56 중력식 사방댐의 안정조건으로 거리가 먼 것은?

① 전도에 대한 안정
② 고정에 대한 안정
③ 제체 파괴에 대한 안정
④ 기초지반의 지지력에 대한 안정

해설 중력의 안정조건으로 전도, 활동, 제체의 파괴, 기초지반의 지지력에 대한 안정이 있다.

57 불투과형 중력식 사방댐의 구축재료에 의한 구분 중 내구성이 낮지만 산사태지 등 응급 복구에 가장 적합한 것은?

① 흙댐   ② 큰돌댐
③ 메쌓기댐   ④ 돌망태댐

해설 돌망태댐은 지반이 불안정한 경우 적용하는 것이 유리하고, 응급복구 사방공사에 적합하다.

58 수로 경사가 30°, 경심이 0.6m, 유속계수가 0.36일 때 Chezy 평균유속에 의한 유속은?

① 약 0.10m/s   ② 약 0.21m/s
③ 약 0.27m/s   ④ 약 0.38m/s

해설 Chezy 공식
tan30=약 50%
평균유속 = 유속계수$\sqrt{경심 + 수로기울기}$
= $0.36 × \sqrt{0.6 × 0.58}$

59 사방사업 대상지 분류에서 황폐지의 초기 단계에 속하는 것은?

① 땅밀림지   ② 임간나지
③ 척악임지   ④ 민둥산지

해설 황폐의 유형 정도에 따라 비옥도가 척박한 지역인 척악임지가 가장 초기 단계이다.

60 산지사방 식재용 수목에 요구되는 조건으로 가장 거리가 먼 것은?

① 양수 수종일 것
② 갱신이 용이할 것
③ 생장력이 왕성할 것
④ 건조 및 한해에 강한 수종일 것

해설 사방용 수종에 요구되는 특성
• 뿌리의 발달이 좋고, 토양의 긴박력(緊縛力)이 클 것
• 가급적 음수 수종일 것
• 척악지의 조건에 적응성이 강할 것
• 생장력이 왕성하며 쉽게 번무할 것

정답 54. ③ 55. ② 56. ② 57. ④ 58. ② 59. ③ 60. ①

제2과목 산림보호학

01 산불 발생 시 수행하는 직접 소화법이 아닌 것은?

① 맞불 놓기
② 토사 끼얹기
③ 불털이개 사용
④ 소화약제 항공 살포

해설 맞불 놓기는 가연물을 태워서 없애는 간접 소화법에 해당한다.

02 병원균이 종자의 표면에 부착해서 전반되는 수목 병은?

① 잣나무 털녹병
② 왕벚나무 혹병
③ 밤나무 줄기마름병
④ 오리나무 갈색무늬병

해설 • 오리나무 갈색무늬병균은 씨에 섞여 있는 병엽 부스러기에서 월동한다.
• 균류 및 세균류는 종자의 종피에 붙어서 옮겨지는 경우가 많다.

03 수목에 가장 많은 병을 발생시키는 병원체는?

① 선충
② 균류
③ 바이러스
④ 파이토플라스마

해설 균류(fungi)가 수목에 가장 많은 병을 발생시킨다.

04 향나무 녹병 방제 방법에 대한 설명으로 옳지 않은 것은?

① 중간기주에는 8~9월에 적정 농약을 살포한다.
② 향나무에서는 3~4월과 7월에 적정 농약을 살포한다.
③ 향나무와 중간기주는 서로 2km 이상 떨어지도록 한다.
④ 향나무 부근에 산사나무, 모과나무 등의 장미과 수목을 심지 않는다.

해설 중간기주인 배나무, 사과나무 등에는 4월 중순~6월까지 다이카 또는 4-4식 보르도액을 살포한다.

05 저온에 의한 수목 피해에 대한 설명으로 옳지 않은 것은?

① 조상은 늦가을에 수목이 완전히 휴면하기 전에 내린 서리로 인한 피해이다.
② 동상은 겨울철 수목의 생육휴면기에 발생하여 연약한 묘목에 피해를 준다.
③ 상주는 봄에 식물의 발육이 시작된 후 급격한 기온 저하가 일어나 줄기가 손상되는 것이다.
④ 상렬은 추운지방에서 밤에 수액이 얼어서 부피가 증대되어 수간의 외층이 냉각 수축하여 갈라지는 현상이다.

정답 01. ① 02. ④ 03. ② 04. ① 05. ③

상주는 초겨울 또는 이른 봄에 습기가 많은 묘포에
서 흙의 수분이 얼어 얼음 기둥이 생기는 현상이
다. 표면의 흙이 상주 위로 뜨게 된다.

06 수목을 가해하는 해충 방제 방법으로 옳지 않은 것은?

① 성 페로몬을 이용한 방법은 친환경적
방제 방법이다.
② 방사선을 이용한 해충의 불임 방법은
국제적으로 금지되어 있다.
③ 생물적 방제는 다른 생물을 이용하여
해충군의 밀도를 억제하는 방법이다.
④ 공항, 항만 등에서 식물 검역을 실시
하여 국내로 해충이 유입되지 않도록
한다.

불임충방사법은 방사선을 쪼여 불임시킨 해충을
야생에 풀어놓아 해충의 수를 줄이는 기술이다. 불
임 수컷을 야생수컷보다 많이 야생에 방사하면 야
생충끼리 교미할 기회가 줄어들어 많은 야생 암컷
이 불임수컷과 교미하게 된다.

07 장미 모자이크병 방제 방법에 대한 설명으로 옳지 않은 것은?

① 매개충을 구제한다.
② 많은 잎에 모자이크병 병징이 나타난
수목은 제거한다.
③ 바이러스에 감염된 어린 대목을 38℃
에서 약 4주간 열처리한다.
④ 바이러스에 감염되지 않은 대목과
접수를 사용하여 건전한 묘목을 육
성한다.

• 모자이크병은 바이러스에 의한 병이며, 바이러
스는 대개 흡즙을 하는 매개충이 전반한다.
• 바이러스에 감염되지 않은 건전한 묘목을 식재
하거나 많은 병징이 나타나는 수목은 제거한다.

08 번데기로 월동하는 해충은?

① 대벌레
② 솔나방
③ 미국흰불나방
④ 잣나무넓적잎벌

• 대벌레 : 알로 월동
• 솔나방 : 5령유충(노숙유충)으로 월동
• 잣나무넓적잎벌 : 노숙유충으로 월동

09 모잘록병 방제 방법으로 옳지 않은 것은?

① 질소질 비료를 많이 준다.
② 병든 묘목을 발견 즉시 뽑아 태운다.
③ 병이 심한 묘포지는 돌려짓기를 한다.
④ 묘상이 과습하지 않도록 배수와 통풍
에 주의한다.

• 질소질 비료를 많이 주면 묘목이 웃자라게 되므
로 모잘록병이 심해질 수 있다.
• 인산질비료와 완숙한 퇴비를 주로 사용한다.

10 오동나무 빗자루병을 매개하는 곤충은?

① 진딧물
② 끝동매미충
③ 마름무늬매미충
④ 담배장님노린재

빗자루병의 병원균은 파이토플라스마이고, 담배장
님노린재에 의해 매개된다.

11 농약을 살포하여 수목의 줄기, 잎 등에 약제가 부착되어 식엽성 해충이 먹이와 함께 약제를 섭취하여 독작용을 일으키는 살충제는?

① 기피제   ② 유인제
③ 소화중독제   ④ 침투성 살충제

• 기피제는 농작물 또는 저장농산물에 해충이 접
근하지 못하게 하는 약제이다.

정답 06. ② 07. ③ 08. ③ 09. ① 10. ④ 11. ③

- 유인제는 해충을 유인하는 물질이다.
- 침투성 살충제는 약제를 식물의 잎 또는 뿌리에 처리하면 식물체 내로 흡수 이행되어 식물체 각 부위에 분포시킴으로써 흡즙해충에 독성을 나타내는 약제이다.

12 다음 설명에 해당하는 해충은?

> - 정착한 1령 애벌레는 여름에 긴 휴면을 가진 후 10월경에 생장하기 시작하고, 11월경에 탈피하여 2령 애벌레가 된다.
> - 2령 애벌레는 11월~이듬해 3월 동안 수목에 피해를 가장 많이 주고, 수컷은 3월 상순 전후에 탈피하여 3령 애벌레가 된다.

① 호두나무잎벌레
② 참나무재주나방
③ 도토리거위벌레
④ 솔껍질깍지벌레

해설 • 솔껍질깍지벌레 : *Matsucoccus thunbergianae*, 노린재목 소나무껍질깍지벌레속
- 생활사 :
  (암컷) 알 → 부화약충 → 정착약충 → 후약충 → 성충
  (수컷) 알 → 부화약충 → 정착약충 → 후약충 → 전성충 → 번데기 → 성충

13 대기오염 물질인 오존으로 인하여 제일 먼저 피해를 입는 수목의 세포는?

① 엽육세포　　② 표피세포
③ 상피세포　　④ 책상조직세포

해설 • 오존은 책상조직의 엽록체를 파괴하므로 잎이 황백화된다.
- 오존은 책상조직, 질소와 황산화물은 엽육세포에 피해를 입힌다.

14 북방수염하늘소에 대한 설명으로 옳지 않은 것은?

① 성충의 우화 최성기는 5월경이다.
② 성충은 수세가 쇠약한 수목이나 고사목에 산란한다.
③ 솔수염하늘소와 마찬가지로 소나무재선충을 매개한다.
④ 연 2회 발생하고, 유충으로 월동하며, 1년에 3회 발생하는 경우도 있다.

해설 북방수염하늘소는 대체로 연 1회 발생한다.

15 대추나무 빗자루병에 대한 설명으로 옳지 않은 것은?

① 매개충은 마름무늬매미충이다.
② 병든 수목을 분주하면 병이 퍼져나간다.
③ 광범위 살균제로 수간주사하여 방제한다.
④ 꽃봉오리가 잎으로 변하는 엽화현상으로 인해 열매가 열리지 않는다.

해설 대추나무 빗자루병은 옥시테트라사이클린을 수간주사하여 방제한다.

16 다음 각 해충이 주로 가해하는 수종으로 옳지 않은 것은?

① 광릉긴나무좀-참나무류
② 미국흰불나방-소나무류
③ 복숭아심식나방-사과나무
④ 버즘나무방패벌레-물푸레나무

해설 미국흰불나방은 포플러, 버즘나무, 벚나무, 단풍나무 등 활엽수를 주로 가해한다.

17 자낭균에 의해 발생하는 수목 병은?

① 뽕나무 오갈병

② 잣나무 털녹병

③ 벚나무 빗자루병

④ 삼나무 붉은마름병

<u>해설</u> • 뽕나무 오갈병 : 파이토플라스마
• 잣나무 털녹병 : 담자균류
• 벚나무 빗자루병 : 자낭균류
• 삼나무 붉은마름병 : 불완전균류

18 수목에 충영을 형성하는 해충은?

① 텐트나방

② 아까시잎혹파리

③ 복숭아유리나방

④ 느티나무벼룩바구미

<u>해설</u> 혹파리류, 혹벌류, 좀벌류는 잎이나 가지에 충영 (벌레혹)을 형성한다.

19 소나무 재선충병의 매개충 방제를 위한 나무주사에 대한 설명으로 옳지 않은 것은?

① 나무주사 시기는 5~7월이다.

② 약효 지속 기간은 약 5개월이다.

③ 약제는 티아메톡삼 분산성 액제를 사용한다.

④ 약제 주입량 기준은 흉고직경(cm)당 0.5mL이다.

<u>해설</u> 매개충 나무주사는 3월 초순에서 5월 초순 사이에 실시한다.

20 해충을 생물적으로 방제하는 방법에 대한 설명으로 옳은 것은?

① 식재할 때 내충성 품종을 선정한다.

② BT 수화제를 이용하여 솔나방 등을 방제한다.

③ 생리활성 물질인 키틴합성 억제제를 이용한다.

④ 임목 밀도를 조절하여 건전한 임분을 육성한다.

<u>해설</u> ① 임업적 방제
② 바실러스 균을 이용한 생물학적 방제
③ 화학물질을 이용한 화학적 방제
④ 임업적 방제

제4과목 임도공학

21 임도 설계속도가 20km/시간일 때 일반지형에서 최소곡선반지름 기준은?

① 12m ② 15m

③ 20m ④ 30m

<u>해설</u> 설계속도가 20Km/시간일 때 일반지형 최소곡선 반지름 15m, 특수지형 12m, 종단곡선은 100m

22 임도 밀도를 산출하기 위한 해석적 방법으로 옳은 것은?

① 몇 개의 예정 노선을 계획하고 이익과 비용에 의해 비교 판단한다.

② 예정 개설 노선의 노선도를 작성하고 계산과 이론으로 최적 임도를 산출한다.

③ 몇 개의 예정 노선을 계획 작성하고 임지마다 최적의 노선 배치에 의한 최적 임도를 선정한다.

④ 예정 노선의 노선도를 작성하지 않고 순수하게 계산만으로 이론적 최적임도 밀도를 산출한다.

<u>해설</u> 임도 밀도(forest road density)
• 산림의 단위 면적당 임도 연장 길이(m/ha)
→ Mattews의 이론
• 해석적 방법 : 임도 개설 노선의 노선도를 작성하지 않고 계산만으로 이론적인 최적 임도밀도와 최적 임도 간격을 이론적으로 산출

• 경험에 의한 방법(대안비교법) : 우선 몇 개의 예정 개설안의 기술적 계획을 하여 이들 상호와 현상과의 사이에서 이익과 비용에 의한 비교판단을 하는 것

③ 절토·성토 시 부족한 토사 공급 또는 남는 토사의 처리가 필요한 경우 운반거리 등을 고려하여 적절한 장소에 토취장 또는 사토장을 지정한다. 이 경우 사토장·토취장은 임상이 양호한 지역에는 설치하지 아니한다.

23 임도 시공 시 토사지역에서 절토 경사면의 기울기 기준은?

① 1:0.3~0.5   ② 1:0.3~0.8
③ 1:0.8~1.2   ④ 1:0.8~1.5

해설 절토 경사면의 기울기
• 토사지역 : 0.8~1.5
• 암석지 경암 : 0.3~0.8
• 암석지 연암 : 0.5~1.2
• 성토 경사면의 기울기는 1:1.2~2.0
• 절·성토 사면은 길이를 가급적 5m 이내로 시공

24 임도 시공 방법에 대한 설명으로 옳은 것은?

① 성토 대상지에 있는 모든 임목은 사면다짐 등 노체 형성에 유리하므로 그대로 존치시킨다.
② 암석지역 중 급경사지 또는 가시권지역에서의 암석 절취는 발파 위주로 시공한다.
③ 토공작업 시 부족한 토사 공급 또는 남은 토사의 처리가 필요한 경우에는 임지 밖에 사토장 또는 토취장을 지정한다.
④ 노면 및 절토대상지에 있는 임목과 그 뿌리, 표토는 전량 제거하여 반출한다. 다만, 부식토는 사면복구에 활용할 수 있다.

해설 ① 성토대상지에 있는 입목은 흙에 묻혀서 사면다짐, 지반침하 등과 같이 변형의 우려가 있는 경우를 제외하고는 그대로 존치하며, 표토 등은 제거·정리한다.
② 암석지역 중 급경사지 또는 도로변의 가시지역 및 민가 주변에서의 암석 절취는 브레이커 등을 이용한 절취를 위주로 한다.

25 임도의 선형 설계에서 제약 요소가 아닌 것은?

① 시공상에서의 제약
② 대상지 주요 수종에 의한 제약
③ 사업비·유지관리비 등에 의한 제약
④ 자연환경의 보존·국토보전상에서의 제약

해설 임도의 선형설계에서 제약 요소는 ①, ③, ④ 이외에 대상지의 지질·지형·지물 등에 의한 제약이 있다.

26 임도의 횡단 선형에 대한 설명으로 옳지 않은 것은?

① 길어깨의 너비는 50cm~1m로 한다.
② 배향곡선의 중심선 반지름은 10m 이상으로 설치한다.
③ 임도의 유효너비 기준은 길어깨 및 옆도랑의 너비를 합친 3m이다.
④ 곡선부의 중심선 반지름은 내각이 155° 이상인 경우 곡선을 설치하지 않을 수 있다.

해설 길어깨·옆도랑의 너비를 제외한 임도의 유효너비는 3m를 기준으로 한다. 다만, 배향곡선지는 6m 이상으로 하며 임도의 축조한계는 유효너비+길어깨를 포함한다.

27 개설 비용이 저렴하고, 토사 발생량도 적으며, 상향집재작업에 가장 적합한 임도는?

① 사면임도   ② 계곡임도
③ 능선임도   ④ 복합임도

해설 능선임도형은 개설 비용이 저렴하고 토사 유출도 적으나 가선집재와 같은 상향집재방식에 적합하다.

28 임도 시공에서 다짐작업에 사용되는 토공 기계로 가장 거리가 먼 것은?

① 불도저 ② 탬핑롤러
③ 진동 콤팩터 ④ 모터그레이더

해설 모터그레이더는 노면을 평평하게 깎아내고 불규칙한 노면 다지기, 포장재 혼합 등에 사용하는 대표적인 정지작업기계이다.

29 임도 설계 과정에서 가장 먼저 실시하는 업무는?

① 예측 ② 답사
③ 예비조사 ④ 공사 수량 산출

해설 • 임도 설계 순서 : 예비조사, 답사, 예측, 설계서 작성
• 임도계획을 위한 기초조사에서 이용한 도면과 지형을 분석한다.

30 컴퍼스측량에서 발생하는 자침편차 중 일차에 해당하는 변화는?

① 0′~5′ ② 5′~10′
③ 15′~20′ ④ 20′~25′

해설 자침편차의 주기적인 변화 가운데 하루 사이에 일어나는 변화(일차)로 변화량은 5′~10′ 정도이다. 컴퍼스측량 시의 일차는 오전 11시경이 평균, 오후 2시경이 최대이다.

31 최소곡선반지름의 크기에 영향을 주는 인자가 아닌 것은?

① 임도 밀도
② 도로의 너비
③ 반출할 목재의 길이
④ 차량의 구조 및 운행속도

해설 최소곡선반지름은 노선의 굴곡 정도를 나타내며 도로의 너비, 반출할 목재의 길이, 설계속도, 타이어와 노면의 마찰, 횡단 기울기, 시거, 운행 차량의 구조 등에 영향을 받는다.

32 평판측량에 있어서 어느 다각형을 전진법에 의하여 측량하였다. 이때 폐합오차가 20cm 발생하였다면 측점 C의 오차 배분량은? (단, AB = 50m, BC = 40m, CD = 5m, DA = 5m)

① 0.10m ② 0.14m
③ 0.18m ④ 0.20m

해설 오차 배분량

$$= \frac{\text{폐합오차}}{\text{측선길이의 총합}} \times \text{출발점에서 조정할 측점까지의 거리}$$

$$= \frac{0.2}{50+40+5+5} \times 90(\text{A에서 } C\text{까지의 거리})$$

$$= 0.002 \times 90m = 0.18m$$

33 수준 측량에서 시점의 지반고가 100m 이고, 전시의 합은 120.5m, 후시의 합은 110.5m일 때 종점의 지반고는?

① 90m ② 100m
③ 110m ④ 120m

해설 고저차 = 후시의 합계 - 이기점 전시의 합계
기준이 되는 기계고(I.H) = 그 점의 지반고(G.H) + 그 점의 후시(B.S)
각 점의 지반고(G.H) = 기준으로 되는 기계고(I.H) - 구하고자 하는 각 점의 전시(F.S)
= 지반고 + 후시 - 전시 = 100 + 110.5 - 120.5
= 90m

34 임도망의 특성을 나타내는 지표가 아닌 것은?

① 임도 밀도
② 임도 간격
③ 평균집재거리
④ 임도곡선반지름

해설 합리적인 산림경영을 위한 합리적·계통적으로 배치된 일련의 임도를 임도망이라 한다. 임도의 곡선반지름은 임도의 구조, 노선의 굴곡 정도와 관계가 있다.

35 임도에서 대피소의 설치 간격 기준은?

① 100m 이내   ② 300m 이내

③ 500m 이내   ④ 1,000m 이내

해설 대피소와 차 돌림 곳은 1차선 임도에 있어서는 자동차가 서로 비껴가거나 자동차의 방향 전환을 위한 시설이며, 대피소와 차 돌림 곳은 되도록 경사가 완만하고 일정한 간격으로 설치하는 것이 좋다. 대피소 간격은 300m 이내, 너비는 5m 이상, 유효길이는 15m 이상이다.

36 집재가선을 설치할 때 본줄을 설치하기 위한 집재기 쪽의 지주를 무엇이라 하는가?

① 머리기둥   ② 꼬리기둥

③ 안내기둥   ④ 받침기둥

해설 본줄을 설치하기 위한 지주에서 집재기 쪽의 지주를 머리기둥(앞기둥), 반대쪽의 기둥을 꼬리기둥(뒷기둥), 머리기둥과 꼬리기둥 중간에 있는 기둥을 안내기둥이라 한다.

37 다음과 같은 지형에서 직사각형 기둥법에 의한 토적량은? (단, 사각형의 면적은 200m²로 모두 동일함)

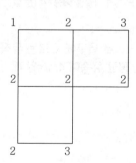

① 1,200m³   ② 1,250m³

③ 1,300m³   ④ 1,350m³

해설 $200 \times \dfrac{(1+2+2+2)+(2+3+2+2)+(2+2+2+3)}{4}$

$= 200 \times \dfrac{25}{4} = 1,250m^3$

38 임도의 횡단선형에서 길어깨의 기능이 아닌 것은?

① 시거의 여유 공간

② 폭설 시 제설 공간

③ 보행자의 통행 공간

④ 차량의 주행상 여유 공간

해설 길어깨의 기능 : 차도의 주요 구조부 보호, 차량의 안전통행, 차량의 원활한 주행, 유지보수 작업공간 제공, 보행자의 통행, 자전거의 대피

39 곡선설치법에서 교각법에 의해 곡선을 설치할 때 교각이 32°15′, 곡선반지름이 200m일 경우 접선길이는?

① 약 58m   ② 약 65m

③ 약 75m   ④ 약 83m

해설 접선길이(TL) = 곡선반지름(R)×$\tan(\dfrac{\theta}{2})$

$= 200 \times \tan(\dfrac{32°15′}{2}) = 200 \times 0.2892$

$= 57.84m$

40 임도의 설계기준으로 중심선측량에서 측점 간격은?

① 5m   ② 10m

③ 20m   ④ 50m

해설 중심선측량에서 측점 간격은 20m로 하고 중심말뚝(번호말뚝)을 설치하되, 지형의 변화가 심한 지점, 구조물 설계가 필요한 곳에는 보조(중간)말뚝을 설치한다.

정답 35. ② 36. ① 37. ② 38. ① 39. ① 40. ③

41 사방공사용 재래 초본류에 해당하는 것은?

① 억새   ② 오리새

③ 겨이삭   ④ 우산잔디

해설 • 사방공사용 재래 초본류에는 새, 솔새, 개솔새, 잔디, 참억새, 기름새, 비수리, 칡, 차풀, 매듭, 풀, 김의털 등이 있다.

• 도입 초본류로는 겨이삭, 호밀풀, 왕포아풀, 우산잔디, 오리새, 능수귀염풀, 켄터키개미털, 이태리호밀풀 등이 있다.

42 양단면적이 각각 10m², 20m²이고, 양단면의 거리가 20m일 때 양단면평균법에 의한 토사량은?

① 300m³   ② 400m³

③ 500m³   ④ 600m³

해설 양단면적평균법에 의한 토사량은

$$= \frac{\text{양단의 단면적}(m^2)}{2} \times \text{양단면 사이의 거리(m)}$$
$$= \frac{10+20}{2} \times 20 = 15 \times 20 = 300 \; m^3$$

43 계류의 상류에 쌓는 소규모 공작물로 사방댐과 모습이 비슷하나 규모가 작고 토사퇴적 기능이 없으며 반수면만 존재하는 것은?

① 수제   ② 골막이

③ 누구막이   ④ 기슭막이

해설 골막이의 시공위치는 사방댐에 비해 계류 상의 위쪽이며, 골막이는 반수면만을 축조하고 중앙부를 낮게 하여 물이 흐르게 한다.

44 산사태의 발생 요인에서 내적 요인에 해당하는 것은?

① 강우   ② 지진

③ 벌목   ④ 토질

해설 산사태의 발생에는 지형, 지질, 임상 등의 내적 요인(잠재적 요인)과 집중호우, 인위적 원인 등의 외적 요인(직접적 요인)이 복합적으로 관련되어 있다.

45 척박하고 건조한 지역에서 비교적 잘 자라며, 맹아갱신이 잘 이루어지는 사방녹화용 주요 목본식물은?

① 단풍나무

② 가시나무

③ 아까시나무

④ 테다소나무

해설 사방공사용 목본류에는 리기다소나무, 물(산)오리나무, 아까시나무 이외에 참나무류, 싸리류(싸리 (*Lespedeza bicolor*), 참싸리, 조록싸리, 족제비싸리), 눈향나무, 사방오리나무 등이 있다.

46 다음 설명에 해당하는 것은?

> 비탈면이나 누구에서 모여드는 물이 점점 많아지면 구곡의 바닥과 양쪽 기슭의 침식력이 커지는 데, 이때의 침식력을 의미한다.

① 유송력   ② 운반력

③ 소류력   ④ 수직응력

해설 소류력은 수류가 흐르면서 토사를 움직이게 하는 힘으로, 유수의 힘이 강바닥의 저항력보다 커졌을 때 모래와 자갈을 이동시키는 힘을 의미한다.

47 콘크리트 측구에 흐르는 유적이 0.35m²이고, 평균 유속이 4m/s일 때 유량은?

① 0.14m³/s   ② 1.14m³/s

③ 1.40m³/s   ④ 11.43m³/s

해설 유량(Q) = 유속(V)×유적(A) = 4×0.35
                 = 1.40m³/s

정답 41. ①   42. ①   43. ②   44. ④   45. ③   46. ③   47. ③

48 다음 설명에 해당하는 것은?

> 산림지대에서 지하수 유출과 깊은 유출을 합한 것이며, 평상시의 유량은 대부분 이것에 해당한다.

① 직접유출　　　　② 간접유출
③ 기저유출　　　　④ 표면유출

해설 기저유출(baseflow)은 하천 수로를 통한 총 유출을 구성하는 요소 중 강우가 땅속으로 스며들었다가 저장된 지하수가 다시 지표수로 유출되는 현상을 의미한다. 시간적으로 유출이 지연된 중간유출과 지하수 유출을 합친 것을 말하며, 직접유출과 구분된다.

49 황폐계류유역에 해당하지 않는 것은?

① 토사생산구역　　② 토사유과구역
③ 토사퇴적구역　　④ 토사억제구역

해설 황폐계류의 유역은 토사생산구역, 토사유과구역, 토사퇴적구역으로 구분할 수 있다.

50 사방댐 안정조건의 검토 항목에서 옳지 않은 것은?

① 유출에 대한 안정
② 전도에 대한 안정
③ 제체 파괴에 대한 안정
④ 기초지반 지지력에 대한 안정

해설 중력댐의 안정조건
• 전도에 대한 안정조건 : 합력 작용선이 댐 밑의 중앙 $\frac{1}{3}$ 보다 하류 측을 통과하면 상류에 장력이 생기므로 합력 작용선이 댐 밑의 $\frac{1}{3}$ 내를 통과해야 한다.
• 활동에 대한 안정조건 : 활동에 대한 저항력의 총합이 수평 외력보다 커야 한다.
• 제체 파괴에 대한 안정조건 : 댐 몸체의 각 부분을 구성하는 재료의 허용응력도를 초과하지 않아야 한다.
• 기초지반의 지지력에 대한 안정조건 : 사방댐 밑

에 발생하는 최대응력이 기초지반의 허용지지력을 초과하지 않아야 한다.

51 흙골막이에서 제체를 축설하는 흙쌓기 비탈면의 기울기 기준은?

① 대수면과 반수면이 다같이 1:1 보다 완만하게 하여야 한다.
② 대수면과 반수면이 다같이 1:1.5 보다 완만하게 하여야 한다.
③ 대수면은 1:1.5, 반수면은 1:1 보다 완만하게 하여야 한다.
④ 대수면은 1:1, 반수면은 1:1.5 보다 완만하게 하여야 한다.

해설 • 대수면은 돌, 콘크리트댐에서는 수직 또는 1:0.1~1:0.2, 흙 또는 혼합 쌓기 댐에서는 1:1.3~1:1.5로 한다.
• 반수면은 돌, 콘크리트댐에서는 1:0.2~1:0.3, 흙 댐에서는 1:1.5~1:2.0으로 한다.

52 막깬돌의 길이는 앞면의 몇 배 이상으로 하는가?

① 0.5배　　　　　② 1.0배
③ 1.5배　　　　　④ 2.0배

해설 막깬돌의 규격은 일정하지 않지만 다듬은 돌로 메쌓기와 찰쌓기에 사용, 길이는 면의 1.5배 이상으로 하고 면의 모양을 직사각형에 가깝게 하며 1개의 무게는 60kg 정도이다.

53 야계사방에 해당하는 공종이 아닌 것은?

① 사방댐
② 흙막이
③ 바닥막이
④ 기슭막이

해설 사방댐, 바닥막이, 기슭막이는 야계사방 구조물이며, 흙막이는 흙이 무너지거나 흘러내림을 막는 공작물로 산지사방공사에 해당된다.

54 땅밀림과 비교한 산사태에 대한 설명으로 옳지 않은 것은?

① 점성토를 미끄럼면으로 하여 속도가 느리게 이동한다.

② 주로 호우에 의하여 산정에서 가까운 산복부에서 많이 발생한다.

③ 흙덩어리가 일시에 계곡, 계류를 향하여 연속적으로 길게 붕괴하는 것이다.

④ 비교적 산지 경사가 급하고 토층 바닥에 암반이 깔린 곳에서 많이 발생한다.

해설 점성토를 미끄럼면으로 활동하는 것은 땅밀림이고, 산사태는 사질토, 급경사지, 돌발성, 속도가 매우 빠르게 발생한다.

55 석재를 이용하여 공작물을 시공할 때 식생 도입이 곤란한 기울기가 1:1 보다 완만한 비탈면이나 수변지역의 기슭막이에 사용되는 방법은?

① 찰쌓기   ② 골쌓기

③ 메쌓기   ④ 돌붙이기

해설 • 돌쌓기공과 블록쌓기공은 사면기울기가 1할 이상으로 급할 경우에, 1할 이하로 완만할 경우 돌붙이기공, 블록부티기공을 이용한다.

• 비탈면의 안정을 위해서는 비탈면이 수평면과 이루는 각인 "안식각"보다 작은 각을 가져야 하며, 법으로 정해진 흙깎기 비탈면과 흙쌓기 비탈면의 기울기보다 더 작은 값을 갖도록 하여야 한다.

56 산사태 예방공사 중 지하수 배제공사에 속하는 것은?

① 주입공사

② 집수정공사

③ 돌림수로 내기

④ 침투수방지공사

해설 • 지표수 배제공사 : 비탈면 돌림수로 내기, 침투수 방지공사, 주입공사 등

• 지하수 배제공사 : 속도랑 내기, 보링속도랑 내기, 터널속도랑 내기, 집수정공사, 지하수 차단공사 등

57 중력침식에 대한 설명으로 옳지 않은 것은?

① 붕괴형 침식, 동상 침식, 지활형 침식, 유동형 침식 등이 있다.

② 유수나 바람과 같은 독립된 외력의 작용에 의하여 발생하는 침식이다.

③ 토층이 수분으로 포화되어 중력작용으로 토층이 집단적으로 밀리는 현상이다.

④ 중력의 영향으로 비탈면에서 토사와 석력의 지괴가 이동하는 침식의 특수 형태이다.

해설 침식의 종류

물 침식	우수침식	우적침식, 면상침식, 누구침식, 구곡침식, 야계침식
	하천침식	종침식, 횡침식
	지중침식	용출침식, 복류심침식
	바다침식	파랑침식, 연안류침식, 지류침식
중력 침식	붕괴형 침식	산사태, 산붕, 붕락, 포락, 암설 붕락
	지활형 침식	지괴형 땅밀림, 유동형 땅밀림, 층활형 땅밀림
	유동형 침식	토류, 토석류, 암설류
	사태형 침식	눈사태, 얼음사태
침강 침식	곡상침식, 틈내기 및 구멍내기	
바람 침식	내륙사구침식 및 해안사구침식	

58 해안사방의 정사울 세우기에 대한 설명으로 옳지 않은 것은?

① 울타리의 유효높이는 보통 1.0~1.2m로 한다.

② 울타리의 방향은 주풍방향에 직각이 되게 한다.

③ 구획의 크기는 한 변의 길이가 7~15m 정도인 정사각형이나 직사각형으로 한다.

④ 해안으로부터 이동하는 모래를 배후에 퇴적시켜 인공모래언덕을 조성하기 위해 설치한다.

해설 • 안으로부터 이동하는 모래를 배후에 퇴적시켜 인공모래언덕을 조성하기 위해 설치하는 시설물은 퇴사울이다.
• 정사울은 퇴적된 모래언덕 위에 나무를 심기 위해 설치하는 것이다.

59 계속되는 강우로 인하여 토층이 포화상태가 되면서 산지 전면에 걸쳐 얇은 층으로 발생하는 침식은?

① 면상침식　　② 우격침식

③ 누구침식　　④ 구곡침식

해설 면상침식(평면침식, 층상침식)은 침식의 초기 유형으로 토양표면 전면이 엷게 유실되는 침식이다.

60 사방시설의 공작물도를 작성하는 데 기준이 되며, 설계홍수량 산정에 쓰이는 강우 확률 빈도는?

① 30년　　② 50년

③ 80년　　④ 100년

해설 배수구의 통수단면은 100년 빈도 확률강수량과 홍수도달시간을 이용한 합리식으로 계산된 최대 홍수유출량의 1.2배 이상으로 설계 · 설치한다.

제2과목 산림보호학

01 점박이응애에 대한 설명으로 옳지 않은 것은?

① 습한 기후 조건에서 대발생하기도 한다.

② 1년에 8~10회 발생하고, 주로 암컷 성충이 수피 밑에서 월동한다.

③ 농약을 지속적으로 사용한 수목에서 대발생하는 경우가 있다.

④ 잎 뒷면에서 즙액을 빨아먹으므로 피해를 입은 잎에 작은 반점이 생긴다.

해설 점박이응애는 고온건조한 환경에서 많이 발생한다. 응애류는 아마멕틴 등으로 방제할 수 있다.

02 모잘록병 방제 방법으로 옳지 않은 것은?

① 밀식되지 않도록 파종량을 적게 한다.

② 파종 전에 종자와 파종상의 토양을 소독한다.

③ 피해가 발생하면 디노테퓨란 액제를 살포한다.

④ 질소질 비료를 과용하지 않고 완숙퇴비를 사용한다.

해설 • 도복형 피해 또는 수부형 피해가 발생하였을 때에는 캡탄제(1,000배액), 다치가렌액제(600배액) 등을 피해부의 중심으로 관주한다.
• 디노테퓨란 액제는 솔껍질깍지벌레, 솔잎혹파리 등의 방제에 사용되는 살충제다.

03 유충 시기에 천공성을 가진 해충은?

① 혹벌류 　　　　② 하늘소류

③ 노린재류 　　　④ 무당벌레류

해설 유충 시기에 천공을 할 수 있는 입틀을 가진 해충은 하늘소류, 나비목, 바구미류와 좀류가 있다.

04 버즘나무방패벌레에 대한 설명으로 옳지 않은 것은?

① 1995년경 국내에 첫 발생이 확인되었다.

② 피해 잎의 뒷면에는 검정색 배설물과 탈피각이 붙어있다.

③ 성충으로 월동하고, 월동한 성충은 봄에 무더기로 산란한다.

④ 주로 버즘나무와 철쭉류의 잎을 가해하여 피해를 주는 흡즙성 해충이다.

해설 • 버즘나무방패벌레는 버즘나무(플라타너스)류, 물푸레나무류, 닥나무 잎을 흡즙하여 가해한다.
• 철쭉류는 기주식물이 아니다.

05 우리나라에서 수목에 피해를 주는 주요 겨우살이가 아닌 것은?

① 붉은겨우살이

② 소나무겨우살이

③ 참나무겨우살이

④ 동백나무겨우살이

정답 01. ① 　02. ③ 　03. ② 　04. ④ 　05. ②

해설 소나무겨우살이는 지의류에 속한다. 대부분의 겨우살이가 나무로 분류되는 것과는 다르다. 찾기도 어렵고 보기도 드물기 때문에 주요 겨우살이로 분류되기는 어렵다.

06 오동나무 빗자루병의 병원체는?

① 균류
② 세균
③ 바이러스
④ 파이토플라스마

해설 오동나무 빗자루병의 병원체는 파이토플라스마로 마름무늬매미충에 의하여 전반된다.

07 포플러류 모자이크병 방제 방법으로 가장 효과적인 것은?

① 새삼을 제거하여 감염경로를 차단한다.
② 접목 및 꺾꽂이에 사용한 도구는 소독하여 사용한다.
③ 양묘 단계에서 토양을 소독하여 매개 선충을 구제한다.
④ 감염된 삽수는 60℃에서 5주간 처리하여 바이러스를 비활성화하고 사용한다.

해설 포플러류 모자이크병은 바이러스에 의한 병으로 전신감염되므로 접목 및 꺾꽂이 도구로도 전반될 수 있다.

08 밤나무혹벌 방제 방법으로 옳지 않은 것은?

① 봄에 벌레혹을 채취하여 소각한다.
② 중국긴꼬리좀벌을 4~5월에 방사한다.
③ 성충 발생 최성기인 6~7월에 적용 약제를 살포한다.
④ 밤나무혹벌 피해에 약한 품종인 산목률, 순역 등을 저항성 품종인 유마, 이취 등으로 갱신한다.

해설 • 산목율, 순역 등이 내충성품종이다.
• 내충성 품종인 산목율, 순역, 옥광률, 상림 등 토착종이나 유마, 이취, 삼조생, 이평 등 도입종인 저항성 품종으로 갱신하는 것이 가장 효과적이다.

09 호두나무잎벌레에 대한 설명으로 옳은 것은?

① 1년에 1회 발생하며, 알로 월동한다.
② 1년에 2회 발생하며, 알로 월동한다.
③ 1년에 1회 발생하며, 성충으로 월동한다.
④ 1년에 2회 발생하며, 성충으로 월동한다.

해설 호두나무잎벌레는 1년에 1회 발생하고, 성충이 낙엽이나 수피 틈에서 4월까지 월동한다.

10 식물체의 표피를 뚫어 직접 기주 내부로 침입이 가능한 병원체는?

① 균류
② 세균
③ 바이러스
④ 파이토플라스마

해설 균류의 영양체인 균사는 부착기와 침입관, 세포 내 균사로 식물의 세포벽을 뚫고 직접 침입, 자연개구 침입, 상처 침입을 한다.

11 수목에 발생하는 녹병에 대한 설명으로 옳지 않은 것은?

① 순활물기생성이다.
② 담자포자는 2n의 핵상을 갖는다.
③ 여름포자는 대체로 표면에 돌기가 있다.
④ 소나무 혹병의 중간기주로 졸참나무가 있다.

해설 녹병균의 겨울포자, 여름포자, 녹포자는 2n의 핵상을 가지며, 담자포자와 녹병정자는 n의 핵상을 갖는다.

12 수목 병의 전염원에 해당되지 않는 것은?

① 선충의 알

② 곰팡이의 균핵

③ 곰팡이의 부착기

④ 기생식물의 종자

해설 • 균류, 즉 곰팡이의 부착기는 기주와 기생체의 기생관계를 성립시키는 감염을 일으키는 원인이지만 전염원이 되지는 않는다.
• 부착기와 침입관은 포자가 균사로 변하면서 식물의 세포에 침입하기 위해 만드는 기관이다.

13 석회보르도액이 해당되는 종류는?

① 보호살균제　　② 토양살균제

③ 직접살균제　　④ 침투성 살균제

해설 보호살균제는 병균이 식물체에 침투하는 것을 막기 위하여 쓰는 약제로 보호제, 예방제라고도 하며 석회보르도액, 구리분제, 유기유황제 등이 이에 속한다.

14 수목에게 피해를 주는 산성비의 원인 물질이 아닌 것은?

① 오존　　　　② 황산화물

③ 질소산화물　　④ 이산화질소

해설 산성비는 이산화황(SO_2)과 질소산화물(NO_x), 이산화탄소(CO_2)에 의해 만들어진다.

15 알로 월동하는 해충은?

① 외줄면충　　　② 가루나무좀

③ 소나무순나방　④ 향나무하늘소

해설 • 외줄면충은 수피 틈에서 알로 월동한다.
• 가루나무좀은 성충이 피해목에서 월동한다.
• 소나무순나방은 노숙유충으로 나뭇잎 사이에서 월동한다.
• 향나무하늘소는 성충이 피해목에서 월동한다.

16 기상으로 인한 수목 피해에 대한 설명으로 옳지 않은 것은?

① 일반적으로 저온에 의한 피해를 한해라고 한다.

② 만상과 조상은 수목 조직의 세포 내 동결에 의한 피해이다.

③ 만상으로 인하여 발생하는 위연륜을 상륜이라고 한다.

④ 결빙 현상이 없는 0℃ 이상의 저온 피해를 한상이라고 한다.

해설 • 수목 조직의 세포 내 동결에 의한 피해는 동해다.
• 조상은 가을에 일찍 내린 서리로 인한 피해를 말한다.
• 만상은 봄에 늦게 내린 서리로 인한 피해를 말한다.
• 만상에 의해 위연륜이 생긴다.

17 향나무 녹병 방제 방법으로 옳지 않은 것은?

① 향나무 부근에 산사나무와 팥배나무를 심지 않는다.

② 향나무에는 3~4월과 7월에 적용 약제를 살포한다.

③ 중간기주에는 4월 중순부터 6월까지 적용 약제를 살포한다.

④ 수고의 1/3까지 조기에 가지치기를 하여 녹포자의 감염을 방지한다.

해설 수목의 아래쪽에 위치한 가지를 중심으로 발생하는 병이 많아서 가지치기는 전염원의 제거, 외과적 치료효과 및 감염예방효과가 있다. 향나무녹병의 방제법으로 가지치기는 적합하지 않다.

18 흰가루병 방제 방법으로 옳지 않은 것은?

① 병든 낙엽을 모아서 태운다.

② 묘포에서는 예방 위주로 약제를 살포한다.

③ 늦가을이나 이른 봄에 자낭반이 붙어 있는 어린 가지를 제거한다.

④ 통기 불량, 일조 부족, 질소 과다 등은 발병 원인이 되므로 사전에 조치한다.

> **해설** • 흰가루병은 주로 자낭구의 형태로 병든 낙엽 위에서 월동하므로, 병든 가지를 가을에 제거한다.
> • 봄에는 자낭포자를 내어 1차 감염이 시작되므로 되도록 가을에 제거하여 소각한다.

19 미국흰불나방의 생태에 대한 설명으로 옳지 않은 것은?

① 번데기로 월동한다.

② 거의 모든 수종의 활엽수에 피해를 준다.

③ 유충이 잎을 식해하고, 성충은 주로 밤에 활동하며 주광성이 강하다.

④ 3령기까지의 유충은 군서생활을 하며 4령기와 5령기 유충은 흩어져 가해한다.

> **해설** 애벌레는 4령기까지 거미줄로 잎을 싸고 엽육을 먹다가 5령충부터 분산한다.

20 느티나무벼룩바구미에 가장 효과가 있는 나무주사 약제는?

① 페니트로티온 유제

② 에토펜프록스 유제

③ 테부코나졸 유탁제

④ 이미다클로프리드 분산성 액제

> **해설** • 페니트로티온 유제와 에토펜프록스 유제는 수간 살포용 살충제다.
> • 테부코나졸 유탁제는 살균제로 균핵병과 탄저병 등에 유효한 약제다.

제4과목 임도공학

21 임도시공 시 굴착 및 운반작업 수행이 가장 어려운 장비는?

① 불도저

② 파워셔블

③ 스크레이퍼

④ 모터그레이더

> **해설** • 스크레이퍼(scraper)는 굴착, 적재, 운반, 성토, 흙깎기, 흙다지기 등의 작업을 하나의 기계로 시공할 수 있는 장비
> • 모터그레이드는 노면 평평하게 깎기, 노면 다지기 등의 정지작업에 사용

22 임도의 유지관리를 위한 시설에 대한 설명으로 옳은 것은?

① 빗물받이는 주로 절토 비탈면 위에 설치한다.

② 옆도랑에 쌓인 토사는 답압하여 길어깨로 사용한다.

③ 평시에 유량이 많은 지역에는 세월시설을 설치하여 관리한다.

④ 종단기울기와 절취면의 토질에 따라 적절한 간격으로 횡단배수구를 설치하여 표면 유출수가 신속히 배수되도록 한다.

> **해설** ① 빗물받이는 주로 절토사면과 산림과의 경계지점에 설치한다.
> ② 노면보다 높은 길어깨는 깎아내고 다지며 옆도랑에 쌓인 토사를 신속히 제거하여 물의 흐름을 원활하게 한다.
> ③ 평상시에는 유량이 적지만 비가 오면 유량이 증가하는 지역에는 세월시설을 설치하여 관리한다.

23 산악지대의 임도망 구축에 있어 지형에 대응한 노선 선정 방식에 대한 설명으로 옳지 않은 것은?

① 산정부에 배치되는 임도는 순환식 노선이 좋다.
② 능선임도는 임도 노선 배치 방식 중 건설비가 가장 적게 든다.
③ 계곡임도는 계곡보다 약간 위의 사면에 설치하는 것이 좋다.
④ 급경사의 긴 비탈면에 설치하는 사면임도는 대각선 방식이 적당하다.

> **해설**
> • 계곡임도(valley road) : 임지개발의 중추적인 역할. 홍수로 인한 유실을 방지하기 위하여 계곡 하부에 구축하지 않고 약간 위의 사면에 축설하는 것이 좋다.
> • 사면임도형(급경사지이고 긴 비탈면)에는 지그재그 방식이, 사면임도형(완경사)에는 대각선 방식이 적합하며, 계곡임도형과 산정부 개발형 임도에는 순환노선방식이 적합하다.

24 임도의 대피소 설치 기준으로 옳은 것은?

① 너비 : 5m 이상
② 간격 : 100m 이내
③ 유효길이 : 10m 이상
④ 종단기울기 : 5% 이하

> **해설** 임도의 대피소 설치기준
> 너비 : 5m 이상, 간격 : 300m 이내, 유효길이 : 15m 이상

25 임도공사 시 기초작업에서 지반의 허용지지력이 가장 큰 것은?

① 연암
② 잔모래
③ 연한 점토
④ 자갈과 거친 모래

> **해설** 기초지반의 허용지지력은 일반적으로 연한 점토＜잔모래＜자갈과 거친 모래＜연암＜암반의 순으로 크다.

26 임도의 평면선형에서 곡선을 설치하지 않아도 되는 기준은?

① 내각 25° 이상
② 내각 55° 이상
③ 내각 90° 이상
④ 내각 155° 이상

> **해설** 도로의 굴곡부에는 교통의 안전을 확보하고, 또 주행속도와 수송능력을 저하시키지 않도록 고려하여 곡선(curve)을 설치, 내각이 155° 이상 되는 장소에 대하여는 곡선을 설치하지 않을 수 있다.

27 1,000ha의 산림경영지에 적정 임도밀도가 20m/ha라 한다면 평균집재거리는?

① 62.5m
② 125m
③ 250m
④ 500m

> **해설** 평균집재거리 $= \dfrac{10,000}{\text{적정 임도밀도} \times 4}$
> $= \dfrac{10,000}{20 \times 4} = \dfrac{10,000}{80} = 125m$

28 임도의 종류별 설계속도 기준으로 옳은 것은?

① 간선임도 : 40~30km/시간
② 간선임도 : 40~20km/시간
③ 지선임도 : 30~10km/시간
④ 지선임도 : 20~10km/시간

> **해설** 임도의 종류별 설계속도
> 간선임도 : 40~20km/시간, 지선임도 : 30~20km/시간, 작업임도 20km/시간

29 임도의 노체를 구성하는 기본적인 구조가 아닌 것은?

① 노상
② 기층
③ 표층
④ 노층

> **해설** 임도의 노체는 원지반과 운반된 재료에 의하여 피복된 층으로 구분되며, 각 층은 노면에 가까울수록

정답 23. ④ 24. ① 25. ① 26. ④ 27. ② 28. ② 29. ④

큰 응력에 견디어야 하므로 하부로부터 노상, 노반, 기층, 표층의 순으로 더 좋은 재료를 사용하여 피복시키는 것이 이상적이다.

30 토사지역에서 절토 경사면의 설계 기준은?

① 1:0.3~0.8   ② 1:0.5~0.8

③ 1:0.5~1.2   ④ 1:0.8~1.5

해설 절토 경사면의 기울기
- 토사지역 : 0.8~1.5
- 암석지 경암 : 0.3~0.8
- 암석지 연암 : 0.5~1.2
- 성토 경사면의 기울기는 1:1.2~2.0
- 절·성토 사면은 길이를 가급적 5m 이내로 시공

31 레벨을 이용한 고저측량 시 기고식야장법에 의한 지반고를 구하는 방법은?

① 기계고＋전시   ② 기계고－전시

③ 기계고＋후시   ④ 후시－기계고

해설 고저차 = 후시의 합계-이기점 전시의 합계
기준이 되는 기계고(I.H) = 그 점의 지반고(G.H)+그 점의 후시(B.S)
각 점의 지반고(G.H) = 기준으로 되는 기계고(I.H)-구하고자 하는 각 점의 전시(F.S)

32 임도 설계 시 횡단면도를 작성하는 기준 축척은?

① 1/100   ② 1/200

③ 1/500   ④ 1/1,000

해설
- 평면도 : 1/1200, 교각점, 측점번호, 구조물, 곡선제원 등
- 종단면도 : 횡1/1,000, 종1/200, 지반높이, 계획높이 등
- 횡단면도 : 1/100, 옆도랑, 돌쌓기, 옹벽 등 횡단면도는 1:100의 축척으로 작성하며, 좌측 하단에서 상단 방향으로 횡단 기입한다.

33 산림의 경계선을 명백히 하고 그 면적을 확정하기 위해 실시하는 측량은?

① 시설측량   ② 세부측량

③ 주위측량   ④ 산림구획측량

해설
- 주위측량 : 산림 경계선을 명백히 하고 그 면적을 확정하기 위하여 경계를 따라 주위측량을 한다.
- 산림구획측량 : 주위측량이 끝난 후 산림구획 계획이 수립되면 임반, 소반의 구획선 및 면적을 구하기 위하여 산림구획측량을 한다.
- 시설측량 : 교통로 및 운반로 개설과 기타 산림경영에 필요한 건물을 설치하고자 할 때에는 설치예정지에 대한 시설측량을 한다.

34 임도의 곡선반지름이 30m, 설계속도가 30km/h일 때 자동차의 원활한 통행을 위한 완화구간의 길이는?

① 약 30m   ② 약 32m

③ 약 36m   ④ 약 40m

해설 완화곡선 : 완화구간에 설치하는 곡선. 도로의 직선부로부터 곡선부로 옮겨지는 곳

$$완화구간의 길이 = \frac{0.036 \times 설계속도^3}{곡선반지름}$$

$$= \frac{0.036 \times 30^3}{30} = \frac{972}{30} = 32.4m$$

35 옹벽에 대한 설명으로 옳지 않은 것은?

① 부벽식 옹벽은 토압을 받는 쪽에 부벽을 만드는 옹벽이다.

② 반중력식 옹벽은 철근을 보강하며, 기초가 견고하지 못한 곳에 시공한다.

③ L형 옹벽은 철근콘크리트 형식으로 자중과 뒷채움한 토사의 무게를 이용한다.

④ 중력식 옹벽은 무절콘크리트로서 자중으로 토압을 견디며 기초가 견고한 곳에 시공한다.

해설 토압을 받는 곳에 부벽재를 만드는 것을 뒷부벽식 옹벽, 토압을 받지 않는 곳에 부벽재를 만드는 것을 앞부벽식옹벽이라고 한다.

정답   30. ④   31. ②   32. ①   33. ③   34. ②   35. ①

36 가선집재와 비교하여 트랙터를 이용한 집재작업의 특징으로 거리가 먼 것은?

① 기동성이 높다.

② 작업이 단순하다.

③ 임지 훼손이 적다.

④ 경사가 큰 곳에서 작업이 불가능하다.

해설 • 장점 : 기동성이 높다, 작업생산성이 높다, 작업이 단순하다, 작업비용이 낮다.
• 단점 : 환경피해가 크다, 완경사지에서만 작업이 가능하다, 높은 임도 밀도 필요, 지면끌기식과 적재식

37 모르타르뿜어붙이기공법에서 건조·수축으로 인한 균열을 방지하는 방법이 아닌 것은?

① 응결완화제를 사용한다.

② 뿜는 두께를 증가시킨다.

③ 물과 시멘트의 비를 작게 한다.

④ 사용하는 시멘트의 양을 적게 한다.

해설 건조·수축으로 인한 균열을 방지하기 위해서는 물-시멘트의 비율(w/c)을 적게 하고, 응결촉진제를 사용하며, 두께를 증가시키고, 사용하는 시멘트의 양을 적게 한다.

38 산지 경사면과 임도 시공기면과의 교차선으로 임도시공 시 절토와 성토작업을 구분하는 경계선은?

① 영선   ② 시공선

③ 중심선   ④ 경사선

해설 영선은 경사면과 임도시공 기면과의 교차선으로 노반에 나타나며, 임도시공 시 절토량과 성토량이 동일하기 때문에 영선이라 부른다. 임도의 굴곡이 심해지는 단점이 있다.

39 임도의 횡단선형을 구성하는 요소가 아닌 것은?

① 길어깨   ② 옆도랑

③ 차도 너비   ④ 곡선반지름

해설 임도의 횡단선형은 도로의 중심선을 횡단면으로 본 형상으로 차도 너비, 유효너비, 축조한계, 길어깨·옆도랑, 절토면, 성토면. 유효너비 = 차도 너비+길어깨, 축조한계 = 유효너비 제외. 포장 1.5~2%, 비포장 3~5%, 외쪽 3~6%

40 측선 AB의 방위각이 45°, 측선 BC의 방위각이 130°일 때 교각은?

① 45°   ② 75°

③ 85°   ④ 175°

해설 깎은 두 곡선이 한 점에서 만날 때 두 곡선이 이루는 각이므로 (어떤 측선의 방위각-하나 앞 측선의 방위각) 으로 구할 수 있다. 130°-45° = 85°

제5과목 사방공학

41 황폐계류에 대한 설명으로 옳지 않은 것은?

① 유량이 강우에 의해 급격히 증감한다.

② 유로 연장이 비교적 길고 하상 기울기가 완만하다.

③ 토사생산구역, 토사유과구역, 토사퇴적구역으로 구분된다.

④ 호우가 끝나면 유량은 급격히 감소되고 모래와 자갈의 유송은 완전히 중지된다.

해설 물매가 급하고 계안 및 산복사면에 붕괴가 많이 발생한 계류로 유로 연장이 짧은 편이다.

42 유역면적이 5km²이고, 비유량이 12m³/sec/km²일 때 최대홍수유량은?

① 30m³/sec
② 60m³/sec
③ 90m³/sec
④ 120m³/sec

해설 비유량(比流量)에 의해 홍수유량 산정한다.
$Q = A \times q$
Q : 최대홍수유량(m³/sec), A : 유역면적(km²),
q : 비유량(m³/sec/km²)
유역면적의 단위가 m²일 때
최대홍수유량 = 비유량(0.2778 × 유출계수 × 강우강도) × 유역면적
= 12 × 5 = 60msec³/sec

43 찰쌓기에서 지름 약 3cm의 PVC파이프로 물빼기 구멍을 설치하는 기준은?

① 0.5~1m²마다 1개씩 설치한다.
② 2~3m²마다 1개씩 설치한다.
③ 3~5m²마다 1개씩 설치한다.
④ 5~5.5m²마다 1개씩 설치한다.

해설 • 불투수성의 흙막이는 배면의 침투수를 배제하기 위해 물빼기 구멍을 설치한다.
• 배면의 침투수를 배제하지 않으면 간극수에 의한 수압이 작용하여 불안정해진다. 이를 방지하기 위해 물빼기 구멍을 설치하여 흙막이의 안정을 유지한다.
• 찰쌓기는 돌을 쌓아 올릴 때 뒤채움에 콘크리트를, 줄눈에 모르타르를 사용한다.
• 뒷면의 배수는 시공면적 2~3m²마다 직경 3~4cm의 관을 박아 물빼기 구멍을 만든다.

44 계상에서 유수의 소류력이 최소로 되고, 안정기울기가 최대로 되는 기울기는?

① 편류기울기
② 평형기울기
③ 보정기울기
④ 홍수기울기

해설 계상에서 유수의 소류력이 최소로 되고, 안정물매가 최대로 되는 물매를 편류물매라 한다. 하천사방공사는 편류물매를 개량하여 평형기울기를 유지하기 위해 실시한다.

45 황폐지 및 훼손지의 복구용 수종으로 가장 적합한 것은?

① 싸리류, 은행나무
② 아까시나무, 구상나무
③ 상수리나무, 종비나무
④ 오리나무류, 리기다소나무

해설 우리나라 3대 사방 수종인 리기다소나무, 물(산)오리나무, 아까시나무 이외에 참나무류, 싸리류(싸리 (*Lespedeza bicolor*), 참싸리, 조록싸리, 족제비싸리), 눈향나무, 사방오리나무 등이 있다.

46 계류의 유속과 흐름 방향을 조절할 수 있도록 둑이나 계안으로부터 돌출하여 설치하는 것은?

① 수제
② 구곡막이
③ 바닥막이
④ 기슭막이

해설 • 바닥막이 : 황폐된 계천바닥의 종침식 방지 및 바닥에 퇴적된 불안정한 토사석력의 유실을 방지하기 위하여 개천을 횡단하여 설치하는 사방공종
• 기슭막이 : 유수에 의한 계안의 횡침식을 방지하고 산각의 안정을 도모하기 위해 계류 흐름 방향을 따라서 축설하는 계천 사방공종
• 수제(水制) : 한쪽 또는 양쪽 계안으로부터 유심을 향해 돌출한 공작물을 설치함으로써 유심의 방향을 변경시켜 계안의 침식을 방지하는 공작물

47 비탈면에서 분사식 씨뿌리기에 사용되는 혼합재료가 아닌 것은?

① 비료
② 종자
③ 전착제
④ 천연섬유 네트

해설 • 분사식은 사면녹화에 적합하다.
• 종자, 비료, 안정제, 양생제, 전착제, 흙 등을 혼합하여 압력으로 뿜어 붙인다.
• 천연섬유 네트는 급경사면을 피복하는 재료이다.

정답 42. ② 43. ② 44. ① 45. ④ 46. ① 47. ④

48 산사태의 발생 원인에서 지질적 요인이 아닌 것은?

① 절리의 존재　　② 단층대의 존재
③ 붕적토의 분포　　④ 지표수의 집중

> **해설**
> • 산사태의 발생에는 지형, 지질, 임상 등의 내적 요인(잠재적 요인)이 있다.
> • 집중호우, 인위적 원인 등의 외적 요인(직접적 요인)이 복합적으로 관련되어 있다.
> • 지표수의 집중은 집중호우에 의한 외적 요인이다.

49 평균유속 0.5m/s로 5초 동안에 10m³의 물을 유송하는 수로의 횡단면적은?

① 2m²　　　　　② 4m²
③ 10m²　　　　④ 20m²

> **해설**
> • 유적은 물 흐름을 직각으로 자른 횡단면적(통수단면적)이다.
> • 5초 동안의 유량이 10m³이므로 sec당 유량은 2m³/sec이다.
> • 유량(Q) = 유속(V)×통수단면적(A)
> $$A = \frac{Q}{V} = \frac{2m^3/s}{0.5m/s} = 4m^2$$

50 땅깎기 비탈면의 안정과 녹화를 위한 시공 방법으로 옳지 않은 것은?

① 경암 비탈면은 풍화·낙석 우려가 많으므로 새심기공법이 적절하다.
② 점질성 비탈면은 표면침식에 약하고 동상·붕락이 많으므로 떼붙이기 공법이 적절하다.
③ 모래층 비탈면은 절토공사 직후에는 단단한 편이나 건조해지면 붕락되기 쉬우므로 전면적 객토가 좋다.
④ 자갈이 많은 비탈면은 모래 유실 후, 요철면이 생기기 쉬우므로 떼 붙이기보다 분사파공공법이 좋다.

> **해설**
> • 경암 비탈면은 풍화, 낙석의 위험이 상대적으로 적다.

• 암반원형을 노출시키거나 낙석저지책 또는 낙석방지망 덮기로 시공한다.
• 덩굴식물로 피복 녹화한다.

51 사방사업 대상지 유형 중 황폐지에 속하는 것은?

① 밀린땅　　　　② 붕괴지
③ 민둥산　　　　④ 절토사면

> **해설**

척악임지	산지비탈면이 여러 해 동안의 표면침식과 토양 유실로 인하여 산림 토양의 비옥도가 척박한 지역
임간나지	비교적 키 큰 입목들이 숲을 이루고 있지만 임상에 지피식물이나 유기물이 적고 때로는 침식이 발생하여 황폐가 우려되는 지역
초기 황폐지	임간나지 상태에서 침식이 진행되어 외관상 황폐지로 인식되는 산지
황폐 이행지	초기 황폐지가 더 악화되어 민둥산이나 붕괴지로 되어가는 단계의 산지
민둥산	입목이나 지피식생이 거의 없고 지표침식이 넓게 진행된 산지
특수 황폐지	각종 침식 및 황폐단계가 복합적으로 작용하여 황폐도가 대단히 격심한 황폐지

52 다음 설명에 해당하는 산지사방 공법은?

> 비탈 다듬기 공사를 실시한 사면에 선떼붙이기공사와 같은 계단식공사를 시공하기 위해 수평으로 소단을 설치하는 기초공사이다.

① 흙막이　　　　② 단쌓기
③ 단 끊기　　　④ 바자얽기

> **해설** 단 끊기(계단 끊기)는 산복사면거리를 단축하고 수평면을 유지케 함으로써 사면에 유하되는 토사를 저지하고 유수를 분산시켜 사면침식을 방지함과 동시에 식생 조성에 필요한 기반 조성을 위한 공종이다.

53 화성암은 화학적으로 어떤 성분 함량에 따라 산성암, 중성암, 염기성암으로 구분되는가?

① K_2O
② SiO_2
③ Al_2O_3
④ Fe_2O_3

해설 • 화성암은 마그마가 식어서 형성된 암석이다. 규산(SiO_2) 함량에 따라 산성암은 63% 이상의 이산화규소를 포함한다. **예** 화강암, 유문암
• 중성암은 52%~63%의 이산화규소를 포함한다. **예** 안산암, 데이사이트
• 염기성암은 45~52%의 이산화규소를 포함하고, 일반적으로 높은 철
• 마그네슘 함량을 보인다. **예** 반려암, 현무암

54 사방댐에서 대수면에 해당하는 것은?

① 방수로 부분
② 댐의 천단 부분
③ 댐의 하류측 사면
④ 댐의 상류측 사면

해설 사방댐은 대수면과 반수면을 모두 축조한다. 수면에 인접하는 대수면은 댐의 상류 부분이다.

55 사방댐에 설치하는 물받침에 대한 설명으로 옳지 않은 것은?

① 앞댐, 막돌 놓기 등의 공사를 함께 한다.
② 사방댐 본체나 측벽과 분리되도록 설치한다.
③ 방수로를 월류하여 낙하하는 유수에 의해 대수면 하단이 세굴되는 것을 방지한다.
④ 토석류의 충돌로 인해 발생하는 충격이 사방댐 본체와 측벽에 바로 전달되지 않도록 한다.

해설 물받침은 댐으로부터 월류하여 떨어지는 물의 힘에 의해 댐 하류부, 즉 반수면 측의 하상이 세굴되는 것을 방지하기 위하여 설치하는 하상보호 공작물이다.

56 해안사방에서 사초심기공법에 관한 설명으로 옳지 않은 것은?

① 망구획 크기는 2 × 2m 구획으로 내부에도 사이심기를 한다.
② 식재하는 사초는 모래의 퇴적으로 잘 말라죽지 않는 초종으로 선택한다.
③ 다발심기는 사초 30~40포기를 한 다발로 만들어 30~50cm 간격으로 심는다.
④ 줄심기는 1~2주를 1열로 하여 주간 거리 4~5cm, 열간거리 30~40cm가 되도록 심는다.

해설 • 사초심기는 해안사구의 모래에서도 잘 자랄 수 있는 사초류를 심어 모래 날림을 막는 공법이다.
• 식재방법에는 다발심기는 사초 4~8포기를 한 다발로 만들어 30~50cm 간격으로 심는다.
• 줄심기(열식)는 주를 열로 하여 주간거리 5cm, 열간거리 30~40cm가 되도록 식재한다.
• 망심기(망식)는 바둑판의 눈금같이 종.횡으로 줄심기를 하고, 망구획의 크기는 2m×2m이다.

57 비탈 다듬기 공사를 설계할 때 유의사항으로 옳지 않은 것은?

① 비탈면의 수정 기울기는 최대 35° 전후로 한다.
② 기울기가 급한 곳에서는 산비탈 돌쌓기로 조정한다.
③ 토양퇴적층의 두께가 3m 이상일 때는 비탈흙막이를 설계한다.
④ 전체 대상지를 조사하고, 절취량은 다듬기의 면적에 평균 높이를 곱하여 산출한다.

해설 • 수정물매는 최대 35°전후로 한다.
• 퇴적층의 두께가 3m 이상일 때에는 반드시 땅속 흙막이를 시공한다.
• 물매가 급한 곳은 선떼 붙이기와 산복 돌쌓기로 조정한다.
• 붕괴면의 주변 상부는 충분히 끊어낸다.

정답 53. ② 54. ④ 55. ③ 56. ③ 57. ③

58 선떼 붙이기공법을 1급부터 9급까지 구분하는 기준은?

① 수평단길이 1m당 떼의 사용 매수
② 수직단길이 1m당 떼의 사용 매수
③ 수직단면적 1m²당 떼의 사용 매수
④ 수평단면적 1m²당 떼의 사용 매수

해설 선떼 붙이기는 수평단길이 1m당 떼의 사용 매수로 가장 낮은 높이가 9급이며, 떼는 한 장만 붙인다. 이때 필요한 떼의 매수는 2.5매이며 급수가 1급수 줄어들 때마다 2.5의 절반인 1.25장씩 가산하면 된다.

59 강우에 의해 토층이 포화상태가 되어 경사지 전면에 걸쳐 얇은 층으로 흙 입자가 이동하는 침식은?

① 우격침식　　　② 누구침식
③ 구곡침식　　　④ 면상침식

해설 면상침식(평면침식, 층상침식)은 침식의 초기 유형으로 토양 표면 전면이 얇게 유실되는 침식이다.

60 파종녹화공법에서 파종량(W)을 구하는 식으로 옳은 것은? (단, S : 평균입수, P : 순량율, B : 발아율, C : 발생기대본수)

① $W = C \times S \times P \times B$

② $W = \dfrac{C}{S \times P \times B}$

③ $W = \dfrac{C}{S \times P} \times B$

④ $W = \dfrac{C}{S \times B} \times P$

해설 파종량(g/m^2) = $\dfrac{\text{발생기대본수}}{\text{평균입수} \times \text{순량률} \times \text{발아율}}$

제2과목 산림보호학

01 미국흰불나방의 포식성 천적이 아닌 것은?

① 꽃노린재
② 무늬수중다리좀벌
③ 검정명주딱정벌레
④ 흑선두리먼지벌레

해설 • 무늬수중다리좀벌은 미국흰불나방의 포식성 천적이 아니라 기생성 천적이다. 좀벌, 먹좀벌 등은 기생성 천적이다.
• 무늬수중다리좀벌은 솔나방, 집시나방, 도둑나방, 독나방 기타의 나비목 곤충의 번데기 및 각종 파리목 곤충의 번데기에 기생한다.

02 솔껍질깍지벌레 방제 방법으로 옳은 것은?

① 항공 방제는 살충 효과가 높다.
② 나무주사는 정착약충 시기인 12월~1월에 실시한다.
③ 테부코나졸 유탁제를 사용하여 나무주사를 실시한다.
④ 3월경에 뷰프로페진 액상수화제를 줄기나 가지에 살포한다.

해설 ① 나무주사로 주로 방제하고, 나무주사가 불가능한 나무는 지상으로 약제를 살포한다. 대면적 방제에만 항공방제를 사용한다.
② 나무주사는 후약충 시기인 12월~1월에 실시한다. 정착약충 시기는 5월~11월이다.
③ 테부코나졸 유탁제는 살충제가 아니라 살균제다. 균핵병과 탄저병 등에 사용된다.

03 유충 시기에 모여 사는 해충이 아닌 것은?

(문제 오류로 실제 시험에서는 모두 정답처리 되었다.)

① 매미나방
② 천막벌레나방
③ 미국흰불나방
④ 어스렝이나방

해설 매미나방(집시나방), 천막벌레나방(텐트나방), 미국흰불나방, 어스렝이나방은 모두 유충 시기에 군서를 한다.

04 의무적 휴면을 하는 해충은?

① 솔나방
② 솔잎혹파리
③ 솔노랑잎벌
④ 솔껍질깍지벌레

해설 솔껍질깍지벌레는 정착한 1령 약충(정착약충, 5~10월)이 여름에 긴 휴면을 가진다. 이 휴면은 천적이 많은 시기를 피하려는 의무적(자발적) 휴면으로 볼 수 있다.

05 미끈이하늘소 방제 방법으로 옳지 않은 것은?

① 유아등을 이용하여 성충을 유인한다.
② 딱따구리와 같은 포식성 천적을 보호한다.
③ 유충의 침입공에 접촉성 살충제를 주입한다.
④ 지표에 비닐을 피복하여 땅속에서 우화하여 올라오는 것을 방지한다.

정답 01. ② 02. ④ 03. ① 04. ④ 05. ④

해설 4월 중에 지표에 비닐을 피복하여 땅속에서 우화하여 올라오는 것을 방지하는 것은 잣나무넓적잎벌의 방제 방법이다. 미끈이하늘소(참나무하늘소)는 생활사 중에 땅속에서 지내는 시기가 없다.

06 뽕나무 오갈병 방제 방법으로 옳은 것은?

① 새삼을 제거한다.
② 저항성 품종을 보식한다.
③ 스트렙토마이신을 주입한다.
④ 매개충인 담배장님노린재를 구제하기 위하여 7월~10월까지 살충제를 살포한다.

해설 ① 새삼은 뽕나무 오갈병과 관계가 없다.
③ 테트라사이클린으로 파이토플라스마를 치료할 수 있다.
④ 매개충인 마름무늬매미충을 구제하기 위해 7월~10월까지 저독성 유기인제를 살충제로 살포한다.

07 다음 설명에 해당하는 살충제는?

- 식물의 뿌리나 잎, 줄기 등으로 약제를 흡수시켜 식물체 내의 각 부분에 도달하게 하고, 해충이 식물체를 섭식하면 살충 성분이 작용하게 한다.
- 식물체 내에 약제가 흡수되어 버리므로 천적이 직접적으로 피해를 받지 않고, 식물의 줄기나 잎 내부에 서식하는 해충에도 효과가 있다.

① 접촉제   ② 유인제
③ 소화중독제   ④ 침투성 살충제

해설 침투성 살충제는 식물의 체내로 침투하여 흡즙하는 해충에 효율적이다. 해당 식물을 직접 가해하는 곤충에만 피해를 주고, 천적에는 피해를 주지 않는 장점이 있다.

08 온도에 따른 수목 피해에 대한 설명으로 옳지 않은 것은?

① 봄철에 내린 늦서리의 피해를 만상의 피해라고 한다.
② 서릿발의 피해는 점토질 토양의 묘포에서 흔히 발생한다.
③ 냉해는 세포 내에 결빙이 생겨 수목의 생리현상이 교란된다.
④ 강한 복사광선으로 인해 수목 줄기에 볕데기 현상이 나타날 수 있다.

해설 세포 내 결빙은 동해의 피해 현상이다. 냉해는 얼지는 않지만 차가운 물로 인해 생기는 피해를 말한다.

09 다음 설명에 해당하는 것은?

수목의 흰가루병은 가을이 되면 병환부에 미세한 흑색의 알맹이가 형성된다.

① 균사   ② 자낭구
③ 분생자병   ④ 분생포자

해설
- 잎에 나타나는 흰가루는 병원균의 균사, 분생자병과 분생포자 등이다.
- 가을에 분생자는 자낭구를 형성하며, 흑색의 알맹이 형태인 자낭구가 병든 낙엽에 붙어서 월동한다.
- 이듬해 봄에 자낭구는 자낭포자를 내어 1차 감염을 일으킨다.
- 감염이 된 기주에서 분생포자를 반복하여 생산한다.

10 녹병균이 형성하는 포자는?

① 난포자   ② 유주자
③ 겨울포자   ④ 자낭포자

해설 녹병균은 담자균류에 속하며 녹병정자, 녹포자, 겨울포자, 여름포자, 담자포자를 만든다.

정답 06. ② 07. ④ 08. ③ 09. ② 10. ③

11 소나무 재선충병 방제 방법으로 옳지 않은 것은?

① 아바멕틴 유제를 수간에 주입하여 예방한다.

② 밀생 임분은 간벌하여 쇠약목이 없도록 한다.

③ 매개충의 우화 시기에 살충제를 항공 살포한다.

④ 벌채한 원목은 페니트로티온 유제로 훈증한다.

해설 벌채한 이병목은 메탐소디움으로 훈증한다. 페니트로티온은 유기인계 살충제로 사용된다.

12 다음 곤충의 피부 조직 중에서 가장 안쪽에 위치하는 것은?

① 기저막　　　　② 내원표피

③ 외원표피　　　　④ 진피세포

해설 곤충의 피부 조직은 바깥에서부터 외원표피, 내원표피, 진피, 기저막으로 구성되어 있다.

13 다음에 해당하지 않는 수목 병은?

> 병원체는 인공배양이 불가능하고 살아있는 기주 내에서만 증식이 가능하다.

① 포플러 잎녹병

② 벚나무 빗자루병

③ 붉나무 빗자루병

④ 사철나무 흰가루병

해설 녹병균, 흰가루병균, 바이러스, 파이토플라스마 등은 인공적으로 배양하기 어렵다.

① 포플러 잎녹병 → 담자균류

② 벚나무 빗자루병 → 자낭균류

③ 붉나무 빗자루병 → 파이토플라스마

④ 사철나무 흰가루병 → 자낭균류

14 대기오염에 의한 수목의 피해 정도가 심해지는 경우가 아닌 것은?

① 높은 온도

② 높은 광도

③ 영양원 과다

④ 높은 상대 습도

해설 • 영양분이 과다하면 토양 오염의 피해가 발생하지만 대기오염으로 인한 피해에 미치는 영향은 작다.

• 대기오염에 의한 수목 피해는 높은 온도, 높은 상대습도에서 더 심해진다.

• 높은 광도 또한 광합성이 활발해지므로 대기오염 피해가 커진다.

15 세균성 뿌리혹병 방제 방법으로 옳은 것은?

① 유기물과 석회질 비료를 충분히 준다.

② 스트렙토마이신으로 나무주사를 실시한다.

③ 혹을 제거한 부위에 석회황합제를 도포한다.

④ 심하게 발병한 지역에서는 2년 후 묘목을 생산한다.

해설 ① 병든 수목을 제거하고 객토를 하거나 생석회로 토양을 소독한다. 유기물과 석회질 비료를 충분히 주는 것은 세균이 번식할 수 있는 환경을 만들어 주는 것이다.

② 이병목은 제거하고, 건강한 묘목을 식재한다. 스트렙토마이신은 세균성 병에 광범위하게 사용되지만 나무주사가 아니라 줄기와 잎에 살포하는 약제다.

④ 병든 묘목을 발견 즉시 제거하고, 심하게 발생한 지역에서는 4~5년간 묘목을 생산하지 않아야 한다.

16 밤바구미 방제 방법으로 옳지 않은 것은?

① 유아등을 이용하여 성충을 유인한다.

② 훈증 시에는 메탐소듐 액제를 25℃에서 12시간 처리한다.

③ 알과 유충이 열매 속에 서식하므로 천적을 이용한 방제는 어렵다.

④ 성충기인 8월 하순부터 클로티아니딘 액상수화제를 수관에 살포한다.

> **해설** • 종실의 훈증에는 이황화탄소(이류화탄소)로 12시간 훈증한다.
> • 메탐소디움은 소나무 재선충병의 이명목을 훈증할 때 사용된다.

17 잣나무 잎떨림병 방제 방법으로 옳지 않은 것은?

① 병든 부위를 제거하고 도포제를 처리한다.

② 자낭포자가 비산하는 시기에 살균제를 살포한다.

③ 늦봄부터 초여름 사이에 병든 잎을 모아 태우거나 땅에 묻는다.

④ 수관 하부에 주로 발생하므로 풀베기와 가지치기를 하여 통풍을 좋게 한다.

> **해설** • 잣나무잎떨림병의 병든 부위인 잎에서 병원균이 월동하기 때문에 떨어진 잎을 모아 소각한다.
> • 일부러 병든 부위를 제거할 필요는 없으며, 도포제를 처리하는 것은 더더욱 맞지 않다.
> • 가지마름병 등은 병든 부위를 제거하고 도포제를 처리하여 방제한다.

18 수목이 병에 걸리기 쉬운 성질을 나타내는 것은?

① 감수성 ② 저항성

③ 병원성 ④ 내병성

> **해설** • 기주인 수목이 병에 걸리기 쉬운 성질을 감수성이라고 하며, 병에 걸리지 않거나 걸려도 피해가 거의 발생하지 않는 것을 내병성이라고 한다.

19 기생성 종자식물을 방제하는 방법으로 옳지 않은 것은?

① 매년 겨울에 겨우살이를 바짝 잘라낸다.

② 새삼을 방제하기 위하여 묘목을 침지하여 소독한다.

③ 새삼이 무성하고 기주가 큰 가치가 없으면 제초제를 사용한다.

④ 겨우살이가 자라는 부위로부터 아래쪽으로 50cm 이상 잘라낸다.

> **해설** 새삼은 새삼의 종자를 먹은 새(조류)의 분변을 통해 큰 나무로 이동한다. 감나무 등의 뿌리혹병을 방제하기 위해 묘목을 베노밀이나 석회유황합제에 침지하기도 한다.

20 소나무 재선충병을 일으키는 매개충은?

① 알락하늘소

② 미끈이하늘소

③ 북방수염하늘소

④ 털두꺼비하늘소

> **해설** 북방수염하늘소는 잣나무에 소나무 재선충병을 일으킨다. 솔수염하늘소는 소나무에 소나무 재선충병을 일으킨다.

제4과목 **임도공학**

21 산림자원의 조성을 위한 산림관리기반시설에 해당하지 않는 것은?

① 작업로   ② 작업임도

③ 간선임도   ④ 지선임도

> **해설** 우리나라의 산림법령에서 규정하는 임도는 간선임도, 지선임도, 작업임도이다.

22 임도 개설 시 흙을 다지는 목적으로 옳지 않은 것은?

① 투수성의 증대
② 지지력의 증대
③ 압축성의 감소
④ 흡수력의 감소

해설 흙을 다지게 되면 흙의 강도가 커지고, 투수성이 감소하며, 지지력이 증가하여 동결이나 수축 등으로 인한 부피 변화가 일어나지 않는다.

23 컴퍼스측량에서 전시와 후시의 방위각 차는?

① 0°
② 90°
③ 180°
④ 270°

해설 역방위각은 방위각 +180°이다.

24 다음의 ( ) 안에 들어갈 내용을 순서대로 나열한 것은?

> 배수구는 수리계산과 현지 여건을 감안하되 기본적으로 ( )m 내외의 간격으로 설치하며, 그 지름은 ( )mm 이상으로 한다. 다만, 부득이한 경우는 배수구의 지름을 ( )mm 이상으로 한다.

① 100, 800, 400
② 200, 800, 600
③ 100, 1,000, 800
④ 200, 1,000, 600

해설 배수구의 통수단면 : 100년 빈도 확률강우량과 홍수도달시간을 이용한 합리식으로 계산된 최대홍수유출량의 1.2배 이상으로 설계·설치한다. 100미터 내외의 간격으로 설치 지름은 1,000밀리미터 이상, 필요한 경우 800 이상, 강도는 원심력콘크리트관과 동일 이상의 것

25 고저 측량에 있어서 후시에 대한 설명으로 옳은 것은?

① 기지점에 세운 수준척 눈금의 값이다.
② 미지점에 세운 수준척 눈금의 값이다.
③ 중간점에 세운 수준척 눈금의 값이다.
④ 측량 진행 방향에 세운 수준척 눈금의 값이다.

해설 후시(Before.Sight)는 기지점에 세운 수준척의 눈금을 읽는 것이다.

26 1/25,000 지형도 상에서 A점과 B점 간의 표고 차이가 400m이고 거리가 20cm인 경우 종단경사는?

① 2%
② 4%
③ 8%
④ 12%

해설 경사도(%)

$$= \frac{표고차}{구간거리(실제거리)} \times 100$$

$$= \frac{400m}{5,000m(20cm \times 25,000)} \times 100 = 8\%$$

27 임도의 시공면과 산지의 경사면이 만나는 점을 연결한 노선의 종축은?

① 영선
② 중심선
③ 지반선
④ 지형선

해설 영선은 경사면과 임도시공 기면과의 교차선으로 노반에 나타나며 임도시공 시 절토량과 성토량이 동일하기 때문에 영선이라 부른다. 임도에서 노면의 시공면과 산지의 경사면이 만나는 점을 영점이라 하고, 이 점을 연결한 노선의 종축을 영선이라 한다.

정답 22. ① 23. ③ 24. ③ 25. ① 26. ③ 27. ①

28 지형지수 산출 인자에 해당하지 않는 것은?

① 식생   ② 곡밀도
③ 기복량   ④ 산복경사

해설 지형지수란 산림의 지형조건(험준함, 복잡함)을 개괄적으로 표시하는 지수로서 임지경사, 기복량, 곡밀도의 3가지 지형 요소로부터 구할 수 있다.

29 임도에서 길어깨의 주요 기능으로 옳지 않은 것은?

① 보행자의 통행을 위한 곳이다.
② 임목의 집재 작업을 위한 공간이다.
③ 노상시설, 지하매설물, 유지보수 등의 작업 시 여유를 준다.
④ 차량 주행의 여유를 주어 차량이 밖으로 이탈하지 않도록 한다.

해설 차도의 주요 구조부 보호, 차량의 안전통행, 차량의 원활한 주행, 유지보수 작업공간 제공, 보행자의 통행, 자전거의 대피

30 임도의 합성기울기 설치 기준으로 옳은 것은? (단, 지형 여건이 불가피한 경우는 제외)

① 간선임도의 경우 15% 이하로 한다.
② 지선임도의 경우 14% 이하로 한다.
③ 포장 노면인 경우 13% 이하로 한다.
④ 비포장 노면인 경우 12% 이하로 한다.

해설 간선 및 지선임도의 합성기울기는 12% 이하로 한다. 다만, 현지의 지형 여건상 불가피한 경우에는 간선임도는 13% 이하, 지선임도는 15% 이하로 할 수 있으며, 노면포장을 하는 경우에 한하여 18% 이하로 할 수 있다. 작업임도의 합성기울기는 최대 20% 이하로 한다.

31 교각법을 이용하여 임도곡선을 설치할 때, 교각이 90°, 곡선반경이 400m인 단곡선에서의 접선길이는?

① 50m   ② 100m
③ 200m   ④ 400m

해설 접선길이 = 곡선반지름 $\times \left[\tan \left(\dfrac{\text{교각}}{2} \right) \right]$
접선길이 = $400 \times [\tan(45°)]$
접선길이 = 400m

32 임도에서 대피소 설치 기준으로 옳은 것은?

① 대피소의 간격은 300m 이내, 너비는 5m 이상, 유효길이는 10m 이상이다.
② 대피소의 간격은 300m 이내, 너비는 5m 이상, 유효길이는 15m 이상이다.
③ 대피소의 간격은 500m 이내, 너비는 5m 이상, 유효길이는 10m 이상이다.
④ 대피소의 간격은 300m 이내, 너비는 5m 이상, 유효길이는 15m 이상이다.

해설 임도의 대피소 설치기준
너비 : 5m 이상, 간격 : 300m 이내, 유효길이 : 15m 이상

33 옹벽의 안정도를 계산 검토해야 하는 조건이 아닌 것은?

① 전도에 대한 안정
② 활동에 대한 안정
③ 침하에 대한 안정
④ 외부응력에 대한 안정

해설 • 옹벽의 안정성을 확보하기 위해서는 옹벽 자체의 고정하중, 토압 및 지표상에서 작용하는 상재하중 등에 의하여 제체가 파괴되지 않도록 내부응력이 설계되어야 한다.
• 전도(넘어짐), 활동(미끄러짐), 내부응력(깨어짐), 침하에 대한 안전도가 반영되어 설계되어야 한다.

정답 28. ①   29. ②   30. ④   31. ④   32. ②   33. ④

34 임도계획의 순서로 옳은 것은?

① 임도 노선 선정 → 임도 노선 배치 계획 → 임도밀도 계획

② 임도밀도 계획 → 임도 노선 배치 계획 → 임도 노선 선정

③ 임도 노선 배치 계획 → 임도 노선 선정 → 임도밀도 계획

④ 임도밀도 계획 → 임도 노선 선정 → 임도 노선 배치 계획

해설 임도계획은 임도밀도 계획 - 임도 노선 배치계획 - 임도 노선 선정의 순서로 이루어진다.

35 급경사지에서 노선거리를 연장하여 기울기를 완화할 목적으로 설치하는 평면선형에서의 곡선은?

① 완화곡선   ② 복심곡선

③ 반향곡선   ④ 배향곡선

해설 배향곡선은 반지름이 작은 원호의 바로 앞이나 뒤에 반대방향의 곡선을 넣은 것으로 헤어핀커브라고도 한다. 급경사지에서 노선거리를 연장하여 종단기울기를 완화할 목적으로 사용된다.

36 임도의 노체와 노면에 관한 설명으로 옳은 것은?

① 쇄석을 노면으로 사용한 것은 사리도이다.

② 노체는 노상, 노반, 기층, 표층 순서대로 시공한다.

③ 토사도는 교통량이 많은 곳에 적용하는 것이 가장 경제적이다.

④ 노상은 임도의 최하층에 위치하여 다른 층에 비해 내구성이 큰 재료를 필요로 한다.

해설 ① 쇄석을 노면으로 사용한 것은 쇄석도(부순돌길, 머캐덤도)이다.

③ 토사도는 교통량이 적은 곳에 축조하며 시공비가 적게 드나 물로 인하여 파손되기 쉬우므로 배수에 특별히 유의해야 한다.

④ 노상은 노체의 최하층에 위치하여 차량하중의 파괴작용을 직접 받지 않고 내부의 수직응력도 작으므로 양질의 재료보다는 현장의 절개 토사를 흙쌓기에 사용한다.

37 임도의 총길이가 2km이고 산림 면적이 100ha이면 임도 간격은?

① 100m   ② 250m

③ 500m   ④ 1,000m

해설 임도밀도는 m/ha로 나타내므로

$$\frac{2,000m}{100ha} = 20m/ha$$

$$임도간격 = \frac{10,000}{임도밀도} = \frac{10,000}{20} = 500m$$

38 가선집재 시 머리기둥과 꼬리기둥에 장착하여 본줄의 지지를 하는 도르래는?

① 죔 도르래   ② 안내도르래

③ 삼각도르래   ④ 짐달림도르래

해설 삼각도르래는 앞기둥과 뒷기둥에 장착되어 본줄의 지지를 감당하는 것으로 보통 2개의 시브도르래를 가진 바깥쪽에 삼각형의 측판이 부착되어 있으므로 삼각도르래라고 한다.

39 식생이 사면 안정에 미치는 효과가 아닌 것은?

① 표토층 침식 방지

② 심층부 붕괴 방지

③ 강우 및 바람에 의한 토양 유실 방지

④ 급경사지에서 수목 자체 무게로 인한 토양 안정

해설 급경사지에는 키가 작고 뿌리의 긴박력이 좋고, 가벼운 관목류를 식재하여 사면비탈의 안정을 꾀한다.

정답 34. ② 35. ④ 36. ② 37. ③ 38. ③ 39. ④

40 롤러의 표면에 돌기를 부착한 것으로 점착성이 큰 점성토나 풍화연암 다짐에 적합하며 다짐 유효깊이가 큰 장점을 가진 기계는?

① 탠덤롤러　　　② 탬핑롤러

③ 타이어롤러　　④ 머캐덤롤러

해설 탬핑롤러는 롤러의 표면에 돌기를 부착한 것으로 두터운 성토의 다짐과 점착성이 큰 점성토나 풍화연암 다짐에 효과적이다.

제5과목 사방공학

41 비탈 옹벽공법을 구조에 따라 분류한 것이 아닌 것은?

① T형 옹벽　　　② 돌쌓기 옹벽

③ 부벽식 옹벽　　④ 중력식 옹벽

해설 돌쌓기 옹벽은 사용 재료에 따른 분류이며, 구조 형식에 따라서 중력식, 반중력식, 캔틸레버식(T형, L형 등), 부벽식 옹벽 등으로 구분한다.

42 콘크리트를 쳐서 수화작용이 충분히 계속되도록 보존하는 것은?

① 풍화　　　　② 배합

③ 경화　　　　④ 양생

해설 양생이란 콘크리트 또는 모르타르를 친 후 충분히 경화하도록 콘크리트 또는 모르타르를 보호하는 것으로 콘크리트 강도는 양생에 따라 현저하게 달라진다.

43 퇴적암에 속하지 않는 암석은?

① 혈암　　　　② 사암

③ 응회암　　　④ 섬록암

해설 • 생성 원인에 따라 화성암, 퇴적암(수성암), 변성암으로 분류된다.

• 퇴적암은 물이나 바람에 의해 운반 및 퇴적되어 굳은 것으로 사암(모래가 굳은 것)과 혈암(점토가 굳은 것), 응회암, 석회암 등이 있다.

• 섬록암은 화성암에 속한다.

44 선떼 붙이기 시공 요령에 대한 설명으로 옳지 않은 것은?

① 완만한 비탈지에서는 떼붙이기 할 때 표토를 절취할 필요가 없다.

② 선떼의 활착을 좋게 하고 견고도를 높이기 위해서 다지기를 충분히 한다.

③ 바닥떼는 발디딤을 보호하는 효과가 있으므로 저급 선떼 붙이기에는 필수적이다.

④ 머리떼는 천단에 놓인 토사의 유출을 방지하여 선떼의 견고도를 높이는 효과가 있다.

해설 발디딤은 선떼 붙이기 공작물의 바닥떼 앞면 부분에 설치하는 너비 10~20cm 정도의 수평면으로 작업의 편의를 도모하고, 바닥떼의 활착을 용이하게 하기 위한 것이다.

45 직선유로에서 유수의 차단 효과가 가장 큰 사방댐의 설정 방향으로 적합한 것은?

① 유심선에 직각으로 설정

② 유심선과 관계없이 설정

③ 유심선에 평행 방향으로 설정

④ 유심선에 45°의 방향으로 설정

해설 • 댐의 방향은 유심선의 하류에 직각으로 설치한다.

• 횡공작물은 상류의 유심선에 직각 방향으로, 곡선부는 홍수 시 유심선의 접선에 직각 방향으로 설치한다.

46 산복수로에서 쌓기공작물의 높이가 3m이고 수로의 길이가 1m일 때, 수로받이의 적절한 길이는?

① 2.0m~4.0m　　② 4.0m~6.0m

③ 6.0m~8.0m　　④ 8.0m~10.0m

해설 • 수로받이의 크기는 낙차의 유효높이와 수로 기울기 등을 고려하여 결정한다.
• 유하수가 직접붕괴면에 비산되지 않는 규모로 한다.
• 수로받이 길이는 쌓기공작물 높이와 수로 길이를 더한 값의 1.5~2.0배로 한다.
(3m + 1m) × 1.5~2.0 = 6.0m~8.0m

47 콘크리트 기슭막이에 대한 설명으로 옳은 것은?

① 앞면 기울기는 1:0.5를 기준으로 한다.
② 유수의 충격력이 적고 비교적 계안침식이 적은 곳에 설치한다.
③ 신축에 의한 균열을 방지하기 위해 1m마다 신축 줄눈을 설치한다.
④ 뒷면 기울기는 토압에 따라 결정하지만 대개 수직으로 계획한다.

해설 ① 앞면 기울기는 1:0.3, 뒷면 기울기는 대개 수직으로 한다.
② 유수의 충격력이 크고 비교적 계안침식이 많은 곳에 설치한다.
③ 신축에 의한 균열을 방지하기 위하여 10m마다 신축줄눈을 설치한다.

48 산지 붕괴현상에 대한 설명으로 옳지 않은 것은?

① 토양 속의 간극수압이 낮을수록 많이 발생한다.
② 풍화토층과 하부기반의 경계가 명확할수록 많이 발생한다.
③ 화강암 계통에서 풍화된 사질토와 역질토에서 많이 발생한다.
④ 풍화토층에 점토가 결핍되면 응집력이 약화되어 많이 발생한다.

해설 강우 등으로 토층과 하부의 경암 사이에 간극수압이 발생하면 응력이 약화되어 비탈면 붕괴가 발생하기 쉽다. 간극수압이 높을수록 많이 발생한다.

49 비탈면 끝에 흐르는 계천의 가로침식에 의하여 무너지는 침식 현상은?

① 산붕 ② 붕락
③ 포락 ④ 산사태

해설 포락은 계천의 흐름에 의한 가로침식작용으로 침식된 토사가 계천으로 무너지는 현상이다.

50 돌골막이 시공 높이로 가장 적절한 것은?

① 2m 이내 ② 3m 이내
③ 4m 이내 ④ 5m 이내

해설 돌골막이는 석재를 구하기 쉬운 곳이나 토사의 유하량이 많은 곳에 적합하다. 규모는 길이 4~5m, 높이 2m 정도이고, 방수로를 따로 만들 필요 없이 중앙부를 약간 낮게 한다.

51 사방댐의 방수로 단면 결정을 위한 계획홍수량 산정에 시우량법을 이용할 경우 계산 인자가 아닌 것은?

① 조도계수 ② 유역면적
③ 유출계수 ④ 최대시우량

해설 $Q = K \dfrac{A \times \frac{m}{1,000}}{60 \times 60}$

A : 유역면적(m²), m : 최대시우량(mm/hr), K : 유거계수

52 발생기대본수가 3,000본/m², 평균입도 1,000립/g인 종자가 순량율이 50%, 발아율이 80%라면 1ha의 비탈면에 필요한 종자량은?

① 55kg ② 75kg
③ 550kg ④ 750kg

해설 파종량(g/m²)
= 발생기대본수/(평균입수×발아율×순량률)
= 3,000/(1,000×0.8×0.5) = 3,000/400
= 7.5(g/m²)
1ha = 10,000m²
7.5×10,000 = 75,000g = 75kg

정답 47. ④ 48. ① 49. ③ 50. ① 51. ① 52. ②

53 사방사업 대상지와 가장 거리가 먼 것은?

① 황폐계류

② 황폐산지

③ 벌채 대상지

④ 생활권 훼손지

해설 벌채 대상지는 숲 가꾸기 대상지이다.

54 하천 바닥에 자갈과 모래의 움직임이 발생하지만 침식이 일어나지 않아 하상 종단면의 형상에는 변화가 없는 것은?

① 임계기울기　　② 안정기울기

③ 홍수기울기　　④ 평형기울기

해설 황폐계천의 기울기는 불규칙하고 급하므로 계천바닥을 침식하지 않는 최대기울기인 보정기울기(안정기울기, 평균기울기)로 조정해야 한다.

55 코코넛 섬유를 원료로 한 비탈 덮기용 재료는?

① 툴 파이버　　② 쥬트 네트

③ 그린 파이버　　④ 코이어 네트

해설 코어넷(코이어 네트)은 코코넛 열매에서 추출한 섬유질을 5mm로 메시한 제품으로, 코코넛 섬유질 매트로 비탈면을 피복할 씨앗과 혼합된 사질토를 뿜어 표면을 보호한다.

56 해안방재림 조성 공법에 해당되지 않는 것은?

① 사초 심기　　② 나무 심기

③ 퇴사울 세우기　　④ 정사울 세우기

해설 1. 퇴사울은 성토공에 해당한다.

2. 해안방재림 조성 방법은 성토공법과 해안방재림 조성공법으로 구분할 수 있는데, 그 순서는 다음과 같다.

• 성토공법 : 퇴사울 세우기-모래 덮기

• 해안방재림 조성공법 : 정사울 세우기—사초 심기—모래언덕조림(나무 심기)

57 사방댐의 형식을 외력에 의한 저항력에 따라 분류한 것으로 옳지 않은 것은?

① 중력댐

② 아치댐

③ 강제댐

④ 3차원댐

해설 사방댐의 형식은 직선중력댐, 아치댐, 3차원댐, 부벽댐 등으로 구분한다. 가장 많이 이용되는 것은 중력식 콘크리트댐이다.

58 낙석방지망 덮기 공법에 대한 설명으로 옳지 않은 것은?

① 철망 눈의 크기는 5mm 정도이다.

② 합성섬유망은 100kg 이내의 돌을 대상으로 한다.

③ 와이어로프의 간격은 가로와 세로 모두 4~5m 정도로 한다.

④ 철망, 합성섬유망 등을 사용하여 비탈면에서 낙석이 발생하지 않도록 한다.

해설 일반적인 철사망눈의 크기는 5~10cm 정도로 한다. 사용되는 와이어로프의 간격은 가로와 세로 모두 4~5m 정도로 한다.

59 사방공작물 중 횡공작물이 아닌 것은?

① 사방댐

② 둑쌓기

③ 골막이

④ 바닥막이

해설 • 사방댐, 골막이, 바닥막이 등은 하천·계천·야계의 유수와 유심에 직각 방향으로 설치된 횡공작물이다.

• 둑쌓기는 계안의 침식 방지와 유로의 유지와 조정을 위한 종공작물이다.

60 다음 설명에서 주어진 장소에 가장 적합한 산복수로는?

> • 반원형 형상으로 지반이 견고하고 집수량이 적은 곳
> • 상수가 없고 경사가 급한 곳

① 떼수로　　　　② FRP관수로
③ 콘크리트수로　　④ 돌(메붙임)수로

해설 • 돌붙임수로는 경사가 급하고 유량이 많은 산복수로나 산사태지 등에 설치하는 공작물이다.
• 찰붙임 수로는 유량이 많고 상시 물이 흐르는 곳에 설치하고, 돌붙임 뒷부분에 있는 공극이 최소가 되도록 큰크리트로 채워야 한다.
• 메붙임 수로는 지반이 견고하고 집수량이 적은 곳을 선정하여야 한다.

정답 60. ④

제2과목 | 산림보호학

01 박쥐나방을 방제하는 방법으로 옳은 것은?

① 땅속에 서식하는 유충을 굴취하여 소각한다.

② 풀깎기를 하여 유충이 가해하는 초본류를 제거한다.

③ 잎에 산란한 알덩이를 수거하여 땅에 묻거나 소각한다.

④ 나뭇잎을 길게 말고 형성한 고치를 채취하여 소각한다.

해설 박쥐나방은 유충이 각종 초본식물을 가해하다가 포도나무 등의 목본식물로 이동하므로 중간기주인 초본류를 제거하여 방제할 수 있다.

02 매미나방을 방제하는 방법으로 옳지 않은 것은?

① Bt균이나 핵다각체바이러스를 살포한다.

② 알 덩어리는 부화 전인 4월 이전에 땅에 묻거나 소각한다.

③ 유충기인 4월 하순부터 5월 상순에 적용 약제를 수관에 살포한다.

④ 4월 중에 지표에 비닐을 피복하여 땅속에서 우화하여 올라오는 것을 방지한다.

해설 매미나방은 6월 중순~7월 상순에 번데기가 되고, 번데기는 15일 가량 뒤에 성충으로 우화한다.

03 다음 ( ) 안에 가장 적합한 것은?

> 밤나무 줄기마름병균은 주로 (   )에 의해 전반된다.

① 토양　　　　② 종자

③ 선충　　　　④ 바람

해설 ・ 밤나무 줄기마름병은 자낭균류에 의해 발생하며 주로 포자가 바람에 날려 전반된다.
・ 박쥐나방 등이 줄기와 가지에 만드는 상처에 의해서 더 쉽게 감염된다.

04 해충의 약제 저항성에 대한 설명으로 옳지 않은 것은?

① 약제에 대한 도태 및 생존의 결과이다.

② 약제 저항성이 해충의 다음 세대로 유전되지는 않는다.

③ 해충의 개체군 내에서는 약제 저항성의 차이가 있는 개체가 존재한다.

④ 2종 이상의 살충제에 대하여 저항성이 나타날 때 저항성 유전자가 그중 1종의 살충제에서 기인하면 교차저항성이라고 한다.

해설 약제 저항성이 해충의 다음 세대로 일부 유전된다.

정답 01. ②　02. ④　03. ④　04. ②

05 분류학적으로 유리나방과, 명나방과, 솔나방과를 포함하는 목(目)은?

① *Blattaria*　　② *Hemiptera*

③ *Plecoptera*　　④ *Lepidoptera*

해설 ① 바퀴벌레, ② 노린재목, ③ 강도래목

- -ptera는 wing(날개)이나 feather(깃털)를 의미하는 어미이고, lepido-는 비늘을 의미하는 어간이다.
- 나비목의 나방과 나비가 날개에 비늘 모양의 가루를 가지기 때문에 붙여진 이름인 듯하다.

06 낙엽송 가지끝마름병균이 월동하는 형태는?

① 균핵　　　　② 자낭각

③ 분생포자각　　④ 겨울포자퇴

해설 낙엽송 가지끝마름병균은 9~10월경부터 환부에 자낭각을 형성하기 시작하며, 미숙한 자낭각의 상태로 월동한다.

07 참나무 시들음병을 방제하는 방법으로 옳지 않은 것은?

① 신갈나무숲에 매개충 유인목을 설치한다.

② 병든 부분을 제거하고 소독 후 도포제를 처리한다.

③ 수간 하부부터 지상 2m까지 끈끈이롤 트랩을 감아준다.

④ 피해목을 벌채하고 타포린으로 덮은 후에 훈증제를 처리한다.

해설 참나무 시들음병은 수간에 발병하는 담자균류에 의한 병으로 병든 부위를 제거하기 쉽지 않다. 따라서 방제법으로는 부적합하다.

08 다음 중 생엽의 발화 온도가 가장 높은 수종은?

① 피나무　　　② 뽕나무

③ 밤나무　　　④ 아까시나무

해설 발화온도

① 피나무 : 360℃, ② 뽕나무 : 370℃, ③ 밤나무 : 460℃, ④ 아까시나무 : 380℃

09 균사에 격벽이 없는 병원균은?

① *Fusarium spp.*

② *Rhizoctonia solani*

③ *Phytophthora cactorum*

④ *Cylindrocladium scoparium*

해설
- 두릅나무역병의 병원균인 *Phytophthora cactorum*은 균사에 격벽이 없다.
- 균사체는 주로 셀룰로오스와 글루칸으로 이루어져 있다.

10 상렬에 대한 설명으로 옳지 않은 것은?

① 서리로 인해 발생하는 수목 피해이다.

② 고립목이나 임연부에서 발견되기 쉽다.

③ 상렬을 예방하기 위해서 배수를 원활하게 한다.

④ 추운 지방에서 치수가 아닌 주로 교목의 수간에 발생한다.

해설
- 상렬은 서리에 의해 발생하지 않고, 나무가 겨울을 준비하는 동계순화과정에서 단단한 심재 부위보다 변재 부위가 더 많이 수축하여 변재가 위에서 아래로 길게 갈라지는 현상이다.
- 독립목의 남서쪽 수간이 낮과 밤의 온도 차이가 더 심해서 자주 나타난다.

11 아밀라리아뿌리썩음병을 방제하는 방법으로 옳지 않은 것은?

① 묘목은 식재 전에 메타락실 수화제에 침지 처리한다.

② 잣나무 조림지에서 석회를 처리하여 산성토양을 개량한다.

③ 감염목의 주위에 도랑을 파서 균사가 퍼지지 않도록 한다.

④ 과수원에서는 감염목을 자른 다음 그루터기를 제거한다.

정답 05. ④　06. ②　07. ②　08. ③　09. ③　10. ①　11. ①

해설 메타락실(Metalaxyl)은 식물에 발생하는 난균류(Oomycetes)나 수생성 곰팡이(Water mold fungi)에 작용하므로 담자균류인 아밀라리아뿌리썩음병의 방제에는 적합하지 않다.

12 흰가루병을 방제하는 방법으로 옳지 않은 것은?

① 짚으로 토양을 피복하여 빗물에 흙이 튀지 않게 한다.

② 자낭과가 붙어서 월동한 어린 가지를 이른 봄에 제거한다.

③ 묘포에서는 밀식을 피하고 예방 위주의 약제를 처리한다.

④ 그늘에 식재한 나무에서 피해가 심하므로 식재 위치를 잘 선정한다.

해설 짚으로 토양을 피복하여 빗물에 흙이 튀지 않게 하는 것은 어린 묘목이 토의(흙옷)에 의해 열해를 입은 것을 방지하는 대책이다.

13 솔잎혹파리에 대한 설명으로 옳지 않은 것은?

① 침엽기부에 혹을 만들고 피해를 준다.

② 성충은 5월 하순과 8월 중순 2회 발생한다.

③ 유충 형태로 토양, 지피물 밑, 벌레혹에서 월동한다.

④ 교미 후에 수컷은 수 시간 내에 죽고, 암컷은 산란을 위해 1~2일 더 생존한다.

해설 성충이 5월 하순과 8월 중순 2회 발생하는 것은 미국흰불나방에 대한 설명이다. 솔잎혹파리는 7~8월에 성충이 1회 발생한다.

14 산림곤충 표본조사법 중 곤충의 음성 주지성을 이용한 방법은?

① 미끼트랩   ② 수반트랩

③ 페로몬트랩   ④ 말레이즈트랩

해설
- 미끼트랩 : 포충기 안에 먹이를 설치한 트랩
- 수반트랩 : 해충을 유인하여 물에 빠져 죽게 만든 포획장치, 성 유인물질을 이용하기도 한다.
- 페로몬트랩 : 성 유인물질로 해충을 유인하여 포획하는 장치. 수반형과 끈끈이형이 있다.
- 말레이즈트랩 : 곤충이 장애물을 만나면 위로 올라가는 습성(음성 주지성)을 이용한 트랩. 텐트형 장애물과 포충기를 설치한다.

15 소나무류 피목가지마름병을 방제하는 방법으로 가장 효과적인 것은?

① 병든 잎을 태우거나 묻어서 1차 전염원을 줄인다.

② 침투 이행성 살균제를 피해목 수간에 주입한다.

③ 상습발생지에서는 6월부터 살균제를 토양 관주한다.

④ 남향으로 뿌리가 노출된 수목의 임지에서는 관목을 무육하여 토양 건조를 방지한다.

해설 소나무류 피목가지마름병은 잣나무, 소나무, 곰솔에서 발생하며, 수세가 쇠약하거나 뿌리발육이 부진할 때 피해가 발생하므로 토양건조를 방지하여 방제할 수 있다.

16 유충과 성충이 수목의 동일한 부분을 가해하는 해충은?

① 솔나방

② 어스렝이나방

③ 오리나무잎벌레

④ 잣나무넓적잎벌

해설 오리나무잎벌레는 성충과 유충이 모두 수목의 잎을 가해한다.

17 1년에 1회 발생하며 단성생식을 하는 해충은?

① 밤나무혹벌
② 넓적다리잎벌
③ 노랑애나무좀
④ 오리나무잎벌레

해설 혹벌과 좀벌류가 수컷이 희귀하거나 거의 없어서 대부분 단성생식을 한다.

18 광릉긴나무좀을 방제하는 방법으로 가장 효과가 미비한 것은?

① 내충성 품종을 식재한다.
② 딱따구리 등 천적이 되는 조류를 보호한다.
③ 우화 최성기에 수간에 페니트로티온 유제를 살포한다.
④ 피해목을 잘라 집재하고 타포린으로 밀봉하여 메탐소듐 액제로 훈증한다.

해설 광릉긴나무좀은 내충성 품종이 거의 개발되지 않았다. 유실수는 내충성이나 내병성 품종을 개발하지만 그 이외의 수종은 거의 개발되지 않는다.

19 산성비가 토양 및 수목에 미치는 영향으로 옳지 않은 것은?

① 염기의 양 감소
② 질소의 이용량 감소
③ 낙엽층의 축적량 감소
④ 알루미늄, 망간 활성화

해설 ※ 출제 오류로 모두 정답처리 된 문제입니다.
① 산성비로 인해 산도는 증가하지만 토양 속의 염기의 양은 증가한다.
② 강우의 산성도가 낮은 경우 질소비효과가 있을 수 있지만, 전체적으로 질소의 이용량은 감소한다.
③ 미생물의 활동 둔화로 낙엽층의 부식이 둔화되므로 낙엽의 축적량은 늘어난다.

④ 토양의 산성도가 낮아지면 알루미늄은 불용화 되고, 토양의 산성도가 낮아지면 망간은 활성화 된다.

20 다음 중 중간기주가 없는 수목 병은?

① 소나무 혹병　　② 향나무 녹병
③ 회화나무 녹병　　④ 잣나무 털녹병

해설 회화나무 녹병은 이종기주교대를 하지 않고 회화나무에서 생활사를 완성한다.

제4과목　임도공학

21 다음 표는 임도의 횡단측량 야장이다. A, B, C, D에 대한 설명으로 옳지 않은 것은?

좌측		측점	우측	
L 3.0		A No.0	L 3.0	
$\dfrac{-1.8}{0.4}$	$\dfrac{1 \text{ C}}{1.2}$	MC$_1$	$\dfrac{L}{1.3}$	$\dfrac{+1.5}{1.5}$ B
B 0.3 2.0	$\dfrac{-0.3}{2.0}$	D MC$_1$ +3.70	$\dfrac{+0.4}{2.0}$	$\dfrac{+0.4}{2.0}$

① A : 측점이 No.0인 경우는 기설노면을 의미한다.
② B : 분자는 고저차로써 +는 성토량, −는 절토량을 의미한다.
③ C : 분모는 수평거리로써 측점을 기준으로 왼편 1.2m 지점을 의미한다.
④ D : MC$_1$지점으로부터 3.70m 전진한 지점을 뜻한다.

해설 B부분의 분자의 경우 +는 절토량, -는 성토량을 의미한다.

22 가선집재와 비교한 트랙터에 의한 집재작업의 장점으로 옳지 않은 것은?

① 기동성이 높다.
② 작업이 단순하다.
③ 작업생산성이 높다.
④ 잔존임분에 대한 피해가 적다.

해설 • 장점 : 기동성이 높다, 작업생산성이 높다, 작업이 단순하다, 작업비용 낮다.
• 단점 : 환경피해가 크다, 완경사지에서만 작업이 가능하다, 높은 임도밀도 필요, 지면끌기식과 적재식

23 컴퍼스측량에 대한 설명으로 옳지 않은 것은?

① 국지인력의 영향 때문에 철제구조물과 전류가 많은 시가지 측량에 적합하다.
② 캠퍼스의 눈금판은 일반적으로 N과 S점에서 양측으로 0°~90°까지 나누어져 있다.
③ 시준선이 어떤 방향으로 향할 때 자침이 가리키는 값은 남북방향을 기준으로 한 각이 된다.
④ 농지, 임야지 등과 같은 국지인력의 영향이 없는 곳이나 높은 정도를 필요로 하지 않는 곳에서 작업이 신속하고 간편하기에 많이 이용된다.

해설 • 컴퍼스측량은 측선의 길이(거리)와 그 방향(각도)을 관측하여 측점의 수평위치(x,y)를 결정하는 측량 방법이다.
• 컴퍼스측량은 경계측량, 산림측량, 노선측량, 지적측량 등에 이용한다.
• 컴퍼스를 세우고 정준한 다음 적당한 거리에 연직선을 만들어 시준할 때 지준종공 또는 시준사와 수직선이 일치하면 정상이다.

24 1/5000 지형도에 종단경사 10%의 임도 노선을 도상 배치하고자 한다. 이론적인 수치보다 10%의 할증을 더 두어 계산해야 한다면 양각기 폭은? (단, 한 등고선의 간격은 5m)

① 1.0mm ② 1.1mm
③ 10mm ④ 11mm

해설 종단경사 10% = 수직거리 5m:수평거리 50m
양각기 폭은 50,000mm÷5,000 = 10mm
할증반영 10mm×110% = 11mm

25 콘크리트 포장 시공에서 보조기층의 기능으로 옳지 않은 것은?

① 동상의 영향을 최소화한다.
② 노상의 지지력을 증대시킨다.
③ 노상이나 차단층의 손상을 방지한다.
④ 줄눈, 균열, 슬래브 단부에서 펌핑현상을 증대시킨다.

해설 • 표층, 기층, 보조기층(혼합골재) 순서로 보조기층은 위쪽의 포장층에서 발생되는 하중을 분산시켜 노상으로 전달하는 역할을 한다.
• 펌핑현상(부풀어 오르는 현상)의 경우 주로 표층에서 일어나는 현상이다.

26 임도 설계를 위한 중심선측량 시 측점 간격 기준은?

① 10m ② 15m
③ 20m ④ 25m

해설 중심선측량에서 측점 간격은 20m로 하고 중심말뚝(번호말뚝)을 설치하되, 지형의 변화가 심한 지점, 구조물 설계가 필요한 곳에는 보조(중간)말뚝을 설치한다.

27 합성기울기가 10%이고, 외쪽기울기가 6%인 임도의 종단기울기는?

① 4% ② 6%
③ 8% ④ 10%

해설 $10 = \sqrt{6^2 + j^2}$ 식에서 S : 합성물매, i : 횡단 또는 외쪽물매, j : 종단물매

28 배향곡선지가 아닌 경우 임도의 유효너비 기준은?

① 3m
② 4m
③ 5m
④ 6m

해설 길어깨 · 옆도랑의 너비를 제외한 임도의 유효너비는 3m를 기준으로 한다. 다만, 배향곡선지는 6m 이상으로 하며, 임도의 축조한계는 유효너비+길어깨를 포함한다.

29 산림 토목공사용 기계로 옳지 않은 것은?

① 전압기
② 착암기
③ 식혈기
④ 정지기

해설 식혈기는 조림 식재용 도구이다.

30 사리도(자갈길, gravel road)의 유지관리에 대한 설명으로 옳지 않은 것은?

① 방진처리에 염화칼슘은 사용하지 않는다.
② 노면의 제초나 예불은 1년에 한 번 이상 실시한다.
③ 비가 온 후 습윤한 상태에서 노면 정지작업을 실시한다.
④ 횡단배수구의 기울기는 5~6% 정도를 유지하도록 한다.

해설 사리도의 유지보수 방법
• 정상적인 노면 유지를 위하여 배수가 중요하다.
• 횡단구배는 5~6% 정도로 노면배수와 종단구배 방향의 배수를 측구로 유도하여 노외로 배수한다.
• 비가 온 후 습윤한 상태에서 노면 정지작업을 실시한다.
• 방진처리는 물, 염화칼슘, 폐유, 타르, 아스팔트 유재 등이 사용된다.
• 노면의 제초나 예불은 1년에 한 번 이상 실시한다.

31 임도 노면 시공방법에 따른 분류로 머캐덤 (Macadam)에 해당하는 것은?

① 사리도
② 쇄석도
③ 토사도
④ 통나무길

해설 쇄석도의 노면처리 방법
• 역청 머캐덤도 : 쇄석을 타르나 아스팔트로 결합시켜 다진 도로
• 시멘트 머캐덤도 : 쇄석을 시멘트로 결합시켜 다진 도로
• 교통체 머케덤도 : 쇄석을 교통과 강우로 다진 도로
• 수체 머캐덤도 : 쇄석의 틈 사이에 석분을 물로 침투시켜 롤러로 다진 도로

32 임도시공 시 토질조사 작업에서 예비조사의 주요 항목이 아닌 것은?

① 토양
② 지질
③ 기상
④ 지적

해설
• 토질조사 : 토질은 토사 · 암반으로 구분하고, 지하암반은 지형 또는 표면상태, 부근 지역의 절토단면을 참고하여 추정 조사한다.
• 용지 및 지장물 조사 : 소유 구분을 하여야 할 용지도는 해당 지역의 최근 지적도 및 임야도를 사용하며, 용지조사는 지번별 · 지목별 순서로 면적 및 지장물을 조사한다.

33 임도 설계업무의 진행 순서로 옳은 것은?

① 예비조사 → 예측 → 답사 → 실측 → 설계도 작성
② 예비조사 → 답사 → 예측 → 실측 → 설계도 작성
③ 실측 → 예측 → 지형도분석 → 답사 → 설계도 작성
④ 실측 → 지형도분석 → 예측 → 구조물조사 → 설계도 작성

해설 예비조사 → 답사 → 예측 → 실측 → 설계도 작성 → 공사량 산출 → 설계서 작성

정답 28. ① 29. ③ 30. ① 31. ② 32. ④ 33. ②

34 다음 종단측량 결과표를 이용하여 측점 1~4를 연결하는 도로계획선의 종단기울기는? (단, 중심말뚝 간격은 30m)

측점	1	2	3	4
지반고(m)	65.45	66.03	63.67	68.83

① 약 −3.8% ② 약 +3.8%

③ 약 −5.6% ④ 약 +5.6%

해설 $\dfrac{(68.83 - 65.45)}{(30 \times 3)} \times 100\% = 3.7555$

∴ +3.85%

35 임도 시설기준에 대한 설명으로 옳은 것은?

① 배향곡선은 중심선 반지름이 10m 이상으로 한다.

② 종단곡선은 포물선곡선방식을 적용하지 않는다.

③ 특수지형에서 최소곡선반지름은 설계속도와 관계없이 14m 이상으로 한다.

④ 특수지형에서 노면포장을 하는 경우 종단기울기는 20% 범위에서 조정할 수 있다.

해설 배향곡선(Hair Pin 곡선)은 중심선 반지름이 10m 이상이 되도록 설치한다. 곡선부의 중심선 반지름은 다음의 규격 이상으로 설치하여야 한다. 다만, 내각이 155° 이상 되는 장소에 대하여는 곡선을 설치하지 아니할 수 있다.

36 적정 임도 밀도가 10m/ha이고 양방향으로 집재할 때 평균집재거리는?

① 250m ② 500m

③ 750m ④ 1000m

해설 평균집재거리 $= \dfrac{10,000}{\text{적정 임도밀도} \times 4}$

$= \dfrac{10,000}{10 \times 4} = \dfrac{10,000}{40} = 250m$

37 일반지형의 경우 임도 설계속도가 20km/시간일 때 설치할 수 있는 최소곡선반지름 기준은?

① 12m ② 15m

③ 20m ④ 30m

해설 설계속도가 20Km/시간일 때 일반지형 최소곡선반지름 15m, 특수지형 12m

38 반출할 목재의 길이가 20m인 전간재를 너비가 4m인 임도에서 트럭으로 운반할 때 최소곡선 반지름은?

① 4m ② 20m

③ 25m ④ 50m

해설 • 최소곡선반지름의 크기에 영향을 주는 요소들은 도로 너비, 반출목재길이, 차량구조, 운행속도, 도로구조, 시거 등이다.

• 목재길이 반영식

$R = \dfrac{L^2}{4B}$

R : 최소곡선반지름(m), L : 반출목재의 길이, B : 도로의 너비

39 임도망 배치의 효율성 정도를 나타내는 개발지수에 대한 설명으로 옳지 않은 것은?

① 평균집재거리와 임도 밀도를 곱하여 계산한다.

② 균일하게 임도가 배치되었을 때의 값은 1.0이다.

③ 노선이 중첩되면 될수록 임도배치 효율성은 높아진다.

④ 임도 간격과 밀도가 동일하더라도 노망의 배치 상태에 따라 이용효율성은 크게 달라진다.

해설 • 개발지수는 임도 배치의 효율성을 나타내는 질적인 기준으로 사용될 수 있다.

• 임도망의 배치 상태가 균일하면 개발지수는 1.0으로서 이용효율성이 높지만, 노선이 중첩되면 될수록 이용효율성은 낮아지게 된다.

정답 34. ② 35. ① 36. ① 37. ② 38. ③ 39. ③

40 흙의 입도분포의 좋고 나쁨을 나타내는 균등계수의 산출식으로 옳은 것은? (단, 통과중량백분율 X에 대응하는 입경은 DX)

① D10 ÷ D60 ② D20 ÷ D60

③ D60 ÷ D20 ④ D60 ÷ D10

해설 균등계수는 흙을 체로 분류하여 60% 통과율을 나타내는 모래 입자의 크기 비율로 나타낸다.

$$균등개수\ 입도분포 = \frac{통과중량백분율60\%대응입경}{통과중량백분율10\%대응입경}$$

$$= \frac{D_{60}}{D_{10}}$$

5 이하 나쁨, 6~9 보통, 10 이상 좋음

제5과목 **사방공학**

41 붕괴형 산사태에 대한 설명으로 옳은 것은?

① 지하수로 인해 발생하는 경우가 많다.

② 파쇄 또는 온천 지대에서 많이 발생한다.

③ 속도는 완만해서 흙덩이는 흩어지지 않고 원형을 유지한다.

④ 이동 면적이 1ha 이하로 작고, 깊이도 수 m 이하로 얕은 경우가 많다.

해설 붕괴형 산사태

항목	붕괴형 산사태
지질	특정 지질 조건에 한정되지 않음
지형	급경사지에서 또는 미끄러짐면이 점성토에 한정되지 않고 사질토에서도 다발
규모	이동 면적이 1ha 이하, 깊이도 수m 이하 많음
이동 상황	속도 빠름, 토괴는 원형을 유지하지 못함. 붕괴 토사는 유출, 퇴적 토사의 재이동 적음
기구 ·원인	활재가 없는 경우 적음, 중력이 유인되는 경우 많음, 강우강도에 영향 받음
징후	징후 없고 돌발적으로 활락

42 유역면적 200ha, 최대시우량 180mm/h, 유거계수 0.6일 때 최대홍수유량(m³/s)은?

① 60 ② 90

③ 120 ④ 180

해설
$$Q = K \times \frac{A \times \dfrac{m}{1,000}}{60 \times 60}$$

$$= 0.6 \times \frac{2,000,000 \times \dfrac{180}{1,000}}{60 \times 60} = 60$$

A : 유역면적(m²), 1ha=10,000m², m : 최대시우량(mm/hr), K : 유거계수

43 비탈 다듬기 공법에 대한 설명으로 옳지 않은 것은?

① 붕괴면의 주변 상부는 충분히 끊어낸다.

② 기울기가 급한 장소에서는 선떼 붙이기와 산비탈 돌쌓기 등으로 조정한다.

③ 퇴적층 두께가 3m 이상일 때에는 땅속 흙막이를 시공한 후 실시한다.

④ 수정기울기는 지질, 면적, 공법 등에 따라 차이를 두되 대체로 45° 전후로 한다.

해설 • 설계상의 유의점은 지질·면적 및 공법에 따라 다르지만, 수정물매는 최대 35° 전후로 한다.
 - 퇴적층의 두께가 3m 이상일 때에는 반드시 땅속 흙막이를 시공한다.
 - 물매가 급한 곳은 선떼 붙이기와 산복 돌쌓기로 조정한다.
 - 붕괴면의 주변 상부는 충분히 끊어낸다.
• 시공상의 유의점
 - 비옥한 표토는 산복변에 남겨 둔다.
 - 공사는 상부에서 하부를 향해 실시한다.
 - 부토(浮土)가 많은 지역은 속도랑 및 묻히기 공사는 미리 실시한다.
 - 정단부는 단순히 절취하지 말고, 절단하여 오목한 곳에 단번에 투입한다.
 - 부토가 안정될 때까지 일정 기간 비와 바람에 노출시킨 후에 다른 공종을 시공해야 한다.

정답 40. ④ 41. ④ 42. ① 43. ④

- 잡목이나 그루터기가 매몰되지 않도록 사전에
  정리해야 한다.

44 비탈면 붕괴를 방지하기 위한 돌망태 쌓기 공법에 대한 설명으로 옳지 않은 것은?

① 보강성 및 유연성이 좋다.
② 투수성 및 방음성이 불량하다.
③ 일체성과 연속성을 지닌 구조물이다.
④ 주로 철선으로 짠 망태에 호박돌 또는 잡석을 채워 사용한다.

해설 돌망태 쌓기는 돌 사이로 투수성이 좋다.

45 강우 시 침투능에 대한 설명으로 옳지 않은 것은?

① 나지보다 경작지의 침투능이 더 크다.
② 초지보다 산림지의 침투능이 더 크다.
③ 침엽수림이 활엽수림보다 침투능이 더 크다.
④ 시간이 지속되면 점점 작아지다가 일정한 값이 된다.

해설 • 임내방목과 임지의 초지로의 전환에 의한 가축의 지표 교란과 답압은 침투능을 감소시킨다.
• 농업용 차량의 전압은 침투능을 감소시킨다.
• 밀생초본의 root mat 효과 등에 의하여 침투능이 저하된다.
• 산불은 임상물을 소실시키고 표토를 가열하여 침투성을 현저하게 저하시킨다.

46 콘크리트흙막이를 산복기초로 시공할 경우 가장 적합한 높이는?

① 2.5m 이하 ② 3.0m 이하
③ 3.5m 이하 ④ 4.0m 이하

해설 • 흙막이는 연속적으로 배치되거나 불안정한 비탈면에 축조되는 경우가 많기 때문에 높이가 4m를 초과하지 않는 것이 바람직하다.
• 산복흙막이(유토공(留土工); soil arresting structures on slope)는

- 불안정한 토사의 이동 억지
- 비탈면 경사 수정
- 표면 유하수의 분산
- 공작물의 기초와 수로의 지지
- 매토층의 하단부 지지 등을 목적으로 하여 시공한다.

47 황폐 계류 유역을 구분하는 데 포함되지 않는 것은?

① 토사준설구역
② 토사생산구역
③ 토사퇴적구역
④ 토사유과구역

해설 황폐 계류의 유역 구분
• 토사생산구역은 붕괴작용 · 침식작용이 가장 활발히 진행되고 있는 최상류에 해당하는 구역
• 토사유과구역은 침식과 퇴적이 거의 발생하지 않고, 상류에서 생산된 토사가 통과하는 구역
• 토사퇴적구역은 계상물매가 완만하고, 계폭이 넓어 유수의 유송력이 저하됨에 퇴적되는 구역

48 다음 설명에 해당하는 것은?

• 막깬돌, 잡석 및 호박돌 등을 가공하지 않은 상태로 축설한다.
• 유량이 비교적 적고 기울기가 비교적 급한 산복에 이용되는 수로이다.

① 떼붙임수로
② 메붙임돌수로
③ 찰붙임돌수로
④ 콘크리트수로

해설 메붙임돌수로는 잡석 · 호박돌 및 막챈돌 등을 가공하지 않은 상태로 축설하는 것으로 유량이 비교적 적고, 물매가 약간 급한 산복에 사용한다.

49 기슭막이에 대한 설명으로 옳지 않은 것은?

① 기슭막이의 둑마루 두께는 0.3~0.5m를 표준으로 한다.

② 기슭막이의 높이는 계획고 수위보다 0.5~0.7m 높게 한다.

③ 유로의 만곡에 의해 물의 충격을 받는 수충부 하류에 계획한다.

④ 기초의 밑넣기 깊이는 계상의 상황 등을 고려하여 세굴되지 않도록 한다.

해설 • 기슭막이의 둑마루 두께는 0.3~0.5m를 표준으로 한다.
• 기슭막이의 높이는 계획고 수위보다 0.5~0.7m 높게 한다.
• 유로의 만곡에 의해 물의 충격을 받는 수충부에 계획한다.
• 기초의 밑넣기 깊이는 계상의 상황 등을 고려하여 세굴되지 않도록 한다.

50 설상사구에 대한 설명으로 옳은 것은?

① 주로 파도막이 뒤에 형성되는 모래언덕이다.

② 모래가 정선부에 퇴적하여 얕은 모래둑을 형성한다.

③ 혀 모양의 형태로 모래가 쌓인 후 반달 모양으로 형태가 바뀐 것이다.

④ 치올린 언덕의 모래가 비산하여 내륙으로 이동하면서 수목이나 사초가 있을 때 형성된다.

해설 • 모래언덕 발달 단계 : '치올린 언덕 → 설상사구 → 반월형사구'의 과정
• 설상사구 : 바람은 치올린 언덕의 모래를 비산시켜 내륙으로 이동시킨다. 이때 바람이 장애물에 부딪히면 분산되었다가 장애물의 뒤편에서 다시 모여 뾰족한 혀 모양의 모래언덕을 이루며 퇴적된다.

51 비중에 따라 골재를 구분할 경우 중량골재의 비중 기준은?

① 2.50 이하　　② 2.60 이하

③ 2.70 이하　　④ 2.80 이하

해설 비중 2.5 이하는 경량, 2.5~2.65는 보통, 2.7 이상은 중량골재로 분류한다.

52 콘크리트 치기 작업의 주의사항으로 옳지 않은 것은?

① 가급적 신속하게 콘크리트 치기를 실시하여 작업을 완료해야 한다.

② 일반적으로 1.5m 이상의 높이에서 콘크리트를 떨어뜨려서는 안 된다.

③ 거푸집 내면의 막음널에 이탈제로 광유를 바르거나 비눗물을 바르기도 한다.

④ 기둥, 교각, 벽 등에는 콘크리트를 쳐올라감에 따라 뜬 물이 생기므로 묽은 반죽으로 하는 것이 좋다.

해설 뜬 물에 의한 재료 분리가 일어나지 않도록 반죽질기를 된 비빔으로 한다.

53 흙사방댐의 높이가 2.5m일 때에 가장 적합한 댐마루 너비는? (단, Merrimar식 이용)

① 2.0m　　② 2.25m

③ 2.5m　　④ 2.75m

해설 흙댐의 댐마루 너비 $=\left(\dfrac{\text{댐 높이}}{5}\right)+1.5$이므로
$=\dfrac{2.5}{5}+1.5=2.0$
댐 높이가 5m일 때는 2.5m

54 토양침식 형태에서 중력침식에 해당되지 않는 것은?

① 붕괴형　　② 지중형

③ 지활형　　④ 유동형

해설 지중침식은 지표면 아래에서 물이 땅속을 통과하게 될 경우 그 통로에 있는 흙을 침식하고 운반하는 현상으로 파이핑, 펌핑, 보링 또는 퀵샌드현상이라고도 한다.

55 사방댐을 직선 유로에 계획할 때 올바른 방향은?

① 유심선에 직각
② 유심선에 평행
③ 유심선의 접선에 직각
④ 유심선의 접선에 평행

해설 댐의 방향은 유심선의 하류에 직각으로 설치하되 댐의 계획지점에서 상하류의 계곡계안이 유수의 충격에 의해 침식의 우려가 있을 경우는 댐의 방향이나 방수로의 위치 변경 또는 기슭막이공사로 보강한다.

56 돌골막이 시공 시 돌쌓기의 표준 기울기로 옳은 것은?

① 1:0.1　　② 1:0.2
③ 1:0.3　　④ 1:0.4

해설 돌골막이 시공 시 반수면만 1:0.3 기울기로 쌓는다.

57 비탈면 녹화공법에 해당하지 않는 것은?

① 조공　　② 사초심기
③ 비탈 덮기　　④ 선떼 붙이기

해설
• 사초심기란 해안의 모래땅에서 잘 생육하고, 모래언덕의 고정 기능이 높은 사초를 식재 예정지 전면에 식재하는 사면 피복공법이다.
• 비탈면의 녹화공법은 녹화를 위한 기반을 다지는 녹화기초공사와 식생을 조성하는 녹화공사가 있다.

58 임간나지에 대한 설명으로 옳은 것은?

① 산림이 회복되어 가는 임상이다.
② 비교적 키가 작은 울창한 숲이다.
③ 초기 황폐지나 황폐 이행지로 될 위험성은 없다.
④ 지표면에 지피식물 상태가 불량하고 누구 또는 구곡침식이 형성되어 있다.

해설 임간나지 : 외견상 숲을 이루고 있지만 지피 불량하고, 부분적으로 누구 또는 구곡 침식이 진행되는 곳으로, 초기 황폐지나 황폐 이행지로 진전된다.

59 시우량법을 이용하여 최대홍수유량을 산정할 때 침투 정도가 보통인 평지 토양에서 유거계수가 가장 큰 경우는?

① 산림　　② 초지
③ 암석지　　④ 농경지

해설
• 침투능이 클수록 강수를 유출하는 유거 계수가 크다.
• 암석지는 침투수보다는 유출하는 유거계수가 크다.

60 계류의 임계유속에 대한 설명으로 옳은 것은?

① 유수가 흐르지 않는 상태이다.
② 계상에 침식이 일어나지 않는다.
③ 계상에 침식이 가장 많이 일어난다.
④ 유수의 속도가 가장 빠른 상태이다.

해설 임계유속 : 층류에서 난류로 변화할 때 유속, 즉 계상에서 침식을 일으키지 않는 경우의 최대유속

제2과목 산림보호학

01 다음 설명에 해당하는 바람의 종류는?

> • 10~15m/s 정도로 불며, 풍속은 느리지만 규칙적으로 분다.
> • 수목 피해 : 만성적으로 눈에 잘 띄지 않으나 임목의 생장을 감소시키고, 수형을 불량하게 한다.

① 폭풍 ② 염풍
③ 육풍 ④ 주풍

해설 • 주풍 : 10~15m/s
• 폭풍 : 29m/s 이상
• 염풍 : 소금기를 포함한 바람
• 육풍 : 육지에서 바다로 부는 바람

02 솔잎혹파리를 방제하는 방법으로 옳지 않은 것은?

① 포식성 조류인 박새, 곤줄박이를 보호한다.
② 간벌하여 임내를 건조시킴으로써 번식을 억제한다.
③ 번데기가 낙하하는 11월 하순~12월 상순에 카보퓨란입제를 지면에 살포한다.
④ 피해가 심한 임지에서는 산란 및 부화 최성기에 디노테퓨란 액제를 수간 주입한다.

해설 애벌레가 땅속에서 월동하기 위해 10월~11월경 땅으로 내려온다. 이 시기에 검은 망을 깔아놓았다가 낙하한 애벌레를 모아서 포살한다.

03 수목의 외과적 치료 방법에 대한 설명으로 옳은 것은?

① 나무주사를 이용하는 방법이다.
② 부후병, 뿌리썩음병에는 효과가 없다.
③ 뽕나무 오갈병, 오동나무 빗자루병에는 효과가 없다.
④ 살균제 성분을 이용하는 수목 피해를 예방하는 것이다.

해설 뽕나무 오갈병과 오동나무 빗자루병은 파이토플라즈마에 의한 병으로 전신감염증이므로 환부를 제거하는 등의 외과적 치료로는 효과를 볼 수 없다.

04 산성비의 산도에 해당하는 것은?

① pH 5.0~7.0 ② pH 5.6~7.5
③ pH 5.6 이하 ④ pH 7.0 이상

해설 • 산도 pH5.6 이하의 비를 산성비라고 한다.
• 대기 중의 이산화탄소, 질소와 황산화물에 의해 빗물의 산도가 낮아진다.

05 밤나무혹벌이 주로 산란하는 곳은?

① 밤나무의 눈
② 밤나무의 뿌리
③ 밤나무의 잎 뒷면
④ 밤나무 주변 지피물

정답 01. ④ 02. ③ 03. ③ 04. ③ 05. ①

산림기사 필기

해설 밤나무혹벌은 밤나무 눈에 기생하여 직경 10~15mm의 충영을 만든다. 충영은 성충 탈출 후인 7월 하순부터 마르며 색이 변한다.

06 소나무류 잎녹병균 중간기주가 아닌 것은?

① 잔대   ② 황벽나무
③ 쑥부쟁이   ④ 졸참나무

해설 졸참나무 등 참나무류는 소나무혹병의 중간기주가 된다.

07 박쥐나방에 대한 설명으로 옳지 않은 것은?

① 어린 유충은 초본을 가해한다.
② 성충은 박쥐처럼 저녁에 활발히 활동한다.
③ 성충은 나무에 구멍을 뚫어 알을 산란한다.
④ 1년 또는 2년에 1회 발생하며 알로 월동한다.

해설
• 박쥐나방은 해가 지는 무렵에 날아다니며 알을 땅위에 떨어뜨린다.
• 박쥐나방의 성충인 나방은 흡즙을 하기에 적합한 입을 가지고 있지만 나무에 구멍을 뚫을 수 없다.

08 상륜에 대한 설명으로 옳은 것은?

① 상해의 피해 중 만상의 피해로 나타나는 일종의 위연륜을 말한다.
② 지형적으로 습기가 낮고, 높은 지대, 소택지 등에 상륜의 피해가 많다.
③ 조상의 피해로 나타나는 현상으로 일시 생장이 중지되었을 때 나타난다.
④ 고립목이나 산림의 임연부에서 한겨울 밤수액이 저온으로 얼면서 나타나는 피해현상이다.

해설
② 지형적으로 습기가 낮고, 높은 지대, 소택지 등에 조상의 피해가 많다.
③ 만상의 피해로 나타나는 현상으로 일시 생장이 중지되었을 때 나타난다.
④ 고립목이나 산림의 임연부에서 한겨울 밤수액이 저온으로 얼면서 나타나는 피해현상은 상렬이다.

09 봄에 진딧물의 월동란에서 부화한 애벌레를 무엇이라 하는가?

① 간모
② 유성생식충
③ 산란성 암컷
④ 산자성 암컷

해설
• 진딧물은 4월 초에 부화하여 간모가 되고, 4월 중순경부터 새끼를 낳는다. 이 새끼가 날개가 없는 무시태생 암컷이 되어 반복하여 새끼를 낳아 대번식한다.
• 10월 하순경 유시태의 암컷과 수컷이 출현하여 교미를 한 후 산란하고, 알로 월동한다.

10 파이토플라스마에 대한 설명으로 옳지 않은 것은?

① 인공 배양이 불가능하다.
② 원핵생물과 진핵생물의 중간적 존재이다.
③ 세포벽이 없으므로 구형 또는 불규칙한 모양이다.
④ 파이토플라스마에 의한 수목 병은 대부분 곤충에 의해 전반된다.

해설
• 파이토플라즈마는 바이러스와 원핵생물의 중간적 존재다.
• 파이토플라즈마는 핵이 없고, 막에 의해 결합된 소기관들이 존재한다.

정답 06. ④ 07. ③ 08. ① 09. ① 10. ②

11 알락하늘소를 방제하는 방법으로 옳지 않은 것은?

① Bt균이나 핵다각체바이러스를 살포한다.

② 성충이 우화하는 시기에 적용 약제를 수관에 살포한다.

③ 유충을 구제하기 위하여 침입공에 적용약제를 주입한다.

④ 철사를 침입공에 넣어 목질부에 서식하고 있고 유충을 찔러 죽인다.

해설 • Bt균이나 핵다각체바이러스를 살포하여 방제하는 것은 복숭아명나방이다.
• 알락하늘소는 성충 우화 최성기인 6월 하순에 페니트로티온 유제(50%) 또는 티아클로프리드 액상수화제(10%)를 1주일 간격으로 2~3회 수관에 살포한다.

12 미국흰불나방은 1년에 몇 회 우화하는가?

① 1회
② 2~3회
③ 4~5회
④ 6회

해설 미국흰불나방은 1년에 2회 발생하며, 영양상태가 좋은 경우 3회 발생도 가능하다.

13 밤바구미에 대한 설명으로 옳지 않은 것은?

① 경제적 피해 수종은 주로 밤나무이다.

② 밤껍질 밖으로 배설물을 방출하므로 쉽게 알 수 있다.

③ 유충이 밤이나 도토리의 과육을 식해하여 피해를 준다.

④ 땅속에서 유충의 형태로 월동한 후에 번데기가 된다.

해설 • 밤껍질 밖으로 배설물을 방출하는 것은 복숭아명나방의 특징이다.
• 과수형의 성숙한 유충은 밤송이 속을 파먹으면서 배설물과 즙액을 배출한다.

14 희석하여 살포하는 약제가 아닌 것은?

① 액제
② 입제
③ 수화제
④ 캡슐현탁제

해설 • 입제는 희석하지 않고 입자상의 농약을 점착제를 이용하여 제조한다.
• 사용량이 많기 때문에 사용량을 줄이기 위해 입자 크기를 줄여 세립제로 사용하면 적은 양의 유효성분을 골고루 뿌릴 수 있다.

15 아밀라리아뿌리썩음병에 대한 설명으로 옳은 것은?

① 주로 천공성 곤충으로 전반된다.

② 침엽수와 활엽수에 모두 발생한다.

③ 표징으로 갈색의 파상땅해파리버섯이 있다.

④ 병원균은 균핵으로 월동하여 이듬해에 1차 전염원이 된다.

해설 ① 아밀라리아 뿌리썩음병은 땅속의 균사와 포자를 통해 전반된다.
③ 갈색의 파상땅해파리버섯은 리지나뿌리썩음병의 표징이다.
④ 벚나무균핵병이나 감귤균핵병의 경우 병원균이 균핵으로 월동하지만 균핵이 1차 전염원이 되는 것은 아니다. 월동한 균핵에서 자낭반이 형성되고, 자낭반에서 형성된 자낭포자가 공기 중으로 비산하여 1차 전염원이 된다.

16 세균에 의한 수목 병에 해당하는 것은?

① 녹병
② 탄저병
③ 뿌리혹병
④ 소나무 재선충병

해설 세균성 불마름병, 뿌리혹병, 구멍병 등이 세균에 의한 수목 병이다.

정답 11. ① 12. ② 13. ② 14. ② 15. ② 16. ③

17 오동나무 탄저병을 방제하는 방법으로 옳지 않은 것은? (출제 오류로 정답이 두 개다.)

① 거름주기와 가지치기를 철저히 한다.
② 실생묘의 양묘에서는 토양소독을 실시한다.
③ 병든 부분을 제거하고 소독 후 도포제를 처리한다.
④ 짚으로 토양을 피복하여 빗물에 흙이 튀지 않게 한다.

해설 ① 병든 잎이나 줄기는 잘라내어 소각한다. 거름주기는 방제법에 해당하지 않는다.
② 병든 부분을 제거하여 소각한다.

18 주로 단위생식으로 번식하는 해충은?

① 솔나방
② 밤나무혹벌
③ 솔잎혹파리
④ 북방수염하늘소

해설 • 혹벌, 좀벌류는 대부분 단위생식을 한다.
• 암컷이 성적인 결합없이 새끼를 낳는 것을 처녀생식(parthenogenetic)이라고 한다.

19 밤나무 줄기마름병을 방제하는 방법으로 옳은 것은?

① 침투 이행성 살균제를 피해목 수간에 주입한다.
② 외가닥 RNA가 존재하는 저병원성 균주를 살포한다.
③ 박쥐나방에 의한 피해를 줄이기 위하여 살충제를 살포한다.
④ 상습 발생지에서는 장마 후부터 10일 간격으로 살균제를 3~4회 살포한다.

해설 ① 베노밀제를 수간 주입한다.
② 두가닥 RNA가 존재하는 저병원성 균주를 살포한다.

④ 봄에 눈이 트기 전에 88식 보르도액 또는 석회황합제를 건강한 밤나무에 살포하여 예방한다.

20 오리나무 갈색무늬병을 방제하는 방법으로 옳지 않은 것은?

① 윤작을 피한다.
② 종자를 소독한다.
③ 솎아주기를 한다.
④ 병든 낙엽은 모아 태운다.

해설 연작은 피하고, 윤작을 한다.

제4과목 임도공학

21 배향곡선지인 경우 길어깨와 옆도랑의 너비를 제외한 임도의 유효너비의 기준은?

① 3m
② 5m
③ 6m
④ 10m

해설 길어깨·옆도랑의 너비를 제외한 임도의 유효너비는 3m를 기준으로 한다. 다만, 배향곡선지는 6m 이상으로 하며 임도의 축조한계는 유효너비+길어깨를 포함한다.

22 산악지대의 임도 노선 선정 형태로 옳지 않은 것은?

① 사면임도
② 능선임도
③ 계곡임도
④ 작업임도

해설 • 계곡임도(valley road) : 임지개발의 중추적인 역할. 홍수로 인한 유실을 방지하기 위하여 계곡 하부에 구축하지 않고 약간 위의 사면에 축설하는 것이 좋다.
• 사면임도형(급경사지이고 긴 비탈면)에는 지그재그 방식이, 사면임도형(완경사)에는 대각선 방식이 적합하며 계곡임도형과 산정부 개발형 임도에는 순환노선방식이 적합하다.

정답 17. ①, ③ 18. ② 19. ③ 20. ① 21. ③ 22. ④

23 수확한 임목을 임내에서 박피하는 이유로 가장 거리가 먼 것은?

① 운재작업 용이
② 병충해 피해 방지
③ 신속한 원목 건조
④ 공장에서 작업하는 경우보다 생산원가 절감

해설 임내에서 박피하는 이유
• 운재작업 용이
• 병충해 피해 방지
• 신속한 원목 건조
• 임내 물질 순환

24 등고선에 대한 설명으로 옳지 않은 것은?

① 절벽 또는 굴인 경우 등고선이 교차한다.
② 최대경사의 방향은 등고선에 평행한 방향이다.
③ 지표면의 경사가 일정하면 등고선 간격은 같고 평행하다.
④ 일반적으로 등고선은 도중에 소실되지 않으며 폐합된다.

해설 최대경사의 방향은 등고선에 직각인 방향이다.

25 대피소를 설치할 때 유효길이 기준으로 옳은 것은?

① 5m 이상   ② 10m 이상
③ 15m 이상   ④ 300m 이상

해설 • 대피소와 차 돌림 곳은 1차선 임도에 있어서는 자동차가 서로 비껴가거나 자동차의 방향 전환을 위한 시설이며, 대피소와 차 돌림 곳은 되도록 경사가 완만하고 일정한 간격으로 설치하는 것이 좋다.
• 대피소 간격은 300m 이내, 너비는 5m 이상, 유효길이는 15m 이상이다.

26 임도의 종단기울기에 대한 설명으로 옳지 않은 것은?

① 최소 기울기는 3% 이상으로 설치한다.
② 종단기울기를 낮게 하면 시설비는 증가될 수 있다.
③ 종단기울기를 높게 하면 임도우회율이 적어진다.
④ 보통 자동차가 설계속도의 90% 이상 정도로 오를 수 있도록 설정한다.

해설 보통 자동차가 설계속도의 50% 이상 정도로 오를 수 있도록 설정한다.

27 다음 (   ) 안에 해당되는 것을 순서대로 올바르게 나열한 것은?

> 산림관리 기반 시설의 설계 및 시설 기준에 따르면 배수구의 통수단면은 (   )년 빈도 확률 강우량과 홍수도달 시간을 이용한 합리식으로 계산된 최대 홍수 유출량의 (   )배 이상으로 설계 및 설치한다.

① 50, 1.2   ② 50, 1.5
③ 100, 1.2   ④ 100, 1.5

해설 통수단면은 100년 빈도 확률 강우량에 홍수도달 시간을 이용하여 최대홍수유출량의 1.2배 이상으로 설계한다.

28 사면붕괴 및 사면침식 등 임도 비탈면의 유지관리를 위한 표면유수 유입방지용 배수시설은?

① 맹거   ② 종배수구
③ 횡배수구   ④ 산마루 측구

해설 산마루 측구(돌림수로)는 비탈면의 보호를 위해 비탈면의 최상부에 설치하는 배수구의 일종이다.

정답 23. ④ 24. ② 25. ③ 26. ④ 27. ③ 28. ④

29 다음과 같은 조건에서 매튜스식(Matthews method)에 의한 적정 임도밀도는?

> - 집재단가 : 40원/m·m³
> - 생산예정재적 : 60m³/ha
> - 임도시설단가 : 60,000원/m
> - 우회계수는 무시(모두 0)하여 계산

① 10m/ha   ② 15ha

③ 20ha   ④ 50ha

해설 적정 임도밀도 $= \dfrac{10^2}{2}\sqrt{\dfrac{V \times X \times (1+\eta) \times (1+\eta')}{r}}$

V : 원목생산량(m³/ha)
X : 1m당 집재비단가(원/m³/m)
η : 노장보정계수(굴곡, 우회, 분기 등)
η' : 집재거리보정계수(경사, 굴곡, 옆면)
r : 임도개설비단가(원/m)

적정 임도밀도 $= \dfrac{10^2}{2}\sqrt{\dfrac{60 \times 40 \times (1+0) \times (1+0')}{60,000}}$

$=10\text{m/ha}$

30 다음 그림에서 각 꼭지점이 높이(m)를 나타낼 때 점고법을 이용한 전체 토량과, 절토량과 성토량이 균형을 이루는 시공면고 (높이)는? (단, 각 구역의 면적은 32m²로 동일)

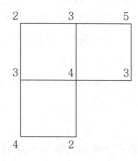

① 전체 토량 208m³, 시공면고 2.2m
② 전체 토량 320m³, 시공면고 2.2m
③ 전체 토량 208m³, 시공면고 3.3m
④ 전체 토량 320m³, 시공면고 3.3m

해설 시공면고 $= (h_1 + h_2 + h_3)$

$= \dfrac{1 \times (2+4+2+3+5) + 2 \times (3+3) + 3 \times 4}{4}$

시공면고 $h = \dfrac{h_1 + h_2 + h_3}{3} = \dfrac{10}{3} = 3.3333 = 3.3\text{m}$

전체토량 $= 32 \times 3 \times \dfrac{10}{3} = 320\text{m}^3$

31 임도의 유지 및 보수에 대한 설명으로 옳지 않은 것은?

① 노체의 지지력이 약화되었을 경우 기층 및 표층의 재료를 교체하지 않는다.

② 노면 고르기는 노면이 건조한 상태보다 어느 정도 습윤한 상태에서 실시한다.

③ 결빙된 노면은 마찰저항이 증대되는 모래, 부순돌, 석탄재, 염화칼슘 등을 뿌린다.

④ 유토, 지조와 낙엽 등에 의하여 배수구의 유수단면적이 적어지므로 수시로 제거한다.

해설 지지력이 약화되면 침하 및 붕괴로 인한 안전사고의 위험성이 있어 기층이나 표층의 재료를 교체하여 보수한다.

32 임도 측량 시 측선 AB의 방위각이 80°이고 길이가 30m라면 AB 사이의 위거 및 경거는?

① 위거 5.2m, 경거 29.5m
② 위거 29.5m, 경거 5.2m
③ 위거 10.4m, 경거 59.1m
④ 위거 59.1m, 경거 10.4m

해설 위거 = 측선거리×$\cos\theta$, 경거 = 측선거리×$\sin\theta$
- 위거 = 30m×cos(80°) = 약 5.209m
- 경거 = 30m×sin(80°) = 약 29.5m

정답 29. ①   30. ④   31. ①   32. ①

33 교각법에 의한 임도 설계 시 평면도의 곡선제원표에 포함되지 않는 것은?

① 교각점
② 접선길이
③ 중앙종거
④ 곡선반지름

해설 · 교각법의 곡선제원표에서 중요 인자는 교각점, 접선길이, 곡선반지름이다.
· 교각법의 곡선제원표에서 계산해야 할 중요한 값은 아래와 같다.

	계산공식	비고
TL	$TL = R \times \tan(\frac{\theta}{2})$	접선의 길이, R : 최소곡선반지름
CL	$TL = 2 \times R \times \pi \times \frac{\theta}{360}$	호의 길이, θ : 교각
ES	$ES = R \times \{\sec(\frac{\theta}{2}) - 1\}$	외할장
BC		곡선시점
EC		곡선종점

34 임도 양쪽으로부터 임목이 집재될 때 평균 집재거리는 임도 간격의 몇 배인가?

① 1/5
② 1/4
③ 1/3
④ 1/2

해설 평균집재거리(average skidding distance)는 도로 양쪽으로부터 임목이 집재되고 도로 양쪽의 면적이 거의 같다고 가정할 때 그 임도 간격의 $\frac{1}{4}$이 된다. 만일, 임도의 한쪽으로만 임목을 집재할 때 평균집재거리는 임도 간격의 $\frac{1}{2}$이 된다.

35 다음 종단측량 야장에서 측점 간 거리가 20m이고 계획고를 +4% 경사(상향)로 할 때 측점 2에서의 절·성토고는?

(단위 : m)

측점	BS	IH	TP	IP	GH	계획고
0	3.255				104.505	104.650
1				2.525		
2	2.635		0.555			

① 절토고 0.955m
② 성토고 0.955m
③ 절토고 1.022m
④ 성토고 1.022m

해설

측점	BS	IH	TP	IP	GH	계획고
0	3.255	①			104.505	104.650
1				2.525	②	
2	2.635		0.555		③	④

①측점 0에서 기계고(IH) = 전시 + 지반고
= 3.255 + 104.505 = 107.760
②측점 1에서 지반고 = 기계고(107.760) - IP(2.525) = 105.235
③측점 2에서 지반고 = 기계고(107.760) - TP(0.555) = 107.205
④계획고를 +4% 경사(상향) = 20 × 2 × 0.04 = 1.6m이므로 104.650 + 1.6 = 106.25 지반고③ - 계획고④ = 107.205 - 106.25 = 0.955이므로 지반고에서 0.955m 깎는다.

36 임도의 비탈면 기울기를 나타내는 방법에 대한 설명으로 옳은 것은?

① 비탈어깨와 비탈밑 사이의 수직높이 1에 대하여 수평거리가 n일 때 1:n으로 표기한다.
② 비탈어깨와 비탈밑 사이의 수평거리 1에 대하여 수직높이가 n일 때 1:n으로 표기한다.
③ 비탈어깨와 비탈밑 사이의 수평거리 100에 대하여 수직높이가 n일 때 1:n으로 표기한다.
④ 비탈어깨와 비탈밑 사이의 수직높이 100에 대하여 수평거리가 n일 때 1:n으로 표기한다.

해설 비탈면의 기울기는 수직높이 1에 대한 수평거리의 비로 나타낸다.

37 롤러 표면에 돌기를 부착한 것으로 점착성이 큰 점성토 다짐에 적합하며 다짐 유효 깊이가 큰 장비는?

① 탠덤롤러
② 탬핑롤러
③ 타이어롤러
④ 머캐덤롤러

해설 탬핑롤러는 롤러의 표면에 돌기를 부착한 것으

정답 33. ③ 34. ② 35. ① 36. ① 37. ②

두터운 성토의 다짐과 점착성이 큰 점성토나 풍화
연암 다짐에 효과적이다.

38 일반지형의 임도의 설계속도가 30km/시
간일 때 최소곡선반지름의 설치 기준은 몇
m 이상인가?

① 20 　　　　② 30
③ 40 　　　　④ 60

해설 일반지형의 임도의 설계속도가 30km/시간일 때
최소곡선반지름의 설치 기준은 30 m 이상이다.

39 임도의 곡선반지름이 15m, 차량의 앞면과
뒷차축과의 거리가 6m인 경우 곡선부에
서의 너비 넓힘(확폭량)은?

① 0.4m 　　　　② 1.0m
③ 1.2m 　　　　④ 2.5m

해설 곡선부의 확폭 = 곡선부의 너비 넓힘

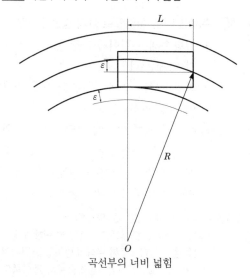

곡선부의 너비 넓힘

$$\varepsilon = \frac{L^2}{2R} = \frac{6^2}{30} = 1.2$$

ε : 너비 넓힘의 크기(m)
L : 자동차 앞바퀴부터 뒷바퀴길이
R : 최소곡선반지름

40 아스팔트 포장과 비교하였을 때 시멘트 콘
크리트 포장의 장점으로 옳은 것은?

① 평탄성이 좋다.
② 내마모성이 크다.
③ 시공속도가 빠르다.
④ 간단 공법으로 유지 수선이 가능하다.

해설 아스팔트 포장과 비교한 시멘트 콘크리트 포장은
골재와 시멘트를 섞어 시공하기에 강도나 내마모
성이 좋고 포장이 오래간다. 대신 공법이 상대적으
로 복잡하고 유지 수선이 어렵다.

제5과목　사방공학

41 사방댐의 위치 선정에 대한 설명으로 옳은
것은?

① 댐은 계상 및 양안에 암반이 존재해
야 하며, 사력층 위에는 사방댐을 계
획하면 안 된다.
② 지계의 합류점 부근에서 댐을 계획할
때는 일반적으로 합류점의 상류부에
위치를 선정한다.
③ 유출토사 억지 목적의 댐은 퇴적지 하
류에서 댐 상류부의 계상 기울기가 완
만하고 계폭이 좁은 지점에 계획한다.
④ 계단상으로 댐을 계획할 때는 첫 번
째 댐의 추정 퇴사선이 기존의 계상
기울기를 자르는 점에 상류댐을 설치
하도록 한다.

해설 위치 선정
• 상류부가 넓고 댐자리의 계류 폭이 좁은 곳
• 지류의 합류점 부근에서는 합류점의 하류부
• 가급적 암반이 노출되어 있거나 지반이 암반일
가능성이 높은 장소
• 특수 목적을 가지고 시설하는 경우에는 그 목적
달성에 가장 적합한 장소
• 붕괴지의 하부 혹은 다량의 계상 퇴적물이 존재
하는 지역의 직하류부

정답 38. ② 39. ③ 40. ② 41. ④

42 황폐 계천에 설치하는 사방 공작물로 토사 퇴적구역에 가장 적합한 것은?

① 사방댐
② 말뚝박기
③ 모래막이
④ 바자얽기

해설 • 토사생산구역은 붕괴 및 침식에 의하여 생산된 토사를 억지, 조절하기 위해 횡공작물 위주의 공사를 실시한다.
• 토사퇴적구역은 감세공법 · 모래막이 수로 내기 등의 사방시설을 집약적으로 시공한다.
• 토사유과구역은 종공작물을 중심으로 하지만 횡공작물을 병용하기도 한다.

43 빗물에 의한 토양이 침식되는 과정의 순서로 옳은 것은?

① 면상 → 우적 → 구곡 → 누구
② 우적 → 면상 → 구곡 → 누구
③ 면상 → 우적 → 누구 → 구곡
④ 우적 → 면상 → 누구 → 구곡

해설 • 우격침식 : 빗방울이 토양입자를 타격, 가장 초기 과정
• 면상침식 : 표면 전면이 엷게 유실
• 누구침식 : 표면에 잔도랑이 발생
• 구곡침식 : 도랑이 커지면서 심토까지 깎인다.

44 사방용 수종에 요구되는 특성으로 옳지 않은 것은?

① 뿌리가 잘 자랄 것
② 가급적 양수 수종일 것
③ 척악지의 조건에 적응성이 강할 것
④ 생장력이 왕성하며 쉽게 번무할 것

해설 사방용 수종에 요구되는 특성
• 뿌리의 발달이 좋고, 토양의 긴박력(緊縛力)이 클 것
• 가급적 음수 수종일 것
• 척악지의 조건에 적응성이 강할 것
• 생장력이 왕성하며 쉽게 번무할 것

45 다음 설명에 해당하는 것은?

• 비탈면의 물리적 안정을 기대하기 곤란한 곳에 직접 거푸집을 설치하고 콘크리트 치기를 하여 뼈대를 만든다.
• 뼈대 내부에 작은 돌이나 흙을 충전하여 녹화한다.

① 비탈힘줄 박기
② 격자틀 붙이기
③ 콘크리트 블록 쌓기
④ 콘크리트 뿜어 붙이기

해설 비탈힘줄 박기공법은 사면이 붕괴를 일으킬 위험이 있을 경우 식생공법 외에 실시하는 비탈면 보호공법의 일종이다. 비탈면의 물리적 안정을 목적으로 직접 거푸집을 설치하여 콘크리트 치기를 하고 이후 뼈대인 힘줄을 만들어 돌이나 흙으로 채우는 방식이다.

46 수제에 대한 설명으로 옳지 않은 것은?

① 상향수제는 길이가 가장 짧고 공사비가 적게 든다.
② 하향수제는 수제 앞부분의 세굴 작용이 가장 약하다.
③ 유수의 월류 여부에 따라 월류수제와 불월류수제로 나눈다.
④ 계류의 유심 방향을 변경하여 계안 침식을 방지하기 위해 계획한다.

해설 수제(水制)(堤 : 제방, 制 : 억제하다)
한쪽 또는 양쪽 계안으로부터 유심을 향해 돌출한 공작물을 설치함으로써 유심의 방향을 변경시켜 계안의 침식을 방지하는 공작물로서 계상폭이 넓고 계상물매가 완만한 황폐계류인 장소에 시공한다.

47 땅밀림과 비교한 산사태 및 산붕에 대한 설명으로 옳지 않은 것은?

① 강우강도에 영향을 받는다.
② 주로 사질토에서 많이 발생한다.
③ 징후의 발생이 많고 서서히 활동한다.
④ 20° 이상의 급경사지에서 많이 발생한다.

해설 땅밀림과 비교한 산사태에 대한 설명
• 지질과의 관련이 적다.
• 사질토에서도 많이 발생한다.
• 20° 이상인 급경사지의 곡두부에서 많이 발생한다.
• 돌발성이며, 시간의존성이 작다.
• 속도가 매우 빠르다.
• 흙덩이는 교란된다.
• 강우, 특히 강우강도의 영향을 받는다.
• 면적규모가 작다.
• 징후의 발생이 적고, 돌발적으로 활락한다.
• 물매는 35~60°로 땅밀림의 10~20°보다 급하다.

48 메쌓기 높이가 1.5m일 때 기울기의 기준으로 옳은 것은?

① 흙쌓기의 경우 1:0.20
② 땅깎기의 경우 1:0.20
③ 흙쌓기의 경우 1:0.30
④ 땅깎기의 경우 1:0.30

해설 메쌓기
• 경사 1:0.3 이하
• 뒤채움 모르타르가 없다.
• 물 빼기 구멍을 설치하지 않는다.
• 석재만을 사용하여 돌쌓기
• 견고도가 낮아 4m 이상은 쌓지 않는다.

49 경사가 완만하고 상수가 없으며 유량이 적고 토사의 유송이 없는 곳에 가장 적합한 산복수로는?

① 떼붙임수로   ② 메쌓기돌수로
③ 찰쌓기돌수로   ④ 콘크리트수로

해설 떼수로
• 경사가 완만하고 유량이 적으며 떼 생육에 적합한 토질이 있는 곳을 선정한다.
• 수로의 폭(윤주)은 60~120cm 내외를 기준으로 한다.
• 수로 양쪽 비탈에는 씨 뿌리기, 새심기 또는 떼붙임 등을 한다.

50 물의 순환과 산림유역의 물수지에 대한 설명으로 옳지 않은 것은?

① 증발량과 증산량은 비슷하다.
② 물의 수문학적 순환은 강수량의 한계 범위 내에서 이루어진다.
③ 강수가 없는 동안에도 유역 내 저류되어 있는 물은 유출, 증발 및 증산에 의하여 감소한다.
④ 유역 내에서 강수량은 저류량의 변화와 지하 유출을 무시하면 유출량, 증발량, 증산량의 합과 같다.

해설 • 증발량은 단순하게 수면에서 일어나는 물분자의 이동현상이고, 증산량은 잎면에서 일어나는 증발현상이다.
• 증발산량 = 증발량+증산량
• 물수지방정식 : (강우량+수로유입량)-(증발량+수로방출+토양투량) = 저장량 변화

51 황폐계류에 대한 설명으로 옳지 않은 것은?

① 유량의 변화가 적다.
② 계류의 기울기가 급하다.
③ 유로의 길이가 비교적 짧다.
④ 호우 시에 사력의 유송이 심하다.

해설 • 유량의 변화가 크다.
• 호우 시에 사력의 유송이 심하다.
• 물매가 급하고 계안 및 산복사면에 붕괴가 많이 발생한 계류
• 토석류 등으로 계상이 침식된 계류로, 계곡 밖 농경지와 접속되면 야계, 양안이 급한 사면의 좁은 골짜기를 이루는 곳을 황폐계곡이라 한다.

정답 47. ③ 48. ③ 49. ① 50. ① 51. ①

52 산지사방 녹화공사에 해당하지 않는 것은?

① 조공　　　　② 단 끊기

③ 단쌓기　　　④ 등고선구공법

해설

비탈면 안정공법	종류
녹화기초 공사	• 단쌓기, 떼 붙이기, 떼다지기, 조공, 비탈 덮기
녹화공사	• 씨 뿌리기, 나무 심기, 식생관리

단 끊기는 기초공사(토공사)에 해당된다.

53 사면에 등고선 계단을 계획할 때 사면의 기울기가 45°, 면적이 1ha일 때 계단 간격을 1m로 한다면 평면적법에 의한 계단 연장은?

① 5,000m　　　② 8,000m

③ 10,000m　　④ 15,000m

해설 사면의 기울기가 45°이므로 수평면과 수직면은 1:1이다.

$$계단연장 = \frac{면적(m^2) \times \tan\theta}{계단간격(m)}$$

$$= 10.000 \times \frac{1}{1} = 10,000\,m$$

54 사방댐의 높이가 4.5m일 때 총 수압의 합력작용선의 최대 높이는 밑면에서 몇 m 지점인가?

① 0.50　　　② 0.75

③ 1.00　　　④ 1.50

해설 총 수압의 합력작용선의 최대 높이는 사방댐 밑면에서 높이의 $\frac{1}{3}$ 지점이므로 $4.5 \times \frac{1}{3} = 1.5\,m$

55 땅속 흙막이를 설치하는 주요 목적에 해당하는 것은?

① 누구침식의 발달을 방지한다.

② 빗물에 의한 침식을 방지한다.

③ 산지 사면의 계단공사를 하기 위해 설치한다.

④ 비탈 다듬기와 단 끊기 등에 의해 생산된 퇴적토사의 활동을 방지한다.

해설 • 비탈 다듬기와 단 끊기 등으로 생산되는 뜬흙(浮土)을 계곡부에 투입하여야 하는 곳은 땅속 흙막이를 설치하여야 한다.

• 안정된 기반 위에 설치하되 산비탈을 향하여 직각으로 설치되도록 한다.

56 물에 의한 토양의 침식 정도에 영향을 주는 인자로 가장 거리가 먼 것은?

① 강우량과 강우강도

② 토양의 화학적 구조

③ 사면의 길이와 경사도

④ 지표 식생의 피복 상태

해설 토양의 화학적 구조는 풍화에 영향을 미치는 인자이다.

57 임계 유속에 대한 설명으로 옳은 것은?

① 계상에 침식을 최대로 일으키는 최소 유속이다.

② 계상에 침식을 일으키지 않는 경우의 최대 유속이다.

③ 어느 집수 유역에도 존재할 수 있는 최소 유속이다.

④ 어느 집수 유역에서도 존재할 수 있는 최대 유속이다.

해설 • 계상에 침식을 일으키지 않는 경우의 최대 유속이다.

• 임계 유속을 초과하게 되면 계상침식이 일어난다.

58 해안방재림 조성용 묘목의 식재본수 기준은?

① 5,000본/ha　　② 8,000본/ha

③ 10,000본/ha　　④ 15,000본/ha

해설 • 주 수종과 비료목을 포함하여 10,000본/ha 내외로 식재한다.

- 만조해안선으로부터 내륙 방향으로 가면서 식재 본수를 5,000~8,000본/ha 내외로 조정한다.
- 주 수종을 70%~80%, 비료목을 20~30% 정도로 혼합하여 식재한다.

59 사방댐의 표면처리나 돌쌓기 공사에 주로 사용되는 다듬돌의 규격은?

① 15cm × 15cm × 25cm

② 30cm × 30cm × 50cm

③ 45cm × 45cm × 60cm

④ 60cm × 60cm × 60cm

해설
- 마름돌 : 원석을 육면체로 다듬은 돌, 다듬돌
- 견치돌 : 견고한 돌쌓기에 사용하는 다듬은 돌
- 막깬돌 : 규격은 일정하지 않지만 다듬은 돌로 메쌓기와 찰쌓기에 사용, 60kg
- 야면석 : 무게 100kg 정도의 가공하지 않은 전석
- 호박돌 : 지름 30cm 이상인 둥글고 긴 자연석

60 황폐계천에서 유수에 의한 계안의 횡침식을 방지하고 산각의 안정을 도모하기 위하여 계류 흐름 방향에 따라 축설하는 것은?

① 밑막이   ② 골막이

③ 바닥막이   ④ 기슭막이

해설 기슭막이

유수가 계안에 충돌하여 횡침식이 발생하거나 침식에 의하여 산복 붕괴가 발생할 위험이 있는 계안을 따라 산각에 설치하는 사방 구조물

- 계안의 횡침식 방지
- 산복공작물의 기초 보호
- 산복 붕괴의 직접적인 방지
- 계류의 상황에 따라서는 계류의 방향을 변경시켜 붕괴·횡침식을 방지

정답 59. ② 60. ④

2021년 제3회 기출문제

제2과목 산림보호학

01 늦여름이나 가을철에 내린 서리로 인하여 수목에 피해를 주는 것은?

① 상렬   ② 만상

③ 조상   ④ 연해

- 조상은 가을에 일찍 내린 서리로 인한 피해를 말한다.
- 만상은 봄에 늦게 내린 서리로 인한 피해를 말한다.

02 다음 설명에 해당하는 해충은?

> - 성충은 열매에 구멍을 내고 열매 속에 산란한다.
> - 부화유충은 열매 속에서 가해하고 똥을 외부로 배출하지 않아 피해를 찾아내기 어렵다.

① 밤바구미   ② 버들바구미

③ 밤나무혹벌   ④ 복숭아명나방

해설
- 지문에서 열매를 가해하는 해충은 밤바구미 밖에 없다.
- 버들바구미는 어린 버드나무의 인피부를 가해한다.
- 밤나무혹벌은 밤나무와 참나무의 눈에 벌레혹을 만든다.
- 복숭아명나방은 어린 잎을 먹는다.

03 수목 병과 병징(또는 표징) 연결로 옳지 않은 것은?

① 리지나뿌리썩음병 : 침엽수의 뿌리가 침해받아 말라 죽는다.

② 균핵병 : 죽은 조직 속 또는 표면에 씨앗 같은 검은 덩어리가 생긴다.

③ 철쭉류 떡 : 잎, 꽃의 일부분이 떡 모양으로 하얗게 부풀어 오른다.

④ 흰가루병 : 침엽수의 잎, 어린가지의 흰가루를 뿌린 듯한 모습이다.

해설 흰가루병은 활엽수의 잎에 흰가루를 뿌린 것처럼 보인다.

04 균사에 격벽이 없고, 무성포자의 유주포자를 생성하는 것은?

① 난균류   ② 자낭균류

③ 담자균류   ④ 불완전균류

해설
- 난균류에 의한 병은 밤나무잉크병, 두릅나무역병 등이 있다.
- 난균류(卵菌類)에 속하는 *Phytophthora*속 균은 식물에 다양한 증세를 일으키는 역병을 발생시킨다.

05 방제 대상이 아닌 곤충류에도 피해를 주기 가장 쉬운 농약은?

① 전착제   ② 생물농약

③ 접촉성 살충제   ④ 침투성 살충제

정답 01. ③   02. ①   03. ④   04. ①   05. ③

해설 • 접촉성 살충제는 살포 과정에서 다른 곤충에도 피해를 줄 수 있다.
• 침투성 살충제는 식물의 잎 또는 뿌리에 처리하므로 기주 특이성이 있는 해충에만 작용한다.

06 7월 하순 이후 참나무류의 종실이 달린 가지가 땅에 많이 떨어져 있다면 이것은 어떤 해충의 피해인가?

① 밤바구미
② 복숭아명나방
③ 밤나무재주나방
④ 도토리거위벌레

해설 도토리거위벌레는 7월 하순부터 도토리에 산란하고, 도토리가 달린 가지를 잘라 떨어뜨린다.

07 가해하는 수목의 종류가 가장 많은 해충은?

① 솔나방 　② 솔잎혹파리
③ 천막벌레나방 　④ 미국흰불나방

해설 미국흰불나방은 170여 활엽수종에 피해를 입힌다.

08 낙엽층과 조부식층의 상부의 타는 산불의 종류는?

① 수간화 　② 지표화
③ 수관화 　④ 지중화

해설 지표화는 지표의 낙엽과 조부식층을 태우는 불이다.

09 파이토플라스마를 매개하는 해충과 수목병의 연결이 옳지 않은 것은?

① 뽕나무 오갈병 – 마름무늬매미충
② 붉나무 빗자루병 – 담배장님노린재
③ 오동나무 빗자루병 – 담배장님노린재
④ 쥐똥나무 빗자루병 – 마름무늬매미충

해설 붉나무 빗자루병은 마름무늬매미충에 의해 전반된다.

10 곤충의 일반적인 형태에 대한 설명으로 옳지 않은 것은?

① 소화관은 전장, 중장, 후장으로 나뉜다.
② 앞날개는 앞가슴에, 뒷날개는 뒷가슴에 부착되어 있다.
③ 가슴은 앞가슴, 가운뎃가슴, 뒷가슴으로 구성되어 있다.
④ 다리는 밑마디, 도래마디, 넓적마디, 종아리마디, 발마디로 구성되어 있다.

해설 • 앞날개는 가운뎃가슴에, 뒷날개는 뒷가슴에 부착되어 있다. 앞가슴에는 날개가 없다.
• 곤충의 가슴은 세 마디로 구성되어 있다.

11 가루깍지벌레를 방제하는 방법으로 옳지 않은 것은?

① 수피 사이의 번데기를 채취하여 소각한다.
② 밀도가 낮으면 면장갑을 낀 손으로 잡는다.
③ 성충이 되기 전에 적정한 살충제를 살포한다.
④ 포식성 천적인 무당벌레류, 풀잠자리류를 보호 및 활용한다.

해설 • 가루깍지벌레는 거친 나무껍질 속이나 기타 공간에서 알로 월동한다. 일부는 성충이나 암컷 약충으로 월동하기도 한다.
• 스미치온 1,000배액으로 방제한다. 알-약충-성충으로 생활사를 완성하므로 번데기 시기는 없다.

12 참나무 시들음병 방제 방법으로 가장 효과가 약한 것은?

① 유인목 설치
② 끈끈이롤 트랩
③ 예방 나무주사
④ 피해목 벌채 훈증

- 참나무 시들음병은 매개충인 광릉긴나무좀의 개체 수를 조절하기 위한 방법이 많이 사용된다.
- 예방을 위한 나무주사로는 병원균을 퇴치하기 어렵다.

13 가뭄으로 인한 수목 피해인 한해(drought injury)에 대한 설명으로 옳은 것은?

① 천근성 수종은 한해에 강하다.
② 소나무, 자작나무가 한해에 강하다.
③ 묘포지의 육묘 작업을 평년보다 늦게 하여 예방한다.
④ 낙엽 채취를 하여 지피물을 제거해 주면 한해를 방지할 수 있다.

해설 한발 피해
- 약한 수종 : 버드나무, 포플러, 오리나무, 들메나무 등 습생식물
- 강한 수종 : 소나무, 해송, 리기다소나무, 자작나무, 서어나무 등 건생식물

14 밤나무혹벌에 대한 설명으로 옳지 않은 것은?

① 천적으로는 노란꼬리좀벌, 남색긴꼬리좀벌이 있다.
② 1년에 1회 발생하며 눈의 조직 내에서 유충의 형태로 월동한다.
③ 유충기를 벌레 혹에서 보낸 후에 탈출하여 번데기는 수피 틈새에 형성한다.
④ 피해목은 개화 및 결실이 잘 되지 않고, 피해가 누적되면 고사하는 경우가 많다.

해설 유충기를 벌레 혹에서 보낸 후에 번데기를 형성하고, 탈피하여 성충으로 탈출한다.

15 소나무 또는 잣나무에 발생하는 잎떨림병을 방제하는 방법으로 옳지 않은 것은?

① 병든 낙엽을 모아 태운다.
② 묘포에서 비배관리를 철저히 한다.
③ 포자가 비산하는 6~9월에 약제를 살포한다.
④ 수관 하부보다 상부에 가지치기를 주로 실시한다.

해설 수관상부보다 하부의 마른 나무를 제거하여 병원균의 침입을 막는다.

16 오리나무 갈색무늬병을 방제하는 방법으로 옳지 않은 것은?

① 연작을 실시한다.
② 종자를 소독한다.
③ 병든 낙엽을 태운다.
④ 밀식 시에는 솎아주기를 한다.

해설 연작을 하지 않은 임업적 방제법을 사용할 수 있다.

17 벚나무 빗자루병을 방제하는 방법으로 옳은 것은?

① 매개충을 구제한다.
② 병든 가지를 제거한다.
③ 저항성 품종을 식재한다.
④ 항생제 계통의 약제를 나무주사한다.

해설 ① 벚나무 빗자루병은 자낭균류에 해당하며, 매개충이 없다.
③ 벚나무 빗자루병에 대한 저항성 품종은 개발되어 있지 않다.
④ 치료에 쓰이는 테부코나졸은 항진균제 또는 살균제로 쓰이는 약제로 항생제가 아니다. 테부코나졸을 수간주사하거나 살포한다.

18 솔수염하늘소에 대한 설명으로 옳지 않은 것은?

① 1년에 1회 발생한다.

② 성충의 우화 시기는 5~8월이다.

③ 목질부 속에서 번데기 상태로 월동한다.

④ 유충이 소나무의 형성층과 목질부를 가해한다.

해설 목질부 속에서 유충 상태로 월동하며, 다 자란 유충이 목질부 내에서 번데기를 형성하고, 5~7월에 성충으로 용화한다.

19 잣나무 털녹병균이 중간기주에 형성하는 포자의 형태가 아닌 것은?

① 녹포자   ② 담자포자

③ 겨울포자   ④ 여름포자

해설 • 잣나무 털녹병균 중 녹포자는 봄에 잣나무의 가지에 발생한다. 그러므로 중간기주에 형성하는 포자가 아니다.
• 여름 동안 무성포자로 번식하며, 가을에 겨울포자(담자포자)를 형성하여 기주로 이동한다.

20 오리나무잎벌레를 방제하는 방법으로 옳지 않은 것은?

① 알 덩어리가 붙어 있는 잎을 소각한다.

② 5~6월에 모여 사는 유충을 포살한다.

③ 유충 발생기에 적정 살충제를 살포한다.

④ 수은등이나 유아등을 설치하여 성충을 유인한다.

해설 오리나무잎벌레는 딱정벌레류에 속하며 빛에 대한 주광성이 없으므로 수은등이나 유아등으로 유인되지 않는다.

제4과목 **임도공학**

21 임도 설계 시 종단기울기에 대한 설명으로 옳은 것은?

① 종단기울기의 계획은 설계차량의 규격과 관계가 없다.

② 종단기울기를 급하게 하면 임도우회율을 낮출 수 있다.

③ 종단기울기는 완만한 것이 좋기 때문에 0%를 유지하는 것이 좋다.

④ 종단기울기는 시공 후 임도의 개·보수를 통하여 손쉽게 변경할 수 있다.

해설 임도우회율이란 산림에서 일정 지점 간의 직선거리를 연결하기 위해 실제 시공되는 임도 총연장의 증가치로 종단기울기를 크게 하면 차량의 주행은 어렵지만 그만큼 임도우회율은 감소하게 된다.

22 종단기울기가 0%인 임도의 중앙점에서 양측 길어깨로 3%의 횡단경사를 주고자 한다. 임도의 폭이 4m일 경우 양측 길어깨는 임도 중앙점보다 얼마나 낮아져야 하는가?

① 1cm   ② 2cm

③ 3cm   ④ 6cm

해설 폭이 4m이고 중간지점까지는 2m인 기준으로 횡단 경사 3%이므로

$2 \times \dfrac{3}{100} = 0.06 \, m$

∴6cm

23 노면 또는 땅깎기 비탈에 설치하는 배수시설로 길어깨와 비탈 사이에 종단 방향으로 설치하는 것은?

① 겉도랑   ② 속도랑

③ 옆도랑   ④ 빗물받이

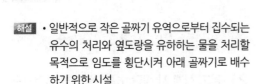

해설 • 일반적으로 작은 골짜기 유역으로부터 집수되는 유수의 처리와 옆도랑을 유하하는 물을 처리할 목적으로 임도를 횡단시켜 아래 골짜기로 배수하기 위한 시설
• 빗물받이는 주로 절토사면과 산림과의 경계지점에 설치한다.
• 노면보다 높은 길어깨는 깎아내고 다지며 옆도랑에 쌓인 토사를 신속히 제거하여 물의 흐름을 원활하게 한다.
• 평상시에는 유량이 적지만 비가 오면 유량이 증가하는 지역에는 세월시설을 설치하여 관리 일반적인 구조는 평상시의 유수를 관거 등으로 배수하고 홍수 시의 출수를 유하시킬 수 있는 정도

24 도면에서 기울기를 표현하는 방법으로 옳지 않은 것은?

① 1/n : 수평거리 1에 대하여 높이 n으로 나눈 것
② n% : 수평거리 100에 대한 n의 고저차를 갖는 백분율
③ n‰ : 수평거리 1000에 대한 n의 고저 차를 갖는 천분율
④ 각도 : 수평은 0°, 수직은 90°로 하여 그 사이를 90 등분한 것

해설 비탈면의 기울기는 수직높이 1에 대한 수평거리의 비로 나타낸다.

25 간벌을 위한 임도 개설 시 적용하는 지수로 가장 적합한 것은?

① 수익성지수
② 임업효과지수
③ 교통효과지수
④ 경영기여율지수

해설 간벌을 위한 임도 개설 시 적용하는 지수로는 수익성 지수가 있다.

26 연암 또는 단단한 지반 굴착에 가장 적합한 기계는?

① 로더
② 리퍼불도저
③ 머캐덤롤러
④ 모터그레이더

해설 리퍼불도저는 리퍼가 도저 뒤에 설치되어 연암이나 단단한 지반의 굴착에 적당한 장비이다.

27 다음 ( ) 안에 적합한 단어로 옳은 것은?

> 임도 노선 배치계획은 (가)에서 결정된 임도 연장을 목표로 하여 (나)을(를) 포함한 신설 노선의 배치를 결정하는 과정이고, 이 경우도 (다)와(과) 같이 임업의 사업인자 및 (라) 등이 감안되어야 한다.

① 가: 임도밀도계획 ② 나: 교통도로
③ 다: 임도보수계획 ④ 라: 준공검사

해설 임도계획은 임도기본계획과 지역산림계획 또는 지역시설계획에 기초를 두고 수립하여야 한다. 이때 임도 노선 배치계획은 임도 밀도 계획에서 결정된 임도 연장을 목표로 한다.

28 임도의 유효너비 설치기준으로 다음 ( ) 안에 적합한 수치를 순서대로 나열한 것은?

> 유효너비는 ( )m를 기준으로 하며, 배향곡선지인 경우 ( )m 이상으로 한다.

① 2.5, 5
② 2.5, 6
③ 3, 5
④ 3, 6

해설 길어깨·옆도랑의 너비를 제외한 임도의 유효너비는 3m를 기준으로 한다. 다만, 배향곡선지는 6m 이상으로 하며 임도의 축조한계는 유효너비 길어깨를 포함한다.

29 임도의 각 측점 단면마다 지반고, 계획고, 절·성토고 및 지방목 제거 등의 물량을 기입하는 도면은?

① 평면도   ② 표준도

③ 종단면도   ④ 횡단면도

해설 • 횡단면도는 각 측점의 단면마다 절토고, 성토고 및 지장목 제거, 측구터파기 단면적 등의 물량을 기입한다. 기입 순서는 좌측 하단에서 상단 방향으로 한다.
• 종단면도는 구간거리, 지반높이, 절토-성토 높이 등을 기입한다.
• 횡 1:1000, 종 1:200의 축척으로 작성한다.
• 종단면도 기재 사항 : 곡선, 선측점, 구간거리, 지반높이, 절토높이, 성토높이, 기울기 등
• 종단기울기의 변화점에 종단곡선을 삽입한다.
• 평면도 : 임시 기표, 사유토지의 경계, 구조물 등

30 실제거리 150m를 지형도에 나타낸 길이가 15cm일 때 지형도의 축척은?

① 1:10   ② 1:100

③ 1:1,000   ④ 1:10,000

해설 축척 $= \dfrac{1}{M} = \dfrac{도상거리}{실제거리}$

$$\dfrac{15cm}{150m} = \dfrac{15}{15,000} = \dfrac{1}{1,000}$$

31 임도의 평면 선형에서 곡선의 종류가 아닌 것은?

① 단곡선   ② 배향곡선

③ 복선곡선   ④ 반향곡선

해설 임도의 평면 선형에서 곡선의 종류로 단곡선, 복합곡선, 반대곡선, 배향곡선 등이 있다.

32 임도망 계획에서 설치 위치별 구분이 아닌 것은?

① 사면임도   ② 능선임도

③ 계곡임도   ④ 연결임도

해설 • 계곡임도(valley road) : 임지개발의 중추적인 역할. 홍수로 인한 유실을 방지하기 위하여 계곡하부에 구축하지 않고 약간 위의 사면에 축설하는 것이 좋다.
• 사면임도형(급경사지이고 긴 비탈면)에는 지그재그 방식이, 사면임도형(완경사)에는 대각선 방식이 적합하며 계곡임도형과 산정부 개발형 임도에는 순환노선방식이 적합하다.

33 임도 구조물 시공 시 기초공사의 종류가 아닌 것은?

① 전면기초   ② 말뚝기초

③ 고정기초   ④ 확대기초

해설 얕은기초에는 확대기초, 전면기초가 있으며, 깊은 기초에는 말뚝기초, 케이슨기초가 있다.

34 옹벽의 안정성 검토 사항으로 옳지 않은 것은?

① 전도   ② 활동

③ 다짐   ④ 침하

해설 • 옹벽의 안정성을 확보하기 위해서는 옹벽 자체의 고정하중, 토압 및 지표상에서 작용하는 상재하중 등에 의하여 제체가 파괴되지 않도록 내부응력이 설계되어야 한다.
• 전도(넘어짐), 활동(미끄러짐), 내부응력(깨어짐), 침하에 대한 안전도가 반영되어 설계되어야 한다.

35 임도 설계 과정에서 곡선반경이 400m, 교각이 90°인 단곡선에서 접선의 길이는?

① 200m   ② 400m

③ 600m   ④ 800m

해설 접선길이 = 곡선 반지름 $\times [\tan(\dfrac{교각}{2})]$

$400 \times \tan\dfrac{90°}{2} = 400 \times 1 = 400(m)$

36 타워야더와 비교한 트랙더를 이용한 집재 방법에 대한 설명으로 옳지 않은 것은?

① 임도 밀도가 높은 경우에 적합하다.
② 주변 환경 및 목재의 피해가 적다.
③ 급경사지보다 완경사지가 적합하다.
④ 장거리 운반에는 바람직하지 못하다.

해설 트랙더를 이용한 집재 방법
- 장점 : 기동성이 높다, 작업생산성이 높다, 작업이 단순하다, 작업비용이 낮다.
- 단점 : 환경피해가 크다, 완경사지에서만 작업이 가능하다, 높은 임도 밀도 필요, 지면끌기식과 적재식

37 임도 실시설계를 위한 현지측량에 대한 설명으로 옳지 않은 것은?

① 주로 산악지에는 중심선측량, 평탄지와 완경사지에는 영선측량법을 적용하고 있다.
② 중심선측량은 측점 간격을 20m로 하여 중심말뚝을 설치하되, 필요한 각 지점에는 보조말뚝을 설치한다.
③ 횡단측량은 중심선의 각 측점·지형이 급변하는 지점, 구조물 설치 지점의 중심선에서 양방향으로 실시한다.
④ 종단측량은 노선의 중심선을 따라 측량하되, 주요 구조물 주변 및 연장 1km마다 임시 기표를 표시하고 평면도에 표시한다.

해설 영선측량은 주로 경사가 있는 산악지에서 이용되며, 영선측량을 하게 되면 지형의 훼손은 줄일 수 있으나, 노선의 굴곡이 심해진다. 중심선측량은 평탄지와 완경사지에서 주로 이용된다.

38 다음 조건에 따라 양단면적평균법에 의하여 계산한 토량은?

- 시작 구간 단면적 : $30m^2$
- 종료 구간 단면적 : $70m^2$
- 구간 거리 : 40m

① $600m^3$
② $1,000m^3$
③ $1,4000m^3$
④ $2,000m^3$

해설 양단면적 평균법
$$V = \frac{1}{2}(A_1 + A_2) \times l$$
$$A_1 \sim A_2 : \frac{30+70}{2} \times 40 = 2000m^3$$

39 트래버스 측량 결과가 아래의 표와 같을 경우 ( )에 값으로 옳지 않은 것은? (단, 위·경거 오차는 없음)

측점	방위각(°)	거리(m)	위거(m)		경거(m)	
			N(+)	S(−)	E(+)	W(−)
AB	50	10	6.4		7.6	
BC	150	5		4.3	2.5	
CD	(가)	(나)		(다)		(라)
DA	300	7	3.5			6.0

① 가: 36.23
② 나: 7
③ 다: 5.6
④ 라: 4.1

해설 방위각은 북(N)을 기준으로 측선까지 시계방향으로 잰 각이다.
사각형 폐합 트래버스에서 내각의 합은 360°이고 CD의 방위각은 3사분면에 위치하므로 180보다 크다.
- 위거(latitude) : 일정한 자오선에 대한 어떤 관측선의 정사거리 측선 AB에 대하여 측점 A에서 측점 B까지의 남북 간 거리
- 경거(departure) : 측선 AB에 대하여 위거의 남북선과 직각을 이루는 동서 선에 나타난 AB 선분의 길이

L = AB의 위거 [m] = AB*cosθ
D = AB의 경거 [m] = AB*sinθ

정답 36. ② 37. ① 38. ④ 39. ①

40 임도 설계 시 작성하는 도면의 축척 기준으로 옳지 않은 것은?

① 평면도: 1/1,200
② 횡단면도: 1/500
③ 종단면도: 종 1/200
④ 종단면도: 횡 1/1,000

해설 • 횡단면도
- 축척은 1/100로 작성한다.
- 횡단기입의 순서는 좌측 하단에서 상단 방향으로 한다.
- 절토 부분은 토사·암반으로 구분하되, 암반 부분은 추정선으로 기입한다.
- 구조물은 별도로 표시한다.
- 각 측점의 단면마다 지반고·계획고·절토고·성토고·단면적·지장목 제거·측구터파기 단면적·사면보호공 등의 물량을 기입한다.
- 종단면도 축척은 횡 1/1,000, 종 1/200로 작성한다.

제5과목 **사방공학**

41 해풍에 의한 비사를 억류하고 퇴적시켜서 모래언덕을 조성할 목적으로 시공하는 것은?

① 파도막이
② 모래막이
③ 정사울 세우기
④ 퇴사울 세우기

해설 퇴사울타리 세우기는 해안 사구에서 바람에 의하여 이동되는 불안정한 모래를 퇴적 및 안정시키는 공사이다.

42 격자틀 붙이기공법에서 용수가 있는 격자틀 내부를 처리하는 방법으로 가장 적절한 것은?

① 흙 채움
② 작은 돌 채움
③ 떼붙이기 채움
④ 콘크리트 채움

해설 용수가 있는 격자틀 내부는 작은 돌 채움으로 한다.

43 유동형 침식의 하나인 토석류에 대한 설명으로 옳은 것은?

① 규모가 큰 돌은 이동시키지 못한다.
② 주로 점성토의 미끄럼면에서 미끄러진다.
③ 물을 활제로 하여 집합운반의 형태를 가진다.
④ 일반적으로 하루에 0.01~10mm 정도 이동한다.

해설 • 토석류는 산붕이나 산사태, 특히 계천으로 무너지는 포락과 같은 붕괴작용에 의해 무너진 토사와 계산에 퇴적된 토사와 암석 등이 물에 섞여서 유동하는 것이다.
• 물보다는 유목의 목편, 암석과 토사의 양이 많고 물이 고체들을 유하시키는 것이 아니라 고체가 물에 의해 미끄러져서 흘러내리는 것이다.
• 속도는 시속 20~40km 정도로 빠르다.

44 산지사방에서 기초공사에 해당하지 않는 것은?

① 단 끊기
② 단쌓기
③ 땅속 흙막이
④ 속도랑배수구

해설 단쌓기(stepped mini-terrace works)란 산복비탈면의 우수를 분산시켜 지표침식을 방지하고, 식생을 조기에 도입하기 위해 생육환경을 정비하는 녹화공사이다.

45 누구침식이 점점 더 진행되어 규모가 커져 깊고 넓은 골을 형성하는 왕성한 침식 형태는?

① 구곡침식
② 하천침식
③ 우격침식
④ 면상침식

해설 • 우격침식(우적침식, 타격침식) : 빗방울이 지표면의 토양입자를 타격하여 분산시키는 침식
• 면상침식(증상침식, 평면침식) : 지표면이 얇게 유실되는 침식

정답 40. ② 41. ④ 42. ② 43. ③ 44. ② 45. ①

- 누구침식(누로침식, 우열침식) : 토양이 깎이는 정도의 침식, 작은 물길 형성
- 구곡침식(걸리침식) : 침식이 가장 심하여 도랑이 커져 심토까지 깎이는 침식

46 산비탈흙막이 공법에 대한 설명으로 옳지 않은 것은?

① 표면 유하수를 분산시키기 위한 공작물이다.

② 산지사방의 부토 고정을 위해 설치하는 종공작물이다.

③ 비탈면 기울기를 완화하여 비탈면의 안정성을 유지시킨다.

④ 사용하는 재료로는 콘크리트, 돌, 통나무, 콘크리트블록 등이 있다.

해설 • 비탈 다듬기와 단 끊기 등으로 생산되는 뜬흙(浮土)을 계곡부에 투입하여야 하는 곳은 땅속 흙막이를 설치하여야 한다.
- 산지사방의 부토 고정을 위해 설치하는 횡공작물이다.
- 안정된 기반 위에 설치하되 산비탈을 향하여 직각으로 설치되도록 한다.

47 유역면적 1ha, 최대시우량 100mm/hr, 유거계수 0.7일 때, 시우량법에 의한 최대홍수유량(m³/s)은?

① 0.166

② 0.194

③ 1.167

④ 1.944

해설 $Q = K \dfrac{A \times \dfrac{m}{1,000}}{60 \times 60}$

$= 0.7 \times \dfrac{10,000 \times \dfrac{100}{1,000}}{60 \times 60} = 0.194$

A : 유역면적(m^2), 1ha=10,000m^2, m : 최대시우량(mm/hr), K : 유거계수

48 조도계수는 0.05, 통수단면적이 $3m^2$, 윤변이 1.5m, 수로 기울기가 2%일 때 Manning의 평균유속공식에 의한 유량은?

① $0.45m^3/s$

② $4.49m^3/s$

③ $13.47m^3/s$

④ $17.58m^3/s$

해설 Manning의 평균유속공식(개수로의 등류나 거친 관로에 적용)

$V = \dfrac{1}{n} \times R^{\frac{2}{3}} \times I^{\frac{1}{2}}$

V : 평균유속, R : 경심, I : 수로기울기, n : 조도계수

경심 = 통수단면적 ÷ 윤변 = $\dfrac{3}{1.5} = 2$

평균유속 = $\dfrac{1}{n} \times$ 경심$^{\frac{2}{3}} \times$ 기울기$^{\frac{1}{2}}$

$= \dfrac{1}{0.05} \times 2^{\frac{2}{3}} \times 0.02^{\frac{1}{2}}$

$= 20 \times 1.587 \times 0.1414$

$\fallingdotseq 4.488$

유량(Q) = 유속(V) × 통수단면적(A)

$= 4.488 \times 3 = 13.465$

49 중력침식 유형 중에서 발생 속도가 가장 느린 것은?

① 산붕

② 포락

③ 산사태

④ 땅밀림

해설 산사태와 비교한 땅밀림
- 특정 지질 또는 지질구조에서 많이 발생한다.
- 주로 점성토를 미끄럼면으로 하여 활동한다.
- 5°~20°의 완경사에서 발생한다.
- 지속성, 재발성이며, 시간의존성이 크다.
- 0.01~10ℓmm/일인 것이 많고, 일반적으로 속도가 느리다.
- 흙덩이의 교란은 적고, 원형을 유지하면서 이동하는 경우가 많다.
- 지히수에 의한 영향이 크다.
- 1~100ha로 규모가 크다.
- 발생 전에 균열의 발생, 함몰, 융기, 지하수의 변동 등이 발생한다.
- 물매는 10°~20°
- 전조현상으로는 땅이 울리고 집이 흔들린다.

50 수제의 간격을 결정할 때 고려되어야 할 사항으로 가장 거리가 먼 것은?

① 유수의 강도 ② 수제의 길이
③ 계상의 기울기 ④ 대수면의 면적

해설 • 수제의 간격은 유수의 강도, 유수의 방향, 수면의 경사, 수제길이, 사행현상 등을 고려하여야 한다.
• 수제 간격의 경우 너무 넓은 경우 횡류가 발생하고 하안에 침식할 가능성이 있다.
• 수제공 길이는 하천 폭의 10% 이하로 하고, 간격은 수제공 길이의 1.5~3배로 한다.

51 중력식 사방댐의 전도에 대한 안정을 위한 수압 작용점의 높이는?

① 사방댐 밑에서 높이의 1/3 지점
② 사방댐 밑에서 높이의 1/2 지점
③ 사방댐 위에서 밑을 향하여 1/3 지점
④ 사방댐 위에서 밑을 향하여 1/4 지점

해설 총 수압의 합력작용선의 최대 높이는 사방댐 밑면에서 높이의 $\frac{1}{3}$ 지점이다.

52 황폐지를 진행 상태 및 정도에 따라 구분할 때 초기 황폐지 단계에 대한 설명으로 옳은 것은?

① 지표면의 침식이 현저하여 방치하면 가까운 장래에 민둥산이 될 가능성이 높다.
② 외관상으로 황폐지로 보이지 않지만 임지 내에서 이미 침식상태가 진행 중이다.
③ 산지 비탈면이 여러 해 동안의 표면침식과 토양유실로 토양의 비옥도가 떨어진다.
④ 산지의 임상이나 산지의 표면침식으로 외견상 명확하게 황폐지라 인식할 수 있다.

해설 • 황폐지 유형 및 단계는〈척악임지 → 임간나지 → 초기 황폐지 → 황폐 이행지 → 민둥산〉순서로 진행된다.
• 임간나지는 외견상 숲을 이루고 있지만 지피 불량하고, 부분적으로 누구 또는 구곡 침식이 진행되는 곳으로, 초기 황폐지나 황폐 이행지로 진전된다.

53 다음 설명에 해당하는 것은?

• 주목적은 토사생산구역에서 구곡침식을 방지하는 것이다.
• 사방댐보다 규모가 작고 반수면만 존재한다.

① 골막이 ② 바닥막이
③ 기슭막이 ④ 누구막이

해설 황폐계류의 유속 완화, 종침식 방지, 유송토사퇴적 촉진, 기슭막이 기초 보호 목적으로 시공하는 작은 사방댐으로 반수면만 축설한다.

54 산림환경 보전 공사용 토목재료의 특성으로 옳지 않은 것은?

① 내구성이 커야 한다.
② 변형이 적어야 한다.
③ 내마모성이 커야 한다.
④ 내수성이 낮아야 한다.

해설 내수성이 커야 한다.

55 우리나라에서 녹화용으로 식재되는 사방조림 수종과 가장 거리가 먼 것은?

① 잣나무 ② 아까시나무
③ 산오리나무 ④ 리기다소나무

해설 우리나라 3대 사방 수종인 리기다소나무, 물(산)오리나무, 아까시나무 이외에 참나무류, 싸리류(싸리(Lespedeza bicolor), 참싸리, 조록싸리, 족제비싸리), 눈향나무, 사방오리나무 등이 있다.

56 비탈면 안정 및 녹화공법에 해당하지 않는 것은?

① 새집공법　　② 생울타리
③ 사초심기　　④ 차폐수벽공

해설 • 사초심기란 해안의 모래땅에서 잘 생육하고, 모래언덕의 고정기능이 높은 사초를 식재 예정지 전면에 식재하는 것이다.
• 비탈면의 녹화공법은 녹화를 위한 기반을 다지는 녹화기초공사와 식생을 조성하는 녹화공사가 있다.

57 산지사방의 공종별 설명으로 옳지 않은 것은?

① 평떼 붙이기 : 땅깎기 비탈면에 평떼를 붙여 비탈면 전체 면적을 일시에 녹화한다.
② 새심기 : 산불 발생지, 민둥산지, 석력지 등 대규모로 녹화가 필요한 곳에 새류의 풀포기를 식재한다.
③ 조공 : 완만한 경사의 비탈면에 수평으로 소단을 만들고, 앞면에는 떼, 새 포기, 잡석 등으로 소단을 보호한다.
④ 선떼 붙이기 : 비탈 다듬기에서 생산된 뜬흙을 고정하고, 식생을 조성하기 위한 파식상을 설치하는 데 필요한 공작물이다.

해설 • 평떼 붙이기는 흙쌓기 사면에 사용한다.
• 땅깎기 사면에는 평떼 붙이기가 아니라 줄떼 붙이기를 사용한다.

58 수제의 간격은 일반적으로 수제 길이의 몇 배 정도인가?

① 0.25~0.50　　② 0.50~1.25
③ 1.25~4.50　　④ 4.50~8.25

해설 수제공 길이는 하천 폭의 10% 이하로 하고, 간격은 수제공 길이의 1.5~3배로 한다.

59 사방댐의 주요 기능이 아닌 것은?

① 산각을 고정하여 붕괴를 방지한다.
② 계상 기울기를 완화하고 종침식을 방지한다.
③ 유심의 방향을 변경시켜 계안의 침식을 방지한다.
④ 계상에 퇴적한 불안정한 토사의 유동을 방지한다.

해설 사방댐
• 황폐계류에서 종·횡침식으로 인한 토석류 등 붕괴 물질을 억제하기 위하여 계류를 횡단하여 설치하는 공작물
• 주요 기능
 - 계상물매를 완화하고 종침식을 방지한다.
 - 산각을 고정하고 붕괴를 방지한다.
 - 계상에 퇴적한 불안정 토사의 유동을 막고 양안의 산각을 고정한다.
 - 산불 발생 시 진화용수나 야생동물의 음용수로 이용된다.

60 바닥막이에 대한 설명으로 옳지 않은 것은?

① 높이는 사방댐보다 낮게, 골막이보다 높게 설치한다.
② 방수로의 폭은 계천 폭과 같게 하거나 다소 좁게 한다.
③ 연속적인 바닥막이 공사로 계상 기울기를 완화시킨다.
④ 계상의 종침식을 방지하는 경우에는 낮은 바닥막이를 계획한다.

해설 • 바닥막이는 계류 바닥에 퇴적된 불안정한 토석의 유실을 방지하고 종단기울기를 완화시키기 위하여 계류바닥을 가로질러 설치한다.
• 상류에서 하류 방향으로 바라볼 때 물이 흐르는 중심선(유심선)에 직각이 되도록 설치한다.
• 연속적인 바닥막이 공사로 계상 기울기를 완화시킨다.
• 계상의 종침식을 방지하는 경우에는 낮은 바닥막이를 계획한다.
• 시공 장소로는 지류의 합류 지점 하류, 계상 바닥이 침식되어 낮아질 위험이 있는 지점

정답　56. ③　57. ①　58. ③　59. ③　60. ①

제2과목 산림보호학

01 소나무 재선충병을 방제하는 방법으로 옳지 않은 것은?

① 토양관주는 효과가 없어 실시하지 않는다.

② 아바멕틴 유제로 나무주사를 실시하여 방제한다.

③ 피해목 내 매개충 구제를 위해 벌목한 피해목을 훈증한다.

④ 나무주사는 수지 분비량이 적은 12~2월 사이에 실시하는 것이 좋다.

해설 나무주사 실시 시기가 늦어버린 경우에 토양관주를 사용하기도 한다. 토양관주는 토양처리약제를 주사기를 이용해 토양에 주입하는 방법이다.

02 병원체에 대한 설명으로 옳지 않은 것은?

① 흰가루병과 녹병균은 절대기생체이다.

② 바이러스나 파이토플라즈마는 부생체이다.

③ 죽은 식물의 유기물을 영양원으로 하여 살아가는 것을 부생체라 한다.

④ 인공배양이 불가능하며 살아있는 기주조직 내에서만 증식하는 것을 절대기생체라 한다.

해설 바이러스와 파이토플라즈마는 살아있는 기주에만 기생한다.

03 수목 병을 예방하기 위한 숲 가꾸기 작업에 해당하지 않는 것은?

① 제벌   ② 개벌

③ 풀베기   ④ 가지치기

해설 • 제벌에는 병충해 피해목 제거가 포함되어 있다.
• 개벌은 수확을 위한 작업종으로 숲 가꾸기 사업 방법에 속하지 않는다.
• 숲 가꾸기는 풀베기, 어린 나무 가꾸기, 솎아베기, 덩굴치기 등의 작업으로 구성되어 있다.

04 솔껍질깍지벌레를 방제하는 방법으로 옳은 것은?

① 12월에 이미다클로프리드 분산성 액제를 수간에 주사한다.

② 피해목을 잘라 집재하고 비닐로 밀봉하여 메탐소듐 액제로 훈증한다.

③ 성충 우화기인 5~6월에 뷰프로페진 액상수화제를 항공 살포한다.

④ 7월 이후 알을 구제하기 위하여 페니트로티온 유제를 수관에 살포한다.

해설 이미다클로프리드 분산성 액제는 니코틴계 살충제로, 주로 나방이나 하늘소 등의 성충에 사용한다. 나무주사에는 적합하지 않다.

정답 01. ①   02. ②   03. ②   04. ①

05 후식으로 인한 수목 피해를 주는 해충에 속하는 것은?

① 소나무좀

② 밤나무혹벌

③ 미국흰불나방

④ 오리나무잎벌레

해설 주로 성충이 된 이후(後)에 잎이나 수피를 갉아서 생기는 피해를 후식 피해라고 한다. 오리나무잎벌레의 경우 주로 잎을 가해하지만, 월동한 성충과 신성충이 함께 가해하기 때문에 후식 피해로 구분하지 않는다.

06 수목 병의 표징에 해당하는 것은?

① 잣나무 줄기에 황색의 녹포자기가 생겼다.

② 소나무 잎이 5~6월에 누렇게 되면서 낙엽이 되었다.

③ 벚나무 잎에 갈색의 반점이 형성되더니 구멍이 뚫렸다.

④ 오동나무 잎이 작고 연한 녹색으로 되고 잔가지가 많이 발생했다.

해설 기주식물 외관의 변화를 병징, 기생생물이 관찰되는 것을 표징이라고 한다. 녹포자기는 5월경 관찰할 수 있는 잣나무 털녹병의 표징이다.

07 대추나무 빗자루병이 발병하는 원인이 되는 병원체는?

① 선충

② 진균

③ 바이러스

④ 파이토플라즈마

해설 • 파이토플라즈마가 발병하는 원인은 대추나무 빗자루병, 뽕나무 오갈병 등이 있다.

• 벚나무 빗자루병이 자낭균류에 의한 피해인 것에 주의하여야 한다.

08 리지나뿌리썩음병을 방제하는 방법으로 옳지 않은 것은?

① 피해 임지에 적정량의 석회를 뿌린다.

② 임지 내에서 불을 피우는 행위를 막는다.

③ 매개충 구제를 위하여 살충제를 봄에 살포한다.

④ 피해지 주변에 깊이 80cm 정도의 도랑을 파서 피해 확산을 막는다.

해설 리지나뿌리썩음병은 진균에 의한 피해로 진균의 포자는 공기를 통해 전반하므로 매개충이 없다. 따라서 살충제로는 구제되지 않는다.

09 수목의 줄기를 주로 가해하는 해충은?

① 솔나방

② 박쥐나방

③ 밤바구미

④ 밤나무산누에나방

해설 • 나방류는 애벌레가 주로 잎을 식해하는 것이 일반적이다.

• 박쥐나방의 애벌레는 가지를 주로 가해하므로 구분하여야 한다.

• 밤바구미는 밤의 종실을 가해한다.

10 미국흰불나방을 방제하는 방법으로 옳은 것은?

① 11~12월에 카보퓨란 입제를 지면에 살포한다.

② 5~9월에 유아등을 설치하여 유충을 유인한다.

③ 피해가 심한 임지에서는 디노테퓨란 액제를 수간에 주입한다.

④ 수피 사이에 고치를 짓고 월동한 번데기를 수시로 채집하여 소각한다.

해설 ① 미국흰불나방은 생활사에 지상에 있는 시기가 없다.

② 유아등은 나방의 성충을 유인하는 수단이다. 유충은 유아등에 의해 유인되지 않는다.

③ 1년에 2회 발생하는 미국흰불나방은 성충우화기나 애벌레 시기에 방제하는 것이 효과적이다. 나무주사는 적용성이 없다.

11 소나무좀에 대한 설명으로 옳지 않은 것은?

① 1년에 1회 발생하고 주로 봄과 여름에 가해한다.

② 암컷 성충은 수피를 뚫고 갱도를 만들면서 가해한다.

③ 먹이나무를 설치하여 월동성충이 산란하게 한 후 소각하여 방제한다.

④ 주로 쇠약목, 이식목, 병해충 피해목에 기생하지만, 벌채목에는 가해하지 않는다.

해설 소나무좀은 벌채목을 주로 가해한다. 소나무좀의 피해를 줄이기 위해 벌채목을 박피한다.

12 산성비에 해당하는 pH 농도의 기준값은?

① pH 3.5 이하 ② pH 4.6 이하

③ pH 5.6 이하 ④ pH 6.5 이하

해설 사람 피부의 pH가 5.5인 것을 생각하면 외우기 쉽다. 산성비는 5.6, 사람 피부는 5.5 이렇게 기억하자.

13 모잘록병에 대한 설명으로 옳은 것은?

① 질소질 비료를 충분히 준 묘목은 발병률이 낮다.

② 토양의 물리적 성질과 발병과는 상관관계가 전혀 없다.

③ 소나무류 묘목의 모잘록병은 겨울철에 발생이 심하다.

④ 토양이 과습하지 않게 배수 관리를 잘하여 발병률을 낮출 수 있다.

해설 모잘록병의 원인은 과습이다.

14 고온에 의한 볕데기의 피해가 일어나기 쉬운 수종은?

① 소나무 ② 굴참나무

③ 오동나무 ④ 일본잎갈나무

해설 볕데기는 수피가 얇은 속성수에서 주로 발생한다.

15 나무주사 방법에 대한 설명으로 옳지 않은 것은?

① 형성층 안쪽의 목부까지 구멍을 뚫어야 한다.

② 모젯(Mauget) 수간주사기는 압력식 주사이다.

③ 중력식 주사는 약액의 농도가 낮거나 부피가 클 때 사용한다.

④ 소나무류에는 압력식 주사보다는 주로 중력식 주사를 사용한다.

해설 소나무류는 송진 때문에 중력식이나 유입식보다는 압력식 나무주사가 효과적이다.
• 중력식 : 수액통을 사용한다.
• 유입식 : 주입캡슐 사용, 압력이나 중력을 가하지 않는다.
• 압력식 : 압력 용기를 망치로 때린다.

16 다음 설명에 해당하는 해충은?

> • 유충은 땅속에서 수목의 뿌리나 부식물을 먹고 자란다.
> • 성충이 되어 지상에 나와 수목 잎이나 농작물의 새싹을 가해한다.

① 매미류 ② 풍뎅이류

③ 잎벌레류 ④ 하늘소류

해설 풍뎅이는 애벌레로 월동하며, 땅속에서 식물의 뿌리를 먹는다. 번데기를 5월경에 만들고 6월경 성충이 나오며, 성충은 유아등에 유인되고 장미, 감나무, 차나무, 밤나무, 벚나무, 참나무류의 새순을 먹는다.

정답 11. ④ 12. ③ 13. ④ 14. ③ 15. ④ 16. ②

17 다음 중 내화력이 가장 약한 수종은?

① 삼나무　　　　② 은행나무
③ 졸참나무　　　④ 사철나무

> **해설** 삼나무는 내화성, 내염성이 약한 수종으로 삼나무 붉은마름병이 잘 발생하며 묘포소독으로 방제할 수 있다. 편백나무의 밑에 수하식재하거나 감귤밭의 방풍림으로 이용되며, 양수지만 어린 묘목은 해가림이 필요하다.

18 잣나무 털녹병을 방제하는 방법으로 옳지 않은 것은?

① 중간기주인 송이풀을 제거한다.
② 저항성 품종을 육성하여 식재한다.
③ 풀베기와 간벌을 실시하여 숲에 통풍을 양호하게 해준다.
④ 담자포자 비산시기인 4월 하순부터 10일 간격으로 적용약제를 2~3회 살포한다.

> **해설** • 4~6월에 비산하는 포자는 황록색, 오렌지색의 녹포자다. 녹포자는 비산되지 않도록 비닐랩으로 감싸고 톱으로 절단하여 소각한다.
> • 녹병균의 생활사
> 겨울포자퇴(2~3월) - 녹포자(4~6월 기주교대 잣나무 - 송이풀) - 여름포자(송이풀 반복 감염) - 녹병정자(8월) - 겨울포자(8월 중순 이후) - 담자포자(기주교대 송이풀 - 잣나무)

19 경제적 가해 수준에 대한 설명으로 옳은 것은?

① 해충에 의한 피해액과 방제비가 같은 수준의 밀도
② 해충에 의한 피해액이 방제비보다 큰 수준의 밀도
③ 해충에 의한 피해액이 방제비보다 작은 수준의 밀도
④ 해충에 의해 경제적으로 큰 피해를 주는 수준의 밀도

> **해설** ① 경제적 가해 수준
> - 경제적으로 피해를 주는 최소의 밀도, 해충의 피해액과 방제비가 같은 수준인 밀도.
> - 작물의 종류나 지역, 경제 · 사회적 조건 등에 따라서 달라진다. 경제적 피해 수준이라고도 한다.
> ② 경제적 피해 허용 수준
> - 경제적 피해 수준에 도달하는 것을 억제하기 위하여 직접적 방제를 해야 하는 밀도.
> - 해충의 피해가 경제적 가해 수준보다 낮고 방제 수단 강구에 필요한 시간적 여유가 필요하다.

20 오동나무 빗자루병 예방을 위해 매개충인 담배장님노린재를 방제하는 시기로 가장 적절한 것은?

① 1~3월　　　　② 4~6월
③ 7~9월　　　　④ 10~12월

> **해설** 오동나무 빗자루병 방제법
> • 7월 상순에서 9월 하순에 살충제를 살포하여 매개충을 구제한다.
> • 빗자루병이 발생하지 않은 나무로부터 분근 증식한 무병 묘목을 심거나 실생 묘목을 심는다.
> • 테트라사이클린계의 항생물질로 치료할 수 있다

제4과목 　임도공학

21 종단측량 야장을 이용한 No.0 측점부터 No.4 측점까지의 기울기는? (단위: m, 측점간 거리: 20m)

(단위: m, 측점 간 거리: 20m)

측점	후시	기계고	중간점	이점	지반고
0	6.4	23.7	–	–	–
1	–	–	4.0	–	19.7
2	–	–	4.6	–	19.1
3	5.4	21.1	–	7.9	15.7
4	–	–	6.6	–	–

① −3.5%　　　　② +3.5%
③ +5.0%　　　　④ −5.0%

해설 기울기=거리/높이×100[%]

No 4~0까지의 거리는 20×4=80m

No 4의 지반고(땅높이)는 21.1- 6.6 =14.5m

No 0의 지반고는 23.7- 6.4 =17.3

기울기= $\dfrac{14.5 - 17.3}{80}$ ×100=-3.5%

22 토적 계산 방법으로 실제의 토적보다 다소 적게 나오지만 양단면평균법보다 오차가 작은 것은?

① 등고선법

② 각주공식

③ 주상체공식

④ 중앙단면적법

해설 임도노선의 토적계산은 양단면적법, 중앙단면적법, 주상체공식법에 의한다. 주상체공식(뉴튼식)이 가장 정확한 계산이 나오고, 등고선법과 각주식은 넓은 면적의 토적계산에 사용한다. 등고선법은 저수지의 담수량 계산에 주로 사용하며, 각주공식은 삼각형기둥법과 사각형기둥법이 있는데, 주로 사각형기둥법을 사용한다.

23 중심선 측량 및 영선측량에 대한 설명으로 옳지 않은 것은?

① 영선은 절토작업과 성토작업의 경계선이 되기도 한다.

② 영선측량은 지반고 상태에서 측량하며 종단면도 상에서 계획선을 결정한다.

③ 지반의 기울기가 급할수록 영선보다 중심선이 안쪽에 위치한다.

④ 중심선 측량은 평면측량에서 중심선을 설정한 후 종단·횡단 측량을 한다.

해설 영선측량은 토공의 균형점, 즉 절토와 성토량이 같은 점을 노선으로 결정하기 때문에 절토와 성토량을 확인할 수 있는 횡단면도 상에서 결정한다.

24 집재 및 운재 작업에서 가공본선으로 사용되는 와이어로프의 안전계수 기준은?

① 2.7 이상

② 4.0 이상

③ 4.7 이상

④ 6.0 이상

해설
• 호이스트줄과 짐올림줄은 6.0, 짐당김줄과 기타 와이어로프는 4.0을 기준으로 한다.
• 짐올림줄과 짐당김줄이 비슷하게 느껴지지지만 전혀 다른 기능을 한다.

25 임도의 평면곡선에 대한 설명으로 옳지 않은 것은?

① 복심곡선은 반지름이 다른 곡선이 같은 방향으로 연속되는 곡선이다.

② 단곡선은 직선에 원호가 접속된 원곡선으로 설치가 용이하여 일반적으로 많이 사용된다.

③ 배향곡선은 상반되는 방향의 곡선을 연속시킨 곡선으로 양호 사이에 직선부를 설치한다.

④ 완화곡선은 임도의 직선으로부터 곡선부로 옮겨지는 곳에는 곡선부의 외쪽기울기와 너비 넓힘이 원활하게 이어지도록 한다.

해설 지문의 내용은 반향곡선(S커브)에 대한 설명이다.

26 임도 설계 시 횡단면도 작성에 사용하는 축적은?

① 1/100

② 1/200

③ 1/1000

④ 1/1200

해설 종단면도는 횡1:1000, 종1:200, 평면도는 1:1200, 횡단면도는 1:100의 축척으로 작성한다.

27 임도의 노체에 대한 설명으로 옳지 않은 것은?

① 측구는 공법에 따라 토사도, 사리도, 쇄석도 등으로 구분한다.

② 임도의 노체는 일반적으로 노상, 노반, 기층 및 표층으로 구성된다.

③ 노면에 가까울수록 큰 응력에 견디기 쉬운 재료를 사용하여야 한다.

④ 통나무길 및 섶길은 저습지대에 있어서 노면의 침하를 방지하기 위하여 사용하는 것이다.

해설 토사도, 사리도, 쇄석도 등은 임도 노면 재료에 따른 구분이다.

28 임도시공 시 부족한 토사의 공급을 위한 장소는?

① 객토장   ② 토취장

③ 사토장   ④ 집재장

해설
- 토취장은 흙이 모자랄 경우 흙을 채취하는 곳이고, 사토장은 남는 흙을 버리는 곳이다.
- 집재장은 벌목지에서 임도 변에 마련하는 장소, 토장을 말한다.
- 객토라는 말은 농지의 토양을 개량하기 위해 다른 지역의 흙을 섞는 작업을 말한다.

29 1:25000 지형도에서 도상거리가 8cm일 때 실제 지상거리는 몇 km인가?

① 0.2   ② 2

③ 8   ④ 20

해설 $8cm \div \dfrac{1}{25,000} = 8cm \times 25,000 = 200,000cm$

$200,000cm \times \dfrac{1}{100} = 20,000m$

$20,000m \times \dfrac{1km}{1,000} = 2km$

30 임도 교량에 영향을 주는 활하중에 해당하는 것은?

① 주보의 무게

② 바닥 틀의 무게

③ 교량 시설물의 무게

④ 통행하는 트럭의 무게

해설
- 활화중 : 움직임을 가지는 것으로 보행자 및 차량의 통행에 의한 하중
- 사하중 : 교량의 주보, 바닥 틀 교량 시설물 등의 무게와 같이 움직이지 않고 작용하는 하중

31 임도설계 시 각 측점의 단면마다 절토고, 성토고 및 지장목 제거, 측구터파기 단면적 등의 물량을 기입하는 설계도는?

① 평면도   ② 종단면도

③ 횡단면도   ④ 구조물도

해설 횡단면도는 각 측점의 단면마다 절토고, 성토고 및 지장목 제거, 측구터파기 단면적 등의 물량을 기입한다. 기입 순서는 좌측 하단에서 상단 방향으로 한다.

32 일반적인 지형 조건에서 임도의 길어깨 및 옆도랑 너비 기준은?

① 각각 20~30cm

② 각각 30~50cm

③ 각각 50~100cm

④ 각각 100~150cm

해설 길어깨와 옆도랑의 너비 기준은 최소 50cm 이상, 최대 1m까지로 한다.

33 급경사의 긴 비탈면인 산지에서는 지그재그 방식, 완경사지에서는 대각선 방식이 가장 적합한 임도의 종류는?

① 계곡임도   ② 사면임도

③ 능선임도   ④ 산정임도

정답 27. ①   28. ②   29. ②   30. ④   31. ③   32. ③   33. ②

해설 계곡임도는 소계곡 횡단형, 산정부는 순환식 노선
이 적합하다.

34 적정지선 임도간격이 500m일 때, 적정지
선 임도밀도(m/ha)는?

① 20　　　　　　② 25

③ 50　　　　　　④ 200

해설 지선임도밀도 = $\dfrac{10,000m^2}{500m} = 20m/ha$

35 우수한 목재 재질 및 노동 사정을 고려할
때 가장 적합한 벌목 시기는?

① 봄　　　　　　② 여름

③ 가을　　　　　④ 겨울

해설 같은 크기의 목재도 겨울에 수확한 것이 품질이 우
수하다.

36 임도망 계획 시 고려 사항으로 옳지 않은
것은?

① 신속한 운반이 되도록 한다.

② 운재비가 적게 들도록 한다.

③ 운재 방법이 단일화되도록 한다.

④ 운반량의 상한선을 두어야 한다.

해설 임도망을 계획할 때는 운반량의 제한이 없어야
한다.

37 측선거리가 100m, 방위각이 120°일 때,
위거 및 경거의 값은? (단, cos60°=0.5,
sin60°=0.86)

① 위거 +50m, 경거 +86m

② 위거 −50m, 경거 +86m

③ 위거 +50m, 경거 −86m

④ 위거 −50m, 경거 − 86m

해설 ・경거=100m×sin(120)=86.60m
　　・위거=100m×cos(120)=-50m

※ 문제 출제는 잘못된 것이 없지만 제시사항은 문
제가 약간 있다. 계산기를 시험장에서 사용할
수 있으므로 간단하게 해결할 수 있는 문제다.

38 임도의 적정 종단기울기를 결정하는 요인
으로 가장 거리가 먼 것은?

① 노면 배수를 고려한다.

② 적정한 임도우회율을 설정한다.

③ 주행 차량의 회전을 원활하게 한다.

④ 주행차량의 등판력과 속도를 고려한
다.

해설 주행차량의 회전을 원활하게 하는 것은 최소곡선
반지름이다. 최소곡선반지름은 크면 클수록 차량
의 회전이 쉬워진다.

39 임도 시공 시 충분히 다진 후 5m 미만으
로 흙쌓기 비탈면을 설치할 때 기울기 기
준은?

① 1:0.3~0.8　　　② 1:0.5~1.2

③ 1:0.8~1.5　　　④ 1:1.2~2.0

해설 임도에서 흙쌓기 비탈면(성토)의 표준기울기는
1:1.5~2.0 정도의 기울기를 가진다. 이때 연한 점
질토 및 점토의 경우 1:1.8~2.0 정도가 적합하다.

40 임도에서 노면과 차량의 마찰계수가
0.15, 노면의 횡단물매는 5%, 설계속도가
20km/h일 때 곡선의 반지름은?

① 약 4m　　　　② 약 8m

③ 약 16m　　　　④ 약 20m

해설 $\dfrac{설계속도^2}{127(타이어마찰계수 + 노면횡단물매)}$

$= \dfrac{20^2}{127(0.15+0.05)} ≒ 15.7480 ≒ 16[m]$

정답 **34.** ①　**35.** ④　**36.** ④　**37.** ②　**38.** ③　**39.** ④　**40.** ③

41 불투과형 중력식 사방댐의 시공요령으로 옳지 않은 것은?

① 방수로 양옆의 기준 기울기는 1:1이다.

② 방수로는 보통 정사각형 모양으로 한다.

③ 계상의 양안에 암반이 있는 지역이 시공 적지이다.

④ 찰쌓기댐을 시공할 때 3m²당 1개의 배수구를 설치한다.

해설 방수로는 역사다리꼴로 설치한다.

42 돌흙막이공을 계획할 때 높이 기준은?

① 찰쌓기 2.5m 이하, 메쌓기 1.5m 이하

② 찰쌓기 3.0m 이하, 메쌓기 2.0m 이하

③ 찰쌓기 3.5m 이하, 메쌓기 2.5m 이하

④ 찰쌓기 4.0m 이하, 메쌓기 3.0m 이하

해설
- 돌단의 높이는 찰쌓기 3m 이하, 메쌓기 2m 이하로 한다.
- 찰쌓기는 메쌓기에 비해 견고하기 때문에 더 높게 쌓을 수 있고, 흙막이는 불안정한 비탈면에 축조되기 때문에 높이가 4m를 초과하지 않도록 설치하는 것이 바람직하다.

43 다음 조건에 따른 비탈다듬기 공사에서 발생한 토사량(m³)은?

- A의 단면적 : 20m²
- B의 단면적 : 30m²
- 단면 사이의 길이 : 50m
- 계산 방법 : 평균단면적법

① 125

② 500

③ 1250

④ 2500

해설 토사량 = $\dfrac{20+30}{2} \times 50 = 1{,}250[m^3]$

44 불투과형 중력식 사방댐의 형태인 흙댐의 시공요령으로 내심벽을 만들 때 사용하는 것은?

① 모래

② 자갈

③ 점토

④ 호박돌

해설 그림에서 내심벽(clay core)은 점토(clay)로 만든다.

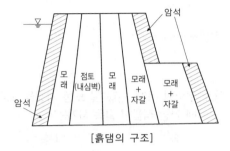

[흙댐의 구조]

45 해안사방에서 식재목의 생육환경 조성을 위하여 후방에 풍속을 약화시키고 모래의 이동을 막는 목적으로 시공하는 것은?

① 모래덮기

② 퇴사울 세우기

③ 사지식수공법

④ 정사울 세우기

해설
- 정사울은 이미 쌓인 모래를 움직이지 않게 고정하는 울타리를 말한다.
- 퇴사울은 모래의 퇴적을 위해 설치하는 울타리를 말한다.

46 다음 설명에 해당하는 것은?

- 사용자가 지정한 배합 콘크리트를 공장으로부터 현장까지 배달 및 공급하는 특수콘크리트이다.
- 운반 즉시 타설하고, 충분히 다져야 한다.

① AE콘크리트

② 프리팩트콘크리트

③ 레디믹스콘크리트

④ 뿜어붙이기콘크리트

정답 41. ② 42. ② 43. ③ 44. ③ 45. ④ 46. ③

해설 ① AE콘크리트 : AE제를 첨가하여 규칙적인 공기를 콘크리트에 첨가한 것
② 프리팩트콘크리트 : 틀과 굵은 골재를 미리 설치하고, 그 사이에 시멘트모르타르를 부어서 굳히는 콘크리트
④ 뿜어붙이기콘크리트 : 쏘아서 붙이는 콘크리트, 터널이나 급경사면에 설치한다.

47 강우 및 토양침식능인자, 경사장 및 경사도인자, 작물경작인자, 침식조절관행인자를 이용하여 연간 토사 유출량을 추정하는 방법은?
① 부유사량 측정에 의한 방법
② 하천 퇴적량 측정에 의한 방법
③ 만능토양유실량식에 의한 방법
④ 총유실량과 유사운송비 계산에 의한 방법

해설 토사유출량 산정 공식
① 만능토양유실식
토양유실량(A) = 강우침식능(R)×토양침식요인(K)×경사장(L)×경사도(S)×작물경작인자(C)×침식조절관행인자(P)
② Musgrave식
토양의 침식(E) = 토양종류(T)×경사도(S)×비탈면 길이(L)×토지관리방법(P)×침식방지시설(M)×강우량(R)
• 위 두 공식 중 강우 및 토양침식능에 대한 인자는 만능토양유실량식에 해당한다.

48 계단 연장이 3km인 비탈면에 선떼붙이기를 7급으로 할 때, 필요한 떼의 총 소요 매수는? (단, 떼의 크기: 40cm×25cm)
① 11250매
② 15000매
③ 16500매
④ 18750매

해설 • 떼의 소요 매수 = (2.5매/m+1.25매/m+1.25매/m)×3,000m=15,000[매]
• 9급 선떼붙이기는 2.5매/m의 떼가 필요하다. 8급~1급까지 m당 1.25매의 떼가 필요하다.

49 돌쌓기벽 그림에서 A의 명칭은?

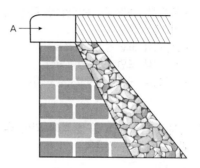

① 갓돌
② 귀돌
③ 모서리돌
④ 뒷채움돌

해설 • 갓을 쓰듯이 머리에 얹은 돌로 기억하면 쉽다. 귀퉁이 또는 모서리에 설치하는 돌을 귀돌이라고 한다.
• 뒤채움돌은 돌쌓기 뒷면에 쌓은 돌이다.

50 사방사업 대상지로 가장 거리가 먼 것은?
① 임도가 미개설되어 접근이 어려운 지역
② 산불 등으로 산지의 피복이 훼손된 지역
③ 황폐가 예상되는 산지와 계천으로 복구공사가 필요한 지역
④ 해일 및 풍랑 등 재해예방을 위해 해안림 조성이 필요한 지역

해설 ②산불 등으로 산지의 피복이 훼손된 지역 → 산지복원사업
③황폐가 예상되는 산지와 계천으로 복구공사가 필요한 지역 → 산사태예방사업
④해일 및 풍랑 등 재해예방을 위해 해안림 조성이 필요한 지역 → 해안방재림조성사업

51 빗물에 의한 침식의 발달과정에서 가장 초기 상태의 침식은?

① 우격침식　　　② 구곡침식

③ 누구침식　　　④ 면상침식

해설 • 우격침식 : 빗방울이 토양입자를 타격, 가장 초기과정

• 면상침식 : 표면 전면이 엷게 유실

• 누구침식 : 표면에 잔도랑이 발생

• 구곡침식 : 도랑이 커지면서 심토까지 깎인다.

52 산지의 침식형태 중 중력에 의한 침식에 해당되지 않는 것은?

① 산봉　　　　　② 포락

③ 산사태　　　　④ 사구침식

해설 사구침식은 바람과 물에 의한 침식에 해당한다.

53 다음 조건에 따른 비탈파종녹화를 위한 파종량 산출식으로 옳은 것은?

> • W: 파종량(g/m²)
> • S: 평균입수(입/g)
> • B: 발아율(%)
> • P: 순량률(%)
> • C: 발생기대본수(본/m²)

① W=B/(S×P×C)

② W=P/(S×B×C)

③ W=S/(P×B×C)

④ W=C/(P×B×S)

해설 파종량(g/m²)=발생기대본수/(평균입수×순량률×발아율)

54 야계사방 둑쌓기에서 계획홍수량이 200~500m³/s인 경우 둑높이 여유고의 기준은?

① 0.6m 이상　　② 0.8m 이상

③ 1.0m 이상　　④ 1.5m 이상

해설 대상유량이 200m³/s 미만일 때에는 0.6m, 200~500m³/s일 때에는 0.8m, 500m³/s 이상일 때에는 1.0m의 여유고를 두도록 하며, 계획최대 홍수유량은 확률년도 100년을 원칙으로 하여 산정한다.

55 돌쌓기의 시공요령으로 옳지 않은 것은?

① 메쌓기의 기울기는 1:0.3을 기준으로 한다.

② 돌쌓기에서 세로줄눈을 일직선으로 하는 통줄눈으로 한다.

③ 찰쌓기를 할 때는 물빼기 구멍을 반드시 설치하여야 한다.

④ 돌의 배치에는 다섯에움 이상, 일곱에움 이하가 되도록 한다.

해설 일직선으로 설치하는 통줄눈은 맞물리는 돌이 없어 무너지기 쉽다.

56 폭 10m, 높이 5m인 직사각형 단면 야계수로에 수심 2m, 평균유속 3m/s로 유출이 일어날 때의 유량(m³/s)은?

① 15　　　　　　② 30

③ 60　　　　　　④ 150

해설 Q = A × V = (10 × 2) × 3 = 60

57 다음 설명에 해당하는 것은?

> 비탈다듬기 및 단끊기의 시공과정에서 발생하는 잉여토사를 산복의 깊은 곳에 넣어서 이것을 유치 고정하는 공사이다.

① 골막이

② 누구막이

③ 땅속흙막이

④ 산비탈흙막이

해설 • 잉여 토사를 유치 고정하는 공사는 땅속흙막이다.

• 산비탈흙막이는 불안정한 비탈면을 안정시킨다.

정답 51. ①　52. ④　53. ④　54. ②　55. ②　56. ③　57. ③

• 골막이와 누구막이는 계간에서 침식을 방지하기 위한 공사다.

58 다음 설명에 해당하는 것은?

> 산지 계곡을 벗어나 농경지 등과 접한 지역에서 유량 증가에 의해 침식되어 사방사업이 필요한 지역이다.

① 야계 ② 밀린땅
③ 붕괴지 ④ 황폐지

해설 야계는 계곡을 막 벗어난 계류를 말한다.

59 야계사방의 공법으로만 올바르게 짝지어진 것은?

① 흙막이, 바닥막이
② 흙막이, 누구막이
③ 기슭막이, 누구막이
④ 기슭막이, 바닥막이

해설 흙막이와 누구막이는 산지사방에서 사용하는 공법이다.

60 평떼붙이기 공법에 대한 설명으로 옳지 않은 것은?

① 주로 45° 이상의 급경사 지형에 시공한다.
② 떼를 붙이기 전에 흙다지기를 잘해야 한다.
③ 붙인 떼는 떼꽂이 등으로 고정하여 활착이 잘 이루어지게 한다.
④ 심은 후에는 잘 밟아 다져 뗏밥을 주고 깨끗이 뒷정리를 한다.

해설 평떼붙이기는 주로 45° 이하의 토양이 좋은 산복 비탈면에 설치한다.

제2과목 산림보호학

01 액상의 농약을 제조할 때 주제를 녹이기 위하여 사용하는 물질은?

① 유제 ② 용제
③ 유화제 ④ 증량제

해설
• 유제 : 기름으로 만들어진 농약
• 증량제 : 주성분의 농도를 낮추기 위하여 사용하는 보조제
• 용제 : 약제의 유효성분을 녹이는 데 사용하는 약제
• 유화제 : 유제의 유화성을 높이는 데 사용하는 계면활성제

02 흡즙성 해충에 해당하는 것은?

① 소나무좀
② 알락하늘소
③ 버즘나무방패벌레
④ 꼬마버들재주나방

해설
① 소나무좀 : 천공성 해충
② 알락하늘소 : 천공성 해충
④ 꼬마버들재주나방 : 식엽성 해충

03 지표를 배회하는 성질의 해충을 채집하는 방법으로 가장 효과적인 도구는?

① 유아등(light trap)
② 함정트랩(pitfall trap)
③ 수반트랩(water trap)
④ 말레이즈트랩(malaise trap)

해설 함정트랩(pitfall trap) : 지표보다 낮은 함정(trap)에 먹이를 넣어 곤충을 채집하는 방법으로 부식성이나 육식성 곤충을 대상으로 한다.

04 여름포자가 없는 녹병은?

① 향나무 녹병
② 잣나무 털녹병
③ 소나무 잎녹병
④ 전나무 잎녹병

해설 배나무와 사과나무의 잎 뒷면에 붉은 별 무늬의 표징을 만드는 배나무 붉은별무늬병이 향나무 녹병의 여름포자 시기에 해당하므로 향나무 녹병에는 여름포자가 없다.

05 다음 설명에 해당하는 해충은?

• 유충은 잎을 갉아 먹는다.
• 1년에 2~3회 발생한다.
• 성충은 주광성이 강하다.

① 대벌레
② 박쥐나방
③ 미국흰불나방
④ 조록나무혹진딧물

해설
① 대벌레 : 식엽성 해충이며, 1년에 1회 발생한다.
② 박쥐나방 : 천공성 해충이며, 1년에 1회 또는 2년에 1회 발생한다.
④ 조록나무혹진딧물 : 조록나무 잎에 충영을 형성하며, 1년에 4회 발생한다.

정답 01. ② 02. ③ 03. ② 04. ① 05. ③

06 다음 중 2차 대기오염 물질에 해당되는 것은?

① HF   ② SO_2

③ 분진   ④ PAN

해설 • 배출원에서 바로 배출되는 물질을 1차 대기오염 물질이라고 부른다. 분진(먼지), 불화수소(HF, 반도체공장), SO_2와 NOx를 1차 대기오염 물질이라고 한다.
• O_3와 NOx, PAN은 질소산화물과 오존으로부터 발생하기 때문에 2차 대기오염 물질이라고 한다.

07 밤나무 줄기마름병을 방제하는 방법으로 옳지 않은 것은?

① 내병성 품종을 식재한다.

② 동해 및 볕데기를 막고 상처가 나지 않게 한다.

③ 질소질 비료를 많이 주어 수목을 건강하게 한다.

④ 천공성 해충류의 피해가 없도록 살충제를 살포한다.

해설 질소질 비료는 수목을 웃자라게 하여 피해가 커질 수 있다. 인산질 비료를 주어 건강하게 자라도록 한다.

08 밤나무혹벌에 대한 설명으로 옳은 것은?

① 연 1회 발생하며 유충으로 월동한다.

② 피해를 받은 나무가 고사하는 경우는 없다.

③ 충영은 성충 탈출 후에도 녹색을 유지한다.

④ 밤나무 잎에 기생하여 직경 1mm 내외의 충영을 만든다.

해설 ② 피해를 받은 가지는 정상적으로 자라지 못해 개화와 결실이 어렵고 고사할 수 있다.
③ 충영은 겨울과 이른 봄에 붉은색을 띠며 성충 탈출 후에는 갈색이 된다.

④ 밤나무 겨울눈에 기생하며 직경 10~15mm 내외의 붉은색 충영을 만든다.

09 수목의 그을음병을 방제하는 데 가장 적합한 방법은?

① 중간기주를 제거한다.

② 방풍 시설을 설치한다.

③ 해가림 시설을 설치한다.

④ 흡즙성 곤충을 방제한다.

해설 수목의 그을음병은 자낭균류에 의해 발생하지만, 흡즙성 곤충이 전반하므로 원인인 흡즙성 곤충을 방제하면 그을음병을 줄일 수 있다.

10 주로 토양에서 월동하는 병원균은?

① 모잘록병균

② 잣나무 털녹병균

③ 낙엽송 잎떨림병균

④ 배나무 불마름병균

해설 • 모잘록병균은 땅속에서 월동하여 다음 해에 1차 감염원이 된다.
• rhizoctonia균에 의한 피해가 과습한 토양에서 기온이 비교적 낮은 시기에 발생한다.
• fusarium균에 의한 피해는 온도가 높은 여름에서 초가을에 비교적 건조한 토양에서 발생한다.

11 버즘나무방패벌레가 월동하는 형태는?

① 알   ② 성충

③ 유충   ④ 번데기

해설

생태	• 1년에 2회 발생한다. • 성충으로 월동하며, 잎 뒷면에 산란한다. • 산란 기간은 2~3주이며, 약충 기간은 5~6주이다.
방제 방법	• 메프유제, 에토펜프록스유제 등을 수관에 살포한다.

정답 06. ④ 07. ③ 08. ① 09. ④ 10. ① 11. ②

12 상륜에 대한 설명으로 옳은 것은?

① 조상으로 인하여 나타난다.

② 만상으로 수목의 생장이 저해되어 나타난다.

③ 한겨울 수목의 휴면 기간 중 저온으로 인하여 치수에 발생하는 피해 현상이다.

④ 주로 추운 지방에서 고립목이나 임연부의 교목에서 주로 발생하는 상렬의 일종이다.

해설 상륜은 수목이 생장을 개시한 후 봄에 늦게 내린 서리로 인해 성장이 저해되어 연륜이 하나 더 생기는 현상이다.

13 산성비로 인한 피해 현상으로 옳지 않은 것은?

① 토양 중 알루미늄 및 망간 등의 중금속을 불용화시킨다.

② 토양이 산성화되어 수목에 대한 양료 공급이 부족해진다.

③ 수목 잎의 조직 내 책상조직에 피해를 주어 세포질을 손상시킨다.

④ 수목 잎의 기공과 큐티클을 통하여 침투한 산성 물질이 내부 세포의 생리 작용에 장해를 준다.

해설 • 산성비는 토양 중 알루미늄 및 망간 등의 중금속을 용출시킨다.
• 산성비로 인해 인산 등 토양 중 유용한 비료 성분이 불용화된다.

14 곤충의 소화기관 중 입에서 가까운 것부터 올바르게 나열한 것은?

① 전위→인두→전소장→위맹낭

② 인두→전위→위맹낭→전소장

③ 전위→인두→위맹낭→전소장

④ 인두→전위→전소장→위맹낭

해설 • 곤충의 소화관은 식도에 해당하는 전장, 위에 해당하는 중장, 장에 해당하는 후장으로 이루어진다.
• 전장은 인두-식도-소낭-전위로 이루어진다.
• 중장은 실질적인 소화기관이며 맹관이 있어 위맹낭으로도 부른다.
• 후장은 회장-직장-항문으로 구성된다.

15 털두꺼비하늘소에 대한 설명으로 옳지 않은 것은?

① 피해목에서는 톱밥에 배출되지 않기 때문에 식별이 어렵다.

② 버섯재배용 원목을 가해하여 버섯재배에 피해를 주기도 한다.

③ 벌채목에 방충망을 씌워 성충의 산란을 막아 방제할 수 있다.

④ 주로 1년에 1회 발생하나 2년에 1회 발생하는 경우도 있다.

해설 • 애벌레는 종균을 접종한 지름 10cm 미만의 소경목의 수피밑을 가해하며, 애벌레의 식흔이 톱밥처럼 배출된다.
• 털두꺼비하늘소는 전국의 활엽수림에서 표피를 갉아먹고, 유충은 표고버섯 원목에 피해를 입힌다.
• 날개 상단부 양층에 털뭉치 두 개가 솟아있다.

16 아까시잎혹파리에 대한 설명으로 옳지 않은 것은?

① 아까시나무만 가해한다.

② 원산지는 북아메리카이다.

③ 땅속에서 성충으로 월동한다.

④ 흰가루병 및 그을음병을 동반한다.

해설 땅속에서 번데기로 월동한다.

17 모잘록병을 방제하는 방법으로 옳지 않은 것은?

① 밀식하여 관리한다.

② 토양 소독을 실시한다.

③ 배수와 통풍을 잘하여 준다.

④ 복토를 두껍게 하지 않는다.

해설 밀식하면 묘목의 도복 피해가 더 커진다.

18 소나무 재선충병이 발생하는 주요 경로는?

① 종자   ② 토양

③ 매개충   ④ 중간기주

해설 소나무 재선충병은 매개충인 솔수염하늘소와 북방수염하늘소를 통해 전반하여 발생한다.

19 대추나무 빗자루병 방제 약제로 가장 적합한 것은?

① 베노밀 수화제

② 아진포스메틸 수화제

③ 스트렙토마이신 수화제

④ 옥시테트라사이클린 수화제

해설 ① 베노밀 수화제 : 밤나무 줄기마름병, 잣나무 잎떨림병 등 자낭균류에 사용한다.

② 아진포스메틸 수화제 : 살충제로 사용되는 독성 물질이다. 호흡곤란, 기관지염, 시각장애 등을 발생시킨다.

③ 스트렙토마이신 수화 : 방선균류에서 추출된 항생제. 박테리아(세균)의 단백질합성을 저해하여 죽음에 이르게 한다.

20 침엽수, 활엽수, 초본식물을 모두 기주로 하는 수목 병은?

① 흰가루병

② 갈색고약병

③ 리지나뿌리썩음병

④ 아밀라리아뿌리썩음병

해설 아밀라리아뿌리썩음병의 병원균은 침엽수, 활엽수를 포함하는 거의 모든 수목과 초본류에 뿌리썩음병을 일으키는 다범성 병원균이다.

제4과목   **임도공학**

21 절토 경사면이 경암인 경우의 기울기 기준으로 옳은 것은?

① 1:0.3~0.8   ② 1:0.5~0.8

③ 1:0.5~1.5   ④ 1:0.8~1.5

해설

구분	기울기	비고
암석지 – 경암 – 연암 토사지역	1:0.3~0.8 1:0.5~1.2 1:0.8~1.5	토사지역은 절토면의 높이에 따라 소단 설치

22 개발지수에 대한 설명으로 옳지 않은 것은?

① 노망의 배치상태에 따라서 이용 효율성은 크게 달라진다.

② 개발지수 산출식은 평균집재거리와 임도밀도를 곱한 값이다.

③ 임도가 이상적으로 배치되었을 때는 개발지수가 10에 근접한다.

④ 임도망이 어느 정도 이상적인 배치를 하고 있는가를 평가하는 지수이다.

해설 개발지수가 1에 가까우면 이상적인 임도 배치에 해당한다.

개발지수=(평균집재거리×임도밀도)/2,500

23 지반고가 시점 10m, 종점 50m이고 수평거리가 1km일 때 종단기울기는?

① 4%   ② 5%

③ 6%   ④ 7%

해설 $\frac{50-10}{1,000} \times 100 = 4\%$

정답   17. ①   18. ③   19. ④   20. ④   21. ①   22. ③   23. ①

24 다음 조건에서 곡선반지름(m)은?

- 설계속도 : 25km/시간
- 가로 미끄럼에 대한 노면과 타이어의 마찰계수 : 0.15
- 노면의 횡단기울기 : 5%

① 약 15 ② 약 25
③ 약 30 ④ 약 50

해설 $\dfrac{25^2}{127 \times (0.15+0.05)} = 24.6062m$

25 굴삭기의 시간당 작업량 산출 계산을 위한 인자로 거리가 먼 것은?

① 작업효율
② 버킷계수
③ 체적계수
④ 버킷면적

해설 굴삭기 작업량=3,600×qkfe/CM
q: 버킷용량, k: 버킷계수, f: 토량환산계수, e: 작업효율, CM: 사이클타임

26 수준측량 결과가 다음과 같을 때, 종점의 지반고는?

- 시점의 지반고 : 100m
- 전시의 합 : 150.8m
- 후시의 합 : 205.4m

① 45.4m ② 54.6m
③ 154.6m ④ 456.2m

해설 종점의 지반고=100+205.4-150.8=154.6m
종점지반고=시점지반고+지반고차이
   =100+54.6=154.6m

27 임도의 종단면도에 대한 설명으로 옳지 않은 것은?

① 축척은 횡 1/1,000, 종 1/200로 작성한다.
② 종단면도는 전후도면이 접합되도록 한다.
③ 종단기울기의 변화점에는 종단곡선을 삽입한다.
④ 종단 기입의 순서는 좌측 하단에서 상단 방향으로 한다.

해설 횡단면도의 기입은 좌측 하단에서 상단 방향으로 한다.

28 임도 측선의 거리가 99.16m이고 방위가 S39°15′25″W일 때 위거와 경거의 값으로 옳은 것은?

① 위거 +76.78m, 경거 +62.75m
② 위거 +76.78m, 경거 −62.75m
③ 위거 −76.78m, 경거 +62.75m
④ 위거 −76.78m, 경거 −62.75m

해설 경거=측선거리×sin(방위각)
위거=측선거리×cos(방위각)
방위각=180°+39°15′25″=219°15′25″
경거=99.16×sin(219°15′25″)=−62.75m
위거=99.16×cos(219°15′25″)=−76.78m

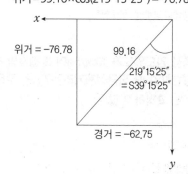

정답 24. ② 25. ④ 26. ③ 27. ④ 28. ④

29 머캐덤도에 대한 설명으로 옳지 않은 것은?

① 시멘트 머캐덤도 : 쇄석을 시멘트로 결합시킨 도로

② 역청 머캐덤도 : 쇄석을 타르나 아스팔트로 결합시킨 도로

③ 교통체 머캐덤도 : 쇄석이 교통과 강우로 인하여 다져진 도로

④ 수체 머캐덤도 : 쇄석의 틈 사이에 모래 및 마사를 침투시켜 롤러로 다져진 도로

해설 쇄석의 틈 사이로 물을 침투시켜 물을 결합재로 쓴 것이 수체 머캐덤도다.

30 임도의 횡단기울기에 대한 설명으로 옳지 않은 것은?

① 노면 배수를 위해 적용한다.

② 차량의 원심력을 크게 하기 위해 적용한다.

③ 포장이 된 노면에서는 1.5~2%를 기준으로 한다.

④ 포장이 안 된 노면에서는 3~5%를 기준으로 한다.

해설 곡선부의 바깥쪽을 높게 설치한 횡단기울기는 원심력의 영향을 작게 한다.

31 적정 임도밀도가 10m/ha이고 집재방향이 양방향일 때 평균집재거리는? (단, 우회계수는 고려하지 않음)

① 10m ② 100m

③ 250m ④ 500m

해설 양방향 집재거리=2,500/10=250m

32 임도 측량 방법으로 영선에 대한 설명으로 옳지 않은 것은?

① 노폭의 1/2 되는 점을 연결한 선이다.

② 절토작업과 성토작업의 경계선이 되기도 한다.

③ 산지 경사면과 임도 노면의 시공면과 만나는 점을 연결한 노선의 종축이다.

④ 영선측량의 경우 종단측량을 먼저 실시하여 영선을 정한 후에 평면 및 횡단측량을 한다.

해설 영선은 토공의 균형점인 영점을 연결한 선이다.

33 원목 집재 및 운재용 장비로 가장 적합한 것은?

① 포워더 ② 트리펠러

③ 프로세서 ④ 하베스터

해설 ② 트리펠러 : 벌도
③ 프로세서 : 가지자르기-통나무 자르기
④ 하베스터 : 벌도 - 가지자르기-통나무 자르기

34 간선임도의 구조에 대한 설명으로 옳지 않은 것은?

① 차돌림 곳은 너비를 10m 이상으로 한다.

② 임도의 유효너비는 3m를 기준으로 한다.

③ 대피소의 유효길이는 15m 이상으로 한다.

④ 설계속도 20km/시간일 때 최소곡선반지름은 일반 지형의 경우 12m 이상으로 한다.

해설

설계속도	최소곡선 반지름(m)	
(km/시간)	일반 지형	특수 지형
40	60	40
30	30	20
20	15	12

정답 29. ④ 30. ② 31. ③ 32. ① 33. ① 34. ④

35 지형도의 등고선에 대한 설명으로 옳지 않은 것은?

① 조곡선은 간곡선의 1/2의 거리로 불규칙한 지형을 나타낼 때 사용한다.

② 간곡선은 산지의 형태를 표시하며 주곡선 5개마다 1개를 굵게 표시한다.

③ 주곡선은 가는 실선으로 그리며 지형을 나타내는 기본이 되는 곡선이다.

④ 등고선의 간격은 서로 옆에 있는 등고선 사이의 수직거리를 말하며, 평면도의 축척과 같은 의미를 가진다.

해설 주곡선 5개마다 1개를 굵게 표시하는 것을 계곡선이라고 한다.

36 와이어로프의 안전계수가 4이고 절단하중이 360kg이라면, 이 와이어로프의 최대장력은?

① 60kg ② 90kg
③ 120kg ④ 180kg

해설 $4 = \frac{360kg}{x\,kg}$

$x = \frac{360kg}{4} = 90kg$

37 임도를 설계하고자 할 때 다음 중 가장 먼저 해야 할 업무는?

① 예측 ② 답사
③ 예비조사 ④ 설계도서 작성

해설 임도 설계 순서 : 예비조사-답사-예측-실측-설계도서 작성

38 임도의 노체 구성 순서로 옳은 것은? (단, 아래에서 위로의 순서에 해당됨)

① 노반→기층→노상→표층
② 노상→노반→기층→표층
③ 노반→노상→기층→표층
④ 노상→기층→노반→표층

해설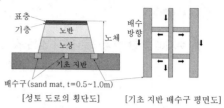

[성토 도로의 횡단도]   [기초 지반 배수구 평면도]

39 임도망 계획 시 고려할 사항으로 옳은 것을 모두 고른 것은?

가. 운반비를 적게 한다.
나. 목재의 손실이 적게 한다.
다. 신속한 운반이 되도록 한다.
라. 운반량을 제한하여 계획한다.

① 가, 나, 다
② 가, 나, 라
③ 가, 다, 라
④ 가, 나, 다, 라

해설 임도망은 운반량에 제한받지 않도록 계획한다.

40 작업임도에서 차량 규격으로 2.5톤 트럭의 최소회전반경(m) 기준은?

① 5.0 ② 6.0
③ 7.0 ④ 12.0

해설

자동차종별 \ 제원	2.5톤 트럭
길이	6.1
폭	2.0
높이	2.3
앞뒤 바퀴 거리	3.4
최소 회전 반경	7.0

정답 35. ② 36. ② 37. ③ 38. ② 39. ① 40. ③

2022년 제2회 기출문제 | 22-2-07

제5과목　사방공학

41 수제에 대한 설명으로 옳지 않은 것은?
① 계안으로부터 유심을 향해 돌출한 공작물을 말한다.
② 계상 폭이 좁고 계상 기울기가 급한 황폐 계류에 적용한다.
③ 수제의 높이는 최고 수위로 하고 끝 부분을 다소 낮게 설치한다.
④ 상향수제는 수제 사이의 토사 퇴적이 하향수제보다 많고, 수제 앞부분에서의 세굴이 강하다.

해설 수제는 흐름의 직각 방향으로 돌출된 구조물이기 때문에 계상 폭이 넓은 곳에 적용할 수 있다.

42 야계사방의 주요 목적으로 옳지 않은 것은?
① 유송토사 억제 및 조정
② 산각의 고정과 산복의 붕괴 방지
③ 계상 기울기를 완화하여 계류의 침식 방지
④ 계류의 수질 정화와 산림 황폐지로 인한 재해 방지

해설 사방사업의 주요 목적은 재해 방지이며, 수질 정화는 주요 목적에 포함되지 않는다.

43 정사울타리를 설치할 때 기준 높이로 옳은 것은?
① 0.5~0.7m　　② 1.0~1.2m
③ 2.0~2.2m　　④ 2.5~2.7m

해설
• 정사울타리 : 1~1.2m의 높이와 7~15m 길이의 정방형
• 정사낮은울타리 : 정사울타리 구획 안에 30~50cm의 높이로 계획
• 퇴사울타리 : 1m 내외의 높이로 주풍에 직각 방향으로 설치

44 기슭막이의 시공 목적에 대한 설명으로 옳지 않은 것은?
① 기슭의 유로 변경
② 계안의 횡침식 방지
③ 산각의 안정성 도모
④ 산지 사방공작물의 기초 보호

해설 기슭막이는 기슭의 침식을 방지하기 위해 설치하며, 수제와 제방 등이 유로를 변경하기 위한 구조물이다.

45 다음 설명에 해당하는 것은?

• 토양에 대한 적응성이 좋다.
• 내음성 및 내한성이 커서 한랭지에서는 혼파 하는 것이 적당하다.

① 큰조아재비(timothy)
② 오리새(orchard grass)
③ 우산잔디(bermuda grass)
④ 능수귀염풀(weeping love grass)

해설 오차드그라스가 내한성 및 내음성이 크다.
① 큰조아재비(timothy)는 유럽에서 목초용으로 들여온 것으로 온난한 곳에서 자라는 귀화종이다.
③ 우산잔디(bermuda grass)는 아프리카 인도원산의 화본과 목초로 온난한 곳에서 자란다.
④ 능수귀염풀(weeping love grass)은 남아프리카 원산의 목초로 온난한 곳에서 자란다.

46 선떼붙이기 공법에서 1등급 증가할 때마다 연장 1m당 떼의 사용 매수는 얼마씩 차이가 나는가? (단, 떼의 크기는 길이 40cm, 너비는 25cm)
① 1.25매씩 감소
② 1.25매씩 증가
③ 2.50매씩 감소
④ 2.50매씩 증가

정답 41. ②　42. ④　43. ②　44. ①　45. ②　46. ①

해설 9급(2.5매)에서 8급(3.75매)으로 1등급 감소할 때 1.25매 증가한다.
반대로 급수가 1급씩 감소하면 매수는 1.25매씩 늘어난다.

떼 크기	길이 40, 폭 20cm	길이 33, 폭 20cm
구분	매수/m	매수/m
1급	12.50	15.0
2급	11.25	13.5
3급	10.00	12.0
4급	8.75	10.5
5급	7.50	9.0
6급	6.25	7.5
7급	5.00	6.0
8급	3.75	4.5
9급	2.50	3.0

47 비탈면에 설치하는 소단의 효과가 아닌 것은?

① 시공비를 절약할 수 있다.
② 비탈면의 안정성을 높인다.
③ 유지보수작업 시 작업원의 발판으로 이용할 수 있다.
④ 유수로 인하여 비탈면에서 발생하는 침식의 진행을 방지한다.

해설 소단은 시공비가 더 들어갈 수 있다.

48 돌쌓기 배치 방법으로 잘못된 쌓기가 아닌 것은?

① 포갠돌   ② 이마대기
③ 여섯에움   ④ 새입붙이기

해설 • 여섯에움 돌쌓기는 가장 안정된 모양의 돌쌓기다. 그러므로 돌쌓기할 때 돌의 배치는 다섯에움 이상 일곱에움 이하가 되도록 한다.
• 불안정한 돌쌓기를 금기돌이라고 하는데, 셋붙임, 넷붙임, 넷에움, 뜬돌, 거울돌, 떨어진돌, 꼬치쌓기, 선돌, 누운돌, 이마대기, 뾰족돌, 새입붙이기 등이 있다.

49 다음 ( ) 안에 가장 적합한 수치는?

사방댐의 계획기울기는 현 계상기울기의 ( )을/를 기준으로 설계한다.

① 1/2~2/3   ② 1/2~1
③ 2/3~1   ④ 2/3~3/2

해설 계획물매는 댐 상류인 대수면의 경우 현 계상물매의 1/2~2/3 이상 수정되어야 하며, 유역 인자에 의한 계획물매 추정표를 이용한다.

50 계류의 바닥 폭이 3.8m, 양안의 경사각이 모두 45°이고, 높이가 1.2m일 때의 계류 횡단면적(m²)은?

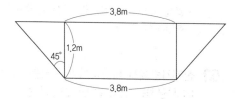

① 0.5   ② 0.6
③ 5.3   ④ 6.0

해설 $3.8 \times 1.2 + \frac{1.2 \times 1.2}{2} \times 2 = 6m^2$

51 유역면적이 10ha이고 최대시우량이 150mm/hr일 때, 임상이 좋은 산림지역의 최대홍수유량은? (단, 유거계수는 0.35)

① 약 0.14m³/sec
② 약 1.46m³/sec
③ 약 14.58m³/sec
④ 약 145.83m³/sec

해설 $Q = \frac{CIA}{360} = \frac{0.35 \times 150 \times 10}{360} = 1.4583 m^3$

52 중력식 콘크리트 사방댐의 구조에 포함되지 않는 것은?

① 물받이
② 방수로
③ 밑막이
④ 댐둑어깨

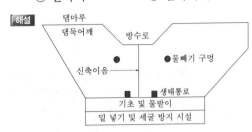

• 밑막이는 제방 안쪽 아래에 침윤수로 인한 붕괴를 막기 위해 설치하거나, 유수에 의한 세굴을 막기 위해 제방 바깥쪽 아래에 설치하는 제방보호공종이다.
• 밑 넣기의 경우 세굴을 막기 위해 물받이의 가장 하단에 설치한다.

53 산지사방에서 비탈다듬기 공사를 하기 전에 시공하는 것이 효과적인 공사는?

① 단끊기
② 떼단쌓기
③ 땅속흙막이
④ 퇴사울 세우기

해설 비탈다듬기로 생산되는 토사를 유치하는 것이 땅속흙막이로, 미리 계획하여 원지반 위에 시공한다. 비탈다듬기 전에 시공하지 않으면 불안정한 토사 위에 설치하게 되므로 붕괴의 원인이 된다.

54 골막이에 대한 설명으로 옳지 않은 것은?

① 토사퇴적 기능은 없다.
② 사방댐보다 규모가 작다.
③ 계류의 상류부에 설치한다.
④ 반수면은 토사를 채우고 대수면은 떼를 입힌다.

해설 골막이의 반수면은 보통 돌쌓기로 하고, 대수면은 설치하지 않는다.

55 다음 설명에 해당하는 것은?

• 비탈면 하단부에 흐르는 계천의 가로 침식에 의해 일어난다.
• 침식 및 붕괴된 물질은 퇴적되지 않고 대부분 유수와 함께 유실되는 붕괴형 침식이다.

① 산붕
② 붕락
③ 포락
④ 산사태

해설 붕괴형 산사태
• 산사태 : 자연사면 붕괴, 인공사면 붕괴
• 산붕 : 소규모 산사태
• 붕락 : 토층 위에 주름 모양 산사태
• 포락 : 계천에 떨어지는 산사태
• 암설붕락 : 암설이 떨어지는 산사태

56 산사태와 비교한 땅밀림에 대한 설명으로 옳지 않은 것은?

① 이동 속도가 빠르다.
② 지하수의 영향이 크다.
③ 완경사면에서 주로 발생한다.
④ 주로 점성토가 미끄럼면으로 활동한다.

해설

원인	이동속도
산사태	• 속도가 빠르고 토괴는 교란된다. • 붕괴토사는 유출되고 퇴적토사 재이동이 적다.
땅밀림형	• 속도는 느리고 토괴는 교란되지 않는다. • 계속적으로 이동하고 정지 후에도 재이동한다.

57 사방댐 설치에 있어 홍수 기울기와 평형 기울기 사이의 퇴사량을 무엇이라 하는가?

① 토사퇴적량
② 토사안정량
③ 토사침식량
④ 토사조절량

해설 토사조절량은 홍수 기울기와 평형 기울기 사이의 퇴사량을 말한다.

정답 52. ③ 53. ③ 54. ④ 55. ③ 56. ① 57. ④

58 시멘트에 대한 설명으로 옳지 않은 것은?

① 조기에 강도를 내기 위하여 염화칼슘을 쓰기도 한다.

② 시멘트를 제조할 때 석고를 넣으면 급결성이 된다.

③ 시멘트는 분말도가 너무 높으면 내구성이 약해지기 쉬우므로 주의해야 한다.

④ 일반적으로 포틀랜드시멘트는 수경성이고 강도가 크며 비중은 대체로 3.05~3.15 정도이다.

해설 • 시멘트를 제조할 때 석고를 넣은 것은 시멘트가 급하게 굳는 것(급결성)을 천천히 굳도록 조절하기 위해서다.
• 분말도＝시멘트의 비표면적＝시멘트 입자 표면적/시멘트 무게
• 분말도가 높으면 수분에 의해 시멘트가 경화되기 쉬우므로 콘크리트의 강도를 약하게 한다.

59 돌골막이 공법에서 돌쌓기의 표준 기울기로 옳은 것은?

① 1:0.1

② 1:0.2

③ 1:0.3

④ 1:0.4

해설 • 돌골막이의 반수면 표준기울기는 1:0.3이고, 흙골막이의 표준기울기는 반수면 대수면 모두 1:1.5다.
• 실제 시공 기울기는 표준 기울기보다 완만하게 설치한다.

60 강우에 의한 산지침식의 발달과정 순서로 옳은 것은?

① 구곡침식→면상침식→누구침식

② 구곡침식→누구침식→면상침식

③ 면상침식→구곡침식→누구침식

④ 면상침식→누구침식→구곡침식

해설 산지침식 순서
우격침식→면상침식→누구침식→구곡침식

01 소나무류의 푸사리움(Fusarium) 가지마름병에 대한 설명으로 옳지 않은 것은?

① 불완전균류에 의한 수병이다.
② 피해 가지는 송진이 흐르며 고사한다.
③ 병원균은 잎의 기공을 통하여 침입한다.
④ 묘목으로부터 대경목까지 모든 크기의 나무가 피해를 받는다.

해설 푸사리움 가지마름 병균은 태풍이나 곤충 등에 의한 상처 부위로 곰팡이가 감염된다. 불완전균류는 유성세대가 알려지지 않은 곰팡이이므로 포자가 잎의 기공을 통해서 침입한다는 것은 있을 수 없다.

02 밤나무 흰가루병의 제1차 전염원이 되는 것은?

① 자낭포자　　② 겨울포자
③ 여름포자　　④ 유주포자

해설 병든 잎에서 자낭각을 형성하여 월동하고, 자낭각에서 만들어진 자낭포자가 1차 전염원이 된다.

03 피소(볕데기) 현상이 가장 잘 발생하는 것은?

① 늦은 가을 기온이 내려갈 때
② 추운 겨울날 기온이 급감할 때
③ 봄에 수목의 생리작용이 시작될 때
④ 더운 여름날 강한 직사광선을 받았을 때

해설 남서쪽 수간이 직사광선에 의해 수분이 증발하여 수직 방향으로 수피가 갈라지는 현상

04 희석하여 살포하는 약제가 아닌 것은?

① 입제
② 액제
③ 수화제
④ 캡슐현탁제

해설 입제는 주된 약제(이미다클로프리드 등)에 증량제, 점결제, 계면활성제를 혼합하여 지름 0.5~2.5mm 정도의 작은 입자로 만든 것으로 희석하지 않고 그대로 사용한다.

05 리기다소나무 조림지에 피해를 주는 푸사리움 가지마름병에 대한 설명으로 옳지 않은 것은?

① 병원균은 상처를 통해 침입한다.
② 감염된 잎은 빛바랜 갈색으로 말라 죽는다.
③ 바람이 약한 지역에 나무는 더 심하게 발생한다.
④ 봄부터 가을까지 특히 태풍이 지나간 다음 터부코나졸 유탁제를 살포한다.

해설 • 푸사리움 가지마름병은 태풍이나 곤충 등에 의한 상처 부위로 곰팡이가 감염되므로 바람이 강한 지역에서 더 심하게 발생한다.
• 푸사리움 가지마름병은 유성세대가 알려지지 않은 불완전균류에 의한 피해이다.
• 불완전균류는 유성세대가 없으므로 포자가 바람으로 전반하지 않는다.

정답 01. ③　02. ①　03. ④　04. ①　05. ③

06 기주를 교대하며 발생하는 병이 아닌 것은?

① 향나무 녹병

② 소나무 혹병

③ 포플러 잎녹병

④ 삼나무 붉은마름병

해설 • 삼나무 붉은마름병은 불완전균류에 의한 병으로 기주교대를 하지 않는다.

• 기주교대를 하려면 유성포자 세대가 있어야 하므로 불완전균류에는 기주교대가 있을 수 없다.

• 삼나무 붉은마름병은 묘포에서 주로 발생한다. 증세가 가볍게 발생한 묘목도 식재하지 않는다.

07 가해하는 수목의 종류가 가장 많은 해충은?

① 솔나방   ② 솔잎혹파리

③ 천막벌레나방   ④ 미국흰불나방

해설 미국흰불나방은 170여 활엽수 종에 피해를 준다.

08 낙엽층과 조부식층 상부의 타는 산불의 종류는?

① 수간화   ② 지표화

③ 수관화   ④ 지중화

해설 지표화는 지표의 낙엽과 조부식층을 태우는 불이다.

09 봄에 진딧물의 월동란에서 부화한 애벌레를 무엇이라 하는가?

① 간모   ② 유성생식충

③ 산란성 암컷   ④ 산자성 암컷

해설 • 진딧물은 4월 초에 부화하여 간모가 되고, 4월 중순경부터 새끼를 낳는다. 이 새끼는 날개가 없는 무시태생 암컷이 되어 반복하여 새끼를 낳아 대번식한다.

• 10월 하순경 유시태의 암컷과 수컷이 출현하여 교미한 후 산란하고, 알로 월동한다.

10 파이토플라스마에 대한 설명으로 옳지 않은 것은?

① 인공 배양이 불가능하다.

② 원핵생물과 진핵생물의 중간적 존재이다.

③ 세포벽이 없으므로 구형 또는 불규칙한 모양이다.

④ 파이토플라스마에 의한 수목병은 대부분 곤충에 의해 전반된다.

해설 • 파이토플라즈마는 바이러스와 원핵생물의 중간적 존재다.

• 파이토플라즈마는 핵이 없고, 막에 의해 결합된 소기관들이 존재한다.

11 흰가루병을 방제하는 방법으로 옳지 않은 것은?

① 짚으로 토양을 피복하여 빗물에 흙이 튀지 않게 한다.

② 자낭과가 붙어서 월동한 어린 가지를 이른 봄에 제거한다.

③ 묘포에서는 밀식을 피하고 예방 위주의 약제를 처리한다.

④ 그늘에 식재한 나무에서 피해가 심하므로 식재 위치를 잘 선정한다.

해설 짚으로 토양을 피복하여 빗물에 흙이 튀지 않게 하는 것은 어린 묘목이 토의(흙옷)에 의해 열해를 입는 것을 방지하는 대책이다.

12 산림곤충 표본조사법 중 곤충의 음성 주지성을 이용한 방법은?

① 미끼트랩   ② 수반트랩

③ 페로몬트랩   ④ 말레이즈트랩

해설 • 말레이즈트랩 : 곤충이 장애물을 만나면 위로 올라가는 음성주지성을 이용한 트랩으로, 텐트형 장애물과 포충기를 설치한다.

• 핏폴트랩 : 땅에 기어다니는 곤충을 유인하여 채집하는 트랩으로, 땅에 컵을 묻는다.

정답   06. ④   07. ④   08. ②   09. ①   10. ②   11. ①   12. ④

- 미끼트랩 : 포충기 안에 먹이를 설치한 트랩
- 수반트랩 : 해충을 유인하여 물에 빠져 죽게 만드는 포획장치로, 성 유인물질을 이용하기도 한다.
- 페로몬트랩 : 성 유인물질로 해충을 유인하여 포획하는 장치로, 수반형과 끈끈이형이 있다.

13 다음 설명에 해당하는 해충은?

> - 정착한 1령 애벌레를 여름에 긴 휴면을 가진 후 10월경에 생장하기 시작하고, 11월경에 탈피하여 2령 애벌레가 된다.
> - 2령 애벌레는 11월~이듬해 3월 동안 수목에 피해를 가장 많이 주고, 수컷은 3월 상순 전후에 탈피하여 3령 애벌레가 된다.

① 호두나무잎벌레
② 참나무재주나방
③ 도토리거위벌레
④ 솔껍질깍지벌레

해설 • *Matsucoccus thunbergianae*, 노린재목 소나무껍깍지벌레속
- (암컷) 알→부화약충→정착약충→후약충 → 성충
- (수컷)알→부화약충→정착약충→후약충→전성충→번데기→성충

14 대기오염 물질인 오존으로 인하여 제일 먼저 피해를 입는 수목의 세포는?

① 엽육세포
② 표피세포
③ 상피세포
④ 책상조직세포

해설 • 오존은 책상조직의 엽록체를 파괴하므로, 잎이 황백화된다.
- 오존은 책상조직, 질소와 황산화물은 엽육세포에 피해를 준다.

15 알로 월동하는 해충은?

① 외줄면충
② 가루나무좀
③ 소나무순나방
④ 향나무하늘소

해설 • 외줄면충은 수피 틈에서 알로 월동한다.
- 가루나무좀은 성충이 피해목에서 월동한다.
- 소나무순나방은 노숙유충으로 나뭇잎 사이에서 월동한다.
- 향나무하늘소는 성충이 피해목에서 월동한다.

16 기상으로 인한 수목 피해에 대한 설명으로 옳지 않은 것은?

① 일반적으로 저온에 의한 피해를 한해라고 한다.
② 만상과 조상은 수목 조직의 세포 내 동결에 의한 피해이다.
③ 만상으로 인하여 발생하는 위연륜을 상륜이라고 한다.
④ 결빙 현상이 없는 0℃ 이상의 저온 피해를 한상이라고 한다.

해설 • 수목 조직의 세포 내 동결에 의한 피해는 동해다.
- 조상은 가을에 일찍 내린 서리로 인한 피해를 말한다.
- 만상은 봄에 늦게 내린 서리로 인한 피해를 말한다.
- 만상에 의해 위연륜이 생긴다.

17 잣나무 잎떨림병 방제 방법으로 옳지 않은 것은?

① 병든 부위를 제거하고 도포제를 처리한다.
② 자낭포자가 비산하는 시기에 살균제를 살포한다.
③ 늦봄부터 초여름 사이에 병든 잎을 모아 태우거나 땅에 묻는다.
④ 수관 하부에 주로 발생하므로 풀베기와 가지치기를 하여 통풍을 좋게 한다.

해설
- 잣나무 잎떨림병의 병든 부위인 잎에서 병원균이 월동하기 때문에 떨어진 잎을 모아 소각한다.
- 일부러 병든 부위를 제거할 필요는 없으며, 도포제를 처리하는 것은 더더욱 맞지 않다.
- 가지마름병 등은 병든 부위를 제거하고 도포제를 처리하여 방제한다.

18 기생성 종자식물을 방제하는 방법으로 옳지 않은 것은?

① 매년 겨울에 겨우살이를 바짝 잘라낸다.

② 새삼을 방제하기 위하여 묘목을 침지하여 소독한다.

③ 새삼이 무성하고 기주가 큰 가치가 없으면 제초제를 사용한다.

④ 겨우살이가 자라는 부위로부터 아래쪽으로 50cm 이상 잘라낸다.

해설
- 새삼은 새삼의 종자를 먹은 새(조류)의 분변을 통해 큰 나무로 이동한다.
- 감나무 등의 뿌리혹병을 방제하기 위해 묘목을 베노밀이나 석회유황합제에 침지하기도 한다.

19 솔잎혹파리의 월동 형태는?

① 알   ② 유충

③ 성충   ④ 번데기

해설 솔잎혹파리는 노숙유충이 10~11월경 지피물 아래나 땅속으로 이동하여 월동한다. 이때 검은 망을 깔아서 포살하기도 한다.

20 바다에서 부는 바람에 함유된 염분에 약한 수종으로만 올바르게 나열한 것은?

① 곰솔, 돈나무

② 삼나무, 벚나무

③ 팽나무, 후박나무

④ 자귀나무, 사철나무

해설
- 염분에 강한 나무 : 해송, 향나무, 사철나무, 자귀나무, 팽나무, 돈나무

- 염분에 약한 나무 : 소나무, 삼나무, 전나무, 사과나무, 벚나무, 편백, 화백

제4과목 임도공학

21 임도 시공 시 흙깎기 공사에 대한 설명으로 옳지 않은 것은?

① 임도에 사용된 흙은 함수비가 낮을수록 좋다.

② 현장에 적당한 간격으로 흙일거냥틀을 설치한다.

③ 근주지름 30cm 이상의 입목은 체인톱으로 벌채한다.

④ 암석의 굴착식 경암은 불도저에 부착된 리퍼로 굴착하는 것이 유리하다.

해설
- 암석 굴착 시 단단한 지반이나 연암은 불도저에 부착된 리퍼로 굴착하는 것이 효율적이다.
- 경암의 경우 폭약을 사용한다.

22 중심선측량과 영선측량에 대한 설명으로 옳지 않은 것은?

① 영선은 절토작업과 성토작업의 경계선이 되지는 않는다.

② 영선측량은 시공기면의 시공선을 따라 측량하므로 굴곡부를 제외하고는 계획고 상태로 측량한다.

③ 균일한 사면일 경우에는 중심선과 영선은 일치되는 경우도 있지만, 대개 완전히 일치되지 않는다.

④ 중심선측량은 지반고 상태에서 측량하며 종단면도상에서 계획선을 설정하여 계획고를 산출한 후 종단과 횡단의 형상이 결정된다.

해설 영선은 절토작업과 성토작업의 경계선이 된다.

정답 18. ② 19. ② 20. ② 21. ④ 22. ①

23 지선임도의 설계속도 기준은?

① 30~10km/시간

② 30~20km/시간

③ 40~20km/시간

④ 40~30km/시간

해설 임도의 종류별 설계속도

간선임도: 40~20Km/시간, 지선임도 : 30~20Km/시간, 작업임도 20Km/시간

24 수확한 임목을 임내에서 박피하는 이유로 가장 부적합한 것은?

① 신속한 건조

② 병충해 피해 방지

③ 운재작업의 용이

④ 고성능 기계화로 생산원가의 절감

해설 기계화를 통한 원가절감은 산림기계화 작업의 장점으로 임내 박피 이유와는 무관하다.

25 임도 설계를 위한 중심선측량 시 측점 간격 기준은?

① 10m

② 15m

③ 20m

④ 25m

해설 중심선측량에서 측점 간격은 20m로 하고 중심말뚝(번호말뚝)을 설치하되, 지형의 변화가 심한 지점, 구조물 설계가 필요한 때는 보조(중간)말뚝을 설치한다.

26 합성기울기가 10%이고, 외쪽기울기가 6%인 임도의 종단기울기는?

① 4%

② 6%

③ 8%

④ 10%

해설 $10 = \sqrt{6^2 + j^2}$

S : 합성물매, i : 횡단 또는 외쪽물매, j : 종단물매

27 다음 ( ) 안에 해당되는 것을 순서대로 올바르게 나열한 것은?

> 산림관리 기반시설의 설계 및 시설기준에 따르면 배수구의 통수단면은 ( )년 빈도 확률 강우량과 홍수도달시간을 이용한 합리식으로 계산된 최대홍수유출량의 ( ) 배 이상으로 설계 및 설치한다.

① 50, 1.2

② 50, 1.5

③ 100, 1.2

④ 100, 1.5

28 사면붕괴 및 사면침식 등 임도 비탈면의 유지관리를 위한 표면유수 유입방지용 배수시설은?

① 맹거

② 종배수구

③ 횡배수구

④ 산마루 측구

해설 돌림수로(산마루 측구, 비탈면돌림수로)는 비탈면의 보호를 위해 비탈면의 최상부에 설치하는 배수구의 일종이다.

29 실제거리 150m를 지형도에 나타낸 길이가 15cm일 때, 지형도의 축척은?

① 1:10

② 1:100

③ 1:1,000

④ 1:10,000

해설 $축척 = \dfrac{1}{M} = \dfrac{도상거리}{실제거리}$

$\dfrac{15cm}{150m} = \dfrac{15}{15,000} = \dfrac{1}{1,000}$

30 임도의 각 측점 단면마다 지반고, 계획고, 절·성토고 및 지장목 제거 등의 물량을 기입하는 도면은?

① 평면도

② 표준도

③ 종단면도

④ 횡단면도

해설 횡단면도는 각 측점의 단면마다 절토고, 성토고 및 지장목 제거, 측구터파기 단면적 등의 물량을 기입한다. 기입순서는 좌측하단에서 상단방향으로 한다.

31 최소곡선 반지름의 크기에 영향을 주는 인자가 아닌 것은?

① 임도 밀도
② 도로의 너비
③ 반출할 목재의 길이
④ 차량의 구조 및 운행속도

해설 최소곡선 반지름은 노선의 굴곡 정도를 나타내며 도로의 너비, 반출할 목재의 길이, 설계속도, 타이어와 노면의 마찰, 횡단 기울기, 시거, 운행 차량의 구조 등에 영향을 받는다.

32 평판측량에 있어서 어느 다각형을 전진법에 의하여 측량하였다. 이때 폐합오차가 20cm 발생하였다면 측점 C의 오차 배분량은? (단, AB=50m, BC=40m, CD=5m, DA=5m)

① 0.10m ② 0.14m
③ 0.18m ④ 0.20m

해설 오차 배분량

$$= \frac{\text{폐합오차}}{\text{측선길이의 총합}} \times \text{출발점에서 조정할 측점}$$
$$\qquad\qquad\qquad\qquad\qquad \text{까지의 거리}$$

$$= \frac{0.2}{50+40+5+5} \times 90(A에서\ C까지의\ 거리)$$

$$= 0.002 \times 90m = 0.18m$$

33 옹벽의 안정도를 계산 검토해야 하는 조건이 아닌 것은?

① 전도에 대한 안정
② 활동에 대한 안정
③ 침하에 대한 안정
④ 외부 응력에 대한 안정

해설
- 옹벽의 안정성을 확보하기 위해서는 옹벽 자체의 고정하중, 토압 및 지표상에서 작용하는 상재하중 등에 의하여 제체가 파괴되지 않도록 내부 응력이 설계되어야 한다.
- 전도(넘어짐), 활동(미끄러짐), 내부 응력(깨어짐), 침하에 대해 설계되어야 한다.

34 임도계획의 순서로 옳은 것은?

① 임도노선 선정 → 임도노선배치 계획 → 임도밀도 계획
② 임도밀도 계획 → 임도노선배치 계획 → 임도노선 선정
③ 임도노선배치 계획 → 임도노선 선정 → 임도밀도 계획
④ 임도밀도 계획 → 임도노선 선정 → 임도노선배치 계획

해설 임도계획은 임도밀도 계획 → 임도노선배치 계획 → 임도노선 선정의 순서로 이루어진다.

35 임도 노선 설치 시 단곡선에서 교각이 30° 31′00″이고, 곡선반지름이 150m일 때 접선 길이는?

① 약 4.1m ② 약 8.8m
③ 약 41m ④ 약 88m

해설 접선길이 = 곡선 반지름 × $[\tan(\frac{교각}{2})]$

$$150 \times \tan \frac{30°31′00″}{2} ≒ 40.92 ≒ 약\ 41\,m$$

36 컴퍼스 측량을 할 때 관측하지 않아도 되는 것은?

① 거리 ② 표고
③ 방위 ④ 방위각

해설 컴퍼스 측량은 측선의 길이(거리)와 그 방향(각도)을 관측하여 측점의 수평위치(x,y)를 결정하는 측량 방법이다. 컴퍼스 측량은 경계측량, 산림측량, 노선측량, 지적측량 등에 이용한다.

37 컴퍼스 측량에서 전시로 시준한 방위가 N37°E일 때, 후시로 시준한 역방위는?

① S37°W

② S37°E

③ N53°S

④ N53°W

해설 NS 방향을 0° 기준으로 시작하며, 시준한 방위가 N37°E의 역방위는 반대 방향으로 S37°W가 된다.

38 임도의 설계속도가 30km/h, 외쪽기울기는 5%, 타이어의 마찰계수가 0.15일 때, 최소곡선 반지름은?

① 약 27m

② 약 32m

③ 약 33m

④ 약 35m

해설 최소곡선 반지름 공식

설계속도 반영식

$$R = \frac{V^2}{127(i+f)}$$

V : 설계속도(km/hr), i : 노면의 횡단물매, f : 타이어와 노면의 마찰계수

설계속도가 시간당 20, 30, 40km일 때, 각각 평면곡선의 최소곡선 반지름은 15, 30, 60m이고, 종단곡선의 최소곡선 반지름은 100, 250, 450m다.

$$= \frac{설계속도^2}{127(타이어 마찰계수 + 노면횡단물매)}$$

$$= \frac{30^2}{127(0.15+0.05)} ≒ 35$$

39 다음 중 정지 및 전압 전용 기계가 아닌 것은?

① 탬퍼(tamper)

② 트렌처(trencher)

③ 모터 그레이더(motor grader)

④ 진동 콤펙터(vibrating compactor)

해설 트렌처는 좁고 긴 측구 등과 같은 굴착작업용 기기이다.

40 다음 설명에 해당하는 임도 노선 배치 방법은?

> 지형도상에서 임도노선의 시점과 종점을 결정하여 경험을 바탕으로 노선을 작성한 다음, 허용기울기 인내인가를 검토하는 방법이다.

① 자유배치법

② 자동배치법

③ 선택적 배치법

④ 양각기 분할법

해설
- 임도 노선을 선정하는 방법에는 자유배치법, 양각기 계획법, 자동배치법 등이 있는데, 이 중 양각기 계획법은 디바이더를 이용하여 지형도상에 임도 예정 노선을 미리 그려보는 방법이다. 일반적으로 양각기 계획법이 사용된다.
- 자유배치법은 경험을 바탕으로 구간별 물매만 계산하는 방법이며, 자동배치는 물매와 경사도 등 여러 가지 평가요소를 컴퓨터 소프트웨어를 이용하여 배치하는 방법이다.

제5과목 **사방공학**

41 황폐계류에 대한 설명으로 옳지 않은 것은?

① 유량이 강우에 의해 급격히 증감한다.

② 유로 연장이 비교적 길고 하상 기울기가 완만하다.

③ 토사생산구역, 토사유과구역, 토사퇴적구역으로 구분된다.

④ 호우가 끝나면 유량은 급격히 감소되고 모래와 자갈의 유송은 완전히 중지된다.

해설 물매가 급하고 계안 및 산복사면에 붕괴가 많이 발생한 계류로 유로 연장이 짧은 편이다.

42 유역면적이 5km²이고, 비유량이 12m³/ sec/km²일 때, 최대홍수유량은?

① 30m³/sec   ② 60m³/sec
③ 90m³/sec   ④ 120m³/sec

해설 비유량(比流量)에 의해 홍수유량을 산정한다.

$Q = A \times q$

Q : 최대홍수유량(m³/sec), A : 유역면적(km²),

q : 비유량(m³/sec/km²)

유역면적의 단위가 m²일 때

최대홍수유량 = 비유량(0.2778 × 유출계수 × 강우강도) × 유역면적

= 12 × 5 = 60msec³/sec

43 퇴적암에 속하지 않는 암석은?

① 혈암   ② 사암
③ 응회암   ④ 섬록암

해설
- 생성 원인에 따라 화성암, 퇴적암(수성암), 변성암으로 분류된다.
- 퇴적암은 물이나 바람에 의해 운반 및 퇴적되어 굳은 것으로 사암(모래가 굳은 것)과 혈암(점토가 굳은 것), 응회암, 석회암 등이 있다.
- 섬록암은 화성암에 속한다.

44 사방댐의 위치로 적합하지 않은 곳은?

① 상류부가 넓고 댐자리가 좁은 곳
② 계상 및 양안이 견고한 암반인 곳
③ 본류와 지류가 합류하는 지점의 하류
④ 횡침식으로 인한 계상 저하가 예상되는 곳

해설 위치 선정
- 상류부가 넓고 댐자리의 계류 폭이 좁은 곳
- 지류의 합류점 부근에서는 합류점의 하류부
- 가급적 암반이 노출되어 있거나 지반이 암반일 가능성이 높은 장소
- 특수 목적을 가지고 시설하는 경우에는 그 목적 달성에 가장 적합한 장소
- 붕괴지의 하부 혹은 다량의 계상 퇴적물이 존재하는 지역의 직하류부

45 선떼붙이기 시공 요령에 대한 설명으로 옳지 않은 것은?

① 완만한 비탈지에서는 떼붙이기할 때 표토를 절취할 필요가 없다.
② 선떼의 활착을 좋게 하고 견고도를 높이기 위해서 다지기를 충분히 한다.
③ 바닥떼는 발디딤을 보호하는 효과가 있으므로 저급 선떼붙이기에는 필수적이다.
④ 머리떼는 천단에 놓인 토사의 유출을 방지하여 선떼의 견고도를 높이는 효과가 있다.

해설 발디딤은 선떼붙이기 공작물의 바닥떼 앞면 부분에 설치하는 너비 10~20cm 정도의 수평면으로 작업의 편의를 도모하고, 바닥떼의 활착을 용이하게 하기 위한 것이다.

46 황폐계천에서 유수로 인한 계안의 횡침식을 방지하고 산각의 안정을 도모하기 위하여 계류 흐름방향을 따라서 축설하는 사방공작물은?

① 수제   ② 골막이
③ 기슭막이   ④ 바닥막이

해설 기슭막이는 야계의 횡침식을 방지하고 산각을 고정하기 위한 야계사방공작물이다.

47 황폐지의 진행 순서로 옳은 것은?

① 임간나지 → 초기황폐지 → 황폐이행지 → 민둥산 → 척악임지
② 초기황폐지 → 황폐이행지 → 척악임지 → 임간나지 → 민둥산
③ 임간나지 → 척악임지 → 황폐이행지 → 초기황폐지 → 민둥산
④ 척악임지 → 임간나지 → 초기황폐지 → 황폐이행지 → 민둥산

해설 황폐지 유형 및 단계는 '척암임지→임간나지→초기황폐지→황폐이행지→민둥산' 순서로 진행된다.

48 대상지 1ha에 15° 경사로 1.0m 높이의 단끊기공을 시공할 때, 평면적법에 의한 계단 길이는?

① 약 1,786m ② 약 2,061m
③ 약 2,679m ④ 약 3,640m

해설 계단연장길이 $= \dfrac{\text{면적} \times \tan\theta}{\text{높이}}$

$= \dfrac{10,000 \times 0.2679}{1} ≒ 2,679m$

49 조공 시공 시 소단위 수직 높이와 너비 기준을 순서대로 올바르게 나열한 것은?

① 1.0~1.5m, 50~60cm
② 1.0~1.5m, 40~50cm
③ 2.0~2.5m, 50~60cm
④ 2.0~2.5m, 40~50cm

해설
- 조공은 황폐사면의 유실을 막기 위해 수평으로 설치하는 공종이다.
- 계단 간 수직 높이 1~1.5m, 너비 50~60cm 기준으로 소단을 설치한다.

50 사방댐을 설치하는 주요 목적으로 옳지 않은 것은?

① 산각의 고정
② 종횡침식의 방지
③ 계상기울기의 완화
④ 지표수의 신속 배제

해설 황폐계류에서 종·횡침식으로 인한 토석류 등 붕괴물질을 억제하기 위하여 계류를 횡단하여 설치하는 공작물로, 산각을 고정하고 붕괴를 방지하며, 계상물매를 완화하여 지표수의 흐름을 늦추고 토사의 유동을 막는다.

51 경암지역 땅깎기 비탈면 안정을 위한 공법으로 가장 적합한 것은?

① 떼붙이기
② 새집붙이기
③ 격자틀붙이기
④ 종비토뿜어붙이기

해설 새집붙이기 공법은 암반사면에 적용하는 녹화 기초공법으로, 잡석을 새집처럼 쌓고 내부에 흙을 채우는 방법이다.

52 사방사업법에 의한 사방사업의 구분에 해당하지 않는 것은?

① 산지사방사업
② 해안사방사업
③ 야계사방사업
④ 생활권사방사업

해설 사방사업법에 의한 사방사업은 대상 지역에 따라 산지사방사업, 해안사방사업, 산지와 접속하는 시내, 하천 등의 경우 야계사방사업으로 구분한다.

53 수평분력의 총합과 수직분력의 총합, 제저와 기초지반과의 마찰계수를 이용하여 계산하는 중력식 사방댐의 안정조건은?

① 전도에 대한 안정
② 활동에 대한 안정
③ 제체의 파괴에 대한 안정
④ 기초지반의 지지력에 대한 안정

해설 중력댐의 안정조건으로 전도, 활동, 제체의 파괴, 기초지반의 지지력이 있으며, 그중에서 활동에 대한 저항력의 총합이 수평 외력보다 커야 한다. 즉 수평분력의 총합과 수직분력의 총합, 제저와 기초지반과의 마찰계수를 이용하여 계산하는 것이 사방댐의 활동에 대한 안정조건이다.

정답 48. ③ 49. ① 50. ④ 51. ② 52. ④ 53. ②

54 사방댐과 골막이에 모두 축설하는 것은?

① 앞댐   ② 방수로

③ 반수면   ④ 대수면

> **해설** 사방댐은 대수면과 반수면을 모두 축조하고, 골막이는 반수면만 축조한다.

55 훼손지 및 비탈면의 녹화공법에 사용되는 수종으로 적합하지 않은 것은?

① 은행나무   ② 오리나무

③ 싸리나무   ④ 아까시나무

> **해설** 사방수종은 적응력이 강하고 성장이 빠른 수종이 적합하다.
> 우리나라 3대 사방수종인 리기다소나무, 물(산)오리나무, 아까시나무 이외에 참나무류, 싸리류(싸리(Lespedeza bicolor), 참싸리, 조록싸리, 족제비싸리), 눈향나무, 사방오리나무 등이 있다.

56 콘크리트의 방수성을 높일 목적으로 사용되는 혼화재료가 아닌 것은?

① 아스팔트   ② 규산나트륨

③ 플라이 애시   ④ 파라핀 유제

> **해설** 플라이 애시는 콘크리트의 유동성 개선 및 수밀성을 향상시키는 혼화재이다.

57 빗물에 의한 침식의 발생 순서로 옳은 것은?

① 우격침식 – 면상침식 – 구곡침식 – 누구침식

② 우격침식 – 구곡침식 – 면상침식 – 누구침식

③ 우격침식 – 누구침식 – 면상침식 – 구곡침식

④ 우격침식 – 면상침식 – 누구침식 – 구곡침식

> **해설** 빗물에 의한 침식은 '우격침식-면상침식-누구침식-구곡침식' 순으로 이루어진다.

58 산사태의 발생 원인에서 지질적 요인이 아닌 것은?

① 절리의 존재

② 단층대의 존재

③ 붕적토의 분포

④ 지표수의 집중

> **해설** • 산사태의 발생 원인으로 지질적 요인은 단층대, 절리, 층리면 존재, 암석의 풍화, 변질대 및 붕적토의 분포, 지하수의 존재 등이 있다.
> • 강우, 지표수의 집중은 직접 요인이다.

59 붕괴지 현황조사 항목에서 붕괴 3요소에 해당하지 않는 것은?

① 붕괴 형태

② 붕괴 면적

③ 붕괴 평균깊이

④ 붕괴 평균경사각

> **해설** 붕괴 3요소로 붕괴의 면적, 깊이, 경사각이 있다.

60 사방댐 설계를 위한 안정조건이 아닌 것은?

① 전도에 대한 안정

② 풍력에 대한 안정

③ 지반 지지력에 대한 안정

④ 제체의 파괴에 대한 안정

> **해설** 사방댐의 안정조건으로 전도에 대한 안정, 활동에 대한 안정, 제체 파괴 및 기초 지반 지지력에 대한 안정이 있다.

정답   54. ③   55. ①   56. ③   57. ④   58. ④   59. ①   60. ②

제2과목 산림보호학

01 잣나무넓적잎벌 방제 방법으로 옳은 것은?

① 알에 기생하는 벼룩좀벌류 등 기생성 천적을 보호한다.

② 땅속 유충 시기에 클로르플루아주론 유제를 살포한다.

③ 땅속의 유충을 9월에서 다음 해 4월 사이에 호미나 괭이로 굴취하여 소각한다.

④ 성충이 우화하는 것을 방지하기 위해 7월에 폴리에틸렌필름으로 임내지표를 피복한다.

해설 • 알에는 알좀벌류, 유충에는 벼룩좀벌류 등 기생성 천적을 보호한다.
• 나무 위에서 잎을 가해하는 7~8월 중순의 유충 시기에 클로르플루아주론 유제를 살포한다.
• 성충이 우화하는 것을 방지하기 위해 4월에 폴리에틸렌필름으로 임내지표를 피복한다.

02 참나무 시들음병 방제 방법으로 가장 효과가 약한 것은?

① 유인목 설치

② 끈끈이롤트랩

③ 예방 나무주사

④ 피해목 벌채 훈증

해설 • 참나무 시들음병은 매개충에 대해 직접 방제하는 것이 효과적이다.

• 예방 나무주사는 현재 참나무시들음병의 발생량과 피해 수준에 비하여 방제 비용이 너무 많이 들어 비효율적이다.

03 곤충의 날개가 퇴화된 기관으로 주로 파리류에서 볼 수 있는 것은?

① 평균곤

② 딱지날개

③ 날개가시

④ 날개걸이

해설 평균곤은 뒤 가슴 날개가 퇴화한 것으로 파리목에서 나타나며, 이 평균곤은 가운데가슴 날개가 퇴화한 것으로 부채벌레목에서 나타난다.

04 나무주사를 이용한 대추나무 빗자루병 방제 방법으로 옳은 것은?

① 주입 약량은 흉고직경 10cm 기준으로 3L를 사용한다.

② 병 발생이 심한 가지 방향과 반대 방향에도 주사기를 삽입한다.

③ 약제 희석 후 변질되지 않도록 즉시 약통에 넣고 나무주사한다.

④ 물 1L에 옥시테트라사이클린 수화제 10g을 잘 저어서 녹여서 사용한다.

해설 • 주입 약량은 흉고직경 10cm 기준으로 1~2L를 사용한다.
• 약액조절기를 서서히 열고 주입공에 약액을 채우고 공기를 빼내면서 꼭 끼운다.
• 물 1L에 옥시테트라사이클린 수화제 5g을 잘 저어서 녹여서 사용한다.

정답 01. ③ 02. ③ 03. ① 04. ②

05 밤나무 줄기마름병의 방제 효과가 가장 미비한 것은?

① 살균제를 살포한다.
② 박쥐나방을 방제한다.
③ 질소 비료를 적게 준다.
④ 토양배수가 잘되는 곳에 묘목을 심는다.

해설 • 살균제는 진균류(fungi)에 효과가 있다. 밤나무 줄기마름병이 세균성 불마름병인 경우, 세균(bacteria)에 의해 발생하므로 살균제는 방제 효과가 적다고 할 수 있다.
• 보기 ②, ③, ④번은 병의 원인을 제거하는 것으로 효과적이다.

06 남서 방향에서 고립되어 생육하고 있는 임목, 코르크층이 발달되지 않은 수종에서 많이 나타나는 기상 피해는?

① 한해   ② 풍해
③ 설해   ④ 피소

해설 • 한해는 건조에 의한 피해와 추위에 의한 피해를 말한다. 피소는 햇빛과 열에 의해 발생하는 고온에 의한 피해에 속한다.
• 풍해는 바람에 의한 피해로 천근성 수종이 숲 가장자리에 노출될 때 많이 발생한다.
• 설해는 눈에 의한 피해로 고립이나 코르크층과 관계가 적다. 가늘고 긴 수관을 가진 수목은 관설해를 받기 쉽고, 어린나무는 설압해를 받기 쉽다.

07 수목의 그을음병에 대한 방제 방법으로 가장 거리가 먼 것은?

① 통풍과 채광을 높인다.
② 흡즙성 곤충을 방제한다.
③ 잎 표면을 깨끗이 닦아낸다.
④ 질소질 비료를 표준사용량보다 더 사용한다.

해설 질소질 비료를 많이 사용하면 웃자라서 조직이 부드러워지므로 그을음병 피해가 더 커진다.

08 소나무 또는 잣나무에 발생하는 잎떨림병을 방제하는 방법으로 옳지 않은 것은?

① 병든 낙엽을 모아 태운다.
② 풀베기와 가지치기를 실시하지 않는다.
③ 여러 종류의 활엽수를 하목으로 심는다.
④ 포자가 비산하는 7~9월에 약제를 살포한다.

해설 잎떨림병은 수관 하부에서 발생이 심하므로 풀베기, 제초 및 가지치기를 실시한다.

09 소나무 잎떨림병 방제 방법으로 옳지 않은 것은?

① 종자 소독을 철저히 한다.
② 병든 낙엽은 태우거나 묻는다.
③ 베노밀 수화제나 만코제브 수화제를 사용한다.
④ 자낭포자가 비산하는 7~9월에 살균제를 살포한다.

해설 • 소나무류 잎떨림병은 자낭균류에 의한 병으로 포자가 바람에 의해 전반하므로 종자 소독은 효과가 적다.
• 종자 소독은 종자로 전반하는 오리나무 갈색무늬병에 적용할 수 있다.
• 모잘록병은 종자를 캡탄제 등으로 분의소독(씨앗에 가루형태의 약을 묻힌다.)한다.

10 식엽성 해충이 아닌 것은?

① 솔나방
② 솔수염하늘소
③ 미국흰불나방
④ 오리나무잎벌레

해설 솔수염하늘소는 줄기를 가해한다. 대부분의 하늘소 애벌레와 성충이 줄기를 가해한다.

정답 05. ① 06. ④ 07. ④ 08. ② 09. ① 10. ②

11 수목병에 대한 설명으로 옳지 않은 것은?

① 밤나무 줄기마름병은 1900년경 미국으로부터 침입한 병이다.

② 흰가루병균은 분생포자를 많이 만들어서 잎을 흰가루로 덮는다.

③ 그을음병은 진딧물이나 깍지벌레 등이 가해한 나무에 흔히 볼 수 있는 병이다.

④ 철쭉 떡병균은 잎눈과 꽃눈에서 옥신의 양을 증가시켜 흰색의 둥근 덩어리를 만든다.

해설 밤나무 줄기마름병은 1900년경 동양에서 미국으로 이송된 나무에 의해 피해를 주었으며, 미국 동부의 밤나무림을 황폐화한 사례가 있다.

12 밤나무 줄기마름병 방제 방법으로 옳지 않은 것은?

① 내병성 품종을 식재한다.

② 동해 및 볕데기를 막고 상처가 나지 않게 한다.

③ 질소질 비료를 많이 주어 수목을 건강하게 한다.

④ 천공성 해충류의 피해가 없도록 살충제를 살포한다.

해설 질소비료를 많이 주면 웃자라서 각종 병충해에 약해진다.

13 솔수염하늘소에 대한 설명으로 옳지 않은 것은?

① 1년에 1회 발생한다.

② 성충의 우화시기는 5~8월이다.

③ 목질부 속에서 번데기 상태로 월동한다.

④ 유충이 소나무의 형성층과 목질부를 가해한다.

해설 목질부에서 유충 형태로 월동하며, 수피 근처에서 번데기를 만들고, 성충이 되어 목질부에서 탈출한다.

14 성충이 흡즙성 해충인 것은?

① 솔껍질깍지벌레

② 호두나무잎벌레

③ 도토리거위벌레

④ 오리나무잎벌레

해설 · 응애, 진딧물, 깍지벌레 등 수목의 수액을 빨아먹는 해충을 흡즙성 해충이라 하며, 솔껍질깍지벌레는 성충과 약충이 모두 흡즙한다.
· 호두나무잎벌레 : 식엽성 해충
· 도토리거위벌레 : 종실가해 해충
· 오리나무잎벌레 : 식엽성 해충

15 외국에서 유입된 해충이 아닌 것은?

① 흰개미

② 매미나방

③ 솔잎혹파리

④ 버즘나무방패벌레

해설 흰개미는 열대와 아열대 목재의 수입과 함께 국내에 들어왔고, 미국흰불나방과 버즘나무방패벌레는 미국에서 유입되었다.

16 잣송이를 가해하여 수확을 감소시키는 해충으로, 구과 속 가해 부위에 배설물을 채워놓고 외부로 배설물을 배출하여 구과 표면에 붙여 놓으며, 신초에도 피해를 주는 해충은?

① 솔박각시

② 솔알락명나방

③ 솔수염하늘소

④ 잣나무넓적잎벌

해설 솔알락명나방은 잣의 구과를 가해하는 해충이다.
· 솔박각시 : 소나무과의 침엽을 먹는다.
· 솔수염하늘소 : 소나무의 줄기를 후식한다.
· 잣나무넓적잎벌 : 잣나무 잎을 먹는다.

정답 11. ① 12. ③ 13. ③ 14. ① 15. ② 16. ②

17 방화선 설치 위치로 가장 적절한 것은?

① 급경사지

② 고사목 집적 지역

③ 관목 및 임목밀생지

④ 능선 바로 뒤편 8~9부 능선

해설 방화선 설치
- 산의 능선(8~9부 능선). 산림구획선, 임도, 경계선, 도로, 하천, 암석지 등을 이용한다.
- 피나무, 고로쇠, 음나무, 마가목 등이 내화수림대에 적합하다. 고사목은 제거한다.
- 단순림을 피하고 혼효림과 택벌림을 조성한다. 관목 및 임목밀생지는 밀도를 조절한다.

18 다음 수목병 중에서 병원균의 유형이 다른 것은?

① 뽕나무 오갈병

② 벚나무 빗자루병

③ 오동나무 빗자루병

④ 대추나무 빗자루병

해설
- 벚나무 빗자루병은 자낭균류에 의해 발병한다.
- 뽕나무오갈병, 오동나무 빗자루병, 대추나무 빗자루병은 파이토플라스마가 원인이다.

19 종실해충 방제를 위한 약제 살포시기에 대한 설명으로 옳지 않은 것은?

① 밤바구미는 8~9월에 살포한다.

② 복숭아명나방은 7~8월에 살포한다.

③ 도토리거위벌레는 8월경에 살포한다.

④ 솔알락명나방은 우화기, 산란기인 8월경에 살포한다.

해설 성충 발생기인 6월에 페니트로티온 유제(50%) 6,000배액을 수관 살포한다.

20 청각기관인 존스톤기관은 곤충의 어느 부위에 존재하는가?

① 더듬이의 기부

② 더듬이의 자루마디

③ 더듬이의 채찍마디

④ 더듬이의 팔굽마디

해설 팔굽마디에는 진동을 감지하는 존스톤기관(Johnston s organ)이 있다. 존스톤기관은 진동을 통해 소리를 감지하고, 바람의 방향을 알아낸다.

제4과목 **임도공학**

21 임도의 노면침하를 방지하기 위하여 저습지대에 시설하는 것은?

① 토사도   ② 사리도

③ 쇄석도   ④ 통나무길

해설
- 통나무, 섶길 : 저지대나 습지대에서 노면의 침하를 방지하기 위해 통나무나 섶을 사용한다.
- 토사도 : 노상에 지름 5~10mm 정도의 표층용 자갈과 토사를 15~30cm 두께로 깐 것으로, 교통량이 적은 곳에 사용한다.
- 사리도 : 굵은 골재로 자갈(20~25mm), 결합재로 점토나 세점토사(10~15%)를 사용한 것으로, 상치식과 상굴식이 있다.

22 임도 구조물 시공 시 기초공사의 종류가 아닌 것은?

① 전면기초   ② 말뚝기초

③ 고정기초   ④ 깊은기초

해설 얕은기초는 확대기초, 전면기초가 있으며, 깊은기초에는 말뚝기초, 케이슨기초가 있다.

23 임도에 교량을 설치할 때 적합하지 않은 지점은?

① 계류의 방향이 바뀌는 굴곡진 곳
② 지질이 견고하고 복잡하지 않은 곳
③ 하상의 변동이 적고 하천의 폭이 협소한 곳
④ 하천 수면보다 교량면을 상당히 높게 할 수 있는 곳

해설 • 계류의 방향이 바뀌지 않는 직선인 곳에 교량을 설치한다.
• 지반이 견고하고 복잡하지 않은 곳
• 하상의 변동이 적고 하천의 폭이 협소한 곳
• 하천이 가급적 직선인 곳, 굴곡부는 피한다.
• 교량을 하천 수면보다 상당히 높게 할 수 있는 곳

24 다음 그림과 조건을 이용하여 계산한 측선 CA의 방위각은?

• 내각 ∠A=62°15′27″
• 내각 ∠B=54°37′49″
• 내각 ∠A=63°06′53″
• 측선 AB의 방위각=27°35′15″

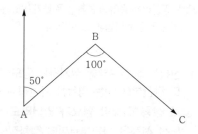

① 89°50′39″
② 89°50′42″
③ 269°50′39″
④ 269°50′42″

해설 CA방위각은 AC의 역방향이므로 = 180°+AC의 방위각
AC 방위각 = AB 측선의 방위각+내각 ∠A
= 27°35′12″+62°15′27″
= 89°50′39″
CA 방위각 = 180°+89°50′39″
= 269°50′39″

25 임도 관련 법령에 따른 산림기반시설에 해당하지 않는 것은?

① 간선임도
② 지선임도
③ 산정임도
④ 작업임도

해설 임도 관련 법령에 따른 산림기반시설로서의 임도 구분은 간선임도, 지선임도, 작업임도가 있다.

26 임도의 횡단면도를 설계할 때 사용하는 축적으로 옳은 것은?

① 1/100
② 1/200
③ 1/1000
④ 1/1200

해설 • 종단면도의 축척은 횡1:1000, 종1:200 축척으로 작성한다.
• 평면도는 1:1200, 횡단면도는 1:100으로 작성한다.

27 임도망 계획 시 고려사항으로 옳지 않은 것은?

① 운재비가 적게 들도록 한다.
② 신속한 운반이 되도록 한다.
③ 운재 방법이 다양화되도록 한다.
④ 산림풍치의 보전과 등산, 관광 등의 편익도 고려한다.

해설 운재 방법은 단일화할수록 효율적이다.

28 노면을 쇄석, 자갈로 부설한 임도의 경우 횡단기울기의 설치 기준은?

① 1.5~2%
② 3~5%
③ 6~10%
④ 11~14%

해설 임도의 횡단기울기는 중심선에 대해 직각 방향으로의 기울기를 말한다.

구분	횡단기울기
포장할 경우	1.5~2%
포장하지 않을 경우	3~5%
외쪽기울기	3~6%, 최대 8% 이하

정답 23. ① 24. ③ 25. ③ 26. ① 27. ③ 28. ②

29 콘크리트 포장 시공에서 보조기층의 기능으로 옳지 않은 것은?

① 동상의 영향을 최소화한다.

② 노상의 지지력을 증대시킨다.

③ 노상이나 차단층의 손상을 방지한다.

④ 줄눈, 균열, 슬래브 단부에서 펌핑현상을 증대시킨다.

해설 • 표층, 기층, 보조기층(혼합골재) 순서로, 보조기층은 위쪽의 포장층에서 발생되는 하중을 분산시켜 노상으로 전달하는 역할을 한다.

• 펌핑현상(부풀어 오르는 현상)의 경우 주로 표층에서 일어나는 현상이다

30 비탈면의 위치와 기울기, 노체와 노상의 끝손질 높이 등을 표시하여 흙깎기와 흙쌓기 공사를 정확히 실시하기 위해 설치하는 것은?

① 수평틀

② 토공틀

③ 흙일겨냥틀

④ 비탈물매 지시판

해설 흙일겨냥틀은 공사 시 기본단면형을 쉽게 설정하기 위해 만들어진 틀을 말한다. 흙깎기공사를 시공할 때는 현장에 적당한 간격으로 흙일겨냥틀을 설치한다.

31 사면에 설치하는 소단의 효과가 아닌 것은?

① 사면의 안정성을 높인다.

② 임도의 시공비를 절약할 수 있다.

③ 유지보수 작업 시 작업원의 발판으로 이용할 수 있다.

④ 유수로 인하여 사면에서 발생하는 침식의 진행을 방지한다.

해설 소단(단끊기 공사)은 붕괴 위험이 있는 지역에 사면길이 3~5m마다 50~100cm 단의 폭을 끊어 소단을 설치한다. 안전을 위해 공사가 추가되는 개념으로 시공비가 절약되지는 않는다.

32 임도설계업무 요소를 순서에 맞게 나열한 것은?

> ㉠ 예비조사
> ㉡ 실측
> ㉢ 설계도 작성
> ㉣ 답사
> ㉤ 설계서 작성
> ㉥ 예측
> ㉦ 공사수량의 산출

① ㉣→㉥→㉠→㉡→㉤→㉢→㉦

② ㉣→㉠→㉥→㉡→㉢→㉦→㉤

③ ㉠→㉣→㉥→㉡→㉤→㉢→㉦

④ ㉠→㉣→㉥→㉡→㉢→㉦→㉤

해설 임도설계 순서는 '예비조사→답사→예측,실측→설계도 작성→공사량 산출→설계서 작성'순이다.

33 점착성이 큰 점질토의 두꺼운 성토층 다짐에 가장 효과적인 롤러는?

① 탬핑 롤러   ② 탠덤 롤러

③ 머캐덤 롤러   ④ 타이어 롤러

해설 탬핑롤러는 롤러 표면에 많은 돌기가 있어 점착성이 큰 점질토 다짐에 효과적이다.

34 산록부와 산복부에 설치하는 임도이며, 임도 하단부에 있는 임목을 가선집재 방법으로 상향 집재할 필요가 있더라도 임도의 노선 선정은 하단부로부터 점차적으로 선형을 계획하는 임도는?

① 사면임도   ② 계곡임도

③ 능선임도   ④ 산정부 임도

해설 사면임도는 계곡임도에서 시작하여 산록부와 산복부에 설치하는 임도로 하부에서 점차 계획하여 진행한다.

정답 29. ④ 30. ③ 31. ② 32. ④ 33. ① 34. ①

35 임도의 교각법에 의한 곡선 설치 시 각 기호에 대한 용어가 올바르게 나열된 것은?

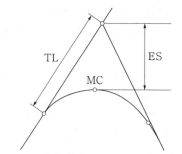

① TL : 접선길이, MC : 곡선중점, ES : 곡선길이
② TL : 곡선길이, MC : 곡선중점, ES : 접선길이
③ TL : 접선길이, MC : 곡선중점, ES : 외선길이
④ TL : 곡선길이, MC : 곡선중점, ES : 외선길이

[해설]

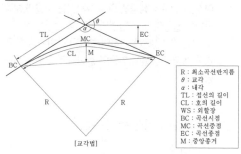

R : 최소곡선반지름
θ : 교각
α : 내각
TL : 접선의 길이
CL : 호의 길이
WS : 외할장
BC : 곡선시점
MC : 곡선중점
EC : 곡선종점
M : 중앙종거

[교각법]

36 지반조사에 이용되는 것이 아닌 것은?
① 오거 보링
② 관입 시험
③ 케이슨 공법
④ 파이프 때려박기

[해설] 케이슨공법은 기초공사 중 깊은기초 터파기 공법 중 하나이다.

37 일반지형의 경우 임도 설계속도가 20km/시간일 때, 설치할 수 있는 최소곡선 반지름 기준은?

① 12m ② 15m
③ 20m ④ 30m

[해설] 설계속도가 20Km/시간일 때, 일반지형 최소곡선 반지름 15m, 특수지형 12m

38 트래버스 측량 결과가 아래의 표와 같을 경우 (   )에 값으로 옳지 않은 것은? (단, 위·경거 오차는 없음)

측점	방위각(°)	거리(m)	위거(m) N(+)	S(−)	경거(m) E(+)	W(−)
AB	50	10	6.4		7.6	
BC	150	5		4.3	2.5	
CD	(가)	(나)		(다)		(라)
DA	300	7	3.5			6.0

① 가: 36.23 ② 나: 7
③ 다: 5.6 ④ 라: 4.1

[해설] • 방위각은 북(N)을 기준으로 측선까지 시계방향으로 잰 각이다.
• 사각형 폐합 트래버스에서 내각의 합은 360°이고, CD의 방위각은 3사분면에 위치하므로 180°보다 크다.
- 위거(latitude) : 일정한 자오선에 대한 어떤 관측선의 정사거리 측선 AB에 대하여 측점 A에서 측점 B까지의 남북 간 거리
- 경거(departure) : 측선 AB에 대하여 위거의 남북선과 직각을 이루는 동서 선에 나타난 AB 선분의 길이
L=AB의 위거[m]=AB×cosθ
D=AB의 경거[m]=AB×sinθ

[정답] 35. ③ 36. ③ 37. ② 38. ①

39 반출할 목재의 길이가 20m인 전간재를 너비가 4m인 임도에서 트럭으로 운반할 때, 최소곡선 반지름은?

① 4m
② 20m
③ 25m
④ 50m

해설 최소곡선 반지름의 크기에 영향을 주는 요소들은 도로 너비, 반출목재길이, 차량구조, 운행속도, 도로구조, 시거 등이다.
가. 목재길이 반영식

$$R = \frac{L^2}{4B}$$

R : 최소곡선 반지름(m), L : 반출목재의 길이, B : 도로의 너비

40 임도 설계 시 작성하는 도면의 축척 기준으로 옳지 않은 것은?

① 평면도: 1/1,200
② 횡단면도: 1/500
③ 종단면도: 종 1/200
④ 종단면도: 횡 1/1,000

해설 횡단면도
• 축척은 1/100로 작성한다.
• 횡단 기입의 순서는 좌측 하단에서 상단 방향으로 한다.
• 절토 부분은 토사·암반으로 구분하되, 암반 부분은 추정선으로 기입한다.
• 구조물은 별도로 표시한다.
• 각 측점의 단면마다 지반고, 계획고, 절토고, 성토고, 단면적, 지장목 제거, 측구터파기 단면적, 사면보호공 등의 물량을 기입한다.
• 종단면도 축척은 횡 1/1,000, 종 1/200로 작성한다.

---

41 사력의 교대는 일어나지만, 하상 종단면의 형상에는 변화가 없는 하상의 기울기는?

① 임계기울기
② 안정기울기
③ 홍수기울기
④ 평형기울기

해설 안정기울기는 안정물매라고도 하며, 유수 중의 사력과 계상면의 사력과의 교대가 있어도 종단형상에는 변화를 일으키지 않는다.

42 비탈면에 직접 거푸집을 설치하고 콘크리트 치기를 하여 틀을 만드는 비탈안정공법은?

① 비탈힘줄 박기공법
② 비탈블록 붙이기공법
③ 비탈지오웨이브공법
④ 콘크리트 뿜어 붙이기공법

해설 비탈힘줄 박기공법은 사면이 붕괴를 일으킬 위험이 있을 경우 식생공법 외에 실시하는 비탈면 보호공법의 일종이다. 비탈면의 물리적 안정을 목적으로 직접 거푸집을 설치하여 콘크리트 치기를 하고, 이후 뼈대인 힘줄을 만들어 돌이나 흙으로 채우는 방식이다.

43 조도계수가 가장 큰 수로는?

① 흙수로
② 야면석수로
③ 콘크리트수로
④ 큰 자갈과 수초가 많은 수로

해설 조도계수는 수로의 거칠고 미끄러운 정도를 수치로 표현한 것으로, 큰 자갈과 수초가 많을수록 수로의 저항성이 커지므로 조도계수가 크다.

44 경사지에서 침식이 계속되는 비탈면을 따라 작은 물길에 의해 일어나는 빗물침식은?

① 구곡침식 ② 면상침식
③ 우적침식 ④ 누구침식

해설 • 우격침식 : 토양입자를 타격, 가장 초기과정이다.
• 면상침식 : 표면 전면이 엷게 유실된다.
• 누구침식 : 표면에 잔도랑이 발생한다.
• 구곡침식 : 도랑이 커지면서 심토까지 깎인다.

45 산사태의 발생 요인에서 내적 요인에 해당하는 것은?

① 강우 ② 지진
③ 벌목 ④ 토질

해설 산사태의 발생에는 지형, 토질, 임상 등의 내적 요인(잠재적 요인)이 있고, 집중호우, 지진, 인위적원인(벌목 등) 등의 외적 요인(직접적 요인)이 복합적으로 관련되어 있다.

46 전수직응력이 100gf/cm², tan ø(ø는 내부마찰각) 값이 0.8, 점착력이 20gf/cm²일 때, 토양의 전단강도는? (단, 간극수압은 무시함)

① 80gf/cm² ② 100gf/cm²
③ 120gf/cm² ④ 145gf/cm²

해설 흙의 전단강도 = 점착력+(전수직응력×tanø)
= 20+(100×0.8) = 100gf/cm²

47 앞 모래언덕 육지 쪽에 후방 모래를 고정하여 표면을 안정시키고, 식재목이 잘 생육할 수 있는 환경 조성을 위해 실시하는 공법은?

① 구정바자얽기
② 모래덮기공법
③ 퇴사울타리공법
④ 정사울 세우기공법

해설 정사울 세우기는 전사구에 후방 모래를 고정하여 표면을 안정화하고 식재목이 생육할 수 있는 환경 조성을 위해 실시하며, 주로 모래덮기공법과 사초심기공법을 함께 시행한다.

48 Bazin 공식에 관한 설명으로 옳은 것은?

① 풍부한 경험에 의한 조도계수가 필요하다.
② 계수 산정이 복잡하고 물리적 의미도 명확하지 않다.
③ 기울기가 급하고 유속이 빠른 수로에서 평균유속을 구하는 식이다.
④ 물의 흐름이 등류상태에 있는 경우의 단면 평균유속을 구하는 식이다.

해설 평균유속공식
• Bazin 공식은 물매가 급하고 유속이 빠른 수로에 적용된다.
• Manning 공식은 개수로의 등류나 거친 관로에 적용된다.
• Kutter 공식은 체지공식의 계수 C를 부여하는 공식이다.

49 비탈 식재녹화공법 중에서 비탈면 기울기가 1:1보다 완만한 비탈에 전면적으로 떼를 붙여서 비탈을 일시에 녹화하는 공법은?

① 떼단쌓기 ② 줄떼다지기
③ 선떼붙이기 ④ 평떼붙이기

해설 평떼붙이기 시공 장소는 경사가 45° 이하 혹은 기울기 1:1보다 완만한 비탈의 비옥한 산지 사면에 적합한 사면녹화공법이다.

50 흐르는 물에 의한 침식이 아닌 것은?

① 면상침식 ② 누구침식
③ 우격침식 ④ 구곡침식

해설 • 우격침식은 빗방울이 표면을 타격하여 침식하는 것으로 가장 초기과정이다.
• 면상침식 : 표면 전면이 엷게 유실된다.

정답 44. ④ 45. ④ 46. ② 47. ④ 48. ③ 49. ④ 50. ③

- 누구침식 : 표면에 잔도랑이 발생한다.
- 구곡침식 : 도랑이 커지면서 심토까지 깎인다.

51 폭 10m, 높이 5m인 직사각형 단면 야계수로에 수심 2m, 평균유속 3m/sec로 유출이 일어날 때의 유량(m³/sec)은?

① 15   ② 30

③ 60   ④ 150

해설 유량 = 유속×단면적

$Q = V \times A$

$Q = 3 \times 10 \times 2 = 60(m^3/sec)$

52 낙석방지망덮기 공법에 대한 설명으로 옳지 않은 것은?

① 철망눈의 크기는 5mm 정도이다.

② 합성섬유망은 100kg 이내의 돌을 대상으로 한다.

③ 와이어로프의 간격은 가로와 세로 모두 4~5m로 한다.

④ 철망, 합성섬유망 등을 사용하여 비탈면에서 낙석이 발생하지 않도록 한다.

해설
- 일반적인 철사망눈의 크기는 5~10cm 정도로 한다.
- 사용되는 와이어로프의 간격은 가로와 세로 모두 4~5m 정도로 한다.

53 사면에 등고선 계단을 계획할 때 사면의 기울기가 45°, 면적이 1ha일 때 계단 간격을 1m로 한다면, 평면적법에 의한 계단 연장은?

① 5,000m   ② 8,000m

③ 10,000m   ④ 15,000m

해설 사면의 기울기가 45°이므로 수평면과 수직면은 1:1이다.

$$계단연장 = \frac{면적(m^2) \times \tan\theta}{계단간격(m)}$$

$$= \frac{10.000 \times 1}{1} = 10,000\,m$$

54 사방댐의 높이가 4.5m일 때, 총 수압의 합력작용선의 최대 높이는 밑면에서 몇 m 지점인가?

① 0.50   ② 0.75

③ 1.00   ④ 1.50

해설 총 수압의 합력작용선의 최대 높이는 사방댐 밑면에서 높이의 $\frac{1}{3}$ 지점이므로 $4.5 \times \frac{1}{3} = 1.5\,m$

55 우리나라에서 녹화용으로 식재되는 사방조림 수종과 가장 거리가 먼 것은?

① 잣나무   ② 아까시나무

③ 산오리나무   ④ 리기다소나무

해설 우리나라 3대 사방수종인 리기다소나무, 물(산)오리나무, 아까시나무 이외에 참나무류, 싸리류(싸리(Lespedeza bicolor), 참싸리, 조록싸리, 족제비싸리), 눈향나무, 사방오리나무 등이 있다.

56 산지사방의 공종별 설명으로 옳지 않은 것은?

① 평떼붙이기: 땅깎기 비탈면에 평떼를 붙여 비탈면 전체 면적을 일시에 녹화한다.

② 새심기: 산불발생지, 민둥산지, 석력지 등 대규모로 녹화가 필요한 곳에 새류의 풀포기를 식재한다.

③ 조공: 완만한 경사의 비탈면에 수평으로 소단을 만들고, 앞면에는 떼, 새포기, 잡석 등으로 소단을 보호한다.

④ 선떼붙이기: 비탈다듬기에서 생산된 뜬흙을 고정하고, 식생을 조성하기 위한 파식상을 설치하는 데 필요한 공작물이다.

해설
- 평떼 붙이기는 흙쌓기 사면에 사용한다.
- 땅깎기 사면에는 평떼 붙이기가 아니라 줄떼 붙이기를 사용한다.

정답 51. ③   52. ①   53. ③   54. ④   55. ①   56. ①

57 비탈면 안정 및 녹화공법에 해당하지 않는 것은?

① 새집공법　　　② 생울타리

③ 사초심기　　　④ 차폐수벽공

해설
- 사초심기란 해안의 모래땅에서 잘 생육하고, 모래언덕의 고정 기능이 높은 사초를 식재 예정지 전면에 식재하는 것이다.
- 비탈면의 녹화공법은 녹화를 위한 기반을 다지는 녹화기초공사와 식생을 조성하는 녹화공사가 있다.

58 사방댐의 주요 기능이 아닌 것은?

① 산각을 고정하여 붕괴를 방지한다.

② 계상 기울기를 완화하고 종침식을 방지한다.

③ 유심의 방향을 변경시켜 계안의 침식을 방지한다.

④ 계상에 퇴적한 불안정한 토사의 유동을 방지한다.

해설　사방댐
- 황폐계류에서 종·횡침식으로 인한 토석류 등 붕괴 물질을 억제하기 위하여 계류를 횡단하여 설치하는 공작물
- 주요 기능
  - 계상물매를 완화하고 종침식을 방지한다.
  - 산각을 고정하고 붕괴를 방지한다.
  - 계상에 퇴적한 불안정 토사의 유동을 막고 양안의 산각을 고정한다.
  - 산불 발생 시 진화용수나 야생동물의 음용수로 이용된다.

59 해안사방의 정사울 세우기에 대한 설명으로 옳지 않은 것은?

① 울타리의 유효높이는 보통 1.0~1.2m로 한다.

② 울타리의 방향은 주풍 방향에 직각이 되게 한다.

③ 구획의 크기는 한 변의 길이가 7~15m 정도인 정사각형이나 직사각형으로 한다.

④ 해안으로부터 이동하는 모래를 배후에 퇴적시켜 인공 모래언덕을 조성하기 위해 설치한다.

해설
- 정사울 세우기 : 앞 모래언덕 형성 후 그 후방지대에 풍속을 약화시켜 모래의 이동을 막아 식재목이 잘 자랄 수 있도록 환경(울타리)을 조성해 주는 것이다.
- 퇴사울 세우기 : 섶, 짚, 억새 등으로 울타리를 만들어서 바닷바람에 날리는 모래를 퇴적시켜 사구를 조성하는 방법으로 인공 모래언덕 조성과 같은 성토공이다.

60 사방시설의 공작물도를 작성하는 데 기준이 되며, 설계홍수량 산정에 쓰이는 강우확률 빈도는?

① 30년　　　② 50년

③ 80년　　　④ 100년

해설　배수구의 통수단면은 100년 빈도 확률강수량과 홍수도달시간을 이용한 합리식으로 계산된 최대 홍수유출량의 1.2배 이상으로 설계·설치한다.

정답　57. ③　58. ③　59. ④　60. ④

제2과목 산림보호학

01 화재의 연소 상태와 피해의 형태에 따라 산불을 4가지 종류로 구분하는데, 수목의 상층부에 불이 붙어 상층부에서 상층부로 번져 타는 불로서 한 번 일어나면 큰 손실을 가져오는 가장 큰 산불은?

① 수관화   ② 수간화
③ 지표화   ④ 지중화

해설 • 수목의 상층부에 수관이 있는 침엽수림의 경우 수관화가 발생하기 쉽다.
• 침엽수림 중 특히 소나무의 경우 수관화가 발생하기 쉽다.

02 물에 의해 전반(傳搬)되는 수목 병원체는?

① 낙엽송 가지끝마름병
② 목재썩음병
③ 벚나무 빗자루병
④ 뿌리썩이선충

해설 • 세균과 선충은 물에 의해 전반한다.
① 낙엽송 가지끝마름병 : 자낭균류는 공기로 전반한다.
② 목재썩음병 : 대부분 자낭균류나 담자균류와 같은 진균류로 포자가 공기로 전반한다.
③ 벚나무 빗자루병 : 자낭균류이므로 포자가 공기로 전반한다.

03 종실을 가해하는 해충이 아닌 것은?

① 밤바구미
② 버들바구미
③ 솔알락명나방
④ 복숭아명나방

해설 • 버들바구미는 줄기를 가해한다.
• 버드나무의 종실(씨앗)은 해충이 섭식하기에는 너무 작다.

04 곤충의 더듬이를 구성하는 요소가 아닌 것은?

① 자루마디   ② 채찍마디
③ 팔굽마디   ④ 도래마디

해설 도래마디는 곤충의 다리에 있다.

05 성충으로 월동하는 해충으로만 나열한 것은?

① 솔나방, 복숭아명나방
② 솔나방, 미국흰불나방
③ 소나무좀, 버즘나무방패벌레
④ 버즘나무방패벌레, 복숭아명나방

해설 • 버즘나무방패벌레, 진달래방패벌레, 호두나무잎벌레, 소나무좀, 오리나무잎벌레, 버들바구미, 땅강아지 등은 성충으로 월동한다.
• 나비목(나방과 나비)은 대부분 유충이나 알로 월동한다.

정답 01. ①   02. ④   03. ②   04. ④   05. ③

06 곤충의 피부 구조 중에서 한 개의 세포층으로 되어 있는 부분은?

① 외표피   ② 원표피
③ 기저막   ④ 진피층

해설 외표피층(epicuticle)과 원표피층(procuticle)은 큐티클층으로 세포의 구조가 아니며, 기저막은 막(membrane) 형태로 세포의 구조가 아니다.

07 다음 설명에 해당하는 살충제는?

> • 식물의 뿌리나 잎, 줄기 등으로 약제를 흡수시켜 식물체 내의 각 부분에 도달하게 하고, 해충이 식물체를 섭식하면 살충 성분이 작용하게 한다.
> • 식물체 내에 약제가 흡수되어 버리므로 천적이 직접적으로 피해를 받지 않고, 식물의 줄기나 잎 내부에 서식하는 해충에도 효과가 있다.

① 접촉제
② 유인제
③ 소화중독제
④ 침투성 살충제

해설 침투성 살충제는 식물의 체내로 침투하여 흡즙하는 해충에 효율적이다. 해당 식물을 직접 가해하는 곤충에만 피해를 주고, 천적에는 피해를 주지 않는 장점이 있다.

08 곤충의 외분비 물질이며 개척자가 새로운 기주를 찾았다고 동족을 불러들인 데에 사용되는 종 내 통신물질로, 주로 나무좀류에서 발달되어 있는 물질은?

① 성 페로몬   ② 경보 페로몬
③ 집합 페로몬   ④ 길잡이 페로몬

해설 집합 페로몬은 나무좀이 기주를 발견하면 분비하는 물질이다. 동종 간에 작용한다.

09 호두나무잎벌레에 대한 설명으로 옳은 것은?

① 1년에 1회 발생하며, 알로 월동한다.
② 1년에 2회 발생하며, 알로 월동한다.
③ 1년에 1회 발생하며, 성충으로 월동한다.
④ 1년에 2회 발생하며, 성충으로 월동한다.

해설 호두나무잎벌레는 1년에 1회 발생하고, 성충이 낙엽이나 수피 틈에서 4월까지 월동한다

10 오동나무 빗자루병을 매개하는 곤충은?

① 진딧물
② 끝동매미충
③ 마름무늬매미충
④ 담배장님노린재

해설 빗자루병의 병원균은 파이토플라스마이고, 담배장님노린재에 의해 매개된다.

11 아밀라리아 뿌리썩음병을 방제하는 방법으로 옳지 않은 것은?

① 묘목은 식재 전에 메타락실 수화제에 침지 처리한다.
② 잣나무 조림지에서 석회를 처리하여 산성토양을 개량한다.
③ 감염목의 주위에 도랑을 파서 균사가 퍼지지 않도록 한다.
④ 과수원에서는 감염목을 자른 다음 그루터기를 제거한다.

해설 메타락실(metalaxyl)은 식물에 발생하는 난균류(oomycetes)나 수생성 곰팡이(water mold fungi)에 작용하므로 담자균류인 아밀라리아 뿌리썩음병의 방제에는 적합하지 않다.

12 미국흰불나방은 1년에 몇 회 우화하는가?

① 1회 　　　 ② 2~3회

③ 4~5회 　 ④ 6회

해설 미국흰불나방은 1년에 2회 발생하며, 영양상태가 좋은 경우 3회 발생도 가능하다.

13 가뭄으로 인한 수목 피해인 한해(drought injury)에 대한 설명으로 옳은 것은?

① 천근성 수종은 한해에 강하다.

② 소나무, 자작나무가 한해에 강하다.

③ 묘포지의 육묘 작업을 평년보다 늦게 하여 예방한다.

④ 낙엽 채취를 하여 지피물을 제거해 주면 한해를 방지할 수 있다.

해설

한발 피해	수종
약한 수종	버드나무, 포플러, 오리나무, 들메나무 등 습생식물
강한 수종	소나무, 해송, 리기다소나무, 자작나무, 서어나무 등 건생식물

14 북방수염하늘소에 대한 설명으로 옳지 않은 것은?

① 성충의 우화 최성기는 5월경이다.

② 성충은 수세가 쇠약한 수목이나 고사목에 산란한다.

③ 솔수염하늘소와 마찬가지로 소나무 재선충을 매개한다.

④ 연 2회 발생하고, 유충으로 월동하며, 1년에 3회 발생하는 경우도 있다.

해설 북방수염하늘소는 대체로 연 1회 발생한다.

15 알로 월동하는 해충은?

① 외줄면충 　　 ② 가루나무좀

③ 소나무순나방 　④ 향나무하늘소

해설 외줄면충은 수피 틈에서 알로 월동한다.

② 가루나무좀은 성충이 피해목에서 월동한다.

③ 소나무순나방은 노숙유충으로 나뭇잎 사이에서 월동한다.

④ 향나무하늘소는 성충이 피해목에서 월동한다.

16 밤바구미 방제 방법으로 옳지 않은 것은?

① 유아등을 이용하여 성충을 유인한다.

② 훈증 시에는 메탐소듐 액제를 25℃에서 12시간 처리한다.

③ 알과 유충이 열매 속에 서식하므로 천적을 이용한 방제는 어렵다.

④ 성충기인 8월 하순부터 클로티아니딘 액상수화제를 수관에 살포한다.

해설 • 종실의 훈증에는 이황화탄소(이류화탄소)로 12시간 훈증한다.

• 메탐소디움(메탐소듐)은 소나무 재선충병의 이 명목을 훈증할 때 사용된다.

17 오리나무잎벌레 방제 방법으로 옳지 않은 것은?

① 알덩어리가 붙어 있는 잎을 소각한다.

② 5~6월에 모여 사는 유충을 포살한다.

③ 유충 발생기에 트리플루뮤론 수화제를 살포한다.

④ 수은등이나 유아등을 설치하여 성충을 유인한다.

해설 • 오리나무잎벌레는 빛에 유인되는 주광성이 없다.

• 오리나무잎벌레는 성충과 유충이 모두 잎을 가해한다.

• 오리나무잎벌레는 성충으로 8월경 땅속에 들어가 월동한다.

정답 12. ② 13. ② 14. ④ 15. ① 16. ② 17. ④

18 다음 설명에 해당하는 것은?

> 묘표장 및 조림지의 직사광선이 강한 남사면에 생육하고 있는 어린 묘목의 경우 여름철에 강한 태양광의 복사열로 지표면 온도가 급격히 상승하여 근원부 줄기 및 뿌리에 존재하는 형성층이 손상되어 말라 죽는 현상이다.

① 상주 　　　　② 한해
③ 열사 　　　　④ 볕데기

해설
- 상주는 묘포에 생기는 얼음기둥으로 추운 지방보다 따뜻한 지방에서 더 자주 발생한다.
- 한해는 건조 피해인 한해(旱害)와 추위로 인한 피해인 한해(寒害)가 있다.
- 볕데기는 강한 복사광선에 의해 줄기의 나무껍질이 건조하여 떨어져 나가는 현상이다.

19 산림해충에 대한 임업적 방제 방법으로 옳은 것은?

① 천적 이용
② 트랩 이용
③ 훈증제 사용
④ 내충성 수종 이용

해설
- 천적 이용 : 생물적 방제
- 트랩 이용 : 물리적 방제
- 훈증제 사용 : 화학적 방제

20 농약의 효력을 충분히 발휘하도록 첨가하는 물질은?

① 보조제 　　　② 훈증제
③ 유인제 　　　④ 기피제

해설 살균제, 살충제, 살서제, 제초제 등과 같이 농약 주제의 효력을 증진시키기 위하여 사용하는 약제를 보조제라고 한다.

---

21 다음은 기고식에 의한 종단측량 야장이다. 괄호 안에 들어갈 수치로 옳은 것은?

측점	후시	기계고	전시 T.P	전시 I.P	지반고	REMARKS
B.M					30.0	
No.8	2.30	32.30		3.2		B.M No.8의 H=30.0m
1				(ⓒ)	(ⓐ)	
2					29.8	
3			1.1		31.2	측점 6은 B.M No.8에 비하여 1.95m 높다.
4	4.25	35.45			33.15	
5					33.35	
6			3.5		31.95	
SUM	6.55		4.6			

① ㉠ 29.1, ㉡ 0.7　② ㉠ 29.1, ㉡ 2.5
③ ㉠ 35.5, ㉡ 0.7　④ ㉠ 35.5, ㉡ 2.5

해설 기준이 되는 기계고(I.H)=그 점의 지반고(G.H)+그 점의 후시(B.S)

각 점의 지반고(G.H)=기준으로 되는 기계고(I.H)-구하고자 하는 각 점의 전시(F.S)
㉠=32.3-3.2=29.1

전시=기계고-지반고
㉡=32.3-29.8=2.5

22 임도의 설계에서 종단면도를 작성할 때, 횡 · 종의 축척은 얼마로 해야 하는가?

① 횡 : 1/100, 종 : 1/1200
② 횡 : 1/200, 종 : 1/1000
③ 횡 : 1/1000, 종 : 1/200
④ 횡 : 1/1200, 종 : 1/100

해설
- 종단면도의 축척은 횡1:1000, 종1:200 축척으로 작성한다.
- 평면도는 1:1200, 횡단면도는 1:100으로 작성한다.

23 중심선측량과 영선측량에 대한 설명으로 옳지 않은 것은?

① 영선측량은 평탄지에서 주로 적용된다.
② 영선측량은 시공기면의 시공선을 따라 측량한다.
③ 중심선측량은 파상지형의 소능선과 소계곡을 관통하여 진행된다.
④ 균일한 사면의 경우에는 중심선과 영선은 일치되는 경우도 있지만, 대개 완전히 일치되지 않는다.

해설 영선측량은 주로 경사가 있는 산악지에서 이용되며 영선측량을 하게 되면 지형의 훼손은 줄일 수 있으나, 노선의 굴곡이 심해진다. 중심선측량은 평탄지와 완경사지에서 주로 이용된다.

24 임도의 횡단배수구 설치 장소로 적당하지 않은 곳은?

① 구조물 위치의 전·후
② 노면이 암석으로 되어 있는 곳
③ 물 흐름 방향의 종단기울기 변이점
④ 외쪽기울기로 인한 옆도랑 물이 역류하는 곳

해설 횡단배수구 설치 장소
• 물이 아래 방향으로 흘러내리는 종단기울기 변이점
• 구조물의 앞과 뒤
• 골짜기에서 물이 산 측으로 유입되기 쉬운 곳
• 흙이 부족하여 속도랑으로 부적합한 곳
• 체류수가 있는 곳
• 외쪽물매로 인해 옆도랑 물이 역류하는 곳

25 임도의 성토사면에 있어서 붕괴가 일어날 가능성이 적은 경우는?

① 함수량이 증가할 때
② 공극수압이 감소할 때
③ 동결 및 융해가 반복될 때
④ 토양의 접착력이 약해질 때

해설 공극수압이 감소하면 균열의 발생확률이 낮아져 붕괴의 가능성이 작아진다.

26 임도망 배치 시 산정림 개발에 가장 적합한 노선은?

① 비교 노선
② 순환식 노선
③ 대각선 방식 노선
④ 지그재그 방식 노선

해설 계곡임도 및 산정부 개발에는 순환식 노선이 적합하다. 이외 지그재그 방식은 급경사의 사면임도형, 대각선 방식은 완경사의 사면임도형이 적합하다.

27 쇄석의 틈 사이에 석분을 물로 침투시켜 롤러로 다져진 도로는?

① 수제 머캐덤도
② 역청 머캐덤도
③ 교통체 머캐덤도
④ 시멘트 머캐덤도

해설 쇄석도의 노면 처리 방법
• 역청 머캐덤도 : 쇄석을 타르나 아스팔트로 결합시켜 다진 도로
• 시멘트 머캐덤도 : 쇄석을 시멘트로 결합시켜 다진 도로
• 교통체 머캐덤도 : 쇄석을 교통과 강우로 다진 도로
• 수체 머캐덤도 : 쇄석의 틈 사이에 석분을 물로 침투시켜 롤러로 다진 도로

28 반출 목재의 길이가 12m이고 임도 유효폭이 3m일 때, 최소 곡선 반지름은?

① 6m ② 12m
③ 18m ④ 24m

해설 목재 길이에 따른 최소곡선반지름

$$R = \frac{l^2}{4B} = \frac{12^2}{4 \times 3} = \frac{144}{12} = 12$$

R : 곡선반지름(m), l : 통나무 길이(m), B : 노폭(m)

29 임도 설계 업무의 순서로 옳은 것은?

① 예비조사→답사→예측→실측→설계
도 작성

② 예비조사→답사→실측→예측→설계
도 작성

③ 답사→예비조사→실측→예측→설계
도 작성

④ 답사→예비조사→예측→실측→설계
도 작성

해설 예비조사→답사→예측, 실측→설계도 작성→공
사량 산출→설계서 작성

30 어떤 측점에서부터 차례로 측량하여 최후
에 다시 출발한 측점으로 되돌아오는 측량
방법으로 소규모의 단독적인 측량에 많이
이용되는 트래버스 방법은?

① 폐합 트래버스

② 결합 트래버스

③ 개방 트래버스

④ 다각형 트래버스

해설 측선이 한 기지점에서 시작, 다시 시작 측점으로
돌아와 종결되는 것을 폐합 트래버스라 한다

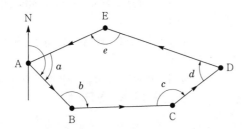

31 교각법을 이용하여 임도 곡선을 설치할
때, 교각이 90°, 곡선반경이 400m인 단곡
선에서의 접선길이는?

① 50m　　　　② 100m

③ 200m　　　　④ 400m

해설 접선길이=곡선반지름×[tan (교각/2)]

접선길이=400×[tan (45°)]

접선길이=400m

32 평판측량에 있어서 어느 다각형을 전진법
에 의하여 측량하였다. 이때 폐합오차가
20cm 발생하였다면 측점 C의 오차 배분
량은? (단, AB=50m, BC=40m, CD=5m,
DA=5m)

① 0.10m　　　　② 0.14m

③ 0.18m　　　　④ 0.20m

해설 오차 배분량

=(폐합오차/측선길이의 총합)×출발점에서 조정할
측점까지의 거리

=(0.2/(50+40+5+5))×90(A에서 C까지의 거리)

=0.002×90m=0.18m

33 배수관의 유속을 구하는 매닝(Manning)
공식에서 R이 나타내는 것은?

$$V = \frac{1}{n} R^{\frac{2}{3}} I^{\frac{1}{2}}$$

① 경심　　　　② 조도계수

③ 수면 기울기　　④ 배수관 반지름

해설 Manning 공식

V : 평균 유속,

R : 경심,

I : 수로 기울기,

n : 조도계수

34 배향곡선지에서 임도의 유효너비 기준은?

① 3m 이상　　　② 5m 이상

③ 6m 이상　　　④ 8m 이상

해설 길어깨, 옆도랑 너비를 제외한 임도의 유효너비는
3m로 하며, 배향곡선지의 경우 6m 이상을 기준
으로 한다

정답 29. ①　30. ①　31. ④　32. ③　33. ①　34. ③

35 임도의 유지 및 보수에 대한 설명으로 옳지 않은 것은?

① 노체의 지지력이 약화되었을 경우 기층 및 표층의 재료를 교체하지 않는다.

② 노면 고르기는 노면이 건조한 상태보다 어느 정도 습윤한 상태에서 실시한다.

③ 유토, 지조와 낙엽 등에 의하여 배수구의 유수단면적이 적어지므로 수시로 제거한다.

④ 결빙된 노면은 마찰저항이 증대되는 모래, 부순돌, 석탄재, 염화칼슘 등을 뿌린다.

해설 • 노체의 지지력은 배수가 되지 않을 경우 약해진다.

• 기층 및 표층의 재료를 교체하여 배수가 원활해지도록 해야 한다.

36 임도의 종단면도에 기입하지 않는 사항은?

① 성토고, 측점, 축척

② 설계자, 기계고, 후시

③ 도명, 누가거리, 거리

④ 절취고, 계획고, 지반고

해설 • 종단면도는 수평축척 1:1,200, 수직축척 1:200 또는 수평축척 1:600, 수직축척 1:100으로 작성한다.

• 종단면도 작성 사항으로 선측점, 구간거리, 누가거리, 지반 높이, 계획 높이, 절토 성토 높이, 기울기 등이 있다.

37 다음 중 정지 및 전압 전용 기계가 아닌 것은?

① 탬퍼(tamper)

② 트렌처(trencher)

③ 모터 그레이더(motor grader)

④ 진동 콤펙터(vibrating compactor)

해설 트렌처는 좁고 긴 측구 등과 같은 굴착작업용 장비이다.

38 임도에 교량을 설치할 때 적합하지 않은 지점은?

① 계류의 방향이 바뀌는 굴곡진 곳

② 지질이 견고하고 복잡하지 않은 곳

③ 하상의 변동이 적고 하천의 폭이 협소한 곳

④ 하천 수면보다 교량면을 상당히 높게 할 수 있는 곳

해설 교량은 하천이 가급적 직선인 곳에 설치하고, 굴곡부는 피한다.

39 모르타르뿜어붙이기공법에서 건조·수축으로 인한 균열을 방지하는 방법이 아닌 것은?

① 응결완화제를 사용한다.

② 뿜는 두께를 증가시킨다.

③ 물과 시멘트의 비를 적게 한다.

④ 사용하는 시멘트의 양을 적게 한다.

해설 응결완화제 사용 시 모르타르의 응결이 지연되어 강도가 저하되고 건조 및 수축의 균열의 정도가 증가할 수 있다. 건조 및 수축을 방지하기 위해서는 응결 촉진제를 사용해야 한다.

40 임도의 평면선형이 영향을 주는 요소로 가장 거리가 먼 것은?

① 주행속도

② 운재능력

③ 노면배수

④ 교통차량의 안전성

해설 • 평면선형은 평면적으로 본 도로 중심선의 형상으로 직선, 단곡선, 완화곡선 등으로 구성된다.

• 주행속도, 차량 안전, 운재 능력 등에 관련되며, 노면배수의 경우 종단선형에 연관된다.

정답 35. ① 36. ② 37. ② 38. ① 39. ① 40. ③

제5과목 사방공학

41 사방공사용 재래 초본류에 해당하는 것은?

① 억새   ② 오리새

③ 겨이삭   ④ 우산잔디

해설
- 사방공사용 재래 초본류에는 새, 솔새, 개솔새, 잔디, 참억새, 기름새, 비수리, 칡, 차풀, 매듭, 풀, 김의털 등이 있다.
- 도입 초본류로는 겨이삭, 호밀풀, 왕포아풀, 우산잔디, 오리새, 능수귀염풀, 오리새, 켄터기개미털, 이태리호밀풀 등이 있다.

42 격자틀 붙이기 공법에서 용수가 있는 격자틀 내부를 처리하는 방법으로 가장 적절한 것은?

① 흙 채움

② 작은 돌 채움

③ 떼붙이기 채움

④ 콘크리트 채움

해설
- 용수가 있는 격자틀 내부는 식생이 자라기 어려워 작은 돌 채움을 하여 배수가 잘되도록 한다.
- 흙을 채우면 침식되고, 떼붙이기를 하면 떼가 죽게 된다. 콘크리트로 채우면 배수가 되지 않아 다른 곳에서 물이 나오게 된다.

43 빗물에 의한 토양이 침식되는 과정의 순서로 옳은 것은?

① 면상→우적→구곡→누구

② 우적→면상→구곡→누구

③ 면상→우적→누구→구곡

④ 우적→면상→누구→구곡

해설
- 우격침식 : 빗방울이 토양입자를 타격, 가장 초기과정
- 면상침식 : 표면 전면이 엷게 유실
- 누구침식 : 표면에 잔도랑이 발생
- 구곡침식 : 도랑이 커지면서 심토까지 깎인다.

44 비탈면 붕괴를 방지하기 위한 돌망태쌓기 공법에 대한 설명으로 옳지 않은 것은?

① 보강성 및 유연성이 좋다.

② 투수성 및 방음성이 불량하다.

③ 일체성과 연속성을 지닌 구조물이다.

④ 주로 철선으로 짠 망태에 호박돌 또는 잡석을 채워 사용한다.

해설
- 돌망태 쌓기는 돌 사이로 배수가 잘되고, 투수성이 좋다.
- 방음성은 돌망태쌓기 공법과 무관하다.

45 다음 설명에 해당하는 것은?

- 비탈면의 물리적 안정을 기대하기 곤란한 곳에 직접 거푸집을 설치하고 콘크리트치기를 하여 뼈대를 만든다.
- 뼈대 내부에 작은 돌이나 흙을 충전하여 녹화한다.

① 비탈힘줄박기

② 격자틀 붙이기

③ 콘크리트 블록 쌓기

④ 콘크리트 뿜어 붙이기

해설 비탈힘줄박기 공법은 사면이 붕괴를 일으킬 위험이 있을 경우, 식생 공법 외에 실시하는 비탈면 보호 공법의 일종이다. 비탈면의 물리적 안정을 목적으로 직접 거푸집을 설치하여 콘크리트 치기를 하고 이후 뼈대인 힘줄을 만들어 돌이나 흙으로 채우는 방식이다.

46 콘크리트 측구에 흐르는 유적이 0.35m^2이고, 평균 유속이 4m/s일 때 유량은?

① $0.14\text{m}^3/s$ ② $1.14\text{m}^3/s$

③ $1.40\text{m}^3/s$ ④ $11.43\text{m}^3/s$

해설 유량(Q)=유속(V)×유적(A)=4×0.35=1.40㎥/s

정답 41. ①   42. ②   43. ④   44. ②   45. ①   46. ③

47 산비탈 흙막이 공법에 대한 설명으로 옳지 않은 것은?

① 표면 유하수를 분산시키기 위한 공작물이다.

② 산지사방의 부토 고정을 위해 설치하는 종공작물이다.

③ 비탈면 기울기를 완화하여 비탈면의 안정성을 유지시킨다.

④ 사용하는 재료로는 콘크리트, 돌, 통나무, 콘크리트 블록 등이 있다.

해설 • 비탈 다듬기와 단 끊기 등으로 생산되는 뜬흙(浮土)을 계곡부에 투입하여야 하는 곳은 땅속 흙막이를 설치하여야 한다.

• 산지사방의 부토 고정을 위해 설치하는 횡공작물이다.

• 안정된 기반 위에 설치하되 산비탈을 향하여 직각으로 설치되도록 한다

48 산지 붕괴현상에 대한 설명으로 옳지 않은 것은?

① 토양 속의 간극수압이 낮을수록 많이 발생한다.

② 풍화토층과 하부 기반의 경계가 명확할수록 많이 발생한다.

③ 화강암 계통에서 풍화된 사질토와 역질토에서 많이 발생한다.

④ 풍화토층에 점토가 결핍되면 응집력이 약화되어 많이 발생한다.

해설 강우 등으로 토층과 하부의 경암 사이에 간극수압이 발생하면 응력이 약화되어 비탈면 붕괴가 발생하기 쉽다. 간극수압이 높을수록 많이 발생한다.

49 산사태의 발생 원인에서 지질적 요인이 아닌 것은?

① 절리의 존재

② 단층대의 존재

③ 붕적토의 분포

④ 지표수의 집중

해설 • 산사태의 발생에는 지형, 지질, 임상 등의 내적 요인(잠재적 요인)이 있다.

• 집중호우, 인위적 원인 등의 외적 요인(직접적 요인)이 복합적으로 관련되어 있다.

• 지표수의 집중은 집중호우에 의한 외적 요인이다.

50 중력식 사방댐의 제체의 자중(G) 및 모든 외력 P의 합력(R)의 작용선은 제체의 하류 끝에서 중앙까지를 지난다고 볼 때, 전도에 대해서 안전하려면 어느 위치를 지나야 하는가?

① 제저 중앙의 1/5 이내

② 제저 중앙의 1/4 이내

③ 제저 중앙의 1/3 이내

④ 제저 중앙의 1/2 이내

해설 중력식 사방댐의 안정조건

• 전도에 대한 안정조건 : 합력 작용선이 댐 밑의 중앙 1/3보다 하류 측을 통과하면 상류에 장력이 생기므로 합력 작용선이 댐 밑의 1/3 이내를 통과해야 한다.

• 활동에 대한 안정조건 : 활동에 대한 저항력의 총합이 수평 외력보다 커야 한다.

• 제체 파괴에 대한 안정조건 : 댐 몸체의 각 부분을 구성하는 재료의 허용응력도를 초과하지 않아야 한다.

• 기초지반의 지지력에 대한 안정조건 : 사방댐 밑에 발생하는 최대응력이 기초지반의 허용지지력을 초과하지 않아야 한다.

정답 47. ② 48. ① 49. ④ 50. ③

51 계류의 바닥 폭이 3.8m, 양안의 경사각이 모두 45°이고, 높이가 1.2m일 때의 계류 횡단면적(㎡)은?

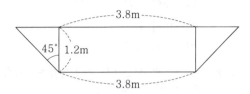

① 6.0   ② 6.8
③ 7.4   ④ 8.0

해설 양안의 경사각 45°로 경사각 한 변의 길이는 1.2m 이다.
전체 횡단면적은 1.2×1.2+1.2×3.8=6.0㎡

52 돌을 쌓아 올릴 때 뒤채움에 콘크리트를 사용하고 줄눈에 모르타르를 사용하는 돌 쌓기는?

① 메쌓기   ② 막쌓기
③ 찰쌓기   ④ 잡석쌓기

해설 찰쌓기는 돌쌓기 또는 벽돌을 쌓을 때 뒤채움에 콘 크리트를 사용하고, 줄눈에 모르타르를 사용하는 공법이다.

53 선떼붙이기에서 발디딤을 설치하는 주요 목적으로 옳지 않은 것은?

① 작업용 흙을 쌓아 둠
② 공작물의 파괴를 방지함
③ 바닥떼의 활착을 조장함
④ 밟고 서서 작업하도록 함

해설 발디딤은 선떼붙이기 공작물의 바닥떼 앞면 부분 에 설치하는 너비 10~20cm 정도의 수평면으로 작업의 편의를 도모하고, 바닥떼의 활착을 용이하 게 하기 위한 것이다.

54 사방댐과 골막이에 모두 축설하는 것은?

① 앞댐   ② 방수로
③ 반수면   ④ 대수면

해설 사방댐은 대수면과 반수면을 모두 축조하고 골막 이는 반수면만 축조한다.

55 훼손지 및 비탈면의 녹화공법에 사용되는 수종으로 적합하지 않은 것은?

① 은행나무
② 오리나무
③ 싸리나무
④ 아까시나무

해설
• 사방수종은 적응력이 강하고 성장이 빠른 수종 이 적합하다.
• 우리나라 3대 사방수종인 리기다소나무, 물(산) 오리나무, 아까시나무 이외에 참나무류, 싸리류 (싸리(Lespedeza bicolor), 참싸리, 조록싸리, 족 제비싸리), 눈향나무, 사방오리나무 등이 있다.
• 은행나무는 토심이 좋고, 양분이 많은 곳에서 잘 자란다. 척박지에서는 잘 자라지 않아 사방수종 으로는 적합하지 않다.

56 땅밀림과 비교한 산사태에 대한 설명으로 옳지 않은 것은?

① 점성토를 미끄럼면으로 하여 속도가 느리게 이동한다.
② 주로 호우에 의하여 산정에서 가까운 산복부에서 많이 발생한다.
③ 흙덩어리가 일시에 계곡, 계류를 향하 여 연속적으로 길게 붕괴하는 것이다.
④ 비교적 산지 경사가 급하고 토층 바닥 에 암반이 깔린 곳에서 많이 발생한다.

해설 점성토를 미끄럼면으로 활동하는 것은 땅밀림이 고, 산사태는 사질토, 급경사지, 돌발성, 속도가 매 우 빠르게 발생한다.

정답 51. ①   52. ③   53. ①   54. ③   55. ①   56. ①

57 사다리꼴 횡단면의 계간수로에서 가장 적합한 단면 산정식은? (단, 수로의 밑너비 B, 깊이 t, 측사각 ø)

① $B = t \tan \dfrac{\varnothing}{2}$

② $B = 2t \tan \dfrac{\varnothing}{2}$

③ $B = t \tan \varnothing$

④ $B = 2t \tan \varnothing$

> **해설** 수로의 단면은 사다리꼴 형태가 가장 효과적이므로 사다리꼴 단면적을 구한다.

58 2매의 선떼와 1매의 갓떼 또는 바닥떼를 사용하는 선떼붙이기는?

① 2급

② 4급

③ 6급

④ 8급

> **해설** 선떼 2매와 갓떼 1매를 사용하는 것은 6급 선떼붙이기이다.

59 경사가 완만하고 상수가 없으며 유량이 적고 토사의 유송이 없는 곳에 가장 적합한 산복수로는?

① 떼붙임 수로

② 메쌓기 돌수로

③ 찰쌓기 돌수로

④ 콘크리트 수로

> **해설**
> • 콘크리트 수로 : 유량이 많고 상수가 있는 곳
> • 메쌓기 수로 : 지반이 견고하고 집수량이 적은곳, 상수가 없고 경사가 급한 곳
> • 찰쌓기 수로 : 유량이 많은 간선 수로

60 파종녹화공법에서 파종량(W)을 구하는 식으로 옳은 것은? (단, S : 평균입수, P : 순량율, B : 발아율, C : 발생기대본수)

① $W = C \times S \times P \times B$

② $W = \dfrac{C}{S \times P \times B}$

③ $W = \dfrac{C}{S \times P} \times B$

④ $W = \dfrac{C}{S \times B} \times P$

> **해설** 파종량(g/m²)=발생기대본수/(평균입수×순량률×발아율)

제2과목 산림보호학

01 밤나무 줄기마름병 방제법으로 옳지 않은 것은?

① 질소비료를 적게 준다.

② 내병성 품종을 재배한다.

③ 상처 부위에 도포제를 바른다.

④ 중간기주인 현호색을 제거한다.

해설 현호색은 포플러 잎녹병의 중간기주다. 밤나무 줄기마름병은 중간기주가 없다.

02 산불 예방 및 산불 피해 최소화를 위한 방법으로 효과적이지 않은 것은?

① 방화선 설치

② 일제 동령림 조성

③ 가연성 물질 사전 제거

④ 간벌 및 가지치기 실시

해설 동령림, 단순림, 침엽수림이 화재에 취약하다.

03 다음 중 종실을 가해하는 해충이 아닌 것은?

① 밤바구미

② 버들바구미

③ 솔알락명나방

④ 복숭아명나방

해설 버들바구미는 줄기를 가해한다.

04 바다 바람에 대한 저항력이 큰 수종으로만 올바르게 짝지어진 것은?

① 화백, 편백

② 소나무, 삼나무

③ 벚나무, 전나무

④ 향나무, 후박나무

해설 수목의 내염성

- 강한 나무 : 해송, 향나무, 사철나무, 자귀나무, 팽나무, 돈나무, 후박나무 등
- 약한 나무 : 소나무, 삼나무, 전나무, 사과나무, 벚나무, 편백, 화백 등

05 천공성 해충이 아닌 것은?

① 박쥐나방

② 밤바구미

③ 버들바구미

④ 알락하늘소

해설
- 밤바구미는 종실 가해 해충이며, 식흔이 없어 발견이 어렵고, 이황화탄소로 침지한다.
- 천공성 해충에는 소나무순나방, 소나무좀, 바구미류, 박쥐나방, 하늘소 등이 있다.

06 볕데기 피해를 입기 쉬운 수종으로 가장 거리가 먼 것은?

① 굴참나무

② 소태나무

③ 버즘나무

④ 오동나무

해설 볕데기는 수피가 얇은 수종에 잘 발생한다. 굴참나무는 코르크층이 발달한 두꺼운 수피를 가지고 있다.

정답 01. ④ 02. ② 03. ② 04. ④ 05. ② 06. ①

07 수목 병 발생과 환경조건과의 관계에서 수목이 가장 심한 피해를 입을 수 있는 경우는?

① 환경조건이 병원체나 기주에 모두 적합한 경우

② 환경조건이 병원체나 기주에 모두 부적합한 경우

③ 환경조건이 병원체에 적합하고 기주에 부적합한 경우

④ 환경조건이 병원체에 부적합하고 기주에 적합한 경우

해설 • 환경조건(유인)이 기주(소인)에 부적합한 경우, 기주의 저항성이 낮아지므로 병에 의한 피해가 커진다.

• 환경조건(유인)이 병원체(주인)에 적합할수록 병원체의 활동이 쉬워져 병의 피해가 커진다.

• 유인의 길이가 주인과 소인의 길이를 모두 길게 하므로 수목에 가장 심한 피해를 입힌다.

08 다음의 곤충류 중 가장 많은 종수를 가진 것은?

① 나비목　　　　② 노린재목

③ 딱정벌레목　　④ 총채벌레목

해설 • 알려진 곤충 종 중에서 딱정벌레목이 약 36만 종으로 약 40%를 차지하며 가장 많다.

• 나비목, 파리목, 벌목, 노린재목이 각각 10만 종이 넘는다.

09 겨우살이에 대한 설명으로 옳지 않은 것은?

① 주로 종자를 먹은 새의 배설물에 의해 전파된다.

② 겨울철에도 잎이 떨어지지 않으므로 쉽게 발견할 수 있다.

③ 주로 참나무류에 피해가 심하고 그 밖의 활엽수에도 기생한다.

④ 겨우살이의 뿌리로 인해 수목의 뿌리가 양분을 제대로 흡수하지 못하는 피해를 입는다.

해설 겨우살이는 주로 줄기에 기생하므로 기주인 수목의 뿌리가 양분을 흡수하는 것과 무관하다.

10 세균이 식물에 침입할 수 있는 자연 개구부에 해당하지 않는 것은?

① 각피　　　　② 기공

③ 피목　　　　④ 밀선

해설 진균의 균사는 각피를 통해 침입할 수 있지만, 단세포인 세균은 각피로 침입할 수 없다.

11 녹병균이 형성하는 포자는?

① 난포자　　　　② 유주자

③ 겨울포자　　　④ 자낭포자

해설 녹병균은 담자균류에 속하며 녹병정자, 녹포자, 겨울포자, 여름포자, 담자포자를 만든다.

12 수목 병의 전염원에 해당하지 않는 것은?

① 선충의 알　　　② 곰팡이의 균핵

③ 곰팡이의 부착기　④ 기생식물의 종자

해설 • 균류, 즉 곰팡이의 부착기는 기주와 기생체의 기생 관계를 성립시키는 감염을 일으키는 원인이지만, 전염원이 되지는 않는다.

• 부착기와 침입관은 포자가 균사로 변하면서 식물의 세포에 침입하기 위해 만드는 기관이다.

정답　07. ③　08. ③　09. ④　10. ①　11. ③　12. ③

13 산림곤충 표본조사법 중 곤충의 음성 주지성을 이용한 방법은?

① 미끼트랩 ② 수반트랩
③ 페로몬트랩 ④ 말레이즈트랩

해설 • 핏폴트랩 : 땅에 기어다니는 곤충을 유인하여 채집하는 트랩으로 땅에 컵을 묻는다.
• 미끼트랩 : 포충기 안에 먹이를 설치한 트랩이다.
• 수반트랩 : 해충을 유인하여 물에 빠져 죽게 만든 포획장치로, 성유인물질을 이용하기도 한다.
• 페로몬트랩 : 성 유인물질로 해충을 유인하여 포획하는 장치로 수반형과 끈끈이형이 있다.

14 대기 오염물질 중 활엽수 잎 뒷면에 은회색의 광택이 나면서 나중에 청동색으로 변하게 하는 것은?

① NOx ② O_3
③ PAN ④ SO_2

해설 청동색, 은회색 등 금속성 광택이 활엽수의 잎 뒷면에 나타나는 것은 PAN의 피해현상이다.

15 아밀라리아 뿌리썩음병에 대한 설명으로 옳은 것은?

① 주로 천공성 곤충으로 전반된다.
② 침엽수와 활엽수에 모두 발생한다.
③ 표징으로 갈색의 파상땅해파리버섯이 있다.
④ 병원균은 균핵으로 월동하여 이듬해에 1차 전염원이 된다.

해설 ① 아밀라리아 뿌리썩음병은 땅속의 균사와 포자를 통해 전반된다.
③ 갈색의 파상땅해파리버섯은 리지나뿌리썩음병의 표징이다.
④ 벚나무 균핵병이나 감귤 균핵병의 경우 병원균이 균핵으로 월동하지만, 균핵이 1차 전염원이 되는 것은 아니다. 월동한 균핵에서 자낭반이 형성되고, 자낭반에서 형성된 자낭포자가 공기 중으로 비산하여 1차 전염원이 된다.

16 오리나무 갈색무늬병을 방제하는 방법으로 옳지 않은 것은?

① 연작을 실시한다.
② 종자를 소독한다.
③ 병든 낙엽을 태운다.
④ 밀식 시에는 솎아주기를 한다.

해설 • 연작은 같은 작물을 동일한 농지에 연속적으로 재배하는 것이다.
• 묘포에서 연작하지 않으면 건강한 묘목을 얻을 수 있다.

17 우리나라 소나무 재선충병에 대한 설명으로 옳은 것만을 모두 고르면?

> ㄱ. 리기다소나무는 소나무 재선충병에 저항성 수종으로 알려져 있다.
> ㄴ. 매개충은 수목의 가해유형 중 흡즙성 해충에 속한다.
> ㄷ. 매개충은 수세가 약하거나 최근에 고사한 소나무에 산란한다.
> ㄹ. 소나무재선충의 2기(2령) 유충이 매개충을 통해 소나무에 침입한다.

① ㄱ, ㄴ ② ㄱ, ㄷ
③ ㄴ, ㄹ ④ ㄷ, ㄹ

해설 ㄴ. 매개충인 솔수염하늘소와 북방수염하늘소는 천공성 해충이다.
ㄹ. 소나무재선충의 3기(3령) 유충이 매개충을 통해 소나무에 침입한다.

18 주로 단위생식으로 번식하는 해충은?

① 솔나방

② 밤나무혹벌

③ 솔잎혹파리

④ 북방수염하늘소

해설 • 혹벌, 좀벌류는 대부분 단위생식을 한다.

• 암컷이 성적인 결합 없이 새끼를 낳는 것을 처녀생식(parthenogenetic)이라고 한다.

• 단위생식 : 한자어에서 유래된 표현으로 '하나의 세포로 생식한다'는 뜻이다.

• 처녀생식 : 직역하면 '암컷(처녀)이 수컷 없이 번식한다'는 뜻이다.

19 소나무 재선충병의 매개충 방제를 위한 나무주사에 대한 설명으로 옳지 않은 것은?

① 나무주사 시기는 5~7월이다.

② 약효 지속 기간은 약 5개월이다.

③ 약제는 티아메톡삼 분산성 액제를 사용한다.

④ 약제 주입량 기준은 흉고직경(cm)당 0.5㎖이다.

해설 매개충 나무주사는 3월 초순에서 5월 초순 사이에 실시한다.

20 느티나무벼룩바구미에 가장 효과가 있는 나무주사 약제는?

① 페니트로티온 유제

② 에토펜프록스 유제

③ 테부코나졸 유탁제

④ 이미다클로프리드 분산성 액제

해설 • 페니트로티온 유제와 에토펜프록스 유제는 수간 살포용 살충제이다.

• 테부코나졸 유탁제는 살균제로 균핵병과 탄저병 등에 유효한 약제다.

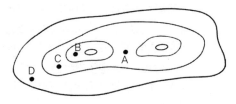

제4과목 **임도공학**

21 다음 그림과 같은 지형의 남쪽에서 북쪽을 향하여 임도를 설치하려 할 때 임도의 효율을 가장 높일 수 있는 통과 지점으로 적합한 곳은?

① A
② B
③ C
④ D

해설 노선이 A 지점을 통과하여 봉우리 사이의 안장처럼 생긴 부분을 지나게 되면 집재거리가 가장 짧아진다.

22 임도의 노체와 노면의 구조에 관한 설명으로 옳은 것은?

① 쇄석을 노면으로 사용한 것은 사리도이다.

② 노체는 노상, 노반, 기층, 표층 순서대로 시공한다.

③ 토사도는 교통량이 많은 곳에 적용하는 것이 가장 경제적이다.

④ 노상은 임도의 최하층에 위치하여 다른 층에 비해 내구성이 큰 재료를 필요로 한다.

해설 ① 쇄석을 노면으로 사용하는 것은 쇄석도이다.

③ 토사도는 교통량이 적은 곳에 적용하는 것이 경제적이다.

④ 노상은 임도의 최하층으로 직접적인 충격을 받지 않아 내구성이 크거나 양질의 재료를 사용할 필요가 없다.

정답 18. ② 19. ① 20. ④ 21. ① 22. ②

23 지선임도의 설계속도 기준은?

① 30~10km/시간

② 30~20km/시간

③ 40~20km/시간

④ 40~30km/시간

해설 임도의 종류별 설계속도

간선임도 : 40~20km/시간, 지선임도 : 30~20km/시간, 작업임도 20km/시간

24 벌목 제근 작업에 가장 적합한 기계는?

① cable crane

② rake dozer

③ tractor shovel

④ ripper bulldozer

해설 제근 작업은 잡초 및 뿌리를 제거하는 작업으로 레이크(rake, 갈퀴) 도저는 습지 등의 장소에서 제근에 적합하다.

25 토사 지역에 절토 경사면을 설치하려 할 때, 기울기의 기준은?

① 1:0.3~0.8

② 1:0.5~1.2

③ 1:0.8~1.5

④ 1:1.2~1.5

해설 절토 경사면의 기울기

구분	기울기
암석지	
- 경암	1:0.3~0.8
- 연암	1:0.5~1.2
토사 지역	1:0.8~1.5

26 임도의 횡단면도를 설계할 때 사용하는 축적으로 옳은 것은?

① 1/100 ② 1/200

③ 1/1000 ④ 1/1200

해설 • 종단면도의 축척은 횡 1:1000, 종 1:200 축척으로 작성한다.

• 평면도는 1:1200, 횡단면도는 1:100으로 작성한다.

27 적정 임도밀도에 대한 설명으로 옳지 않은 것은?

① 임도밀도가 증가하면 조재비, 집재비는 낮아진다.

② 임도 간격이 크면 단위면적당 임도 개설 비용은 감소한다.

③ 집재비와 임도 개설비의 합계 비용을 최대화하여 산정한다.

④ 집재비와 임도 개설비의 합계는 임도 간격이 좁거나 넓어도 모두 증가한다.

해설 임도의 길이가 늘어나면 집재비, 조재비, 관리비는 낮아지고, 임도 개설비, 임도 유지관리비, 운재비는 증가한다. Matthews는 임도 연장의 증감에 따라서 변화되는 주벌의 집재비용과 임도 개설비의 합계를 가장 최소화하는 최적임도밀도(optimum forest road density)와 적정임도 간격(optimum forest road spacing)을 제시하였다.

28 롤러의 표면에 돌기를 만들어 부착한 것으로 점질토의 다짐에 적당하고 제방, 도로, 비행장, 댐 등 대규모의 두꺼운 성토의 다짐에 주로 사용되는 것은?

① 진동 롤러

② 탬핑 롤러

③ 타이어 롤러

④ 머캐덤 롤러

해설 탬핑롤러는 롤러의 표면에 돌기를 부착한 것으로 도로, 댐 등 대규모의 두꺼운 성토를 다지는 데 유용하다. 진동 롤러 및 타이어 롤러 등은 노상, 노반의 흙다지기에 적당하다.

29 임의의 등고선과 교차하는 두 점을 지나는 임도의 노선 기울기가 10%이고, 등고선 간격이 5m일 때, 두 점 간의 수평거리는?

① 5m
② 10m
③ 50m
④ 100m

> **해설**

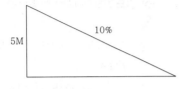

$$기울기 = \frac{거리}{등고선\ 높이}$$

$$10 = \frac{5}{x} \times 100 \qquad x = 50(m)$$

30 임도 노면의 시공에 대한 사항으로 다음 ( ) 안에 공통으로 해당하는 것은?

> 노면의 종단기울기가 ( )%를 초과하는 사질토양 또는 점토질 토양인 구간과 종단기울기가 ( )% 이하인 구간으로써 지반이 약하고 습한 구간에는 자갈을 부설하거나 콘크리트 등으로 포장한다.

① 8
② 13
③ 15
④ 18

> **해설** 산림법시행규칙에서 임도시설 기준 노면의 종단기울기가 8% 초과 시 사질토양 또는 점토질 토양인 구간과 종단기울기가 8% 이하인 구간으로 지반이 약하고 습한 구간에는 자갈을 부설하거나 콘크리트 등으로 포장한다.

31 흙의 입도 분포의 좋고 나쁨을 나타내는 균등계수의 산출식으로 옳은 것은? (단, 통과중량백분율 x에 대응하는 입경은 Dx)

① D10÷D60
② D20÷D60
③ D60÷D20
④ D60÷D10

> **해설** 균등계수는 흙을 체로 분류하여 60% 통과율을 나타내는 모래 입자의 크기 비율로 나타낸다.
>
> $$균등계수 = \frac{통과중량백분율\,60\%\,대응입경}{통과중량백분율\,10\%\,대응입경}$$
> $$= \frac{D_{60}}{D_{10}}$$

32 임목 수확 작업에서 일반적으로 노동재해의 발생빈도가 가장 높은 신체 부위는?

① 손
② 머리
③ 몸통
④ 다리

> **해설**
> • 노동재해로 인한 발생빈도가 가장 높은 신체 부위는 손이며, 약 36% 정도이다.
> • 도수율={재해 건수}/{연간근로총시간}×1000000
> • 강도율={연근로손실일수}/{연근로총시간수}×1000

33 가장 일반적으로 이용되는 다각측량의 각 관측 방법으로 임도곡선 설정 시 현지에서 측점을 설치하는 곡선 설정 방법은?

① 교각법
② 편각법
③ 진출법
④ 방위각법

> **해설** 교각법은 전측선과 다음 측선이 이루는 각을 시계, 또는 반시계 방향으로 측정하는 방법으로, 교각을 쉽게 구할 수 있는 경우 사용되는 가장 기본적인 방법이다.

34 임도 설계 시 일반적인 곡선 설정법이 아닌 것은?

① 교각법
② 교회법
③ 편각법
④ 진출법

> **해설**
> • 임도 설계 시 일반적인 곡선 설정으로 교각법, 편각법, 진출법을 이용한다.
> • 평판측량에는 전진법, 방사법, 교회법이 있다. 교회법은 평판측량의 한 방법이다.

정답 29. ③ 30. ① 31. ④ 32. ① 33. ① 34. ②

35 가선집재와 비교하여 트랙터를 이용한 집 재작업의 특징으로 거리가 먼 것은?

① 기동성이 높다.
② 작업이 단순하다.
③ 임지 훼손이 적다.
④ 경사도가 높은 곳에서 작업이 불가능하다.

해설 • 트랙터집재는 완경사지에 적용하며, 재해 발생과 잔존목의 피해가 적은 곳에 적합하다. 트랙터가 지면 위를 지나가게 되면 잔존임분에 대한 피해가 많다.
• 가선집재는 중·급경사지에 적용하며 임목밀도가 낮은 곳에 적합하다.

36 임도망 계획 시 고려할 사항이 아닌 것은?

① 운반비가 적게 들도록 한다.
② 목재의 손실이 적도록 한다.
③ 신속한 운반이 되도록 한다.
④ 운재 방법이 다양화되도록 한다.

해설 운재 방법은 단일화할수록 효율적이다.

37 컴퍼스측량에서 전시로 시준한 방위가 N37°E일 때, 후시로 시준한 역방위는?

① S37°W
② S37°E
③ N53°S
④ N53°W

해설 NS 방향을 0° 기준으로 시작하며, 시준한 방위가 N37° E의 역방위는 반대 방향으로 S37°W가 된다.

38 등고선에 대한 설명으로 옳지 않은 것은?

① 절벽 또는 굴인 경우 등고선이 교차한다.
② 최대경사의 방향은 등고선에 평행한 방향이다.
③ 지표면의 경사가 일정하면 등고선 간격은 같고 평행하다.
④ 일반적으로 등고선은 도중에 소실되지 않으며 폐합된다.

해설 최대경사의 방향은 등고선에 직각인 방향이다.

39 식생이 사면 안정에 미치는 효과가 아닌 것은?

① 표토층 침식 방지
② 심층부 붕괴 방지
③ 강우 및 바람에 의한 토양 유실 방지
④ 급경사지에서 수목 자체 무게로 인한 토양 안정

해설 • 수목 자체의 무게로 인해 경사지에서는 나무의 뿌리에 지렛대처럼 작용해 비탈면을 불안정하게 만든다.
• 급경사지에는 키가 작고 뿌리의 긴박력이 좋고, 가벼운 관목류를 식재하여 사면이 안정되도록 한다.

40 임도교량에 미치는 활하중에 속하는 것은?

① 주보의 무게
② 교상의 시설물
③ 바닥틀의 무게
④ 동행하는 트럭의 무게

해설 • 활하중 : 움직임을 가지는 것으로 보행자 및 차량에 의한 하중이다.
• 사하중 : 교량의 주보, 바닥틀 교량 시설물 등의 무게와 같은 고정하중이다.

41 유량이 40㎥/s이고 평균유속이 5m/s일 때, 수로의 횡단면적(㎡)은?

① 0.5 ② 8
③ 45 ④ 200

[해설] 유량 = 유속 × 단면적

$Q = V \times A$

$40 = 5 \times A$, $\therefore A = \dfrac{40}{5} = 8$

42 수제에 대한 설명으로 옳지 않은 것은?

① 하향수제는 두부의 세굴작용이 가장 약하다.
② 상향수제는 길이가 가장 짧고 공사비가 저렴하다.
③ 유수의 월류 여부에 따라 월류수제와 불월류수제로 나눈다.
④ 계류의 유심 방향을 변경하여 계안 침식을 방지하기 위해 계획한다.

[해설] • 하천에 유심의 방향을 변경시켜 계안으로부터 멀리 보내 유로 및 계안 침식을 방지, 기슭막이 공작물의 세굴을 방지하기 위해 사용된다.
• 길이가 가장 짧고 공사비가 저렴한 것은 직각수제에 대한 설명이다.

43 토사퇴적 구역에 대한 설명 중 옳지 않은 것은?

① 유수의 유송력이 대부분 상실되는 지점이다.
② 침적지대 또는 사력퇴적지역 등으로 불린다.
③ 황폐계류의 최하부로서 계상기울기가 급하고 계폭이 좁다.
④ 유송토사의 대부분이 퇴적되어 계상이 높아지게 된다.

[해설] • 황폐계류의 최하부는 토사가 퇴적되기에 기울기는 완만하고 계폭이 넓은 것이 특징이다.
• 토사퇴적 구역은 감세공법 · 모래막이 수로내기 등의 사방시설을 집약적으로 시공한다.

44 시멘트 콘크리트의 응결경화 촉진제로 많이 사용하는 혼화제는?

① 석회 ② 규조토
③ 규산백토 ④ 염화칼슘

[해설] 응결경화 촉진제는 수화반응을 통해 조기에 강도를 상승시키는 작용을 하며, 염화칼슘, 염화알루미늄 등이 있다.

45 사방댐에 설치하는 물받침에 대한 설명으로 옳지 않은 것은?

① 앞댐, 막돌놓기 등의 공사를 함께 한다.
② 사방댐 본체나 측벽과 분리되도록 설치한다.
③ 방수로를 월류하여 낙하하는 유수에 의해 대수면 하단이 세굴되는 것을 방지한다.
④ 토석류의 충돌로 인해 발생하는 충격이 사방댐 본체와 측벽에 바로 전달되지 않도록 한다.

[해설] 방수로를 월류하여 낙하하는 유수에 의해 반수면 하단이 세굴되는 것을 방지한다.

46 다음 시우량법 공식에서 K가 의미하는 것은?

$$Q = K \times \dfrac{A \times \dfrac{m}{1000}}{60 \times 60}$$

① 유역면적 ② 총강우량
③ 총유출량 ④ 유거계수

[정답] 41. ② 42. ② 43. ③ 44. ④ 45. ③ 46. ④

해설

$$Q = K \frac{a \times \dfrac{m}{1000}}{60 \times 60}$$

a : 유역면적(m^2), $1ha = 10,000m^2$

m : 최대시우량(mm/hr)

K : 유거계수

47 유기물이 많은 겉흙을 넓게 제거하여 토양 비옥도와 생산성을 저하하는 침식 형태는?

① 면상침식   ② 우격침식

③ 구곡침식   ④ 누구침식

해설 빗방울의 튀김이나 표면의 유거수로 인해 표면의 겉흙이 넓게 유실되는 것을 면상침식이라 한다.

48 유역 평균강수량을 산정하는 방법이 아닌 것은?

① 물수지법

② 등우선법

③ 산술평균법

④ Thiessen법

해설 유역 평균 강우량 산출법에는 산술평균법, Thiessen법, 등우선법이 있다.

49 다음 그림은 인공개수로의 단면도이다. P에 해당하는 용어는?

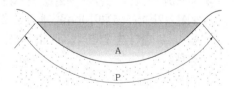

① 윤변   ② 경심

③ 유적   ④ 동수반지름

해설 물과 접촉하는 수로 주변의 길이는 윤변이라 한다.

$$경심 = \frac{유적}{윤변} = \frac{A}{P}$$

50 경암지역 땅깍기 비탈면 안정을 위한 공법으로 가장 적합한 것은?

① 떼붙이기

② 새집붙이기

③ 격자틀 붙이기

④ 종비토 뿜어 붙이기

해설 새집붙이기 공법은 암반사면에 적용하는 녹화 기초공법으로, 잡석을 새집처럼 쌓고 내부에 흙을 채우는 방법이다.

51 산지사방 중 씨뿌리기에 사용되는 식생에 대한 설명으로 옳지 않은 것은?

① 초본류는 생장이 빠르고 엽량이 많은 것이 좋다.

② 초본류는 일년생으로 번식력이 왕성한 것이 좋다.

③ 목본류는 근계가 잘 발달하고 토양의 긴박효과가 있어야 한다.

④ 목본류는 척악지나 환경조건에 대한 적응성이나 저항성이 커야 한다.

해설
• 산지사방 중 씨뿌리기에 사용되는 초본류는 다년생이 좋다.

• 사방현장 주변에 자생하는 풀로 새, 솔새, 개솔새, 참억새, 까치수영, 비수리, 쑥, 수크령, 차풀, 매듭풀, 잔디 등이 있다.

52 토사유과구역에 대한 설명으로 옳지 않는 것은?

① 상류에서 생산된 토사가 통과한다.

② 토사유하구역 또는 중립지대라고도 한다.

③ 붕괴 및 침식작용이 가장 활발히 진행되는 구역이다.

④ 계상의 형태는 협착부에서 모래와 자갈을 하류로 운반하는 수로에 해당한다.

해설 붕괴 및 침식작용이 가장 활발히 진행되는 구역은 상류부의 토사생산구역이다.

정답 47. ①   48. ①   49. ①   50. ②   51. ②   52. ③

53 사방사업 대상지와 가장 거리가 먼 것은?

① 황폐계류 　　② 황폐산지
③ 벌채 대상지 　④ 생활권 훼손지

[해설] 벌채 대상지는 숲가꾸기 대상지이다.

54 사방댐에서 대수면에 해당하는 것은?

① 방수로 부분
② 댐의 천단 부분
③ 댐의 하류측 사면
④ 댐의 상류측 사면

[해설] • 사방댐은 대수면과 반수면을 모두 축조한다.
• 수면에 인접하는 대수면은 댐의 상류 부분이다.

55 석재를 이용하여 공작물을 시공할 때 식생 도입이 곤란한 기울기가 1:1 보다 완만한 비탈면이나 수변 지역의 기슭막이에 사용되는 방법은?

① 찰쌓기 　　② 골쌓기
③ 메쌓기 　　④ 돌붙이기

[해설] • 돌쌓기공과 블록쌓기공은 사면기울기가 1:1 이상으로 급할 경우에, 1:1 이하로 완만할 경우 돌붙이기공, 블록붙이기공을 이용한다.
• 비탈면의 안정을 위해서는 비탈면이 수평면과 이루는 각인 '안식각'보다 작은 각을 가져야 하며, 법으로 정해진 흙깎기 비탈면과 흙쌓기 비탈면의 기울기보다 더 작은 값을 갖도록 하여야 한다.

56 비탈면 안정 및 녹화공법에 해당하지 않는 것은?

① 새집공법 　② 생울타리
③ 사초심기 　④ 차폐수벽공

[해설] • 사초심기는 해안의 모래땅에서 잘 생육하고, 모래언덕의 고정 기능이 높은 사초를 식재 예정지 전면에 식재하는 것이다.
• 비탈면의 녹화공법은 녹화를 위한 기반을 다지는 녹화기초공사와 식생을 조성하는 녹화공사가 있다.

57 임계 유속에 대한 설명으로 옳은 것은?

① 계상에 침식을 최대로 일으키는 최소 유속이다.
② 계상에 침식을 일으키지 않는 경우의 최대 유속이다.
③ 어느 집수 유역에도 존재할 수 있는 최소 유속이다.
④ 어느 집수 유역에서도 존재할 수 있는 최대 유속이다.

[해설] • 계상에 침식을 일으키지 않는 경우의 최대 유속이다.
• 임계 유속을 초과하게 되면 계상침식이 일어난다

58 임간나지에 대한 설명으로 옳은 것은?

① 산림이 회복되어 가는 임상이다.
② 비교적 키가 작은 울창한 숲이다.
③ 초기황폐지나 황폐이행지로 될 위험성은 없다.
④ 지표면에 지피식물 상태가 불량하고 누구 또는 구곡침식이 형성되어 있다.

[해설] 임간나지는 외견상 숲을 이루고 있지만 지피 불량하고, 부분적으로 누구 또는 구곡 침식이 진행되는 곳으로, 초기황폐지나 황폐이행지로 진전된다.

59 사면에 등고선 계단을 계획할 때 사면의 기울기가 45°, 면적이 1ha일 때 계단 간격을 1m로 한다면, 평면적법에 의한 계단 연장은?

① 5,000m 　　② 8,000m
③ 10,000m 　④ 15,000m

[해설] 사면의 기울기가 45°이므로 수평면과 수직면은 1:1이다.

계단연장$=\{$면적$(m^2)\times\tan\theta\}/$계단간격(m)

계단간격$(m) = \dfrac{10,000 \times 1}{1} = 10,000\,m$

60 사방댐의 표면처리나 돌쌓기 공사에 주로 사용되는 다듬돌의 규격은?

① 15cm × 15cm × 25cm

② 30cm × 30cm × 50cm

③ 45cm × 45cm × 60cm

④ 60cm × 60cm × 60cm

해설 • 마름돌 : 원석을 육면체로 다듬은 돌, 다듬돌

• 견치돌 : 견고한 돌쌓기에 사용하는 다듬은 돌

• 막깬돌 : 규격은 일정하지 않지만, 다듬은 돌로
메쌓기와 찰쌓기에 사용, 60kg

• 야면석 : 무게 100kg 정도의 가공하지 않은 전석

• 호박돌 : 지름 30cm 이상인 둥글고 긴 자연석

제2과목 **산림보호학**

01 매미나방 방제 방법으로 옳지 않은 것은?

① 나무주사를 실시한다.

② 알덩어리는 4월 이전에 제거한다.

③ 어린 유충 시기에 살충제를 살포한다.

④ Bt균, 핵다각체 바이러스 등의 천적 미생물을 이용한다.

해설 매미나방은 식엽성 해충으로 수간주사는 방제 방법으로 적합하지 않다.

02 병원균이 종자의 표면에 부착해서 전반되는 수목 병은?

① 잣나무 털녹병

② 왕벚나무 혹병

③ 밤나무 줄기마름병

④ 오리나무 갈색무늬병

해설
• 오리나무 갈색무늬병균은 씨에 섞여 있는 병엽 부스러기에서 월동한다.

• 균류 및 세균류는 종자의 종피에 붙어서 옮겨지는 경우가 많다.

03 유충 시기에 천공성을 가진 해충은?

① 혹벌류　　　② 하늘소류

③ 노린재류　　④ 무당벌레류

해설 유충 시기에 천공을 할 수 있는 입틀을 가진 해충은 하늘소류, 나비목, 바구미류와 좀류가 있다.

04 의무적 휴면을 하는 해충은?

① 솔나방

② 솔잎혹파리

③ 솔노랑잎벌

④ 솔껍질깍지벌레

해설 솔껍질깍지벌레는 정착한 1령 약충(정착약충, 5~10월)이 여름에 긴 휴면을 가진다. 이 휴면은 천적이 많은 시기를 피하려는 의무적(자발적) 휴면으로 볼 수 있다.

05 덩굴제거 작업에 대한 설명으로 옳지 않은 것은?

① 디캄바액제는 칡과 같은 콩과식물에 대해 고살효과가 있다.

② 글라신액제는 토양에 살포하여 덩굴의 뿌리부터 고사시키는 효과가 있다.

③ 풀베기, 어린나무 가꾸기를 할 때는 물론 덩굴이 조림목의 생육에 지장을 줄 때는 언제든지 실시한다.

④ 주입기를 사용하여 약제를 처리할 때는 덩굴식물의 주두부에 처리하는 것이 효과적이다.

해설 근사미로도 불리는 글라신액제는 뿌리에서 줄기가 나오는 주입기로 주두부에 약제를 주입한다.

정답 01. ①　02. ④　03. ②　04. ④　05. ②

06 뽕나무 오갈병 방제 방법으로 옳은 것은?

① 새삼을 제거한다.

② 저항성 품종을 보식한다.

③ 스트렙토마이신을 주입한다.

④ 매개충인 담배장님노린재를 구제하기 위하여 7월~10월까지 살충제를 살포한다.

해설 ① 새삼은 뽕나무 오갈병과 관계가 없다.

③ 테트라사이클린으로 파이토플라스마를 치료할 수 있다.

④ 매개충인 마름무늬매미충을 구제하기 위해 7월~10월까지 저독성 유기인제를 살충제로 살포한다.

07 곤충의 피부 구조 중에서 한 개의 세포층으로 되어 있는 부분은?

① 외표피 　　　② 원표피

③ 기저막 　　　④ 진피층

해설 • 외표피층(epicuticle)과 원표피층(procuticle)은 큐티클 층으로 세포의 구조가 아니며, 기저막은 막(membrane)의 형태로 세포의 구조가 아니다.

• 곤충의 피부(체벽)는 외골격인 표피층과 표피층을 만들고 유지하는 표피세포층, 그리고 혈림프와 표피세포를 물리적으로 구분해 주는 기저막의 3개층으로 구성된다.

08 호두나무잎벌레의 천적으로 가장 적합한 것은?

① 외발톱면충

② 남생이무당벌레

③ 노랑배허리노린재

④ 주둥무늬차색풍뎅이

해설 남생이무당벌레와 풀잠자리류 등이 호두나무잎벌레의 포식성 천적이다.

09 청각기관인 존스톤기관은 곤충의 어느 부위에 존재하는가?

① 더듬이의 기부

② 더듬이의 자루마디

③ 더듬이의 채찍마디

④ 더듬이의 팔굽마디

해설 • 팔굽마디에는 진동을 감지하는 존스톤기관(Johnston's organ)이 있다.

• 존스톤기관은 진동을 통해 소리를 감지하고, 바람의 방향을 알아낸다.

10 아까시잎혹파리가 월동하는 형태는?

① 알　　　　　② 유충

③ 성충　　　　④ 번데기

해설 아까시잎혹파리는 연 5~6세대 발생하며, 9월 하순 경에 번데기로 월동한다.

11 세균으로 인한 수목 병은?

① 소나무 혹병

② 벚나무 불마름병

③ 밤나무 줄기마름병

④ 벚나무 갈색무늬구멍병

해설 세균에 의한 대표적인 병해는 세균성 불마름병, 뿌리혹병. 구멍병 등이 있다.

12 수목 병을 일으키는 바이러스의 특징으로 옳지 않은 것은?

① 병원체가 자력으로 기주에 침입하지 못한다.

② 기주세포의 내용물과 구분하는 2중막이 존재한다.

③ 병원체는 전자현미경을 통해서만 관찰이 가능하다.

④ 병원체는 살아있는 세포 내에서만 증식이 가능하다.

해설 • 전형적인 식물바이러스는 단백질 분자로 이루어진 단일 막의 외피 안에 들어있다.
• 식물의 세포 내에서 2중 막 구조를 가지는 것은 핵막, 미토콘드리아, 엽록체뿐이다.

13 산불 중 지표화에 대한 설명으로 옳은 것은?

① 치수들이 피해를 받는다.
② 주로 부식층이 타는 화재이다.
③ 풍속과 산불 화염의 길이와는 거의 상관없다.
④ 바람이 있을 때는 불어오는 방향으로 원형이 되어 퍼진다.

해설 ② 주로 부식층이 타는 화재는 지중화다.
③ 풍속에 따라 산불 화염의 길이는 변한다.
④ 바람이 있을 때는 불어가는 방향으로 타원형이 되어 퍼진다.

14 모잘록병 방제 방법으로 옳지 않은 것은?

① 질소질 비료를 많이 준다.
② 병든 묘목은 발견 즉시 뽑아 태운다.
③ 병이 심한 묘포지는 돌려짓기를 한다.
④ 묘상이 과습하지 않도록 배수와 통풍에 주의한다.

해설 질소질 비료를 주면 웃자라서 모잘록병에 대한 저항성이 약해진다.

15 어린 유충은 초본의 줄기 속을 식해하지만, 성장한 후 나무로 이동하여 수피와 목질부를 가해하는 해충은?

① 솔나방
② 매미나방
③ 박쥐나방
④ 미국흰불나방

해설 박쥐나방은 어린 유충일 때는 풀을 주로 식해하고, 성장 후에는 수목의 줄기와 수피를 식해한다.

16 밤나무혹벌 방제법으로 가장 효과가 적은 것은?

① 천적을 이용한다.
② 등화유살법을 사용한다.
③ 내충성 품종을 선택하여 식재한다.
④ 성충 탈출 전의 충영을 채취하여 소각한다.

해설 밤나무혹벌은 양성 주광성이 없으므로 등화유살법으로 방제하기 어렵다.

17 모잘록병원균 중에서 불완전균류는?

① *Pythium irregulare*
② *Rhizoctonia solani*
③ *Pythium debaryanum*
④ *Phytophthora cactorum*

해설 모잘록병의 병원균

조균류	불완전균류
Pythium spp. *Phytophthora spp.*	*Fusarium spp.* *Rhizoctonia spp.*

18 다음 수목 병 중에서 병원균의 유형이 다른 것은?

① 뽕나무 오갈병
② 벚나무 빗자루병
③ 오동나무 빗자루병
④ 대추나무 빗자루병

해설 • 벚나무 빗자루병은 자낭균류에 의해 발병한다.
• 뽕나무 오갈병, 오동나무 빗자루병, 대추나무 빗자루병은 파이토플라스마가 원인이다.

정답 13. ① 14. ① 15. ③ 16. ② 17. ② 18. ②

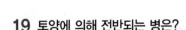

19 토양에 의해 전반되는 병은?

① 향나무 녹병

② 소나무 모잘록병

③ 밤나무 줄기마름병

④ 오동나무 빗자루병

해설 ① 향나무 녹병은 담자균류이므로 포자가 바람에 의해 전반된다.

③ 밤나무 줄기마름병은 자낭균이므로 포자가 바람에 의해 전반된다. 상처를 통해 침입하기도 하고, 빗물에 의해 짧은 거리를 전반하기도 한다.

④ 오동나무 빗자루병은 파이토플라스마에 의해 발생하며, 마름무늬매미충이 전반한다.

20 송이풀과 까치밥나무류를 중간기주로 하는 수목 병은?

① 향나무 녹병

② 잣나무 털녹병

③ 소나무잎 녹병

④ 배나무 붉은별무늬병

해설 ① 향나무 녹병 : 사과나무, 배나무 등 장미과 수목

③ 소나무잎 녹병 : 참취, 잔대, 황벽나무 등

④ 배나무 붉은별무늬병 : 향나무

제4과목 **임도공학**

21 임도 시공 시 굴착 및 운반작업 수행이 가장 어려운 장비는?

① 불도저

② 파워셔블

③ 스크레이퍼

④ 모터그레이더

해설 모터그레이드는 노면 평평하게 깎기, 노면 다지기 등의 정지 작업에 사용하는 기계로, 굴착작업은 어렵다.

22 임도 시공 시 토사 지역에서 절토 경사면의 기울기 기준은?

① 1:0.3~0.5 ② 1:0.3~0.8

③ 1:0.8~1.2 ④ 1:0.8~1.5

해설 절토 경사면의 기울기

• 토사 지역 : 0.8~1.5

• 암석지 경암 : 0.3~0.8

• 암석지 연암 : 0.5~1.2

• 성토 경사면의 기울기는 1:1.2~2.0

• 절·성토 사면은 길이가 가급적 5m 이내로 시공

23 산악지대의 임도망 구축에 있어 지형에 대응한 노선선정 방식에 대한 설명으로 옳지 않은 것은?

① 산정부에 배치되는 임도는 순환식 노선이 좋다.

② 능선임도는 임도노선 배치방식 중 건설비가 가장 적게 든다.

③ 계곡임도는 계곡보다 약간 위의 사면에 설치하는 것이 좋다.

④ 급경사의 긴 비탈면에 설치하는 사면임도는 대각선 방식이 적당하다.

해설 • 계곡임도(valley road) : 임지 개발의 중추적인 역할로, 홍수로 인한 유실을 방지하기 위하여 계곡 하부에 구축하지 않고 약간 위의 사면에 축설하는 것이 좋다.

• 사면임도형(급경사지이고 긴 비탈면)에는 지그재그 방식이, 사면임도형(완경사)에는 대각선 방식이 적합하며, 계곡임도형과 산정부 개발형 임도에는 순환노선 방식이 적합하다.

24 다음의 ( )안에 들어갈 내용을 순서대로 나열한 것은?

> 배수구는 수리계산과 현지여건을 감안하되 기본적으로 ( )m 내외의 간격으로 설치하며, 그 지름은 ( )mm 이상으로 한다. 다만, 부득이한 경우는 배수구의 지름을 ( )mm 이상으로 한다.

① 100, 800, 400

② 200, 800, 600

③ 100, 1,000, 800

④ 200, 1,000, 600

해설 • 배수구의 통수단면 : 100년 빈도 확률강우량과 홍수 도달시간을 이용한 합리식으로 계산된 최대홍수 유출량의 1.2배 이상으로 설계·설치한다.

• 100미터 내외의 간격으로 설치 지름은 1,000밀리미터 이상, 필요한 경우 800밀리미터 이상, 강도는 원심력콘크리트관과 동일 이상의 것

25 임도의 노체와 노면에 관한 설명으로 옳은 것은?

① 쇄석을 노면으로 사용한 것은 사리도이다.

② 노체는 노상, 노반, 기층, 표층 순서대로 시공한다.

③ 토사도는 교통량이 많은 곳에 적용하는 것이 가장 경제적이다.

④ 노상은 임도의 최하층에 위치하여 다른 층에 비해 내구성이 큰 재료를 필요로 한다.

해설 ① 쇄석을 노면으로 사용한 것은 쇄석도(부순돌길, 머캐덤도)이다.

③ 토사도는 교통량이 적은 곳에 축조하며 시공비가 적게 드나 물로 인하여 파손되기 쉬우므로 배수에 특별히 유의하여야 한다.

④ 노상은 노체의 최하층에 위치하여 차량하중의 파괴 작용을 직접 받지 않고 내부의 수직응력도 작으므로 양질의 재료보다는 현장의 절개 토사를 흙쌓기에 사용한다.

26 일반 도저와 비교한 틸트 도저(tilt-dozer)의 특징으로 옳은 것은?

① 속도가 빠르다.

② 삽날의 좌우 높이를 조절한다.

③ 점질토면에서 수월하게 주행한다.

④ 사용 가능한 부속품 종류가 다양하다.

해설 틸트 도저는 삽날의 좌우 높이를 조절하여 강도가 높은 흙이나 도랑파기에 많이 이용한다.

27 임도개설 시 흙을 다지는 목적과 관계가 가장 먼 것은?

① 압축성의 감소

② 지지력의 증대

③ 흡수력의 감소

④ 투수성의 증대

해설 흙을 다지면 (지반의) 투수성이 낮아진다.

28 반출 목재의 길이가 12m이고 임도 유효폭이 3m일 때, 최소 곡선 반지름은?

① 6m

② 12m

③ 18m

④ 24m

해설 목재 길이에 따른 최소곡선반지름

$$R = \frac{l^2}{4B} = \frac{12^2}{4 \times 3} = \frac{144}{12} = 12$$

R : 곡선반지름(m), l : 통나무 길이(m), B : 노폭(m)

정답 24. ③ 25. ② 26. ② 27. ④ 28. ②

29 트래버스측량에서 측선 AB의 위거(LAB)를 계산하기 위한 식은? (단, NS는 자오선, EW는 위선, 9는 방위각)

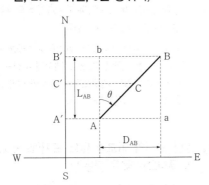

① ABsin
② ABsecθ
③ ABcosθ
④ ABcotθ

해설 • 위거(latitude) : 일정한 자오선에 대한 어떤 관측선의 정사거리 측선 AB에 대하여 측점 A에서 측점 B까지의 남북 간 거리
• 경거(departure) : 측선 AB에 대하여 위거의 남북선과 직각을 이루는 동서선에 나타난 AB 선분의 길이
L=AB의 위거 [m]=AB×cosθ
D=AB의 경거 [m]=AB×sinθ

30 임도의 횡단면도상 각 측점의 단면마다 표기하지 않아도 되는 것은?

① 사면보호공 물량
② 지장목 제거 물량
③ 지반고 및 계획고
④ 곡선 제원 및 교각점

해설 곡선 제원 및 교각점은 평면도의 기재 사항이다.

31 장마기가 지난 후 배수로의 토사를 제거하기에 가장 적합한 작업 기계는?

① 소형 백호우
② 진동 로올러
③ 소형 불도저
④ 모터 그레이더

해설 배수구가 흙이나 이물질에 막힌 경우 소형 백호우로 굴착과 소운반을 할 수 있다.

32 임도의 비탈면 기울기를 나타내는 방법에 대한 설명으로 옳은 것은?

① 비탈어깨와 비탈밑 사이의 수직높이 1에 대하여 수평거리가 n일 때 1:n으로 표기한다.
② 비탈어깨와 비탈밑 사이의 수평거리 1에 대하여 수직거리가 n일 때 1:n으로 표기한다.
③ 비탈어깨와 비탈밑 사이의 수평거리 100에 대하여 수직높이가 n일 때 1:n으로 표기한다.
④ 비탈어깨와 비탈밑 사이의 수직높이 100에 대하여 수평거리가 n일 때 1:n으로 표기한다.

해설 비탈면의 기울기는 수직높이 1에 대한 수평거리의 비로 나타낸다.

33 와이어로프의 안전계수식을 올바르게 나타낸 것은?

① 와이어로프의 최소장력÷와이어로프에 걸리는 절단하중
② 와이어로프의 최대장력÷와이어로프에 걸리는 절단하중
③ 와이어로프의 절단하중÷와이어로프에 걸리는 최소장력
④ 와이어로프의 절단하중÷와이어로프에 걸리는 최대장력

해설 와이어로프의 안전계수
• 가공본줄 : 2.7
• 짐당김줄, 되돌림줄, 버팀줄, 고정줄 : 4.0
• 짐올림줄, 짐매달음줄, 호이스트줄 : 6.0

정답 29. ③ 30. ④ 31. ① 32. ① 33. ④

34 임도 시공 시 불도저 리퍼에 의한 굴착작업이 어려운 곳은?

① 사암　　　　　② 혈암
③ 점판암　　　　④ 화강암

해설 리퍼는 연암이나 약간 단단한 지반의 굴착 정도에 사용하며, 화강암과 같은 경암 지반은 단단하여 굴착이 어렵다.

35 대피소의 설치기준으로 다음 (　) 안에 들어갈 내용이 옳은 것은?

구분	기준
간격	(가)미터 이내
너비	(나)미터 이내
유효길이	(다)미터 이내

① 가 : 300, 나 : 5, 다 : 15
② 가 : 300, 나 : 15, 다 : 5
③ 가 : 500, 나 : 5, 다 : 15
④ 가 : 500, 나 : 15, 다 : 5

해설 대피소의 간격 300m 이내, 너비 5m 이상, 유효길이 15m 이상을 기준으로 한다.

36 임도의 종단기울기가 5%이고 곡선 반지름이 30m일 때, 물매곡율비는?

① 0.66　　　　　② 1
③ 6　　　　　　④ 60

해설 물매곡률비=곡선반지름(m)/종단물매(%)= 30/5=6

37 흙의 동결로 인한 동상을 가장 받기 쉬운 토질은?

① 모래　　　　　② 실트
③ 자갈　　　　　④ 점토

해설 흙의 동결은 모래, 자갈 등 공극이 크거나 점토와 같이 공극이 적어 투수성이 낮은 토질은 발생되지 않고, 모래보다 작고 점토보다 큰 실트에서 많이 발생한다.

38 임도 시공 시 연한 점질토 및 연한 점토인 경우에 성토의 높이를 5m 미만으로 설치할 때, 흙쌓기 비탈면의 표준 기울기는? (단, 기초지반의 지지력이 충분한 성토에 적용한다.)

① 1:1.0~1:1.2　　② 1:1.2~1:1.5
③ 1:1.5~1:1.8　　④ 1:1.8~1:2.0

해설 흙쌓기 비탈면(성토)의 표준기울기는 1:1.5~2.0 정도의 기울기를 가진다. 이때 연한 점질토 및 점토의 경우 1:1.8~2.0 정도가 적합하다.

39 절토 · 성토사면에 붕괴의 우려가 있는 지역에 사면길이 2~3m마다 설치하는 소단의 폭 기준은?

① 0.1~0.5m　　　② 0.5~1.0m
③ 1.5~2.5m　　　④ 2.5~3.5m

해설 사면의 길이는 2~3m마다 폭 50~100cm (0.5~1.0m) 정도의 소단을 설정한다.

40 개발지수에 대한 설명으로 옳지 않은 것은?

① 노망의 배치 상태에 따라서 이용효율성은 크게 달라진다.
② 개발지수 산출식은 평균집재거리와 임도밀도를 곱한 값이다.
③ 임도가 이상적으로 배치되었을 때는 개발지수가 10에 접근한다.
④ 임도망이 어느 정도 이상적인 배치를 하고 있는가를 평가하는 지수이다.

해설 개발지수는 임도배치의 효율성을 나타내는 질적인 기준으로 사용될 수 있다. 임도망의 배치 상태가 균일하면 개발지수는 1.0으로서 이용효율성이 높지만, 노선이 중첩되면 될수록 이용효율성은 낮아진다.

$$I = ASD \times \frac{FRD}{2,500}$$

식에서 I : 개발지수, ASD : 평균집재거리(m), FRD : 임도밀도(m/ha)

제5과목 사방공학

41 해풍에 의한 비사를 억류하고 퇴적시켜서 모래언덕을 조성할 목적으로 시공하는 것은?

① 파도막이 ② 모래막이
③ 정사울 세우기 ④ 퇴사울 세우기

해설 퇴사울타리 세우기는 해안 사구에서 바람에 의하여 이동되는 불안정한 모래를 퇴적 및 안정시키는 공사이다.

42 양단면적이 각각 10㎡, 20㎡이고, 양단면의 거리가 20m일 때, 양단면평균법에 의한 토사량은?

① 300㎥ ② 400㎥
③ 500㎥ ④ 600㎥

해설 양단면적평균법에 의한 토사량은
={양단의 단면적(㎡)/2}×양단면 사이의 거리(m)
={(10+20)/2}×20
=15×20=300㎥

43 찰쌓기에서 지름 약 3cm의 PVC 파이프로 물빼기 구멍을 설치하는 기준은?

① 0.5~1㎡마다 1개씩 설치한다.
② 2~3㎡마다 1개씩 설치한다.
③ 3~5㎡마다 1개씩 설치한다.
④ 5~5.5㎡마다 1개씩 설치한다.

해설 • 불투수성의 흙막이는 배면의 침투수를 배제하기 위해 물빼기 구멍을 설치한다.
• 배면의 침투수를 배제하지 않으면 간극수에 의한 수압이 작용하여 불안정해진다. 이를 방지하기 위해 물빼기 구멍을 설치하여 흙막이의 안정을 유지한다.
• 찰쌓기는 돌을 쌓아 올릴 때 뒤채움에 콘크리트를, 줄눈에 모르타르를 사용한다.
• 뒷면의 배수는 시공면적 2~3㎡마다 직경 3~4cm의 관을 박아 물빼기 구멍을 만든다.

44 선떼 붙이기 시공 요령에 대한 설명으로 옳지 않은 것은?

① 완만한 비탈지에서는 떼붙이기 할 때 표토를 절취할 필요가 없다.
② 선떼의 활착을 좋게 하고 견고도를 높이기 위해서 다지기를 충분히 한다.
③ 바닥떼는 발디딤을 보호하는 효과가 있으므로 저급 선떼 붙이기에는 필수적이다.
④ 머리떼는 천단에 놓인 토사의 유출을 방지하여 선떼의 견고도를 높이는 효과가 있다.

해설 발디딤은 선떼 붙이기 공작물의 바닥떼 앞면 부분에 설치하는 너비 10~20cm 정도의 수평면으로 작업의 편의를 도모하고, 바닥떼의 활착을 용이하게 하기 위한 것이다.

45 사방댐의 위치로 적합하지 않은 곳은?

① 상류부가 넓고 댐자리가 좁은 곳
② 계상 및 양안이 견고한 암반인 곳
③ 본류와 지류가 합류하는 지점의 하류
④ 횡침식으로 인한 계상 저하가 예상되는 곳

해설 위치 선정
• 상류부가 넓고 댐자리의 계류 폭이 좁은 곳
• 지류의 합류점 부근에서는 합류점의 하류부
• 가급적 암반이 노출되어 있거나 지반이 암반일 가능성이 높은 장소
• 특수 목적을 가지고 시설하는 경우에는 그 목적 달성에 가장 적합한 장소
• 붕괴지의 하부 혹은 다량의 계상 퇴적물이 존재하는 지역의 직하류부

정답 41. ④ 42. ① 43. ② 44. ③ 45. ④

46 황폐지의 진행 순서로 옳은 것은?

① 임간나지→초기황폐지→황폐이행지
→민둥산→척악임지

② 초기황폐지→황폐이행지→척악임지
→임간나지→민둥산

③ 임간나지→척악임지→황폐이행지→
초기황폐지→민둥산

④ 척악임지→임간나지→초기황폐지→
황폐이행지→민둥산

해설 • 황폐지 유형 및 단계는 '척암임지→임간나지→
초기황폐지→황폐이행지→민둥산' 순서로 진행
된다.

• 임간나지 : 외견상 숲을 이루고 있지만 지피 불
량하고, 부분적으로 누구 또는 구곡 침식이 진
행되는 곳으로, 초기황폐지나 황폐이행지로 진
전된다.

47 중력에 의한 침식이 아닌 것은?

① 붕괴형 침식　　② 지활형 침식
③ 지중형 침식　　④ 유동형 침식

해설 • 지중형 침식은 물침식의 종류이다.

• 지중침식은 지표면 아래에서 물이 땅속을 통과
하게 될 경우, 그 통로에 있는 흙을 침식하고 운
반하는 현상으로 파이핑, 펌핑, 보링 또는 퀵샌
드현상이라고도 한다.

• 중력침식의 종류로 지활형, 붕괴형, 사태형, 유
동형 침식이 있다.

48 산비탈 기초 사방공사가 아닌 것은?

① 배수로

② 흙막이

③ 떼단쌓기

④ 비탈다듬기

해설 사방공사는 크게 기초공사와 녹화공사로 분류되며
보기의 떼단쌓기만 녹화공사로 분류된다.

49 유동형 침식의 하나인 토석류에 대한 설명
으로 옳은 것은?

① 토괴의 흐트러짐이 적다.

② 주로 점성토의 미끄럼면에서 미끄러
진다.

③ 일반적으로 움직이는 속도가 0.01~
10mm/day이다.

④ 물을 윤활제로 하여 집합 운반의 형
태를 가진다.

해설 ① 토석류는 산붕이나 산사태 특히 계천으로 무너
지는 포락과 같은 붕괴작용에 의해 무너진 토사
와 계산에 퇴적된 토사와 암석 등이 물에 섞여서
유동하는 것으로 토괴의 흐트러짐이 많다.

② 주로 사질토 지반에서 나타난다.

③ 속도는 시속 20~40km 정도로 빠르다.

50 골막이에 대한 설명으로 옳지 않은 것은?

① 물이 흐르는 중심선 방향에 직각이
되도록 설치한다.

② 본류와 지류가 합류하는 경우 합류부
위쪽에 설치한다.

③ 계상기울기를 수정하여 유속을 완화
시키는 공작물이다.

④ 구곡막이라고도 하며 주로 상류부에
설치하여 유송토사를 억제하는 데 목
적이 있다.

해설 본류와 지류가 합류하는 경우 합류부 아래쪽에 설
치한다.

51 수로 경사가 30도, 경심이 1.0m, 유속계수가 0.36일 때, Chezy 평균유속공식에 의한 유속은?

① 약 0.10m/s ② 약 0.21m/s
③ 약 0.27m/s ④ 약 0.38m/s

해설 Chezy 평균유속공식에 의한 평균 유속

= 유속계수$\sqrt{경심 \times 수로기울기}$
→$0.36\sqrt{1 \times 0.58} \fallingdotseq 0.27$

단, tan 30°=약 0.58

52 유역면적이 100ha이고 최대시우량이 150mm/hr일 때, 임상이 좋은 산림지역의 홍수유량은? (단, 유거계수는 0.35)

① 약 0.14㎥/sec
② 약 1.46㎥/sec
③ 약 14.58㎥/sec
④ 약 145.83㎥/sec

해설 최대시우량에 의한 홍수유량

$$유거계수 \times \frac{유역면적 \times \dfrac{최대시우량}{1000}}{60 \times 60}$$

$$= 0.35 \times \frac{1,000,000 \times \dfrac{150}{1000}}{3600} \fallingdotseq 14.58$$

53 비탈면 하단부에 흐르는 계천의 가로침식에 의해 일어나며, 침식 및 붕괴된 물질은 퇴적되지 않고 대부분 유수와 함께 유실되는 붕괴형 침식은?

① 산붕 ② 포락
③ 붕락 ④ 산사태

해설 붕괴의 유형
• 산사태 : 일시, 길게
• 산붕 : 소형 산사태
• 붕락 : 주름모양 산사태
• 포락 : 계천에서 가로로 침식하여 토사가 무너지는 현상
• 암설붕락(debris slide)

54 수류(flow)에 대한 설명으로 옳지 않은 것은?

① 홍수 시의 하천은 정류에 속한다.
② 정류는 등류와 부등류로 구분할 수 있다.
③ 자연하천은 엄밀한 의미에서는 등류 구간이 없다.
④ 수류는 시간과 장소를 기준으로 하여 정류와 부정류로 구분할 수 있다.

해설 • 수류는 시간과 장소를 기준으로 하여 정류와 부정류로 구분할 수 있다.
• 홍수 시에는 유역에서 하천으로 유입량이 시간에 따라 변화하므로 하천의 흐름은 부정류이다.

55 계류 곡선부에 설치하는 사방댐의 방향은 유심선과 어느 각도를 이루도록 계획하는 것이 가장 안정한가?

① 45도 ② 60도
③ 90도 ④ 180도

해설 • 댐의 방향은 유심선의 하류에 직각으로 설치하되 댐의 계획지점에서 상하류의 계곡계안이 유수의 충격에 의해 침식의 우려가 있을 경우는 댐의 방향이나 방수로의 위치 변경 또는 기슭막이 공사로 보강한다.
• 상류에서 하류방향으로 물이 흐르는 중심선(유심선)에 직각이 되도록 설치한다.

56 해풍에 의한 비사를 억류하고 퇴적시켜서 모래언덕을 조성할 목적으로 시공하는 것은?

① 모래덮기
② 모래막이
③ 퇴사울 세우기
④ 정사울 세우기

해설 퇴사울타리 세우기는 해안 사구에서 바람에 의하여 이동되는 불안정한 모래를 퇴적 및 안정시키는 공사이다.

정답 51. ③ 52. ③ 53. ② 54. ① 55. ③ 56. ③

57 산지사방의 공종별 설명으로 옳지 않은 것은?

① 평떼붙이기: 땅깎기 비탈면에 평떼를 붙여 비탈면 전체 면적을 일시에 녹화한다.

② 새심기: 산불발생지, 민둥산지, 석력지 등 대규모로 녹화가 필요한 곳에 새류의 풀포기를 식재한다.

③ 조공: 완만한 경사의 비탈면에 수평으로 소단을 만들고, 앞면에는 떼, 새포기, 잡석 등으로 소단을 보호한다.

④ 선떼붙이기: 비탈다듬기에서 생산된 뜬흙을 고정하고, 식생을 조성하기 위한 파식상을 설치하는 데 필요한 공작물이다.

해설 평떼붙이기 : 흙쌓기 비탈면에 평떼를 붙여 비탈면 전체 면적을 일시에 녹화한다.

58 사방시설의 공작물도를 작성하는 데 기준이 되며, 설계홍수량 산정에 쓰이는 강우확률 빈도는?

① 30년 ② 50년
③ 80년 ④ 100년

해설 배수구의 통수단면은 100년 빈도 확률강수량과 홍수도달시간을 이용한 합리식으로 계산된 최대 홍수유출량의 1.2배 이상으로 설계·설치한다.

59 화성암은 화학적으로 어떤 성분 함량에 따라 산성암, 중성암, 염기성암으로 구분되는가?

① K_2O ② SiO_2
③ Al_2O_3 ④ Fe_2O_3

해설
• 화성암은 마그마가 식어서 형성된 암석이다. 규산(SiO_2) 함량에 따라 산성암은 63%이상의 이산화규소를 포함한다(예: 화강암, 유문암).
• 중성암은 52%~63%의 이산화규소를 포함한다(예: 안산암, 데이사이트).
• 염기성암은 45~52%의 이산화규소를 포함하고, 일반적으로 높은 철·마그네슘 함량을 보인다(예: 반려암, 현무암).

60 황폐계천에서 유수에 의한 계안의 횡침식을 방지하고 산각의 안정을 도모하기 위하여 계류 흐름 방향에 따라 축설하는 것은?

① 밑막이 ② 골막이
③ 바닥막이 ④ 기슭막이

해설 기슭막이
• 유수에 의한 계안의 횡침식을 방지하고 산각의 안정을 도모하기 위해 계류 흐름 방향을 따라서 축설하는 계천 사방공종
• 유로의 만곡에 의하여 물의 충격을 받는 수충부나 붕괴 위험이 있는 수로변

제2과목 산림보호학

01 오염원으로부터 직접 배출되는 1차 대기오염 물질이 아닌 것은?

① 분진
② 오존
③ 황산화물
④ 질소산화물

해설 오존과 PAN은 대기 중의 질소산화물이 환원되는 과정에서 발생하는 2차 대기오염 물질이다.

02 저온으로 인한 수목 피해에 대한 설명으로 옳은 것은?

① 겨울철 생육 휴면기에 내린 서리로 인한 피해를 만상이라 한다.
② 분지 등 저습지에 한기가 밑으로 내려와 머물게 되어 피해를 입는 것을 상렬이라 한다.
③ 이른 봄에 수목이 발육을 시작한 후 급격한 온도 저하가 일어나 어린 잎이 손상되는 것을 조상이라 한다.
④ 휴면기 동안에는 피해가 적지만 가을 늦게까지 웃자란 도장지나 연약한 맹아지가 주로 피해를 받는다.

해설 ① 겨울철 생육 휴면기에 내린 서리로 인한 피해를 상해라고 한다. 만상은 봄에 늦게 내린 서리에 의한 피해를 말한다.

② 분지 등 저습지에 한기가 밑으로 내려와 머물게 되어 피해를 입는 것을 상해라고 한다. 상렬은 겨울에 남쪽으로 노출된 얇은 수피가 햇빛에 녹았다가, 추위에 어는 것이 반복되어 수간에 나타나는 피해다.

③ 이른 봄에 수목이 발육을 시작한 후 급격한 온도 저하가 일어나 어린잎이 손상되는 것을 냉해라고 한다. 만상에 의해 발생할 수 있고, 호르몬 생육이 왕성한 시기라서 조상보다 피해가 덜하다.

03 참나무 시들음병 방제 방법으로 가장 효과가 약한 것은?

① 유인목 설치
② 끈끈이롤트랩
③ 예방 나무주사
④ 피해목 벌채 훈증

해설 • 참나무 시들음병은 매개충에 대해 직접 방제를 하는 것이 효과적이다.
• 예방 나무주사는 현재 참나무시들음병의 발생량과 피해 수준에 비하여 방제 비용이 너무 많이 들어 비효율적이다.

04 상주로 인한 묘목의 피해를 예방하는 방법으로 옳지 않은 것은?

① 토양에 모래를 섞는다.
② 배수가 잘되도록 한다.
③ 낙엽 및 볏짚 등을 제거한다.
④ 이른 봄에 뿌리 부위를 밟아준다.

해설 상주(서릿발)는 흙 속의 수분이 얼어서 발생하는 피해이므로 낙엽과 볏짚 등을 갈아서 예방할 수 있다.

정답 01. ② 02. ④ 03. ③ 04. ③

05 저온에 의한 수목 피해에 대한 설명으로 옳지 않은 것은?

① 조상은 늦가을에 수목이 완전히 휴면하기 전에 내린 서리로 인한 피해이다.

② 동상은 겨울철 수목의 생육휴면기에 발생하여 연약한 묘목에 피해를 준다.

③ 상주는 봄에 식물의 발육이 시작된 후 급격한 기온 저하가 일어나 줄기가 손상되는 것이다.

④ 상렬은 추운지방에서 밤에 수액이 얼어서 부피가 증대되어 수간의 외층이 냉각 수축하여 갈라지는 현상이다.

해설 상주는 초겨울 또는 이른 봄에 습기가 많은 묘포에서 흙의 수분이 얼어 얼음기둥이 생기는 현상으로, 표면의 흙이 상주 위로 뜨게 된다.

06 낙엽송 가지끝마름병균이 월동하는 형태는?

① 균핵   ② 자낭각

③ 분생포자각   ④ 겨울포자퇴

해설 낙엽송 가지끝마름병균은 9~10월경부터 환부에 자낭각을 형성하기 시작하며, 미숙한 자낭각의 상태로 월동한다.

07 박쥐나방에 대한 설명으로 옳지 않은 것은?

① 어린 유충은 초본을 가해한다.

② 성충은 박쥐처럼 저녁에 활발히 활동한다.

③ 성충은 나무에 구멍을 뚫어 알을 산란한다.

④ 1년 또는 2년에 1회 발생하며 알로 월동한다.

해설 • 박쥐나방은 해가 지는 무렵에 날아다니며 알을 땅 위에 떨어뜨린다.

• 박쥐나방의 성충인 나방은 흡즙을 하기에 적합한 입을 가지고 있고, 나무에 구멍을 뚫을 수 없다.

08 산림생태계에서 산불의 종류·역할과 주요 특성에 대한 설명으로 옳지 않은 것은?

① 지중화는 땅속에 공급되는 산소의 양이 충분할 때 진행된다.

② 수관화는 활엽수림보다 침엽수림에서 발생빈도가 높다.

③ 광물질토양이 노출되어 토양침식과 지표유수가 증가한다.

④ 임상의 잔존물을 제거하여 종자 발아에 유리한 환경을 만들어 준다.

해설 지중화는 땅속에 공급되는 산소의 양이 부족하기 때문에 서서히 오랜 시간 진행된다.

09 봄에 진딧물의 월동란에서 부화한 애벌레를 무엇이라 하는가?

① 간모   ② 유성생식충

③ 산란성 암컷   ④ 산자성 암컷

해설 진딧물은 4월 초에 부화하여 간모가 되고, 4월 중순 경부터 새끼를 낳는다. 이 새끼가 날개가 없는 무시태생 암컷이 되어 반복하여 새끼를 낳아 대번식한다.

10 농약을 살포하여 수목의 줄기, 잎 등에 약제가 부착되어 식엽성 해충이 먹이와 함께 약제를 섭취하여 독작용을 일으키는 살충제는?

① 기피제   ② 유인제

③ 소화중독제   ④ 침투성 살충제

해설 • 기피제는 농작물 또는 저장농산물에 해충이 접근하지 못하게 하는 약제이다.

• 유인제는 해충을 유인하는 물질이다.

• 침투성 살충제는 약제를 식물의 잎 또는 뿌리에 처리하면 식물체 내로 흡수 이행되어 식물체 각 부위에 분포시킴으로써 흡즙해충에 독성을 나타내는 약제이다.

11 균사에 격벽이 없는 병원균은?

① *Fusarium spp.*

② *Rhizoctonia solani*

③ *Phytophthora cactorum*

④ *Cylindrocladium scoparium*

해설 • 두릅나무역병의 병원균인 *Phytophthora cactorum*은 균사에 격벽이 없다.

• 균사체는 주로 셀룰로오스와 글루칸으로 이루어져 있다.

12 수목 병의 전염원에 해당하지 않는 것은?

① 선충의 알

② 곰팡이의 균핵

③ 곰팡이의 부착기

④ 기생식물의 종자

해설 • 균류, 즉 곰팡이의 부착기는 기주와 기생체의 기생 관계를 성립시키는 감염을 일으키는 원인이지만, 전염원이 되지는 않는다.

• 부착기와 침입관은 포자가 균사로 변하면서 식물의 세포에 침입하기 위해 만드는 기관이다.

13 대기오염에 의한 수목의 피해 정도가 심해지는 경우가 아닌 것은?

① 높은 온도

② 높은 광도

③ 영양원 과다

④ 높은 상대 습도

해설 • 영양분이 과다하면 토양 오염의 피해가 발생하지만, 대기오염으로 인한 피해에 미치는 영향은 작다.

• 대기오염에 의한 수목 피해는 높은 온도, 높은 상태습도에서 더 심해진다.

• 높은 광도 또한 광합성이 활발해지므로 대기오염 피해가 커진다.

14 바이러스로 인한 수목 병 방제 방법에 대한 설명으로 옳지 않은 것은?

① 생장점 배양을 한다.

② 묘포장에서는 윤작을 피한다.

③ 잡초를 활용하여 간섭효과를 유발한다.

④ 약독 바이러스를 발병 전에 미리 접종한다.

해설 • 잡초는 수목에서 발생하는 간섭효과와 무관한다.

• 간섭효과(干涉效果)는 식물에 바이러스가 침투했을 때, 이전에 그와 비슷한 바이러스에 대해 접종한 것 때문에 바이러스 감염을 막을 수 있는 효과이다.

15 한상에 대한 설명으로 옳은 것은?

① 서리에 의하여 발생하는 임목 피해이다.

② 기온이 영하로 내려가야 발생하는 임목 피해이다.

③ 차가운 바람에 의하여 나무 조직이 어는 피해이다.

④ 0℃ 이상이지만 낮은 기온에서 발생하는 임목 피해이다.

해설 ① 서리에 의하여 발생하는 임목 피해는 조상과 만상이다.

② 기온이 영하로 내려가야 발생하는 임목 피해는 동상이다.

③ 차가운 바람에 의하여 나무 조직이 어는 피해는 동상과 상렬이다.

16 호두나무잎벌레에 대한 설명으로 옳은 것은?

① 1년에 1회 발생하며, 알로 월동한다.

② 1년에 1회 발생하며, 성충으로 월동한다.

③ 1년에 2회 발생하며, 번데기로 월동한다.

④ 1년에 2회 발생하며, 유충으로 월동한다.

정답 11. ③ 12. ③ 13. ③ 14. ③ 15. ④ 16. ②

해설 호두나무잎벌레는 월동한 성충이 5월 상순에 잎 뒷면에 30개 가량의 알을 낳는다.

17 잣나무 털녹병 방제 방법에 대한 설명으로 옳지 않은 것은?

① 수고의 1/3까지의 가지치기는 발병률을 낮추는 효과가 있다.

② 감염된 나무는 녹포자가 비산하기 전에 지속적으로 제거한다.

③ 묘포에 담자포자 비산 시기인 3월 하순부터 보르도액을 살포한다.

④ 중간기주를 5월경부터 제거하기 시작하여 겨울포자가 형성되기 전에 완료한다.

해설 잣나무 묘포에 8월 하순부터 10일 간격으로 보르도액을 2~3회 살포하여 소생자(小生子)의 잣나무 침입을 막는다.

18 성비(sex ratio)가 0.75인 곤충이 있다. 암·수 전체 개체수가 100마리일 때, 그중 수컷은 몇 마리인가?

① 25마리 ② 50마리

③ 75마리 ④ 100마리

해설 전체 개체수에 대한 암컷 개체수의 비를 성비라고 하며, 성비가 0.75라면 75%가 암컷이라는 것이다.

수컷 개체수=100-(100×0.75)=25

19 배설물을 종실 밖으로 배출하지 않아 외견상으로 식별이 어려운 해충은?

① 밤바구미

② 복숭아명나방

③ 솔알락명나방

④ 도토리거위벌레

해설 복숭아명나방과, 솔알락명나방, 도토리거위벌레는 모두 종실을 가해하고 식흔을 남긴다.

20 주로 목재를 가해하는 해충은?

① 밤바구미

② 솔노랑잎벌

③ 가루나무좀

④ 솔알락명나방

해설 가루나무좀은 주로 말라 있는 활엽수의 변재를 가해한다. 건축물 특히 문화재에 피해가 크다.

제4과목 임도공학

21 지반고가 시점 10m, 종점 50m이고 수평거리가 1000m일 때, 종단기울기는?

① 4% ② 5%

③ 6% ④ 7%

해설 $\dfrac{50-10}{1000} \times 100(\%) = 4(\%)$

22 임도 설계서 작성에 필요한 내용으로 옳지 않은 것은?

① 목차

② 토적표

③ 특별시방서

④ 타당성 평가표

해설 임도 설계서 작성 시 목차, 공사설명서, 일반시방서, 특별시방서, 예정공정표, 단가산출서, 토적표, 산출기초 등이 있다.

23 임도에 교량을 설치할 때 적합하지 않은 지점은?

① 계류의 방향이 바뀌는 굴곡진 곳

② 지질이 견고하고 복잡하지 않은 곳

③ 하상의 변동이 적고 하천의 폭이 협소한 곳

④ 하천 수면보다 교량면을 상당히 높게 할 수 있는 곳

정답 17. ③ 18. ① 19. ① 20. ③ 21. ① 22. ④ 23. ①

해설 • 계류의 방향이 바뀌지 않는 직선인 곳에 교량을 설치한다.
  • 지반이 견고하고 복잡하지 않은 곳
  • 하상의 변동이 적고 하천의 폭이 협소한 곳
  • 하천이 가급적 직선인 곳, 굴곡부는 피한다.
  • 교량을 하천 수면보다 상당히 높게 할 수 있는 곳

24 횡단면 A1, A2, A3의 면적은 각각 5㎡, 7 ㎡, 9㎡이고, A1와 A2의 거리는 10m, A2 와 A3의 거리는 15m이다. 양단면적평균법 에 의한 3단면 사이의 총토적량(㎥)은?

① 100 ② 150
③ 180 ④ 200

해설 ※ 양단면적 평균법

$$V = \frac{1}{2}(A1 + A2) \times l$$

$$A1 \sim A2 : \frac{5+7}{2} \times 10 = 60 m^3$$

$$A2 \sim A3 : \frac{7+9}{2} \times 15 = 120 m^3$$

총토적량 : 60+120=180㎥

25 임도 실시설계를 위한 현지측량에 대한 설 명으로 옳지 않은 것은?

① 주로 산악지에는 중심선측량, 평탄지 와 완경사지에는 영선측량법을 적용 하고 있다.
② 중심선측량은 측점 간격을 20m로 하 여 중심 말뚝을 설치하되, 필요한 각 점에는 보조말뚝을 설치한다.
③ 횡단측량은 중심선의 각 측점ㆍ지형 이 급변하는 지점, 구조물설치 지점 의 중심선에서 양방향으로 실시한다.
④ 종단측량은 노선의 중심선을 따라 측 량하되, 주요 구조물 주변 및 연장 1km마다 임시기표를 표시하고 평면 도에 표시한다.

해설 영선측량은 주로 경사가 있는 산악지에서 이용되 며 영선측량을 하게 되면 지형의 훼손은 줄일 수 있으나, 노선의 굴곡이 심해진다. 중심선측량은 평 탄지와 완경사지에서 주로 이용된다.

26 임도에서 횡단기울기에 대한 설명으로 옳 은 것은?

① 배수의 목적으로 만든다.
② 운전자의 안전한 시야 범위가 확보되 도록 만든다.
③ 곡선부에서 차량의 주행이 안전하고 쾌적하기 위해 만든다.
④ 곡선부에서 차량의 전륜과 후륜사이 에 내륜차를 고려하여 만든다.

해설 • 횡단기울기는 노면의 종류에 따라 포장을 하지 아니한 노면(쇄석·자갈을 부설한 노면을 포함한 다)의 경우에는 3~5%, 포장한 노면의 경우에 는 1.5~2%로 한다.
  • 횡단기울기는 도로의 중앙선 기준 직각방향의 노면의 기울기로 배수를 목적으로 만든다.

27 아래 그림에서 경사도의 표기와 기울기 값 으로 옳은 것은?

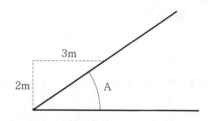

① 1:0.5와 약 67%
② 1:0.5와 약 150%
③ 1:1.5와 약 67%
④ 1:1.5와 약 150%

해설 • 경사도는 높이를 기준으로 한다. 경사도=높이: 밑변=2:3=1:1.5
  • 기울기=높이/밑변×100(%)=2/3×100=약 67(%)

28 임도의 평면 선형에서 곡선의 종류가 아닌 것은?

① 단곡선　　　② 배향곡선
③ 이중곡선　　④ 반향곡선

> 해설 임도의 평면 선형에서 곡선의 종류로 단곡선, 복합곡선, 반대곡선, 배향곡선 등이 있다.

29 임도에서 길어깨의 주요 기능으로 옳지 않은 것은?

① 보행자의 통행을 위한 곳이다.
② 임목의 집재 작업을 위한 공간이다.
③ 노상시설, 지하매설물, 유지보수 등의 작업 시 여유를 준다.
④ 차량 주행의 여유를 주어 차량이 밖으로 이탈하지 않도록 한다.

> 해설 길어깨의 주요 기능
> 차도의 주요 구조부 보호, 차량의 안전통행, 차량의 원활한 주행, 유지보수 작업공간 제공, 보행자의 통행, 자전거의 대피

30 임도 설계 과정에서 가장 먼저 실시하는 업무는?

① 예측　　　　② 답사
③ 예비조사　　④ 공사 수량 산출

> 해설 • 임도 설계 순서 : 예비조사 → 답사 → 예측 → 설계서 작성
> • 임도계획을 위한 기초조사에서 이용한 도면과 지형을 분석한다.

31 교각법을 이용하여 임도 곡선을 설치할 때, 교각이 90°, 곡선반경이 400m인 단곡선에서의 접선길이는?

① 50m　　　　② 100m
③ 200m　　　④ 400m

> 해설 접선길이=곡선반지름×〔tan (교각/2)〕
> 접선길이= 400×〔tan (45°)〕
> 접선길이=400m

32 임도망 계획에서 고려해야 할 사항으로 옳지 않은 것은?

① 운재비가 적게 들도록 한다.
② 운반량에 제한이 없도록 한다.
③ 운재 방법이 다원화되도록 한다.
④ 계절에 따른 운재 능력에 제한이 없도록 한다.

> 해설 임도망을 계획할 때 고려해야 할 사항
> • 운재비가 적게 들도록 한다.
> • 신속한 운반이 되어야 한다.
> • 운재 방법이 단일화되도록 한다.
> • 운반량에 제한이 없도록 한다.
> • 계절에 따른 운재능력에 제한이 없도록 한다.
> • 운반 도중 목재의 손모가 적어야 한다.

33 임도에 설치하는 교량 및 암거에 대한 설명으로 다음 (　)안에 알맞은 것은?

> 교량 및 암거의 활하중은 사하중에 실리는 차량·보행자 등에 따른 교통하중을 말하며, 그 무게산정은 사하중 위에서 실제로 움직여지고 있는 (　)하중 이상의 무게에 따른다.

① DB-10　　　② DB-12
③ DB-18　　　④ DB-20

> 해설 표준트럭하중을 DB라 하며, 활하중의 무게 산정 시 사하중(고정하중) 위에서 실제로 움직이는 DB-18(32.45톤) 이상의 무게를 기준으로 한다.

34 임도의 유효너비 기준은?

① 배향곡선지의 경우 3.0m 이상

② 간선임도의 경우에는 6.0m 이상

③ 길어깨 및 옆도랑을 제외한 3.0m

④ 길어깨 및 옆도랑을 포함한 3.0m

해설 길어깨·옆도랑의 너비를 제외한 임도의 유효너비는 3m를 기준으로 한다. 다만, 배향곡선지의 경우에는 6m 이상으로 한다.

35 다음 표는 임도의 횡단측량 야장이다. A, B, C, D에 대한 설명으로 옳지 않은 것은?

좌측	측점	우측
L 3.0	A (No.0)	L 3.0
$\frac{-1.8}{0.4}$ C $\frac{1}{1.2}$	MC$_1$	$\frac{L}{1.3}$ B $\frac{+1.5}{1.5}$
B $\frac{0.3}{2.0}$ $\frac{-0.3}{2.0}$	D MC$_1$ +3.70	$\frac{+0.4}{2.0}$ $\frac{+0.4}{2.0}$

① A : 측점이 No.0인 경우는 기설노면을 의미한다.

② B : 분자는 고저차로서 +는 성토량, −는 절토량을 의미한다.

③ C : 분모는 수평거리로서 측점을 기준으로 왼편 1.2m 지점을 의미한다.

④ D : MC$_1$ 지점으로부터 3.70m 전진한 지점을 뜻한다.

해설 B 부분의 분자는 +는 절토량, -는 성토량을 의미한다.

36 집재가선을 설치할 때 본줄을 설치하기 위한 집재기 쪽의 지주를 무엇이라 하는가?

① 머리기둥   ② 꼬리기둥

③ 안내기둥   ④ 받침기둥

해설 집재가선을 설치하기 위해 집재기쪽 지주를 머리기둥(앞기둥)이라 한다.

37 토질시험 시 입경누적곡선에서 유효입경은 중량 백분율의 몇 %인가?

① 10%   ② 20%

③ 30%   ④ 40%

해설 유효입경은 중량 백분율의 10%에 해당하는 입경이다. 입도분포곡선에서 통과중량 백분율에서 통과하는 입자의 지름으로 전체 10%를 통과시킨 체눈의 크기에 해당하는 입자의 지름을 유효경이라 하고 D10으로 표시한다.

38 임도노선의 곡선 설정 시 사용되는 식에서 곡선 반지름과 tan(교각/2) 값을 곱하여 알 수 있는 것은?

① 곡선길이   ② 곡선반경

③ 외선길이   ④ 접선길이

해설 접선길이 공식

$$곡선반지름 \times \tan\frac{\theta}{2}$$

39 다음 조건에서 양단면적평균법으로 계산한 토량은?

- 단면적 A$_1$: 4㎡
- 단면적 A$_2$: 6㎡
- 양단면적 간의 거리 : 5m

① 25㎥   ② 50㎥

③ 75㎥   ④ 100㎥

해설 토량

$$= (\frac{양단면적합}{2}) \times 양단면적거리$$

$$= (\frac{4+6}{2}) \times 5 = 25$$

정답 34. ③   35. ②   36. ①   37. ①   38. ④   39. ①

40 토양을 덤프트럭으로 운반하고자 한다. 덤프트럭 적재 용량이 500㎥이라면, 산악지의 자연상태의 토량(㎥)이 얼마일 때 가득 적재할 수 있는가? (단, 토양의 변화율 L은 1.2, C는 0.9 이다.)

① 420　　　　　② 450

③ 560　　　　　④ 600

해설　토양의 변화율

L : 흐트러진 상태 토량/자연상태 토량

C : 다져진 상태 토량/자연상태 토량

L : 500/(자연상태 토량)=1.2

자연상태 토량=500/1.2=416.66

∴ 약 420㎥

제5과목 사방공학

41 비탈 옹벽공법을 구조에 따라 분류한 것이 아닌 것은?

① T형 옹벽　　　② 돌쌓기 옹벽

③ 부벽식 옹벽　　④ 중력식 옹벽

해설　돌쌓기 옹벽은 사용 재료에 따른 분류이다.

구조 형식에 따라서 중력식, 반중력식, 캔틸레버식(T형, L형 등), 부벽식 옹벽 등으로 구분한다.

42 해안의 모래언덕이 발달하는 순서로 옳은 것은?

① 치올린 모래언덕 → 반월사구 → 설상사구

② 반월사구 → 설상사구 → 치올린 모래언덕

③ 치올린 모래언덕 → 설상사구 → 반월사구

④ 반월사구 → 치올린 모래언덕 → 설상사구

해설　모래언덕 발달 단계 : 치올린 언덕 → 설상사구 → 반월형사구

43 우량계가 유역에 불균등하게 분포되었을 경우에 가장 적정한 평균 강우량 산정 방법은?

① 등우선법

② 침투형법

③ 산술평균법

④ Thiessen법

해설　• 유역 평균 강우량 산정 방법에는 산술평균법, Thiessen법, 등우선법이 있다.

• 티에슨(Thiessen)법은 유역 내·외부 주변의 우량관측소를 연결하여 삼각형을 만들어서 면적을 구한다. 이 면적의 우량을 그 지역의 대표치로 하여 평균우량을 구한다.

44 침식이 심하고 경사가 급하며 상수(常水)가 있는 산비탈에 적합한 수로는?

① 흙수로　　　　② 돌붙임수로

③ 메쌓기수로　　④ 떼붙임수로

해설　돌붙임수로는 집수구역이 넓고 경사가 급하며 유량이 많은 산비탈 지역에 시공한다.

45 비중이 2.50 이하인 골재는?

① 잔골재　　　　② 보통골재

③ 중량골재　　　④ 경량골재

해설　일반적으로 비중이 2.5 이하는 경량골재로 분류한다.

46 사방댐 중에서 가장 많이 시공된 댐은?

① 흙댐　　　　　② 돌망태댐

③ 강철틀댐　　　④ 콘크리트댐

해설　콘크리트는 크기나 모양 제한이 없는 재료로서 사방댐 시공 시 중력식 콘크리트댐이 가장 많이 시공되고 있다.

47 사방댐을 설치한 계류의 기울기에 대한 설명으로 옳지 않은 것은?

① 사방댐을 축설하고 나서 홍수가 발생하면 하상기울기는 홍수기울기로 고정된다.

② 홍수기울기와 평형기울기 사이의 퇴사량을 댐의 토사조절량이라고 한다.

③ 유수가 사력을 포함하지 않을 경우에 계상기울기는 가장 완만한데, 이를 평형기울기라 한다.

④ 홍수로 다량의 사력을 함유하면 계상기울기가 가장 급하게 되는데, 이를 홍수기울기라 한다.

해설 사방댐을 축설하게 되면 홍수 발생 시 댐에 토사조절량으로 인하여 급한 계상기울기 발생이 어느 정도 완화되기에 하상기울기가 홍수기울기로 고정되지는 않는다.

48 선떼붙이기 공법에서 급수별 떼 사용 매수로 옳은 것은? (단, 떼 크기는 40cm×25cm)

① 1급 : 2.5매/m

② 6급 : 6.25매/m

③ 7급 : 5매/m

④ 9급 : 12매/m

해설 선떼 붙이기는 가장 낮은 높이가 9급이며, 떼는 한 장만 붙인다. 이때 필요한 떼의 매수는 2.5매이며, 급수가 1급수 줄어들 때마다 2.5의 절반인 1.25장씩 가산하면 된다.

- 9급 : 2.5매 · 8급 : 3.75매
- 7급 : 5매 · 6급 : 6.25매
- 5급 : 7.5매 · 4급 : 8.75매
- 3급 : 10매 · 2급 : 11.25매
- 1급 : 12.5매

49 새집공법 적용에 가장 적당한 곳은?

① 절개 암반지

② 산불 피해지

③ 사질성토 사면

④ 사질 절토사면

해설 새집공법은 절개암반사면에 잡석을 콘크리트로 붙여 쌓고, 내부에 흙을 채운 후 식생을 조성하는 방법이다.

50 땅깎기 비탈면에 흙이 붙어 있는 반떼를 수평방향으로 줄로 붙여 활착 녹화시키는 공법은?

① 줄떼 심기공법

② 줄떼 다지기공법

③ 줄떼 붙이기공법

④ 평떼 붙이기공법

해설 줄떼 붙이기는 땅깎이 비탈의 흙이 떨어지지 않은 반떼를 수평 방향으로 줄을 붙여 활착 및 녹화하는 공법이다. 줄떼의 경우 상부에서 하부로 내려가면서 시공하고 떼꽂이로 고정한다.

51 유출계수(C)가 0.9이고 유역 면적이 200ha인 험준한 산악지역에 시간당 100mm의 강도로 비가 내리고 있다면, 합리식법으로 계산한 최대홍수량(㎥/s)은?

① 25 ② 50

③ 250 ④ 2500

해설
$$Q = \frac{1}{360} \times CIA$$
$$= 0.002778 \times 유출계수 \times 강우강도 \times 면적$$
$$= 0.002778 \times 0.9 \times 100 \times 200$$
$$= 50.004 ≒ 50$$

52 빗물에 의한 침식에 대한 설명으로 옳지 않은 것은?

① 구곡침식은 도랑이 커지면서 심토까지 심하게 깎이는 현상이다.

② 우격침식은 자연계천이나 하천에 의해 발생되는 현상이다.

③ 누구침식은 토양 표면에 잔 도랑이 불규칙하게 생기면서 깎이는 현상이다.

④ 면상침식은 침식의 초기 유형으로 토양의 얇은 층이 유실되는 현상이다.

해설 우격침식은 빗방울침식이라 하여 빗방울이 땅표면을 가격하는 침식의 종류이다.

53 산복사방공사에서 현지 조사 시 실시해야 할 내용이 아닌 것은?

① 사방사업 면적 산출

② 사방사업 대상지 황폐화 원인

③ 공사에 필요한 자재의 현지 채취 가능성

④ 멸종위기식물, 희귀식물 등이 있는지 유무

해설 사방사업 면적 산출은 산복사방공사에서 현지 조사 실시 후 지형 측량 시 실시한다. 현지 조사 시 실시하는 항목은 지황, 임황, 기상, 황폐 원인, 황폐임지의 현황(붕괴, 회복 가능성 등), 공사용 자재 및 노무관계가 있다.

54 산지사방의 주요 목적과 거리가 먼 것은?

① 사방 조림 확대

② 붕괴 확대 방지

③ 표토 침식 방지

④ 산사태 위험 방지

해설 산지사방은 산지재해 위험에 대한 대비를 목적으로 실행되는 작업이다.

55 코코넛 섬유를 원료로 한 비탈 덮기용 재료는?

① 튤 파이버　　　② 쥬트 네트

③ 그린 파이버　　④ 코이어 네트

해설 코어넷(코이어 네트)는 코코넛 열매에서 추출한 섬유질을 5mm로 메시한 제품으로, 코코넛 섬유질 매트로 비탈면을 피복할 씨앗과 혼합된 사질토를 뿜어 표면을 보호한다.

56 중력식 사방댐 설계에서 고려하는 안정조건이 아닌 것은?

① 전도

② 부력

③ 제체 파괴

④ 기초지반 지지력

해설 중력댐의 안정조건

전도에 대한 안정조건, 활동에 대한 안정조건, 제체 파괴에 대한 안정조건, 기초지반의 지지력에 대한 안정조건

57 견치돌의 길이는 앞면 크기의 몇 배 이상인가?

① 0.8　　　　　② 1.0

③ 1.2　　　　　④ 1.5

해설 견치돌은 앞면의 길이 기준 1.5배 이상, 뒷면을 1/3 정도 크기로 한다.

58 수제의 간격을 결정할 때 고려되어야 할 사항으로 가장 거리가 먼 것은?

① 유수의 강도　　② 수제의 길이

③ 계상의 기울기　④ 대수면의 면적

해설 • 수제의 간격은 유수 강도, 유수 방향, 수면 경사, 수제길이, 사행현상 등을 고려한다.

• 수제의 간격이 너무 넓은 경우 횡류가 발생하고 하안에 침식할 가능성이 있다

정답 52. ②　53. ①　54. ①　55. ④　56. ②　57. ④　58. ④

59 사방댐에 설치하는 물받침에 대한 설명으로 옳지 않은 것은?

① 앞댐, 막돌놓기 등의 공사를 함께 한다.

② 사방댐 본체나 측벽과 분리되도록 설치한다.

③ 방수로를 월류하여 낙하하는 유수에 의해 대수면 하단이 세굴되는 것을 방지한다.

④ 토석류의 충돌로 인해 발생하는 충격이 사방댐 본체와 측벽에 바로 전달되지 않도록 한다.

해설 물받침은 댐으로부터 월류하여 떨어지는 물의 힘에 의해 댐 하류부, 즉 반수면 측의 하상이 세굴되는 것을 방지하기 위하여 설치하는 하상보호 공작물이다.

60 황폐계류의 특성으로 옳지 않은 것은?

① 호우가 끝나면 유량이 급감한다.

② 호우에도 모래나 자갈의 이동은 거의 없다.

③ 유량은 강수에 의해 급격히 증가하거나 감소한다.

④ 유로의 연장이 비교적 짧으며 계상기울기가 급하다.

해설 ② 유량의 변화가 커서 호우 시에 사력의 유송이 심하다.

산림기사 필기 하
산림보호학·임도공학·사방공학

2022. 1. 17. 초 판 1쇄 발행
2023. 1. 11. 개정증보 1판 1쇄 발행
2024. 2. 7. 개정증보 2판 1쇄 발행
2025. 1. 8. 개정증보 3판 1쇄 발행
2025. 2. 19. 개정증보 3판 2쇄 발행

저자와의
협의하에
검인생략

엮은이 │ 김정호
펴낸이 │ 이종춘
펴낸곳 │ (주)도서출판 **성안당**
주소 │ 04032 서울시 마포구 양화로 127 첨단빌딩 3층(출판기획 R&D 센터)
     │ 10881 경기도 파주시 문발로 112 파주 출판 문화도시(제작 및 물류)
전화 │ 02) 3142-0036
     │ 031) 950-6300
팩스 │ 031) 955-0510
등록 │ 1973. 2. 1. 제406-2005-000046호
출판사 홈페이지 │ **www.cyber.co.kr**
도서 내용 문의 │ domagim@gmail.com
ISBN │ 978-89-315-8681-7 (13520)
정가 │ 35,000원

이 책을 만든 사람들
책임 │ 최옥현
진행 │ 최창동
교정·교열 │ 인투
본문 디자인 │ 인투
표지 디자인 │ 박원석
홍보 │ 김계향, 임진성, 김주승, 최정민
국제부 │ 이선민, 조혜란
마케팅 │ 구본철, 차정욱, 오영일, 나진호, 강호묵
마케팅 지원 │ 장상범
제작 │ 김유석